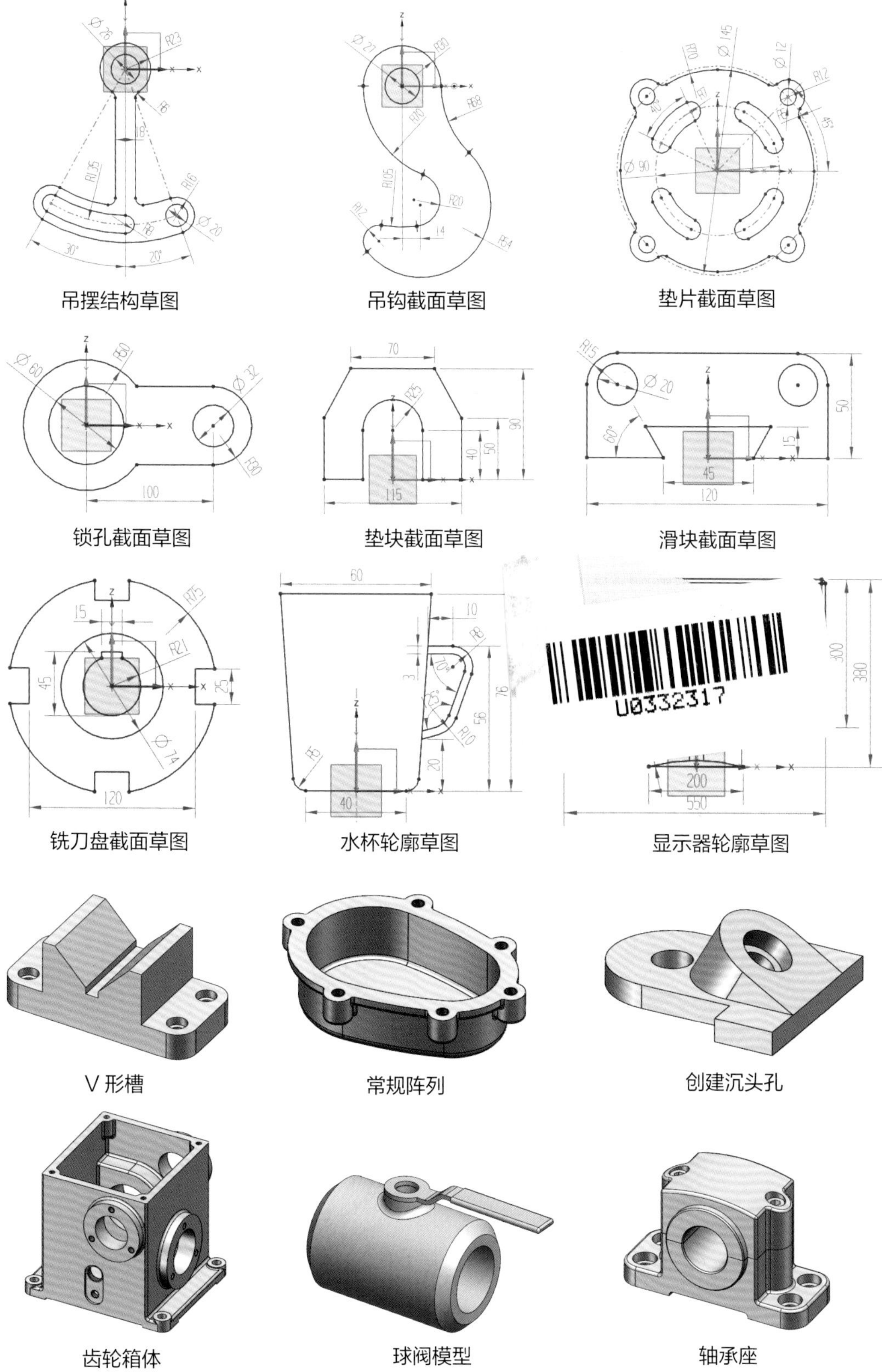
吊摆结构草图
吊钩截面草图
垫片截面草图
锁孔截面草图
垫块截面草图
滑块截面草图
铣刀盘截面草图
水杯轮廓草图
显示器轮廓草图
V 形槽
常规阵列
创建沉头孔
齿轮箱体
球阀模型
轴承座

本书部分案例

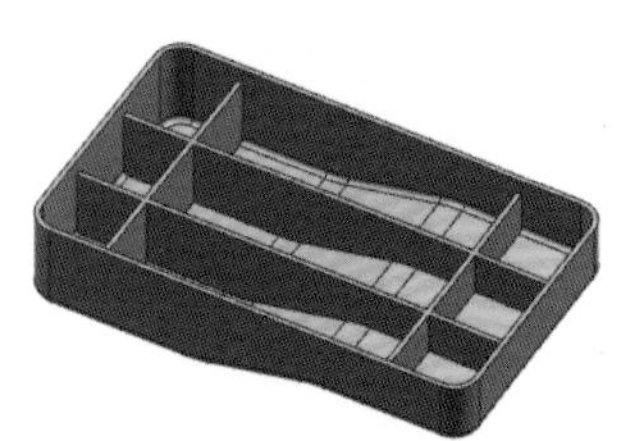
创建网格筋

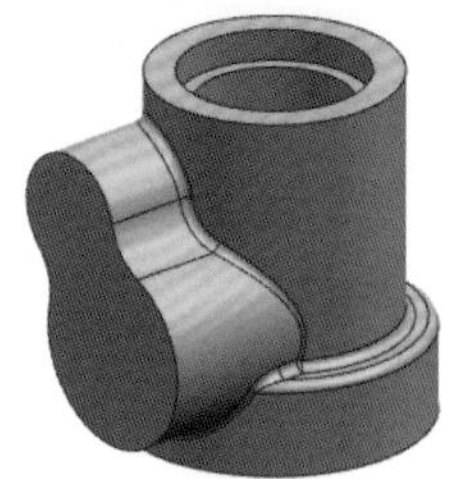
阀体模型

外螺纹与内螺纹

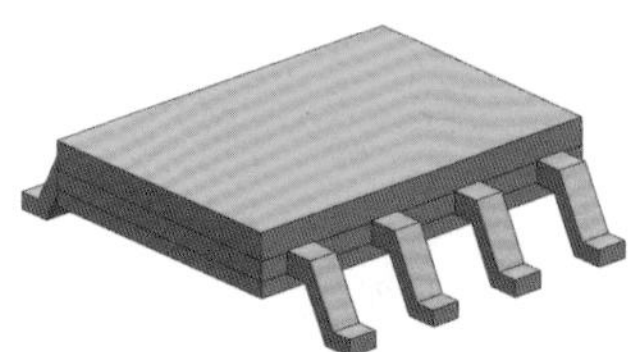
电子元件简化

固定座

阀体零件模型

底座与球杆装配

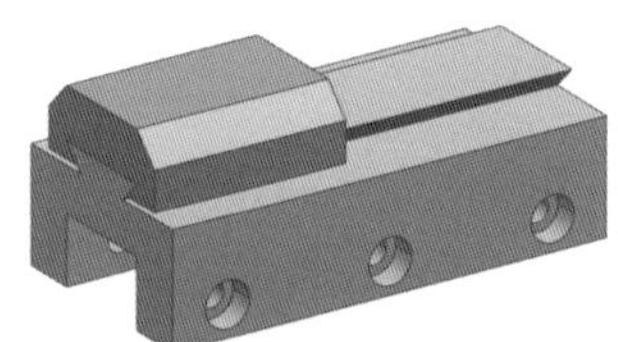
导轨与滑块装配

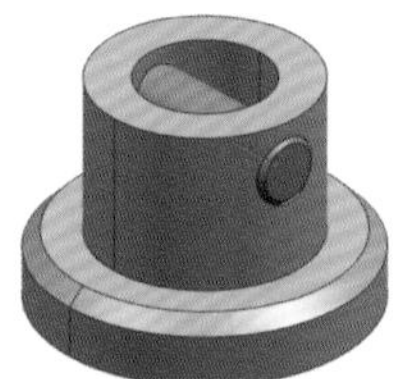
同轴约束结果

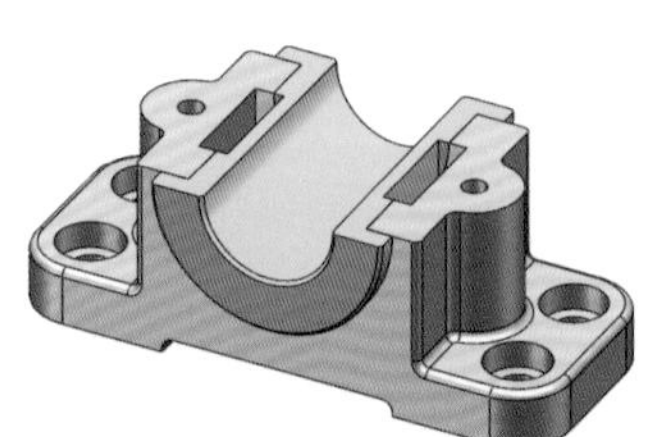
装配下部轴瓦

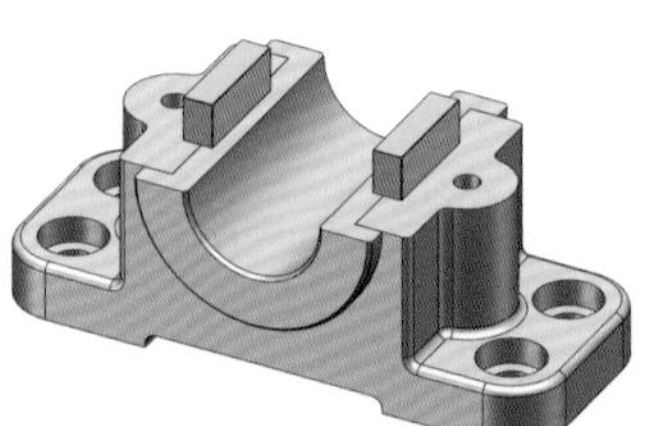
装配楔块

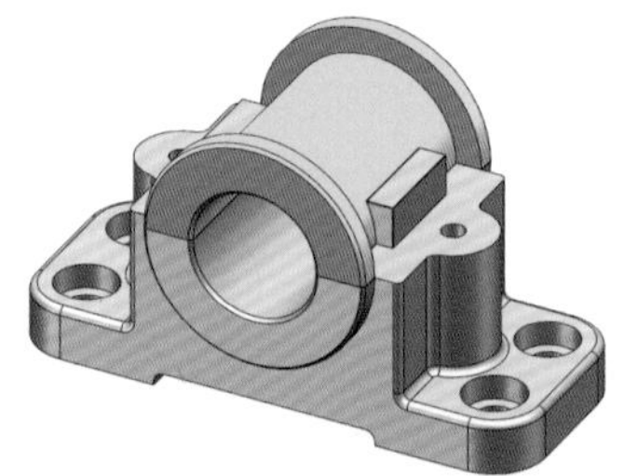
装配上部轴瓦

减震器

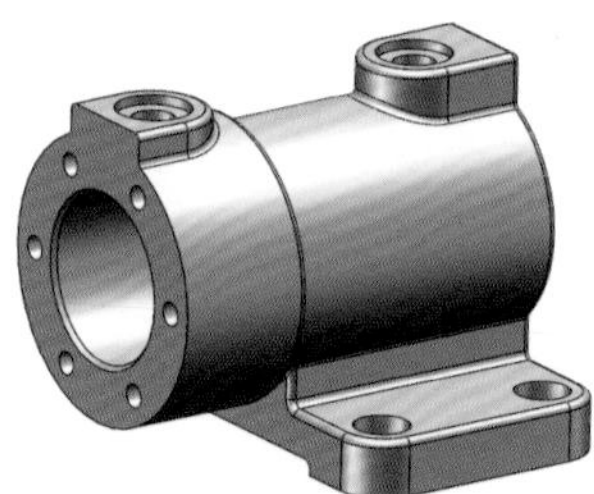
缸体零件

挖掘机模型

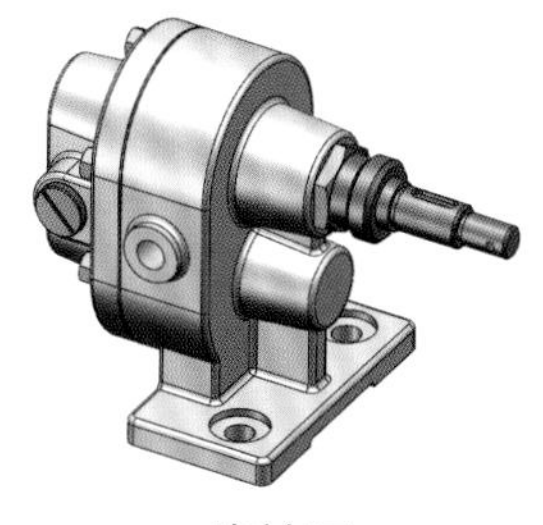
齿轮泵

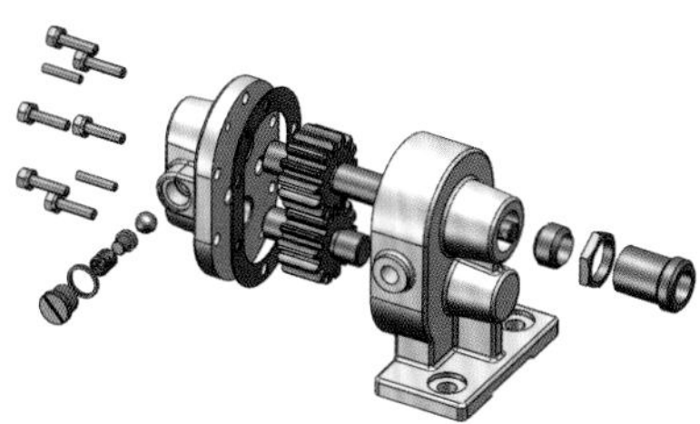
装配序列动画

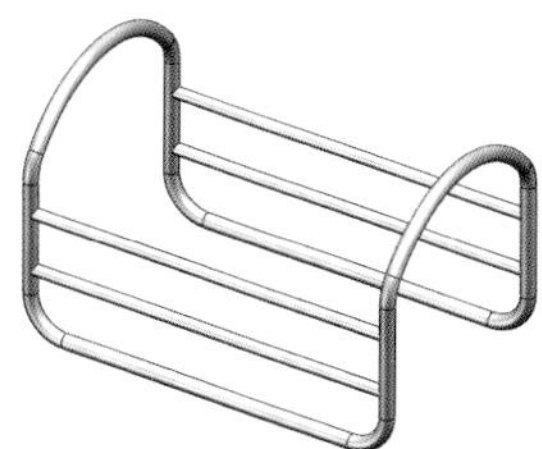
护栏模型

灯罩曲面

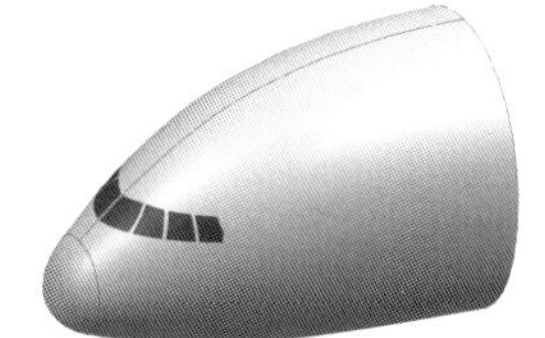
机头曲面

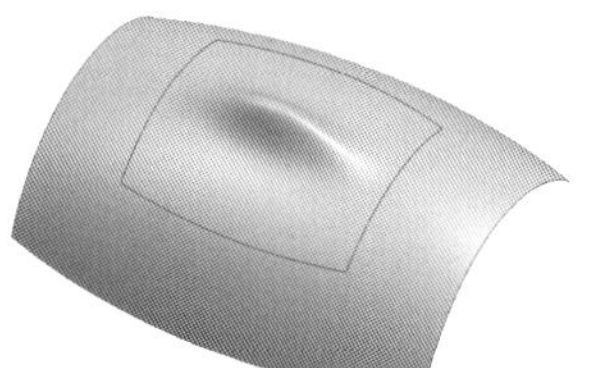
创建修补曲面

完整曲面

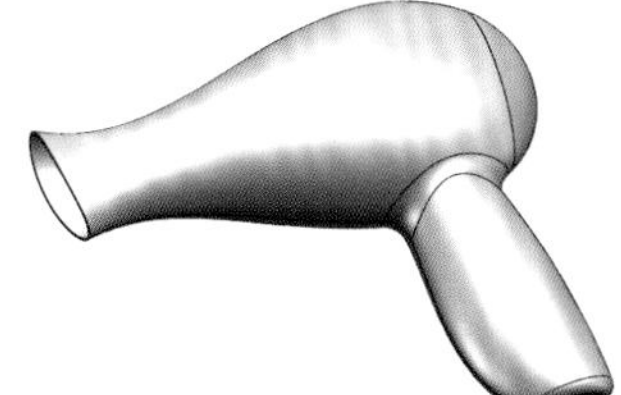
电吹风模型

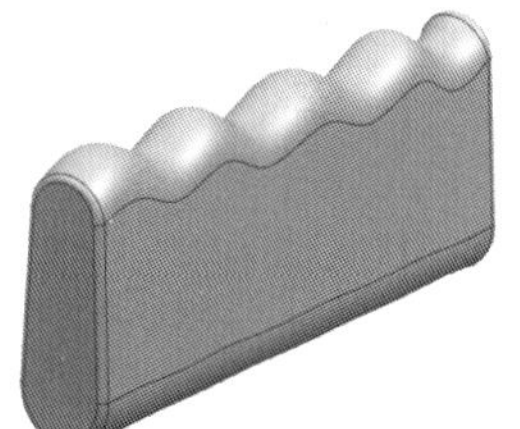
手柄实体

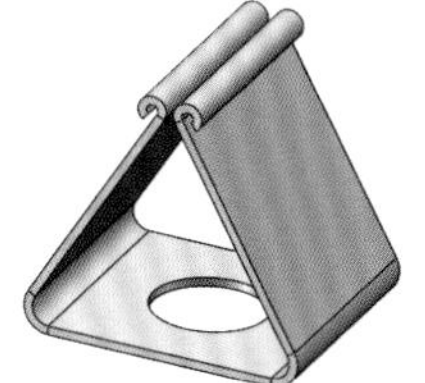
创建折边

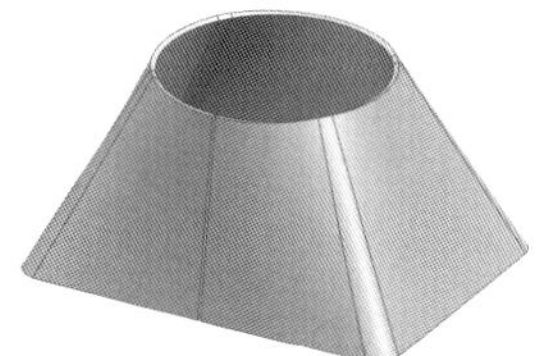
天圆地方

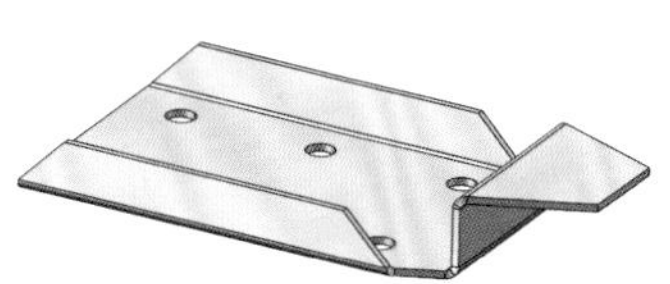
二次折弯

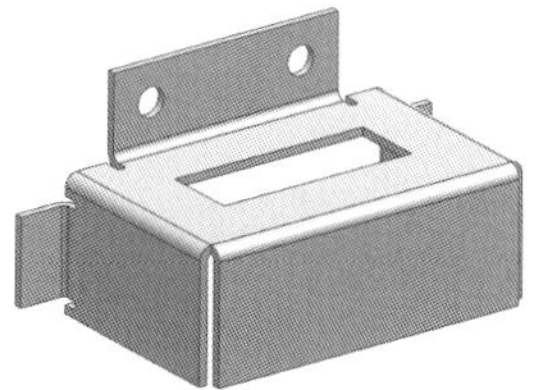
钣金零件

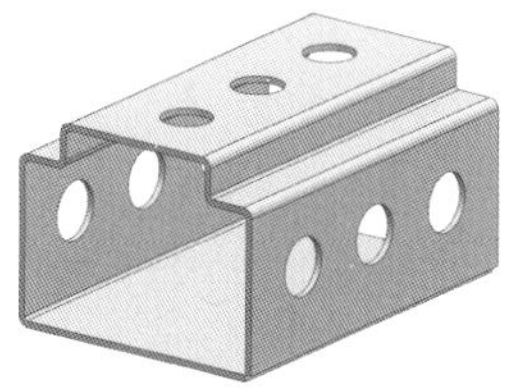
钣金结构

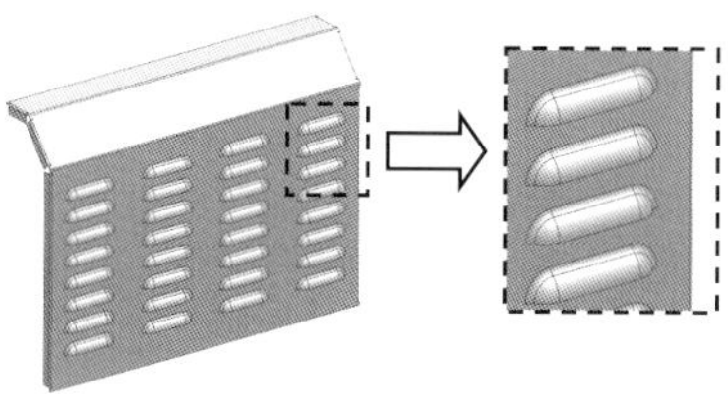
钣金百叶窗

本书部分案例

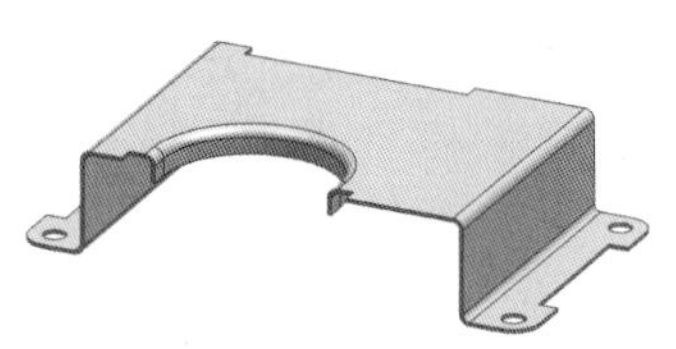
开放轮廓冲压开孔

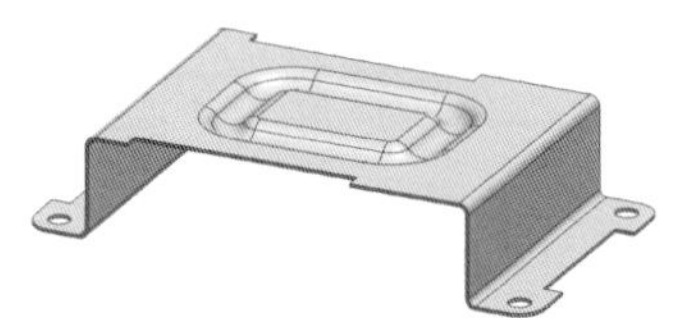
钣金筋

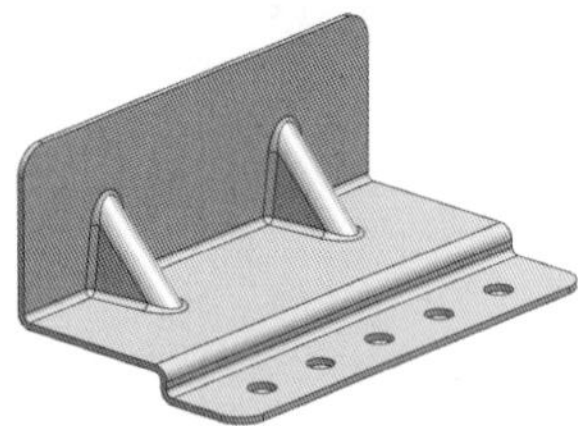
钣金加固板

电动机模型

万向节机构模型

旋转手轮机构

凸轮机构模型

齿轮机构模型

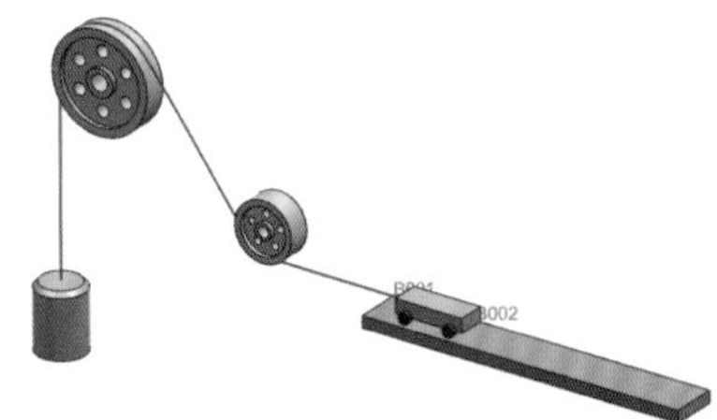
拖动机构

同步传动机构

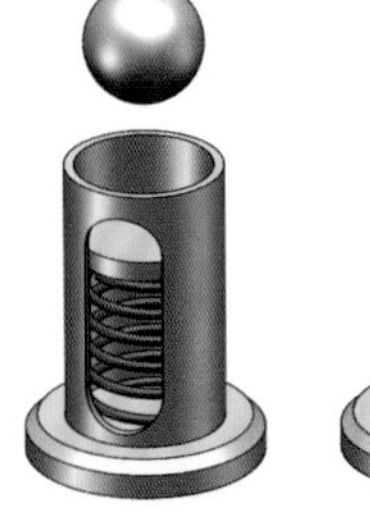
弹簧缸筒模型

遥控器盖模型

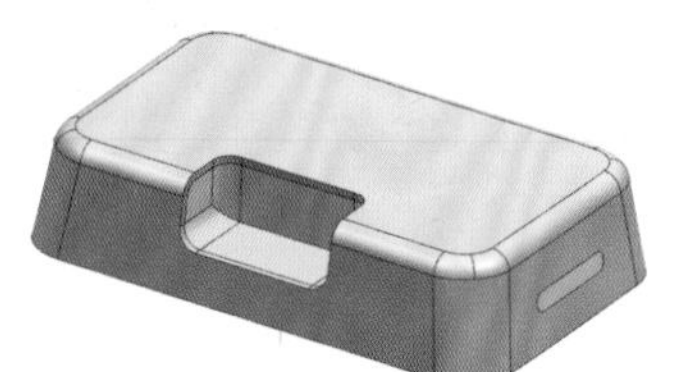
体补片

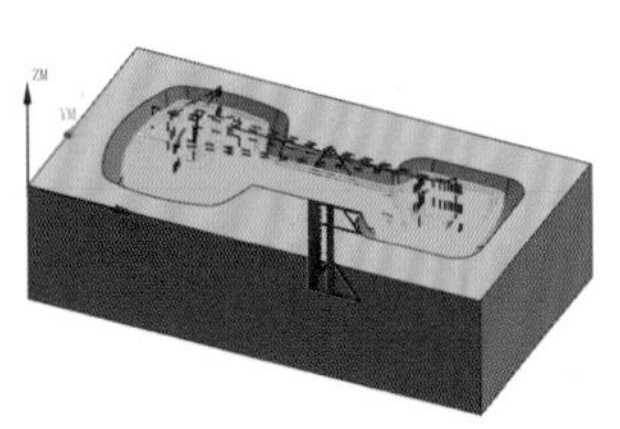
刀轨路径

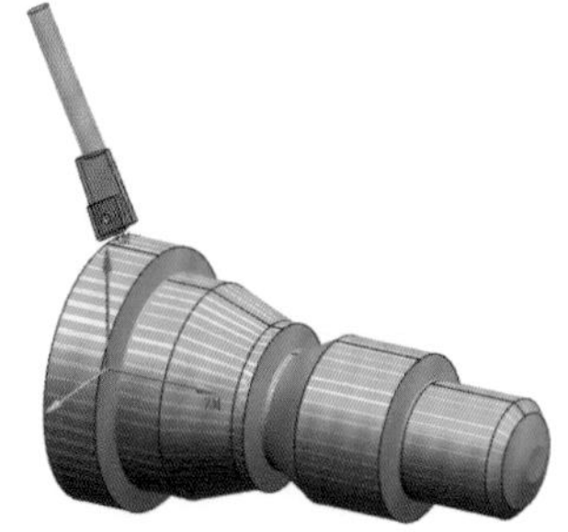
粗车加工

UG NX 1847

从入门到精通

实战案例视频版

周涛 主编　　刘浩 吕城 [illegible]

化学工业出版社

·北京·

内 容 简 介

本书从实际应用出发，全面系统介绍 UG NX 软件在机械设计及产品设计方面的应用，主要包括：二维草图设计、零件设计、同步建模、装配设计、工程图、曲面设计、自顶向下设计、钣金设计、运动仿真、模具设计、有限元分析及数控加工等功能模块。本书列举了大量操作实例，融合了数字化设计理论、原则及经验，同时配套视频课程讲解，能够帮助读者快速掌握 UG NX 软件操作技能，并深刻理解设计思路和方法，从而在实际应用中能够真正实现举一反三、灵活应用。对于有一定基础的读者，本书也能使其在技能技巧和设计水平上得到一定提升。

本书提供了丰富的学习资源，包括：380 集视频精讲+同步电子书+素材源文件+手机扫码看视频+读者交流群+专家答疑+作者直播等。

本书内容全面，实例丰富，可操作性强，可作为广大工程技术人员的 UG NX 自学教程和参考书籍，也可供机械设计相关专业师生学习使用。

图书在版编目（CIP）数据

UG NX1847 从入门到精通：实战案例视频版/周涛主编；刘浩，吕城副主编. —北京：化学工业出版社，2022.1

ISBN 978-7-122-39951-9

Ⅰ. ①U… Ⅱ. ①周… ②刘… ③吕… Ⅲ. ①机械设计 Ⅳ. ①TH122

中国版本图书馆 CIP 数据核字（2021）第 192541 号

责任编辑：曾　越　　装帧设计：王晓宇

责任校对：宋　玮

出版发行：化学工业出版社（北京市东城区青年湖南街 13 号　邮政编码 100011）

印　　装：大厂聚鑫印刷有限责任公司

787mm×1092mm　1/16　印张 $31^1/_4$　彩插 2　字数 841 千字　2022 年 3 月北京第 1 版第 1 次印刷

购书咨询：010-64518888　　售后服务：010-64518899

网　　址：http://www.cip.com.cn

凡购买本书，如有缺损质量问题，本社销售中心负责调换。

定　　价：108.00 元

前言

UG NX 是一款交互式 CAD/CAM（计算机辅助设计与计算机辅助制造）系统，为用户的产品设计及加工过程提供了数字化造型及验证手段，其功能强大，包含了企业中应用最广泛的集成应用套件，广泛用于机械设计、产品设计及非标自动化设计领域。本书从实际应用出发，全面系统介绍 UG NX 软件在机械设计及产品设计方面的实际应用。

一、编写目的

软件只是一个工具，学习软件的主要目的是为了更好、更高效地帮助我们完成实际工作，所以在学习过程中一定不要只学习软件本身的一些基本操作，学习软件的重点一定要放在思路与方法的学习以及方法与技巧的灵活掌握上，同时还要多总结、多归纳、多举一反三，否则很难将软件这个工具真正灵活运用到我们实际工作中。这正是笔者编写本书的初衷。

二、本书内容

本书从实际应用出发，体系完整，内容丰富，案例具有针对性，各章内容如下：

第 1 章主要介绍 UG NX 软件的一些基础知识，包括用户界面、鼠标操作、主要功能模块介绍及文件操作等，方便读者对 UG NX 软件有一个初步的认识与了解，为进一步学习打好基础。

第 2 章主要介绍 UG NX 二维草图的设计，包括草图的绘制、约束的处理、尺寸标注及二维草图设计方法、技巧与规范等。二维草图的学习与使用是三维产品设计的前提与基础，也是需要读者熟练掌握的内容，读者在学习过程中一定要特别注意。

第 3 章主要介绍 UG NX 零件设计中的具体问题，首先介绍三维特征设计工具，然后从实际应用出发讲解零件设计要求及规范、零件设计方法、根据图纸进行零件设计等。

第 4 章主要介绍 UG NX 同步建模内容，包括同步建模操作、细节处理、重用操作、相关操作及尺寸操作等，同步建模主要用于无参数模型的修改与改进。

第 5 章主要介绍 UG NX 装配设计，包括装配约束类型、高效装配操作、装配设计方法（包括顺序装配和模块装配）、装配编辑、大型装配处理、装配分析等。

第 6 章主要介绍 UG NX 工程图，包括工程图视图、工程图标注、工程图明细表等。本书严格按照实际工程图出图要求与规范进行编写，帮助读者创建符合标准要求的工程图。

第 7 章主要介绍 UG NX 曲面设计，按照实际曲面设计流程详细介绍曲线线框设计、曲面设计工具、曲面编辑操作、曲面实体化操作、曲面拆分与修补、渐消曲面设计等。

第 8 章主要介绍 UG NX 自顶向下设计，包括自顶向下设计流程、骨架模型设计方法、控件设计方法、复杂系统自顶向下设计等。

第 9 章主要介绍 UG NX 钣金设计，包括钣金基础特征及各种附属特征的设计，同时还包括钣金折弯及展平设计，全面系统地介绍了钣金设计的各种方法。

第 10 章主要介绍 UG NX 运动仿真，包括机构连杆定义、运动副定义、驱动定义、动态仿真条件及仿真测量与分析等，同时还介绍了运动仿真方法与技巧。

第 11 章主要介绍 UG NX 模具设计，包括模具设计流程、模具设计工具及分型面的设计、模具开模等操作，同时还介绍了各种常见模具设计方法。

第 12 章主要介绍 UG NX 数控加工，包括数控加工流程、平面铣削加工、轮廓铣削加工、车削加工，这些都是数控加工中常用的加工方法。

此外，本书还介绍了管道设计、电气设计、产品渲染以及有限元分析相关内容，因篇幅有限，读者可扫描书上任意二维码阅读。

三、本书特点

内容全面，快速入门

本书详细介绍了 UG NX1847 的使用方法和设计思路，内容涵盖基础操作、二维草图设计、零件设计、同步建模、装配设计、工程图、曲面设计、自顶向下设计、钣金设计、运动仿真、模具设计及数控加工等。本书根据实际产品设计的流程编写，内容循序渐进，结构编排合理，符合初学者的学习特点，能够帮助读者真正实现快速入门的学习效果。

案例丰富，实用性强

本书所有知识点都辅以大量原创实例，讲解过程中将设计思路、设计理念与软件操作充分融合，使读者知其然并知其所以然，真正做到活学活用，举一反三，帮助读者将软件更好地运用到实际工作中。

视频讲解，资源丰富

本书针对每个知识点都准备了对应原始素材文件及讲解视频。模型素材文件都是在 UG NX1847 环境中创建的原创模型，读者在学习每个知识点时最好一边看书，一边听视频讲解，然后根据视频讲解打开相应文件进行练习，这样学习效果会更好。同时为了方便读者学习，本书提供了读者交流群、在线答疑、直播课等服务。以上资源可扫描二维码获取。

四、关于作者

本书由武汉卓宇创新计算机辅助设计有限公司技术团队组织编写，由周涛主编，刘浩、吕城副主编，参加本书编写的还有吴伟、侯俊飞、徐盛丹、韩宝键、白玉帅、李倩倩、涂彪等。

武汉卓宇创新计算机辅助设计有限公司技术团队由一群来自企业一线的资深工程师组建而成，长期致力于提供专业的 CAD/CAM/CAE 软件定制培训，具有丰富的实战经验及教学经验。该公司目前已成功为航天科工、中国原子能、大庆油田、华北油田、西马克、万家乐燃气具、东风本田、中晶环境、中钞制版、湖北正奥、范尼韦尔等企业提供专业的企业内训及技术支持，深受业界好评。

笔者多年以来一直从事机械设计及产品设计工作，积累了丰富的实战经验，同时有着十余年的 UG NX 软件培训教学经验，常年为国内著名企业、高校及世界 500 强企业等提供内训及技术支持，也帮助这些企业解决了很多实际问题。正因为笔者的这些宝贵经验，对软件设计使用及规范要求有着全面系统的理解，读者在学习和使用软件时也一定要注意。

本书可作为高等学校教材，也可作为培训与继续教育用书，还可供工程技术人员参考使用。另外，考虑到本书作为教材及培训用书方面的配套需求，本书提供了与书稿内容对应的练习素材文件及 PPT 课件，读者可扫描二维码自行下载。

由于编者水平有限，书中难免有不足之处，恳请读者批评指正。

特别说明：在学习本书或按照本书上的实例进行操作时，需事先在计算机中安装 UG NX1847 软件。读者可以登录官方网站购买正版软件，也可到当地电脑城、软件经销商处咨询购买。

编　者

CONTENTS
目录

CONTENTS
目录

CONTENTS

目录

CONTENTS
目录

CONTENTS
目录

第1章 NX快速入门

NX 是 Siemens PLM Software 公司出品的产品工程解决方案，是一款交互式 CAD/CAM（计算机辅助设计与计算机辅助制造）系统，为用户的产品设计及加工过程提供了数字化造型及验证手段，其功能强大，包含了企业中应用最广泛的集成应用套件，用于产品设计、工程和制造全范围的开发，使企业能够通过新一代数字化产品开发系统实现向产品全生命周期管理转型的目标。

1.1 NX1847 用户界面

启动 NX1847 软件后，系统弹出如图 1-1 所示的欢迎界面，在欢迎界面中通过新建文件（单击按钮）或打开文件（单击按钮）进入 NX1847 环境。

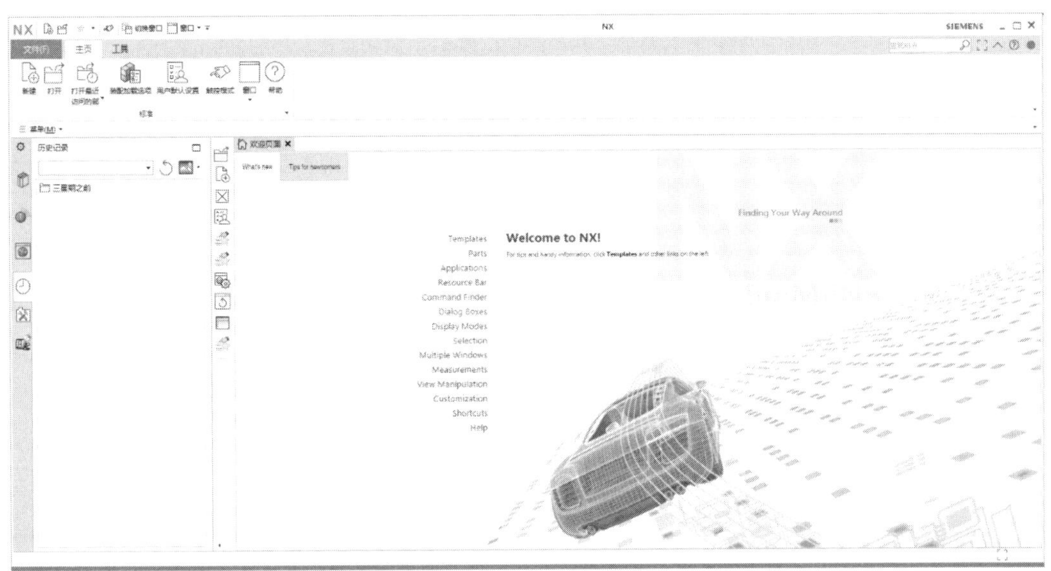

图 1-1 NX1847 欢迎界面

在 NX 中打开或新建的文件类型不一样，其用户界面也有所不同，但是都大同小异。本小节主要介绍 NX 建模用户界面，读者可打开练习文件：ugnx_jxsj\ch01 start\base_part 进入建模环境，NX 建模用户界面如图 1-2 所示。

NX 建模用户界面主要包括快速访问工具条、选项卡区、选择组、导航器区、预测命令组、底部信息栏及图形区。

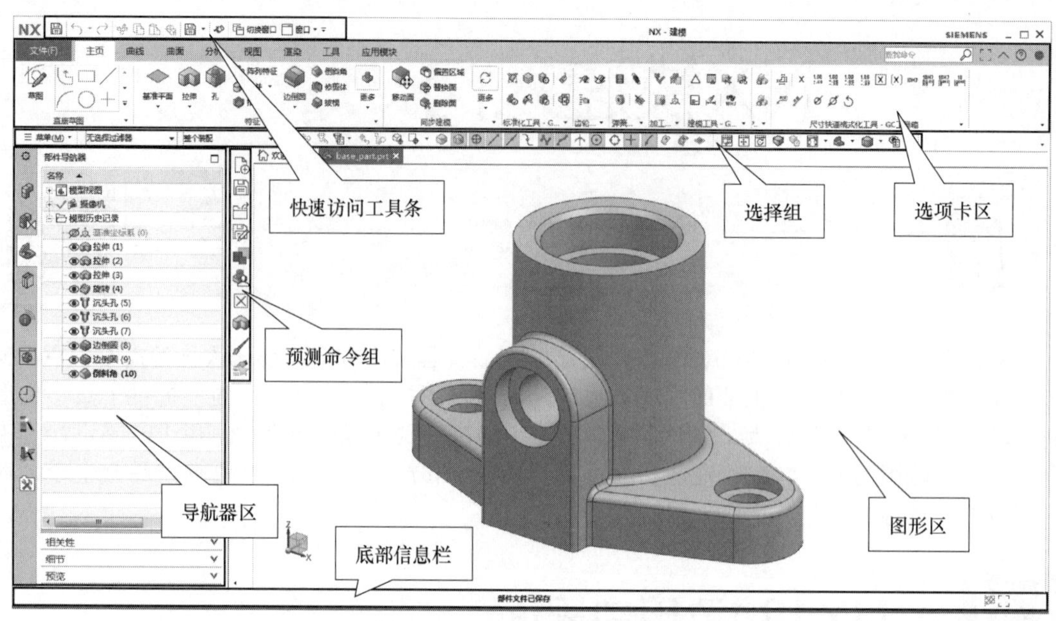

图 1-2　NX1847 建模用户界面

（1）快速访问工具条

快速访问工具条中包括一些常用的通用命令工具，不管使用 NX 的哪个功能模块，都会用到快速访问工具条中的命令工具，主要包括“保存”“撤消”“重做”“复制”“粘贴”“窗口切换”等。

（2）选项卡区

选项卡区包括当前软件模块中常用的命令工具，用户通过单击相应的命令按钮来完成具体的操作，该区域主要包括“文件”“主页”“曲线”“曲面”“分析”“视图”“渲染”“工具”“应用模块”等常用选项卡。

图 1-3　“文件”菜单

图 1-4　“更多”菜单

“文件”菜单中包括常用的文件操作命令及软件常用设置命令，如图 1-3 所示，该菜单不随软件模块变化而变化，NX 所有模块都会使用该菜单中的命令。

“主页”选项卡中包含当前软件模块中常用的命令工具，默认情况下显示出来的都是最常用的命令工具，单击选项卡中的“更多”按钮，系统弹出如图 1-4 所示的“更多”菜单，其中包含当前软件模块中更多的命令工具。该选项卡中的内容会随着软件模块的变化而变化，当前显示的是建模环境中常用的命令工具。

“应用模块”选项卡中包含 NX 软件所有的功能模块，如图 1-5 所示，单击功能模块按钮系统进入相应的软件模块，该选项卡不随软件模块变化而变化。

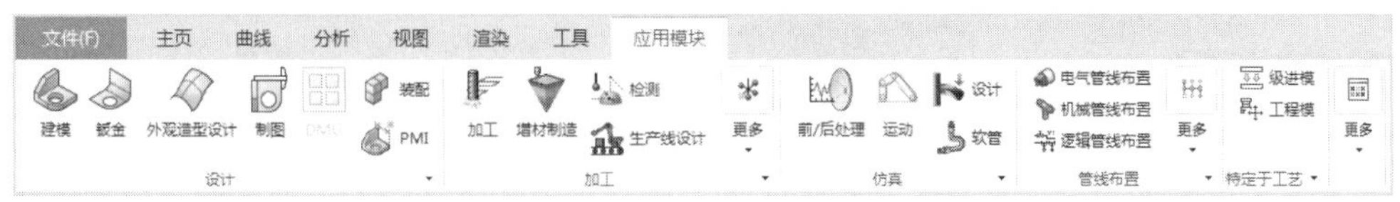

图 1-5　“应用模块”选项卡

选项卡区中除了以上介绍的“文件”“主页”及“应用模块”菜单及选项卡以外，其余选项卡属于辅助选项卡，其中一部分会随着软件模块变化而变化。

（3）选择组

选择组中主要包括菜单库、过滤器工具、捕捉工具及常用图形操作工具，菜单库如图 1-6 所示。该菜单库实际上是以前旧版本 UG 软件中的下拉菜单，现在全部归并到该菜单库中进行管理。该菜单库中包含 NX 软件中的所有命令工具，具体内容会随着软件模块变化而变化。选择组中的其他工具可以通过在图形区空白位置单击鼠标右键，在系统弹出的如图 1-7 所示的快捷菜单中选择，其中的图形操作工具还可以通过在图形区空白位置按住右键，在系统弹出的如图 1-8 所示的右键菜单中选择。

图 1-6　菜单库

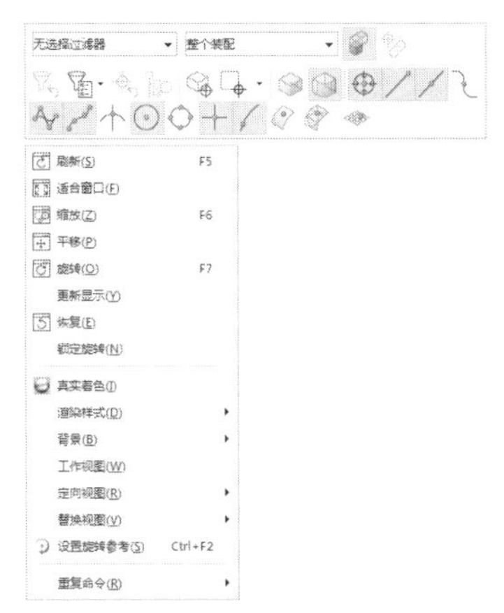

图 1-7　快捷菜单

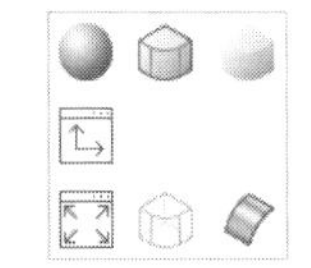

图 1-8　右键菜单

（4）导航器区

导航器区域包括 NX 软件中的各种管理工具。不同的模块会使用不同的管理工具，例如当前模块是“建模（零件设计）”模块，主要使用“部件导航器”。“部件导航器”用于管理当前模型中创建的各种几何对象，相当于三维模型的模型树，能够反映零件模型的设计过程及每一步使用的命令工具。部件导航器中的对象与模型中的对象一一对应，如图 1-9 所示。

导航器区域中还包括一个非常重要的导航器——角色导航器，用于管理 NX 软件的功能配置，如图 1-10 所示。默认情况下使用的是 NX 软件的基本功能配置，也就是只能使用软件中的一些基本命令工具，在角色导航器中展开“内容”区域，单击“高级”按钮，切换高级功能配置，此时可以使用 NX 软件中全部的命令工具。

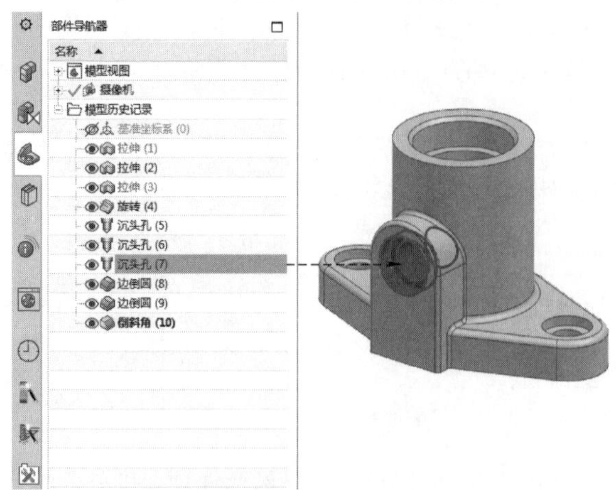

图 1-9　部件导航器中的对象与模型中的对象一一对应

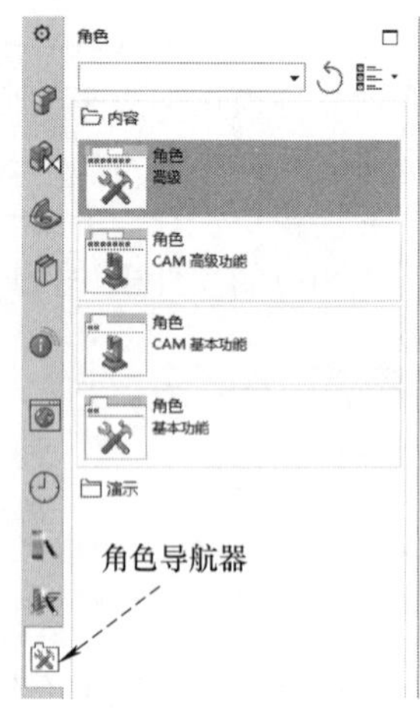

图 1-10　角色导航器

说明：在使用 NX 软件时，如果有些命令工具找不到，此时可以在“角色”导航器中单击“高级”按钮，切换高级功能配置即可。

（5）预测命令组

预测命令组根据当前用户选择的命令推测下一步可能会用到的命令工具，例如当用户选择“基准面”命令做基准平面时，系统会推测用户接下来可能要画草图，此时在预测命令组中显示“草绘”命令，用户可以直接在预测命令组中选择要使用的命令。

（6）底部信息栏

主要用于提示接下来要做的操作及已经完成的操作，软件初学者应该密切关注该区域，这样能够帮助用户了解接下来要做什么，具有一定的引导意义。

（7）图形区

图形区也叫工作区，在 NX 中对模型的各种操作都是在该区域完成的。

1.2　NX 鼠标操作

在使用 NX 软件过程中绝大部分时间是依靠鼠标来完成各项操作的，所以必须要熟练掌握 NX 鼠标操作，特别是如何使用鼠标对模型进行控制，使用鼠标控制模型主要包括以下三种控制方式。

（1）旋转模型

按住鼠标中键拖动鼠标可以旋转模型。

（2）缩放模型

滚动鼠标滚轮，可以对模型进行放大与缩小。另外，按住 Ctrl 键，同时按住鼠标中键并前后拖动鼠标，也可对模型进行缩放控制。

（3）平移模型

按住 Shift 键，同时按住鼠标中键并拖动鼠标，可平移模型。另外，首先按住鼠标中键，然后按住鼠标右键并移动鼠标，也可以对模型进行平移控制。

1.3 NX功能模块介绍

NX软件是一款综合性的三维设计软件，包括多个功能模块，不同的功能模块可以完成不同的技术工作，下面介绍NX软件主要的功能模块。

说明：了解NX功能模块让读者知道NX能够完成哪些工作，然后根据自己实际工作需要选择对应的功能模块学习，对帮助用户定位学习目标非常有帮助。

（1）零件设计功能

NX零件设计功能主要用于二维草图及零件设计，NX零件设计功能基于特征的思想进行零件设计，零件上的每一个几何对象都可以看作是一个个的特征，零件的设计就是特征的设计。NX有各种功能强大的特征设计工具，方便进行各种零件设计，NX零件设计应用举例如图1-11所示。

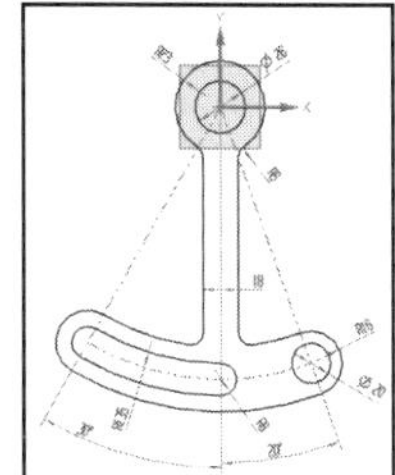
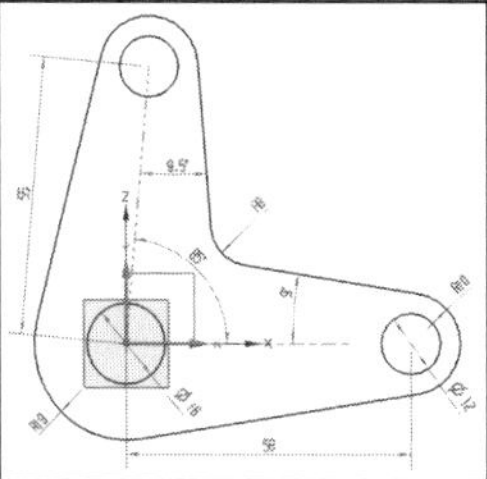
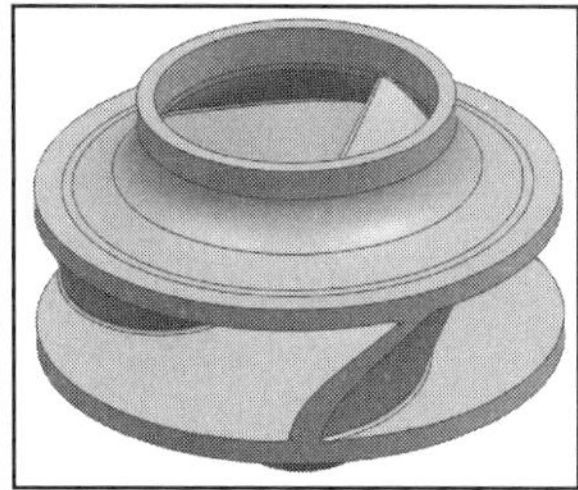
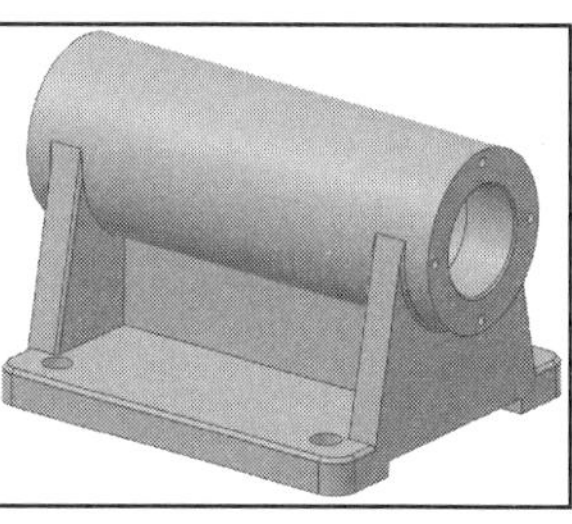

图1-11 NX零件设计应用举例

在“快速访问工具条”中单击“新建”按钮，系统弹出“新建”对话框，在该对话框的“模型”选项卡中选择“模型”类型，单击“确定”按钮，系统进入NX建模环境，用于进行二维草图绘制及零件设计，如图1-12所示。

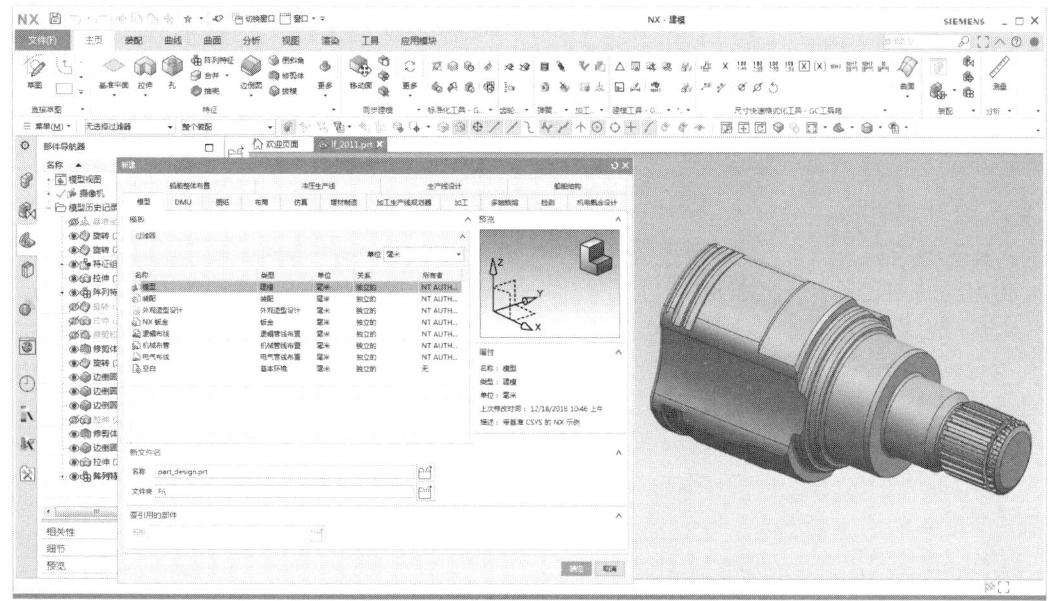

图1-12 新建模型文件与建模环境

（2）同步建模功能

同步建模是一种非参数化的建模方式，用户可以非常自由地修改选定的几何对象而不必在意先前存在的关系。同步建模可以作为参数化建模的一个非常有用的辅助工具，为用户提供更高的设计灵活性和编辑效率，使用户对导入特征的编辑更加方便快捷。NX 建模环境中提供了专门的同步建模工具，如图 1-13 所示。

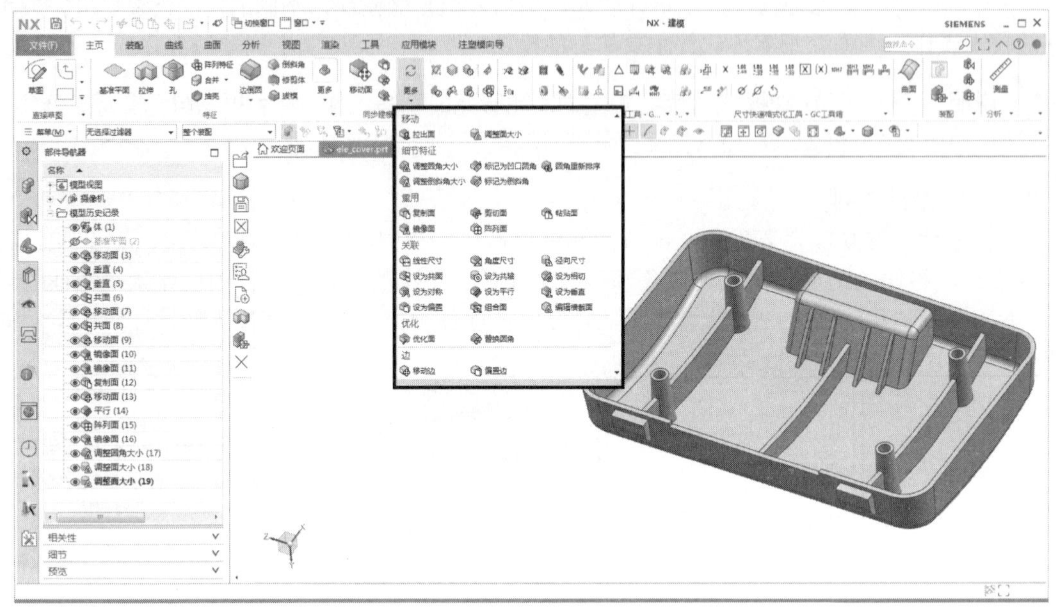

图 1-13　同步建模工具及同步环境

（3）装配设计功能

NX 装配设计功能主要用于产品装配设计，就是将已经设计好的零件导入到装配环境进行参数化组装以得到最终的装配产品。装配设计是进一步学习和使用自顶向下、运动仿真、管道设计、电气设计、产品渲染及模具设计的基础，在学习和使用这些高级内容之前必须具备装配设计能力，否则很难学好后面的高级内容。

在“快速访问工具条”中单击“新建”按钮，系统弹出“新建”对话框，在该对话框的“模型”选项卡中选择“装配”类型，单击“确定”按钮，系统进入 NX 装配设计环境，用于进行产品装配设计，如图 1-14 所示。

（4）工程图功能

NX 工程图功能主要用于创建产品工程图，包括零件工程图和装配工程图。在工程图模块中，用户能够创建各种工程图视图，如主视图、投影视图、轴测图、剖视图等，还可以进行各种工程图标注，如尺寸标注、公差标注、粗糙度符号标注等。另外工程图模块具有强大的工程图模板定制功能，可以自动生成零件明细表，并且提供与其他图形文件（如 dwg、dxf）的交互式处理。

在“快速访问工具条”中单击“新建”按钮，系统弹出“新建”对话框，在该对话框的“图纸”选项卡中选择一种工程图模板，单击“确定”按钮，系统进入 NX 工程图环境，用于创建工程图，如图 1-15 所示。

（5）曲面设计功能

NX 曲面设计功能主要用于曲线及曲面造型设计。NX 提供多种曲线设计工具，如草绘曲线、基本空间曲线及派生曲线等，同时还提供了多种曲面设计工具，如扫掠曲面、通过曲线组的曲面、网格曲面、填充曲面、桥接曲面等，帮助用户完成曲面产品造型设计。

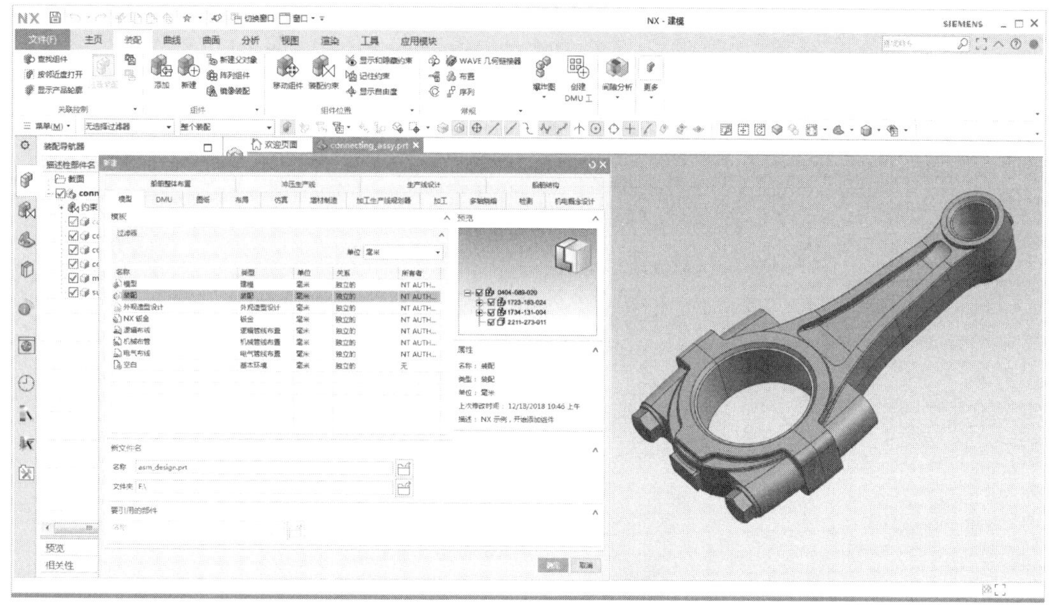

图1-14 新建装配文件及装配设计环境

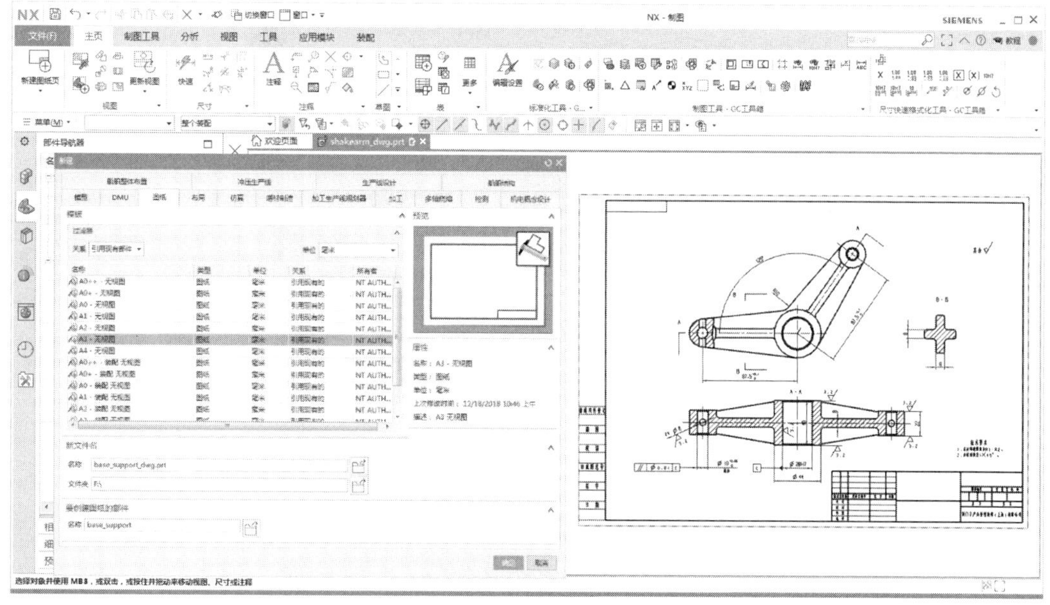

图1-15 新建工程图文件及工程图环境

在“选项卡”区域中展开“曲面”选项卡，在该选项卡中提供了各种曲面设计工具，用于曲面造型设计，如图1-16所示。

(6) 自顶向下设计功能

自顶向下设计是一种从整体到局部的设计方法，是目前最常用的产品设计与管理方法。其基本思路是：首先设计一个控制产品整体结构的骨架模型；然后从骨架模型往下游细分，得到下游级别的骨架模型及中间控制结构（控件）；再根据下游级别骨架和控件分配各个零件间的位置关系和结构；最后根据分配好的零件间的关系，完成各零件的细节设计。NX 自顶向下设计应用举例如图 1-17 所示。

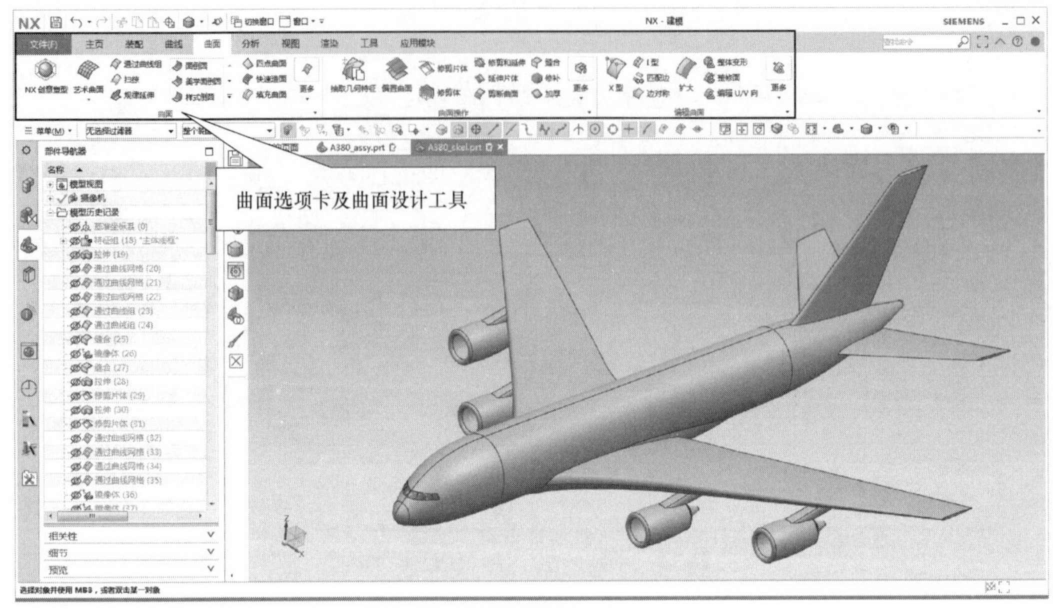

图 1–16　曲面选项卡及曲面设计工具

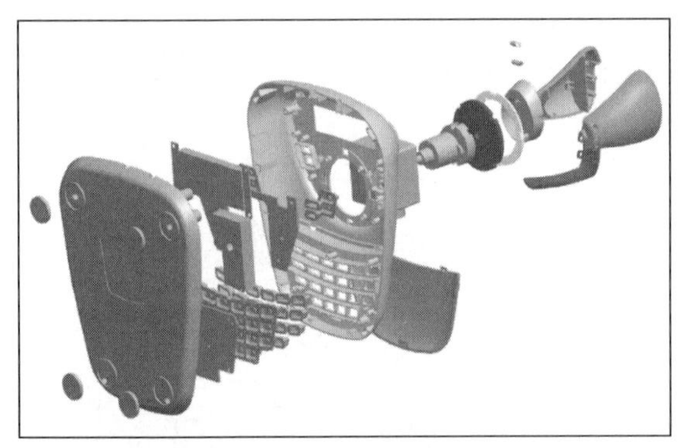

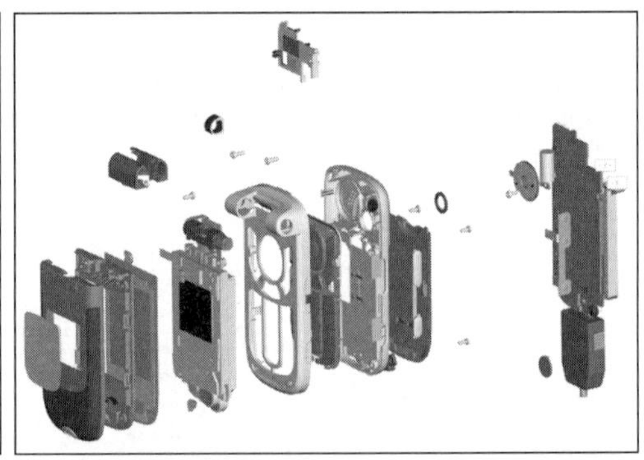

图 1–17　自顶向下设计应用举例

在 NX 中进行自顶向下设计是在零件设计与装配设计环境中进行的，其中提供了用于自顶向下设计需要的几何关联复制工具及结构设计工具，如图 1-18 所示。

（7）钣金设计功能

NX 钣金设计模块主要用于各种钣金结构设计，包括钣金平板、钣金弯边、钣金折弯及钣金成形等，还可以在考虑钣金折弯参数的前提下对钣金件进行展平，从而方便钣金件的加工与制造。

在 NX 快速访问工具条单击“新建”按钮，系统弹出“新建”对话框，在该对话框的“模型”选项卡中选择“NX 钣金”类型，单击“确定”按钮，系统进入 NX 钣金设计环境，用于进行钣金设计，如图 1-19 所示。

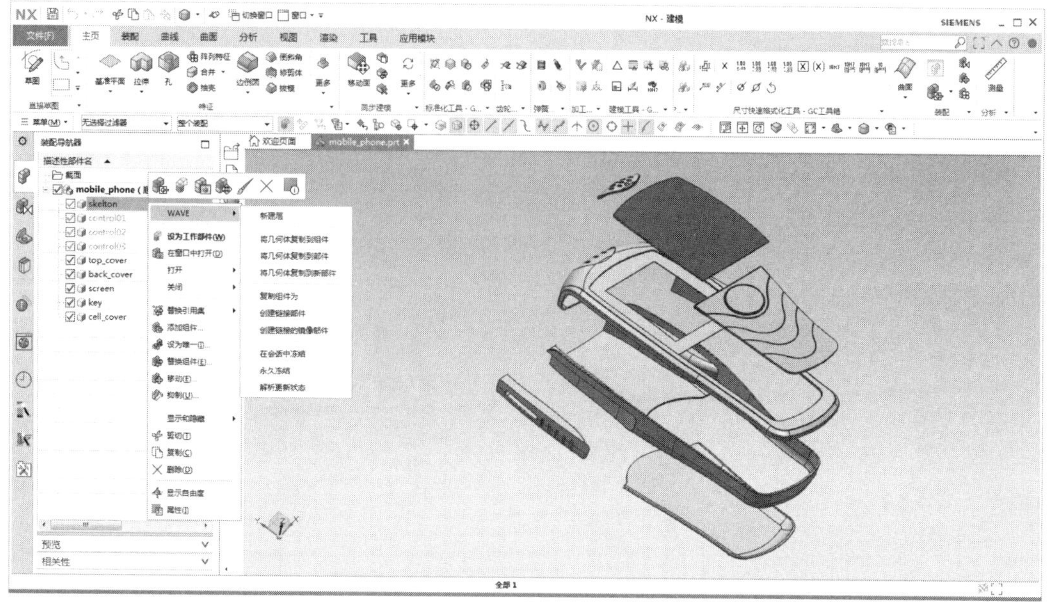

图1-18 自顶向下设计工具

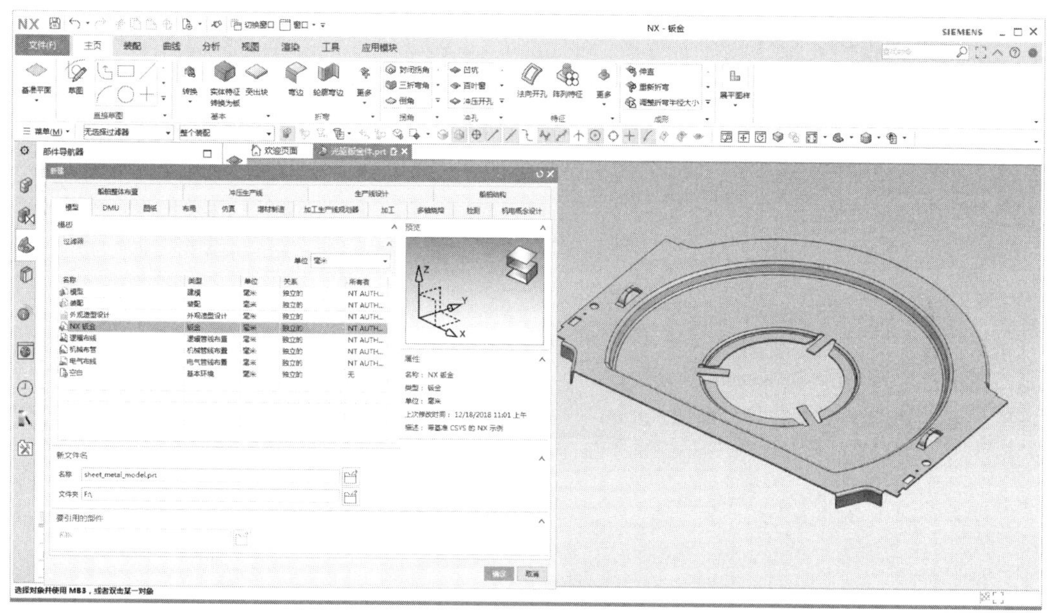

图1-19 新建钣金文件及钣金设计环境

(8)产品渲染功能

NX产品渲染功能主要用来对产品模型进行渲染，也就是给产品模型添加外观材质、虚拟场景等，模拟产品实际外观效果，从而在一定程度上给设计者一定的反馈。NX提供了功能完备的外观材质库供渲染使用，方便用户进行产品渲染。

NX中的产品渲染是在建模环境中进行的。在选项卡区域中单击“渲染”选项卡，其中提供了各种渲染工具，如图1-20所示。

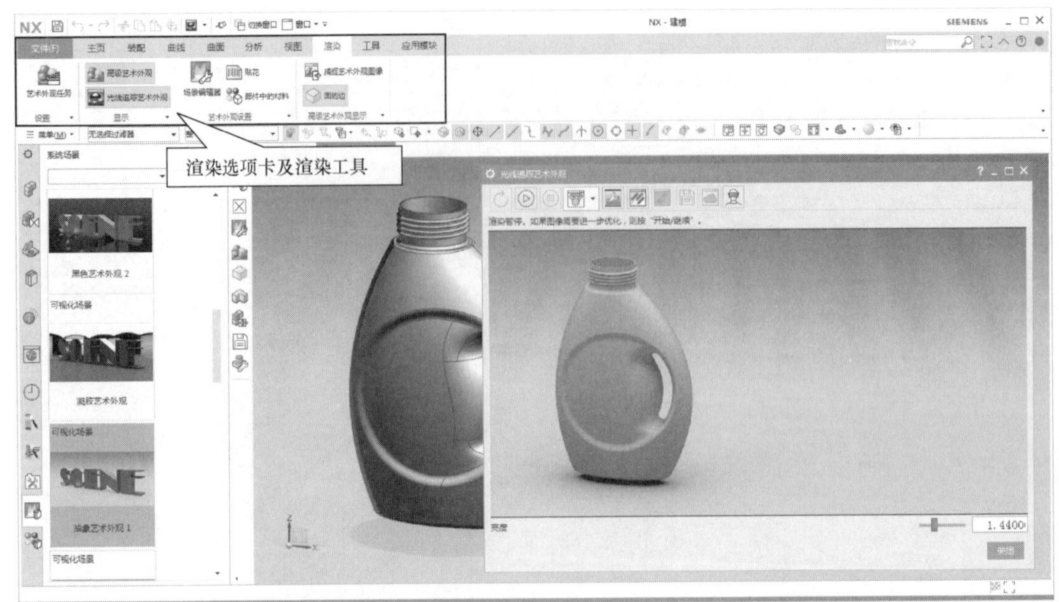

图 1-20　渲染选项卡及渲染工具

（9）运动仿真功能

NX 运动仿真功能主要用于运动学及动力学仿真模拟与分析。用户通过在机构中定义各种机构运动副使机构各部件能够完成不同的动作，还可以向机构中添加各种力学对象，如力与扭矩、阻尼、重力、接触条件等，使机构运动仿真更接近真实水平。因为运动仿真反映的是机构在三维空间的运动效果，所以通过机构运动仿真能够轻松检查出机构在实际运动中的动态干涉问题，并且能够根据实际需要测量各种仿真数据并导出仿真视频文件，具有很强的实际应用价值。

打开零件模型或装配模型，在“应用模块”选项卡中单击“运动”按钮，系统进入运动仿真模块，如图 1-21 所示。

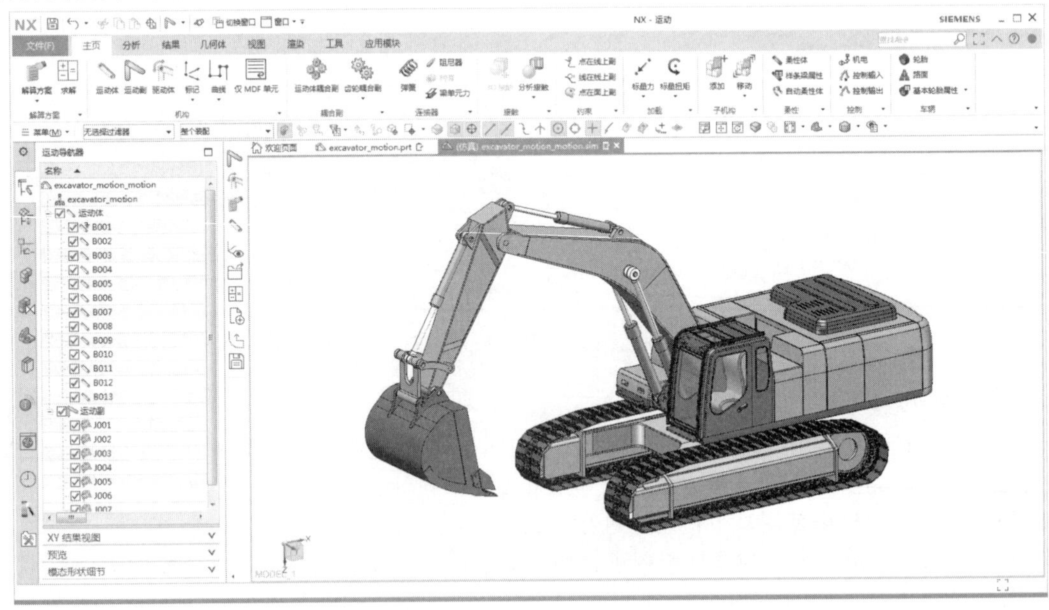

图 1-21　运动仿真模块

（10）管道设计功能

NX 管道设计功能主要用于三维管道设计，用户通过定义管道连接属性、创建管道路径并根据管道设计需要在管道中添加管道线路元件（如管接头、三通管等），能够有效模拟管道实际布线情况，查看管道在三维空间的干涉问题。另外，模块中提供了多种管道布线方法，帮助用户进行各种情况下的管道布线，从而提高管道布线设计效率。管道布线完成后，还可以创建管道工程图，用来指导管道实际加工与制造。

打开装配模型，在“应用模块”选项卡中单击“机械管线布置”按钮，系统进入管道设计模块，如图 1-22 所示。

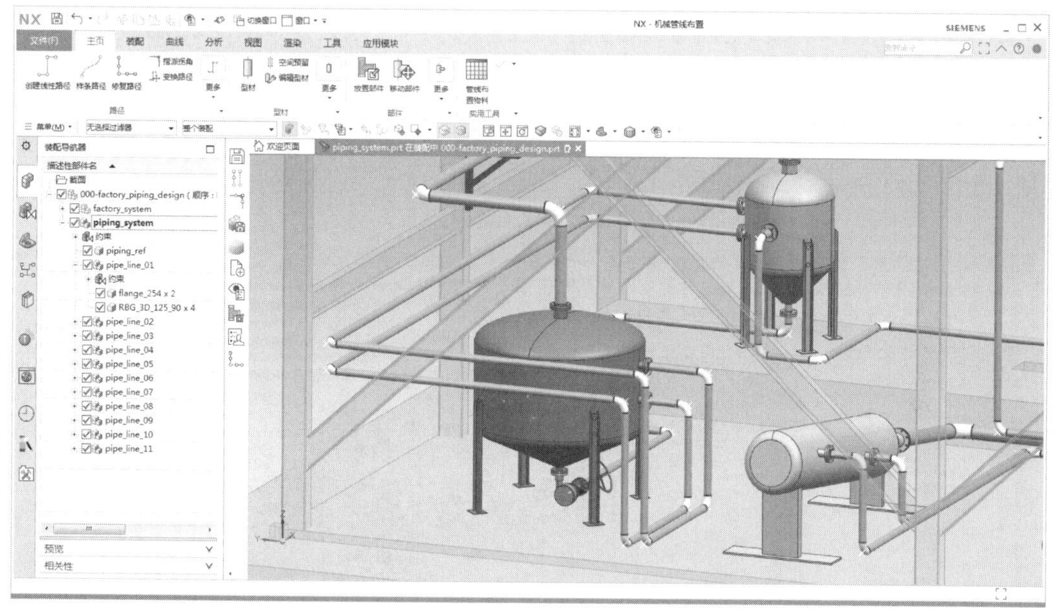

图 1-22　机械管线布置模块

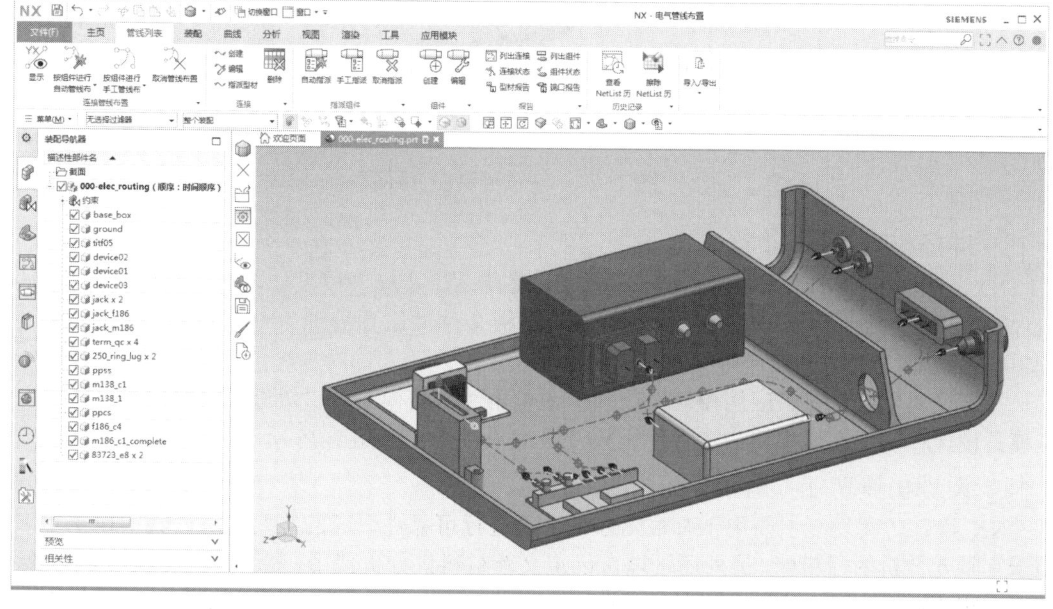

图 1-23　电气设计模块

（11）电气设计功能

NX 电气设计功能主要用于三维电气布线设计，用户通过定义电气连接属性、创建电气布线路径，然后编辑电线能够有效模拟电气实际铺设情况，查看电气在三维空间的干涉问题，最后还可以创建电气展平图，用来指导电气实际加工与制造。

打开装配模型，在“应用模块”选项卡中单击“电气管线布置”按钮，系统进入电气设计模块，如图 1-23 所示。

（12）注塑模具设计功能

NX 注塑模具设计功能主要用于注塑模具设计，其中提供了各种模具设计工具，包括项目初始化、模具分析、模具型腔布局、分型面设计、模具分型设计、浇注系统及冷却系统设计等。另外，安装 MOLDWIZARD 可以扩展 NX 注塑模具设计功能，方便用户进行模架及标准件设计。

打开模具零件，在“应用模块”选项卡中单击“注塑模”按钮，系统进入注塑模具设计环境，如图 1-24 所示。

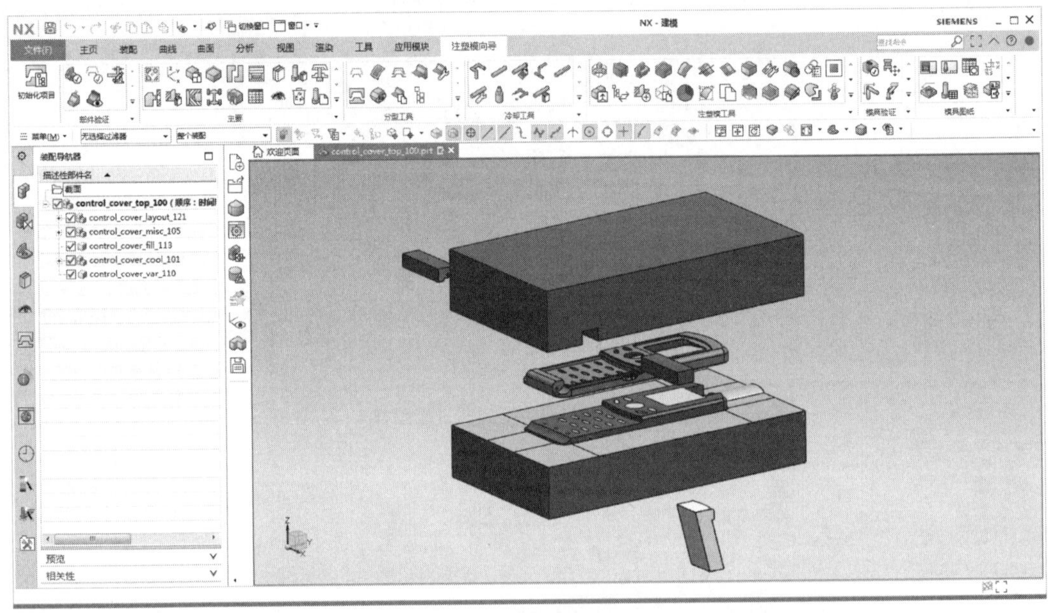

图 1-24　注塑模具设计环境

（13）冲压模具设计功能

NX 冲压模具设计模块主要用于一般冲压模具设计及级进模设计，需要另外安装 PDW 和 EDW 安装包才能使用。冲压模设计模块中包括钣金件冲压预处理、冲压废料及排样设计、冲压零部件设计及标准件设计等。

打开模具零件，在“应用模块”选项卡中单击“工程模”或“级进模”按钮，系统进入冲压模具设计模块，在该模块中进行冲压模及级进模设计，如图 1-25 所示。

（14）设计仿真功能（有限元分析）

NX 设计仿真功能主要用于有限元分析，是进行可靠性研究的重要模块，其中提供了大量用于有限元分析的材料库，另外还可以自己定义新材料供分析使用，能够方便加载约束和载荷，模拟真实工况，同时网格划分工具也很强大，网格可控性强，方便用户对不同结构进行不同类型的网格划分。

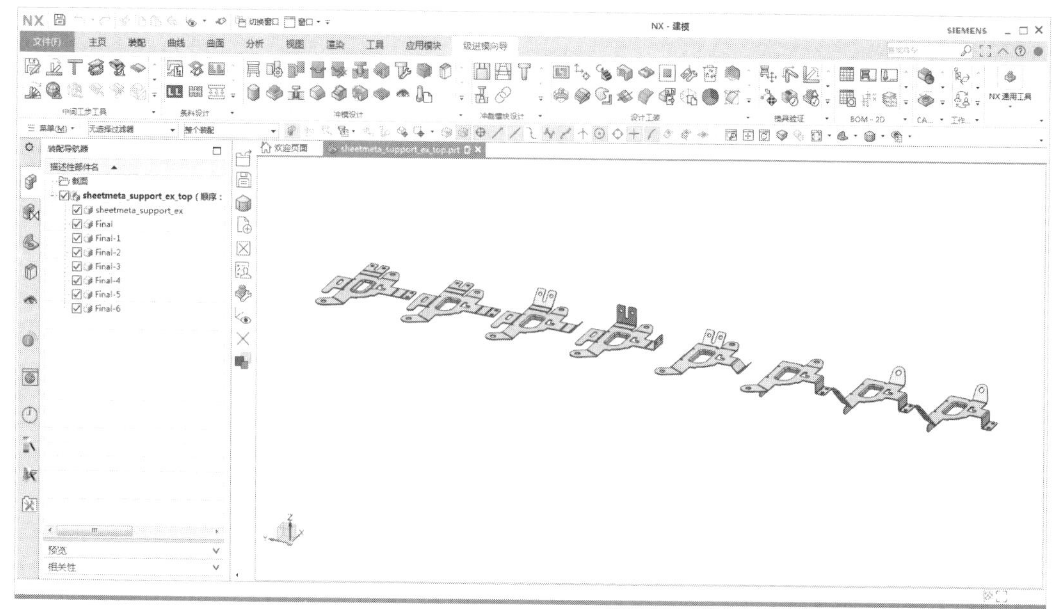

图 1-25　冲压模具设计模块

打开零件模型或装配模型，在“应用模块”选项卡中单击“设计”按钮，系统进入设计仿真模块，如图 1-26 所示。

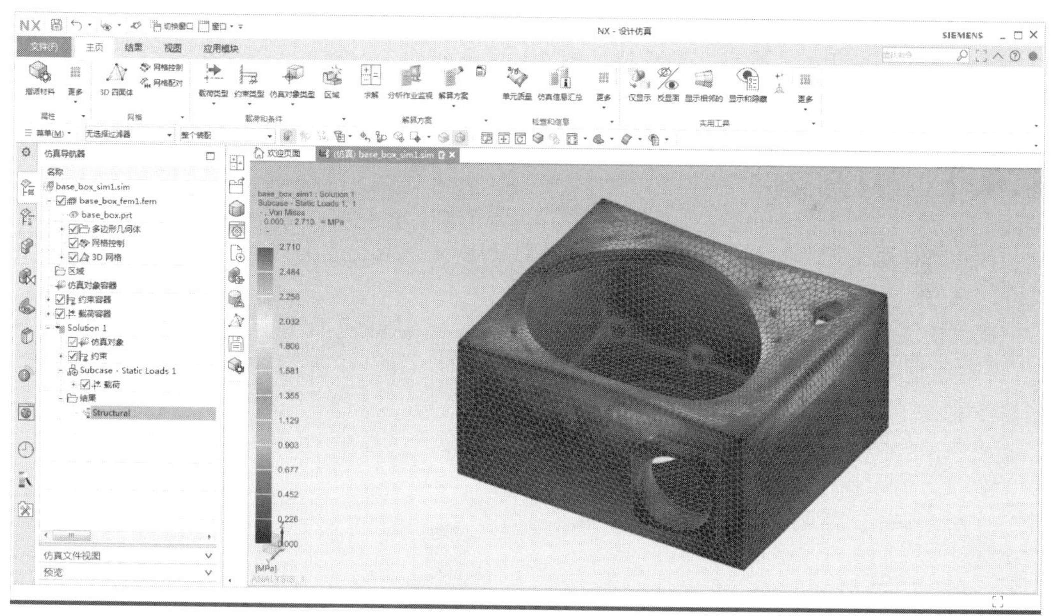

图 1-26　设计仿真模块

(15) 数控加工编程

NX 数控加工编程模块主要用于模拟数控加工操作并得出数控加工程序，在后处理中根据加工程序信息生成 NC 代码，使用该 NC 代码驱动机床加工。

打开加工零件模型，在“应用模块”选项卡中单击“加工”按钮，系统进入数控加工编程模块，如图 1-27 所示。

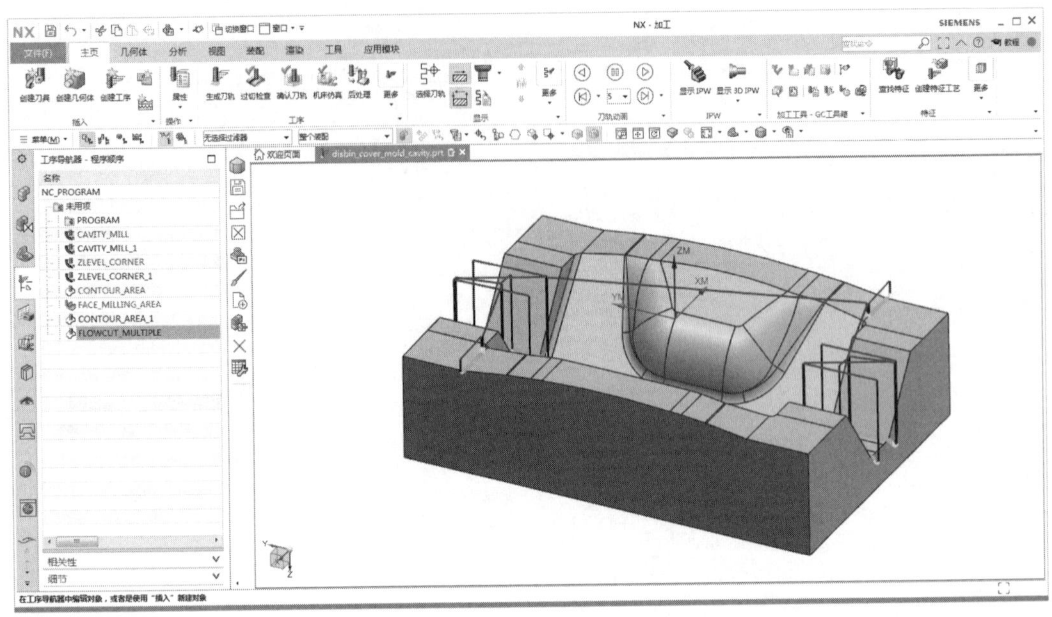

图 1-27　数控加工编程模块

1.4 NX 文件操作

正式学习和使用 NX 软件之前需要了解文件基本操作，本小节主要介绍常用文件操作，包括打开文件、新建文件、保存文件、文件交互转换及文件管理等。

1.4.1 打开文件

打开文件就是在 NX 软件中打开已经存在的 NX 文件或其他格式的文件，在 NX 中可以对打开的文件进行相关编辑。

在“快速访问工具条”中单击“打开”按钮，系统弹出如图 1-28 所示的“打开”对话框，在对话框中选择需要打开的文件，单击对话框中的“OK”按钮，打开文件并进入相应的 NX 软件环境，打开零件模型如图 1-29 所示。

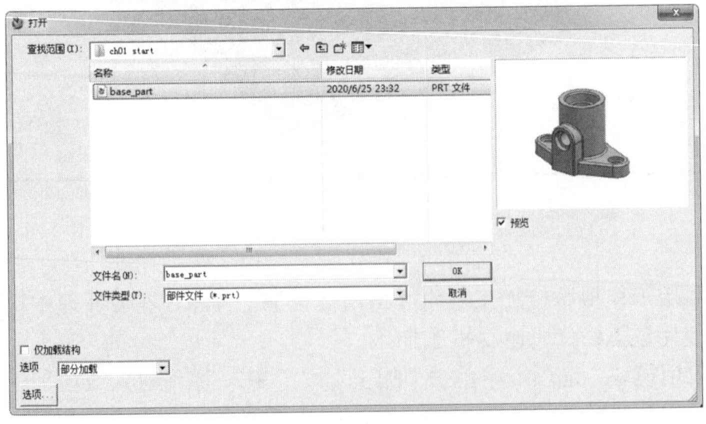

图 1-28　“打开”对话框

图 1-29　打开零件模型

说明： 打开文件时，如果打开的是零件文件，系统进入零件设计环境；如果打开的是装配文件，系统进入装配设计环境；如果打开的是工程图文件，系统进入工程图环境。

1.4.2　新建文件

在 NX 中，任何一个项目都是从新建文件开始的。例如要设计一个零件模型，可以新建一个零件文件；如果要设计一个装配产品，可以新建一个装配文件等。新建某一类型的文件，系统进入到 NX 相应的设计环境。

在“快速访问工具条”中单击“新建”按钮，系统弹出如图 1-30 所示的“新建”对话框，在该对话框中可以新建文件，下面以新建零件模型为例介绍新建文件操作。

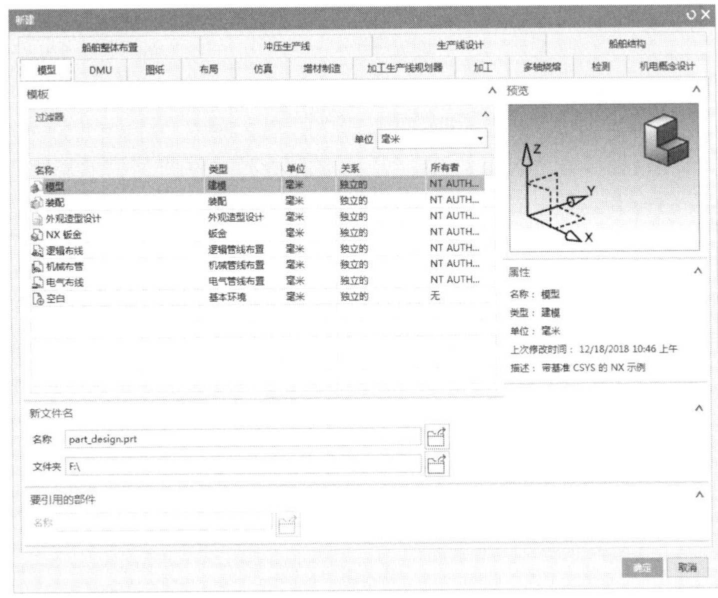

图 1-30　“新建”对话框

在“新建”对话框中单击“模型”选项卡；在“模板”区域选择“模型”表示新建零件模型文件；在“新文件名”区域的“名称”文本框中输入零件模型名称，在“文件夹”文本框中设置零件模型保存文件夹；单击“确定”按钮，完成文件新建。此时系统进入 NX 建模环境，在该环境中进行零件模型设计。

1.4.3　保存文件

完成一部分工作后，需要将工作文件及时保存。如果文件是初次新建，且在新建文件时设置了文件名称（不是系统默认的名称）及保存文件夹，这种情况下在“快速访问工具条”中单击“保存”按钮，系统直接将文件保存在指定的文件夹中。

如果在初次新建文件时采用系统默认的文件名称及保存文件夹，这种情况下在“快速访问工具条”中单击“保存”按钮，系统弹出如图 1-31 所示的“命名部件”对话框，在“名称和位置”区域的“名称”文本框中输入零件模型名称，在“文件夹”文本框中设置零件模型保存文件夹，单击“确定”按钮，保存文件。

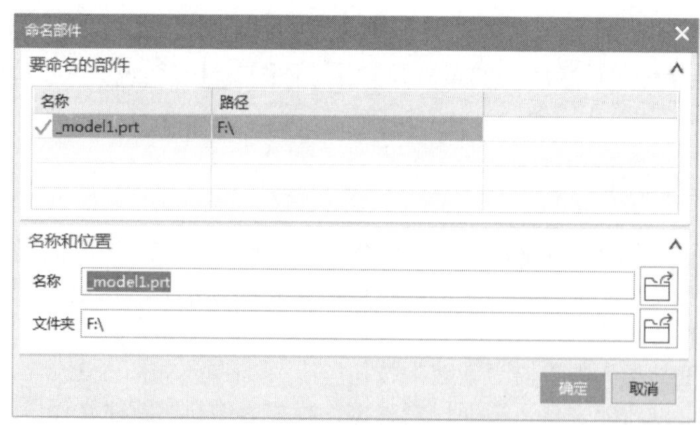

图 1-31 “命名部件”对话框

1.4.4 文件类型转换

在实际工作中，经常需要在 NX 软件中打开其他类型的文件或是将 NX 文件转换成其他类型文件并在其他软件中打开，要完成这样的操作就需要进行文件格式转换。在 NX 中主要使用“打开文件”和“另存为文件”进行文件类型转换。

说明：实际中像这样的问题很常见，例如我们在使用一些专业的分析软件（如 ANSYS）时，因为这些专业的分析软件往往在几何建模方面功能较少，所以一般不在专业分析软件中创建几何模型，都是使用 CAD 软件（如 NX）来创建几何模型，然后将模型导入专业分析软件中做分析，要完成这样的操作就需要将 CAD 做好的几何模型转换成专业分析软件能够识别的文件格式（如 stp），然后才可以顺利将几何模型导入专业分析软件中。常用软件能够识别的文件格式如图 1-32 所示。

软件类型	软件名称	常用文件格式
CAD 软件	Pro/E、Creo、UGNX、CATIA、Solidworks、Inventor、SolidEdge	stp、igs、x_t
CAE 软件	ANSYS、ABAQUS	
CAM 软件	MASTERCAM	
其他软件	3DMAX	

图 1-32 常用软件文件格式

下面打开练习文件：ugnx_jxsj\ch01 start\base_part，首先将 base_part 零件转换成 STEP 文件；然后在 NX 中打开 STEP 文件，将 STEP 文件转换成 NX 文件。

（1）将 NX 文件转换成 STEP 文件

打开 base_part 零件后，在 NX 中选择下拉菜单“文件”→“保存”→“另存为”命令，系统弹出如图 1-33 所示的“另存为”对话框，在对话框中的“保存类型”下拉列表中选择“STEP 文件（*.stp）”选项，表示将文件转换成 stp 格式，输入保存名称为 base_part，单击“OK”按钮，完成文件转换。

说明：在保存文件时，默认情况下是将当前文件保存为 NX 部件文件，在“另存为”对话框中的“保存类型”下拉列表中选择其他文件类型，可以将当前文件保存为其他类型的文件，读者可自行操作，此处不再赘述。

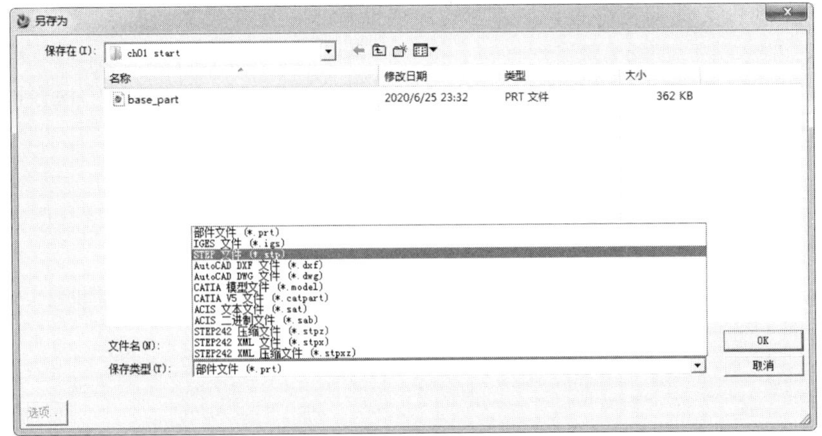

图1-33 “另存为”对话框

(2)在NX中打开STEP文件

在NX中选择“打开”命令，系统弹出如图1-34所示的“打开”对话框，在对话框中的“文件类型”下拉列表中选择“STEP文件（*.stp）”选项或“所有文件”选项，表示打开STEP文件，选择前面转换的STEP文件，采用系统默认的文件名称，单击“OK”按钮，完成文件打开。

在NX中打开STEP文件后，在模型树中显示为一个输入体，无法显示具体的几何特征，如图1-35所示，所以也无法对模型直接进行修改。

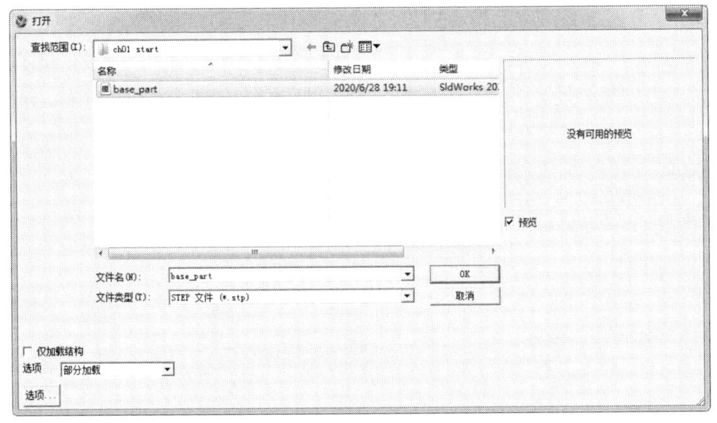

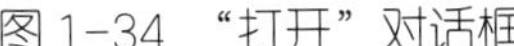

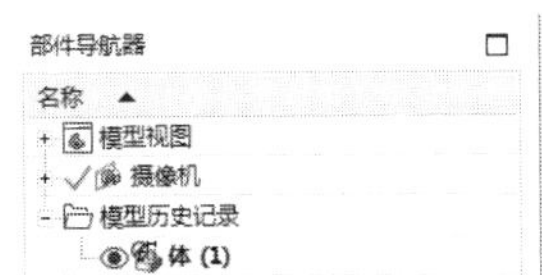

图1-34 “打开”对话框

图1-35 打开结果

1.4.5 文件管理

在实际使用NX软件的过程中经常会产生各种类型的文件，如零件文件、装配文件、工程图文件等。在实际工作时一定要重视文件管理，否则很容易出现文件丢失的问题，最终会严重影响工作效率。下面具体介绍NX文件管理操作。

(1)工作目录的理解

工作目录就是用来管理当前项目文件的文件夹。一个项目往往包括很多文件，而且这些文件之间往往是有关联的，如果不放在一起进行管理，很容易发生项目文件丢失或文件关联失效的问题，从而影响我们对项目文件的有效管理。所以在开始一个项目之前，首先要创建一个用来管理（存放）项目文件的文件夹，并且在软件中设置项目工作目录，那么我们在管理项目（打开项目文件、保存项目文件或编辑项目文件）时，系统会自动在创建的工作目录中进行，这样就不会频繁去打开不同的文件夹寻找项目文件，也不用担心项目文件最终的保存地址（系统会自动保存在工作目录中）。

（2）设置工作目录并将文件保存到工作目录

例如现在要在 NX 中进行基座零件设计，在具体设计之前，先在电脑任意位置新建一个用来管理基座零件文件的文件夹，如图 1-36 所示。

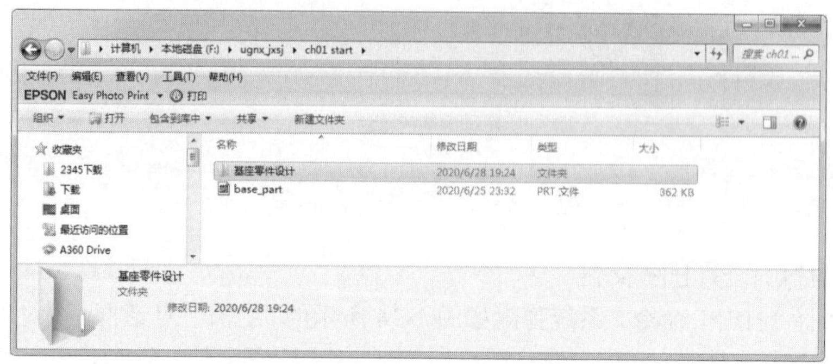

图 1-36　新建工作目录文件夹

接下来以新建零件文件为例介绍设置工作目录并将文件保存到工作目录的过程。选择“新建”命令，系统弹出“新建”对话框，在“新建”对话框中单击“模型”选项卡，在“模板”区域选择“模型”选项，在“新文件名”区域的“名称”文本框中输入零件模型名称，在“文件夹”文本框中设置零件模型保存文件夹，该文件夹就是前面建好的工作目录文件夹，如图 1-37 所示，单击“确定”按钮，完成文件新建，系统进入 NX 建模环境，在该环境中进行零件模型设计。

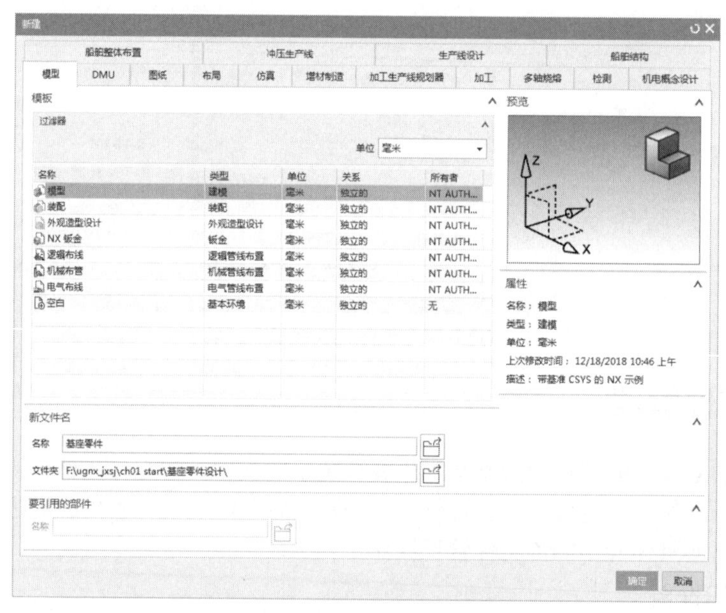

图 1-37　新建文件并设置工作目录文件夹

以后在基座零件设计过程中，随时选择“保存”命令，系统都会自动保存在以上指定的工作目录文件夹中，也就不会出现文件丢失的问题。

1.5 模型设计过程

NX 最基本的一项功能就是三维模型的设计。接下来以一个比较简单的三维模型设计为例，详细介绍使用 NX 软件进行三维模型设计的过程，借此让读者尽快熟悉 NX 软件的一些常用操作，使读者达到快速入门的目的，同时也是对本章内容的一个总结。

如图 1-38 所示的模型实例，下面具体介绍在 NX 中创建该模型的操作过程（设计过程中不考虑具体尺寸）。

（1）分析模型思路

三维模型设计基本思路：首先创建基础结构，然后创建其余结构；首先创建加材料结构，然后创建减材料结构；首先创建主体结构，最后创建细节结构。

根据以上三维模型设计基本思路，再结合本例三维模型本身，具体设计过程如下：

步骤 1　创建如图 1-39 所示的底板结构作为整个三维模型的基础结构。

步骤 2　创建如图 1-40 所示的竖直圆柱凸台（加材料过程）。

图 1-38　模型实例

图 1-39　底板基础结构

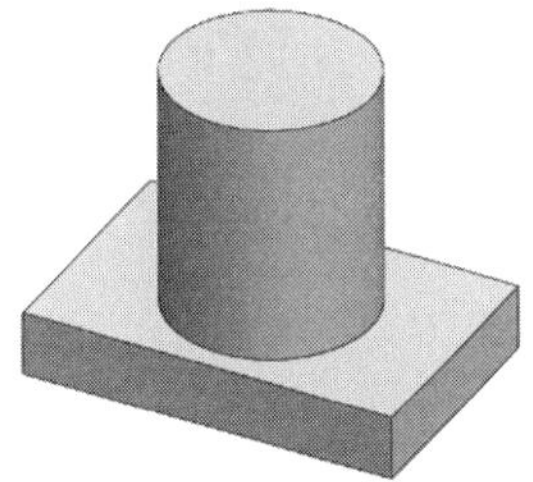

图 1-40　竖直圆柱凸台

步骤 3　创建如图 1-41 所示的水平圆柱凸台（加材料过程）。

步骤 4　创建如图 1-42 所示的竖直通孔（减材料过程）。

步骤 5　创建如图 1-43 所示的水平通孔（减材料过程）。

步骤 6　创建如图 1-44 所示的倒圆角（最后创建细节结构）。

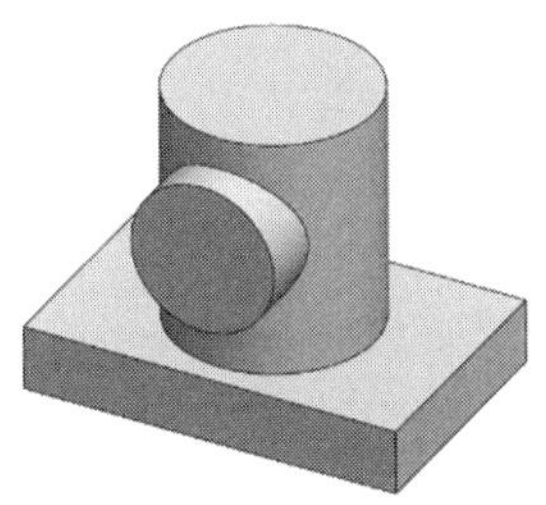

图 1-41　水平圆柱凸台

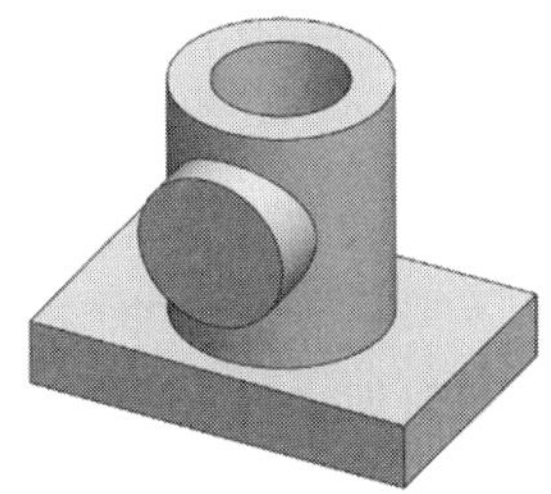

图 1-42　竖直通孔

图 1-43　水平通孔

（2）新建模型文件

三维模型设计首先要新建零件文件，同时还需要注意文件管理，也就是要新建工作目录并在新建文件时正确设置工作目录。

步骤 1　新建工作目录。在如图 1-45 所示的位置创建工作目录文件夹，重命名文件夹名称为“三维模型设计”，作为保存模型文件的工作目录。

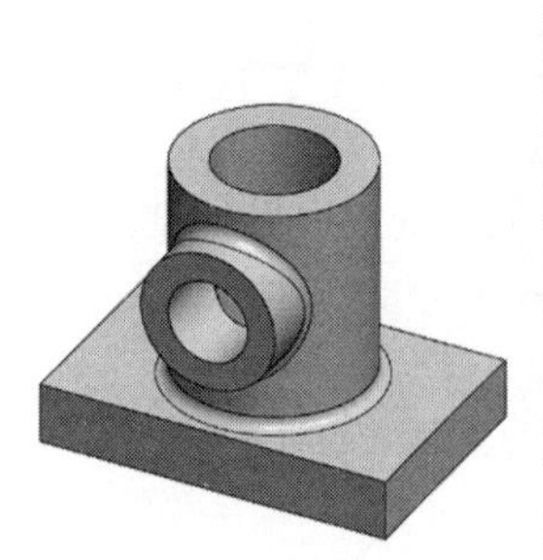

图 1-44　倒圆角

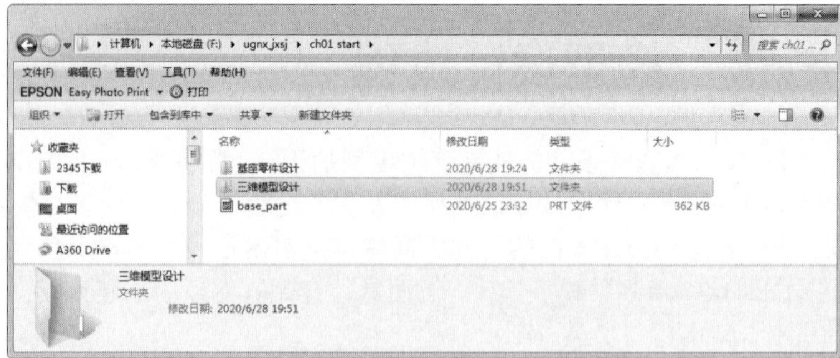

图 1-45　新建工作目录文件夹

步骤 2　新建零件文件。在“快速访问工具条”中单击“新建”按钮，系统弹出“新建”对话框，在“新建”对话框中单击“模型”选项卡，在“模板”区域选择“模型”选项，在“新文件名”区域的“名称”文本框中输入零件模型名称，在“文件夹”文本框中设置零件模型保存文件夹，如图 1-46 所示，单击“确定”按钮。

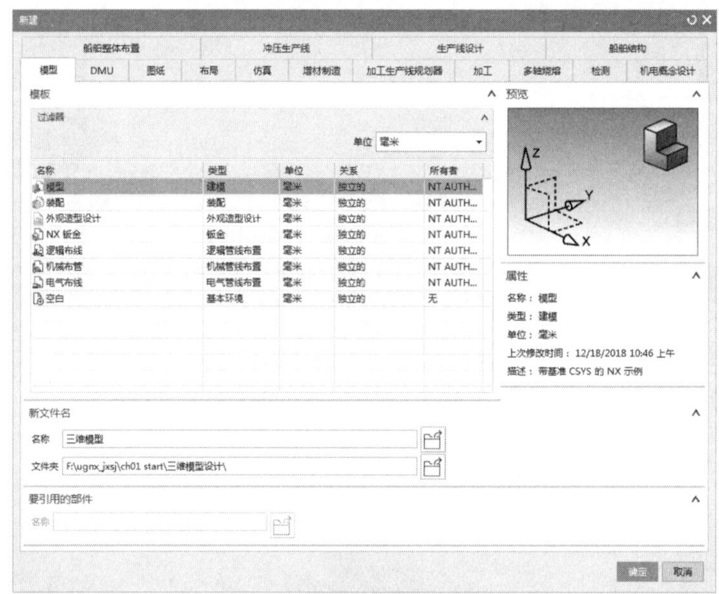

图 1-46　新建零件文件

（3）创建三维模型

接下来按照以上分析的模型设计思路创建三维模型。

步骤 1　创建如图 1-47 所示的底板。这种底板结构（板块状的结构）需要使用“拉伸”命令来创建，基本思路就是先选择平面绘制合适的草图，然后将草图沿着与草图平面垂直的方向拉伸出来得到这种底板结构。

① 选择命令。在“主页”选项卡区域单击“拉伸”按钮，系统弹出如图 1-48 所示的“拉伸”对话框，在该对话框中定义拉伸属性参数。

② 选择草图平面。在对话框“截面线”区域单击按钮，系统弹出如图 1-49 所示的“创建草图”对话框，在坐标系中选择 XY 平面为草图平面，系统进入草图环境。

③ 创建拉伸草图。在草图环境的“主页”选项卡中单击“矩形”按钮，绘制如图

1-50 所示的矩形作为拉伸截面草图，单击“完成”按钮，退出草图环境。

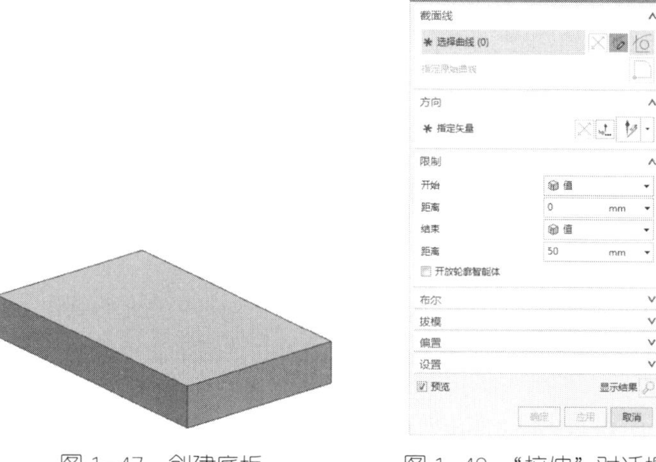

图 1-47　创建底板　　图 1-48　“拉伸”对话框

图 1-49　“创建草图”对话框

④ 定义拉伸属性。完成草图绘制后，在“拉伸”对话框中定义拉伸属性，如图 1-51 所示，同时在图形区显示拉伸预览效果，如图 1-52 所示。

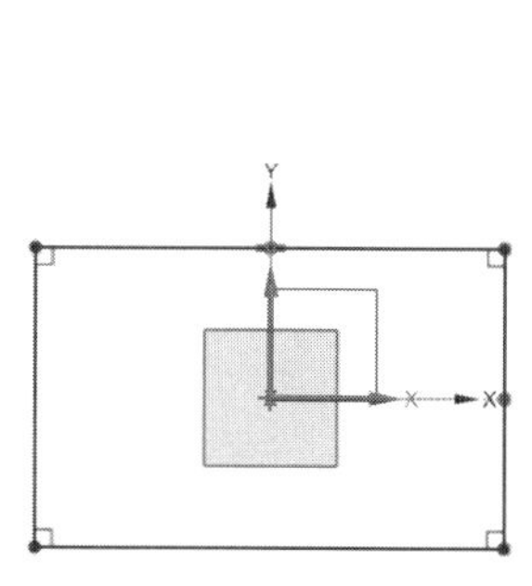

图 1-50　创建拉伸草图

图 1-51　定义拉伸属性

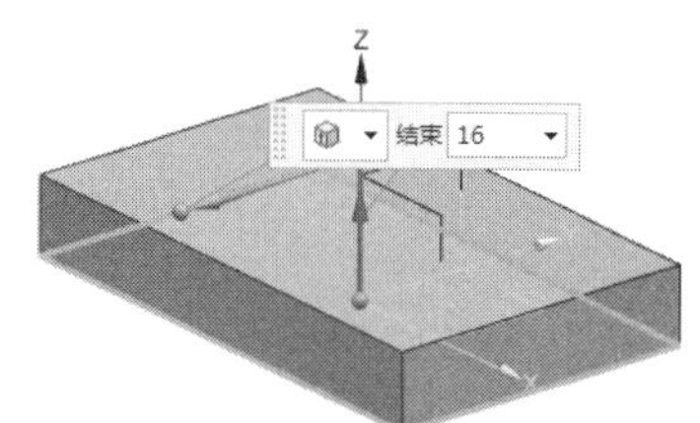

图 1-52　创建底板拉伸

⑤ 完成拉伸特征创建。在“拉伸”对话框中单击“确定”按钮，完成拉伸创建。

步骤 2　创建如图 1-53 所示的竖直圆柱凸台。这种圆柱凸台结构需要使用“拉伸”命令来创建，基本思路就是先选择平面绘制合适的草图，然后将草图沿着与草图平面垂直的方向拉伸出来得到这种圆柱凸台结构。

① 选择命令。在“主页”选项卡区域单击“拉伸”按钮。

② 选择草图平面。选择底板上表面为草图平面。

③ 绘制拉伸草图。在草图环境的“主页”选项卡中单击“圆”按钮，绘制如图 1-54 所示的圆作为拉伸截面草图，单击“完成”按钮，退出草图环境。

④ 定义拉伸属性。完成草图绘制后，在“拉伸”对话框中定义拉伸属性，定义拉伸高度如图 1-55 所示。另外，此处需要将创建的圆柱凸台与前面创建的底板合并成一个整体，在“对话框”中的“布尔”区域下拉列表中选择“合并”选项，如图 1-56 所示，表示将当前创建的对象与前面创建的对象合并成一个整体。

⑤ 完成拉伸特征创建。在“拉伸”对话框中单击“确定”按钮，完成拉伸创建。

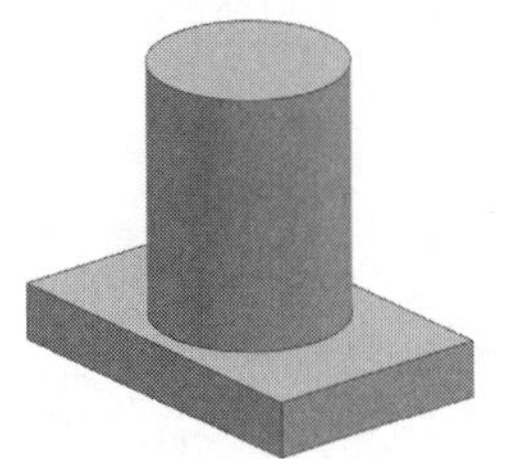
图 1-53 创建竖直圆柱凸台

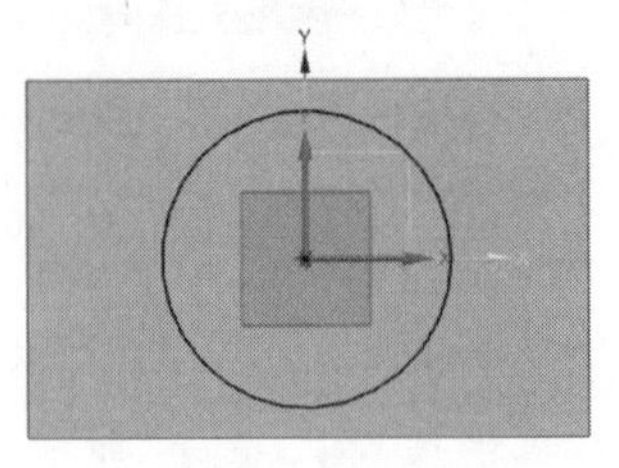
图 1-54 创建拉伸草图

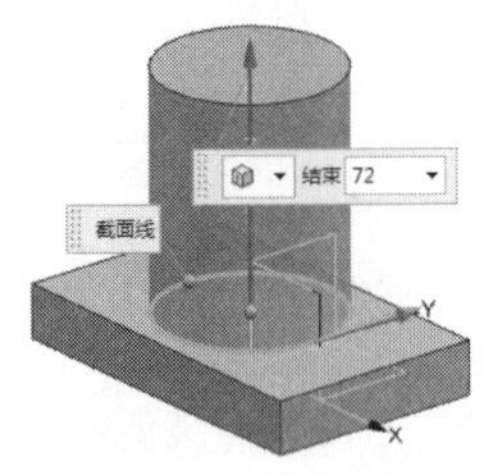

图 1-55 定义拉伸高度

步骤 3 创建如图 1-57 所示的水平圆柱凸台。这种圆柱凸台结构需要使用“拉伸体”命令来创建，基本思路就是先选择平面绘制合适的草图，然后将草图沿着与草图平面垂直的方向拉伸出来得到这种圆柱凸台结构。

① 选择命令。在“主页”选项卡区域单击“拉伸”按钮。

② 选择草图平面。选择 ZX 平面为草图平面。

③ 绘制拉伸草图。在草图环境的“主页”选项卡中单击“圆”按钮，绘制如图 1-58 所示的圆作为拉伸截面草图，单击“完成”按钮，退出草图环境。

图 1-56 选择“合并”选项

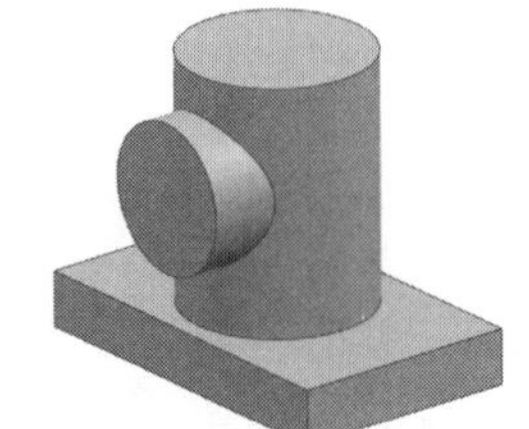
图 1-57 创建水平圆柱凸台

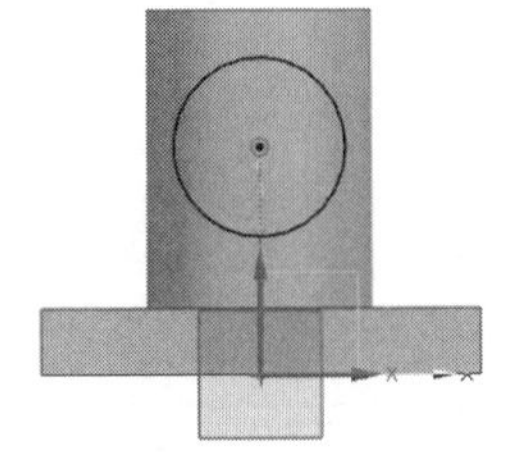
图 1-58 创建拉伸草图

④ 定义拉伸属性。完成草图绘制后，在“拉伸”对话框中定义拉伸属性，定义拉伸深度如图 1-59 所示，在“对话框”中的“布尔”区域下拉列表中选择“合并”选项。

⑤ 完成拉伸特征创建。在“拉伸”对话框中单击“确定”按钮，完成拉伸创建。

步骤 4 创建如图 1-60 所示的竖直通孔。这种竖直通孔结构同样可以使用“拉伸”命令来创建，基本思路就是首先选择平面绘制合适的草图，然后将草图沿着与草图平面垂直的方向拉伸出来并将其从已有的实体中“减去”即可得到这种通孔。

① 选择命令。在“主页”选项卡区域单击“拉伸”按钮。

② 选择草图平面。选择竖直圆柱凸台顶面为草图平面。

③ 绘制拉伸草图。在草图环境的“主页”选项卡中单击“圆”按钮，绘制如图 1-61 所示的圆作为拉伸截面草图，单击“完成”按钮，退出草图环境。

④ 定义拉伸属性。完成草图绘制后，在“拉伸”对话框中定义拉伸属性，定义拉伸高度如图 1-62 所示，另外，此处需要将创建的圆柱凸台从前面的对象中减去得到直通孔，在“对话框”中的“布尔”区域下拉列表中选择“减去”选项，如图 1-63 所示。

⑤ 完成拉伸切除创建。在“拉伸”对话框中单击“确定”按钮，完成拉伸创建。

步骤 5 创建如图 1-64 所示的水平通孔。这种水平通孔结构同样可以使用“拉伸”命令来创建，基本思路就是首先选择平面绘制合适的草图，然后将草图沿着与草图平面垂直的方向拉伸出来并将其从已有的实体中“减去”即可得到这种通孔。

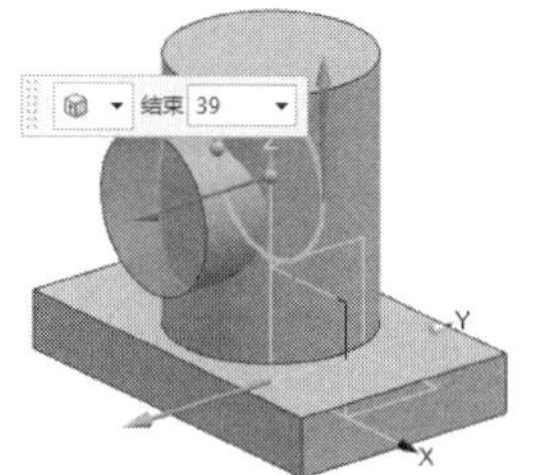

图1-59　定义拉伸深度

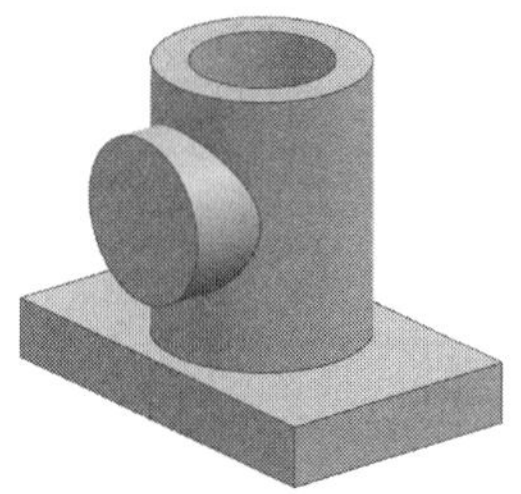

图1-60　创建竖直通孔

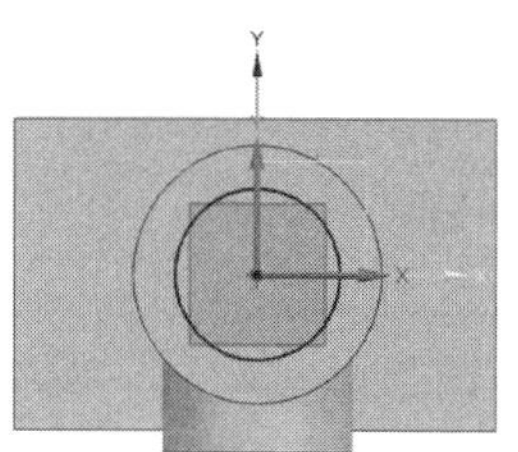

图1-61　创建拉伸草图

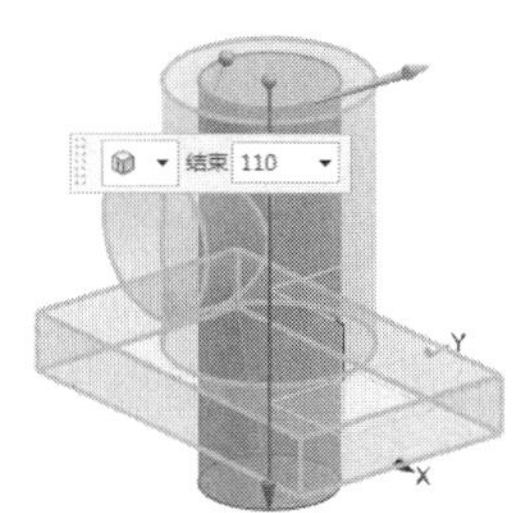

图1-62　定义拉伸高度

图1-63　定义拉伸属性

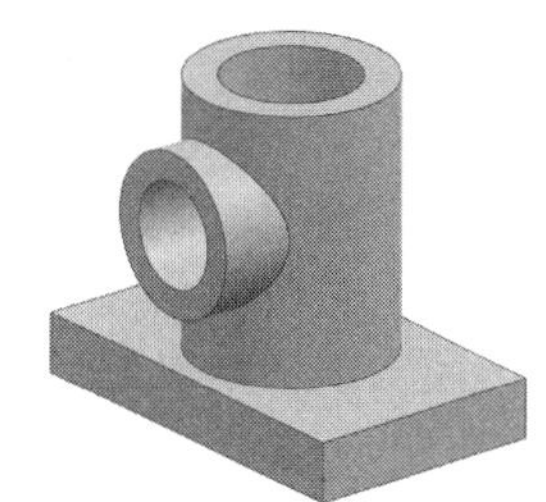

图1-64　创建水平通孔

① 选择命令。在“主页”选项卡区域单击“拉伸”按钮。

② 选择草图平面。选择ZX平面为草图平面。

③ 绘制拉伸草图。在草图环境的“主页”选项卡中单击“圆”按钮，绘制如图1-65所示的圆作为拉伸截面草图，单击“完成”按钮，退出草图环境。

④ 定义拉伸属性。完成草图绘制后，在“拉伸”对话框中定义拉伸属性，定义拉伸高度如图1-66所示，在“对话框”中的“布尔”区域下拉列表中选择“减去”选项。

⑤ 完成拉伸切除创建。在“拉伸”对话框中单击“确定”按钮，完成拉伸创建。

步骤6　创建如图1-67所示的倒圆角。在“主页”选项卡区域单击“边倒圆”按钮，选择如图1-68所示的两条模型边线，在如图1-69所示的“边倒圆”对话框中设置圆角半径为3，单击“确定”按钮，完成倒圆角创建。

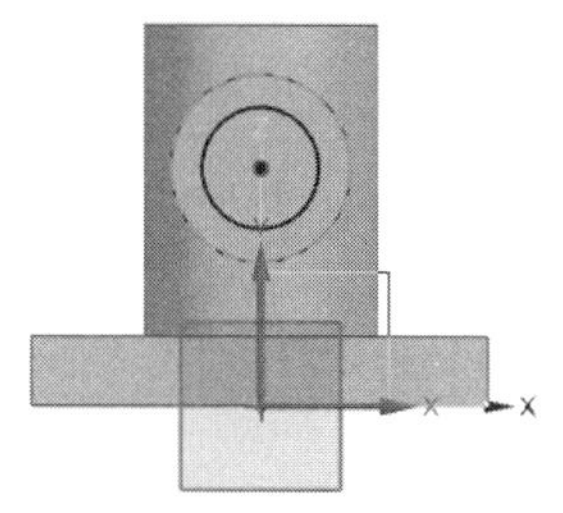

图1-65　创建拉伸草图

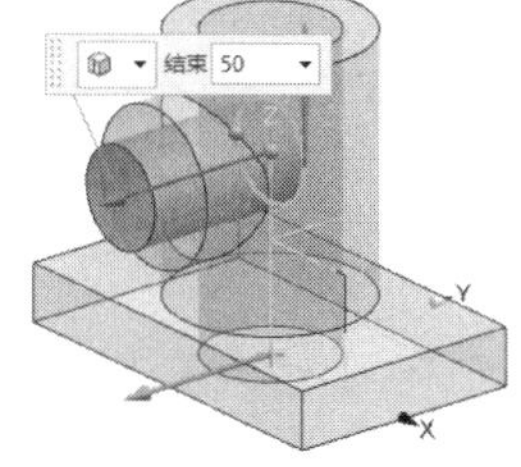

图1-66　定义拉伸深度

图1-67　创建倒圆角

完成三维模型设计后的模型树如图1-70所示，在模型树中显示模型的创建过程以及每一步所使用的命令工具，同时，模型树也是将来对模型进行编辑的重要平台。

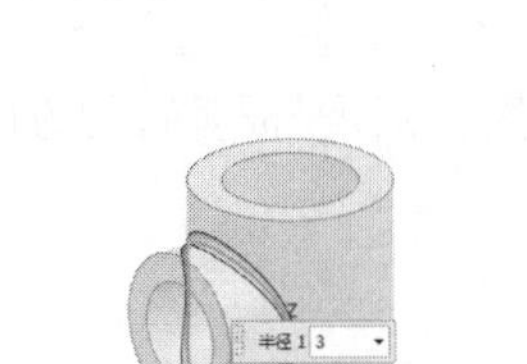

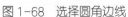

图 1-68　选择圆角边线

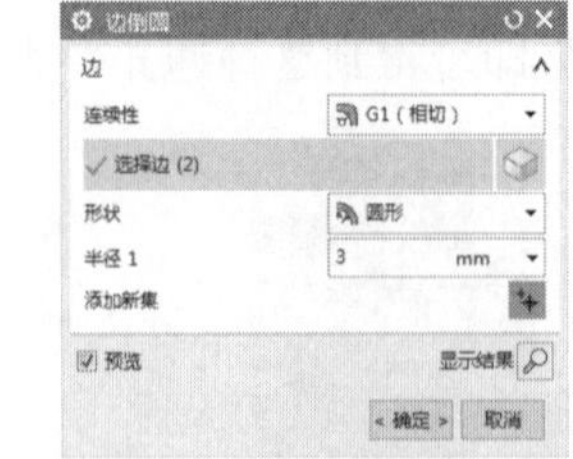

图 1-69　“边倒圆”对话框

图 1-70　模型树

（4）保存模型文件

完成模型设计后，在快速访问工具条中单击“保存”按钮，系统将三维模型保存到前面设置的工作目录中（如果没有提前设置工作目录，此处需要临时设置）。

总结：本小节详细介绍了三维模型设计过程，本例介绍的模型设计思路是针对一般三维模型设计的，也是针对软件初学者提出的一种设计思路，主要目的是想让读者尽快熟悉 NX 三维模型设计操作，为以后进一步学习打好基础。实际上，三维模型的设计还要考虑很多具体的设计因素，如草图设计问题、设计方法与设计顺序问题、设计效率与修改效率的问题、设计要求与规范性问题、设计标准的问题、面向装配设计的问题、工程图出图的问题等，这些问题对于三维建模来讲也是非常重要的，这些具体的考虑将在本书第三章“零件设计”中具体讲到。

第2章 二维草图设计

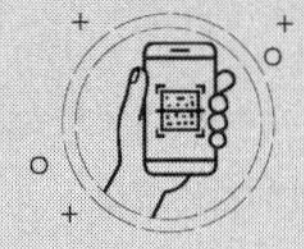

微信扫码，立即获取
全书配套视频与资源

2.1 二维草图基础

学习二维草图之前需要先认识二维草图，了解二维草图的作用及特点，还有二维草图的构成，这样能够帮助读者确定二维草图学习方向及学习目标。

2.1.1 二维草图作用

（1）用来创建三维特征

在三维设计中，三维特征的创建一般都是基于二维草图来创建的。如图 2-1 所示，绘制一个封闭的二维草图，然后使用拉伸凸台工具对二维草图进行拉伸就可以得到一个拉伸特征。如果没有二维草图，就无法使用特征设计工具创建三维特征，也就无法进行三维设计，由此可见二维草图与三维特征之间的关系。

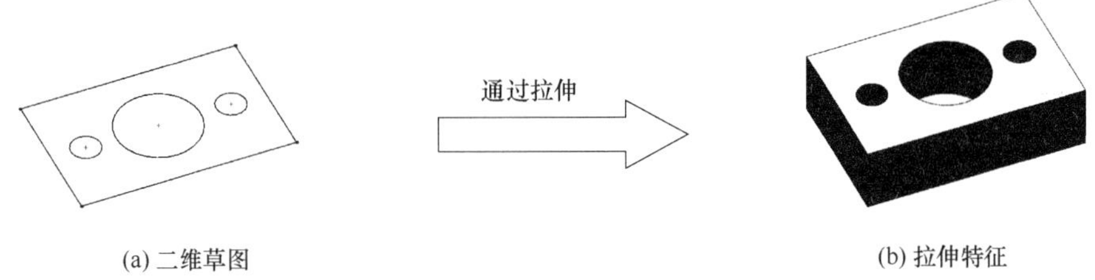

图 2-1 二维草图与三维特征的关系

另外，二维草图在三维模型中直接影响着三维模型的结构形式。如图 2-2 和图 2-3 所示的两个三维模型（模型 A 和模型 B），从这两个模型的模型树中可以看出这两个三维模型设计的思路和使用的工具都是一样的，都主要使用了“拉伸”命令。但是这两个模型依然存在着很大的差异，那么其主要原因是什么呢？其实就是在使用拉伸命令创建拉伸特征时，拉伸所使用的二维草图截面是不一样的。模型 A 中的拉伸（1）是使用图 2-2（c）中的草图进行拉伸的，模型 B 中的拉伸（1）是使用图 2-3（c）中的草图进行拉伸的。拉伸（2）所使用的二维草图截面也不尽相同，所以得到的结果是不一样的！可见二维草图对三维模型结构的影响。

（2）其他应用

二维草图除了用来创建三维特征截面，还有很多其他方面的应用：

① 在装配设计中使用草图做一些辅助参考图元辅助产品装配。

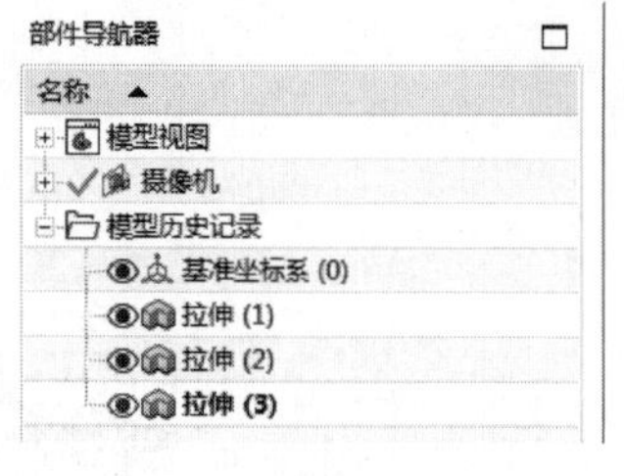

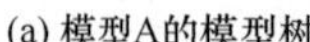
(a) 模型A的模型树

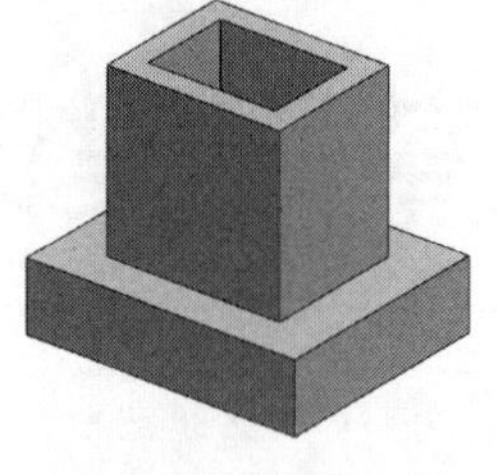
(b) 模型A

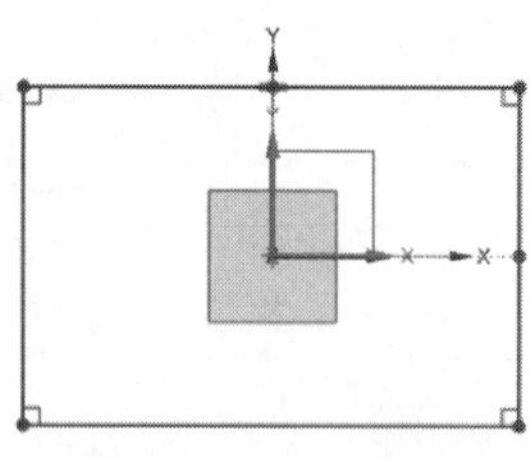
(c) 模型A中拉伸1的截面草图

图 2-2　模型 A 模型树及特征截面分析

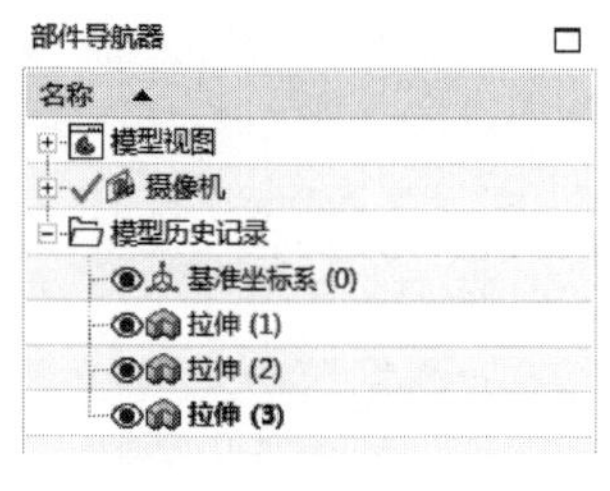

(a) 模型B的模型树

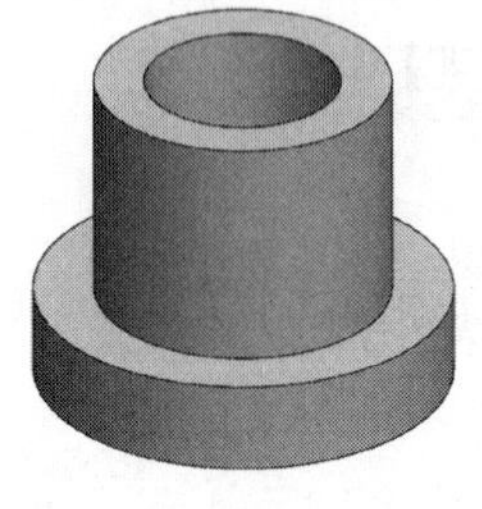
(b) 模型B

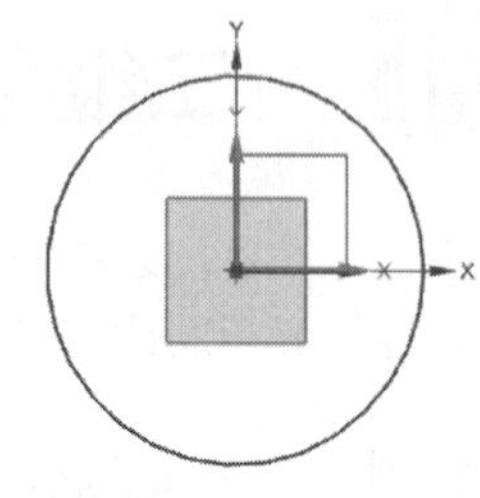
(c) 模型B中拉伸1的截面草图

图 2-3　模型 B 模型树及特征截面分析

② 在曲面设计中使用二维草图用来设计曲线线框。

③ 在工程图设计中使用二维草图处理工程图中的一些特殊问题。

④ 在自顶向下设计中使用二维草图设计骨架模型。

⑤ 在管道设计和电气设计中使用二维草图创建路径参考曲线。

综上所述，二维草图应用非常广泛，基本贯穿于整个 NX 软件的应用，所以要学好和用好 NX 软件，首先必须要熟练掌握二维草图设计！

2.1.2　二维草图构成

二维草图主要包括三大要素：草图轮廓形状，草图几何约束和草图尺寸标注。三大要素缺一不可，其中草图轮廓形状与尺寸标注属于显性要素，几何约束属于隐性要素，如图 2-4 和图 2-5 所示，草图的设计主要就是围绕这三大要素展开的。

在 NX 中绘制二维草图一定要处理好草图三要素的关系。其中草图轮廓形状与草图尺寸标注应该与设计图纸完全一致，草图约束需要根据设计图纸进行认真分析，然后在 NX 中添加合适的几何约束。NX 中的几何约束有对应的符号显示，方便用户查草图约束情况，如图 2-5 所示，图中草图附近的符号就是约束符号。

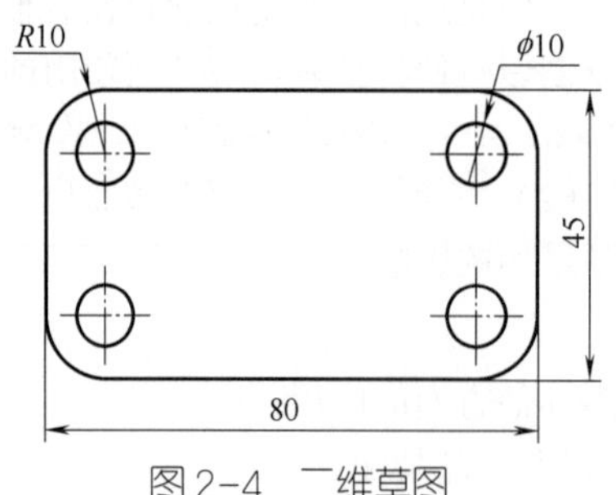

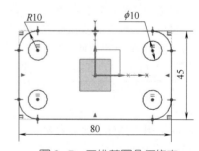

图 2-4　二维草图

图 2-5　二维草图几何约束

2.1.3 二维草图环境

NX 中包括两种草绘环境，一种是直接草图环境，另外一种是任务环境中的草图，下面具体介绍这两种草图环境。

在“建模”环境的“主页”选项卡中单击“草图”按钮，然后选择草图平面，系统进入直接草图环境，如图 2-6 所示。在直接草图环境中不仅包括草图工具，还包括常用特征工具及其他辅助工具，其中草图工具只显示出一部分，单击“更多”按钮才能选择更多的草图工具。

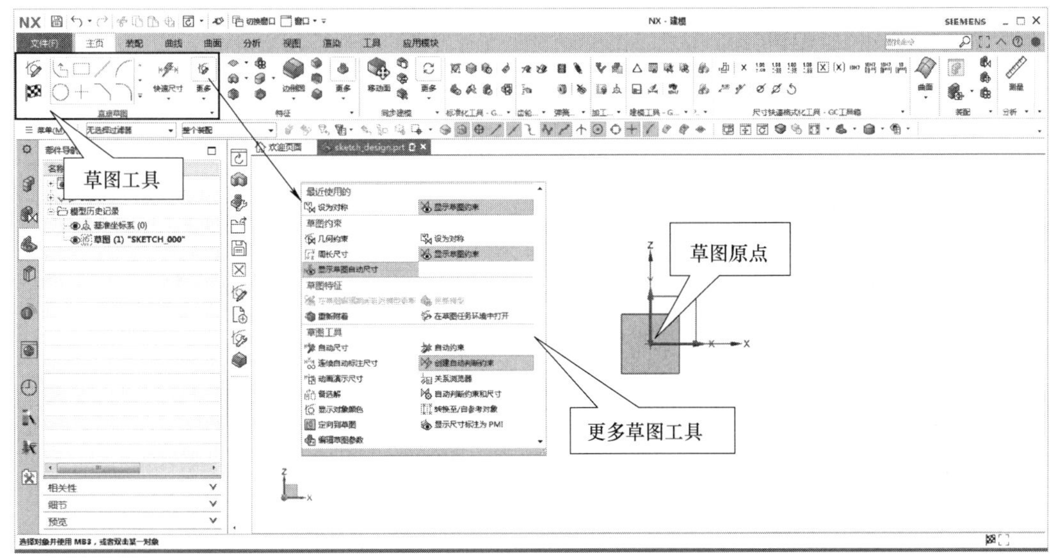

图 2-6　NX 直接草图环境

在“选择组”工具条中选择“菜单”→“插入”→“在任务环境中绘制草图”命令，然后选择草图平面，系统进入任务环境中的草图环境，如图 2-7 所示。这是 NX 中专门进行草图绘制的环境，只有草图工具，而且常用的草图工具直接显示在“主页”选项卡中，方便用户直接选用。

比较两种草图环境不难看出，在专门的草图环境中选择草图工具更方便，能够在一定程度上提高草图绘制效率，所以建议读者尽量在任务环境中的草图环境中绘制草图。但是默认情况下，在 NX 的“建模”环境“主页”选项卡中只有“草图”按钮，如图 2-8 所示。如果每次都从“选择组”的菜单中选择“在任务环境中绘制草图”命令去绘制草图，这样也比较麻烦，这种情况下可以将“在任务环境中绘制草图”命令设置到“主页”选项卡中，方便用户选用，如图 2-9 所示，设置方法如下：

在“主页”选项卡空白位置单击鼠标右键，在弹出的快捷菜单中选择“定制”命令，系统弹出如图 2-10 所示的“定制”对话框，在对话框中选择“命令”选项卡，选择“菜单”→“插入”，在右侧“项”区域选择“在任务环境中绘制草图”命令拖动到“主页”合适位置，将其定制到主页选项卡中，如图 2-9 所示。

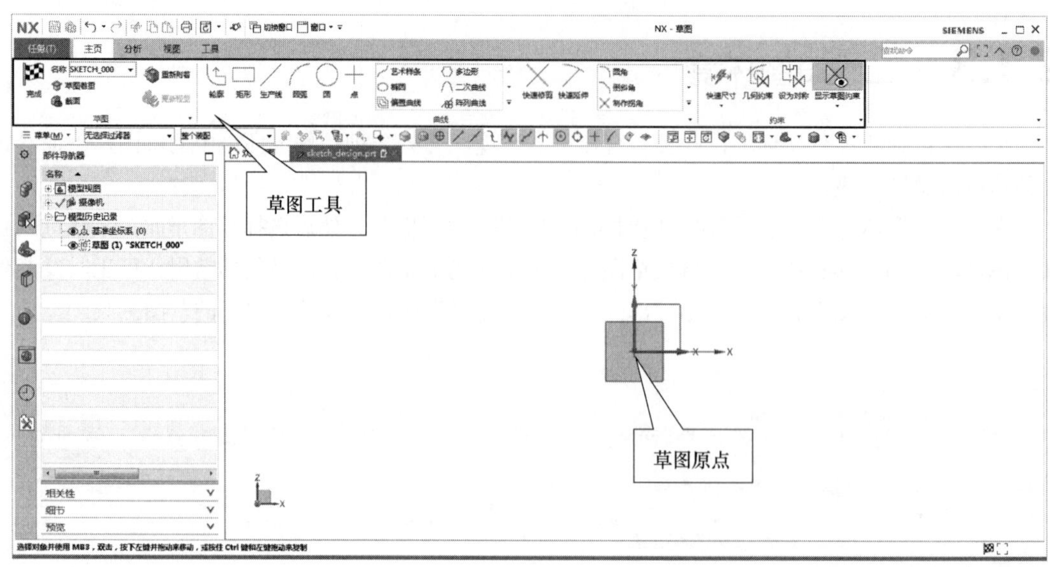

图 2-7　NX 任务环境中的草图环境

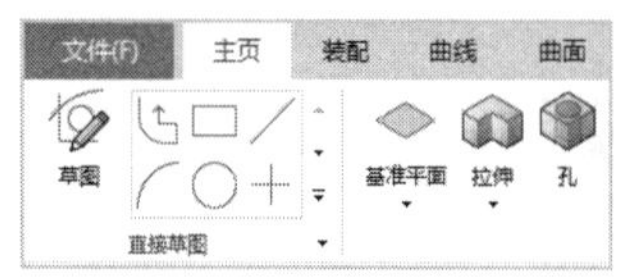

图 2-8　默认“主页”选项卡

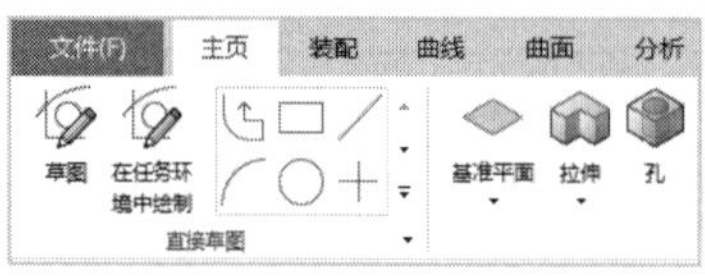

图 2-9　添加“在任务环境中绘制草图”命令

图 2-10　“定制”对话框

下面以任务环境中的草图环境为例介绍草图环境中的主要工具。

（1）草图绘制工具

在“主页”选项卡的“曲线”区域提供了多种草图绘制工具，如图 2-11 所示。

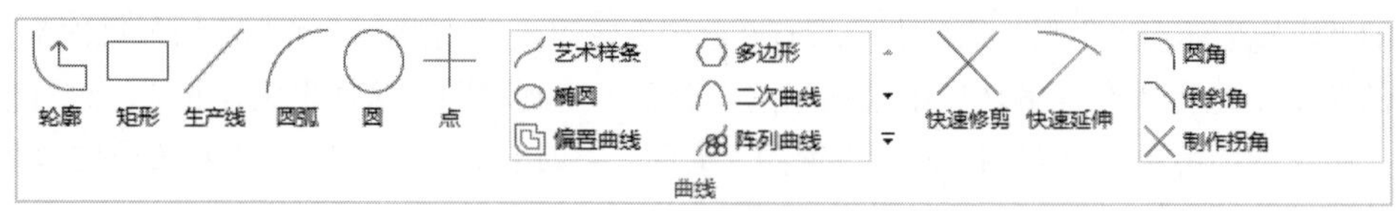

图 2-11　草图绘制工具

（2）草图几何约束

在“主页”选项卡单击“几何约束”按钮，系统弹出如图 2-12 所示的“几何约束”对话框，使用该对话框添加草图几何约束。需要注意的是，在“主页”选项卡单击“设为对称”按钮，系统弹出如图 2-13 所示的“设为对称”对话框，使用该对话框添加草图对称约束。

(3) 草图尺寸标注

在“主页”选项卡单击“快速尺寸”按钮，系统弹出如图 2-14 所示的“快速尺寸”对话框，使用该对话框添加草图尺寸标注。

(4) 草图原点

草图图形区正中间的坐标轴原点为草图原点，主要用来对草图进行位置定位。

(5) 完成草图

草图绘制完成后需要退出草图环境，在“主页”选项卡中单击“完成”按钮，系统退出草图环境，返回到当前软件模块环境。

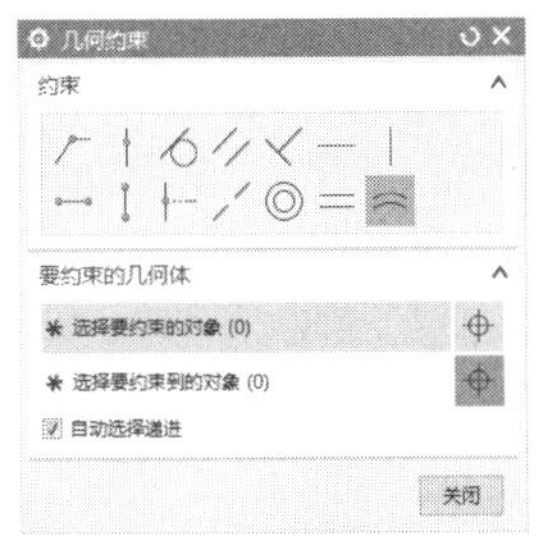

图 2-12 “几何约束”对话框

图 2-13 “设为对称”对话框

图 2-14 “快速尺寸”对话框

2.2 二维草图绘制

NX 草绘环境提供了多种草图绘制工具，帮助用户完成各种草图形状的绘制。

(1) 绘制轮廓线

“轮廓线”命令用于绘制直线、连续直线及圆弧。在“主页”选项卡中单击“轮廓线”按钮，在绘图区单击鼠标左键以确定轮廓线的第一个端点，然后拖动鼠标到合适的位置再单击鼠标左键以确定轮廓线的第二个端点，单击鼠标中键结束绘制，使用这种方法绘制直线，如图 2-15 所示。

如果要绘制连续轮廓线，在确定轮廓线的第二个端点后不用按鼠标中键，继续在合适的位置单击鼠标左键以确定轮廓线的第三个通过点及更多的通过点，在确定最后一个通过点后按鼠标中键完成连续轮廓线绘制，如图 2-16 所示。

另外，“轮廓线”命令还可以用来绘制圆弧。在绘制直线后按住直线端点并拖动鼠标可以在直线之后绘制圆弧，按住圆弧端点可以继续在圆弧后绘制圆弧，如图 2-17 所示，使用这种方法不需要另外选择“圆弧”命令绘制圆弧，实现了直线及圆弧的“一站式”绘制，提高了绘图效率。

说明： 默认情况下，在 NX 中绘制草图时系统会自动添加尺寸标注，如图 2-18 所示。自动标注尺寸节省了人工标注尺寸的麻烦，但是也会干扰草图轮廓形状的绘制，而且也会影响草图完全约束的判断（本章后面小节会详细介绍），所以建议初学者不要使用自动标注尺寸功能。选择“文件”→“首选项”→“草图”命令，系统弹出如图 2-19 所示的“草图首选项”对话框，在该对话框中取消选中“连续自动标注尺寸”选项，表示在绘制草图时不自动标注尺寸。

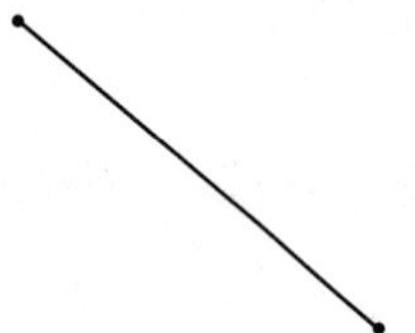
图 2-15 绘制直线

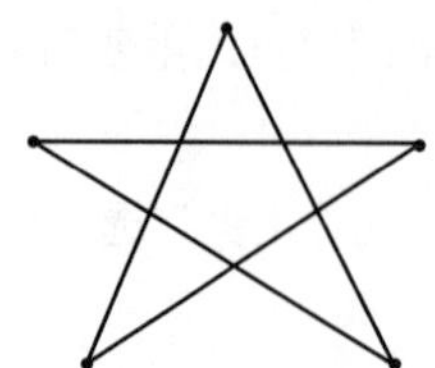
图 2-16 绘制连续轮廓线

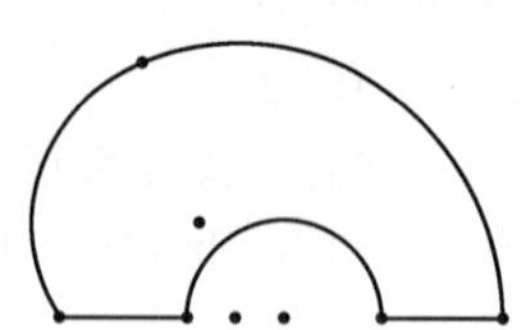
图 2-17 绘制直线及圆弧

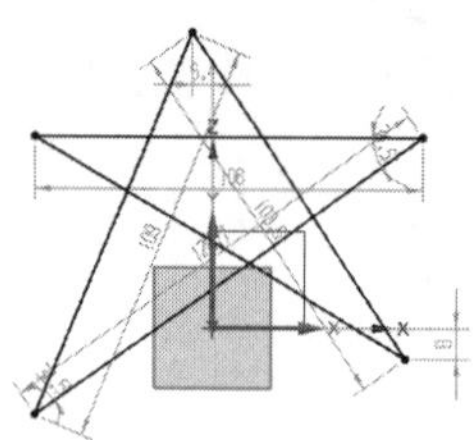
图 2-18 自动标注尺寸

图 2-19 设置草绘首选项

图 2-20 “矩形”工具条

（2）绘制矩形

“矩形”命令用于绘制矩形。在“主页”选项卡中单击“矩形”按钮□，系统弹出如图 2-20 所示的“矩形”工具条，在“矩形方法”区域包括三种绘制矩形方法：

在“矩形”工具条中单击按钮，通过单击两个点作为矩形对角点绘制矩形，如图 2-21 所示；单击按钮，通过单击三个点作为矩形三个顶点绘制矩形，如图 2-22 所示；单击按钮，通过单击矩形中心点、矩形边中点及对角点绘制矩形，如图 2-23 所示。

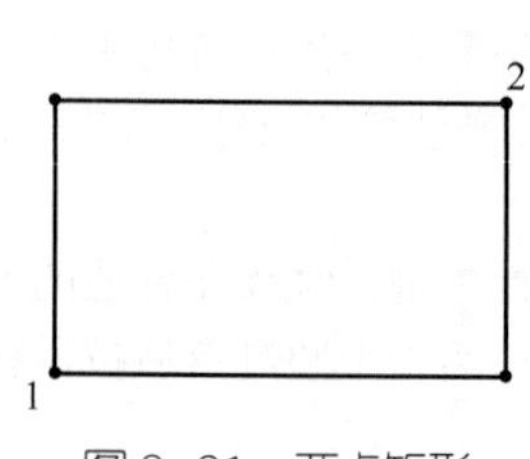

图 2-21 两点矩形

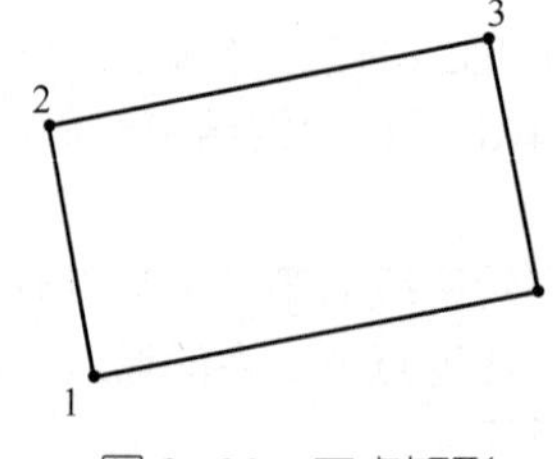

图 2-22 三点矩形

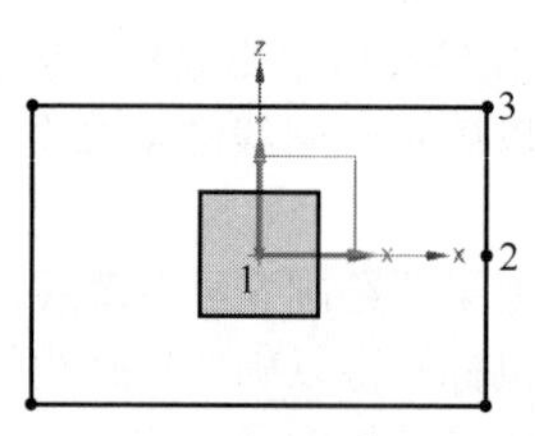

图 2-23 中心矩形

（3）绘制生产线

“生产线”命令用于绘制单条直线。在“主页”选项卡中单击“生产线”按钮╱，在绘图区单击鼠标左键以确定直线的第一个端点，然后拖动鼠标到合适的位置再单击鼠标左键以确定直线的第二个端点，系统自动结束命令得到一条单独的直线，如图 2-24 所示。继续选择直线起点及终点可以绘制多条单独直线，如图 2-25 所示。

(4) 绘制圆弧

“圆弧”命令用于绘制圆弧。在“主页”选项卡中单击“圆弧”按钮，系统弹出如图 2-26 所示的“圆弧”工具条，在“圆弧方法”区域包括两种绘制圆弧方法：

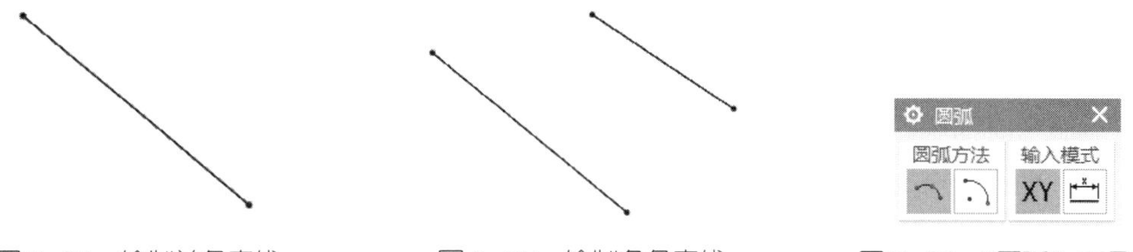

图 2-24　绘制单条直线　　图 2-25　绘制多条直线　　图 2-26　“圆弧”工具条

在“圆弧”工具条中单击按钮，通过单击三个点绘制圆弧，如图 2-27 所示；单击按钮，通过单击圆心及两个端点绘制圆弧，如图 2-28 所示。

(5) 绘制圆

“圆”命令用于绘制圆。在“主页”选项卡中单击“圆”按钮，系统弹出如图 2-29 所示的“圆”工具条，在“圆方法”区域包括两种绘制圆方法：

图 2-27　三点圆弧　　图 2-28　圆心及端点圆弧　　图 2-29　“圆”工具条

在“圆”工具条中单击按钮，通过单击圆心并拖动鼠标确定圆弧半径绘制圆，如图 2-30 所示；单击按钮，通过单击三个点绘制圆，如图 2-31 所示。

(6) 绘制点

“点”命令用于绘制草图点。在“主页”选项卡中单击“点”按钮，系统弹出如图 2-32 所示的“草图点”对话框，使用鼠标在图形区单击以确定草图点位置，如图 2-33 所示。草图点主要用于定位特征位置，如定位孔特征位置或基准轴位置。

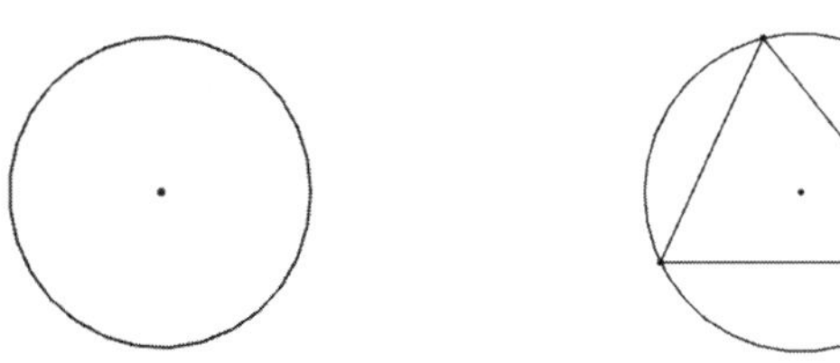

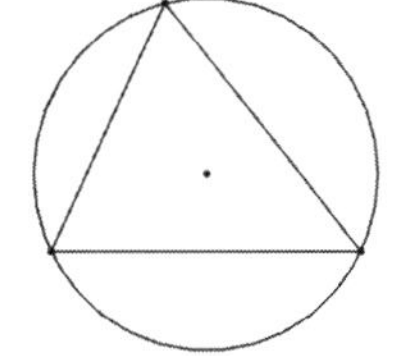

图 2-30　通过圆心及半径　　图 2-31　通过三点绘制圆弧　　图 2-32　“草图点”对话框

(7) 绘制椭圆

“椭圆”命令用于绘制椭圆。在“主页”选项卡中单击“椭圆”按钮 椭圆，系统弹出如图 2-34 所示的“椭圆”对话框，在对话框中定义椭圆中心点、椭圆大半径值、小半径值及旋转角度即可绘制椭圆，如图 2-35 所示。

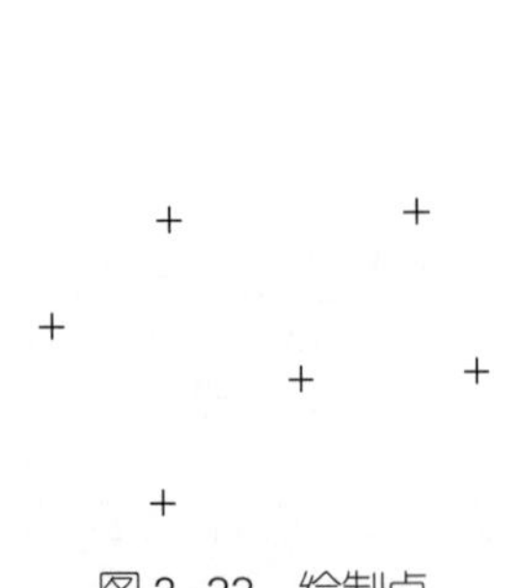

图 2-33　绘制点

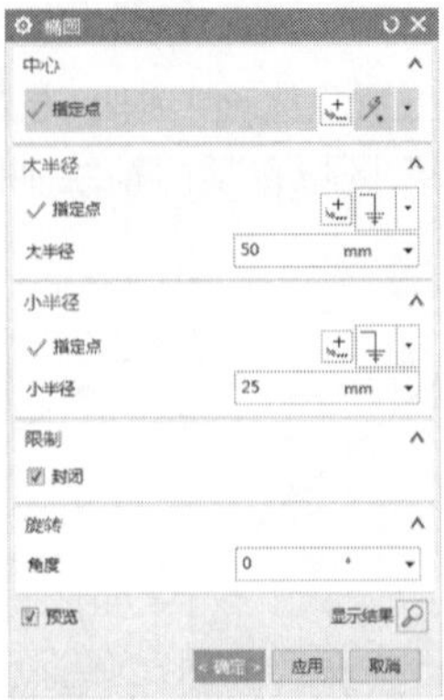

图 2-34　“椭圆”对话框

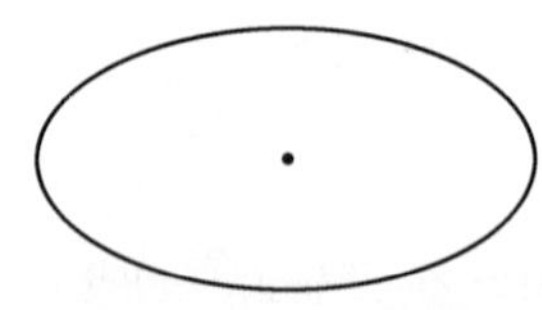

图 2-35　绘制椭圆

（8）绘制多边形

“多边形”命令用于绘制多边形。在“主页”选项卡中单击“多边形”按钮 多边形，系统弹出如图 2-36 所示的“多边形”对话框，在对话框中定义多边形中心点、多边形边数、半径方式及旋转角度即可绘制多边形，如图 2-37 所示。

图 2-36　“多边形”对话框

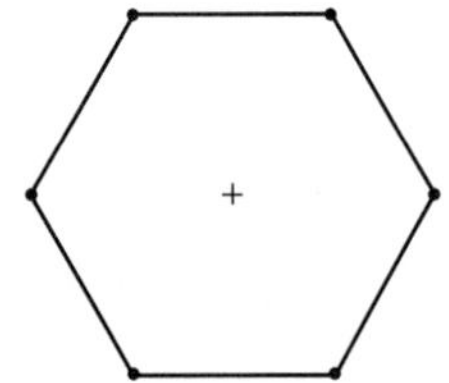

图 2-37　绘制多边形

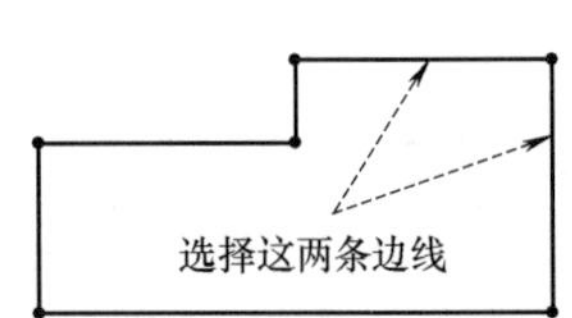

图 2-38　选择圆角边线

（9）绘制圆角

“圆角”命令用于在两条边线拐角位置创建倒圆角。在“主页”选项卡中单击“圆角”按钮 圆角，选择如图 2-38 所示的两条边线为圆角对象，系统在两条边线拐角位置创建倒圆角，结果如图 2-39 所示。

（10）绘制倒角

“倒斜角”命令用于在两条边线拐角位置创建倒角。在“主页”选项卡中单击“倒斜角”按钮 倒斜角，系统弹出如图 2-40 所示的“倒斜角”对话框，选择如图 2-38 所示的边线为倒斜角边线，系统在两条边线拐角位置创建倒斜角，结果如图 2-41 所示。

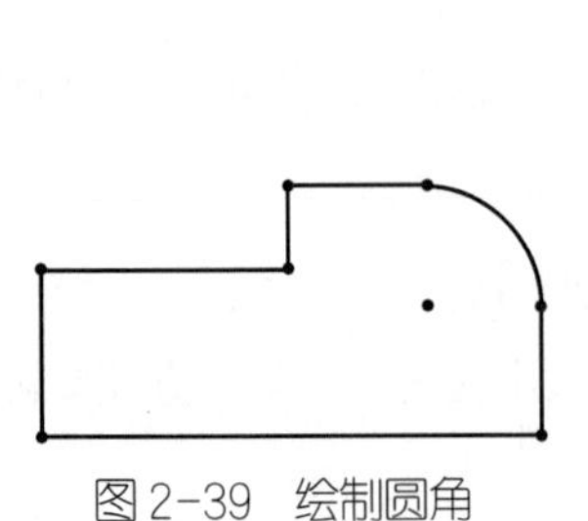

图 2-39　绘制圆角

图 2-40　“倒斜角”对话框

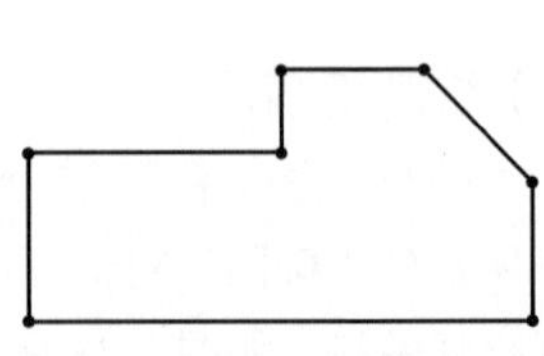

图 2-41　绘制倒斜角

在“倒斜角”对话框的“倒斜角”下拉列表中设置倒斜角方式：其中“对称”方式如图 2-42 所示，“非对称”方式如图 2-43 所示，“偏置和角度”方式如图 2-44 所示。

说明：在创建倒斜角时在对话框中选中“距离”选项，在创建倒斜角时自动添加倒斜角尺寸，如图 2-42~图 2-44 所示。

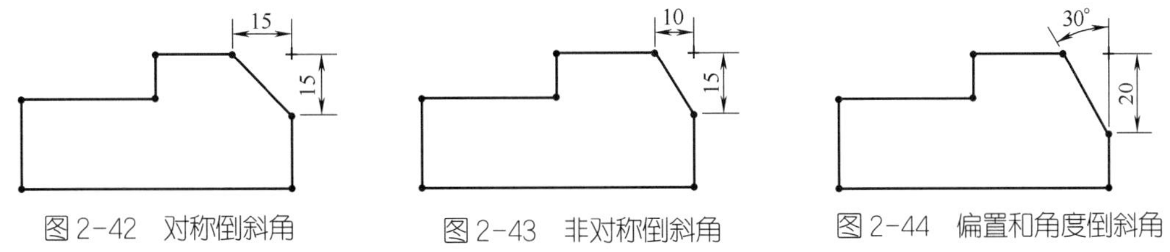

图 2-42　对称倒斜角　　图 2-43　非对称倒斜角　　图 2-44　偏置和角度倒斜角

（11）快速修剪

“快速修剪”命令用于对草图中的多余对象进行修剪。如图 2-45 所示的草图实例，需要对草图中的多余结构进行修剪得到如图 2-46 所示的修剪结果。

在“主页”选项卡中单击“快速修剪”按钮，系统弹出如图 2-47 所示的“快速修剪”对话框，按住鼠标左键，在草图中绘制如图 2-48 所示的修剪轨迹，凡是与该轨迹线相交的草图对象将被删除，结果如图 2-46 所示。

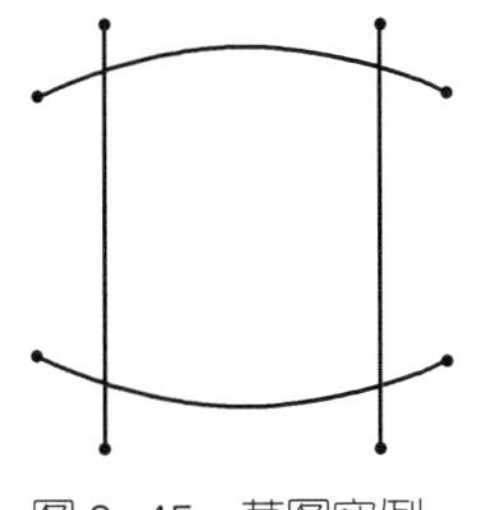

图 2-45　草图实例

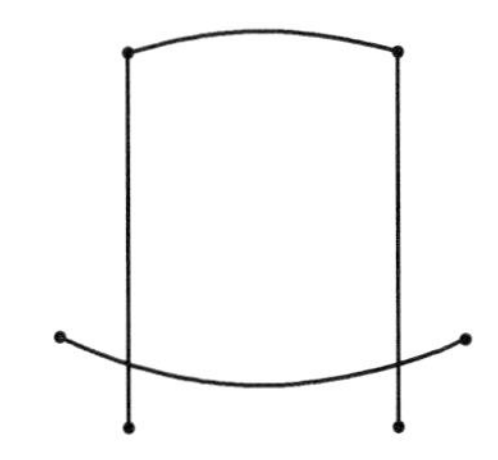

图 2-46　快速修剪结果

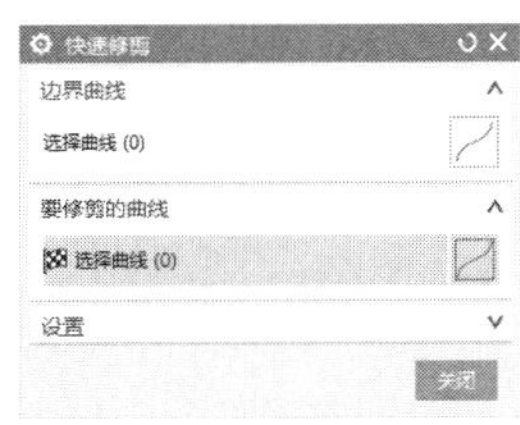

图 2-47　“快速修剪”对话框

（12）快速延伸

“快速延伸”命令用于将草图中的对象延伸到其他草图对象上。如图 2-49 所示的草图实例，需要将草图中左侧斜线延伸到右侧斜线上，使两斜线相交，这种情况下可以使用“快速延伸”命令来处理。在“主页”选项卡中单击“快速延伸”按钮，系统弹出如图 2-50 所示的“快速延伸”对话框，选择草图中左侧斜线为延伸对象，系统将该斜线自动延伸到右侧斜线上，结果如图 2-51 所示。

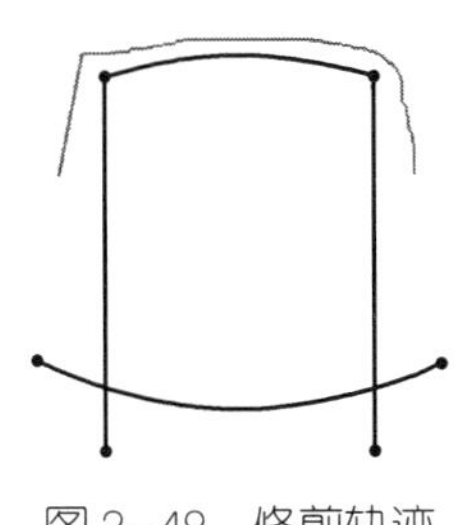

图 2-48　修剪轨迹

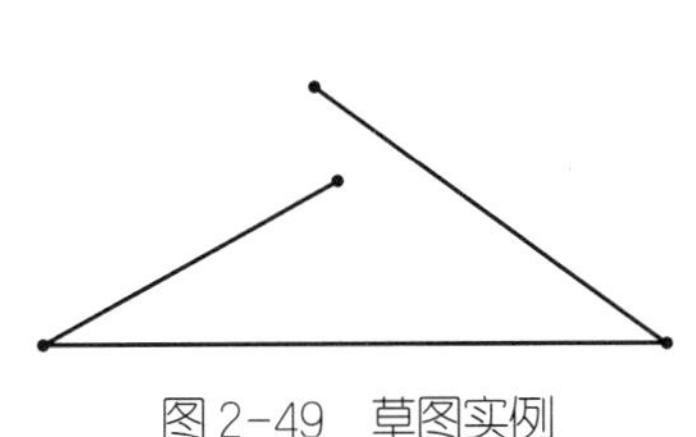

图 2-49　草图实例

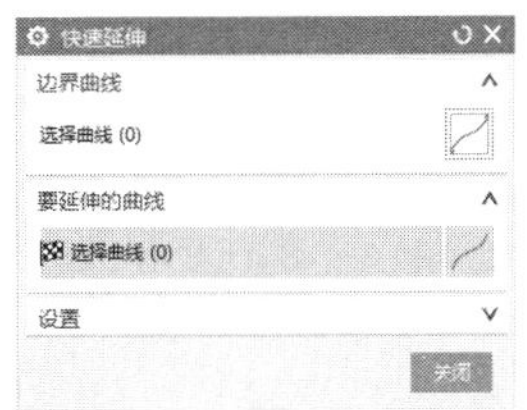

图 2-50　“快速延伸”对话框

（13）制作拐角

“制作拐角”命令用于在两条边线拐角位置创建拐角。如图 2-52 所示的草图实例，在草图中有相交的结构及断开的结构，这种情况下可以使用“制作拐角”命令对相交的位置及断开位置制作拐角。在“主页”选项卡中单击“制作拐角”按钮 制作拐角，系统弹出如图 2-53 所示的“制作拐角”对话框，分别选择草图中的竖直直线与圆弧直线为拐角对象，结果如图 2-54 所示。

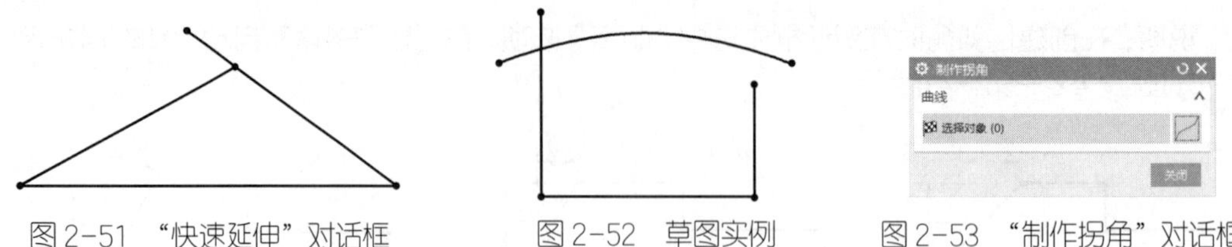

图 2-51 “快速延伸”对话框　　图 2-52 草图实例　　图 2-53 “制作拐角”对话框

(14) 偏置曲线

“偏置曲线”命令可以将已有的草图（源草图）偏移一定的距离得到一个与源草图相似的新草图，从而大大提高绘制相似草图的效率。

如图 2-55 所示的草图，需要将此草图进行偏移，偏移距离为 5mm，得到如图 2-56 所示的草图，下面具体介绍偏置曲线操作。

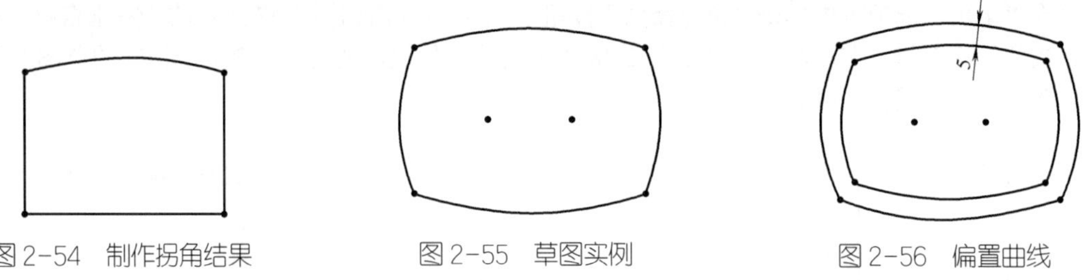

图 2-54 制作拐角结果　　图 2-55 草图实例　　图 2-56 偏置曲线

在“主页”选项卡中单击“偏置曲线”按钮 偏置曲线，系统弹出如图 2-57 所示的“偏置曲线”对话框，选择如图 2-55 所示的草图为偏置对象，在“距离”文本框中设置偏置距离为 5，单击“反向”按钮 调整偏置方向，结果如图 2-56 所示。

创建偏置曲线时首先要选择偏置曲线对象，此时要注意灵活使用“选择组”中如图 2-58 所示的“曲线选择过滤器”选择需要的偏置对象。另外，在“偏置曲线”对话框中的“端盖选项”下拉列表中设置偏置曲线拐角样式，选择“延伸端盖”选项表示按照原样偏置，如图 2-56 所示，选择“圆弧帽形体”选项表示在偏置曲线拐角位置创建圆角，如图 2-59 所示，使用这种方法省去了单独倒圆角的麻烦。

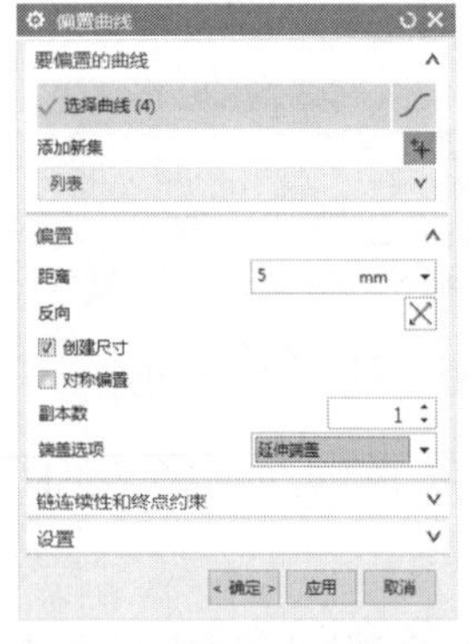

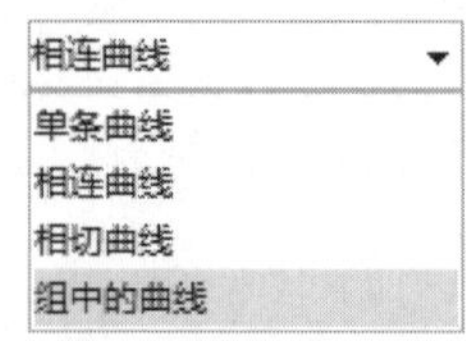

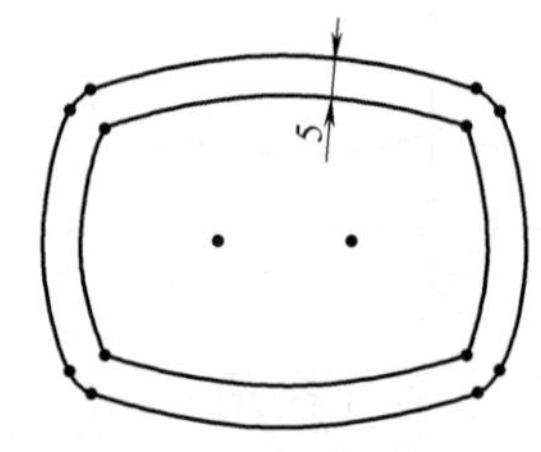

图 2-57 “偏置曲线”对话框　　图 2-58 曲线选择过滤器　　图 2-59 圆弧帽偏置曲线效果

（15）镜像曲线

对于对称结构的草图，可以使用“镜像曲线”命令来绘制草图，在实际绘制时，只需要绘制草图的一半，这样做的目的是尽可能简化草图的绘制，减小草图绘制工作量，最终提高工作效率，同时保证草图的对称关系。

如图 2-60 所示的草图，需要通过镜像操作得到如图 2-61 所示的完整草图。在“主页”选项卡中单击“镜像曲线”按钮 镜像曲线，系统弹出如图 2-62 所示的“镜像曲线”对话框，首先使用鼠标框选如图 2-63 所示的虚线部分作为要镜像的草图对象，然后在“镜像”对话框中的“中心线”区域单击并选择如图 2-63 所示的中心线为镜像中心线，在“镜像”对话框中单击“确定”按钮，完成镜像曲线操作。

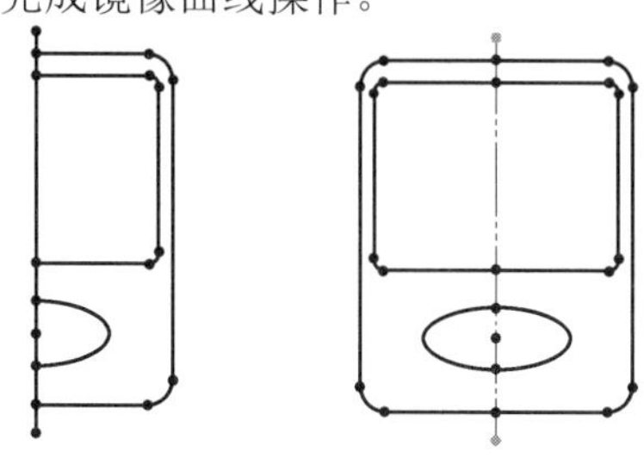

图 2-60　草图实例　图 2-61　镜像草图

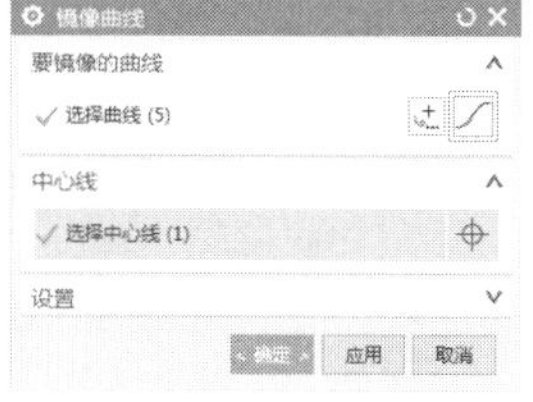

图 2-62　“镜像”对话框

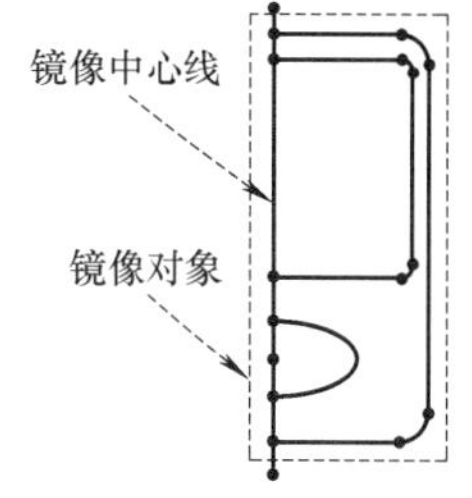

图 2-63　定义镜像对象

注意：创建镜像曲线时一定要选择一条镜像中心线，镜像中心线可以是一般直线，也可以是基准坐标系中的轴线。

在实际草图绘制时，镜像草图命令除了用来对草图的一半进行镜像操作，还经常用来对草图中的局部结构进行镜像，如图 2-64 所示。

（16）阵列曲线

草图绘制中对于具有一定规律的草图，如线性均匀分布的草图或圆周均匀分布的草图，在 NX 中可以使用“阵列曲线”命令来绘制。

① 线性阵列草图　如图 2-65 所示的草图，需要对草图中的直槽口进行阵列，得到如图 2-66 所示的草图。因为结果草图中直槽口呈矩形线性分布，因此可以使用线性阵列来绘制。

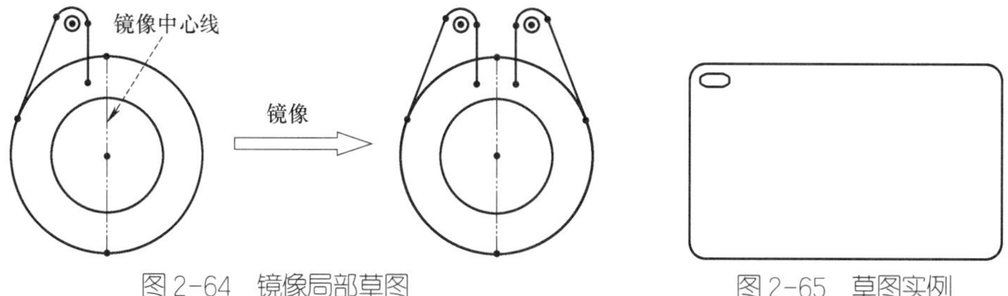

图 2-64　镜像局部草图　　图 2-65　草图实例

在“主页”选项卡中单击“阵列曲线”按钮 阵列曲线，系统弹出如图 2-67 所示的“阵列曲线”对话框，在“布局”下拉列表中选择“线性”选项，表示对草图进行线性阵列，选择草图中的直槽口为阵列对象。

在“阵列曲线”对话框中的“方向 1”区域定义第一个方向的阵列参数，选择草图中的水平线作为第一方向参考，阵列数量为 6，阵列节距为 40。

在“阵列曲线”对话框中选中“使用方向 2”选项，表示定义第二个方向的阵列参数，选择草图中的竖直线作为第二方向参考，阵列数量为 6，阵列节距为 23。

完成阵列参数设置后，此时在草图中出现阵列曲线效果，如图 2-68 所示，在“阵列曲线”对话框中单击✓按钮，完成草图线性阵列。

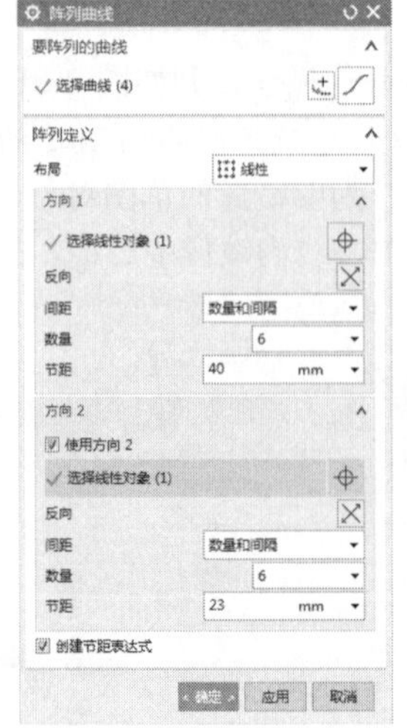

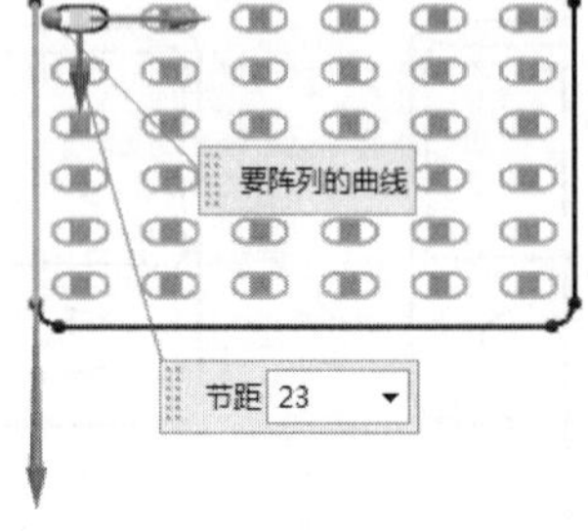

图 2-66　线性阵列　　图 2-67　“阵列曲线”对话框　　图 2-68　定义线性阵列

完成草图线性阵列后，如果想重新编辑线性阵列参数，可以在草图中选择任意一个阵列对象，单击鼠标右键，在系统弹出的如图 2-69 所示的快捷菜单中选择“编辑”命令，即可编辑草图线性阵列参数。

② 圆形阵列草图　如图 2-70 所示的草图，需要对草图中的圆弧槽口进行阵列，得到如图 2-71 所示的草图。因为草图中圆弧槽口呈圆周均匀分布，因此可以使用圆形阵列来处理。

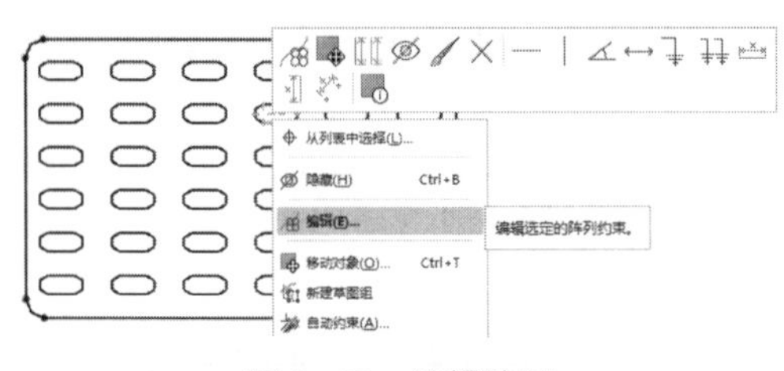

图 2-69　编辑阵列

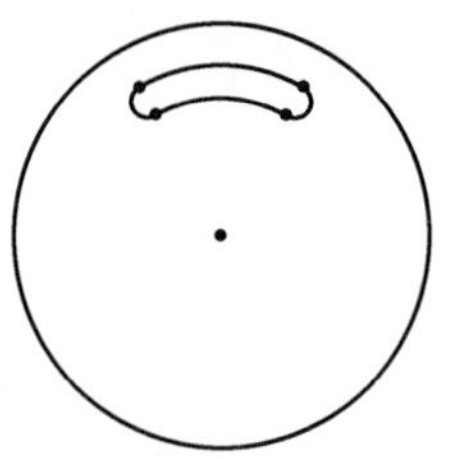

图 2-70　草图实例

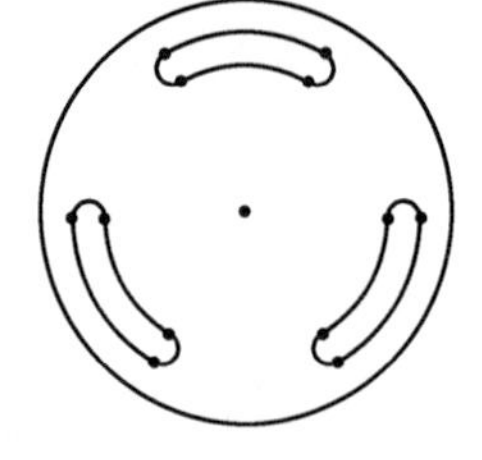

图 2-71　圆周阵列草图

图 2-72　定义圆形阵列

在“主页”选项卡中单击“阵列曲线”按钮 阵列曲线，系统弹出“阵列曲线”对话框，在“布局”下拉列表中选择“圆形”选项，表示对草图进行圆形阵列，选择草图中的圆弧槽口为阵列对象。

在草图中选择圆心点为圆形阵列旋转点，在“间距”下拉列表中选择“数量和跨距”选项，阵列数量为 3，跨角为 360°，表示在 360° 范围内均匀阵列 3 个，如图 2-72 所示，在对话框中单击✓按钮，完成草图圆形阵列。

完成草图圆周阵列后，如果想重新编辑圆周阵列参数，可以在草图中选择任意一个阵列对象，单击鼠标右键，在弹出的快捷菜单中选择“编辑圆周阵列”命令，即可编辑阵列参数。

（17）投影曲线

使用“投影曲线”工具可以将本草图以外的对象（如实体的面、边、曲线等）转换为当前草图对象，同时保证投影后的草图与源对象关联。

如图 2-73 所示的塑料盖模型，在设计塑料盖模型边缘位置的扣合结构时，需要在图 2-74 所示的基础上在轮廓边缘平面上绘制一个与塑料盖轮廓外形一致的草图，这种情况下就可以使用“投影曲线”命令来绘制。

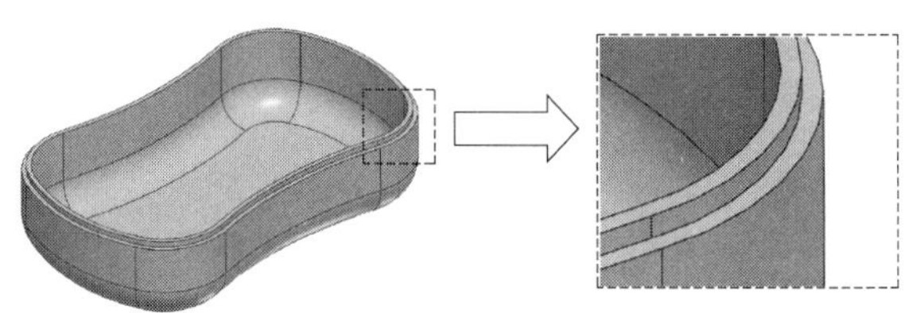

图 2-73　塑料盖模型中的扣合结构

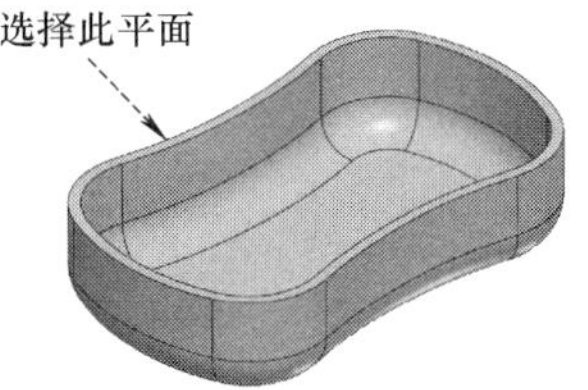

图 2-74　选择草图平面

选择“在任务环境中绘制草图”命令，选择如图 2-74 所示的轮廓边缘平面为草图平面进入草图环境，然后在“主页”选项卡中单击“投影曲线”按钮 投影曲线，系统弹出如图 2-75 所示的“投影曲线”对话框，选择如图 2-76 所示的模型边线为投影对象，在对话框中单击“确定”按钮完成投影操作，结果如图 2-77 所示。

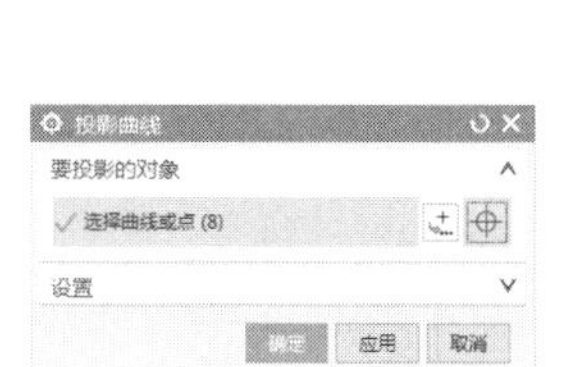

图 2-75　“投影曲线”对话框

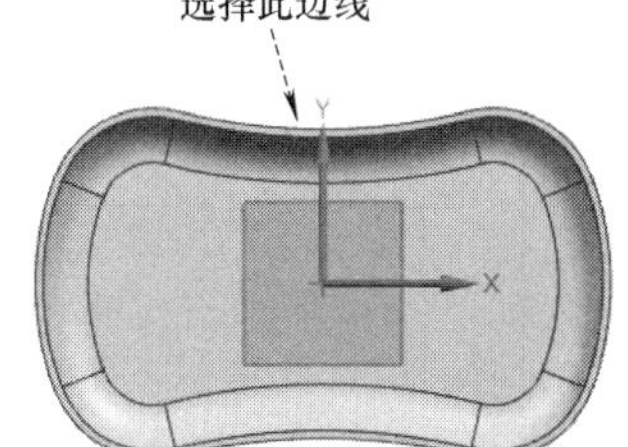

图 2-76　选择投影边线

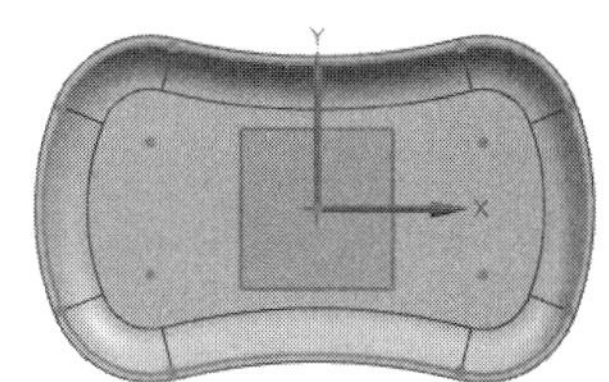

图 2-77　投影曲线结果

2.3　二维草图几何约束

草图几何约束就是指草图中图元和图元之间的几何关系，如水平、竖直、相切、垂直、平行、对称等。草图几何约束是二维草图三大要素中一个非常重要的要素，也是最难处理的要素，同时也是三大要素中唯一一个不可见的要素，在具体草图绘制过程中需要根据草图设计意图分析草图中的约束条件，然后在 NX 中使用“几何约束”命令添加合适的约束条件。

在 NX 中可以使用多种方法添加约束条件，主要包括以下三种方法。

方法一：在“主页”选项卡中单击“几何约束”按钮，系统弹出如图 2-78 所示的“几何约束”对话框，使用该对话框添加几何约束。

方法二：首先选择约束对象，然后在系统弹出的如图 2-79 所示的快捷工具条中选择约束条件，系统将约束条件添加到选择的约束对象上。

方法三：首先选择约束对象，单击鼠标右键，然后在系统弹出的如图 2-80 所示的快捷菜单中选择约束条件，系统将约束条件添加到选择的约束对象上。

需要特别注意的是，使用以上方法只能添加常用几何约束，如果需要添加对称约束，在“主页”对话框中单击“设为对称”按钮，系统弹出如图2-81所示的“设为对称”对话框，使用该对话框添加对称约束条件。

图2-78 “几何约束”对话框

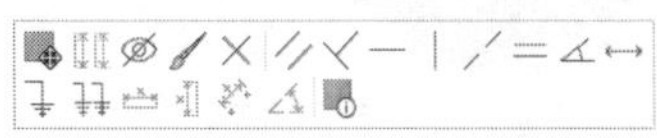

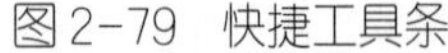

图2-79 快捷工具条

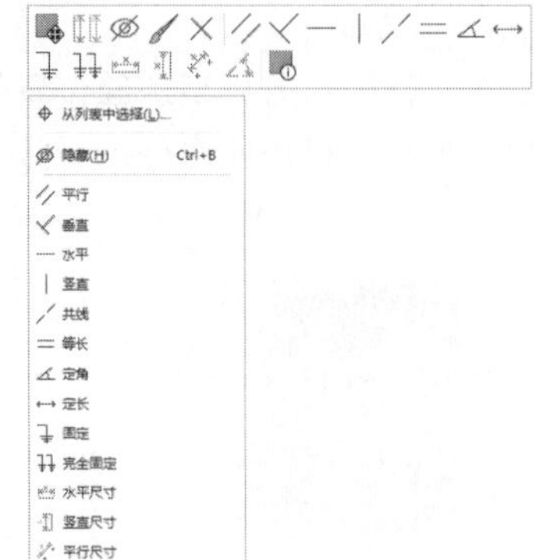

图2-80 快捷菜单

图2-81 “设为对称”对话框

（1）水平及水平对齐约束

“水平约束”可以约束直线水平，“水平对齐约束”可以约束两个点水平对齐。如图2-82所示的草图，在“几何约束”对话框中单击“水平”按钮—，选择草图中的斜线，此时约束该直线水平，如图2-83所示。

在“几何约束”对话框中单击“水平对齐”按钮，选择如图2-83所示草图中的左右两条直线的端点，此时约束两个点水平对齐，如图2-84所示。

图2-82 水平约束示例

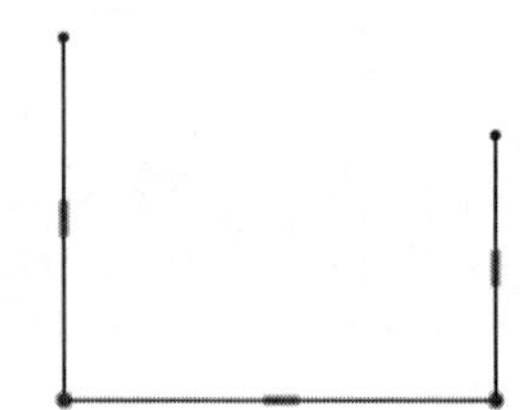

图2-83 添加直线水平约束

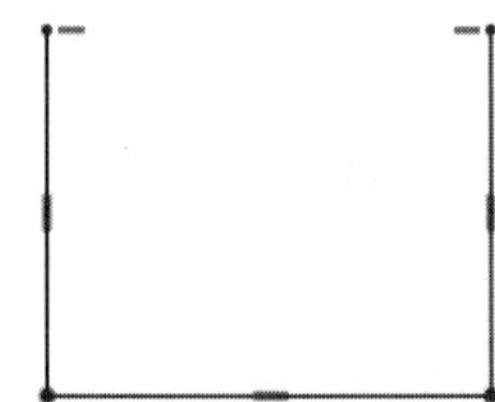

图2-84 添加点水平对齐

（2）竖直及竖直对齐约束

“竖直约束”可以约束直线竖直，“竖直对齐约束”可以约束两个点竖直对齐。如图2-85所示的草图，在“几何约束”对话框中单击“竖直”按钮｜，选择草图中的斜线，此时约束该直线竖直，如图2-86所示。

在“几何约束”对话框中单击“竖直对齐”按钮，选择如图2-86所示草图中的左右两条直线的端点，此时约束两个点竖直对齐，如图2-87所示。

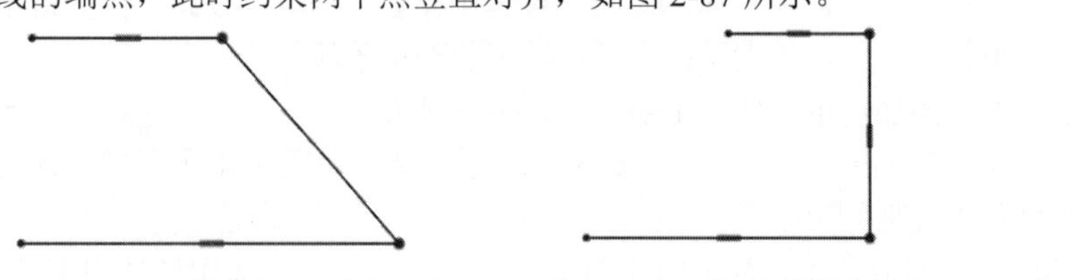

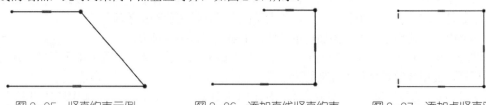

图2-85 竖直约束示例　　图2-86 添加直线竖直约束　　图2-87 添加点竖直对齐

（3）平行约束

“平行约束”可以使两条直线平行。如图2-88所示的草图，在“几何约束”对话框中单击“平行”按钮，选择草图中上部斜线和底边，此时约束这两条直线平行，结果如图2-89

所示。

（4）垂直约束

“垂直约束”可以使两条直线相互垂直。如图 2-90 所示的草图，在“几何约束”对话框中单击“垂直”按钮，选择草图中的两条斜线，此时约束两直线垂直，如图 2-91 所示。

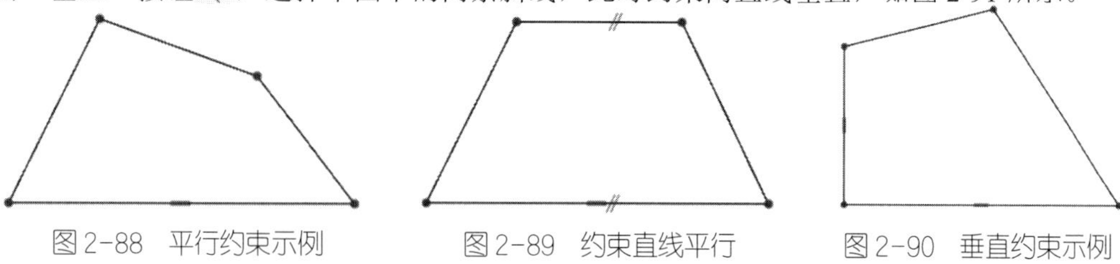

图 2-88　平行约束示例　　图 2-89　约束直线平行　　图 2-90　垂直约束示例

（5）中点约束

“中点约束”可以将点约束到草图对象的中点位置。如图 2-92 所示的草图，在“几何约束”对话框中单击“中点”按钮，选择草图中小圆圆心和直槽口上部直线，此时约束圆心点在直线中点位置，结果如图 2-93 所示。

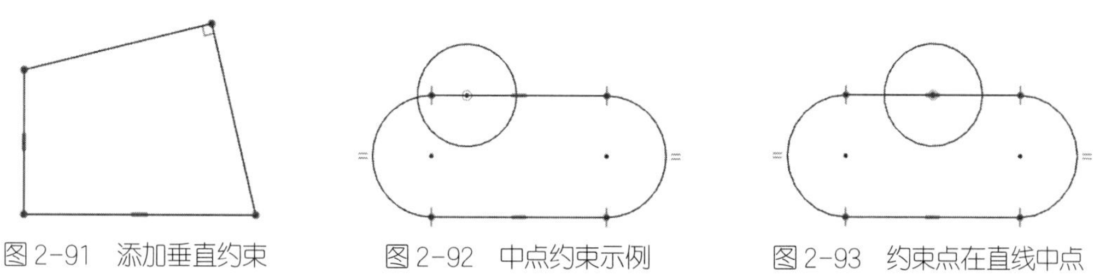

图 2-91　添加垂直约束　　图 2-92　中点约束示例　　图 2-93　约束点在直线中点

（6）点在曲线上约束

使用“点在曲线上约束”约束点与其他草图对象重合（不一定在中点）。如图 2-94 所示的草图，在“几何约束”对话框中单击“点在曲线上”按钮，选择草图中的圆心和矩形上部边线，此时约束圆心与直线重合，结果如图 2-95 所示。

（7）重合约束

使用“重合约束”约束点与点合并。如图 2-96 所示的草图，在“几何约束”对话框中单击“重合”按钮，选择两个端点，此时约束两个端点重合，结果如图 2-97 所示。

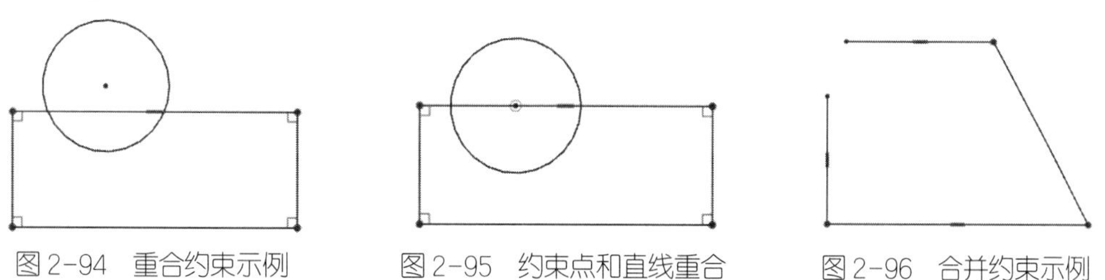

图 2-94　重合约束示例　　图 2-95　约束点和直线重合　　图 2-96　合并约束示例

（8）共线约束

“共线约束”可以使两条直线共线对齐。如图 2-98 所示的草图，在“几何约束”对话框中单击“共线”按钮，选择草图中上部两侧直线，此时约束两条直线共线对齐，结果如图 2-99 所示。

（9）相切约束

“相切约束”可以使圆弧与直线或圆弧与圆弧相切。如图 2-100 所示的草图，在“几何约束”

对话框中单击“相切”按钮，选择水平直线与右侧圆弧，此时约束圆弧与直线相切，如图2-101所示；选择如图2-101所示草图中的两个圆弧，此时约束两圆弧相切，如图2-102所示。

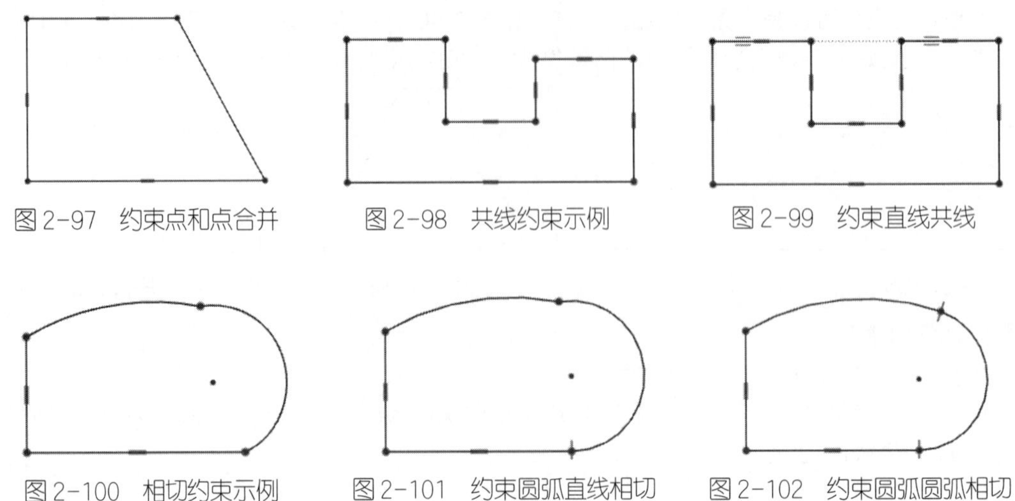

图2-97　约束点和点合并　　图2-98　共线约束示例　　图2-99　约束直线共线

图2-100　相切约束示例　　图2-101　约束圆弧直线相切　　图2-102　约束圆弧圆弧相切

（10）等长约束

“等长约束”可以使两条直线相等。如图2-103所示的草图，在“几何约束”对话框中单击“等长”按钮，选择草图中的两条斜线，此时约束两条斜线等长，结果如图2-104所示。

（11）等半径约束

使用“等半径约束”可以约束圆弧及圆等半径。如图2-105所示的草图，在“几何约束”对话框中单击“等半径”按钮，选择草图中的两个圆弧，此时约束两个圆弧等半径，结果如图2-106所示；选择草图中的两个圆，此时约束两个圆等半径，结果如图2-107所示。

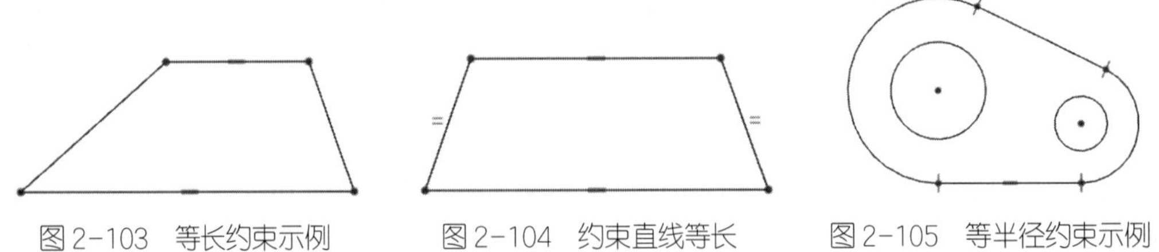

图2-103　等长约束示例　　图2-104　约束直线等长　　图2-105　等半径约束示例

（12）同心约束

使用“同心约束”可以使两个圆或圆弧同心。如图2-108所示的草图，在“几何约束”对话框中单击“同心”按钮，选择草图中的圆弧和圆，此时约束圆弧和圆同心，结果如图2-109所示。

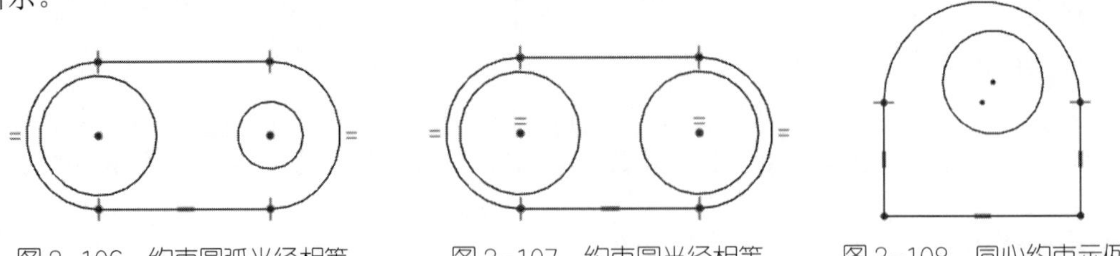

图2-106　约束圆弧半径相等　　图2-107　约束圆半径相等　　图2-108　同心约束示例

（13）对称约束

使用“对称约束”可以使两个点关于一条中心线对称。如图 2-110 所示的草图，在“主页”对话框中单击“设为对称”按钮，系统弹出“设为对称”对话框，依次选择草图中的两条斜线底部端点为对称对象，选择草图中的竖直直线为对称中心线，在对话框中选中“设为参考”选项，此时约束两条斜线底部端点关于中心线对称，同时中心线转换为参考线，结果如图 2-111 所示。

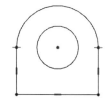

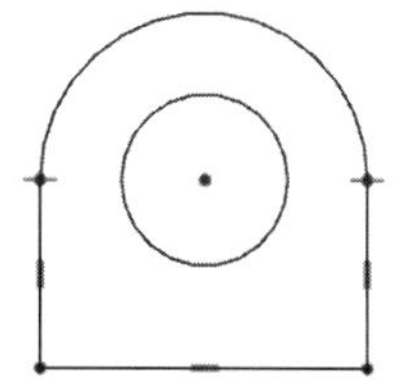
图 2-109　约束圆和圆弧同心

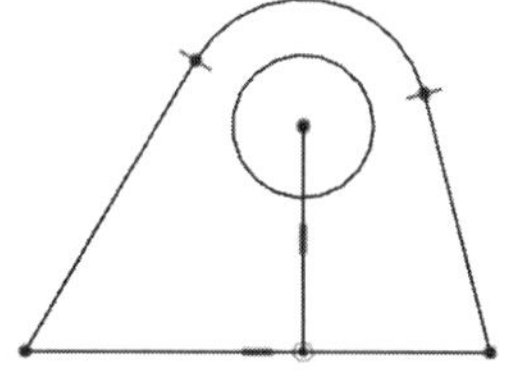
图 2-110　对称约束示例

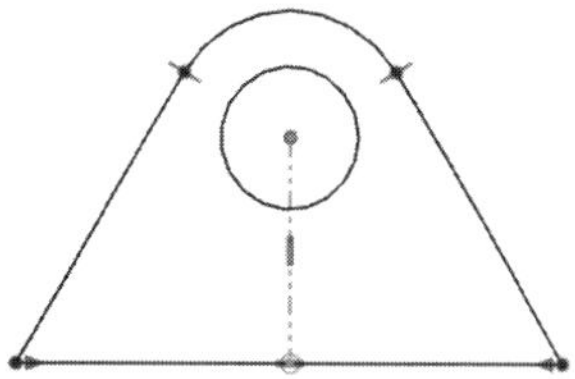
图 2-111　约束直线或点对称

2.4 二维草图尺寸标注

尺寸标注也是二维草图中一个重要的要素，同时也是产品设计过程中一项非常重要的设计参数，体现设计者的重要设计意图，而且直接关系到产品的制造与使用，我们必须对产品中的每个结构标注合适的尺寸。产品设计过程中的尺寸绝大部分是在二维草图中标注的，可见二维草图尺寸标注的重要性。

在“主页”选项卡中单击“快速尺寸”按钮，系统弹出如图 2-112 所示的“快速尺寸”对话框，在对话框的“方法”下拉列表中提供了多种尺寸标注方式，但是实际草图设计中一般使用“自动判断”方法进行尺寸标注，系统会根据选择的标注对象自动选择合适的方式进行标注。

图 2-112　“快速尺寸”对话框

（1）尺寸标注操作

接下来具体介绍草图设计中一些常见尺寸标注操作。

① 标注直线长度　单击“快速尺寸”按钮，然后选择要标注的直线对象，拖动尺寸到合适的位置完成直线长度尺寸的标注，如图 2-113 所示，其中在标注斜线长度时，最终标注的尺寸会根据鼠标拖动方向发生变化，如图 2-114 所示。

② 标注两点之间的距离　单击“快速尺寸”按钮，然后选择两点对象，可以标注两点之间的水平尺寸，也可以标注两点之间的竖直尺寸，还可以标注两点之间直线距离，最终标注的尺寸会根据鼠标拖动方向发生变化，如图 2-115 所示。

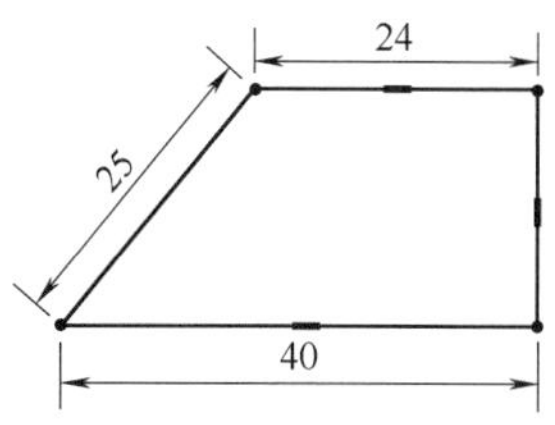

图 2-113　标注直线长度

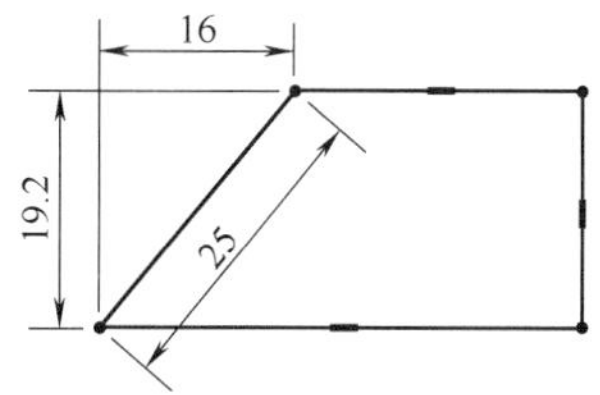

图 2-114　标注斜线长度

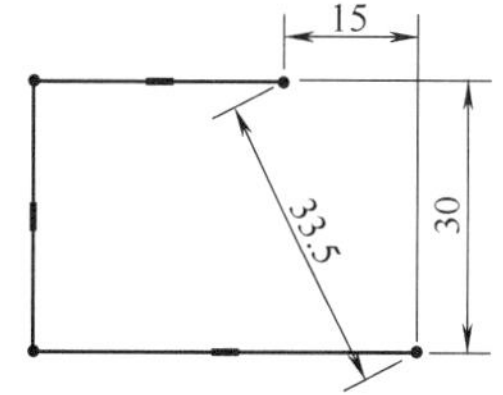

图 2-115　标注两点间距离

③ 标注两平行线间的距离　单击“快速尺寸”按钮，依次选择两平行直线对象，拖动尺寸到合适位置完成两条平行线间距离尺寸的标注，如图 2-116 所示。

④ 标注角度尺寸　单击“快速尺寸”按钮，然后依次选择两条成角度的直线对象，拖动尺寸到两直线夹角合适位置，完成角度尺寸的标注，如图 2-117 所示。

⑤ 标注直径和半径尺寸　单击“快速尺寸”按钮，选择圆弧（非整圆），系统自动标注半径尺寸；选择整圆，系统自动标注直径尺寸，如图 2-118 所示。

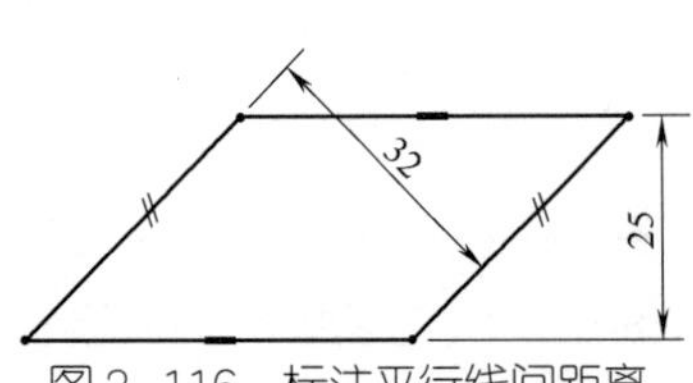

图 2-116　标注平行线间距离

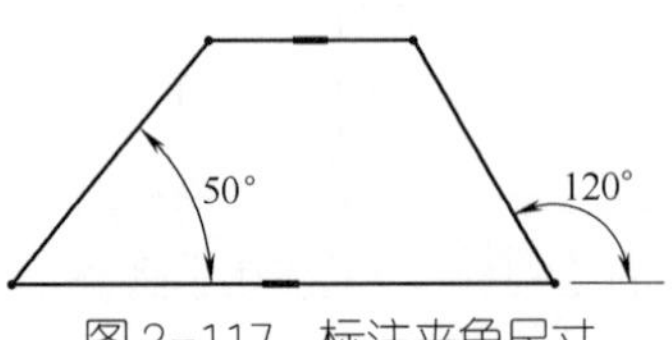

图 2-117　标注夹角尺寸

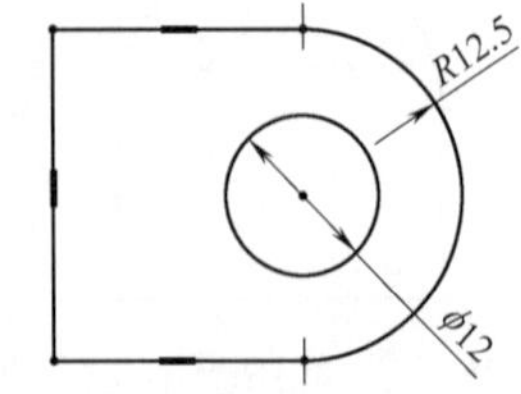

图 2-118　标注直径与半径尺寸

⑥ 标注两圆弧间的极限尺寸　选择的标注对象均是圆弧或圆时，需要注意标注位置，选择的位置不同，标注的结果也会有所不同。如果选择圆弧对象时在鼠标附近出现⊙捕捉符号，表示从圆弧圆心进行标注，结果如图 2-119 所示；如果选择圆弧对象时在鼠标附近出现捕捉符号，表示从圆弧相切位置进行标注，此时还要注意鼠标点击圆弧的位置，选择位置不同将得到不同结果，在圆弧外侧位置单击将得到如图 2-120 所示的尺寸标注，如果在圆弧内侧位置单击将得到如图 2-121 所示的尺寸标注。

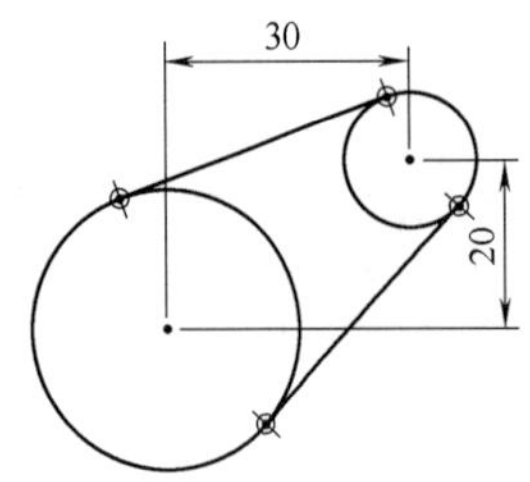

图 2-119　标注水平与竖直尺寸

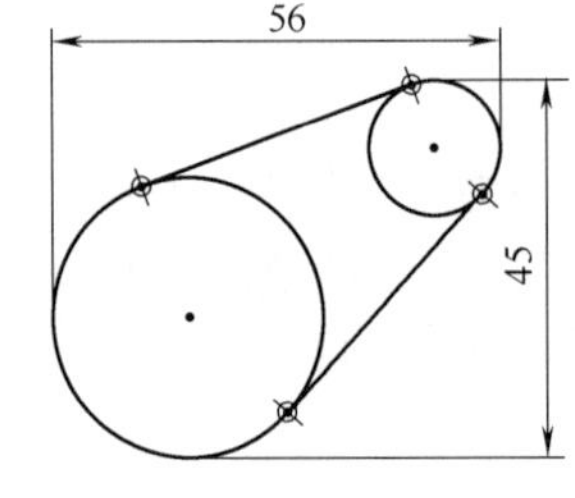

图 2-120　圆弧最大尺寸

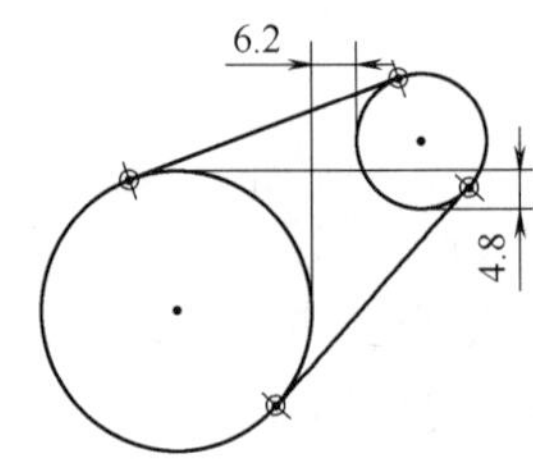

图 2-121　圆弧最小尺寸

⑦ 标注对称尺寸　对于回转结构的设计，在绘制旋转截面草图时，如果标注如图 2-122 所示的尺寸（相当于标注的是回转截面的半径尺寸）是不符合回转零件设计要求与规范的，需要标注如图 2-123 所示的尺寸（相当于回转截面直径尺寸），这种尺寸的标注需要创建回转截面的对称草图，然后在回转截面与对称草图之间标注这种尺寸。

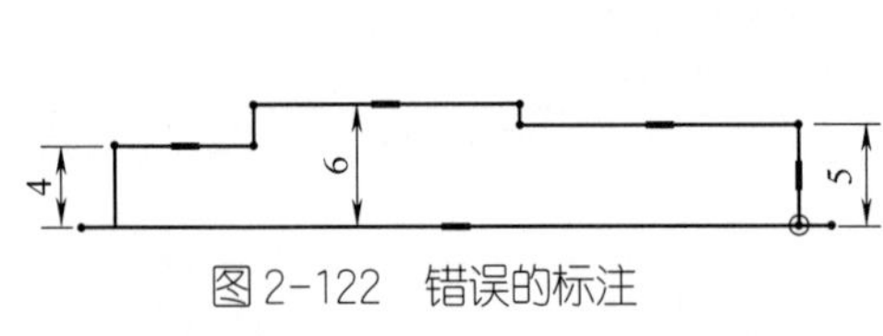

图 2-122　错误的标注

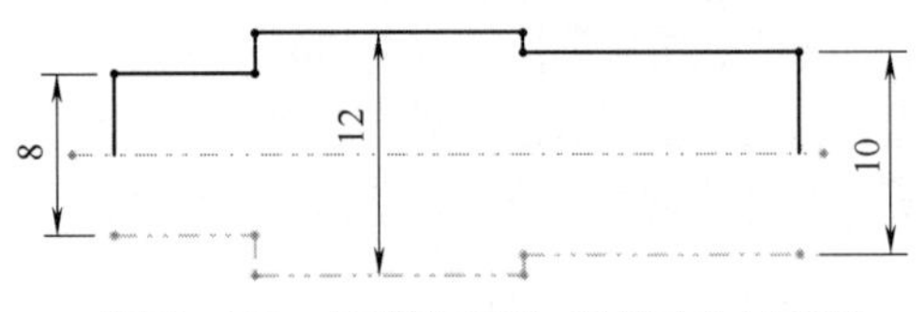

图 2-123　正确的标注（对称尺寸标注）

（2）尺寸修改

完成尺寸标注后，双击要修改的尺寸，系统弹出如图 2-124 所示的“线性尺寸”对话框及如图 2-125 所示的尺寸输入框，用户可以在这个对话框及输入框中修改尺寸。

在标注和修改草图尺寸的时候一定要注意草图结构问题。草图结构在一定程度上影响着尺寸的标注与修改。如图 2-126 所示的草图，现在修改草图中标注为 100 的尺寸，从草图结构来看，该尺寸等于尺寸30加上尺寸40，再加上半径为20圆弧的弦长，因为其他的尺寸都定了，所以尺寸100的修改就会受到这些尺寸的限制。

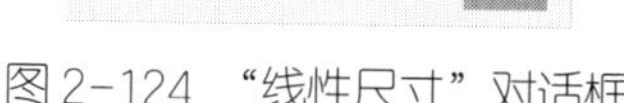
图2-124　“线性尺寸”对话框

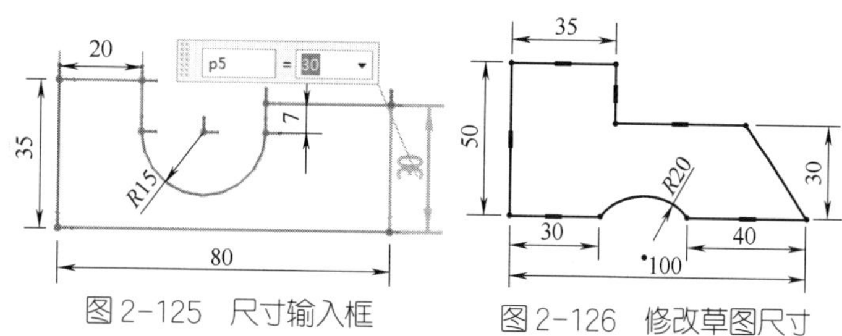

图2-125　尺寸输入框　　图2-126　修改草图尺寸

当半径为20的圆弧刚好没有时（圆弧弦长为0），如图2-127所示，此时是尺寸100能够修改的最小尺寸；当半径为20的圆弧刚好为半圆时（圆弧弦长为40），如图2-128所示，此时是尺寸100能够修改的最大尺寸。

所以，尺寸100修改的范围为70~110，只要修改的值在这个范围之内就可以正常修改，如果超出这个范围就不能修改，或者得到不正确的草图结构，所以在修改草图尺寸时要考虑草图的结构。

（3）尺寸冲突问题

尺寸冲突，包括尺寸与尺寸之间的冲突以及尺寸与几何约束之间的冲突，无论是哪种冲突，根本原因都是因为草图中存在不合理的尺寸或约束，我们只需要将这些不合理的尺寸删除就可以解决尺寸冲突的问题。

另外，在标注草图尺寸的时候一定不要形成封闭尺寸，这样也会出现尺寸冲突问题，如图2-129所示的草图，草图中已经完全约束了，如果我们再去标注如图2-130所示的尺寸20，就会出现尺寸冲突，其根本原因就是尺寸20与草图中的30、R15和80三个尺寸形成了封闭尺寸。

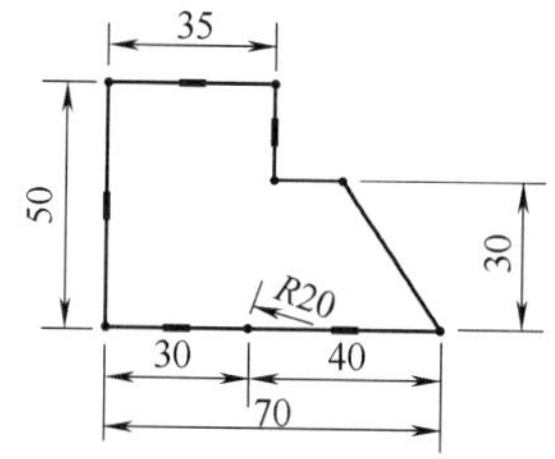

图2-127　最小修改极限范围

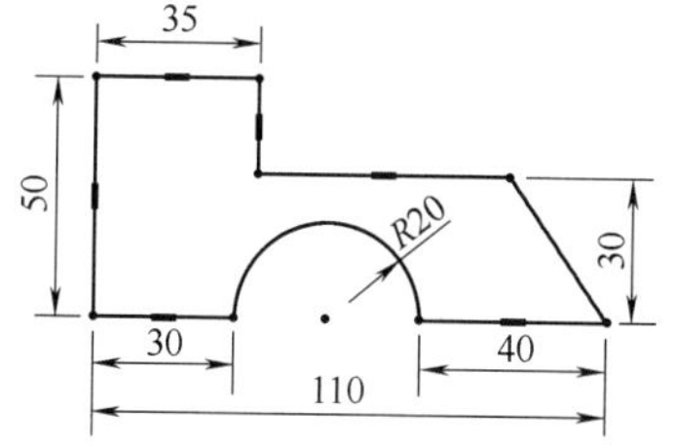

图2-128　最大修改极限范围

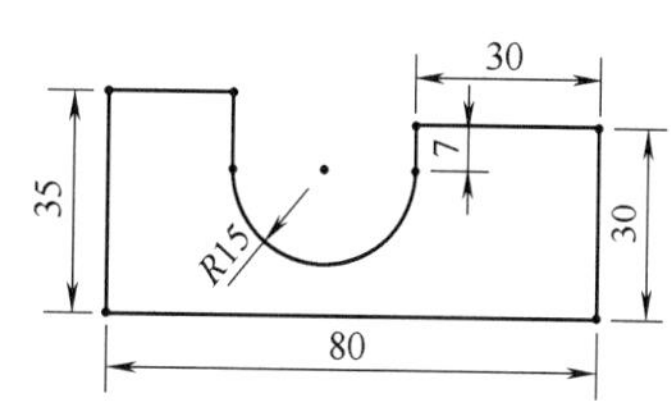

图2-129　尺寸冲突实例

那么为什么会出现尺寸冲突呢？其实我们不难发现，之前草图中标注了尺寸30、尺寸R15和尺寸80，这时要标注的尺寸20可以根据这些尺寸计算出来，属于已知尺寸，如果再去标注这个尺寸，系统会认为这个尺寸是多余的，也就出现尺寸冲突。

草图中一旦出现尺寸冲突，系统将草图中出现尺寸冲突的相关约束与尺寸显示为红色。解决草图尺寸冲突主要有两种方法：

第一种方法是在“快速尺寸”对话框的“驱动”区域选中“参考”选项（图2-131），表示将尺寸转换为参考尺寸，如图2-132所示；另外一种方法是删除草图中非必要的冲突尺寸，如图2-133所示。

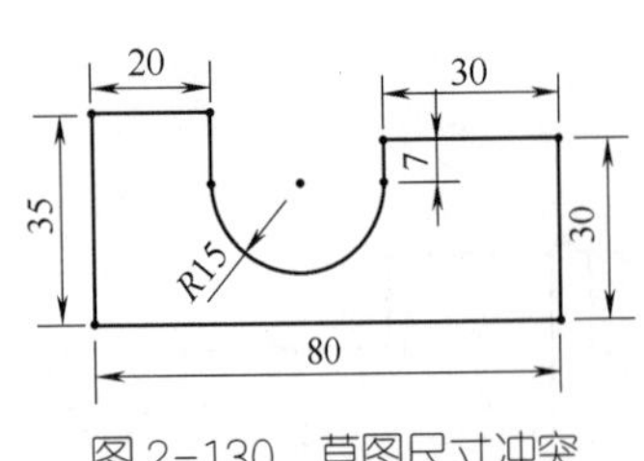

图 2-130　草图尺寸冲突

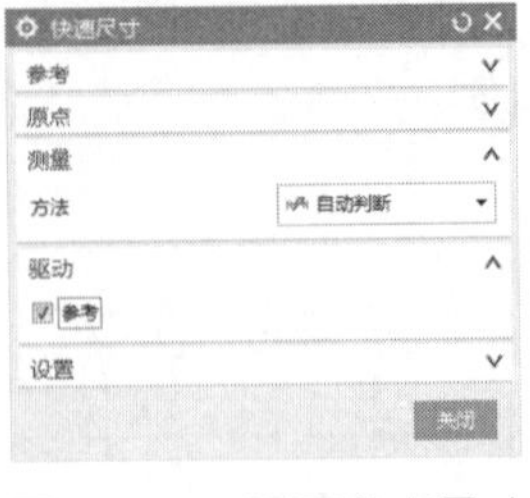

图 2-131　设置参考尺寸

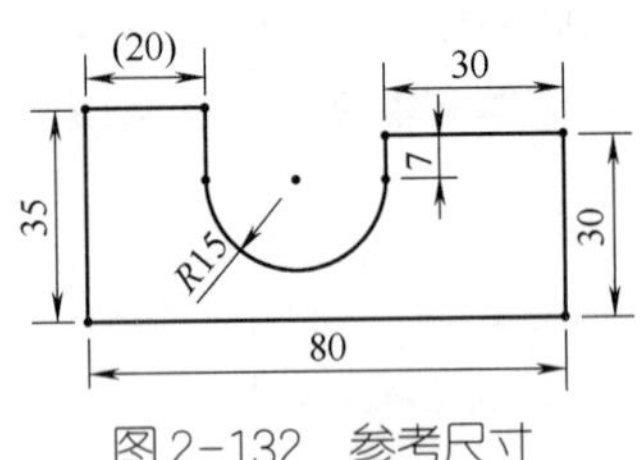

图 2-132　参考尺寸

（4）尺寸标注要求与规范

在二维草图设计中，关于尺寸标注主要有两种情况：

第一种情况就是根据已有的设计资料（如图纸）进行尺寸标注。这种情况下进行尺寸标注不用做什么考虑，直接根据图纸要求进行标注。图纸要求在什么地方标注就在什么地方标注，图纸要求标注什么类型的尺寸就标注什么类型的尺寸，标注完所有尺寸后，再根据图纸中尺寸放置位置对尺寸标注进行整理，使草图中所有尺寸放置位置与图纸一致，这样方便对尺寸进行检查与修改。

另外一种情况就是从无到有进行完全自主设计。手边没有任何设计资料，草图中的每个尺寸都需要设计者自行标注，这种情况下的尺寸标注就比较灵活，也比较自由，但是要求也更高，绝对不能随便标注，一定要注意尺寸标注的规范性要求。尺寸标注规范性要求主要包括以下几点：

① 尺寸标注基本要求。对于距离尺寸、长度尺寸直接选择图元标注线性尺寸，对于圆弧（小于半圆的非整圆）一般标注半径尺寸，对于整圆一般标注直径尺寸，对于斜度结构一般标注角度尺寸，所以如图 2-134 所示草图尺寸标注是不合理的，正确的尺寸标注如图 2-135 所示。

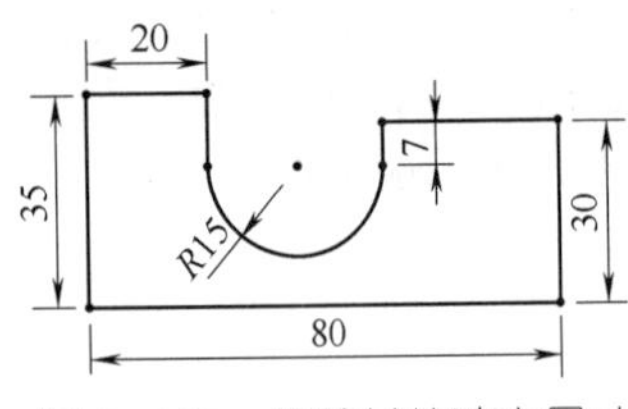

图 2-133　删除其他冲突尺寸

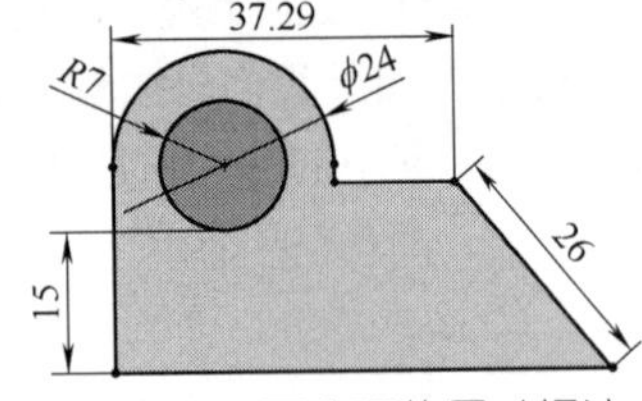

图 2-134　不合理的尺寸标注

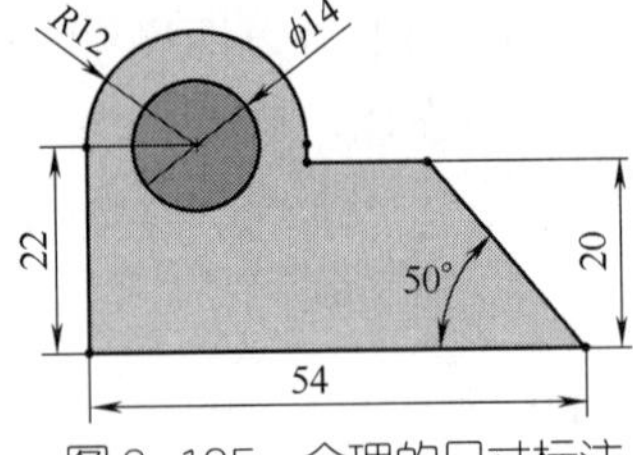

图 2-135　合理的尺寸标注

② 所有尺寸标注要便于实际测量。如图 2-136 所示的草图，水平尺寸 24 是从倒圆角与直边切点到对称中心的距离尺寸，竖直尺寸 22 是两端倒圆角与直边切点之间的距离尺寸，水平尺寸 5 是倒圆角两端切点之间的水平距离尺寸，这些尺寸在实际中均不太容易测量，所以这些标注都是不合理的，正确的标注如图 2-137 所示。

③ 所有尺寸要就近标注。在标注草图尺寸时，尽量将标注尺寸放置到相应图元附近，不要离得太远，否则影响看图。如图 2-138 所示的草图尺寸标注，其中所有尺寸标注均远离相应图元对象，导致无法准确看清草图轮廓，应该将各尺寸标注到如图 2-139 所示的位置。

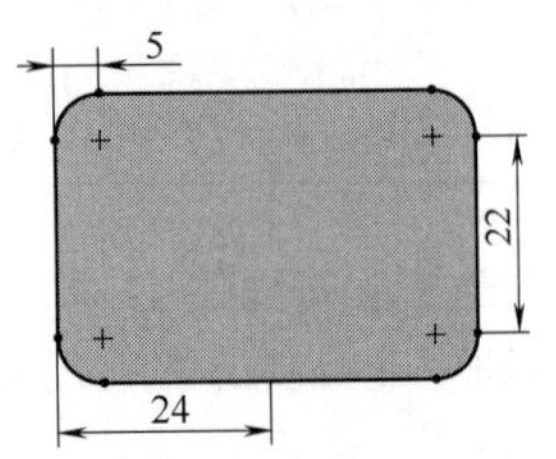

图 2-136　不方便实际测量

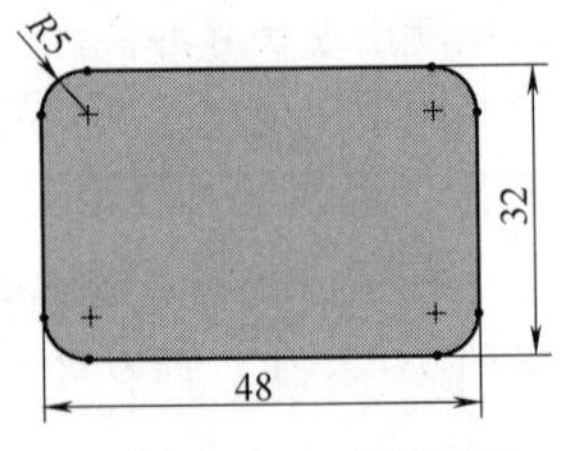

图 2-137　方便实际测量

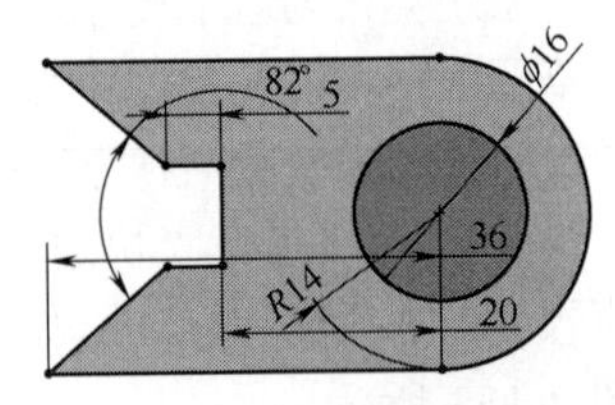

图 2-138　尺寸标注远离图元对象

④ 重要的尺寸一定要直接标注在草图中，切不可间接标注，如果出现尺寸冲突可以以从动尺寸进行标注。如图 2-140 所示的草图，如果在设计中需要知道圆弧圆心到底边的竖直尺寸，这是一个非常重要的尺寸，需要直接体现在草图标注中，但是在图 2-140 所示的标注中并没有直接标注出来，而是标注了 15 这个尺寸，虽然草图中尺寸 15 加上尺寸 10 就是这个重要尺寸，但是这种标注方法属于间接标注，不可取，应该按照如图 2-141 所示的方式直接标注出来。

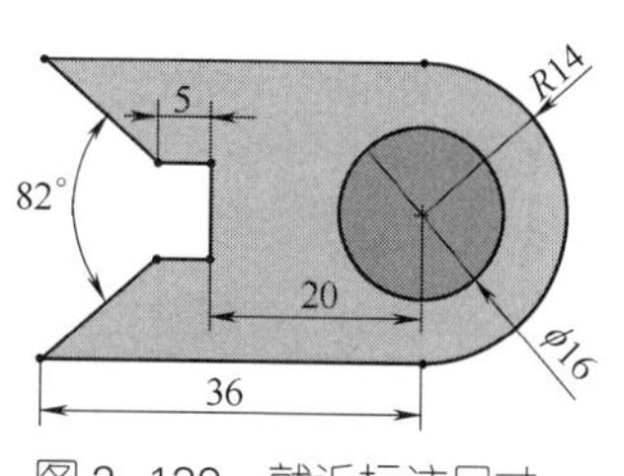

图 2-139　就近标注尺寸

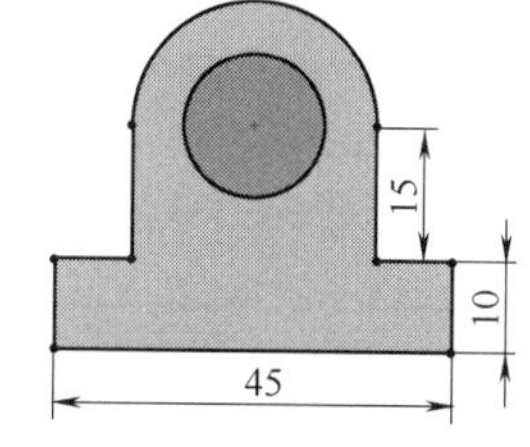

图 2-140　重要尺寸间接标注

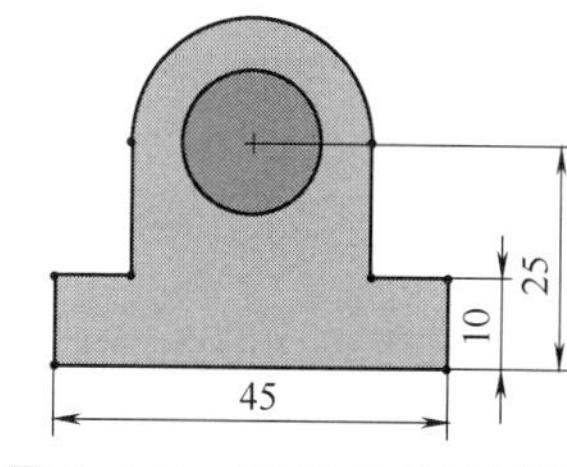

图 2-141　重要尺寸直接标注

另外，在草图标注中，很多时候需要标注草图的总体尺寸，如总高、总宽等等，这样方便在看图时能够直观了解草图整体大小。如图 2-142 所示的草图，如果要标注草图总高尺寸 38，这样会出现尺寸冲突问题，但是又必须要标注 38 这个尺寸，这种情况下可以将尺寸 38 标注为参考尺寸。

⑤ 尺寸标注要符合一些典型结构设计要求。在一些典型结构设计中，对其尺寸标注也是有着特殊要求的，这种情况下的尺寸标注就一定要符合这些特殊要求，使这些结构设计更加规范合理。如图 2-143 所示的直槽口草图，如果用在一般的结构设计中，按照该图的尺寸标注是没有问题的，但是如果用在键槽设计中，这种标注就不规范，同样的长圆形草图，用于键槽设计时，一定要按照如图 2-144 所示的方式进行标注，其中尺寸 50 表示键槽的长度尺寸，尺寸 20 表示宽度尺寸。

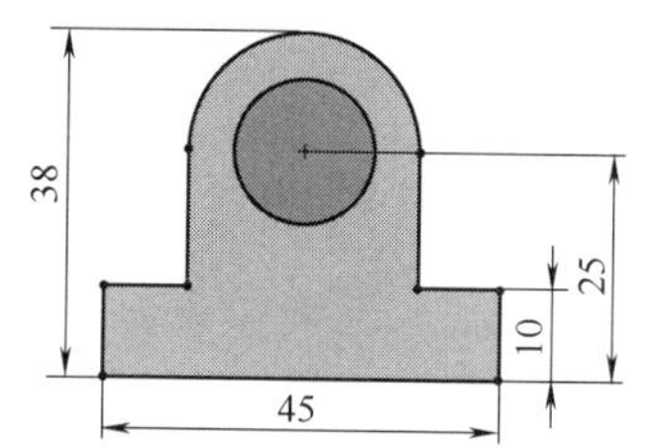

图 2-142　重要尺寸标注为参考尺寸

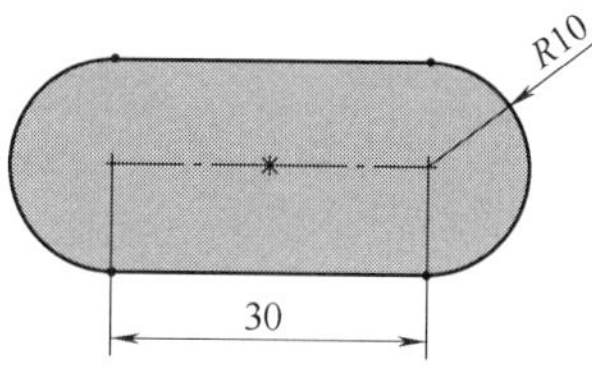

图 2-143　一般尺寸标注

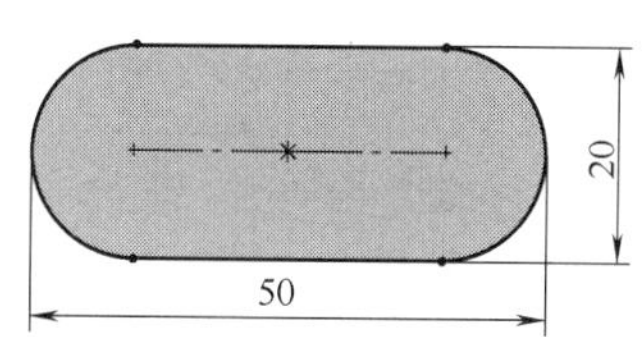

图 2-144　键槽尺寸标注

2.5 二维草图完全约束

任何一个空间（二维空间或三维空间）都是无限广阔的，存在于空间中的任何一个对象，都必须是唯一确定的，这里的唯一确定包括两层含义：一是对象在空间中的位置必须是唯一确定的；二是对象的形状必须是唯一确定的。缺少其中任何一点，都会导致对象不是唯一确定，不唯一确定的对象是无法存在于空间中的！

对于二维空间中的平面草图，也必须是唯一确定于二维空间的，像这种唯一确定的草图就叫做完全约束草图，我们绘制的任何一个草图都必须是完全约束的草图！否则绘制的草图就一定是有问题的。

如图 2-145 所示的二维草图，草图中没有对草图形状进行控制的尺寸标注，也没有用来控制草图与坐标轴之间关系的约束或尺寸，所以该草图是一个不确定的草图，是一个不完全约束的草图。在草图中添加如图 2-146 所示的尺寸标注，草图的形状是确定的，但是草图与草图原点之间没有任何关系，也就是说草图的位置是不确定的，草图同样是一个不完全约束的草图。

下面继续对以上草图进行控制，在草图中添加如图 2-147 所示的两个尺寸标注，用来控制草图与坐标轴之间的距离，这样，草图的位置也就完全确定下来了。加上之前草图的形状已经确定，所以，此时的草图是一个完全约束的草图。或者，我们还可以在草图中添加如图 2-148 所示的几何约束，将草图的左下角点与草图原点约束重合，也可以使草图完全约束。

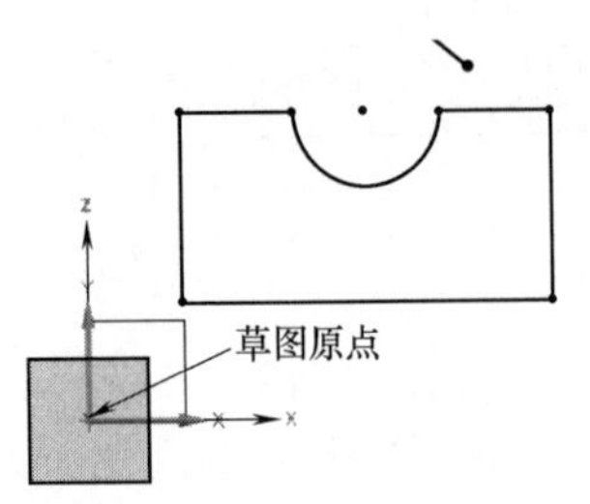

图 2-145　不确定的草图

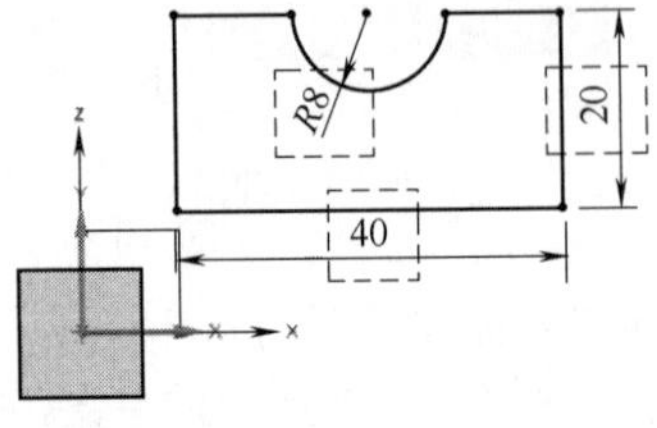

图 2-146　仅仅形状确定的草图

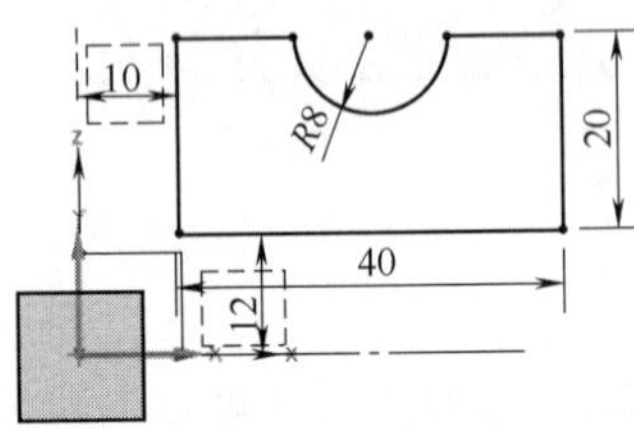

图 2-147　添加尺寸标注

在 NX 中判断草图是否完全约束可以从草图形状和草图位置是否完全确定来进行判断。一个更直观的方法是看草图中图元颜色变化。如果草图绘制完成后依然存在蓝色图元，说明草图不完全约束；如果草图中图元全部变成绿色，那么草图就是完全约束的。另外，还可以查看软件底部信息栏中的约束状态，如果显示“草图已完全约束”字符，说明草图完全约束，如图 2-149 所示。

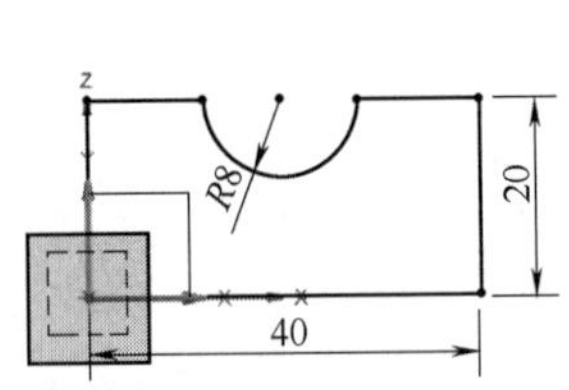

图 2-148　添加几何约束

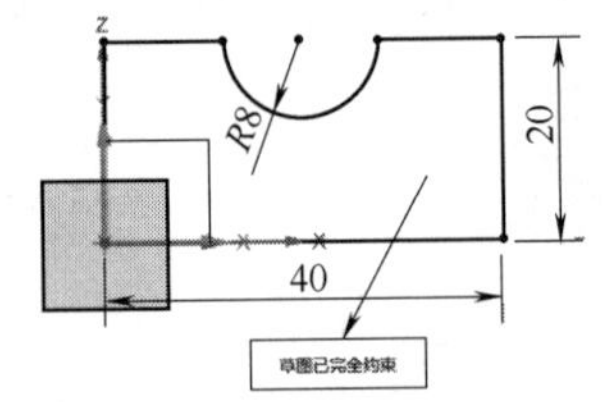

图 2-149　判断草图约束状态

如果使用没有完全约束的草图来设计其他的结构，将会导致其他结构不确定！不确定的结构只能存在于理论设计阶段，而无法存在于实际中！因为不确定的东西是没法被制造出来的，所以，任何一个设计人员在使用软件进行设计时，一定要保证每个结构中的每个草图完全约束！

2.6　二维草图设计方法与技巧

二维草图设计最重要的就是草图设计方法与技巧，其关键就是要处理好二维草图轮廓绘制、几何约束处理及草图尺寸标注的问题，只有理解了二维草图设计方法与技巧，才能够更高效、更规范地完成二维草图绘制，才能提高产品设计效率。

2.6.1　二维草图绘制一般过程

二维草图的绘制贯穿整个产品设计阶段，对产品设计的重要性不言而喻，那么我们应该如何规范而高效地绘制草图呢？我们一定要注意在 NX 中进行草图设计的一般过程！在 NX 二维草图设计环境进行二维草图绘制的一般流程如下：

① 分析草图　分析草图的形状，草图中的约束关系以及草图中的尺寸标注。

② 绘制草图大体轮廓　以最快的速度绘制草图大体轮廓，不需要绘制过于细致。

③ 处理草图中的几何约束　先删除无用的约束，然后添加有用的约束。

④ 标注草图尺寸　按照设计要求或者图纸中的尺寸标注，标注草图中的尺寸。

⑤ 整理草图　按照机械制图的规范整理草图中的尺寸标注。

2.6.2 分析草图

在开始任何一项工作或项目之前，一定要对这项工作或项目进行分析，而不要急于开始工作或项目，这是一个很好的工作习惯，待我们将工作或项目分析清楚了，再开始工作定会达到事半功倍的效果，盲目开始工作，只会事倍功半！

草图设计亦是如此，而且对草图的前期分析直接关系到后面草图绘制的全过程是否能够顺利进行。对草图的分析主要从以下几个方面入手：

（1）分析草图的总体结构特点

分析草图的总体结构特点，对草图做到心中有数，胸有成竹，能够帮助我们快速得出一个可行的草图绘制方案，同时也能够帮助我们快速完成草图大体轮廓的绘制。

（2）分析草图的形状轮廓

分析草图的轮廓形状时需要特别注意草图中的一些典型结构，例如圆角，还有“直线-圆弧-直线相切”“圆弧-圆弧-圆弧相切”以及“直线-圆弧-圆弧相切”结构等，这些典型的草图结构都具有独特的绘制方法与技巧，灵活运用这些绘制方法与技巧，能够大大提高草图轮廓绘制效率。

（3）分析草图中的几何约束

草图中的几何约束就是草图中各图元之间的几何关系，一般比较常见的包括对称关系、平行关系、相等关系、共线关系、等半径关系、相切关系、竖直和水平关系等。分析清楚了草图中的几何约束关系才能更快更好地处理草图中的约束问题。

草图中的几何约束往往是最难分析也是最难把握的，因为草图中的几何约束关系属于草图中的一种隐含属性，不像草图轮廓和草图尺寸那么明显，需要绘制草图的人自行分析与判断。一般根据产品设计要求、草图结构特点以及草图中标注的尺寸来分析草图中的几何约束。分析的结果因人而异，将草图约束到需要的状态，可能有多种添加约束的具体方案。

在分析草图约束时，可以一个图元一个图元去分析，分析每个图元的约束关系。当然也要注意一些方法和技巧，例如，一般情况下，圆角不用去考虑其约束，因为圆角的约束是固定的，就是两个相切，除此以外就看圆角半径值是多少就行了。对于一般圆弧，我们主要看三点，一是圆弧与圆弧相连接的图元之间的关系，一般情况下相切的情况比较多；二是圆弧的圆心位置；最后就是圆弧的半径值，注意这几点就很容易分析草图约束了。

（4）分析草图中的尺寸

首先，通过尺寸分析，能够直观观察出草图整体尺寸大小，便于帮助我们在绘制轮廓时确定轮廓比例；其次，就是看草图中哪些地方需要标注尺寸，方便我们快速标注草图尺寸。总之，分析草图的最终目的就是要对草图非常了解，做到胸有成竹，也是为下一步做好铺垫！

2.6.3 绘制草图大体轮廓

草图大体轮廓指草图的大概形状轮廓。我们开始绘制草图时，往往不需要绘制很细致，只需要绘制一个大概的形状就可以了，因为在产品最初的设计阶段，工程师一般是没有很精确的形状及尺寸的，最初有的只是一个大概的图形，甚至一个大概的“想法”，所以，绘制草图时先绘制草图大概形状，然后经过后续的步骤使草图具体化。

（1）草图绘制效率

实际上，做产品结构设计，其中的 70%~80%（甚至更多）的时间都是在绘制二维草图，所以，只要二维草图绘制得快，那么产品结构设计自然就快。要想提高设计效率，就一定要提高草图绘制速度。经验告诉我们，影响草图绘制速度最主要的原因就是草图轮廓的绘制以及草图约束的处理，其中最能够有效提高草图绘制速度的就是草图轮廓的绘制，所以在绘制草图轮廓时一定要快，不要绘制过于细致，因为不论草图轮廓绘制多么细致，后面的工作还是要一步一步去做的，所以绘制细致的草图轮廓就没有太大的意义，反而浪费了很多时间。一般地，对于草图大体轮廓的绘制控制在数秒钟以内完成就比较合理了。

（2）绘制草图基准及辅助参考线

首先确定草图的尺寸大小基准，这一点对于草图的绘制非常重要，特别是结构复杂的草图，绘制草图轮廓时不注意尺寸大小，会给后面的工作带来很大的影响。快速确定尺寸大小基准的方法是先在草图中找一个比较有代表性的图元，根据草图中标注的尺寸（或者估算的尺寸）将其绘制在草图平面相应的位置（相对于坐标原点的位置），然后以此基准作为参照绘制草图的大体轮廓。

绘制草图基准参照尽量选择草图中的完整图元，如圆、椭圆、矩形等，并且要注意该基准参照图元相对于坐标轴的位置关系，同时要按照设计草图标注基准参照图元的尺寸。如图 2-150 所示的连接片截面草图，在绘制大体轮廓时就应该选择草图中直径为 55 的圆为基准参照图元，如图 2-151 所示，然后在该基准参照图元的基础上绘制草图大体轮廓，结果如图 2-152 所示。

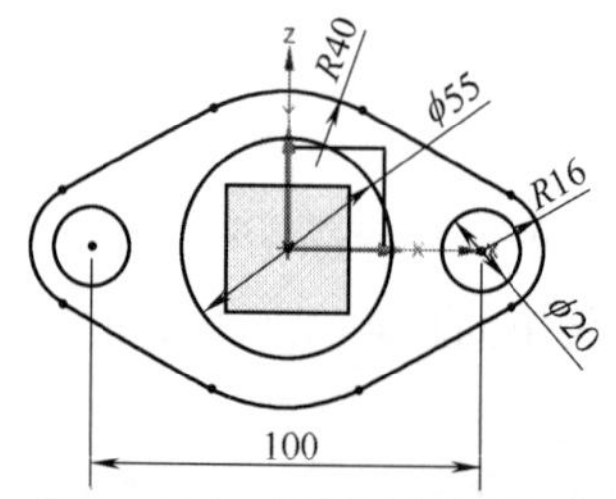

图 2-150 连接片截面草图

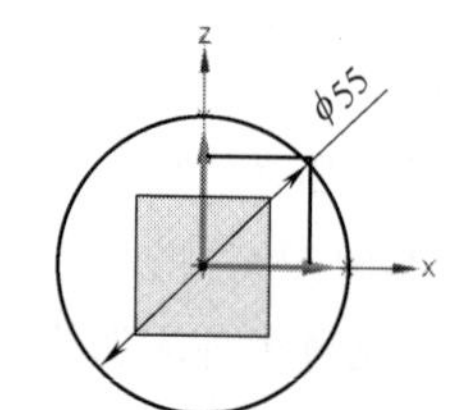

图 2-151 绘制基准参考图元

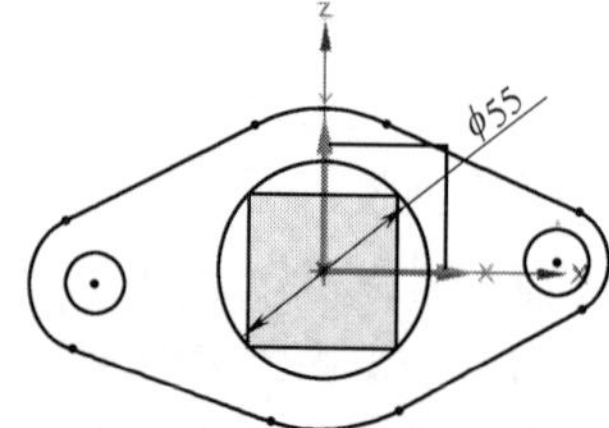

图 2-152 绘制草图大体轮廓

如果草图中没有合适的较为完整的图元作为基准参照图元使用，可以根据草图尺寸大小估算一个草图图元作为基准参考图元。如图 2-153 所示的面板盖截面草图，在绘制大体轮廓时可以根据草图整体宽度绘制如图 2-154 所示的直线（长度为 70）作为基准参照图元，然后在该参照图元的基础上绘制草图大体轮廓，如图 2-155 所示。

为了辅助草图轮廓的绘制或对草图进行特殊尺寸的标注，需要在草图中绘制一些辅助参考线，在辅助参考线基础上再去绘制草图中的其他结构，这样能够大大提高草图轮廓的准确性，也为后续工作做好铺垫。

如图 2-156 所示的吊摆结构草图，草图中的一段半径为 135 的圆弧的主要作用是对草图结构进行定位，像这种对草图起定位作用的图元一般叫做辅助线，在绘制草图时，应该先绘制这些辅助线，如图 2-157 所示，将辅助图元变成构造图元，如图 2-158 所示。

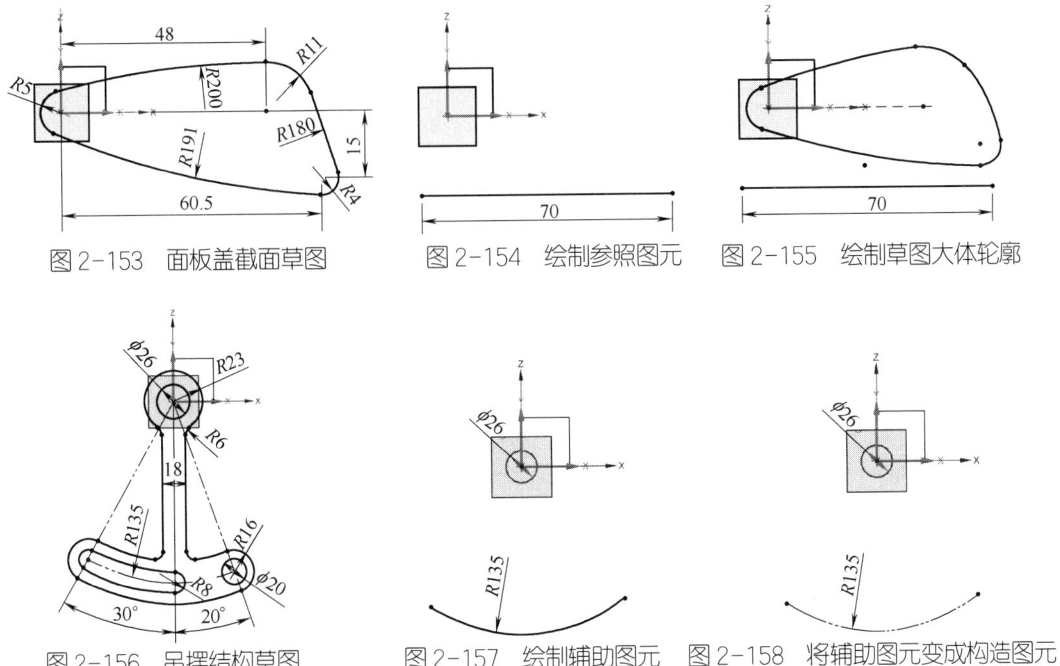

图 2-153 面板盖截面草图　图 2-154 绘制参照图元　图 2-155 绘制草图大体轮廓

图 2-156 吊摆结构草图　图 2-157 绘制辅助图元　图 2-158 将辅助图元变成构造图元

（3）草图大体轮廓的把握

虽然说是草图的大体轮廓，但是也不要绘制得太大体，太随意了，否则会给后面的操作带来不必要的麻烦，也会严重影响后面草图的绘制，从而影响草图绘制效率，在绘制草图大体轮廓时一定要注意以下两点：

① 一定要控制草图轮廓相对于草图坐标轴或草图主要参考对象之间的位置关系。如图 2-159 所示的垫片截面草图，在绘制该草图大体轮廓时，要注意草图轮廓相对于坐标轴的位置关系。如图 2-160 所示的草图轮廓相对于水平和竖直坐标轴之间的位置关系偏差太大，对草图后期的处理影响很大，而图 2-161 所示的位置关系就比较好。

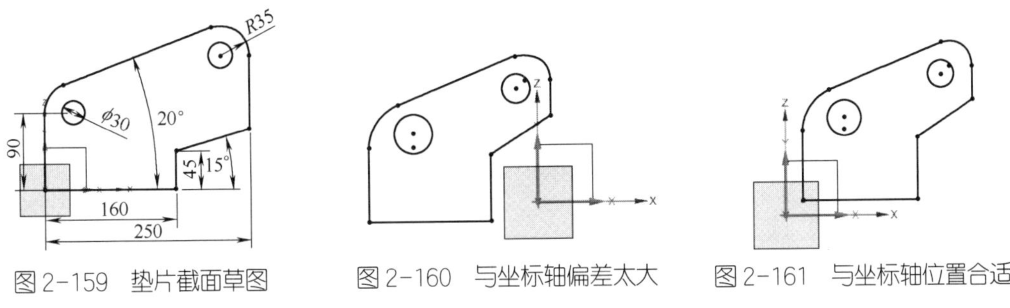

图 2-159 垫片截面草图　图 2-160 与坐标轴偏差太大　图 2-161 与坐标轴位置合适

② 一定要把握好草图大体轮廓与草图最终结构的相似性。如图 2-162 所示的吊钩截面草图，在绘制该草图大体轮廓时，要注意草图轮廓的相似性，相似性越高，绘制草图就会越顺利。所以在绘制图 2-163 所示的草图大体轮廓时要时刻注意草图与设计草图之间的相似性，如果不注意相似性，草图后期处理会比较困难，如无法添加约束、无法修改标注的尺寸等，特别是圆弧结构比较多的草图。如图 2-164 所示的草图相似性控制不是很好，这样会严重影响草图后期的处理。

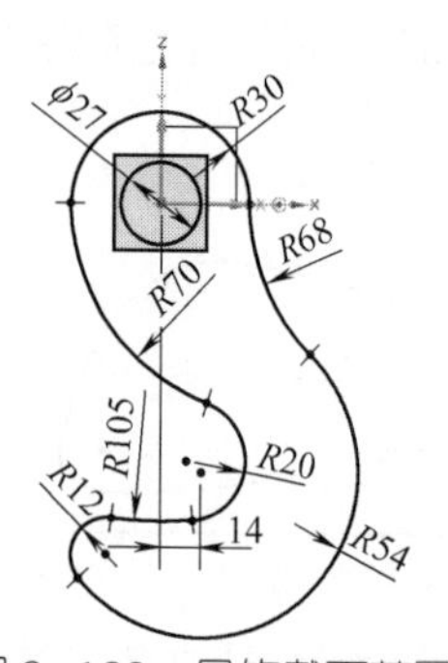

图 2-162　吊钩截面草图

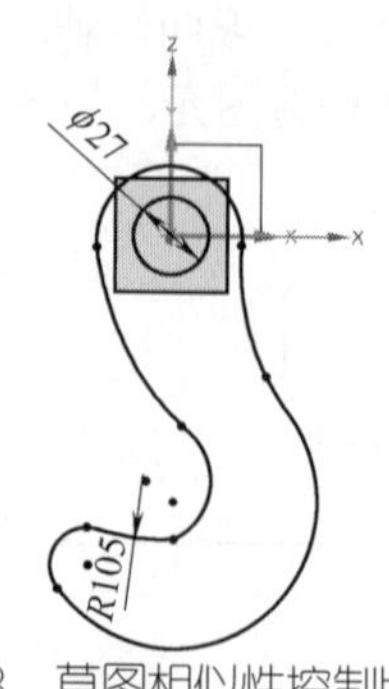

图 2-163　草图相似性控制比较好

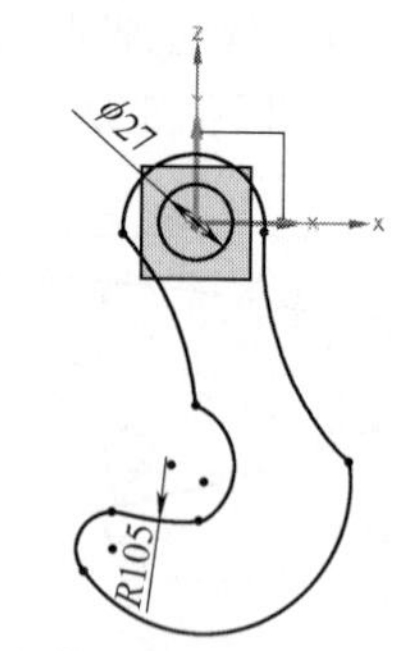

图 2-164　草图相似性比较差

（4）对称与非对称结构草图的绘制

如果不是对称结构的草图，按照一般的方法来绘制；如果是对称结构，那么在绘制草图大体轮廓时就有两种方法，一种是使用对称方式来绘制，另一种是使用一般的方法来绘制。这一点分析很重要，直接关系到草图绘制的总体把握，而且，草图对称与不对称这两种绘制方法存在很大区别。

需要注意的是，对于对称草图，不一定非要按照对称方式来绘制。一般对于复杂的对称草图，特别是圆弧结构比较多或者对称性比较高的草图最好使用对称方式绘制，这样能够大大减少草图绘制工作量，提高草图绘制速度。如图 2-165 所示的垫片截面草图，草图结构比较复杂，而且草图对称性比较好（上下左右分别关于水平中心线和竖直中心线对称），在绘制草图轮廓时就应该使用对称的方式来绘制，先绘制如图 2-166 所示的草图四分之一，然后对草图进行镜像得到完整草图轮廓，结果如图 2-167 所示。

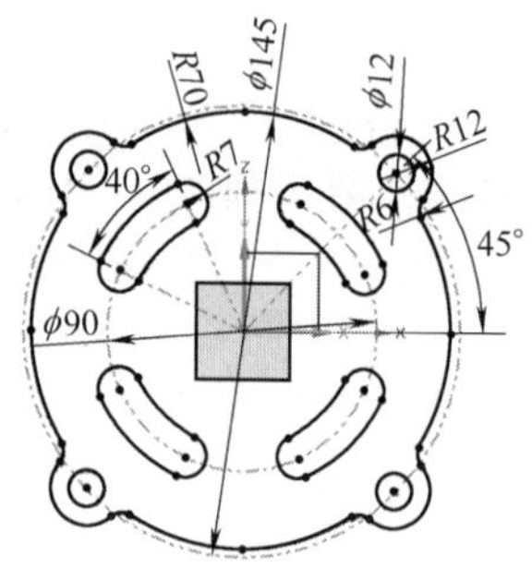

图 2-165　垫片截面草图

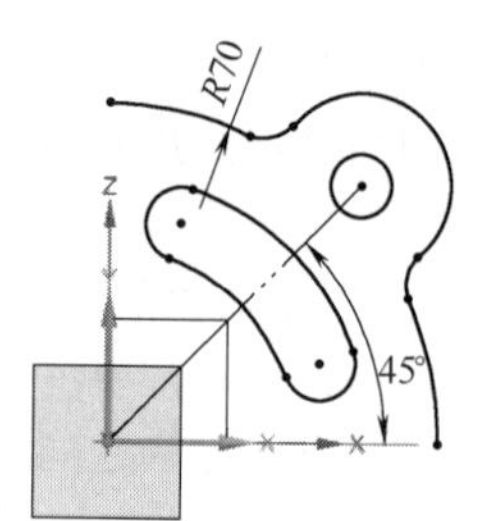

图 2-166　绘制草图四分之一

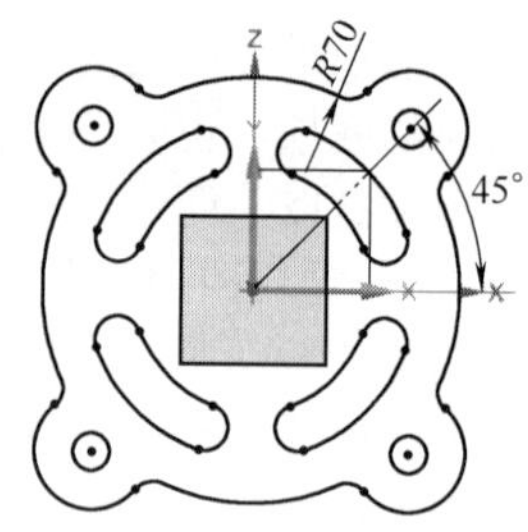

图 2-167　镜像草图轮廓

而对于一些简单的对称草图，一般是直接绘制，然后通过几何约束使草图对称。对简单的草图使用对称方式绘制反而使草图绘制复杂化。如图 2-168 所示的燕尾槽滑盖截面草图，属于结构简单的草图，不用使用对称方式来绘制，应该直接绘制如图 2-169 所示的草图大体轮廓，然后使用几何约束使草图对称，结果如图 2-170 所示。

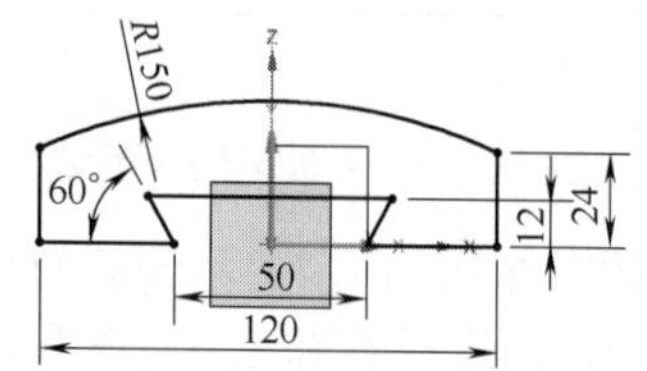

图 2-168　燕尾槽滑盖截面草图

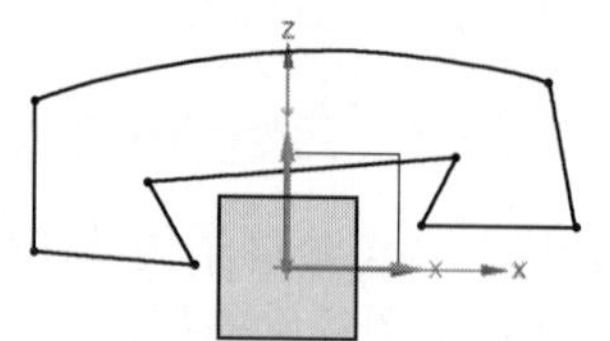
图 2-169　直接绘制草图大体轮廓

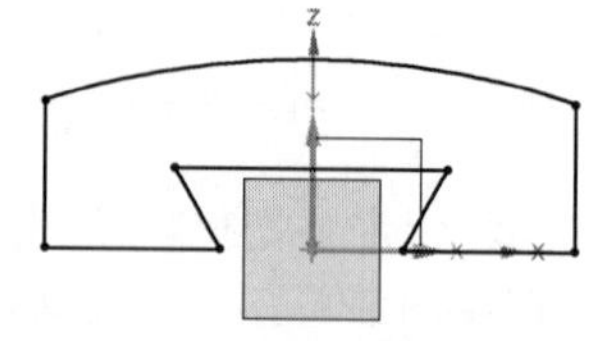
图 2-170　约束草图轮廓对称

另外，对于对称结构的草图，有时根据草图的结构特点，我们还可以采用局部对称的方式来绘制。在绘制如图 2-171 所示的垫片截面草图轮廓过程中可以先绘制如图 2-172 所示的局部结构，然后对该局部结构进行镜像得到如图 2-173 所示的整个草图轮廓。总之，草图的绘制一定要活学活用。

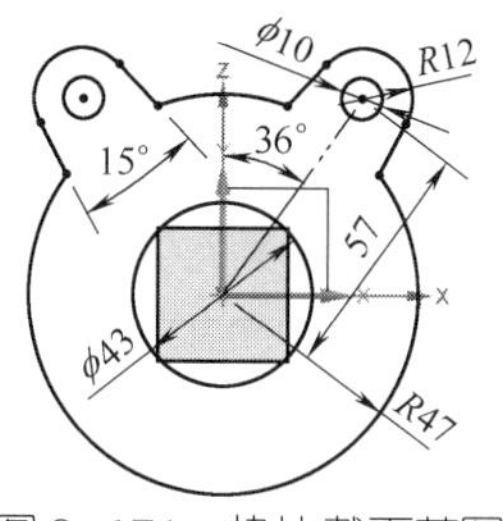

图 2-171　垫片截面草图

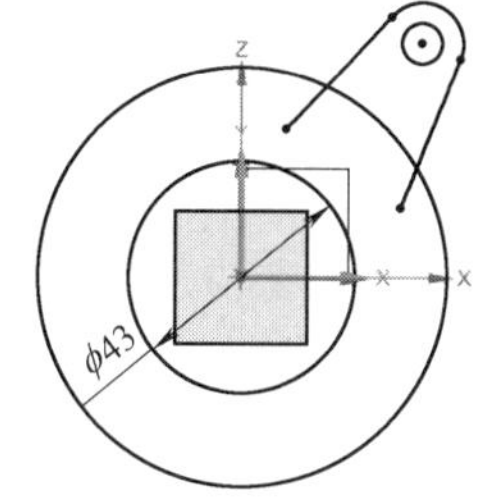

图 2-172　绘制局部镜像部位

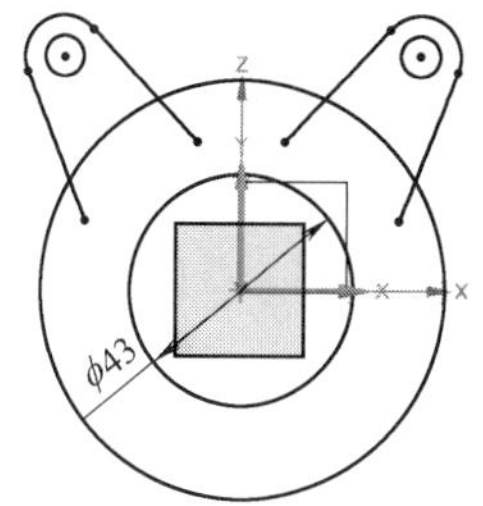

图 2-173　对草图局部进行镜像

(5) 典型草图结构的绘制

绘制草图轮廓时需要特别注意草图中的一些典型结构，如“直线-圆弧-直线相切”“圆弧-圆弧-圆弧相切”以及“直线-圆弧-圆弧相切”等。

对于“直线-圆弧-直线相切”结构，如图 2-174 所示，一般是直接绘制成折线样式（图 2-175），最后使用倒圆角命令绘制中间的圆弧结构，如图 2-176 所示。

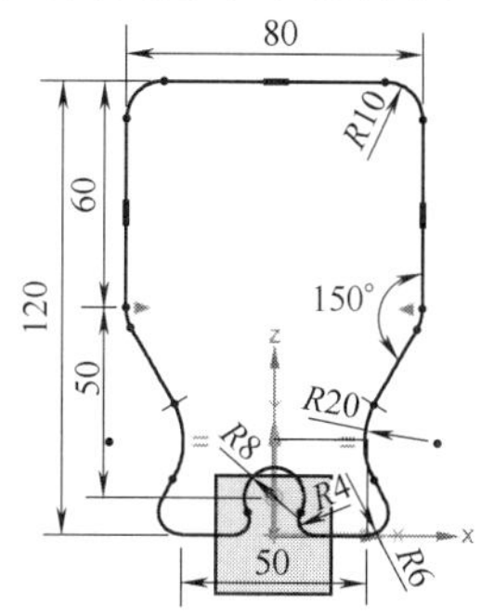

图 2-174　“直线-圆弧-直线相切”结构

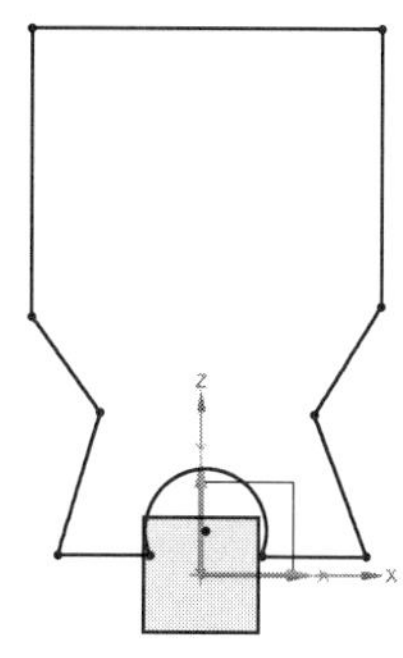
图 2-175　绘制初步轮廓折线

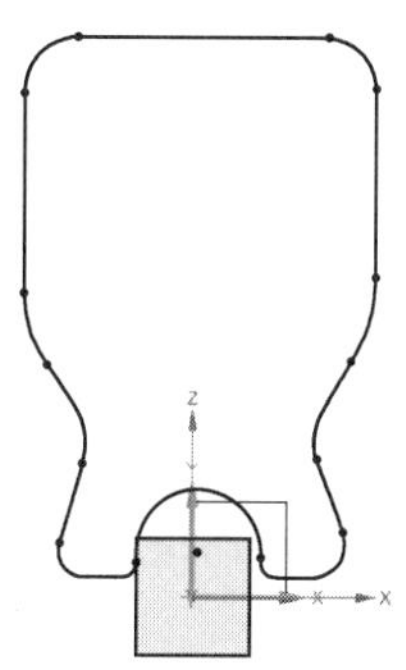
图 2-176　绘制倒圆角

“圆弧-圆弧-圆弧相切”（图 2-177）和“直线-圆弧-圆弧相切”（图 2-178）结构也是如此，先绘制两边的结构，中间部分的圆弧同样使用倒圆角工具来绘制，如图 2-179 和图 2-180 所示，这样既省去了绘制圆弧的步骤，同时也省去了添加两个相切约束的步骤，提高了草图绘制效率。

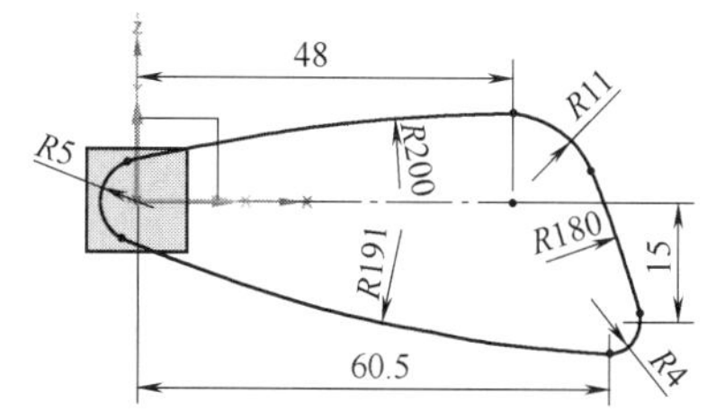

图 2-177　“圆弧-圆弧-圆弧相切”结构

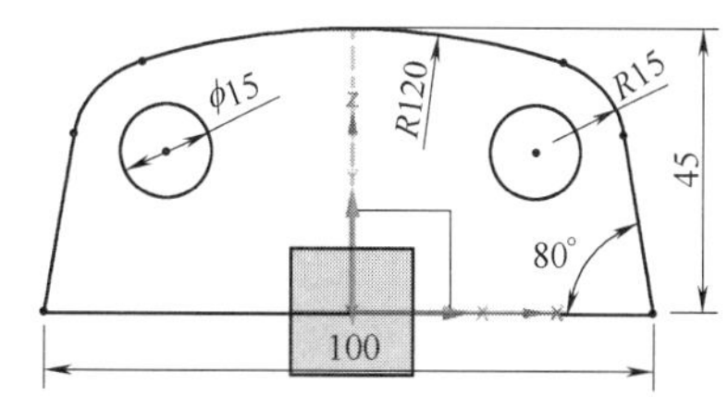

图 2-178　“直线-圆弧-圆弧相切”结构

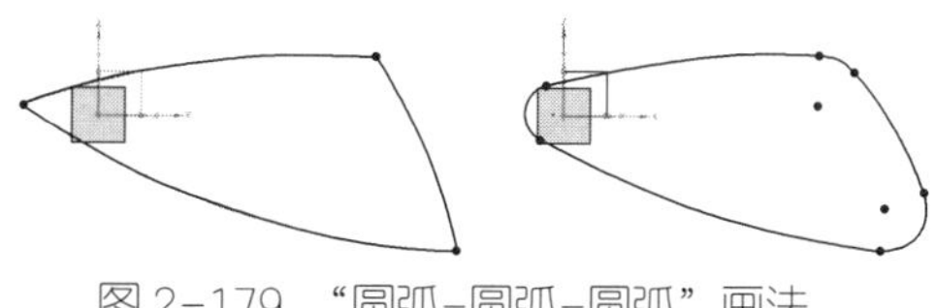
图 2-179　“圆弧-圆弧-圆弧”画法

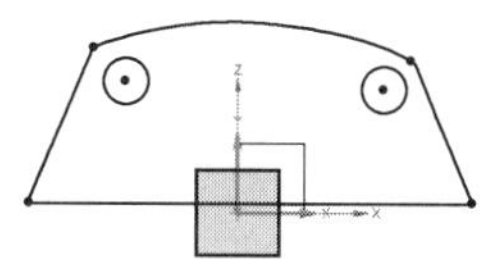
图 2-180　“直线-圆弧-圆弧”画法

2.6.4 处理草图中的几何约束

处理草图中的几何约束就是按照设计要求或者图纸要求，根据之前对草图约束的分析，处理草图中图元与图元之间的几何关系。

首先是删除草图中无用的草图约束。我们在快速绘制草图大体轮廓时，系统难免会自动捕捉一些约束，这些自动捕捉的约束中有些是有用的，有些可能是无用的，对于无用的约束一定要删除干净，一个不能留！因为这些无用的约束保留在草图中会出现两个结果，一个是将来有用的约束加不上去，另一个是有用的尺寸加不上去，总之，会使最终的草图无法完全约束！

无用的约束处理干净后，就要根据之前分析的结果正确添加有用的几何约束。这一部分也可以说是草图绘制过程中最灵活，也最难掌控的一个环节。这一部分的处理也直接影响草图绘制效率，因为草图中的几何约束都是各人根据自己的分析判断出来的，同一个草图可能有很多种添加约束的方法，完全因人而异。总之，只要将草图正确约束到我们需要的状态就可以了。这一部分一定要处理好，否则后期会花费大量时间来检查草图约束的问题，从而大大影响草图绘制效率。

实际上，在处理草图约束时，有时草图中的约束实在是确定不了，这个时候就应该暂时放下，继续后面的操作，一定不要添加没有把握的约束，一旦这个约束错误，对后面的影响就大了。总之，对于没有把握的约束要放在草图的最后去处理。

另外，如果在绘制草图轮廓时绘制了参考辅助线，那么草图中的参考辅助线也要完全约束，否则软件会认为草图没有完全约束，虽然说参考辅助线是否完全约束并不影响草图结果，但是会给审核草图的人员造成误解。

2.6.5 标注草图尺寸

草图绘制的最后是标注草图尺寸，这是草图绘制过程中最简单的一个步骤，主要是根据设计要求或者图纸尺寸要求，在相应的位置添加尺寸标注。尺寸标注一般流程如图 2-181 所示，下面具体介绍尺寸标注流程：

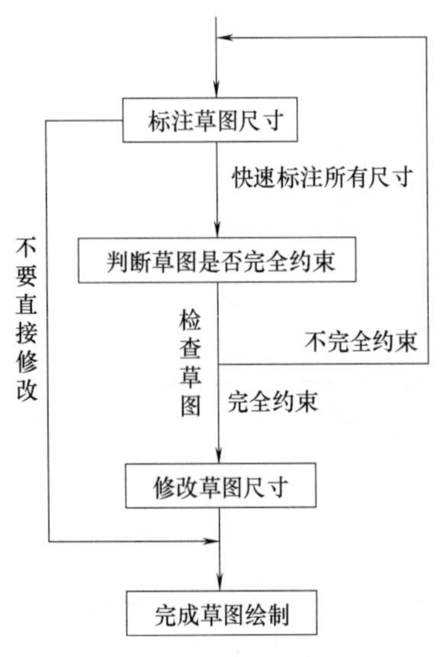

图 2-181 判断草图完全约束

① 首先快速标注所有尺寸，而不要急于修改尺寸值，如果标注一个，修改一个，这样效率比较低，而且容易使草图发生很大变化，影响草图进一步的绘制。

② 其次一定要判断完成所有尺寸标注后的草图是否是完全约束的草图，如果是完全约束草图就继续下一步操作，如果草图还没有完全约束，那么一定不要继续下一步的操作，一定要停下来检查草图没有完全约束的原因，解决草图完全约束的问题后再继续下一步操作。

③ 最后按照设计要求或图纸要求修改草图中的尺寸。修改草图尺寸时一定要注意修改的先后顺序，否则会严重影响其他尺寸的修改。在修改草图尺寸时，主要遵循的一个原则就是要避免草图因为修改尺寸而发生太大的变化，以至于无法观察草图的形状轮廓。

如图 2-182 所示的燕尾槽滑盖截面草图，在绘制该草图过程中，完成尺寸标注后如图 2-183 所示，如果首先修改草图中的 1244.4 尺寸（修改为 120），此时草图结构变化成如图 2-184 所示的结果，因为这个修改使草图变化很大，严重影响对草图的后续操作，所以先修改 1244.4 尺寸是不对的。

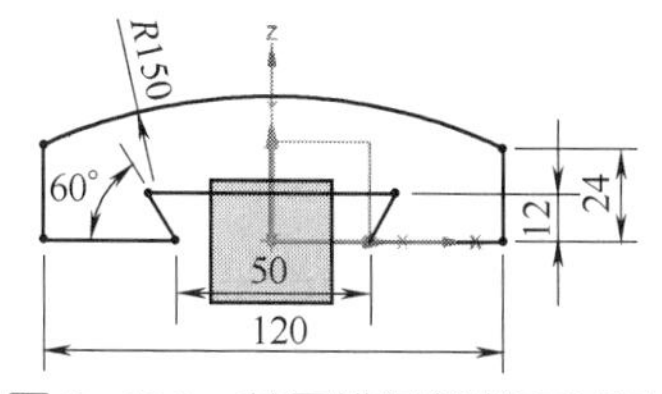

图 2-182　燕尾槽滑盖截面草图

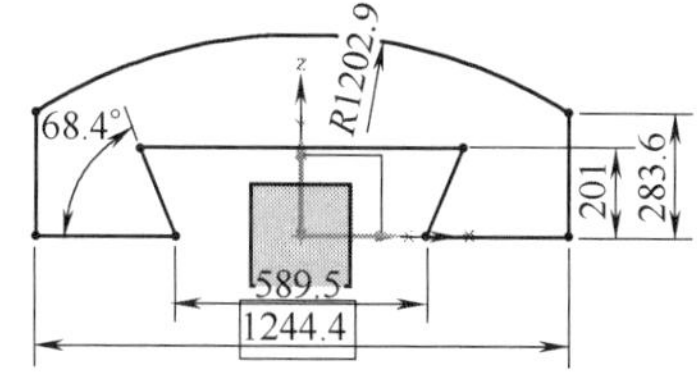

图 2-183　修改草图尺寸前

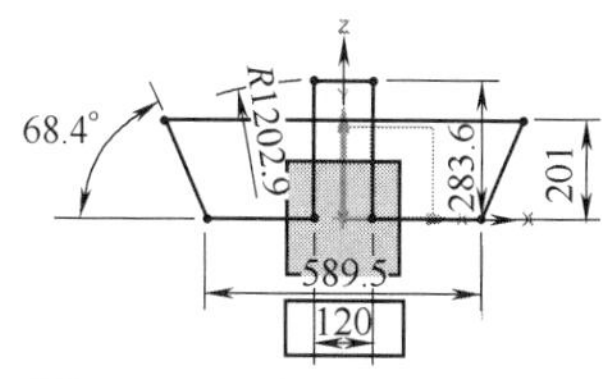

图 2-184　修改草图尺寸后

一般来说，如果绘制的草图整体尺寸都比目标草图尺寸大，这时应该首先修改尺寸小的尺寸，如果绘制的草图比目标草图小，就需要先修改尺寸大的尺寸，这样才能保证尺寸的修改不至于使草图形状轮廓发生太大的变化。

如图 2-183 所示的草图，现在需要修改草图中的尺寸至图 2-182 所示的结果，因为图 2-183 所示草图中的尺寸比设计尺寸都大，就需要先修改草图中尺寸较小的尺寸，所以正确的修改顺序是先修改角度尺寸 68.4、竖直方向的 201 和 283.6，最后修改水平方向的 599.5 和 1244.4，最后修改半径尺寸 1202.9。

另外，如果在修改尺寸过程中遇到修改不了的尺寸，可以先放下来去修改其他能够修改的尺寸，将这些暂时不能修改的尺寸放在最后去修改；如果草图中的尺寸实在是修改不了，可以采用逐步修改的方法来修改，逐步将尺寸修改到最终目标尺寸。

最后草图尺寸标注完成后，还需要整理草图中各尺寸的位置，各尺寸要摆放整齐、紧凑，而且各尺寸位置要和图纸尺寸位置对应，这样做的好处就是便于以后对草图进行检查与修改，如果不按照图纸位置放置草图尺寸，那么在检查或者审核时容易给检查者造成漏标草图尺寸的错觉。

扫码看视频讲解

2.7 二维草图设计案例

本章已经详细介绍了二维草图绘制的各项具体内容，下面通过几个草图设计实战案例详细讲解二维草图设计，加深读者对于二维草图设计方法与技巧的理解，帮助读者提高二维草图设计实战能力。

2.7.1 锁孔截面草图设计

如图 2-185 所示的草图，草图结构简单且对称，主要由圆、圆弧以及直线构成，像这种特点的草图可以先绘制辅助草图图元，然后通过修剪的方法得到需要的草图，具体绘制过程请扫码观看随书视频讲解。

2.7.2 垫块截面草图设计

如图 2-186 所示草图，草图结构简单且对称，主要由圆弧和直线构成，像这种特点的草图，首先绘制草图大体轮廓，然后处理草图约束，保证草图的对称性，最后标注尺寸并修改，具体绘制过程请扫码观看随书视频讲解。

2.7.3 滑块截面草图设计

如图 2-187 所示的草图，草图结构简单且对称，主要由圆、圆弧和直线构成，而且在草图中还包括“直线-圆弧-直线相切”的典型结构，像这种典型的草图结构具有典型的绘制方法，然后处理草图约束并标注草图尺寸，具体绘制过程请扫码观看随书视频讲解。

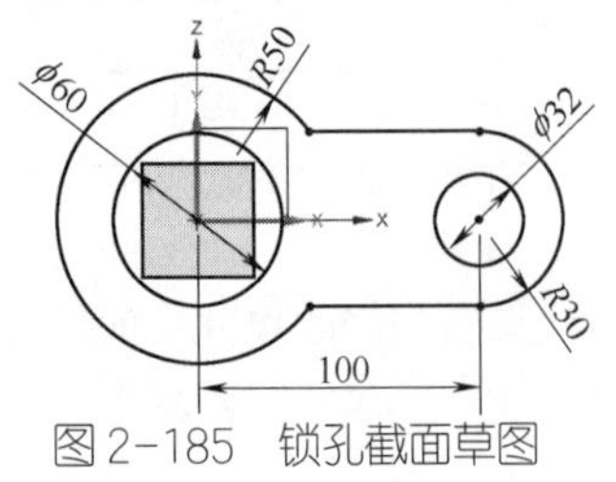

图 2-185 锁孔截面草图

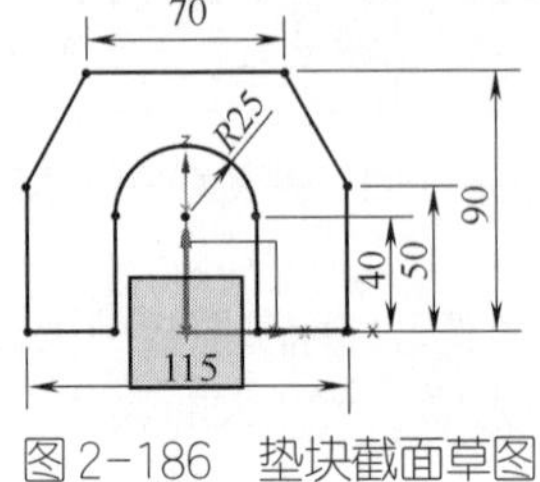

图 2-186 垫块截面草图

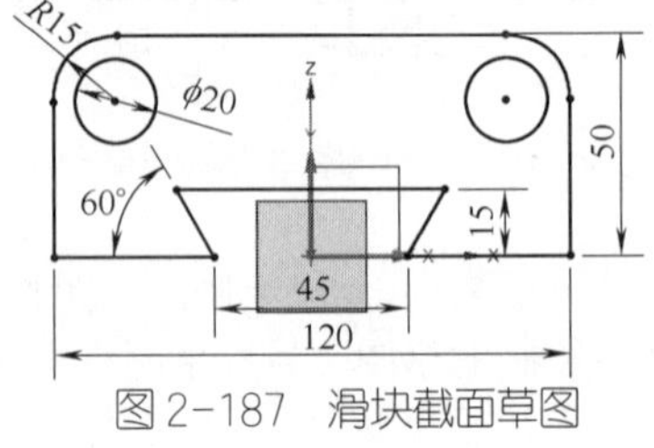

图 2-187 滑块截面草图

2.7.4 铣刀盘截面草图设计

如图 2-188 所示的草图，草图属对称结构的草图，草图中存在简单结构拼凑的痕迹，所以可以按照 CAD 绘图思路进行绘制。另外，草图中的局部存在相似结构，为了减小草图轮廓绘制工作量，应该采用阵列草图或其他草图变换工具绘制，提高草图绘制效率，具体绘制过程请扫码观看随书视频讲解。

2.7.5 水杯轮廓草图设计

如图 2-189 所示的草图，草图结构划分比较明显，主要由水杯体和手柄两部分构成，而且两部分草图中均包含有“直线-圆弧-直线相切”的典型结构，应该按照典型方法进行绘制，另外，手柄部分属于明显的等距偏移结构，可以使用“等距实体”命令来绘制，具体绘制过程请扫码观看随书视频讲解。

2.7.6 显示器轮廓草图设计

如图 2-190 所示的草图，草图结构划分比较明显，按照结构构成关系，首先绘制草图大体轮廓，然后处理草图中的几何约束，保证整个草图的对称性，最后标注尺寸，具体绘制过程请扫码观看随书视频讲解。

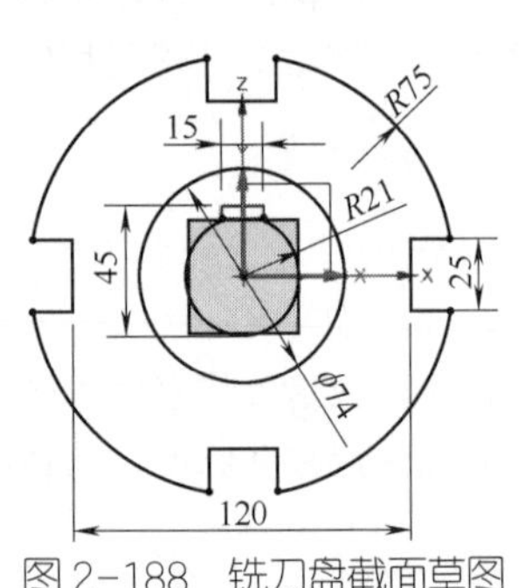

图 2-188 铣刀盘截面草图

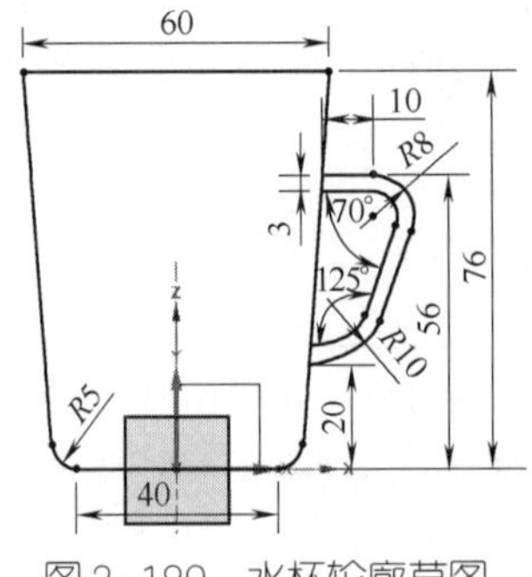

图 2-189 水杯轮廓草图

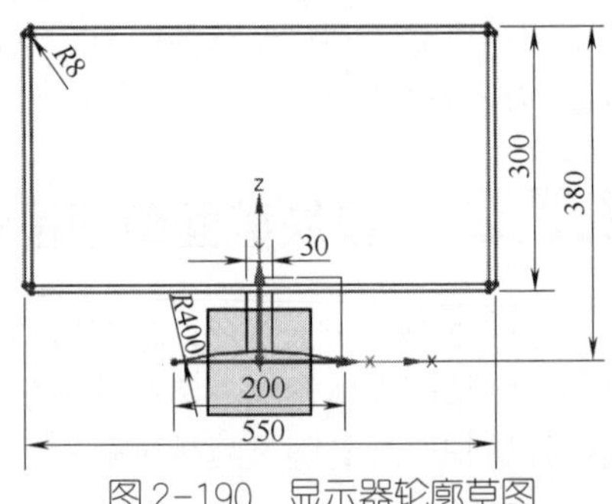

图 2-190 显示器轮廓草图

第3章 零件设计

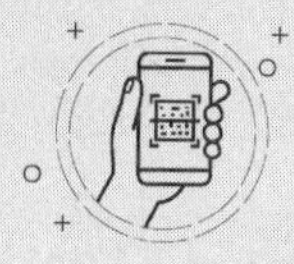

微信扫码，立即获取
全书配套视频与资源

零件设计是 NX 软件最基本的一项功能，同时也是 NX 其他功能模块学习与使用的基础，完成零件设计后通过组装得到装配产品，可以创建零件工程图，还可以通过产品渲染得到零件效果图，最后还可以使用有限元分析进行强度、刚度及稳定性分析等，由此可见零件设计的重要性。

3.1 三维特征设计

三维特征简称特征，特征是零件中最小、最基本的几何单元，任何一个零件都是由若干个特征组成的，如拉伸凸台特征、孔特征、圆角特征、倒角特征、拔模特征等，所以零件设计的关键是要掌握各种特征设计工具。下面具体介绍 NX 中常用三维特征设计工具，为零件设计做准备。

3.1.1 拉伸特征

拉伸特征就是将一个二维草图沿着一定的方向（默认与草图平面垂直的方向）拉出一定的高度形成的三维几何特征。在“主页”选项卡中单击“拉伸”按钮用来创建拉伸特征，使用拉伸特征可以创建多种拉伸效果，其中最重要的是拉伸凸台及拉伸切除。

（1）拉伸凸台

拉伸凸台就是指创建“凸出效果”的拉伸特征，下面以如图 3-1 所示的连接板模型为例介绍拉伸凸台特征的创建过程。

步骤 1 选择命令。在“主页”选项卡中单击“拉伸”按钮，系统弹出如图 3-2 所示的“拉伸”对话框，在该对话框中定义拉伸特征。

步骤 2 创建拉伸截面草图。在“拉伸”对话框的“截面线”区域单击按钮，系统弹出“创建草图”命令，选择 *XY* 平面创建如图 3-3 所示的拉伸截面草图。

步骤 3 定义拉伸参数。完成草图绘制后，系统返回至“拉伸”对话框，在该对话框中定义拉伸参数，包括拉伸方向、拉伸高度等。

① 定义拉伸方向　默认情况下，系统将拉伸截面草图沿着垂直于草图平面的方向进行拉伸，结果如图 3-4 所示。

② 定义拉伸高度　在对话框“限制”区域定义拉伸高度。在“开始”后的下拉列表中选择“值”选项，表示按照给定值定义拉伸开始位置；在“开始”下面的“距离”文本框中接受系统默认的距离值（默认距离值为 0，表示从草图平面开始拉伸）；在“结束”后的下拉列表中选择“值”选项，表示按照给定值定义拉伸结束位置；在“结束”下面的“距离”文本框中输入 10，具体设置如图 3-2 所示，此时拉伸特征高度为：结束距离值（10）-开始距离值

（0）=10。

步骤 4　完成拉伸特征创建。在对话框中单击“确定”按钮，完成拉伸特征创建。

（2）拉伸切除

拉伸切除就是指创建“切除效果”的拉伸特征。如图 3-5 所示的基体模型，现在需要创建如图 3-6 所示的 V 形槽，这种结构就可以使用拉伸切除来创建。

图 3-1　连接板模型

图 3-2　“拉伸”对话框

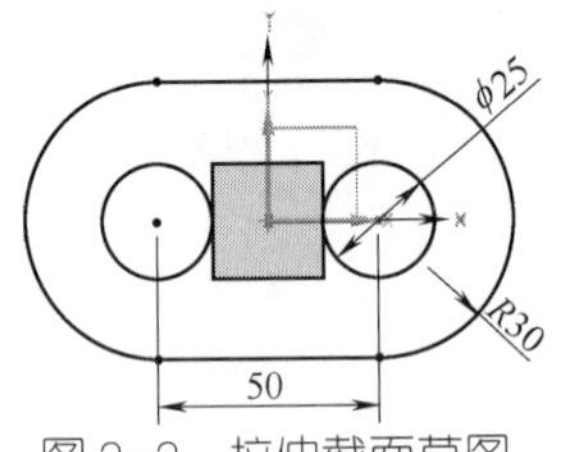

图 3-3　拉伸截面草图

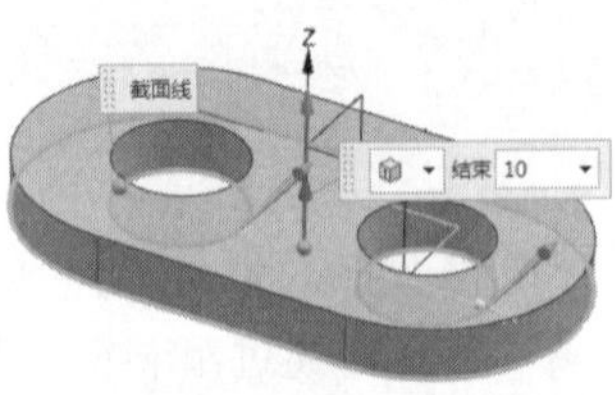

图 3-4　定义拉伸参数

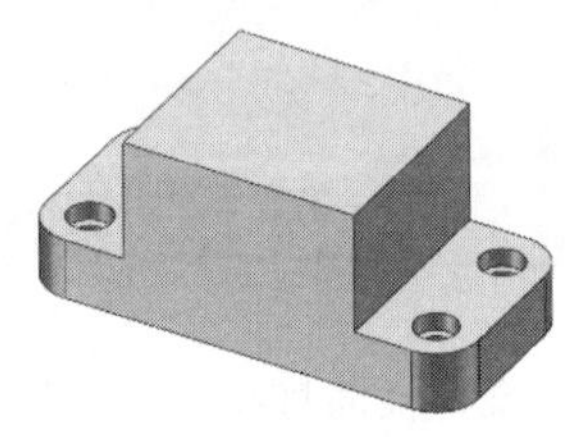

图 3-5　基体模型

步骤 1　打开练习文件 ugnx_jxsj\ch03 part\3.1\extrude_cut。

步骤 2　选择命令。在“主页”选项卡中单击“拉伸”按钮。

步骤 3　创建拉伸截面草图。在“拉伸”对话框的“截面线”区域单击按钮，选择如图 3-7 所示的模型表面为草图平面创建如图 3-8 所示的拉伸截面草图。

图 3-6　V 形槽

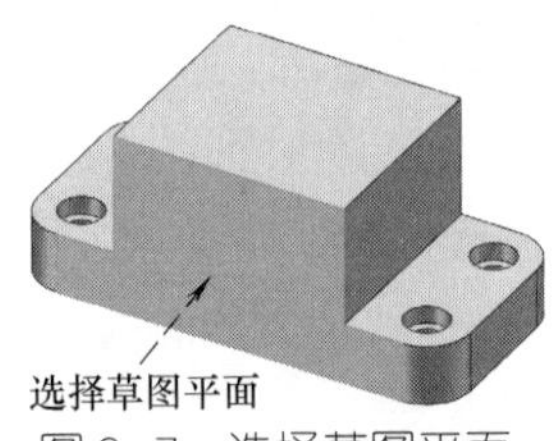

图 3-7　选择草图平面

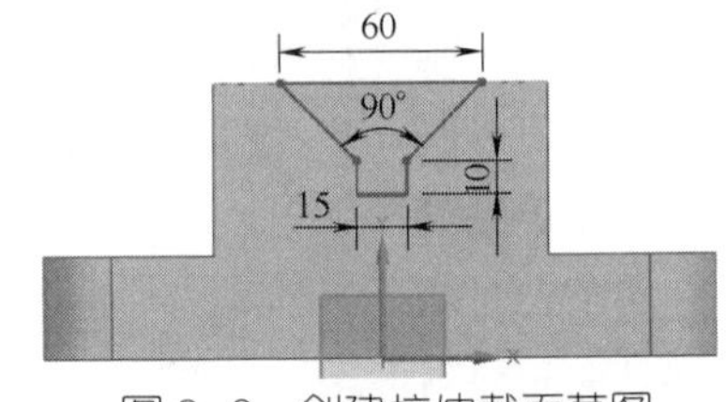

图 3-8　创建拉伸截面草图

步骤 4　定义拉伸参数。完成草图绘制后，系统返回至“拉伸”对话框，在该对话框中定义拉伸参数，包括拉伸方向、拉伸切除深度等参数。

① 定义拉伸方向　在对话框中的“方向”区域单击按钮调整拉伸方向指向实体模型一侧，以便对实体模型进行拉伸切除。

② 定义拉伸深度　在对话框“限制”区域定义拉伸深度参数，在“开始”后的下拉列表中选择“值”选项，表示按照给定值定义拉伸开始位置；在“开始”下面的“距离”文本框中接受系统默认的距离值；在“结束”后的下拉列表中选择“直到下一个”选项，表示从草图平面开始，拉伸到离草图平面最近的下一个面结束。

③ 定义布尔运算　在“布尔”区域下拉列表中选择“减去”选项，表示将创建的拉伸从已有的实体中切除，具体设置如图 3-9 所示，此时模型预览效果如图 3-10 所示。

步骤 5　完成拉伸切除创建。在对话框中单击“确定”按钮，完成拉伸切除操作。

3.1.2　旋转特征

旋转特征就是将一个二维草图绕着一根轴线旋转一定的角度形成的三维几何特征，一般用来设计零件中的回转结构。在“主页”选项卡中单击“旋转”按钮创建旋转特征。使用旋转特征可以创建多种旋转效果，其中最重要的是旋转凸台及旋转切除。

（1）旋转凸台

旋转凸台就是指创建“凸出效果”的旋转特征。下面以如图 3-11 所示的手柄模型为例介绍旋转凸台特征的创建过程。

图 3-9　定义拉伸参数

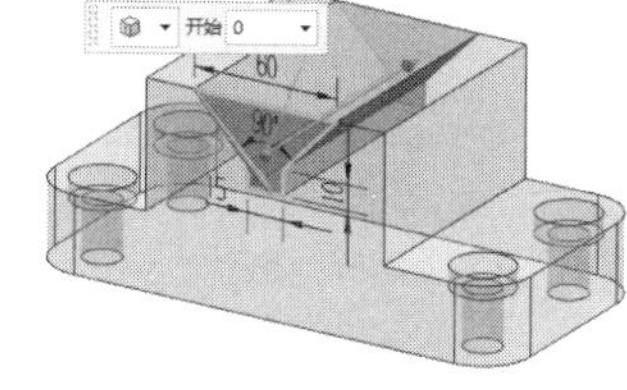

图 3-10　拉伸切除预览

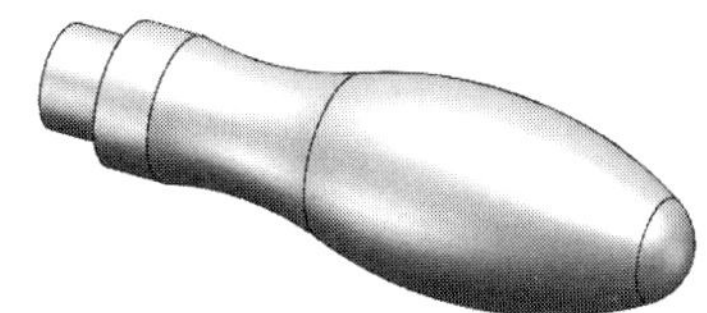

图 3-11　手柄模型

步骤 1　选择命令。在“主页”选项卡中单击“旋转”按钮，系统弹出如图 3-12 所示的“旋转”对话框，在该对话框中定义旋转特征。

步骤 2　创建旋转截面草图。在“旋转”对话框的“截面线”区域单击按钮，系统弹出“创建草图”命令，选择 ZX 平面创建如图 3-13 所示的旋转截面草图。

步骤 3　定义旋转凸台参数。完成草图绘制后，系统返回至“旋转”对话框，在该对话框中定义旋转参数，包括旋转轴及旋转角度等参数。

① 定义旋转轴　在对话框中的“轴”区域定义旋转轴，系统默认选择草图中的中心线作为旋转轴，另外，本例也可以选择坐标系的 X 轴作为旋转轴。

② 定义旋转角度　在对话框“限制”区域定义旋转角度参数，在“开始”后的下拉列表中选择“值”选项，表示按照给定值定义旋转开始位置；在“开始”下面的“角度”文本框中接受系统默认的角度值（默认距离值为 0，表示从草图平面开始旋转）；在“结束”后的下拉列表中选择“值”选项，表示按照给定值定义旋转结束位置，系统默认旋转结束值为 360°，表示旋转 360°，如图 3-12 所示，预览结果如图 3-14 所示。

步骤 4　完成旋转凸台创建。在对话框中单击“确定”按钮，完成旋转凸台创建。

（2）旋转切除

旋转切除指创建“切除效果”的旋转特征，就是将旋转出来的几何体从已有的实体中减去，一般用来创建零件中的回转腔体结构。如图 3-15 所示的固定支座模型，需要在该模型上创建如图 3-16 所示的回转腔体结构，腔体内部结构如图 3-17 所示，下面以此介绍旋转切除的创建过程。

步骤 1　打开练习文件 ugnx_jxsj\ch03 part\3.1\revolve_cut。

步骤 2　选择命令。在“主页”选项卡中单击“旋转”按钮。

图 3-12 “旋转”对话框

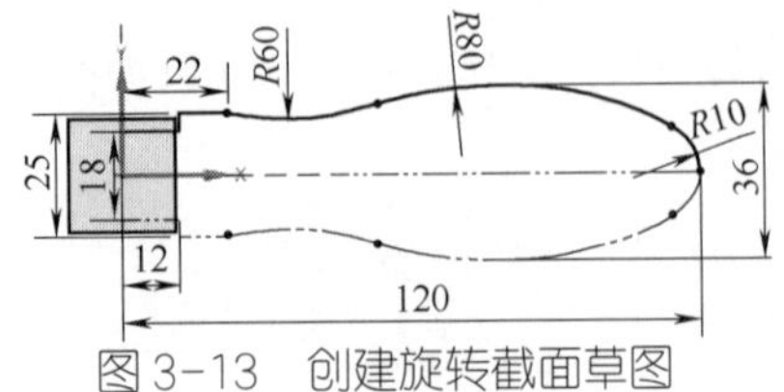

图 3-13 创建旋转截面草图

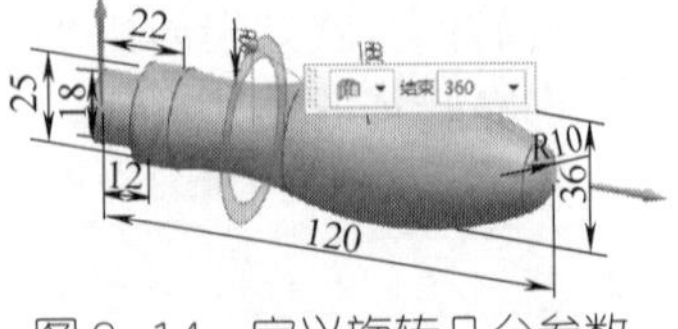

图 3-14 定义旋转凸台参数

图 3-15 固定支座模型

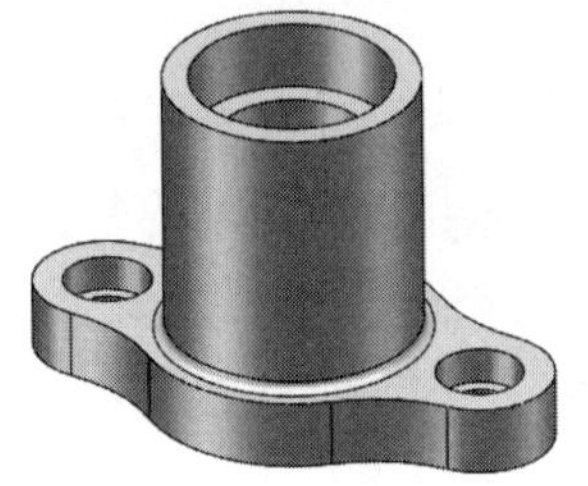

图 3-16 创建旋转腔体

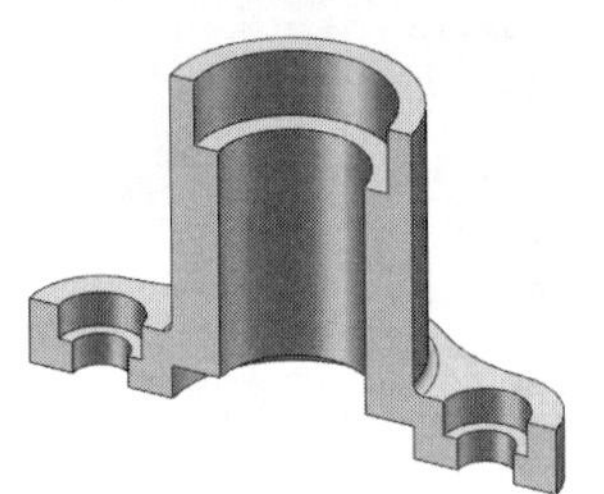

图 3-17 腔体内部结构

步骤 3 创建旋转截面草图。在“旋转”对话框的“截面线”区域单击按钮，系统弹出“创建草图”命令，选择 ZX 平面创建如图 3-18 所示的旋转截面草图。

步骤 4 定义旋转切除参数。完成草图绘制后，系统返回至“旋转”对话框，在该对话框中定义旋转参数，包括旋转轴及旋转角度等参数。

① 定义旋转轴 选择旋转截面草图中的中间竖直直线或 Z 轴为旋转轴。

② 定义旋转角度 采用系统默认的旋转角度参数。

③ 定义布尔运算 在“布尔”区域下拉列表中选择“减去”选项，表示将创建的旋转从已有的实体中切除，具体设置如图 3-19 所示，此时预览效果如图 3-20 所示。

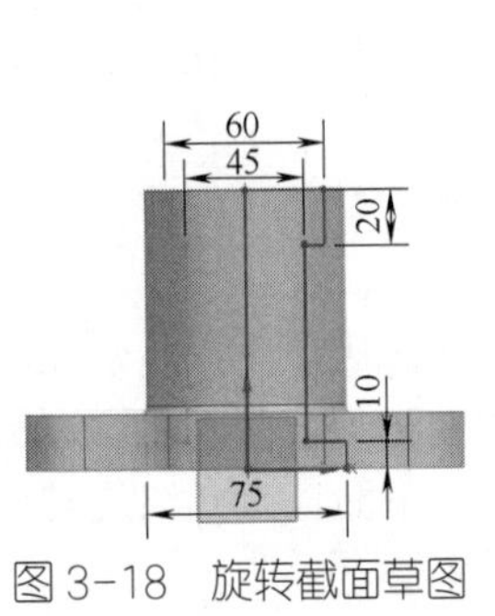

图 3-18 旋转截面草图

图 3-19 “旋转”对话框

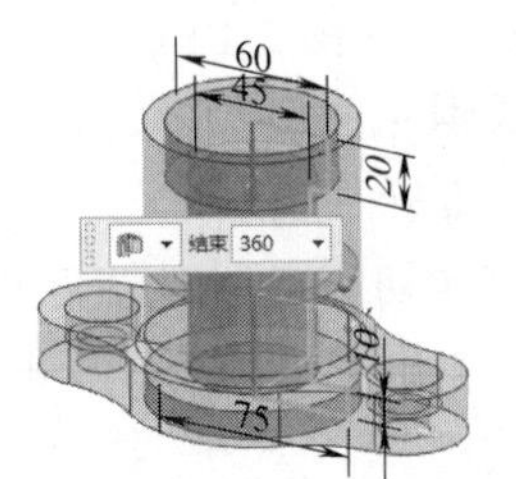

图 3-20 旋转切除预览

步骤 5 完成旋转切除创建。在对话框中单击“确定”按钮，完成旋转切除创建。

3.1.3 倒角特征

在“主页”选项卡中单击“倒斜角”按钮 倒斜角 用来创建倒角特征。倒角特征就是在两个面的连接部位或端部创建斜面连接结构。使用倒角特征主要有以下几个方面的考虑：

① 为了去除零件上因机加工产生的毛刺；

② 尖锐的棱角结构容易磕碰而损毁结构；

③ 方便产品的装配和拆卸。

如图 3-21 所示的连接轴模型，需要在轴两端创建如图 3-22 所示的倒角结构，倒角尺寸为 5，角度为 45°，下面以此介绍倒角特征创建过程。

步骤 1　打开练习文件 ugnx_jxsj\ch03 part\3.1\chamfer。

步骤 2　选择命令。在“主页”选项卡中单击“倒斜角”按钮 倒斜角，系统弹出如图 3-23 所示的“倒斜角”对话框，用于定义倒斜角参数。

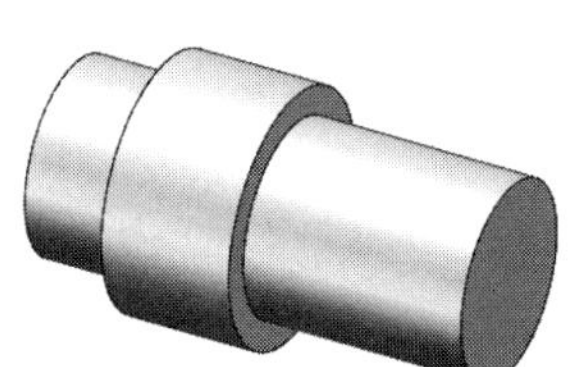

图 3-21　连接轴模型

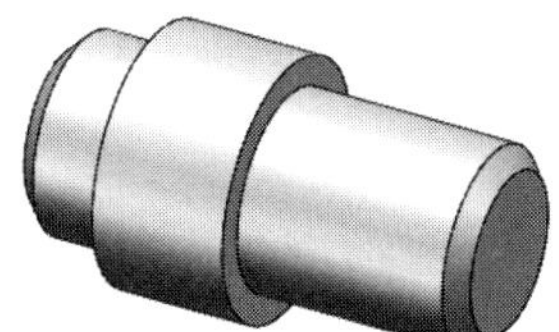

图 3-22　创建倒角

图 3-23　“倒斜角”对话框

步骤 3　定义倒角参数。在对话框的“偏置”区域定义倒斜角类型及参数。

① 定义倒角类型　在“横截面”下拉列表中选择“偏置和角度”选项，表示创建“距离与角度”类型的倒角特征。

② 选择倒角边线　选择如图 3-24 所示轴两端的边线为倒角对象。

③ 定义倒角参数　在“距离”文本框中输入倒角距离为 5，在“角度”文本框中输入倒角角度为 45°，如图 3-23 所示。

步骤 4　完成倒角特征创建。在对话框中单击“确定”按钮，完成倒角特征创建。

3.1.4 圆角特征

在“主页”选项卡中单击“边倒圆”按钮 用来创建圆角特征。圆角特征就是在两个面的连接部位或者端部创建圆弧面连接。使用圆角特征主要有以下几个方面的考虑：

① 为了去除零件上因机加工产生的毛刺；

② 减少结构上的应力集中，提高零件强度；

③ 尖锐的棱角结构容易磕碰而损毁结构；

④ 方便产品的装配和拆卸；

⑤ 在结构上通过倒角能够使结构看上去更美观。

如图 3-25 所示的基体模型，需要在模型各棱边位置创建圆角，圆角结果如图 3-26 所示，圆角半径均为 3，下面以此介绍圆角特征创建过程。

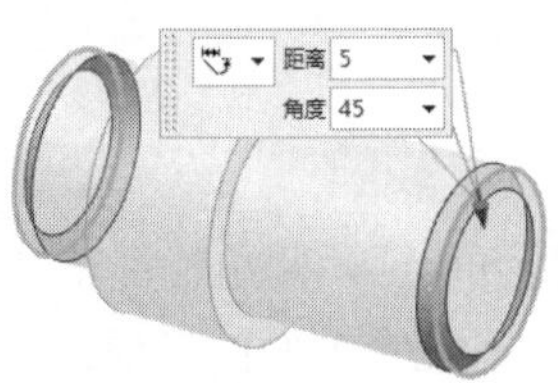

图 3-24　选择倒角边线

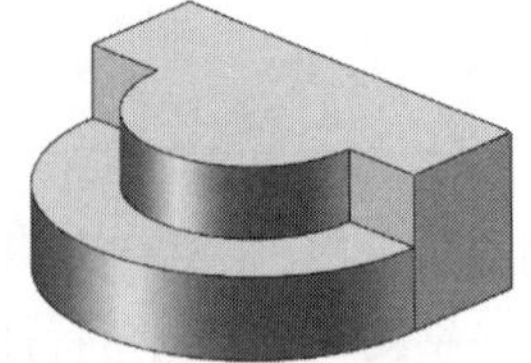

图 3-25　基体模型

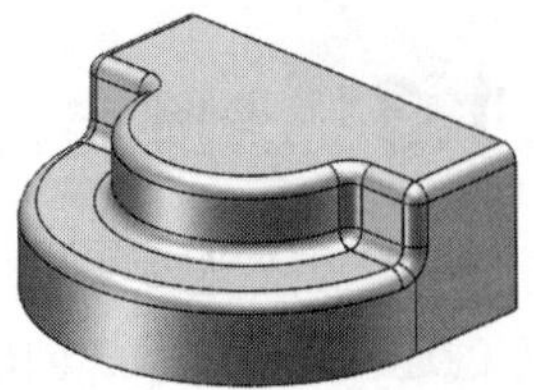

图 3-26　圆角结果

步骤 1　打开练习文件 ugnx_jxsj\ch03 part\3.1\round。

步骤 2　选择命令。在“主页”选项卡中单击“边倒圆”按钮，系统弹出如图 3-27 所示的“边倒圆”对话框，用于定义圆角参数。

步骤 3　创建圆角一。

① 定义圆角形状　在对话框的“形状”下拉列表中选择“圆形”选项，这也是系统默认的圆角类型。

② 选择圆角边线　选择如图 3-28 所示的模型边线为圆角对象。

③ 定义圆角参数　在对话框的“半径 1”文本框中设置圆角半径为 3。

④ 完成圆角特征创建　在对话框中单击“应用”按钮，完成圆角特征创建。

步骤 4　创建圆角二。参照以上步骤及参数选择如图 3-29 所示的边线创建圆角二。

步骤 5　创建圆角三。参照以上步骤及参数选择如图 3-30 所示的边线创建圆角三。

图 3-27　“圆角”对话框

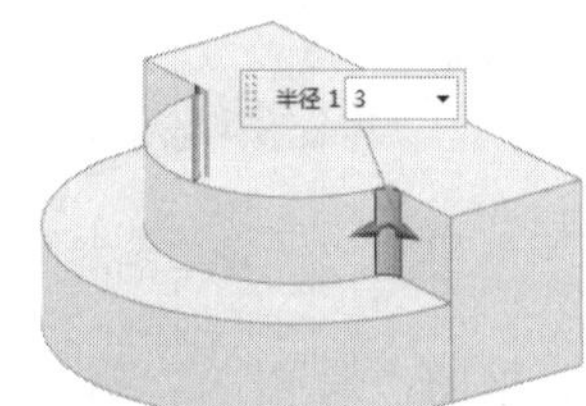

图 3-28　创建圆角一

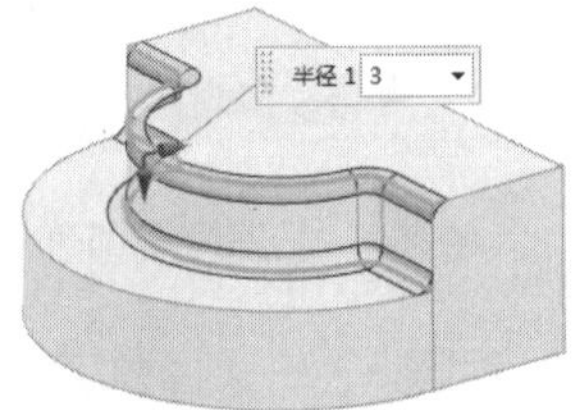

图 3-29　创建圆角二

注意：本例圆角位置比较多，在创建圆角时一定要注意倒圆角的先后顺序，以便提高倒圆角效率并保证倒圆角质量，这也是零件设计中一定要注意的一个设计问题。

3.1.5　基准特征

基准特征也叫参考特征，在零件设计中属于一种辅助工具，主要是用来辅助三维特征的创建，不属于零件结构的一部分。在零件设计中使用基准特征（如图 3-31 所示）就像盖一栋大楼要使用脚手架（如图 3-32 所示）等建筑工具作为辅助工具是一样的道理。

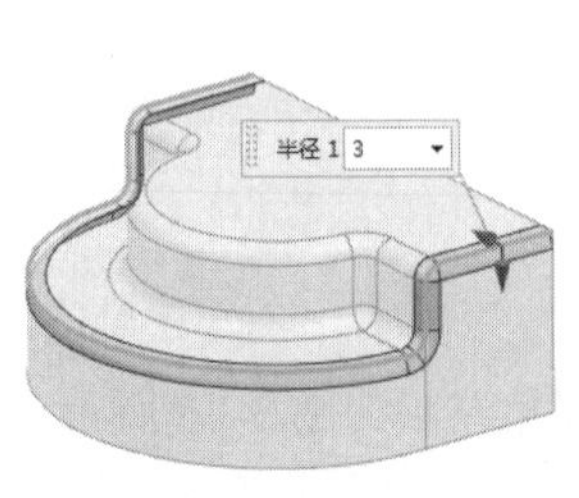

图 3-30　创建圆角三

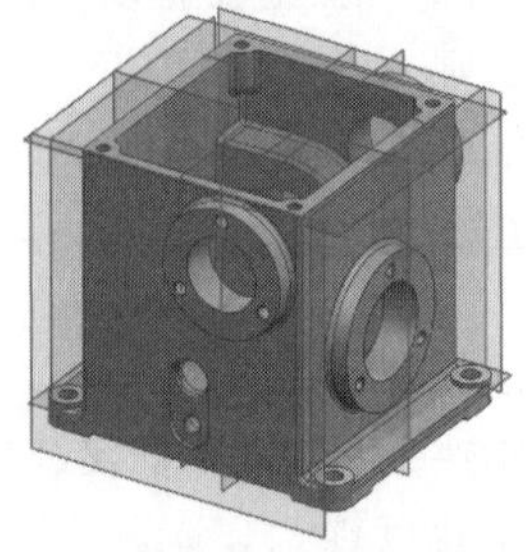

图 3-31　零件设计中的基准特征

图 3-32　建筑施工中的各种辅助工具

在 NX 中选择如图 3-33 所示的基准特征工具创建基准面、基准轴及基准坐标系等基准特征，零件设计中基准面和基准轴应用比较广泛。

（1）基准面

在 NX 中新建一个模型文件并进入零件设计环境，系统提供了三个原始基准平面——XY 基准面、YZ 基准面和 ZX 基准面。任何一个零件的设计都是以这三个基准面为基础设计的。但是，如果零件结构比较复杂，仅使用这三个基准面是无法满足零件设计需要的，这时就需要用户自己根据设计需要创建合适的基准面。

如图 3-34 所示的定位板模型，需要创建如图 3-35 所示的斜凸台，创建该斜凸台的关键是首先创建如图 3-36 所示的基准面（该基准面与定位板平面之间的夹角为 30°），下面以此为例介绍基准面创建过程。

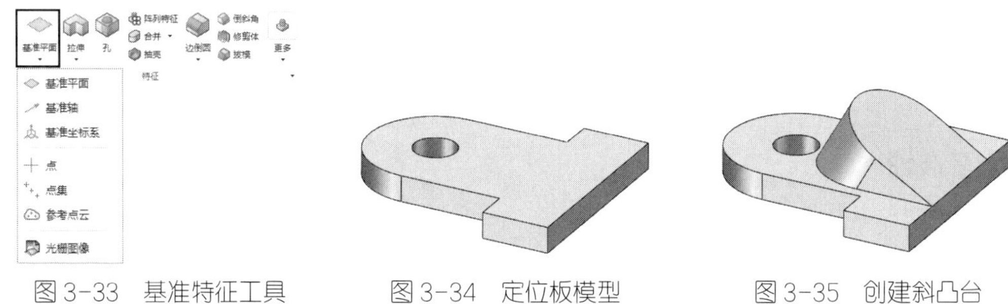

图 3-33　基准特征工具　　图 3-34　定位板模型　　图 3-35　创建斜凸台

步骤 1　打开练习文件 ugnx_jxsj\ch03 part\3.1\plane。

步骤 2　选择命令。在“主页”选项卡中单击“基准平面”按钮 ，系统弹出如图 3-37 所示的“基准平面”对话框，用于定义基准平面参数。

步骤 3　定义基准平面参数。

① 定义基准平面类型　在对话框顶部下拉列表中选择“成一角度”选项，表示根据旋转角度创建基准平面。

② 选择基准平面参考　在模型上选择如图 3-38 所示的模型边线和模型表面为基准平面参考，表示将选择的模型表面绕着选择的模型边线旋转一定角度创建基准平面。

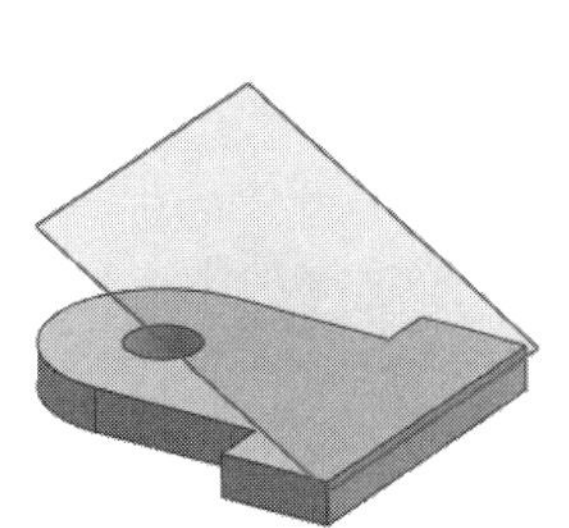

图 3-36　创建基准平面

图 3-37　“基准平面”对话框

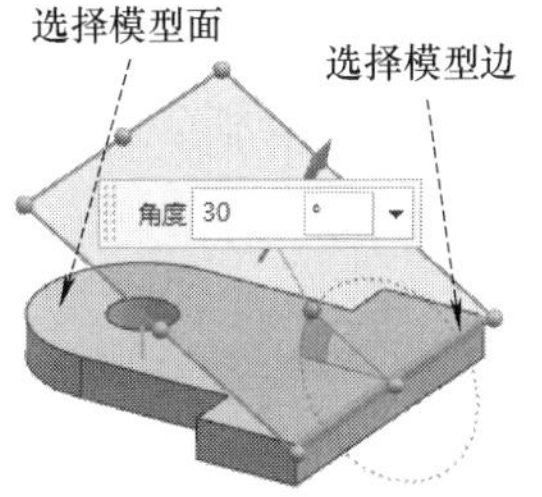

图 3-38　选择基准面参考

③ 定义基准平面参数　在对话框的“角度”文本框中输入旋转角度值为 30°。

④ 完成基准平面创建　在对话框中单击“确定”按钮，完成基准平面创建。

步骤 4　创建斜凸台。在“主页”选项卡中选择“拉伸”命令，选择以上创建的基准平面为草图平面绘制如图 3-39 所示的拉伸截面草图，在“拉伸”对话框的“结束”下拉列表中选择

“直至下一个”选项，如图 3-40 所示，表示从草图平面开始创建离该面最近的下一个面创建拉伸凸台，在“布尔”下拉列表中选择“合并”选项，如图 3-41 所示。

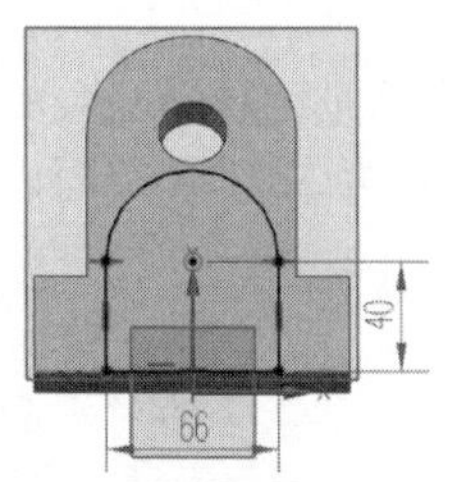

图 3-39　创建拉伸截面草图

图 3-40　定义拉伸属性

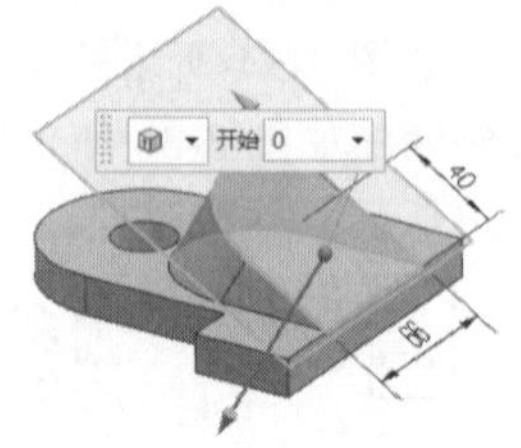

图 3-41　拉伸预览

（2）基准轴

如图 3-42 所示的阀体模型，需要通过模型中 8 字形凸台两个圆弧面中心轴创建如图 3-43 所示的基准面，这种情况下需要首先创建如图 3-44 所示的两个圆弧面基准轴，下面以此为例介绍基准轴创建。

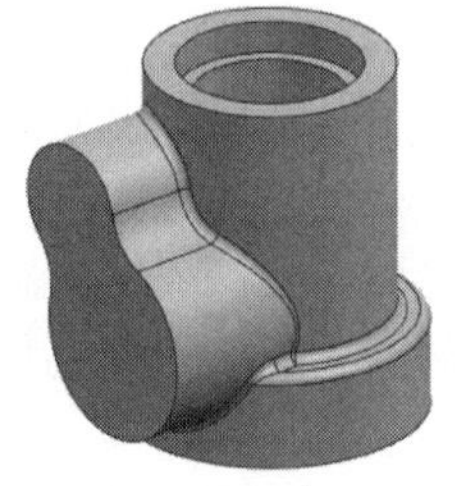

图 3-42　阀体模型

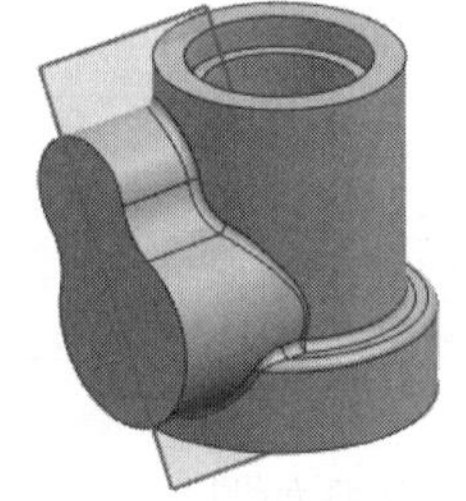

图 3-43　创建基准面

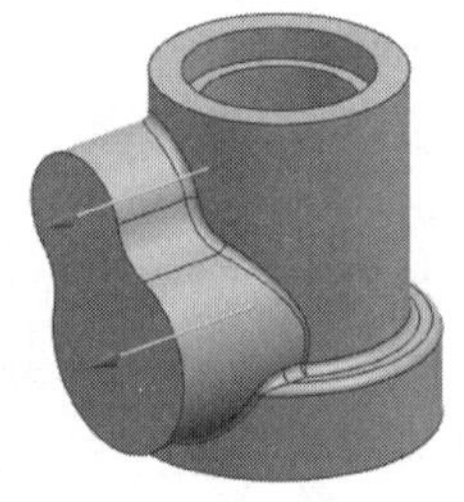

图 3-44　创建基准轴

步骤 1　打开练习文件 ugnx_jxsj\ch03 part\3.1\axis。

步骤 2　选择命令。在“主页”选项卡的“基准特征”下拉菜单中单击“基准轴”按钮 基准轴，系统弹出如图 3-45 所示的“基准轴”对话框，用于定义基准轴参数。

步骤 3　创建如图 3-46 所示的基准轴 1。在模型上选择如图 3-47 所示的圆弧面为参考，表示通过圆弧面中心轴线创建基准轴，单击“应用”按钮完成基准轴创建。

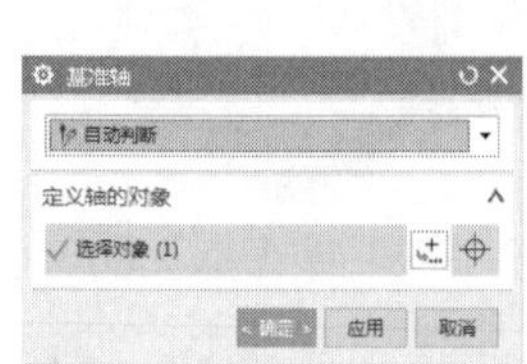

图 3-45　“基准轴”对话框

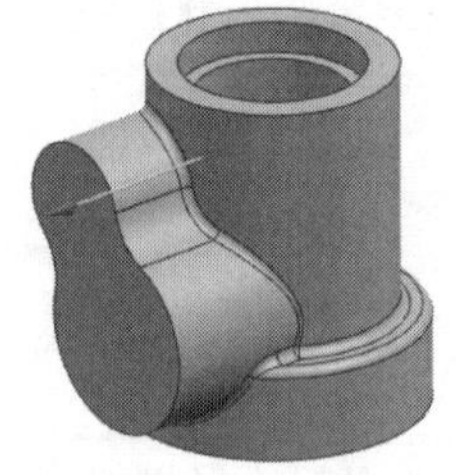

图 3-46　创建的基准轴 1

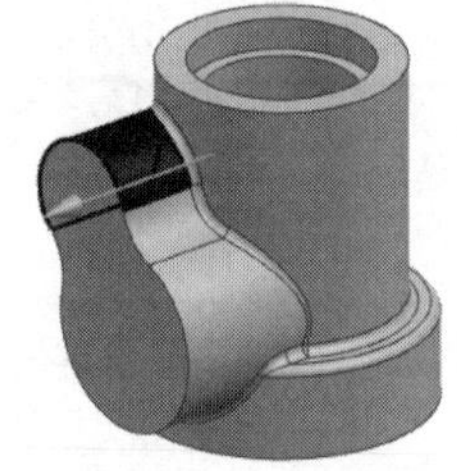

图 3-47　选择基准轴参考

步骤 4　参照上一步操作选择另外一个圆弧面创建如图 3-48 所示的基准轴 2。

步骤 5　创建基准平面。完成以上基准轴的创建后，接下来可以根据这些基准轴创建基准平面。选择“基准平面”命令，在“基准平面”对话框顶部下拉列表中选择“两直线”选项，如图 3-49 所示，依次选择如图 3-50 所示的“基准轴 1”和“基准轴 2”为参考，创建通过两个轴的基准平面，结果如图 3-43 所示。

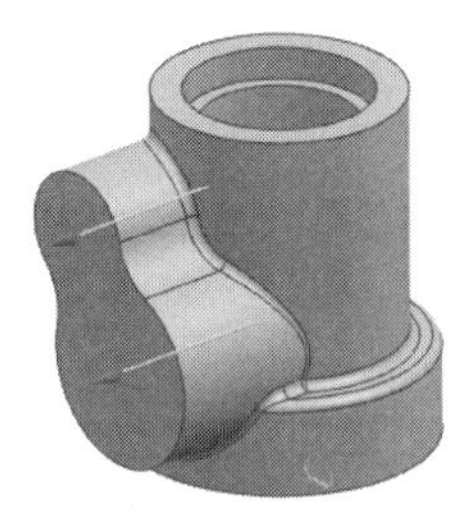
图 3-48 创建基准轴 2

图 3-49 定义基准平面类型

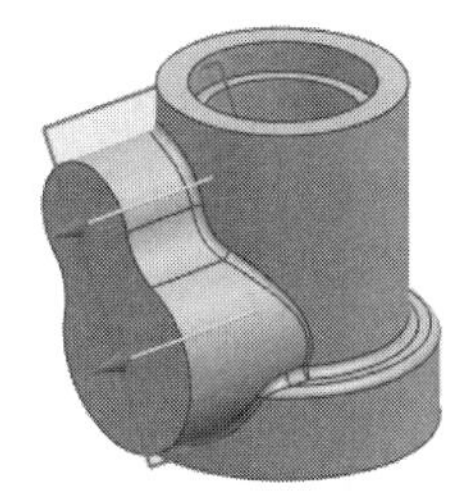
图 3-50 创建基准平面

3.1.6 孔工具

孔结构是零件设计中非常常见的一种结构，在零件中主要起到定位、安装与紧固的作用。在“主页”选项卡中单击“孔”按钮，用于设计各种孔结构。

如图 3-51 所示的安装板模型，需要在安装板斜面上创建沉头孔，如图 3-52 所示，要求沉头孔与斜面圆柱面同轴，而且是贯通的，如图 3-53 所示。

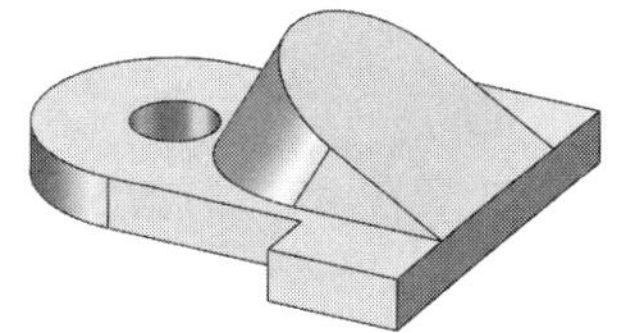
图 3-51 安装板模型

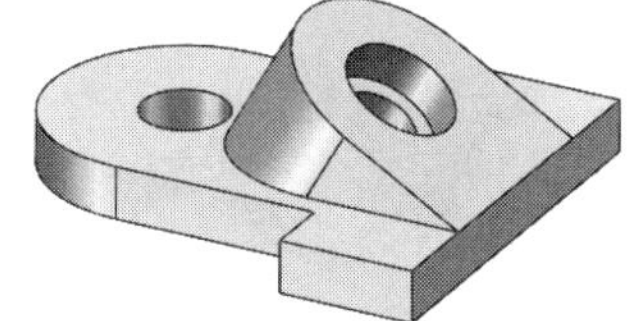
图 3-52 创建沉头孔

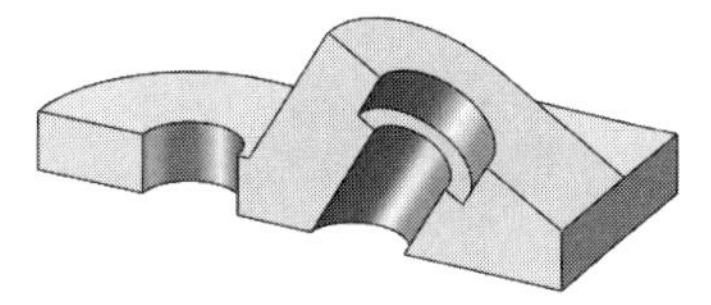
图 3-53 沉头孔内部结构

步骤 1 打开练习文件 ugnx_jxsj\ch03 part\3.1\hole。

步骤 2 选择命令。在“主页”选项卡中单击“孔”按钮，系统弹出“孔”对话框，在该对话框中定义孔类型、孔位置及形状尺寸参数。

步骤 3 定义孔类型。在对话框顶部下拉列表中选择“常规孔”选项，如图 3-54 所示，表示创建一般简单孔、沉头孔、埋头孔及锥形孔。

图 3-54 定义孔类型及位置

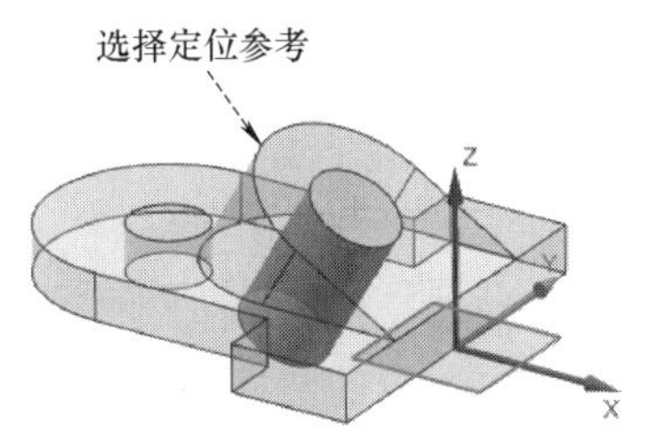

图 3-55 选择孔定位参考

图 3-56 定义孔形状及尺寸

步骤 4 定义孔位置。在对话框的“位置”区域定义孔位置，然后在模型上选择如图 3-55 所示的圆弧边线圆心为孔定位参考，如图 3-56 所示。

步骤 5 定义孔形状及尺寸。

① 定义孔形状 在“成形”下拉列表中选择“沉头”类型，表示创建沉头孔。

② 定义孔尺寸 设置沉头直径为 30，沉头深度为 12，直径为 20，深度限制为“贯通体”，表示创建贯通沉头孔，具体设置如图 3-56 所示。

步骤 6 完成孔特征创建。在对话框中单击“确定”按钮，完成孔特征创建。

3.1.7 螺纹特征

零件设计中经常需要设计各种螺纹结构，螺纹结构主要包括外螺纹与内螺纹，如图 3-57 所示。外螺纹指的是在圆柱面上设计的螺纹结构，内螺纹指的是在孔圆柱面上设计的螺纹结构。在“主页”选项卡的“更多”菜单中单击“螺纹刀”按钮 螺纹刀，用于添加螺纹特征。NX 中的螺纹特征包括符号螺纹与详细螺纹两种类型，其中符号螺纹可以在工程图中显示螺纹线符号，如图 3-58 所示；详细螺纹能够直接生成三维螺纹结构，如图 3-59 所示，下面具体介绍这两种螺纹特征创建。

图 3-57 外螺纹与内螺纹

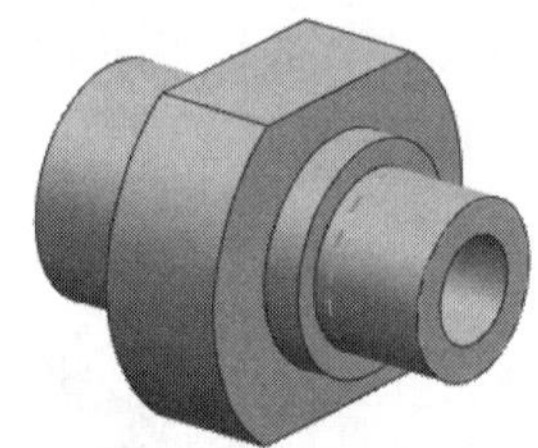

图 3-58 符号螺纹特征

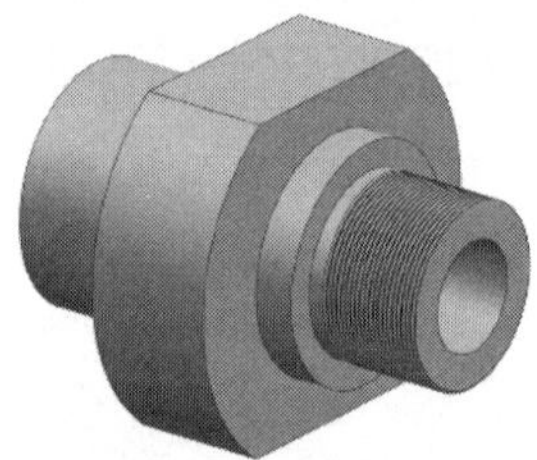

图 3-59 详细螺纹特征

（1）符号螺纹

下面以如图 3-58 所示的螺纹特征为例介绍符号螺纹创建过程。

步骤 1 打开练习文件 ugnx_jxsj\ch03 part\3.1\thread。

步骤 2 选择命令。在“主页”选项卡的“更多”菜单中单击“螺纹刀”按钮 螺纹刀，系统弹出“螺纹切削”对话框。

步骤 3 定义螺纹类型。在对话框的“螺纹类型”区域选中“符号”选项，如图 3-60 所示，表示创建符号螺纹特征（符号螺纹在工程图中显示螺纹线符号）。

步骤 4 选择螺纹参考。选择如图 3-61 所示的圆柱面为螺纹参考，表示在该圆柱面上创建螺纹特征，选择螺纹参考面后模型中的箭头表示螺纹生成方向，如果方向不对，可以单击对话框中的“选择起始”按钮定义螺纹特征方向。

步骤 5 定义螺纹参数。选择螺纹参考后，系统会根据选择的圆柱面自动计算螺纹特征小径等参数，用户根据需要可以设置螺纹参数，本例需要设置螺纹长度为 30。

步骤 6 完成螺纹特征。在对话框中单击“确定”按钮，完成符号螺纹特征创建。

（2）详细螺纹

如果需要创建如图 3-59 所示的详细螺纹，需要在“螺纹切削”对话框的“螺纹类型”区域选中“详细”选项，然后选择如图 3-61 所示的圆柱面为螺纹参考，具体参数设置如图 3-62 所示，单击“确定”按钮，完成详细螺纹特征创建。

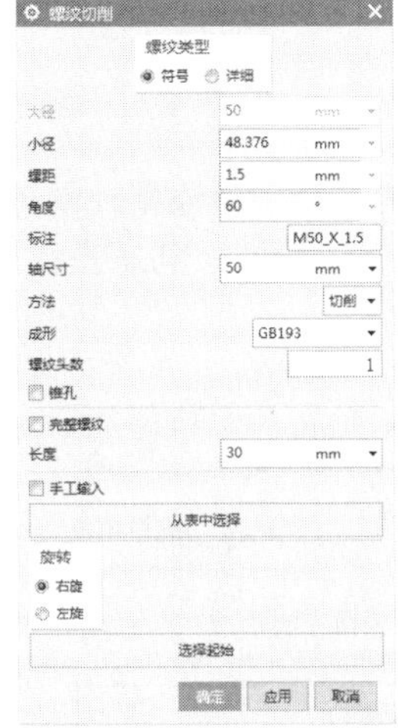

图 3-60　定义符号螺纹

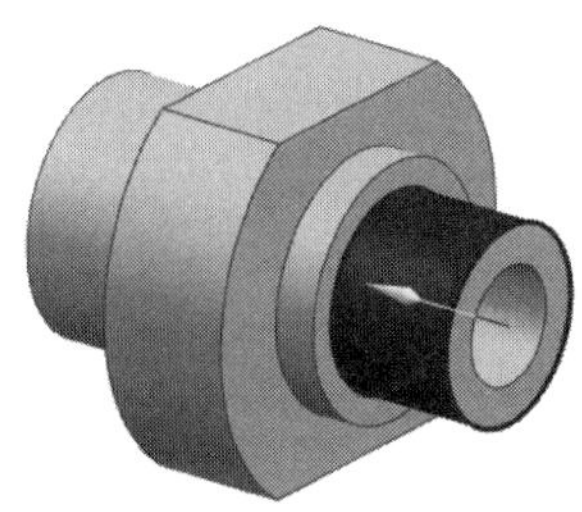

图 3-61　选择螺纹参考

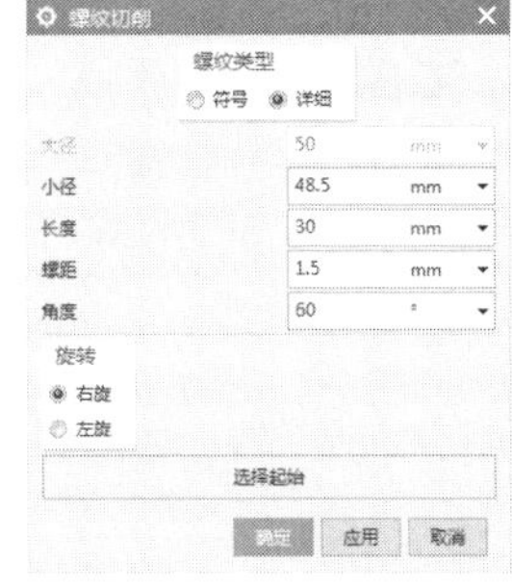

图 3-62　定义详细螺纹

3.1.8　抽壳特征设计

抽壳特征就是将实体内部完全掏空或在表面上选择一个或多个移除面，系统将这些移除面删除并将内部掏空，形成均匀或不均匀壁厚的壳体。在“主页”选项卡中单击“抽壳”按钮 抽壳，创建抽壳特征，在零件设计中用来设计各种壳体结构。

如图 3-63 所示的塑料盖模型，目前模型全部是实心的，如图 3-64 所示，需要创建如图 3-65 所示的壳体，下面以此为例介绍抽壳特征创建过程。

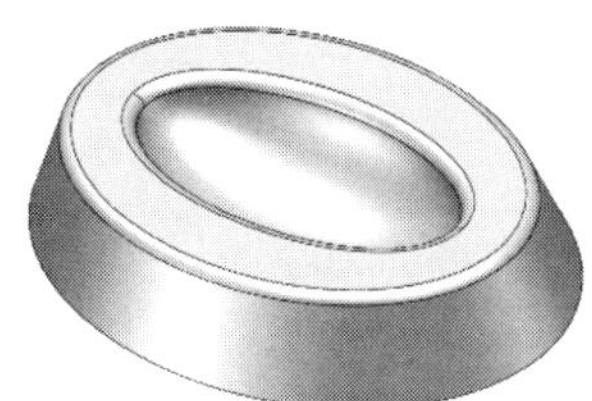

图 3-63　塑料盖模型

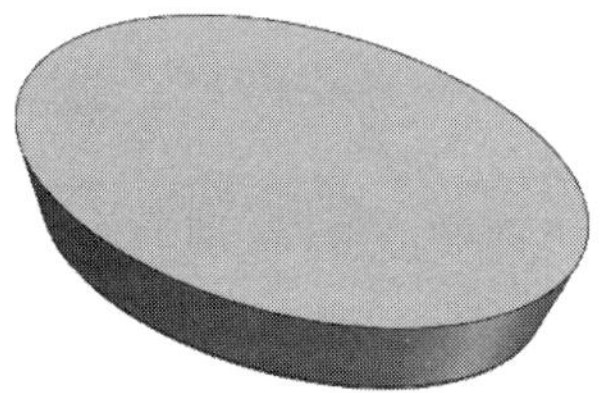

图 3-64　实心结构

图 3-65　创建壳体

步骤 1　打开练习文件 ugnx_jxsj\ch03 part\3.1\shell。

步骤 2　选择命令。在“主页”选项卡中单击“抽壳”按钮 抽壳，系统弹出如图 3-66 所示的“抽壳”对话框，在该对话框中定义抽壳参数。

步骤 3　定义抽壳。选择如图 3-67 所示的模型表面为移除面，在“抽壳”对话框中的厚度文本框中输入抽壳厚度 2，此时抽壳预览如图 3-68 所示。

步骤 4　完成抽壳特征创建。在对话框中单击“确定”按钮，完成抽壳特征创建。

图 3-66　“抽壳”对话框

图 3-67　选择抽壳移除面

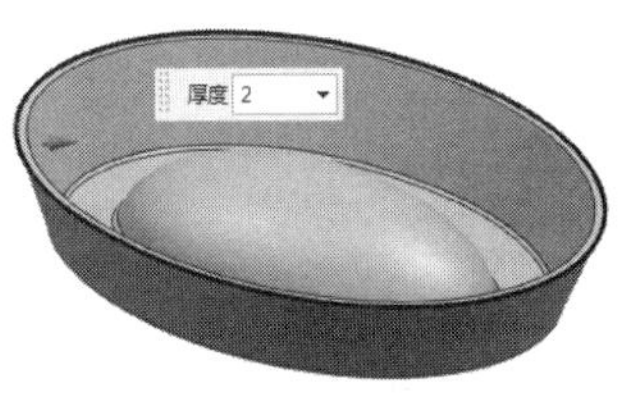

图 3-68　抽壳特征预览

3.1.9 拔模特征设计

在一些产品的设计中，需要将一些结构的表面设计成斜面结构，特别是注塑件或铸造件，在这些产品适当位置设计斜面结构方便这些产品在完成注塑或铸造后能够顺利从模具中取出来，保证产品的最终成型，这些斜面结构在工程中称为拔模。

创建拔模特征需要首先了解拔模特征的四个要素：拔模固定面、拔模面、拔模角度、脱模方向，如图 3-69 所示，这些要素一定要根据实际需求正确定义，否则将得到错误的拔模结构。

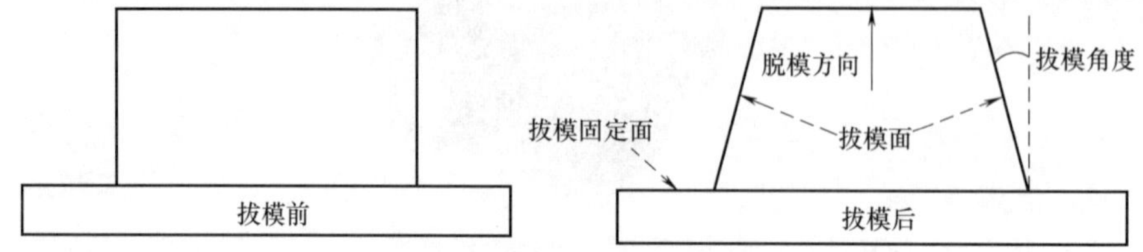

图 3-69　拔模结构示意图及拔模四要素

如图 3-70 所示的基础模型，需要在模型四周壁面上创建拔模结构，如图 3-71 所示，拔模角度为 15°，下面以此为例介绍拔模特征创建过程。

步骤 1　打开练习文件 ugnx_jxsj\ch03 part\3.1\draft。

步骤 2　选择命令。在“主页”选项卡中单击“拔模”按钮 拔模，系统弹出如图 3-72 所示的“拔模”对话框，用于定义拔模参数。

步骤 3　定义拔模参数。

① 定义拔模类型　在对话框的顶部下拉列表中选择“面”选项，表示通过定义固定面来创建拔模特征。

② 定义脱模方向　选择“拔模”命令后，系统默认脱模方向为坐标系 *Z* 轴方向，本例接受系统默认的 *Z* 轴方向为脱模方向。

③ 定义拔模参考　在对话框中“拔模参考”区域的“拔模方法”下拉列表中选择“固定面”选项，选择 *XY* 平面为拔模固定面参考。

④ 定义拔模面　选择模型四周壁面为拔模面进行拔模，如图 3-73 所示。

⑤ 定义拔模角度　在对话框的“角度 1”文本框中输入拔模角度为 15°。

步骤 4　完成拔模特征创建。在对话框中单击“确定”按钮，完成拔模特征创建。

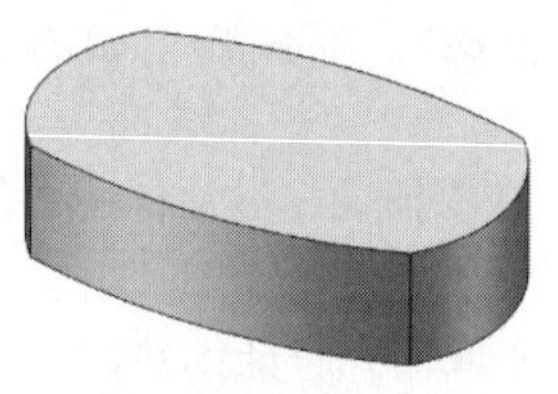

图 3-70　基础模型

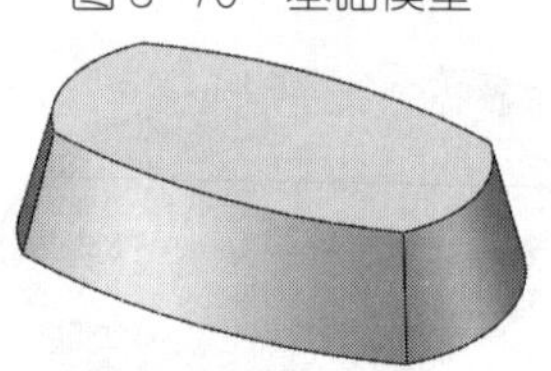

图 3-71　创建拔模

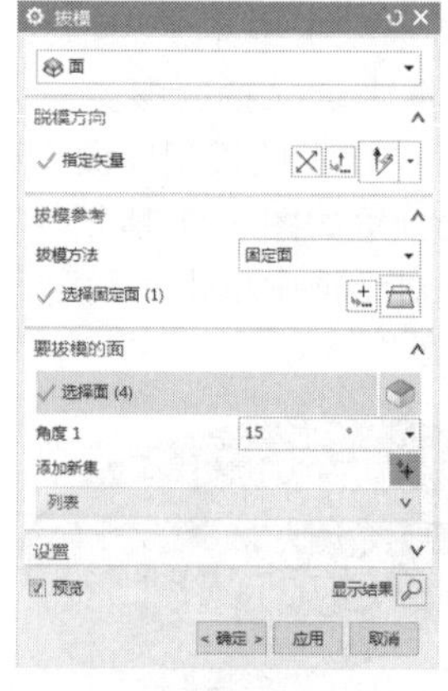

图 3-72　“拔模”对话框

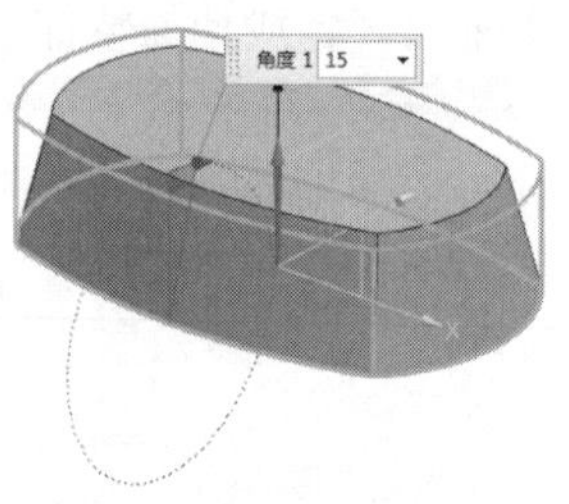

图 3-73　定义拔模参数

3.1.10　筋特征设计

筋特征也称加强筋，在零件中主要起支撑作用，用来提高零件结构的强度，特别在一些起支撑作用的零件上，都会在相应的位置设计相应的加强筋，如箱体零件中安装轴承的孔位置，还有支架或拨叉类零件上一般都设计有加强筋，还有一些塑料盖类零件，因为塑料的强度本身有限，所以为了提高塑料盖的强度，一般都会设计加强筋结构。

加强筋类型主要包括两种，一种是轮廓筋，指在零件中的开放区域设计的加强筋，在 NX 中称为平行于剖切平面的加强筋；另一种是网格筋，指在封闭区域设计的加强筋，在 NX 中称为垂直于剖切平面的加强筋。在“主页”选项卡的“更多”菜单中单击“筋板”按钮 筋板，用来创建这两种加强筋。

（1）轮廓筋（平行于剖切平面的加强筋）

如图 3-74 所示的支架模型，需要在模型中间位置创建如图 3-75 所示的加强筋，这种加强筋是在模型开放区域创建的，也就是轮廓筋，下面具体介绍其设计过程。

步骤 1　打开练习文件 ugnx_jxsj\ch03 part\3.1\rib01。

步骤 2　选择命令。在“主页”选项卡的“更多”菜单中单击“筋板”按钮 筋板，系统弹出如图 3-76 所示的“筋板”对话框。

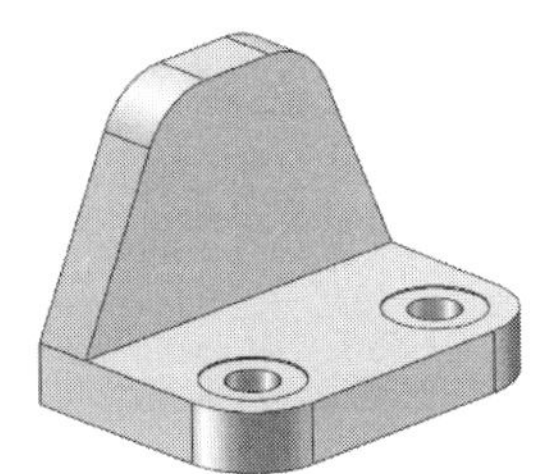

图 3-74　支架模型

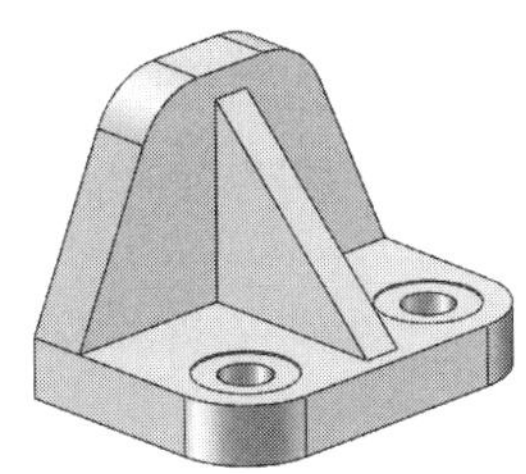

图 3-75　创建轮廓筋

图 3-76　“筋板”对话框

步骤 3　创建加强筋草图。在对话框的“截面线”区域单击按钮，选择 ZX 基准面为草图平面创建如图 3-77 所示的加强筋草图。

步骤 4　定义加强筋参数。完成加强筋草图绘制后，系统返回“筋板”对话框，在“壁”区域选中“平行于剖切平面”选项，在“尺寸”下拉列表中选择“对称”选项，在“厚度”文本框中设置加强筋厚度为 10，此时加强筋预览如图 3-78 所示，选中“合并筋板和目标”选项，表示将加强筋与实体合并。

步骤 5　完成加强筋创建。在对话框中单击“确定”按钮，完成加强筋特征创建。

（2）网格筋（垂直于剖切平面的加强筋）

如图 3-79 所示的壳体模型，需要在模型内部创建如图 3-80 所示的加强筋，这种加强筋是在模型封闭区域创建的，也就是网格筋，下面具体介绍其设计过程。

步骤 1　打开练习文件 ugnx_jxsj\ch03 part\3.1\rib02。

步骤 2　选择命令。在“主页”选项卡的“更多”菜单中单击“筋板”按钮 筋板。

步骤 3　创建网格筋骨架草图。在对话框的“截面线”区域单击按钮，选择如图 3-81 所示的基准平面为草图面创建如图 3-82 所示的网格筋骨架草图。

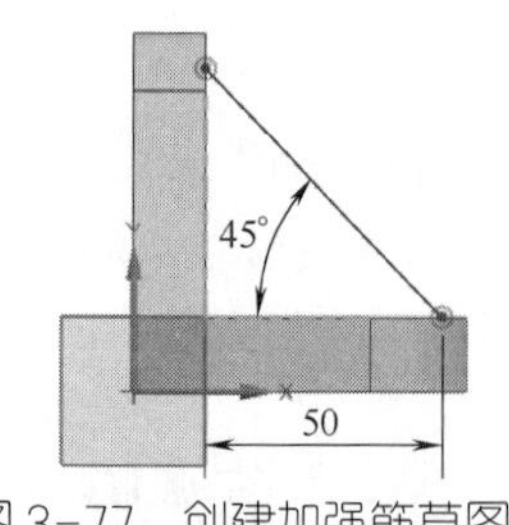
图 3-77 创建加强筋草图

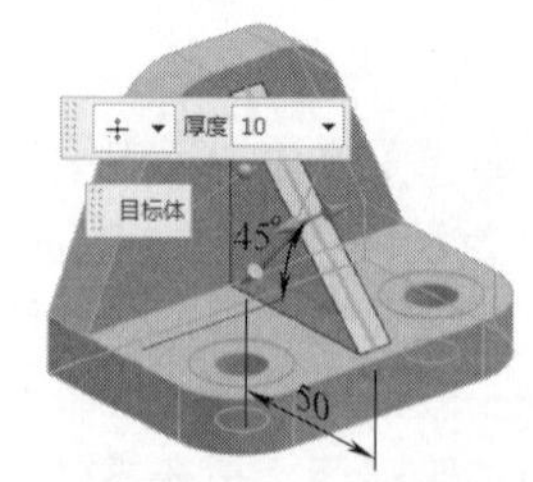
图 3-78 定义加强筋参数

图 3-79 壳体模型

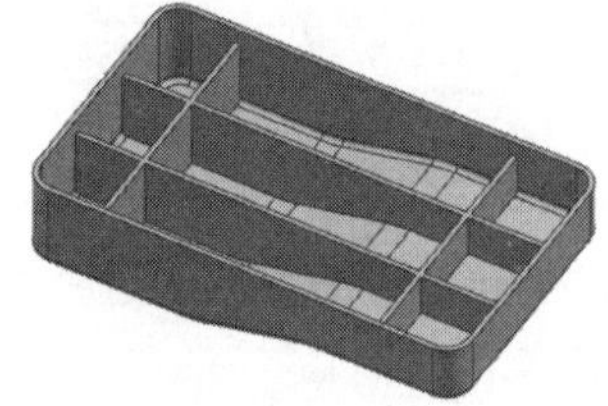
图 3-80 创建网格筋

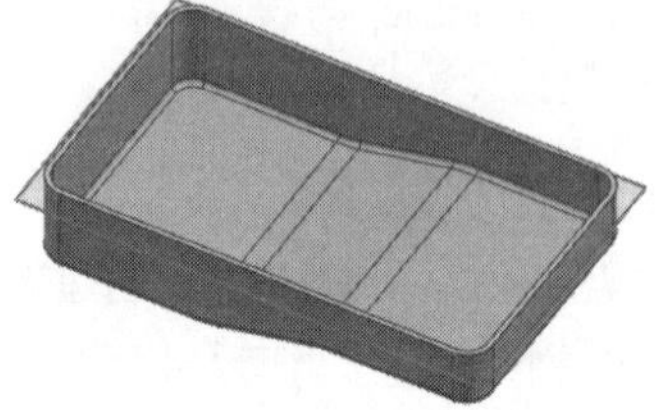
图 3-81 选择草图平面

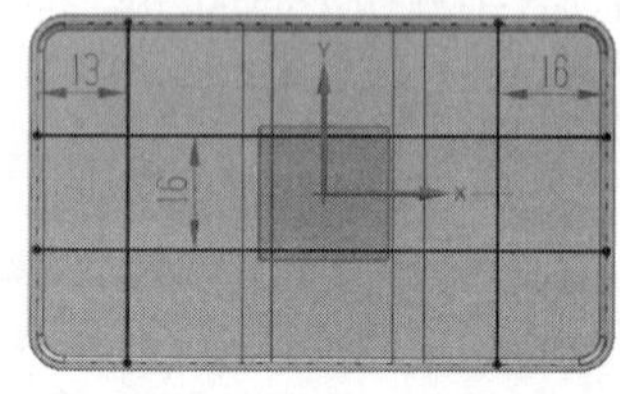
图 3-82 创建网格筋骨架草图

步骤 4 定义网格筋参数。完成网格筋骨架草图绘制后，系统返回“筋板”对话框，在“壁”区域选中“垂直于剖切平面”选项，在“尺寸”下拉列表中选择“对称”选项，在“厚度”文本框中设置加强筋厚度为 1，如图 3-83 所示，此时网格筋预览效果如图 3-84 所示，选中“合并筋板和目标”选项，表示将加强筋与实体合并。

步骤 5 完成网格筋创建。在对话框中单击“确定”按钮，完成网格筋特征创建。

说明：在创建网格筋时，在“筋板”对话框中展开“帽形体”及“拔模”区域，如图 3-85 所示，用于定义网格筋端面位置及拔模特征效果。

图 3-83 “筋板”对话框

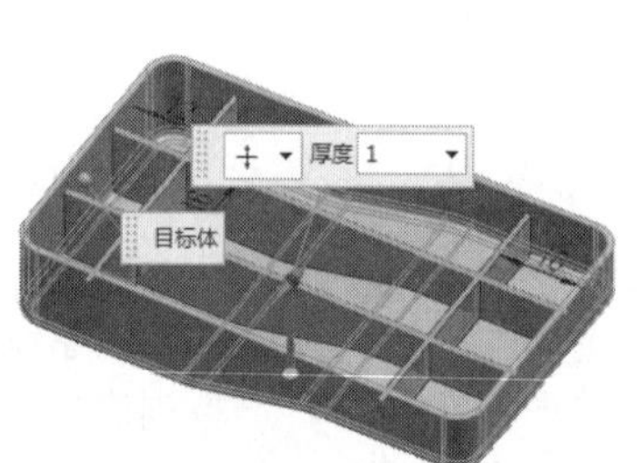
图 3-84 网格筋预览效果

图 3-85 定义网格筋细节

3.1.11 扫掠特征

扫掠特征就是将一个截面沿着一条轨迹曲线扫掠在空间形成的一种几何特征。创建扫掠特征需要具备两大要素：一个是扫掠截面，一个是扫掠引导线，二者缺一不可。在“主页”选项卡的“更多”菜单中单击“扫掠”按钮 扫掠，用来创建扫掠特征。创建扫掠特征与拉伸特征类似，同样可以创建“凸台”与“切除”效果，下面具体介绍这两种扫掠特征的创建。

(1) 扫掠凸台特征

扫掠凸台就是指创建“凸出效果”的扫掠特征，如图 3-86 所示的基础模型，需要在两个圆形法兰之间创建如图 3-87 所示的扫掠特征将其连接，创建这种扫掠特征的关键要准备如图 3-88 所示的扫掠截面及引导线，下面具体介绍其设计过程。

图 3-86 基础模型　　图 3-87 创建扫掠特征　　图 3-88 扫掠特征要素

步骤 1 打开练习文件 ugnx_jxsj\ch03 part\3.1\sweep。

步骤 2 创建扫掠引导线。在“主页”选项卡中单击“在任务环境中绘制草图”按钮，选择 ZX 基准平面为草图平面绘制如图 3-89 所示的草图作为扫掠引导线。

步骤 3 创建扫掠截面。在“主页”选项卡中单击“在任务环境中绘制草图”按钮，选择圆形法兰上表面为草图平面绘制如图 3-90 所示的草图作为扫掠截面。

步骤 4 创建扫掠特征。在“主页”选项卡的“更多”菜单中单击“扫掠”按钮 扫掠，系统弹出如图 3-91 所示的“扫掠”对话框，首先选择前面创建的扫掠截面并单击鼠标中键确认，然后选择前面创建的扫掠引导线并确认，结果如图 3-92 所示，在对话框中单击“确定”按钮，完成扫掠特征创建。

步骤 5 合并实体。完成扫掠特征创建后，扫掠特征与两个圆形法兰均是独立的实体，需要使用专门的布尔运算对实体进行求和运算将其合并成一个完整的实体。

① 查看实体　在选择组工具条中的过滤器中选择“实体”选项，表示只能选择实体对象，将鼠标移至模型上发现扫掠特征与法兰均为独立实体，如图 3-93 所示。

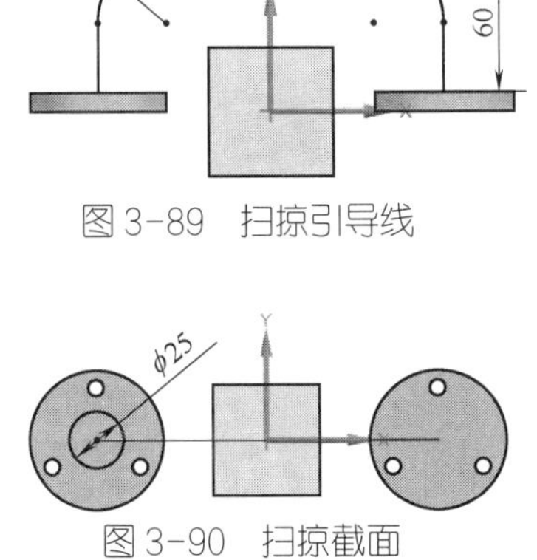

图 3-89 扫掠引导线

图 3-90 扫掠截面

图 3-91 “扫掠”对话框

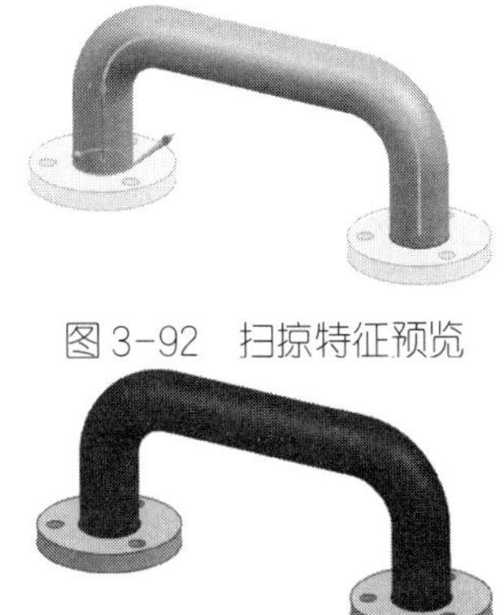

图 3-92 扫掠特征预览

图 3-93 独立实体

② 创建合并　在“主页”选项卡中单击“合并”按钮 合并，系统弹出如图 3-94 所示的“合并”对话框，选择扫掠特征为目标体，选择两个法兰特征为工具体，如图 3-95 所示，系统将法兰合并到扫掠特征中。

③ 查看实体　在选择组工具条中的过滤器中选择“实体”选项，将鼠标移至模型上发现所有对象现在是一个完整的实体，如图 3-96 所示。

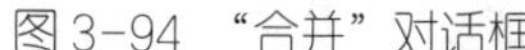
图 3-94 “合并”对话框

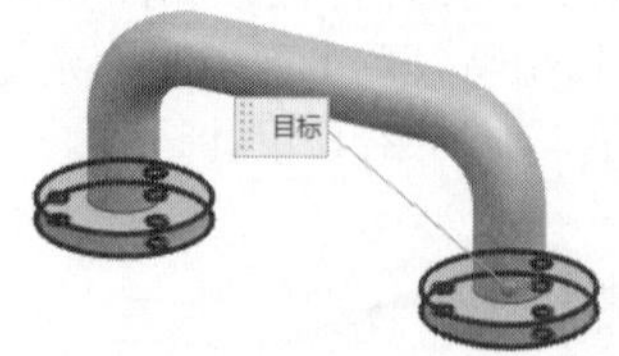

图 3-95 选择合并对象

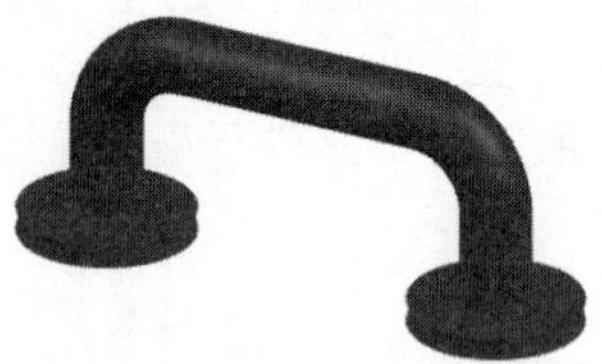
图 3-96 完整实体

（2）扫掠切除特征

扫掠切除指创建“切除效果”的扫掠特征，就是将扫掠出来的几何体从已有的实体中减去。扫掠切除特征创建需要使用布尔操作来完成。如图 3-97 所示的机盖模型，需要在机盖模型边缘位置创建如图 3-98 所示的机盖密封槽，可以使用扫描切除特征来创建，下面具体介绍其设计过程。

步骤 1 打开练习文件 ugnx_jxsj\ch03 part\3.1\sweep_cut。

步骤 2 创建扫掠引导线。在“主页”选项卡中单击“在任务环境中绘制草图”按钮，选择如图 3-99 所示的模型表面为草图平面，创建如图 3-100 所示的草图作为扫掠引导线。

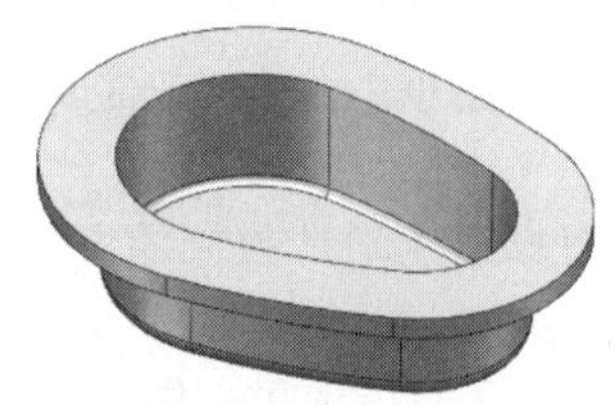
图 3-97 机盖模型

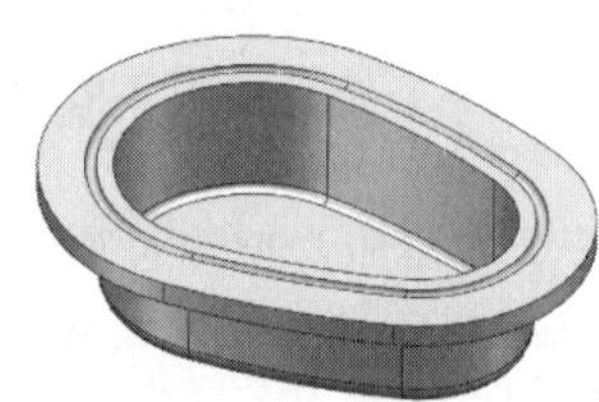
图 3-98 机盖密封槽

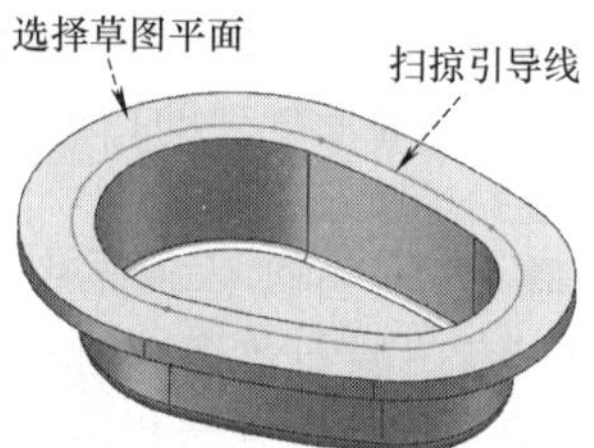

图 3-99 选择草图平面

步骤 3 创建扫掠截面。在“主页”选项卡中单击“在任务环境中绘制草图”按钮，选择 ZX 基准平面为草图平面绘制如图 3-101 所示的草图作为扫掠截面，扫掠截面与扫掠引导线的关系如图 3-102 所示。

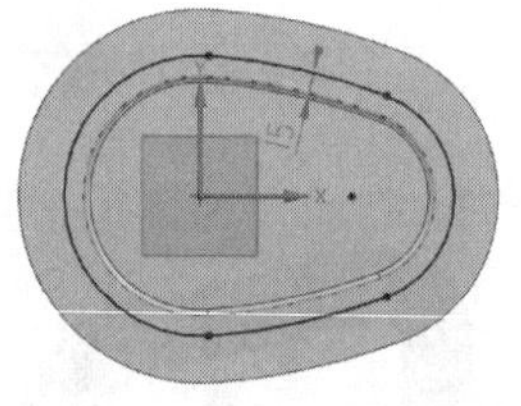

图 3-100 创建扫掠引导线草图

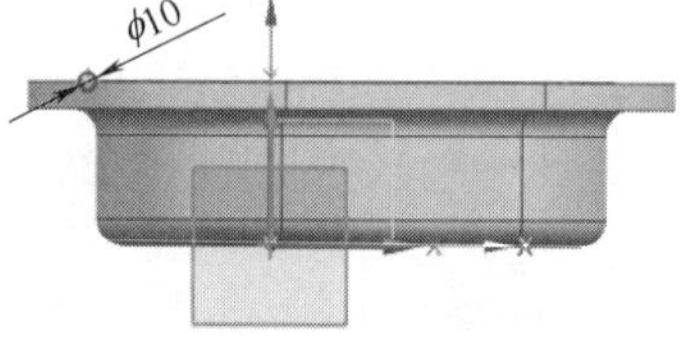

图 3-101 创建扫掠截面草图

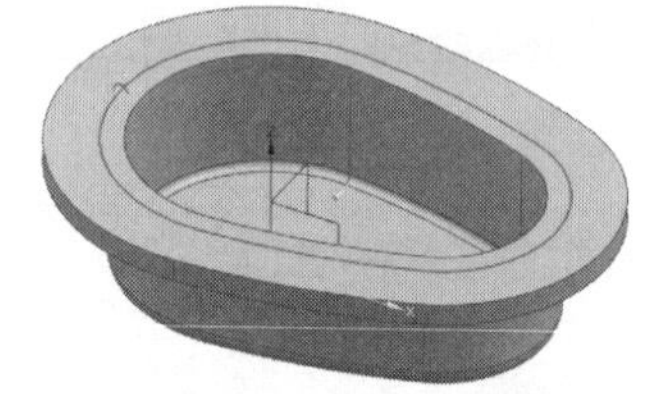
图 3-102 扫掠引导线与截面

步骤 4 创建扫掠特征。在“主页”选项卡的“更多”菜单中单击“扫掠”按钮 扫掠，系统弹出“扫掠”对话框，依次选择创建的扫掠截面与引导线创建扫掠特征，如图 3-103 所示，在对话框中单击“确定”按钮，完成扫掠特征创建。

步骤5 创建扫掠切除。完成扫掠特征创建后，扫掠特征与基体属于独立的实体，需要使用专门的布尔运算对实体进行求差，将扫掠实体从基体中减去。在“主页”选项卡中单击“减去”按钮 减去，系统弹出如图 3-104 所示的“减去”对话框，选择基体为目标体，选择扫掠特征为工具体，系统将扫掠特征从基体中减去，如图 3-105 所示。

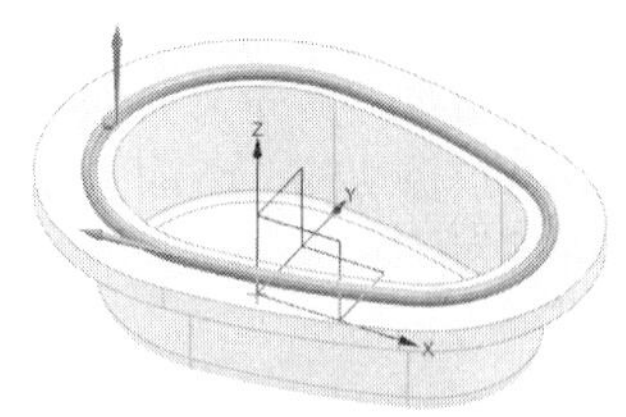

图 3-103　创建扫掠特征

图 3-104　“减去”对话框

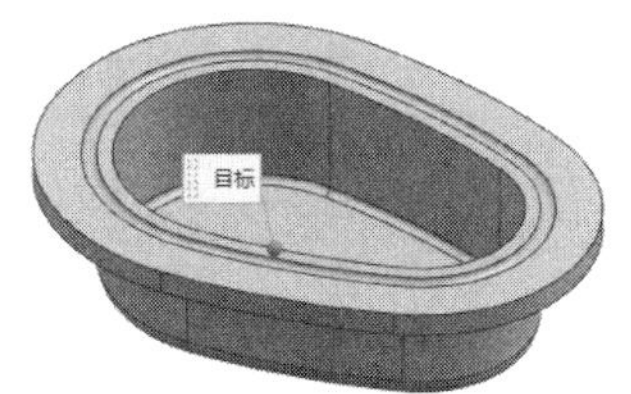

图 3-105　选择目标体与工具体

3.1.12　螺旋扫掠特征

零件设计中经常需要设计一些螺旋结构，如弹簧、丝杆等，这种结构需要使用螺旋扫掠特征进行设计。在 NX 中并没有专门创建螺旋扫掠特征的工具，还是使用“扫掠特征”工具来创建，需要注意的是螺旋扫掠特征是一种特殊的扫掠特征，创建的关键是螺旋曲线，下面具体介绍螺旋扫掠特征设计。

（1）螺旋扫掠凸台

如图 3-106 所示的弹簧属于典型的螺旋扫掠凸台，首先需要创建如图 3-107 所示的螺旋曲线与扫掠截面，下面具体介绍创建过程。

步骤 1　打开练习文件 ugnx_jxsj\ch03 part\3.1\helical。

步骤 2　创建如图 3-107 所示的螺旋曲线。在“曲线”选项卡中单击“螺旋”按钮 螺旋，系统弹出如图 3-108 所示的“螺旋”对话框，在对话框顶部下拉列表中选择“沿矢量”选项，表示创建沿矢量方向的螺旋线，这也是系统默认类型，其余参数设置如图 3-108 所示，此时螺旋线预览效果如图 3-109 所示。

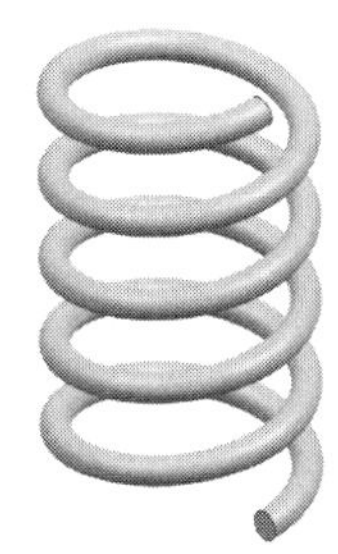

图 3-106　弹簧

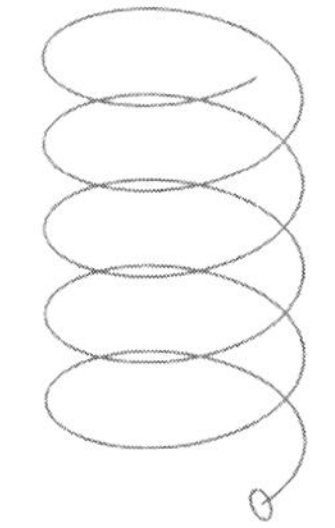

图 3-107　螺旋曲线与截面

图 3-108　“螺旋”对话框

步骤 3　创建扫掠截面。在“主页”选项卡中单击“在任务环境中绘制草图”按钮，选择 ZX 基准平面为草图平面绘制如图 3-110 所示的草图作为扫掠截面。

步骤 4　创建螺旋扫掠特征。在“主页”选项卡的“更多”菜单中单击“扫掠”按钮 扫掠，系统弹出“扫掠”对话框，依次选择创建的截面及螺旋线创建扫掠特征。

（2）螺旋扫掠切除

如图 3-111 所示的螺杆模型，需要创建如图 3-112 所示的螺旋切除结构，首先需要创建如图 3-113 所示的螺旋曲线，然后在螺旋线末端绘制三角形扫掠截面进行扫掠切除，下面具体介绍创建过程。

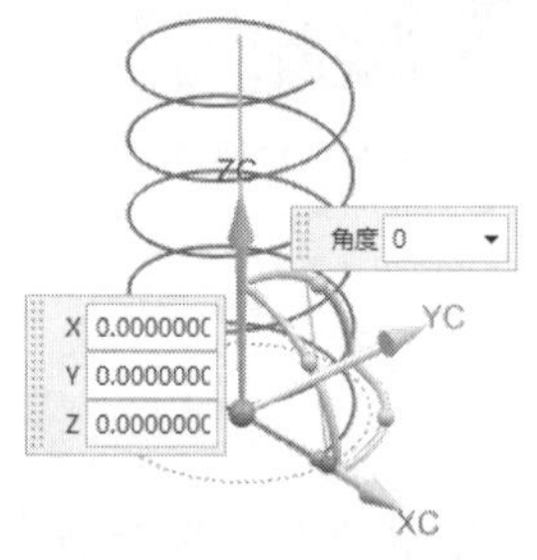

图 3-109　定义螺旋曲线

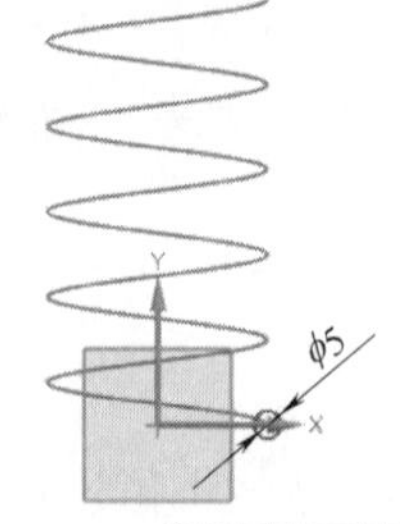

图 3-110　创建截面草图

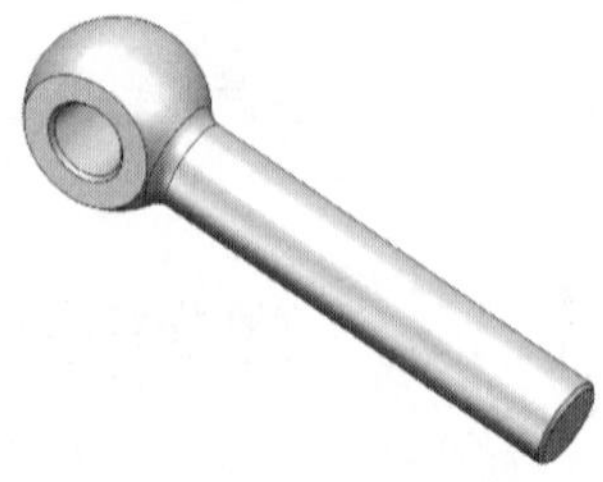

图 3-111　螺杆模型

步骤 1　打开练习文件 ugnx_jxsj\ch03 part\3.1\helical_cut。

步骤 2　创建如图 3-113 所示的螺旋曲线。创建这种螺旋扫掠切除结构需要考虑螺旋收尾处理，也就是需要使螺旋曲线直径在末尾部位逐渐变大，下面具体介绍。

① 创建如图 3-114 所示的规律曲线与基线。在“主页”选项卡中单击“在任务环境中绘制草图”按钮，选择 ZX 基准平面为草图平面，绘制如图 3-115 所示的草图，其中下部水平直线为基线，上部左侧带圆弧的曲线为规律曲线。

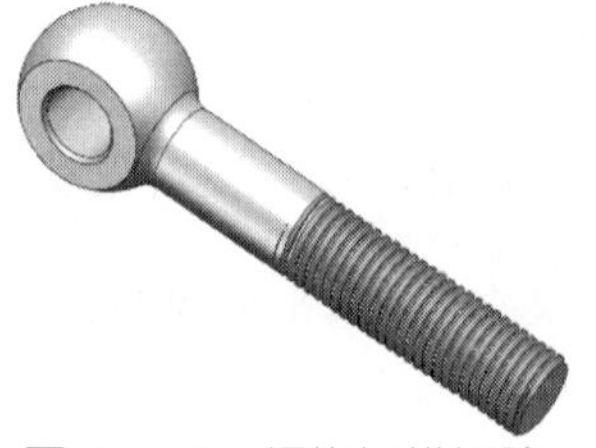

图 3-112　螺旋扫描切除

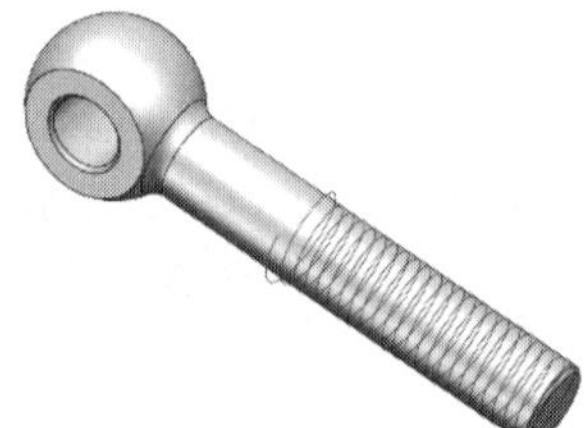

图 3-113　螺旋曲线

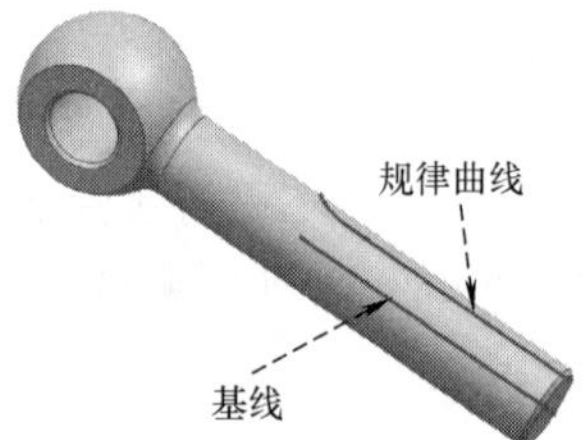

图 3-114　规律曲线与基线

② 创建如图 3-113 所示的螺旋曲线。在“曲线”选项卡中单击“螺旋”按钮 螺旋，系统弹出“螺旋”对话框，在该对话框中定义螺旋曲线参数。

a. 定义螺旋方位。在对话框的“方位”区域单击“坐标系对话框”按钮，如图 3-116 所示，系统弹出“坐标系”对话框，选择以上创建的基线底部端点为坐标系原点，然后将坐标系 Z 轴方向调整到如图 3-117 所示的方位，使螺旋曲线沿着螺杆轴向方向。

b. 定义螺旋大小。在对话框的“大小”区域选中“半径”选项，在“规律类型”下拉列表中选择“根据规律曲线”选项，如图 3-118 所示，然后依次选择以上创建的规律曲线及基线控

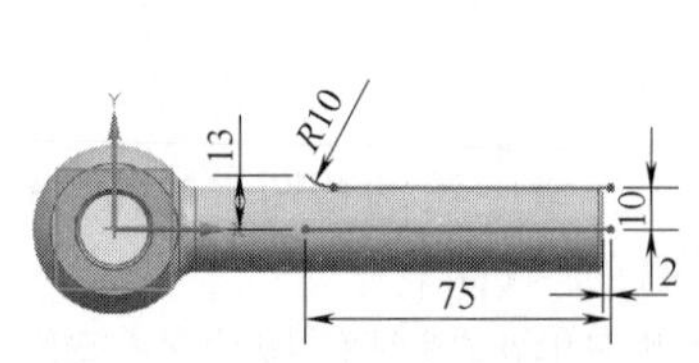

图 3-115　创建规律曲线与基线

图 3-116　定义螺旋方位

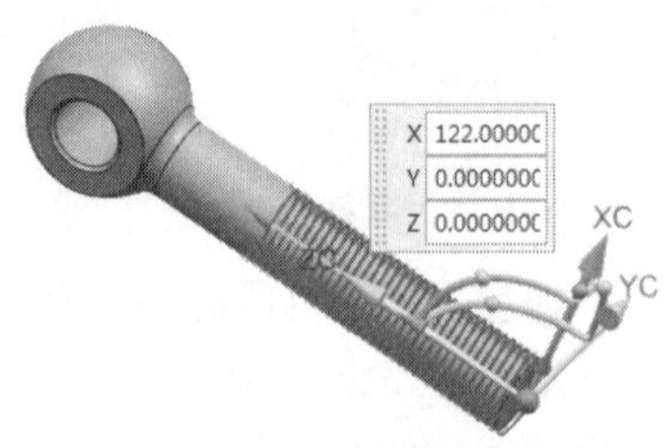

图 3-117　调整螺旋坐标系

制螺旋线大小形状。

c．定义螺距及长度。在对话框的“螺距”区域设置螺距值为 2.1，在“长度”区域设置“终止限制”值为 75（与前面绘制的基线长度一致），如图 3-119 所示。

步骤 3　创建扫掠截面。在“主页”选项卡中单击“在任务环境中绘制草图”按钮，选择 ZX 基准平面为草图平面绘制如图 3-120 所示的草图作为扫掠截面。

图 3-118　定义螺旋大小

图 3-119　定义螺距及长度

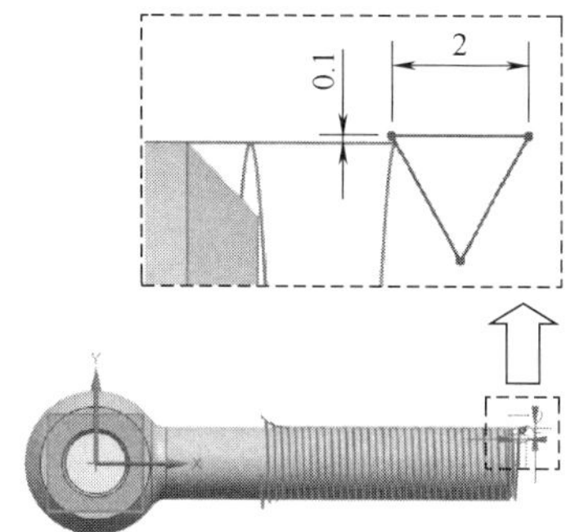

图 3-120　创建扫掠截面

步骤 4　创建螺旋扫掠特征。在“主页”选项卡的“更多”菜单中单击“扫掠”按钮 扫掠，系统弹出“扫掠”对话框，依次选择创建的截面及螺旋线创建扫掠特征，默认情况下将得到如图 3-121 所示的错误螺旋扫掠特征（扫掠特征自相交且形状不规则），如果想要得到如图 3-122 所示的螺旋扫掠特征，需要在“扫掠”对话框的“截面选项”区域选中“保留形状”选项，在“定向方法”区域下拉列表中选择“矢量方向”选项，选择螺杆轴向方向为矢量方向，具体设置如图 3-123 所示。

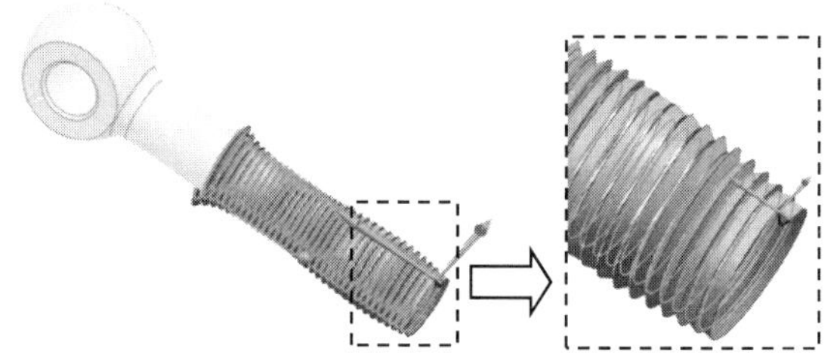

图 3-121　错误的螺旋扫掠特征

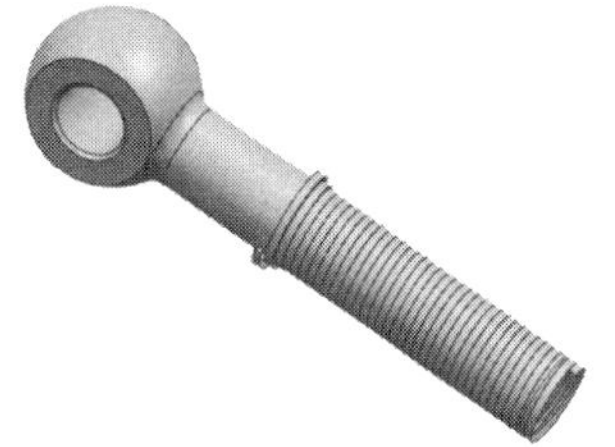

图 3-122　正确的螺旋扫掠特征

步骤 5　创建扫掠切除。完成扫掠特征创建后，螺旋扫掠特征与螺杆主体属于独立的实体，需要使用布尔运算对实体进行求差运算将螺旋扫掠实体从螺杆主体中减去。在“主页”选项卡中单击“减去”按钮 减去，选择螺杆主体为目标体，选择螺旋扫掠特征为工具体，系统将螺旋扫掠特征从螺杆主体中减去。

图 3-123　定义扫掠截面选项

3.1.13　通过曲线组特征

通过曲线组特征是根据一组二维截面（至少两个截面），经过连续两截面间的拟合在空间形成的几何体特征，如图 3-124 所示为两个截面经过拟合得到通过曲线组特征的创建原理。通过曲线组特征应用非常广泛，主要用于设计不规则的零件结构。在“曲面”选项卡中单击“通过曲线组”按钮 通过曲线组，用来创建通过曲线组特征，下面具体介绍创建过程。

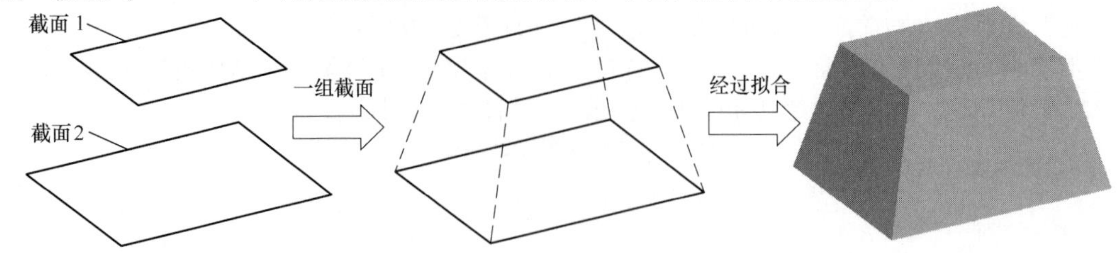

图 3-124　通过曲线组特征

如图 3-125 所示的花瓶基础模型，这种模型可以用一些假想的切割面去切割模型，如图 3-126 所示，在每个切割面与模型相交位置取一个模型截面，如图 3-127 所示，反过来要创建这样的模型就可以先创建这些切割面，然后在每个切割面上创建模型截面，最后使用通过曲线组工具生成这种模型。

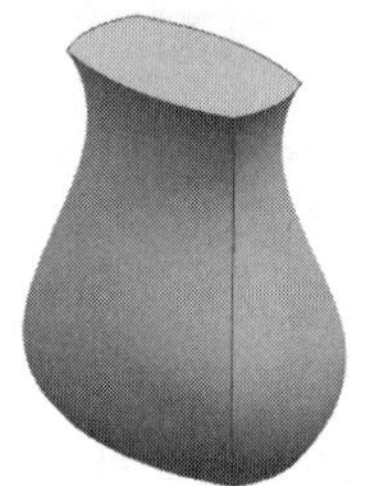

图 3-125　花瓶基础模型

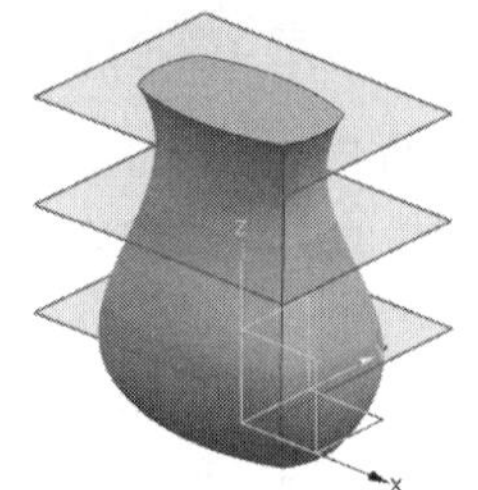

图 3-126　假想切割面

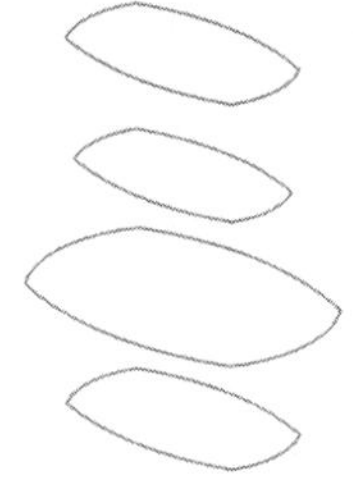

图 3-127　假想截面

步骤 1　打开练习文件 ugnx_jxsj\ch03 part\3.1\through_curves。

步骤 2　创建如图 3-128 所示的基准平面。以 XY 基准面为基准，向上依次创建三个基准平面（加上 XY 基准平面一共是四个基准平面），每两个基准平面之间的距离为 50。

步骤 3　创建通过曲线组截面曲线。本例需要创建四个截面曲线。

① 创建第一个截面曲线　选择 XY 基准平面创建如图 3-129 所示的截面曲线 1。

② 创建第二个截面曲线　选择第一个基准平面创建如图 3-130 所示的截面曲线 2（使用“偏置曲线”命令将第一个截面曲线向外偏移 15）。

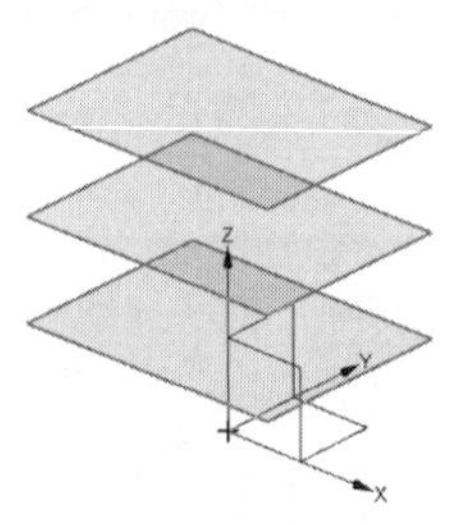

图 3-128　创建基准平面

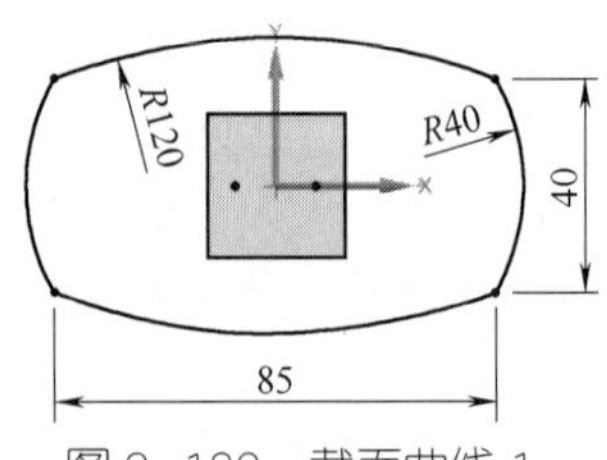

图 3-129　截面曲线 1

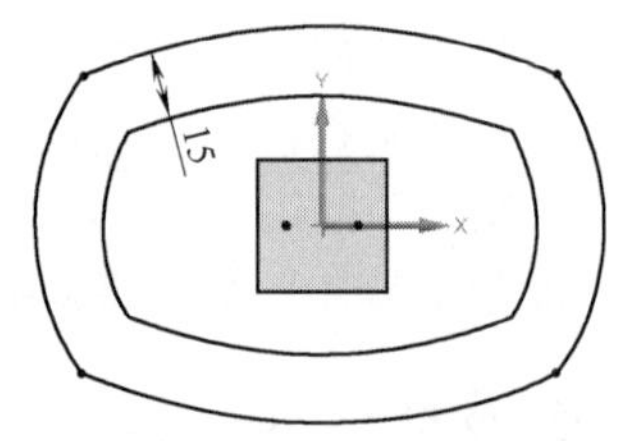

图 3-130　截面曲线 2

③ 创建第三个截面曲线　选择第二个基准平面创建如图 3-131 所示的截面曲线 3（使用“偏置曲线”命令将第一个截面曲线向内偏移 3）。

④ 创建第四个截面曲线　选择第三个基准平面创建如图 3-132 所示的截面曲线 4（使用“投影曲线”命令投影第一个截面曲线）。

步骤 4　创建通过曲线组特征。在“曲面”选项卡中单击“通过曲线组”按钮 通过曲线组，系统弹出如图 3-133 所示的“通过曲线组”对话框，从下到上依次选择前面创建的四个截面曲线，如图 3-134 所示，单击“确定”按钮，完成特征创建。

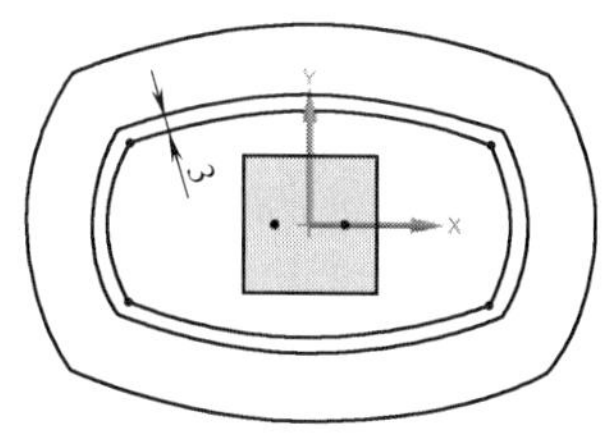
图 3-131　截面曲线 3

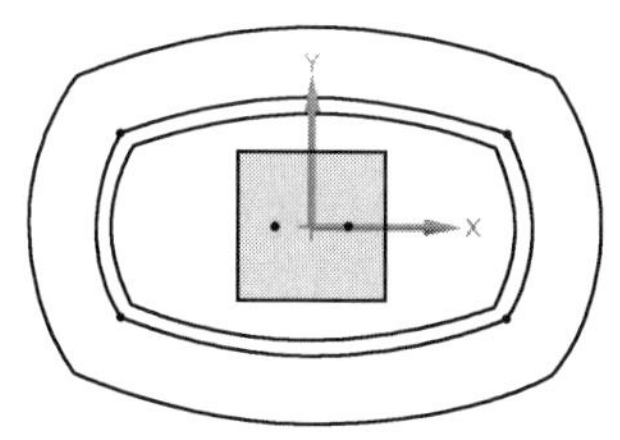
图 3-132　截面曲线 4

图 3-133　“通过曲线组”对话框

注意： 在选择每个截面曲线时，如果鼠标点击的位置不对应，如图 3-135 所示，通过曲线组特征会出现扭曲，如图 3-136 所示，甚至无法生成通过曲线组特征。

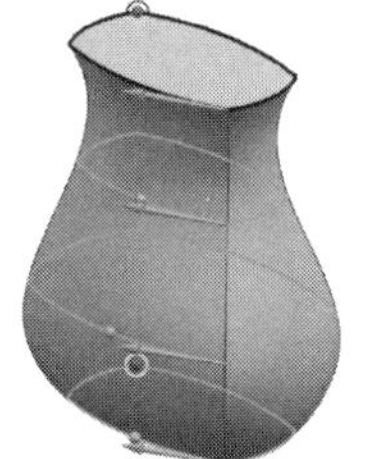
图 3-134　选择截面曲线

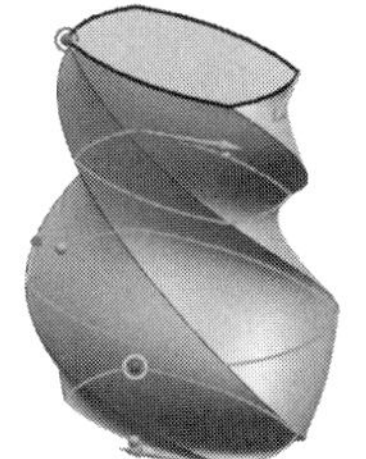
图 3-135　选择位置不对应

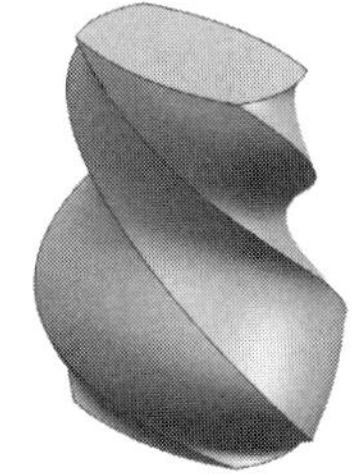
图 3-136　表面扭曲效果

3.1.14　镜像特征

镜像特征就是将特征沿着一个平面做对称复制，使用镜像特征能够大大减少工作量，避免不必要的重复性工作。在“主页”选项卡的“更多”菜单中单击“镜向特征”按钮 镜像特征，用于对特征进行镜像操作。如图 3-137 所示的电气盖模型，需要对模型中的圆柱凸台进行镜像操作，得到如图 3-138 所示的模型，下面以此为例介绍镜像特征操作。

步骤 1　打开练习文件 ugnx_jxsj\ch03 part\3.1\mirror。

步骤 2　选择命令。在“主页”选项卡的“更多”菜单中单击“镜向特征”按钮 镜像特征，系统弹出如图 3-139 所示的“镜向特征”对话框，用于特征镜像操作。

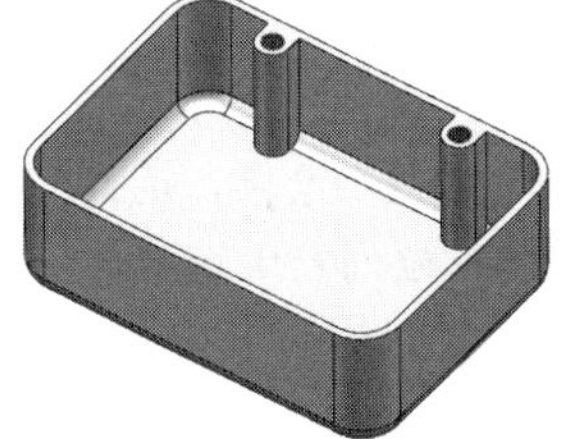
图 3-137　电气盖模型

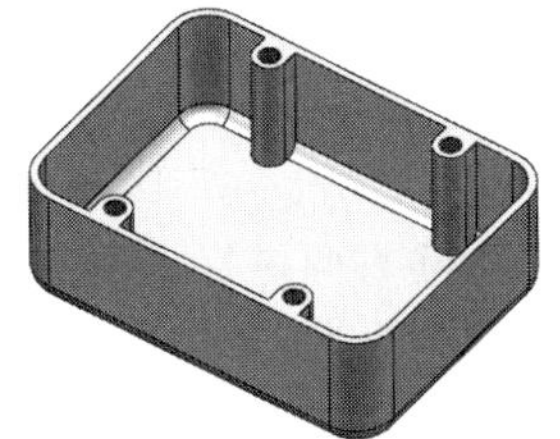
图 3-138　创建镜像特征

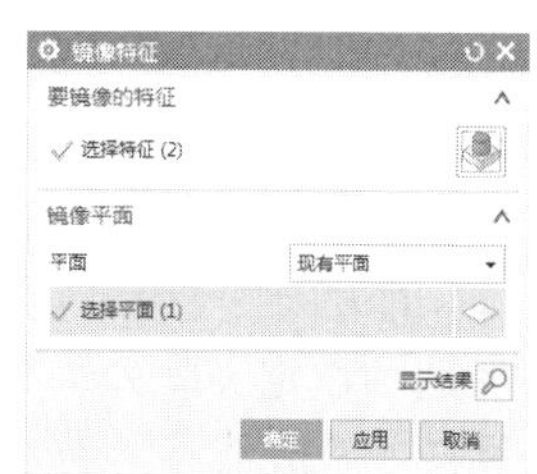

图 3-139　“镜像特征”对话框

步骤 3 选择镜像特征。在模型树中选择“拉伸（5）”和“螺纹孔（6）”特征。

步骤 4 选择镜像平面。在“镜像平面”单击，选择 YZ 基准平面为镜像平面。

步骤 5 完成镜像特征。在对话框中单击“确定”按钮，完成镜像特征创建。

3.1.15 阵列特征

零件设计中经常需要设计一些具有一定排列规律的零件结构，这些结构如果采用常规方法一个一个设计会花费大量时间，严重影响产品设计效率，最行之有效的方法就是使用阵列特征工具进行设计。在“主页”选项卡中单击“阵列特征”按钮 阵列特征，在阵列特征工具中包括多种阵列方式，如图 3-140 所示，方便用户进行各种阵列操作，下面介绍几种常用的阵列特征操作。

（1）线性阵列

使用线性阵列可以将特征沿着直线方向进行规律复制。线性阵列关键是要确定线性阵列方向，需要选择合适的方向参考。线性阵列方向参考可以是模型上的边线或基准轴，也可以是模型表面或基准面平面，如果选择边线或轴，系统将沿着边线或轴的线性方向进行线性阵列，如果选择模型表面或基准平面作为方向参考，系统将沿着模型表面或基准面的垂直方向进行线性阵列。

如图 3-141 所示的面板盖模型，需要将其中的直槽口特征进行阵列得到如图 3-142 所示的效果，下面以此为例介绍线性阵列创建过程。

图 3-140　阵列特征方式

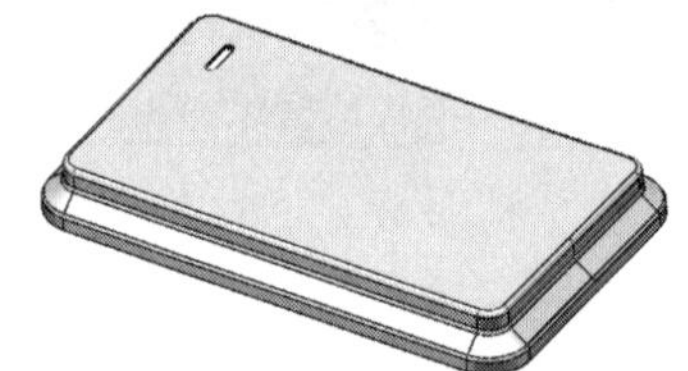
图 3-141　面板盖模型

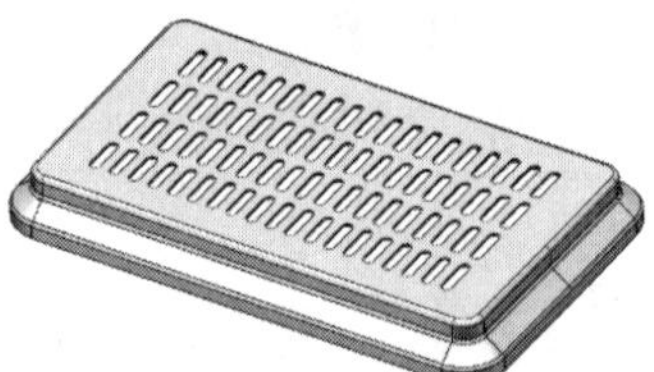
图 3-142　创建线性阵列

步骤 1 打开练习文件 ugnx_jxsj\ch03 part\3.1\pattern01。

步骤 2 选择命令。在“主页”选项卡中单击“阵列特征”按钮 阵列特征。

步骤 3 选择阵列特征。在模型树中选择“拉伸（8）”为阵列特征。

步骤 4 定义阵列方式。在“阵列特征”对话框的“布局”下拉列表中选择“线性”选项，如图 3-143 所示，表示将特征按照线性方式进行阵列。

步骤 5 定义方向 1 参数。在对话框中“方向 1”区域定义方向 1 阵列参数，选择如图 3-144 所示的方向 1 参考，表示沿着该边线方向进行阵列，在“间距”下拉列表中选择“数量和间隔”选项，定义阵列个数为 19，阵列间距为 4，如图 3-143 所示。

步骤 6 定义方向 2 参数。在对话框中“方向 2”区域选中“使用方向 2”选项，选择如图 3-144 所示的方向 2 参考，表示沿着该边线方向进行阵列，在“间距”下拉列表中选择“数量和间隔”选项，定义阵列个数为 4，阵列间距为 10。

步骤 7 完成线性阵列。在对话框中单击“确定”按钮，完成线性阵列操作，如图 2-145 所示。

（2）圆形阵列

使用圆形阵列可以将特征绕着圆柱面中心轴或基准轴进行圆形阵列。圆形阵列特征分布在以中心轴为圆心的圆周上。如图 3-146 所示的带轮模型，需要将其中的扇形孔进行圆形阵列，得到如图 3-147 所示的结果，下面以此为例介绍圆形阵列创建过程。

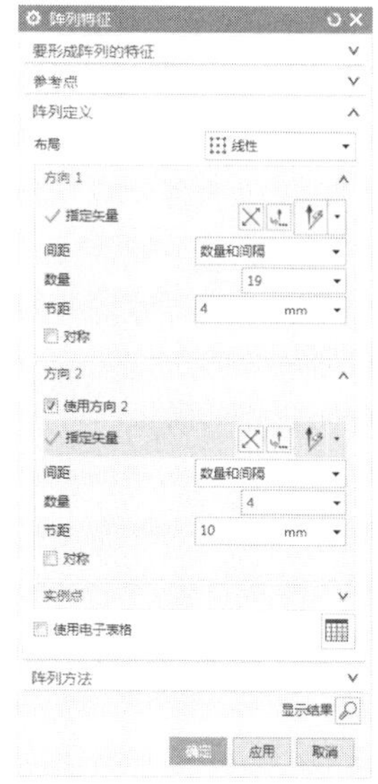

图 3-143　定义线性阵列

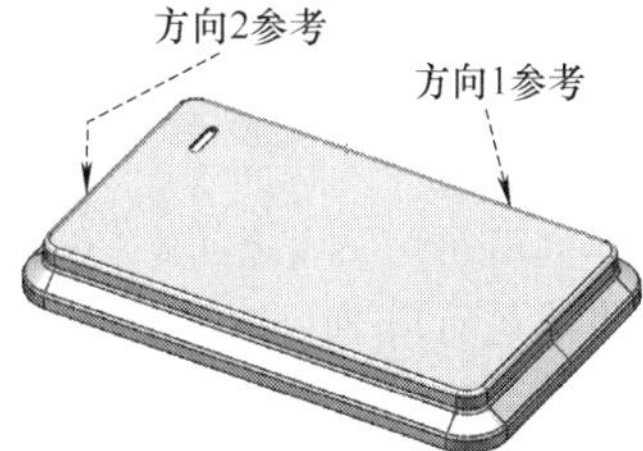

图 3-144　选择方向参考

图 3-145　线性阵列结果

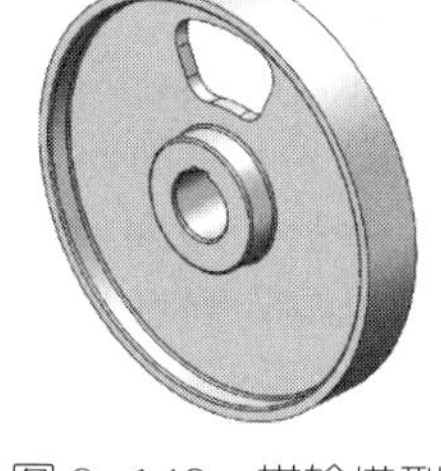

图 3-146　带轮模型

图 3-147　圆周阵列

步骤 1　打开文件 ugnx_jxsj\ch03 part\3.1\pattern02。

步骤 2　选择命令。在“主页”选项卡中单击“阵列特征”按钮 阵列特征，系统弹出“阵列特征”对话框。

步骤 3　选择阵列特征。在模型树中选择“拉伸（5）”及“边倒圆（6）”为阵列特征。

步骤 4　定义阵列方式。在“阵列特征”对话框的“布局”下拉列表中选择“圆形”选项，如图 3-148 所示，表示将特征按照圆形方式进行阵列。

步骤 5　定义阵列参数。选择带轮模型中心圆柱面为阵列参考，表示绕该面中心轴进行阵列，在“间距”下拉列表中选择“数量和跨距”选项，角度为默认的 360°，个数为 5，如图 3-148 所示。

步骤 6　完成圆形阵列。在对话框中单击“确定”按钮，完成圆形阵列操作。

图 3-148　定义圆形阵列

（3）沿曲线阵列

使用沿曲线阵列可以将特征沿着曲线进行规律复制。如图 3-149 所示的垫圈模型，需要将垫圈上的孔沿着如图 3-150 所示的曲线进行阵列，得到如图 3-151 所示的阵列效果，下面以此为例介绍曲线阵列创建过程。

步骤 1　打开练习文件 ugnx_jxsj\ch03 part\3.1\pattern03。

步骤 2　选择命令。在“主页”选项卡中单击“阵列特征”按钮 阵列特征。

步骤 3　选择阵列特征。选择垫圈模型上的孔特征为阵列特征。

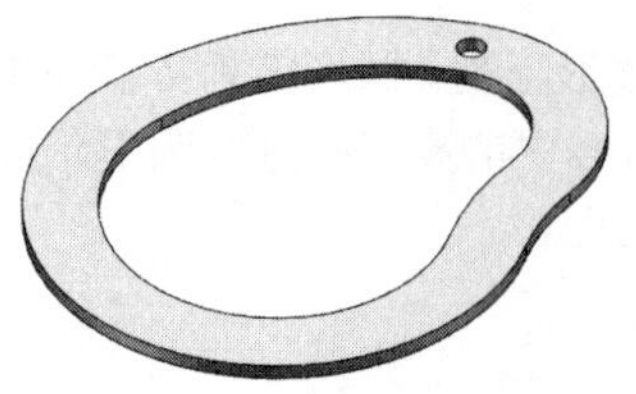

图 3-149　垫圈模型

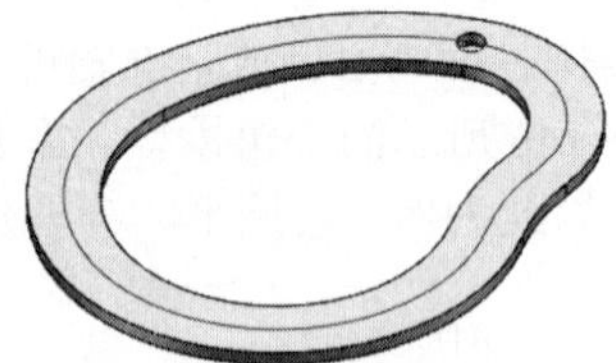

图 3-150　孔及曲线

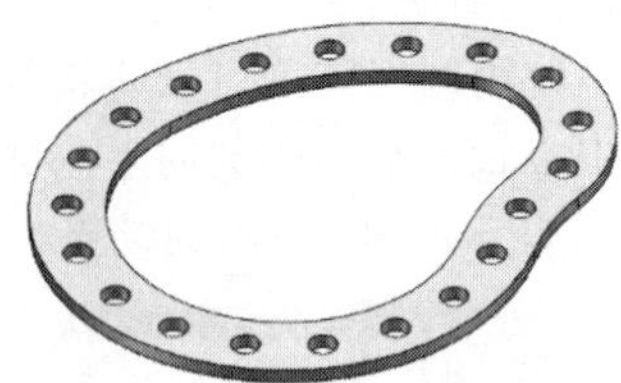

图 3-151　沿曲线阵列

步骤 4　定义阵列方式。在“阵列特征”对话框的“布局”下拉列表中选择“沿”选项，如图 3-152 所示，表示将特征沿着曲线进行阵列。

步骤 5　定义阵列参数。选择曲线为阵列参考，在“间距”下拉列表中选择“节距和跨距”选项，设置步距百分比为 5%，设置跨距百分比为 100%，如图 3-153 所示。

步骤 6　完成沿曲线阵列。在对话框中单击“确定”按钮，完成曲线阵列操作。

（4）常规阵列

使用常规阵列可以将特征按照点到点进行阵列。常规阵列主要用于设计一些无规则的阵列结构，在零件设计中应用非常广泛。如图 3-154 所示的机盖模型，需要将模型中的螺纹孔创建到其他各个圆柱凸台上，如图 3-155 所示，因为各个圆柱凸台的分布是无规律的，需要使用常规阵列来设计，下面以此为例介绍常规阵列过程。

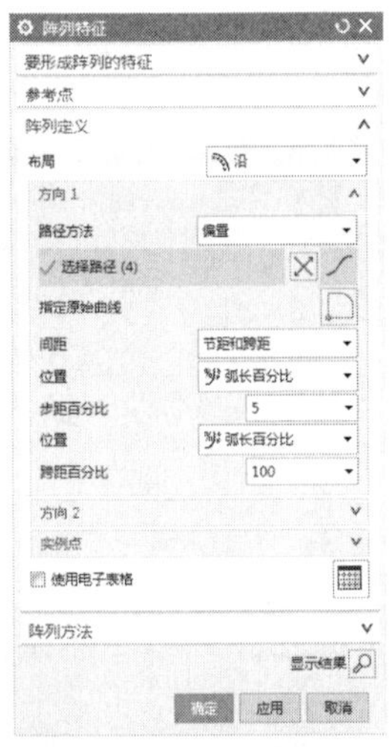

图 3-152　定义沿曲线阵列

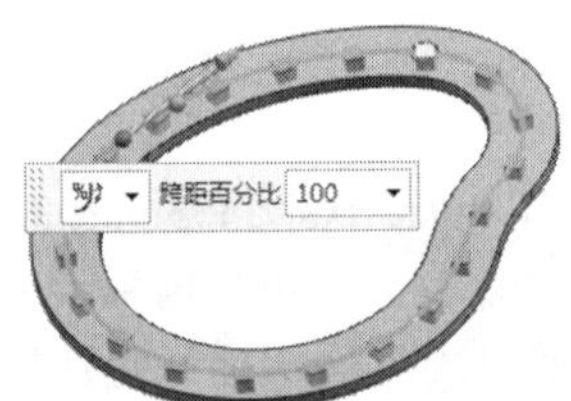

图 3-153　定义阵列参数

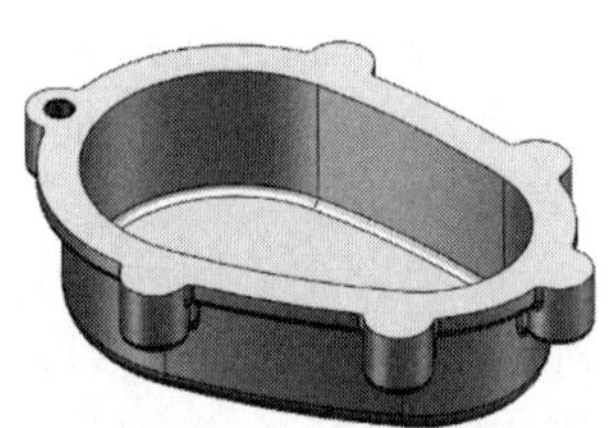

图 3-154　机盖模型

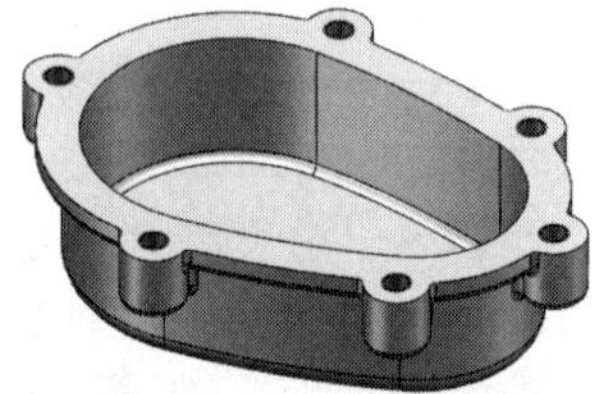

图 3-155　常规阵列

步骤 1　打开练习文件 ugnx_jxsj\ch03 part\3.1\pattern。

步骤 2　选择命令。在“主页”选项卡中单击“阵列特征”按钮 阵列特征。

步骤 3　选择阵列特征。在机盖模型上选择“简单孔（10）”为阵列对象。

步骤 4　定义阵列方式。在“阵列特征”对话框的“布局”下拉列表中选择“常规”选项，如图 3-156 所示，表示将特征按照点到点阵列。

步骤 5　定义阵列参数。首先选择简单孔圆心为阵列起点，如图 3-157 所示，然后选择如图 3-158 所示的其余圆柱凸台圆心为阵列位置点，系统将简单孔特征从孔中心阵列到其余圆柱凸台圆心位置。

步骤 6　完成常规阵列。在对话框中单击“确定”按钮，完成常规阵列操作。

图 3-156　定义阵列参数

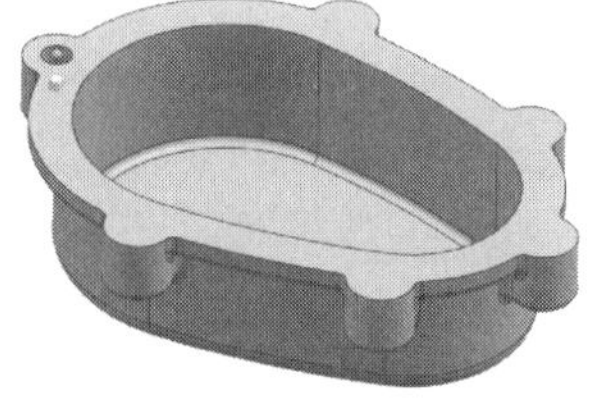

图 3-157　定义起始位置点

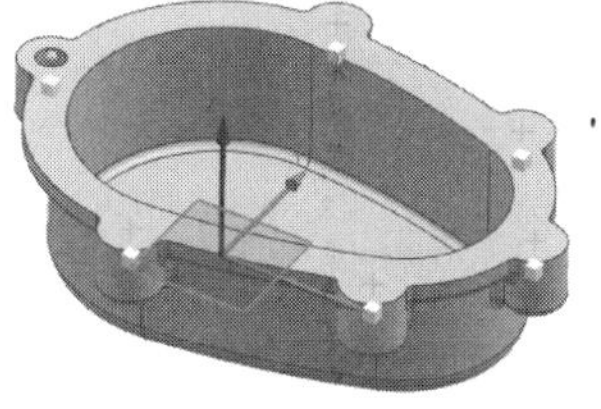

图 3-158　定义阵列位置点

3.2 特征基本操作

零件设计的关键是三维特征的设计。在实际特征设计中，需要掌握各种特征基本操作，包括特征的编辑、特征设计顺序的处理以及特征失败的处理等，同时这也是零件设计中必须要掌握的“基本功”，下面具体介绍特征基本操作。

3.2.1 特征的编辑

在实际产品设计中，为了对产品结构进行修改与不断改进，经常需要对产品的设计参数、还有特征结构进行编辑与修改，以满足特定的设计需求。

在 NX 中产品的各种结构都是由一个个特征构成的，所以对产品的修改与改进也就是对产品中的各个特征进行修改与改进，在 NX 模型树中可以很方便地对特征进行各种编辑与修改，下面具体介绍常用的特征编辑操作。

（1）编辑特征尺寸

在零件设计中会使用大量的特征尺寸参数，可以通过修改这些尺寸参数达到修改零件结构的目的。如图 3-159 所示的阀体模型，需要修改模型中的特征参数，得到如图 3-160 所示的模型结果，下面以此为例介绍编辑特征尺寸的操作。

步骤 1　打开练习文件 ugnx_jxsj\ch03 part\3.2\01\edit_dim。

步骤 2　修改“旋转（1）”特征尺寸。

① 显示特征尺寸　修改特征参数之前首先需要显示特征参数。在模型树中选中“旋转（1）”特征，单击鼠标右键，在系统弹出的快捷菜单中选择“显示尺寸”命令，如图 3-161 所示，此时在模型中显示特征尺寸参数，如图 3-162 所示。

② 修改特征尺寸　在模型上双击特征尺寸可以编辑特征尺寸，双击模型中的高度尺寸 110，系统弹出如图 3-163 所示的“特征尺寸”对话框，在对话框中显示该特征所有尺寸。本例中需要修改阀体零件总高度尺寸，在对话框中编辑 p19 尺寸为 150，在“特征尺寸”对话框的“PMI”区域选中“显示为 PMI”选项，表示将尺寸显示为 PMI 尺寸，类似于三维标注，单击“确定”按钮，结果如图 3-164 所示，此时在部件导航器中增加“PMI”节点，用来管理 PMI 参数，如

图 3-165 所示。

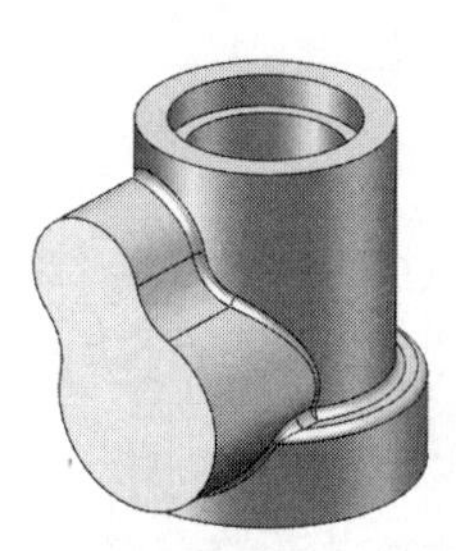

图 3-159　阀体模型

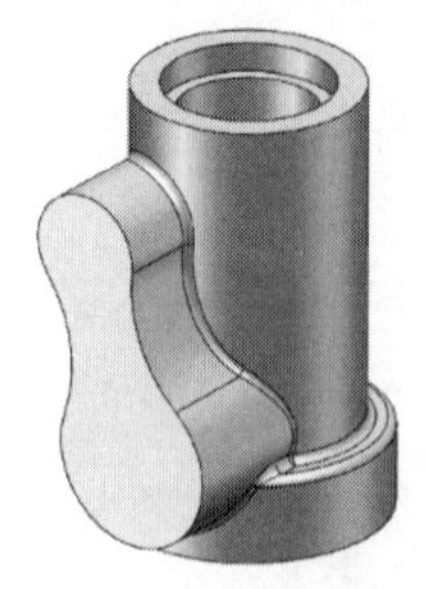

图 3-160　修改特征参数

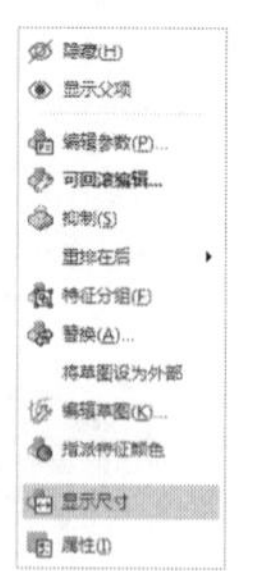

图 3-161　选择命令

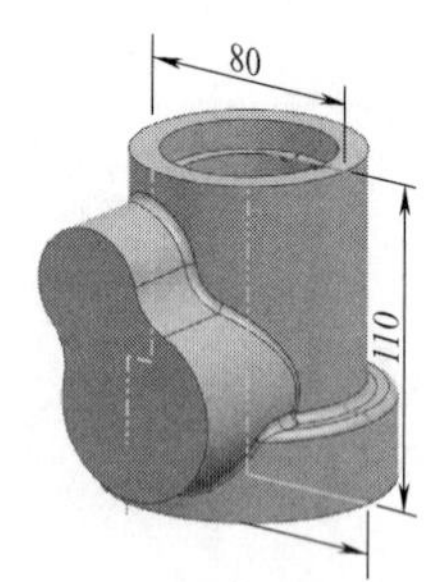

图 3-162　显示特征尺寸

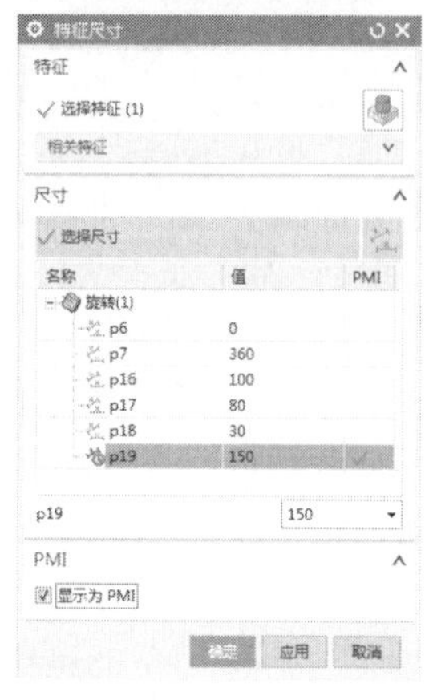

图 3-163　“特征尺寸”对话框

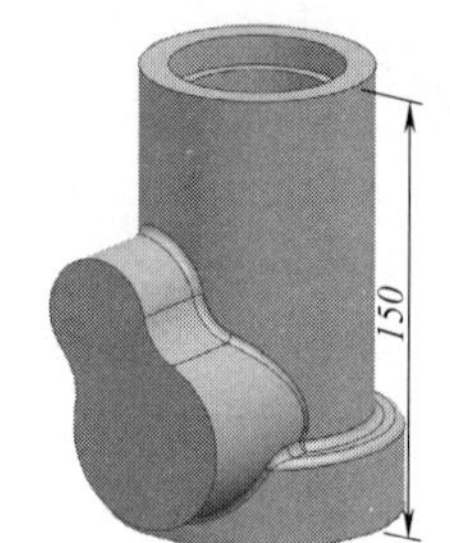

图 3-164　修改尺寸结果

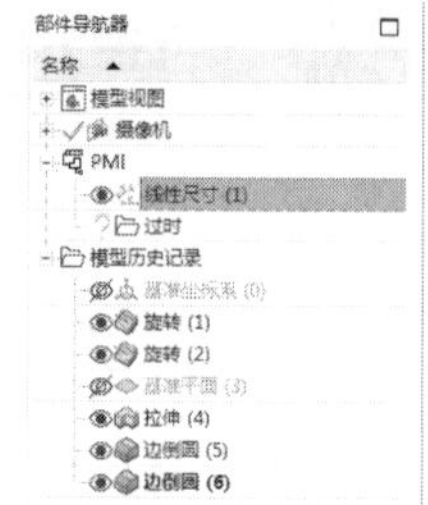

图 3-165　PMI 尺寸

步骤 3　修改“拉伸（4）”特征尺寸。也就是修改 8 字形凸台尺寸，参照上一步骤，显示“拉伸(4)”特征尺寸，如图 3-166 所示，修改 8 字形凸台上部圆弧高度尺寸（由 78 改为 110），修改中间圆弧半径尺寸（由 20 改为 50），结果如图 3-167 所示。

（2）编辑特征属性

特征属性主要是指在创建特征时需要定义的各项属性。不同的特征具有不同的特征属性。以“拉伸凸台特征”为例，拉伸凸台特征主要包括拉伸深度控制选项（给定深度、两侧对称、成形到下一面等），拉伸深度值（也可以使用上一小节介绍的编辑特征尺寸参数的方式进行修改）等特征属性。

如图 3-168 所示的塑料盖模型，需要对模型进行修改，得到如图 3-169 所示的模型结果，下面以此为例介绍编辑特征属性的操作。

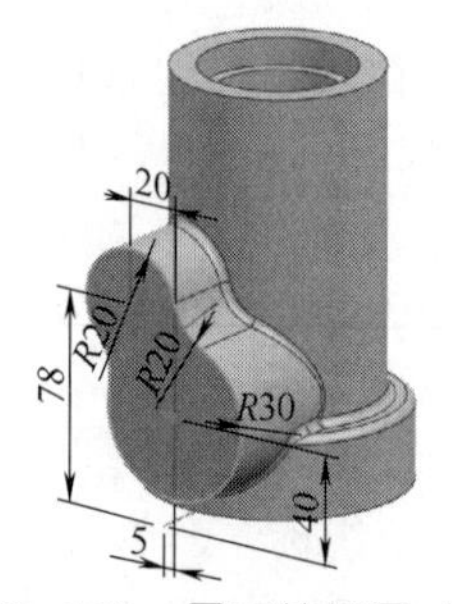

图 3-166　显示特征尺寸

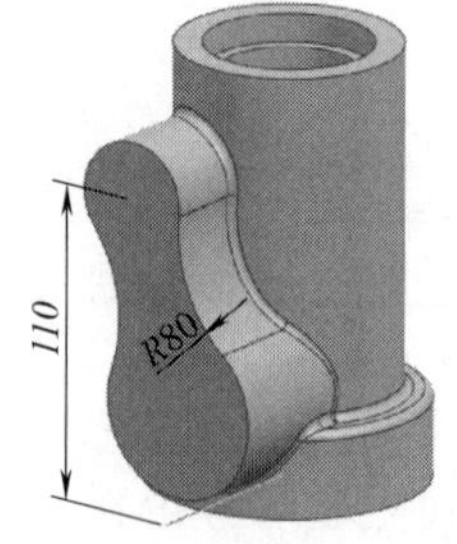

图 3-167　修改特征尺寸

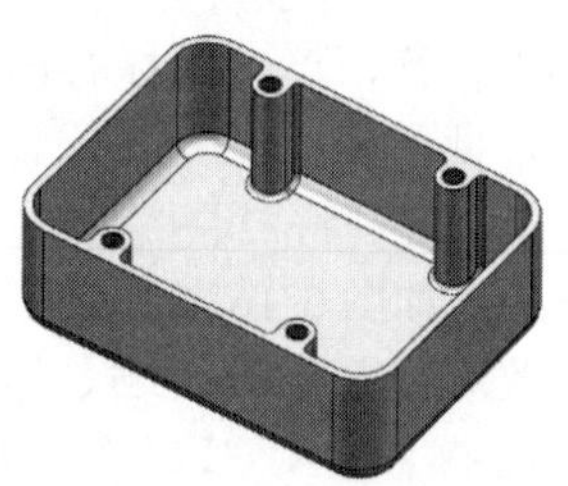

图 3-168　塑料盖模型

步骤 1　打开练习文件：ugnx_jxsj\ch03 part\3.2\01\edit_feature。

步骤 2　编辑“拉伸（5）”属性。在模型树中双击“拉伸（5）”，系统弹出如图 3-170 所示的“拉伸”对话框，本例主要修改拉伸限制参数，修改“结束”方式为“值”方式，修改拉伸距离值为 15，如图 3-171 所示，在对话框中单击“确定”按钮。

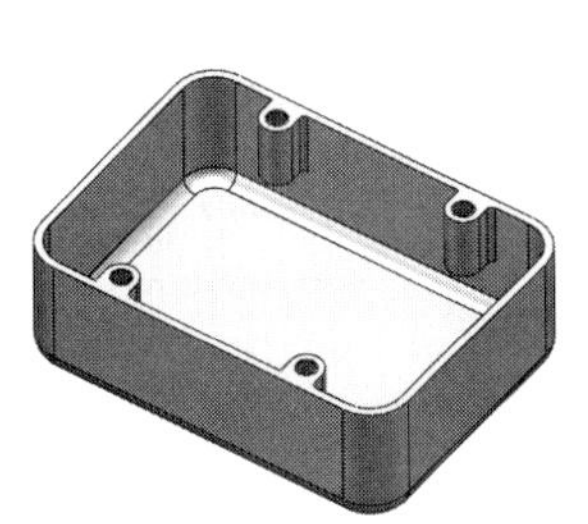

图 3-169　编辑特征结果

图 3-170　“拉伸”对话框

图 3-171　修改拉伸属性

（3）编辑特征草图

NX 中的一些特征是基于二维草图创建的，这样的特征可以通过修改其二维草图的方法对特征结构进行修改。如图 3-172 所示的阀体模型，需要修改模型中的 8 字形凸台截面，修改结果如图 3-173 所示。

步骤 1　打开练习文件 ugnx_jxsj\ch03 part\3.2\01\edit_section。

步骤 2　修改截面草图。在模型树中双击“拉伸（4）”特征，系统弹出“拉伸”对话框，在对话框的“截面线”区域单击按钮，此时在绘图区中显示特征截面草图，如图 3-174 所示，修改截面草图如图 3-175 所示，完成草图绘制，系统返回“拉伸”对话框，单击对话框中的“确定”按钮，系统弹出如图 3-176 所示的“映射父”对话框，单击“否”按钮，完成修改截面草图操作。

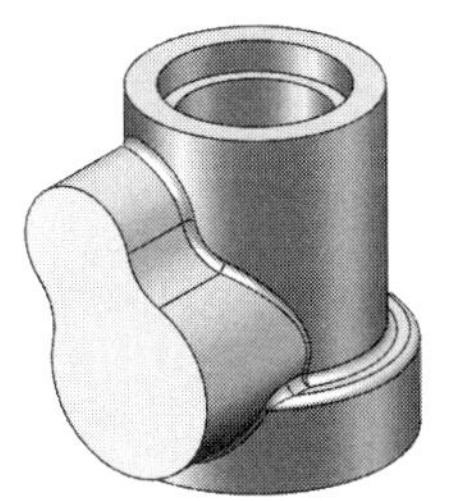

图 3-172　阀体模型

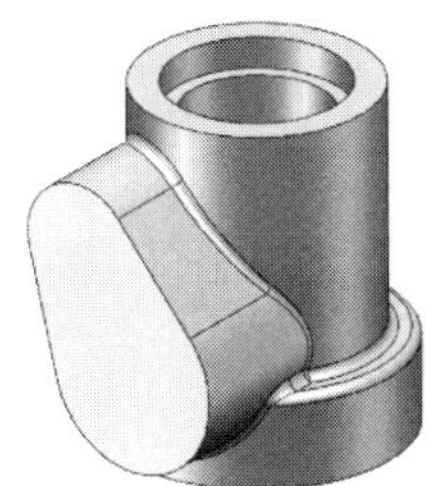

图 3-173　修改结果

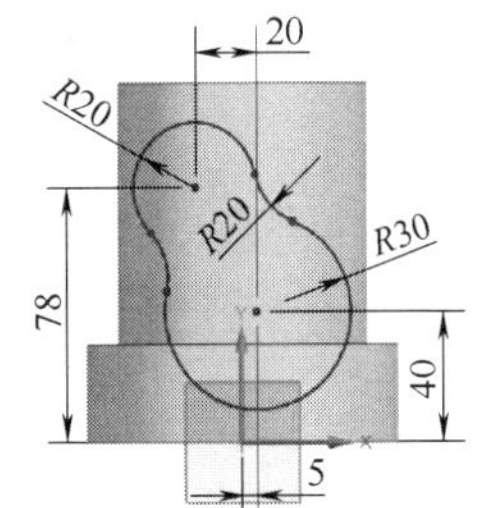

图 3-174　拉伸截面草图

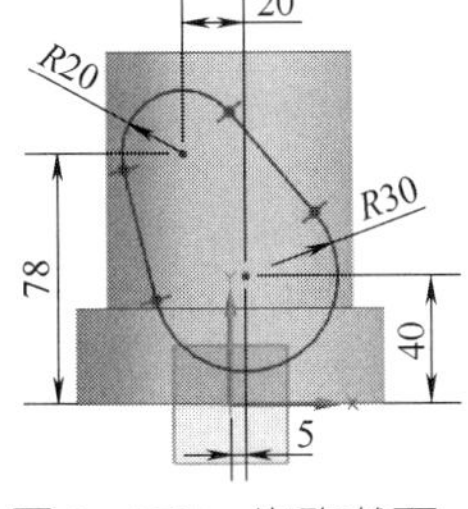

图 3-175　修改截面

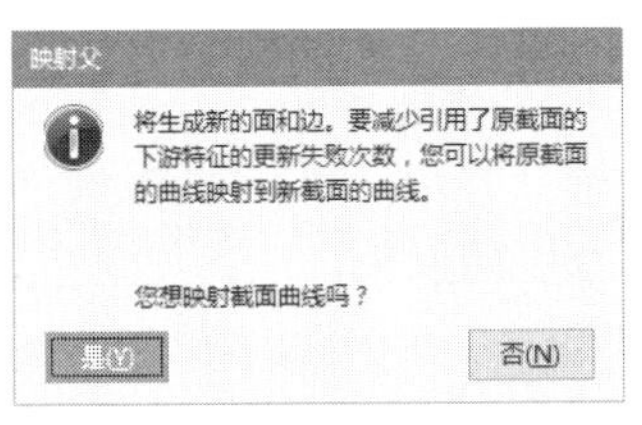

图 3-176　“映射父”对话框

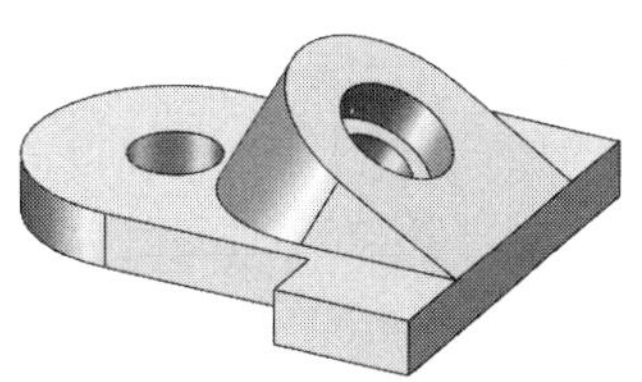

图 3-177　零件模型

（4）特征删除

特征的删除就是将设计过程中不需要的特征或错误的特征删除。下面以如图 3-177 所示的零件模型为例介绍特征删除操作。

步骤 1 打开练习文件 ugnx_jxsj\ch03 part\3.2\01\delete_feature。

步骤 2 删除“简单孔（2）”特征。在模型树中选中“简单孔（2）”单击鼠标右键，在弹出的快捷菜单中选择“删除”命令，完成特征删除，结果如图 3-178 所示。

步骤 3 删除“拉伸（4）”特征。在模型树中选中“拉伸（4）” 单击鼠标右键，在弹出的快捷菜单中选择“删除”命令，系统弹出如图 3-179 所示的“通知”对话框，提示用户此步骤删除的特征将影响到其他特征，单击“信息”按钮，系统弹出如图 3-180 所示的“信息”窗口，其中显示受影响的其他特征信息，单击“通知”对话框中的“确定”按钮，系统将受影响的特征一起删除，最终删除结果如图 3-181 所示。

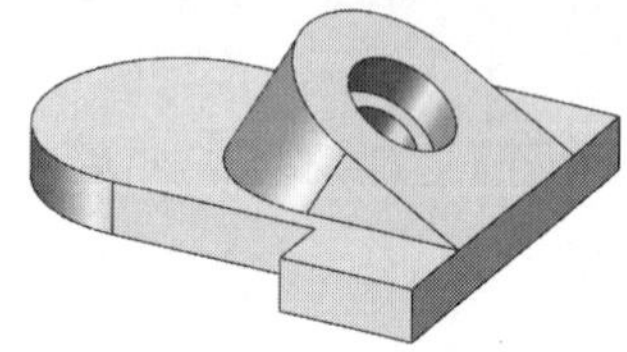

图 3-178 删除结果

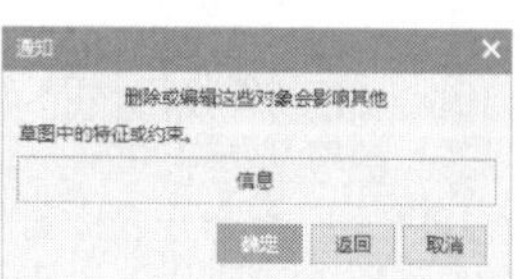

图 3-179 “通知”对话框

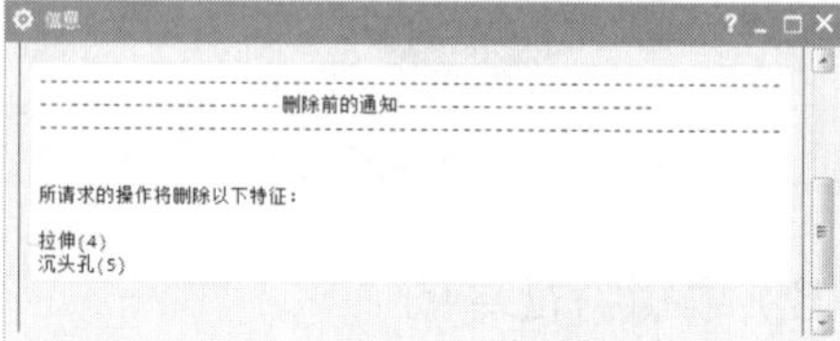

图 3-180 “信息”窗口

说明： 因为模型中的沉头孔是在“拉伸（4）”特征中的斜面上创建的，两者之间存在父子关系，所以在删除“拉伸（4）”特征的同时，特征上的沉头孔也会被删除。

在删除“拉伸（4）”特征时，拉伸特征中如果有内含草图，系统会将内含草图一并删除，如果需要保留拉伸特征中的内含草图，需要首先在模型树中选中拉伸特征，单击鼠标右键，在弹出的快捷菜单中选择“将草图设为外部”命令，如图 3-182 所示，此时模型树中单独显示拉伸特征中的草图，再次选择“拉伸（4）”特征，单击鼠标右键进行删除，此时删除结果如图 3-183 所示，模型中拉伸特征被删除，而拉伸草图被保留下来。

读者在删除特征时一定要谨慎，如果删除特征后文件被保存了，那么删除的特征是不能被恢复的，也就是说是特征删除是不可逆的。

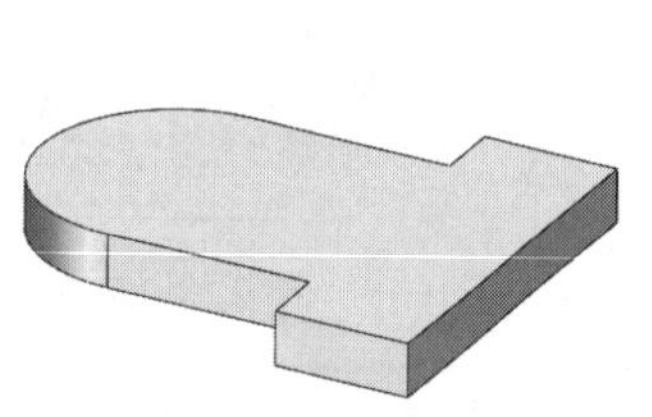

图 3-181 删除结果

图 3-182 将草图设为外部

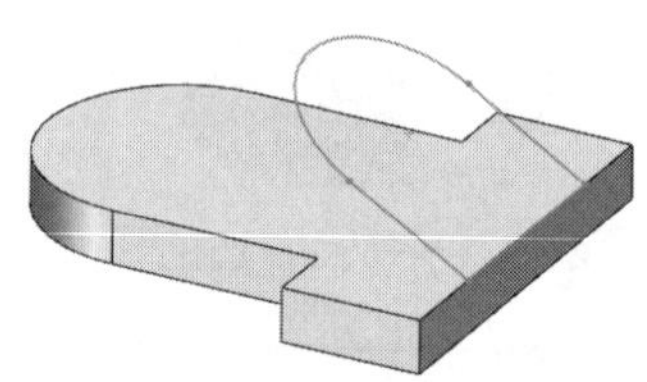

图 3-183 删除结果

（5）特征隐藏与显示

在零件设计中经常需要创建各种辅助特征，如基准特征、草图特征、曲线特征、曲面特征等，这些特征在零件设计完成后都需要隐藏起来，从而使模型更加整洁。下面以如图 3-184 所示的模型为例介绍特征隐藏与显示操作。

步骤 1 打开练习文件 ugnx_jxsj\ch03 part\3.2\01\hide。

步骤 2 隐藏辅助特征。在模型树中选中辅助特征（包括基准坐标系、螺旋曲线、草图、拉伸曲面、扫掠曲面及相交曲线特征），单击鼠标右键，在弹出的快捷菜单中选择如图 3-185 所示的“隐藏”命令，或直接单击工具条中的 按钮，系统将选中的辅助特征隐藏，此时模型树显示如图 3-186 所示，隐藏结果如图 3-187 所示。

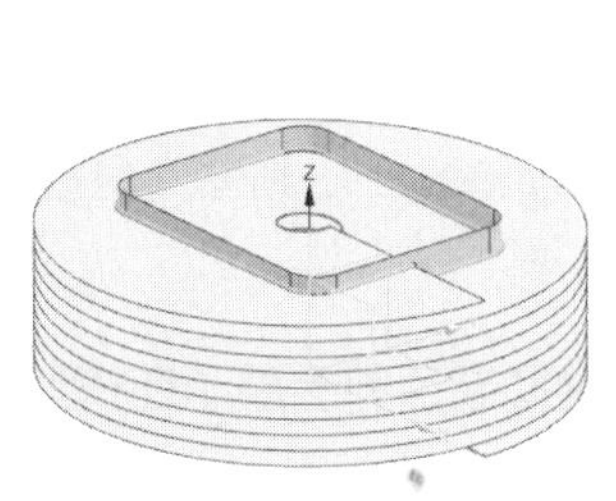

图 3-184　实例模型

图 3-185　选择命令

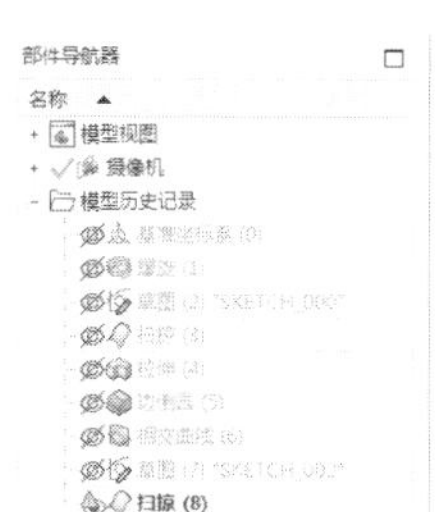

图 3-186　隐藏辅助特征

说明：使用本步骤中的方法可以将模型树中的任何特征对象隐藏，如基准特征、草图特征、曲线特征、曲面特征等，但是不能隐藏某个实体特征。

步骤 3　显示隐藏特征。如果要显示被隐藏的对象，在隐藏对象上单击鼠标右键，在弹出的快捷菜单中选择“显示”命令，可以将隐藏对象显示出来。

在实际隐藏与显示对象时一般使用快捷方式，按住 Ctrl+W 键，系统弹出如图 3-188 所示的“显示和隐藏”对话框，在该对话框中可以隐藏和显示某一类型的对象，例如在对话框中单击“片体”后面的“+”号，表示显示模型中所有片体对象（曲面对象），单击“片体”后面的“-”号，表示隐藏模型中所有片体对象，读者可自行操作。

（6）抑制特征

抑制特征就是将特征隐藏使其不包含在模型中。对特征进行抑制后，特征在模型中不可见，抑制的特征对象仍然存在于模型内存中，可以随时恢复显示，这正是抑制特征与隐藏特征之间的本质区别。下面以如图 3-189 所示的模型为例介绍抑制特征操作。

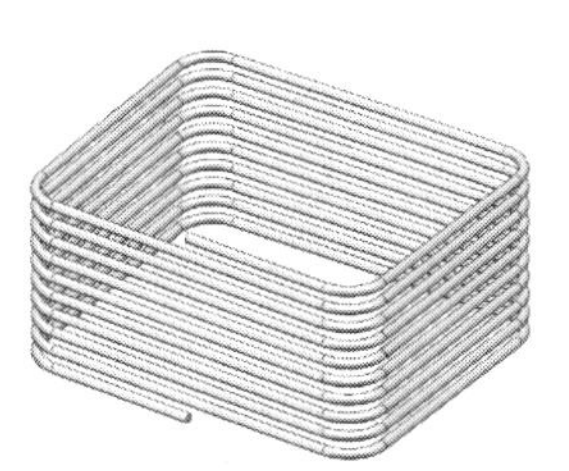

图 3-187　隐藏结果

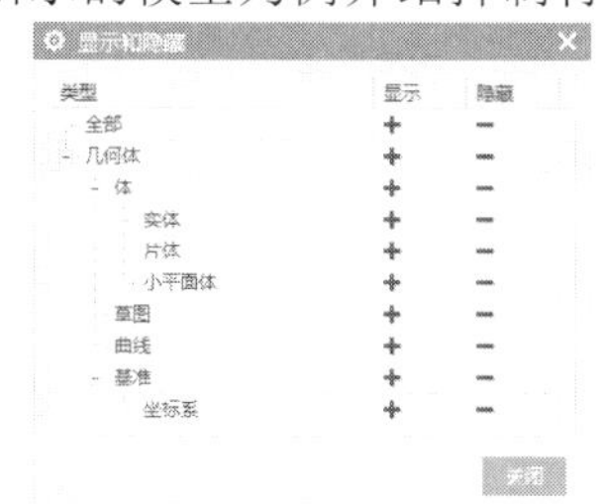

图 3-188　“显示和隐藏”对话框

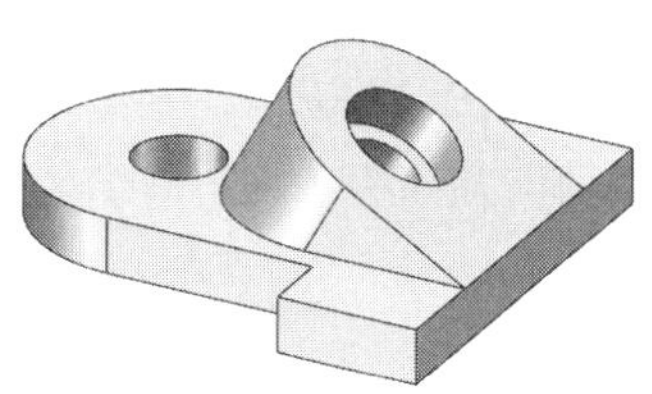

图 3-189　抑制特征模型

步骤 1　打开练习文件 ugnx_jxsj\ch03 part\3.2\01\restrain。

步骤 2　抑制“简单孔”特征。在模型树中选中“简单孔”特征，单击鼠标右键，在弹出

图 3-190　选择命令

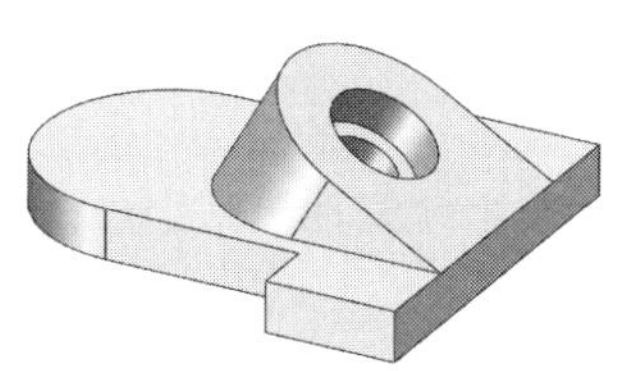

图 3-191　抑制结果

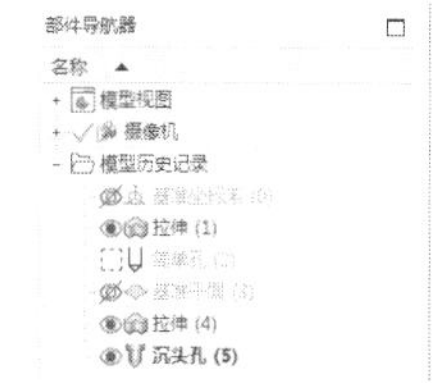

图 3-192　抑制特征显示

的快捷菜单中选择如图 3-190 所示的“抑制”命令，系统将选中特征抑制，结果如图 3-191 所示，此时被压缩的对象在模型树中显示为灰色，如图 3-192 所示。

步骤 3 取消抑制“简单孔”特征。在模型树中选中被抑制的“简单孔”特征，单击鼠标右键，在弹出的快捷菜单中选择“取消抑制”命令，系统将抑制特征重新恢复显示。

步骤 4 抑制“拉伸（4）”特征。在模型树中选中“拉伸（4）”特征，在弹出的快捷菜单中选择“抑制”命令，系统将选中特征及其相关联的子特征一起抑制，此时模型树如图 3-193 所示，抑制结果如图 3-194 所示，抑制的所有子特征可以逐步恢复，如图 3-195 所示［只取消抑制了模型中的“拉伸（4）”特征］。

说明：抑制特征不同于删除特征，抑制特征不管是抑制前还是抑制后都会显示在模型树中，可随时恢复。

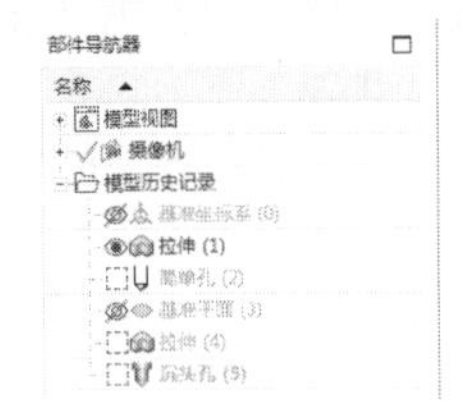

图 3-193　抑制子特征模型树

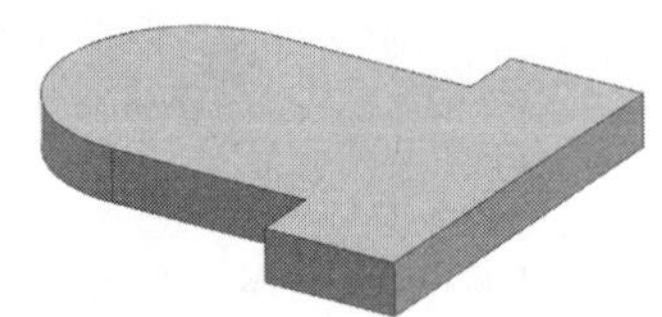
图 3-194　抑制结果

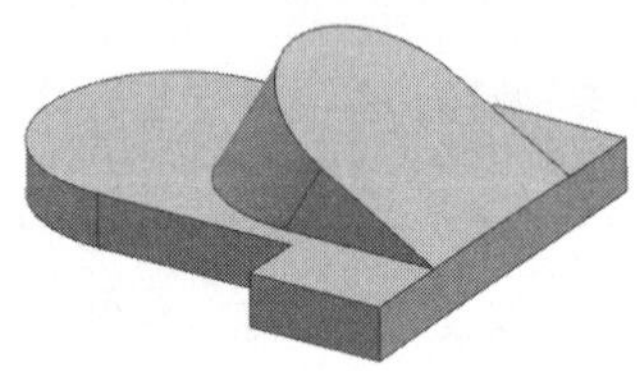
图 3-195　取消抑制结果

3.2.2　特征父子关系

特征父子关系就是指特征与特征之间的上下级别的关系。如果特征 B 在创建过程中，借用了特征 A 中的某些参考关系（如点、边或面等），没有特征 A 提供的参考关系，就不可能创建出特征 B，那么特征 A 是特征 B 的父项，特征 B 是特征 A 的子项，特征 A 与特征 B 之间就存在父子关系，特征父子关系如图 3-196 所示。

（1）特征父子关系查看与分析

如图 3-197 所示的固定座零件模型，其模型树如图 3-198 所示，如果需要查看零件模型中“拉伸（2）”的父子关系，在模型树中选择“拉伸（2）”，单击鼠标右键，在弹出的快捷菜单中选择“信息”命令，系统弹出如图 3-199 所示的“信息”窗口，在该窗口中显示“拉伸（2）”特征的父项与子项。其中父项包括基准坐标系和“拉伸（1）”，子项包括“拉伸（3）”。

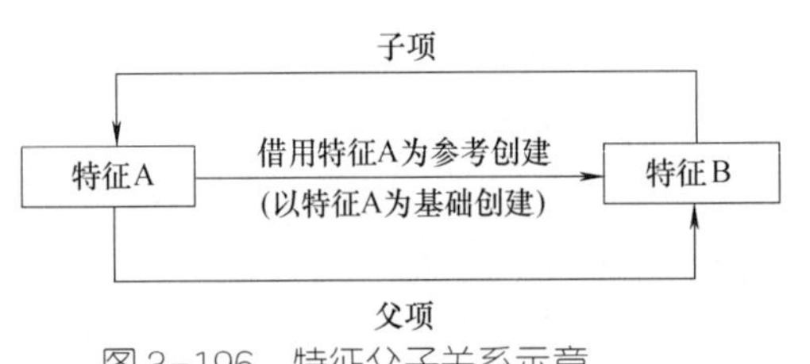

图 3-196　特征父子关系示意

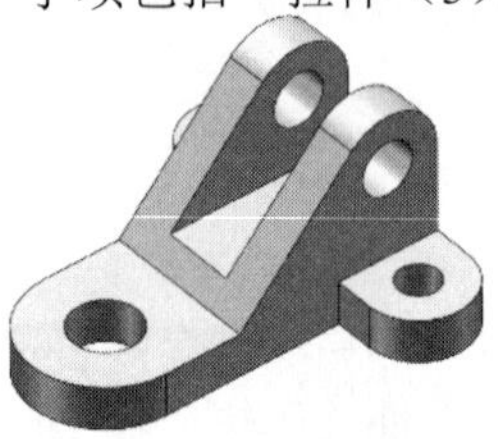

图 3-197　固定座零件模型

（2）分析特征父子关系

特征父子关系的关键是要理解特征父子关系的原因，也就是要理解特征之间为什么存在父子关系。下面具体分析如图 3-197 所示固定座零件模型中“拉伸（2）”特征中存在的特征父子关系，理解父子关系之间的内在联系。

在创建“拉伸（2）”过程中，选择的草图平面是基准坐标系中的 *XY* 基准平面，所以“基准坐标系”是“拉伸（2）”的父项；另外，在创建“拉伸（2）”截面草图和定义“拉伸（2）”

属性时与“拉伸（1）”产生了参考关系，如图 3-200~图 3-202 所示，所以“拉伸（1）”也是“拉伸（2）”的父项。

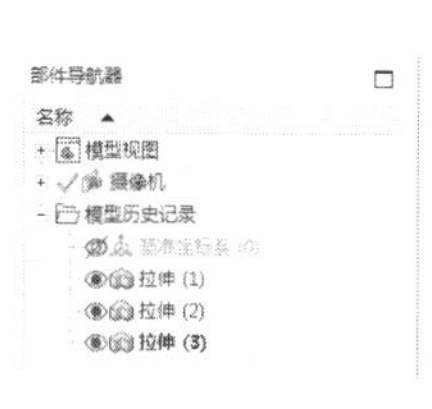

图 3-198　模型树

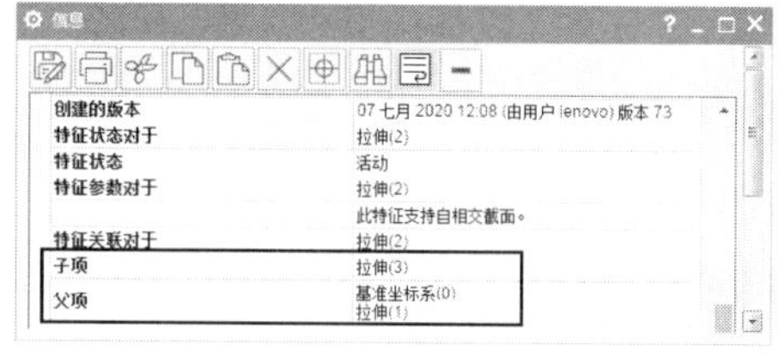

图 3-199　查看父子关系

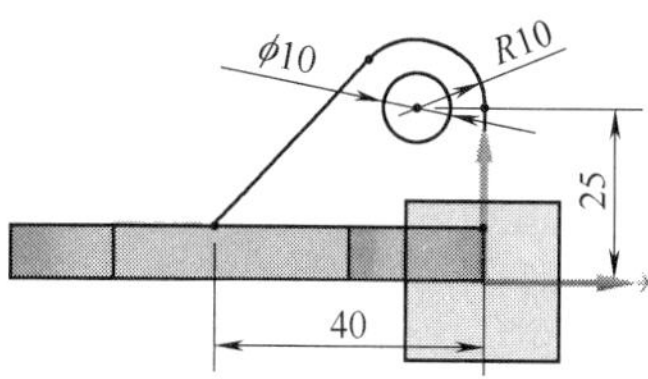

图 3-200　拉伸 2 截面草图

在创建完“拉伸（2）”之后又创建了“拉伸（3）”，“拉伸（3）”在“拉伸（2）”的基础之上做了切除，如图 3-203 所示，“拉伸（3）”中的拉伸截面草图如图 3-204 所示，在绘制这个草图时与基准坐标系及“拉伸（2）”产生了参考关系，所以，“拉伸（2）”是“拉伸（3）”的父项，“拉伸（3）”是“拉伸（2）”的子项，如图 3-205 所示。

图 3-201　定义拉伸属性

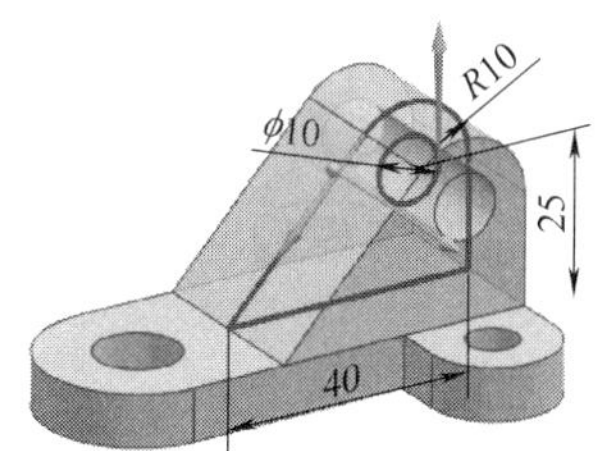

图 3-202　定义“拉伸（2）”

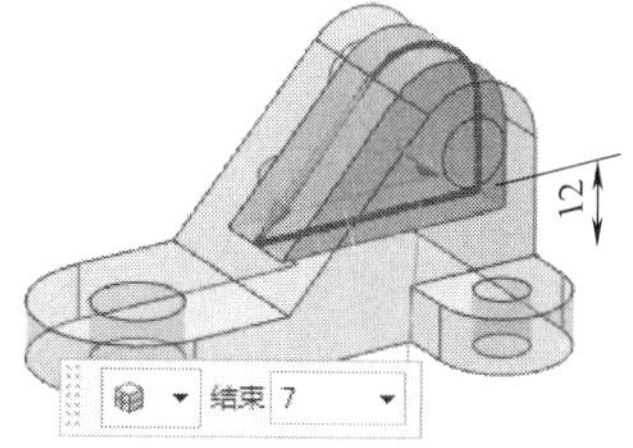

图 3-203　定义“拉伸（3）”

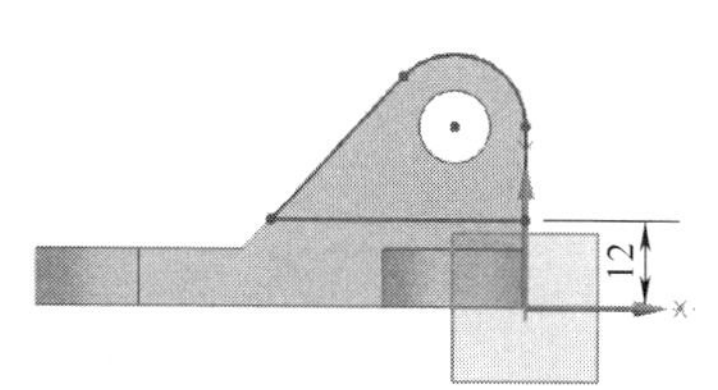

图 3-204　“拉伸（3）”截面草图

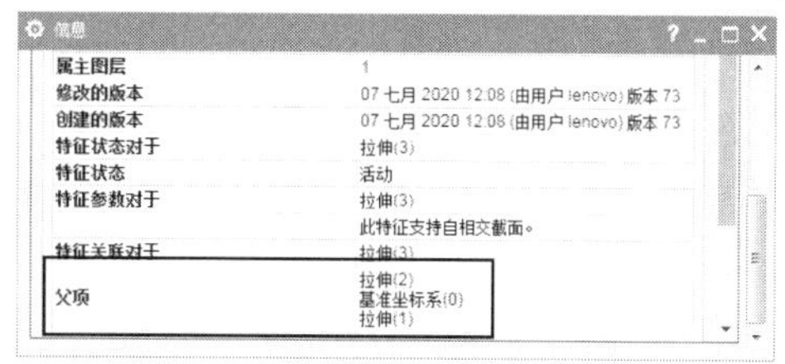

图 3-205　查看父子关系

需要注意的是，特征父子关系并不是绝对的，可以人为根据需要解除特征间的父子关系。解除父子关系的原理就是解除特征间的参考关系。本例中如果想解除“拉伸（2）”与基准坐标系之间的关系，可以在绘制“拉伸（2）”截面草图前不要选择基准坐标系中的平面为草图平面，可以选择“拉伸（1）”的侧面为草图平面，这样“拉伸（2）”的创建与“基准坐标系”之间就没有参考关系，也就解除了父子关系。

（3）理解特征父子关系的意义

理解特征父子关系具有很重要的实际意义，特别是在处理特征再生失败和调整零件结构设计顺序时非常有帮助。

首先，理解特征父子关系对于处理特征生成失败是非常有帮助的。特征生成失败的主要原因就是在编辑与修改特征时，对后面特征的参考造成了影响，导致后面的特征无法找到参照所以出现再生失败的问题。

其次，理解特征父子关系对于调整零件设计顺序是有帮助的。有时在完成零件设计后，如果设计顺序不太合理，可以根据需要调整特征设计顺序，使设计顺序更合理、更规范。在调整特征设计顺序时，一定要注意特征间的父子关系，如果两个特征之间存在父子关系，那么子特征是无法调整到父特征之前的，父特征也不能调整到子特征之后，所以要特别注意这一点，那么如果非要调整它们间的顺序该怎么办呢？可以先分析它们之间的父子关系，然后解除这些父子关系就可以调整顺序了。

3.2.3 特征重新排序及插入操作

零件设计中一定要注意零件的设计顺序。零件设计顺序体现出设计人员的设计思路及设计过程，对于一些复杂的零件设计，在设计之前只能规划出零件设计的大体设计思路，至于细节，需要逐步完成，这样难免会出现零件设计顺序不合理的情况，需要在零件结构设计完成后对零件设计顺序进行调整甚至对零件中的一些结构进行改进等，完成这些操作需要对零件中的特征进行重新排序或插入操作。

（1）特征重新排序

特征重新排序就是重新排列特征的设计顺序。如图 3-206 所示的壳体模型，从零件模型中发现零件中存在多处不合理结构，如图 3-207 所示，壳体模型在拐角位置不是均厚的，这会严重影响结构的强度，需要对这种设计进行改进。

壳体模型的模型树如图 3-208 所示，从模型树中可以看出造成这种不合理结构的主要原因是模型设计顺序不合理。模型树中显示是先创建“抽壳”，然后创建两个倒圆角。我们知道，在零件设计中，遇到抽壳和倒圆角同时存在的场合一定要先创建倒圆角，最后创建抽壳，只有这样才能得到均匀壁厚的壳体。

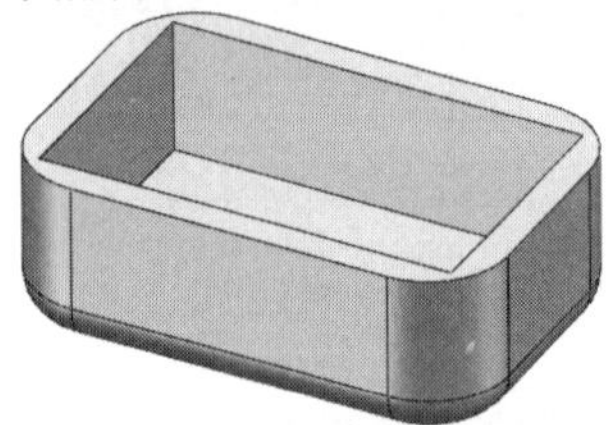

图 3-206 壳体模型

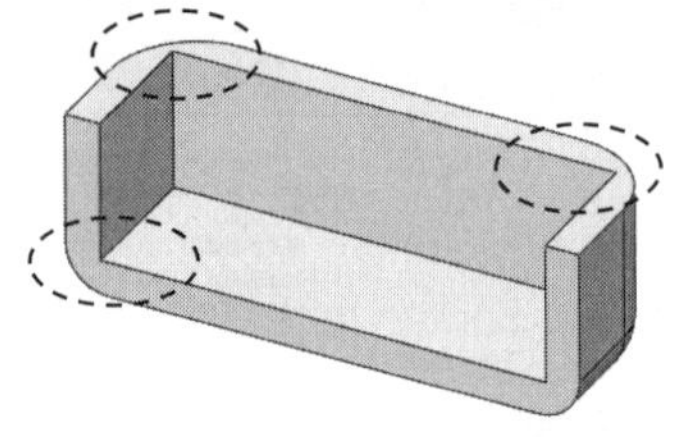

图 3-207 不合理结构

图 3-208 壳体模型的模型树

为了解决这个问题，最简单的方法就是调整模型设计顺序。在模型树中使用鼠标将抽壳特征拖拽到“边倒圆（4）”后面即可，如图 3-209 所示，此时壳体模型变成均匀壁厚的壳体模型，如图 3-210 和图 3-211 所示。

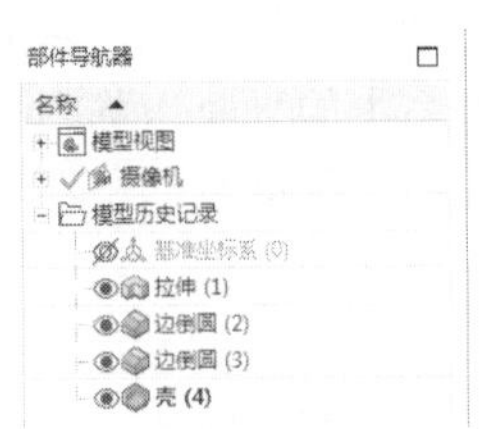

图 3-209 调整模型顺序

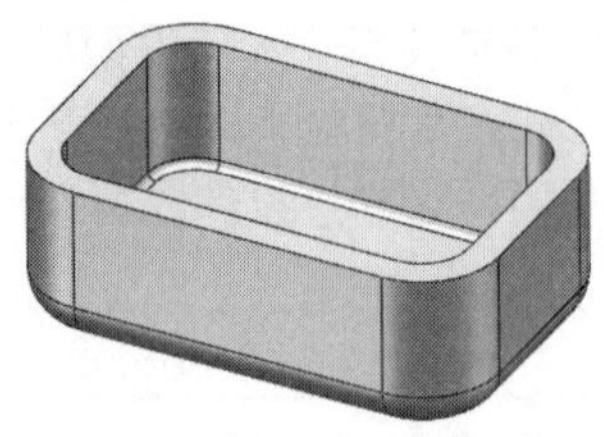

图 3-210 改进后的模型

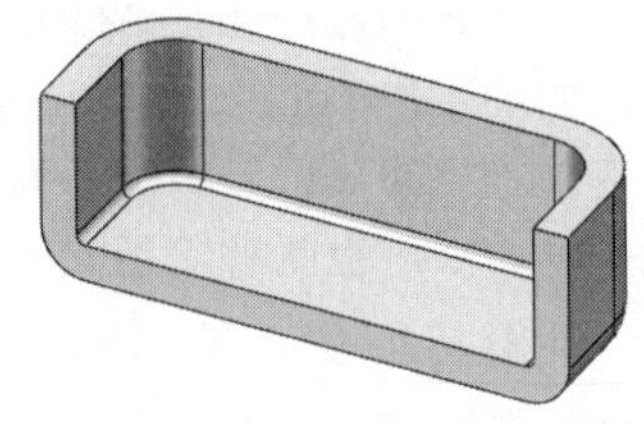

图 3-211 合理的壳体结构

在重新排序过程中一定要注意特征之间的父子关系，其中父特征不能重新排序到子特征后面，除非解除特征之间的父子关系。

（2）特征插入操作

插入操作就是在创建的特征之间插入一个特征，这也是从零件设计合理化、规范化方面来考虑的。有时在设计零件过程中，需要在某个特征前面进行改进设计，这时就可以直接使用插入操作，退回到某一个特征前面创建特征。

下面继续以如图3-206所示的壳体模型为例，具体介绍特征插入操作过程。现在需要对壳体模型进行改进，得到如图3-212所示的壳体模型，因为这是一个壳体模型，所以改进的关键是对抽壳倒圆角之前的基础特征进行修改。

步骤1　在“拉伸（1）”后插入特征。在模型树中选中“拉伸（1）”特征，单击鼠标右键，在弹出的快捷菜单中选择“设为当前特征”命令，如图3-213所示，表示设计顺序“退回”到“拉伸（1）”特征的后面，此时模型树如图3-214所示，模型中只显示“拉伸（1）”特征，如图3-215所示，该特征就是本例的基础特征。

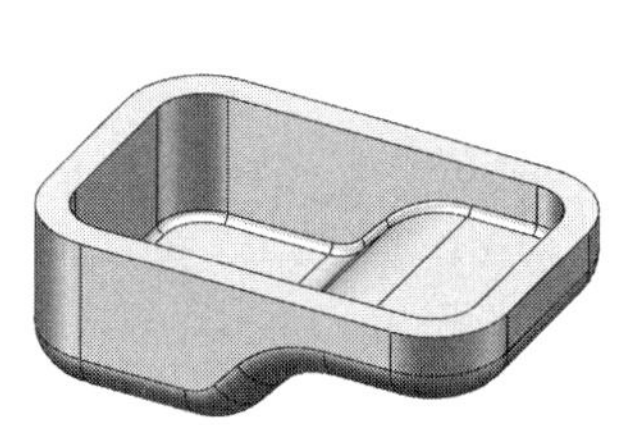

图3-212　改进壳体模型

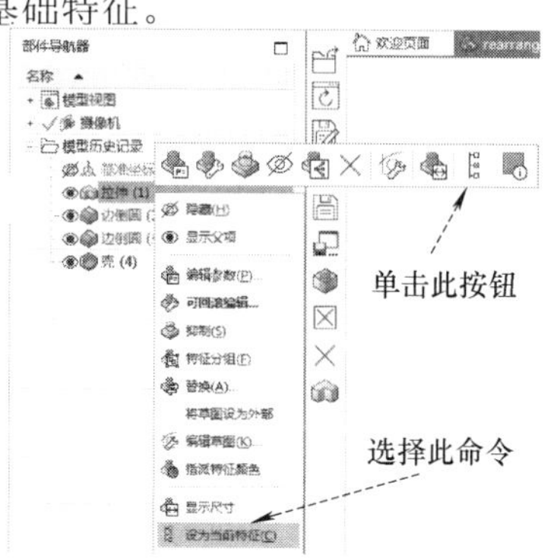

图3-213　设为当前特征

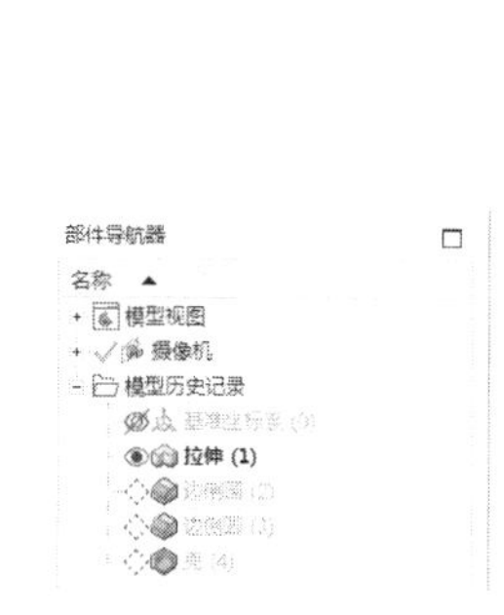

图3-214　模型树结果

步骤2　创建如图3-216所示的切除结构。选择“拉伸”命令，选择ZX基准平面为草图平面创建如图3-217所示的截面草图进行拉伸切除。

图3-215　基础模型

图3-216　创建切除结构

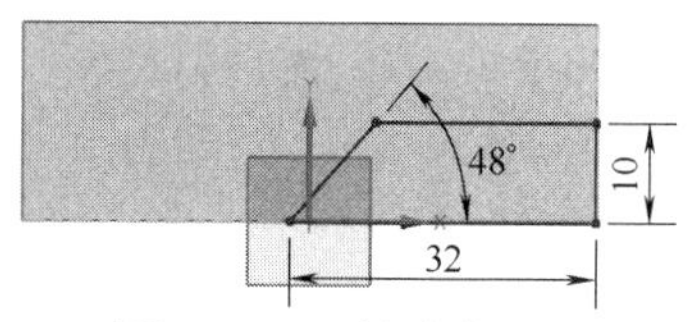

图3-217　拉伸截面草图

步骤3　在第一个倒圆角后面插入特征。完成拉伸切除创建后需要进行倒圆角设计。因为有些倒圆角已经做好了，直接在模型树中使用插入操作将其显示出来即可。在模型树中选中第一个边倒圆特征，单击鼠标右键，在快捷菜单中选择“设为当前特征”命令，表示设计顺序“退回”到第一个边倒圆特征的后面，此时模型树如图3-218所示，模型中显示第一个圆角特征，如图3-219所示。

步骤4　创建边倒圆。选择“圆角”命令创建如图3-220所示圆角，半径为10。

图3-218　设置当前特征

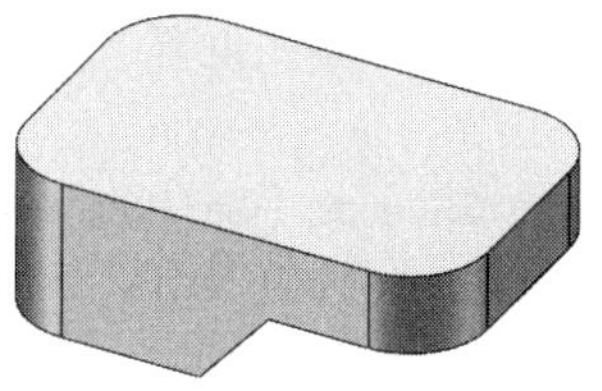

图3-219　显示边倒圆

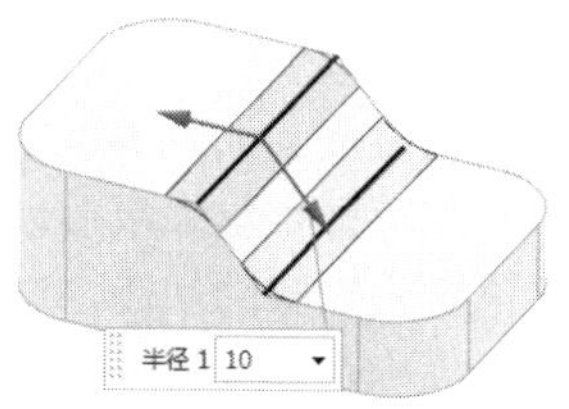

图3-220　创建倒圆角

步骤 5 完成插入特征操作。在模型树中选中壳特征单击鼠标右键，在快捷菜单中选择“设为当前特征”命令，此时模型树如图 3-221 所示，模型显示完整结构。

从模型树来看，“边倒圆（5）”前面有感叹号，说明特征存在问题，在模型树中双击“边倒圆（5）”，查看模型结构，模型中存在多余的圆角边线，如图 3-222 所示，这些圆角边线是原始模型中边倒圆特征遗留下来的，需要删除这些多余圆角边线，按住 Shift 键，选择这些圆角边线将其移除，单击“确定”按钮，最终模型树如图 3-223 所示。

图 3-221 设置当前特征

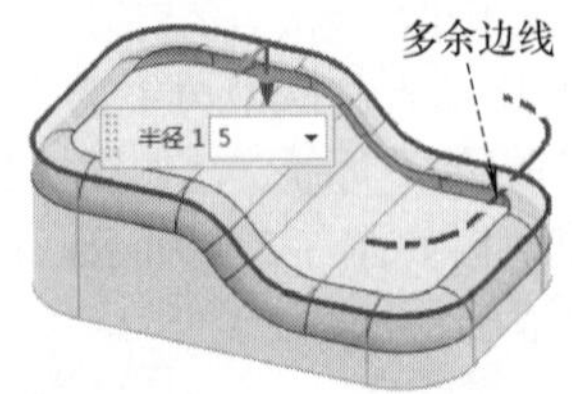

图 3-222 多余的圆角边线

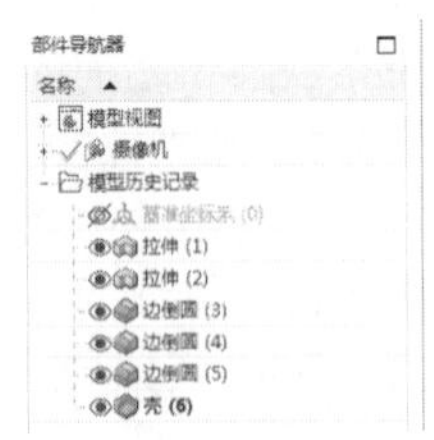

图 3-223 最终模型树

由此可见，在零件设计中，特别是零件改进设计中灵活使用插入操作能够大大提高零件设计效率与改进效率，是零件设计必须要掌握的一种特征操作。

另外，插入操作还有一个非常重要的作用，就是便于后期查看与审查。首先将模型树中的第一个特征设置为当前特征，然后逐步将后续的特征设为当前特征，这样可以一步一步查看模型的创建过程，无论是从工作上还是学习上来讲，非常有帮助，特别是对软件初学者，可以使用这种方法学习别人的设计思路与设计方法。

3.2.4 特征再生失败及其解决

在实际零件结构设计过程中，我们经常会因为各种原因对零件结构进行修改。在 NX 中对特征进行修改后，系统会对整个零件结构进行再生，得到修改后的零件结构，如果对特征进行修改后无法得到正确的零件结构，这种情况就叫做特征再生失败。下面以如图 3-224 所示的连杆模型为例介绍特征再生失败及其处理。

现在需要对如图 3-224 所示连杆模型中的 U 形凸台结构进行修改，得到如图 3-225 所示的改进结果。在模型树中选中“拉伸（5）”特征编辑草图，如图 3-226 所示。

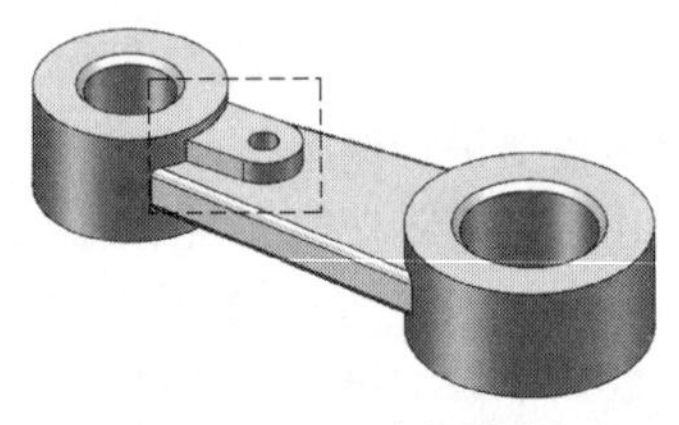
图 3-224 连杆模型

图 3-225 连杆改进

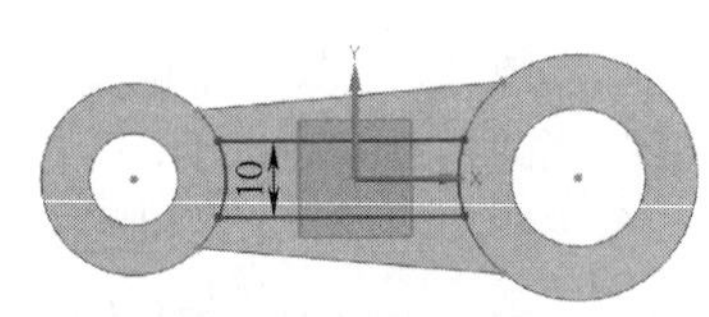

图 3-226 修改截面草图

完成以上草图编辑后，系统弹出如图 3-227 所示的“信息”窗口，提示模型中的“简单孔（7）”特征再生失败，并给出失败原因是找不到孔位置，需要重新指定位置，同时在模型树中显示失败特征，如图 3-228 所示。

出现特征再生失败后，如果确定失败特征是不需要的，可以在模型树中直接删除失败特征以解决再生失败的问题，如图 3-229 所示，此时模型结果如图 3-230 所示。

如果确定失败特征是必须要的，需要分析失败原因，然后针对失败原因对特征进行编辑或重建以解决再生失败的问题。下面首先分析失败原因，然后重建模型。

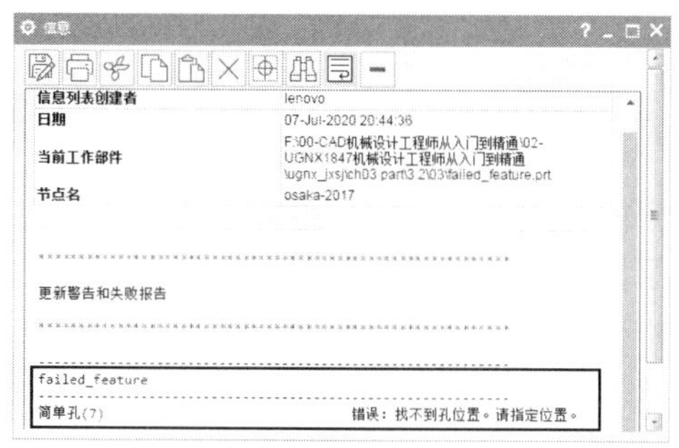

图 3-227　“信息”窗口

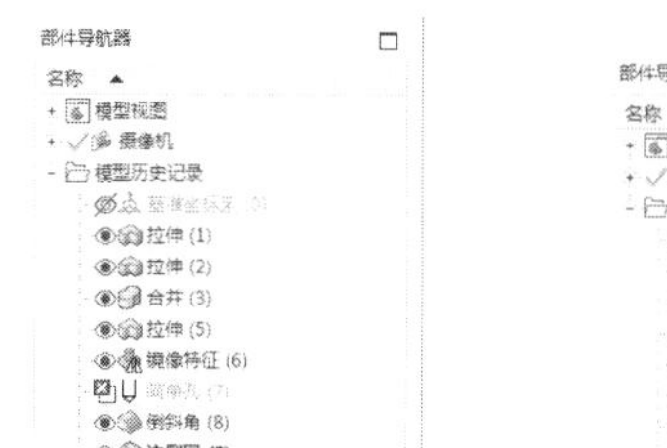

图 3-228　显示失败特征

图 3-229　删除失败特征

因为在改进之前，模型中的孔与 U 形凸台的圆弧面是同轴的，但是改进后就没有 U 形凸台了，所以创建孔特征所必须的同轴参考也就没有了，因此出现特征再生失败。

本例需要首先删除失败的特征，然后将“镜像特征（5）”设为当前特征，选择“孔”命令，在原来的位置创建简单孔，孔定位草图如图 3-231 所示，孔直径为 4，完成简单孔创建后再将最后的“边倒圆（10）”设置为当前特征，如图 3-232 所示。

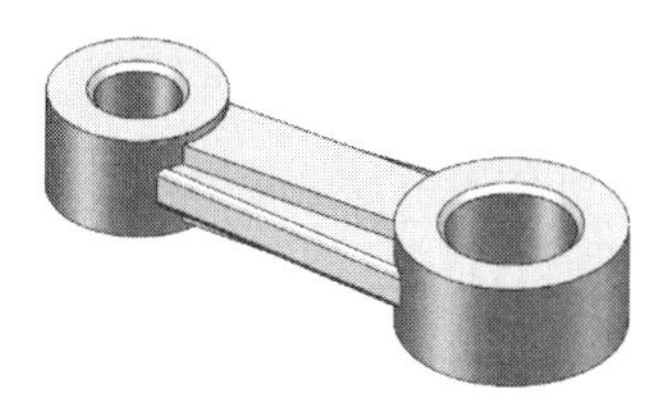

图 3-230　删除失败特征结果

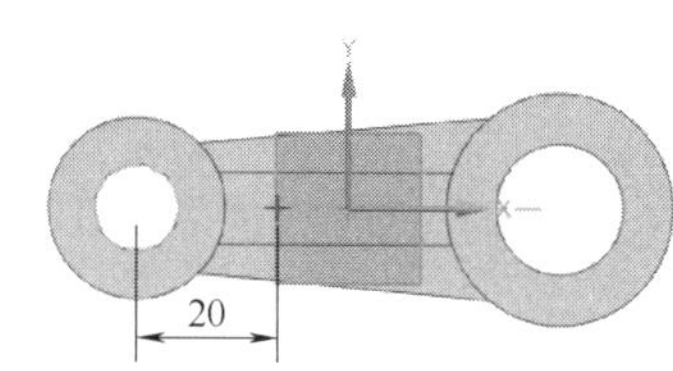

图 3-231　定位孔特征

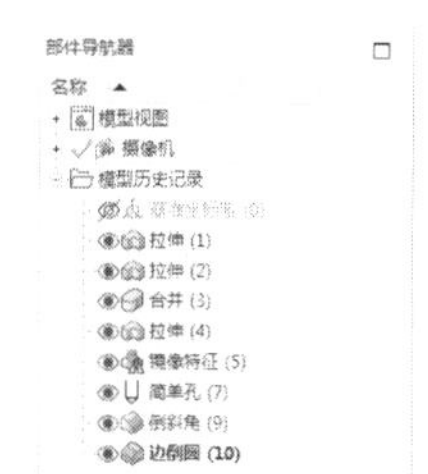

图 3-232　最终模型树

说明：特征再生失败的主要原因一般都是修改导致参照丢失所致，所以在修改特征时，一定要多多考虑特征之间的参照，也就是特征之间的父子关系。

3.3　零件模板定制

在 NX 中进行零件设计，首先需要选择“新建”命令新建一个模型文件，此时系统将以默认的零件模板进行零件设计，也就是说新建文件时必须要选择相应的模板文件，只是一般情况下我们都是直接使用系统设置的默认模板，所以对模板文件没有太多的认识。其实模板文件对于新建文件来讲是非常重要的，在模板文件中对文件环境、文件属性都做了详细的规定，我们只要选择相应的模板，就可以直接在模板规定的环境及属性中进行文件操作。下面具体介绍零件模板的定制，然后将定制模板设置为软件默认模板，以后默认情况下使用定制的零件模板进行零件设计。

（1）新建零件模板文件

选择“新建”命令新建一个模型文件作为零件模板文件，名称为 part_tempate。

（2）设置零件模板背景

零件模板中可以根据个人喜好设置模板背景颜色，这样只要使用该零件模板，其背景颜色就是此处设置的背景颜色。在“选项卡”区域选择“文件”→“首选项”→“背景”命令，系统弹出如图 3-233 所示的“编辑背景”对话框，依次在“着色视图”及“线框视图”区域选中“纯色”选项，然后单击“普通颜色”后的按钮，系统弹出如图 3-234 所示的“颜色”对话框，选择合适的颜色作为背景颜色。

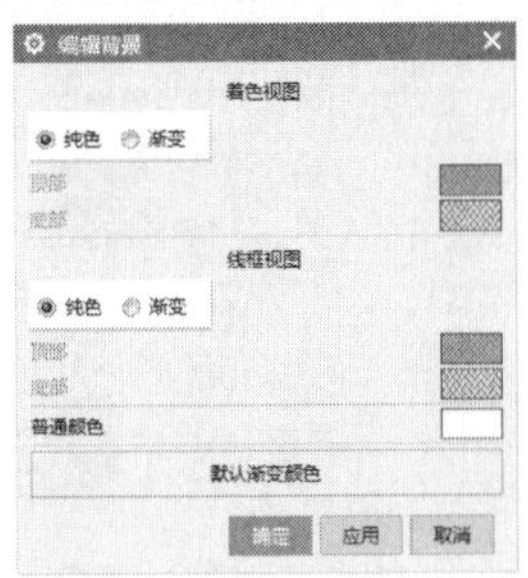

图 3-233 “编辑背景”对话框

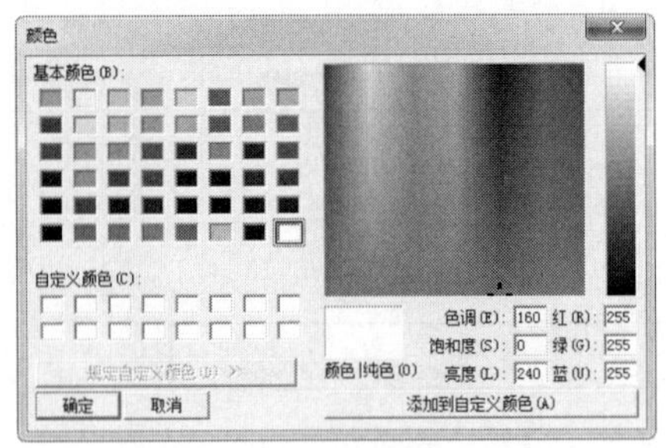

图 3-234 “颜色”对话框

（3）设置零件模板首选项

实际零件设计中需要做很多的首选项设置。在零件模板中设置好首选项，以后调用零件模板就不用频繁设置这些首选项。

在“选项卡”区域选择“文件”→“首选项”命令，系统弹出如图 3-235 所示的“首选项”菜单，在该菜单中根据实际需要设置首选项，

（4）设置零件模板文件属性

考虑到将来创建工程图明细表，在明细表中需要显示每个零件的具体属性信息，如零件代号、名称、材料、质量及单位名称等，这些属性需要在文件属性中设置。

在“选项卡”区域选择“文件”→“属性”命令，系统弹出“显示部件属性”对话框，在该对话框中定义需要的文件属性。

默认情况下，在“显示部件属性”对话框中有一些系统自带的文件属性，如果需要添加更多的属性信息，在对话框中单击“添加属性”按钮，在“标题/别名”后的文本框中输入属性名称（如 COMPANY），单击按钮，完成属性定义，如图 3-236 所示。

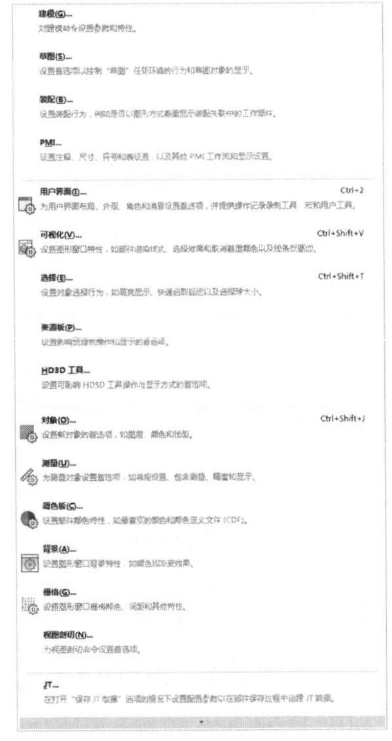

图 3-235 设置首选项

图 3-236 “显示部件属性”对话框

说明：用户也可以根据实际需要，在“显示部件属性”对话框中设置更多的属性，读者可自行操作，此处不再赘述。

（5）将零件模板设置为默认模板

完成零件模板创建后，将零件模板保存到专门存放模板文件的位置，默认位置是：C:\Program Files\Siemens\NX\LOCALIZATION\prc\simpl_chinese\startup，如图 3-237 所示，同时还要将模板文件修改为 model-plain-1-mm-template，这样便完成了默认模板的设置，重启 NX 软件生效。

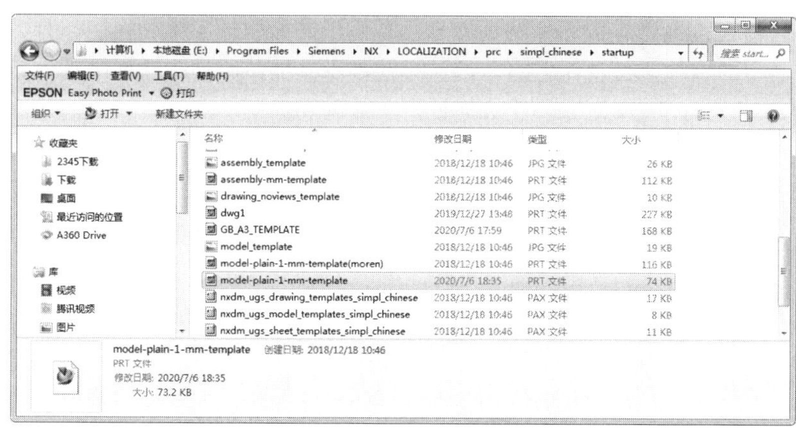

图 3-237　保存零件模板

（6）调用零件模板

完成默认模板的设置后，使用“新建”命令，新建模型文件时，系统将使用默认的零件模型进行零件设计，如图 3-238 所示。

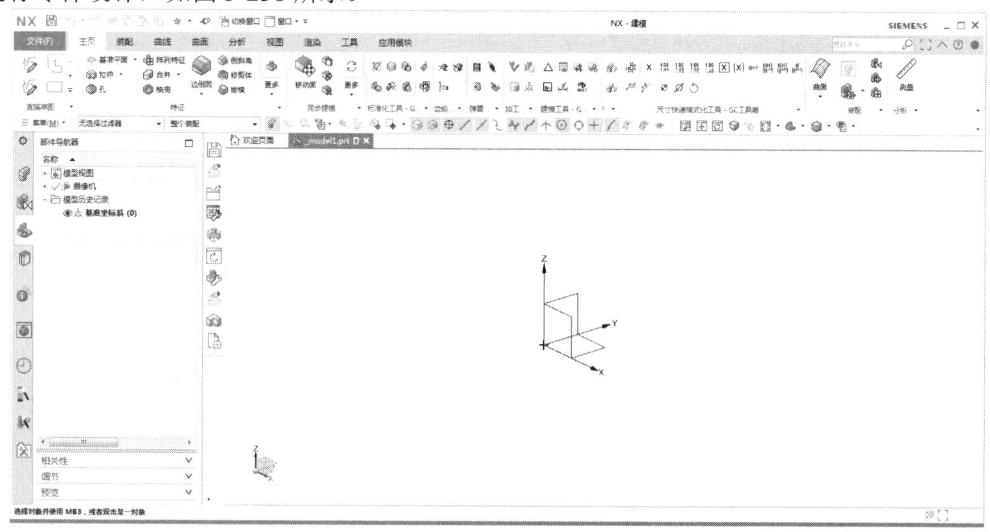

图 3-238　调用零件模板

3.4　零件设计分析

在零件设计之前，需要首先根据零件结构特点，分析零件设计思路，这也是整个零件设计过程中最重要的一个环节，直接关系到整个零件的设计。接下来具体介绍零件设计思路及设计过程的分析，还有零件设计要求及规范性问题。

3.4.1 零件设计思路

在实际零件设计中，关键要知道如何去分析零件设计思路，有了设计思路我们就知道怎么把零件设计出来，下面具体介绍如何逐步分析零件设计思路。

（1）分析零件类型

零件设计之前，首先要分析零件结构类型，是属于一般实体零件，曲面零件，还是钣金零件，不同结构类型的零件，其设计思路与设计方法都不一样，而且在软件中还涉及不同工具的操作，如图 3-239 所示，所以分析零件结构类型非常重要。

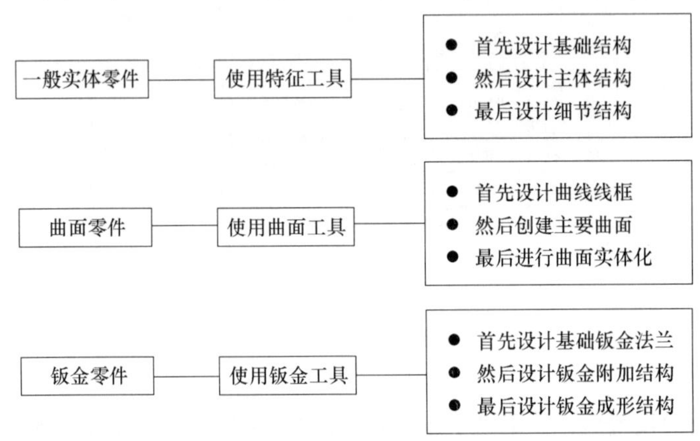

图 3-239　零件结构类型分析

（2）划分零件结构

在零件设计中一定要正确划分零件结构，搞清楚零件整体的结构特点及组成关系，这对于零件的分析及设计来讲是非常重要的。要搞清楚零件结构的划分，首先必须要理解零件设计中两个非常重要的概念：结构和特征。

首先是结构的理解。结构是零件中相对比较独立、比较集中的那一部分几何对象的集合，结构最大的特点就是能够从零件中单独分离出来形成独立的几何体，不管是简单的零件还是复杂的零件都是由若干零件结构直接组成的。

其次是特征的理解。特征是零件中最小、最基本的几何单元，任何一个零件都是由若干个特征组成的，如拉伸特征、孔特征、圆角特征、倒角特征、拔模特征等。

在软件中，所有的特征都对应一个具体的创建工具，如拉伸特征由拉伸工具来创建、旋转特征由旋转工具来创建、孔特征由孔工具来创建等。每个特征创建完成后都会逐一显示在模型树中，模型中的特征与模型树中的特征是一一对应的关系。

（3）零件设计中结构与特征的关系

零件设计中结构与特征的关系如图 3-240 所示，在零件设计之前，一定要根据零件结构特点合理划分零件结构，然后按照划分的零件结构，逐个进行设计，所有结构设计完成后，零件设计也就完成了。也就是说，零件设计的过程就是零件中各个结构的设计过程，零件中各个结构的设计过程也就是结构中所有特征的设计过程。

如图 3-241 所示的箱体零件，可以划分为箱体底座、箱体主体以及箱体附属凸台等结构。

其中箱体底座结构如图 3-242 所示，箱体底座主要包括底板拉伸特征、底座倒圆角特征以及底座孔特征等。要创建箱体零件，首先要创建箱体底座结构，要创建箱体底座结构就需要将其中包含的所有特征按照一定的顺序创建出来。

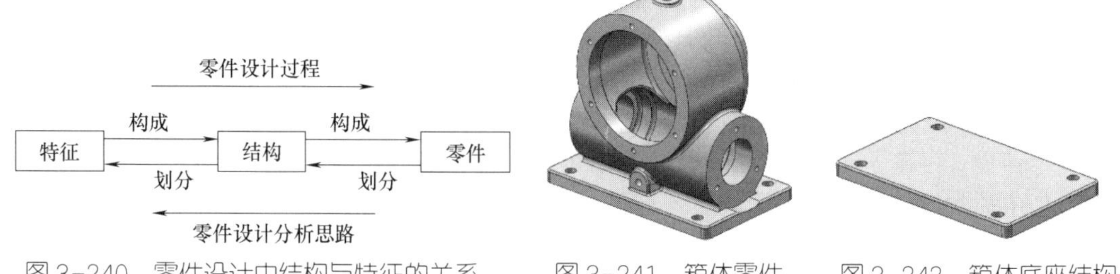

图 3-240　零件设计中结构与特征的关系　　图 3-241　箱体零件　　图 3-242　箱体底座结构

3.4.2　零件设计顺序

正确划分零件结构后，接下来关键是要解决零件设计顺序的问题，就是要确定首先做什么，再做什么，最后做什么的问题。一般是先设计基础结构，然后再按照一定的顺序或逻辑设计其余结构。

(1) 首先设计基础结构

零件中最能反映整体结构尺寸的结构或是能够作为其他结构设计基准的结构就叫做零件基础结构，先设计这样的结构，不仅能够优先保证零件中的整体结构尺寸，同时，这些基础结构还是其他结构设计的基准。

例如箱体类零件，一般都有底座结构。底座结构是整个箱体零件很多竖直方向尺寸参数的基准（如图 3-243 所示），所以底座结构需要首先设计，其他结构都是在底座结构上添加得到的。所以这里的底座结构不仅是整个零件的基础结构，也是整个零件尺寸标注的基准，在零件设计中一定要首先设计。

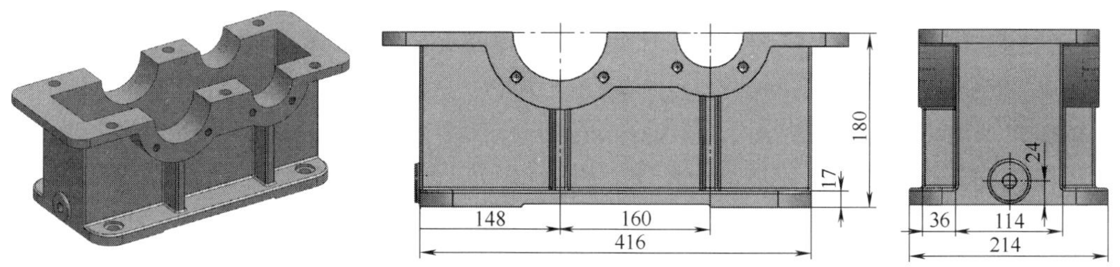

图 3-243　零件基础结构作为零件其他结构设计基准

(2) 然后设计其余结构

零件其余结构的设计就是在基础结构的基础上，按照一定的空间逻辑顺序或主次关系进行具体设计。在具体设计过程中还要充分注意一些典型结构设计的先后顺序，如倒圆角先后顺序，拔模、抽壳与倒圆角先后顺序等。

3.4.3　零件设计要求与规范

零件设计绝对不是一个个几何特征简单叠加的过程，一定不要一味去追求零件的外形结构，需要设计者综合考虑多方面的因素，以下总结了在零件设计过程中一定要考虑的几个问题。

（1）首先分析零件在软件环境中的位置定位及设计基准

零件设计之前首先分析零件工程图要求（有工程图的直接看工程图，没有工程图的，也要考虑出工程图的要求），主要看零件主视图、俯视图或左视图定向方位，将这些重要视图方位与软件环境中提供的坐标系对应，以确定零件在软件环境中的位置定位。在 NX 中，零件主视图对应前视基准面，俯视图对应上视基准面，左视图对应右视基准面（注意是反面），然后根据这些定向方位确定零件设计基准。

在零件设计中确定正确的位置定位及设计基准，首先是方便以后出工程图，其次是方便以后在渲染中添加渲染场景及渲染光源。

（2）分析零件结构布局

分析零件结构布局主要是考虑零件对称性问题，如果是对称结构零件，就要按照对称方法去设计，可以先设计结构一半，然后使用镜像等工具完成另外一半的设计，从而减小工作量，提高工作效率。要特别说明的是，即使不是对称结构的零件，或者不是完全对称的零件，并且在零件设计基准不确定的情况下也要尽量按照对称方法去设计，因为这样会给后面的设计或操作带来一些方便。

例如轴类零件的设计，在设计基准不明确或没有特殊说明的情况下，就应该按照对称方法进行设计，这样在旋转轴类零件时能够保证零件始终绕着图形区中心旋转，不至于旋转出图形区界面，影响后面的设计操作。

（3）注意零件设计的逻辑性与紧凑性

零件设计的每一步设计过程都会体现在软件模型树中，所以模型树能够准确反映零件设计思路及设计过程，同时还要使模型树尽量简洁、紧凑。

零件设计过程要有一定的逻辑性，先设计什么后设计什么都应该有一定的原因及具体考虑。如果零件结构比较复杂，需要使用很多特征进行设计，这个时候就更要注意设计的逻辑，千万不要东一榔头西一棒子，一会设计这个结构中的某个特征，一会又去设计另外某个结构中的某个特征，再一会又去设计之前某个结构中的某个特征，给人的感觉就是逻辑思路很混乱，也极不规范，这也是很多设计人员的一种设计陋习！这样既不方便后期的检查与修改，也不便于设计人员之间的技术交流，所以我们在设计这些结构时，一定要完成一部分结构设计后再去进行其他结构的设计。

零件设计要简洁、紧凑，尽量简化模型树结构，尽量用一个特征去完成更多结构的设计，将更多的设计参数体现到一个特征中，这样会使后期的修改变得简单，就不需要在多个特征中修改参数！例如，零件设计中如果要对多处进行倒圆角，一定要使用尽量少的倒圆角次数完成多处倒圆角设计，这样能够有效简化倒圆角设计，提高倒圆角设计效率，同时也便于以后对倒圆角进行修改。

（4）注意零件中典型结构设计先后顺序

零件设计中经常会涉及各种典型结构设计顺序的问题，如倒圆角设计顺序，还有就是倒圆角、抽壳与拔模设计顺序。

在倒圆角设计中，特别是需要对多处进行倒圆角设计时，一定要注意倒圆角设计顺序。在零件设计中，总有一些边链能够通过倒圆角实现相切连续，这些位置的倒圆角就要优先设计，待这些边链相切连续后，再去对这些相切边链进行倒圆角，这样既方便进行倒圆角，又能够得到结构美观的倒圆角结构，同时还能够减少倒圆角次数。

如果在零件设计中，同时需要倒圆角、抽壳与拔模，那么正确的设计顺序应该是先进行拔模，然后进行倒圆角，最后进行抽壳，这样能够得到均匀壁厚的壳体结构，这也是壳体结构设计的基本思路。

（5）零件设计要考虑零件将来的修改及系列化设计

零件设计之前一定要搞清楚的一个基本问题就是不管什么时候进行的零件设计，我们设计的零件都不可能是最终版本（结果），只是零件设计过程中的一个初级品或中间产物。初步零件设计完成后，还会经过一系列的检验及校核，经过多次反复修改与优化设计才能最终确定下来，所以在设计零件时，一定要便于以后随时进行各种情况的修改。这就需要我们在零件设计过程中时刻要考虑以后修改的问题，对于现在设计的结构要多问问自己这个结构将来会如何修改，如何设计才能快速实现这种修改，也就是在设计任何结构时都要尽量想远一点，尽量考虑全面一点。

另外，对于一些标准件或常用件的设计，这类零件往往涉及很多不同规格与型号，在设计过程中更要注意修改的问题，而且是系列化的修改，有的涉及尺寸的修改，有的涉及结构的修改，如果不考虑修改的问题，将来很难从一个型号衍生出其他的型号，也就无法进行系列化设计。

（6）零件设计中所有重要设计参数要直接体现

零件设计中包括各种重要设计参数，这些重要设计参数一定要直接体现在设计中，切记不要间接体现。所谓间接体现就是通过参数之间的数学计算得到设计参数，设计参数直接体现方便以后修改与更新，设计参数间接体现会使修改与更新变得更加烦琐。

零件设计中重要设计参数直接体现包括两种方法：要么将重要的设计参数直接体现在特征草图中，将来可以直接在草图环境中进行修改；要么将重要的设计参数直接体现在特征操控板或对话框中，将来可以直接在特征操控板或对话框中进行修改。

零件设计中直接体现设计参数的同时还要便于以后修改，具体操作就是尽量在一个草图中集中标注尺寸，以后修改时就不用在多个草图中切换修改尺寸，对于后期修改频率大的重要参数，尽量将这些尺寸参数体现在特征操控板中，甚至直接体现在模型的结构树中，以后修改就不用再进入草图文件中修改。

（7）简化草图原则以便提高设计效率

零件设计中一定要注意提高设计效率。高效设计一直是我们产品设计中不断追求的目标，零件设计只是一个最基础的设计环节，零件设计完成后，还有很多后期环节要做，例如，有了零件，我们可以做产品装配，可以出工程图，可以做产品渲染，还可以做模具设计、数控加工与编程等。环节越多，我们越希望提高效率。其实，每一环节都有一些提高效率的方法，但是各个环节的基础都是零件设计，所以一旦我们提高了零件设计的效率，就会避免很多重复操作，从而提高产品设计效率。

我们知道，零件设计中绝大部分时间都是在进行草图绘制，要想提高零件设计效率，必须要提高草图绘制效率，所以最高效的设计就是不用绘制任何草图完成零件结构设计。当然，这只是一种绝对理想的状态，因为很多三维特征的设计都是基于二维草图设计的，在这种情况下，要提高草图绘制效率，可以将复杂草图进行简化，或将复杂草图分解成若干简单草图，还可以使用三维命令代替草图的绘制（如使用三维倒圆角工具或倒斜角工具代替草图中倒圆角及倒斜角的绘制），另外还可以使用曲面设计工具代替草图绘制。

（8）零件设计中任何草图都必须完全约束

零件设计中涉及的任何草图都必须完全约束！零件设计中如果包含不完全约束的草图，会影响零件设计后期的修改与更新，给零件设计带来一些不确定因素。另外草图不完全约束也是设计人员设计能力、设计经验不足或设计不够严谨的体现。

（9）一定不要引入任何垃圾尺寸

零件设计中的任何尺寸都必须是有用的（有用的尺寸参数可以理解为在工程图中需要标注出来的尺寸）。这些尺寸主要是用来确定零件结构尺寸及位置定位，必须要直接体现在零件设计中。除了这些有用的尺寸，其他的任何尺寸都是垃圾尺寸（垃圾尺寸可以理解为在工程图中不需要标注出来的尺寸）。在零件设计中一定要拒绝任何垃圾尺寸，如果出现了垃圾尺寸，一定要想办法消除这些垃圾尺寸，保证设计中的尺寸不多不少，刚好能够把零件结构确定下来即可。

零件设计不许任何垃圾尺寸主要有两个方面的原因：首先，它会影响零件结构后期的修改与再生，可能导致再生失败；其次，它会影响后期工作，零件设计完成后，需要出零件工程图，有的三维软件能够在工程图中自动生成尺寸标注，如果模型中带有垃圾尺寸，在自动生成尺寸标注时，系统同样会把垃圾尺寸也生成出来，由于这些垃圾尺寸不是我们需要的，所以需要花费一定的时间去删除这些垃圾尺寸，影响了工作效率！

（10）零件设计要考虑零件将来的装配

零件设计是产品设计的基础，零件设计完成后都会进行装配，最后得到设计需要的装配产品，所以在零件设计中自然要考虑以后装配的问题，这一点也就是我们说的面向装配的零件设计。具体来讲，零件设计一定要便于将来的装配，二是要考虑装配安装的问题。有些零件结构将来在装配时需要安装其他的零件，在设计结构时要预留装配空间，保证其他零件能够正常安装。例如在一个面上需要设计一个孔结构，在选择打孔面时一定不要选择安装接触面打孔，否则以后修改孔类型时会得到错误的孔结构。

（11）注意零件设计中各种标准及规范化要求

零件设计中一些典型结构，如各种标准件的设计、键槽与花键的设计、注塑件及铸造件的设计，都要考虑相应的标准与规范进行设计。

在标准件的设计中，所有的尺寸必须符合标准件尺寸规范，不能随便给一组尺寸参数进行设计，而且最好要进行系列化设计，便于以后随时调用不同规格的标准件。

在键槽及花键的设计中，也要按照标准化的尺寸进行设计，否则在以后的装配中找不到合适的键及花键进行配合，影响整个产品设计。

在注塑件及铸造件的设计中，一定要在合适的位置设计相应的拔模结构，方便这些零件在制造过程中从模具中取出，至于拔模角度也要按照相应的标准进行设计与考虑。

（12）零件设计中注意协同设计规范要求

现在产品设计工作中，绝大多数的设计都需要很多人员的参与，如果每个人都只按照自己的习惯与规范进行设计而不考虑整个团队的设计，那么这种设计效率是很低的。要想提高整个团队的设计效率，这就需要注意协同设计，对设计中的一些方法与要求进行统一，大家都这么做，那么相互之间就很容易看懂彼此的设计，也不会产生很大的分歧，这便是协同设计，这样有助于整个团队效率的提升。

3.4.4 零件设计实例

如图 3-244 所示的基座零件工程图，现在要根据该工程图尺寸及结构要求，完成基座零件设计，得到如图 3-245 所示的基座零件。下面具体介绍其设计过程，重点是要注意零件设计要求与规范的考虑，理解零件设计要求与规范的重要实际意义。

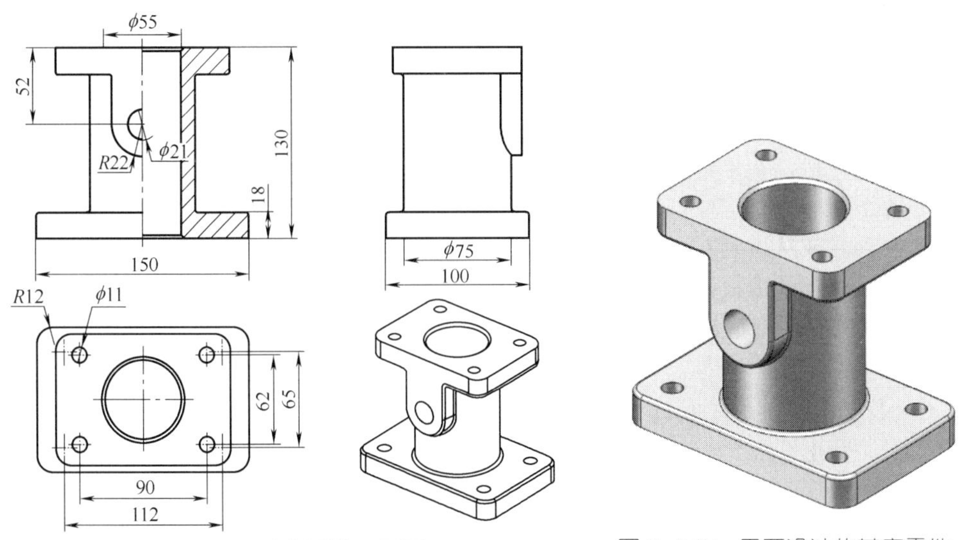

图 3-244　基座零件工程图　　图 3-245　需要设计的基座零件

为了让读者更好理解零件设计的这些要求与意义，在具体介绍这个基座零件设计之前，首先了解一下常规的关于该零件设计过程的介绍，然后跟本小节介绍的设计过程进行对比理解，从中理解零件设计要求与规范的重要实际意义。

如图 3-246 所示的是目前常规的关于该基座零件设计过程介绍的截图，按照这个过程完全可以完成该零件的设计，但是在这个设计过程中并没有充分考虑零件设计要求与规范的问题，所以会对后期的各项工作带来很大的影响，这在实际设计工作中是绝对不允许的，接下来具体介绍正确的设计过程。

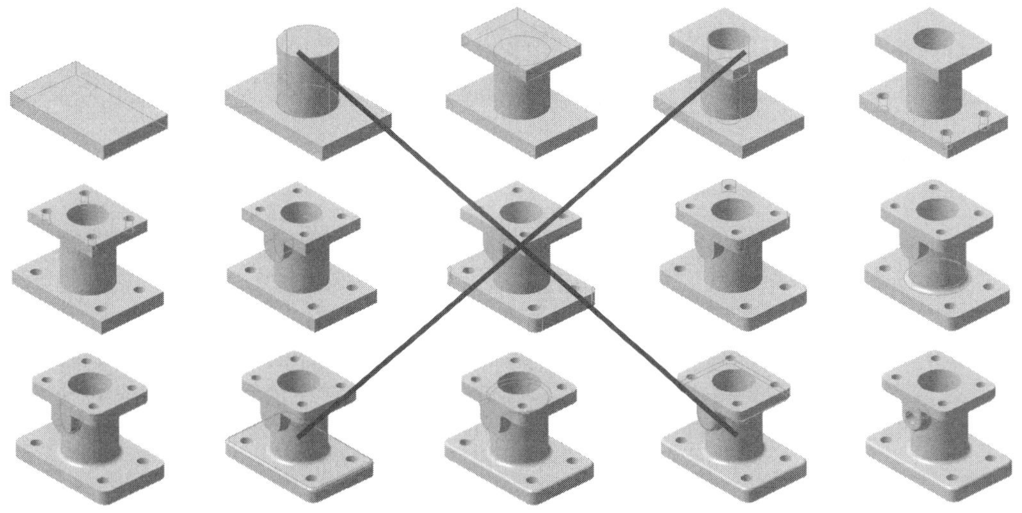

图 3-246　目前市面上书籍介绍的设计过程

(1) 分析零件设计思路及设计顺序

首先分析零件整体结构特点。该基座零件属于一般类型零件，给人的初步感觉是由几大部分结构“拼凑”起来的，具体来看主要由底板结构、中间圆柱结构、顶板结构及 U 形凸台结构四大结构组成，要完成零件的设计，也就是要完成这些组成结构的设计。

搞清楚零件结构组成后，接下来要分析这些组成结构的设计顺序，也就是零件设计过程。从图 3-244 所示的基座工程图看，基座零件设计基准为底板结构的底面，一般情况下，零件基准属于哪部分结构，就应该先设计哪部分结构，所以底板结构应该首先设计；U 形凸台结构既与中间圆柱结构相连接，又与顶板结构相连接，所以应该在中间圆柱结构及顶板结构设计完成后最后设计；至于中间圆柱结构与顶板结构之间没有明显的设计先后顺序，先设计哪个后设计哪个都可以，但是按照零件设计一般的逻辑先后顺序，要么是自上而下或自下而上，要么是从左到右或从右到左，前面已经确定了底板结构首先设计，所以应该按照自下而上的顺序设计圆柱结构及顶板结构。

综上所述，大致零件设计顺序是首先设计底板结构，然后设计圆柱结构，再设计顶板结构，最后设计 U 形凸台结构。

（2）在 NX 中进行零件设计

完成零件设计思路及设计顺序分析后，接下来在软件中介绍具体设计过程。

① 底板结构设计　底板结构如图 3-247 所示，该结构非常简单，可以使用多种方法进行设计，而最方便、最高效的方法就是在 XY 基准面上绘制如图 3-248 所示的底板草图进行拉伸（如图 3-249 所示）即可一次性得到底板结构。

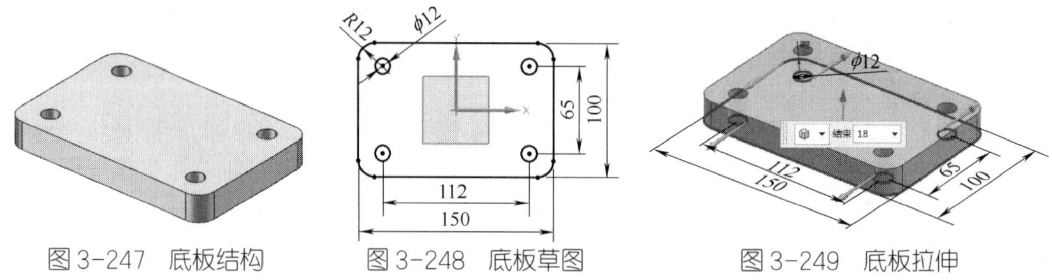

图 3-247　底板结构　　图 3-248　底板草图　　图 3-249　底板拉伸

这种设计方法看似方便高效，但是存在很多设计上的问题，主要存在以下几点：

首先，在这种设计方法中绘制的草图太复杂，既包括倒圆角又包括圆孔，这不符合零件设计中简化草图提高设计效率的原则。

其次，底板上的倒圆角结构是在底板草图中设计的，这样设计倒圆角不够直观，而且不便于以后修改倒圆角尺寸（需要进入草图修改）。

最后，底板上的孔也是在底板草图中设计的，这样只能设计简单光孔，如果将来要想将这些简单光孔改为其他类型的孔（如沉头孔、螺纹孔等），便无法直接进行修改。

综上所述，如果考虑零件设计要求及规范，应该按照如下方法进行底板设计。

步骤 1　设计如图 3-250 所示的底板拉伸结构。根据简化草图的原则，在 XY 基准平面上绘制如图 3-251 所示的拉伸截面草图，然后对其进行如图 3-252 所示的拉伸（注意拉伸方向向上），得到基座底板拉伸结构。

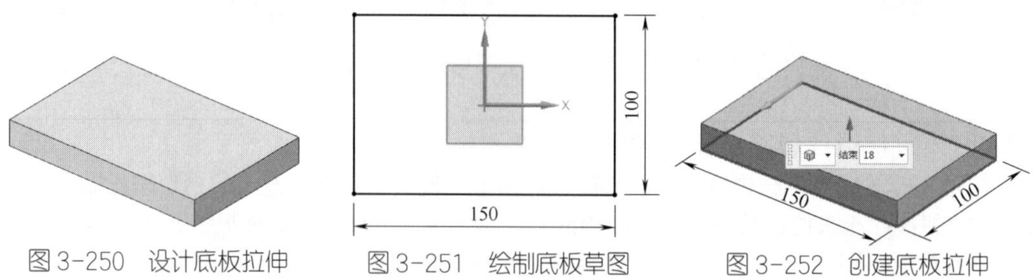

图 3-250　设计底板拉伸　　图 3-251　绘制底板草图　　图 3-252　创建底板拉伸

步骤 2　设计如图 3-253 所示的底板圆角。考虑到简化草图的原则，应该使用倒圆角命令设计底板倒圆角（圆角半径为 12）。使用这种方法设计倒圆角，直接选择如图 3-254 所示的底板拉伸四个角设计倒圆角，能够直观预览倒圆角效果，便于把控倒圆角设计。另外，如果需要修改倒圆角，可直接在模型树中双击倒圆角特征进行编辑，提高圆角修改效率。如果在草图中设计倒圆角，还需要进入草图环境进行修改，修改效率较低。

说明：底板结构设计中一定要先设计四角圆角结构，再去设计四角的底板孔结构，因为像这种底板孔设计，将来很有可能需要将底板孔修改到与四角圆角同轴的位置，如果先设计底板孔再设计底板倒圆角便无法快速实现这种修改。前面截图中介绍的设计方法刚好是相反的，这将无法快速实现底板孔与底板圆角同轴修改。

步骤 3　设计如图 3-255 所示的底板孔。对于孔的设计，首先要正确选择打孔面。打孔面的选择需要从多方面进行考虑，对于该基座零件，可以从装配方面进行考虑。例如底板孔上将来如果要装配螺栓，最有可能的一种情况就是从上向下进行装配，如图 3-256 所示，所以此处孔的设计应该按照从上到下的方向进行设计，据此，应该选择如图 3-257 所示的底板上表面作为打孔面设计底板孔。

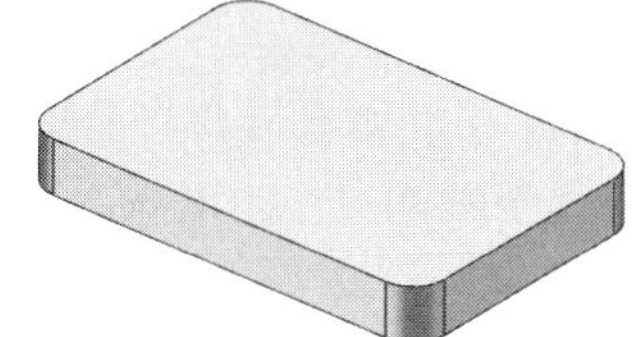

图 3-253　设计底板圆角

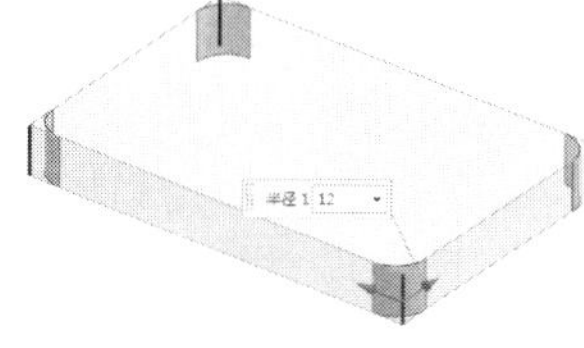

图 3-254　预览底板圆角

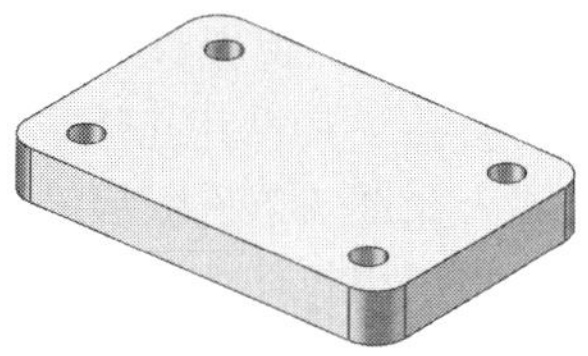

图 3-255　设计底板孔

说明：正确选择打孔面对于孔的设计是非常重要的，直接关系到将来孔的修改。对于简单光孔，选择上表面或下表面是一样的，但是如果需要将简单光孔修改为沉头孔或埋头孔类型，如果打孔面选择错误，那将无法快速修改孔结构。

步骤 4　底板孔的定位设计。确定打孔面后，接下来要考虑孔的定位设计。基座零件底板孔的设计，首先要保证孔的对称性要求，其次是孔在两个方向的中心距属于重要的设计参数（基座零件工程图中也标注出来了），一定要直接体现在设计中，最后还要考虑孔位置螺栓的装配。从便于螺栓装配的角度来讲，这些孔必须要用阵列的方法进行设计，因为阵列设计孔，将来在装配螺栓时，只需要装配一个螺栓，其他螺栓可参照孔阵列信息进行快速装配，以提高螺栓装配效率，如图 3-258 所示。

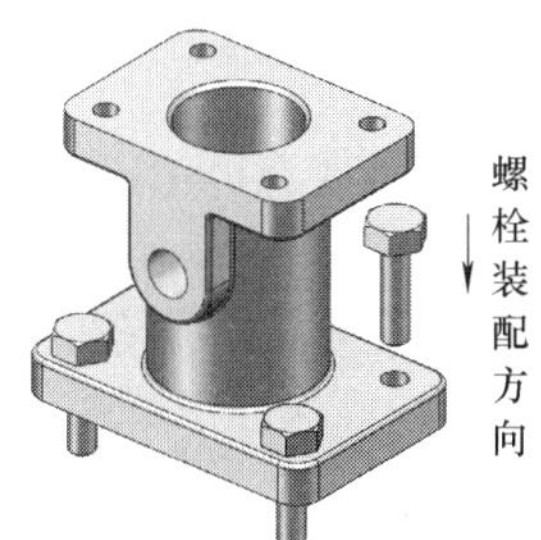

图 3-256　分析打孔面

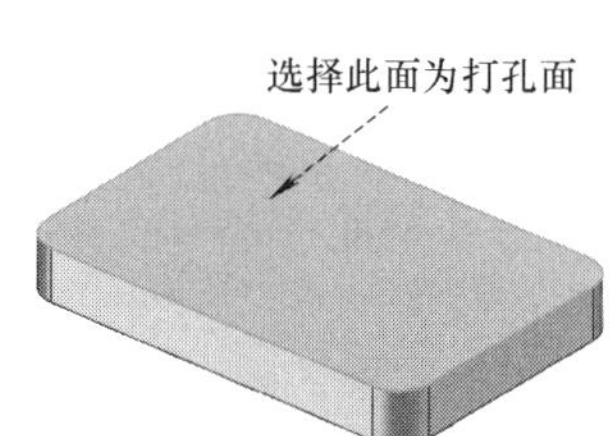

图 3-257　选择打孔面

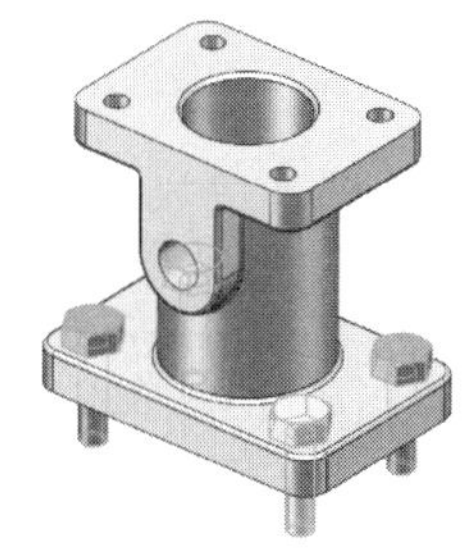

图 3-258　孔的高效装配

步骤 5　绘制底板孔定位草图。选择打孔面（底板结构的上表面）为草绘平面，绘制如图 3-259 所示的底板孔定位草图，实际上就是四个草图点，用来确定孔的设计位置，注意在草图中保证草图点的对称关系，同时一定要标注两个方向上草图点的距离尺寸（实际上就是两个方向上底板孔的中心距）。

步骤 6　设计如图 3-260 所示第一个底板孔。选择孔命令，然后选择上一步绘制的孔定位草图中的任一矩形顶点作为孔定位参考。

说明：此处孔的设计先在打孔面上绘制孔定位草图，再根据定位草图设计孔结构，主要有三个方面的考虑：一是有效保证孔的设计符合设计要求（孔对称性要求及中心距直接体现在设计中）；二是孔定位草图直接体现在模型树中（如图 3-261），方便随时对孔定位进行直接修改；三是根据定位草图中的草图点可以直接对孔进行阵列设计。

图 3-259　绘制底板孔定位草图　　图 3-260　设计第一个底板孔　　图 3-261　孔定位草图直接体现在模型树中

步骤 7　设计如图 3-262 所示的底板孔阵列。使用常规阵列对以上创建的孔按照孔定位草图中的矩形顶点位置进行阵列，完成孔的阵列设计。

使用孔工具设计孔便于修改孔参数。本例设计的底板孔是简单光孔，如果需要将简单光孔修改为如图 3-263 所示的沉头孔，只需要在“孔”对话框中修改孔参数即可，如图 3-264 所示。如果使用拉伸或其他方法设计孔结构将很难快速修改孔类型。

使用这种方法设计的孔，如果要修改孔的位置，直接修改孔定位草图即可。假设现在需要使底板孔与底板倒圆角同轴，可以在孔定位草图中添加草图点与底板倒圆角边线的同心约束，如图 3-265 所示。

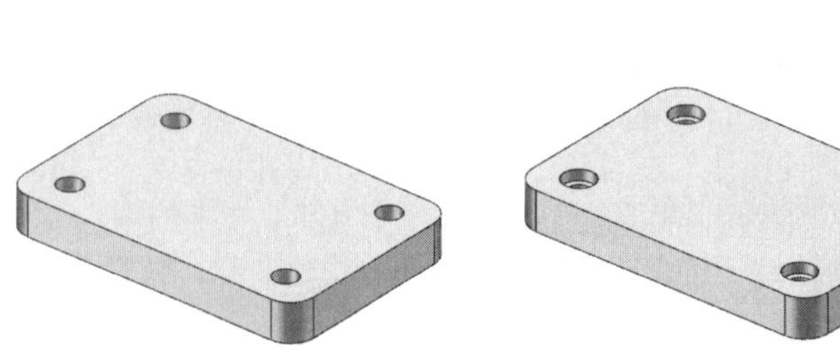

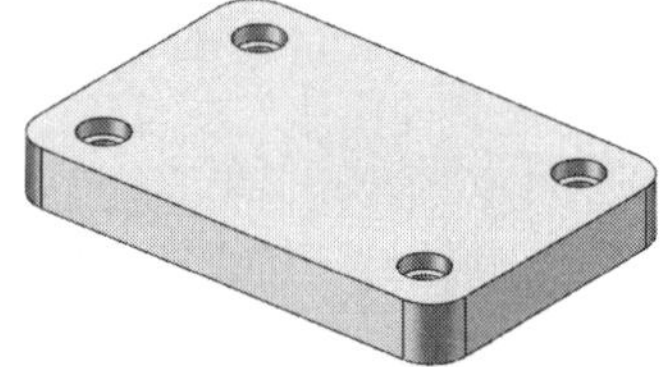

图 3-262　设计底板孔阵列　　图 3-263　修改底板孔类型　　图 3-264　修改孔参数

此处需要特别注意的是，一旦在孔定位草图中添加这些同心约束，系统会提示约束冲突，如图 3-265 所示，在添加同心约束之前已经有草图点的尺寸标注，但是定位草图中的这两个尺寸千万不能删除掉，因为这是底板孔设计中非常重要的设计参数，一定要直接体现在设计中。在这种情况下，可以将这些尺寸转换成参考尺寸，如图 3-266 所示，这样既保证了草图点与倒圆角边线的同心约束，又直接体现了底板孔中心距这些重要的设计参数。

② 中间圆柱结构设计　接下来设计如图 3-267 所示的圆柱结构。在设计圆柱结构时，一定要着重考虑基座零件总体高度这个重要设计参数（基座工程图中已经标注了）。为了直接体现这个重要设计参数，应该选择底板底面（或 XY 基准面）作为草绘平面，绘制如图 3-268 所示的圆柱拉伸草图，调整拉伸方向向上，拉伸深度为 130，如图 3-269 所示。

说明：此处按照这种方法设计的圆柱结构，圆柱高度即为整个基座零件的总高度，将来要调整基座零件高度，只需要修改圆柱拉伸高度即可。

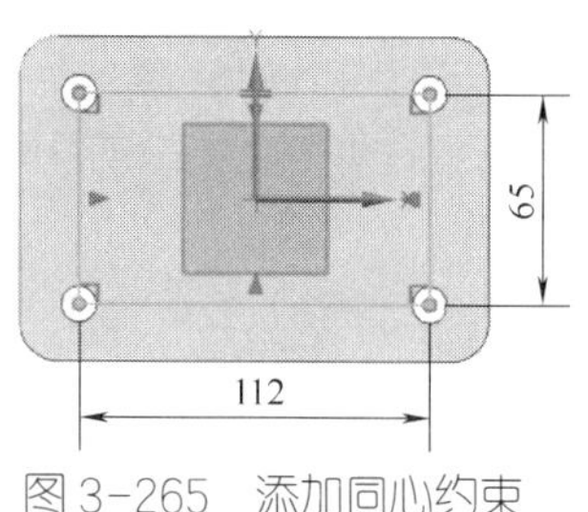

图 3-265　添加同心约束

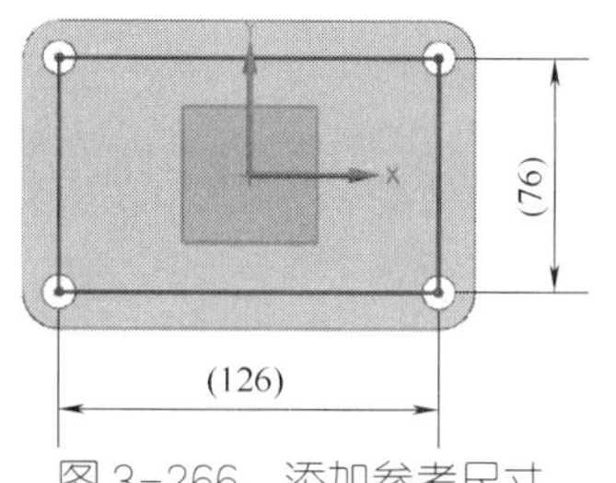

图 3-266　添加参考尺寸

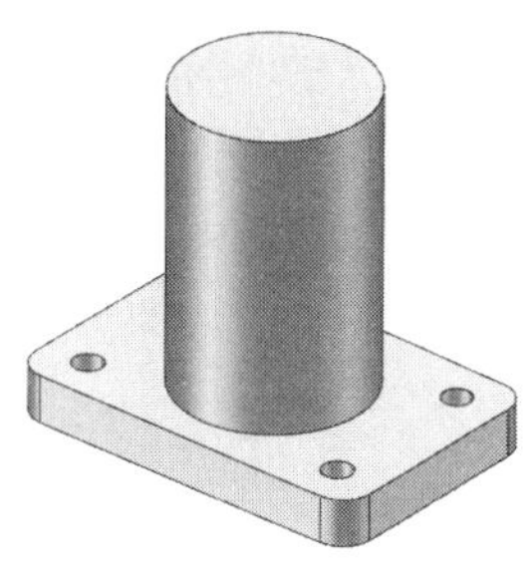

图 3-267　设计圆柱结构

对于基座圆柱结构的设计，为了在设计中直接体现基座高度这个重要设计参数，除了以上介绍的这种设计方法以外，还有一种更有效的设计方法。首先根据基座高度要求从基座设计基准（XY 基准平面）向上偏移 130 得到基座高度基准面，如图 3-270 所示；为了便于理解基准面的作用，在模型树中对创建的基准面进行重命名，如图 3-271 所示；最后在底板与基座高度基准面之间创建如图 3-272 所示的圆柱拉伸。

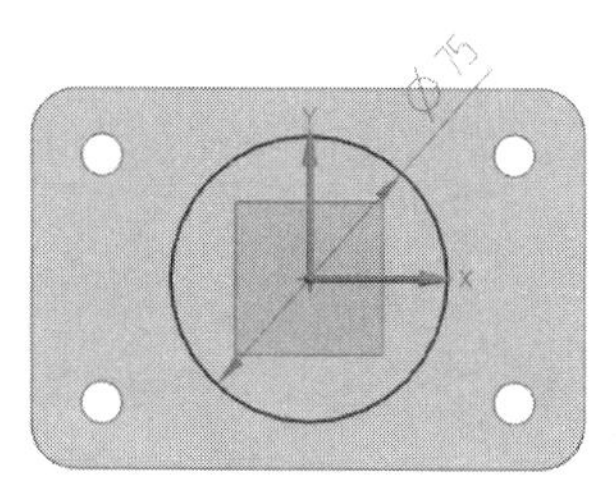

图 3-268　绘制圆柱拉伸草图

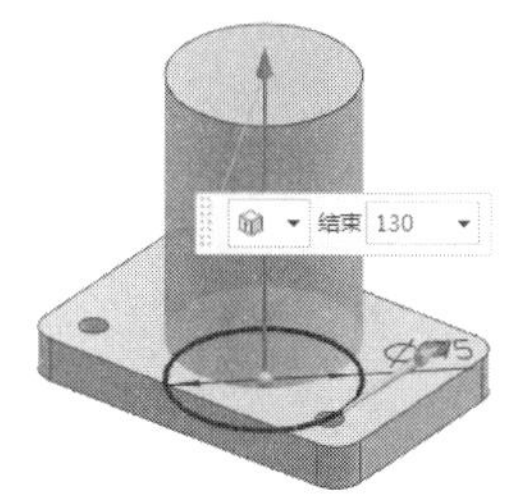

图 3-269　创建圆柱拉伸

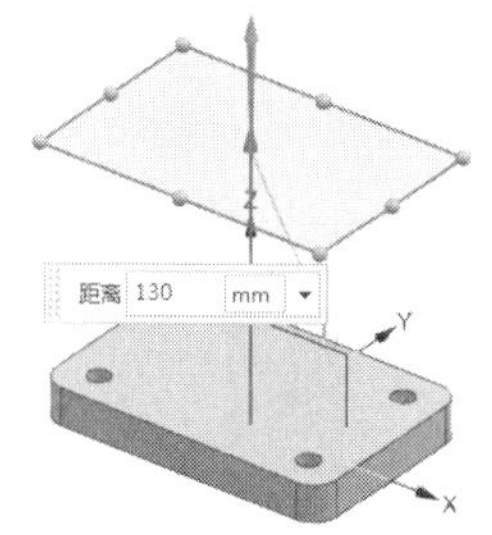

图 3-270　创建基座高度基准面

说明：采用这种设计方法，将基座高度这个重要设计参数直接体现在模型树中的基座高度基准面上，这样有助于理解基座高度设计，也便于随时高效修改基座高度。对比于前一种设计方案，将基座高度参数“隐藏”在圆柱拉伸中，如果要修改基座高度还要进入圆柱拉伸草图中进行修改，不便于理解这种设计，而且修改效率比较低。

③ 顶板结构设计

步骤 1　设计如图 3-273 所示的顶板拉伸。上一步已经完成了圆柱结构的设计，而且在圆柱结构设计中已经直接体现出了基座零件的高度，为了不破坏基座零件高度参数，在设计顶板拉伸时应该选择如图 3-274 所示的圆柱顶面为草绘平面，绘制如图 3-275 所示的顶板拉伸草图，调整拉伸方向向下进行拉伸，拉伸深度为 18，如图 3-276 所示。

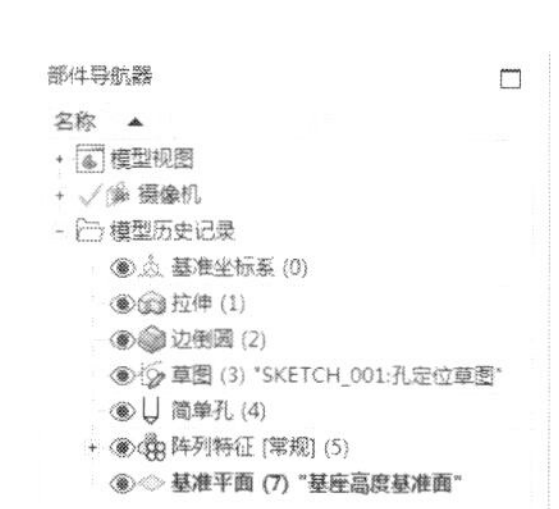

图 3-271　模型树中重命名基准面

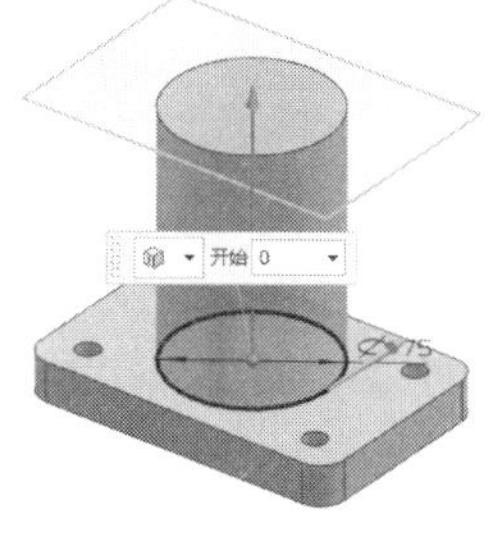

图 3-272　创建圆柱拉伸

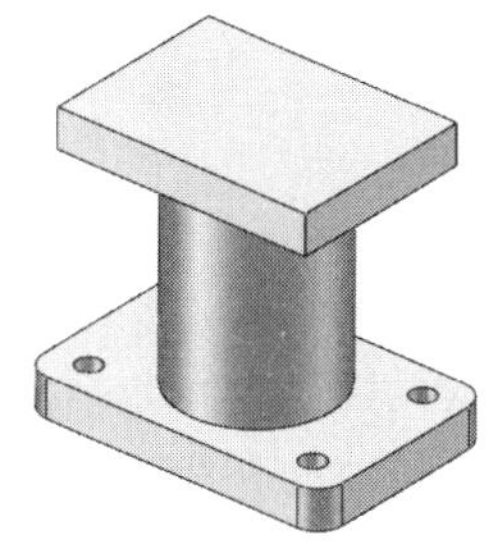

图 3-273　设计顶板拉伸

图 3-274 选择顶板草绘平面

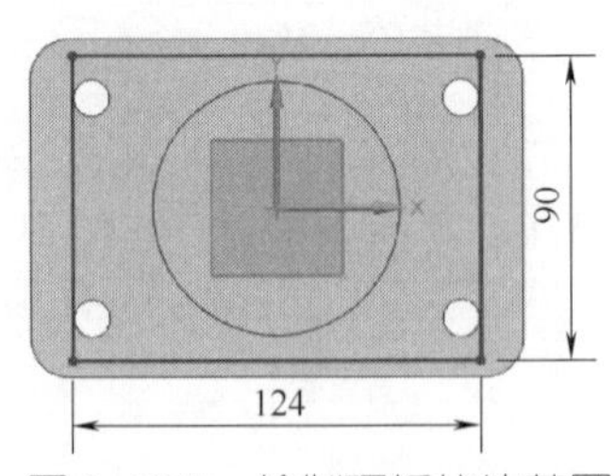

图 3-275 绘制顶板拉伸草图

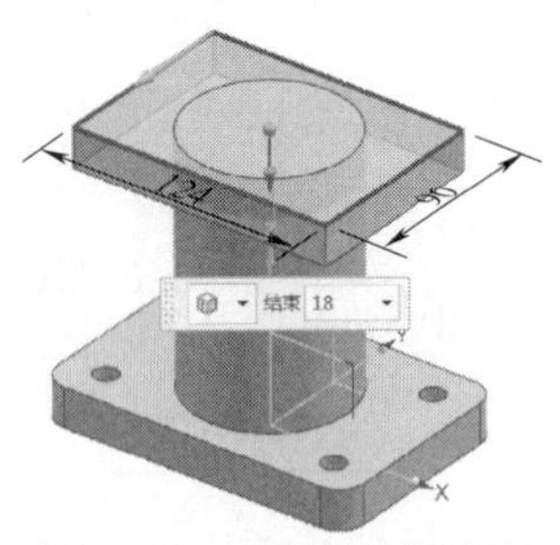

图 3-276 创建顶板拉伸

步骤 2 设计如图 3-277 所示的顶板圆角。顶板圆角的设计与底板圆角设计一样，直接选择顶板拉伸四个角设计倒圆角，倒圆角半径为 12。

步骤 3 设计如图 3-278 所示的顶板孔。顶板孔的设计方法与底板孔的设计是一样的，首先根据如图 3-279 所示顶板孔上螺栓装配方向确定打孔面，也就是如图 3-280 所示的顶板结构下表面，然后在打孔面上绘制如图 3-281 所示的顶板孔定位草图，最后根据定位草图设计顶板孔并阵列得到最终顶板孔结构。

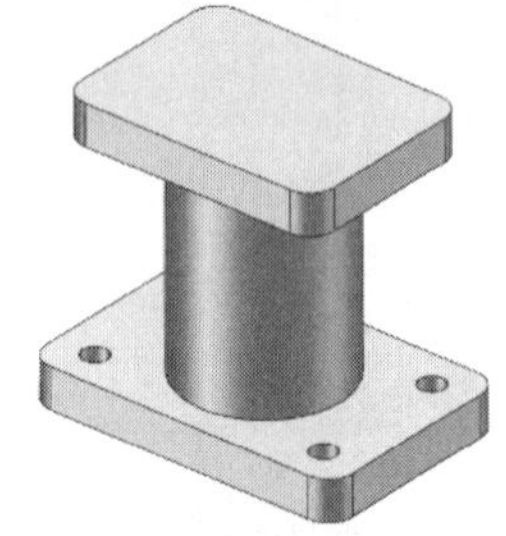

图 3-277 设计顶板倒圆角

图 3-278 设计顶板孔

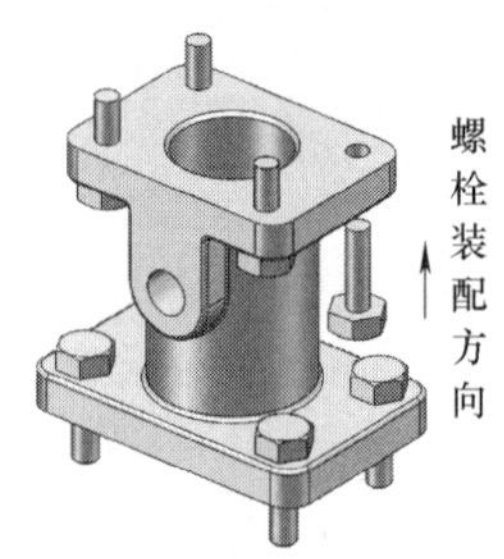

图 3-279 分析打孔面

④ 中间腔体结构设计　接下来设计如图 3-282 所示的中间腔体结构。在设计这个腔体结构之前，首先来认识这种结构。这种结构不能简单地看成是光孔结构，应该将其看成腔体结构，而且是属于回转腔体结构，这种回转腔体结构主要出现在阀体零件、箱体零件设计中，要设计这种回转腔体结构，一般使用旋转切除命令，然后选择 ZX 基准面绘制如图 3-283 所示的回转截面草图进行旋转切除，得到需要的中间腔体结构。

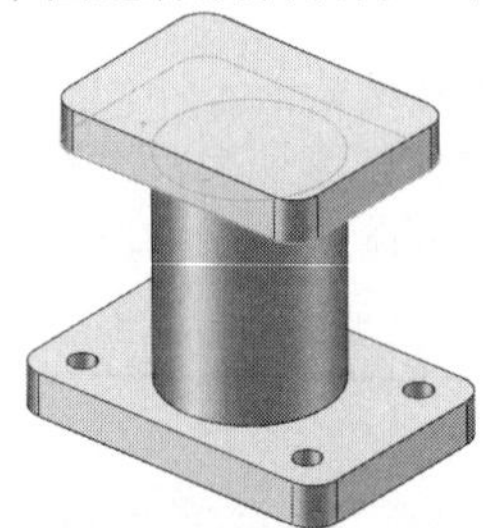

图 3-280 选择打孔面

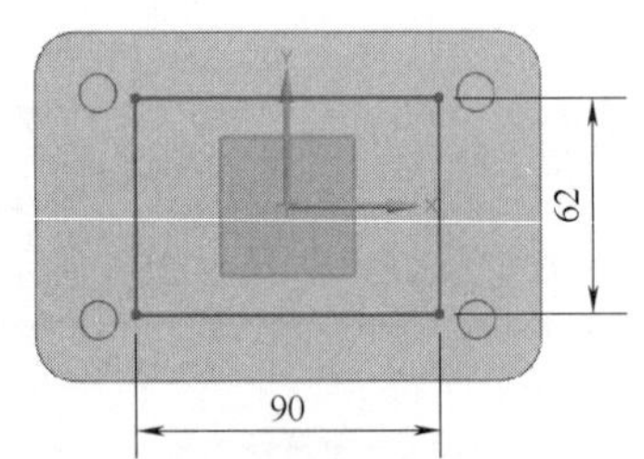

图 3-281 绘制顶板孔定位草图

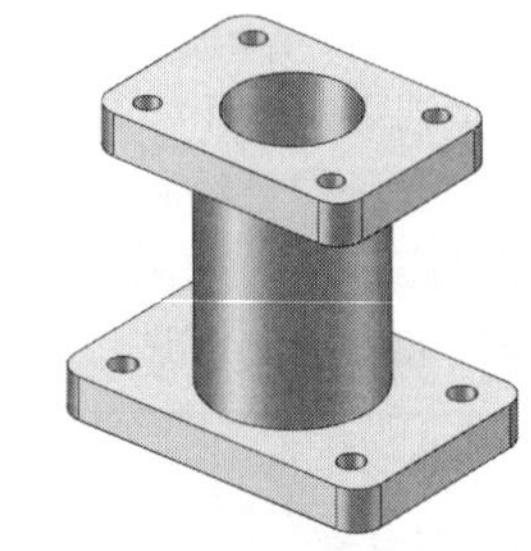

图 3-282 设计中间腔体

此处之所以要使用旋转切除命令设计这种回转腔体，主要考虑就是便于以后修改回转腔体内部结构。本例设计的回转腔体是最简单的回转腔体（如图 3-284 所示），但是作为回转腔体经常出现的修改就是在回转腔体两端壁面或中间壁面设计一些如图 3-285 所示的沟槽结构，如果使用前面介绍的孔工具或拉伸工具设计这种回转腔体结构，那将无法快速实现这种修改，但是使用此处的旋转命令进行设计，将来只需要修改回转截面草图（如图 3-286 所示）即可实现修改回转腔体内部结构的目的。

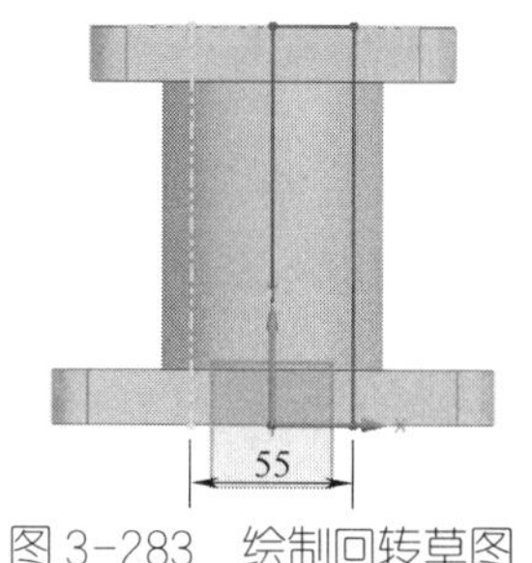

图3-283　绘制回转草图

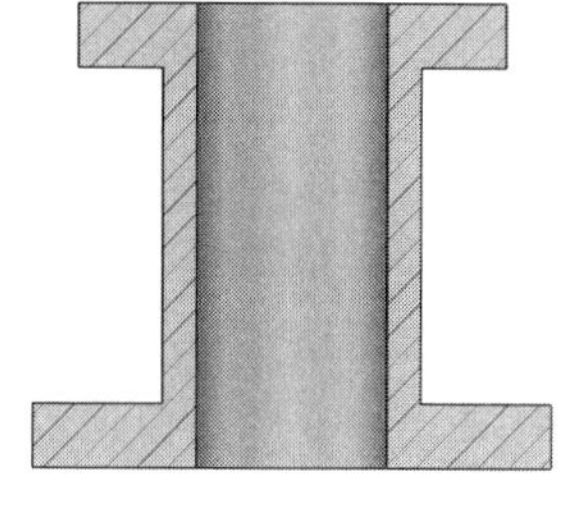
图3-284　腔体内部结构

图3-285　修改腔体结构

⑤ U形凸台结构设计

步骤1　设计如图3-287所示的U形凸台主体结构。选择拉伸凸台命令，然后选择如图3-288所示的平面为草绘平面，绘制如图3-289所示的U形凸台拉伸草图，调整拉伸方向指向中间圆柱结构方向，拉伸方式为直到下一个面，得到U形凸台主体结构。

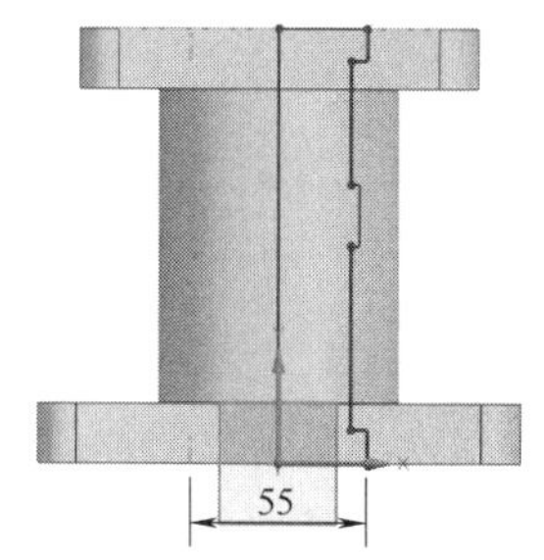

图3-286　修改回转草图

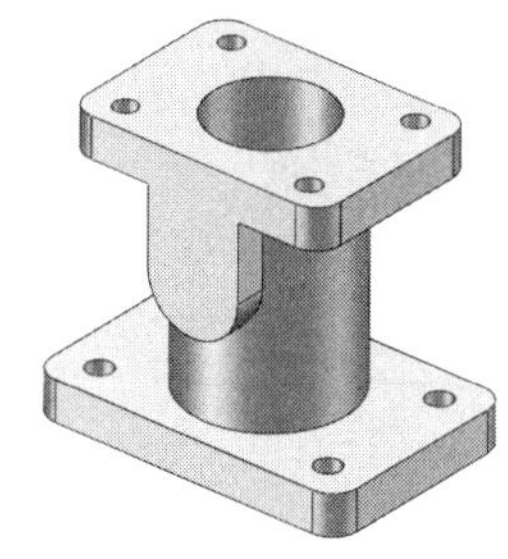
图3-287　设计U形凸台主体结构

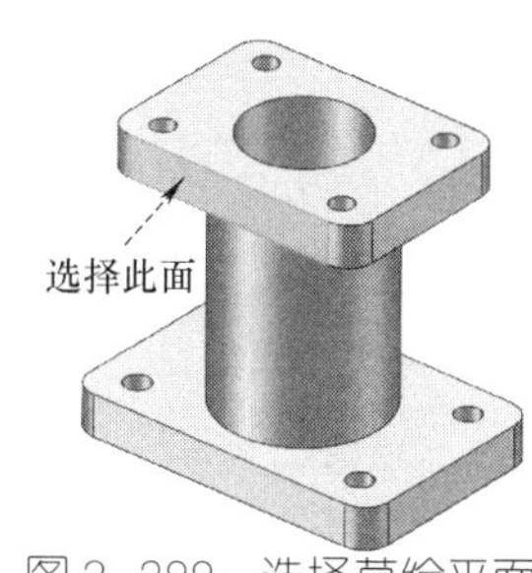

图3-288　选择草绘平面

步骤2　设计如图3-290所示的U形凸台孔结构。因为此处的U形凸台孔与U形凸台的圆弧面是同轴的关系，为了保证这种同轴关系，在创建孔时需要定义孔中心点与圆弧同心，定义孔直径为21，定义孔深度方式为直到下一个面。

⑥ 修饰结构设计　修饰结构一般安排在零件设计最后进行，因为只有将零件主体结构都完成后才能知道哪些地方要进行倒圆角，这样可以对零件中所有倒圆角进行统一规划，集中设计，最重要的是提高了设计效率和修改效率。本例基座需要设计的修饰结构主要包括倒圆角（铸造圆角）和倒斜角，其中倒圆角结构比较多，具体设计时一定要注意正确的设计顺序，否则会影响设计效率及结果的美观性。

步骤1　设计如图3-291所示的倒圆角结构。圆角结构设计主要包括两种圆角：一种是结构倒圆角；另一种是修饰倒圆角。

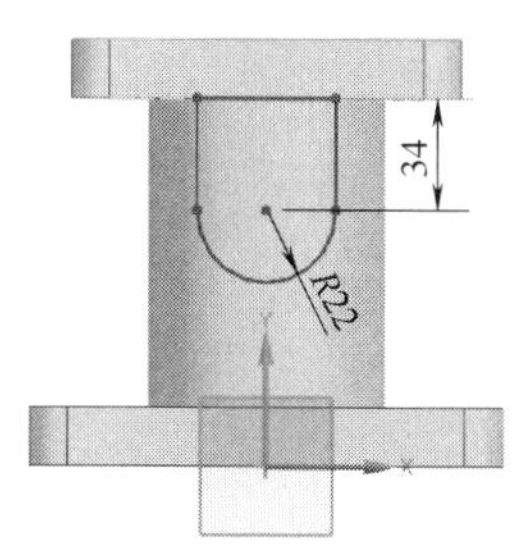

图3-289　绘制U形凸台拉伸草图

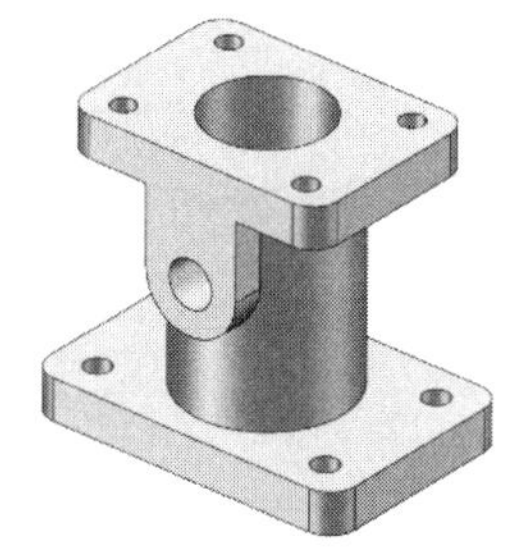
图3-290　设计U形凸台孔

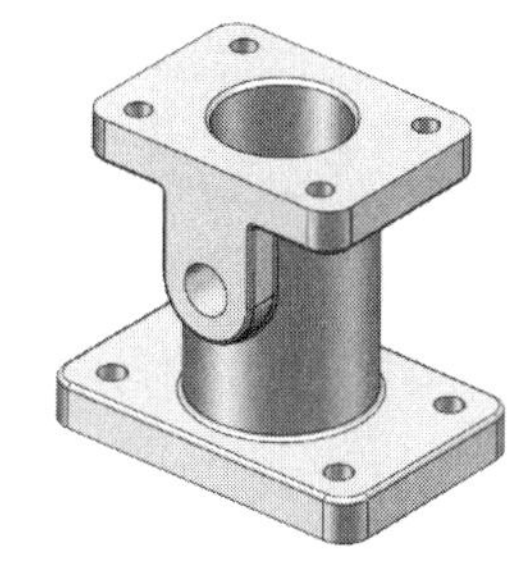
图3-291　设计修饰结构

所谓结构倒圆角，就是指圆角结构可能作为其他结构设计的参考，这种倒圆角一定要连同具体结构一块设计。例如前面介绍的底板与顶板四角的倒圆角就属于结构倒圆角，这些倒圆角有可能作为底板与顶板四角孔的定位参考，所以这些倒圆角应该连同底板结构与顶板结构一块设计。

修饰倒圆角就是零件结构中各种连接位置的倒圆角或零件中的铸造圆角等。这些圆角的特点就是比较多，而且圆角半径也差不多。这种倒圆角应该在零件设计最后进行设计，因为只有完成绝大部分结构设计后，才能对这些修饰倒圆角进行统一规划，以便提高倒圆角设计效率并得到符合要求的圆角结构，例如基座零件中除了底板与顶板四角倒圆角以外的倒圆角全部属于修饰倒圆角。

步骤 2 圆角结构的设计一定要注意圆角设计先后顺序。正确规划圆角先后顺序，一方面能够提高圆角设计效率，另一方面还能够得到符合设计要求的圆角结构。基座零件设计中涉及多处圆角设计，正确的设计顺序是首先创建如图 3-292 所示的倒圆角，圆角半径为 2，然后创建如图 3-293 所示的倒圆角，圆角半径为 2，结果如图 3-294 所示。

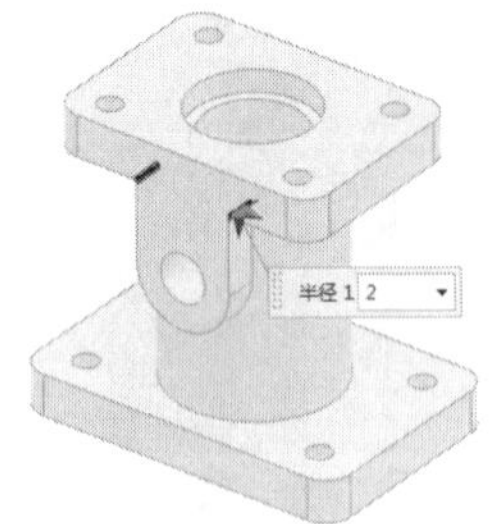

图 3-292 创建圆角一

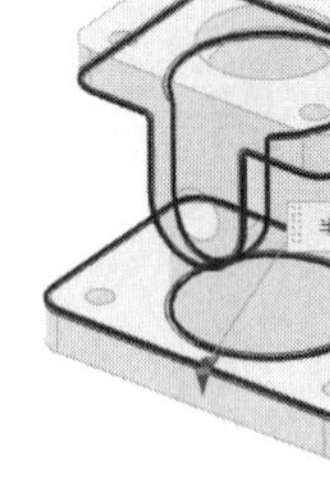

图 3-293 创建圆角二

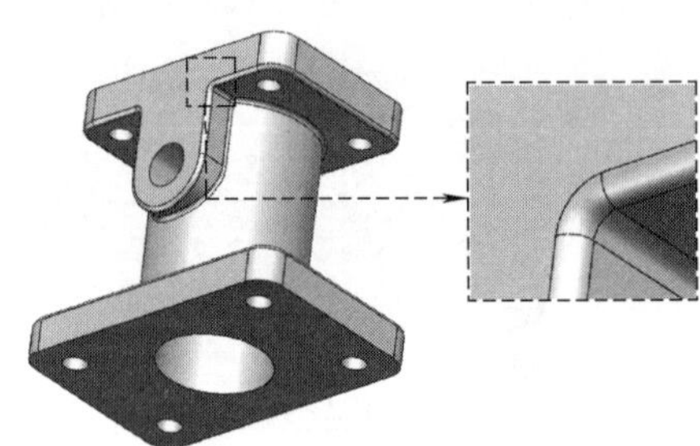
图 3-294 倒圆角结果

说明：此处先创建如图 3-290 所示倒圆角后，使基座零件上半部分需要倒圆角的边线相切连续，如图 3-295 所示。一旦这些边线相切连续，再倒圆角时，只需要选择这些相切边线中任一段边线，系统都会自动选择整条相切边线倒圆角，从而提高了圆角设计中边线的选择效率，也就提高了圆角设计效率。另外，在设计此处的圆角结构时如果先选择如图 3-296 所示的边线创建圆角，然后选择如图 3-297 所示的边线创建圆角（与以上介绍的圆角顺序相反），这种情况下将得到如图 3-298 所示的不合理结果。

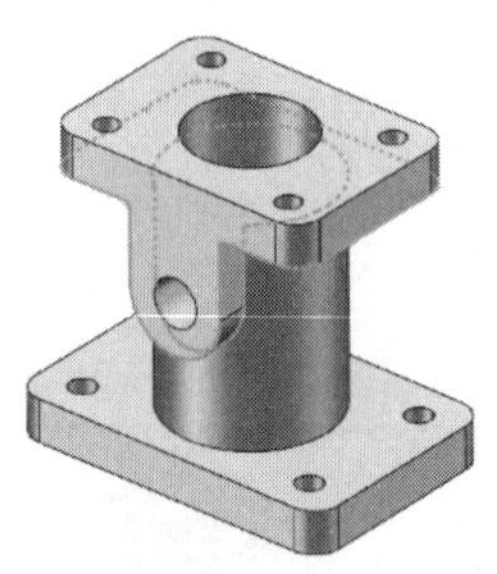
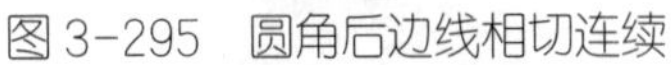
图 3-295 圆角后边线相切连续

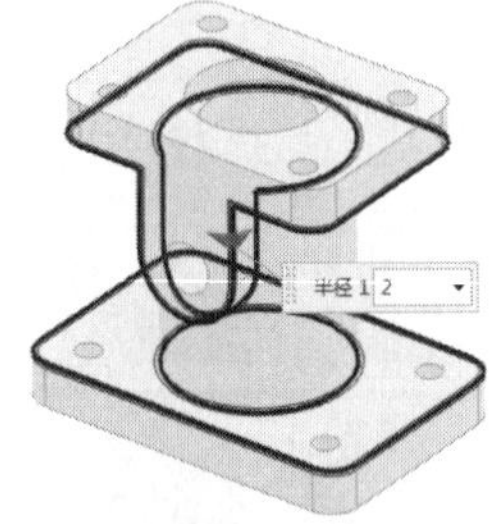

图 3-296 先倒圆角边线

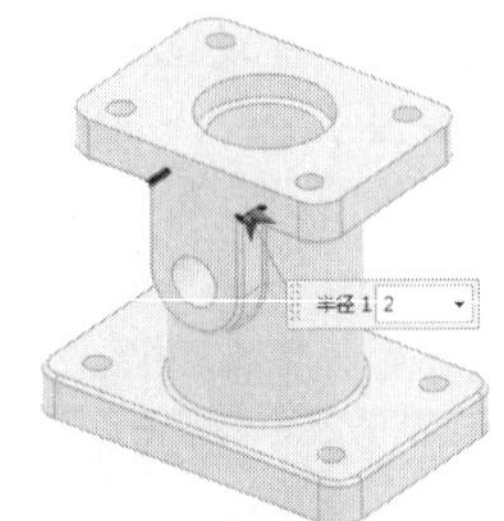

图 3-297 后倒圆角边线

与图 3-246 中圆角设计相比较，同样的圆角结构，图 3-246 中的方法是进行 5 次圆角设计，那么将来每次修改都需要修改 5 次，这样会增加圆角设计工作量，影响设计效率和修改效率。

步骤 3 设计如图 3-299 所示的倒角结构。零件中的倒角结构主要是方便实际产品的装配，所以一般都会在涉及与其他零件装配的位置设计合适的倒角结构，选择如图 3-300 所示的边线创建倒角，倒角尺寸为 2。

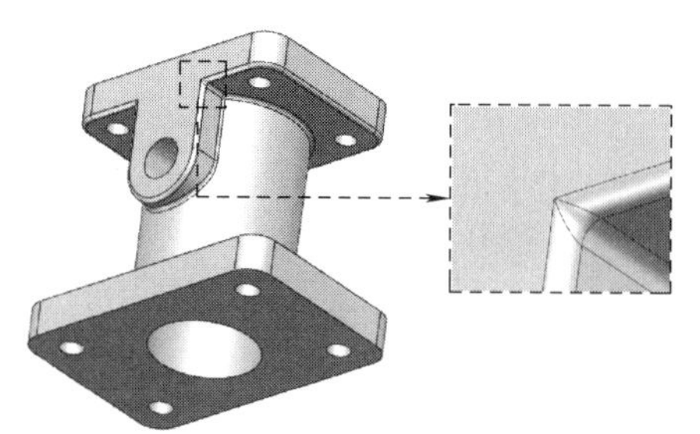

图 3-298　不合理的圆角结果

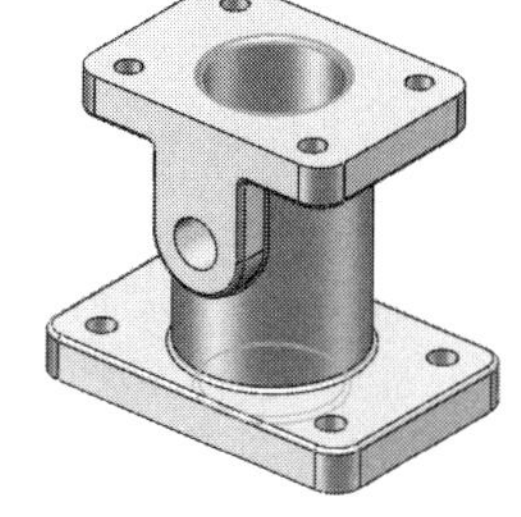

图 3-299　设计倒角结构

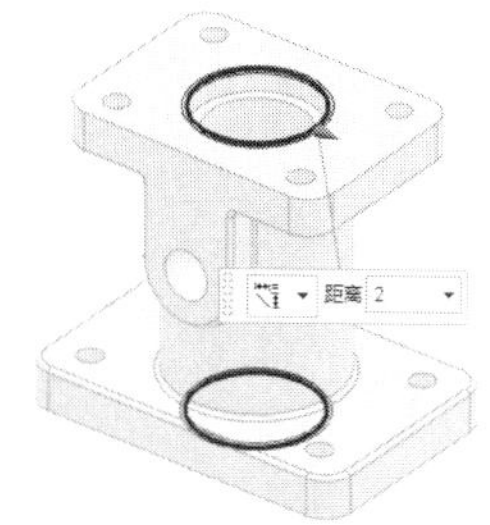

图 3-300　选择倒角边线

3.5 零件设计方法

对于一般类型的零件设计，常用零件设计方法主要有分割法、简化法、总分法、切除法、分段法和混合法六种。在这六种设计方法中，分割法应用最为广泛，而且经常作为其他几种方法的基础。在具体设计中，要根据零件具体结构特点，选择合适的方法进行设计，或者使用其中多种方法进行交互设计。下面结合一些具体的零件设计案例详细介绍这几种零件设计方法。

说明：本节介绍的所有零件设计方法主要是针对一般类型零件设计，对于钣金零件的设计、曲面零件的设计在一定的情况下也是可以使用的。

3.5.1 分割法零件设计

（1）分割法零件设计概述

首先分析零件结构特点。如果零件结构层次比较明显，给人的感觉好像是若干部分“拼凑”起来的，或者零件中存在相对比较独立、比较集中的结构，像这种零件就可以使用分割法进行设计。

分割法就是首先分析零件中相对比较独立、比较集中的零件结构，然后将这些结构进行分割拆解，最后按照一定的顺序及位置要求将这些分割拆解的结构像搭积木一样逐一叠加，最终完成整个零件的设计。

这种设计方法的关键主要有两点：首先是分析零件中相对比较独立、比较集中的零件结构并将其进行分割拆解；其次就是叠加，就像玩搭积木游戏一样，如图 3-301 所示，将一块块积木按照我们的构思堆叠起来，同样的，将零件中分割拆解的结构按照一定的顺序逐一叠加起来就可以得到我们需要的零件结构。

图 3-301　搭积木造型

分割法零件设计的关键是先根据零件结构特点进行分割，将完整的零件分割为若干零件结构；然后按照一定的设计顺序，逐一设计这些零件结构；最终得到需要的零件。分割法零件设计如图 3-302 所示。

如图 3-303 所示的零件模型，其零件结构叠加层次分明，均可以分割拆解为若干独立的零件结构，具有这些特点的零件就特别适合采用分割法进行零件设计。如前一节介绍的基座零件，其中的底板结构、中间圆柱结构、顶板结构及 U 形凸台结构就比较清晰，所以基座零件就是使用这种分割法进行设计的。

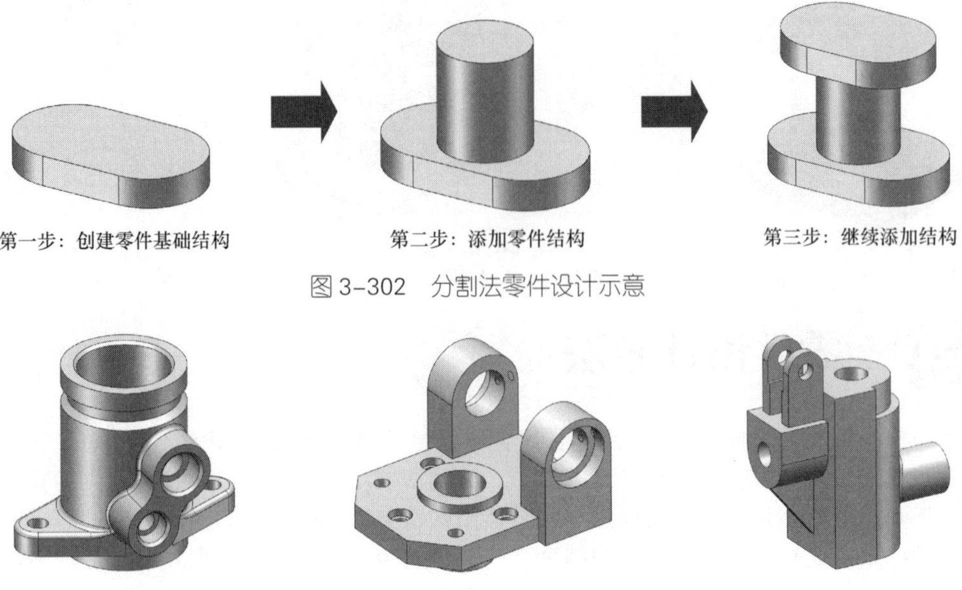
第一步：创建零件基础结构
第二步：添加零件结构
第三步：继续添加结构
(a)
(b)
(c)

图 3-302　分割法零件设计示意

图 3-303　分割法零件设计应用举例

（2）分割法零件设计实例

为了让读者更好地理解分割法的设计思路与设计过程，下面来看一个具体案例。如图 3-303（c）所示的阀体零件，零件结构层次清晰，应该使用分割法进行设计，下面具体介绍其设计思路与设计过程。

首先分析阀体零件结构，主要可以分割为主体结构、左侧支撑结构（包括 U 形凸台、支架和加强筋）、右侧圆柱凸台三大结构，如图 3-304 所示。

图 3-304　阀体零件结构分析

然后分析阀体零件设计顺序，根据阀体零件结构特点及工程图尺寸标注，阀体零件底面为设计基准，而底面属于主体结构，所以应该首先设计主体结构，然后按照从左到右的顺序设计支撑结构（包括 U 形凸台、支架和加强筋），最后再设计右侧圆柱凸台及修饰结构即可。

说明： 阀体零件结构分析及设计过程详细讲解请扫码观看视频讲解。

3.5.2　简化法零件设计

（1）简化法零件设计概述

首先分析零件结构特点。如果零件表面存在很多的细节，如拔模结构、倒圆角结构、抽壳结构等，这种零件就可以使用简化法进行设计。

简化法就是先将零件中的各种细节进行简化，得到简化后的基础结构，然后再将简化掉的细节按照一定的设计顺序添加到基础结构上，最终完成整个设计零件。简化法设计如图 3-305 所示。

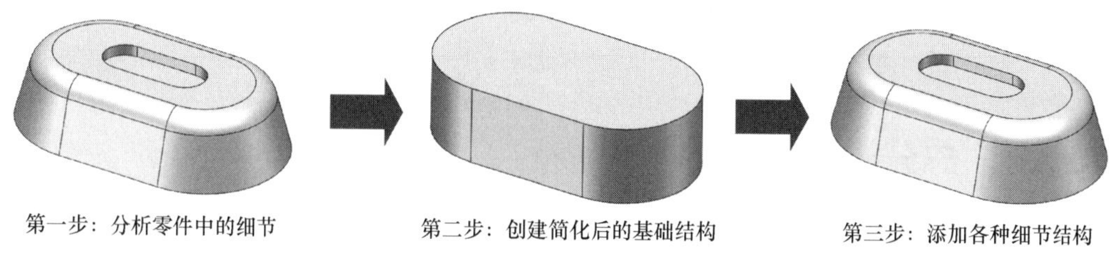
第一步：分析零件中的细节
第二步：创建简化后的基础结构
第三步：添加各种细节结构

图 3-305　简化法设计示意

简化法设计的关键是首先要找到零件中的各种细节特征。零件中常见的细节特征包括圆角、倒角、孔、拔模、抽壳、加强筋等，在零件中一旦发现有这些细节特征，首先想到的就是要进行简化。

简化之后便可以得到零件的基础结构，这个基础结构一般都比较简单，可以很快设计出来，也为后续的设计打下基础。

最后按照一定的设计顺序将前面简化掉的各种细节特征添加到基础结构上，便可以得到最终要设计的零件。在添加这些细节特征时一定要按照正确、合理的顺序进行添加，特别要注意添加倒圆角的先后顺序及拔模、圆角及抽壳的先后顺序。

简化法经常用于设计一些盖类零件、盒体类零件或与之类似的零件。如图 3-306 所示的零件模型，零件结构中包含大量的细节特征（如圆角、孔、拔模、抽壳等），像这种类型的零件就可以使用简化法进行设计。

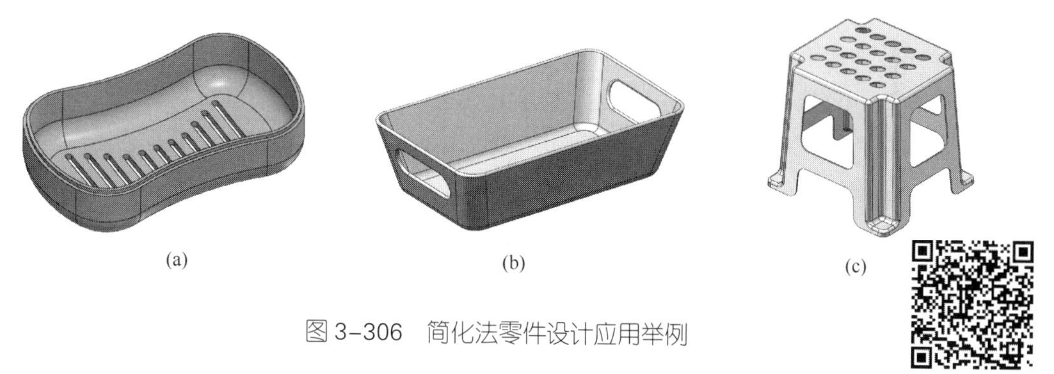
(a)
(b)
(c)

图 3-306　简化法零件设计应用举例

扫码看视频讲解

（2）简化法零件设计案例

如图 3-306（c）所示的塑料凳，零件中包含大量细节，如倒圆角、拔模、抽壳等，像这种产品应该使用简化法设计，下面具体介绍其设计思路与设计过程。

根据塑料凳结构特点，首先简化零件中的各种细节，创建如图 3-307 所示的塑料凳基础结构，然后添加如图 3-308 所示的主要的简化细节，最后创建其余细节得到最终的塑料凳产品，如图 3-309 所示。

塑料凳子零件结构分析及设计过程详细讲解请扫码观看视频讲解。

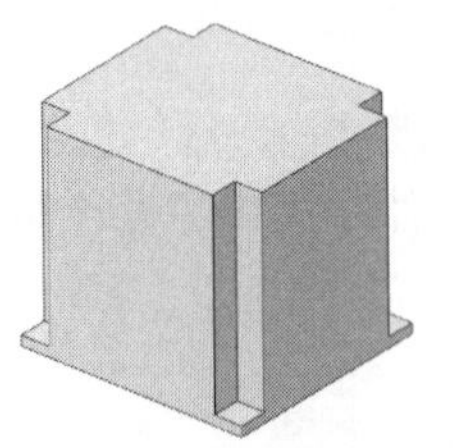
图 3-307　塑料凳基础结构

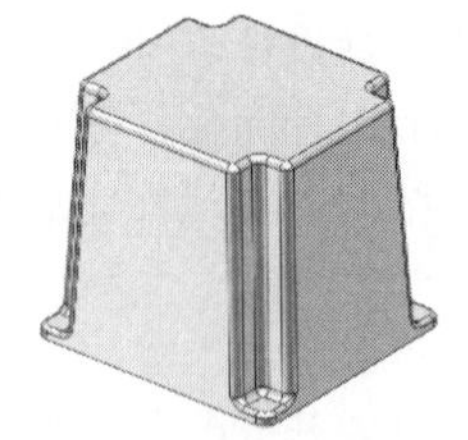
图 3-308　添加主要简化细节

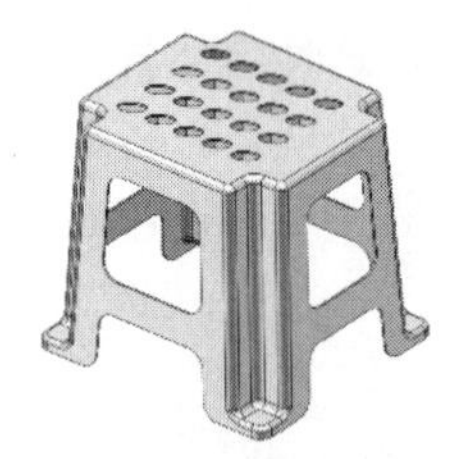
图 3-309　创建其余细节

3.5.3　总分法零件设计

（1）总分法零件设计概述

首先分析零件结构特点。如果零件中存在各种结构相互交叉、相互干涉的情况，则无法将零件简单地分割成若干结构，像这种零件可以使用总分法进行设计。

总分法就是将零件分为总体结构和具体结构，其中总体结构是整个零件的大体外形，可以理解为“总”结构，具体结构就是零件中比较具体的细节，可以理解为“分”结构。在具体设计时，先设计总体结构，然后再设计具体结构，最终完成整个零件的设计，总分法设计如图 3-310 所示。

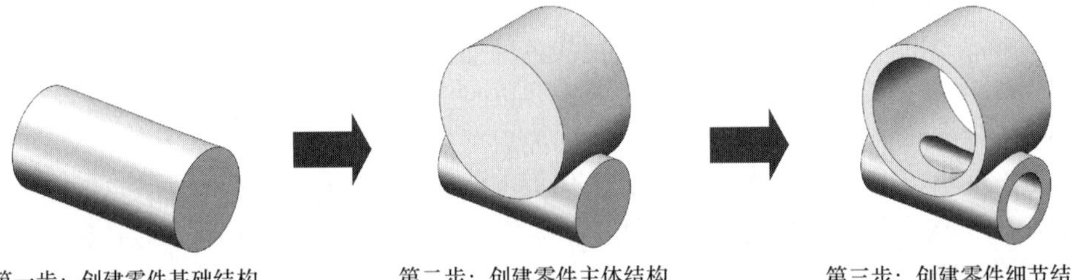
第一步：创建零件基础结构
第二步：创建零件主体结构
第三步：创建零件细节结构
图 3-310　总分法设计示意

总分法经常用于设计一些箱类零件、泵体类零件、阀体类零件或与之类似的零件。如图 3-311 所示的零件模型，零件结构中包含各种相互交叉、干涉的结构，像这些类型的零件就可以使用总分法进行设计。

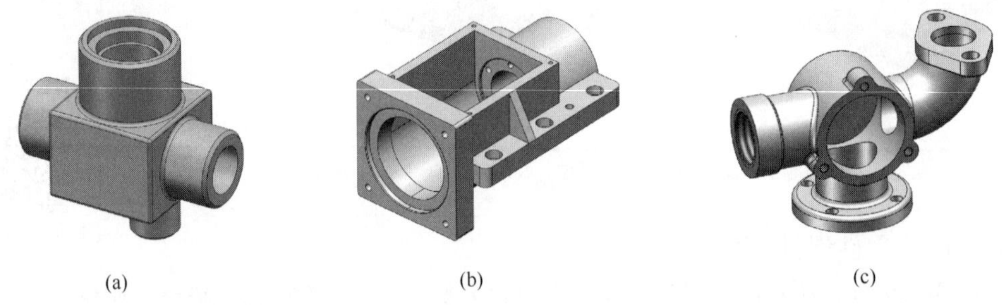
(a)　(b)　(c)

图 3-311　总分法零件设计应用举例

（2）总分法零件设计案例

如图 3-311（c）所示的三通管零件，零件中主要包括竖直管道与水平管道两大结构，且两大结构相互交叉、相互干涉，所以该零件可以使用总分法设计。

根据三通管零件结构特点，首先创建如图3-312所示的总体结构，然后创建如图3-313所示的相交结构，最后创建如图3-314所示的细节。

三通管零件结构分析及设计过程详细讲解请扫码观看视频讲解。

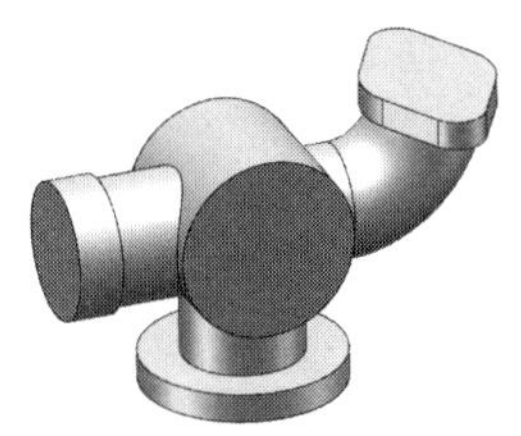

图3-312 首先创建总体结构

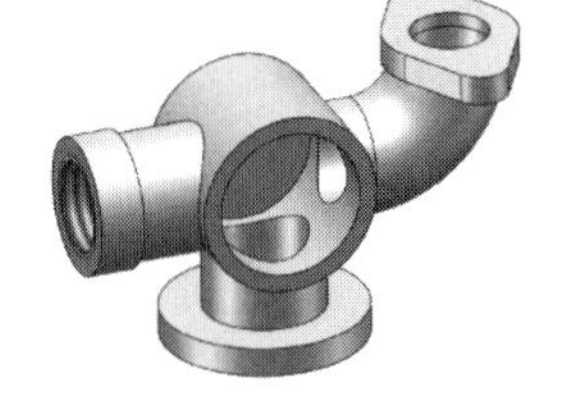

图3-313 然后创建相交结构

图3-314 最后添加各种细节

3.5.4 切除法零件设计

(1) 切除法零件设计概述

实际零件的加工制造就是使用各种机械加工方法对零件坯料进行各种“切除（加工）”，最终得到需要的零件结构，如图3-315所示。基于这一点，我们可以在零件结构设计中运用这种方法来设计零件结构。具体思路是先设计零件结构的“坯料”，然后使用各种方法对“坯料”进行各种切除，最终得到需要的零件结构，如图3-316所示。

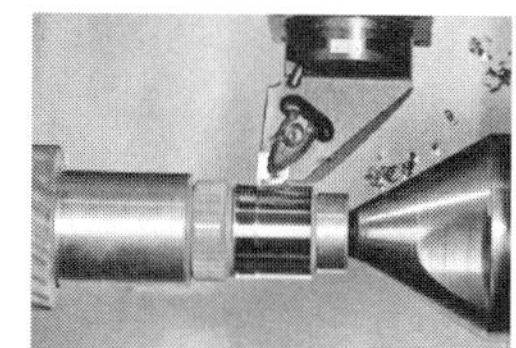

(a) 车削加工圆柱面

(b) 钻削加工孔

(c) 铣削加工平面

(d) 镗削加工孔

图3-315 各种机械加工方法

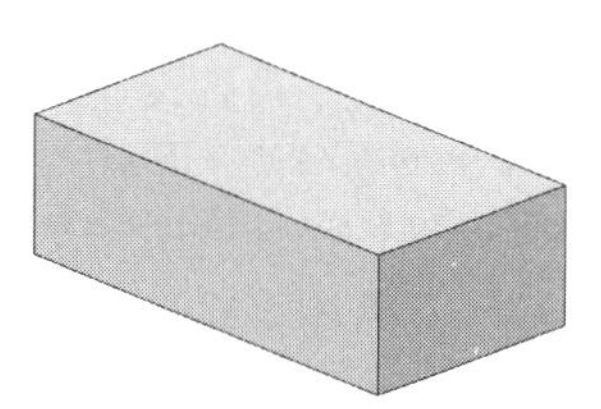

第一步：创建零件“坯料”

第二步：在“坯料”上切除实体

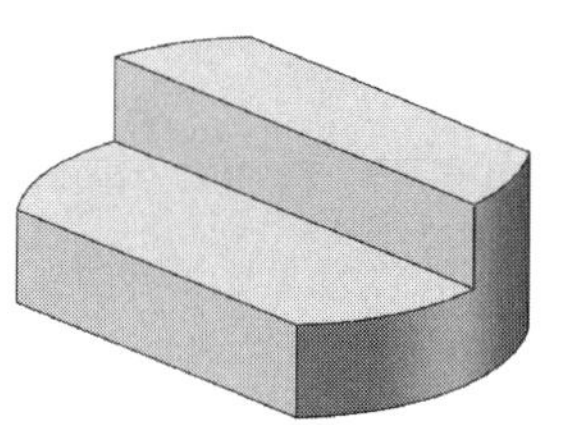

第三步：在“坯料”上继续切除

图3-316 切除法零件设计示意

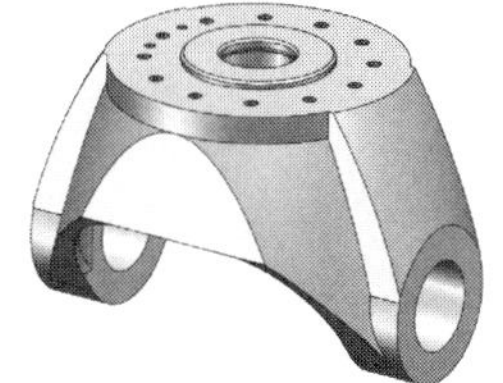

(a)

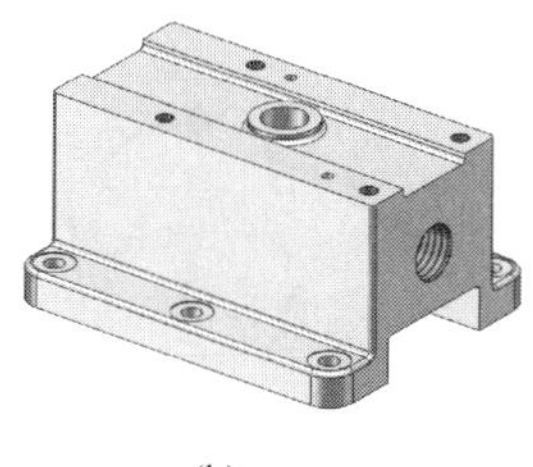

(b)

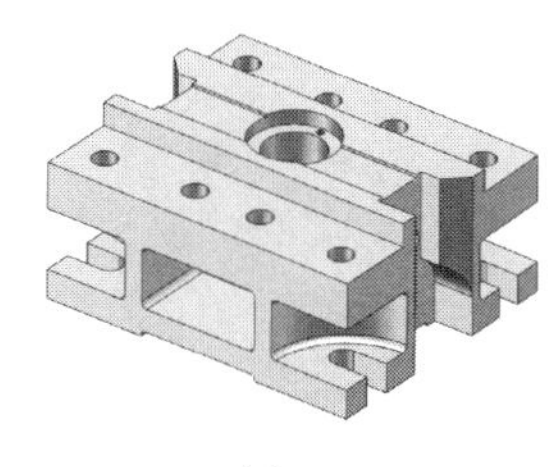

(c)

图3-317 切除法零件设计举例

如图 3-317 所示的零件模型，零件结构中包含大量“切割”痕迹，特别适合采用切除法进行零件设计，在实际零件结构设计中遇到类似结构零件就可以使用切除法设计。

（2）切除法零件设计实例

如图 3-317（b）所示的夹具体零件，下面首先分析其结构特点及设计思路，然后具体介绍其设计过程（注意切除法在该零件设计中的应用）。

根据零件结构特点，零件整体比较方正，然后在零件表面上有各种腔体及孔结构，应该使用切除法进行设计。首先创建如图 3-318 所示的基础结构作为毛坯，然后创建如图 3-319 所示的各种切除结构，最后创建如图 3-320 所示的各种细节。

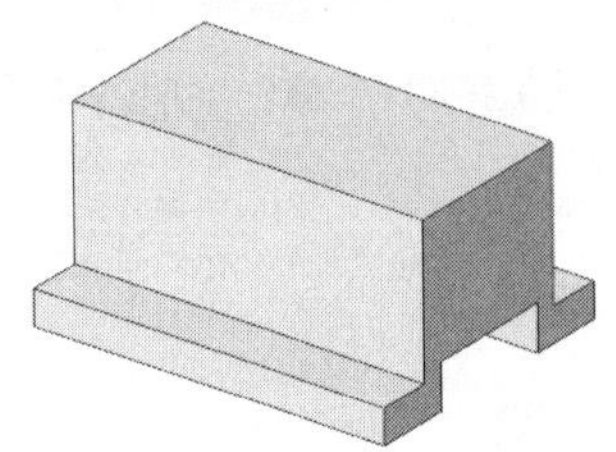
图 3-318　创建基础结构（毛坯）

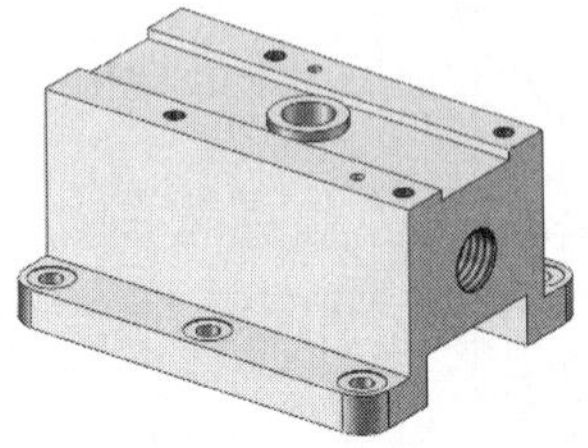
图 3-319　创建切除结构

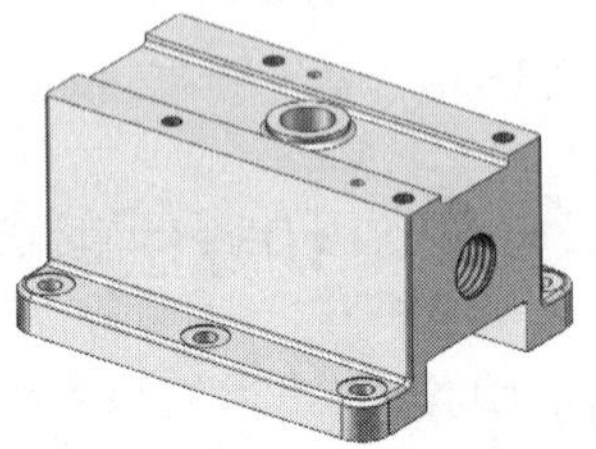
图 3-320　创建细节

夹具体零件结构分析及设计过程详细讲解请扫码观看视频讲解。

3.5.5　分段法零件设计

（1）分段法零件设计概述

首先分析零件结构特点，如果零件结构是一个“不可分割的整体”，不好进行直接设计，像这种情况就需要对整体结构进行分段设计。

图 3-321　船体的分割与拼接

分段法就是将零件中的一些整体结构分割成若干个部分，然后一部分一部分地设计，最终将设计好的各部分拼接起来得到完整零件结构的一种方法。类似于船舶，直接设计和制造非常难以实现，所以在实际中，是将整个船舶分割成一段一段来进行设计和制造的，如图 3-321 所示。船舶设计这个例子虽然说的是一个复杂的产品，但对于零件设计这种方法依然适用。这种方法经常用来设计整体结构不好直接设计的一些整体零件结构。

分段法零件设计的关键是先分析出零件中的一些整体结构，然后根据整体结构的特点进行正确的分段并逐段进行设计，各段设计完成后再拼接得到完整的零件结构。分段法设计如图 3-322 所示。

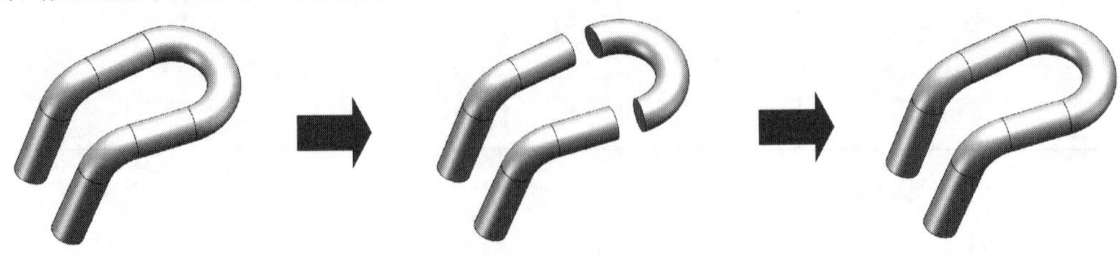
第一步：分析整体结构
第二步：对整体结构分段
第三步：拼接分段结构
图 3-322　分段法设计示意

注意：此处介绍的分段法零件设计与前面介绍的分割法零件设计很容易搞混淆，其实这两种方法有着本质的区别。分割法是对整个零件中相对独立、相对集中的结构（还能继续分割为更小的特征结构）进行拆解，而分段法是对零件中完整的零件结构（不能再继续分割为更小的特征结构）进行分段。

如图 3-323 所示的零件模型，这些零件其实都是一个整体，无法分割成其他的零件结构。从整体结构特点分析，这些零件都可以使用扫描方法进行设计，但是仔细观察发现这些零件的扫描轨迹都是空间的，无法直接创建得到，再从局部细节分析，发现其局部结构有的是规则的几何形状，有的是在一个小的平面上，所以像这些结构都可以使用分段方法进行设计。

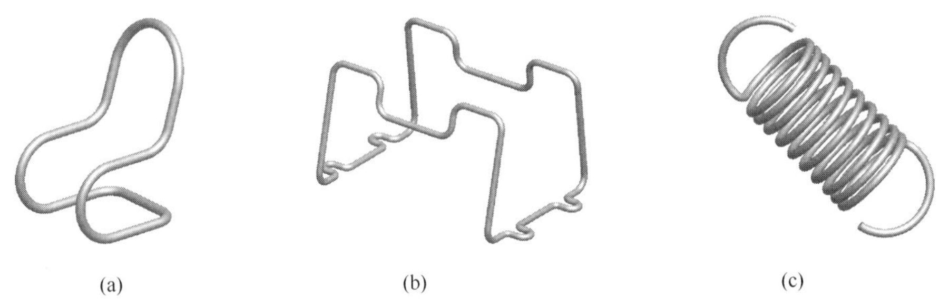

图 3-323　分段法零件设计举例

（2）分段法零件设计案例

如图 3-323（a）所示的座椅支架零件模型，整体是一个扫描结构且不在一个平面上，但局部是在一个平面上，基于此特点，应该使用分段法进行设计，可以分成如图 3-324~图 3-326 所示的各段进行设计。

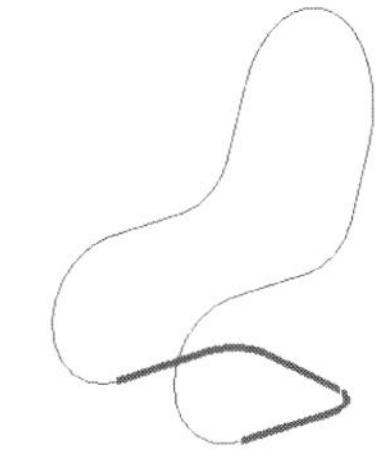

图 3-324　底部分段

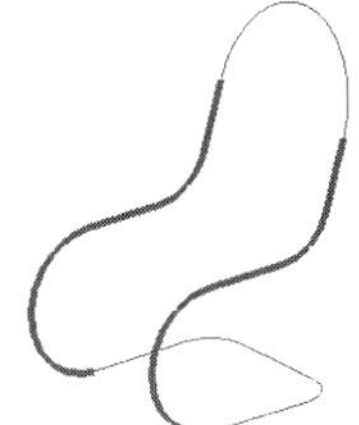

图 3-325　侧面分段

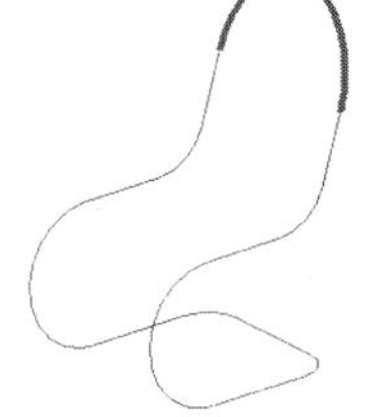

图 3-326　顶部分段

座椅支架零件结构分析及设计详细讲解请扫码观看视频讲解。

3.5.6　混合法零件设计

（1）混合法零件设计概述

实际设计中，以上介绍的这五种设计方法往往并不是单独使用的，很多零件设计一般都涉及多种设计方法，多种设计方法并行的情况下就是混合设计法。

混合法设计的关键是首先分析零件结构特点，找出其中适合于不同设计方法的关键结构，然后综合考虑具体的设计方法及设计过程。

如图 3-327 所示的零件模型，从整体结构上分析，根据相对独立、集中特点可以分割为不同的若干结构；从局部结构分析，其中均包括空间的扫描结构，就这些空间扫描结构来讲，需要使用分段方法进行设计，所以这些案例都可以使用混合方法进行设计。

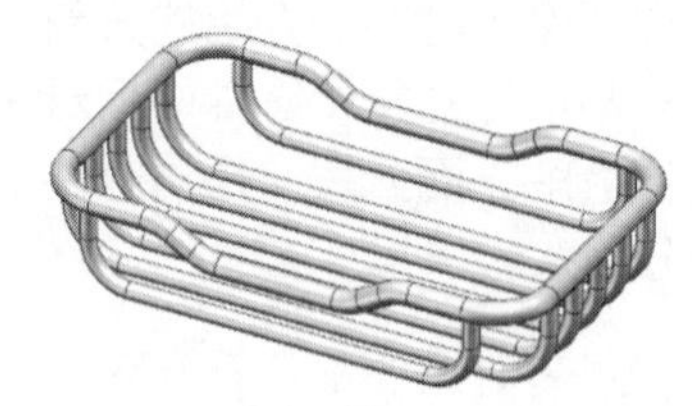
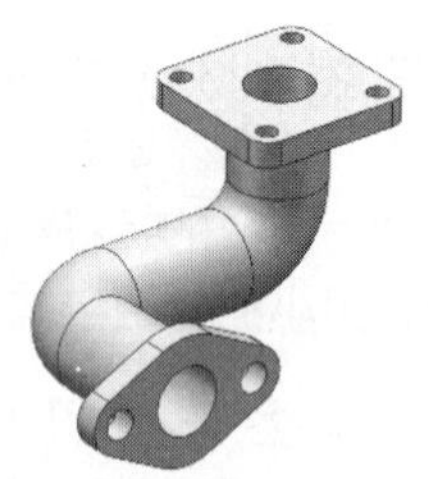

图 3-327 混合法零件设计应用举例

（2）混合法零件设计案例

如图 3-328 所示的弯管接头零件。首先分析零件结构，从零件整体结构来看，该弯管接头零件属于典型的分割零件类型，可以将其分割成如图 3-329 所示的三大零件结构——中间的弯管结构以及两端的圆形法兰结构，其中设计的关键是如图 3-330 所示的中间弯管结构。

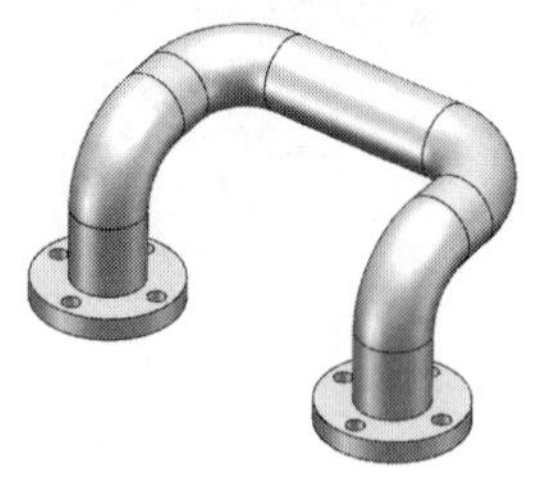

图 3-328 弯管接头零件

图 3-329 分割零件结构

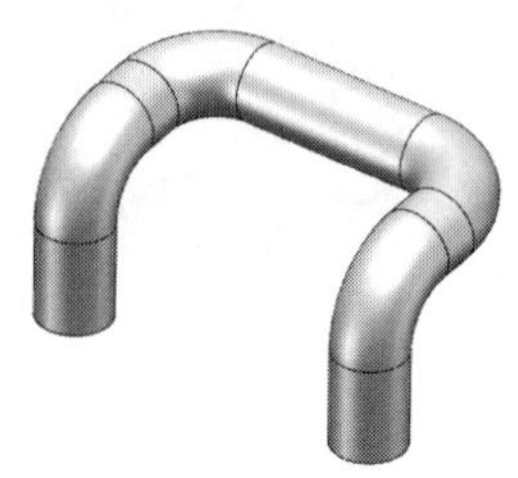

图 3-330 中间弯管结构

中间弯管结构在整个零件中已经是一个独立的整体结构，不能再进行进一步的分割，同时该结构还属于典型的空间三维结构，不能采用常规的方法一次性得到，在这种情况下，就应该使用分段法对其进行分段处理。

根据中间弯管结构特点，可以将其进行如图 3-331 所示的分段处理，然后使用扫描方法进行设计。考虑到设计的方便，在创建扫描轨迹时进行分段设计，如图 3-332 所示，然后使用两段扫描轨迹进行扫描得到中间弯管扫描。

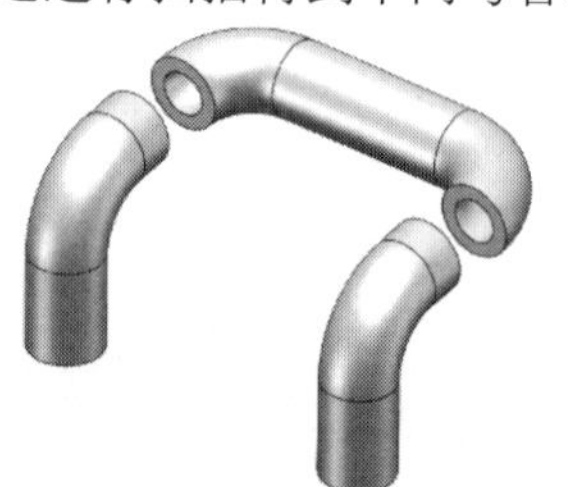

图 3-331 中间弯管结构分段

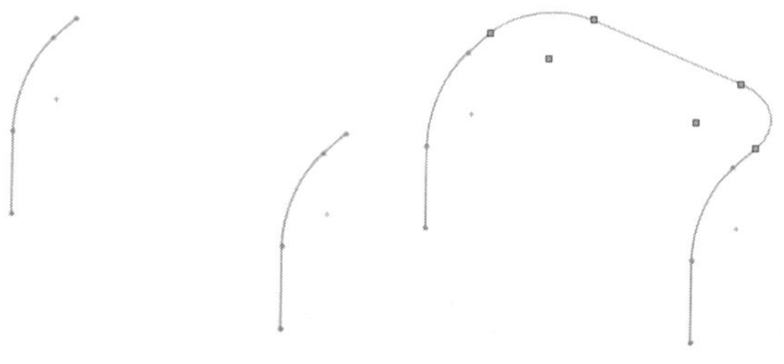

图 3-332 扫描轨迹分段

弯管接头零件结构分析及设计过程详细讲解请扫码观看视频讲解。

3.6 根据图纸进行零件设计

扫码看视频讲解

3.6.1 根据图纸进行零件设计概述

实际工作中，很多时候还需要我们根据工程图进行零件设计，这也是零件设计中比较简单的一种设计情形，因为我们不用去考虑很多具体的设计问题，直接根据图纸要求进行设计就可以了。所以这种设计的关键就是看懂设计图纸，否则很难完成零件设计。那么如何才算看懂设计图纸呢？这就需要从图纸所包含的设计信息说起。

一般情况下，一张标准合理规范的设计图纸重点要提供两大设计信息：一是零件中的尺寸标注信息，一是零件设计思路与设计顺序信息。对于前者很容易理解，图纸上标注的尺寸是多少，我们根据这些尺寸进行设计就可以了，但是对于后者可能就不太好理解了，为什么图纸还会提供设计思路与设计顺序信息呢？这也正是看懂图纸最重要的体现，图纸中的各种尺寸标注往往是根据零件设计思路进行标注的，先设计哪个结构，需要哪些尺寸标注，主要是按照这样的思路去标注的，所以只要看懂了图纸，看明白了这种设计思路与设计顺序信息，那么自然而然就知道这个零件是如何设计出来的。一些人在根据图纸进行零件设计时都感到无从下手，其主要原因还是没有看懂设计图纸的这些信息。

当然，如果图纸并不是一张标准合理规范的图纸，其中的尺寸标注都是随心所欲标注的，丝毫不考虑设计思路与设计顺序问题，这也会对零件设计带来很大影响。所以根据图纸进行零件设计，也能从一个侧面检验图纸是否是一张标准合理规范的设计图纸。

反过来讲，在完成零件设计之后要出零件工程图，在我们设计的工程图中也应该体现零件设计思路与设计顺序信息，这也是一张标准合理规范工程图所必须具有的设计信息，否则就说明设计的图纸存在很大问题。

有些人在设计零件工程图时，对于其中的尺寸标注总是感觉无从下手，根本搞不清楚应该在什么位置标注哪些尺寸，更不知道为什么要这样标注。其实关于工程图中如何标注尺寸，在机械制图中已经有了明确的规定，如果在实际设计中能够体现具体的设计思路与设计顺序信息，那么我们设计的工程图将更加完美，更加标准与规范，也能够更好反应设计人员的设计能力及规范化、标准化设计的能力！

3.6.2　根据图纸进行零件设计实例

如图 3-333 和图 3-334 所示的夹具支座零件工程图，这是同一个零件的两份工程图，根据这两份工程图中的设计信息均可以完成夹具支座的设计，但是在这两份工程图中一些细节的尺寸标注不一样，在具体设计时一定要根据这些尺寸标注反映的设计信息进行准确设计，下面具体介绍根据图纸进行夹具支座零件设计的分析思路及设计过程。

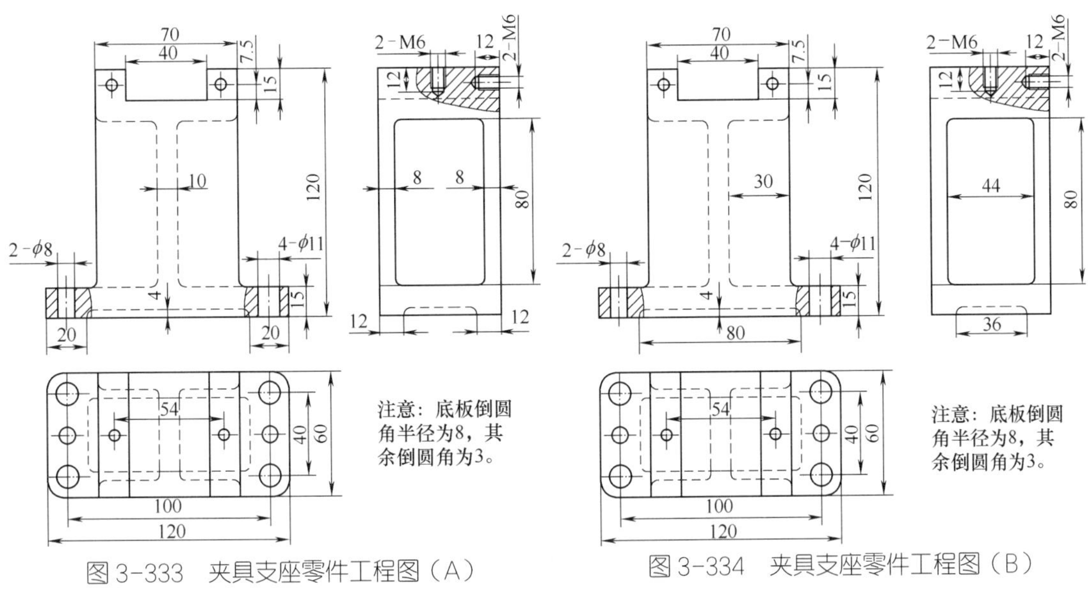

图3-333　夹具支座零件工程图（A）

图3-334　夹具支座零件工程图（B）

（1）分析图纸信息及设计思路

根据图纸进行零件设计，首先要根据图纸分析零件类型及主要结构特点。从以上提供的夹具支座零件工程图来看，该零件结构如图 3-335 所示。

注意：根据图纸进行零件设计之前，我们只有图纸资料，并没有实实在在的零件模型，这个零件模型是要我们根据零件图纸信息进行设计的。此处图 3-333 所示的零件结构在设计之前只存在于我们大脑中，这是在看懂图纸之后在我们大脑中形成的零件结构，根据这个零件结构可以判断夹具支座零件属于一般类型的零件，与前面小节介绍的基座零件属于同一类型的零件，都可以使用分割法进行分析与设计。

根据支座零件结构特点，可以将该零件分割成两大结构，也就是如图 3-336 所示的夹具支座底板结构及如图 3-337 所示的夹具支座主体结构，然后根据工程图中底板高度尺寸 15，还有支座零件总高度尺寸 120 这两个尺寸可以确定支座零件底板底面为整个零件设计基准面。而底板底面是属于底板结构的，根据设计基准优先设计的原则，正确的设计思路应该是先设计支座底板结构，再设计支座主体结构，下面具体介绍设计过程。

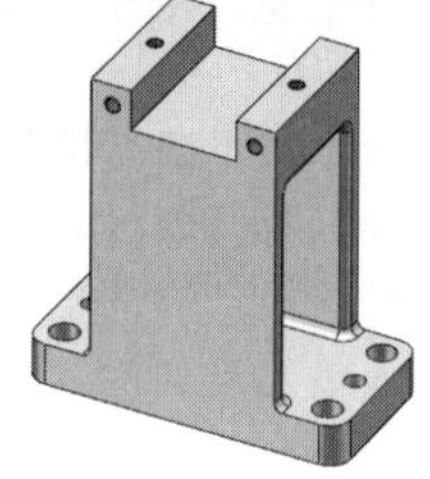
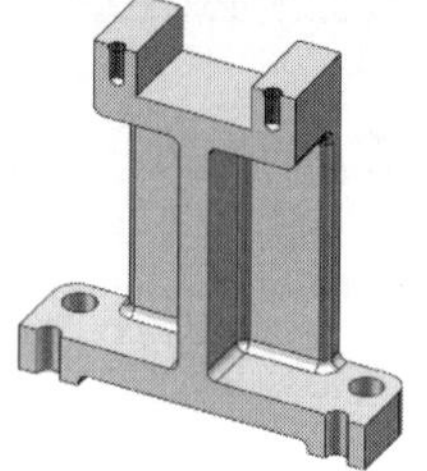

图 3-335　夹具支座零件结构

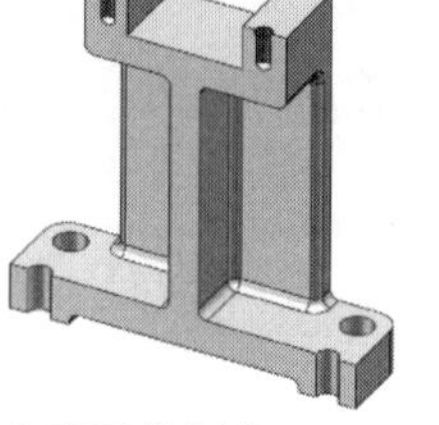

图 3-336　夹具支座底板

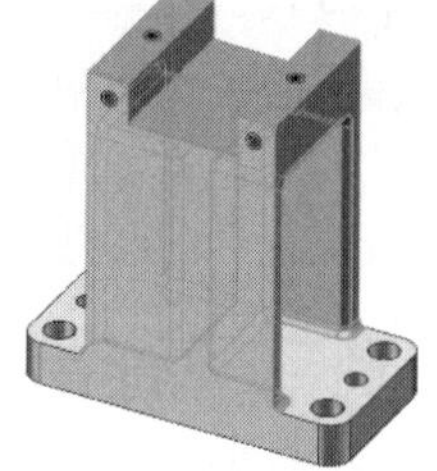

图 3-337　夹具支座主体

（2）夹具支座底板结构设计

夹具支座底板结构如图 3-338 所示，在具体设计时需要看懂图纸中关于底板结构的尺寸标注。如图 3-339 所示，图中矩形框中的尺寸都是与底板结构有关的尺寸［此处以图 3-333 所示夹具支座工程图（A）为例］，在设计中一定要直接体现在设计中。需要特别注意的是，在底板的底面上开有矩形凹槽，对于该矩形凹槽的设计，以上提供的两种工程图的标注不一样，那么需要根据尺寸标注体现的设计思路进行设计。

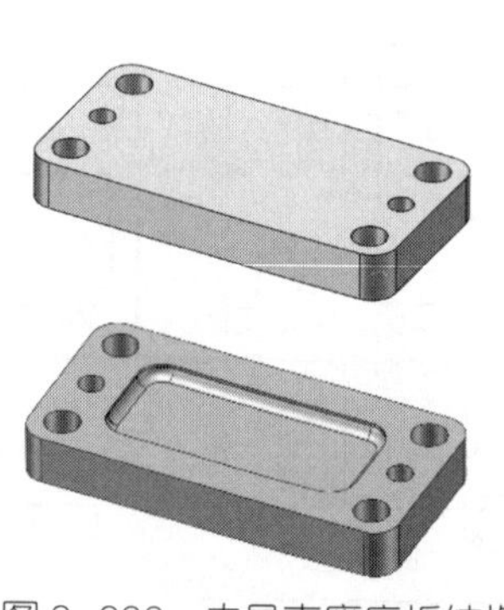

图 3-338　夹具支座底板结构

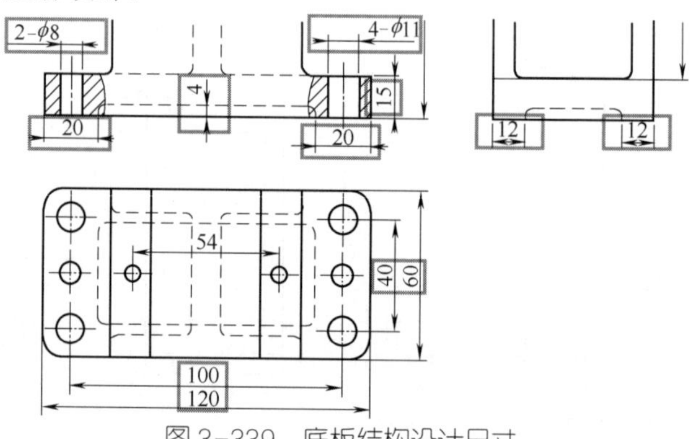

图 3-339　底板结构设计尺寸

图 3-339 中各尺寸含义说明如下：

主视图中“2- φ8”表示底板上两个销孔的直径；

主视图中“4- φ11”表示底板上四个安装孔的直径；

主视图中两个“20”尺寸表示底板底面矩形凹槽长度两端与底板左右两侧面距离；

主视图中尺寸“4”表示底板底面矩形凹槽深度值；

主视图中尺寸“15”表示底板厚度值；

左视图中两个“12”尺寸表示底板底面矩形凹槽宽度两端与底板前后两侧面距离；

俯视图中尺寸“120”和尺寸“60”分别表示底板的长度和宽度；

俯视图中尺寸“100”和尺寸“40”分别表示底板安装孔长度和宽度方向中心距。

步骤 1　创建如图 3-340 所示底板拉伸。创建底板拉伸需要从工程图中读取底板长度尺寸 120、宽度尺寸 60 和高度尺寸 15。选择“拉伸”命令，选择 XY 基准平面为草绘平面，绘制如图 3-341 所示的拉伸截面草图（草图中尺寸 120 为底板长度、尺寸 60 为底板宽度），然后创建如图 3-342 所示底板拉伸，拉伸深度为 15。

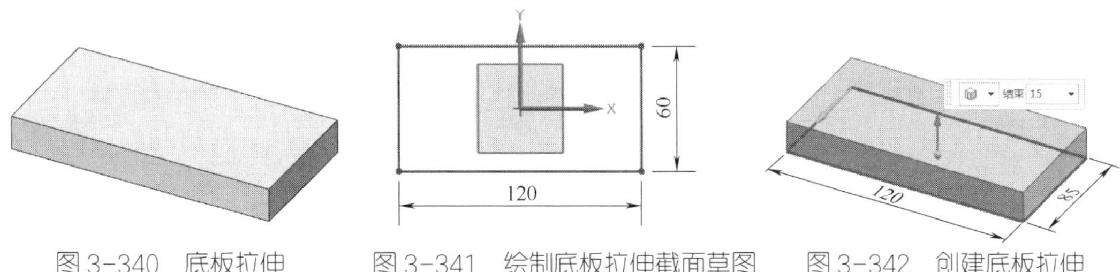

图 3-340　底板拉伸　　图 3-341　绘制底板拉伸截面草图　　图 3-342　创建底板拉伸

步骤 2　创建如图 3-343 所示的底板倒圆角。创建底板倒圆角需要从工程图中读取底板倒圆角半径尺寸，工程图中有明确说明，底板倒圆角半径为 8。选择圆角命令，选择如图 3-344 所示的四角边线为圆角对象，设置圆角半径为 8。

步骤 3　创建如图 3-345 所示的底板安装孔。创建底板安装孔需要从工程图中读取底板安装孔长度和宽度方向中心距 100 和 40，还需要读取底板安装孔直径 11。

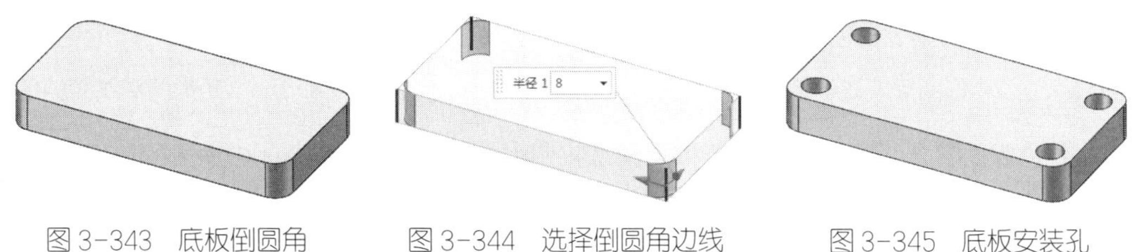

图 3-343　底板倒圆角　　图 3-344　选择倒圆角边线　　图 3-345　底板安装孔

① 首先创建如图 3-346 所示底板安装孔定位草图。选择底板顶面为草绘平面，绘制如图 3-347 所示的草图（草图中尺寸 100 为底板孔长度方向中心距、尺寸 40 为底板孔宽度方向中心距）。

② 接下来选择以上创建的任一草图顶点创建一个安装孔，孔直径为 11，深度方式为贯通体，然后将创建的孔按照草图顶点进行常规阵列得到底板安装孔。

步骤 4　创建如图 3-348 所示的底板销孔。底板销孔位置比较特殊，正好处在底板安装孔宽度方向的中间位置，然后从工程图中读取销孔直径为 8。

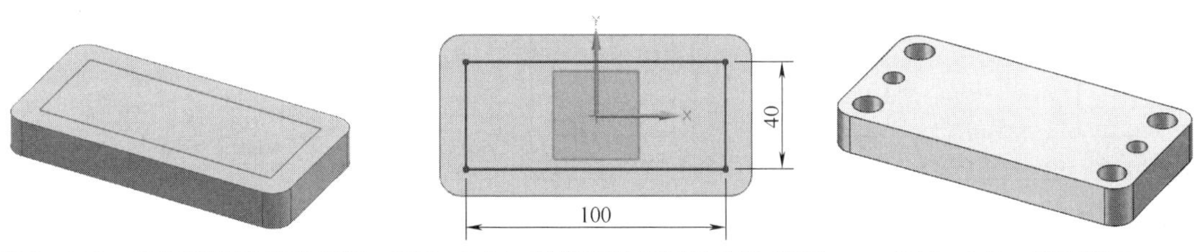

图 3-346　底板安装孔定位草图　图 3-347　绘制底板安装孔定位草图　　图 3-348　底板销孔

① 选择“孔”命令，在如图 3-349 所示的位置（两安装孔中间位置，直接选择底板安装孔定位草图中矩形短边的中点），孔直径为 8，深度方式为贯通体。

② 使用镜像特征命令将孔沿着 YZ 基准平面进行镜像得到另外一侧的销孔。

步骤 5 创建如图 3-350 所示的底板底面矩形凹槽结构。创建底板底面矩形凹槽需要从工程图中读取底板凹槽相关尺寸，包括前后方向的距离尺寸 12 和左右方向的距离尺寸 20，以及矩形凹槽四角圆角尺寸 8 和矩形凹槽底面圆角尺寸 3。

① 创建如图 3-351 所示的矩形凹槽拉伸切除。选择底板底面为草图平面，绘制如图 3-352 所示的矩形凹槽拉伸草图（草图中尺寸的标注要根据工程图中给出的矩形凹槽相关尺寸进行标注，其中尺寸 12 表示矩形凹槽与底板前后方向的距离尺寸，尺寸 20 表示矩形凹槽与底板左右方向的距离尺寸），然后创建拉伸切除，拉伸切除深度为 4。

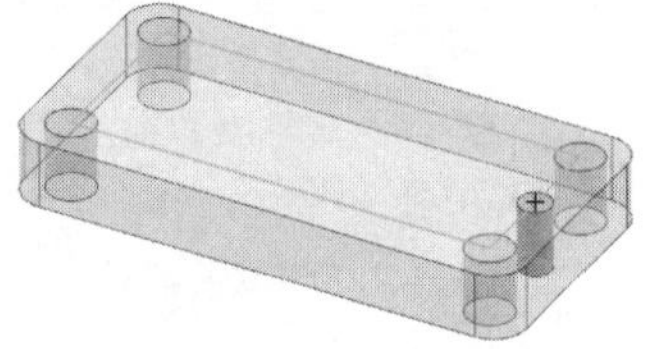
图 3-349 定义销孔位置

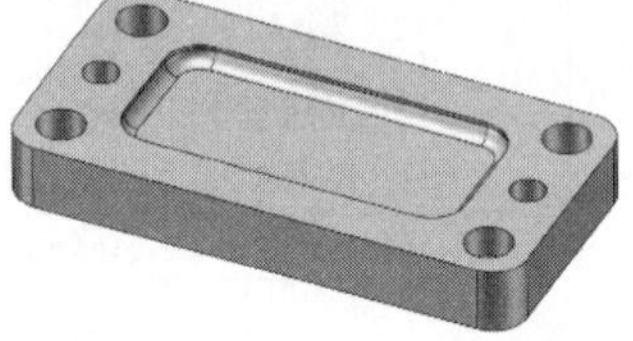
图 3-350 底板底面矩形凹槽

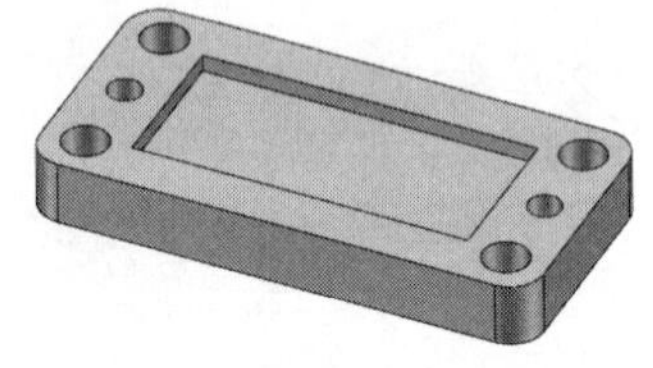
图 3-351 矩形凹槽拉伸切除

② 创建如图 3-353 所示的矩形凹槽四角圆角，圆角半径为 3（工程图中有说明）。

③ 创建如图 3-354 所示的矩形凹槽底面圆角，圆角半径为 3（工程图中有说明）。

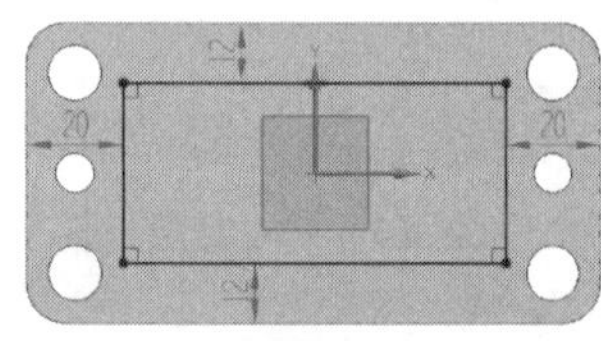

图 3-352 矩形凹槽拉伸草图

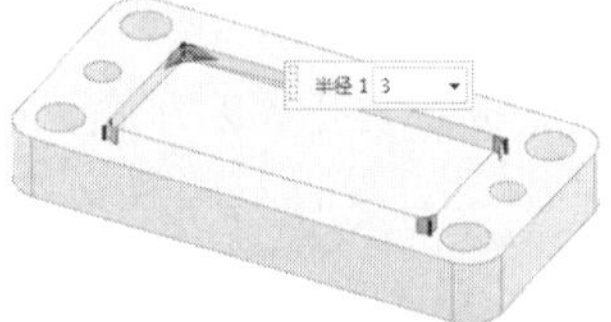

图 3-353 矩形凹槽四角圆角

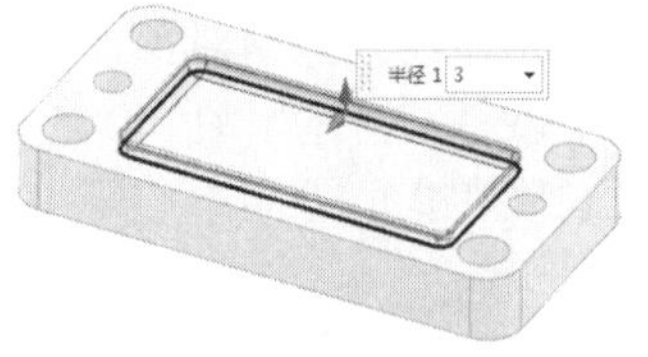

图 3-354 矩形凹槽底面圆角

此处步骤 5 中介绍的底板矩形凹槽设计是按照如图 3-333 所示的夹具支座零件工程图（A）进行的设计。如果按照如图 3-334 所示的夹具支座零件工程图（B）进行设计，关键要读取如图 3-355 所示的矩形凹槽设计尺寸，此时设计方法也应做相应的调整：选择拉伸命令，选择 ZX 基准平面为草图平面，绘制如图 3-356 所示的矩形凹槽拉伸草图，创建如图 3-357 所示的矩形凹槽拉伸切除。

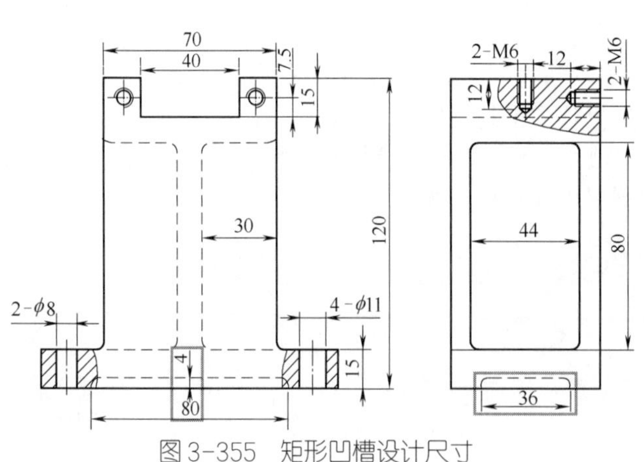

图 3-355 矩形凹槽设计尺寸

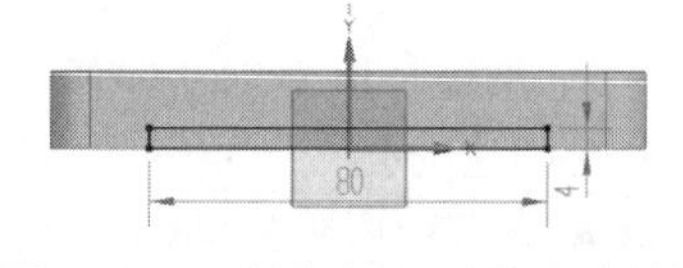

图 3-356 绘制矩形凹槽拉伸草图

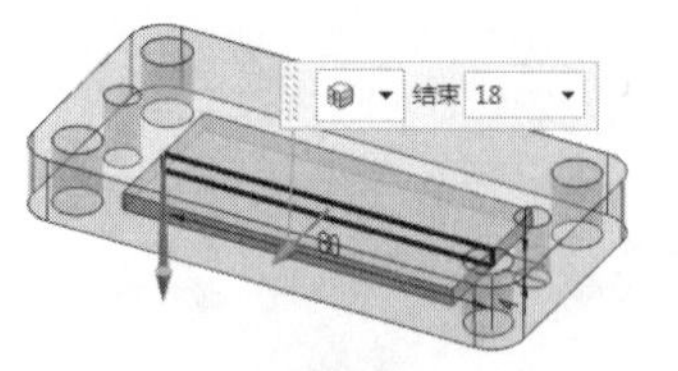

图 3-357 创建矩形凹槽拉伸切除

(3)设计夹具支座主体结构

夹具支座主体结构如图 3-358 所示，在具体设计时需要看懂图纸中关于主体结构的尺寸标注。如图 3-359 所示，图中矩形框中的尺寸都是与主体结构有关的尺寸［此处以图 3-333 所示夹具支座工程图（A）为例］，在设计中一定要直接体现在设计中。需要特别注意的是主体中间的肋板结构设计，以上提供的两种工程图中的标注方式是不一样的，那么需要根据尺寸标注体现的设计思路进行具体设计。

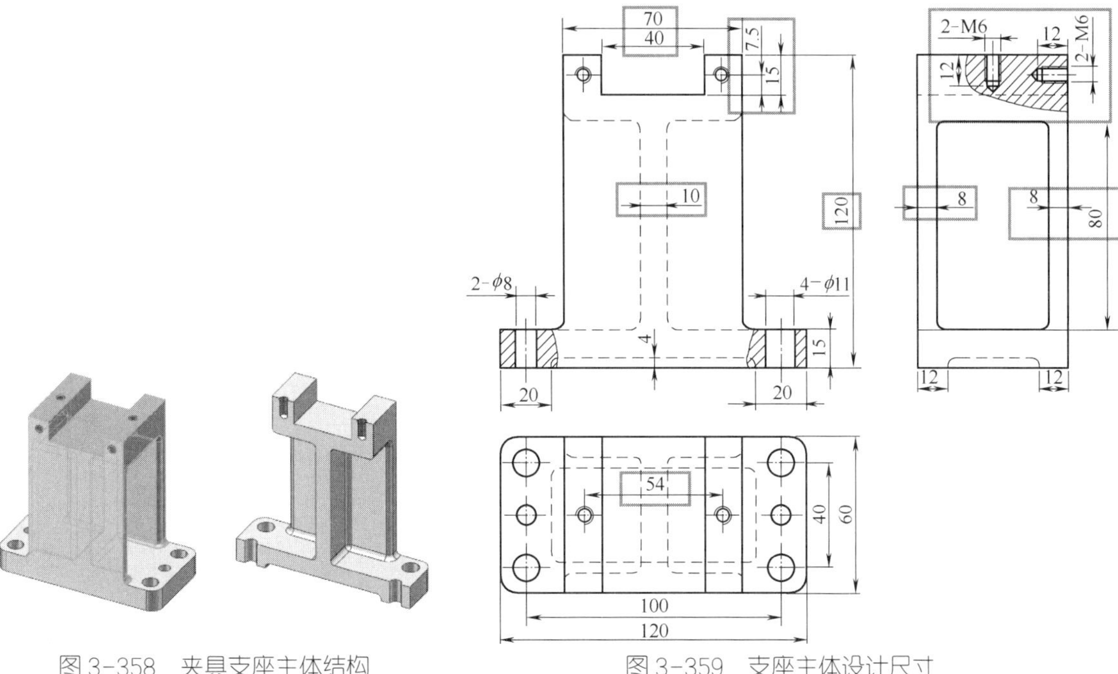

图 3-358 夹具支座主体结构　　图 3-359 支座主体设计尺寸

图 3-359 中各尺寸含义说明如下：

主视图中尺寸“70”表示主体左右方向宽度；

主视图中尺寸“40”表示主体顶部凹槽宽度；

主视图中尺寸“15”表示主体顶部凹槽深度；

主视图中尺寸“7.5”表示主体正面螺纹孔与顶部凹槽底面定位尺寸；

主视图中尺寸“10”表示主体中间肋板厚度；

主视图中尺寸“120”表示夹具支座零件总高度尺寸；

左视图中两个“2-M6”尺寸表示夹具支座主体顶部及正面螺纹孔规格尺寸；

左视图中两个“12”尺寸表示夹具支座主体顶部及正面螺纹孔深度尺寸；

左视图中两个“8”尺寸表示主体两侧肋板厚度；

左视图中尺寸“80”表示夹具支座中间肋板凹槽高度尺寸；

俯视图中尺寸“54”表示主体顶部螺纹孔左右方向中心距。

步骤 1 设计如图 3-360 所示的支座主体基础结构。设计支座主体基础结构需要从工程图中读取夹具支座主体总高度尺寸 120 及主体宽度尺寸 70，另外，还要注意支座主体前后宽度与支座底板前后宽度一致。选择拉伸命令，选择 ZX 基准平面为草图平面，绘制如图 3-361 所示的主体拉伸草图（草图中尺寸的标注要根据工程图中给出的主体相关尺寸进行标注，其中尺寸 70 表示主体左右宽度尺寸，草图顶部与前面创建的支座主体高度基准面平齐），然后创建如图 3-362 所示的支座主体拉伸。

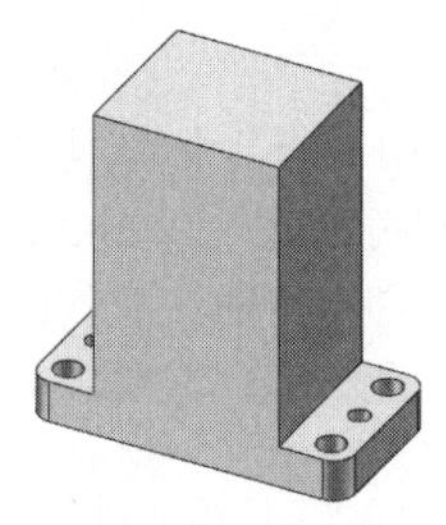

图 3-360　支座主体基础结构

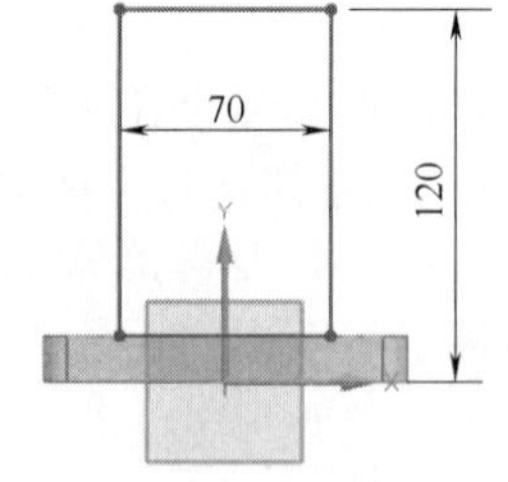

图 3-361　绘制主体拉伸草图

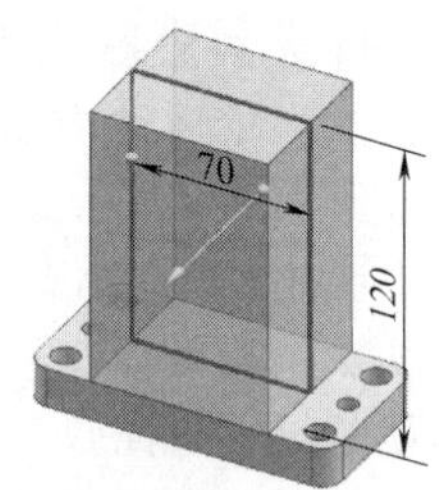

图 3-362　创建支座主体拉伸

步骤 2　设计如图 3-363 所示的肋板结构。肋板结构的设计需要从工程图中读取关于肋板相关尺寸，中间肋板厚度为 10，两侧肋板厚度为 8，肋板高度为 80，除此之外还需要设计相关倒圆角结构。

① 创建主体中间肋板控制草图。选择草绘命令，选择 ZX 基准平面为草图平面，绘制如图 3-364 所示的主体中间肋板控制草图，草图中尺寸的标注要根据工程图中给出的中间肋板宽度尺寸进行标注，其中尺寸 10 表示中间肋板宽度尺寸。为了使草图全约束，约束草图顶部与前面创建的支座主体高度基准面平齐。

② 创建肋板基准平面。选择基准平面命令，选择中间肋板控制草图上部端点创建如图 3-365 所示的基准平面，该基准平面用于控制中间凹槽的深度。

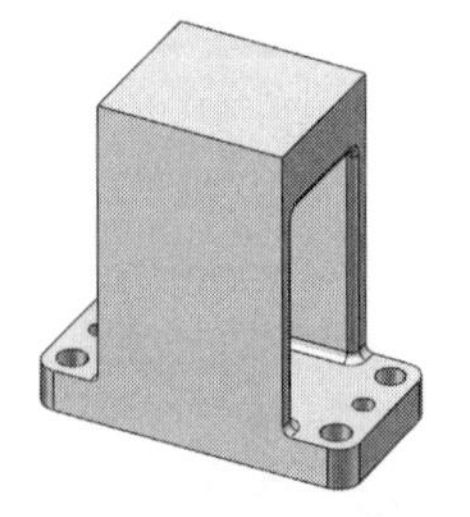

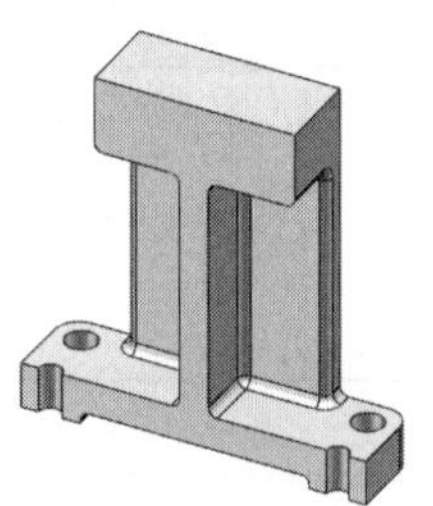

图 3-363　中间肋板结构

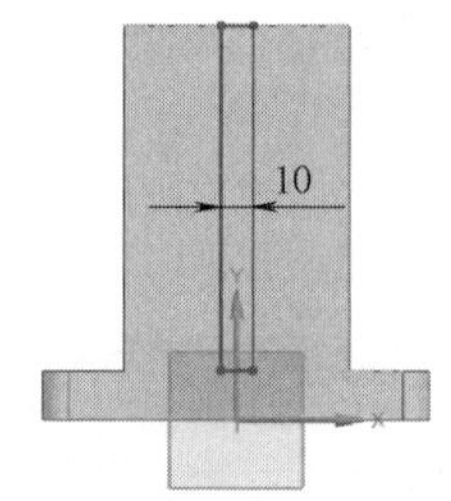

图 3-364　主体中间肋板控制草图

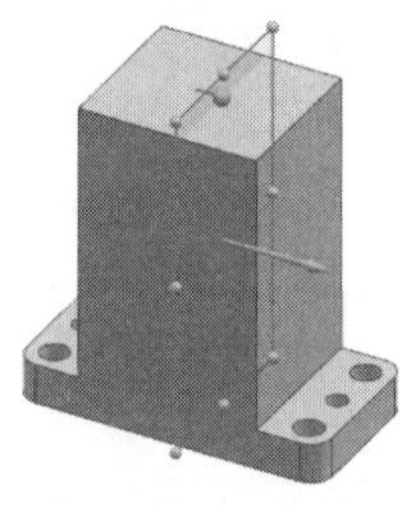

图 3-365　基准平面

③ 创建如图 3-366 所示的肋板凹槽。选择拉伸命令，选择如图 3-367 所示的模型表面为草图平面，绘制如图 3-368 所示的拉伸草图，草图中尺寸的标注要根据工程图中给出的两侧肋板厚度及高度尺寸进行标注，其中尺寸 8 表示两侧肋板厚度尺寸，尺寸 80 表示肋板高度尺寸。创建如图 3-369 所示的拉伸切除，注意控制拉伸切除深度与前面创建的中间肋板基准平面平齐。

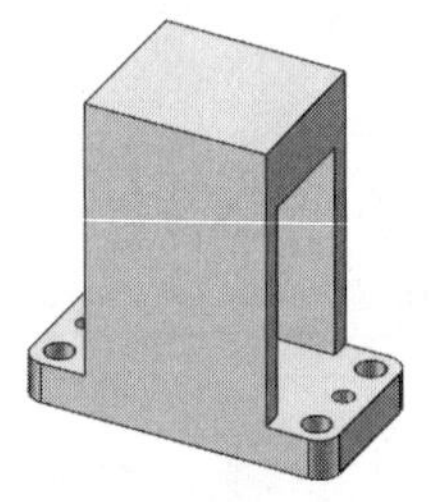

图 3-366　肋板凹槽

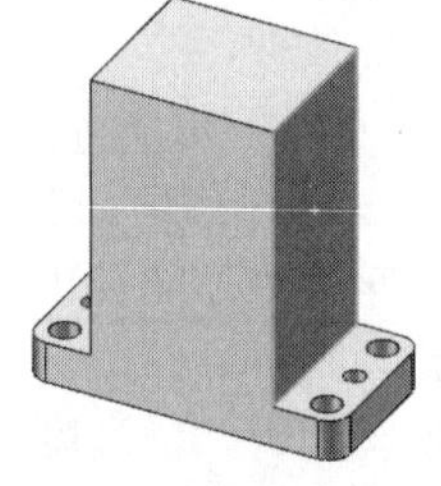

图 3-367　选择草图平面

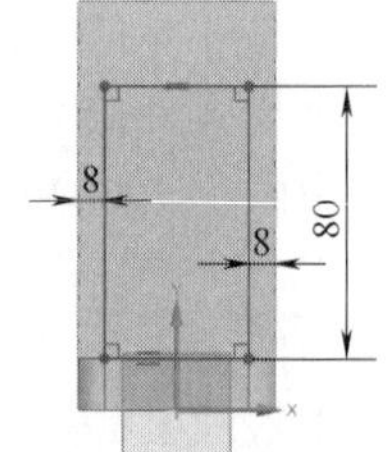

图 3-368　肋板凹槽拉伸草图

④ 创建肋板凹槽镜像，将肋板凹槽沿着 YZ 基准面镜像得到另一侧肋板凹槽。

⑤ 创建如图 3-370 所示的肋板凹槽四角圆角，圆角半径为 3（工程图中有说明）。

⑥ 创建如图 3-371 所示的肋板凹槽其余圆角，圆角半径为 3（工程图中有说明）。

此处步骤 2 中介绍的肋板凹槽是按照如图 3-333 所示的夹具支座零件工程图（A）进行的设计，如果按照如图 3-334 所示的夹具支座零件工程图（B）进行设计，关键要读取如图 3-372

所示的肋板凹槽设计尺寸，此时设计方法也应做相应的调整：选择“拉伸”命令，选择如图 3-367 所示的模型表面为草图平面，绘制如图 3-373 所示的肋板凹槽拉伸草图，创建如图 3-374 所示的肋板凹槽拉伸切除即可。

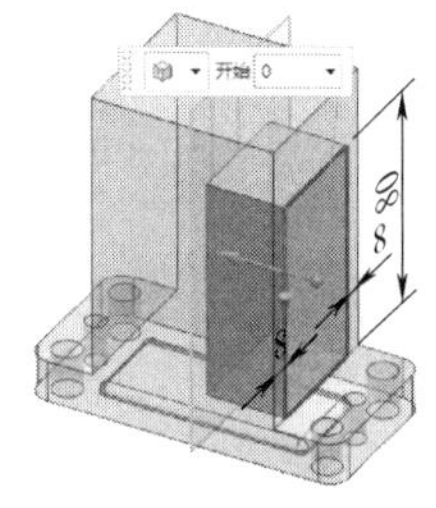

图 3-369　创建肋板凹槽拉伸切除

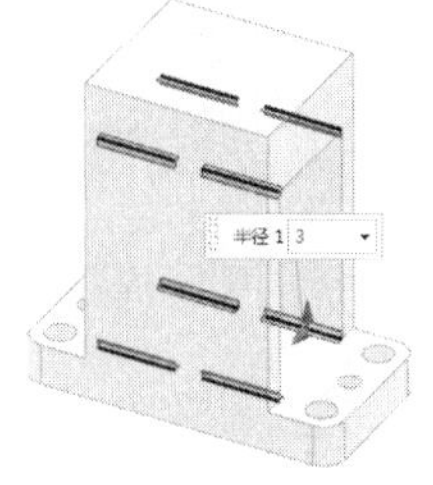

图 3-370　肋板凹槽四角圆角

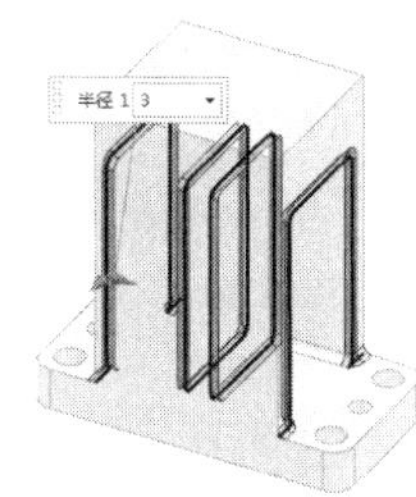

图 3-371　肋板凹槽根部圆角

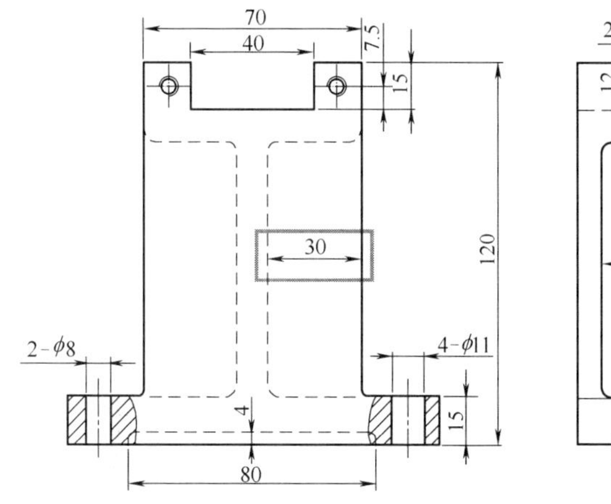

图 3-372　肋板凹槽设计尺寸

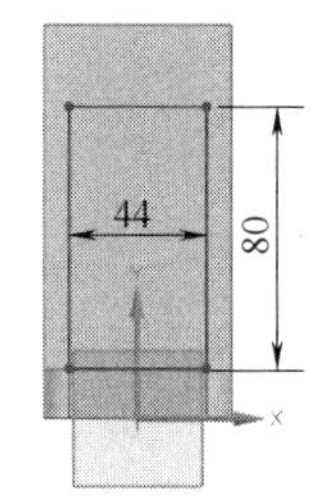

图 3-373　拉伸草图

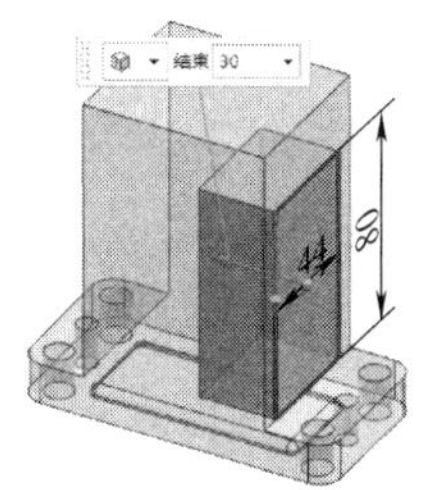

图 3-374　拉伸切除

步骤 3　创建如图 3-375 所示的顶部凹槽。选择拉伸命令，选择 ZX 基准平面为草图平面，绘制如图 3-376 所示的顶部凹槽拉伸草图（草图中尺寸标注要根据工程图中给出的两顶部凹槽尺寸进行标注，其中尺寸 40 表示凹槽宽度尺寸，尺寸 15 表示凹槽高度尺寸），创建如图 3-377 所示顶部凹槽拉伸切除（注意设置拉伸深度为两侧完全切除）。

步骤 4　设计如图 3-378 所示的主体正面及顶面螺纹孔。主体正面螺纹孔的设计需要从工程图中读取关于正面螺纹孔相关尺寸，两孔间距为 54，与顶部凹槽底面的尺寸为 7.5，螺纹孔规格为 M6，深度为 12，而且两孔关于右视基准面对称；主体顶部螺纹孔的设计需要从工程图中读取关于顶部螺纹孔相关尺寸，两孔间距为 54，螺纹孔规格为 M6，深度为 12，而且两孔关于右视基准面对称。

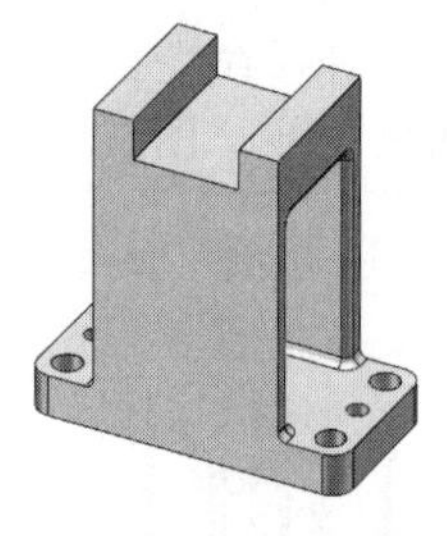
图 3-375　顶部凹槽

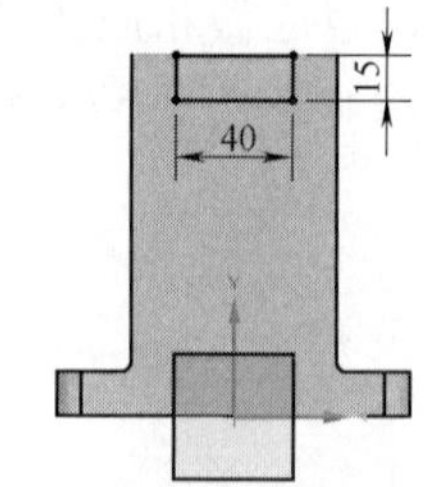

图 3-376　绘制顶部凹槽拉伸草图

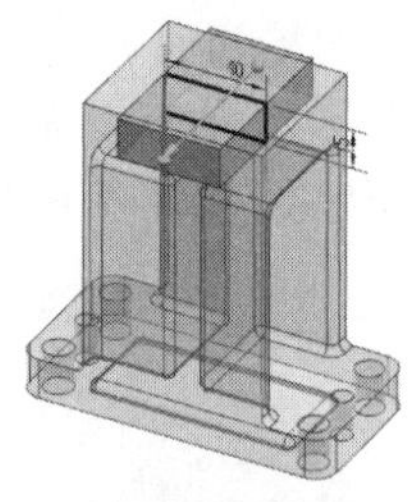
图 3-377　创建顶部凹槽拉伸切除

① 创建主体正面螺纹孔。选择孔命令，创建如图 3-379 所示的正面孔定位草图，类型为螺纹孔，孔规格为 M6，孔深度为 12，然后将孔沿着 YZ 基准平面镜像。

② 创建主体顶面螺纹孔。选择孔命令，创建如图 3-380 所示的顶面孔定位草图，类型为螺纹孔，孔规格为 M6，孔深度为 12，然后将孔沿着 YZ 基准平面镜像。

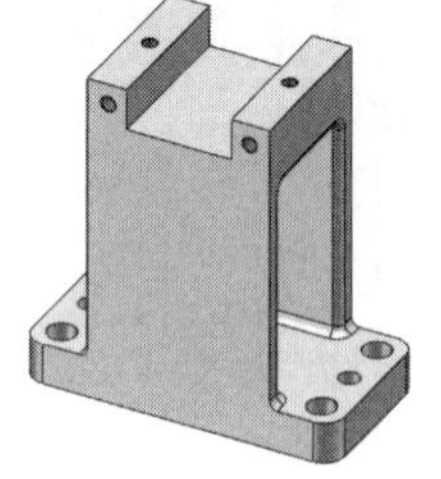
图 3-378　正面及顶面螺纹孔

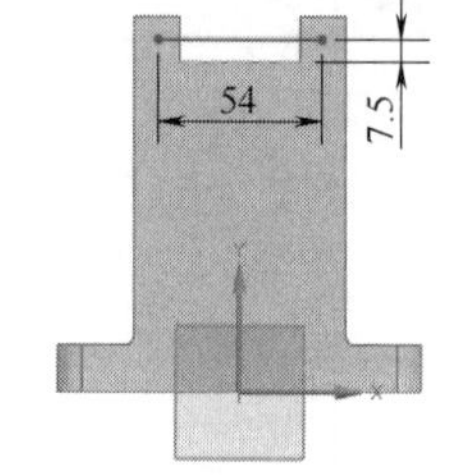

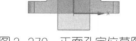

图 3-379　正面孔定位草图

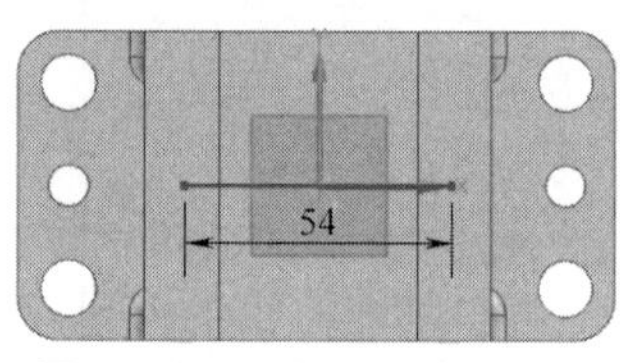

图 3-380　顶面孔定位草图

综上所述，根据图纸进行零件设计的关键是首先看懂图纸设计信息，具体设计思路及设计过程一定要符合图纸设计信息，如果图纸信息发生变化，设计思路及设计信息也应该做相应的调整。

3.7　典型零件设计

机械零件设计中主要包括四种类型的典型零件，分别是轴套类零件、盘盖类零件、叉架类零件及箱体类零件。因为这四种类型零件结构比较典型，所以其设计方法及考虑相对来讲也是比较固定的，我们只要掌握这些典型零件设计方法，就能够很好地完成这些零件设计。本节主要介绍这四种典型零件设计方法与技巧。

3.7.1　轴套零件设计

轴类零件一般是起支承传动零件（如齿轮、带轮）和传递动力的作用。轴套零件一般是装在轴上或机体腔体孔中，起支承、导向、轴向定位或者保护传动零件等作用。

轴套零件多数是由共轴的多段圆柱体、圆锥体构成，一般其轴向尺寸大于径向尺寸。根据设计和加工工艺要求，在各段上常有倒角、键槽、销孔、螺纹等结构，轴段与轴段之间常有轴肩、退刀槽、砂轮越程槽等结构。轴类零件的毛坯多是棒料或锻件，加工方法以车削、磨削为主；轴套类零件的毛坯多是管筒件或铸造件，加工方法以车削、磨削、镗削为主，如图 3-381 所示为常见轴套零件应用举例。

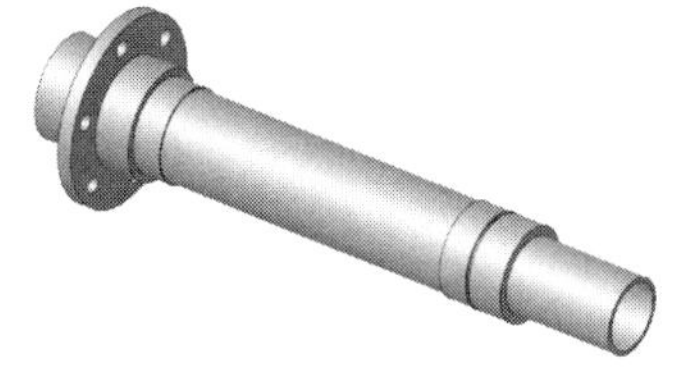
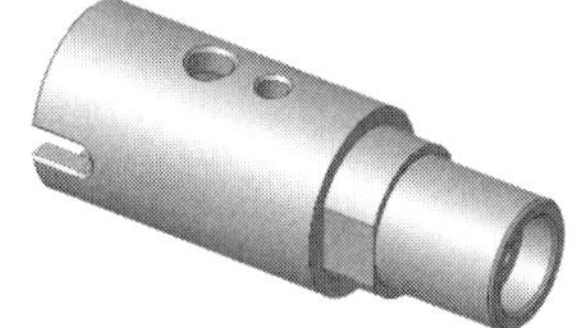
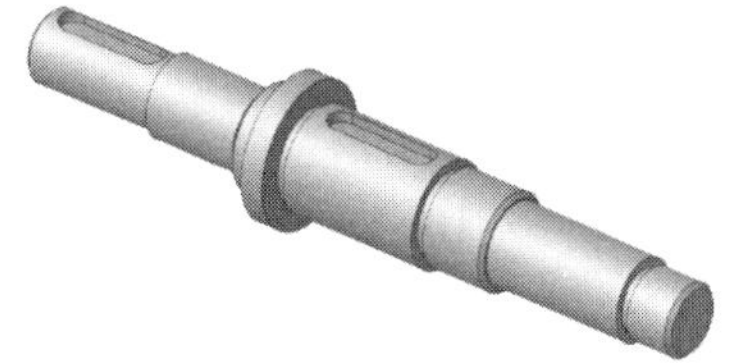

图3-381 轴套零件设计举例

(1)轴套零件结构特点分析

欲设计轴套零件，首先要分析轴套零件结构特点。轴套零件不同于前面章节介绍的任何一种一般类型的零件，所以不能使用一般零件设计方法进行设计，轴套零件属于机械设计中的一种典型零件，一般可以划分为四大结构：

① 轴套主体结构。轴套主体结构就是轴套零件的基础结构，就是将轴套上所有细节去掉之后的结构，轴套零件上的其余结构都是在这个主体结构基础上设计的。

② 轴套沟槽结构。轴套沟槽结构包括各种回转沟槽、退刀槽等。

③ 轴套附属结构。轴套附属结构包括各种键槽、花键、切口、内外螺纹等结构。

④ 轴套修饰结构。轴套修饰结构是为了方便轴套零件与其他零件安装配合而设计的倒角结构及圆角结构，一般需要在安装配合的轴段连接位置设计。

(2)轴套零件设计思路

分析轴套零件结构特点。轴套零件一般都是回转类零件，在设计中首先使用旋转命令设计轴套零件的主体结构及沟槽结构，然后再设计轴套零件上的其他附属结构及修饰结构，在NX中进行轴套零件设计的一般思路如下：

① 使用旋转凸台基体命令设计轴套零件的主体结构。

② 使用旋转切除命令设计轴套零件上的沟槽结构。

③ 使用合适工具设计轴套上其他附属结构。

④ 使用倒斜角或倒圆角命令设计轴套零件上的修饰结构。

(3)轴套零件设计要求及规范

轴套零件设计不仅要注意轴套零件结构要求，更要注意轴套零件内在要求及规范。下面介绍轴套零件设计过程中一定要注意的内在设计要求及规范。

① 主体结构设计要求及规范。轴套零件一般都是回转零件，在设计中首先使用旋转凸台基体命令设计轴套零件的主体结构，在绘制轴套零件主体结构旋转截面时要特别注意以下几点。

首先，在没有特殊说明的情况下，一般是在主视图（NX软件中的前视基准面）上绘制旋转截面，方便以后出工程图，因为在机械制图中轴套零件主视图是非常重要的视图，反映轴套零件主体结构。

其次，在机械制图中，轴套零件的主视图一般都是沿轴线水平放置的（特殊情况例外），所以在草绘环境中绘制的轴套截面也应该按照水平方向绘制，如果竖直绘制或者采用其他方位绘制，不符合机械制图关于轴套零件工程图的标准规范。

第三，对于轴套零件设计基准的确定，如果没有比较明确的设计基准或特殊说明，都是取轴套零件总长的中点作为其设计基准。

最后，绘制轴套零件主体结构旋转截面时，轴套零件各段轴径一定要直接标注直径值，不能标注轴的半径值，否则不符合轴套零件工程图尺寸标注要求及规范。

另外，轴套零件主体结构中各段的长度要根据具体要求进行计算，切记不要随便设计，特别是涉及到与其他轴套上附属零件安装时，一定要保证符合安装尺寸要求，如轴零件上与轴承安装的轴段，轴段长度一般要小于或等于安装轴承的宽度值。

② 沟槽结构设计要求及规范。轴套零件上往往有各种沟槽结构，如回转沟槽、退刀槽等，沟槽主要作用如下：

首先，方便加工过程中加工刀具从轴上退出，确保已加工结构的安全。例如在已加工好的轴段上还需要加工螺纹结构，就需要在加工螺纹结构之前，先在轴段上加工退刀槽，再去加工螺纹，此时加工螺纹的刀具就能够方便地从退刀槽位置退出加工，同时确保其他已加工结构的安全。

其次，沟槽结构方便轴套零件与其他轴套上零件（如齿轮、带轮、轴承等）之间的安装配合，保证安装精度要求，所以凡是涉及到要与轴套上零件安装配合的轴段，都要设计相应的沟槽结构。

在实际轴套零件设计中，沟槽结构很容易与轴套主体结构搞混淆，所以很多人会错误地将轴套上的沟槽结构与轴套主体结构一块进行设计，这样能够一次性完成轴套主体与沟槽的设计，看似很简便高效，实际存在很多问题，所以在设计时一定要注意以下三个方面：

首先，将轴套主体结构与沟槽一块进行设计会使回转截面草图更加复杂，这不符合零件设计中简化草图的设计原则。

其次，从轴套设计与工艺来讲，轴套主体结构与沟槽结构属于不同结构工艺，在加工过程中使用不同的车刀进行加工，对其进行分开设计，符合对轴套加工工艺的理解。

最后，这些沟槽结构属于轴套上比较细微的特征，在结构分析中应该进行简化，如果将沟槽与轴套主体结构一起设计会影响轴套零件简化与结构分析。

基于以上原因，在轴套零件设计中应该将轴套上的沟槽结构与轴套主体结构进行分步设计，一般是先设计轴套主体结构，再设计轴套上的沟槽结构。

③ 附属结构设计要求及规范。轴套零件上附属结构一般包括键槽、花键、螺纹以及各种孔结构，一定要注意这些附属结构的标准化设计要求及规范。

下面以键槽设计为例，因为键槽位置将来要安装键零件，而所有的键都属于标准件，其具体尺寸都已经标准化了，一定要根据标准选用，如果不按标准进行设计，将来在安装键零件时找不到合适键零件，就会影响整个产品设计。

另外，在绘制键槽截面时（以长圆形键槽为例），需要绘制一个长圆形截面，在进行标注时，一定要标注长圆形的宽度值。标注长圆形圆弧半径是不规范的，因为此处的长圆形宽度就是键槽的宽度值。

最后是键槽的定位尺寸，这个要取决于整个轴套零件的尺寸基准，一般要从尺寸基准处开始标注。

④ 修饰结构设计要求及规范。修饰结构主要包括倒角与圆角。轴套零件上的一些轴段需要安装各种轴上附属结构，如轴承、轴套等，为了方便安装，需要在配合的轴段位置设计合适的倒角与圆角，方便安装导向，实现精确安装。

这些修饰结构的设计与前面介绍的沟槽结构设计类似，不要与轴套主体一起设计，主要考虑还是简化草图的原则以及方便以后在结构分析中进行结构简化。

（4）轴套零件设计实例

为了让读者更深入理解轴套零件设计思路及设计过程，下面根据提供的轴零件工程图介绍轴零件的设计。如图 3-382 所示是一轴零件的设计图纸，根据该设计图纸，完成轴零件的结构设计，在设计中注意轴零件设计思路及典型结构的设计。

根据轴结构特点及前面介绍的轴设计思路，要完成该轴的设计，需要首先设计轴主体结构，轴主体就是轴的基础结构，一般是将轴上沟槽、附属结构及倒角全部简化后的光轴结构，需要按照轴图纸信息标注各段轴长度及直径尺寸；然后设计轴上沟槽结构，一共有两处沟槽，沟槽宽度为 2，沟槽直径为 33；接着设计轴上附属结构，包括左端的键槽和右端的螺纹，左端键槽尺寸为 26×6，定位尺寸为 4，右端螺纹规格为 M24×30；最后设计轴上倒角结构，所有倒角尺寸为 *C*1。具体过程请参看随书视频讲解。

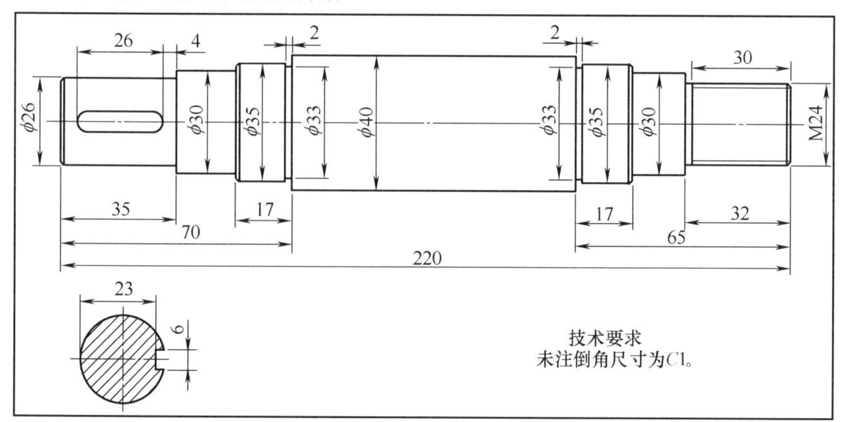

图 3-382　轴零件设计图

扫码看视频讲解

3.7.2　盘盖零件设计

盘盖零件的基本形状为扁平的盘状结构，其主要结构为多个回转体，直径方向尺寸一般大于轴向尺寸，为了与其他结构连接，结构中一般包括一些凸台结构及圆周分布的孔结构，盘盖零件的毛坯一般为铸件、锻件，然后经过车削加工、磨削加工形成最终的形状，如图 3-383 所示的是常见盘盖零件应用举例。

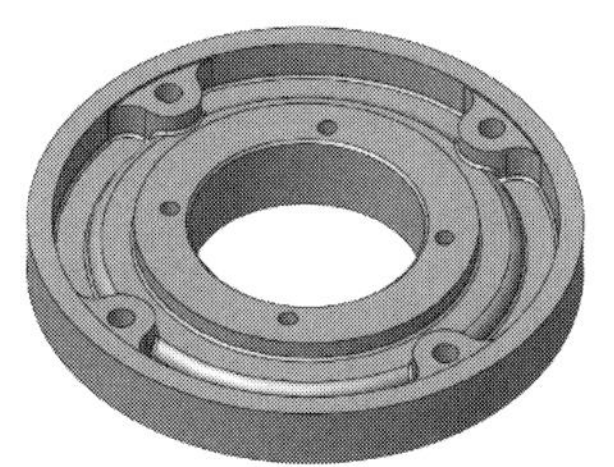
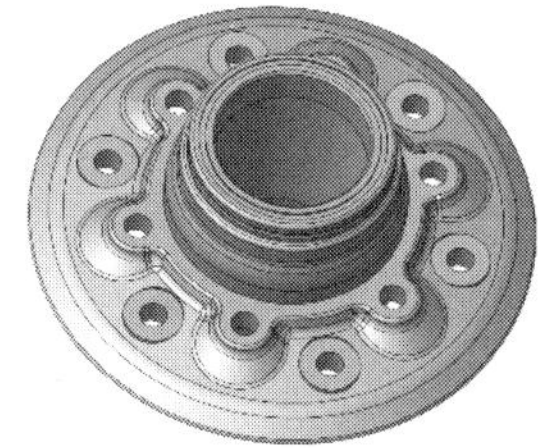
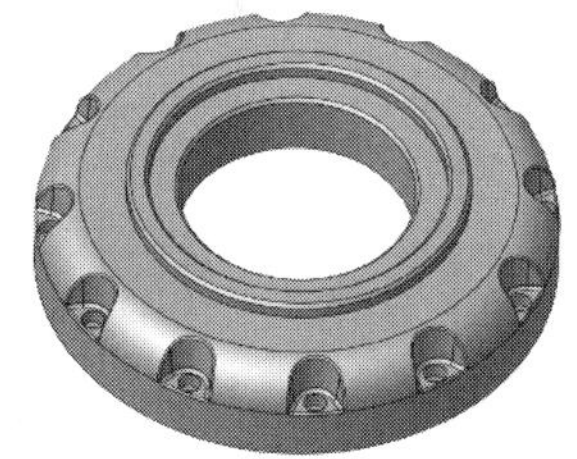

图 3-383　盘盖零件设计举例

（1）盘盖零件结构特点分析

欲设计盘盖零件，首先要分析盘盖零件结构特点，盘盖零件不同于前面章节介绍的任何一种一般类型的零件，所以不能使用一般零件设计方法进行设计。盘盖零件属于机械设计中的一种典型零件，一般可以划分为三大结构：

① 盘盖主体结构。盘盖主体结构是盘盖零件的基础结构，就是将盘盖上所有细节去掉之后的结构，盘盖零件上的其余结构都是在这个主体结构基础上设计的。

② 盘盖附属结构。盘盖附属结构主要包括各种凸台、切口、孔等结构。

③ 盘盖修饰结构。盘盖修饰结构就是为了方便盘盖零件与其他零件安装配合而设计的倒角结构及圆角结构。

（2）盘盖零件设计思路

根据盘盖零件结构特点，盘盖零件一般都是回转类零件，在设计中首先使用旋转凸台命令设计盘盖零件的主体结构，然后再设计盘盖零件上的其他附属结构及修饰结构，在 NX 中进行盘盖零件设计的一般思路如下：

① 使用旋转凸台命令设计盘盖零件的主体结构。

② 使用合适工具设计盘盖上的附属结构。

③ 使用倒圆角或倒斜角命令设计盘盖零件上的圆角及倒角结构。

（3）盘盖零件设计要求及规范

盘盖零件设计不仅要注意盘盖零件结构要求，更要注意盘盖零件设计要求及规范。下面主要介绍盘盖零件设计过程中一定要注意的设计要求及规范。

① 主体结构设计要求及规范。盘盖零件主体多为回转结构，在绘制盘盖零件主体旋转截面时要特别注意，虽然在机械制图中对于盘盖类零件的主视图没有严格的要求，但是确定主视图放置位置一定要从多个方面（如工作方位、放置与安装方位、图纸幅面等）综合考虑，一般都是沿轴线水平放置的，所以在草绘环境中绘制盘盖主体旋转截面时，如果没有特殊的考虑，也应该按照水平方向绘制（跟轴套零件设计类似）。

另外，对于结构复杂的而且带中间腔体的盘盖零件，在设计盘盖主体结构时，一般将盘盖中间腔体与盘盖主体分开设计，主要考虑的是简化草图原则，提高设计效率。

② 附属结构设计要求及规范。盘盖零件中比较常见的一种附属结构就是圆周孔结构，一般圆周孔包括均匀分布圆周孔和非均匀分布圆周孔两种类型，为了规范高效进行圆周孔设计，需要特别注意这两种圆周孔设计要求及规范。

a. 非均匀分布圆周孔设计。首先选择合适的打孔平面绘制圆周孔定位草图点，然后选择任一定位草图点创建第一个圆周孔，最后使用草图驱动阵列方式将第一个圆周孔按照定位草图点进行阵列，类似于前面章节介绍的基座零件中底板孔的设计。

b. 均匀分布圆周孔设计。这种均匀分布圆周孔在 NX 中直接使用圆周阵列即可，但是要注意阵列参数的正确设置，方便后期修改。

对于盘盖零件中其他的附属结构，按照一般结构设计要求及规范进行设计即可。

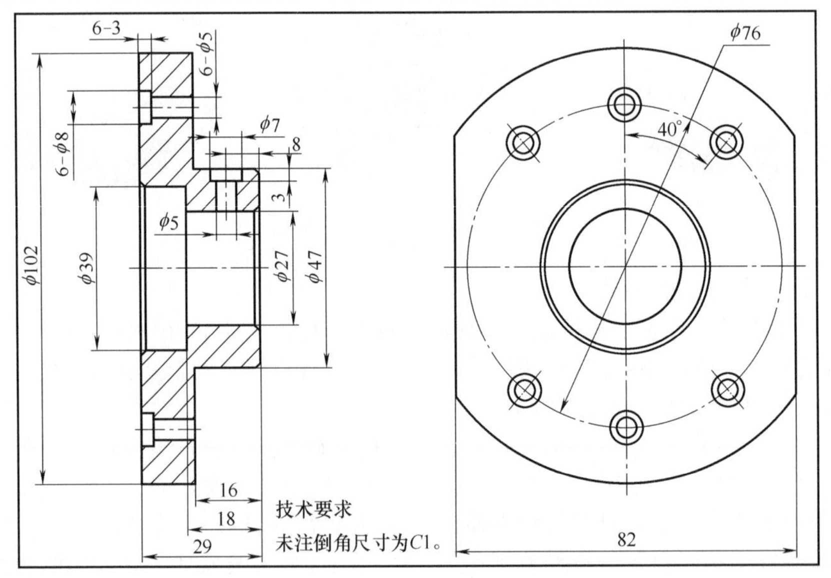

图 3-384 法兰盘零件设计图纸

（4）盘盖零件设计实例

为了让读者更深入地理解盘盖零件设计思路及设计过程，下面根据提供的盘盖零件工程图介绍盘盖零件的设计。如图 3-384 所示的是法兰盘零件的设计图纸，需要根据该设计图纸，完成法兰盘零件的结构设计，在设计中注意盘盖零件设计思路、设计方法。

根据盘盖零件结构特点及前面介绍的盘盖零件设计思路，要完成该法兰盘的设计，需要首先设计法兰盘主体结构，法兰盘主体就是法兰盘的基础结构，即将法兰盘上两侧切除结构、圆周孔及倒角结构全部去掉后的简化结构；然后设计法兰盘附属结构，包括法兰盘两侧切除结构（两侧切除宽度为 82）及圆周孔结构（一共六个沉头孔）；最后设计法兰盘倒角结构，所有倒角尺寸为 *C*1。具体设计过程请参看随书视频讲解。

扫码看视频讲解

3.7.3 叉架零件设计

叉架零件主要起连接与支撑固定作用，如发动机连杆就是连接发动机活塞与曲轴的典型叉架零件，各种管线支架、轴承及轴支架都是起支撑固定作用的叉架零件。叉架零件的使用强度及刚度要求比较高，所以其结构中经常包括各种肋板和梁。肋板、梁的截面形状有工字形、T形、矩形、椭圆形等，其毛坯多为铸件、锻件，要经过多种机械加工工序制成。如图 3-385 所示的是常见叉架零件应用举例。

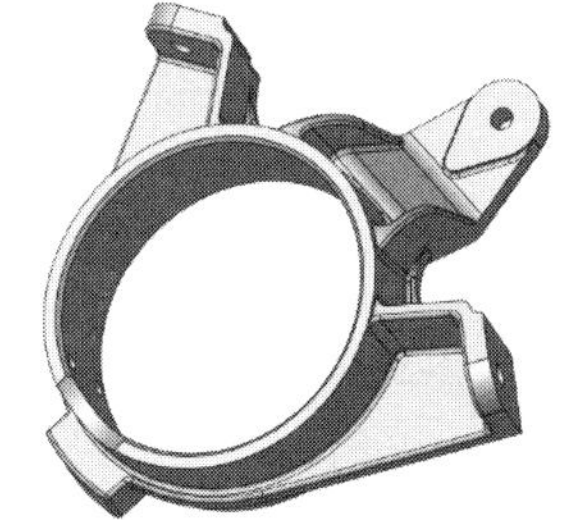

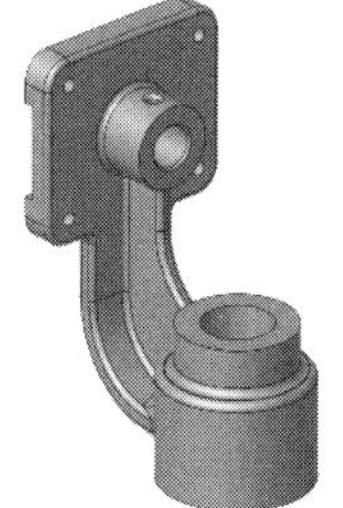

图 3-385　叉架零件设计举例

（1）叉架零件结构特点分析

欲设计叉架零件，首先要分析叉架零件结构特点。叉架零件形状结构变化灵活，没有固定的结构特点，绝大部分叉架零件类似于前面介绍的一般类型零件，特别是分割类零件，但是又不能单纯按照一般类型零件设计方法进行设计。为了规范高效地进行叉架零件设计，一般按照叉架零件功能进行结构划分。

① 定位结构。叉架零件中经常会包含各种定位结构，这些定位结构就是为了从不同角度方位对结构进行固定，这些定位结构也是叉架零件设计的基础与关键。

② 连接结构。连接结构的作用是将各种定位结构连接起来形成一个整体零件。

③ 附属结构。附属结构的作用是增强叉架零件结构强度并完善叉架零件功能。需要特别注意的是，附属结构对于叉架零件来讲不是必须的，需要根据具体情况确定其设计。

④ 修饰结构。修饰结构主要指叉架零件上的各种倒角及圆角结构。

（2）叉架零件设计思路

因为叉架零件形状结构变化灵活，没有固定的结构特点，所以在具体设计中对于设计工具的选择是非常灵活的，在 NX 中进行叉架零件设计的一般思路如下：

① 首先使用合适的工具设计叉架零件定位结构。

② 然后使用合适的工具设计叉架连接结构。

③ 根据需要使用合适的工具设计叉架附属结构。

④ 最后使用倒圆角或倒斜角命令设计叉架零件上的圆角及倒角结构。

（3）叉架零件设计要求及规范

叉架零件设计不仅要注意叉架零件结构要求，还要注意叉架零件内在要求及规范，下面主要介绍一下叉架零件设计过程中一定要注意的内在设计要求及规范。

① 定位结构设计要求及规范。设计叉架类零件首先一个问题就是其设计方位（定位）的问题，因为支承类型的零件在工作中主要起连接及支承作用，其工作位置一般由与其相连接的零件确定，没有固定的放置方位，在设计中一般采用其实际的工作位置来放置即可。

叉架类零件设计中的结构位置关系非常重要，为了保证这些重要的位置定位关系，保证将来在装配中能够符合装配的位置要求，要灵活使用各种基准特征辅助完成设计。

② 附属结构设计要求及规范。叉架类零件中典型结构主要包括加强筋结构的设计。在 NX 中提供了两种加强筋设计工具，一种是轮廓筋，另外一种是网格筋，需要根据具体结构特点，确定使用哪种加强筋来进行设计，有时还会使用扫描等特殊方式进行加强筋结构的设计。

（4）叉架零件设计实例

为了让读者更深入地理解叉架零件设计思路及设计过程，下面根据提供的叉架零件工程图介绍叉架零件的设计。如图 3-386 所示的连接臂零件设计图纸，根据该设计图纸设计连接臂零件，设计前仔细分析具体的设计思路，在设计中注意充分考虑零件的放置及定位，还有结构与结构之间的位置定位关系，另外还要注意结构中加强筋的设计。

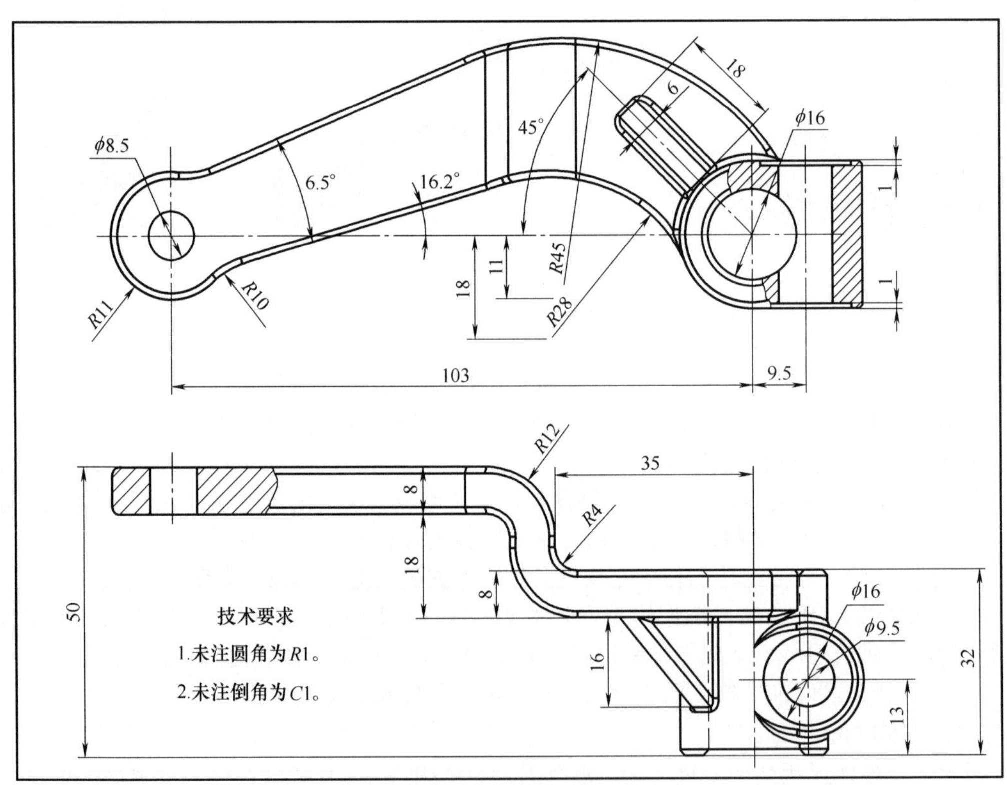

图 3-386 连接臂零件设计图纸

根据叉架零件结构特点及前面介绍的叉架零件设计思路，要完成该连接臂的设计，需要首先设计连接臂右侧的定位结构，这是整个零件设计的基础，也是关键，这个定位结构主要由两个不同方向的圆柱筒体交叉连接构成；完成该定位结构设计后再设计其中的连接结构，也就是零件中左侧的弯臂结构，这种弯臂结构是 S 形的，可以使用拉伸凸台和拉伸切除方法来设计；最后是连接臂中的加强筋辅助结构及修饰结构的设计。具体设计过程请参看随书视频讲解。

3.7.4　箱体零件设计

箱体零件一般起支承、容纳、定位和密封等作用。箱体零件的内外结构形状通常比较复杂，其上常有空腔、轴孔、内支承壁、肋板、凸台、大小各异的孔等结构，如图 3-387 所示，箱体零件毛坯多为铸件，须经各种机械加工。

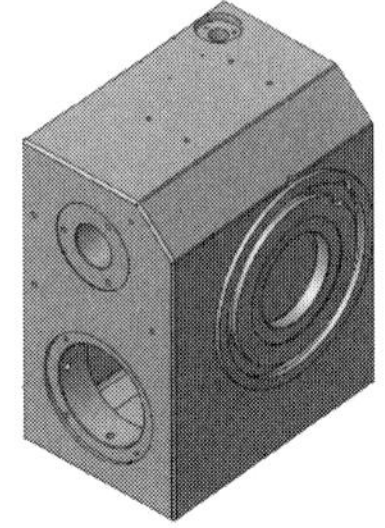
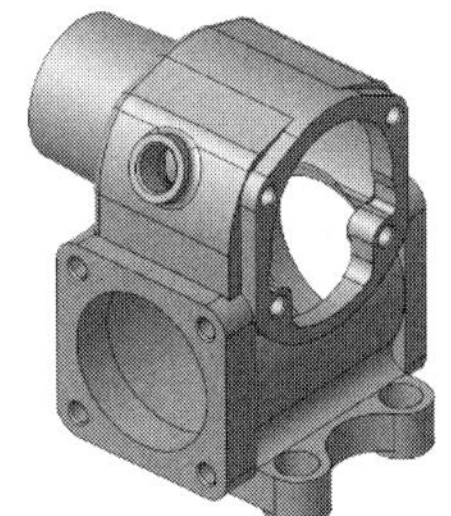

扫码看视频讲解

图 3-387　箱体零件设计举例

箱体零件是典型零件中结构最复杂的一种，要考虑的具体问题比较多，包括设计顺序问题，典型细节设计方法与技巧，还要特别注意设计效率问题等。

（1）箱体零件设计思路

对于箱体零件的设计，主要要注意以下几点：一是箱体零件的尺寸基准，一般都是以箱体底座结构上的底面作为尺寸基准，所以一般的箱体零件设计首先是创建箱体底座，然后再创建箱体其他结构，箱体的壁厚一般都是均匀的，使用薄壁拉伸方法来创建，保证壁厚均匀性；另外，要充分考虑箱体上轴承、轴的承载凸台结构的设计，这些结构在箱体设计中是为了增加强度，比较关键的尺寸一般是凸台面相对于箱体外表面以及箱体内表面的尺寸；箱体中的其他结构没有特殊的地方，按照正常的建模要求来创建就可以了。

在 NX 中进行箱体类零件设计的主要顺序如下：

① 使用拉伸凸台工具、倒圆角工具及孔工具设计箱体底板结构。

② 使用基准特征确定箱体重要设计基准及设计尺寸。

③ 使用加厚拉伸或抽壳方式设计箱体主体结构。

④ 使用拉伸工具及圆周孔设计箱体中的各种加厚凸台结构。

⑤ 使用倒圆角或倒斜角命令设计箱体类零件上的圆角及倒角结构。

（2）箱体零件设计关键点

箱体零件设计关键是各种结构形位尺寸的设计，主要包括以下两点：

① 箱体高度尺寸的设计。合理选择箱体高度设计基准，一般是选择箱体底座底面为整个箱体设计基准，然后以该设计基准设计箱体高度即可直接得到箱体高度尺寸。

② 箱体表面凸台尺寸设计。一般会设计一个控制草图来控制箱体中凸台主要设计尺寸，同时方便尺寸的修改。另外，也可以先创建好控制尺寸的设计基准，然后根据这些设计基准来设计相应的结构。

（3）箱体零件典型结构设计

对于箱体零件，主要包括以下典型结构的设计，在具体设计过程中一定要注意相关的设计规范，才能正确设计箱体零件。

① 箱体零件的放置定位一般很好确定，箱体底板结构放置在水平面上，也就是上视基准平面，然后依次在箱体底板上叠加设计箱体其余结构。

② 箱体底座的设计一般要考虑箱体安装平稳性问题，所以箱体底座底面一般都不设计成大平整面，而是设计成沟槽结构，按照“小面接触代替大面接触”的原则进行设计，特别是体型尺寸比较大的箱体更应该采用这种思路设计。

③ 箱体均厚这一特点主要有两种方法进行设计：一种是薄壁拉伸的方式进行设计；另外一种就是抽壳方式进行设计。前者适用于绝大部分箱体的设计，后者主要用于整体式箱体结构的设计，有时还要考虑使用多体方式进行创建。

④ 对于箱体主体的设计还要注意箱体“底部”和“顶部”的设计。箱体“底部”一般要比其他位置厚，保证箱体底部及根部的强度。箱体“顶部”一般要考虑与箱盖的安装配合问题，需要设计相应的安装孔及定位销孔。

（4）箱体零件设计实例

为了让读者更深入地理解箱体零件设计思路及设计过程，下面根据提供的齿轮箱零件设计图介绍箱体零件的设计。如图 3-388 所示的齿轮箱零件设计图纸，根据该设计图纸设计齿轮箱零件。设计前仔细分析具体的设计思路，在设计中注意充分考虑零件的放置及定位，特别是箱体主体及箱体周边各种凸台结构的设计。

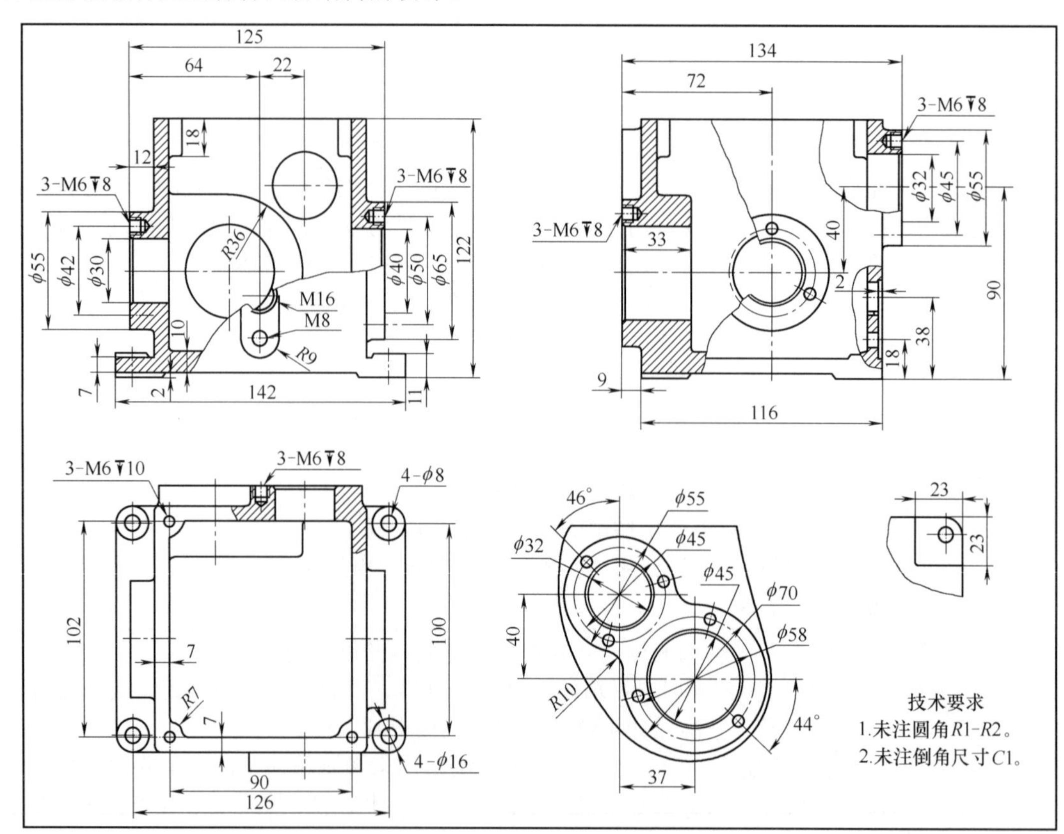

图 3-388　齿轮箱零件设计图

根据齿轮箱零件结构特点及前面介绍的箱体零件设计思路，要完成该齿轮箱的设计，需要首先设计箱体底板结构，然后在箱体底板基础上创建箱体主体结构，注意箱体底部与顶部的设计。然后设计箱体四周的各种凸台结构，虽然凸台结构比较多，但是大概的形状都差不多，关键要注意各凸台的准确位置，这种情况下可以先创建必须的关键基准面以确定凸台准确位置。最后设计各种修饰结构，包括倒圆角及倒角。具体设计过程请参看随书视频讲解。

扫码看视频讲解

3.8 参数化零件设计

零件设计中需要定义大量的尺寸参数，如图 3-389 所示，但是一般零件设计中的参数都是彼此独立的，并不存在参数关联，如果需要对零件进行修改与改进，则需要对其中的每个参数单独进行修改，修改效率低而且容易出错。

实际上零件设计中的很多参数是存在一定关联的，特别是对于一些特殊的零件设计，如齿轮零件设计、管道零件设计等。如图 3-390 所示的是齿轮设计中的参数，其中齿顶圆、分度圆及齿根圆直径都是根据齿轮模数、齿数及压力角等参数计算出来的，像这种零件的设计就必须要考虑这些参数之间的关联，这就需要用到参数化设计方法，本小节主要介绍参数化设计操作及设计案例，帮助读者全面理解并掌握参数化零件设计。

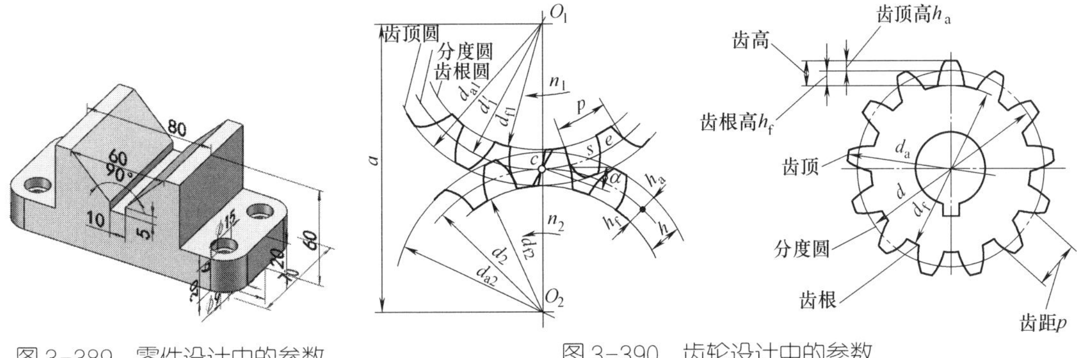

图 3-389 零件设计中的参数

图 3-390 齿轮设计中的参数

3.8.1 参数化零件设计基本操作

下面以如图 3-391 所示的法兰圈零件设计为例，介绍参数化设计基本操作及设计过程。参数化设计的关键是首先要分析零件设计中的重要参数并找出这些参数之间的关系。法兰圈零件模型参数及参数关系如图 3-392 所示，下面具体介绍设计过程。

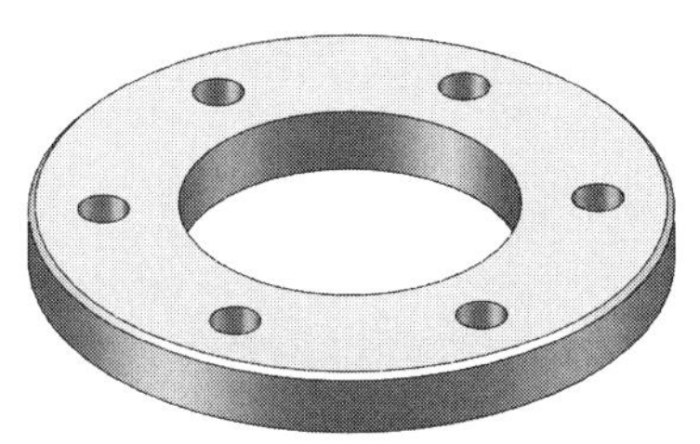

图 3-391 法兰圈模型

参数名称	参数代号	参数关系
内径	D1	80
外径	D2	150
厚度	H	15
圆周孔分布圆直径	D3	(D1+D2)/2
孔直径	DH	12
孔个数	N	6
倒角尺寸	CH	H/10

图 3-392 法兰圈参数

（1）定义模型参数及参数关系

参数化设计的第一步是根据零件参数及参数关系在 NX 中定义参数及参数关系。在“工具”选项卡中单击“表达式”按钮 ═，系统弹出“表达式”对话框，在该对话框中定义零件参数及参数关系，如图 3-393 所示。

完成参数及参数关系定义后，在模型树中会显示如图 3-394 所示的“用户表达式”节点，在该节点中显示定义的参数及参数关系，非常直观。

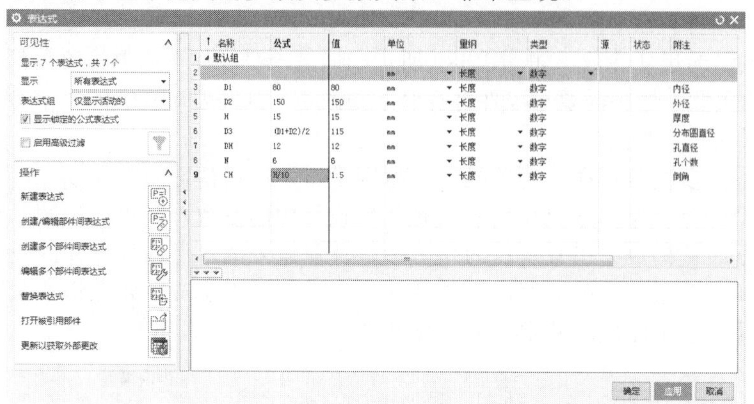

图 3-393 “表达式”对话框

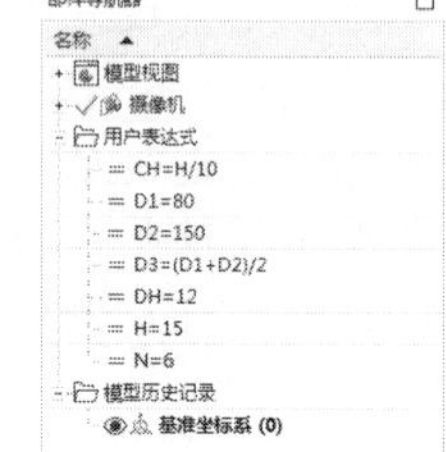

图 3-394 表达式节点

（2）创建零件模型

完成参数及参数关系定义后，接下来可以创建零件模型，在创建模型的过程中将模型参数与前面定义的参数进行关联。

步骤 1 新建模型文件，零件名称为 flange。

步骤 2 创建如图 3-395 所示的拉伸特征。选择“拉伸”命令，选择 XY 基准平面为草图平面绘制如图 3-396 所示的拉伸截面草图，创建拉伸特征，拉伸高度为 15，拉伸特征中的内径、外径及高度将来分别与“表达式”中的 D1、D2 与 H 参数进行关联。

步骤 3 创建如图 3-397 所示的孔。选择“孔”命令，孔定位草图如图 3-398 所示，孔直径为 12，孔深度类型为贯通体，孔直径参数与“表达式”中的 DH 参数进行关联。

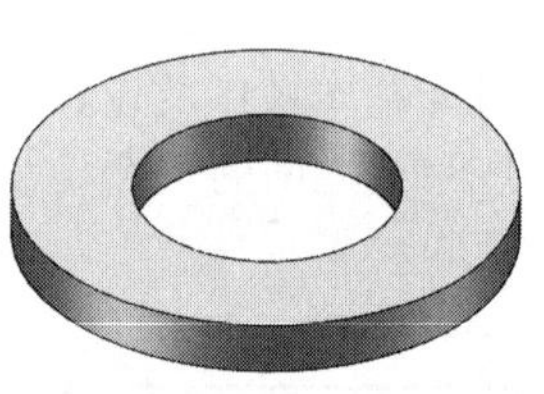
图 3-395 创建拉伸

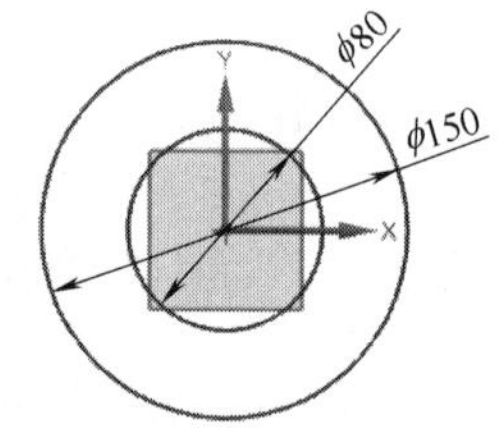

图 3-396 拉伸截面草图

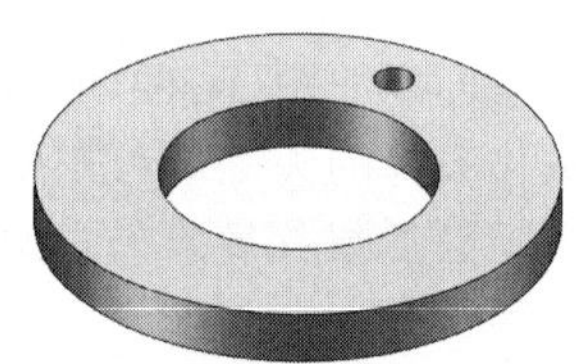
图 3-397 创建孔

步骤 4 创建如图 3-399 所示的孔阵列。对上一步创建的孔特征进行圆形阵列，阵列个数为 6，阵列个数将与“表达式”中的 N 参数进行关联。

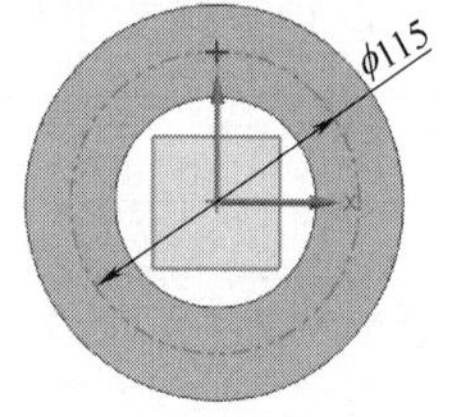

图 3-398 孔定位草图

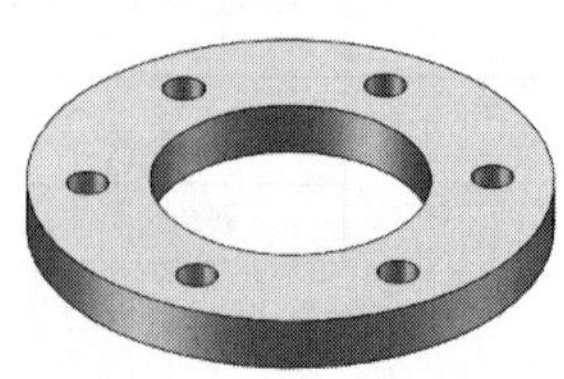
图 3-399 创建孔阵列

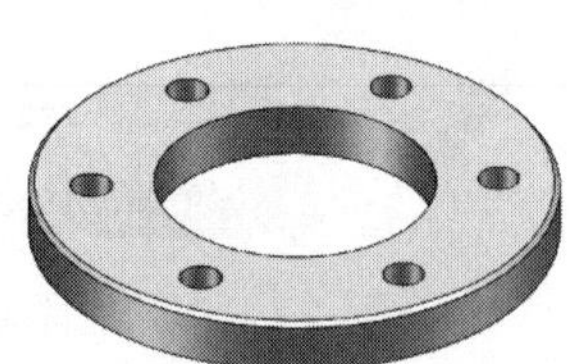
图 3-400 创建倒角

步骤 5　创建如图 3-400 所示的倒角特征。选择“倒斜角”命令，选择法兰圈上端外边线为倒角对象，倒角尺寸为 1.5，倒角尺寸将与“表达式”中的 CH 参数关联。

（3）参数关联

完成模型创建后，在“表达式”对话框中多出了很多以字母 P 开头的参数，这些参数就是特征参数，选中特征参数，然后在其后的“公式”列中输入前面定义的参数名称，这样便将特征参数与定义的参数关联上，参数关联结果如图 3-401 所示。

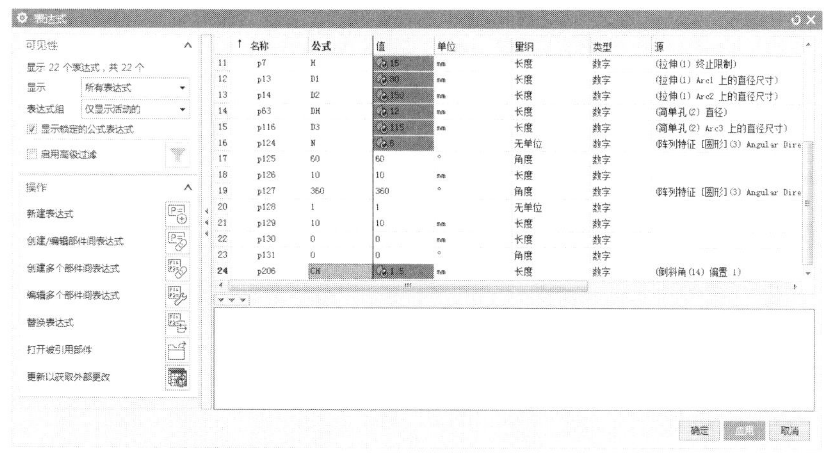

图 3-401　参数关联结果

（4）验证参数化设计

完成参数化设计后，如果需要修改零件中的参数，可以直接在“表达式”对话框中修改。本例修改 D1、D2、DH 和 N 四个参数，如图 3-402 所示，完成参数修改后单击对话框中的“确定”按钮，模型会自动更新，结果如图 3-403 所示。

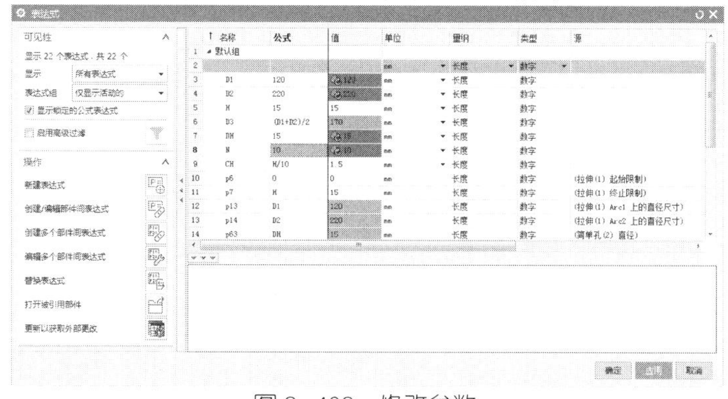

图 3-402　修改参数

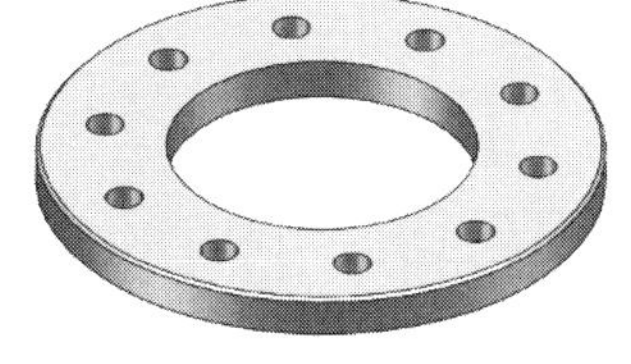

图 3-403　修改结果

使用参数化方法进行零件设计能够大大提高零件模型修改效率。一般情况下，零件模型设计完成后，如果要对零件模型进行修改，需要首先在模型树中找到修改对象，如果零件模型很复杂，包含的特征对象比较多，那么这种修改效率是非常低下的。使用参数化方法只需要在“表达式”对话框中对模型参数进行修改即可。

3.8.2　参数化零件设计实例：阿基米德螺线卡盘

阿基米德螺线卡盘如图 3-404 所示，其结构尺寸如图 3-405 所示，卡盘工作部分（154° 角度范围内）由圆心集合在一条阿基米德螺线的许多 ф42 圆的内外包络线组成，阿基米德螺线方程为 ρ=120+1.33250θ，式中，ρ 为极径，θ 为极角（单位：度）。

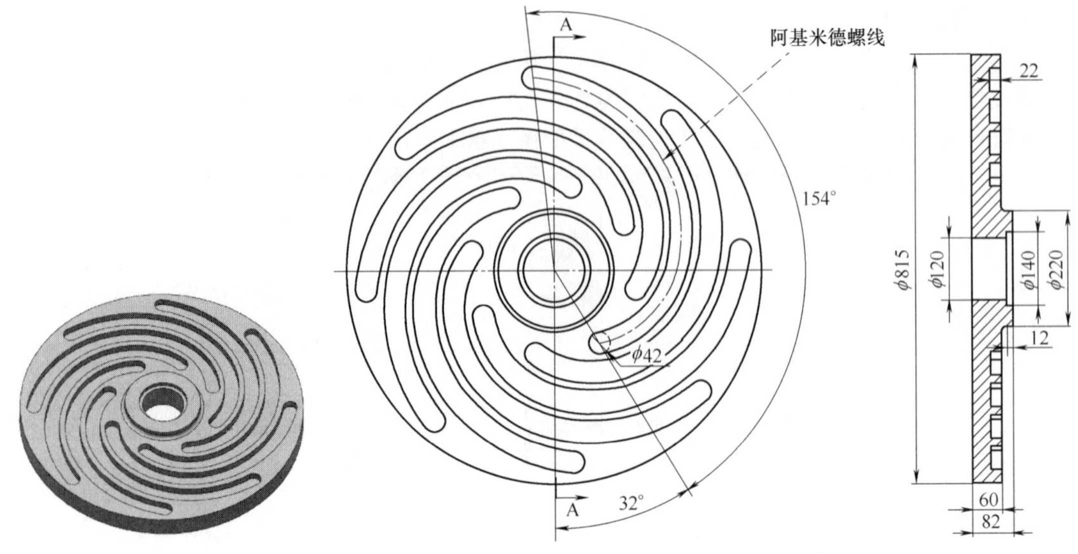

图 3-404　阿基米德螺线卡盘

图 3-405　阿基米德螺线卡盘图纸

本例设计的关键是要创建阿基米德螺线，而阿基米德螺线需要根据提供的阿基米德螺线方程创建。首先将该方程转换成 NX 能够识别的曲线方程，方程中的 ρ 用 r 表示，θ 用 theta 表示，所以 r=120+1.3325*theta，在 NX 中需要定义自变量 t（t=0），theta=t*360*2，然后将极坐标转换为笛卡尔坐标，所以 xt=r*cos(theta)，yt=r*sin(theta)，zt=0，具体表达式定义如图 3-406 所示。具体设计过程请看随书视频讲解。

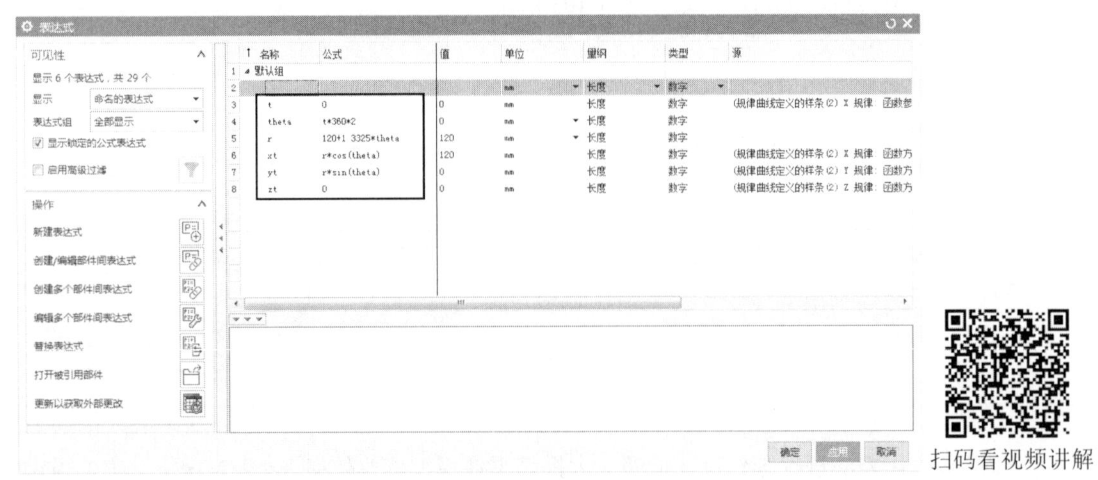

图 3-406　定义阿基米德螺线表达式

3.8.3　系列化零件设计

对于成系列的零件，如标准件、管道零件等，为了提高设计效率及使用效率，需要使用系列化设计方法进行设计。在 NX 中使用“部件族”命令进行系列化零件设计。

如图 3-407 所示的是螺母座尺寸，图 3-408 所示为螺母座系列参数。下面以螺母座系列零件设计为例，详细介绍在 NX 中进行系列化零件设计的一般过程。

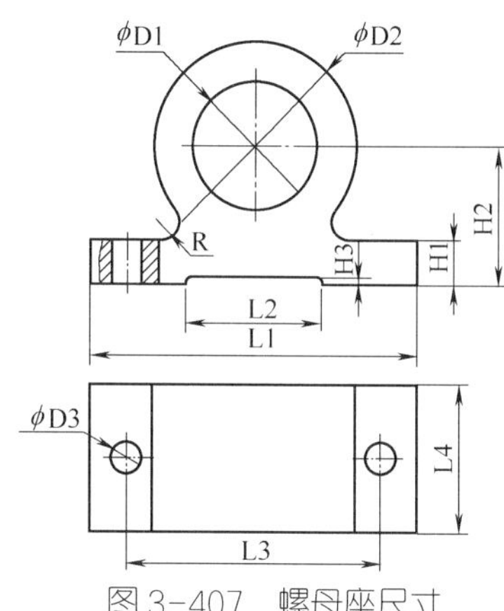

图 3-407　螺母座尺寸

参数名称	LMZ-1	LMZ-2	LMZ-3
L1	90	110	150
L2	38	45	60
L3	70	85	120
L4	40	45	55
D1	35	40	50
D2	56	65	80
D3	8	10	12
H1	12	15	20
H2	37	42	50
H3	2	3	4
R	5	7	9

图 3-408　螺母座系列参数

步骤 1　打开练习文件 ch03 part\3.8\lmz_design。

说明：本例练习文件中已经定义了全部的参数，并且将这些参数与模型中的参数做了参数关联，如图 3-409 所示。

步骤 2　选择命令。在“工具”选项卡中单击“部件族”按钮，系统弹出如图 3-410 所示的“部件族”对话框，在该对话框中定义部件族。

步骤 3　定义电子表格列。在“部件族”对话框展开“电子表格列”区域，在该区域的“可用的列”区域显示模型中定义的全部参数，选中所有的参数，单击“操作”区域的“在末尾添加”按钮，将这些参数添加到“选定的列”区域，如图 3-410 所示，表示将这些参数添加到部件族中，将来可以在电子表格中直接编辑这些参数。

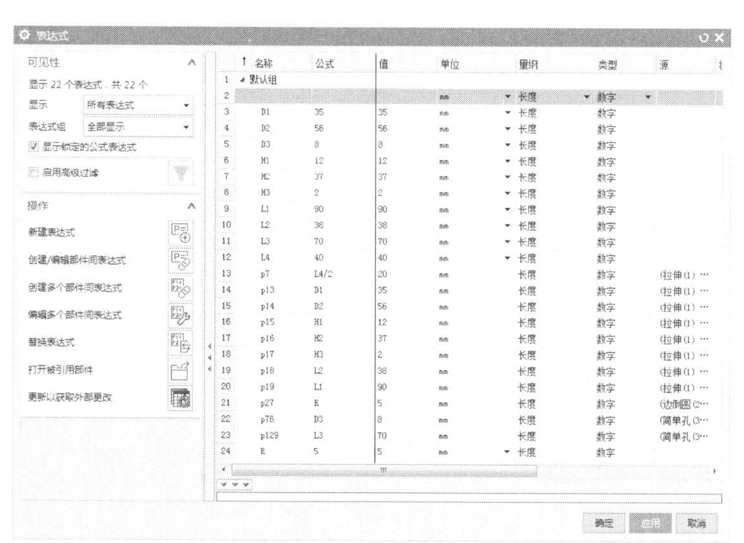

图 3-409　螺母座参数表达

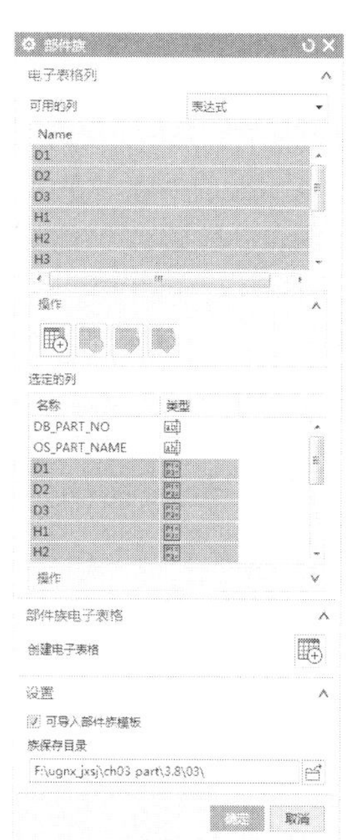

图 3-410　“部件族”对话框

步骤 4 创建电子表格列。在对话框的“部件族电子表格”区域单击“创建电子表格”按钮，系统弹出电子表格，根据图 3-408 所示的“螺母座系列参数”在电子表格中编辑各个螺母座参数，如图 3-411 所示。

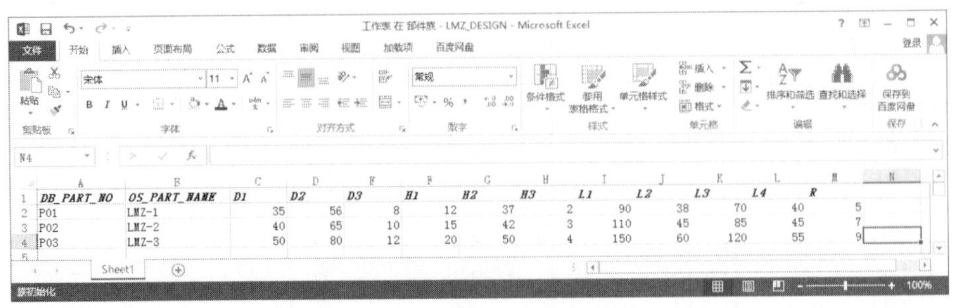

图 3-411 编辑电子表格

步骤 5 部件族菜单。在电子表格单击“加载项”选项卡，在选项卡中单击“部件族”命令，系统弹出“部件族”菜单，如图 3-412 所示。

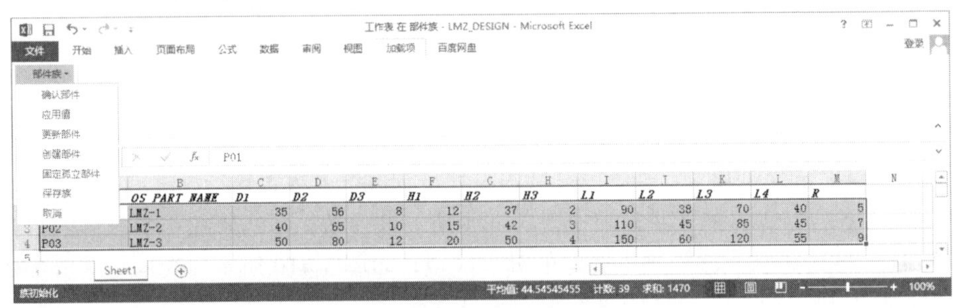

图 3-412 “部件族”菜单

步骤 6 保存部件族。在“部件族”菜单中选择“保存族”命令，系统保存部件族并退出电子表格，此时“部件族”对话框如图 3-413 所示。

步骤 7 创建部件族成员。在“部件族”对话框的“部件族电子报表格”区域单击“编辑电子表格”按钮，系统切换至电子表格，在“部件族”菜单中选择“创建部件”命令，系统将逐一创建各个部件族成员，创建完成后系统弹出如图 3-414 所示的“信息”对话框，此时在文件夹中生成各个部件族成员，如图 3-415 所示。

图 3-413 “部件族”对话框

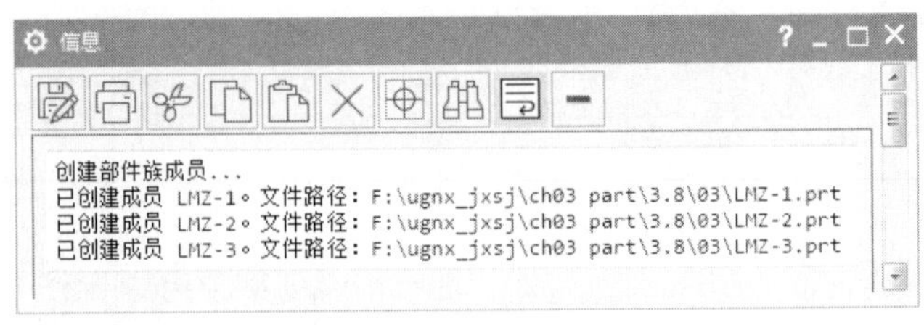

图 3-414 “信息”窗口

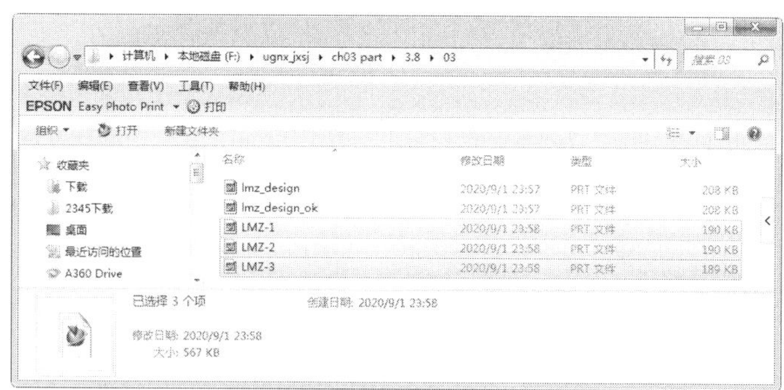

图 3-415　保存部件族成员

3.9 零件设计后处理

零件设计完成后考虑到后续工作的方便，一般需要对模型做必要的后处理操作。零件设计常用后处理操作主要包括模型测量与分析、设置模型颜色与材质、设置模型定向视图、设置模型文件属性等，下面具体介绍这些零件后处理操作。

3.9.1 模型测量与分析

零件设计后首先需要通过测量与分析测算零件尺寸及质量属性是否符合设计要求，如果不符合设计要求，需要对零件进行改进，保证零件设计正确性。下面以如图 3-416 所示的夹具上盖零件模型为例，介绍模型测量与分析的基本操作。

步骤 1 打开练习文件 ch03 part\3.9\top_cover。

步骤 2 选择命令。在“分析”选项卡中单击“测量”按钮，系统弹出如图 3-417 所示的“测量”对话框，使用该对话框可以对模型中的各种对象进行测量。

步骤 3 测量面之间距离。在“测量”对话框的“要测量的对象”区域选中“对象”选项，在“结果过滤器”区域单击按钮，选择如图 3-418 所示的模型表面，系统测量两平面之间的距离值，如图 3-418 所示。

步骤 4 测量直线之间距离。在“测量”对话框的“要测量的对象”区域选中“对象”选项，在“结果过滤器”区域单击按钮，选择如图 3-419 所示的模型边线，系统测量两边线之间的距离值，如图 3-419 所示。

步骤 5 测量圆弧之间距离。在“测量”对话框的“要测量的对象”区域选中“点”选项，在“结果过滤器”区域单击按钮，选择如图 3-420 所示的圆孔边线，系统测量两圆孔圆心距离值，如图 3-420 所示。

步骤 6 测量圆弧对象。在“测量”对话框的“要测量的对象”区域选中“对象”选项，在“结果过滤器”区域单击按钮，选择如图 3-421 所示的圆弧边线，系统测量圆弧的长度、直径（半径）、圆弧中心等参数，如图 3-421 所示。

步骤 7 测量角度。在“测量”对话框的“要测量的对象”区域选中“对象”选项，在“结果过滤器”区域单击按钮，选择如图 3-422 所示的 V 形槽平面，系统测量两平面之间的夹角，如图 3-422 所示。

步骤 8 测量面对象。在“测量”对话框的“要测量的对象”区域选中“对象”选项，在

“结果过滤器”区域单击按钮，选择如图 3-423 所示的圆形端面，系统测量端面面积、周长及中心等参数，如图 3-423 所示。

图 3-416　夹具上盖

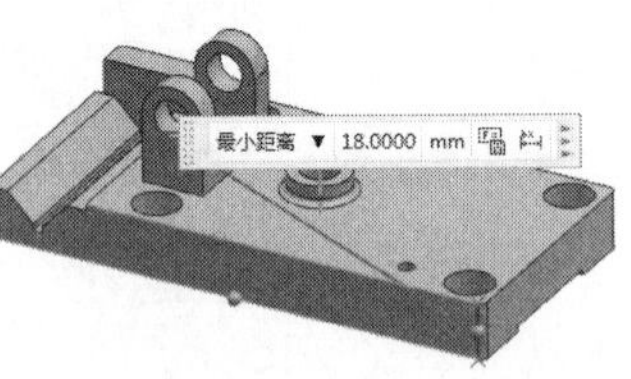

图 3-419　测量直线距离

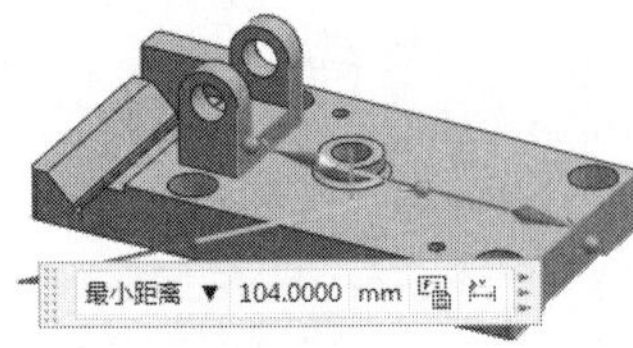

图 3-418　测量面距离

图 3-417　“测量”对话框

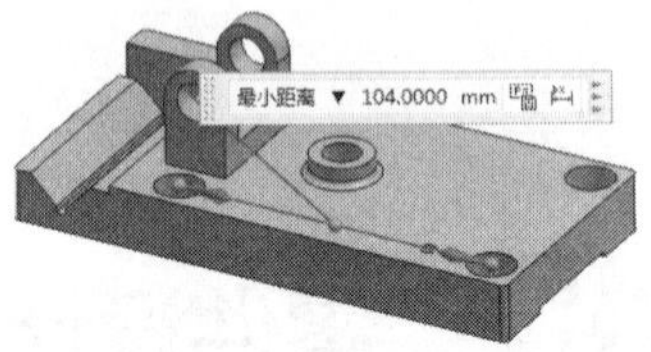

图 3-420　测量圆心距离

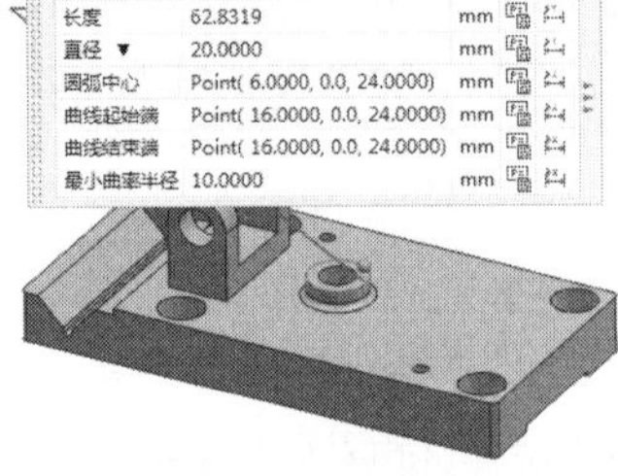

图 3-421　测量圆弧对象

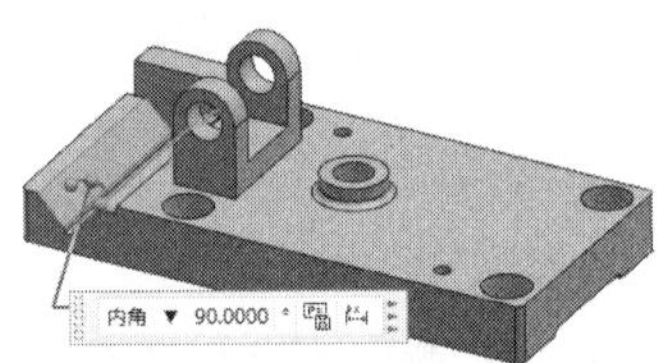

图 3-422　测量角度

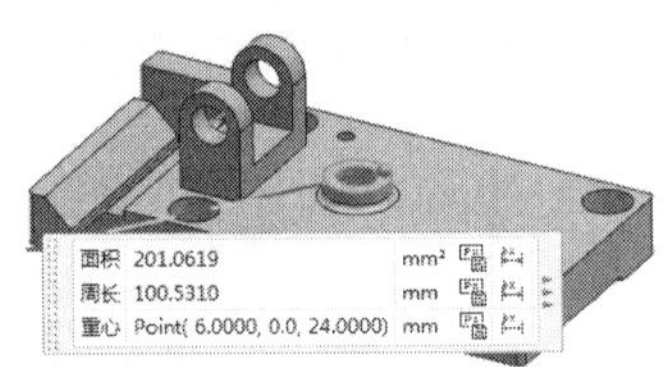

图 3-423　测量面对象

步骤 9　测量体对象。在“测量”对话框的“要测量的对象”区域选中“对象”选项，在“结果过滤器”区域单击按钮，选择整个模型对象，系统测量零件模型的表面积、体积、质量及重量等参数，如图 3-424 所示。

3.9.2　设置模型外观颜色

零件设计完成后根据实际情况或个人喜好设置模型外观颜色便于查看及区分（将来在装配产品中便于区分），同时也是为后期零件产品渲染做准备。下面以如图 3-425 所示的连杆模型为例介绍设置模型外观颜色的操作过程。

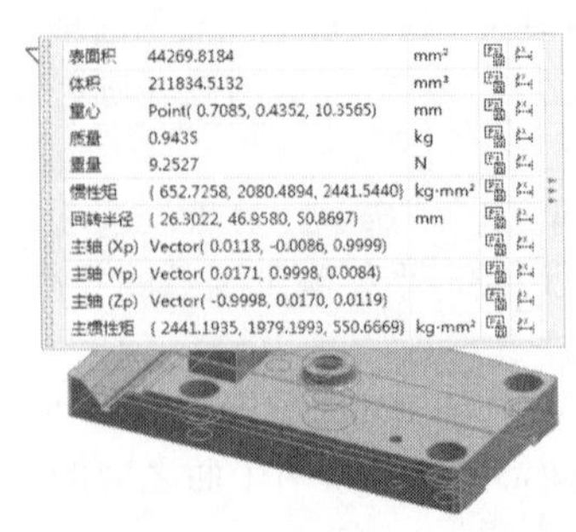

图 3-424　测量体对象

图 3-425　连杆模型

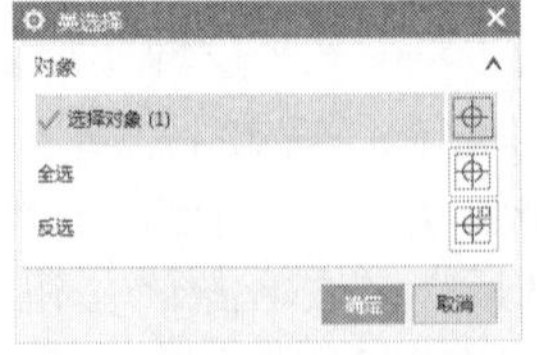

图 3-426　“类选择”对话框

步骤 1 打开练习文件 ch03 part\3.9\link_part。

步骤 2 选择对象。在“视图”选项卡中单击“编辑对象显示”按钮，系统弹出如图 3-426 所示的“类选择”对话框，选择连杆模型，单击“确定”按钮。

步骤 3 编辑体颜色。选择对象后，系统弹出如图 3-427 所示的“编辑对象显示”对话框，单击对话框“颜色”后面的按钮，系统弹出如图 3-428 所示的“颜色”对话框，在对话框中选择需要的颜色，单击“确定”按钮，系统返回至“编辑对象显示”对话框，拖动“半透明”区域的滑块调整透明度，单击“确定”按钮，如图 3-429 所示。

步骤 4 编辑面颜色。在“视图”选项卡中单击“编辑对象显示”按钮，系统弹出“类选择”对话框，在“选择组”过滤器中选择“面”选项，选择如图 3-430 所示的模型表面为编辑对象，从“颜色”对话框中选择需要的颜色，结果如图 3-430 所示。

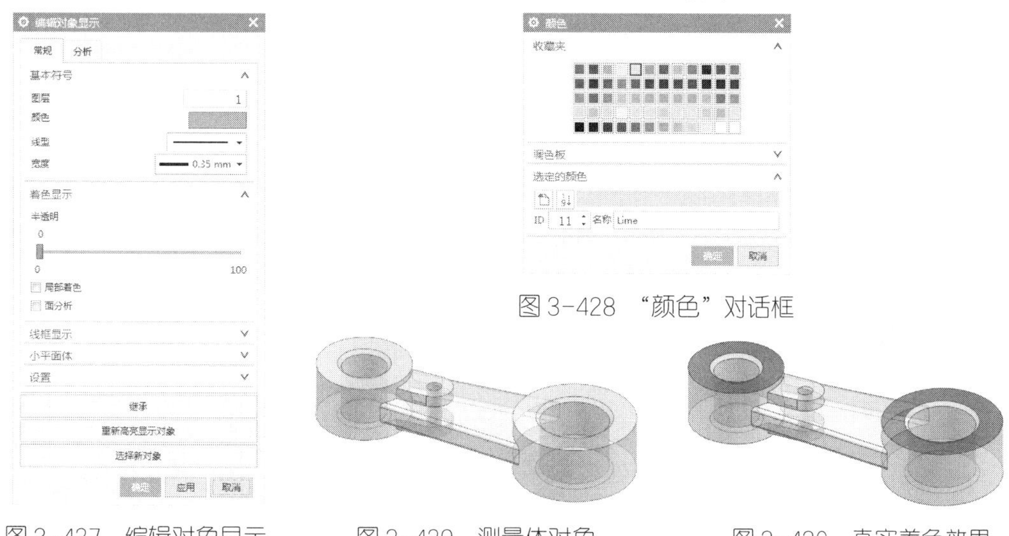

图 3-428 “颜色”对话框

图 3-427 编辑对象显示　　图 3-429 测量体对象　　图 3-430 真实着色效果

步骤 5 设置真实着色。在“视图”选项卡中单击“真实着色”按钮，此时模型根据设置的外观颜色显示真实着色效果，如图 3-431 所示。

3.9.3 设置模型材质

完成零件设计后考虑到后期质量自动计算、工程图明细表质量计算、产品渲染及有限元结构分析，需要根据实际情况设置模型材质。下面以如图 3-432 所示的法兰盘模型为例介绍设置模型材质的操作过程。

步骤 1 打开文件。打开练习文件 ch03 part\3.9\flange。

步骤 2 选择命令。在“工具”选项卡“实用工具”区域的“更多”菜单中单击“指派材料”按钮 指派材料，系统弹出如图 3-433 所示的“指派材料”对话框。

步骤 3 指派材料。选择法兰盘零件模型为指派材料对象，在“材料列表”下拉列表中选择“库材料”选项，表示从 NX 材料库中选择材料指派到零件模型中，然后从材料列表中选择 steel 材料，单击“确定”按钮，完成材料指派。

步骤 4 查看材料。添加材料后，在选项卡区域中选择“文件”→“属性”命令，系统弹出如图 3-434 所示的“显示部件属性”对话框，在对话框的“部件属性”列表区域的“材料”节点下显示添加的材料属性。使用“测量”工具测量零件模型质量，该质量就是根据指定的材料密度与零件模型体积计算出来的，如图 3-435 所示。

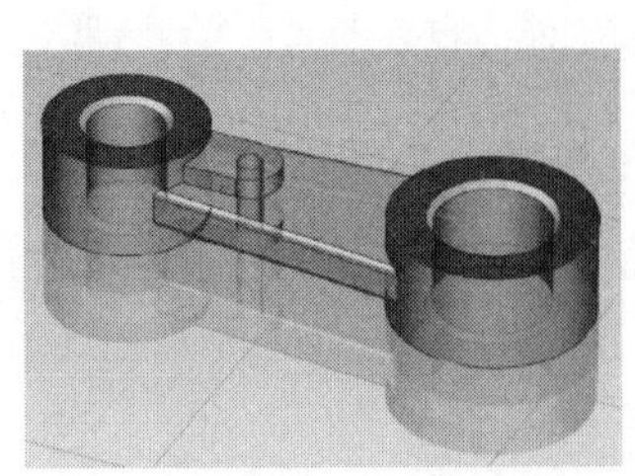

图 3-431　真实着色效果

图 3-432　法兰盘零件

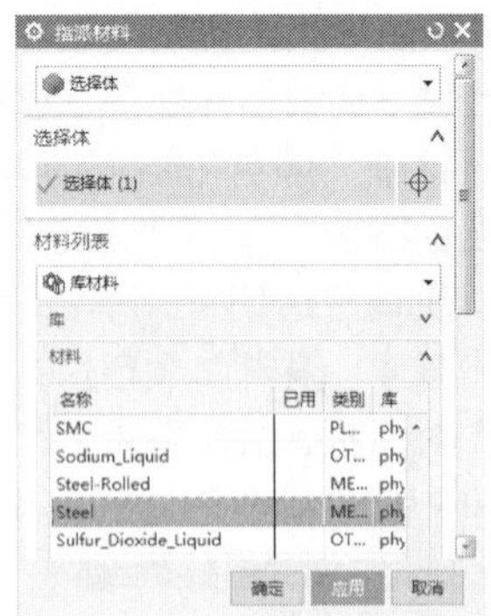

图 3-433　“指派材料”对话框

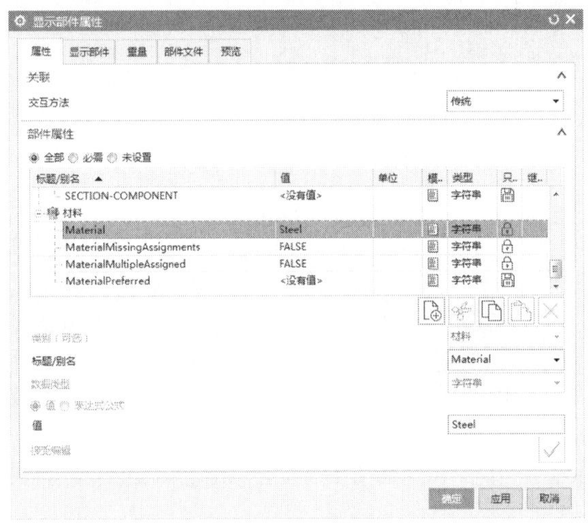

图 3-434　“显示部件属性”对话框

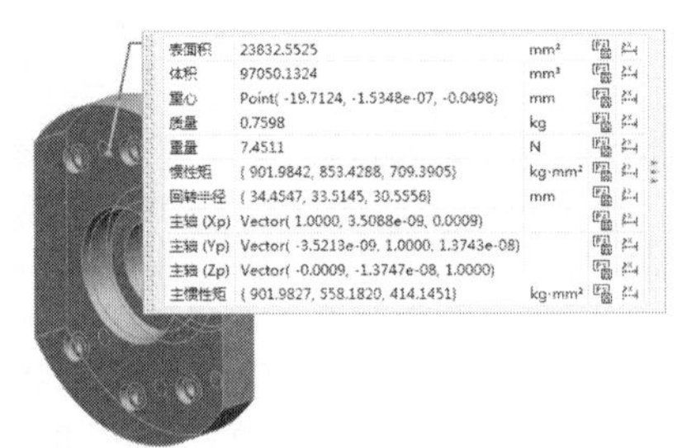

图 3-435　测量质量

步骤 5　定义新材料。在设置模型材质时，如果系统自带的材质无法满足实际设计需要，可以定义新材料，然后将新材料添加到模型中，本例介绍 HT200 材料的创建。

① 选择命令。在“工具”选项卡“实用工具”区域的“更多”菜单中单击“指派材料”按钮 指派材料，系统弹出“指派材料”对话框。

② 新建材料。在“指派材料”对话框的“新建材料”区域单击“创建材料”按钮，系统弹出如图 3-436 所示的“各向同性材料”对话框，在该对话框中定义材料属性，名称为 HT200，杨氏模量为 1.16E+11Pa，泊松比为 0.194，如图 3-436 所示。

③ 指派材料。完成材料新建后，系统返回至“指派材料”对话框，选择法兰盘零件模型为指派材料对象，在“材料列表”下拉列表中选择“本地材料”选项，从材料列表中选择 HT200 材料，如图 3-437 所示，单击“确定”按钮，完成材料指派。

步骤 6　查看材料。添加材料后，在选项卡区域中选择“文件”→“属性”命令，系统弹出“显示部件属性”对话框，在“部件属性”列表区域的“材料”节点下显示添加的材料属性，如图 3-438 所示，使用“测量”工具测量质量，如图 3-439 所示。

图 3-436　“各向同性材料”对话框

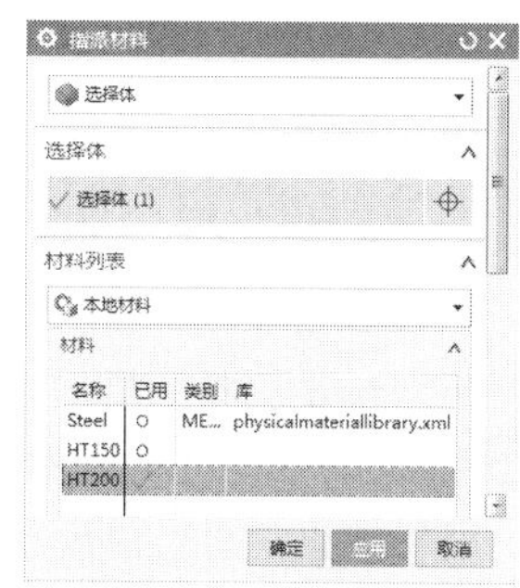

图 3-437　“指派材料”对话框

图 3-438　查看材料

图 3-439　测量质量

3.9.4　模型定向视图

零件设计完成后，为了方便随时从各个角度查看模型，也是为了方便交流，需要创建模型定向视图。另外，创建模型定向还便于以后创建工程图视图及产品渲染。下面以如图 3-440 所示的齿轮箱体模型为例介绍模型定向视图操作。

步骤 1　打开文件。打开练习文件 ch03 part\3.9\gear_box。

步骤 2　创建 V1 定向视图。将模型调整到如图 3-440 所示的视图方位，在“选择组”工具条中选择“菜单”→“视图”→“操作”→“另存为”命令，系统弹出“保存工作视图”对话框，在“名称”文本框中输入视图名称 V1，如图 3-441 所示，单击“应用”按钮，系统将当前视图定向保存为 V1，将来可以随时查看该视图定向。

步骤 3　创建 V2 定向视图。将模型调整到如图 3-442 所示的视图方位，输入视图名称“V2”，单击“应用”按钮，将当前模型视图方位以 V2 名称保存下来。

步骤 4　创建 V3 定向视图。将模型调整到如图 3-443 所示的视图方位，输入视图名称“V3”，单击“应用”按钮，将当前模型视图方位以 V3 名称保存下来。

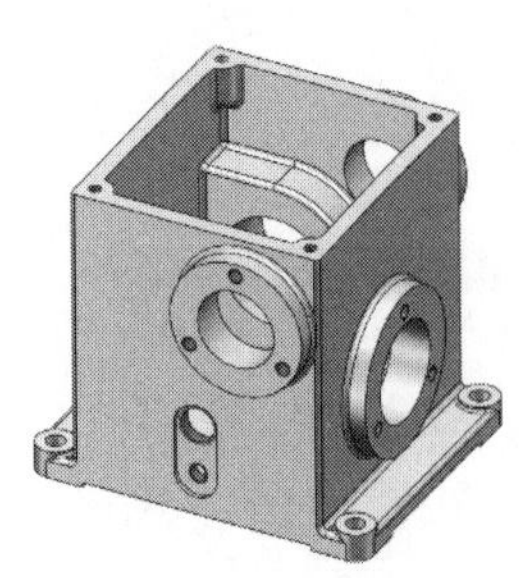

图 3-440　齿轮箱体

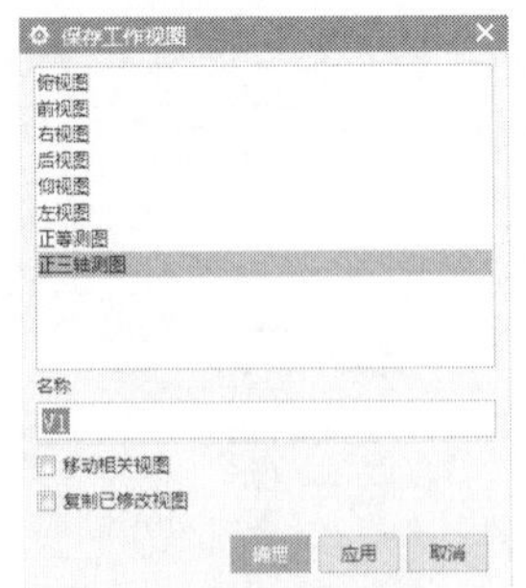

图 3-441　“保存工作视图”对话框

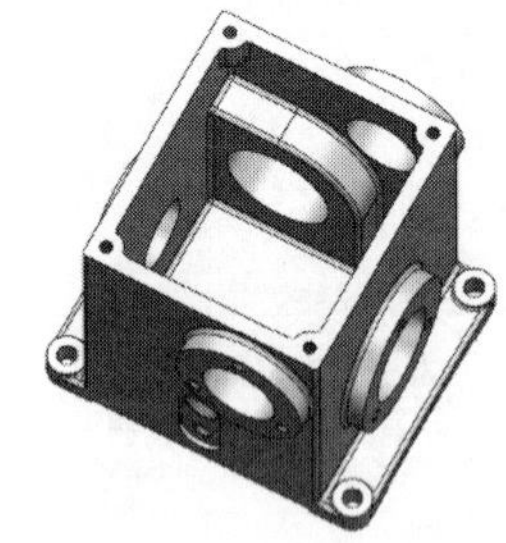

图 3-442　调整 V2 视图方位

步骤 5　创建 V4 定向视图。模型调整到如图 3-444 所示的视图方位，输入视图名称“V4”，单击“应用”按钮，将当前模型视图方位以 V4 名称保存下来。

步骤 6　创建 V5 定向视图。模型调整到如图 3-445 所示的视图方位，输入视图名称“V5”，单击“应用”按钮，将当前模型视图方位以 V5 名称保存下来。

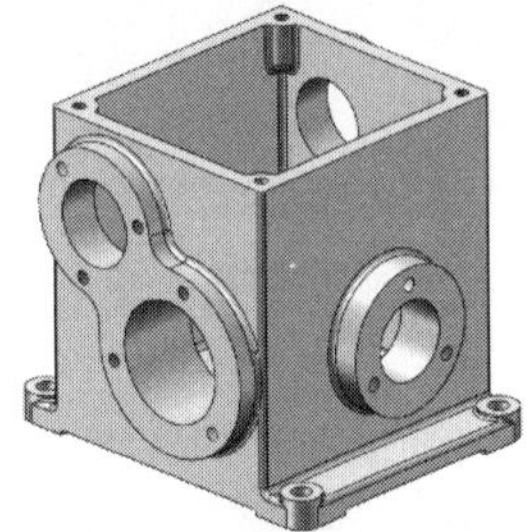

图 3-443　调整 V3 视图方位

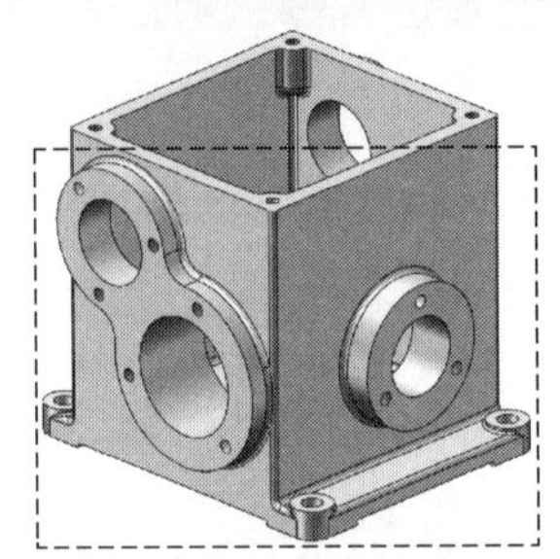

图 3-444　调整 V4 视图方位

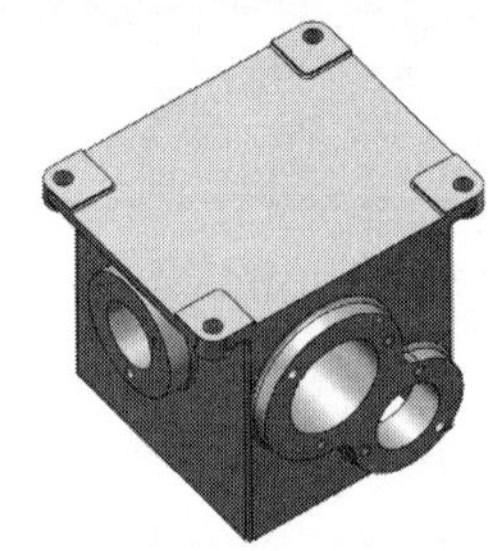

图 3-445　调整 V5 视图方位

步骤 7　查看定向视图。完成所有定向视图创建结果如图 3-446 所示，如果需要查看这些视图，在图形区空白位置右键，在弹出的快捷菜单中选择“定向视图”→“定制视图”命令，系统弹出如图 3-447 所示的“定向视图”命令，在该对话框中可以看到保存的视图定向，单击视图名称可以查看保存的视图定向。

3.9.5　模型文件属性

完成零件模型最终设计后，需要设置零件模型的文件属性，便于后面直接出工程图自动填写标题栏或生成明细表信息。如图 3-448 所示的阀体零件，代号为 V01，材料为 steel，质量自动计算，单位名称为“武汉卓宇创新”，下面介绍文件属性设置。

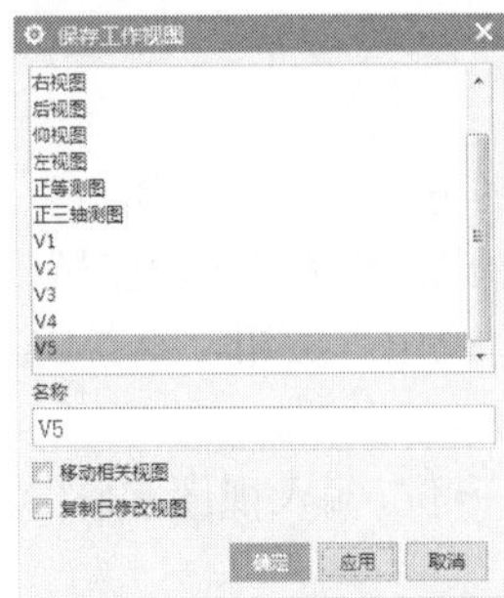

图 3-446　保存的视图

图 3-447　“定向视图”对话框

图 3-448　阀体零件模型

步骤 1　打开练习文件 ch03 part\3.9\valve_body。

步骤 2　添加材料并测量质量。选择“指派材料”命令，从材料列表中选择 steel 材料添加到零件模型上，如图 3-449 所示，选择“测量”命令，测量模型质量，如图 3-450 所示，模型质量为 0.7847kg。

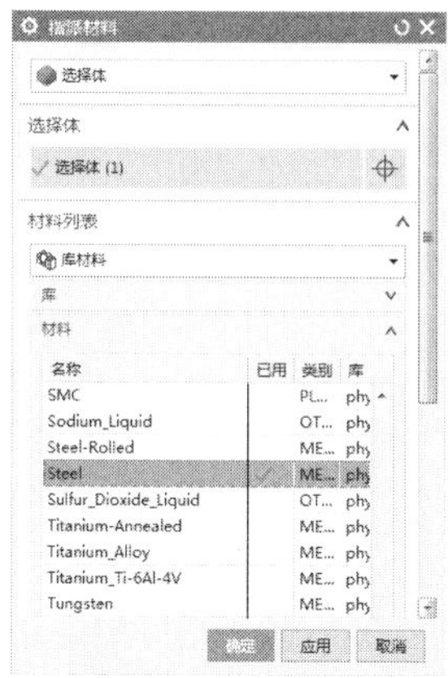

图 3-449　添加材料

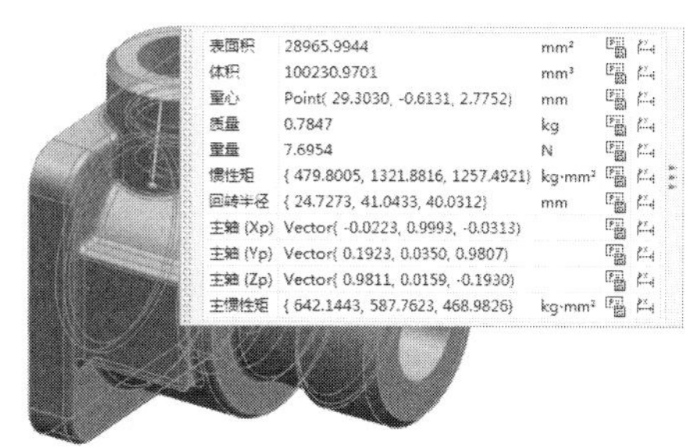

图 3-450　测量模型质量

步骤 3　设置文件属性。在选项卡区域中选择“文件”→“属性”命令，系统弹出“显示部件属性”对话框，在该对话框中定义材料属性名称，定义 DB_PART_NAME（零件名称）值为“阀体”，定义 DB_PART_NO（零件代号）值为 V01，定义 WEIGHT（质量）值为 0.7847，单击“添加属性”按钮，添加 COMPANY（单位名称）属性，属性名称为“武汉卓宇创新”，结果如图 3-451 所示。

图 3-451　设置文件属性

步骤 4　保存零件模型文件。选择“保存”命令，保存零件模型文件。

扫码看视频讲解

3.10 零件设计案例

前面小节系统介绍了零件设计方法及设计要求与规范，为了加深读者对零件设计的理解并更好地应用于实践，下面通过两个具体案例详细介绍零件设计。

3.10.1 泵体零件设计

根据图 3-452 所示的泵体零件设计图纸要求，在 NX 中进行泵体零件结构设计，重点要注意设计要求及规范的实际考虑。

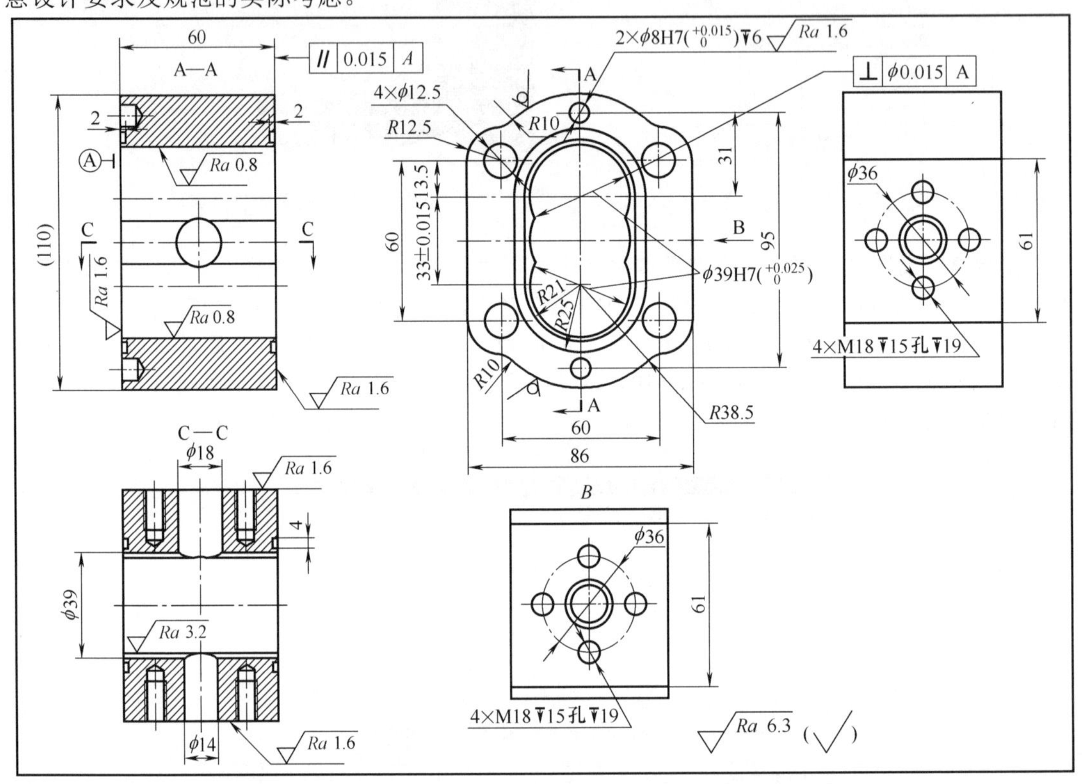

图 3-452　泵体零件设计图纸

由于书籍写作篇幅限制，本书不详细叙述设计过程，读者可扫码观看随书视频讲解，视频中有详尽的泵体零件设计讲解。

3.10.2 安全盖零件设计

根据如图 3-453 所示的安全盖零件设计图纸要求，在 NX 中进行安全盖零件结构设计，重点要注意设计要求及规范的实际考虑。

由于书籍写作篇幅限制，本书不详细叙述设计过程，读者可扫码观看随书视频讲解，视频中有详尽的安全盖零件设计讲解。

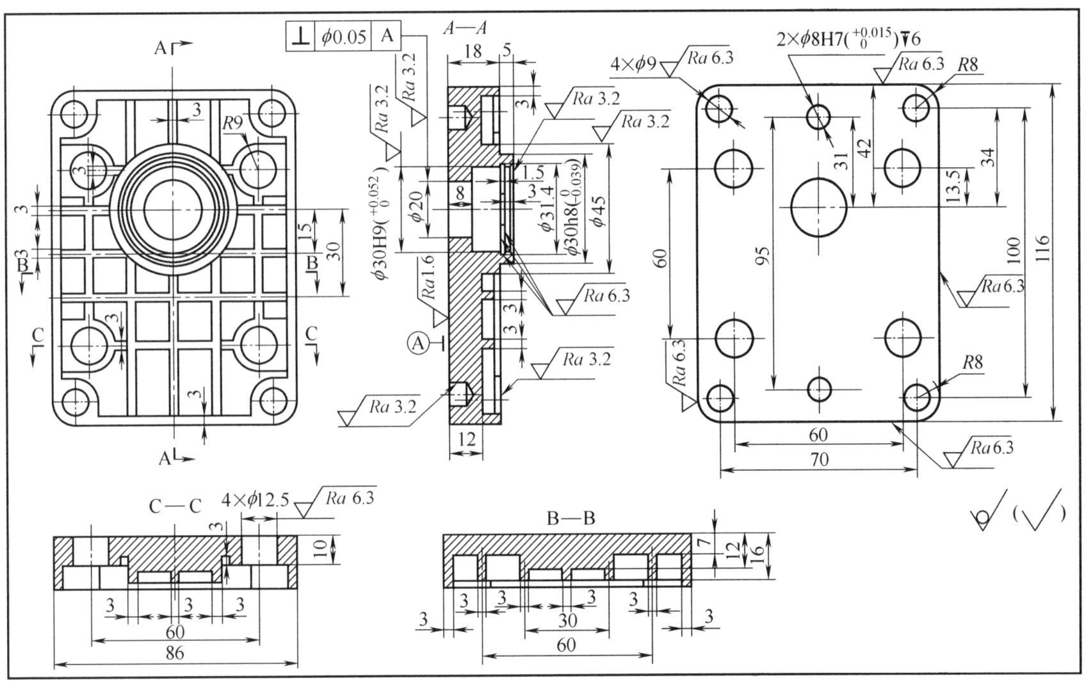

图 3-453　安全盖零件设计图纸

第4章 同步建模

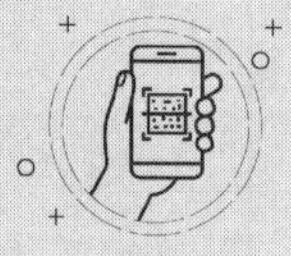
微信扫码，立即获取
全书配套视频与资源

同步建模是一种非参数化的建模方式，用户可以非常自由地修改选定的几何对象而不必在意先前存在的关系。同步建模可以作为参数化建模的一个非常有用的辅助工具，它为用户提供了更高的设计灵活性和编辑效率。

4.1 同步建模基础

学习和使用同步建模之前需要首先认识同步建模作用，熟悉同步建模工具。下面首先介绍同步建模作用，然后介绍同步建模工具，让读者对同步建模有一个初步的认识。

4.1.1 同步建模作用

同步建模主要作用是对无参数模型进行直接修改。如图 4-1 所示的模型是参数模型，其模型树如图 4-2 所示，从模型树中可以看到具体的特征，这种情况下可以直接对特征参数进行修改以达到修改零件模型的目的，如图 4-3 所示。

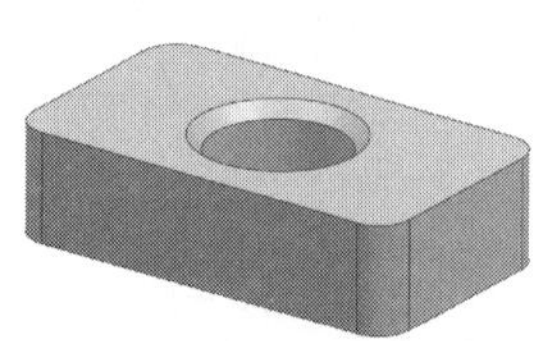
图 4-1　参数模型

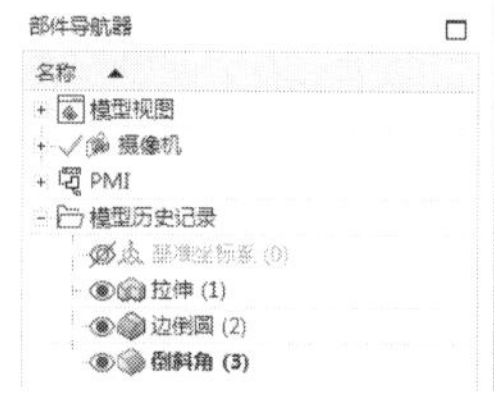

图 4-2　参数模型树

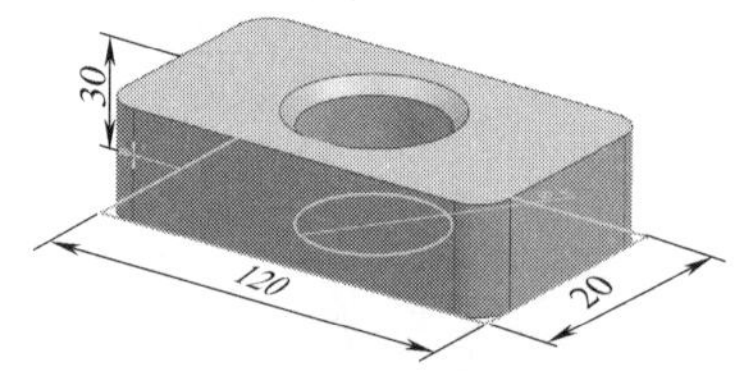

图 4-3　可以直接修改参数

如图 4-4 所示的模型是无参数模型，其模型树如图 4-5 所示，模型树中只包括一个无参数的几何体。这种情况下无法对模型进行参数化修改，需要使用同步建模工具对模型中的几何对象进行修改，如图 4-6 所示。

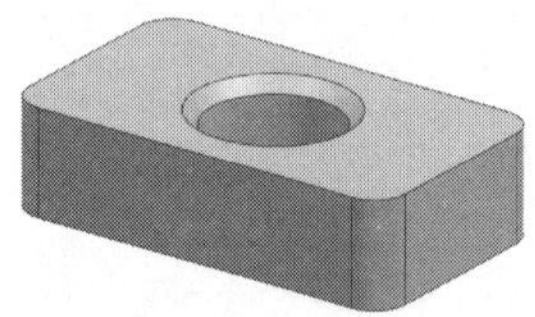
图 4-4　无参数模型

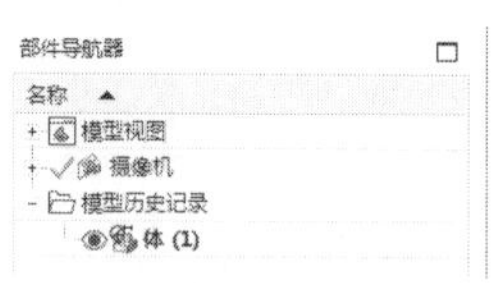

图 4-5　无参数模型树

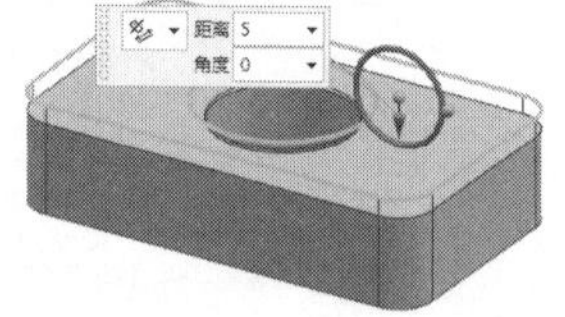

图 4-6　使用同步建模工具修改

实际产品设计中同步建模主要包括以下几个方面的应用：

（1）产品修复与改进

实际产品设计中经常需要对模型进行修复与改进，特别是对无参数模型进行操作。如产品设计中对不合理结构的修复与改进，模具设计中对模具工件进行修件，数控加工中对加工工件进行修件，使用同步建模方法能够极大提高模型修复与改进效率。

（2）有限元分析中模型简化

在实际有限元分析中经常需要对分析模型进行必要的理想化处理，如对模型中的各种细节结构进行简化处理等，使用同步建模方法能够极大提高模型简化效率，最终提高有限元分析效率。

4.1.2　同步建模工具

学习和使用同步建模需要首先认识同步建模工具。在 NX 中并没有专门的同步建模模块，在“建模”环境中提供了同步建模工具用于同步建模操作。此处打开 ch04 synchronous\4.1\fix_base 文件进入 NX 建模环境，在“建模”环境中提供了多种同步建模工具，如图 4-7 所示。

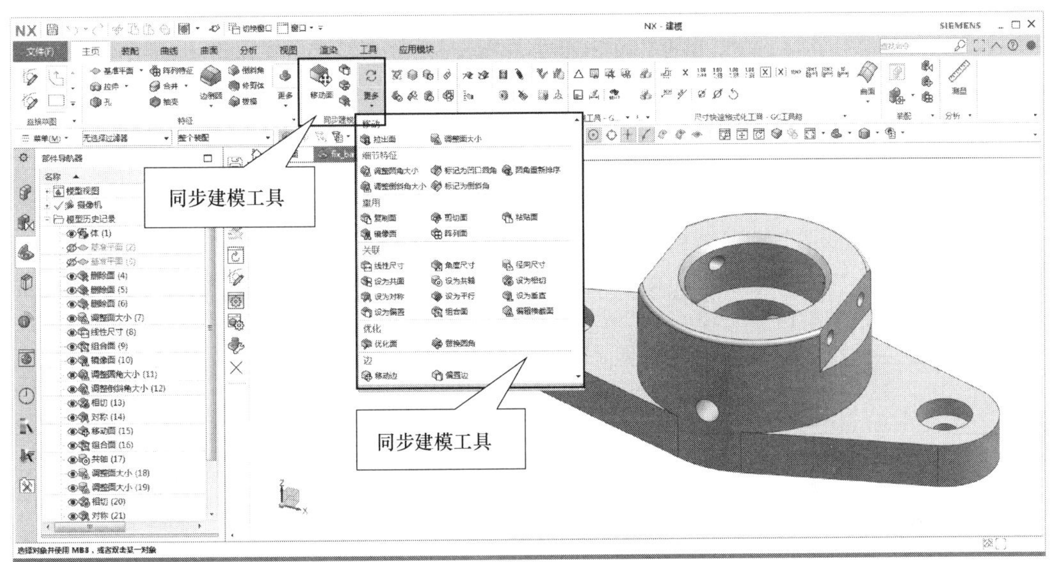

图 4-7　NX 同步建模工具

说明：这些同步建模工具主要用于对无参数模型进行修改，但是有少数工具（如圆角重新排序）只能用于对参数模型进行修改，在实际使用时要特别注意。

4.2　同步建模基本操作

同步建模基本操作包括移动面、拉出面、偏置区域、调整面大小、替换面及删除面等，这些是同步建模中使用频率最高的几个工具，下面具体介绍。

4.2.1　移动面

“移动面”命令用于对选中的对象进行移动或旋转操作。如图 4-8 所示的 V 形块模型，现在需要对模型中 V 形槽结构进行修改得到如图 4-9 所示的结果，这种情况下需要使用“移动面”工具进行处理，下面以此为例介绍“移动面”操作。

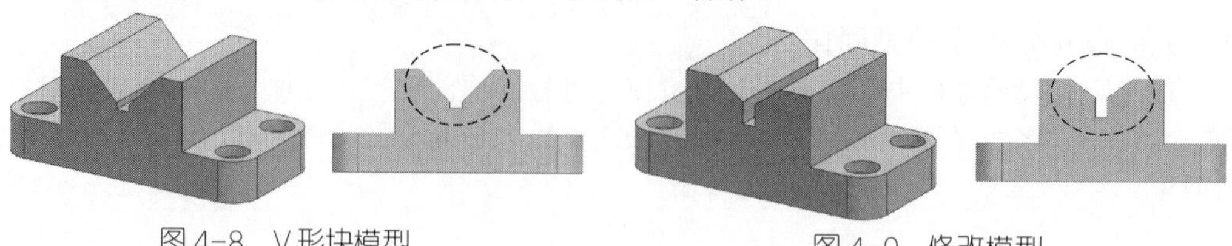

图 4-8　V 形块模型　　图 4-9　修改模型

步骤 1　打开练习文件 ch04 synchronous\4.2\move_face。

步骤 2　选择命令。在“主页”选项卡中单击“移动面”按钮，系统弹出如图 4-10 所示的“移动面”对话框，在该对话框中定义移动面参数。

步骤 3　选择移动面对象。选择如图 4-11 所示的 V 形槽斜面为移动面对象。

步骤 4　定义移动面变换。在“移动面”对话框的“变换”区域定义移动面操作，在“运动”下拉列表中选择“距离-角度”选项，表示对选中面进行移动与旋转操作，在“距离”文本框中设置移动距离值为 5，在“角度”文本框中设置旋转角度值-10，具体设置如图 4-10 所示，此时在模型中显示移动面预览，如图 4-11 所示。

步骤 5　完成移动面操作。在对话框中单击“确定”按钮，结果如图 4-12 所示。

创建“移动面”时，选择移动面对象后，系统会自动搜索与该对象存在一定关联的对象，用户根据实际需要对这些关联对象可以同步使用移动面操作，大大提高了移动面效率。本例使用的模型中两侧 V 形槽斜面是对称的，所以在选择一侧移动对象后，在“移动面”对话框的“结果”区域显示发现“对称”对象，如图 4-13 所示，选中“对称”对象，系统将对称结果一并进行移动面操作，如图 4-14 所示。

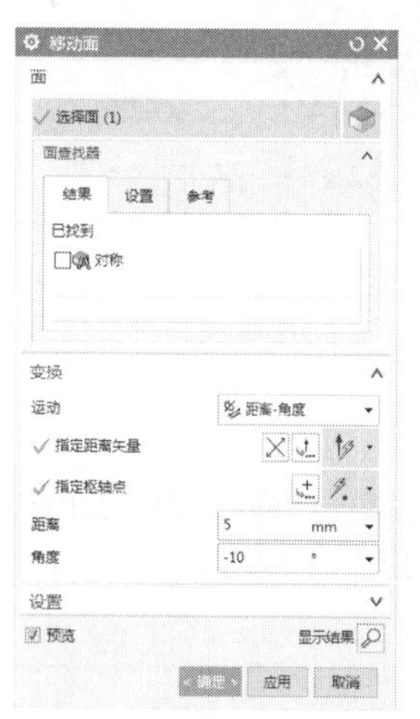

图 4-10　“移动面”对话框

图 4-11　定义移动面

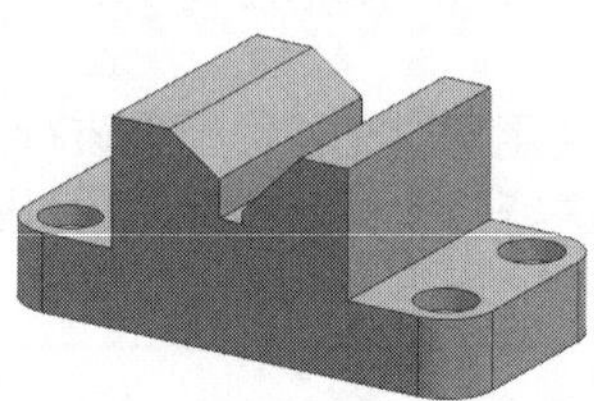

图 4-12　移动面结果

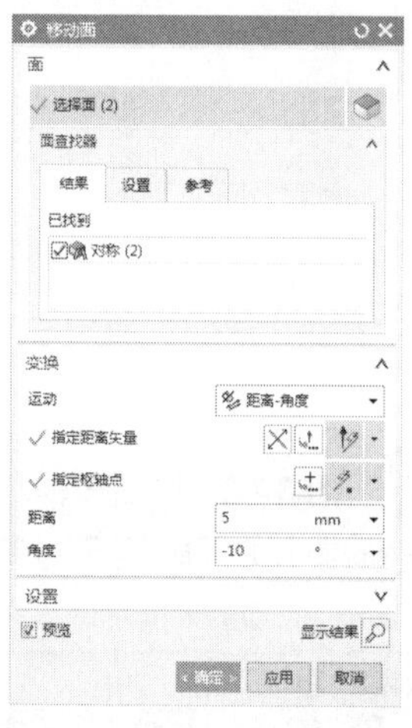

图 4-13　移动对称面

4.2.2　拉出面

“拉出面”命令用于对选中的对象进行移动操作。如图 4-15 所示的 V 形块模型，现在需要对模型中 V 形槽结构进行修改得到如图 4-16 所示的结果，这种情况下需要使用“拉出面”工具进行处理，下面以此为例介绍“拉出面”操作。

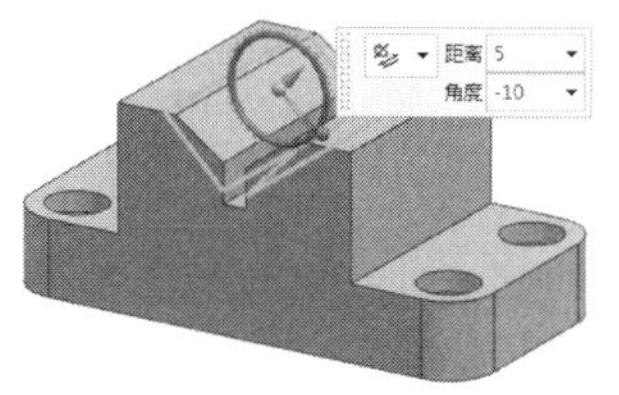

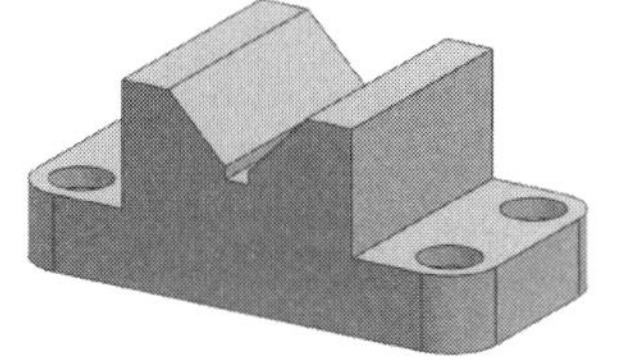

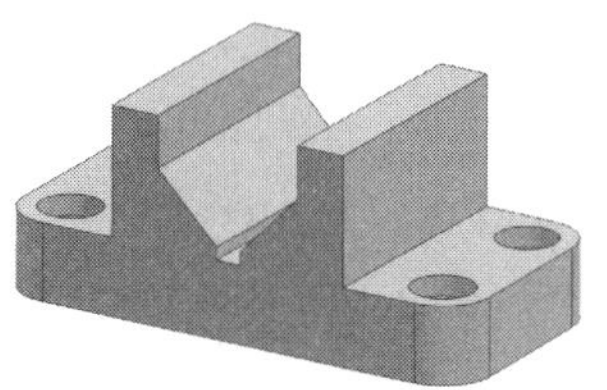

图 4-14　移动对称面结果　　图 4-15　V 形块模型　　图 4-16　修改模型

步骤 1　打开练习文件 ch04 synchronous\4.2\pull_face。

步骤 2　选择命令。在“主页”选项卡的“更多”菜单中单击“拉出面”按钮 拉出面，系统弹出如图 4-17 所示的“拉出面”对话框，在该对话框中定义拉出面参数。

步骤 3　选择拉出面对象。选择如图 4-18 所示的所有 V 形槽面为拉出面对象。

步骤 4　定义拉出面变换。在“拉出面”对话框的“变换”区域定义拉出面操作，在“运动”下拉列表中选择“距离”选项，表示对选中面进行移动操作，定义拉出方向为竖直向下，在“距离”文本框中设置拉出距离值为 20，具体设置如图 4-17 所示，此时在模型中显示拉出面预览，如图 4-18 所示。

步骤 5　完成拉出面操作。在对话框中单击“确定”按钮，完成拉出面操作。

4.2.3　偏置区域

“偏置区域”命令用于对选中的对象进行偏置操作。如图 4-19 所示的阀体模型，现在需要对模型中 8 字形凸台进行修改得到如图 4-20 所示的结果，这种情况下需要使用“偏置区域”工具进行处理，下面以此为例介绍“偏置区域”操作。

图 4-17　“拉出面”对话框

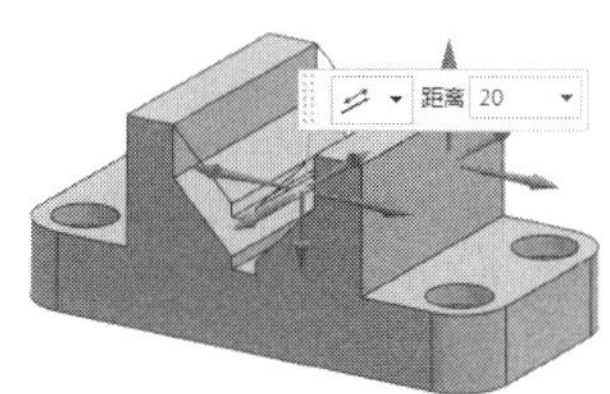

图 4-18　定义拉出面

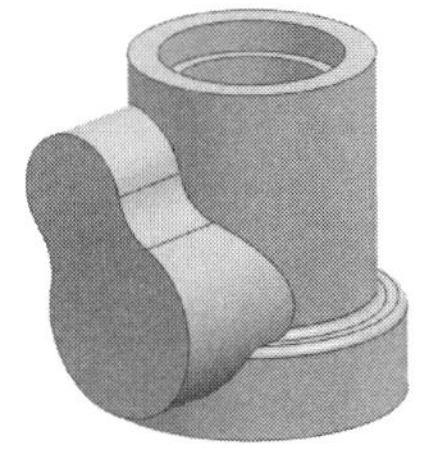

图 4-19　阀体模型

步骤 1　打开练习文件 ch04 synchronous\4.2\offset_region。

步骤 2　选择命令。在“主页”选项卡中单击“偏置区域”按钮 偏置区域，系统弹出如图

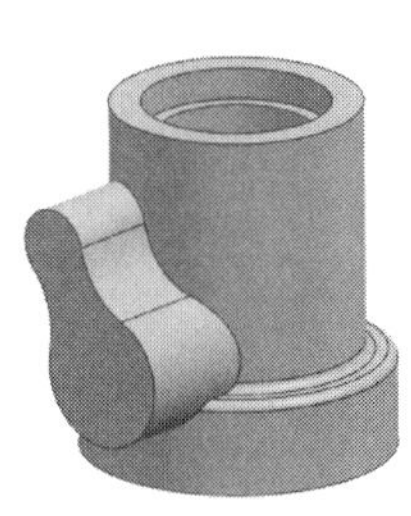

图 4-20　偏置区域

图 4-21　“偏置区域”对话框

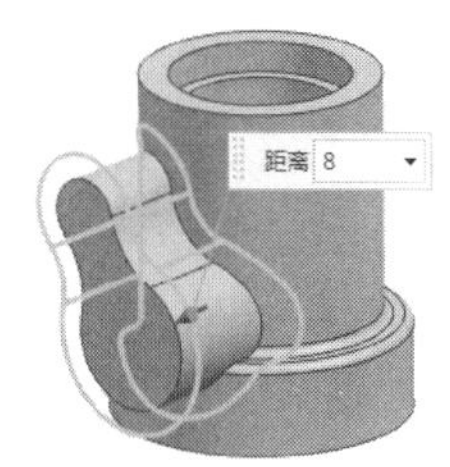

图 4-22　定义偏置区域

4-21 所示的“偏置区域”对话框，在该对话框中定义偏置区域参数。

步骤 3 选择偏置区域对象。选择阀体模型上 8 字形凸台的侧面为偏置区域对象。

步骤 4 定义偏置参数。在“偏置区域”对话框的“距离”文本框中设置偏置距离为 8，单击按钮调整偏置方向向内侧偏置，如图 4-22 所示。

步骤 5 完成偏置区域操作。在对话框中单击“确定”按钮，完成偏置区域操作。

4.2.4 调整面大小

“调整面大小”命令用于直接修改选中对象的大小。如图 4-23 所示的机盖模型，现在需要对模型中 6 个孔直径进行修改得到如图 4-24 所示的结果，这种情况下需要使用“调整面大小”工具进行处理，下面以此为例介绍“调整面大小”操作。

步骤 1 打开练习文件 ch04 synchronous\4.2\resize_face。

步骤 2 选择命令。在“主页”选项卡的“更多”菜单中单击“调整面大小”按钮 调整面大小，系统弹出如图 4-25 所示的“调整面大小”对话框。

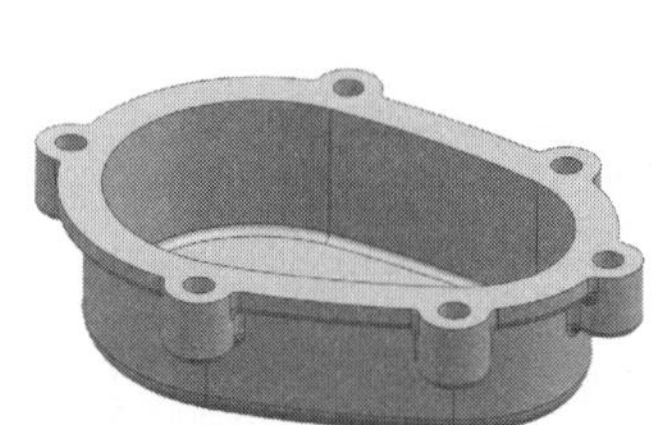

图 4-23 机盖模型

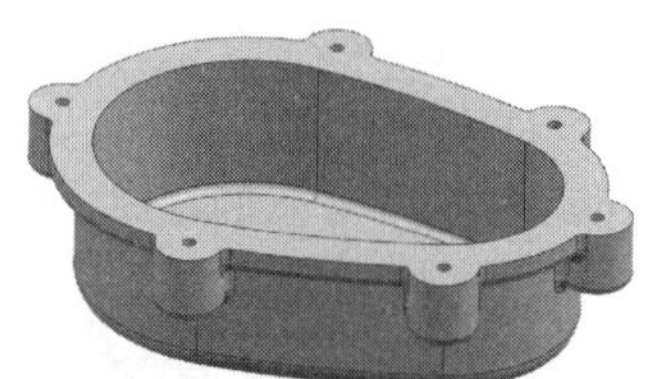

图 4-24 调整面大小

图 4-25 “调整面大小”对话框

步骤 3 选择调整对象。在机盖模型上选择任一孔圆柱面，通过“等半径”关系，系统自动选择所有等半径的孔圆柱面，如图 4-26 所示，此时在“调整面大小”对话框的“大小”区域显示当前孔的尺寸值。

步骤 4 定义调整参数。在“调整面大小”对话框的“大小”区域设置孔直径为 8，相当于将孔直径由 18 修改为 8，如图 4-27 所示。

步骤 5 完成偏置区域操作。在对话框中单击“确定”按钮，完成调整面大小操作。

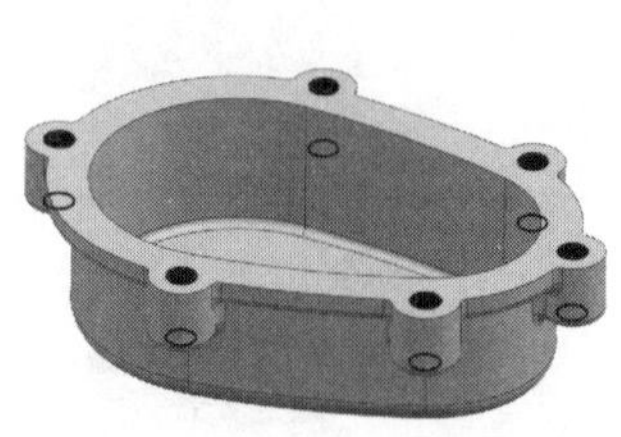

图 4-26 选择调整对象

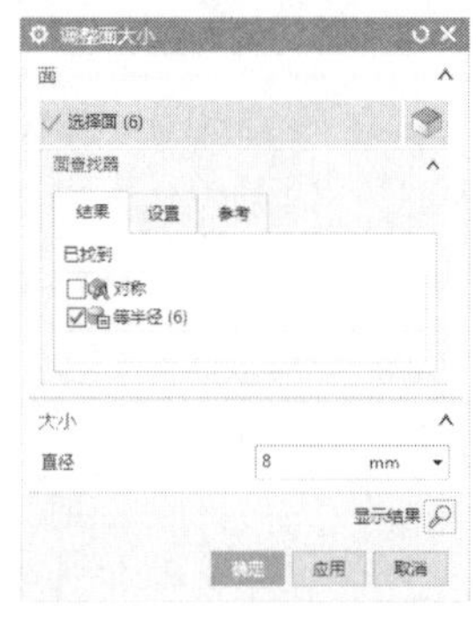

图 4-27 设置调整参数

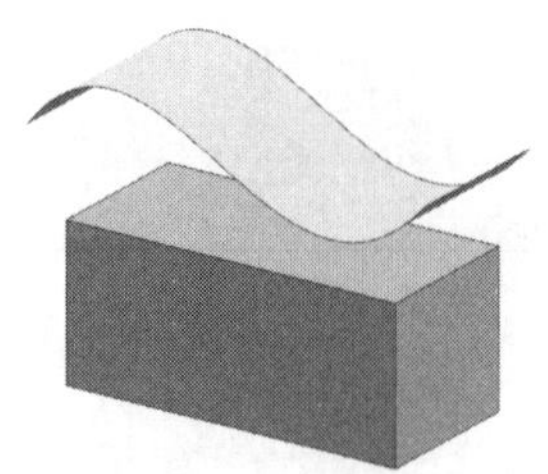

图 4-28 实例模型

4.2.5 替换面

“替换面”命令用于将选中面对象用其他的曲面替换。如图 4-28 所示的实例模型，包括底部的实体与上部的曲面，现在需要将实体上表面创建到离曲面 10mm 的位置，得到如图 4-29 所示的效果，这种情况需要使用“替换面”进行操作。

步骤 1　打开练习文件 ch04 synchronous\4.2\replace_face。

步骤 2　选择命令。在“主页”选项卡的“更多”菜单中单击“替换面”按钮替换面，系统弹出如图 4-30 所示的“替换面”对话框。

步骤 3　选择原始面。在模型上选择实体上表面为原始面，表示该面将被替换掉。

步骤 4　定义替换面。在模型上选择曲面为替换面，表示使用该面替换前面选择的原始曲面。因为本例要求实体表面与曲面之间有一定的间隙，所以在替换面时需要设置偏置距离，在对话框的“偏置”区域设置偏置距离值 10，注意单击按钮调整偏置方向向下，如图 4-31 所示，相当于将实体表面“拉伸”到离曲面 10mm 的位置。

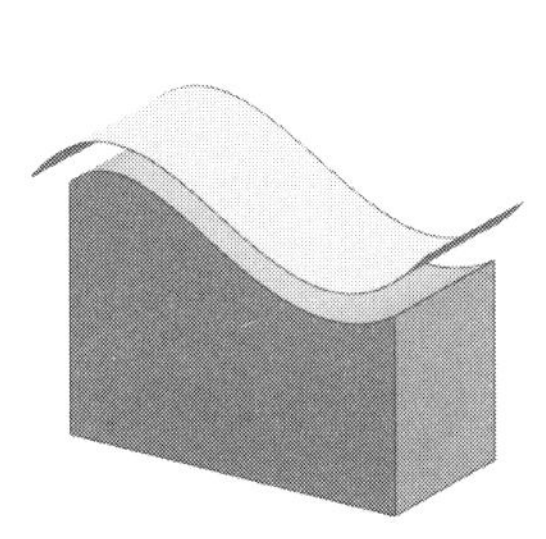

图 4-29　替换面

图 4-30　“替换面”对话框

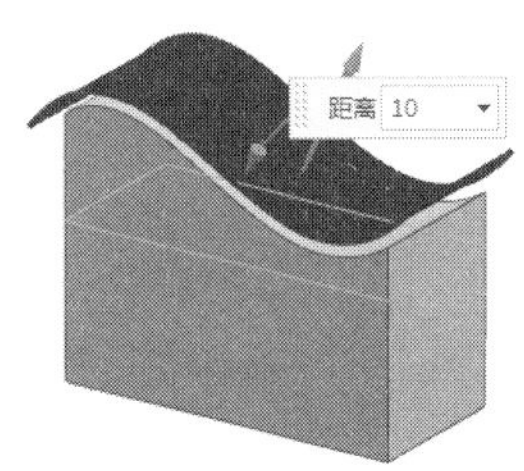

图 4-31　定义替换面

步骤 5　完成替换面操作。在对话框中单击“确定”按钮，完成替换面操作。

4.2.6 删除面

“删除面”命令用于删除模型中不要的面，经常用于对模型进行简化及改进。如图 4-32 所示的实例模型，现在需要将模型中的 V 形槽结构去掉，如图 4-33 所示，然后在此基础上创建如图 4-34 所示的改进模型，下面以此为例介绍删除面操作。

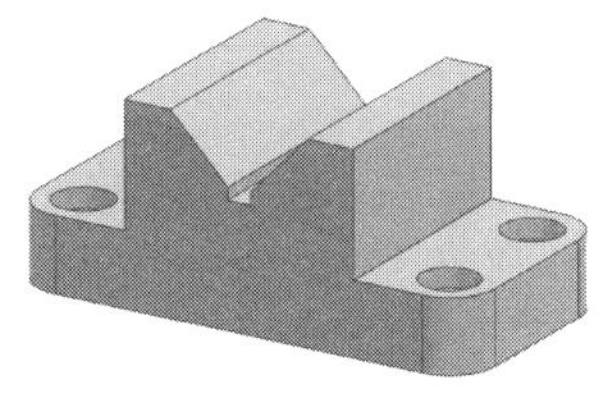

图 4-32　实例模型

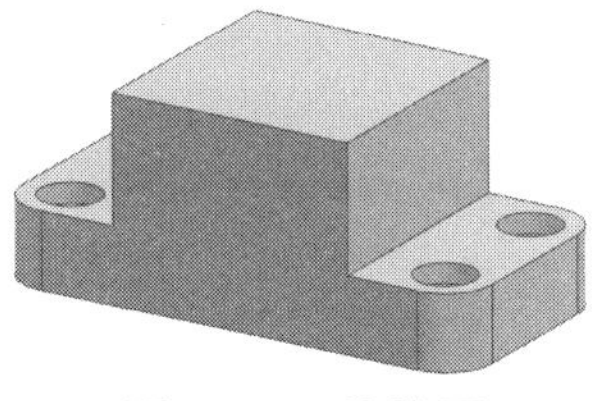

图 4-33　删除面

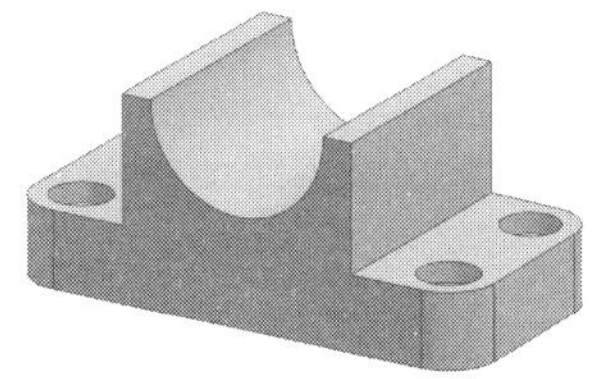

图 4-34　改进模型

步骤 1　打开练习文件 ch04 synchronous\4.2\delete。

步骤 2　选择命令。在“主页”选项卡中单击“删除面”按钮删除面，系统弹出如图 4-35 所示的“删除面”对话框，在该对话框中定义删除面。

步骤 3　定义删除面。在模型上选择 V 形槽面为删除对象，在“设置”区域选中“修复”选项，此时删除面预览如图 4-36 所示，删除面结果如图 4-37 所示。

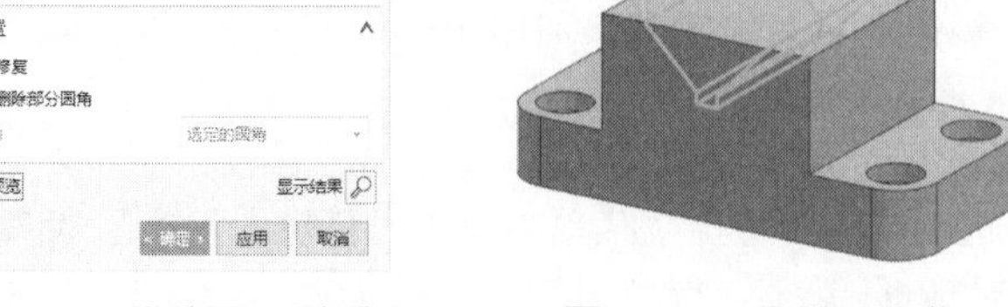

图 4-35　“删除面”对话框　　图 4-36　删除面预览　　图 4-37　删除面结果

步骤 4　创建孔结构。选择“孔”命令，系统弹出如图 4-38 所示的“孔”对话框，选择如图 4-39 所示的边线中点为孔定位点，设置孔参数如图 4-38 所示，单击“确定”按钮，完成孔特征创建，结果如图 4-40 所示。

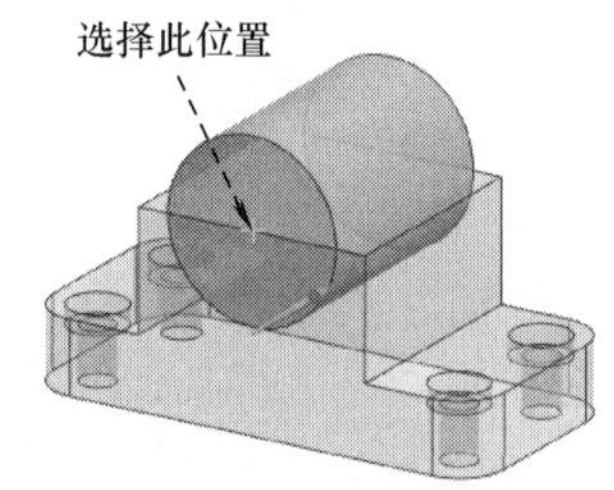

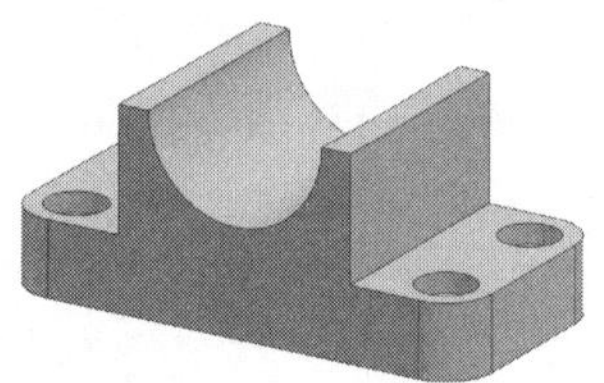

图 4-38　“孔”对话框　　图 4-39　定义孔位置　　图 4-40　创建孔结果

创建删除面时一定要注意设置删除面方式。在“删除面”对话框的“设置”区域选中“修复”选项，系统将选中的面删除，删除之后系统自动使用实体对删除位置进行修复，相当于只是删除实体的表面，本例采用的就是这种删除面方式。

在“删除面”对话框的“设置”区域取消选中“修复”选项，如图 4-41 所示，系统将选中面删除，同时将模型内部完全掏空，得到一个中空的曲面模型，相当于抽取了原来实体模型的表面（不包括选择的删除面），如图 4-42 所示，内部结构如图 4-43 所示。

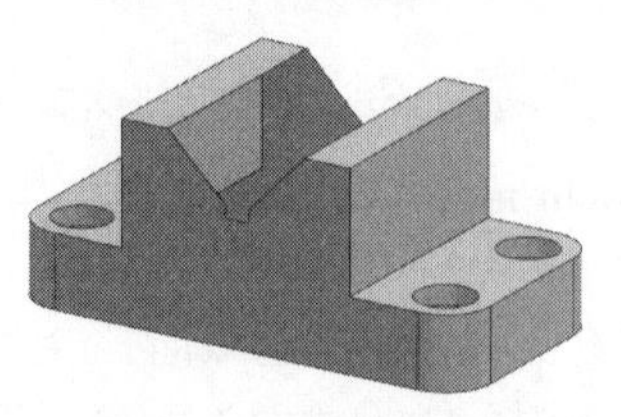

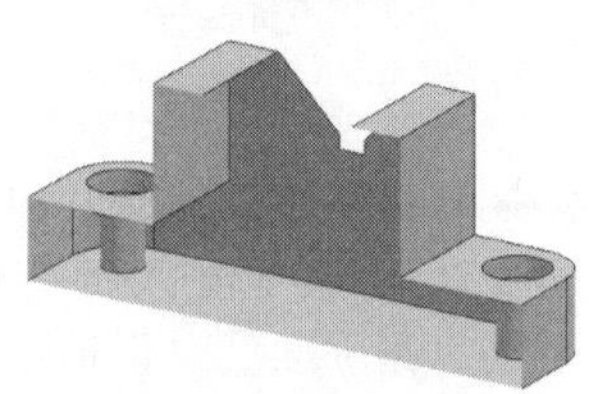

图 4-41　定义删除面　　图 4-42　删除面结果　　图 4-43　删除面剖切结果

4.3 细节特征处理

细节特征处理主要包括调整倒圆角大小、圆角重新排序、调整倒斜角大小及标记为倒斜角等。这些命令用于对细节结构进行调整，下面具体介绍。

4.3.1 调整倒圆角大小

“调整倒圆角大小”命令用于直接修改倒圆角半径。如图 4-44 所示的模型，需要修改模型中的倒圆角大小，得到如图 4-45 所示的结果，下面具体介绍。

步骤 1　打开练习文件 ch04 synchronous\4.3\resize_blend。

步骤 2　选择命令。在“主页”选项卡的“更多”菜单中单击“调整圆角大小”按钮 调整圆角大小，系统弹出如图 4-46 所示的“调整圆角大小”对话框。

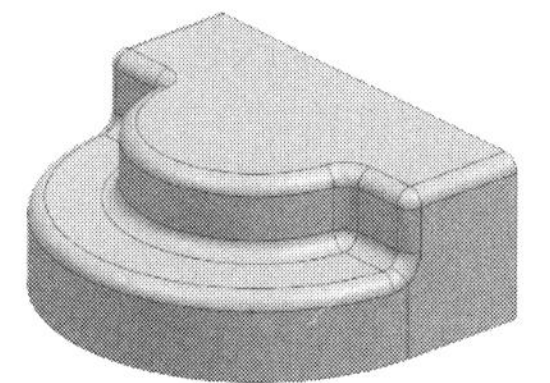

图 4-44　实例模型

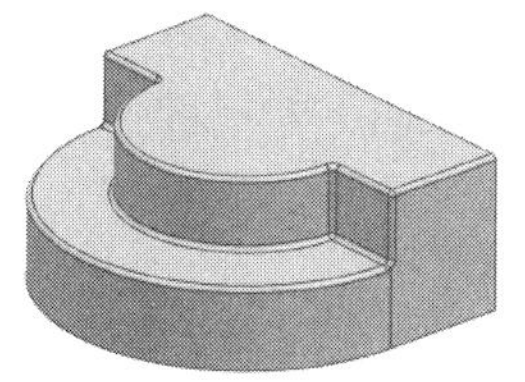

图 4-45　调整圆角大小

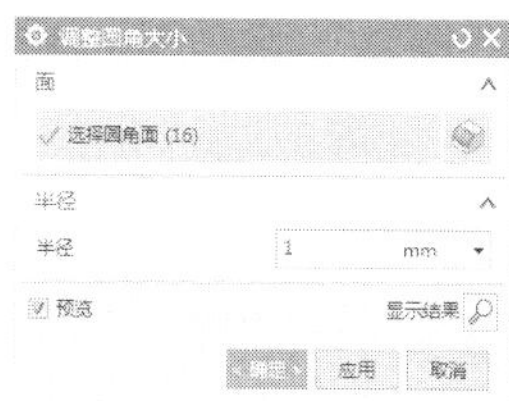

图 4-46　“调整圆角大小”对话框

步骤 3　定义调整圆角半径。为了准确高效选择圆角对象，首先在“选择组”工具条的过滤器中选择“相连圆角面”选项，如图 4-47 所示，然后选择如图 4-48 所示的圆角对象为调整对象，此时系统读取当前圆角半径为 3，在对话框的“半径”区域设置圆角半径为 1，单击“确定”按钮，完成调整圆角大小操作，如图 4-49 所示。

图 4-47　设置选择过滤器

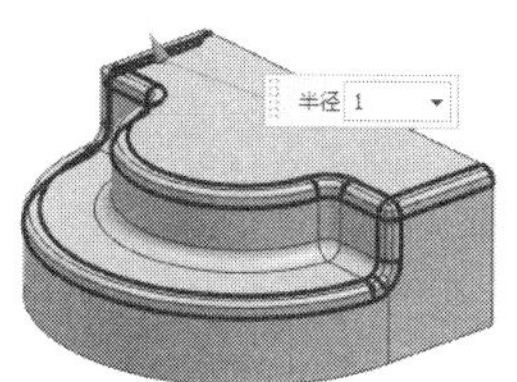

图 4-48　选择调整对象

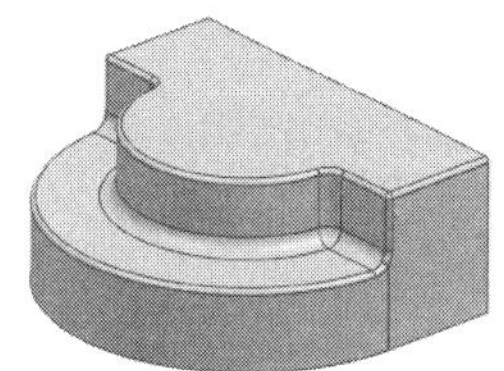

图 4-49　调整圆角结果

步骤 4　调整其余圆角半径。参照上一步操作，选择如图 4-50 所示的圆角对象，设置圆角半径为 1，单击“确定”按钮，最终结果如图 4-45 所示。

4.3.2 圆角重新排序

“圆角重新排序”命令用于调整倒圆角先后顺序。如图 4-51 所示的支架模型，模型中圆圈部位圆角顺序不合理，需要调整倒圆角先后顺序，得到如图 4-52 所示的结果，下面以此为例介绍“圆角重新排序”操作。

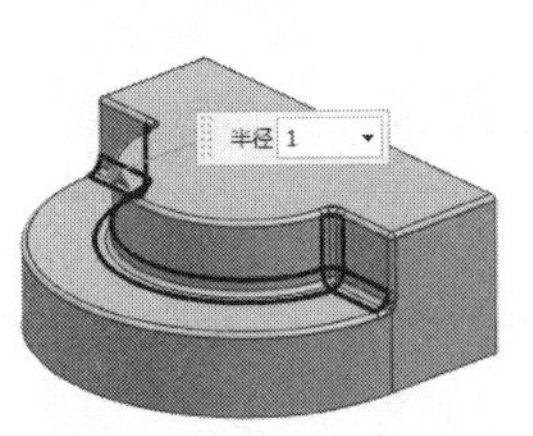

图 4-50　选择调整对象

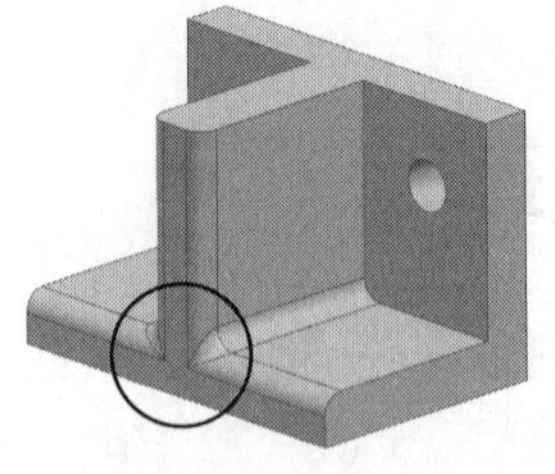

图 4-51　支架模型

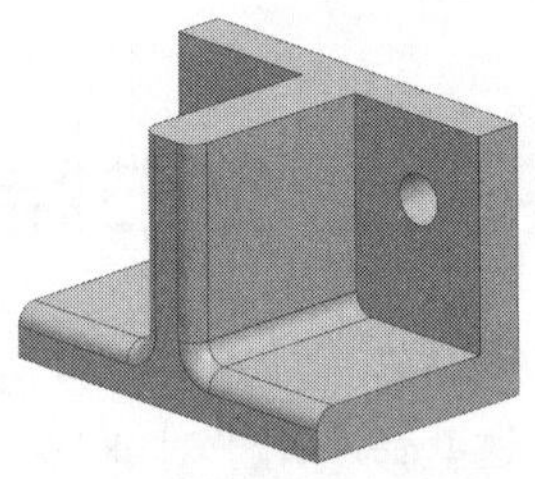

图 4-52　调整圆角顺序

步骤 1　打开练习文件 ch04 synchronous\4.3\reorder_blends。

步骤 2　选择命令。在“主页”选项卡的“更多”菜单中单击“圆角重新排序”按钮 圆角重新排序，系统弹出如图 4-53 所示的“圆角重新排序”对话框。

步骤 3　定义圆角重新排序。在需要调整圆角顺序的圆角面上单击，此时模型中显示调整圆角顺序的预览效果，如图 4-54 所示，相同方法单击另外一侧圆角面以调整另外一侧圆角顺序，最终结果如图 4-52 所示。

说明：“圆角重新排序”命令一般用于对参数模型调整圆角顺序，虽然是参数模型，但是像本例中的圆角结构存在一定的先后顺序，无法直接通过调整特征顺序来改进，否则系统弹出如图 4-55 所示的“特征重新排序”对话框，提示特征之间的相依性。

4.3.3 调整倒斜角大小

“调整倒斜角大小”命令用于直接修改倒斜角参数。如图 4-56 所示的轴模型，需要修改模型中的倒斜角结构，得到如图 4-57 所示的结果，下面具体介绍。

步骤 1　打开练习文件 ch04 synchronous\4.3\resize_chamfer。

步骤 2　选择命令。在“主页”选项卡的“更多”菜单中单击“调整倒斜角大小”按钮 调整倒斜角大小，系统弹出如图 4-58 所示的“调整倒斜角大小”对话框。

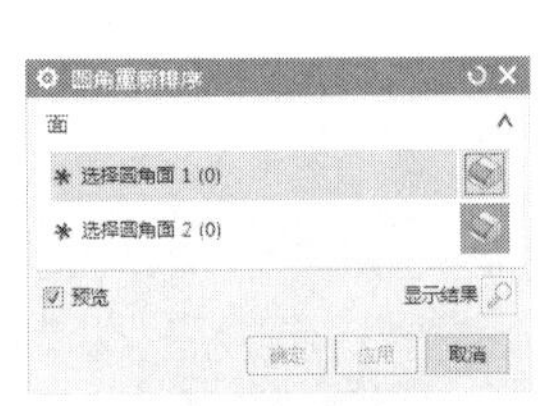

图 4-53　“圆角重新排序”对话框

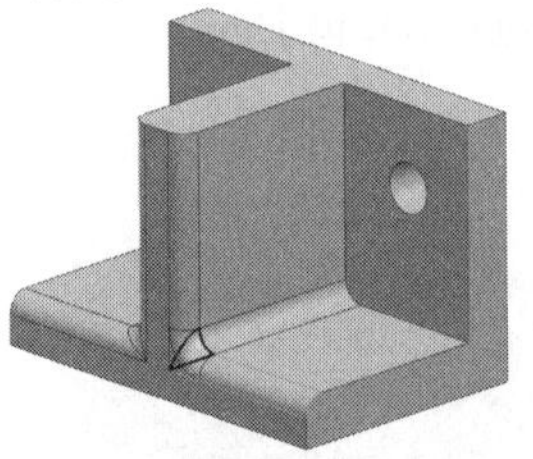

图 4-54　选择调整对象

图 4-55　“特征重排序”对话框

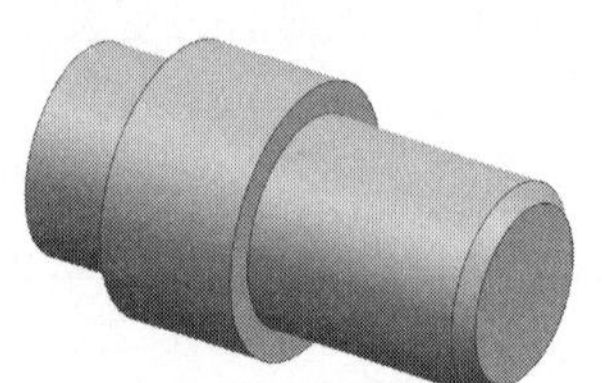

图 4-56　轴模型

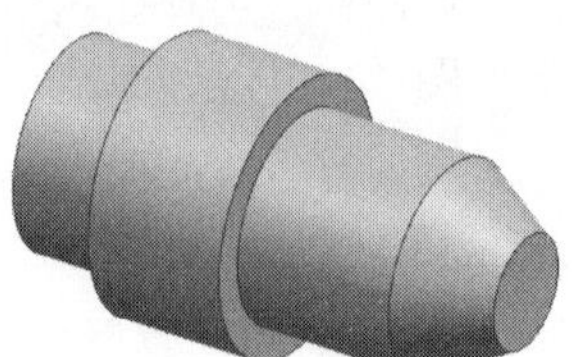

图 4-57　调整倒斜角大小

图 4-58　“调整倒斜角大小”对话框

步骤 3　定义调整倒斜角。选择轴模型上的倒斜角面为调整对象，在“调整倒斜角大小”

对话框的“偏置”区域的“横截面”下拉列表中选择“偏置和角度”选项，设置偏置尺寸为 20，角度为 30°，具体设置如图 4-58 所示，结果如图 4-59 所示。

4.3.4 标记为倒斜角

“标记为倒斜角”命令用于将选中面标记为倒斜角，便于在以后使用其他同步建模工具对模型进行改进。如图 4-60 所示的实例模型，需要将模型中两处斜角面标记为倒斜角，下面以此为例介绍“标记为倒斜角”操作。

步骤 1　打开练习文件 ch04 synchronous\4.3\label_chamfer。

步骤 2　选择命令。在“主页”选项卡的“更多”菜单中单击“标记为倒斜角”按钮 标记为倒斜角，系统弹出如图 4-61 所示的“标记为倒斜角”对话框。

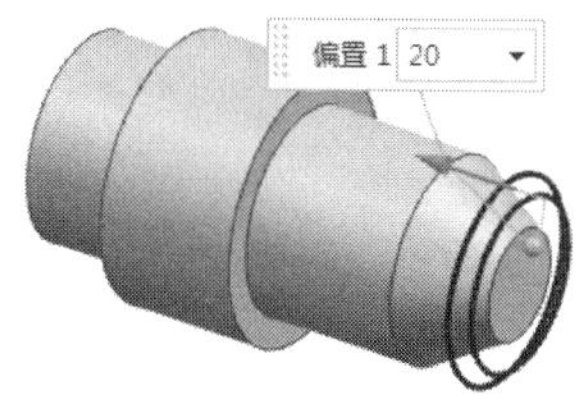

图 4-59　定义倒斜角

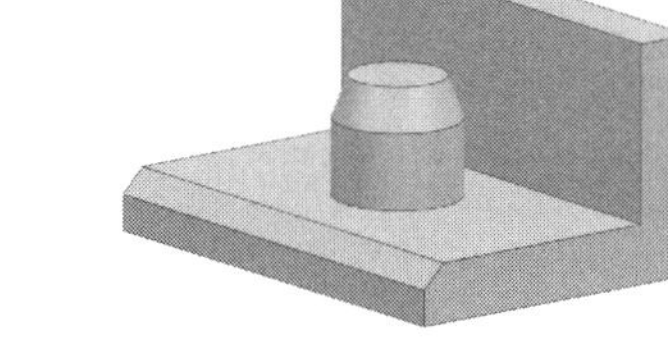

图 4-60　实例模型

图 4-61　“标记为倒斜角”对话框

步骤 3　定义标记对象。在“标记为倒斜角”对话框中需要定义“面倒斜角”对象及“构造面”对象，其中“面倒斜角”对象就是要标记的倒斜角的斜面，“构造面”对象就是要标记倒斜角的两侧连接面。本例选择如图 4-62 所示的斜面为“面倒斜角”对象，此时系统自动选择两侧平面为构造面。单击“应用”按钮，完成标记。

步骤 4　定义其余标记对象。参照以上操作，选择如图 4-63 所示的圆锥斜面为“面倒斜角”对象，系统自动选择顶面及圆柱侧面为构造面，单击“确定”按钮。

4.4 重用操作

同步建模重用操作包括复制面、剪切面、粘贴面、镜像面及阵列面等，这些工具用于将选中对象进行变换得到原始对象的副本，下面具体介绍。

4.4.1 复制面与粘贴面

“复制面”命令用于对选中面对象的副本进行平移或旋转变换，“粘贴面”命令用于将复制的曲面粘贴到指定的位置，如图 4-64 所示的盖子模型，需要将模型中的安装凸台结构进行复制，得到如图 4-65 所示的凸台结构，下面具体介绍。

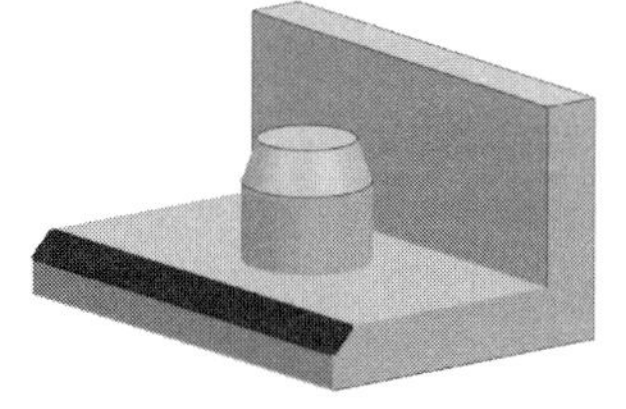

图 4-62　“面倒斜角”对象（一）

图 4-63　“面倒斜角”对象（二）

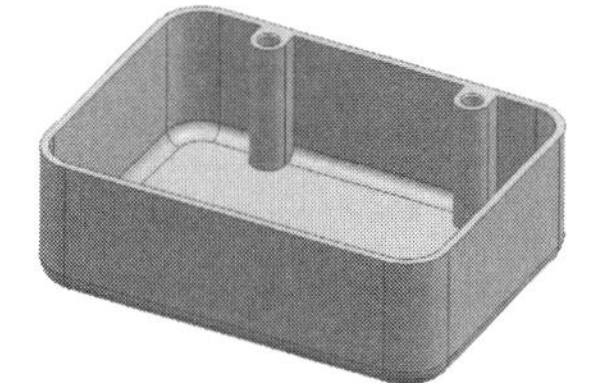

图 4-64　盖子模型

步骤 1　打开练习文件 ch04 synchronous\4.4\copy_face。

步骤 2　选择命令。在“主页”选项卡的“更多”菜单中单击“复制面”按钮 复制面，系统弹出如图 4-66 所示的“复制面”对话框。

步骤 3　定义复制面。在模型上选择如图 4-67 所示的模型表面为复制面对象，在对话框的“变换”区域的“运动”下拉列表中选择“距离”选项，表示将选中面对象进行平移变换，定义如图 4-67 所示的方向，在“距离”文本框中设置复制距离值为 24，单击“确定”按钮，完成复制面操作，结果如图 4-68 所示。

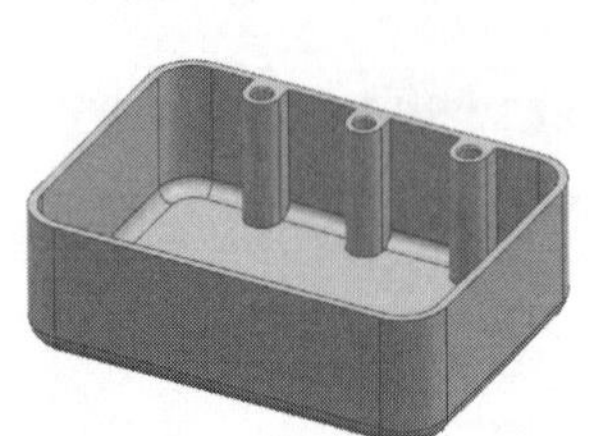

图 4-65　模型改进结果

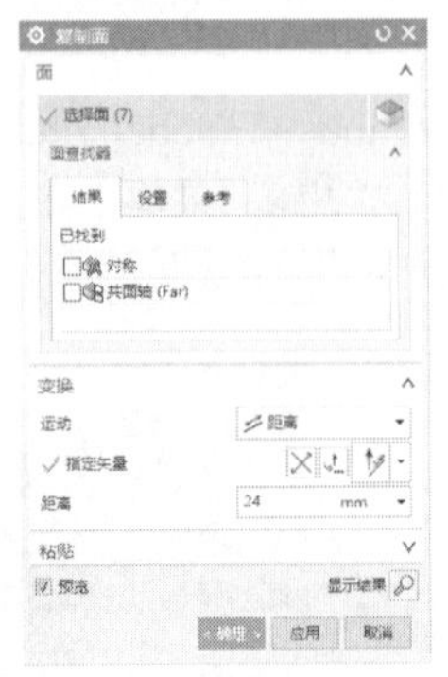

图 4-66　“复制面”对话框

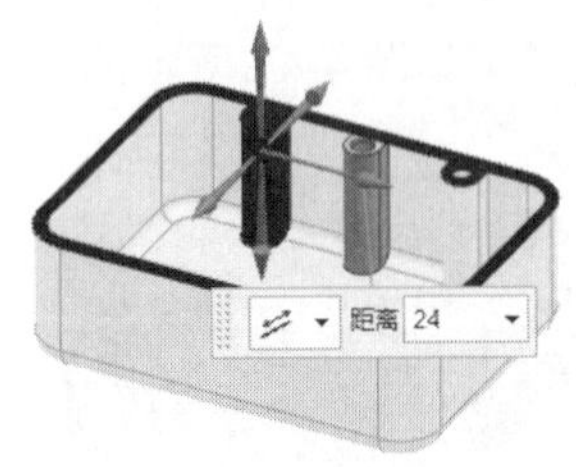

图 4-67　定义复制面

说明： 复制面操作与前面介绍的“移动面”及“拉出面”操作类似，都需要在对话框的“变换”区域定义“运动”方式及变换参数。

步骤 4　后期处理。完成复制面操作后得到的是曲面片体，需要将曲面片体处理成实体，然后将凸台实体与盖子实体合并，得到最终的改进模型。

说明： 此处的后期处理需要用到一些曲面设计工具，关于曲面设计的具体内容将在本书第 7 章具体介绍。

① 创建抽取面。在“主页”选项卡的“更多”菜单中单击“抽取几何特征”按钮 抽取几何特征，系统弹出如图 4-69 所示的“抽取几何特征”对话框，在对话框的下拉列表中选择“面”选项，表示要抽取面对象，在“面选项”下拉列表中选择“面链”选项，选择如图 4-70 所示的面为抽取对象，单击“确定”按钮，结果如图 4-71 所示。

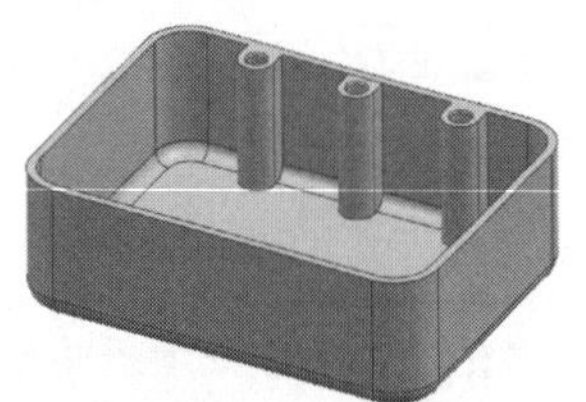

图 4-68　复制面结果

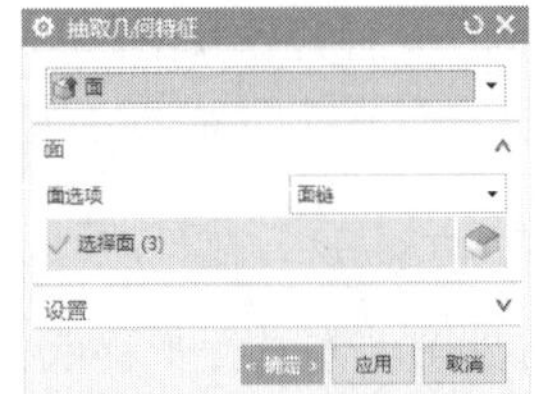

图 4-69　“抽取几何特征”对话框

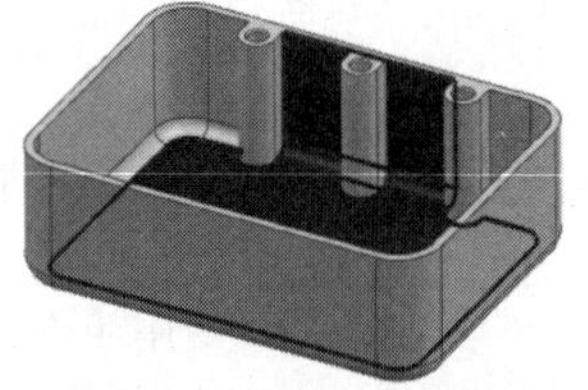

图 4-70　选择抽取面

说明： 通过复制面操作及抽取面操作得到的均是曲面片体对象，接下来需要将多余面修剪掉，使曲面形成一个封闭的区域，然后将曲面处理成实体。

② 修剪曲面。在“曲面”选项卡中单击“修剪和延伸”按钮 修剪和延伸，系统弹出如图 4-72 所示的“修剪和延伸”对话框，在对话框的下拉列表中选择“制作拐角”选项，分别选择如图 4-71 所示的复制面与抽取面，通过单击对话框中的按钮调整修剪曲面方向，结果如图 4-73 所示，单击“确定”按钮，完成修剪曲面操作。

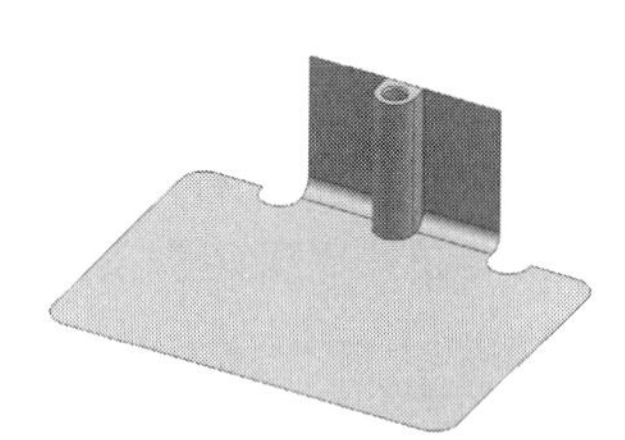

图 4-71　抽取面结果

图 4-72　“修剪和延伸”对话框

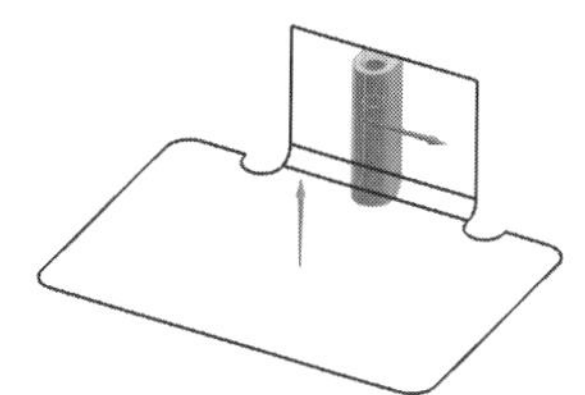

图 4-73　定义修剪和延伸

说明：使用“修剪和延伸”命令对曲面进行修剪时，如果修剪后的曲面是一个完全封闭的曲面，系统会自动将封闭曲面处理成实体，如图 4-74 所示。

③ 合并实体。在“主页”选项卡中单击“合并”按钮 合并，系统弹出如图 4-75 所示的“合并”对话框，选择以上创建的凸台实体为目标体，选择盖子实体为工具体，如图 4-76 所示，系统将凸台合并到盖子模型中。

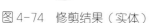

图 4-74　修剪结果（实体）

图 4-75　“合并”对话框

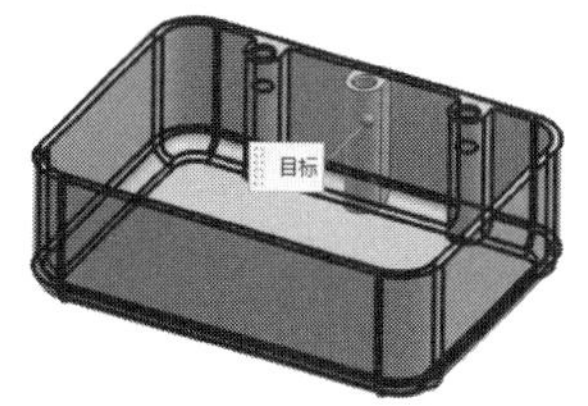

图 4-76　定义合并

本例使用以上介绍的方法将复制的曲面创建成实体操作比较复杂，实际设计中不提倡这样做，但是又必须要将曲面创建成实体，这种情况可以直接使用同步建模的“粘贴面”命令将复制的曲面粘贴到指定的位置，通过粘贴可以直接将曲面创建成实体。

完成复制面操作后，在“主页”选项卡的“更多”菜单中单击“粘贴面”按钮 粘贴面，系统弹出如图 4-77 所示的“粘贴面”对话框，首先选择盖子模型为目标体，然后选择创建的复制面为工具体，如图 4-78 所示，单击“确定”按钮，如图 4-68 所示。

4.4.2 剪切面与粘贴面

“剪切面”命令用于对选中面对象直接进行平移或旋转变换，“粘贴面”命令用于将剪切的曲面粘贴到指定的位置。如图 4-79 所示的把手模型，需要将模型中的连接杆变换位置，得到如图 4-80 所示的结果，下面以此为例介绍“剪切面”操作。

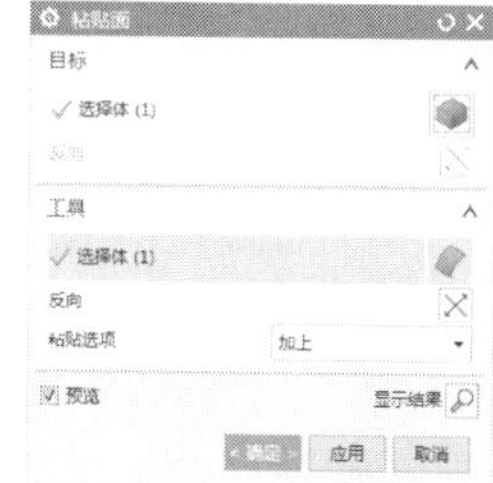

图 4-77　“粘贴面”对话框

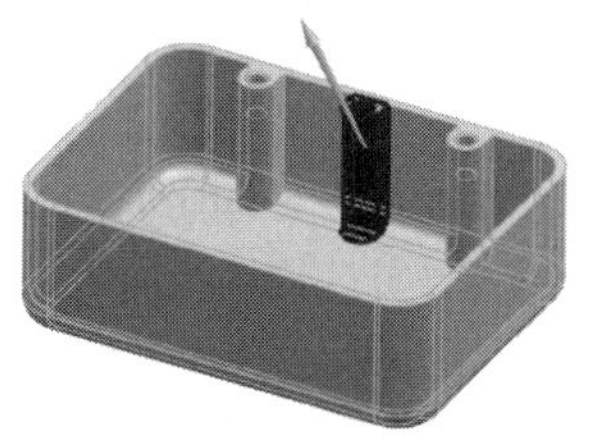

图 4-78　定义粘贴面

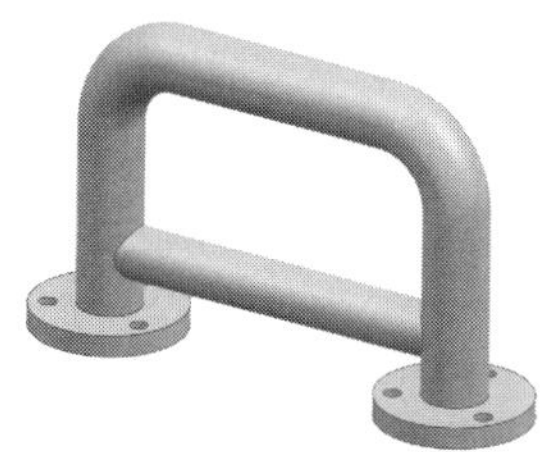

图 4-79　把手模型

步骤 1 打开练习文件 ch04 synchronous\4.4\cut_face。

步骤 2 选择命令。在“主页”选项卡的“更多”菜单中单击“剪切面”按钮 剪切面，系统弹出如图 4-81 所示的“剪切面”对话框。

步骤 3 定义剪切面。在模型上选择如图 4-82 所示的连接杆表面为剪切面对象，在对话框的“变换”区域的“运动”下拉列表中选择“距离”选项，表示将选中面对象进行平移变换，定义如图 4-82 所示的方向，在“距离”文本框中设置剪切距离值为 35，单击“确定”按钮，完成剪切面操作。

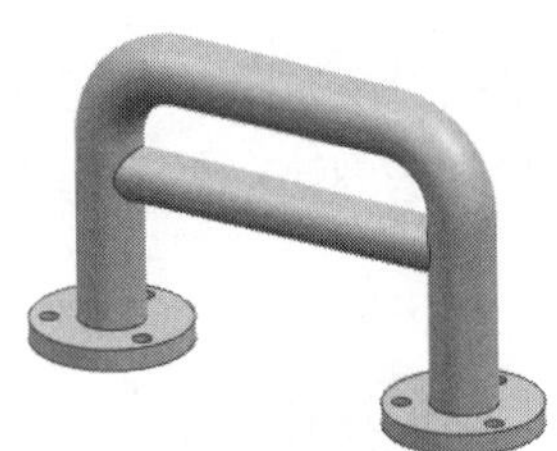

图 4-80 剪切面

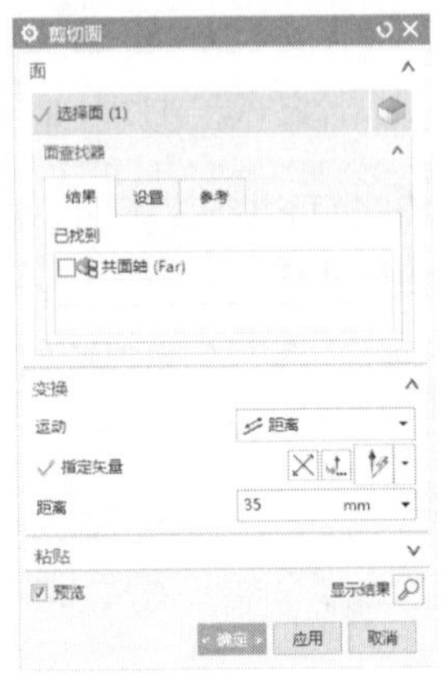

图 4-81 “剪切面”对话框

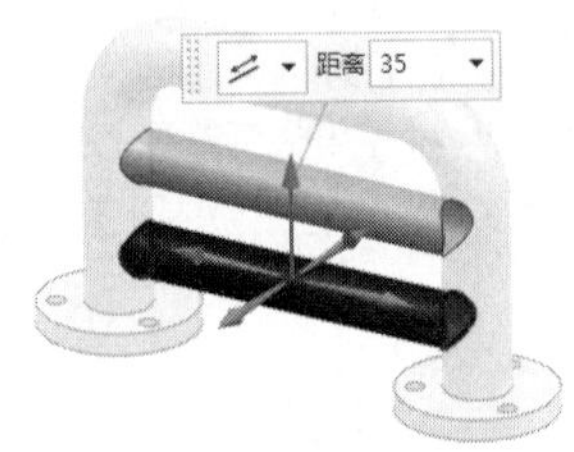

图 4-82 定义剪切面

完成剪切面操作后得到的是曲面片体，需要将曲面片体处理成实体。在“主页”选项卡的“更多”菜单中单击“粘贴面”按钮 粘贴面，系统弹出如图 4-83 所示的“粘贴面”对话框，首先选择扫掠对象为目标体，然后选择创建的剪切面为工具体，如图 4-84 所示，单击“确定”按钮，如图 4-79 所示。

4.4.3 镜像面

“镜像面”命令用于将选中面进行对称复制。如图 4-85 所示的底板模型，需要将模型中的长圆形槽沿着中间面进行镜像，得到如图 4-86 所示的结果，下面具体介绍。

图 4-83 “粘贴面”对话框

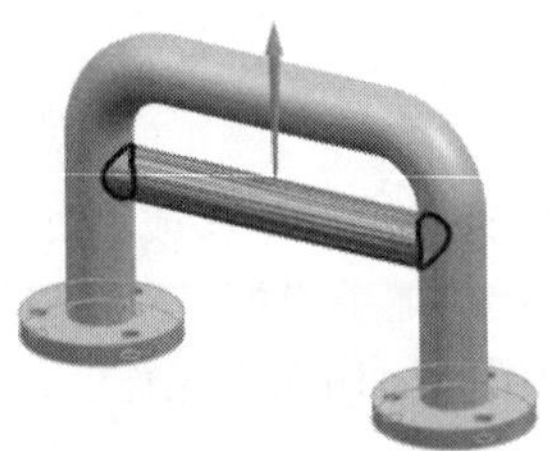

图 4-84 定义粘贴面

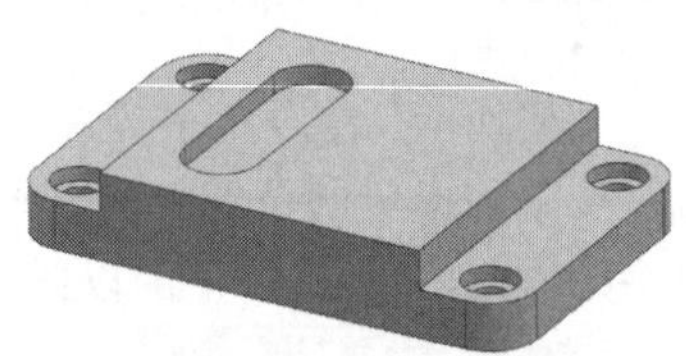

图 4-85 底板模型

步骤 1 打开练习文件 ch04 synchronous\4.4\mirror_face。

步骤 2 选择命令。在“主页”选项卡的“更多”菜单中单击“镜像面”按钮 镜像面，系统弹出如图 4-87 所示的“镜像面”对话框。

步骤 3 定义镜像面。在模型上选择长圆形槽表面为镜像面对象，选择模型中提供的基准平面为镜像面，单击“确定”按钮，完成镜像面操作，如图 4-88 所示。

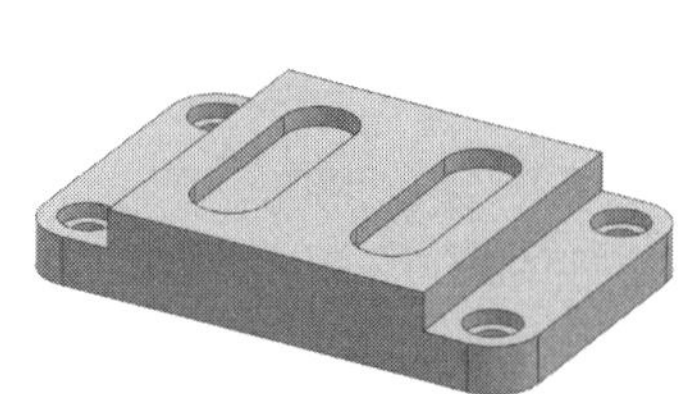

图 4-86　镜像面

图 4-87　“镜像面”对话框

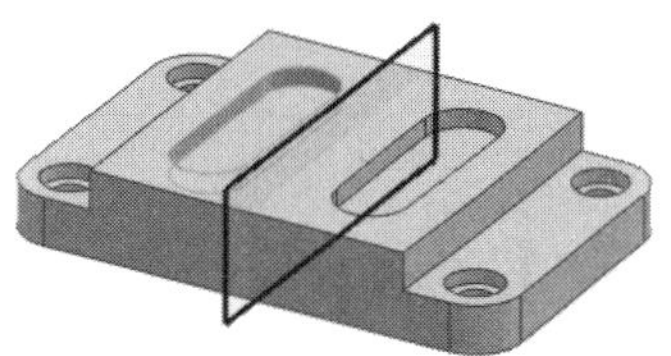

图 4-88　定义镜像面

4.4.4　阵列面

“阵列面”命令用于将选中面进行阵列。如图 4-89 所示的外罩盖模型，需要将模型中的直槽孔进行阵列得到如图 4-90 所示的阵列结果，下面具体介绍。

步骤 1　打开练习文件 ch04 synchronous\4.4\pattern_face。

步骤 2　选择命令。在“主页”选项卡的“更多”菜单中单击“阵列面”按钮 阵列面，系统弹出如图 4-91 所示的“阵列面”对话框。

步骤 3　定义阵列面。在模型上选择直槽孔表面为阵列面对象，在对话框的“布局”下拉列表中选择“线性”选项，表示将选中面进行线性阵列，定义阵列方向如图 4-92 所示，阵列数量为 7，阵列节距为 5。此时的阵列结果是沿着一个方向阵列的，在对话框的“方向 1”区域选中“对称”选项，将选中对象沿着两个方向对称阵列，结果如图 4-93 所示，单击“确定”按钮，完成阵列面操作。

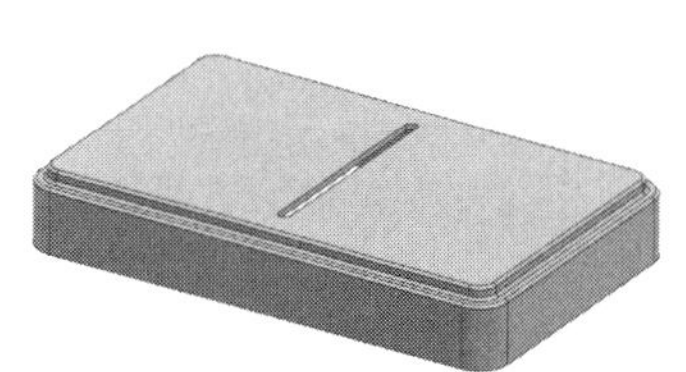

图 4-89　外罩盖模型

图 4-90　阵列面

图 4-91　“阵列面”对话框

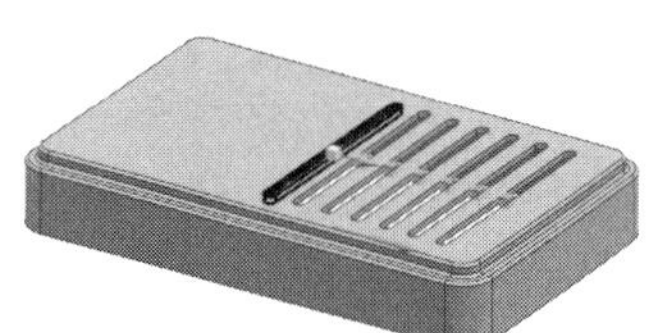

图 4-92　定义阵列参数

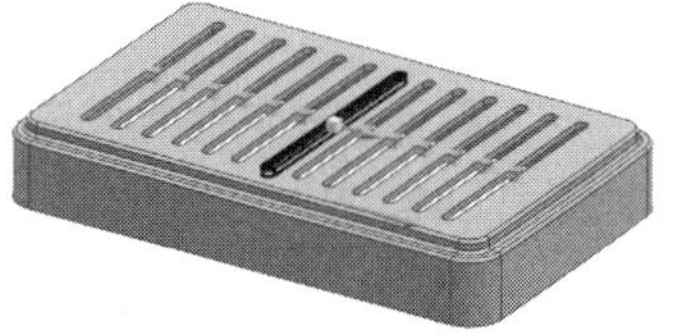

图 4-93　定义对称阵列

4.5 相关操作

同步建模相关操作包括设为共面、设为共轴、设为相切、设为对称、设为平行、设为垂直及设为偏置等。这些工具用于设置选中对象之间的几何关系从而实现对模型的变换操作，下面具体介绍。

4.5.1 设为共面

“设为共面”命令用于设置一个面与另外一个面共面。如图 4-94 所示的实例模型，需要将模型中小圆柱顶面与大圆柱顶面共面，结果如图 4-95 所示，下面具体介绍。

步骤 1 打开练习文件 ch04 synchronous\4.5\make_coplaner。

步骤 2 选择命令。在“主页”选项卡的“更多”菜单中单击“设为共面”按钮 设为共面，系统弹出如图 4-96 所示的“设为共面”对话框。

图 4-94 实例模型

图 4-95 设为共面

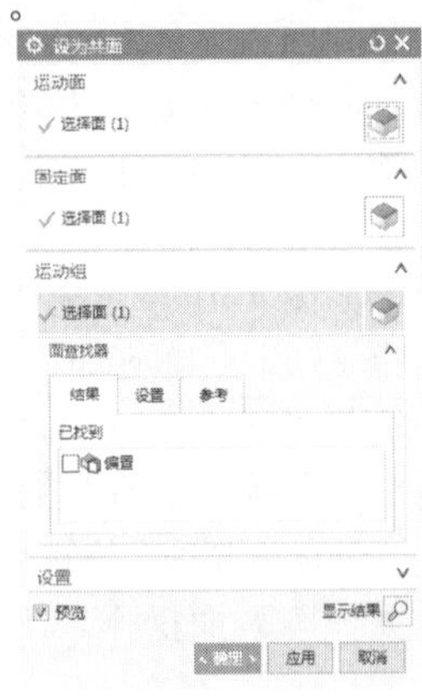

图 4-96 “设为共面”对话框

步骤 3 定义共面。在模型上选择小圆柱顶面为“运动面”，选择大圆柱顶面为“固定面”，系统将“运动面”移动到与“固定面”共面的位置，如图 4-97 所示，单击“确定”按钮，完成设为共面操作，结果如图 4-95 所示。

说明： 在“设为共面”操作中一定要正确选择“运动面”与“固定面”，其中“固定面”表示固定不变的面，相当于参考面，系统将“运动面”进行移动，最终结果是“运动面”与“固定面”共面，如果选反了，最终结果也会相反。

4.5.2 设为共轴

“设为共轴”命令用于将选中的圆柱面与其他圆柱面设为同轴关系。如图 4-98 所示的实例模型，需要对模型中间沉头孔进行改进，使其与两侧的圆柱面同轴（可以先设置中间沉头孔与一侧圆柱面同轴，另外一侧使用镜像处理），下面具体介绍。

步骤 1 打开练习文件 ch04 synchronous\4.5\make_coaxial。

步骤 2 选择命令。在“主页”选项卡的“更多”菜单中单击“设为共轴”按钮 设为共轴，系统弹出如图 4-100 所示的“设为共轴”对话框。

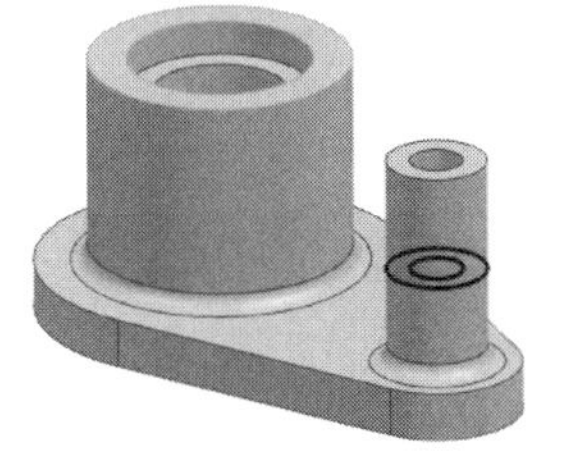

图 4-97 定义共面

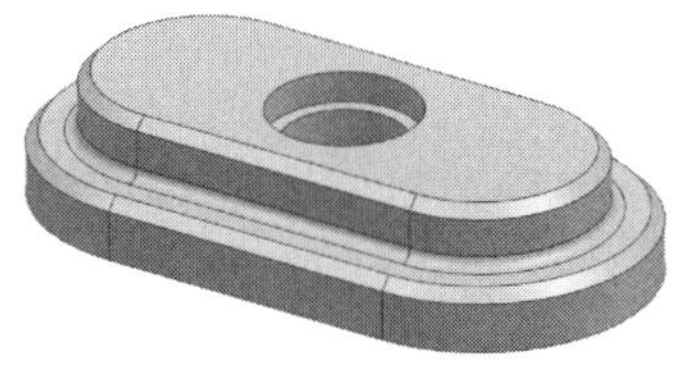

图 4-98 实例模型

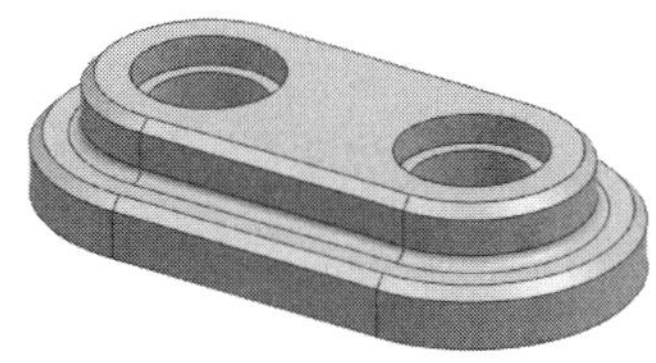

图 4-99 设为共轴

步骤 3 定义共轴。在模型上选择中间沉头孔上部圆柱面为“运动面”，选择如图 4-101 所示的圆柱面为“固定面”，在“设为共轴”对话框的“面查找器”区域选中“共轴”选项，系统将同时选择与沉头孔上部圆柱面同轴的下部圆柱面与“固定面”同轴，单击“确定”按钮，完成设为共轴操作。

步骤 4 创建镜像面。选择“镜像面”命令，将以上创建“设为共轴”的沉头孔面沿着中间基准面进行镜像得到另外一侧的沉头孔面，结果如图 4-99 所示。

4.5.3 设为相切

“设为相切”命令用于设置选中的圆柱面或平面与其他的平面或圆柱面相切。如图 4-102 所示的实例模型，需要将模型底部 U 形凸台的侧面与中间圆柱面设为相切，得到如图 4-103 所示的结果，下面以此为例介绍“设为相切”操作。

图 4-100 “设为共轴”对话框

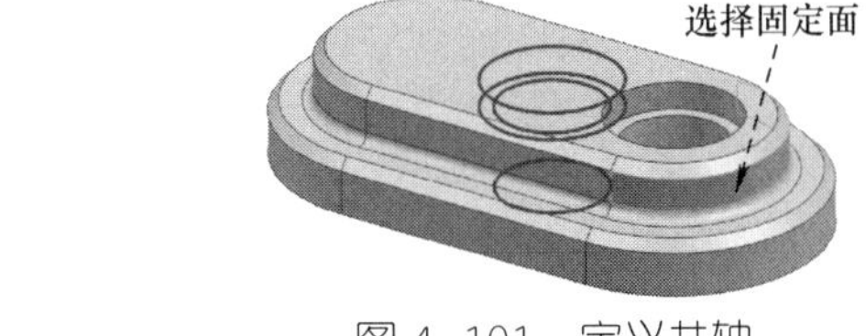

图 4-101 定义共轴

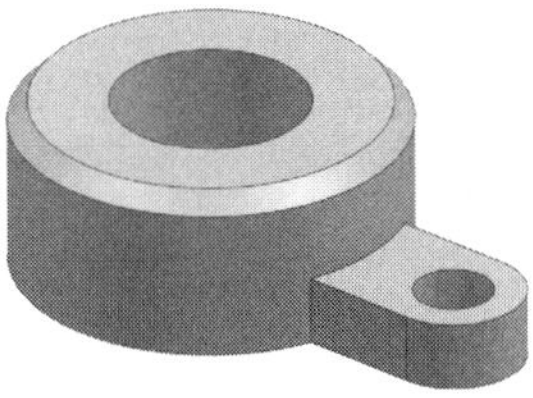

图 4-102 实例模型

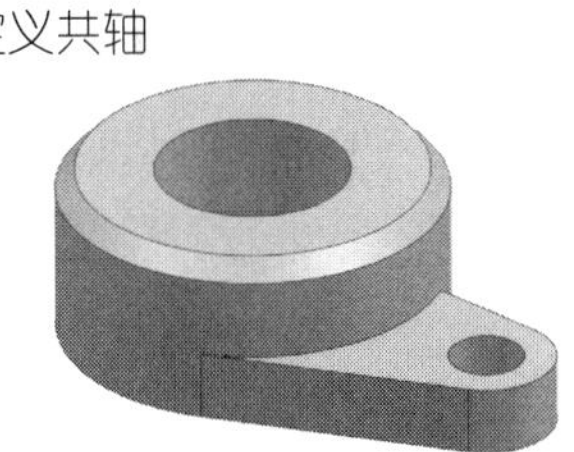

图 4-103 设为相切

步骤 1 打开练习文件 ch04 synchronous\4.5\make_tangent。

步骤 2 选择命令。在“主页”选项卡的“更多”菜单中单击“设为相切”按钮 设为相切，系统弹出如图 4-104 所示的“设为相切”对话框。

步骤 3 定义相切。在模型上选择底部 U 形凸台的侧面为“运动面”，选择中间圆柱面为“固定面”，系统“运动面”变换到与“固定面”相切的位置，如图 4-105 所示。

4.5.4 设为对称

“设为对称”命令用于设置两个面与基准平面对称。如图 4-106 所示的轴模型，需要将轴模型两端面变换到与中间基准面对称的位置，对称结果如图 4-107 所示，下面以此为例介绍“设为对称”操作。

图 4-104 “设为相切”对话框

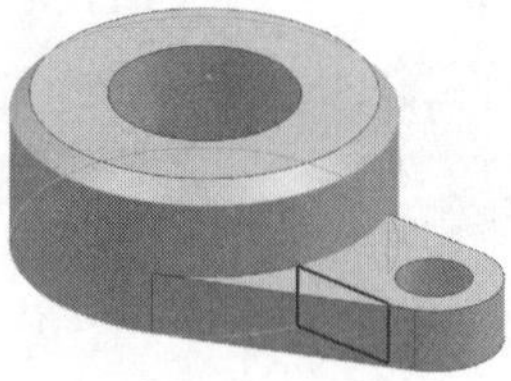

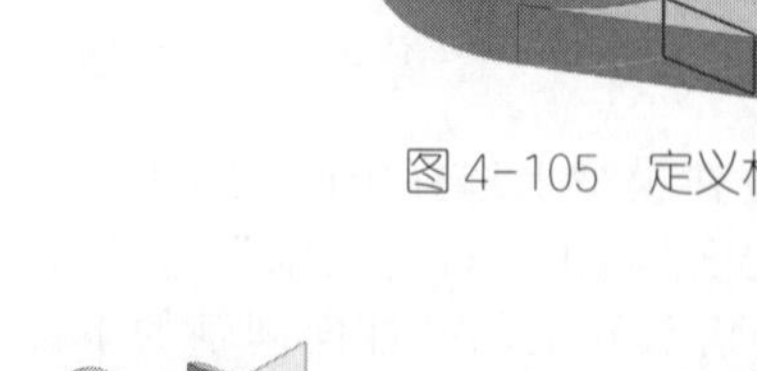

图 4-105 定义相切

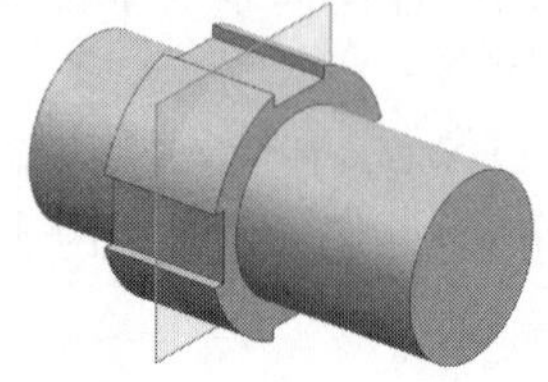

图 4-106 轴模型

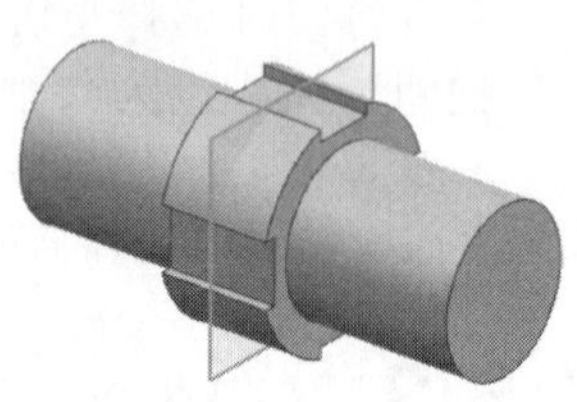

图 4-107 设为对称

步骤 1 打开练习文件 ch04 synchronous\4.5\make_symmetric。

步骤 2 选择命令。在“主页”选项卡的“更多”菜单中单击“设为对称”按钮 设为对称，系统弹出如图 4-108 所示的“设为对称”对话框。

步骤 3 定义对称。在模型上选择左侧端面为“运动面”，选择中间基准面为“对称平面”，选择右侧端面为“固定面”，系统设置“运动面”与“固定面”关于“对称平面”中心对称，结果如图 4-109 所示。

4.5.5 设为平行

“设为平行”命令用于设置选中面与其他的面保持平行，如图 4-110 所示的实例模型，需要将模型中 U 形凸台顶面变换到与底板面平行的位置，如图 4-111 所示，下面具体介绍。

图 4-108 “设为对称”对话框

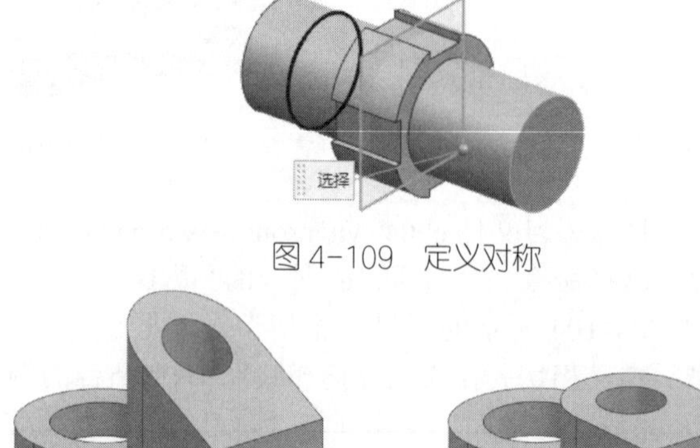

图 4-109 定义对称

图 4-110 实例模型

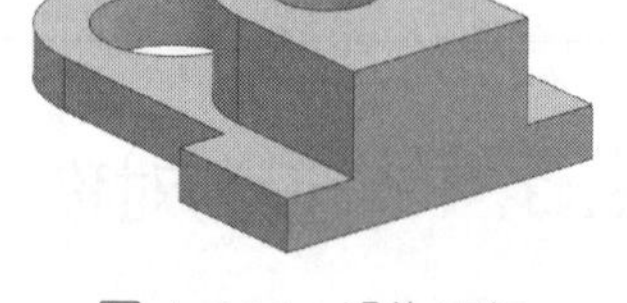

图 4-111 设为平行

步骤 1　打开练习文件 ch04 synchronous\4.5\make_parallel。

步骤 2　选择命令。在“主页”选项卡的“更多”菜单中单击“设为平行”按钮 设为平行，系统弹出如图 4-112 所示的“设为平行”对话框。

步骤 3　定义平行。在模型上选择 U 形凸台顶面为“运动面”，选择底板平面为“固定面”，系统将“运动面”设置到与“固定面”平行的位置，如图 4-113 所示。

4.5.6　设为垂直

“设为垂直”命令用于设置选中面与其他面垂直。如图 4-114 所示的支架模型，需要将模型中斜面结构变换到与左侧面垂直的位置，得到如图 4-115 所示的结果，下面以此为例介绍“设为垂直”操作。

图 4-112　“设为平行”对话框

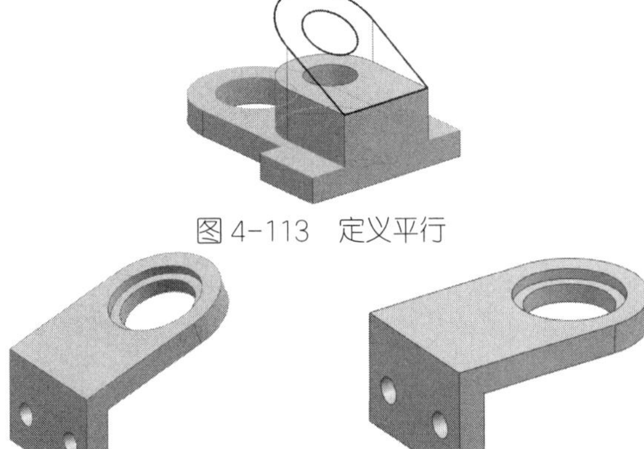

图 4-113　定义平行

图 4-114　支架零件

图 4-115　设为垂直

步骤 1　打开练习文件 ch04 synchronous\4.5\make_perpendicular。

步骤 2　选择命令。在“主页”选项卡的“更多”菜单中单击“设为垂直”按钮 设为垂直，系统弹出如图 4-116 所示的“设为垂直”对话框。

步骤 3　定义垂直 1。在模型上选择斜面为“运动面”，选择左侧端面为“固定面”，在“设为垂直”对话框的“面查找器”区域选中“偏置”选项，如图 4-117 所示，单击对话框中的“确定”按钮，结果如图 4-118 所示。

说明：完成本步骤定义垂直操作后，模型中生成如图 4-118 所示的斜圆柱凸台结构，需要继续使用“设为垂直”命令对模型中的面进行变换处理。

步骤 4　定义垂直 2。选择“设为垂直”命令，在模型上选择如图 4-118 所示圆柱凸台侧面为“运动面”，选择支架平面为“固定面”，在“设为垂直”对话框的“面查找器”区域选中“共轴”选项，如图 4-119 所示，此时预览结果如图 4-120 所示，单击“确定”按钮，设为垂直最终结果如图 4-121 所示。

说明：完成本步骤定义垂直操作后，模型圆柱凸台顶面为倾斜结构，需要使用“设为平行”命令对模型中的斜面进行变换处理。

步骤 5　定义平行。选择“设为平行”命令，在模型上选择如图 4-120 所示圆柱凸台顶面为“运动面”，选择支架平面为“固定面”，此时预览结果如图 4-122 所示，单击“确定”按钮，设为平行最终结果如图 4-123 所示。

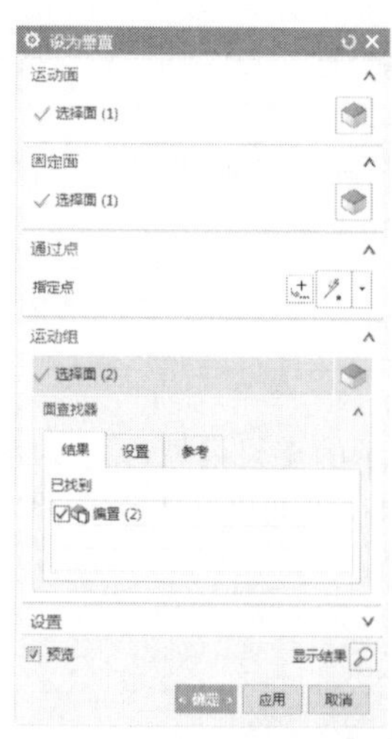

图 4-116 “设为垂直”对话框

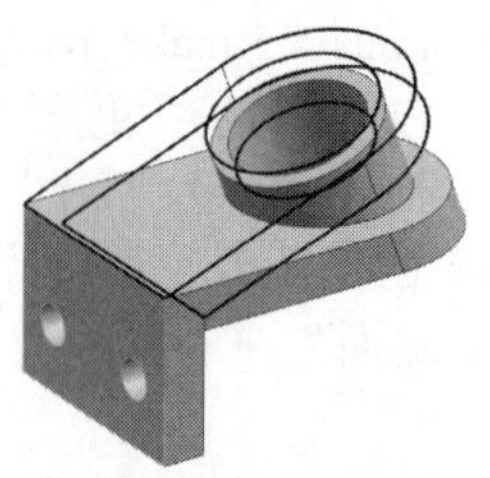

图 4-117 定义垂直 1

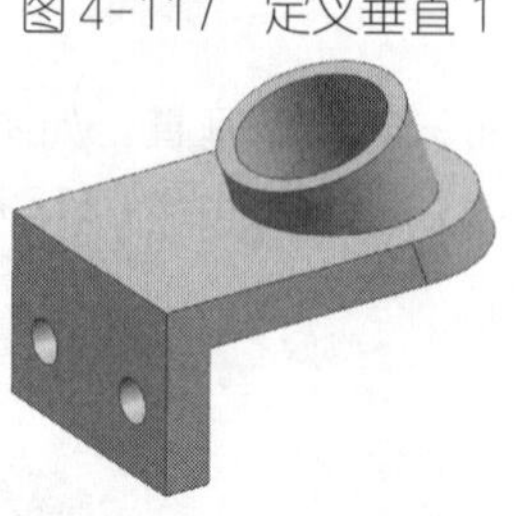

图 4-118 设为垂直结果 1

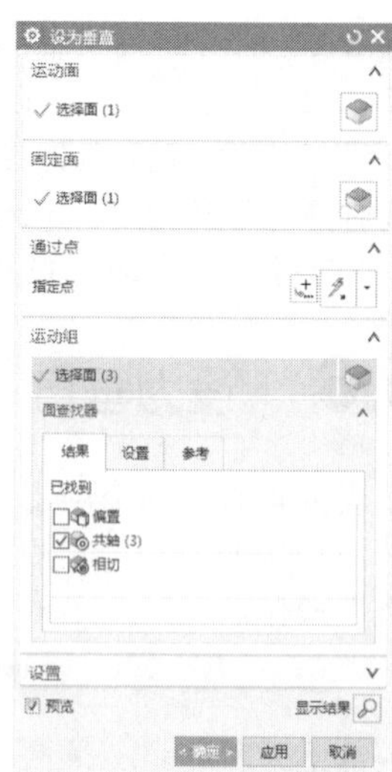

图 4-119 设为垂直

图 4-120 定义垂直 2

图 4-121 设为垂直结果 2

图 4-122 定义平行

步骤 6 定义拉出面。选择“拉出面”命令，在模型上选择如图 4-123 所示圆柱凸台顶面为“运动面”，具体参数设置如图 4-124 所示，此时预览结果如图 4-125 所示。

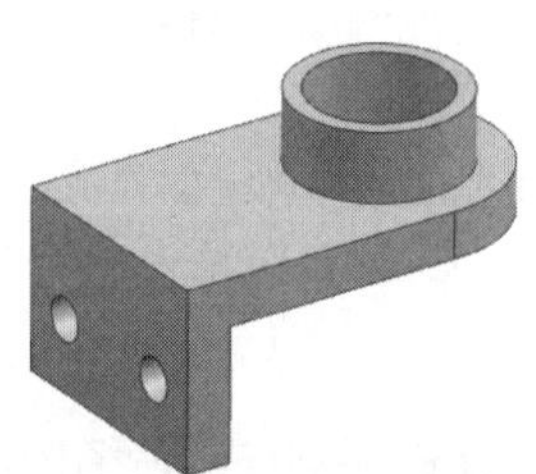

图 4-123 设为平行结果

图 4-124 设置拉出面

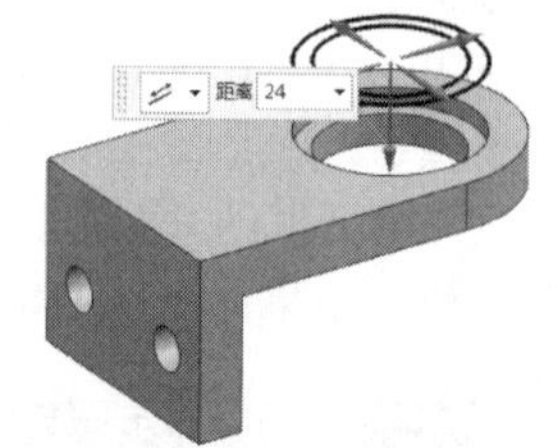

图 4-125 定义拉出面结果

4.5.7 设为偏置

“设为偏置”命令用于设置选中面与其他面符合偏置规律。如图 4-126 所示的端盖模型，剖切结构如图 4-127 所示，需要将模型中内侧顶面结构变换到与外侧结构偏置的位置，得到如图 4-128 所示的结果，下面以此为例介绍“设为偏置”操作。

步骤 1 打开练习文件 ch04 synchronous\4.5\make_offset。

步骤 2 选择命令。在“主页”选项卡的“更多”菜单中单击“设为偏置”按钮 设为偏置，系统弹出如图 4-129 所示的“设为偏置”对话框。

步骤 3 定义偏置。在模型上选择零件内侧顶面为“运动面”，选择外侧顶面为“固定面”，设置偏置距离为 5，如图 4-129 所示，系统将“运动面”变换到与“外侧面”偏置位置，距离为 5，如图 4-130 所示，单击“确定”按钮，完成“设为偏置”操作。

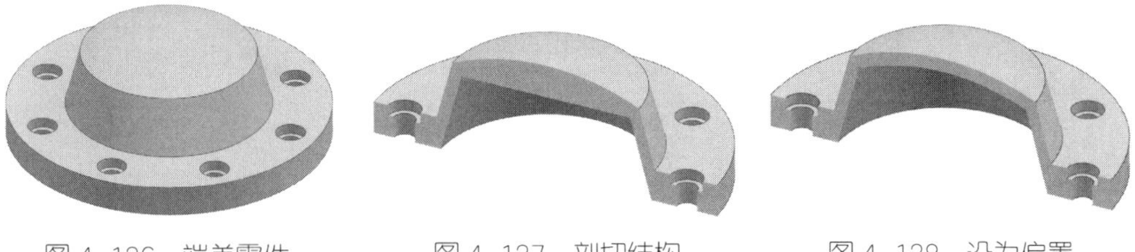

图 4-126　端盖零件　　图 4-127　剖切结构　　图 4-128　设为偏置

4.6 尺寸操作

同步建模尺寸包括线性尺寸、角度尺寸及径向尺寸等，使用尺寸操作首先在选中对象之间建立尺寸关联，然后通过修改尺寸对模型进行改进，下面具体介绍。

4.6.1 线性尺寸

“线性尺寸”命令用于定义两个对象之间的线性尺寸，如图 4-131 所示的实例模型，其中小凸台顶面与底板表面之间的距离为 28，需要将该尺寸修改为 50，如图 4-132 所示，这种情况下可以直接使用同步建模的“线性尺寸”来操作，下面具体介绍。

图 4-129　“设为偏置”对话框

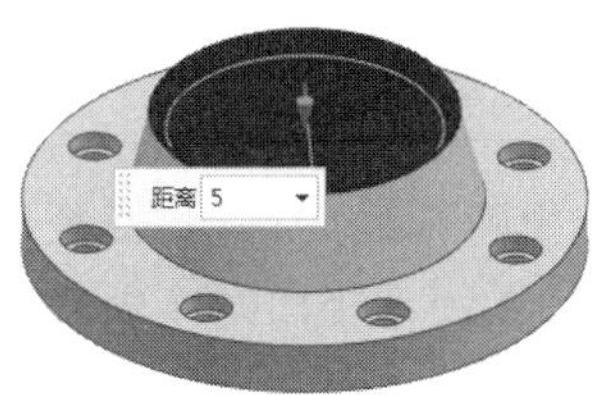

图 4-130　定义偏置

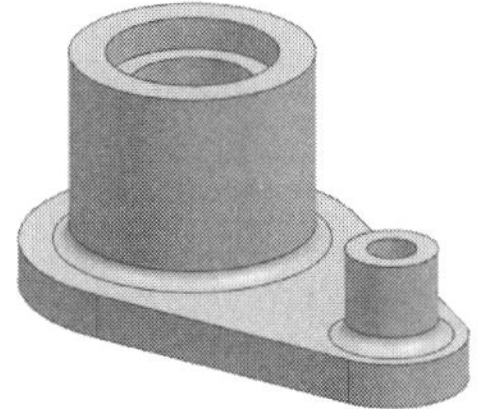

图 4-131　实例模型

步骤 1　打开练习文件 ch04 synchronous\4.6\linear_dimension。

步骤 2　选择命令。在“主页”选项卡的“更多”菜单中单击“线性尺寸”按钮 线性尺寸，系统弹出如图 4-133 所示的“线性尺寸”对话框。

步骤 3　定义线性尺寸。在模型上选择如图 4-134 所示的圆弧边线为“原点”参考，然后选择小凸台顶面圆弧边线为“测量”参考，系统建立这两个圆弧圆心之间的线性尺寸，如图 4-134 所示，在“线性尺寸”对话框的“距离”区域设置距离值为 50，如图 4-135 所示，单击“确定”按钮，完成“线性尺寸”操作。

4.6.2 角度尺寸

“角度尺寸”命令用于定义两个对象之间的角度尺寸。如图 4-136 所示的实例模型，需要修改凸台斜面与底板平面之间的角度，要求修改为 15 度，如图 4-137 所示，这种情况下可以直接使用同步建模的“角度尺寸”来操作，下面具体介绍。

图 4-132　修改模型

图 4-135　修改尺寸

图 4-134　定义线性尺寸　　图 4-133　“线性尺寸”对话框　　图 4-136　实例模型

步骤 1　打开练习文件 ch04 synchronous\4.6\angular_dimension。

步骤 2　选择命令。在“主页”选项卡的“更多”菜单中单击“角度尺寸”按钮 角度尺寸，系统弹出如图 4-138 所示的“角度尺寸”对话框。

步骤 3　定义角度尺寸。在模型上选择如图 4-139 所示的底板平面为“原点”参考，然后选择凸台斜面为“测量”参考，系统建立这两个面之间的角度尺寸，在“角度尺寸”对话框的“角度”区域设置角度值为 15，如图 4-140 所示，单击“确定”按钮，完成“角度尺寸”操作。

4.6.3　径向尺寸

“径向尺寸”命令用于定义选中圆弧面的半径或直径尺寸。如图 4-141 所示的螺杆模型，需要修改螺杆球头半径，如图 4-142 所示，下面具体介绍。

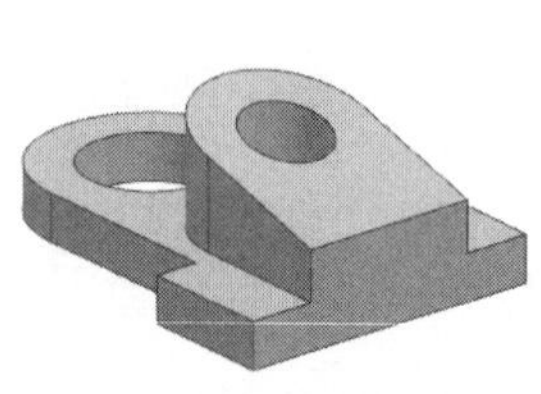
图 4-137　修改角度

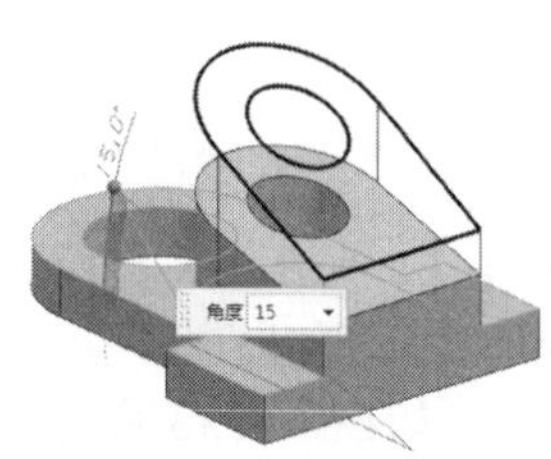

图 4-140　定义角度

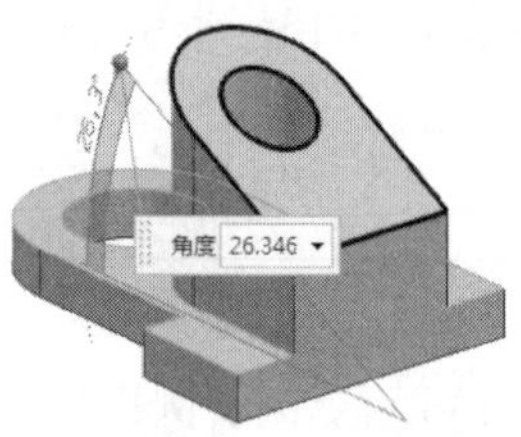

图 4-139　定义角度

图 4-138　“角度尺寸”对话框

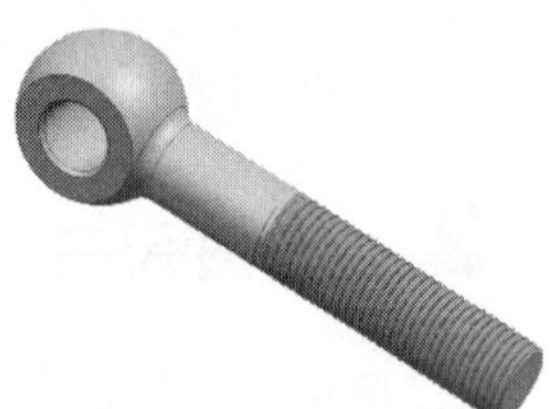
图 4-141　螺杆模型

步骤 1　打开练习文件 ch04 synchronous\4.6\radial_dimension。

步骤 2　选择命令。在“主页”选项卡的“更多”菜单中单击“径向尺寸”按钮 径向尺寸，系统弹出如图 4-143 所示的“半径尺寸”对话框。

步骤 3　定义径向尺寸。在模型上选择螺杆球头圆弧面，在对话框的“大小”区域选中“半径”选项，此时在模型上显示当前半径值，如图 4-144 所示，在“半径”文本框中设置半径值 30，如图 4-145 所示，单击“确定”按钮，完成径向尺寸操作。

扫码看视频讲解

4.7 同步建模案例

前面小节系统介绍了同步建模操作及知识内容，为了加深读者对同步建模的理解并更好地应用于实践，下面通过两个具体案例详细介绍同步建模。

4.7.1 电子元件简化

如图 4-146 所示的电子元件模型（stp 模型），在电气系统分析中需要对模型进行简化处理，通过模型简化得到如图 4-147 所示的简化结果。

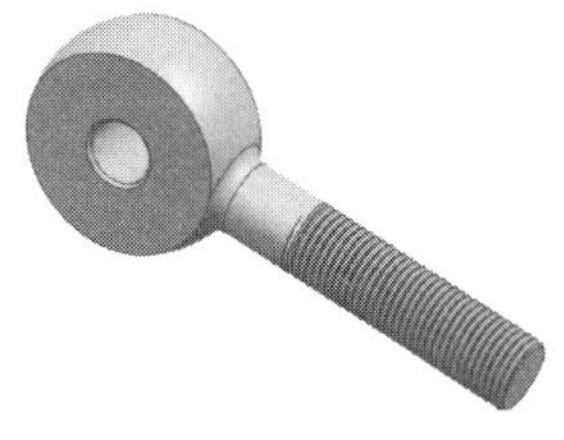

图 4-142　修改半径

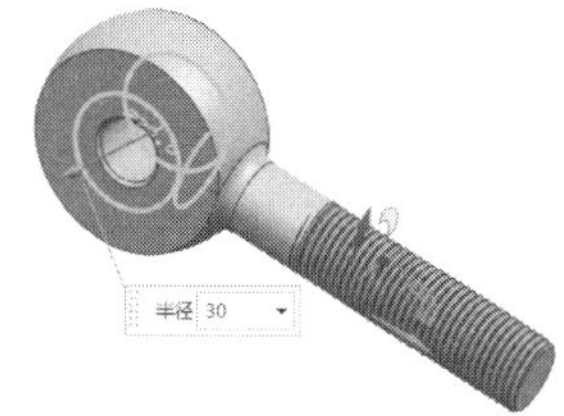

图 4-145　修改半径尺寸

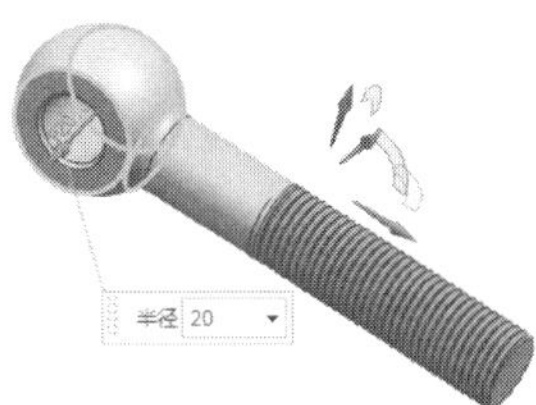

图 4-144　定义半径尺寸

图 4-143　“半径尺寸”对话框

图 4-146　电子元件

电子元件简化说明：

① 设置工作目录：F:\ugnx_jxsj\ch04 synchronous\4.7\componnent。

② 具体设计过程：由于书籍写作篇幅限制，本书不详细写作同步建模过程，读者可扫码看随书视频讲解，视频中有详尽的电子元件同步建模讲解。

4.7.2 固定座改进

如图 4-148 所示的固定座模型（stp 模型），现在需要对固定座模型进行改进，得到如图 4-149 所示的改进模型，下面具体介绍使用同步建模对固定座进行改进过程。

固定座同步建模改进说明：

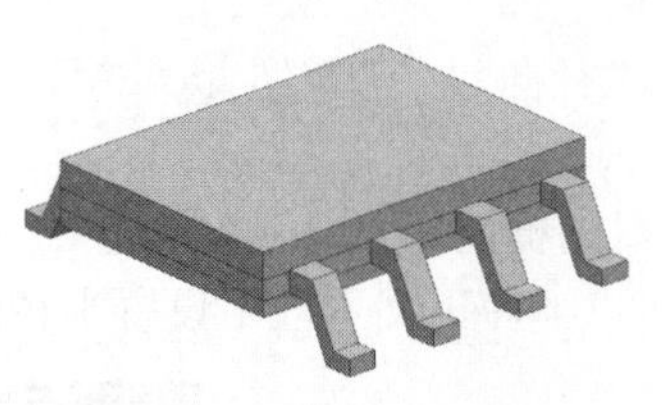

图 4-147　电子元件简化

图 4-148　固定座

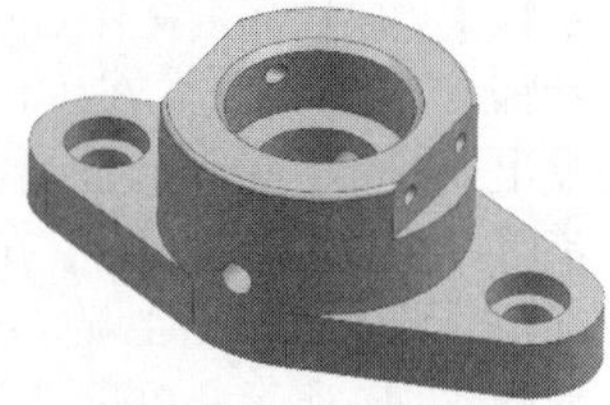

图 4-149　固定座改进

（1）打开练习文件：F:\ugnx_jxsj\ch04 synchronous\4.7\fix_base。

（2）具体设计过程：由于书籍写作篇幅限制，本书不详细写作同步建模过程，读者可扫码看随书视频讲解，视频中有详尽的固定座同步建模讲解。

第5章 装配设计

微信扫码，立即获取
全书配套视频与资源

装配设计就是将做好的零件按照实际位置关系进行组装得到完整装配产品的过程，属于产品设计中非常重要的一个环节。同时，装配设计还是学习和使用其他高级功能的必备条件，如果没这个必备条件将很难掌握动画仿真、管道设计、电气设计等高级功能。在NX中提供了专门的装配设计模块，便于用户进行产品装配设计。

5.1 装配设计基础

5.1.1 装配设计作用

装配设计在实际产品设计中是一个非常重要的环节，直接关系到整个产品功能的实现及产品最终价值的体现。在软件学习及使用过程中，装配设计更是一个承上启下的过程。通过装配设计，可以检验前面零件设计是否合理。更重要的是，装配设计是后期很多工作展开的基础。完成装配设计后，可以在此基础上进行仿真动画设计、整体结构分析、整体效果渲染。如果没有前面的装配，要完成后面的这些内容，要么学习起来很费劲，要么严重影响使用效率。总的来讲，装配设计作用主要体现在以下几个方面：

（1）装配设计在零件设计中的作用

一般的零件设计主要是在零件设计环境进行设计的，但是在实际设计中，还涉及到很多特殊且结构复杂的零件，考虑到设计与修改的方便，我们可以在装配设计环境中直接进行设计与修改，实际上这也是零件设计的一种特殊方法。

（2）装配设计在工程图设计中的作用

产品设计中经常需要出产品总装图纸，而且会在产品总装图中生成各零部件的材料明细表，并且在装配视图中标注零件序号，这就需要在出图之前，先做好产品的装配设计，然后将产品装配结果导入到工程图中出图，最终生成零部件材料明细表和零件序号，所以装配设计直接决定着产品总装出图！

（3）装配设计在自顶向下设计中的作用

在各种三维设计软件中都没有专门的自顶向下设计模块，要进行产品自顶向下设计，必须在装配设计环境中进行。从这一点来讲，学习装配设计对自顶向下设计的作用是不言而喻的。另外，自顶向下设计中框架搭建、骨架模型及控件等各种级别的建立都需要使用装配设计中的一些工具来完成，所以装配设计的掌握与运用直接关系到自顶向下设计的掌握与运用！

（4）装配设计在动画与仿真中的作用

在动画与运动仿真中，首先要设计动画仿真模型，这就需要借助装配设计或自顶向下设计来完成，然后要根据动画仿真要求进行机构装配，也就是在产品装配连接位置添加合适的运动副关节，保证机构有合适的自由度，这也是动画仿真的必要条件，这项工作同样需要在装配设计环境中进行！

（5）装配设计在产品高级渲染中的作用

产品高级渲染中，经常需要对整个装配产品进行渲染，这个需要在装配环境中进行。另外，即使渲染对象不是装配产品，就是对单个零件的渲染，也需要在装配环境中进行渲染构图的设计，就是按照渲染视觉效果要求，将单个零件进行必要的摆放，也就是我们生活中说的摆拍或摆姿势，这样做的目的主要是增强渲染的层次感与真实感，所以装配构图直接影响着最终渲染视觉效果！

（6）装配设计在管道设计中的作用

在管道设计中，首先需要准备管道系统文件。管道系统文件的设计一般借助装配设计或自顶向下设计来完成。另外，管道设计中很多管道线路的设计与管路元件的添加原理都与装配设计原理类似，学习并掌握装配设计有助于我们对管道设计的理解与掌握！

（7）装配设计在电气设计中的作用

在电气设计中，首先需要准备电气系统文件，电气系统文件的设计一般借助装配设计或自顶向下设计来完成，另外，电气设计中很多电气线路的设计与电气元件的添加原理都与装配设计原理类似，学习并掌握装配设计有助于我们对电气设计的理解与掌握！

（8）装配设计在结构分析中的作用

结构分析中除了对零件结构的分析外，还经常需要对整个产品装配结构进行分析。如果是对装配结构进行分析，首先需要考虑装配简化的问题，就是将复杂的装配问题简化成简单的装配，这将有助于装配结构的分析，而这项工作主要是在装配设计中进行的！

综上所述，装配设计不仅涉及产品设计的各个环节，同时还关系到 NX 软件的进一步学习与应用（基本上贯穿整个 NX 软件的学习与使用），是一个非常重要的基础应用模块，一定要引起重视！否则会影响整个产品设计工作及对软件高级模块的学习与掌握！

5.1.2 装配设计环境

在“快速访问工具条”中单击“新建”按钮，系统弹出“新建”对话框，在该对话框的“模型”选项卡中选择“装配”类型，在“新文件名”区域设置装配模型名称及文件夹，单击“确定”按钮，系统进入 NX 装配设计环境，如图 5-1 所示。

此处打开 ch05 asm\5.1\universal_asm 文件直接进入 NX 装配设计环境介绍装配设计用户界面。NX 装配设计用户界面如图 5-2 所示，其中“装配”选项卡中提供了各种装配设计工具，装配导航器主要用于装配文件管理。

（1）“装配”选项卡

在 NX 装配设计环境中“装配”选项卡如图 5-3 所示，其中提供了装配设计常用的命令工具，如“添加组件”“新建组件”“装配约束”“爆炸图”等。

（2）装配导航器

装配导航器一方面体现产品装配结构，如图 5-4 所示，模型树中最上面一级文件为产品总装配文件，其下文件为装配中的零部件。装配总文件是由装配中的零部件装配而成的（本例中的 universal 是由 base_part 和 connector_pin 等多个零件装配而成的）。同时，装配导航器还体现产品装配设计顺序，装配产品按照从上到下的顺序依次装配（本例装配顺序是先装配 base_part 零件，然后再装配 connector_pin 零件及其余零件）。

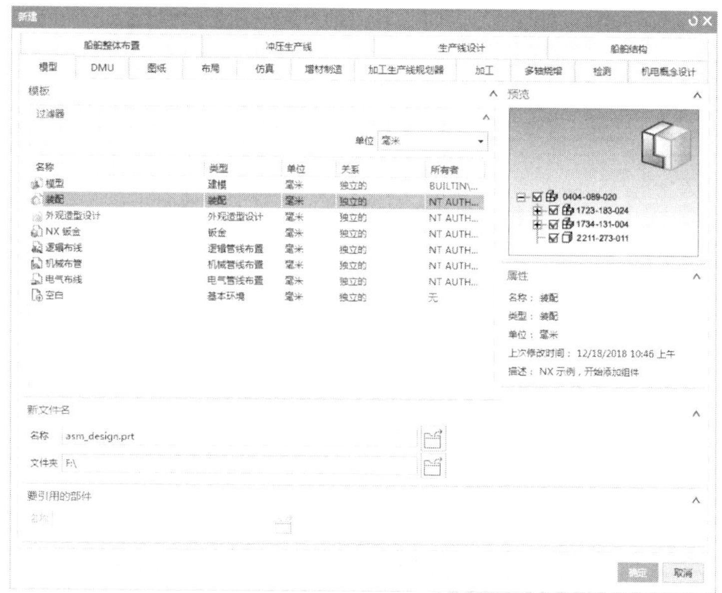

图 5-1　新建装配文件

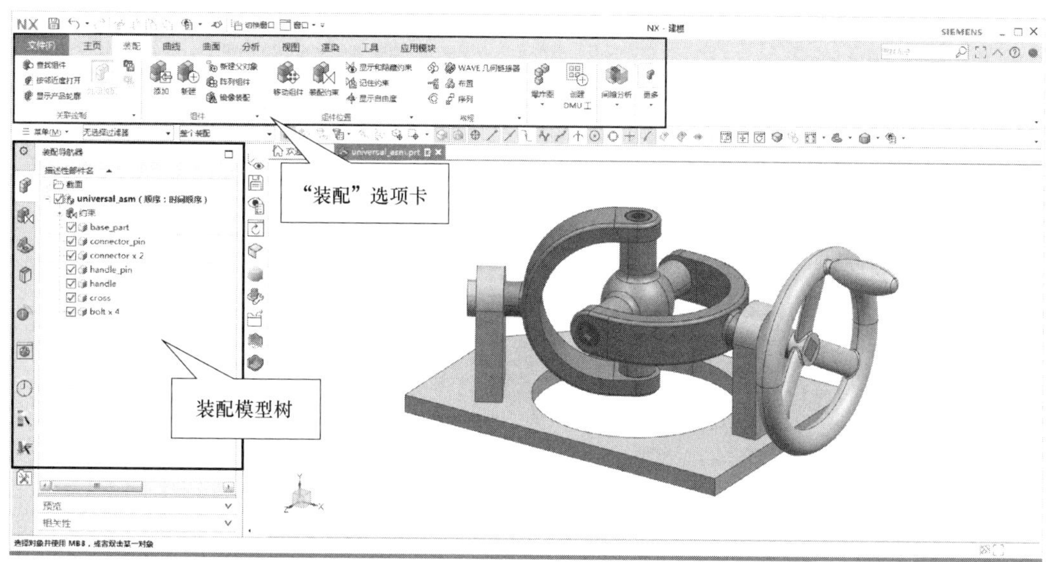

图 5-2　NX 装配设计用户界面

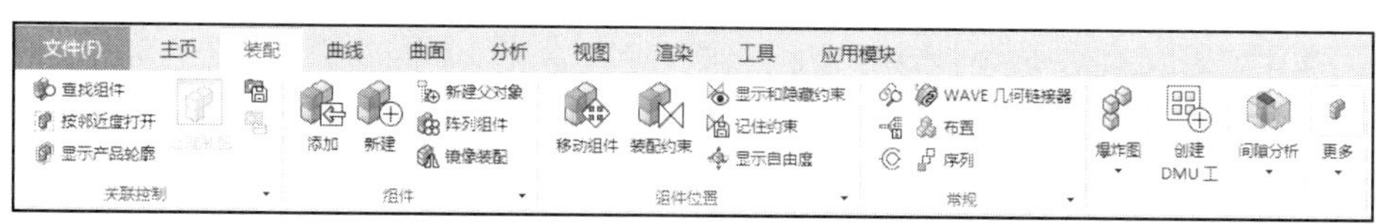

图 5-3　“装配”选项卡

在装配导航器中展开“约束”节点，在“约束”节点下管理所有的装配约束，如图 5-5 所示，装配中的各个零部件就是使用这些装配约束组装到一起的，关于装配约束的问题将在本章 5.3 小节具体介绍。

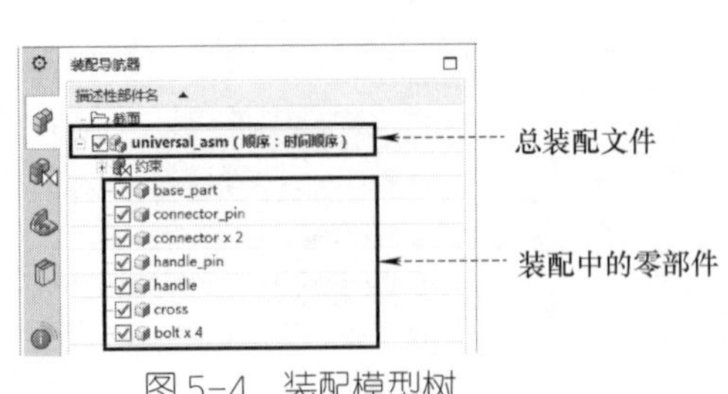

图 5-4　装配模型树

图 5-5　装配约束

5.2 装配设计过程

为了让读者尽快熟悉 NX 装配设计基本思路及过程，下面以如图 5-6 所示的装配模型为例详细介绍产品装配的一般过程，帮助读者理解 NX 装配设计基本思路及过程，熟悉装配设计环境及常用装配工具。

装配设计之前首先要分析装配结构，理解装配组成关系，特别是装配中零件与零件之间的装配位置关系，这是在 NX 中进行装配设计的重要依据。本例装配模型主要由如图 5-7 所示的底座（base_part）及轴（axle）两个零件装配而成，在装配中需要保证轴与底座孔的“同轴”关系，同时还需要保证轴端面与底座端面的“重合”关系，如图 5-8 所示。下面根据此处的装配分析在 NX 中进行装配设计。

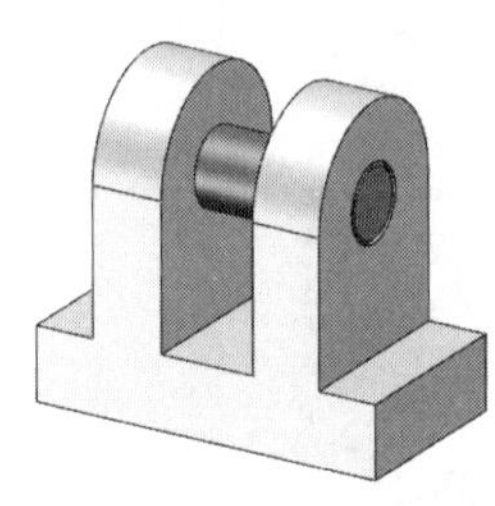

图 5-6　装配模型

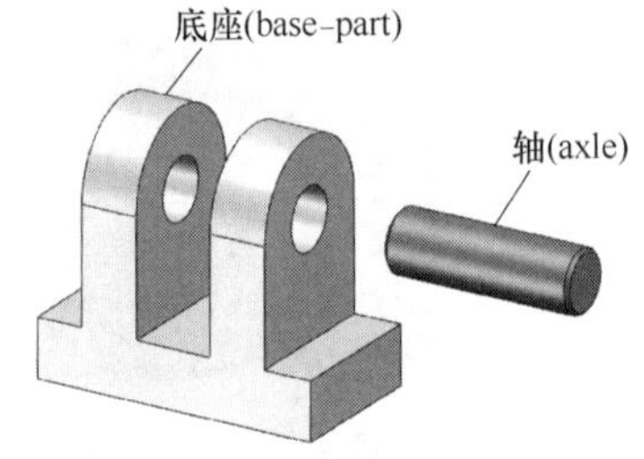

图 5-7　装配零件构成

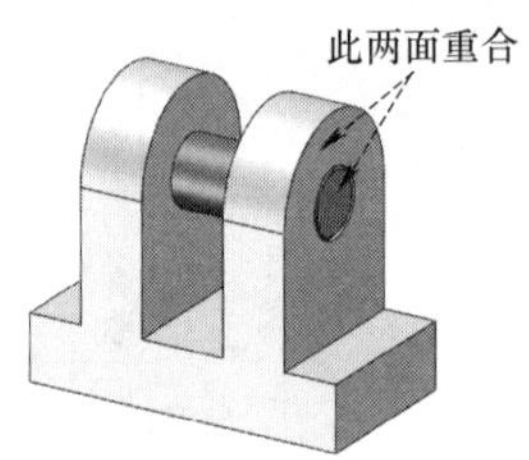

图 5-8　分析装配关系

（1）新建装配文件

在“快速访问工具条”中单击“新建”按钮，系统弹出“新建”对话框，在“模型”选项卡中选择“装配”类型，在“新文件名”区域的“名称”文本框中设置装配文件名称为 joint_asm，在“文件夹”文本框中设置装配文件夹为 F:\ugnx_jxsj\ch05 asm\5.2，单击“确定”按钮，系统进入装配设计环境后关闭所有对话框，在“快速访问工具条”中单击“保存”按钮，将装配文件保存到设置文件夹中。

说明：在新建装配文件后一般不要急着开始装配。首先要考虑装配文件管理问题，就是要将装配好的文件保存在哪个位置。一般情况下需要将装配文件与各个零件保存在一起，便于以后管理与打开。新建装配文件后首先进行保存，方便在装配设计过程中直接从设置的保存文件夹中调取零部件进行装配，在完成最终装配设计后再次单击“保存”按钮，系统自动将装配文件与零件保存在此处设置的文件夹中，这是实际装配设计中非常重要的设计习惯，读者一定要注意理解！

（2）装配基础零件（底座零件 base_part）

完成装配文件新建后，首先要装配基础零件。所谓基础零件就是在整个装配设计中需要第一个装配的零件。本例需要首先装配底座（base_part）零件，该零件将作为整个装配产品的“装配基准”，决定着其他所有零件的位置定位。对于基础零件的装配，一般情况下需要将零件的原点与装配原点重合，然后固定在装配环境中，下面具体介绍。

在“装配”选项卡中单击“添加”按钮，系统弹出如图 5-9 所示的“添加组件”对话框，在对话框中单击“打开”按钮，系统弹出如图 5-10 所示的“部件名”对话框，在对话框中选择需要装配的零件（base_part），单击“OK”按钮，在对话框“位置”区域的“组件锚点”下拉列表中选择“绝对坐标系”选项，在“装配位置”下拉列表中选择“工作坐标系”选项，表示将零件的坐标系与装配坐标系重合并固定，单击“确定”按钮，完成底座零件装配。

图 5-9　“添加组件”对话框

图 5-10　选择装配零件

说明：完成基础零件装配后，在“装配导航器”中展开“约束”节点，其中包括系统自动添加的“固定”约束，如图 5-11 所示，此时底座模型与装配坐标系原点之间无法移动。

（3）装配其余零件（轴零件 axle）

完成基础零件装配后，需要根据实际装配位置关系装配其余零件。本例需要装配轴（axle）零件。根据装配之前的分析，要想将轴零件装配到需要的位置，需要保证轴与底座孔之间的“同轴”关系及轴端面与底座端面的“对齐”关系，下面具体介绍。

步骤 1　插入轴（axle）零件。在“装配”选项卡中单击“添加”按钮，在“添加组件”对话框中单击“打开”按钮，在“部件名”对话框中选择轴（axle）零件为装配零件，此时系统自动将轴零件放置到坐标系原点。

说明：在装配设计中，从第二个零件的装配开始一般不能直接按照基础零件装配方法将零件固定到坐标系原点，因为从第二个零件开始，需要根据实际装配位置关系进行装配，所以在插入零件后，需要通过添加装配约束关系将零件装配到需要的位置。

步骤 2　初步调整零件。选择零件后，为了方便后期添加装配约束，更是为了提高装配效率，需要将零件调整到适合装配的姿态。在“添加组件”对话框的“放置”区域单击“指定方位”，如图 5-12 所示，此时在模型上显示移动坐标系，如图 5-13 所示，使用移动坐标系将零件调整到如图 5-14 所示的姿态，为添加装配约束做准备。

说明：完成零件插入后建议读者不要急着添加装配约束关系。如果插入零件当前姿态与需要装配的最终位置差距比较大，即使选择的约束对象和约束类型是正确的，也有可能得到错误的装配结果，所以需要先调整初始位置，这样能够提高装配效率。

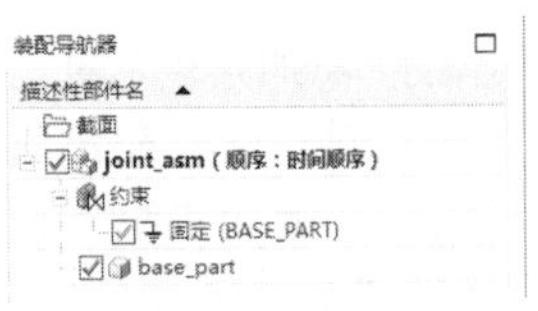

图 5-11 固定约束

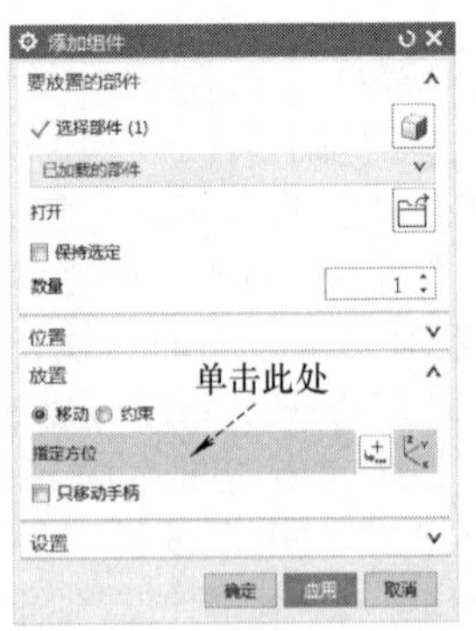

图 5-12 “添加组件”对话框

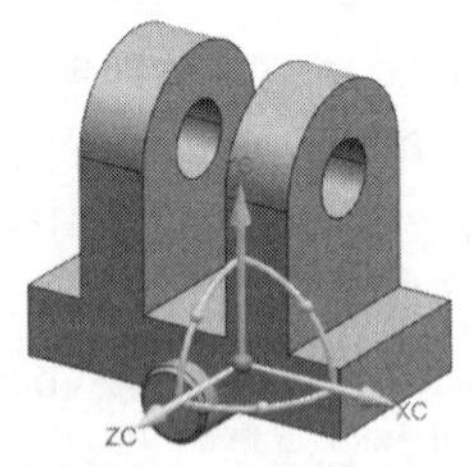

图 5-13 移动坐标系

步骤 3 添加装配约束。在 NX 中进行装配设计是基于在零件之间添加合适的装配约束实现的。所谓装配约束就是指零件与零件之间的位置关系。在“装配”选项卡中单击“装配约束”按钮，系统弹出如图 5-15 所示的“装配约束”对话框，使用该对话框添加装配约束。根据装配之前的分析，本例需要添加一个“同轴”约束和一个“对齐”约束，下面具体介绍约束添加。

① 添加“同轴”约束。在“装配约束”对话框的“约束”区域单击“接触对齐”按钮，在“方位”下拉列表中选择“自动判断中心/轴”选项，如图 5-15 所示，选择轴上圆柱面与底座孔圆柱面，表示约束两个圆柱面“同轴”装配，结果如图 5-16 所示，单击“应用”按钮，完成“同轴”约束添加。

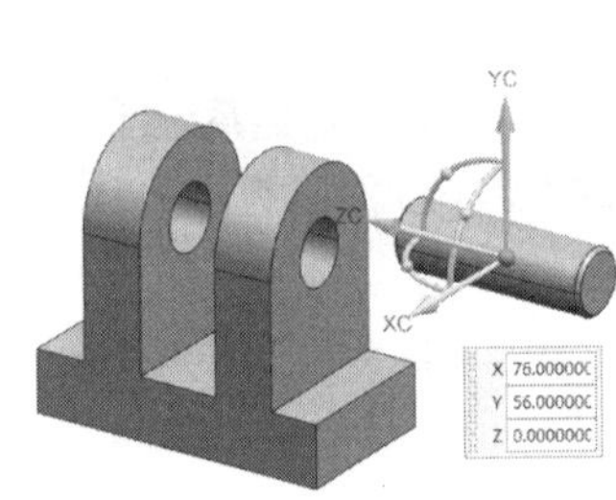

图 5-14 调整零件位置

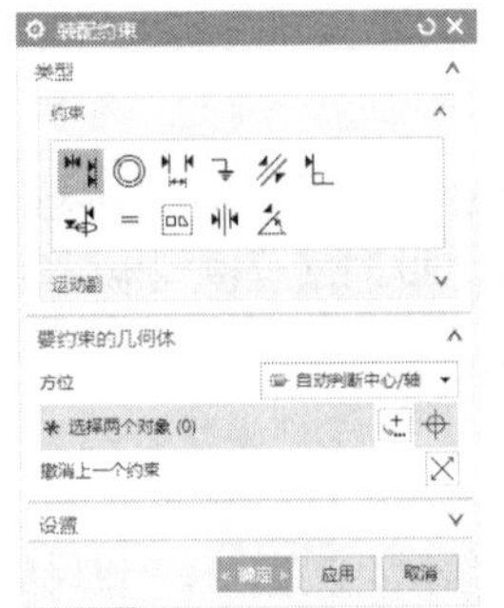

图 5-15 定义“同轴”约束

图 5-16 “同轴”约束结果

② 添加“对齐”约束。在“装配约束”对话框的“约束”区域单击“接触对齐”按钮，在“方位”下拉列表中选择“对齐”选项，如图 5-17 所示，选择轴上任意端面与底座上对应一侧的端面，表示约束两个端面“对齐”装配，结果如图 5-18 所示，单击“确定”按钮，完成“对齐”约束添加，如图 5-19 所示。

图 5-17 定义“对齐”约束

图 5-18 “对齐”约束结果

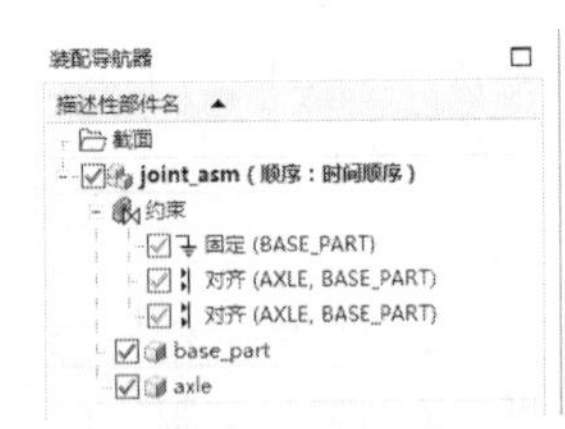

图 5-19 完成约束添加

(4) 保存装配文件

完成装配设计后，在“快速访问工具条”中单击“保存”按钮保存装配文件。因为在新建装配文件后已经保存过文件，所以此处单击“保存”按钮后，系统将装配文件自动保存在前面设置的文件夹中。此时装配文件与零件文件保存在同一个文件夹中，方便后期管理。

说明：此后在拷贝装配文件时一定要将装配文件连同零件一起保存（将这整个文件夹进行拷贝），如果只拷贝装配文件，其他文件会因为丢失造成打开失败，这一点读者一定要熟记！

5.3 装配约束类型

在 NX 中进行装配设计主要是通过在零部件之间添加合适的装配约束关系进行的，所谓装配约束关系就是指零部件之间的几何关系，如同轴约束、对齐约束等。在 NX 装配设计环境中的“装配”选项卡中单击“装配约束”按钮，系统弹出如图 5-20 所示的“装配约束”对话框，使用该对话框添加装配约束关系。

5.3.1 接触对齐

“接触对齐”约束用于约束装配对象反向接触、同向对齐或同轴配合，是装配设计中最常用的一种约束类型。

(1) 接触约束

“接触”用于约束两个对象（可以是点、线或面）反向重合。如图 5-21 所示的模型，选择图中两个模型表面为约束对象，在“装配约束”对话框的“约束”区域单击“接触对齐”按钮，在“方位”下拉列表中选择“接触”选项，约束两面重合，结果如图 5-22 所示，重合约束特点如图 5-23 所示，此时两面重合对齐，零件方向相反。

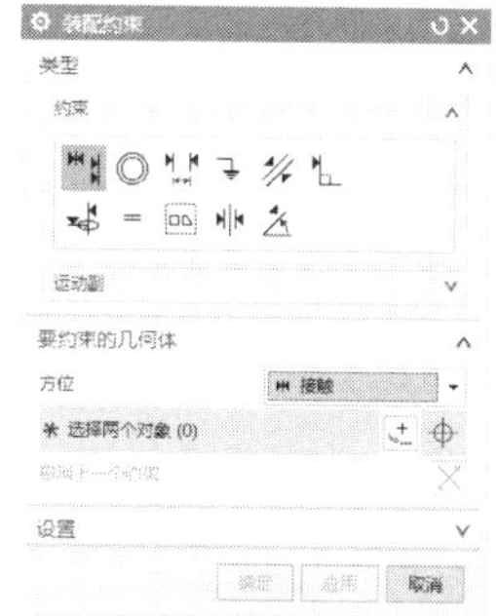

图 5-20 “装配约束”对话框

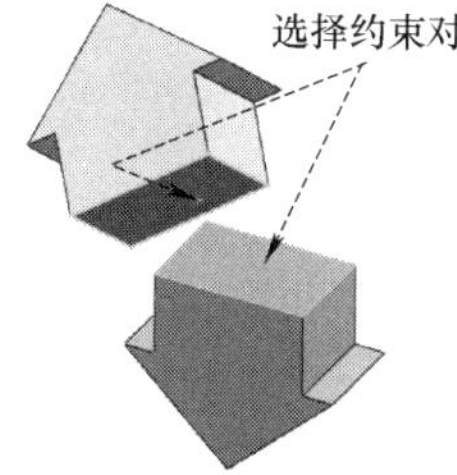

图 5-21 选择配合对象

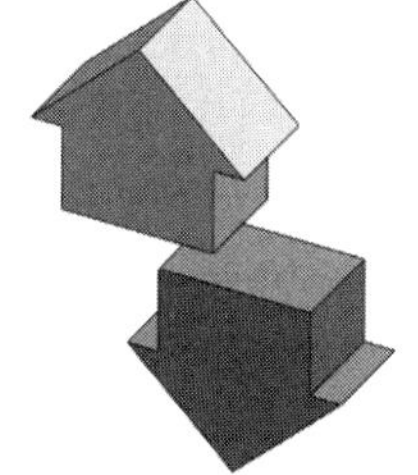
图 5-22 重合约束结果

(2) 对齐约束

“对齐”用于约束两个对象（可以是点、线或面）同向重合。如图 5-21 所示的模型，选择图中两个模型表面为约束对象，在“装配约束”对话框的“约束”区域单击“接触对齐”按钮，在“方位”下拉列表中选择“对齐”选项，约束两面对齐，结果如图 5-24 所示，对齐约束特点如图 5-25 所示，此时两面重合对齐，零件方向相同。

通过以上介绍不难看出，“接触”约束与“对齐”约束实际上是一对相反的约束。在添加“接触对齐”约束时，在“方位”下拉列表中选择“首选接触”选项，表示在选择约束对象后，系统首选添加接触约束，如果约束方向不对，可以单击“反向”按钮调整约束方向，“接触”约束通过反向可以切换成“对齐”约束，反之亦然。

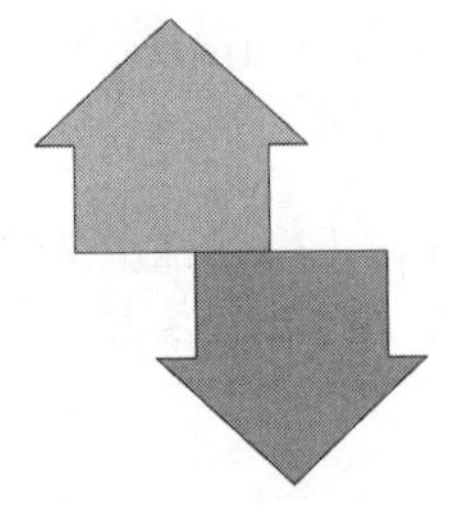
图 5-23 重合约束特点

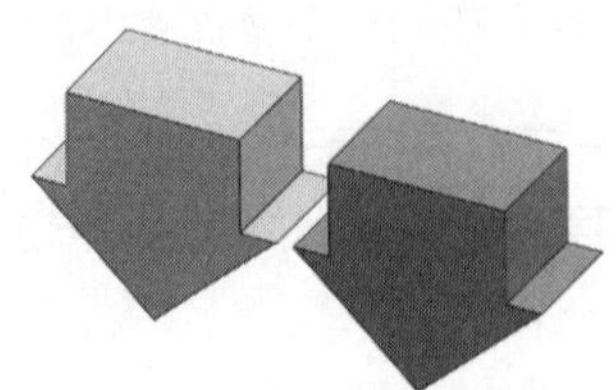
图 5-24 对齐约束结果

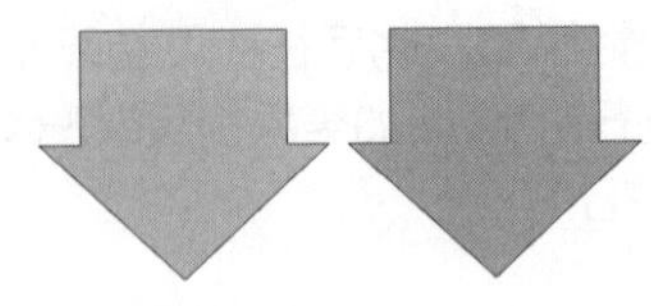
图 5-25 对齐约束特点（同向重合）

（3）接触对齐约束实例

如图 5-26 所示的导轨与滑块装配，现在已经完成了导轨的装配，需要在此基础上继续装配滑块。像这种装配需要使用接触对齐约束，下面具体介绍。

步骤 1 打开练习文件 ch05 asm\5.3\01\coincide_02。

步骤 2 选择命令。在“装配”选项卡中单击“装配约束”按钮，在“装配约束”对话框的“约束”区域单击“接触对齐”按钮，在“方位”下拉列表中选择“首选接触”选项，表示在添加约束时优先定义接触约束。

步骤 3 定义接触约束。选择如图 5-27 所示的约束对象，在对话框中单击“应用”按钮，完成约束添加，结果如图 5-28 所示。

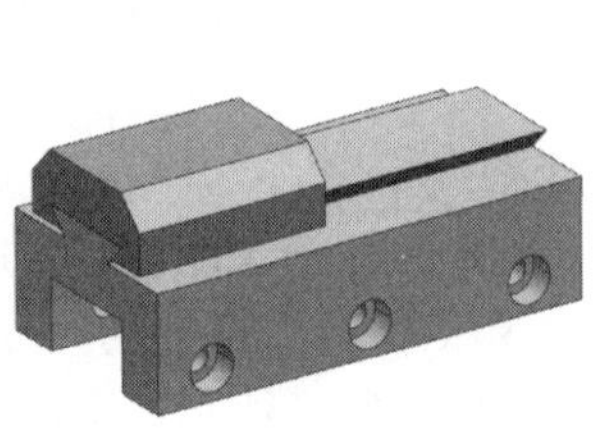
图 5-26 导轨与滑块装配

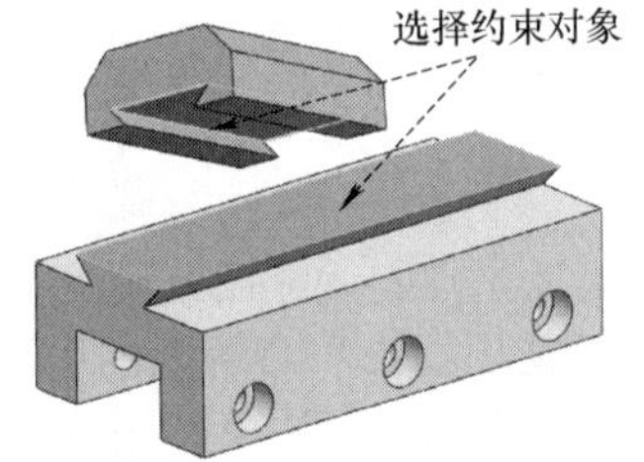

图 5-27 选择约束对象

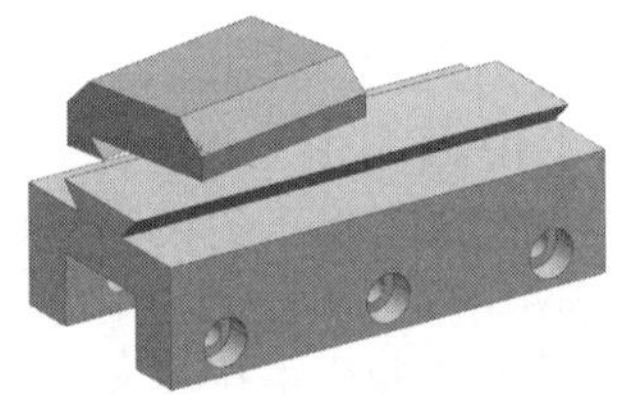
图 5-28 接触约束结果

步骤 4 定义接触约束。选择如图 5-29 所示的约束对象，在对话框中单击“应用”按钮，完成约束添加，结果如图 5-30 所示。

步骤 5 定义对齐约束。在“方位”下拉列表中选择“对齐”选项，选择如图 5-31 所示的约束对象，在对话框中单击“确定”按钮，完成约束添加，结果如图 5-26 所示。

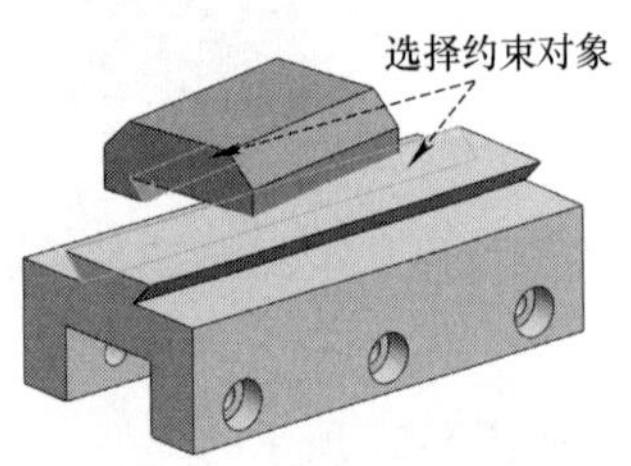

图 5-29 选择约束对象

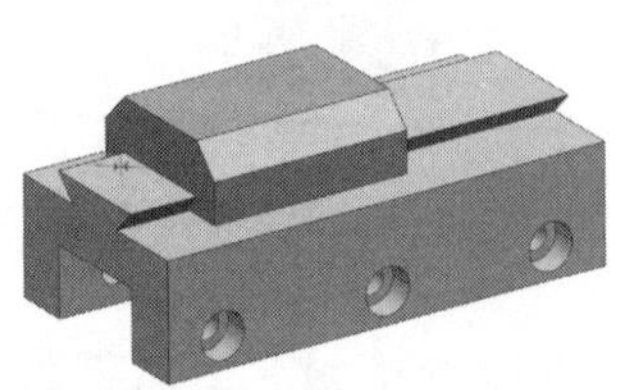
图 5-30 接触约束结果

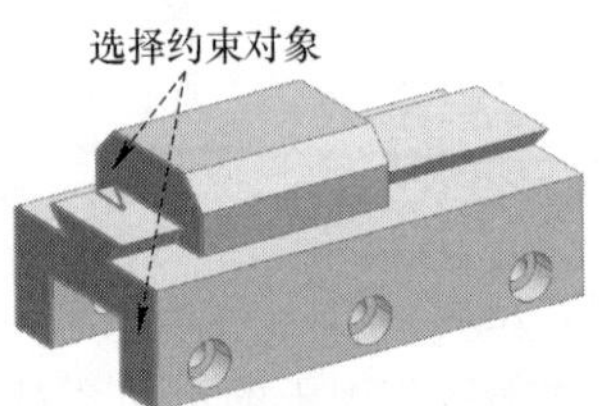

图 5-31 选择约束对象

（4）自动判断中心轴约束

“自动判断中心轴”用于约束两个对象（圆柱面或轴）共轴。如图 5-32 所示的底座与销轴模型，需要约束销轴与底座孔同轴，下面具体介绍。

步骤 1　打开练习文件 ch05 asm\5.3\01\coincide_03。

步骤 2　定义同轴约束。在“装配约束”对话框的“约束”区域单击“接触对齐”按钮，在“方位”下拉列表中选择“自动判断中心轴”选项，选择如图 5-33 所示的约束对象，单击“确定”按钮，完成同轴约束定义，结果如图 5-34 所示。

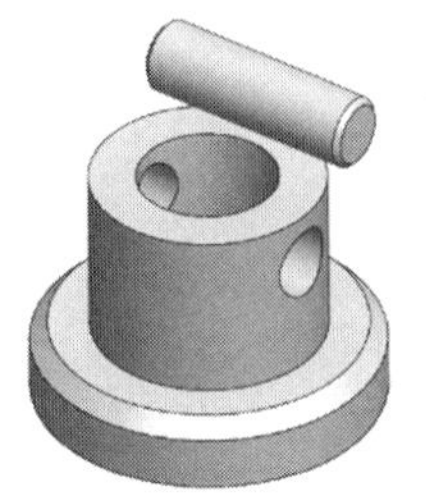

图 5-32　底座与销轴装配

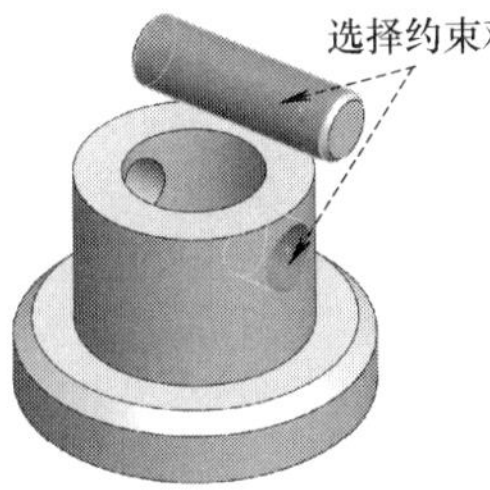

图 5-33　选择配合对象

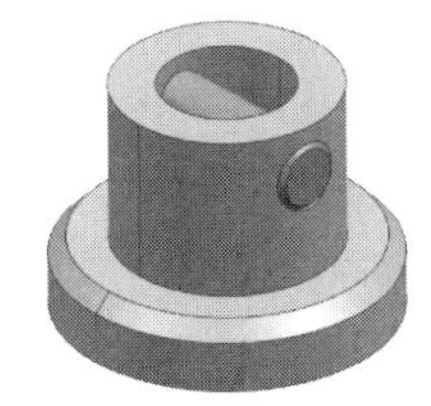

图 5-34　同轴约束结果

5.3.2　同心约束

“同心”约束用于约束圆弧或椭圆中心重合，同时使圆弧或椭圆所在平面重合。如图 5-35 所示的底座与螺栓模型，需要将螺栓装配到沉头孔中，下面具体介绍。

步骤 1　打开练习文件 ch05 asm\5.3\02\concentric。

步骤 2　定义同心约束。在“装配约束”对话框的“约束”区域单击“同心”按钮◎，选择如图 5-36 所示的约束对象，单击“确定”按钮，结果如图 5-37 所示。

图 5-35　底座与螺栓装配

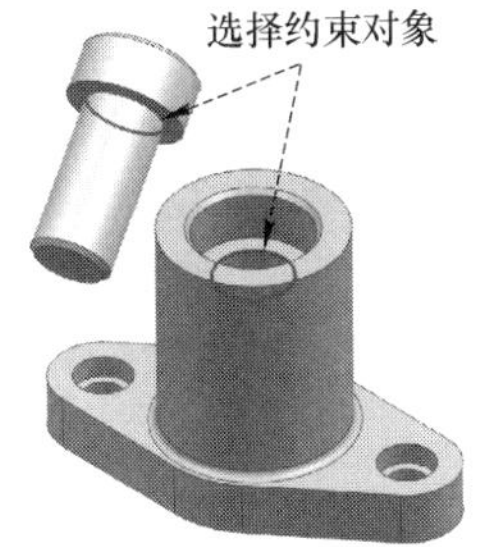

图 5-36　选择约束对象

图 5-37　同心约束结果

5.3.3　距离约束

“距离”约束用于定义两个对象之间具有一定的距离或距离范围。如图 5-38 所示的底座和平板模型，需要定义平板平面与底座平面之间距离为 46，这种装配可以使用距离约束来处理，下面具体介绍。

步骤 1　打开练习文件 ch05 asm\5.3\03\distance。

步骤 2　定义距离约束。在“装配约束”对话框的“约束”区域单击“距离”按钮，选择如图 5-39 所示的约束对象，在“对话框”的“距离”区域定义距离值 46，展开“距离限制”区域，选中“上限”及“下限”选项，定义距离下限为 20，定义距离上限为 50，如图 5-40 所示，此时平板只能在这个距离范围之内调整。

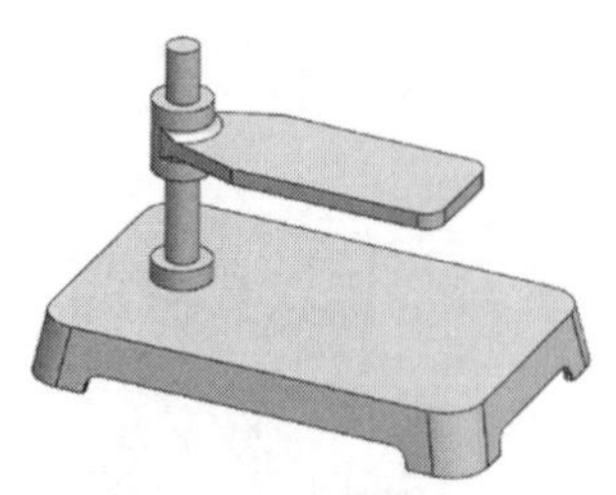
图 5-38　距离配合

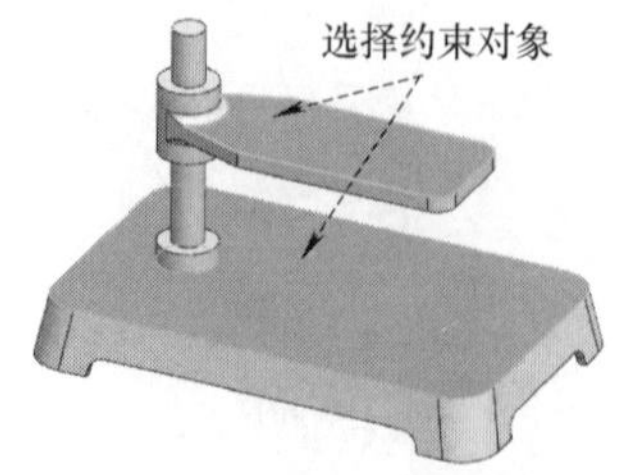

图 5-39　选择约束对象

图 5-40　定义距离约束

5.3.4 平行约束

“平行”约束用于约束两个对象(可以是线或面)平行。如图 5-41 所示的底座与横梁装配，需要使横梁与底座平面平行，下面具体介绍。

步骤 1　打开练习文件 ch05 asm\5.3\04\parallel。

步骤 2　定义平行约束。在“装配约束”对话框的“约束”区域单击“平行”按钮，选择如图 5-42 所示的约束对象，单击“确定”按钮，结果如图 5-43 所示。

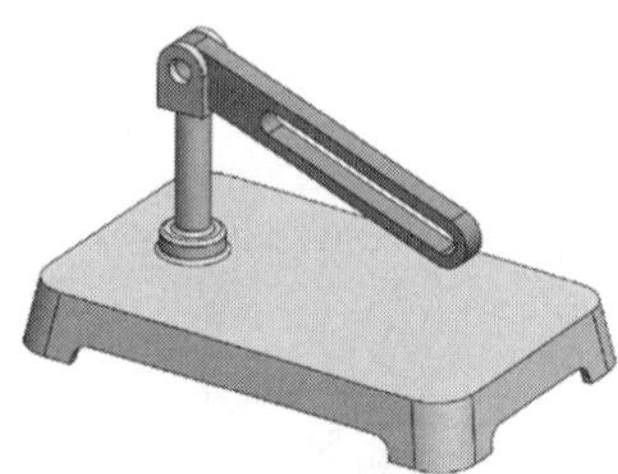
图 5-41　底座与横梁装配

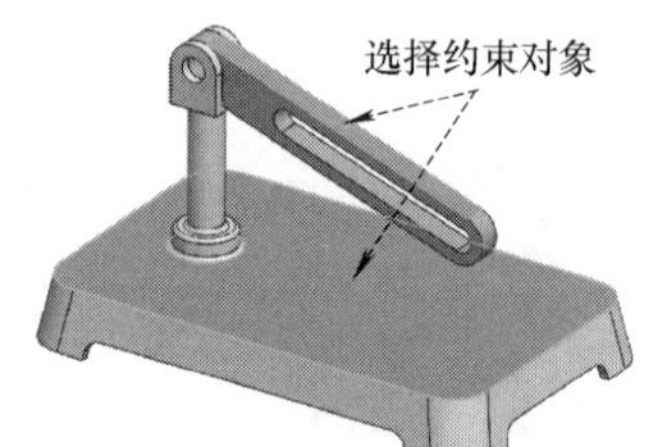

图 5-42　选择配合对象

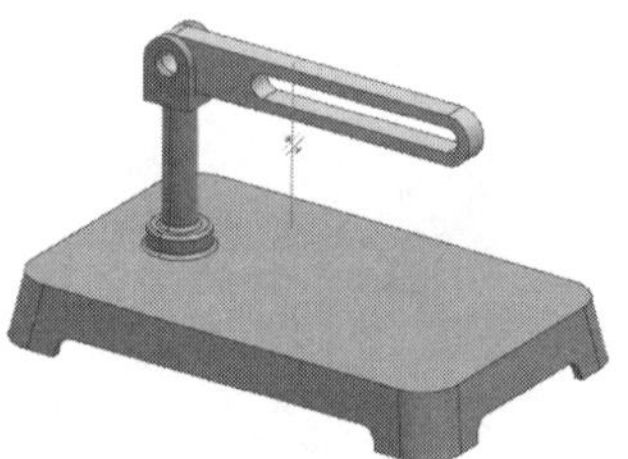
图 5-43　平行约束结果

5.3.5 垂直约束

“垂直”约束用于约束两个对象(可以是线或面)垂直。如图 5-44 所示的底座与竖梁装配，需要使竖梁与底座平面垂直，下面具体介绍。

步骤 1　打开练习文件 ch05 asm\5.3\05\vertical。

步骤 2　定义垂直约束。在“装配约束”对话框的“约束”区域单击“垂直”按钮，选择如图 5-45 所示的约束对象，单击“确定”按钮，结果如图 5-46 所示。

图 5-44　底座与竖梁装配

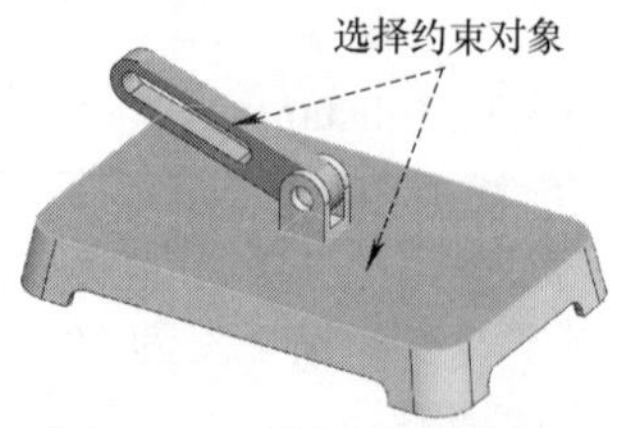

图 5-45　选择约束对象

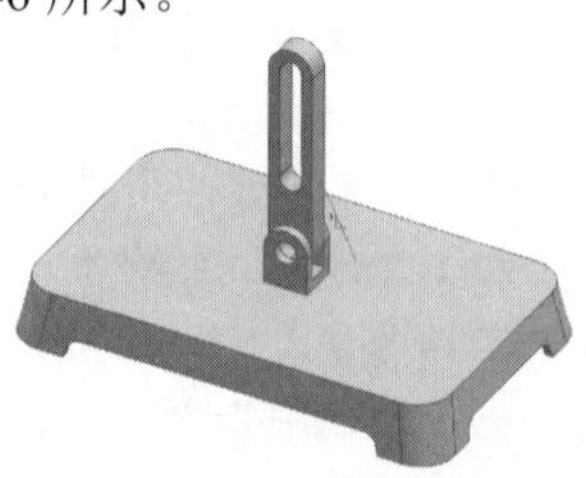
图 5-46　垂直约束结果

5.3.6　对齐锁定约束

“对齐锁定”约束用于约束两个对象的轴同轴，同时锁定轴向旋转。如图 5-47 所示的支座和轴装配模型，需要约束轴与支座孔同轴并锁定轴向转动，下面具体介绍。

步骤 1　打开练习文件 ch05 asm\5.3\06\align_lock。

步骤 2　定义对齐锁定约束。在“装配约束”对话框的“约束”区域单击“对齐锁定”按钮，选择如图 5-48 所示约束对象，单击“确定”按钮，结果如图 5-49 所示。

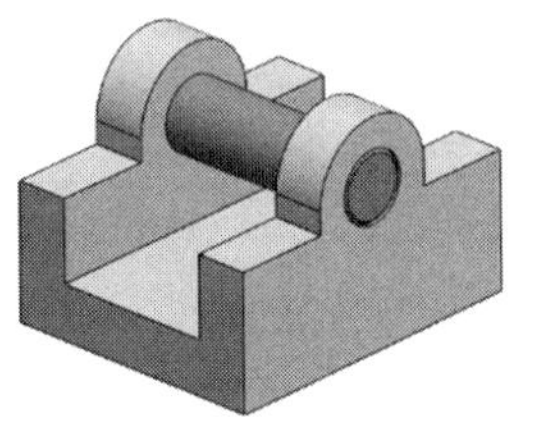

图 5-47　支座和轴装配

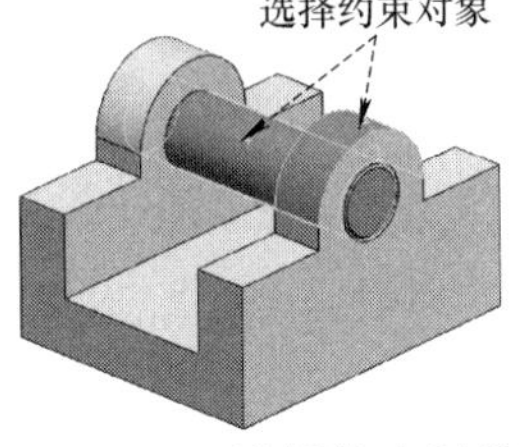

图 5-48　选择约束对象

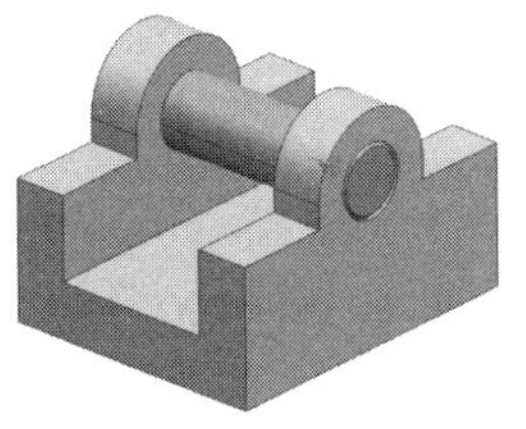

图 5-49　对齐锁定约束结果

5.3.7　拟合约束

“拟合”约束用于约束两个半径相等的对象重合。如图 5-50 所示的底座和球杆模型，需要约束球杆与底座球面重合，下面具体介绍。

步骤 1　打开练习文件 ch05 asm\5.3\07\fitting。

步骤 2　定义拟合约束。在“装配约束”对话框的“约束”区域单击“拟合约束”按钮 =，选择如图 5-51 所示的底座及球杆球面，单击“确定”按钮，如图 5-52 所示。

图 5-50　底座与球杆装配

图 5-51　选择约束对象

图 5-52　拟合约束结果

5.3.8　胶合约束

“胶合”约束用于约束多个对象刚性连接，相当于将多个零件绑定到一起形成一个整体。如图 5-53 所示的螺母套筒装配模型，需要将两个螺母与套筒约束到一起形成一个整体，下面以此为例介绍“胶合约束”操作过程。

步骤 1　打开练习文件 ch05 asm\5.3\08\fix。

步骤 2　定义胶合约束。在“装配约束”对话框的“约束”区域单击“胶合约束”按钮，选择如图 5-54 所示的套筒及螺母为约束对象，在对话框中单击“创建约束”按钮，如图 5-55 所示，单击“确定”按钮，完成胶合约束添加。

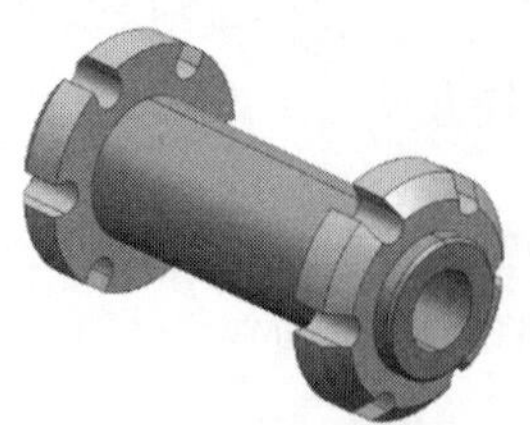
图 5-53　螺母套筒装配

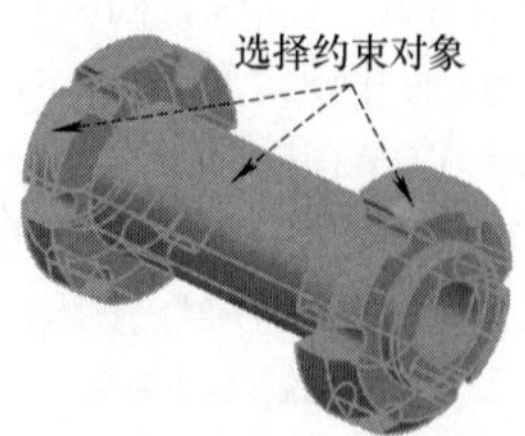

图 5-54　选择约束对象

图 5-55　定义胶合约束

5.3.9　中心约束

“中心”约束用于将一个零部件约束到另外一个零部件的中间位置。如图 5-56 所示的滚轮支架装配模型，需要将滚轮装配到支架内侧的中间位置，如图 5-57 所示，下面以此为例介绍“中心”约束操作过程。

步骤 1　打开练习文件 ch05 asm\5.3\09\center。

步骤 2　定义中心约束。在“装配约束”对话框的“约束”区域单击“中心约束”按钮，在“子类型”区域下拉列表中选择“2 对 2”选项，表示约束一个零件上的两个对象在另外一个零件上两个对象的中间位置，如图 5-58 所示。首先选择滚轮两侧端面及支架内侧表面为约束对象，单击“确定”按钮，完成中心约束添加。

图 5-56　滚轮支架装配

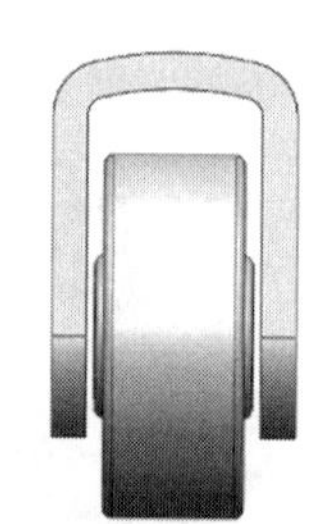
图 5-57　装配要求

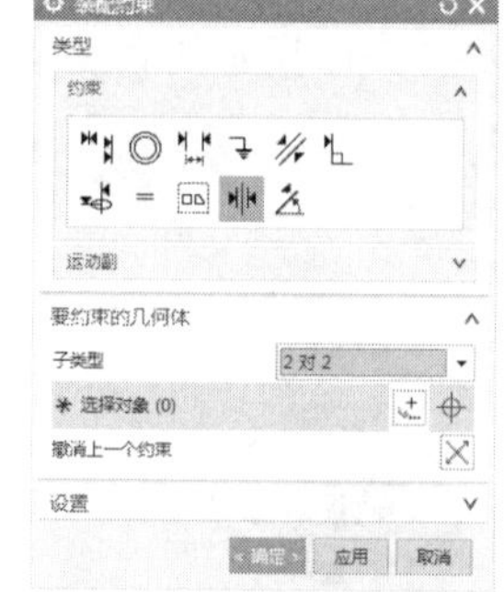
图 5-58　定义中心约束

5.3.10　角度约束

“角度”约束用于定义两个对象之间具有一定的角度或角度范围。如图 5-59 所示的球阀模型，需要定义手柄侧面与阀体中心面之间的夹角及角度范围，这种装配可以使用角度约束来处理，下面具体介绍。

步骤 1　打开练习文件 ch05 asm\5.3\10\angle。

步骤 2　定义角度约束。在“装配约束”对话框的“约束”区域单击“角度”按钮，选择如图 5-60 所示的约束对象，在“对话框”的“角度”区域定义距离值 180，展开“角度限制”区域，选中“上限”及“下限”选项，定义角度下限为 90，定义角度上限为 200，如图 5-61 所示，此时手柄只能在这个角度范围之内调整。

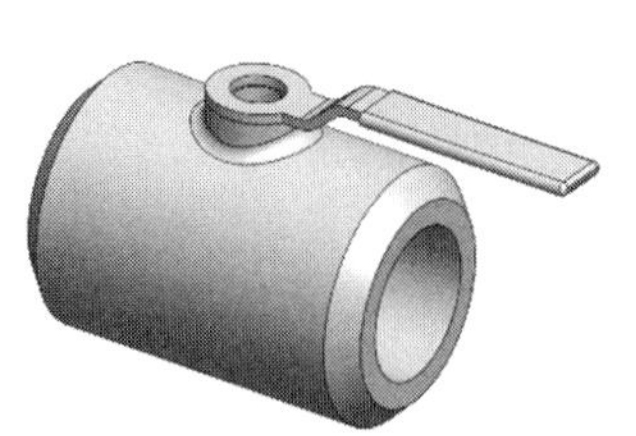

图 5-59　球阀模型

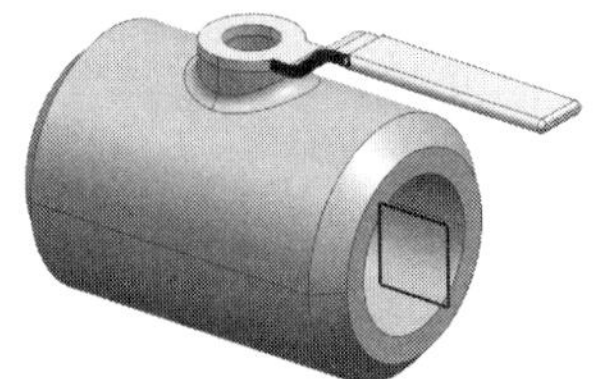

图 5-60　选择约束对象

图 5-61　定义角度约束

5.4 装配设计方法

实际上，装配设计从方法与思路上来讲主要包括两种：一种是顺序装配，另外一种是模块装配。所谓顺序装配就是装配中的零件依次进行装配，如图 5-62 所示，顺序装配中各个零件之间有明确的时间先后顺序；模块装配就是先根据装配结构特点划分装配中的子模块（也叫子装配），在装配时先进行子模块装配（各个模块可以同时进行装配，提高装配效率），最后进行总装配，如图 5-63 所示。

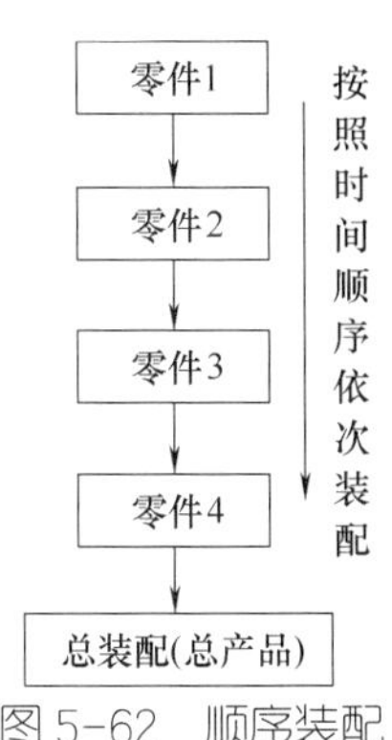

图 5-62　顺序装配

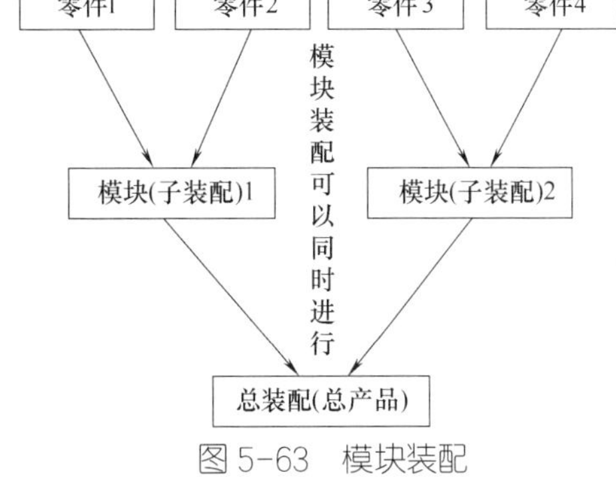

图 5-63　模块装配

在具体装配设计之前，首先要分析整个装配产品的结构特点，如果装配结构比较简单，而且在装配产品中没有相对独立、集中的装配子结构，就应该使用顺序方法进行装配；如果装配产品中有相对独立、集中的装配子结构，就需要划分装配子模块（子装配），使用模块方法进行装配。下面通过两个具体实例介绍这两种装配设计方法。

5.4.1 顺序装配实例

如图 5-64 所示的轴承座装配，主要由底座、上盖、轴瓦、楔块及螺栓装配而成，如图 5-65 所示，装配结构简单，不存在相对比较独立、比较集中的装配子结构，像这种装配产品直接使用顺序装配方法进行依次装配即可，在装配过程中要灵活使用各种高效装配操作以提高装配设计效率，下面具体介绍其装配过程。

（1）新建装配文件

步骤 1 设置工作目录 F:\ugnx_jxsj\ch05 asm\5.4\01。

步骤 2 新建装配文件，文件名称为 Bearing_asm。

（2）创建轴承座装配

步骤 1 装配底座零件。底座是整个轴承座装配的基础，需要首先进行装配。导入底座零件（base_down），直接固定在装配原点，如图 5-66 所示。

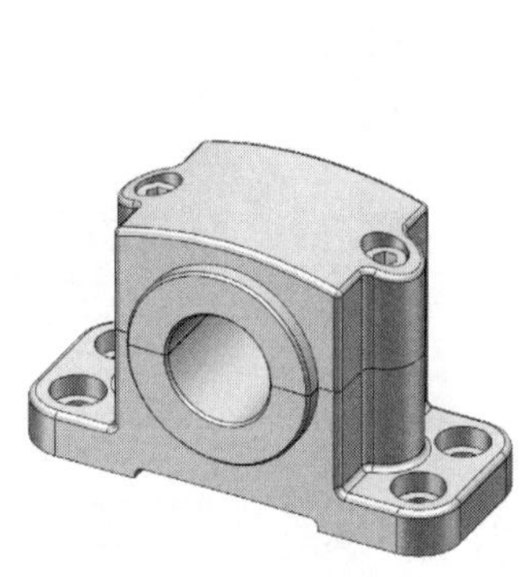

图 5-64 轴承座装配

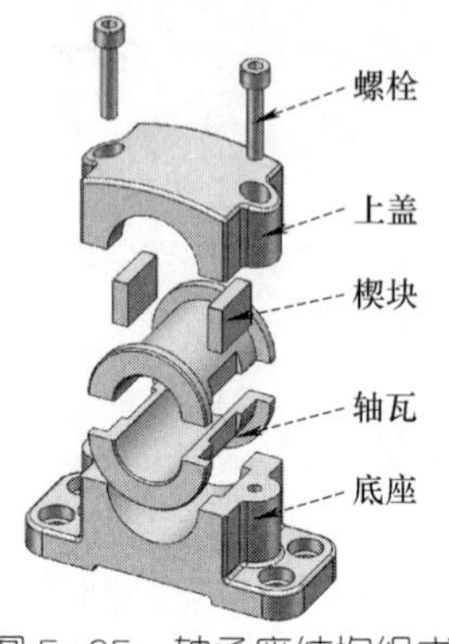

图 5-65 轴承座结构组成

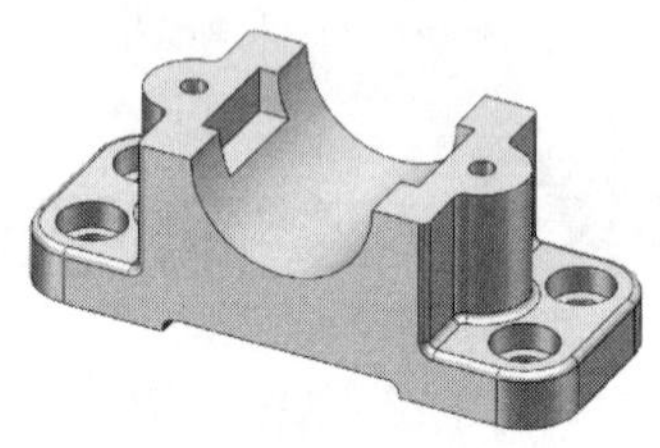

图 5-66 装配底座

步骤 2 装配下部轴瓦零件。导入轴瓦零件（bearing_bush），调整零件初始位置，然后使用同轴约束、接触及对齐进行装配，如图 5-67 所示。

步骤 3 装配楔块零件。导入楔块零件（wedge_block），调整零件初始位置，然后使用接触约束进行装配，如图 5-68 所示。

步骤 4 装配上部轴瓦零件。导入轴瓦零件（bearing_bush），调整零件初始位置，然后使用同轴约束和接触对齐约束进行装配，如图 5-69 所示。

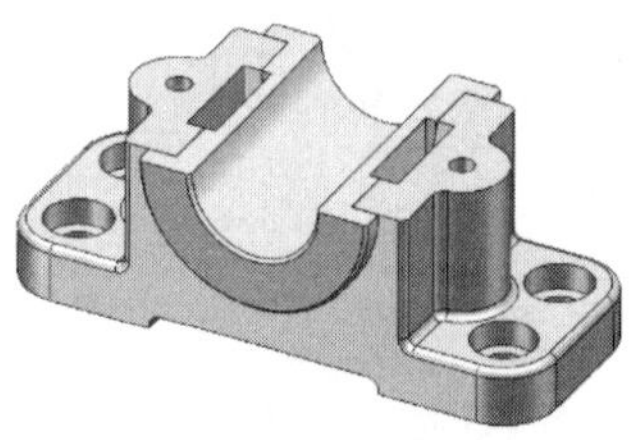

图 5-67 装配下部轴瓦

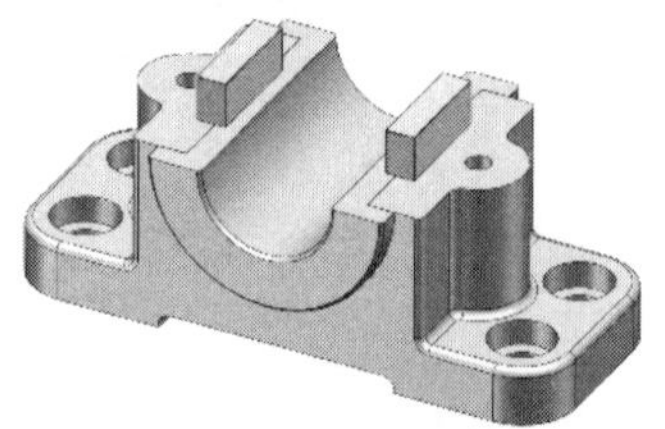

图 5-68 装配楔块

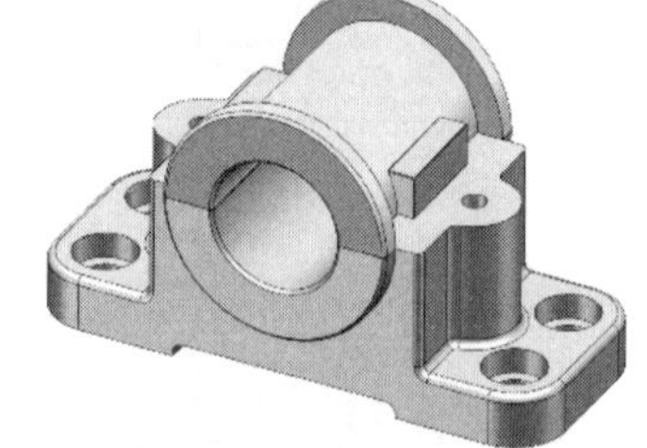

图 5-69 装配上部轴瓦

步骤 5 装配上盖零件。导入上盖零件（top_cover），调整零件初始位置，使用同轴约束和接触约束进行装配，结果如图 5-70 所示。

步骤 6 装配螺栓零件。导入螺栓零件（bolt），调整零件初始位置，使用同轴约束和接触约束进行装配，结果如图 5-71 所示。

5.4.2 模块装配实例

如图 5-72 所示的传动系统装配，主要由安装板、电机、电机带轮、设备、设备带轮、键及皮带装配而成，其中如图 5-73 所示的电机模块（电机子装配）在整个装配中属于相对比较独立、集中的装配子结构，包括电机、电机带轮及键，如图 5-74 所示。如图 5-75 所示的设备模块（设备子装配）同样属于比较独立、集中的装配子结构，包括设备、设备带轮及键，如图

5-76 所示。像这种装配产品就应该使用模块方法进行装配，下面具体介绍其装配过程。

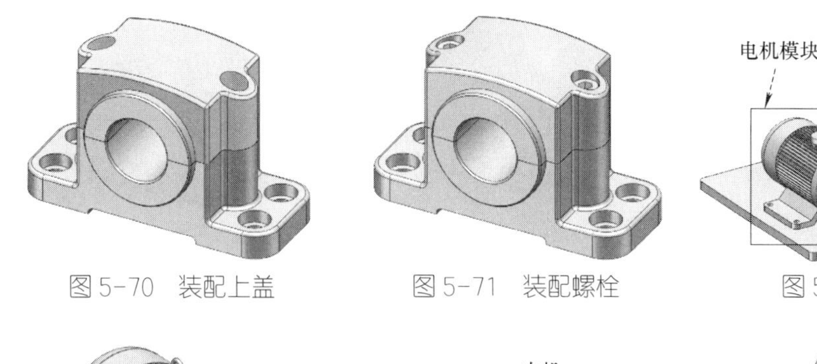

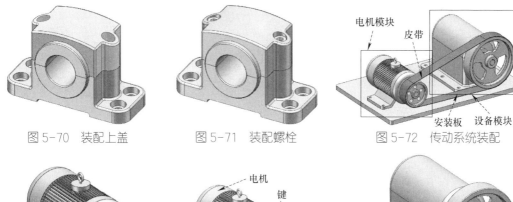

图 5-70　装配上盖　　图 5-71　装配螺栓　　图 5-72　传动系统装配

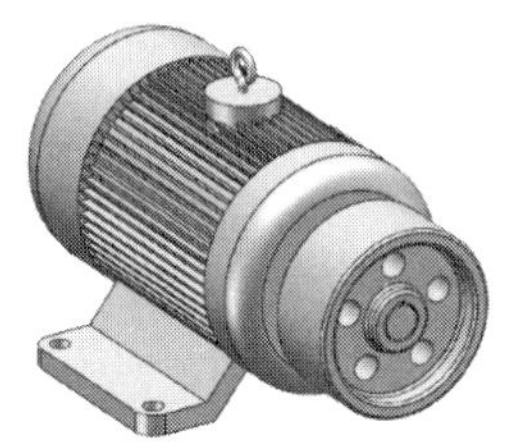

图 5-73　电机子装配

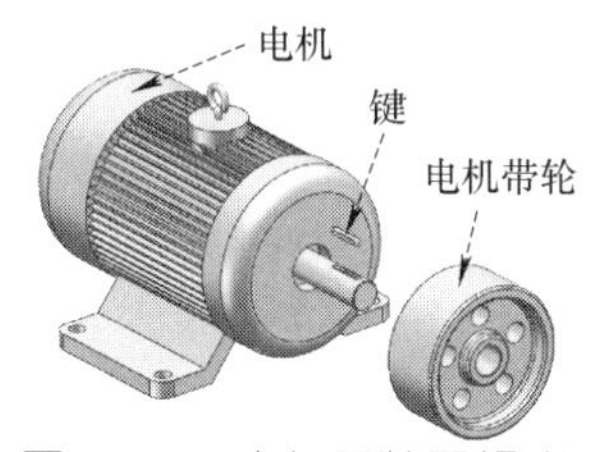

图 5-74　电机子装配组成

图 5-75　设备子装配

(1) 创建电机模块子装配

步骤 1　设置工作目录 F:\ugnx_jxsj\ch05 asm\5.4\02。

步骤 2　新建装配文件，文件名称为 motor_asm。

步骤 3　装配电机零件。电机是整个电机子装配的基础，需要首先进行装配，导入电机零件（motor），直接固定在装配原点，如图 5-77 所示。

步骤 4　装配电机键零件。导入电机键零件（motor_key），使用同轴约束和接触约束进行装配，如图 5-78 所示。

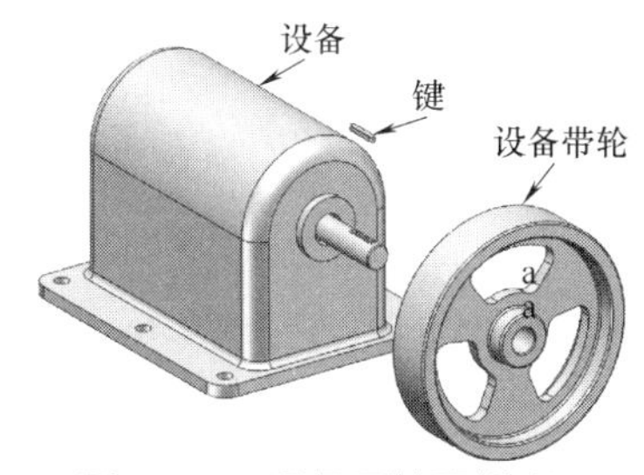

图 5-76　设备子装配组成

图 5-77　装配电机

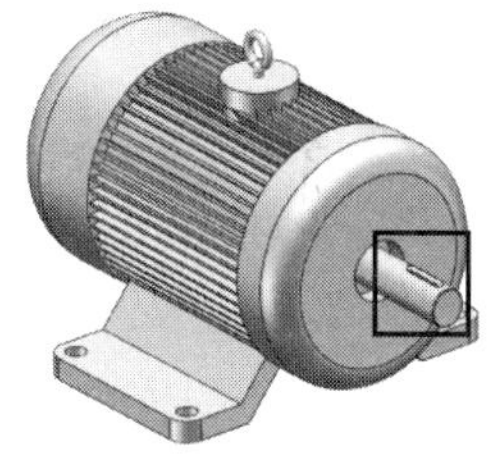

图 5-78　装配电机键

步骤 5　装配电机带轮零件。导入电机带轮零件（motor_wheel），使用同轴约束和接触约束进行装配，结果如图 5-79 所示。

步骤 6　保存并关闭电机子装配。

(2) 创建设备模块子装配

步骤 1　新建装配文件，文件名称为 equipment_asm。

步骤 2　装配设备零件。设备是整个设备子装配的基础，需要首先进行装配，导入设备零件（equipment），直接固定在装配原点，如图 5-80 所示。

步骤 3　装配设备键零件。导入设备键零件（equipment_key），使用同轴约束和接触约束进行装配，如图 5-81 所示。

图 5-79　装配电机带轮

图 5-80　装配设备

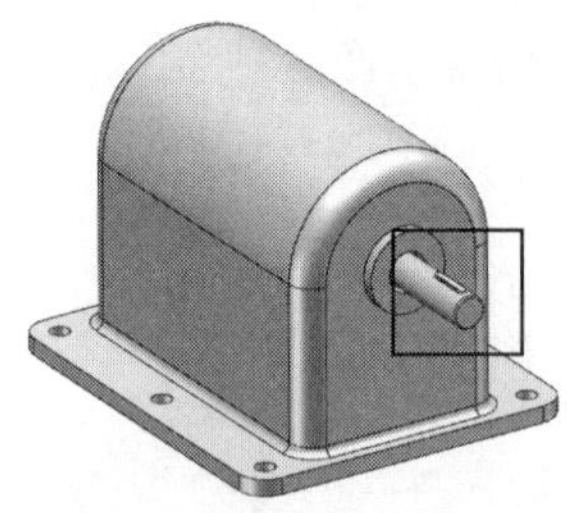
图 5-81　装配设备键

步骤 4　装配设备带轮零件。导入设备带轮零件（equipment_wheel），使用同轴约束和接触约束进行装配，结果如图 5-82 所示。

步骤 5　保存并关闭设备子装配。

（3）创建传动系统总装配

步骤 1　新建装配文件，文件名称为 drive_system。

步骤 2　装配安装板零件。安装板是整个总装配的基础，需要首先进行装配，导入安装板零件（install_board），直接固定在装配原点，如图 5-83 所示。

步骤 3　装配电机子装配。导入电机子装配（motor_asm），使用接触约束和同轴约束进行装配，如图 5-84 所示。

图 5-82　装配设备带轮

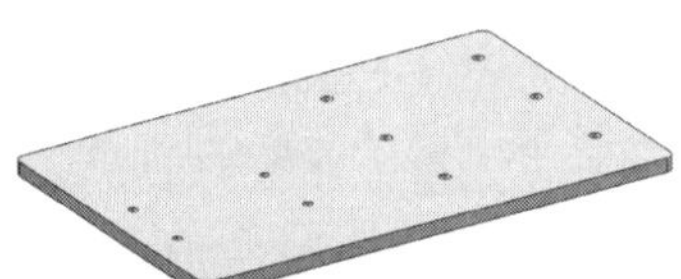
图 5-83　装配安装板

图 5-84　装配电机子装配

步骤4　装配设备子装配。导入设备子装配（equipment_asm），使用接触约束和同轴约束进行装配，结果如图 5-85 所示。

步骤 5　装配皮带。导入皮带零件（belt），使用接触约束和同轴约束装配，如图 5-86 所示。

步骤 6　保存并关闭传动系统总装配。

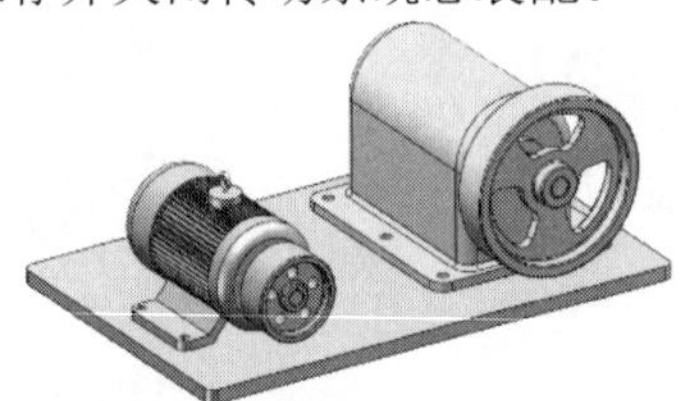
图 5-85　装配设备子装配

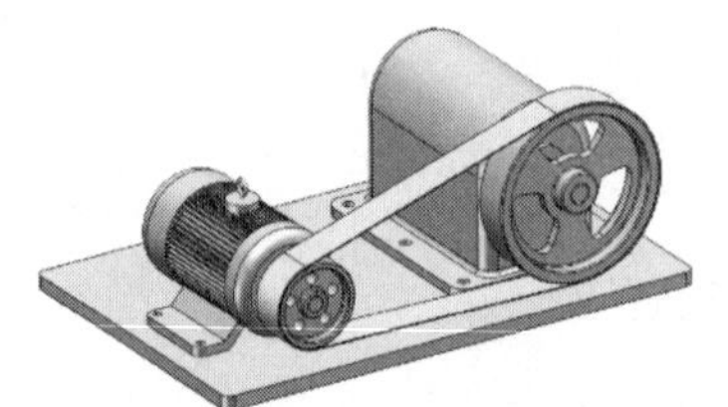
图 5-86　装配皮带

5.5 高效装配操作

掌握装配设计基本思路与装配方法后，接下来要考虑的就是提高装配效率。在实际产品设计中，需要装配的零部件往往比较多，如果装配效率比较低，就会严重影响产品设计效率，下面主要介绍提高装配效率的一些操作。

5.5.1 装配调整

装配设计中，导入装配零部件后如果初始位置与最终装配的位置差异比较大，这种情况下即使选择的配合参考及类型是正确的，也有可能得到错误的装配结果，所以导入零部件后首先要调整零部件初始位置，为添加约束做准备，同时提高装配效率。在 NX 中使用“移动组件”功能调整零部件初始位置，下面具体介绍。

如图 5-87 所示的轴承座装配，现在已经完成了底座零件的装配，接下来要装配轴瓦零件到如图 5-88 所示的位置，下面具体介绍其装配调整过程。

步骤 1　打开练习文件 ch05 asm\5.5\01\adjust。

步骤 2　导入装配零件。在“装配”选项卡中单击“添加”按钮，系统弹出“添加组件”对话框，在对话框中单击“打开”按钮，选择轴瓦零件导入到装配环境，导入轴瓦零件后零件初始位置如图 5-89 所示。

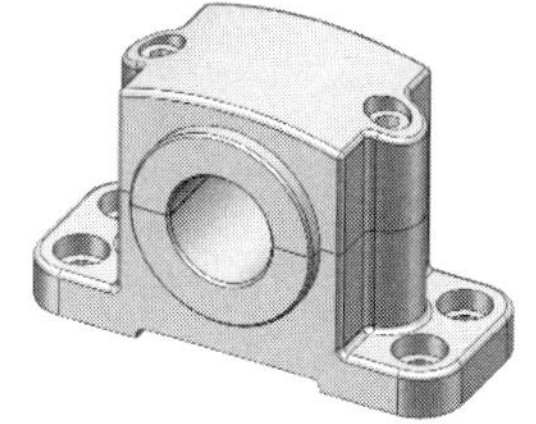

图 5-87　轴承座装配

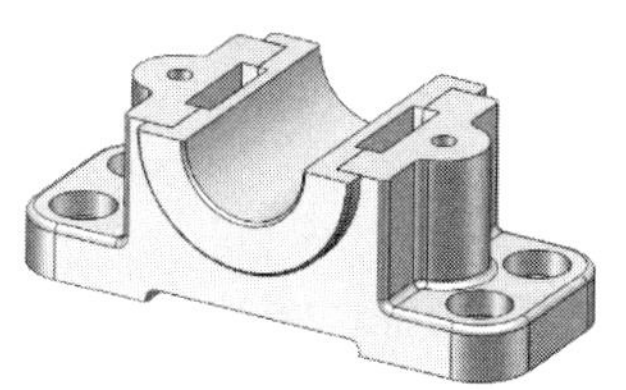
图 5-88　底座与轴瓦装配

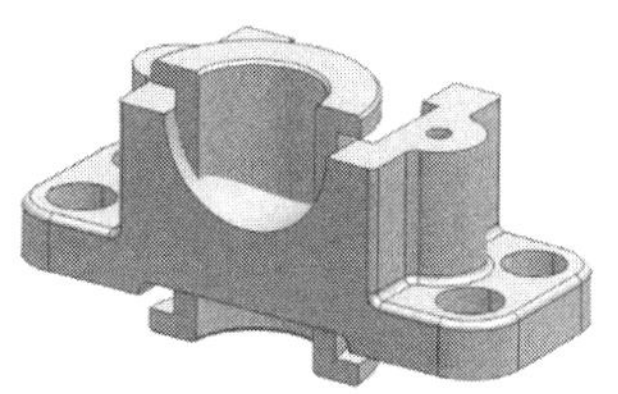
图 5-89　导入轴瓦零件

说明：此处导入装配零件后，系统自动将零件放置到装配坐标系原点，这个位置与最终要装配的位置差距比较大，最好先调整零件位置再进行装配。

步骤 3　调整零部件。在 NX 中调整零部件位置主要有以下两种方法：

方法一：在“添加组件”对话框中单击“放置”区域的“指定方位”区域，如图 5-90 所示，此时在零件模型上显示如图 5-91 所示的移动坐标系，使用鼠标拖动坐标系箭头可以将零件沿着轴向方向移动零部件，拖动坐标系上的原点可以将零件绕轴旋转，通过这些操作将零部件调整到如图 5-92 所示的位置。

图 5-90　“添加组件”对话框

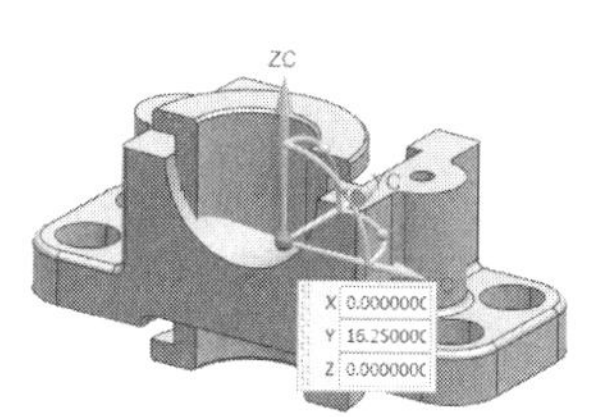

图 5-91　移动坐标系

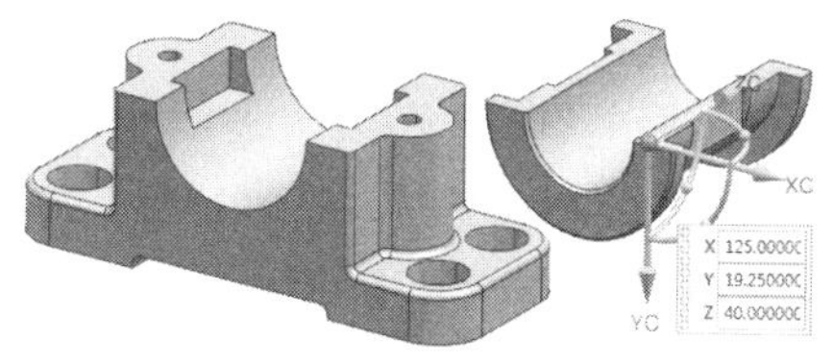

图 5-92　移动组件

方法二：在“装配”选项卡中单击“移动组件”按钮，系统弹出如图 5-93 所示的“移动组件”对话框，选择要调整的零部件并单击鼠标中键，此时在零件模型上显示坐标系，使用坐标系将零部件移动到合适的位置即可。

完成以上零部件调整后，轴瓦零件方位与最终要装配的位置就比较接近，这样再进行装配就比较方便，读者可自行练习，此处不再赘述。

5.5.2 复制装配

在装配设计中如果需要将相同的零部件重复装配到其他位置，这种情况下可以先装配其中一个零件，然后将这个零件进行复制并添加合适的配合关系，这样做会大大节省重复导入零部件的时间，从而提高装配效率，下面具体介绍。

如图 5-94 所示的螺栓垫块装配，现在已经完成了如图 5-95 所示第一个螺栓的装配，需要在其他沉头孔位置分别装配螺栓，下面以此为例介绍复制装配操作过程。

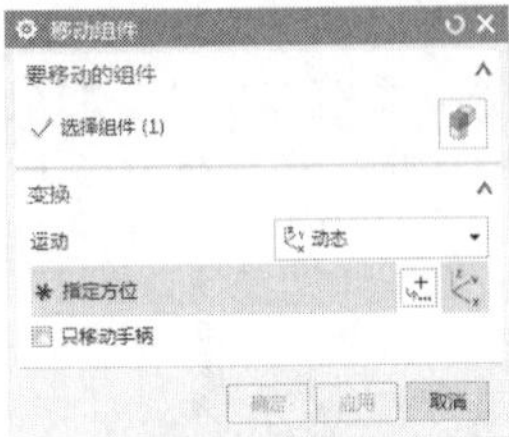

图 5-93 “移动组件”对话框

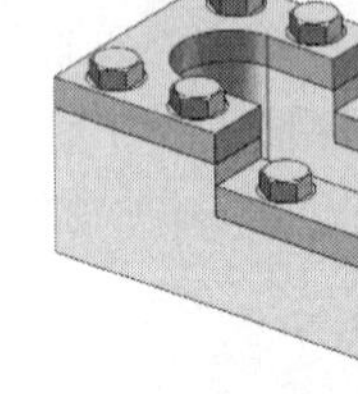

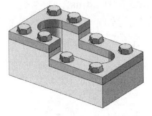

图 5-94 螺栓垫块装配

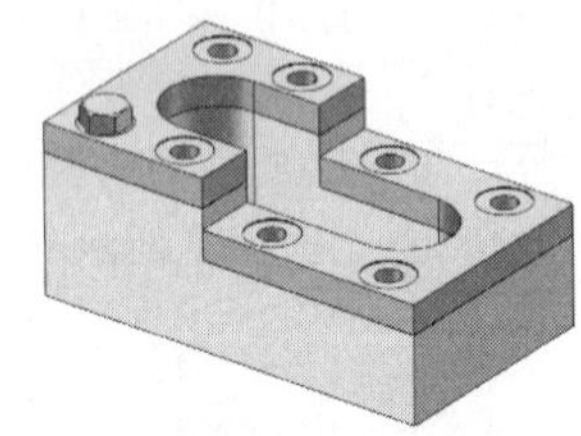

图 5-95 已经完成的装配

步骤 1 打开练习文件 ch05 asm\5.5\02\copy_asm。

步骤 2 复制粘贴螺栓。在装配导航器中选择螺栓（bolt），单击鼠标右键，在弹出的快捷菜单中选择“复制”命令，然后在总装配文件（copy_asm）上单击鼠标右键，在快捷菜单中选择“粘贴”命令，本例还需要装配 7 个螺栓，所以需要连续粘贴 7 次，结果如图 5-96 所示。

步骤 3 解包螺栓。完成螺栓复制粘贴后，系统将所有螺栓都粘贴在同一位置，这样不便于后面的操作，需要在装配导航器中解压。在装配导航器中选择螺栓，单击鼠标右键，在弹出的如图 5-97 所示的快捷菜单中选择“解包”命令，结果如图 5-98 所示。

图 5-96 复制粘贴螺栓

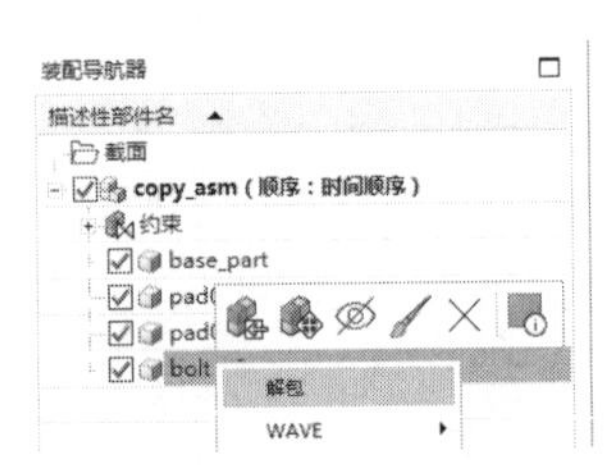

图 5-97 解包

图 5-98 解包结果

步骤 4 移动螺栓。在“装配”选项卡中单击“移动组件”按钮，将复制粘贴的 7 个螺栓移动到如图 5-99 所示的位置，为后面装配做准备。

步骤 5 打包螺栓。完成螺栓移动后考虑到后期管理的方便，需要再次将所有螺栓打包，在装配导航器中选中所有的螺栓，单击鼠标右键，在弹出的快捷菜单中选择“打包”命令（图 5-100），此时装配导航器结果如图 5-96 所示。

说明：使用这种操作复制的零部件不带配合关系，后续需要用户继添加合适的配合关系进行装配，也就是说这种复制只是节省了重复导入零部件及调整零部件的时间。

5.5.3 阵列装配

阵列装配就是按照一定的规律将零部件进行复制装配，其具体操作类似于零件设计中的特征阵列，特征阵列的操作对象是零件特征，阵列装配的操作对象是装配产品中的零部件。下面主要介绍几种常用的阵列装配操作，其他的阵列方式读者可以参考第 3 章中有关特征阵列小节的讲解。

(1) 线性阵列

线性阵列就是将零部件沿着线性方向按照一定方式进行复制装配。如图 5-101 所示的法兰圈与框架的装配，现在已经装配了框架与第一个法兰圈，如图 5-102 所示，要继续叠加装配 9 个法兰圈，下面介绍具体操作。

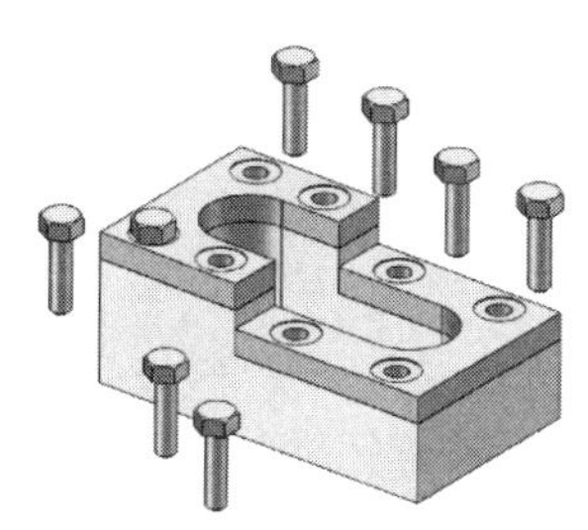
图 5-99　移动螺栓

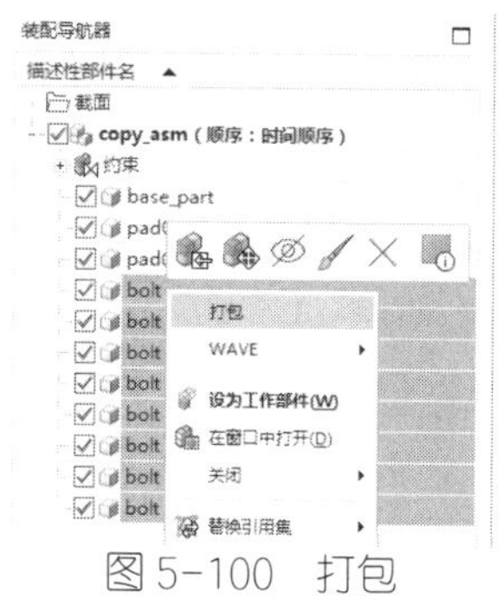

图 5-100　打包

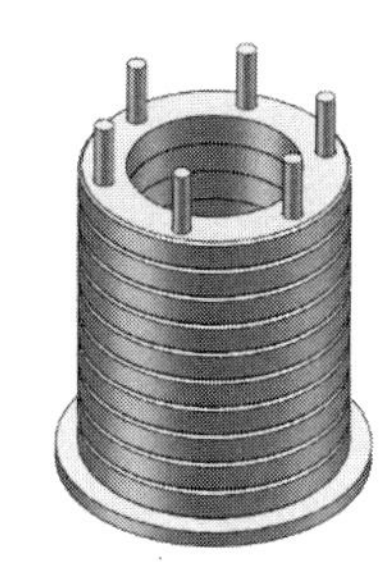
图 5-101　法兰圈装配

步骤 1　打开练习文件 ch05 asm\5.5\03\01\linear_asm。

步骤 2　选择阵列命令。在“装配”选项卡中单击“阵列组件”按钮 阵列组件，系统弹出如图 5-103 所示的“阵列组件”对话框。

步骤 3　定义组件阵列。选择已经装配好的法兰圈为阵列对象，在“阵列定义”区域的“布局”下拉列表中选择“线性”选项，表示进行线性阵列，选择如图 5-104 所示的模型表面为阵列方向参考，表示沿着该面垂直方向阵列，设置阵列间距为 10，阵列节距为 10，阵列组件结果如图 5-105 所示。

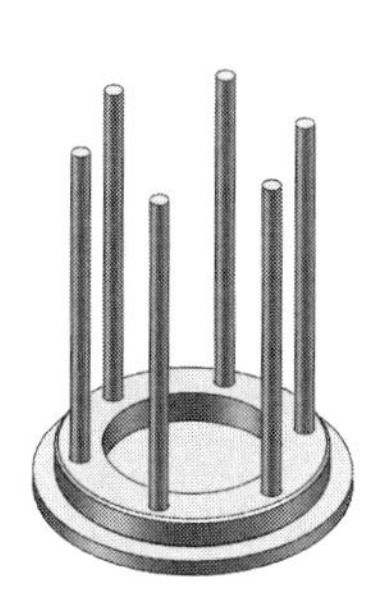
图 5-102　已经完成的装配

图 5-103　“阵列组件”对话框

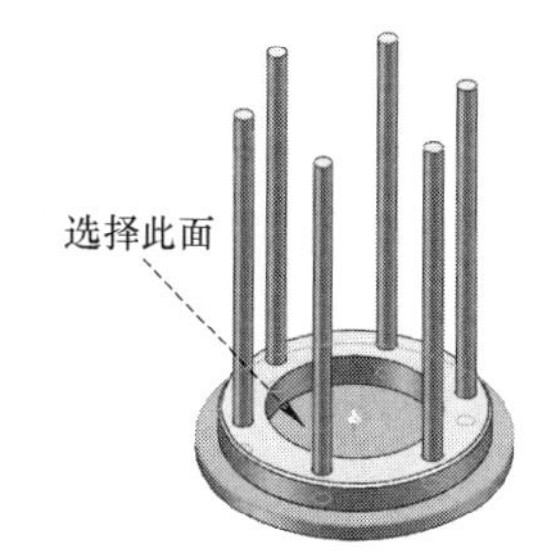

图 5-104　选择阵列方向参考

步骤 4　完成组件阵列。在“阵列组件”对话框中单击“确定”按钮，完成阵列。

说明： 完成阵列组件阵列后，在装配导航器中生成“组件阵列”节点，通过该节点管理组件阵列，如图 5-106 所示。

（2）圆形阵列

圆形阵列就是将零部件沿着环形方向按照一定方式进行快速复制。如图 5-107 所示的碟和杯子装配，现在已经装配了碟与第一个杯子，如图 5-108 所示，要继续在圆周方向上装配 5 个杯子，下面以此为例介绍圆形阵列操作。

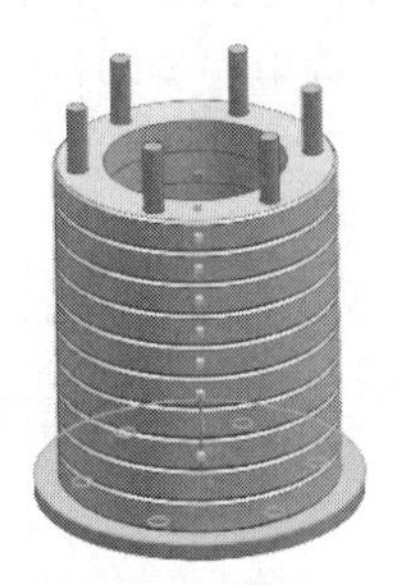

图 5-105　阵列组件结果

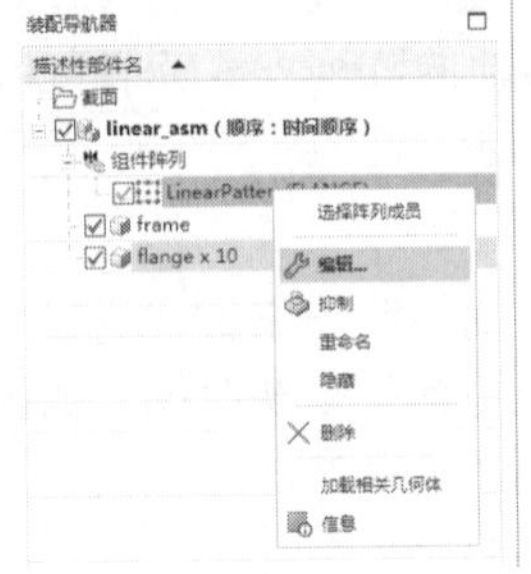

图 5-106　编辑组件阵列

图 5-107　碟和杯子装配

步骤 1　打开练习文件 ch05 asm\5.5\03\02\circle_asm。

步骤 2　选择阵列命令。在“装配”选项卡中单击“阵列组件”按钮 阵列组件，系统弹出“阵列组件”对话框。

步骤 3　定义组件阵列。选择已经装配好的杯子为阵列对象，在“阵列定义”区域的“布局”下拉列表中选择“圆形”选项，表示进行圆形阵列，定义竖直矢量为旋转轴矢量方向，选择圆盘圆心为中心点，设置阵列跨距为 360，阵列个数为 6，如图 5-109 所示，阵列组件结果如图 5-110 所示。

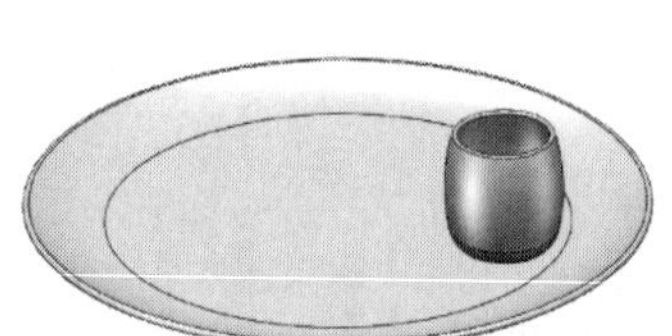

图 5-108　已经完成的装配

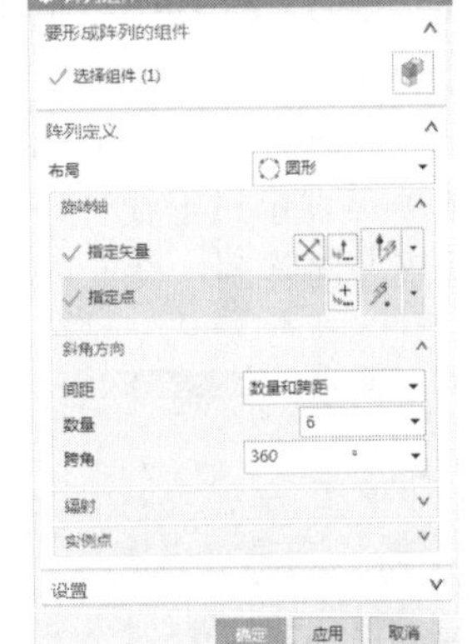

图 5-109　“阵列组件”对话框

图 5-110　阵列组件结果

（3）参考阵列

参考阵列就是将零部件按照装配中已有零部件中的阵列信息进行参考装配，这是所有阵列方式中最快捷的一种，在装配中灵活使用这种方式能极大提高装配效率。

如图 5-111 所示的泵体装配，现在已经完成了如图 5-112 所示的装配，需要继续在该装配中完成其余孔位螺栓装配，装配之前注意到泵体与端盖零件中的孔均是使用阵列方式设计的，如图 5-113 和图 5-114 所示，也就是说这些零件具有阵列信息，这种情况下要在孔位置装配螺栓就可以使用参考阵列将螺栓按照孔阵列信息进行自动装配。

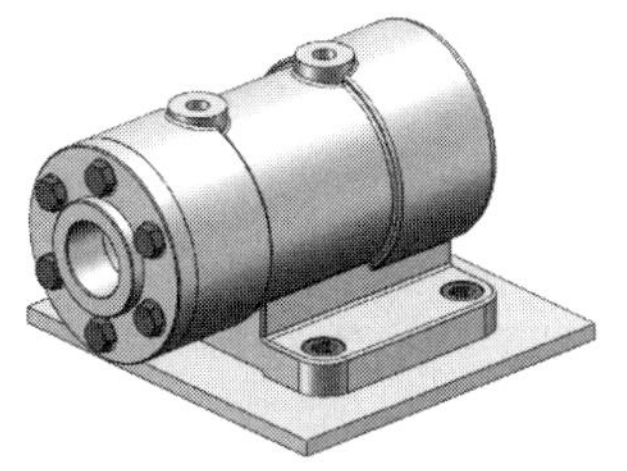

图 5-111　泵体装配

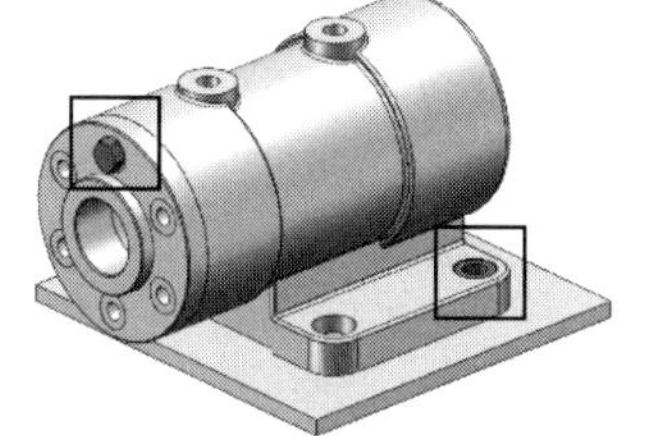

图 5-112　已经完成的装配

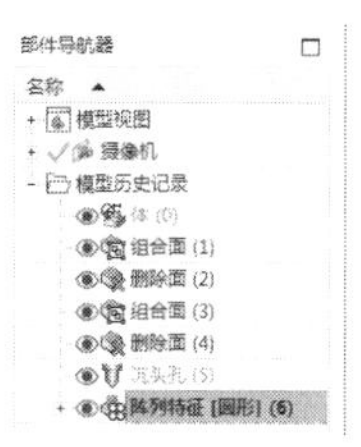

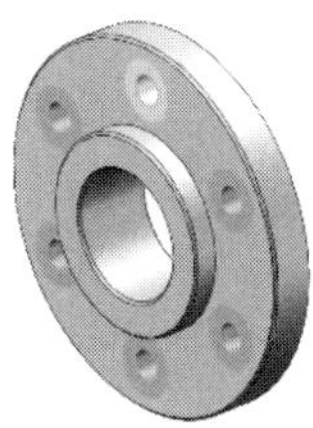

图 5-113　端盖零件中的孔阵列

步骤 1　打开练习文件 ch05 asm\5.5\03\03\ref_asm。

步骤 2　对端盖上的螺栓（bolt_m8）进行阵列。对端盖上的螺栓（bolt_m8）进行阵列可以参考端盖上如图 5-113 所示的孔阵列进行。在“装配”选项卡中单击“阵列组件”按钮 阵列组件，系统弹出“阵列组件”对话框，选择端盖上的螺栓（bolt_m8）为阵列对象，在“阵列定义”区域的“布局”下拉列表中选择“参考”选项，如图 5-115 所示，系统将螺栓按照端盖上的孔阵列进行装配，如图 5-116 所示。

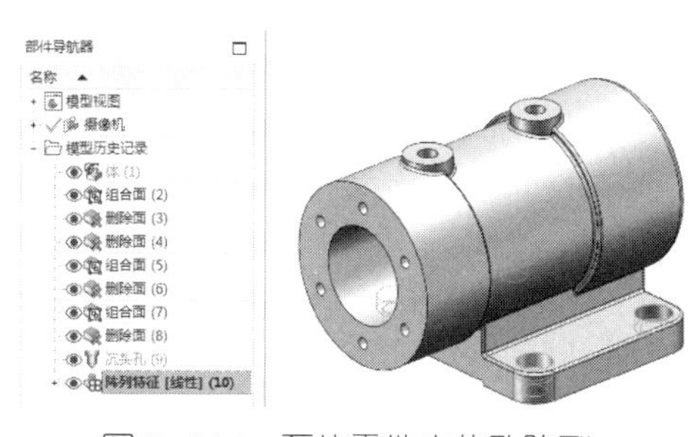

图 5-114　泵体零件中的孔阵列

图 5-115　“阵列组件”对话框

步骤 3　对泵体上的螺栓（bolt_m16）进行阵列。对泵体上的螺栓（bolt_m16）进行阵列可以参考泵体上如图 5-114 所示的孔阵列进行。在“装配”选项卡中单击“阵列组件”按钮 阵列组件，选择泵体上的螺栓（bolt_m16）为阵列对象，在“阵列定义”区域的“布局”下拉列表中选择“参考”选项，结果如图 5-117 所示。

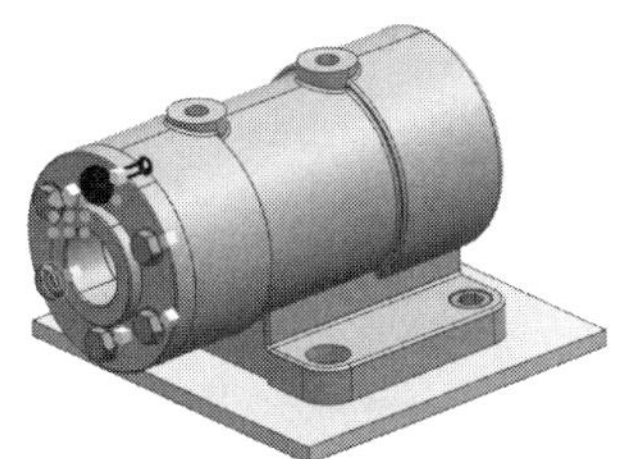

图 5-116　螺栓阵列结果

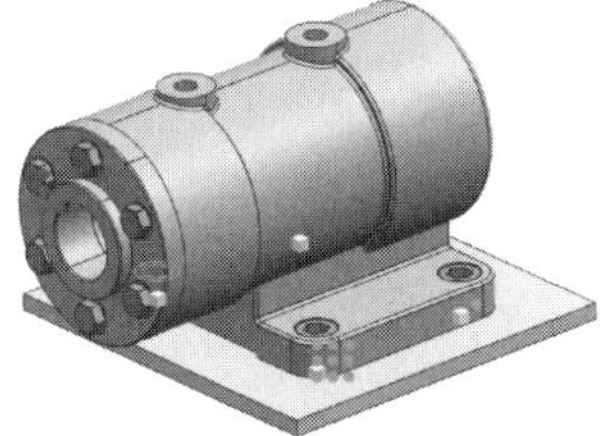

图 5-117　螺栓阵列结果

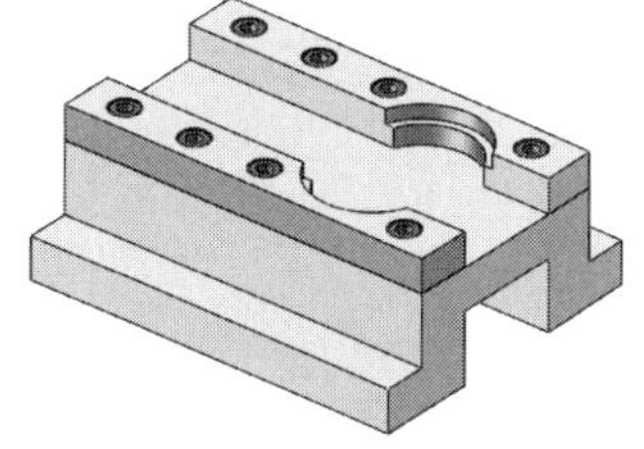

图 5-118　夹具底座装配

5.5.4 镜像装配

对于装配设计中的对称结构可以使用镜像方式快速装配，从而大大提高镜像结构的装配效率。在“装配”选项卡中单击“镜像装配”按钮 镜像装配，用于对组件进行镜像装配，需要注意的是，在 NX 中通过镜像零部件可以得到对称位置的相同零部件，也可以创建选中零部件的对称零件（相当于产生了新零件）。

如图 5-118 所示的夹具底座装配，现在已经完成了如图 5-119 所示的装配，需要对其中的垫块及垫块上的四个螺栓进行镜像装配，下面具体介绍。

步骤 1 打开练习文件 ch05 asm\5.5\04\symmetry_asm。

步骤 2 对垫块进行镜像装配。本例中两侧的垫块零件关于底座中间基准面完全对称，从完成后的零件结构来看，这两个垫块属于完全不同的两个零件，只是两个零件关于中间基准面对称，这种情况使用镜像零部件操作最为方便。

① 选择命令。在“装配”选项卡中单击“镜像装配”按钮 镜像装配，系统弹出如图 5-120 所示的“镜像装配向导”对话框，此时对话框页面为欢迎页面。

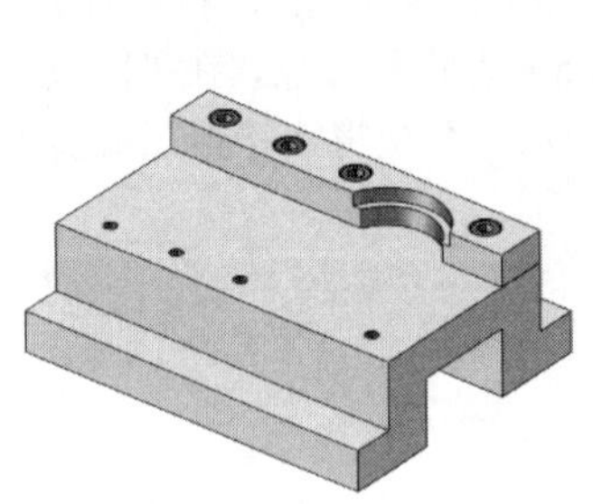

图 5-119　已经完成的装配

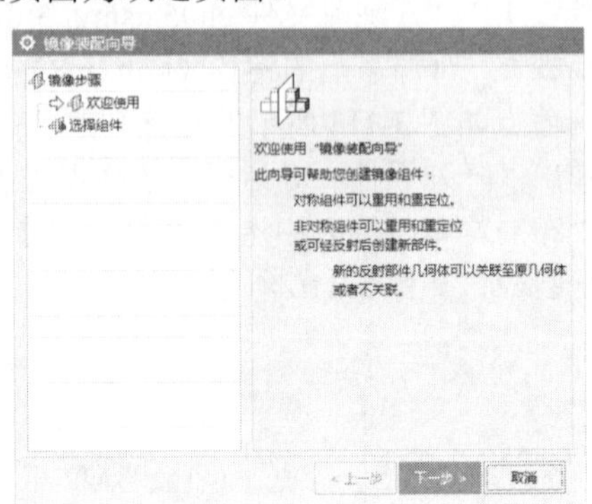

图 5-120　“镜像装配向导”对话框

② 选择镜像对象。在欢迎页面中单击“下一步”按钮，系统弹出如图 5-121 所示的页面，提示用户选择镜像组件，在模型中选择垫块为镜像组件。

③ 定义镜像平面。选择镜像对象后单击“下一步”按钮，系统弹出如图 5-122 所示的页面，在该页面中定义镜像平面，单击按钮，系统弹出“基准平面”对话框，创建如图 5-123 所示的基准面（该基准面为底座零件中间基准面）。

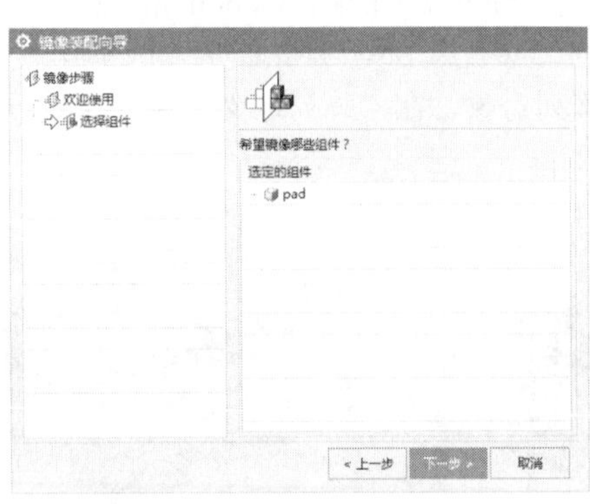

图 5-121　选择镜像组件

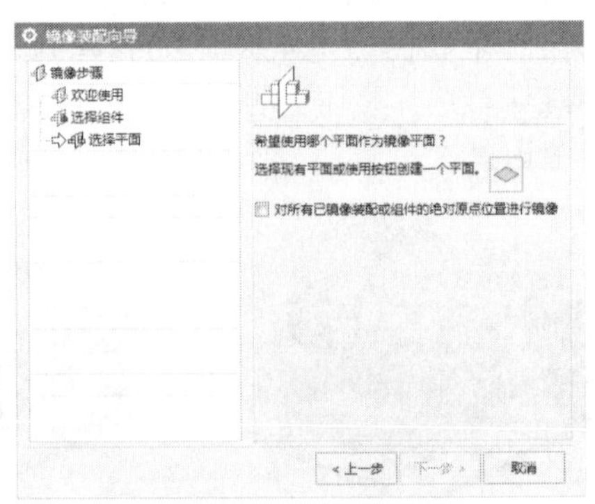

图 5-122　定义镜像平面

④ 定义命名规则。定义镜像平面后单击“下一步”按钮，系统弹出如图 5-124 所示的页面，在该页面中定义命名规则，采用系统默认设置。

⑤ 定义镜像设置。定义命名规则后单击“下一步”按钮，系统弹出如图 5-125 所示的页面，在该页面中进行镜像设置，采用系统默认设置。

⑥ 定义镜像方式。定义镜像设置后单击“下一步”按钮，系统弹出如图 5-126 所示的页面，在该页面中定义镜像方式，单击“关联镜像”按钮，表示创建关联镜像，相当于创建镜像对象的对称副本，结果如图 5-127 所示。

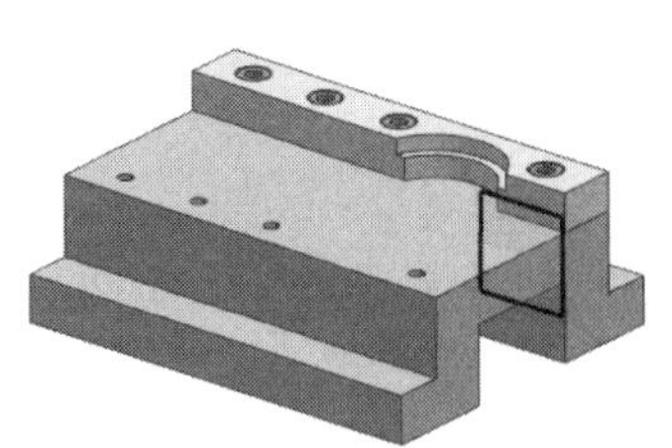

图 5-123　创建镜像平面

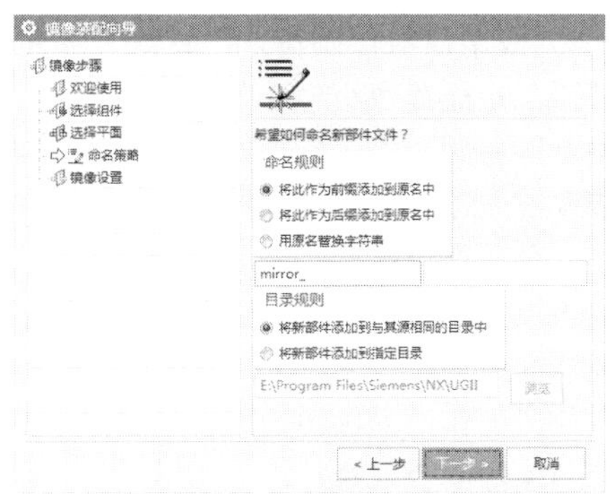

图 5-124　定义命名规则

图 5-125　镜像设置

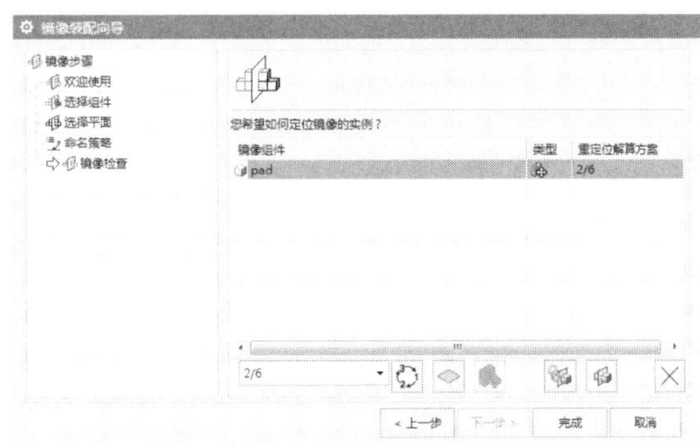

图 5-126　定义镜像方式

⑦ 命名新部件文件。定义镜像方式后单击“下一步”按钮，系统弹出如图 5-128 所示的页面，在该页面中定义镜像部件名称，单击按钮，系统弹出如图 5-129 所示的“命名部件”对话框，在该对话框中定义镜像部件文件名称及保存位置。

图 5-127　镜像结果

图 5-128　命名新部件文件

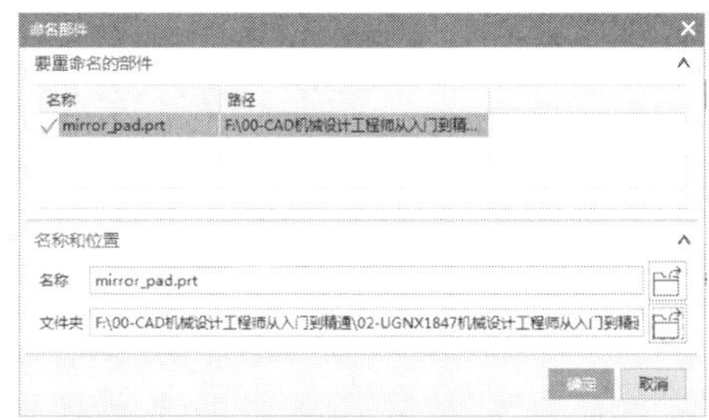

图 5-129　“命名部件”对话框

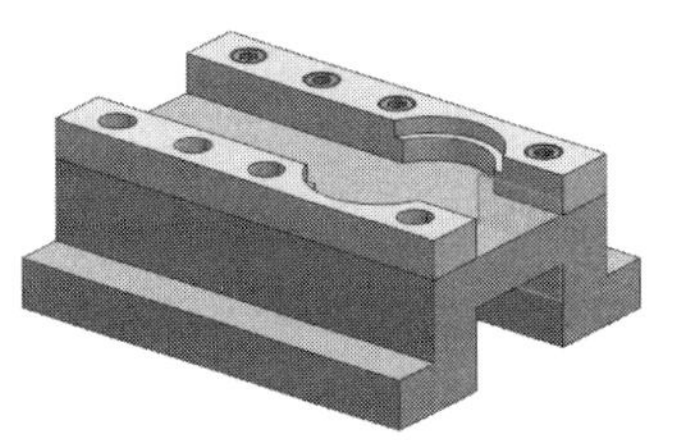

图 5-130　镜像垫块结果

⑧ 完成镜像组件操作。完成以上所有步骤操作后，在“镜像装配向导”对话框中单击“完成”按钮，完成镜像组件操作，结果如图 5-130 所示，镜像组件模型树如图 5-131 所示，在模型树中可以看到生成了镜像对象的对称副本。

步骤 3 对垫块螺栓进行镜像装配。本例中两侧的螺栓关于底座中间基准面完全对称，而且都是完全一样的螺栓，这种情况使用镜像零部件操作能够极大提高装配效率。

参照上一步操作对螺栓进行装配，选择已经装配的螺栓为镜像对象，选择上一步操作创建的中间基准面为镜像基准面，其余直接单击“下一步”按钮，直到弹出如图 5-132 所示的页面，不用做任何操作，继续单击“下一步”按钮，最终镜像结果如图 5-133 所示，此时在模型树中可以看到镜像的全部螺栓（一共 8 个），如图 5-134 所示。

图 5-131 镜像组件模型树

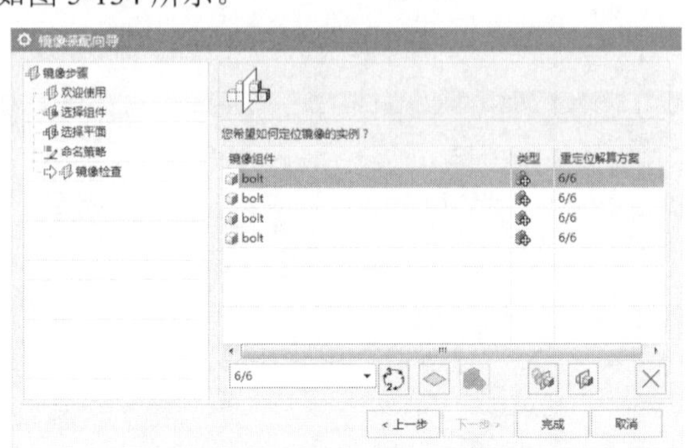

图 5-132 定义螺栓镜像

5.6 装配编辑操作

装配设计完成一部分或全部完成后，有时需要根据实际情况对装配中的某些零部件对象进行编辑与修改，NX 中提供了多种装配设计编辑操作，下面具体介绍。

5.6.1 重命名零部件

实际装配设计中经常需要修改装配零部件名称，包括总装配文件名称修改及装配中各零部件名称修改。本例打开练习文件 ch05 asm\5.6\01\motor_asm，如图 5-135 所示，模型树如图 5-136 所示，此时模型树中文件名称均为英文名称，需要将总装配文件及各零部件名称改为中文名称，如图 5-137 所示，下面具体介绍。

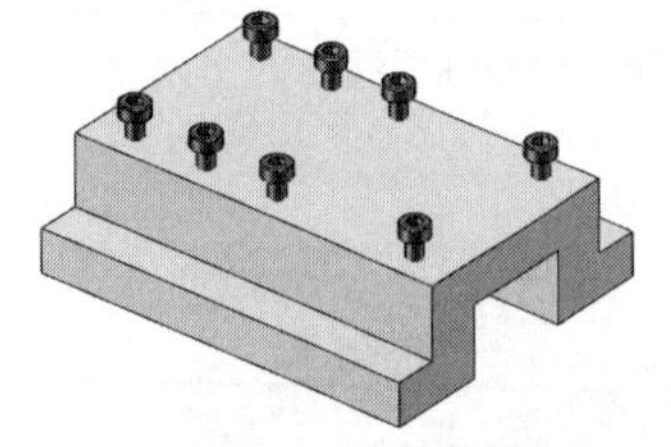

图 5-133 镜像螺栓结果

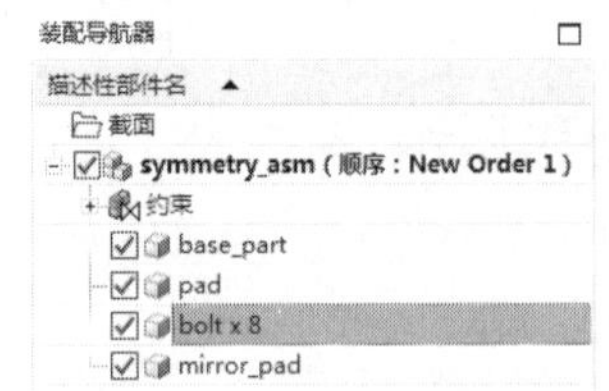

图 5-134 镜像螺栓模型树

图 5-135 电动机装配

（1）重命名总装配文件

总装配文件名称的修改主要有两种方法：第一种方法是直接在文件夹中修改总装配文件名

称，如图 5-138 所示；第二种方法是打开总装配文件然后使用“另存为”命令修改总装配名称，如图 5-139 所示。

图 5-136　模型树

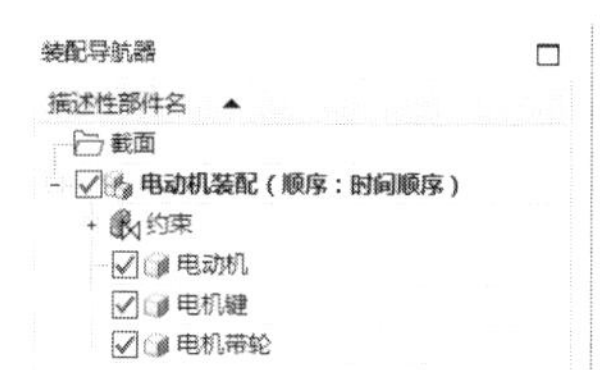

图 5-137　重命名文件名称

图 5-138　重命名总装配文件

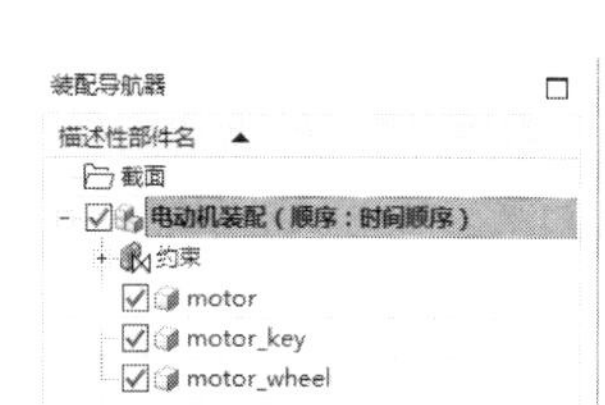

图 5-139　重命名总装配结果

（2）重命名零部件文件

重命名零部件文件需要首先在装配中打开零部件（一定要在装配文件中打开零部件），然后选择“另存为”命令，系统弹出如图 5-140 所示的“另存为”对话框，在“文件名”文本框中输入新的文件名称：电动机，单击“OK”按钮，系统再次弹出“另存为”对话框，不做任何设置，直接单击“取消”按钮，此时系统弹出如图 5-141 所示的“信息”窗口及如图 5-142 所示的“另存为”对话框，单击“Yes”按钮。

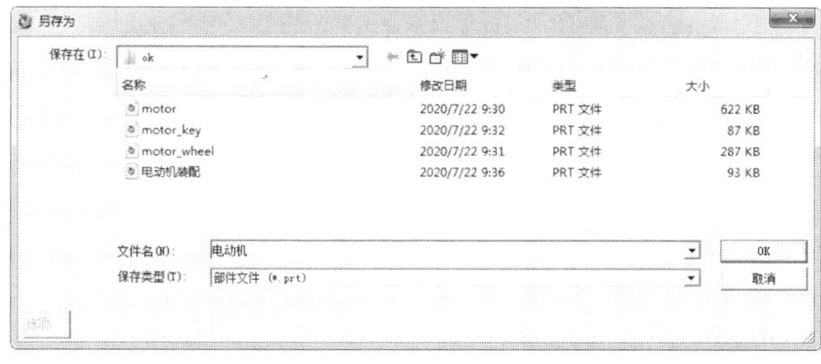

图 5-140　另存为文件

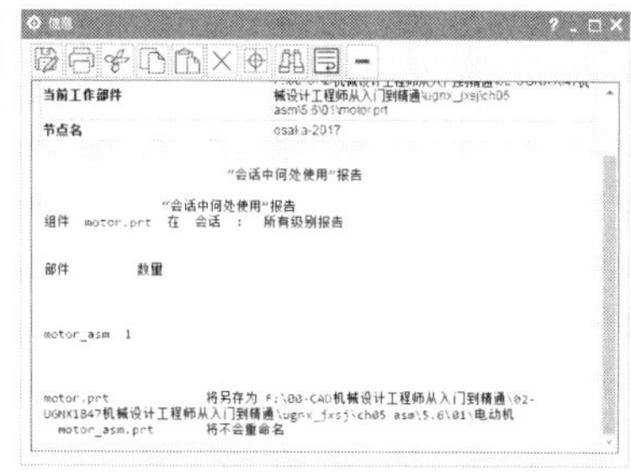

图 5-141　信息窗口

完成以上操作后，系统弹出如图 5-143 所示的“另存为报告”，单击“确定”按钮，完成零部件另存为操作，切换至装配导航器，零部件名称已经被修改，如图 5-144 所示。参照此方法修改其他零部件名称。

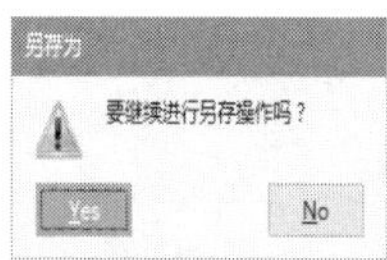

图 5-142　“另存为”对话框

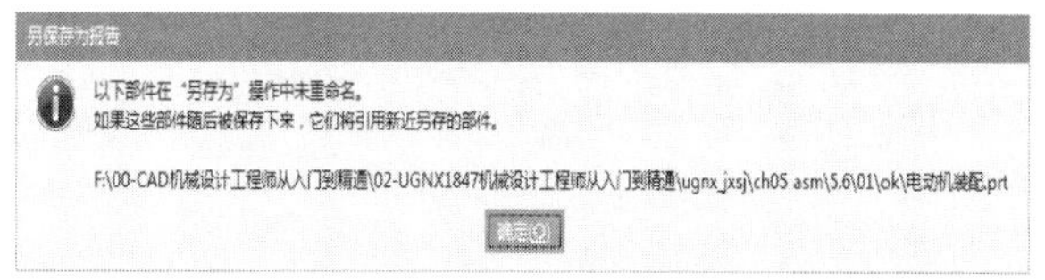

图 5-143　另存为报告

完成零部件名称修改后，源文件仍然在文件夹中，如图 5-145 所示，如果不需要这些原始文件可以直接删除掉，以后直接打开重命名后的文件即可。

图 5-144　另存为结果

图 5-145　重命名后的文件夹

5.6.2　装配常用操作

装配设计中需要掌握一些常用装配操作，下面接着以上一节电动机模型为例介绍装配常用操作。在装配导航器中选中电动机带轮，单击鼠标右键，系统会弹出如图 5-146 所示的快捷菜单，该快捷菜单用于执行装配常用操作。

（1）打开零件

在快捷菜单中选择“在窗口中打开”命令，系统单独打开选中零件并进入建模环境，如图 5-147 所示。另外，在快捷菜单中选择“在新窗口中隔离”命令，系统在新窗口中按照总装配文件的方位打开零件，相当于在装配环境中只显示选中零件，其余零件不显示，使用这种操作方便用户查看装配中的零部件。

（2）隐藏零部件

隐藏零部件就是在装配环境中设置零部件不显示。在快捷菜单中选择“显示和隐藏”→“隐藏”命令（也可以直接在快捷菜单中单击 按钮或直接单击零部件前面的“√”符号），系统将隐藏选中对象，如图 5-148 所示，此时模型树如图 5-149 所示。

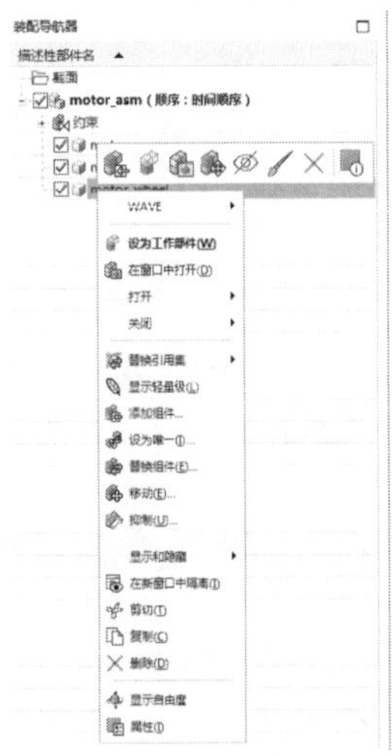

图 5-146　快捷菜单

图 5-147　在当前位置打开零件

图 5-148　隐藏零件

图 5-149　隐藏结果

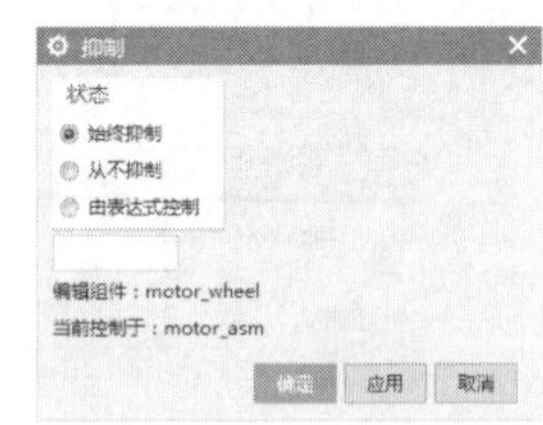

图 5-150　“抑制”对话框

如果需要将隐藏的对象重新显示，需要在快捷菜单中选择“显示和隐藏”→“显示”命令（或直接单击零部件前面的“√”符号）。

（3）抑制零部件

抑制零部件就是将选中对象从装配文件中清除，此时无法对抑制零部件进行任何操作。在快捷菜单中选择“抑制”命令，系统弹出如图 5-150 所示的“抑制”对话框，选中“始终抑制”选项，系统将选中对象抑制，抑制结果如图 5-151 所示。抑制零部件后，与零件相关的装配约束也会受到影响。

如果要恢复抑制的零部件，需要再次在快捷菜单中选择“抑制”命令。在系统弹出的“抑制”对话框中选择“从不抑制”命令，系统将抑制的零部件重新显示出来。

5.6.3 编辑零部件

当装配产品中的零部件结构或尺寸不对时，可以对其进行编辑与修改，如图 5-152 所示的泵体装配，需要编辑端盖零件尺寸，本例打开练习文件 ch05 asm\5.6\03\edit_asm 进行练习。在 NX 中包括两种编辑方法，下面具体介绍。

（1）直接打开零部件进行编辑

直接打开零部件进行编辑就是先打开要编辑的零部件，可以在文件夹中打开，也可以在装配环境中打开，打开后再编辑零部件即可。

如图 5-152 所示的泵体装配，需要编辑装配中的端盖零件（包括端盖主体尺寸及孔参数）。使用这种方法编辑时，需要首先打开端盖零件，因为端盖主体使用旋转特征创建，端盖主体旋转截面草图如图 5-153 所示，如果需要编辑端盖尺寸，可以修改端盖主体旋转截面草图，如图 5-154 所示，这种编辑方法是在独立的零件环境中进行编辑，无法看到该零件与其他零件之间的装配关系，所以必须要知道准确的尺寸才能编辑。

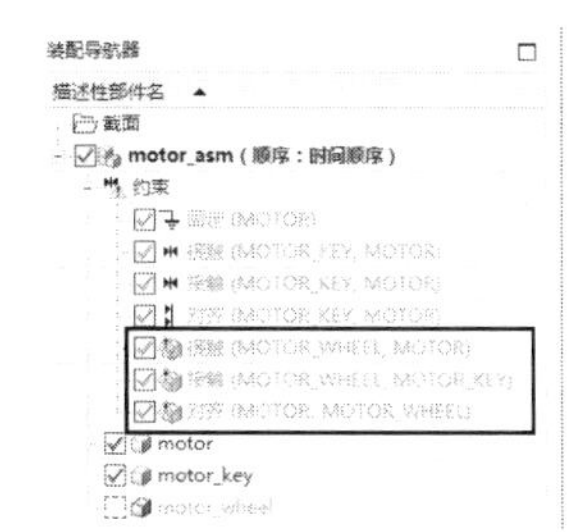

图 5-151　抑制结果

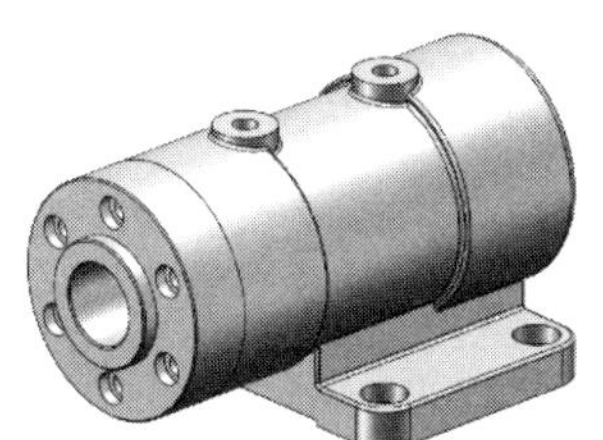

图 5-152　编辑端盖

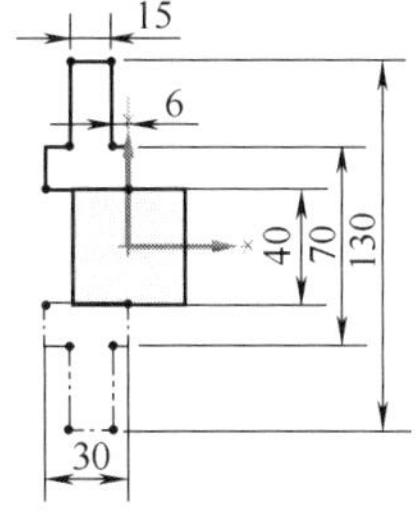

图 5-153　端盖主体旋转截面草图

（2）直接在装配环境进行编辑

直接在装配环境中编辑零部件就是首先在装配中“激活”要编辑的对象，“激活”后对零部件进行编辑，在编辑过程中可以参考装配中的其他非激活零部件。

对于如图 5-152 所示的泵体装配，如果要编辑其中的端盖零件，可以在装配导航器中选中端盖零件，在快捷菜单中选择“设为工作部件”命令（或直接双击对象），相当于“激活”选中零件，表示对选中零件进行编辑，如图 5-155 所示。

将端盖零件设置为工作部件后切换至部件导航器，此时在部件导航器中显示的是端盖零件的模型树，如图 5-156 所示，双击“旋转（1）”特征，系统弹出“旋转”对话框，单击“绘制截面”按钮，系统进入草图环境，编辑端盖零件旋转截面草图，如图 5-157 所示，这种编辑方法可以同时看到装配中其他零部件的结构，方便参考。

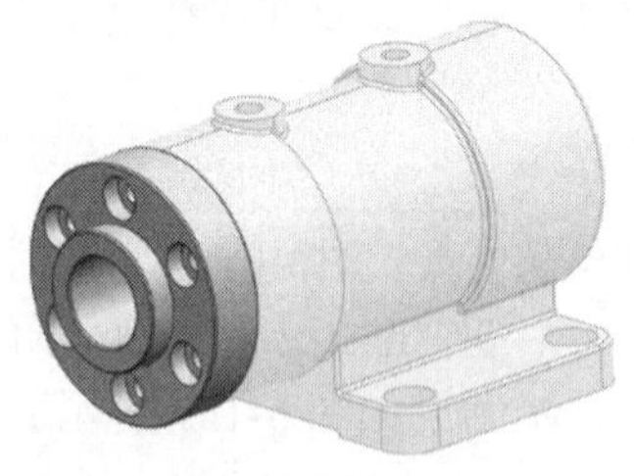
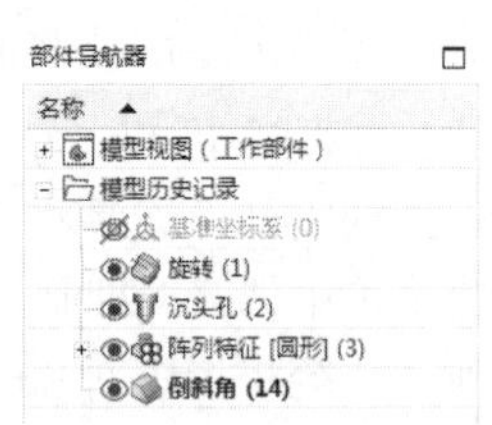

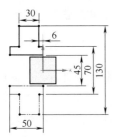

图5-154　编辑端盖主体旋转截面草图　图5-155　设为工作部件（激活）　图5-156　端盖部件导航器

在部件导航器中双击“沉头孔（2）”对象，系统弹出“孔”对话框，在对话框中编辑孔参数，如图5-158所示，编辑结果如图5-159所示，完成所有编辑后切换至装配导航器，在装配导航器中双击总装配文件以激活总装配文件。

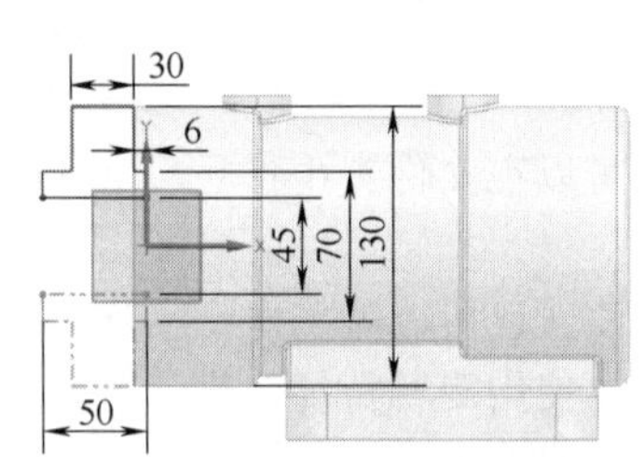

图5-157　编辑端盖零件旋转截面草图

图5-158　编辑孔参数

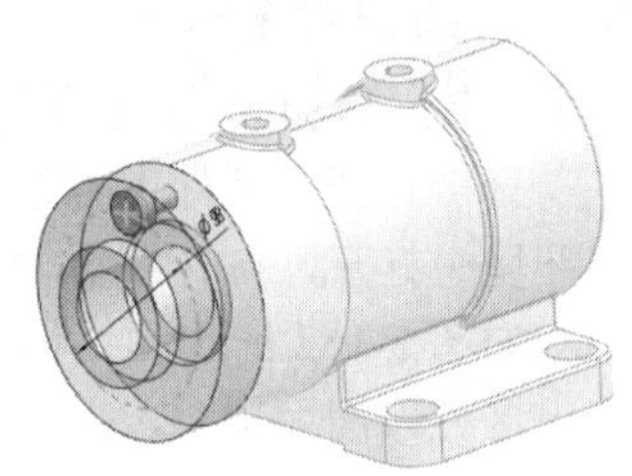

图5-159　编辑孔结果

（3）编辑零部件方法总结

以上介绍了两种编辑零部件的方法：第一种方法是直接打开零部件进行编辑，这种方法可以在独立的零件环境中进行编辑，但是在独立的环境中无法参考其他零件对象，所以这种编辑方法具有一定的盲目性，不够高效；第二种方法是直接在装配环境中进行编辑，这种方法在编辑时可以参考装配中其他非编辑对象，所以这种编辑方法比较准确、高效。综上所述，在实际装配设计过程中，尽量使用第二种方法编辑零件。

5.6.4　引用集操作

引用集用于管理零件模型的不同显示方式。如图5-160所示的减震器装配模型，其中弹簧模型如图5-161所示，弹簧模型在建模过程中创建了各种辅助特征，包括基准平面、基准轴、曲面及曲线等，另外还包括一个弹簧套管实体模型，使用引用集工具可以控制这些对象在装配模型中的显示，下面以此为例介绍引用集操作。

步骤1　打开练习文件ch05 asm\5.6\04\reference_set。

步骤2　选择命令。在装配导航器中选中弹簧模型，单击鼠标右键，在系统弹出的快捷菜单中选择“替换引用集”命令，系统展开替换引用集菜单，如图5-162所示。

步骤3　查看引用集。对于NX中的任何一个零件模型，系统都会自动创建7个引用集，分别是MODEL、Entire Part、Empty、BODY、DRAWING、MATE及SIMPLIFIED，不同的引用集表示不同的显示样式，其中常用的是前三种引用集。

① MODEL 引用集。该引用集表示只显示模型中的片体及实体对象，模型中的基准特征

（基准平面、基准轴及坐标系等）、曲线及草图不显示，在替换引用集菜单中选择“MODEL”命令，结果如图 5-163 所示。

图 5-160　减震器

图 5-161　弹簧模型

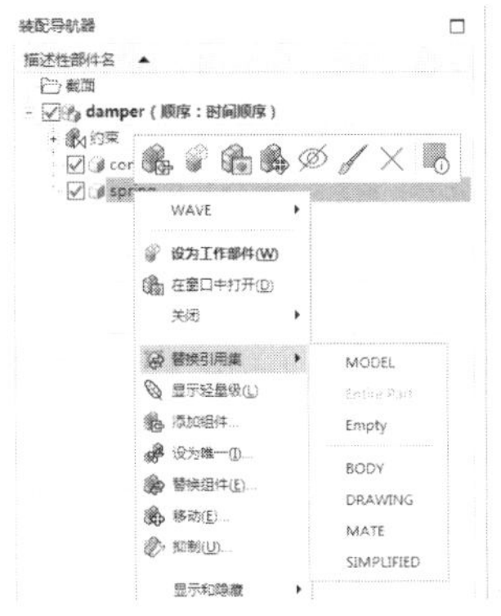

图 5-162　替换引用集菜单

② Entire Part 引用集。该引用集表示只显示模型中的实体对象，模型中的片体、基准特征（基准平面、基准轴及坐标系等）、曲线及草图不显示，在替换引用集菜单中选择“Entire Part”命令，结果如图 5-164 所示。

③ Empty 引用集。该引用集表示不显示模型中的任何对象，在替换引用集菜单中选择“Empty”命令，结果如图 5-165 所示。

图 5-163　MODEL 引用集

图 5-164　Entire Part 引用集

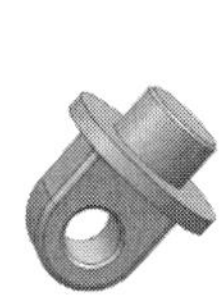
图 5-165　Empty 引用集

步骤 4　新建引用集。在装配中打开弹簧模型，在“选择组”菜单中选择“格式”→“引用集”命令，系统弹出如图 5-166 所示的“引用集”对话框。该对话框用于新建并管理引用集。下面首先新建引用集，然后在装配中查看引用集。

① 新建第一个引用集。在“引用集”对话框中单击按钮，在“引用集名称”文本框中输入引用集名称 REFERNCE_SET1，如图 5-167 所示，选择弹簧为引用集对象。

图 5-166　“引用集”对话框

图 5-167　新建引用集（一）

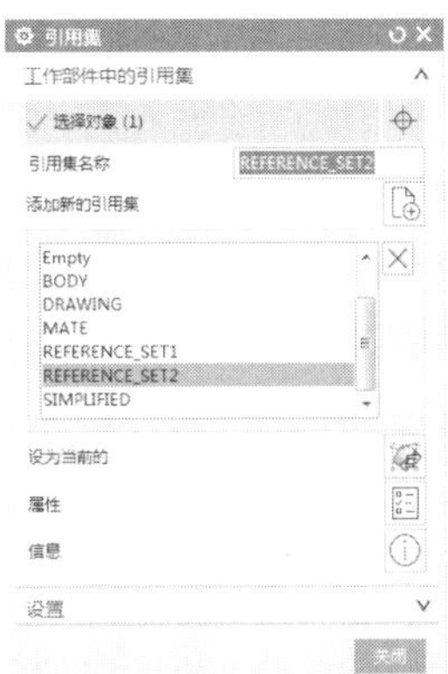

图 5-168　新建引用集（二）

② 新建第二个引用集。在“引用集”对话框中单击按钮，在“引用集名称”文本框中输入引用集名称 REFERNCE_SET2，如图 5-168 所示，选择弹簧套管对象。

步骤 5 查看引用集（一）。返回到装配模型，在装配导航器中选择弹簧模型，单击鼠标右键，在弹出的快捷菜单中选择“替换引用集”→“REFERNCE_SET1”命令，表示应用上一步创建的 REFERNCE_SET1 引用集，此时在装配模型中只显示弹簧实体，如图 5-169 所示。

步骤 6 查看引用集（二）。在装配导航器中选择弹簧模型，单击鼠标右键，在快捷菜单中选择“替换引用集”→“REFERNCE_SET2”命令，表示应用前面创建的 REFERNCE_SET2 引用集，此时在装配模型中只显示弹簧套管实体，如图 5-170 所示。

装配设计中可以在多处操作中设置引用集。在“装配”选项卡中选择“新建组件”命令，系统弹出“新建组件”对话框，在该对话框的“设置”区域可以设置引用集，如图 5-171 所示。另外，在“装配”选项卡中选择“添加组件”命令，系统弹出“添加组件”对话框，在该对话框的“设置”区域可以设置引用集，如图 5-172 所示。

图 5-169 替换引用集（一）

图 5-170 替换引用集（二）

图 5-171 “新建组件”对话框

5.6.5 替换组件

替换组件是指在不改变已有装配结构的前提下使用新的零件替换装配产品中旧的零件。替换组件操作不用推翻以前的装配文件重新做，从而提高了产品设计效率。

如图 5-173 所示的轴承座装配，其中上盖零件为旧版本零件，现在需要使用新上盖零件替换原来的旧上盖零件，下面以此为例介绍替换组件操作。

图 5-172 “添加组件”对话框

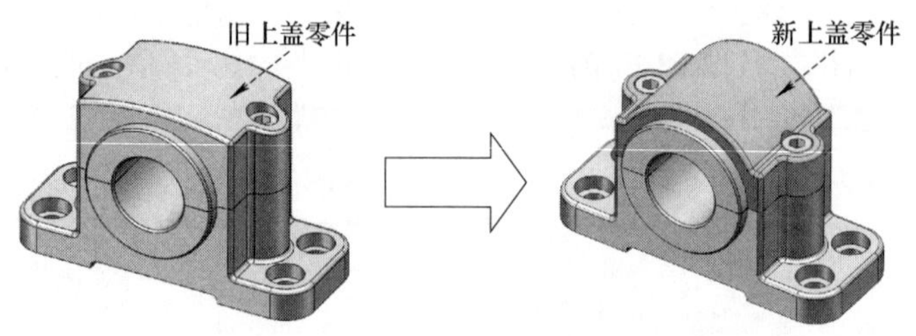

图 5-173 轴承座中上盖零件替换

替换组件之前需要首先分析一下将要替换的组件与其他组件之间的装配约束关系，替换组件后一定要正确处理这些装配约束关系，否则将直接导致装配约束失败。本例要替换的零件是轴承座中的上盖零件（top_cover），需要查看上盖零件与其他零件之间的装配约束关系，如图 5-174 所示，装配参考对象如图 5-175 所示，了解替换零件中的装配约束关系后，下面以此为例介绍替换组件操作。

步骤 1　打开练习文件 ch05 asm\5.6\05\bearing_asm。

步骤 2　选择命令。在装配导航器中选中上盖零件（top_cover），单击鼠标右键，在弹出的快捷菜单中选择“替换组件”命令，系统弹出如图 5-176 所示的“替换组件”对话框。

步骤 3　选择替换零件。在“替换组件”对话框的“替换件”区域单击“打开”按钮，在弹出的对话框中选择新上盖零件（top_cover_new），在“设置”区域选中“保持关系”选项，表示在替换零件后保留旧零件与其他零件之间的装配约束关系。

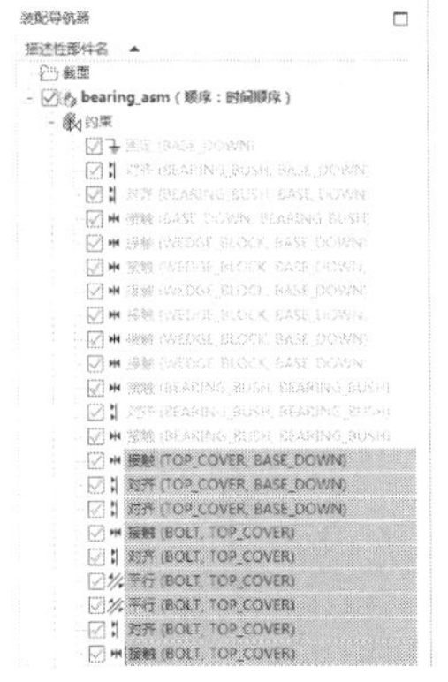

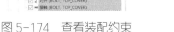

图 5-174　查看装配约束

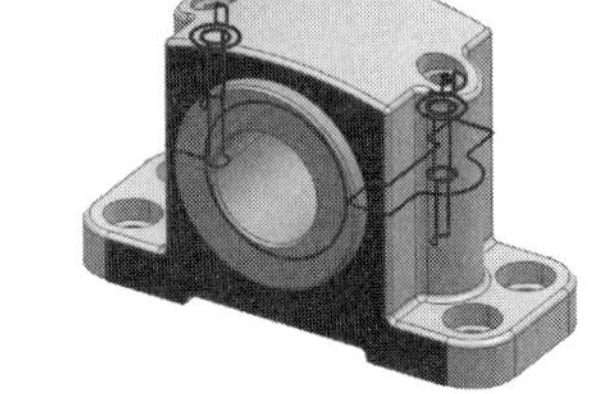

图 5-175　装配参考对象

图 5-176　“替换组件”对话框

步骤 4　完成替换组件。选择替换零件后，单击对话框中的“确定”按钮，旧上盖零件已经被新上盖零件替换，结果如图 5-177 所示（两个螺栓位置不对），展开“约束”节点查看装配约束，发现与上盖零件有关的装配约束均失败，如图 5-178 所示。

> **说明：**在“替换组件”对话框的“设置”区域取消选中“保持关系”选项，在替换组件后，系统自动将与替换件有关的装配约束直接删除，如图 5-179 所示，实际装配设计中不建议这样做，因为如果直接删除这些装配约束会影响装配结构关系。

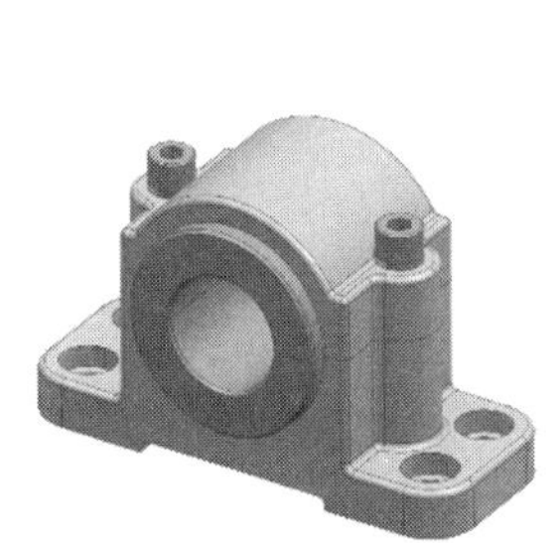

图 5-177　替换结果

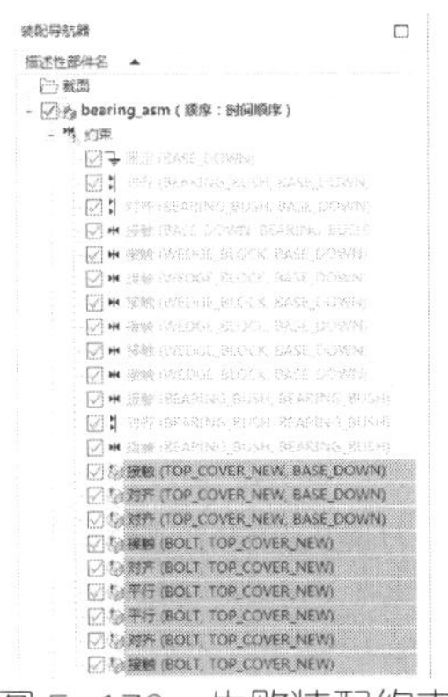

图 5-178　失败装配约束

图 5-179　删除上盖装配约束

步骤 5　处理失败的装配约束关系。为了解决替换组件后装配约束失败的问题，需要重新定义每个失败装配约束中的装配参考，下面具体介绍。

① 重新定义第一个失败的装配约束。在“约束”节点下双击第一个失败的装配约束，系统弹出如图 5-180 所示的“装配约束”对话框，其中显示该装配约束类型，同时在装配模型上显示该装配约束的装配参考对象，如图 5-181 所示，为了解决该失败装配约束，需要从新替换零件（top_cover_new）中选择与之配合的参考对象，也就是新上盖零件的底面，如图 5-182 所示，

单击“确定”按钮，完成装配约束处理。

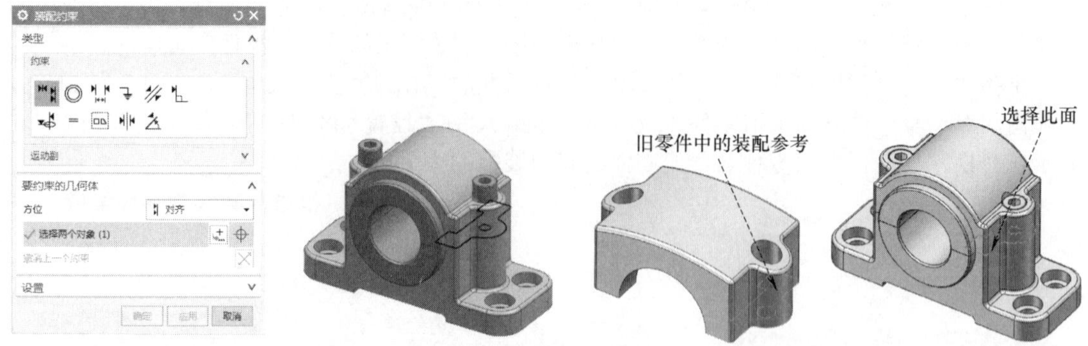

图 5-180　查看装配约束　图 5-181　显示装配参考对象　图 5-182　新旧上盖零件上的装配参考

② 参照上一步操作依次处理其余装配约束，完成装配约束处理结果如图 5-183 所示，最终结果如图 5-184 所示，具体操作请扫码观看随书视频讲解，此处不再赘述。

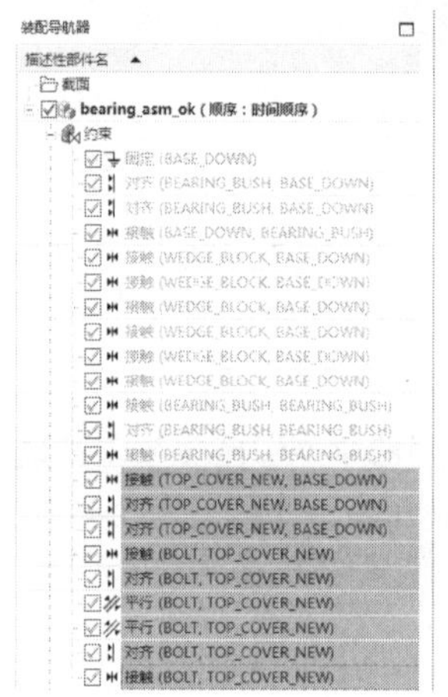

扫码看视频讲解

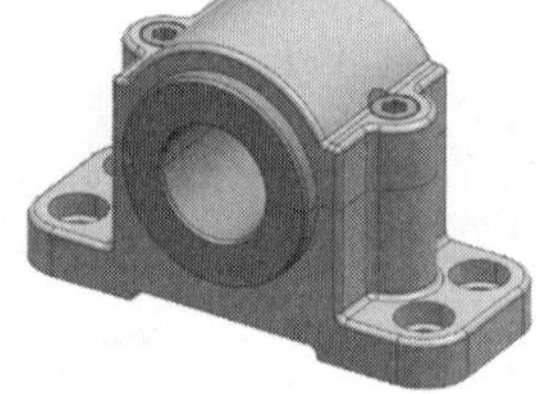

图 5-183　完成装配约束处理　　图 5-184　替换组件结果

5.7 大型装配处理

实际产品设计中经常需要处理一些大型复杂的装配模型，这些大型复杂的装配模型涉及到的零件数量比较多，占用的系统内存比较大，这样对电脑硬件的要求也比较大。这种情况就需要对装配模型进行必要的处理，以提高计算机运行速度，使模型操作更顺畅，最终提高工作效率。下面以如图 5-185 所示的挖掘机模型为例介绍大型装配处理。

（1）正常打开文件

在快速访问工具条中选择“打开”命令，打开练习文件 ch05 asm\5.7\excavator_asm，默认情况下系统以正常方式打开文件，此时文件中的所有模型均以正常方式加载到软件中，使用这种方式打开文件用时最长，占用系统内存最大，而且旋转模型容易出现卡顿现象，影响工作效率。

为了减小系统内存占用，可以在装配导航器中选中零件，单击鼠标右键，在弹出的快捷菜单中选择如图 5-186 所示的“显示轻量级”按钮，将模型以轻量级方式显示，这样能够减小系统占用，提高模型处理速度，使系统运行更顺畅。

图 5-185　挖掘机模型

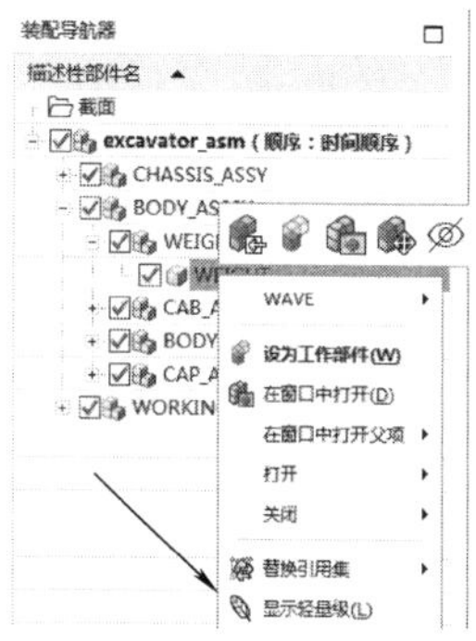

图 5-186　显示轻量级

（2）轻量级加载

在装配导航器中逐一设置组件的轻量级显示，工作量比较大，用户可以在打开文件之前设置轻量级加载方式。在快速访问工具条中选择“打开”命令，系统弹出“打开”对话框，选择打开文件 ch05 asm\5.7\excavator_asm，在“打开”对话框左下角区域的“选项”下拉列表中选择“部分加载-轻量级显示”选项，如图 5-187 所示，表示按照轻量级显示方式打开所有文件。

使用这种方式打开文件用时较短，占用系统内存更少，系统运行更顺畅，如果需要将组件恢复成正常显示，需要在装配导航器中选择组件，单击鼠标右键，在弹出的快捷菜单中选择如图 5-188 所示的“显示精确”命令，表示将轻量级对象恢复到正常显示。

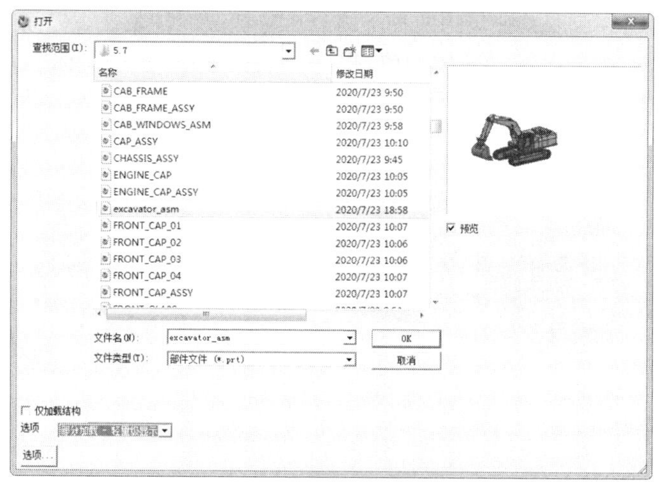

图 5-187　“打开”对话框

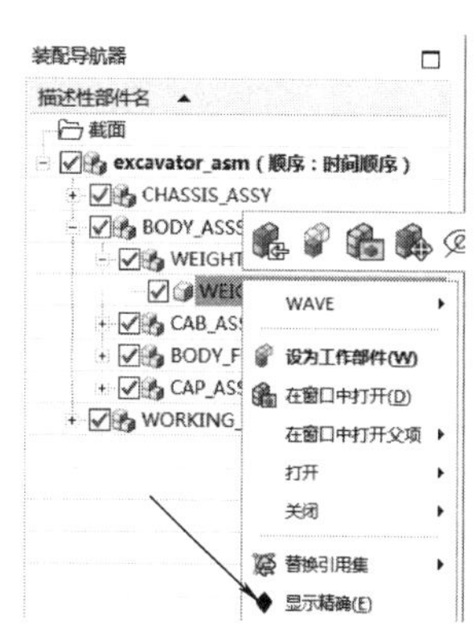

图 5-188　显示精确

（3）仅加载结构

为了以最快速度打开文件，可以使用“仅加载结构”方式打开文件。在快速访问工具条中选择“打开”命令，系统弹出“打开”对话框，选择打开文件 ch05 asm\5.7\excavator_asm，在“打开”对话框左下角区域选择“仅加载结构”选项，如图 5-189 所示，表示只打开文件的装配结构，不加载具体的模型结构，如图 5-190 所示。

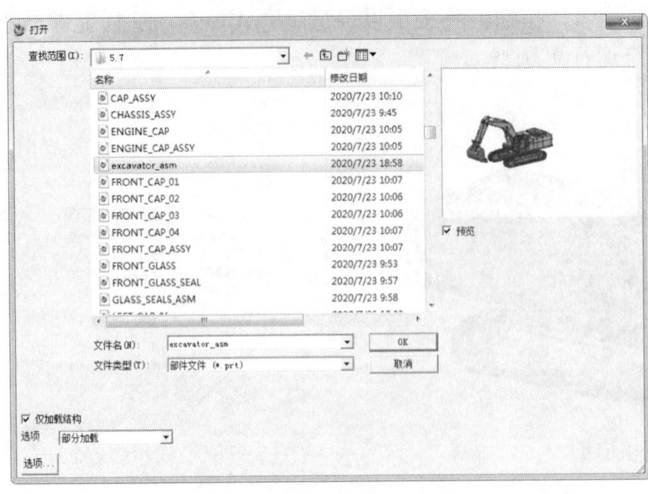

图 5-189 “打开”对话框

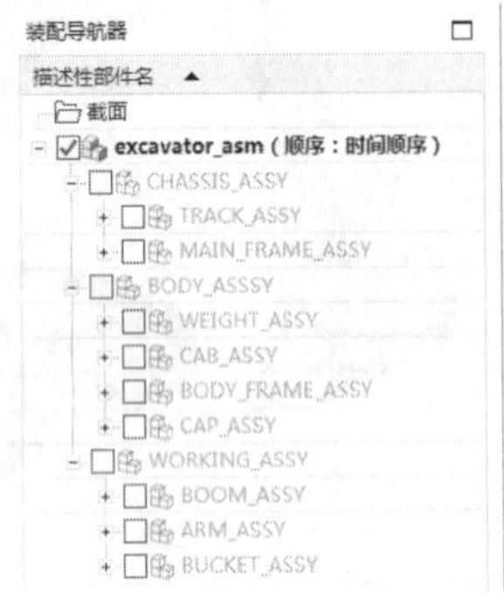

图 5-190 仅加载结构

使用这种方式打开文件后，用户可以根据实际需要加载模型文件，在装配导航器中选中 BODY_ASSY 节点，如图 5-191 所示，系统加载挖掘机机身结构，如图 5-192 所示。

5.8 装配干涉分析

装配设计完成后，设计人员往往比较关心装配中是否存在干涉，如果存在干涉问题，必要时需要编辑装配产品以解决干涉问题。在 NX 中包括两种干涉分析方法：一种是使用“简单干涉”命令对指定对象进行干涉分析；另外一种是使用“截面”命令对全局对象进行干涉分析。下面以图 5-193 所示的轴承座为例介绍干涉分析操作，然后对模型中的干涉位置进行处理。

图 5-191 加载结构

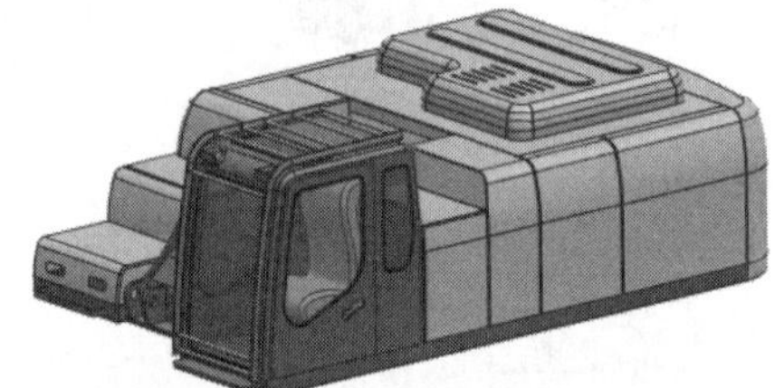

图 5-192 加载机身结构

图 5-193 轴承座

5.8.1 简单干涉

“简单干涉”命令用于对选择的对象进行干涉分析，下面具体介绍。

步骤 1 打开练习文件 ch05 asm\5.8\bearing_asm。

步骤 2 选择命令。在“选择组”区域的菜单中选择“分析”→“简单干涉”命令，系统弹出如图 5-194 所示的“简单干涉”对话框。

步骤 3 设置干涉检查结果。在“简单干涉”对话框的“干涉检查结果”区域的“结果对象”下拉列表中选择“干涉体”选项，表示如果检查出干涉，系统将出现干涉的部位创建成实体对象，这样能够直观反映干涉位置及干涉区域大小。

步骤 4　选择干涉检查对象。在模型上选择如图 5-195 所示的螺栓及底座为干涉检查对象，单击“确定”按钮，完成简单干涉操作。

步骤 5　查看干涉结果。完成简单干涉分析后，模型中没有任何反应，需要切换至部件导航器查看是否有干涉体，如果有干涉体说明选择的对象之间存在干涉，如图 5-196 所示，选中干涉体，在模型上显示干涉体，如图 5-197 所示。

图 5-194　“简单干涉”对话框

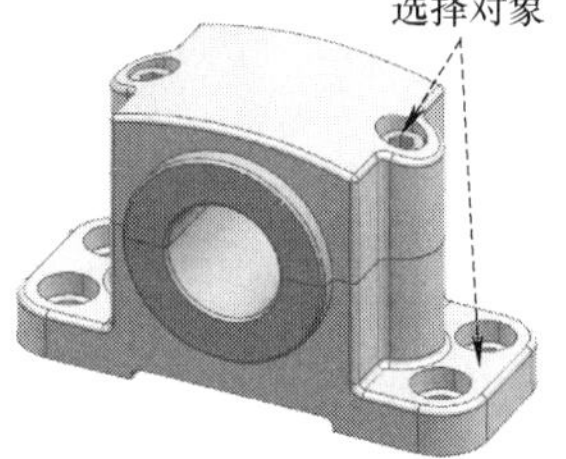

图 5-195　选择分析对象

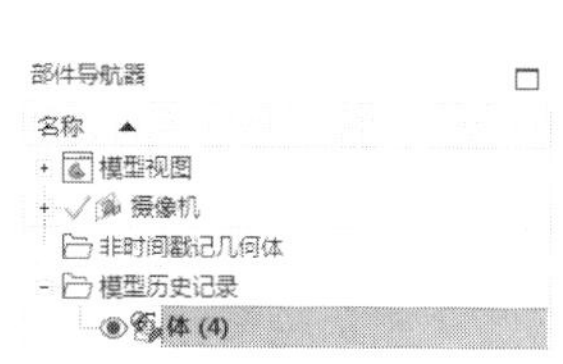

图 5-196　干涉体

说明：使用这种方式进行干涉分析时，如果不存在干涉，系统将弹出如图 5-198 所示的“简单干涉”对话框，提示用户只有面或边的干涉。

使用“简单干涉”命令进行干涉分析时，如果在“简单干涉”对话框的“干涉检查结果”区域的“结果对象”下拉列表中选择“要高亮显示的面”选项，如图 5-199 所示，表示如果检查出干涉，系统将高亮显示干涉面，这样在干涉分析过程中就能够直接看到干涉位置，如图 5-200 所示。

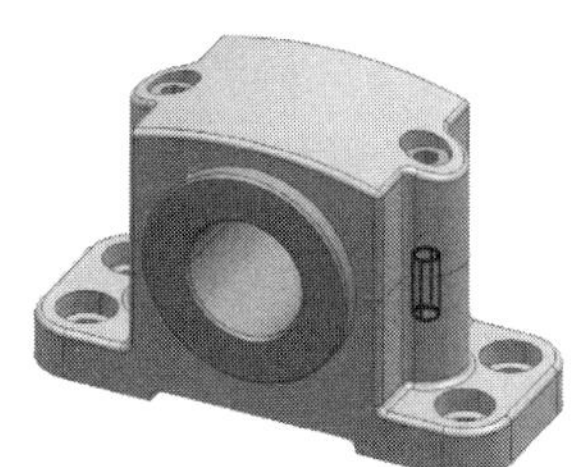

图 5-197　干涉体结果

图 5-198　“简单干涉”对话框

图 5-199　定义简单干涉

5.8.2　截面分析

使用以上介绍的“简单干涉”命令可以在选择的对象之间检查干涉情况，但无法做到全局干涉检查。为了对整个装配产品进行全局干涉检查，需要使用“截面”工具进行分析。下面继续使用上一小节使用的轴承座介绍截面分析操作。

步骤 1　选择命令。在“视图”选项卡的“更多”菜单中单击“新建截面”按钮 新建截面，系统弹出如图 5-201 所示的“视图剖切”对话框。

步骤 2　定义截面分析。在“视图剖切”对话框的“剖切平面”区域单击 按钮定义 Y 方向的剖切平面，在“横断面设置”区域选中“显示干涉”选项，表示在截面分析中进行干涉分析，设置干涉颜色为红色（干涉颜色可任意设置），此时在剖切模型中使用红色显示干涉部位，如图 5-202 所示。

说明：使用这种方式进行干涉分析时，用户可以拖动剖切平面以便对模型中各个位置进行剖切，从而实现全局干涉检查。

从干涉结果分析，模型中一共有四处干涉，包括两个楔块与上盖零件之间的两处干涉，还有两个螺栓与底座螺纹孔之间的两处干涉。其中螺栓与螺纹孔之间的干涉是由螺纹孔上螺纹与螺栓上螺纹造成的，这种干涉是正常的。楔块与上盖之间的干涉主要是由楔块尺寸过大造成的，这种干涉需要处理。因为本例模型均是无参数模型，用户可以使用同步建模工具修改楔块尺寸以解决干涉问题，具体操作请扫码观看随书视频讲解。

扫码看视频讲解

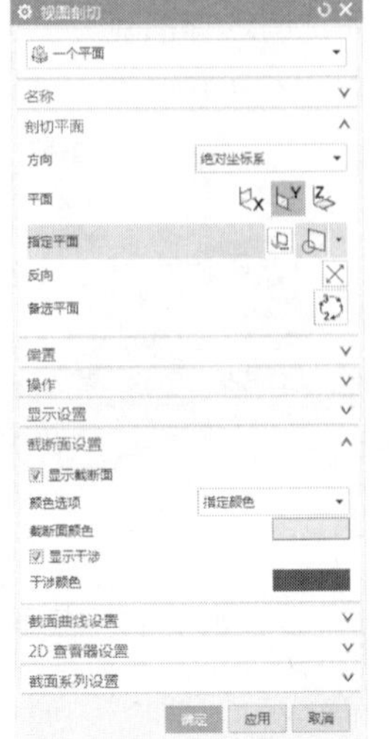

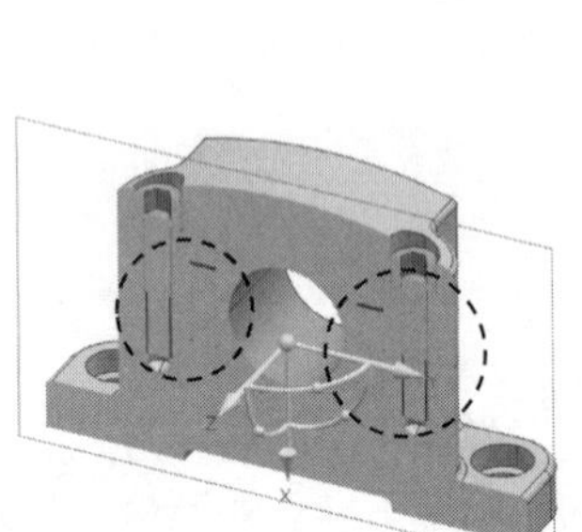

图 5-200　干涉结果　　图 5-201　“视图剖切”对话框　　图 5-202　截面分析结果

5.9　装配爆炸视图

装配设计完成后，为了更清晰地表达产品装配结构及装配零部件关系，可以创建装配爆炸视图，也就是将装配中各个零部件按照一定的装配位置关系拆解开，在 NX 中使用“爆炸图”工具创建装配爆炸视图。

如图 5-203 所示的齿轮泵装配产品，需要创建如图 5-204 所示的装配爆炸视图，用于表达齿轮泵中各零部件之间的装配位置关系。下面以此为例介绍装配爆炸视图操作。

图 5-203　齿轮泵装配产品　　图 5-204　齿轮泵装配爆炸视图

步骤 1　打开练习文件 ch05 asm\5.9\pump_asm。

步骤 2　新建爆炸。在“装配”选项卡的“爆炸图”菜单中单击“新建爆炸”按钮，系统弹出如图 5-205 所示的“新建爆炸”对话框，输入爆炸图名称“齿轮泵爆炸图”，单击“确定”按钮，完成爆炸图新建。

步骤 3　创建爆炸步骤 1。在“装配”选项卡的“爆炸图”菜单中单击“编辑爆炸”按钮，系统弹出如图 5-206 所示的“编辑爆炸”对话框，选择如图 5-207 所示的螺栓、垫圈及定位销作为爆炸对象，单击鼠标中键，此时在模型上出现移动坐标系（类似于“移动组件”命令），沿着坐标系 X 轴方向将组件移动到如图 5-208 所示的位置，单击“确定”按钮，完成爆炸步骤 1 创建。

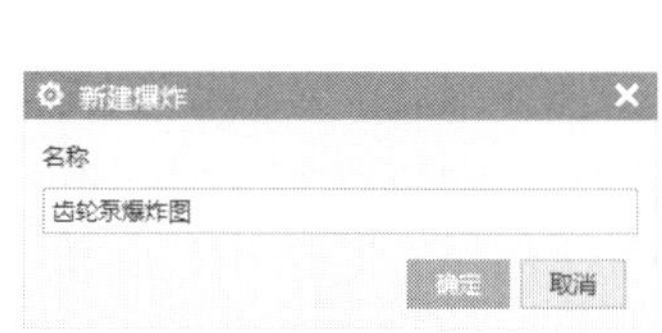

图 5-205　“新建爆炸”对话框

图 5-206　“编辑爆炸”对话框

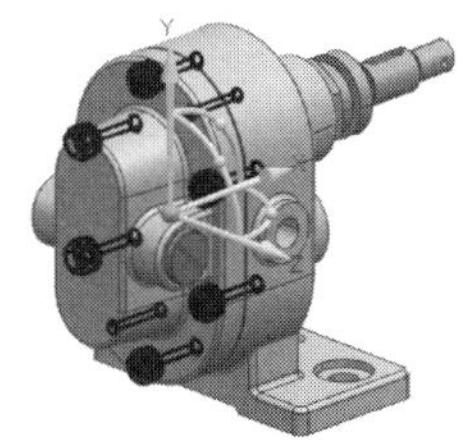

图 5-207　选择爆炸对象

说明：在创建爆炸步骤时用户还可以在“编辑爆炸”对话框的“距离”文本框中指定移动距离，对组件进行精确的移动，但是实际中创建爆炸视图一般不要求很精确的距离，关键是要保证每一步的移动距离要适中，确保爆炸视图的视觉效果最重要。

步骤 4　创建其余爆炸步骤。参照步骤 3 所示操作按顺序创建如图 5-209~图 5-213 所示的爆炸步骤（注意选择合适的爆炸对象并移动合适的距离，保证爆炸视图效果）。

完成爆炸图创建后，系统将创建的爆炸图自动保存下来，用户通过“爆炸图”菜单中的下拉列表设置爆炸图显示：选择“无爆炸”选项，切换至无爆炸装配；选择“齿轮泵爆炸图”选项，切换至爆炸图状态。

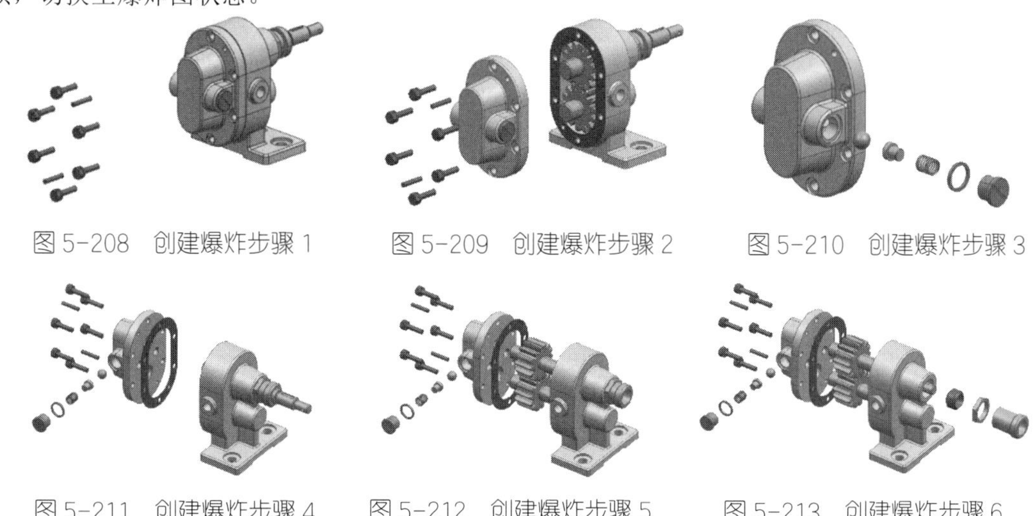

图 5-208　创建爆炸步骤 1　　图 5-209　创建爆炸步骤 2　　图 5-210　创建爆炸步骤 3

图 5-211　创建爆炸步骤 4　　图 5-212　创建爆炸步骤 5　　图 5-213　创建爆炸步骤 6

5.10 装配序列动画

在实际装配设计中，为了更直观地反映装配产品的动态装配拆卸过程，可以使用 NX 提供的“序列”工具创建装配拆卸动画，然后导出动画视频方便用户随时查看装配拆卸过程。下面以如图 5-214 所示的齿轮泵为例，介绍如图 5-215 所示的装配序列动画创建过程（基本上按照上一小节创建爆炸视图的过程创建序列动画）。

步骤 1　打开练习文件 ch05 asm\5.10\pump_asm。

步骤 2　抑制装配约束。创建装配序列动画之前一定要先抑制所有的装配约束。在装配导航器中展开“约束”节点，选择所有的装配约束，单击鼠标右键，在弹出的快捷菜单中选择“抑制”命令，将所有装配约束抑制，结果如图 5-216 所示。

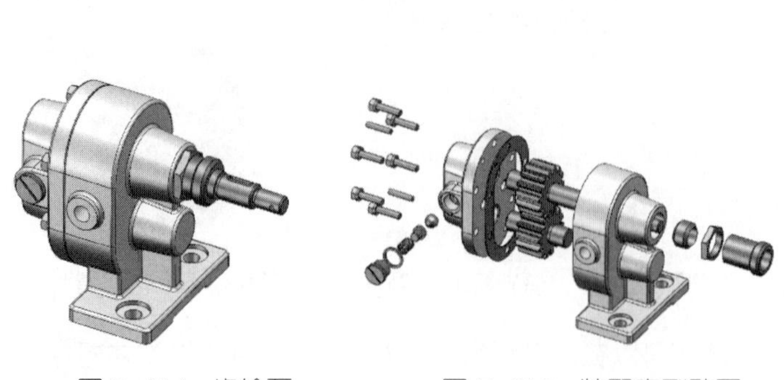

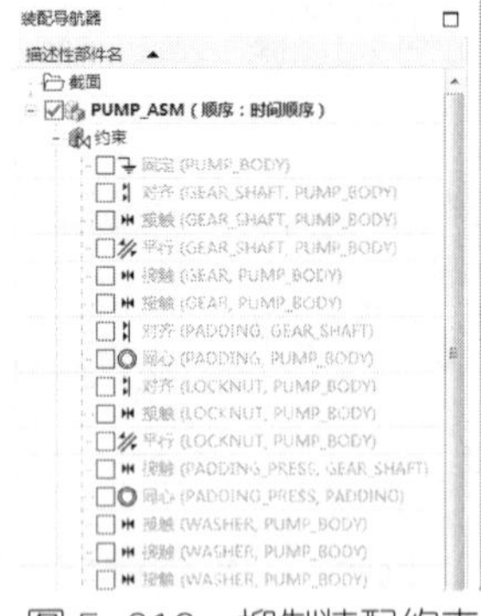

图 5-214　齿轮泵　　　图 5-215　装配序列动画　　　图 5-216　抑制装配约束

步骤 3　进入装配序列环境。在“装配”选项卡中单击“序列”按钮 **序列**，系统进入装配序列环境，在“主页”选项卡单击“新建”按钮，新建一个序列动画，在导航器区域中单击“序列导航器”按钮，装配序列环境如图 5-217 所示。

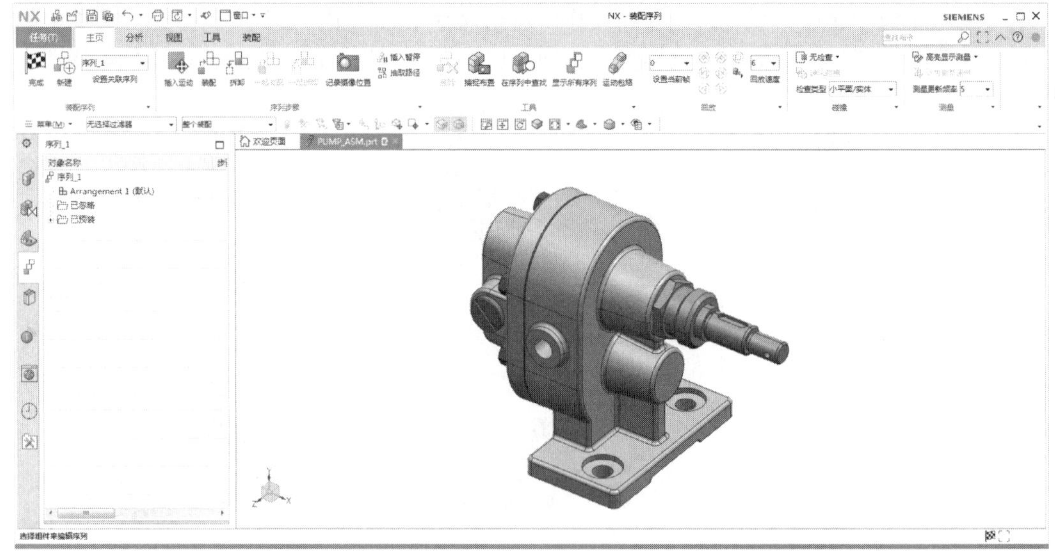

图 5-217　装配序列环境

步骤 4　插入运动。创建装配序列动画的关键是按照实际的装配拆卸过程将各组件依次拆解开，然后按照时间顺序将各装配拆卸过程播放出来就是装配拆卸动画。

① 插入第一个运动。在“主页”选项卡中单击“插入运动”按钮，系统弹出如图 5-218 所示的“录制组件运动”工具条，选择如图 5-219 所示的螺栓、垫圈及定位销为拆卸对象，单击鼠标中键，然后沿着坐标系 X 轴方向移动组件到如图 5-220 所示的位置，单击“录制组件运动”工具条中的“√”按钮，完成插入运动操作。

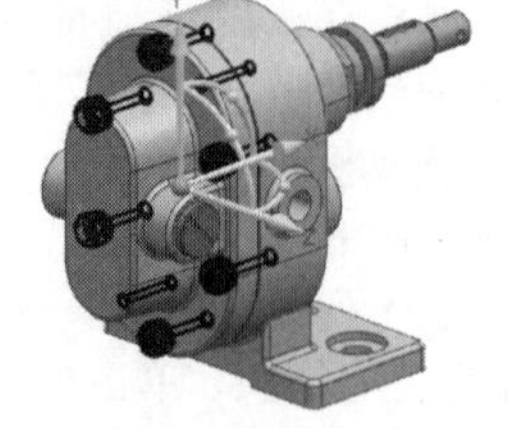

图 5-218　“录制组件运动”工具条　　图 5-219　选择拆卸对象　　　图 5-220　插入运动 1

② 插入其余运动。参照步骤①所示操作按顺序依次插入如图 5-221~图 5-225 所示的运动，结果如图 5-226 所示。

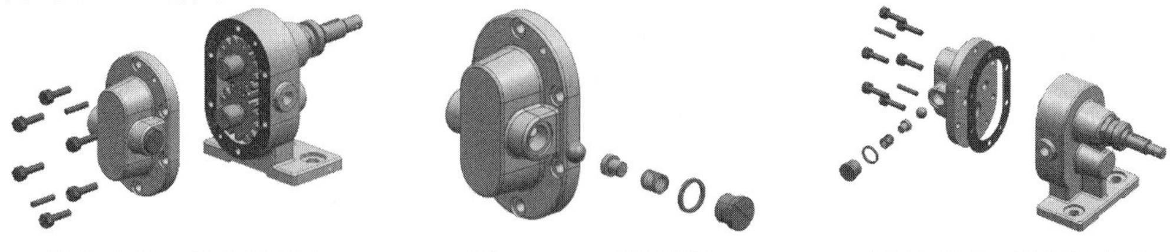

图 5-221　插入运动 2　　图 5-222　插入运动 3　　图 5-223　插入运动 4

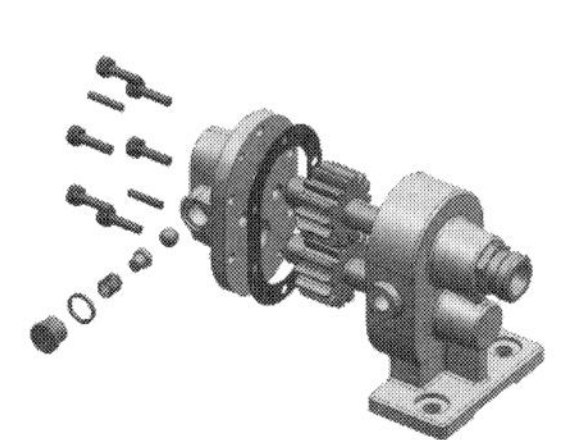

图 5-224　插入运动 5

图 5-225　插入运动 6

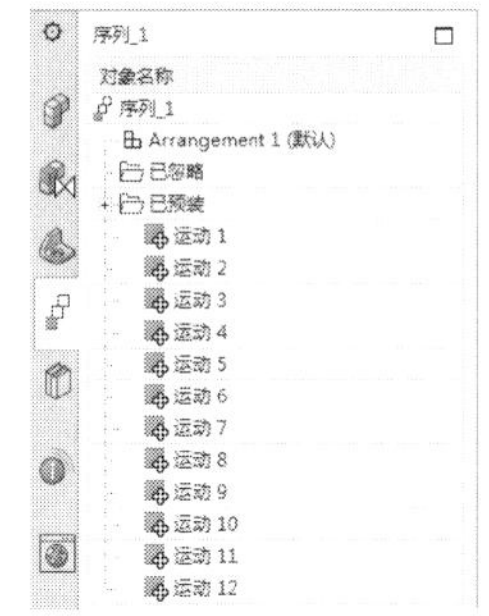

图 5-226　插入运动结果

步骤 5　查看装配序列动画。在“主页”选项卡的“回放”区域单击“向后播放”按钮㉢，查看装配过程动画，单击“向前播放”按钮㉢，查看拆卸过程动画。

步骤 6　导出拆卸动画视频。当模型处于未分解状态时，在“主页”选项卡的“回放”区域单击“导出至电影”按钮，系统弹出如图 5-227 所示的“录制电影”对话框，设置文件名称为“拆卸动画”，单击“OK”，按钮，系统导出拆卸动画视频。

步骤 7　导出装配动画视频。当模型处于分解状态时，在“主页”选项卡的“回放”区域单击“导出至电影”按钮，系统弹出如图 5-228 所示的“录制电影”对话框，设置文件名称为“装配动画”，单击“OK”，按钮，系统导出装配动画视频。

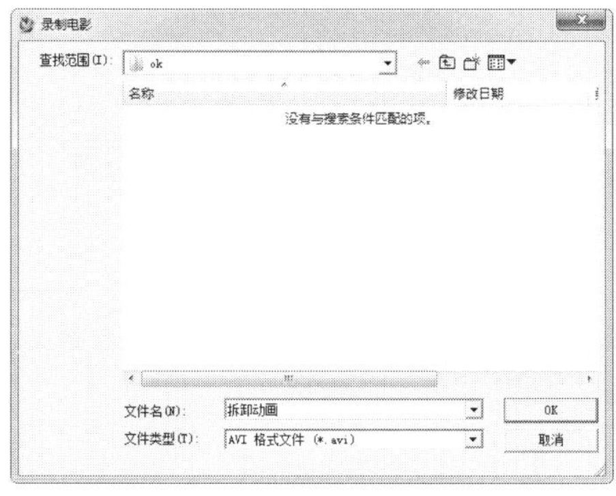

图 5-227　导出拆卸动画视频

图 5-228　导出装配动画视频

5.11　装配设计案例：夹具装配设计

前面小节系统介绍了装配设计操作及知识内容，为了加深读者对装配设计的理解并更好地应用于实践，下面通过具体案例详细介绍装配设计。

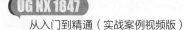

如图 5-229 所示的夹具装配，其内部组成结构如图 5-230 所示，首先根据提供的夹具相关零件完成夹具装配设计，然后创建如图 5-231 所示的夹具分解视图。

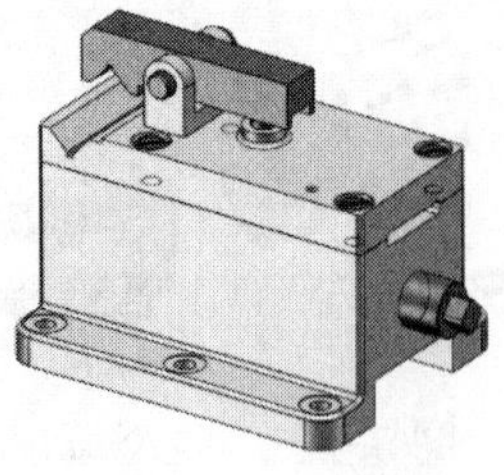

图 5-229　夹具装配

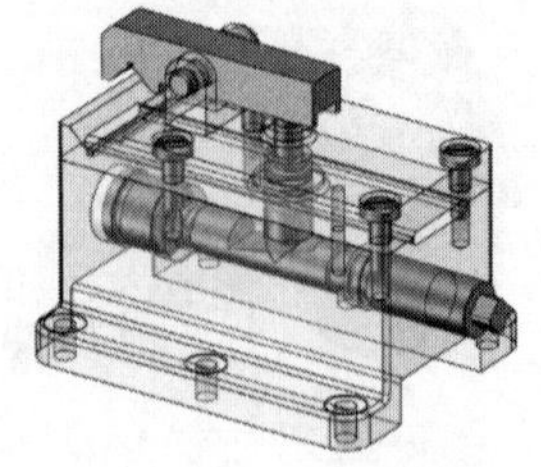
图 5-230　夹具组成结构

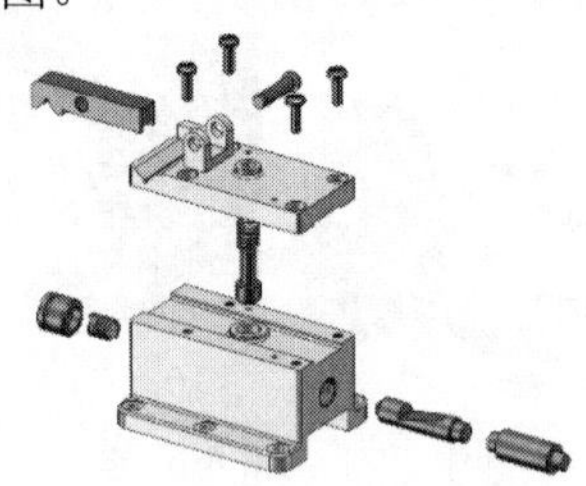
图 5-231　夹具分解视图

① 设置工作目录：F:\ugnx_jxsj\ch05 asm\5.11\01。

② 选择装配方法：夹具结构比较简单，其中不涉及比较集中、比较独立的子结构，所以采用顺序装配方法进行夹具装配。

③ 具体装配过程：由于书籍写作篇幅限制，本书不详细写作装配过程，读者可扫码观看随书视频讲解，视频中有详尽的夹具装配设计讲解。

扫码看视频讲解

第6章 工程图

微信扫码，立即获取
全书配套视频与资源

工程图是实际产品设计及制造过程中非常重要的工程技术文件，其专业性及标准化要求非常高。NX 提供了专门的工程图设计环境，在工程图环境中可以创建工程图视图、工程图标注等内容，本章主要介绍工程图设计方法与技巧。

6.1 工程图基础

学习工程图之前首先要了解工程图的具体作用及用户环境，同时还需要了解在 NX 中创建工程图的基本思路及操作过程，为后面具体学习工程图打好基础。

6.1.1 工程图作用

（1）定制工程图标准模板

工程图是一种非常重要的工程技术文件。在工程图设计过程中，首先必须要注意不同行业、不同企业的标准与规范。不同行业、不同企业对工程图中的标准与规范都有细致的要求，包括图纸幅面、图框样式、标题栏格式、材料明细表格式、各种视图样式及标注样式等都有严格的要求。这些要求整合到一块就是我们常说的工程图模板，在模板中将这些要求都设置好，然后在出图时直接调用即可，这样极大地方便了工程图设计，也提高了工程图设计效率。在 NX 工程图环境中提供了定制工程图模板的方法及各种工具，从而方便定制各种要求的工程图模板。

（2）根据三维模型快速生成各种工程图视图

在工程图中为了清晰表达各种结构，需要创建各种工程图视图。对于各种视图的创建，在二维 CAD 软件中一般比较麻烦，效率也比较低。在 NX 工程图模块中提供了各种工程图视图创建工具，包括基础视图、投影视图、剖视图、断面图等，另外，还可以使用工程图中的草绘工具设计各种特殊的工程图视图，极大地提高了创建工程图视图的效率。

（3）添加各种工程图标注

工程图设计中需要根据产品设计要求进行各种技术标注。在 NX 中提供了两种标注方法，自动标注和手动标注。自动标注就是根据设计好的三维模型自动显示设计中的各种标注信息；手动标注非常灵活方便，可以作为自动标注的补充。另外，NX 提供了各种工程图标注工具，如尺寸标注、公差标注、基准标注、形位公差标注、粗糙度标注、焊接符号标注及注释标注等。

（4）创建工程图表格文件及编辑

工程图中包括的各种表格，如孔表、零件设计表，还有各种属性表都可以使用 NX 工程图中提供的表格工具进行设计与编辑，另外还提供了管理表格的工具，方便表格的存储和调用。

(5) 根据装配模型属性信息快速生成材料明细表

对于装配工程图的设计，需要根据零部件信息生成材料明细表。这在二维 CAD 软件中是很麻烦的，需要用户逐一填写，极不方便，同时效率低下。在 NX 工程图设计中，可以根据各零部件属性信息自动生成材料明细表，而且材料明细表的样式与格式都可以提前定制好，极大地方便了材料明细表的生成。

(6) 创建各种类型工程图

工程图根据不同的行业、不同的企业甚至不同的产品可以分为很多类型，如零件工程图、装配工程图、钣金工程图、焊接工程图、管道工程图、电气线束工程图等。在 NX 工程图设计环境，根据用户需要，可以方便设计以上各种类型的工程图。需要注意的是，要设计不同类型的工程图，必须先设计好相应的三维模型。例如，要设计钣金工程图，需要先在钣金设计环境中进行钣金件的设计；要设计管道工程图，需要先在管道设计环境中完成管道系统的设计，其他类型同样如此！

6.1.2 工程图环境

打开工程图文件：ch06 drawing\6.1\shaft_dwg，进入 NX 工程图环境，如图 6-1 所示，工程图环境主要包括选项卡区、绘图树及绘图模板等，下面具体介绍这些区域的主要功能和作用。

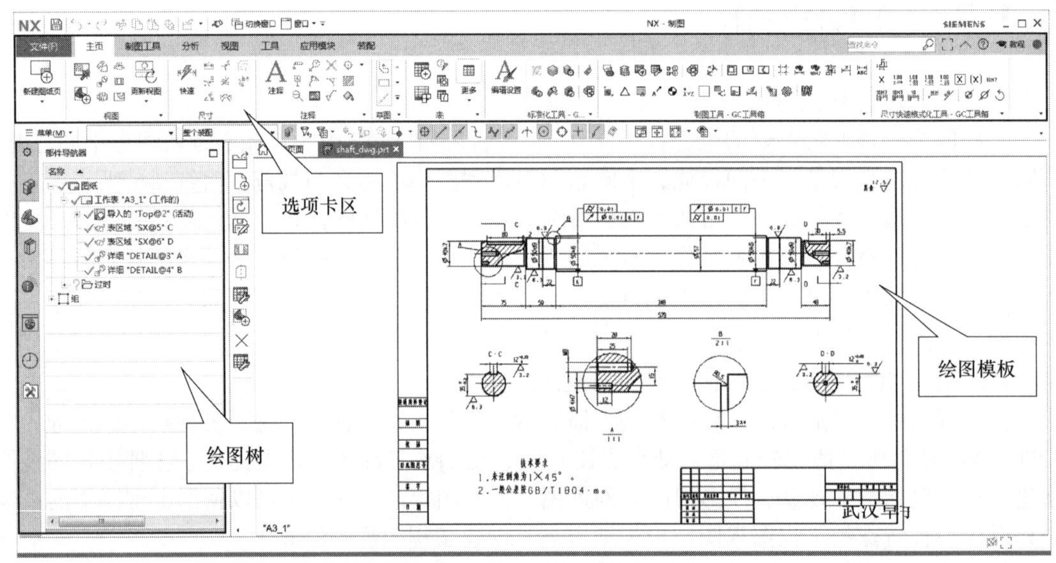

图 6-1 NX 工程图用户界面

(1) 选项卡区

选项卡区提供了工程图常用的命令工具，是工程图环境中最重要的区域，下面主要介绍“主页”选项卡及“制图工具”选项卡的功能。

在选项卡区展开“主页”选项卡，如图 6-2 所示。在“视图”区域提供了各种创建工程图视图的工具，在“尺寸”区域提供了工程图尺寸标注工具，在“注释”区域提供了创建工程图注释的工具，除此之外还有新建图纸页、草图及表格工具等。

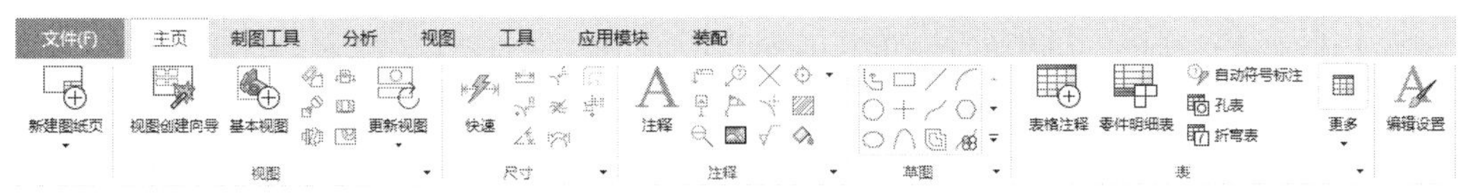

图 6-2 “主页”选项卡

在选项卡区展开“制图工具”选项卡，如图 6-3 所示。该选项卡主要用于工程图模板定制，包括定义边界和区域，还有定义标题块等工具。

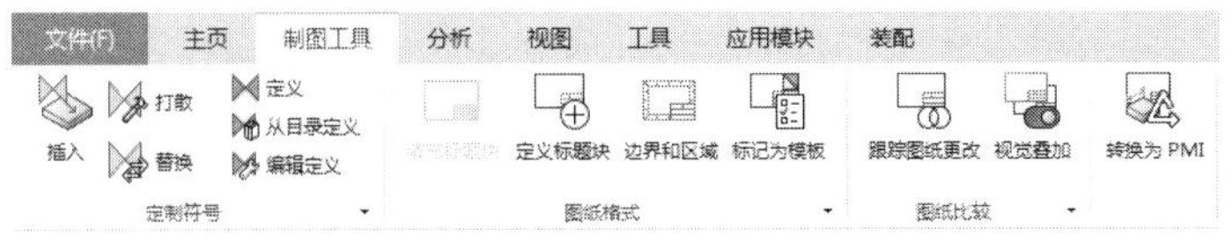

图 6-3 “制图工具”选项卡

（2）绘图树

绘图树如图 6-4 所示，主要用来管理工程图文件、工程图视图、视图剖切线及工程图标注等，是工程图中非常重要的功能区。

（3）工程图模板

工程图模板如图 6-5 所示，新建工程图时需要首先选择合适的工程图模板，然后在工程图模板上创建工程图视图及工程图标注。在 NX 中创建工程图既可以使用系统自带的模板，也可以使用用户自定义的工程图模板。

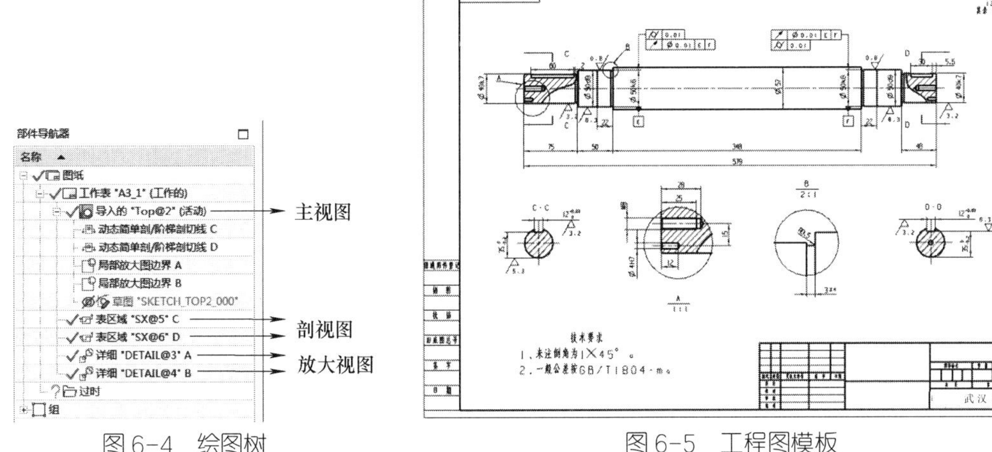

图 6-4 绘图树　　　　图 6-5 工程图模板

6.1.3 工程图设置

前面介绍过，工程图是一项非常重要的工程技术文件，涉及到大量的工程图标准化及规范化设置，其中最重要的是图纸页属性设置与制图首选项设置。

（1）图纸页属性设置

在绘图树中选中“工作表”节点，单击鼠标右键，在弹出的快捷菜单中选择“编辑图纸页”命令，系统弹出如图 6-6 所示的“工作表”对话框，在该对话框中设置图纸页属性，包括图纸大小、图纸比例、图纸名称、图纸单位及投影类型（投影视角）等。

投影类型也就是投影视角，是图纸属性中最重要的属性之一，决定了出图的投影方式，投影视角包括“第一视角”和“第三视角”两种。在“工作表”对话框的“投影”区域单击按钮，表示使用“第一视角”，我国国家标准（GB）规定使用“第一视角”；在“投影”区域单击按钮，表示使用“第三视角”，欧美国家标准一般使用“第三视角”，出图时需要根据实际情况选择合适的投影类型。

（2）制图首选项设置

在选项卡区域选择“文件”→“首选项”→“制图”命令，系统弹出如图 6-7 所示的“制图首选项”对话框，在该对话框中设置工程图各项设置，包括尺寸设置、注释设置、符号设置、表设置及各种图纸视图设置等，这些设置一般需要在工程图模板中提前设置好，然后在使用模板时，系统会根据这些设置自动显示在工程图中。

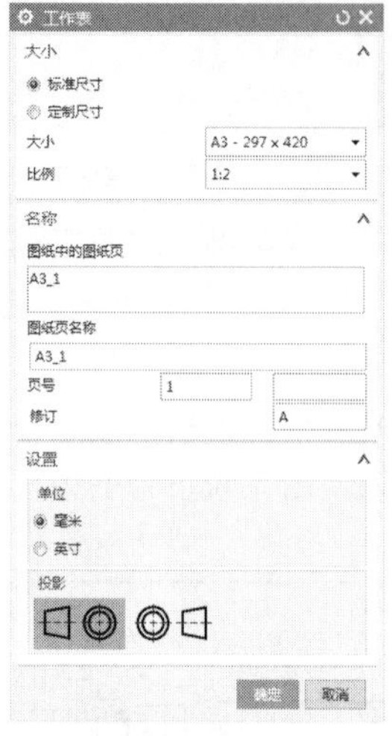

图 6-6 “工作表”对话框

图 6-7 “制图首选项”对话框

6.2 创建工程图过程

为了让读者能够尽快熟悉 NX 工程图创建过程，下面通过一个具体案例详细介绍在 NX 中创建工程图的一般过程及基本操作。

如图 6-8 所示的零件，需要创建如图 6-9 所示的零件工程图，工程图中主要包括工程图视图（主视图、俯视图及左视图）及工程图标注两项内容，下面具体介绍。

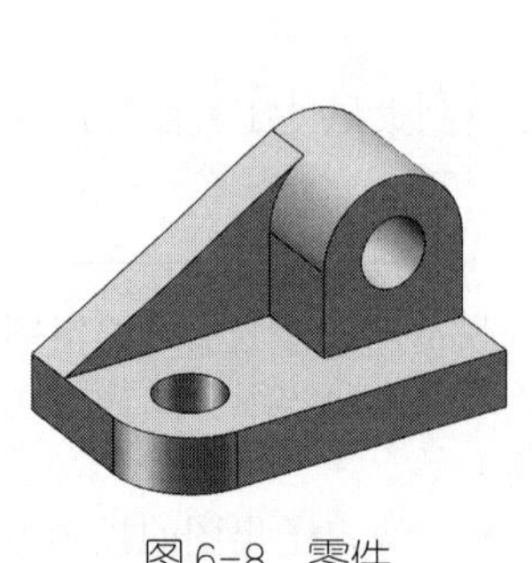

图 6-8 零件

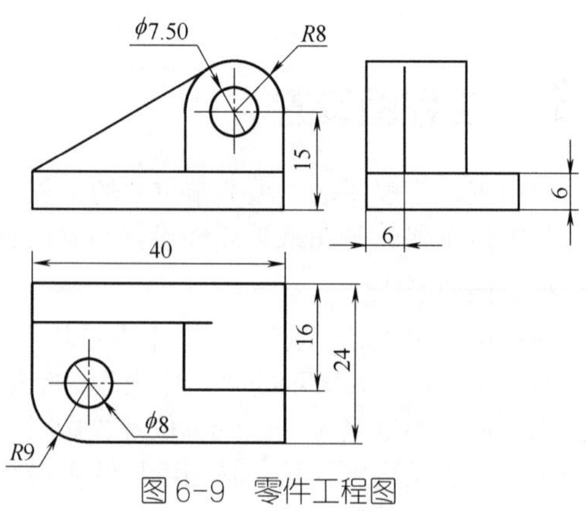

图 6-9 零件工程图

（1）新建工程图文件

步骤 1　打开练习文件 ch06 drawing\6.2\part。

说明：提前打开模型文件，系统自动以打开的模型文件创建工程图。

步骤 2　新建工程图。在“快速访问工具条”中单击“新建”按钮，系统弹出“新建”对话框，在对话框中单击“图纸”选项卡，在“模板”列表中选择“A3-无视图”选项，表示使用系统自带的“A3 无视图”模板创建工程图，在“新文件名”区域设置工程图名称为 part_dwg，文件夹为 F:\ugnx_jxsj\ch06 drawing\6.2\，在“要创建图纸的部件”文本框中显示的是创建工程图的模型文件，单击“确定”按钮，系统进入工程图环境，关闭所有的对话框并保存工程图文件，为创建工程图做准备，如图 6-10 所示。

图 6-10　新建工程图

步骤 3　设置工程图。NX 中默认的工程图为灰色背景，如果需要修改工程图背景颜色，需要设置可视化首选项。在“文件”选项卡中选择“首选项”→“可视化”命令，系统弹出如图 6-11 所示的“可视化首选项”对话框，在对话框中选择“颜色”节点下的“图纸布局”选项，在右侧页面中设置背景颜色为白色，结果如图 6-12 所示。

图 6-11　“可视化首选项”对话框

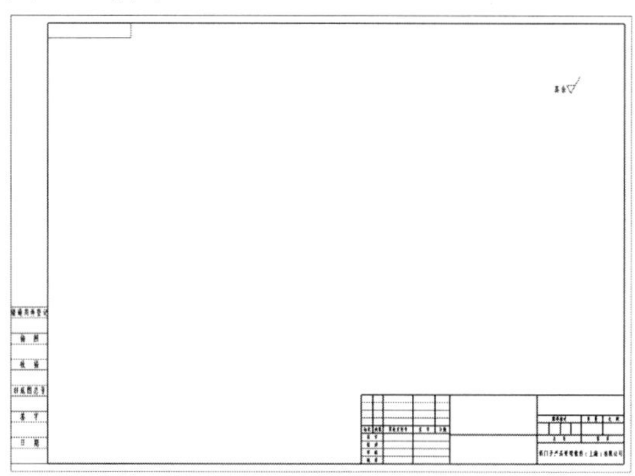

图 6-12　设置工程图背景

（2）创建工程图视图

根据本例工程图要求，需要创建主视图、俯视图及左视图三个视图，创建工程图视图时需要注意各个视图的显示样式，下面具体介绍。

步骤 1 选择命令。在“主页”选项卡中单击“基本视图”按钮，系统弹出如图 6-13 所示的“基本视图”对话框，使用该对话框创建基本视图。

步骤 2 创建初步基本视图。创建基本视图一般是先创建主视图，然后根据投影关系创建俯视图及左视图，在“基本视图”对话框的“模型视图”区域的下拉列表中选择“前视图”选项，表示使用“前视图”定向视图创建主视图，在“比例”区域的“比例”下拉列表中选择“比率”选项，设置视图比例为 3∶1，在合适位置单击以放置主视图，然后在主视图下方合适位置单击放置俯视图，在主视图右侧合适位置单击放置左视图，结果如图 6-14 所示。

步骤 3 编辑视图显示。得到初步的基本视图后发现左视图中有多余的边线，需要隐藏该边线，在左视图中选中不需要的边线，点击鼠标右键，在如图 6-15 所示的快捷菜单中单击按钮，将该边线隐藏，结果如图 6-16 所示。

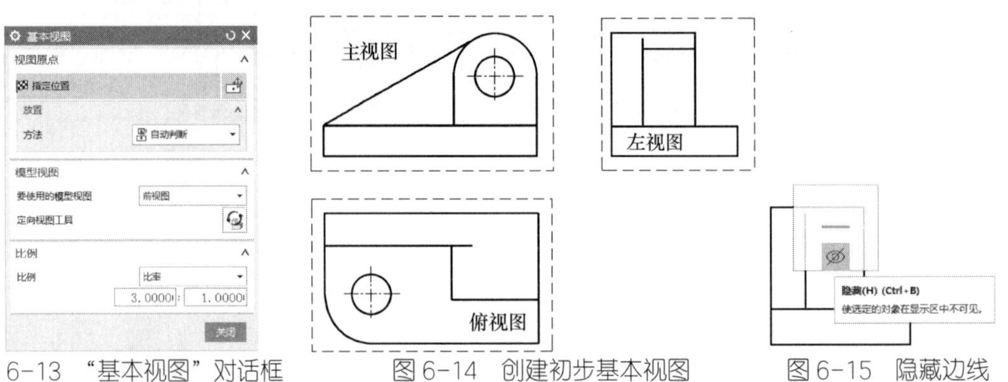

图 6-13 “基本视图”对话框　　图 6-14 创建初步基本视图　　图 6-15 隐藏边线

（3）标注工程图尺寸

完成工程图视图创建后，需要根据设计要求标注工程图尺寸，下面介绍标注工程图尺寸及尺寸样式的设置操作。

步骤 1 标注工程图尺寸。在“主页”选项卡中单击“快速”按钮，系统弹出“快速尺寸”对话框，在工程图各视图中标注需要的尺寸，如图 6-17 所示。

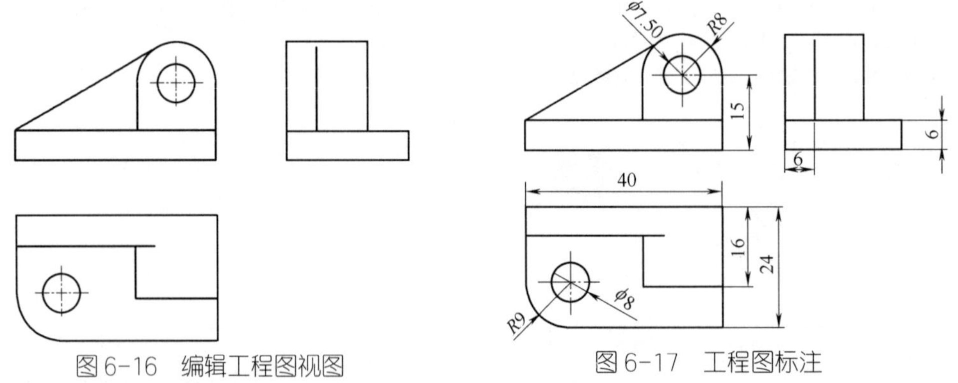

图 6-16 编辑工程图视图　　图 6-17 工程图标注

步骤 2 编辑工程图尺寸。标注工程图尺寸后发现这些尺寸存在不规范的问题，需要对标注的尺寸进行编辑，包括尺寸文本、尺寸方位及箭头属性等。

① 设置尺寸文本。选择所有的尺寸标注，在弹出的工具条中单击“设置”按钮，系统弹出如图6-18所示的“设置”对话框，在对话框左侧列表中展开“文本”节点，选择“尺寸文本”，在右侧页面的“高度”文本框中设置文本高度为5，如图6-18所示，单击“关闭”按钮，设置尺寸文本结果如图6-19所示。

图6-18　设置尺寸文本

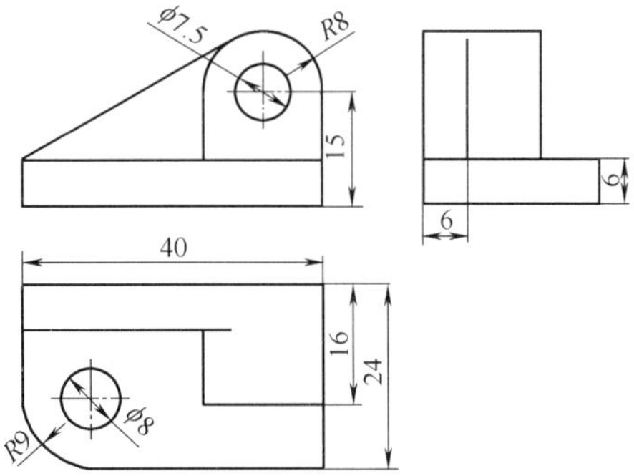

图6-19　设置尺寸文本结果

说明：在如图6-18所示的“设置”对话框中可以对尺寸标注做各种设置，包括文字、直线/箭头、层叠、公差、双尺寸、文本及参考等，在实际工程图中一定要根据具体规范要求进行正确设置，保证尺寸标注符合规范化要求。

② 设置文本方位及位置。以上主视图及俯视图中标注的半径尺寸及直径尺寸不符合要求，需要设置文本方位及位置。选中所有的半径尺寸及直径尺寸，在弹出的工具条中单击“设置”按钮，系统弹出如图6-20所示的“设置”对话框，在对话框左侧列表中展开“文本”节点，选择“方向和位置”，在右侧页面的“方位”下拉列表中选择“水平文本”选项，表示尺寸文本水平放置，在“位置”下拉列表中选择“文本在短划线之上”选项，表示将尺寸文本放置到尺寸线之上，结果如图6-21所示。

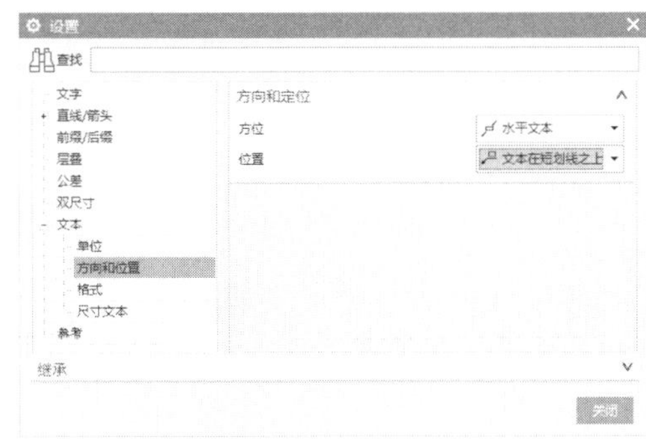

图6-20　设置文本方位及位置

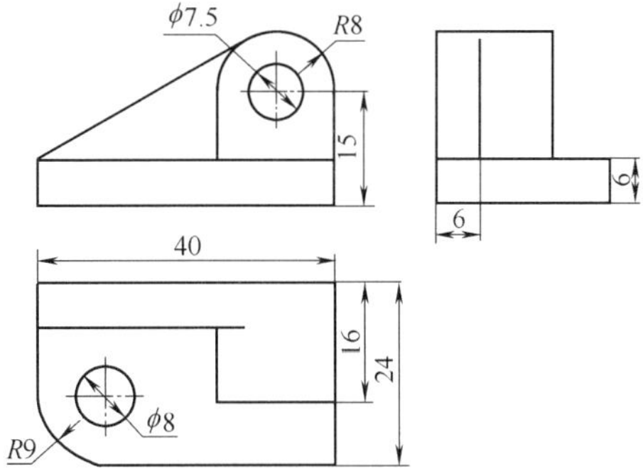

图6-21　设置文本方位及位置结果

③ 设置箭头属性。选择所有的尺寸标注，在弹出的工具条中单击“设置”按钮，系统弹出如图6-22所示的“设置”对话框，在对话框左侧列表中展开“直线/箭头”节点，选择“箭头”，在右侧页面的“格式”区域设置箭头长度为6，单击“关闭”按钮，设置箭头属性结果如图6-23所示。

（4）保存工程图

完成工程图创建后，在“快速访问工具条”中单击“保存”按钮，将工程图文件保存到前面设置的文件夹中。完成工程图保存后，在文件夹中包含零件文件与工程图文件，如图6-24所示，在实际工作中，模型文件要与工程图文件始终保存在一起进行管理，特别是拷贝文件时要一起拷贝，单独拷贝工程图文件将无法正常打开工程图文件。

图 6-22 设置箭头属性

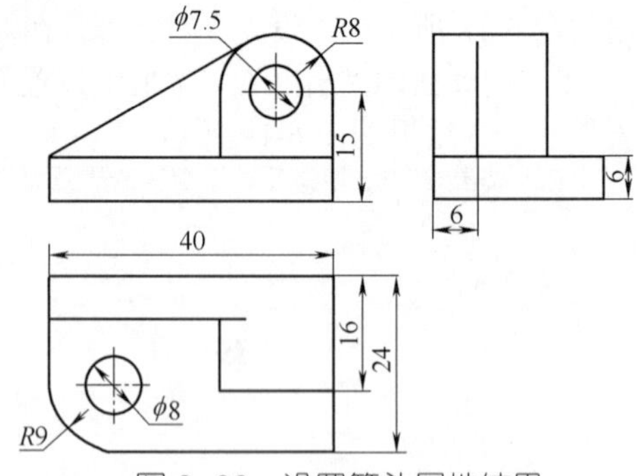

图 6-23 设置箭头属性结果

（5）创建工程图总结

在创建工程图文件前首先要新建工程图文件。在 NX 中新建工程图文件有多种方法，除了本例介绍的新建方法以外，还可以直接在建模环境的“应用模块”中单击“制图”按钮，然后在“主页”选项卡中单击“新建图纸页”按钮，在系统弹出的如图 6-25 所示的“工作表”对话框中定义工程图图纸页属性，单击“确定”按钮进入工程图环境创建工程图视图，读者可自行操作，此处不再赘述。

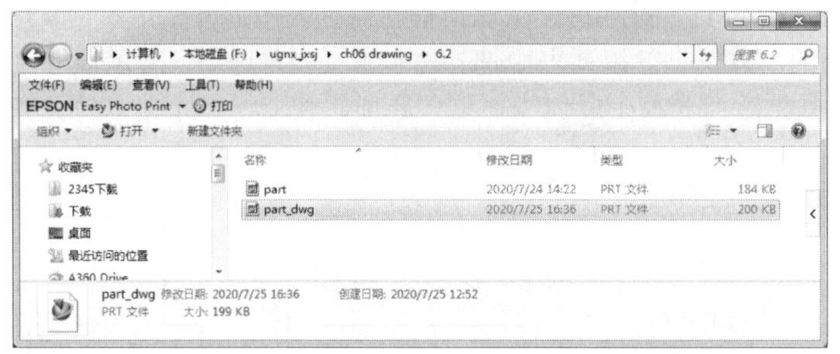
图 6-24 工程图文件管理

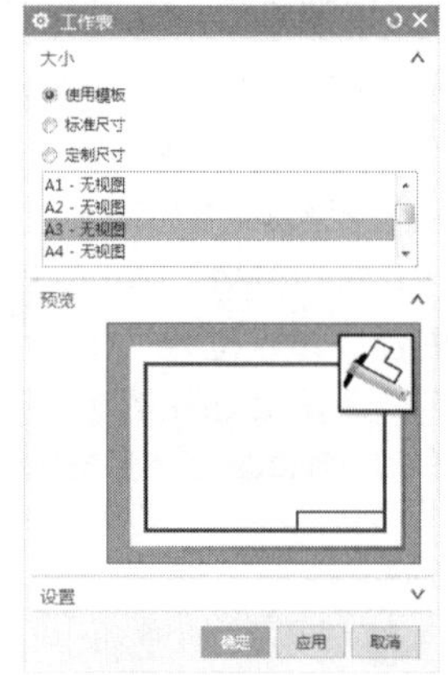
图 6-25 “工作表”对话框

另外，工程图标注中包括各种标注类型，如尺寸标注、公差标注、基准标注、形位公差标注、表面粗糙度标注及文本标注等，本例只涉及尺寸标注，其余标注类型将在本章后面小节具体介绍。

6.3 工程图视图

工程图中最重要的一项内容之一就是工程图视图。工程图视图主要作用就是从各个方位表达零部件结构。NX 中提供了多种工程图视图工具，下面具体介绍。

6.3.1 基本视图

基本视图包括主视图、投影视图（俯视图及左视图等）及轴测图等，这是工程图中最常见也是最基本的一种视图。下面使用如图 6-26 所示的连接臂零件为例介绍基本视图的创建，结果如图 6-27 所示，包括主视图、俯视图、左视图及轴测图的创建。

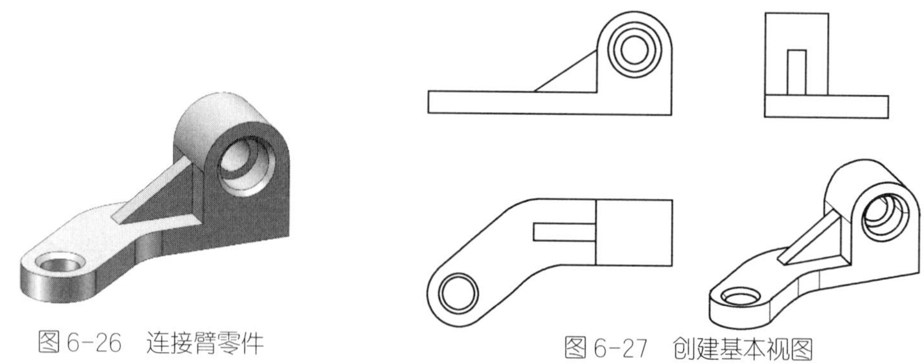

图 6-26　连接臂零件　　图 6-27　创建基本视图

步骤 1　打开练习文件 ch06 drawing\6.3\01\base_view。

步骤 2　创建主视图。在创建工程图视图时，如果模型结构不规则，或者模型设计不规范，很可能没有合适的视图方位创建工程图视图。对于本例的连接臂零件，在创建工程图视图时发现零件中没有合适的视图定向，如图 6-28 所示，这将导致错误的工程图视图，如图 6-29 所示，这种情况下需要使用“定向视图工具”创建需要的工程图视图。

① 选择命令。在“基本视图”对话框的“模型视图”区域单击“定向视图工具”按钮，系统弹出如图 6-30 所示的“定向视图工具”对话框及如图 6-31 所示的“定向视图”窗口，使用该对话框创建工程图视图定向。

图 6-28　可用视图定向

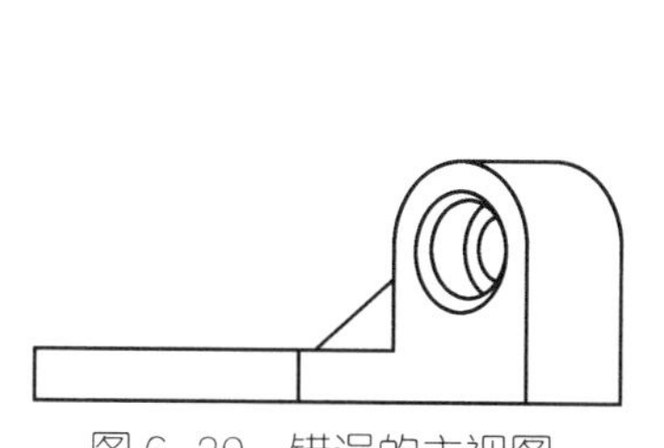

图 6-29　错误的主视图

图 6-30　定向视图工具

② 创建视图定向。使用“定向视图工具”创建视图定向是通过选择一个法向参考和一个 X 向参考来定义的。在“定向视图”窗口中选择如图 6-32 所示的模型表面为法向参考，表示该面正对电脑屏幕。选择如图 6-33 所示的模型边线为 X 向参考，表示该边线水平放置，此时模型定向结果如图 6-34 所示。

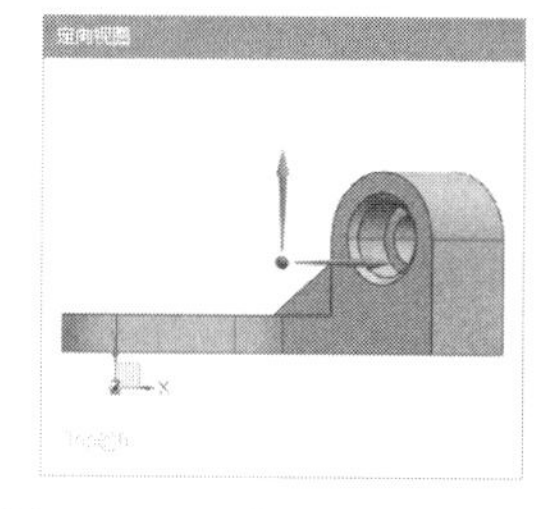

图 6-31　“定向视图”窗口

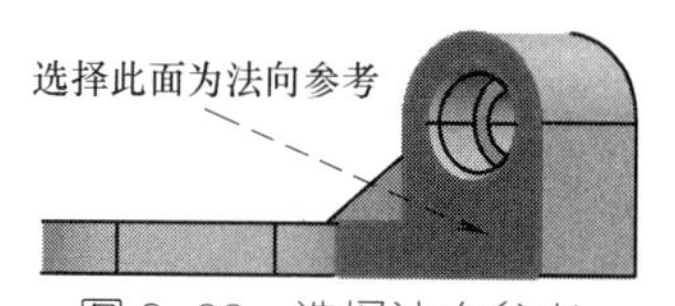

图 6-32　选择法向参考

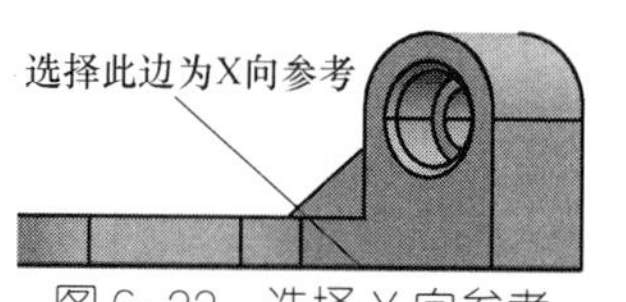

图 6-33　选择 X 向参考

③ 放置主视图。完成视图定向后，在“定向视图工具”对话框中单击“确定”按钮，在合适位置单击以放置主视图。

步骤 3 创建俯视图与左视图。基本视图中俯视图及左视图均与主视图存在投影关系，得到主视图后，系统自动弹出如图 6-35 所示的“投影视图”对话框，在主视图正下方合适位置单击放置俯视图，如图 6-36 所示，在主视图正右侧合适位置单击放置左视图，如图 6-37 所示，在“投影视图”对话框中单击“关闭”按钮。

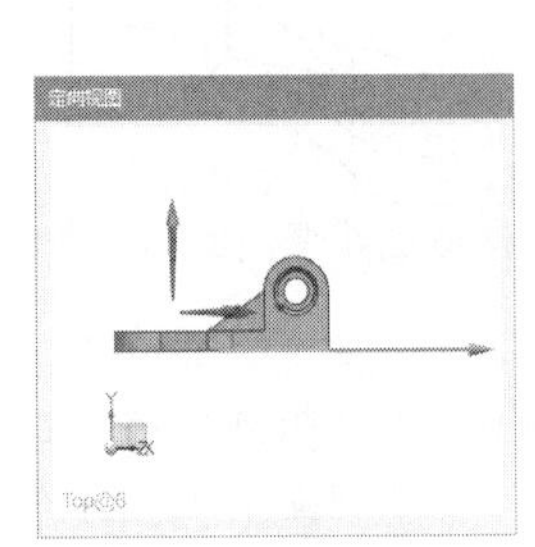

图 6-34 “定向视图”窗口

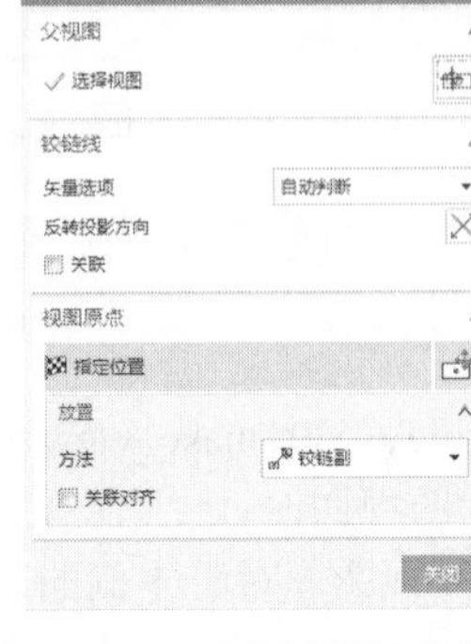

图 6-35 “投影视图”对话框

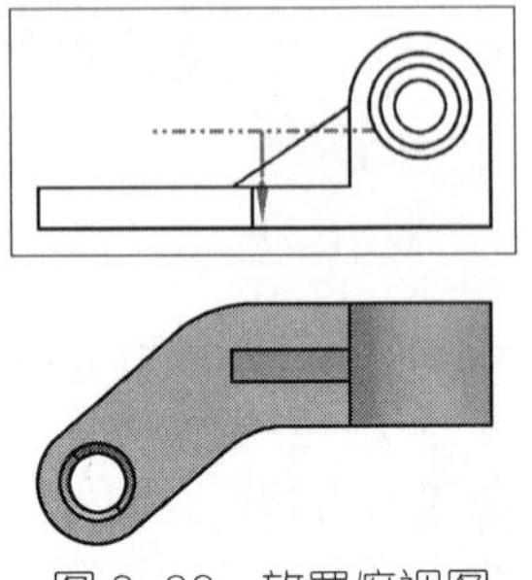

图 6-36 放置俯视图

步骤 4 创建轴测图。一般情况下系统自带的轴测图（正等测图与正三轴测图）无法满足实际轴测图要求，这种情况下同样需要使用“定向视图工具”创建视图定向。在“主页”选项卡中单击“基本视图”按钮，在“基本视图”对话框的“模型视图”区域单击“定向视图工具”按钮，在“定向视图”窗口中使用鼠标调整模型定向，如图 6-38 所示，然后使用该定向视图创建轴测图，结果如图 6-39 所示。

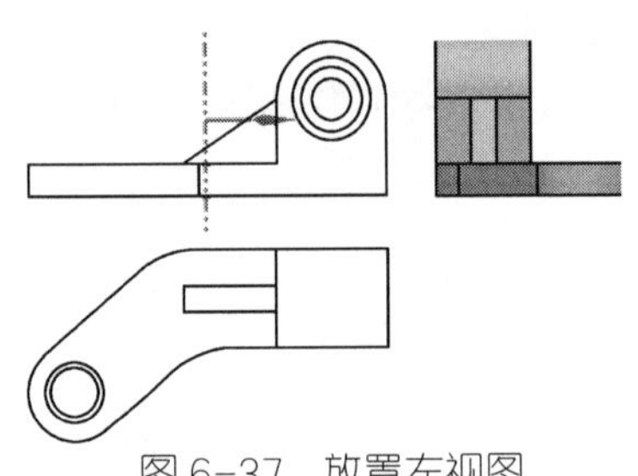

图 6-37 放置左视图

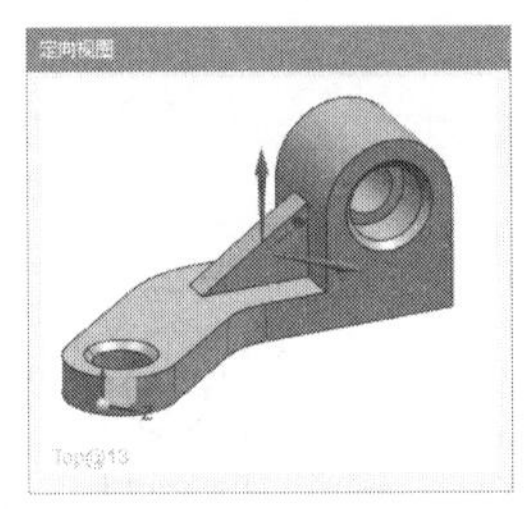

图 6-38 定义视图定向

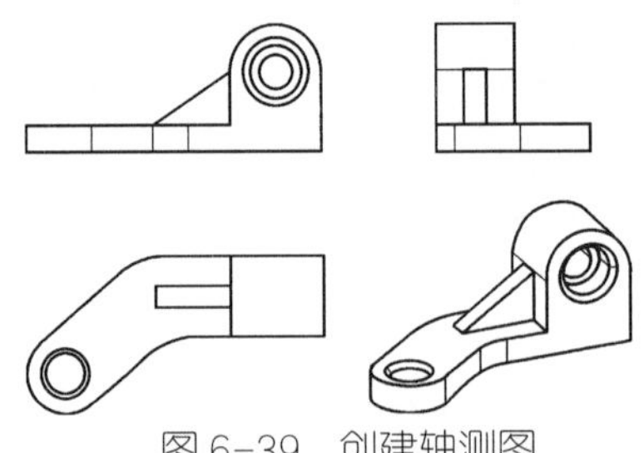

图 6-39 创建轴测图

步骤 5 设置视图显示。完成视图创建后发现主视图、俯视图及左视图中均有多余的相切边显示，需要隐藏这些相切边。双击主视图，在系统弹出的“设置”对话框中展开“公共”节点，选择“光顺边”选项，在右侧页面中取消选中“显示光顺边”选项，表示在工程图中不显示相切边。

本例在创建主视图时，还有另外一种方法。切换至建模环境，在“选择组”工具条中选择“菜单”→“视图”→“操作”→“定向”命令，系统弹出如图 6-41 所示的“坐标系”对话框，在对话框的下拉列表中选择“X 轴，Y 轴，原点”选项，选择如图 6-42 所示的模型顶点为原点，选择水平边为 X 轴，选择竖直边为 Y 轴，单击“确定”按钮，此时模型定向结果如图 6-43 所示。

在“选择组”工具条中选择“菜单”→“视图”→“另存为”命令，系统弹出如图 6-44 所示的“保存工作视图”对话框，输入视图名称 V1，单击“确定”按钮，将当前的视图定向保存下来，为创建工程图视图做准备。

完成视图定向及保存后，切换至工程图环境，选择“基本视图”命令，在系统弹出的“基本视图”对话框的“模型视图”下拉列表中选择 V1 创建工程图视图即可，如图 6-45 所示。

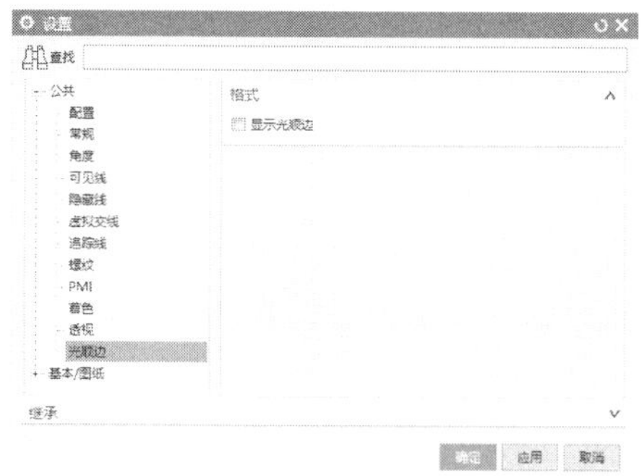

图 6-40 “设置”对话框

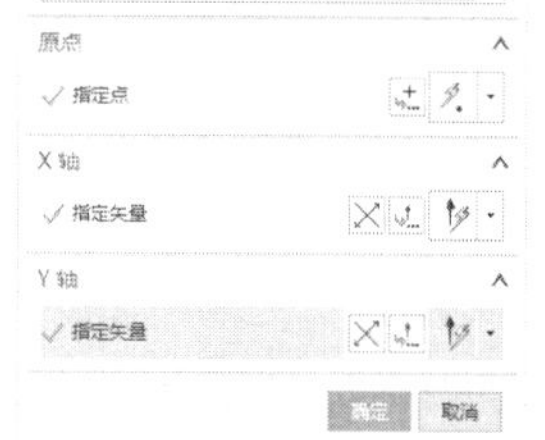

图 6-41 “坐标系”对话框

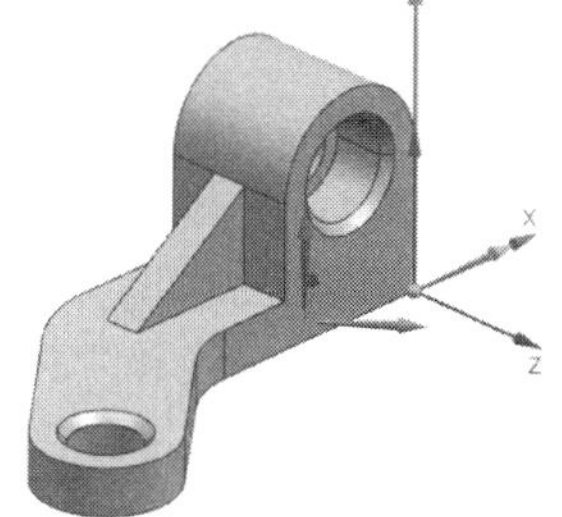

图 6-42 定义坐标系参考

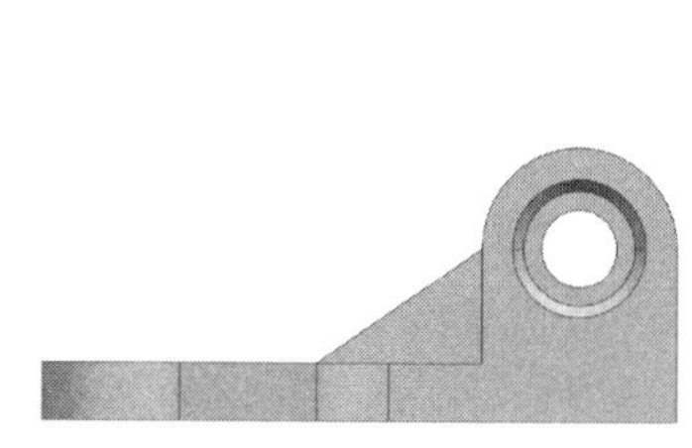

图 6-43 视图定向结果

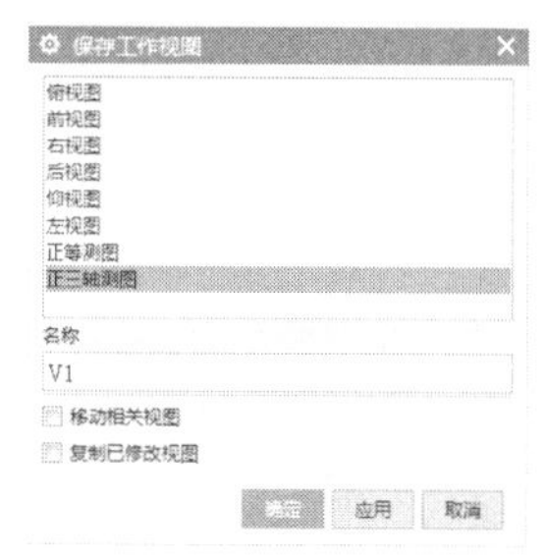

图 6-44 保存视图定向

图 6-45 定义基本视图

6.3.2 全剖视图

在工程图视图中，对于非对称的视图，如果外形结构简单而内部结构比较复杂，在这种情况下，为了清楚表达零件结构，需要创建全剖视图。

如图 6-46 所示的阀体零件，现在已经完成了左视图的创建，需要创建主视图，同时在主视图中创建全剖视图，如图 6-47 所示，下面具体介绍。

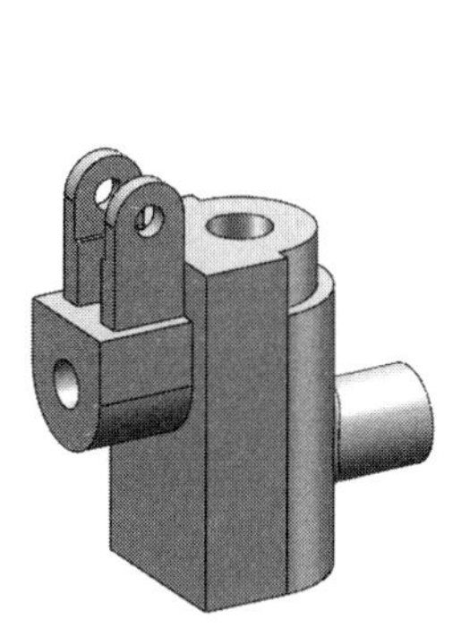

图 6-46 阀体零件

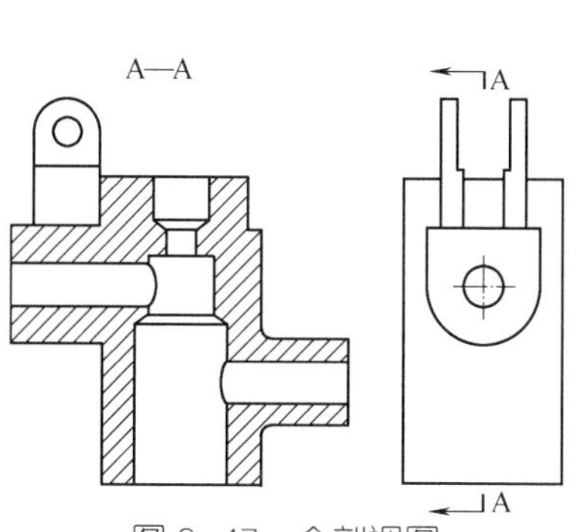

图 6-47 全剖视图

图 6-48 “剖视图”对话框

步骤 1 打开练习文件 ch06 drawing\6.3\02\full_section_view。

步骤 2 选择命令。在“主页”选项卡中单击“剖视图”按钮，系统弹出如图 6-48 所示的“剖视图”对话框，使用该对话框创建剖视图。

步骤 3 定义截面线。在“剖视图”对话框的“截面线”区域的“定义”下拉列表中选择“动态”选项，在“方法”下拉列表中选择“简单剖/阶梯剖”选项。

步骤 4 定义剖切位置。选择如图 6-49 所示的边线中点为剖切位置，在“剖视图”对话框的“视图原点”区域的“方向”下拉列表中选择“正交的”选项，在“放置”区域的“方法”下拉列表中选择“水平”选项，在左视图左侧合适位置单击放置剖视图，如图 6-50 所示，此时得到初步的剖视图，结果如图 6-51 所示。

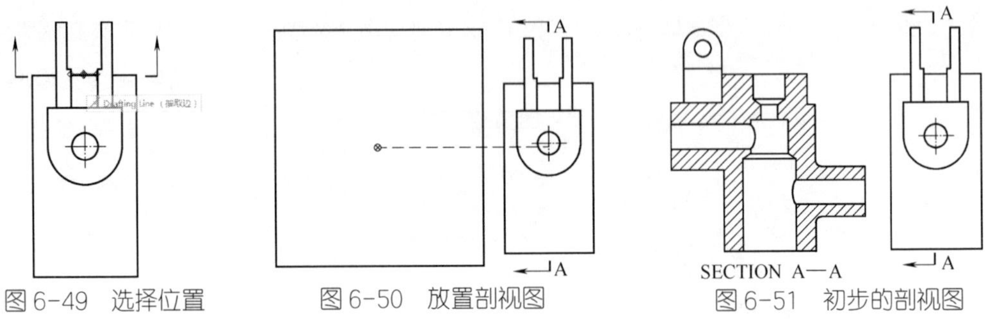

图 6-49 选择位置　　图 6-50 放置剖视图　　图 6-51 初步的剖视图

步骤 5 设置视图标签及截面线样式。完成初步的剖视图创建后，视图中的标签及截面线样式不符合规范化要求，需要进行规范化设置。

① 设置视图标签样式。在主视图中双击视图标签，系统弹出“设置”对话框，在对话框中展开“截面线”节点，单击“标签”对象，具体设置如图 6-52 所示。

② 设置截面线样式。在左视图中选中截面线，单击鼠标右键，在弹出的快捷菜单中选择“设置”命令，系统弹出“设置”对话框，具体设置如图 6-53 所示。

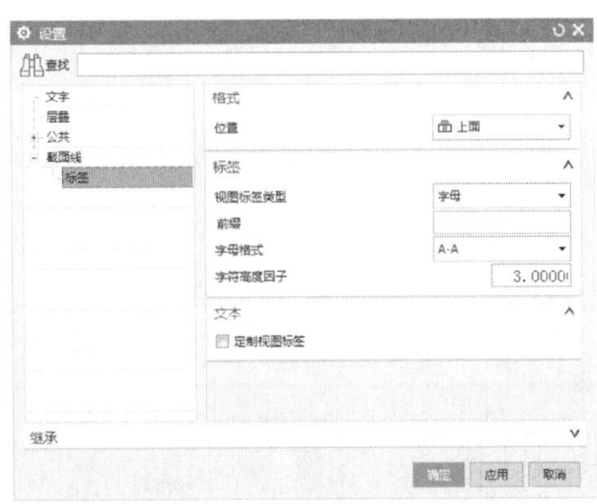

图 6-52 设置视图标签样式

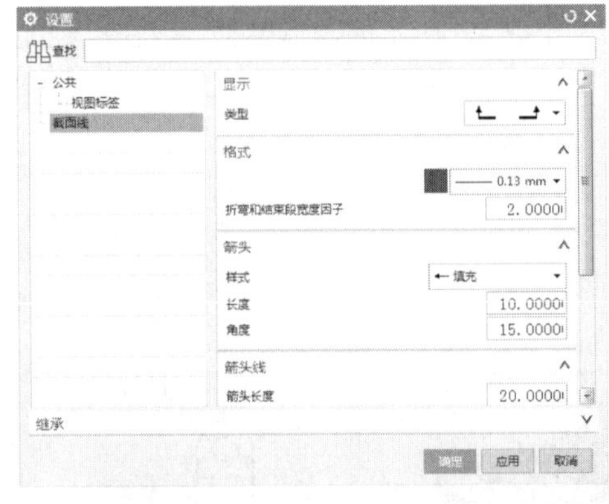

图 6-53 设置截面线样式

③ 设置截面线文本样式。在左视图中双击截面线文本，系统弹出“设置”对话框，在对话框中设置文字高度，具体设置如图 6-54 所示。

步骤 6 设置剖面线。在全剖视图中双击剖面线，系统弹出如图 6-55 所示的“剖面线”对话框，在该对话框中设置剖面线样式，如图 6-56 所示。

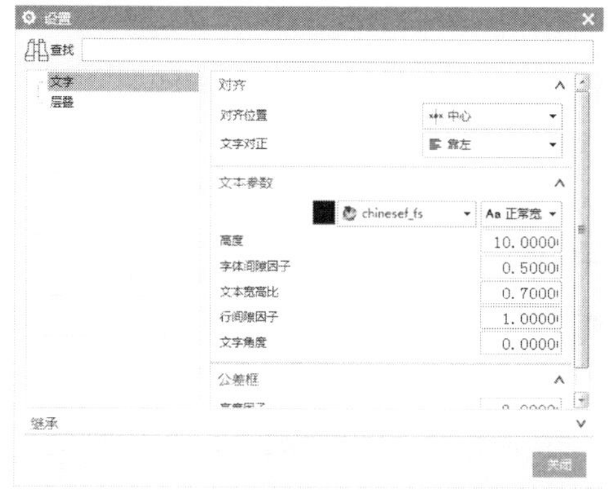

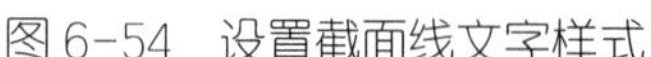
图 6-54　设置截面线文字样式

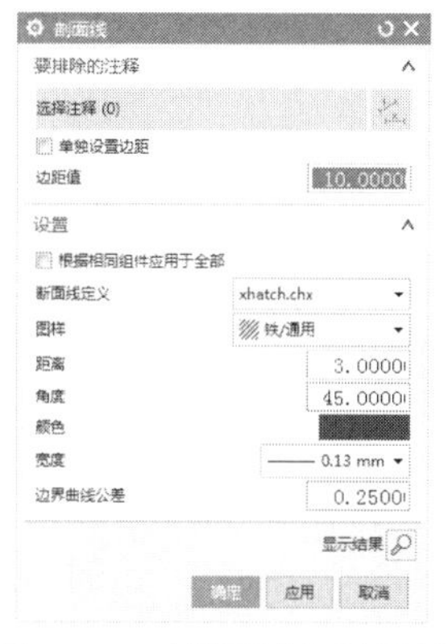

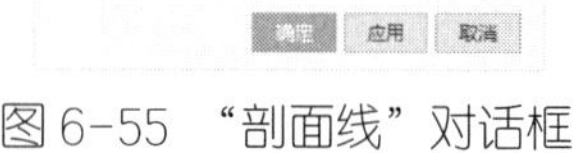
图 6-55　“剖面线”对话框

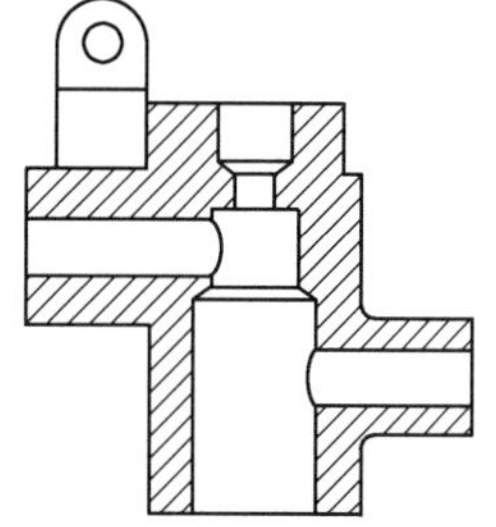
图 6-56　修改剖面线

6.3.3　半剖视图

在工程图视图中，对于对称的视图，如果外形结构简单，内部结构复杂，像这种情况可以考虑创建半剖视图来表达视图结构。如图 6-57 所示的支座零件，现在已经完成了俯视图的创建，需要继续创建如图 6-58 所示的半剖视图，下面具体介绍。

步骤 1　打开练习文件 ch06 drawing\6.3\03\half_section_view。

步骤 2　选择命令。在“主页”选项卡中单击“剖视图”按钮 ，系统弹出如图 6-59 所示的“剖视图”对话框，使用该对话框创建剖视图。

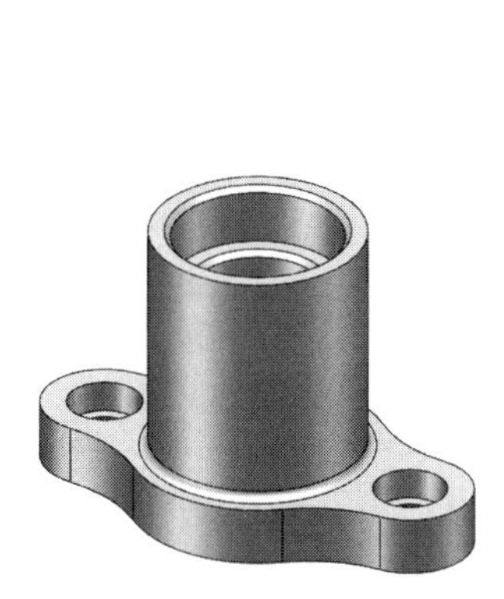
图 6-57　支座零件

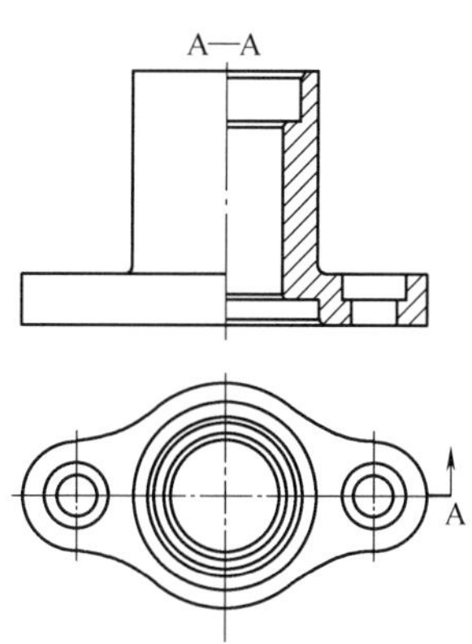

图 6-58　半剖视图

图 6-59　定义半剖视图

步骤 3　定义截面线。在“剖视图”对话框的“截面线”区域的“定义”下拉列表中选择“动态”选项，在“方法”下拉列表中选择“半剖”选项。

步骤 4　定义剖切位置。选择如图 6-60 所示的圆形心为第一个参考点，选择如图 6-61 所示的圆弧中点为第二个参考点，在“剖视图”对话框的“视图原点”区域的“方向”下拉列表中选择“正交的”选项，在“放置”区域的“方法”下拉列表中选择“竖直”选项，在俯视图上方合适位置单击放置剖视图，如图 6-62 所示。

说明： 此处得到的如图 6-62 所示的半剖视图为初步的半剖视图，需要在视图中标注中心线，设置视图标签样式及截面线样式得到最终的半剖视图。

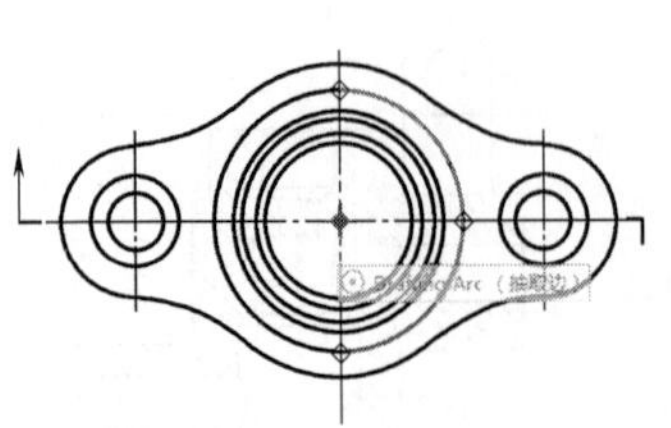

图 6-60 选择第一个参考点

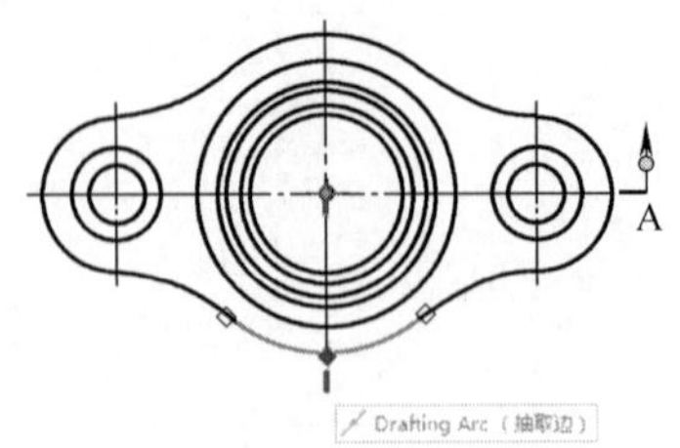

图 6-61 选择第二个参考点

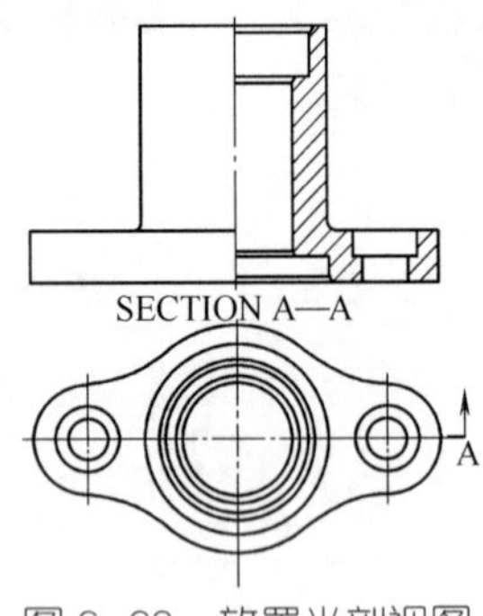

图 6-62 放置半剖视图

6.3.4 阶梯剖视图

阶梯剖视图将不在同一平面上的结构放在同一个剖切面上表达，这样增强视图可读性，同时能够有效减少视图数量。如图 6-63 所示的模板零件，现在已经完成了俯视图的创建，需要在主视图上创建阶梯剖视图，用来将模板零件上不同位置上的孔使用同一个剖切面进行表达，如图 6-64 所示，下面具体介绍创建过程。

步骤 1 打开练习文件 ch06 drawing\6.3\04\step_section_view。

步骤 2 选择命令。在“主页”选项卡中单击“剖切线”按钮，系统切换至草图环境，绘制如图 6-65 所示的剖切线草图，单击按钮退出草图环境，系统弹出如图 6-66 所示的“截面线”对话框，此时在视图中生成如图 6-67 所示的截面线。

图 6-63 模板零件

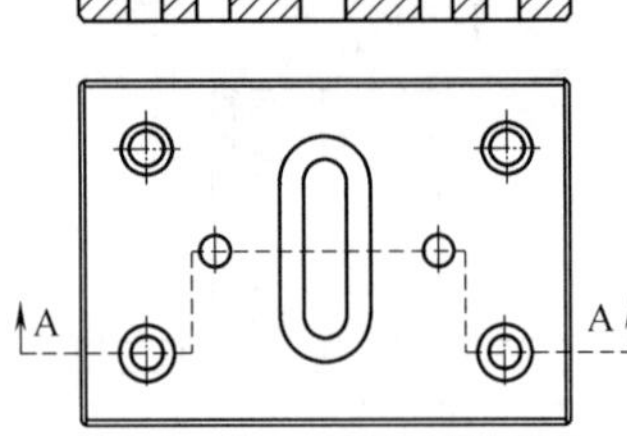

图 6-64 阶梯剖视图

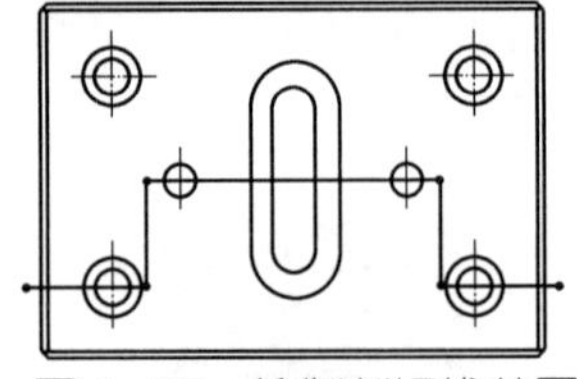

图 6-65 绘制剖切线草图

说明：此处先绘制剖切线草图，然后将剖切线草图定义成截面线，后面可以直接使用该截面线创建需要的剖视图。

图 6-66 “截面线”对话框

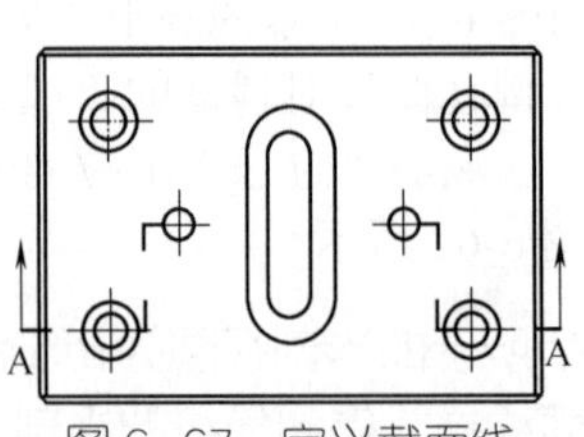

图 6-67 定义截面线

图 6-68 “剖视图”对话框

步骤 3　定义阶梯剖视图。在“主页”选项卡中单击“剖视图”按钮 ，系统弹出“剖视图”对话框，在对话框的“截面线”区域的下拉列表中选择“选择现有的”选项，选择上一步创建的截面线为阶梯剖视图的截面线，如图 6-68 所示。在俯视图上方放置阶梯剖视图，结果如图 6-69 所示（视图标签样式及截面线样式可按照前面讲解自行设置）。

6.3.5　旋转剖视图

对于盘盖类型的零件，为了将盘盖零件上不同角度位置的孔放在同一个剖切面上进行表达，这种情况下需要创建旋转剖视图。如图 6-70 所示的端盖零件，现在已经完成了基本视图创建，需要在左视图上创建旋转剖视图，将端盖零件上不同角度上的孔（沉头孔和销孔）使用同一个剖切面进行表达，如图 6-71 所示。

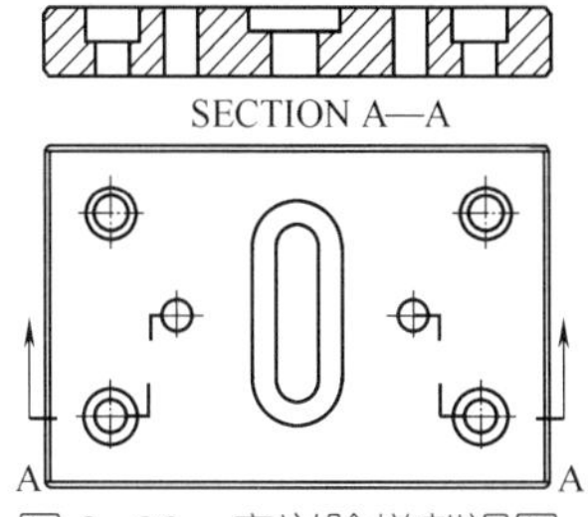

图 6-69　定义阶梯剖视图

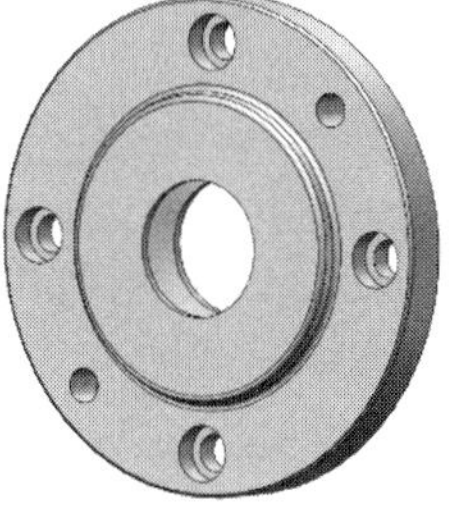

图 6-70　端盖零件

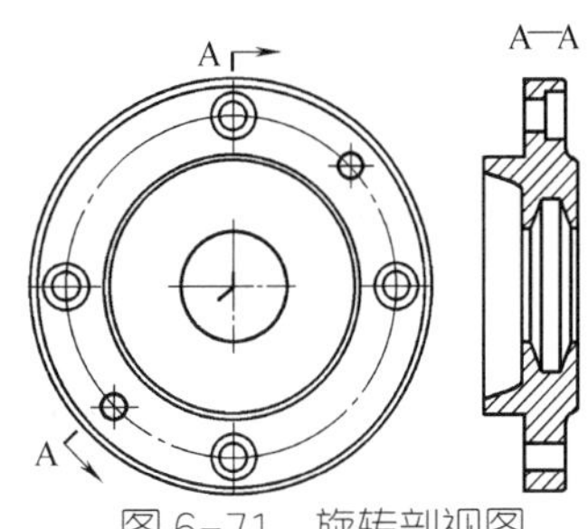

图 6-71　旋转剖视图

步骤 1　打开练习文件 ch06 drawing\6.3\05\revolved_section_view。

步骤 2　选择命令。在“主页”选项卡中单击“剖视图”按钮 ，系统弹出如图 6-72 所示的“剖视图”对话框，使用该对话框创建剖视图。

步骤 3　定义截面线。在“剖视图”对话框的“截面线”区域的“定义”下拉列表中选择“动态”选项，在“方法”下拉列表中选择“旋转”选项。

图 6-72　定义旋转剖视图

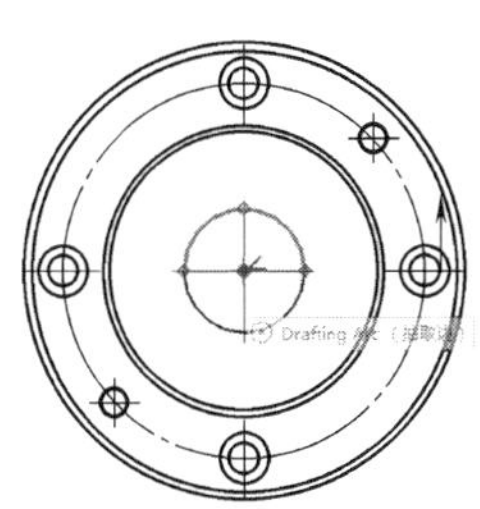

图 6-73　定义旋转点

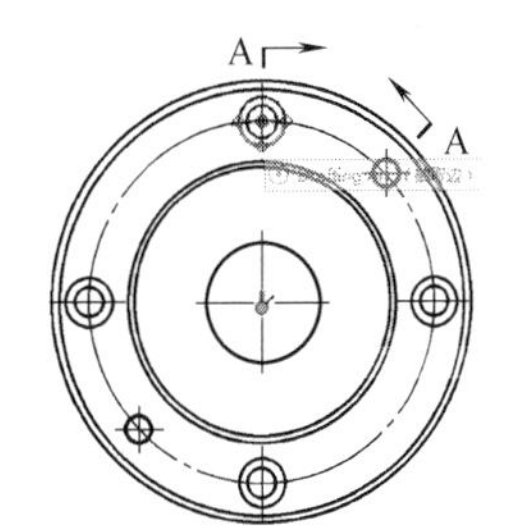

图 6-74　定义第一剖切位置

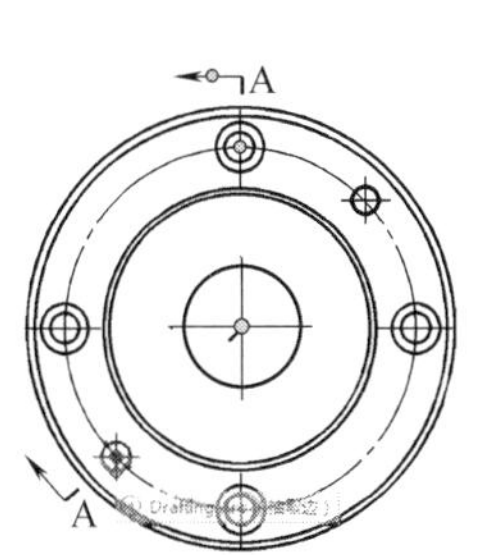

图 6-75　定义第二剖切位置

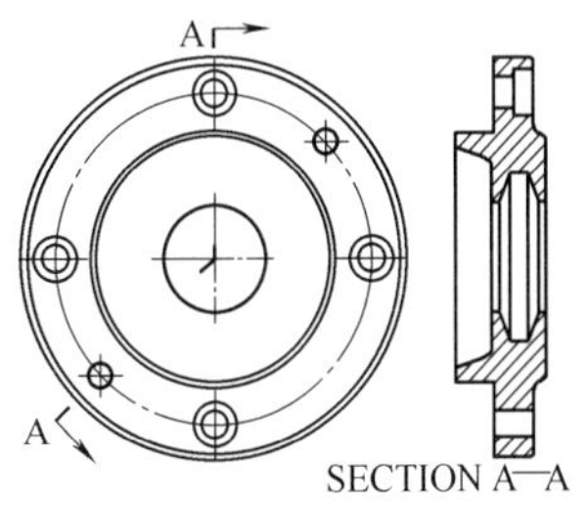

图 6-76　放置旋转剖视图

步骤 4　定义剖切位置。选择如图 6-73 所示的圆心为旋转点，选择如图 6-74 所示的圆弧圆心为第一剖切位置，选择如图 6-75 所示的圆弧圆心为第二剖切位置，在“剖视图”对话框的“视图原点”区域的“方法”下拉列表中选择“水平”选项，在主视图右侧合适位置单击放置旋转剖视图，如图 6-76 所示（视图标签样式及截面线样式可按照前面讲解自行设置）。

6.3.6 点到点展开剖视图

使用“点到点展开剖视图”命令可以选择视图上的多个位置，然后将这些位置展开到一个平面上得到一个展开视图。如图 6-77 所示的连杆零件，现在已经完成了俯视图的创建，需要根据俯视图创建如图 6-78 所示的展开视图，下面具体介绍操作过程。

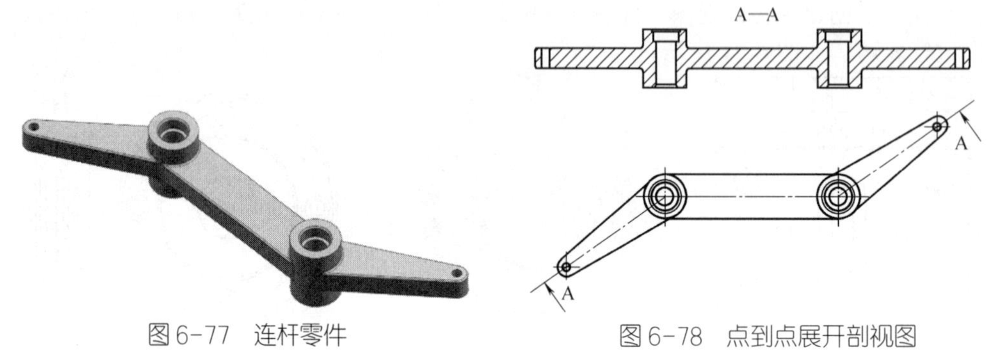

图 6-77 连杆零件　　图 6-78 点到点展开剖视图

步骤 1 打开练习文件 ch06 drawing\6.3\06\point_to_point_view。

步骤 2 选择命令。在“主页”选项卡中单击“剖视图”按钮，系统弹出“剖视图”对话框，使用该对话框创建剖视图。

步骤 3 定义截面线。在“剖视图”对话框的“截面线”区域的“定义”下拉列表中选择“动态”选项，在“方法”下拉列表中选择“点到点”选项。

步骤 4 定义铰链线。在对话框的“铰链线”区域单击“指定矢量”，如图 6-79 所示，此时在视图上出现矢量坐标系，单击如图 6-80 所示的水平矢量为铰链线矢量方向。

步骤 5 定义剖切位置。在对话框的“截面线段”区域单击“指定位置”，如图 6-81 所示，依次选择如图 6-82 所示的四个圆心位置为剖切位置，注意使用“铰链线”区域的“反转剖切方向”按钮调整剖切方向。

图 6-79 定义铰链线

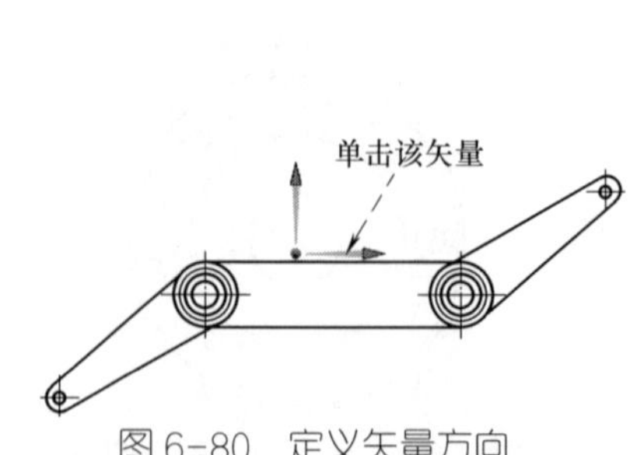

图 6-80 定义矢量方向

剖视图
截面线
铰链线
截面线段
创建折叠剖视图
指定位置 (6)
列表
父视图
视图原点
设置
预览
关闭

图 6-81 定义剖切位置

步骤 6 放置剖视图。在“剖视图”对话框的“视图原点”区域的“方法”下拉列表中选择“竖直”选项，在主视图上方合适位置单击放置剖视图，如图 6-83 所示（视图标签样式及截面线样式可按照前面讲解自行设置）。

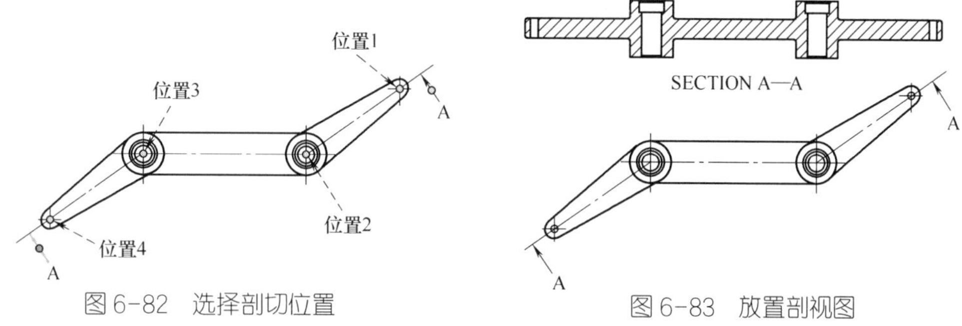

图 6-82　选择剖切位置　　图 6-83　放置剖视图

6.3.7 局部剖视图

在工程图视图中，如果想要表达视图的局部内部结构，需要创建局部剖视图，这样既增强视图可读性又能够减少视图数量。下面具体介绍局部剖视图创建。如图 6-84 所示的传动轴套零件，现在已经完成了主视图的创建，如图 6-85 所示，需要在主视图两端创建局部剖视图以表达轴两端内部结构，如图 6-86 所示。

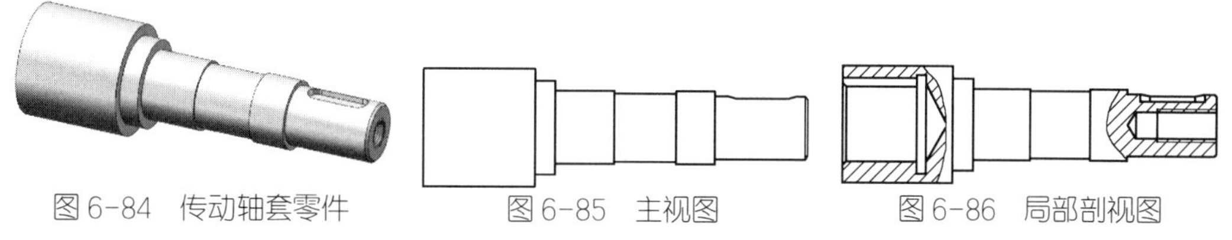

图 6-84　传动轴套零件　　图 6-85　主视图　　图 6-86　局部剖视图

步骤 1　打开练习文件 ch06 drawing\6.3\07\partial_section_view。

步骤 2　创建俯视图。在创建局部剖视图时需要定义局部剖视图的深度，为了方便深度定义，需要在主视图下方创建俯视图，如图 6-87 所示，后期在完成局部剖视图创建后再将此处创建的俯视图删除即可。

步骤 3　绘制剖切范围。选择主视图，在弹出的快捷菜单中选择“活动草图视图”命令，如图 6-88 所示，将主视图激活，选择“艺术样条”命令，系统弹出如图 6-89 所示的“艺术样条”对话框，使用通过点方式创建如图 6-90 所示的封闭样条曲线。

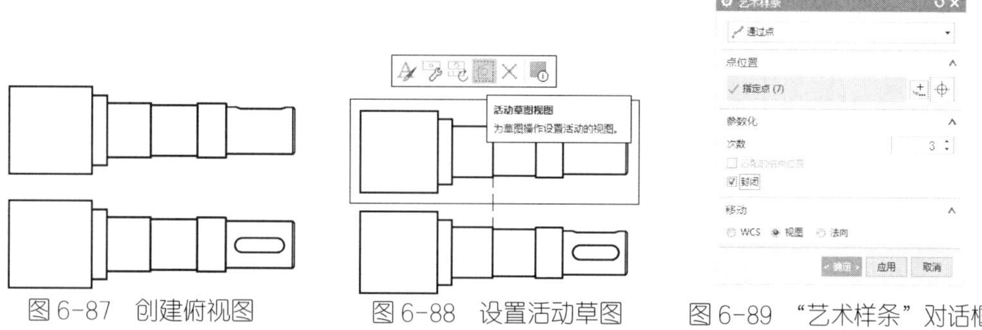

图 6-87　创建俯视图　　图 6-88　设置活动草图　　图 6-89　“艺术样条”对话框

步骤 4　创建局部剖视图。在“主页”选项卡中单击“局部剖视图”按钮，系统弹出如图 6-91 所示的“局部剖”对话框，使用该对话框定义局部剖视图。

① 选择父视图。创建局部剖视图需要首先选择父视图，就是定义在哪个视图中创建局部剖，在“局部剖”对话框中单击“Top@2”（与绘图树中视图名称对应），如图 6-91 所示，表示在主视图中创建局部剖视图。

② 定义局部剖深度参考。完成父视图定义后，系统弹出如图 6-92 所示的“局部剖”对话框，选择主视图左侧端面中心点为参考点。

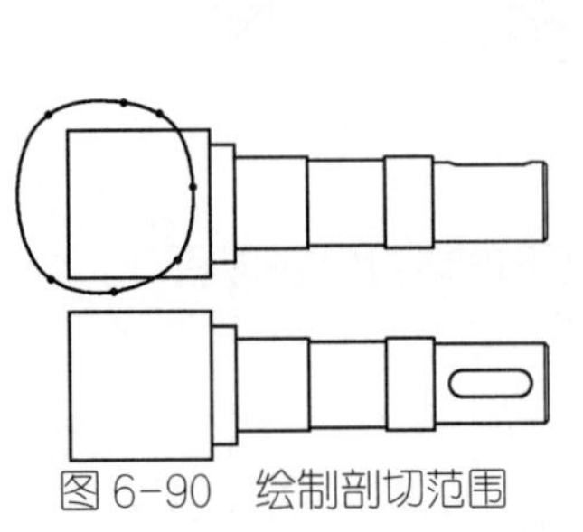
图 6-90　绘制剖切范围

图 6-91　选择父视图

图 6-92　定义深度参考

③ 定义剖切矢量。完成剖切深度定义后，系统弹出如图 6-93 所示的“局部剖”对话框，此时在视图中显示如图 6-94 所示的剖切矢量方向。

④ 定义剖切线。在“局部剖”对话框中单击 按钮，选择前面创建的封闭样条曲线为剖切线，此时在模型上显示局部剖视效果，如图 6-96 所示，在如图 6-95 所示的“局部剖”对话框中单击“应用”按钮，完成局部剖视图的创建。

图 6-93　定义剖切矢量

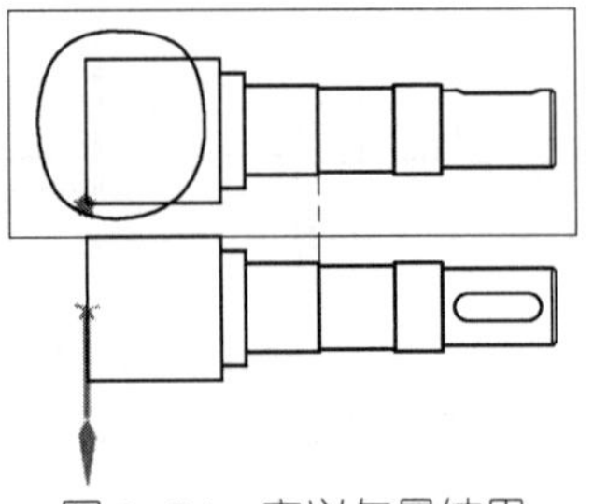
图 6-94　定义矢量结果

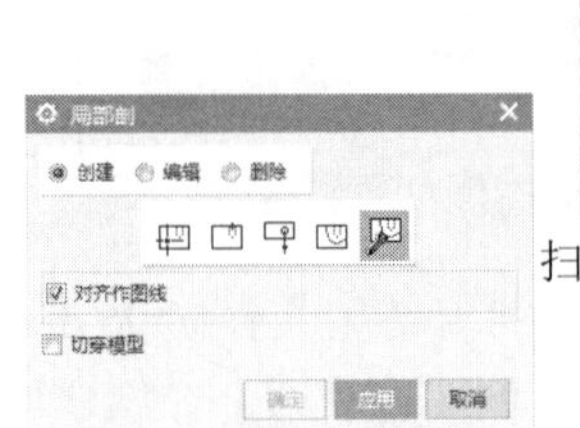

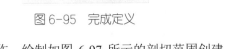

图 6-95　完成定义

扫码看视频讲解

步骤 5　创建另外一侧的局部剖视图。参照以上操作，绘制如图 6-97 所示的剖切范围创建主视图右侧的局部剖视图，如图 6-98 所示，具体操作请扫码观看随书视频讲解，此处不再赘述。

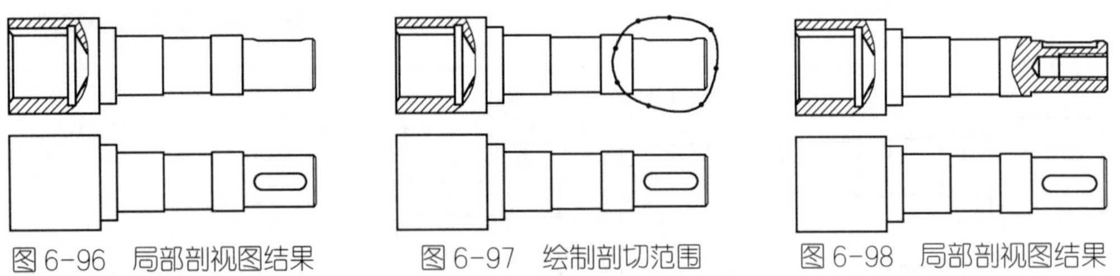
图 6-96　局部剖视图结果　　图 6-97　绘制剖切范围　　图 6-98　局部剖视图结果

完成局部剖视图创建后，如果需要重新修改局部剖切范围，可以在绘图树中展开局部剖视图所在的视图节点，如图 6-99 所示，此时在模型上显示草图，如图 6-100 所示，在模型上通过调整样条曲线来修改剖切范围。

6.3.8　局部视图

在工程图视图中，如果想要表达视图的局部外形结构，这种情况下需要创建局部视图，这样既增强视图可读性又能够节省图纸篇幅。如图 6-101 所示的阀体零件，现在已经完成了如图 6-102 所示视图的创建，需要创建如图 6-103 所示的局部视图。

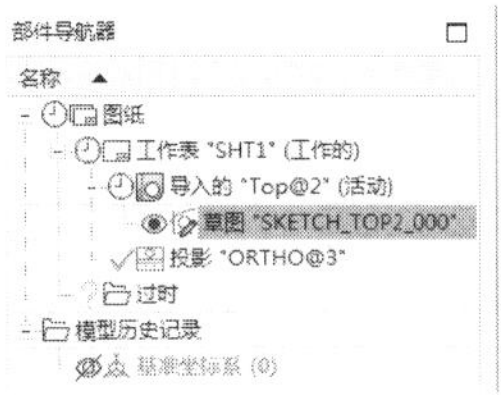

图 6-99　局部视图草图

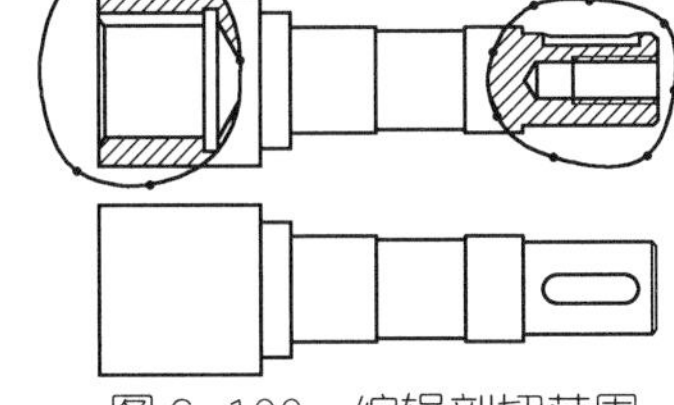

图 6-100　编辑剖切范围

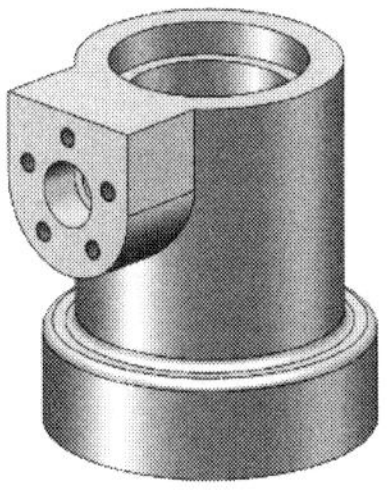

图 6-101　阀体零件

步骤 1　打开练习文件 ch06 drawing\6.3\08\partial_view。

步骤 2　绘制局部区域。选择主视图，在弹出的快捷菜单中选择“活动草图视图”命令，将主视图激活，选择“艺术样条”命令，创建如图 6-104 所示的开放样条曲线。

步骤 3　创建局部视图。选择主视图，单击鼠标右键，在弹出的快捷菜单中选择“边界”命令，系统弹出如图 6-105 所示的“视图边界”对话框，在对话框下拉列表中选择“断裂线/局部放大图”选项，选择上一步绘制的草样条曲线为边界线，单击两次“应用”按钮，完成局部视图的创建。

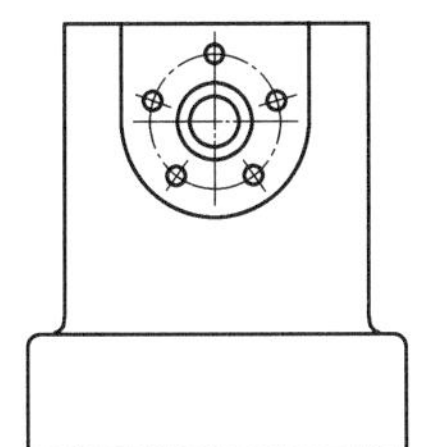

图 6-102　局部视图

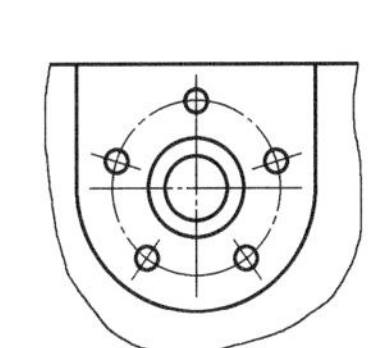

图 6-103　局部视图

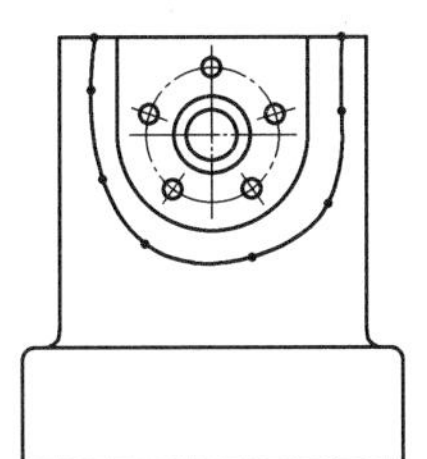

图 6-104　绘制局部区域

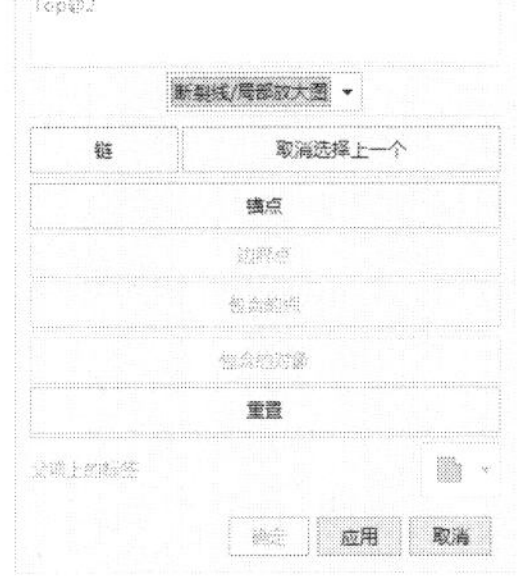

图 6-105　“视图边界”对话框

6.3.9　辅助视图

辅助视图也叫向视图，是指从某一指定方向做投影，从而得到特定方向的视图效果，如图 6-106 所示的支架零件，现在已经完成了如图 6-107 所示主视图的创建，需要继续创建如图 6-108 所示的辅助视图（向视图），下面具体介绍创建过程。

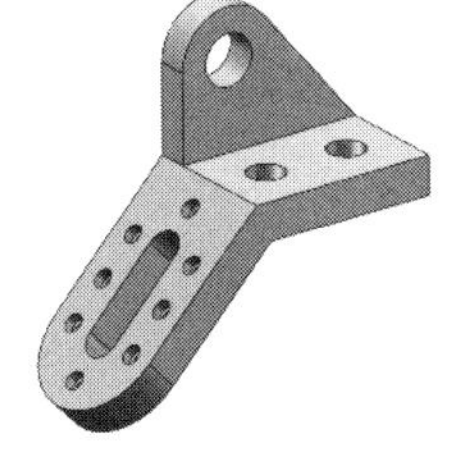

图 6-106　支架零件

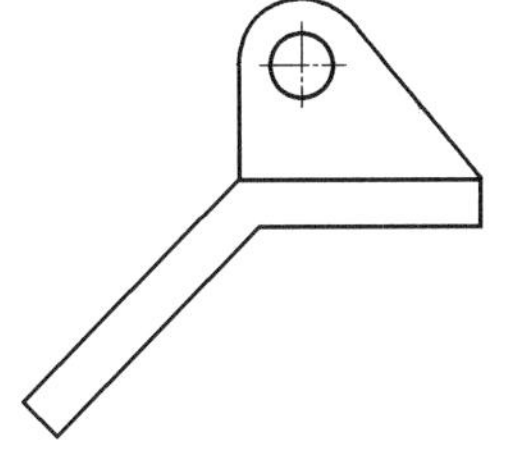

图 6-107　主视图

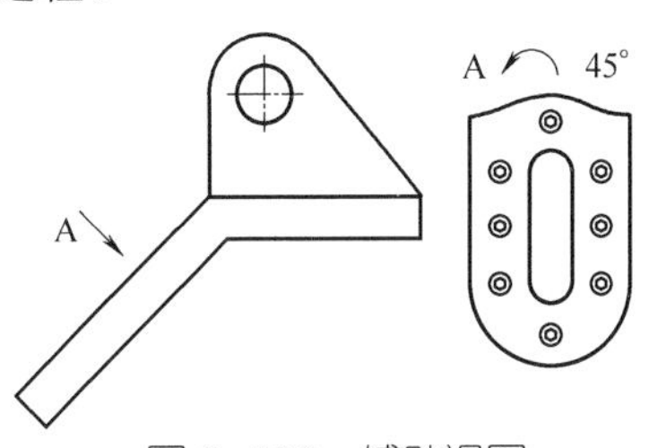

图 6-108　辅助视图

步骤 1 打开练习文件 ch06 drawing\6.3\09\auxilliary_view。

步骤 2 创建初步的辅助视图。在“主页”选项卡中单击“投影视图”按钮，系统弹“投影视图”对话框，在对话框的“视图原点”区域的“方法”下拉列表中选择“垂直于直线”选项，如图 6-109 所示，选择如图 6-110 所示的边线为投影参考线，表示创建投影视图的方向与该边线垂直，在合适位置单击放置投影视图，如图 6-111 所示。

图 6-109 “投影视图”对话框

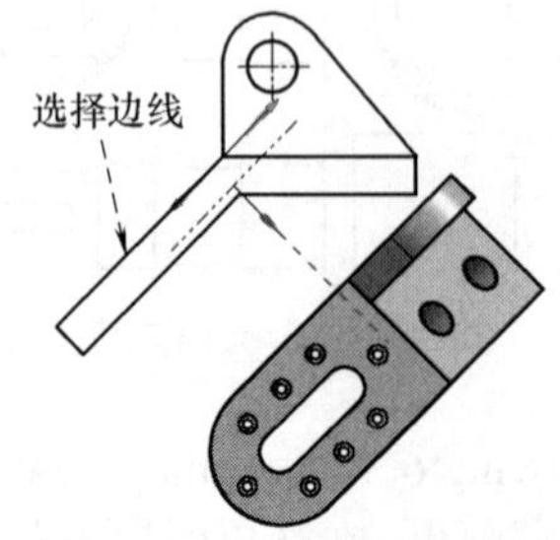

图 6-110 选择投影参考

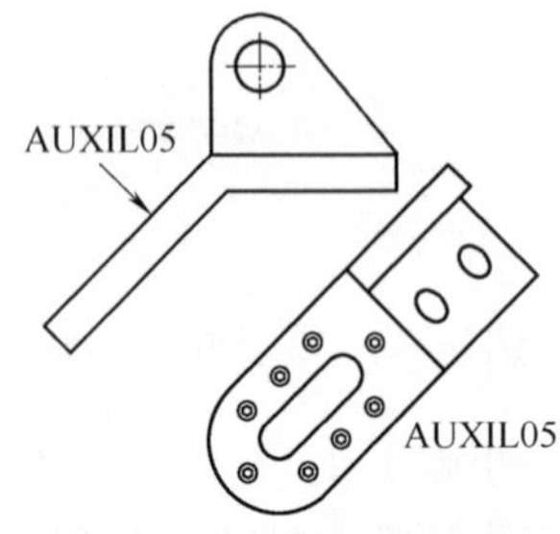

图 6-111 初步辅助视图

说明：此处创建的初步投影视图存在一些不规范的问题，需要对视图显示及标注样式进行设置，使其符合如图 6-108 所示辅助视图要求。

步骤 3 移动辅助视图。创建的辅助视图只能在与主视图斜投影方向移动，如果需要将辅助视图移动到其他的位置，需要解除辅助视图与主视图之间的投影对齐关系。选中创建的辅助视图，单击鼠标右键，在快捷菜单中选择“视图对齐”命令，系统弹出如图 6-112 所示的“视图对齐”对话框，在对话框的“列表”区域选中对齐视图（Top@2），单击列表右侧的 ╳ 按钮，删除视图对齐关系，然后将辅助视图移动到如图 6-113 所示的位置。

步骤 4 旋转辅助视图。创建辅助视图后，为了方便以后标注视图尺寸，往往需要将辅助视图摆正。本例需要将辅助视图旋转到如图 6-114 所示的位置，双击辅助视图，系统弹出如图 6-115 所示的“设置”对话框，在对话框中选择“角度”对象，在右侧“角度”文本框中输入视图旋转角度值 45°，单击“确定”按钮。

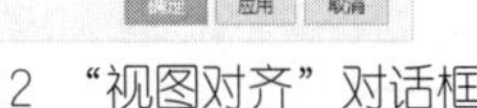

图 6-112 “视图对齐”对话框

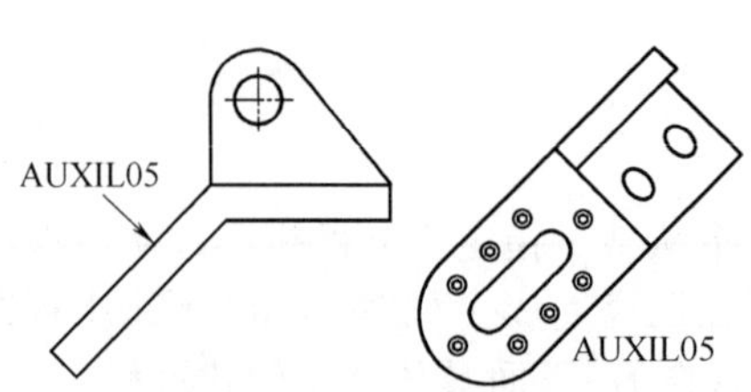

图 6-113 移动视图

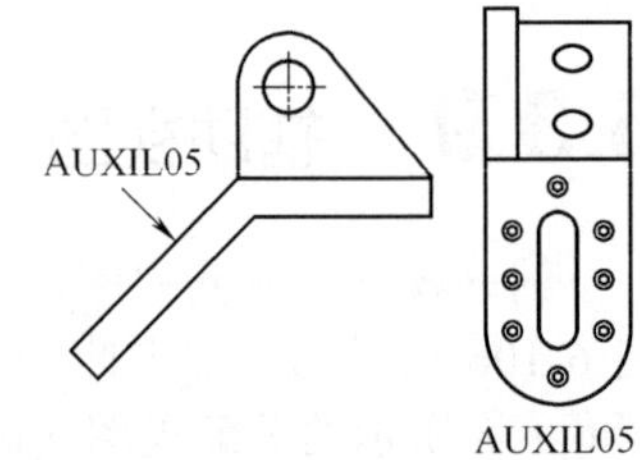

图 6-114 旋转视图角度

步骤 5 剪裁辅助视图。创建辅助视图只需要表达视图的局部。激活辅助视图，在视图中绘制如图 6-116 所示的边界草图，使用该边界创建如图 6-117 所示的局部视图。

步骤 6 设置辅助视图标注样式。对于辅助视图一般需要设置文本样式及标签样式。

① 设置文本样式。设置文本高度为 5，设置箭头长度为 10。

② 设置标签样式。双击辅助视图标签文本，系统弹出如图 6-118 所示的“设置”对话框，选中“标签”对象，在对话框中设置视图标签的位置、前缀、字母格式、旋转符号等等，具体

设置如图 6-118 所示。

图 6-115　设置角度样式

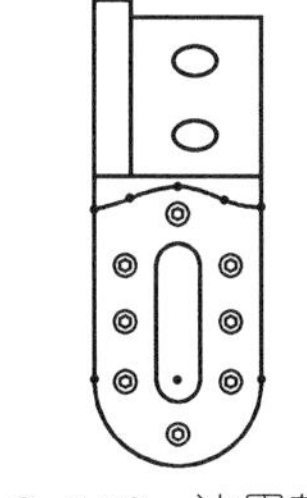

图 6-116　边界草图

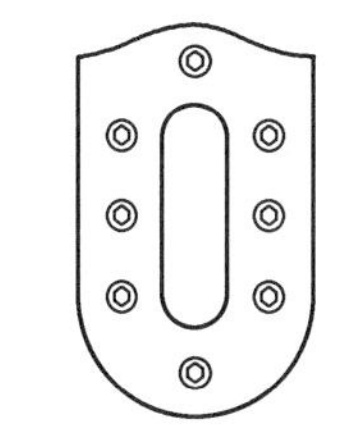

图 6-117　局部视图

6.3.10　局部放大视图

局部放大视图用于将视图中尺寸相对较小且较复杂的局部结构进行放大，从而增强视图可读性。如图 6-119 所示的轴零件，现在已经完成了如图 6-120 所示主视图的创建，需要在主视图下方创建如图 6-121 所示的局部放大视图，下面具体介绍。

图 6-118　设置标签样式

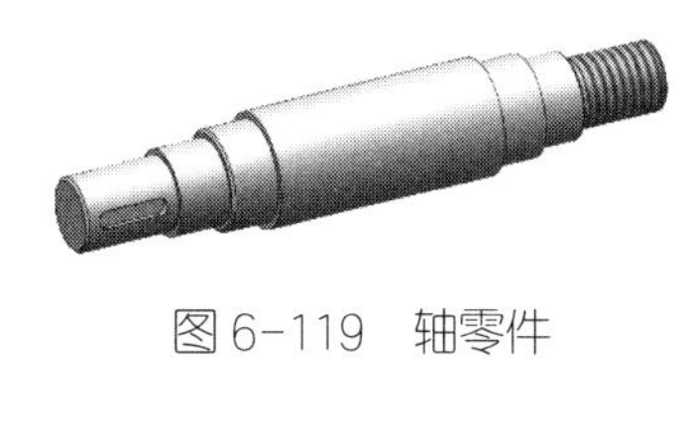

图 6-119　轴零件

图 6-120　创建的主视图

步骤 1　打开练习文件 ch06 drawing\6.9\10\detailed_view。

步骤 2　选择命令。在“主页”选项卡中单击“局部放大图”按钮，系统弹出如图 6-122 所示的“局部放大图”对话框，在该对话框中设置局部放大视图属性。

图 6-121　放大视图　　图 6-122　“局部放大图”对话框　　图 6-123　初步放大视图

步骤 3 创建局部放大视图。在对话框顶部下拉列表中选择“圆形”选项，在主视图中合适位置单击以确定放大中心，拖动鼠标定义放大位置，在“比例”区域设置放大比例为 2∶1，在“父项上的标签”区域选择“注释”选项，表示在父项视图上使用注释标签，然后在主视图下方合适位置单击放置放大视图，如图 6-123 所示。

步骤 4 设置放大视图标注样式。文字高度为 8，双击放大视图标签，系统弹出“设置”对话框，在对话框中设置标签属性如图 6-124 所示。

6.3.11 断开视图

对于工程图中细长结构的视图，如果要反映整个零件的结构，往往需要使用大幅面的图纸来绘制，为了既节省图纸幅面，又可以反映整个零件结构，一般使用断开视图来表达。断开视图是指将视图中选定两个位置之间的部分删除，将余下的两部分合并成一个截断视图，如图 6-125 所示的轴零件，现在已经完成了如图 6-126 所示基本视图创建，需要在此基础上创建如图 6-127 所示的断开视图，下面具体介绍创建过程。

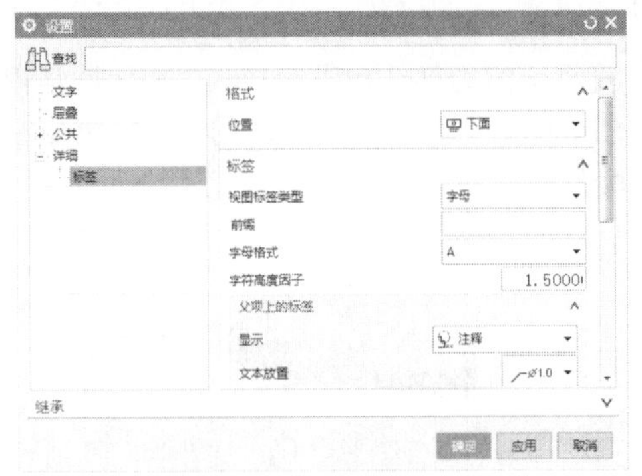

图 6-124 “设置”对话框

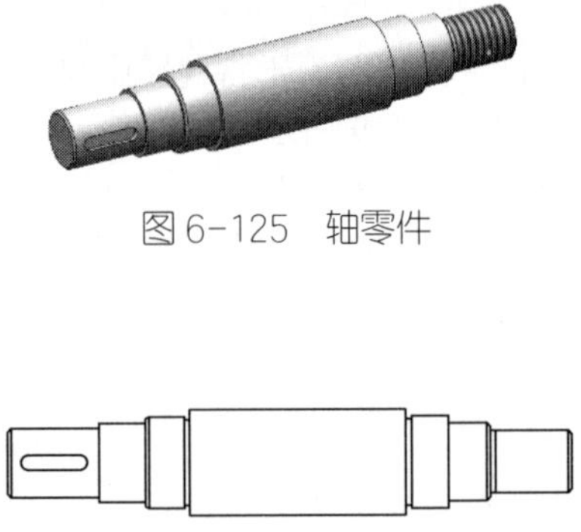

图 6-125 轴零件

图 6-126 创建的主视图

步骤 1 打开练习文件 ch06 drawing\6.3\11\broken_view。

步骤 2 选择命令。在“主页”选项卡中单击“断开视图”按钮，系统弹出如图 6-128 所示的“断开视图”对话框，在该对话框中定义断开视图属性。

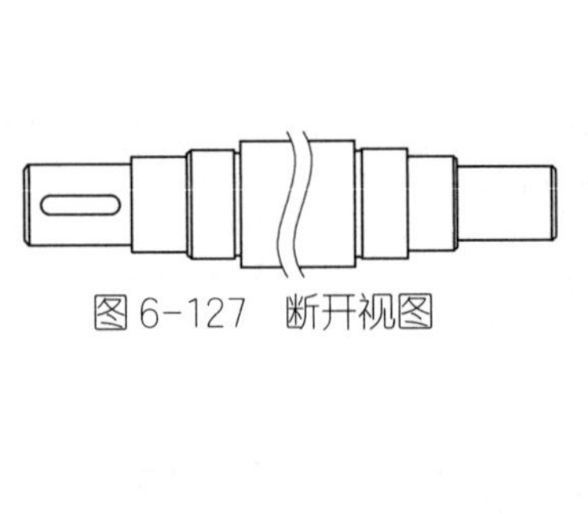

图 6-127 断开视图

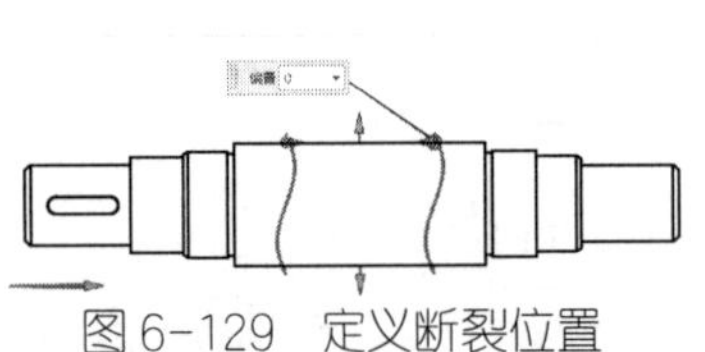

图 6-129 定义断裂位置

图 6-128 “断开视图”对话框

图 6-130 设置断开视图样式

步骤 3　创建断开视图。在对话框顶部下拉列表中选择“常规”选项，选择主视图为主模型对象，表示在主视图中创建断开视图，选择水平方向为矢量方向，在主视图中如图 6-129 所示的位置单击以定义主视图断开位置。

步骤 4　定义断开视图样式。在“断开视图”对话框的“设置”区域设置断开视图样式，包括间隙、样式等参数，具体设置如图 6-130 所示，单击“确定”按钮。

6.3.12　移出断面图

移出断面图主要用于表达零件断面结构，这样既可以简化视图，又能清晰表达视图端面结构。在 NX 中创建移出断面图与创建全剖视图方法类似，如图 6-131 所示的传动轴套零件，现在已经完成了如图 6-132 所示主视图的创建，需要在主视图下方创建如图 6-133 所示的移出断面图，以便表达零件两端键槽结构，下面具体介绍。

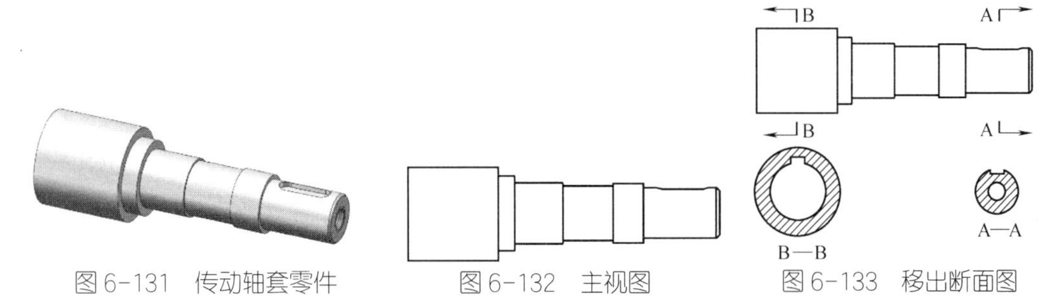

图 6-131　传动轴套零件　　图 6-132　主视图　　图 6-133　移出断面图

步骤 1　打开练习文件 ch06 drawing\6.3\12\section_view。

步骤 2　创建剖视图。在“主页”选项卡中单击“剖视图”按钮，在如图 6-134 所示的位置创建全剖视图，注意剖切位置应该在键槽位置进行剖切。

步骤 3　定义断面图。以上创建的剖视图不符合断面图要求，需要对剖视图进行设置、双击剖视图，系统弹出“设置”对话框，在对话框展开“截面线”节点，选中“设置”对象，在右侧页面中取消选中“显示背景”选项，具体设置如图 6-135 所示，单击“确定”按钮，结果如图 6-136 所示。

图 6-134　创建剖视图　　图 6-135　设置视图　　图 6-136　视图结果

步骤 4　设置断面图样式。将断面视图移动到主视图下方合适位置，设置文本样式及标签样式，结果如图 6-137 所示。

步骤 5　创建另外一侧断面视图。参照以上方法创建传动轴套另外一侧的断面图，读者可自行操作，此处不再赘述。

6.3.13 特殊视图（加强筋剖视图）

机械制图中规定加强筋结构是不用剖切的，这一点需要特别注意。如图 6-138 所示的支架零件，已经完成了如图 6-139 所示的主视图创建，现在需要继续创建如图 6-140 所示的加强筋剖视图，下面具体介绍。

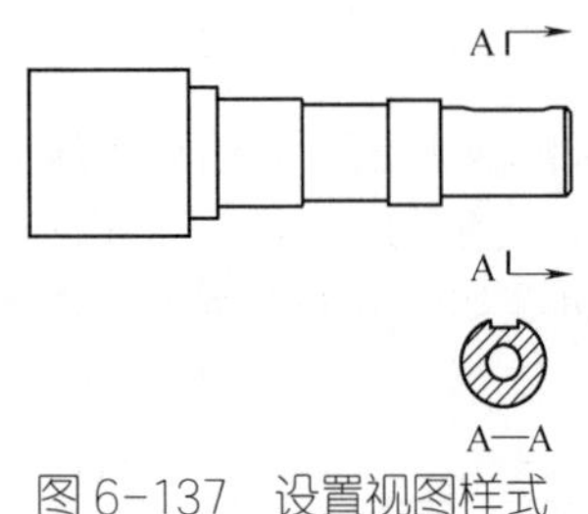

图 6-137 设置视图样式

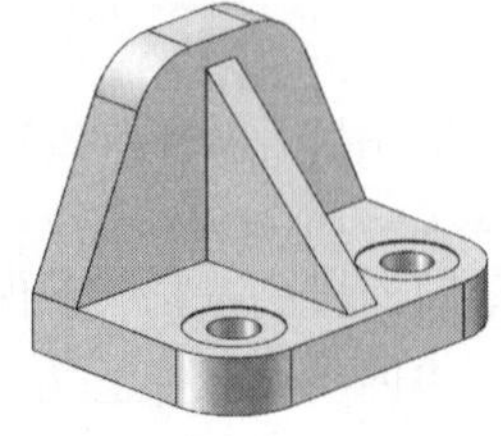
图 6-138 支架零件

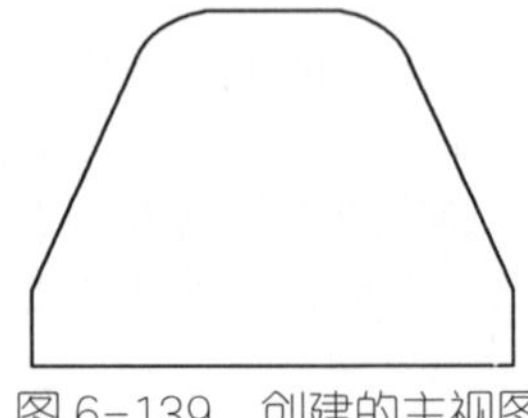
图 6-139 创建的主视图

步骤 1 打开练习文件 ch06 drawing\6.3\13\rib_view。

步骤 2 创建剖视图。在“主页”选项卡中单击“剖视图”按钮 ，在主视图中间位置创建如图 6-141 所示的剖视图，剖视图中对加强筋也做了剖切，这不符合机械制图规范化要求，需要编辑剖视图，特别是剖视图中的剖面线样式。

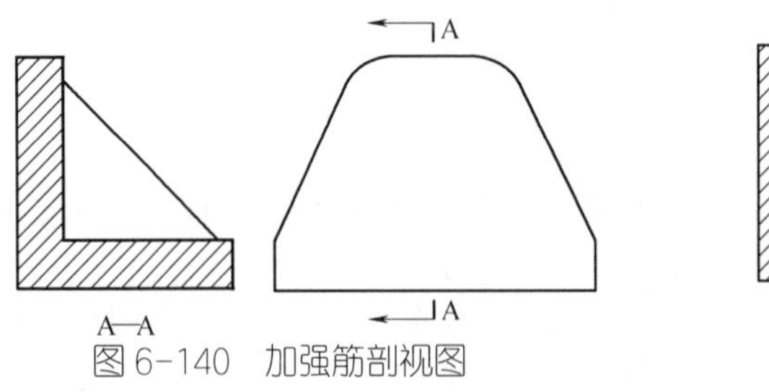

图 6-140 加强筋剖视图

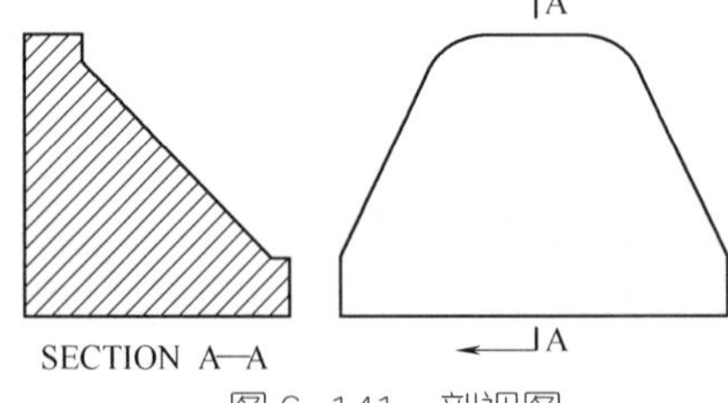

图 6-141 剖视图

步骤 3 编辑剖视图。基本思路是首先隐藏错误的剖面线，然后重新添加剖面线。

① 隐藏剖面线。在剖视图中选中剖面线，单击鼠标右键，在弹出的快捷菜单中选择“隐藏”命令将剖面线隐藏，结果如图 6-142 所示。

② 绘制剖切区域。在主视图中使用草图工具创建如图 6-143 所示的草图区域。

③ 填充剖面线。在“主页”选项卡中单击“剖面线”按钮 ，系统弹出如图 6-144 所示的“剖面线”对话框，在剖视图中需要填充剖面线的区域单击鼠标，表示在鼠标单击的封闭区域填充剖面线，采用默认的剖面线样式，结果如图 6-145 所示。

6.4 装配体视图

对于装配产品出图，需要首先创建装配体视图。其实，装配体视图的创建与前面介绍的零件视图的创建是类似的，但是需要特别注意装配体剖切视图的创建。在创建装配体剖切视图时，需要处理装配体中不用剖切的对象，如装配体中的轴、标准件（螺栓、螺母、垫圈等）等都不用剖切，否则不符合工程图出图要求。

如图 6-146 所示的轴承座装配，现在已经完成了如图 6-147 所示俯视图的创建，需要在此基础上创建如图 6-148 所示的主视图半剖视图，下面具体介绍。

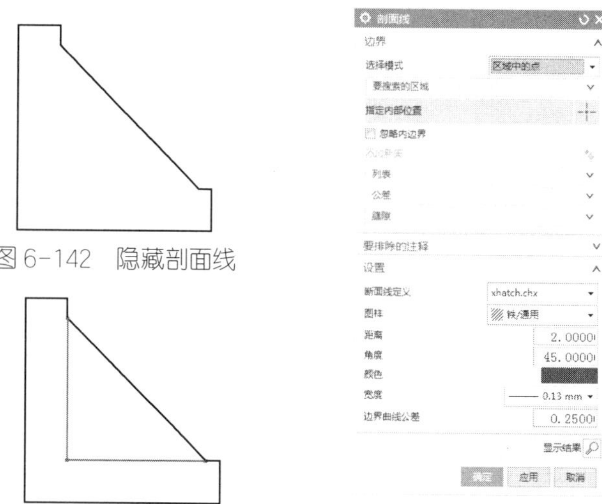

图 6-142　隐藏剖面线

图 6-143　绘制剖切区域

图 6-144　“剖面线”对话框

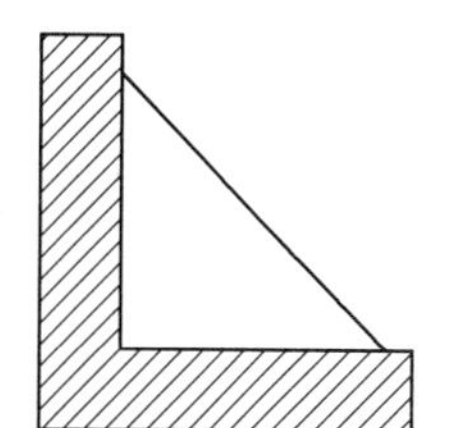

图 6-145　添加剖面线

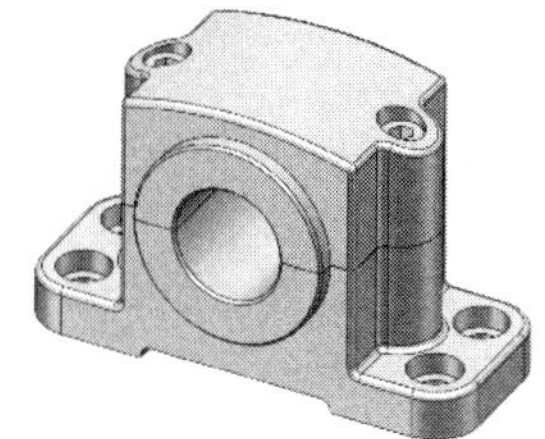

图 6-146　轴承座装配

步骤 1　打开练习文件 ch06 drawing\6.4\asm_dwg。

步骤 2　创建截面线。在“主页”选项卡中单击“剖切线”按钮，系统切换至草图环境，绘制如图 6-149 所示的剖切线草图，创建如图 6-150 所示的剖切线。

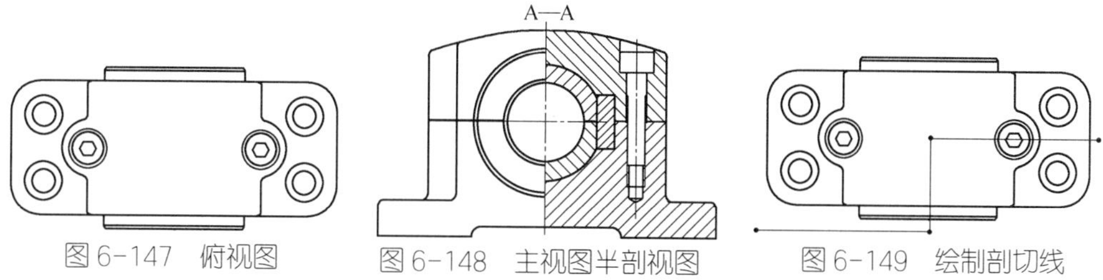

图 6-147　俯视图

图 6-148　主视图半剖视图

图 6-149　绘制剖切线

步骤 3　创建半剖视图。在“主页”选项卡中单击“剖视图”按钮，选择上一步创建的剖切线创建半剖视图，在对话框的“设置”区域激活“非剖切”区域，在模型树中选择螺栓为不剖切对象（图 6-151），表示在剖视图中不对螺栓进行剖切，如图 6-152 所示。

图 6-150　创建剖切线

图 6-151　定义剖视图

图 6-152　半剖视图结果

步骤 4　编辑半剖视图。装配中涉及到多个不同的零件，为了便于区分，一般将接触的两个零件的剖面线设置为相反角度。双击零件中的剖面线，设置各零件剖面线如图 6-148 所示，然后设置视图标签及文本样式，最终结果如图 6-148 所示。

6.5 工程图标注

工程图标注属于工程图中非常重要的技术信息，实际产品的设计与制造都要严格按照工程图标注信息来完成。工程图标注主要包括中心线、尺寸、公差、基准、形位公差、表面粗糙度、焊接符号、文本注释等，下面具体介绍。

6.5.1 中心线标注

工程图标注中首先要创建中心线标注，中心线标注为其他各项工程图标注做准备。在“主页”选项卡中展开“中心线”菜单，如图 6-153 所示，“中心线”菜单用于标注各种中心线，下面具体介绍。

（1）中心标记、2D 中心线及 3D 中心线

在“中心线”菜单中单击“中心标记”按钮 中心标记 用于标注圆弧中心线。单击“2D 中心线”按钮 2D 中心线 用于标注两条线性边之间的中心线，单击“3D 中心线”按钮 3D 中心线 用于标注圆柱面对象的中心线，如图 6-154 所示的阀体主视图，需要标注主视图中如图 6-155 所示的圆孔中心线及回转腔体中心线，下面具体介绍。

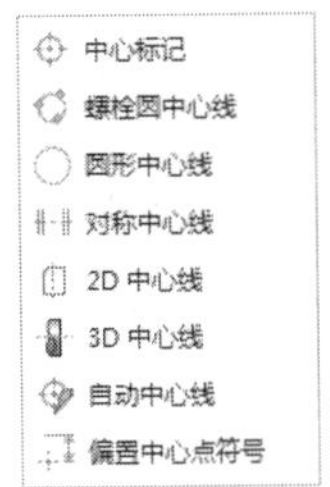

图 6-153 “中心线”菜单

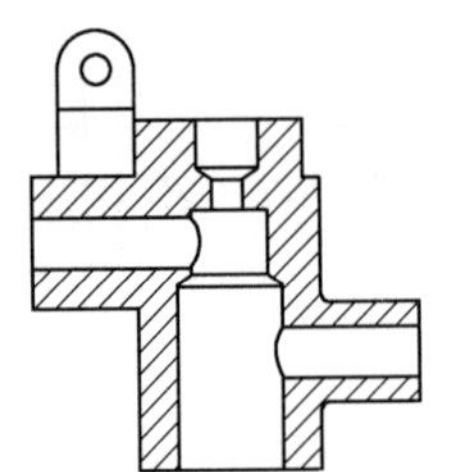
图 6-154 阀体主视图

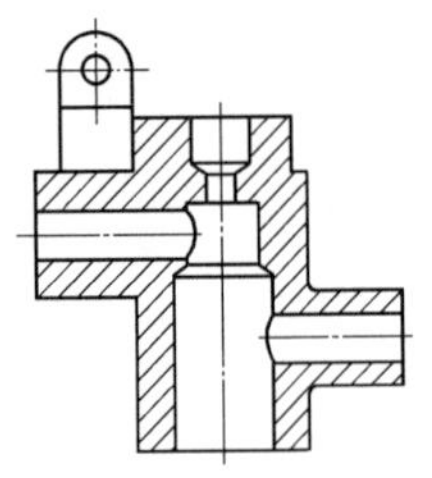
图 6-155 标注中心线

步骤 1 打开练习文件 ch06 drawing\6.5\01\centerline01。

步骤 2 标注中心标记。在“中心线”菜单中单击“中心标记”按钮 中心标记，系统弹出如图 6-156 所示的“中心标记”对话框，选择如图 6-157 所示的圆弧边线为标注对象，系统在该圆弧中心标注圆孔中心线。

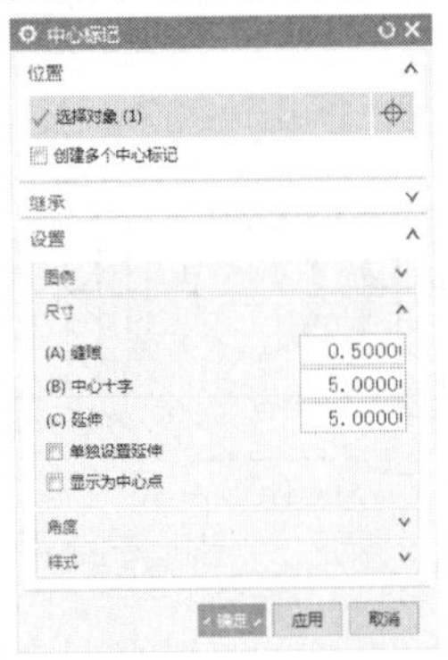

图 6-156 “中心标记”对话框

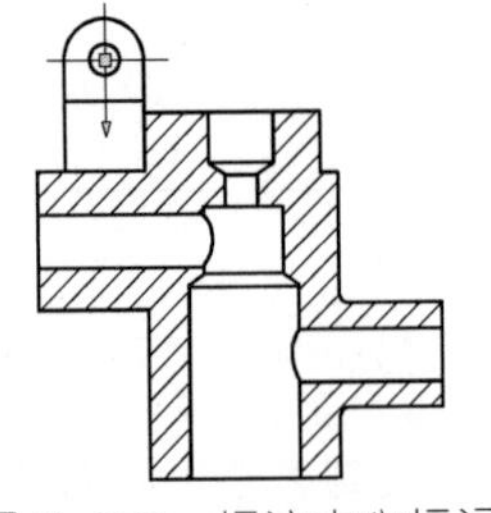
图 6-157 标注中心标记

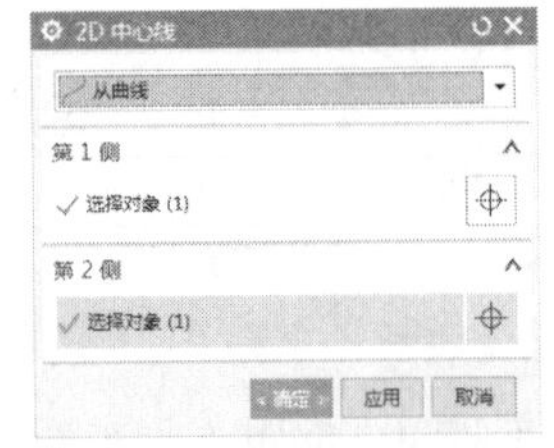

图 6-158 “2D 中心线”对话框

步骤 3　标注2D中心线。在“中心线”菜单中单击“2D中心线”按钮 2D中心线，系统弹出如图6-158所示的“2D中心线”对话框，选择如图6-159所示的两条孔边线为标注对象，系统在两条孔边线中间标注中心线，使用相同方法标注另外一侧中心线。

步骤 4　标注3D中心线。在“中心线”菜单中单击“3D中心线”按钮 3D中心线，系统弹出如图6-160所示的“3D中心线”对话框，选择如图6-161所示的腔体圆柱面为标注对象，系统在圆柱面中心标注中心线，在对话框的“设置”区域选中“单独设置延伸”选项，可以单独拖动中心线两端箭头调整中心线长度，如图6-161所示。

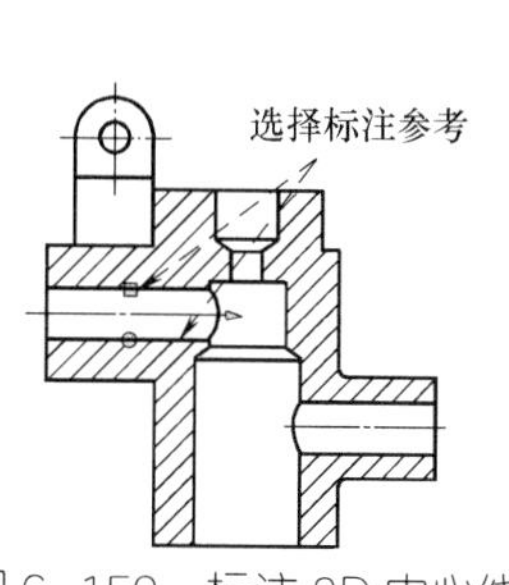

图6-159　标注2D中心线

图6-160　“3D中心线”对话框

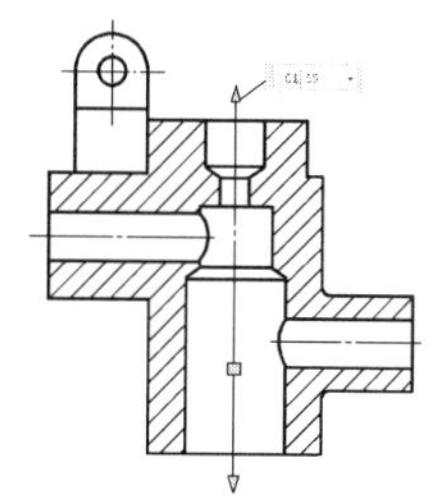
图6-161　标注3D中心线

（2）螺栓圆中心线及自动中心线

在“中心线”菜单中单击“螺栓圆中心线”按钮 螺栓圆中心线 用于标注圆周孔中心线。单击“自动中心线”按钮 自动中心线 用于自动标注中心线，如图6-162所示的模板工程图，需要标注主视图及俯视图中的中心线，结果如图6-163所示，下面具体介绍。

步骤 1　打开练习文件 ch06 drawing\6.5\01\centerline02。

步骤 2　标注螺栓圆中心线。在“中心线”菜单中单击“螺栓圆中心线”按钮 螺栓圆中心线，系统弹出如图6-164所示的“ 螺栓圆中心线”对话框，在俯视图中选择如图6-165所示六个圆弧边线为标注对象，系统在六个圆上标注中心线。

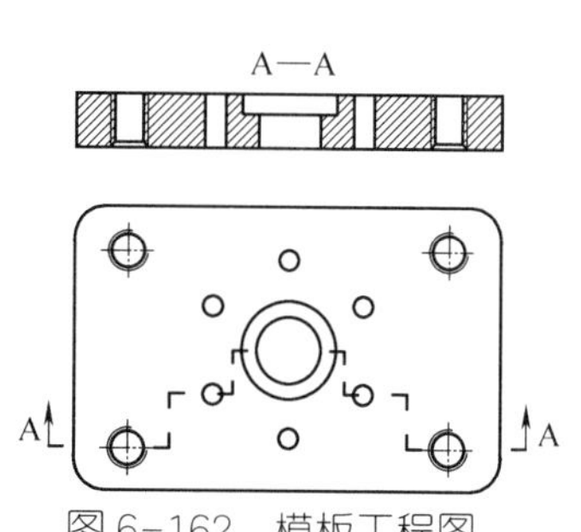

图6-162　模板工程图

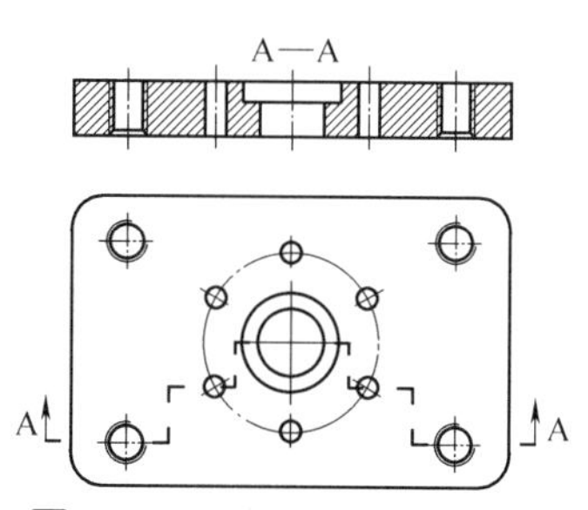

图6-163　标注中心线结果

图6-164　“螺栓圆中心线”对话框

步骤 3　标注自动中心线。在“中心线”菜单中单击“自动中心线”按钮 自动中心线，系统弹出如图6-166所示的“自动中心线”对话框，选择主视图为标注对象，系统自动在主视图所有孔位置标注中心线，结果如图6-167所示。

说明：在标注自动中心线时，模型是在NX中创建的才可以进行自动标注，如果模型是从外部文件导入的无参数模型，系统将无法进行自动中心线标注。

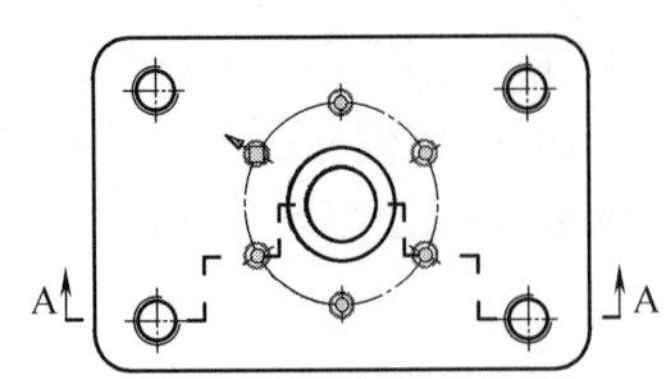

图 6-165　螺栓圆中心线

图 6-166　“自动中心线”对话框

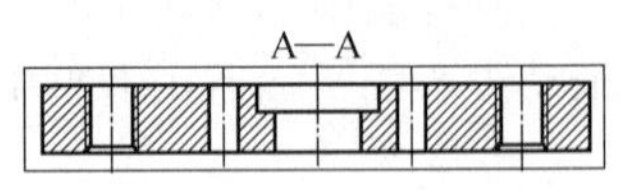

图 6-167　标注自动中心线结果

6.5.2　尺寸标注

尺寸标注是工程图中非常重要的一项内容，工程图中的尺寸标注与草图中的尺寸标注操作是一样的。在“主页”选项卡中使用如图 6-168 所示的命令进行尺寸标注，下面主要介绍几种常见尺寸标注操作及相关的尺寸编辑操作。

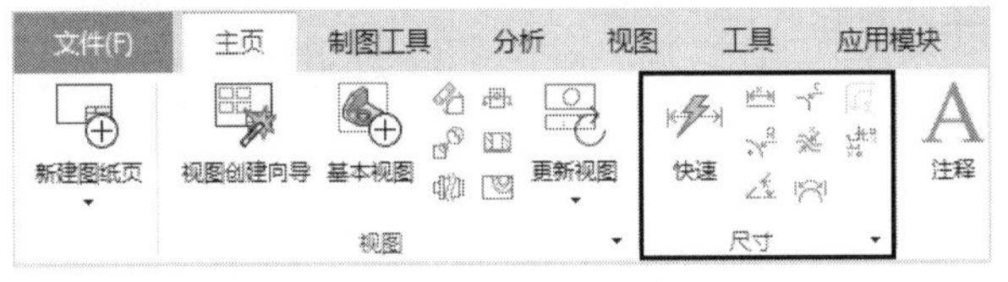

图 6-168　尺寸标注命令

如图 6-169 所示的安装支架零件，现在已经完成了工程图视图的创建，需要继续创建如图 6-170 所示的尺寸标注，下面以此为例介绍尺寸标注操作。

步骤 1　打开练习文件 ch06 drawing\6.5\02\dim_01。

步骤 2　选择命令。在“主页”选项卡中单击“快速”按钮，系统弹出如图 6-171 所示的“快速尺寸”对话框，使用该对话框标注尺寸。

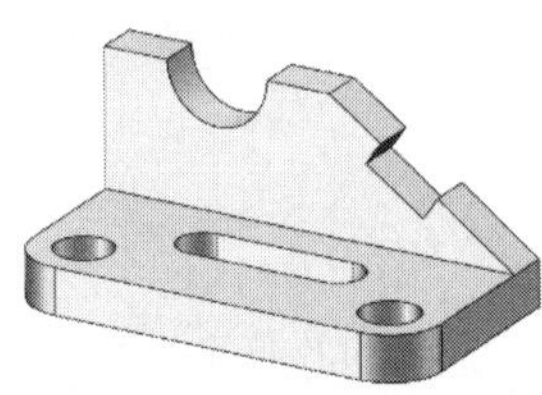
图 6-169　安装支架零件

图 6-171　“快速尺寸”对话框

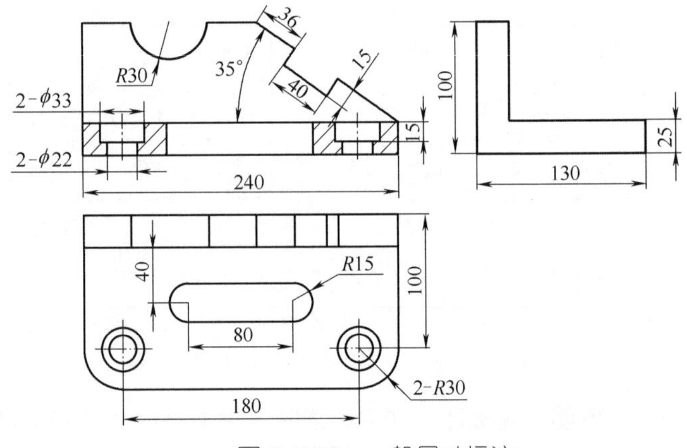

图 6-170　一般尺寸标注

步骤 3　标注线性尺寸。在“快速尺寸”对话框“测量”区域的“方法”下拉列表中选择“自动判断”选项，选择线性边或两个点对象，系统自动标注线性边长度尺寸或两点之间的距离尺寸，标注线性尺寸如图 6-172 所示。

步骤 4　标注角度尺寸。在“快速尺寸”对话框“测量”区域的“方法”下拉列表中选择“斜角”选项，选择成夹角的两条边线，标注角度尺寸，如图 6-173 所示。

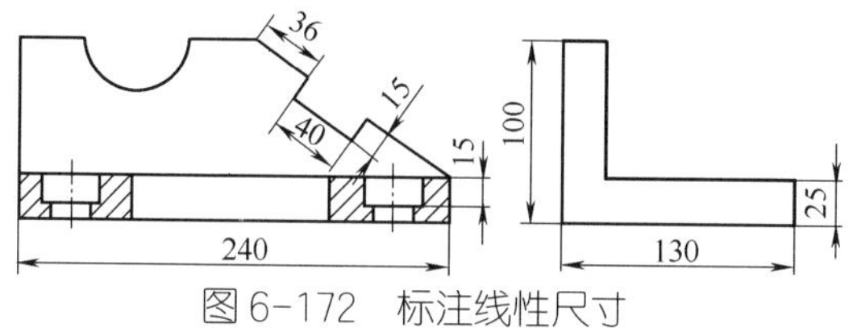

图 6-172　标注线性尺寸

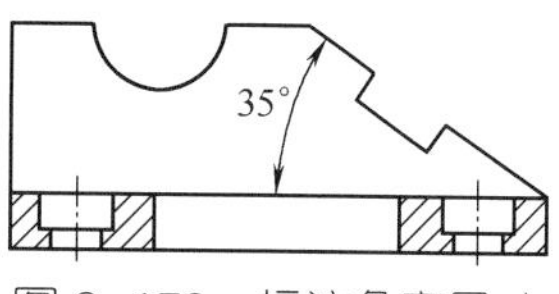

图 6-173　标注角度尺寸

步骤 5　标注半径尺寸。创建如图 6-174 所示的半径尺寸标注，注意半径尺寸标注样式。在工程图中标注圆弧（非整圆）或倒圆角尺寸一般需要标注半径尺寸。

① 创建初步的半径尺寸标注。在“快速尺寸”对话框“测量”区域的“方法”下拉列表中选择“径向”选项，选择圆弧（非整圆）或倒圆角对象，完成初步的半径尺寸标注，结果如图 6-175 所示，此时半径尺寸标注不符合标注要求。

② 设置半径尺寸标注样式。实际工程图中半径尺寸一般需要标注成如图 6-174 所示的样式。选中任意半径尺寸，在弹出的快捷工具条中单击“设置”按钮，系统弹出如图 6-176 所示的“设置”对话框，在对话框中展开“文本”节点，在“方位”下拉列表中选择“水平文本”选项，在“位置”下拉列表中选择“文本在短划线之上”选项，单击“关闭”按钮，结果如图 6-174 所示。

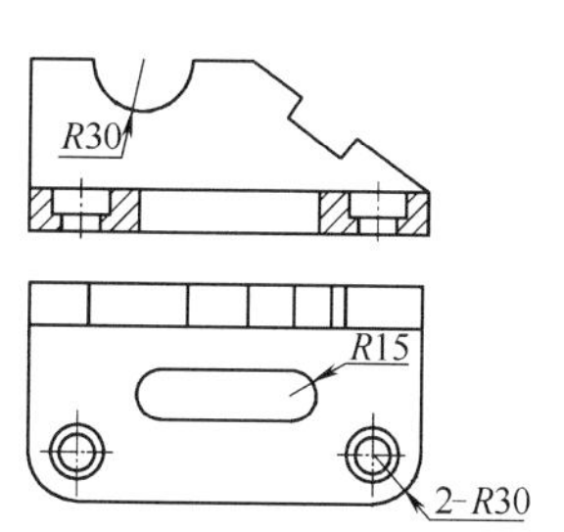

图 6-174　半径尺寸标注

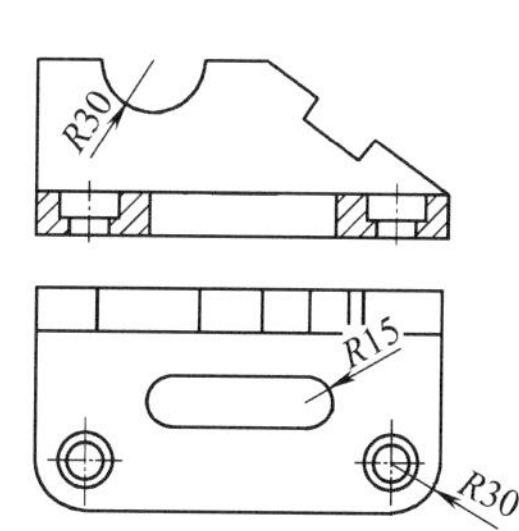

图 6-175　初步的半径尺寸标注

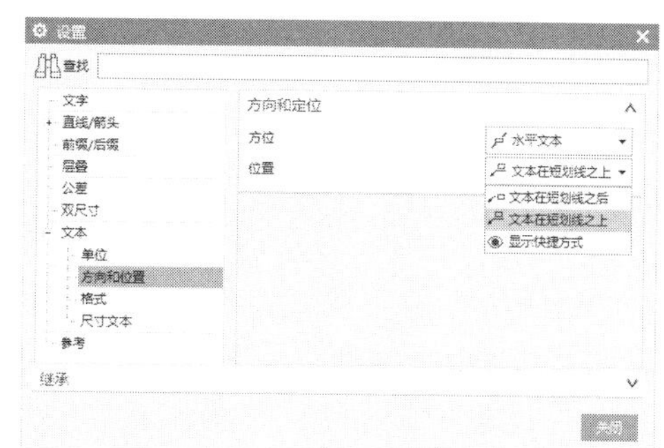

图 6-176　设置尺寸方向和位置

③ 设置其余半径尺寸样式。完成一个尺寸样式设置后可以使用“格式刷”工具将已设置的样式应用到其余半径尺寸中。在“主页”选项卡的“制图工具-GC 工具箱”区域单击“格式刷”按钮，系统弹出如图 6-177 所示的“格式刷”对话框，首先选择设置好样式的半径尺寸，然后选择要应用该样式的其余半径尺寸，单击“确定”按钮，完成格式刷操作，结果如图 6-174 所示。

步骤 6　标注直径尺寸。直径尺寸标注包括两种方式：一种是圆形直径标注，另外一种是线性直径标注，下面具体介绍这两种直径尺寸标注操作。

① 创建如图 6-178 所示的圆形直径标注。在“快速尺寸”对话框“测量”区域的“方法”下拉列表中选择“直径”选项，在俯视图中选择圆孔圆弧边线创建初步的直径尺寸，然后双击尺寸，在弹出的如图 6-179 所示的设置框中设置文字位置及前缀。

② 创建如图 6-180 所示的线性直径尺寸标注。在“快速尺寸”对话框“测量”区域的“方法”下拉列表中选择“圆柱式”选项，在主视图中选择沉孔圆柱边线创建圆柱直径标注，然后

双击尺寸，在弹出的设置框中设置前缀信息。

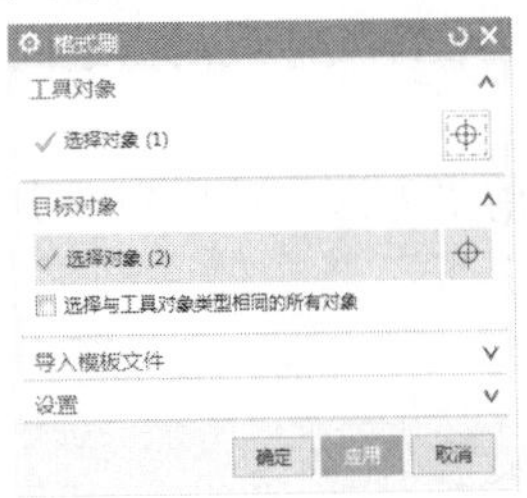

图 6-177 “格式刷”对话框

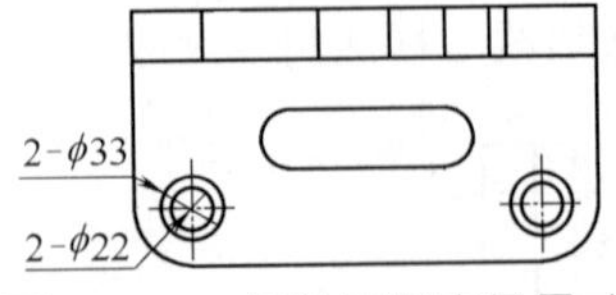

图 6-178 标注圆形直径尺寸

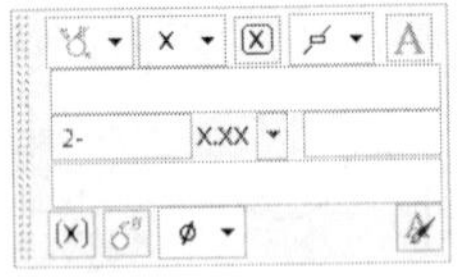

图 6-179 设置标注样式

步骤 7 创建圆弧间距尺寸标注。在“快速尺寸”对话框“测量”区域的“方法”下拉列表中选择“自动判断”选项，选择需要标注的圆弧圆心及其他标注对象，创建如图 6-181 所示的圆弧间距尺寸标注。

步骤 8 创建圆弧切点尺寸标注。在“快速尺寸”对话框“测量”区域的“方法”下拉列表中选择“自动判断”选项，选择需要标注的圆弧切点位置及其他标注对象，创建如图 6-182 所示的圆弧切点尺寸标注。

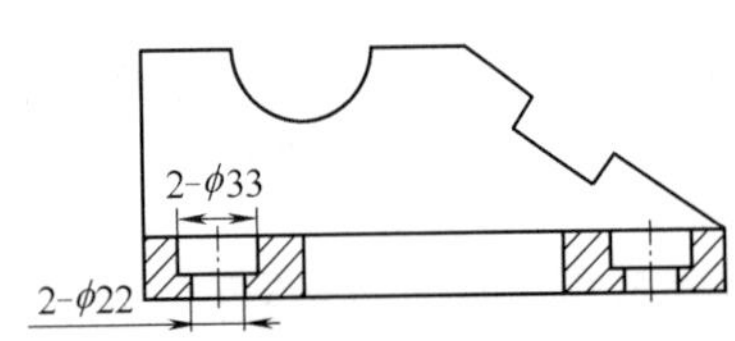

图 6-180 标注线性直径尺寸

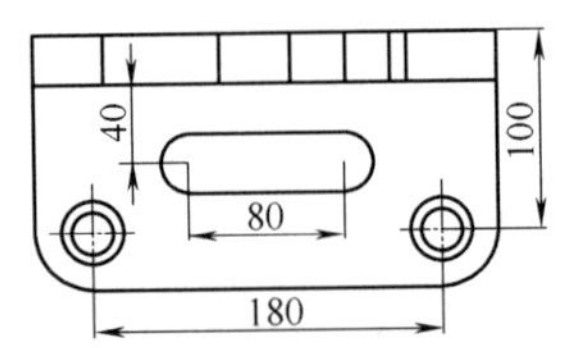

图 6-181 标注圆弧间距尺寸

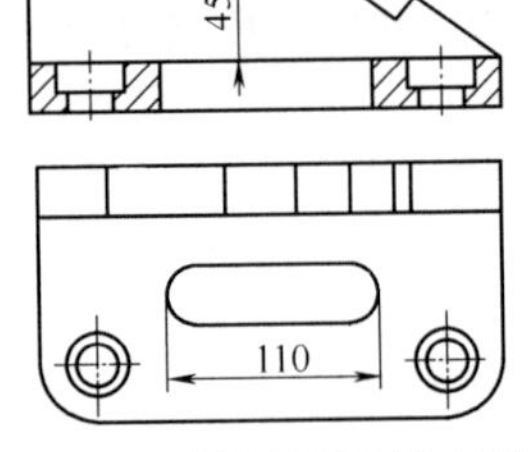

图 6-182 标注圆弧切点尺寸

6.5.3 尺寸公差

在工程图中涉及加工及配合的位置都需要标注尺寸公差。在 NX 中尺寸公差需要在已有的尺寸标注上进行标注。如图 6-183 所示的透盖零件，需要标注如图 6-184 所示的尺寸公差（包括线性公差与轴孔配合公差），下面具体介绍。

步骤 1 打开练习文件 ch06 drawing\6.5\03\tolerance。

步骤 2 标注线性公差。双击线性尺寸“70”，系统弹出如图 6-185 所示的设置框，在设置框的“公差”列表中选择“双向公差”类型，设置上公差为 0.25，下公差为 0。

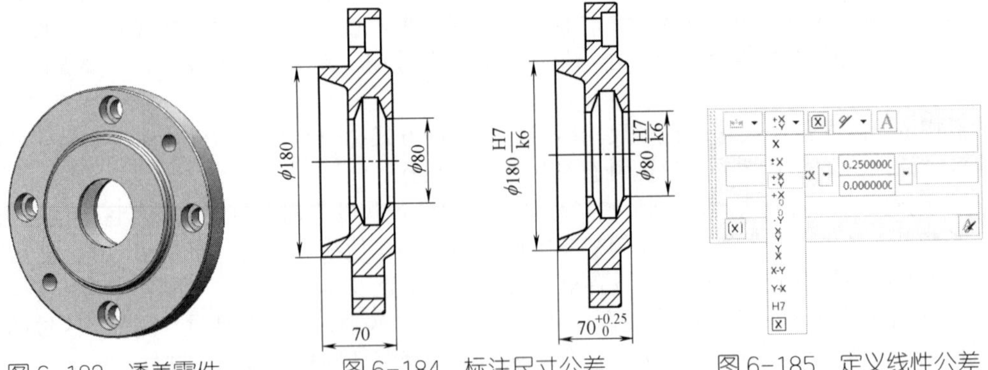

图 6-183 透盖零件　图 6-184 标注尺寸公差　图 6-185 定义线性公差

步骤 3　设置文本样式。在设置框单击“文本设置”按钮，系统弹出“文本设置”对话框，展开“文本”节点，选择“尺寸文本”对象，设置尺寸文本高度为 5，如图 6-186 所示，选择“公差文本”对象，设置公差文本高度为 2.5，如图 6-187 所示。

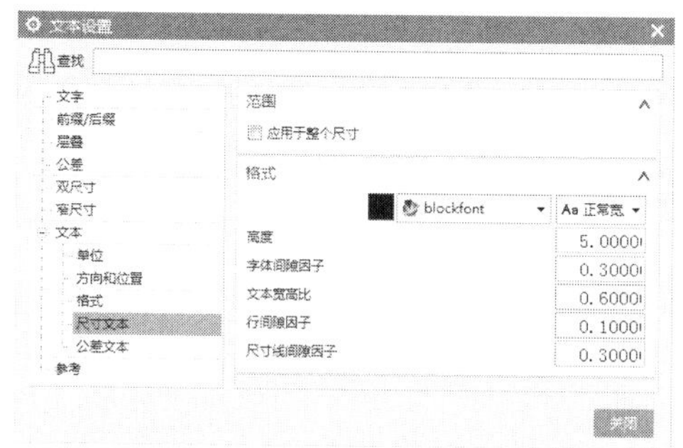

图 6-186　设置尺寸文本

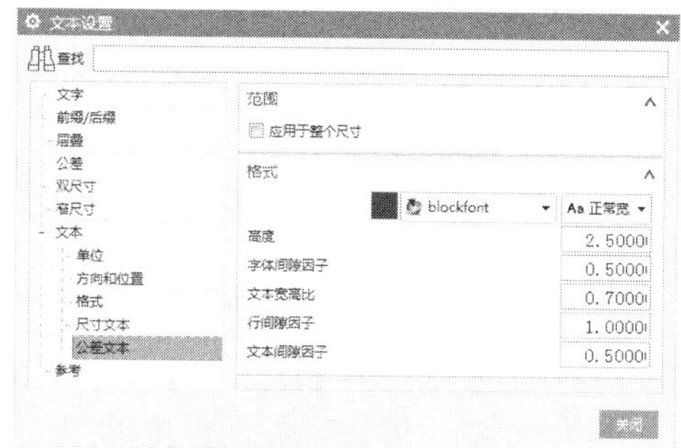

图 6-187　设置公差文本

步骤 4　标注配合公差。双击尺寸“ ϕ180”，在设置框的“公差”列表中选择“限制和配合”类型，设置子类型为“拟合”，设置孔公差为“H7”，设置轴公差为“k6”，具体设置如图 6-188 所示，参照此步骤标注尺寸“ ϕ80”的配合公差。

6.5.4　基准标注

基准标注主要用于配合形位公差的标注。如图 6-189 所示的阀体工程图，需要标注两个基准 A 和 B，下面以此为例介绍基准标注操作。

步骤 1　打开练习文件 ch06 drawing\6.5\04\datum。

步骤 2　标注基准 A。在“主页”选项卡中单击“基准特征符号”按钮，系统弹出如图 6-190 所示的“基准特征符号”对话框，在对话框“基准标识符”区域的“字母”文本框中输入基准符号 A，在“指引线”区域单击“选择终止对象”位置，选择视图底部边线为标注对象，按 Shift 键将基准符号移动到合适位置。

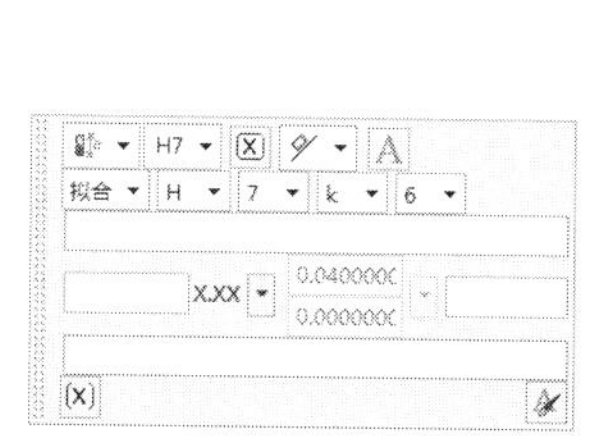

图 6-188　定义配合公差

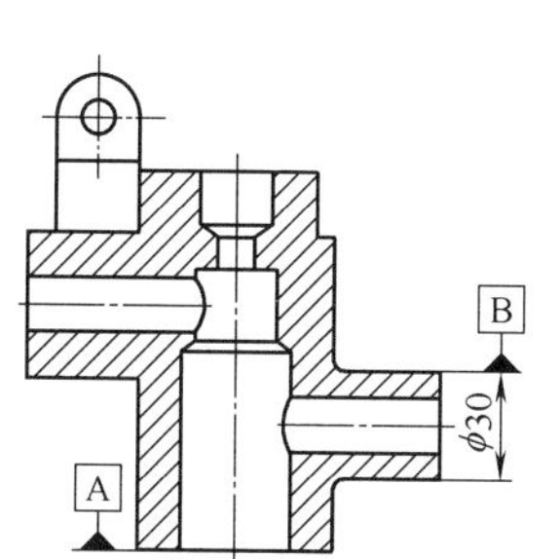

图 6-189　标注基准

图 6-190　“基准特征符号”对话框

步骤 3　标注基准 B。在“主页”选项卡中单击“基准特征符号”按钮，系统弹出“基准特征符号”对话框，在对话框“基准标识符”区域的“字母”文本框中输入基准符号 B，在“指引线”区域单击“选择终止对象”位置，选择 ϕ30 尺寸边界线为标注对象，按 Shift 键将基准符号移动到合适位置。

图 6-191　设置基准文本

步骤 4　设置基准符号。完成基准符号标注后双击基准符号，在“基准特征符号”对话框中单击“设置”区域的“设置”按钮，系统弹出如图 6-191 所示的“基准特征符号设置”对话框，在该对话框中设置基准高度为 6，单击“关闭”按钮，完成设置。

6.5.5　形位公差

形位公差是形状公差和位置公差总称，也叫几何公差，用来指定零件的尺寸和形状与精确值之间所允许的最大偏差。零件的形位公差共 14 项，其中形状公差 6 个（直线度、平面度、圆度、圆柱度、线轮廓度及面轮廓度），位置公差 8 个（倾斜度、垂直度、平行度、位置度、同轴度、对称度、圆跳动及全跳动）。

（1）平面度与位置度标注

平面度公差是实际表面对平面所允许的最大变动量，用以限制实际表面加工误差所允许的变动范围。位置度公差是被测要素的实际位置相对于理想位置所允许的最大变动量，下面介绍如图 6-192 所示平面度与位置度标注。

步骤 1　打开练习文件 ch06 drawing\6.5\05\geometry_tolerance_01。

步骤 2　创建平面度公差标注。在主视图上表面创建平面度公差标注。

① 选择命令。在“主页”选项卡中单击“特征控制框”按钮，系统弹出如图 6-193 所示的“特征控制框”对话框，在该对话框中定义形位公差。

② 定义公差属性。在“特征控制框”对话框的“框”区域定义形位公差属性，在“特性”下拉列表中选择“平面度”，在“公差”区域的文本框中设置公差值 0.02。

③ 标注平面度。在“特征控制框”对话框的“指引线”区域单击“选择终止对象”，选择主视图上部边线为标注参考，在合适位置单击放置公差，如图 6-194 所示。

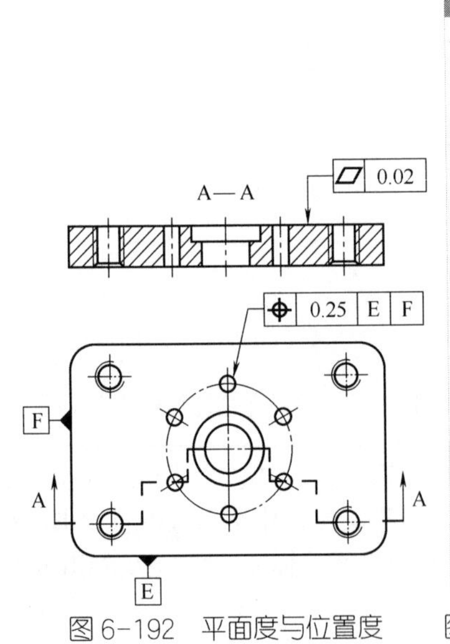

图 6-192　平面度与位置度

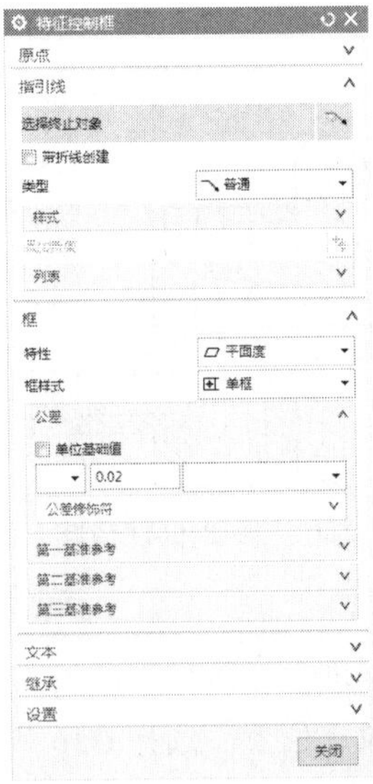

图 6-193　平面度与位置度

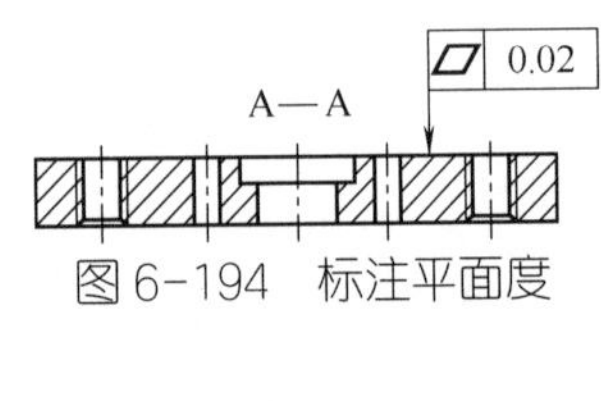

图 6-194　标注平面度

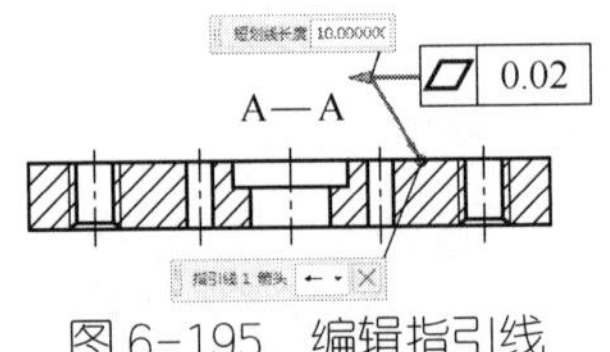

图 6-195　编辑指引线

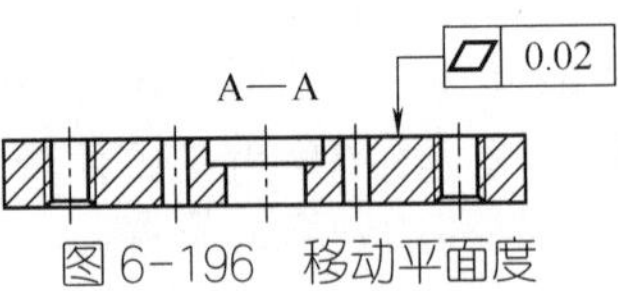

图 6-196　移动平面度

④ 编辑指引线。双击平面度公差符号，设置短划线长度为 10，如图 6-195 所示。

⑤ 移动平面度。选中平面度公差符号移动到合适的位置，如图 6-196 所示。

说明：按住 Shift 键，使用鼠标可以灵活移动形位公差符号。

步骤 3　创建位置度公差标注。在俯视图销孔上创建位置度公差标注。

① 选择命令。在“主页”选项卡中单击“特征控制框”按钮。

② 定义公差属性。在“特征控制框”对话框的“框”区域定义形位公差属性，在“特性”下拉列表中选择“位置度”，在“公差”区域的文本框中设置公差值 0.25，定义第一基准参考为 E，定义第二基准参考为 F，如图 6-197 所示。

③ 标注位置度。在俯视图中选择需要标注的圆弧边线为标注对象，然后设置引线样式并将位置度公差符号移动到合适的位置。

（2）圆柱度与同轴度标注

圆柱度公差是实际圆柱面对理想圆柱面所允许的最大变动量，用以限制实际圆柱面加工误差所允许的变动范围。同轴度公差是被测实际轴线相对于基准轴线所允许的变动量，用以限制被测实际轴线偏离由基准轴线所确定的理想位置所允许的变动范围。下面介绍如图 6-198 所示圆柱度与同轴度的标注。

步骤 1　打开练习文件 ch06 drawing\6.5\05\geometry_tolerance_02。

步骤 2　创建圆柱度公差标注。在主视图中 $\phi 28$ 的轴段上创建圆柱度公差标注。

① 选择命令。在“主页”选项卡中单击“特征控制框”按钮。

② 定义公差属性。在“特征控制框”对话框的“特性”下拉列表中选择“圆柱度”，在“公差”区域的文本框中设置公差值 0.15，如图 6-199 所示。

③ 标注圆柱度公差。选择主视图中 $\phi 28$ 的轴段边线为标注参考，在合适位置单击放置公差并将公差符号移动到合适的位置。

步骤 3　创建同轴度公差标注。参照以上步骤在主视图中 $\phi 24$ 的轴段上创建同轴度公差标注，完成圆柱度及同轴度标注结果如图 6-200 所示。

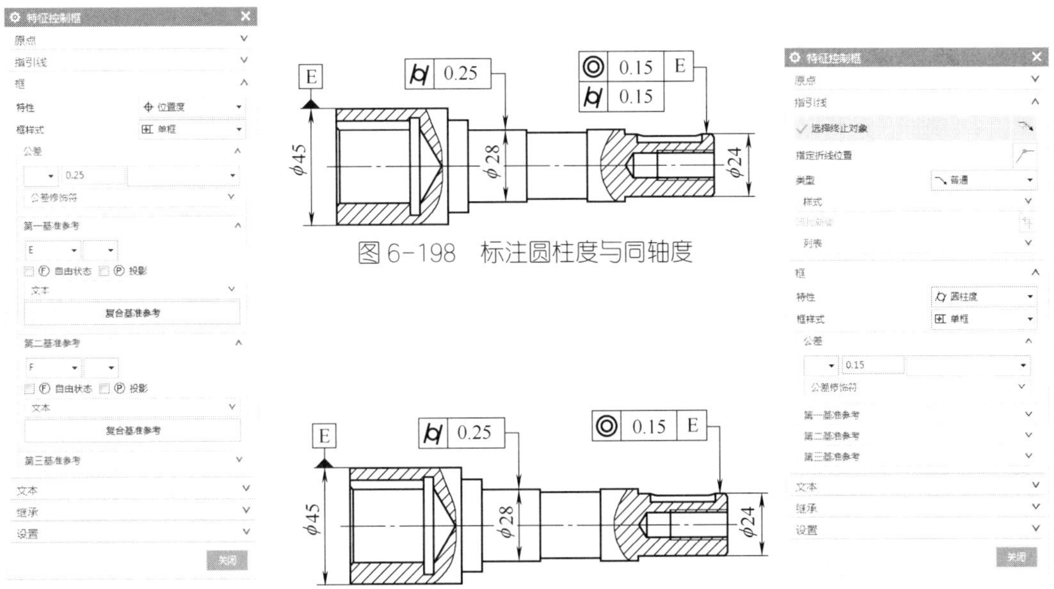

图 6-198　标注圆柱度与同轴度

图 6-197　定义位置度公差

图 6-200　圆柱度及同轴度标注

图 6-199　定义圆柱度公差

步骤 4　创建圆柱度公差标注。创建形位公差标注时如果需要将公差与其他公差合并到一起，需要首先创建无引线的公差标注（本例需要创建圆柱度公差），然后将公差移动到其他公差上使其合并即可，如图 6-201 所示，具体操作请参看随书视频讲解。

6.5.6 表面粗糙度标注

扫码看视频讲解

表面粗糙度是指加工表面具有的较小间距和微小峰谷的不平度，其两波峰或两波谷之间的距离（波距）很小（在 1mm 以下），它属于微观几何形状误差，表面粗糙度越小，则表面越光滑，下面介绍如图 6-202 所示的表面粗糙度标注。

步骤 1 打开练习文件 ch06 drawing\6.5\06\roughness。

步骤 2 选择命令。在“主页”选项卡中单击“表面粗糙度符号”按钮，系统弹出如图 6-203 所示的“表面粗糙度”对话框，在该对话框中定义表面粗糙度属性。

步骤 3 定义表面粗糙度。在“表面粗糙度”对话框的“除料”下拉列表中选择“需要除料”选项，在“下部文本（a2）”文本框中设置粗糙度值为 1.6。

步骤 4 设置表面粗糙度。在“表面粗糙度”对话框的“设置”区域单击“设置”按钮，系统弹出如图 6-204 所示的“表面粗糙度设置”对话框，设置文本高度为 5。

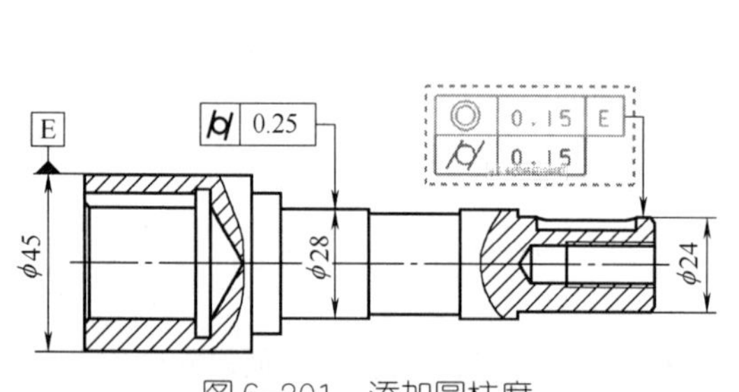

图 6-201 添加圆柱度

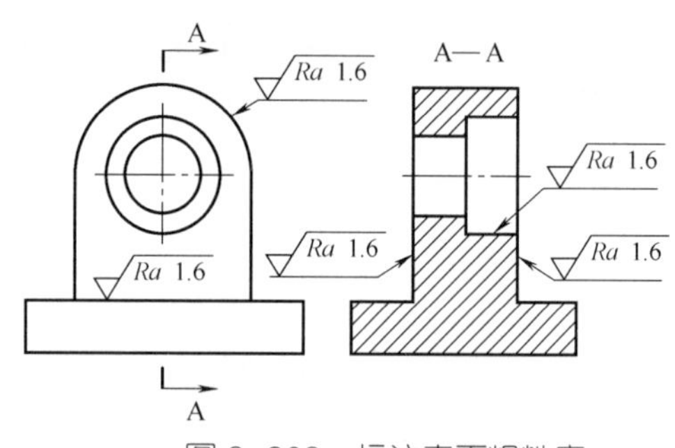

图 6-202 标注表面粗糙度

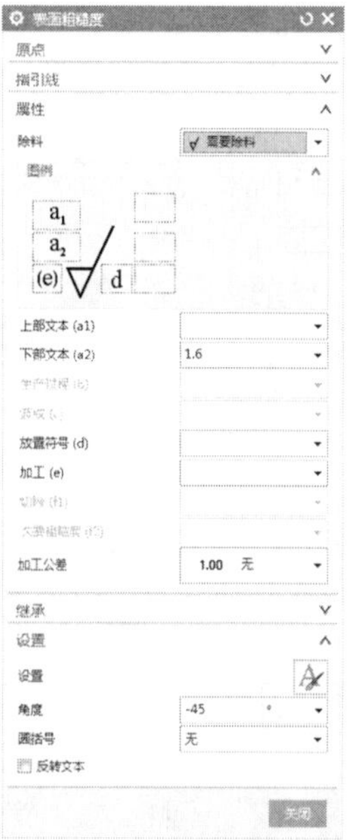

图 6-203 “表面粗糙度”对话框

图 6-204 “表面粗糙度设置”对话框

步骤 5 直接在对象上标注表面粗糙度。直接选择视图边线，系统在视图边线上标注表面粗糙度，注意设置粗糙度的角度及文本方向。

① 标注主视图上部粗糙度。在“设置”区域设置角度值-45°，在主视图圆弧边线合适位置单击放置粗糙度，结果如图 6-205 所示。

② 标注主视图下部粗糙度。在“设置”区域设置角度值 0° 进行标注。

③ 标注左视图左侧粗糙度。在“设置”区域设置角度值 90° 进行标注。

④ 标注左视图右侧粗糙度。在“设置”区域设置角度值 270°，同时还需要选择“反转文本”选项，将粗糙度文本反转得到符合规范要求的表面粗糙度。

步骤 6 标注带引线的表面粗糙度。在“表面粗糙度”对话框的“指引线”区域单击“选择终止对象”，设置粗糙度角度为 0，选择左视图沉孔边线为标注对象，在合适位置单击放置表面粗糙度。

6.5.7 注释文本

注释文本主要用来标注工程图中的文本信息。常用的注释文本包括带引线的注释文本（如特殊文本说明）和不带引线的注释文本（如技术要求），下面介绍如图 6-206 所示注释文本的标注（包括左视图指引线注释文本及技术要求）。

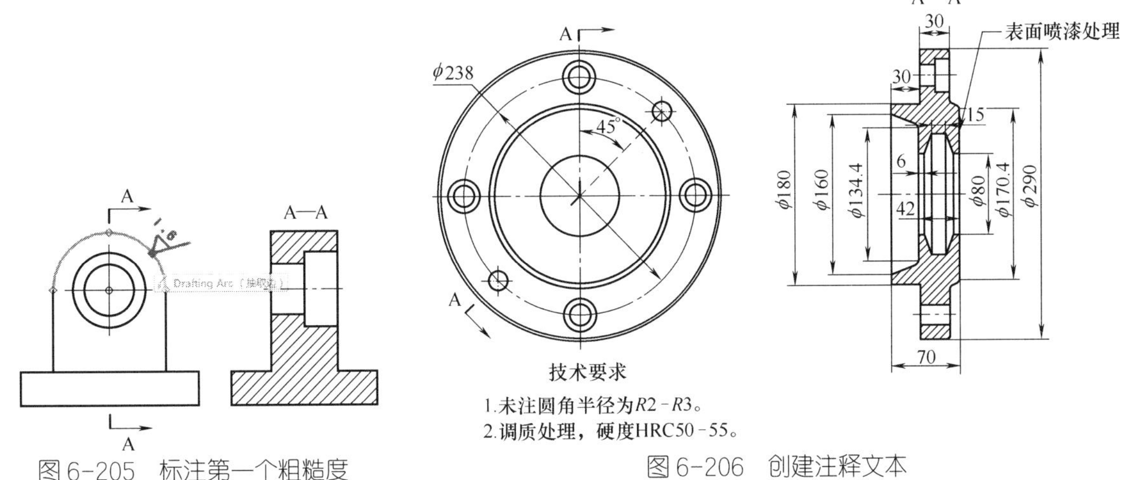

图 6-205 标注第一个粗糙度

图 6-206 创建注释文本

步骤 1 打开练习文件 ch06 drawing\6.5\07\text。

步骤 2 选择命令。在“主页”选项卡中单击“注释”按钮 A，系统弹出如图 6-207 所示的“注释”对话框，在该对话框中定义注释文本。

步骤 3 创建不带引线的注释文本（技术要求），包括技术要求标题与正文。

① 输入技术要求标题。在“注释”对话框的“格式设置”下拉列表中设置字体为“FangSong_GB2313”，字号为 2.5，然后输入“技术要求”文本，如图 6-207 所示。

② 输入技术要求正文。在“注释”对话框的“格式设置”下拉列表中设置字体为“FangSong_GB2313”，字号为 2，然后输入技术要求正文，如图 6-208 所示。

③ 放置注释文本。直接在工程图合适位置单击以放置技术要求文本。

步骤 4 创建带引线的注释文本（技术要求），注意引线样式的设置。

① 输入注释文本。在“注释”对话框的“格式设置”下拉列表中设置字体为

“FangSong_GB2313”，字号为 2，然后输入注释文本，如图 6-209 所示。

② 标注引线注释。在“注释”对话框的“指引线”区域单击“选择终止对象”，在左视图边线上单击确定引线位置。

图 6-207　设置技术要求

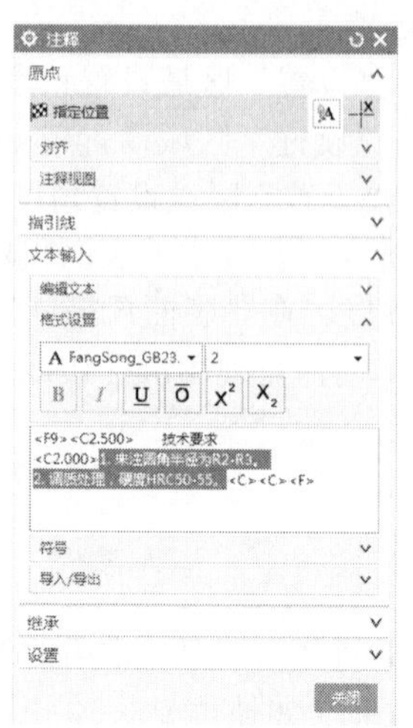

图 6-208　技术要求正文

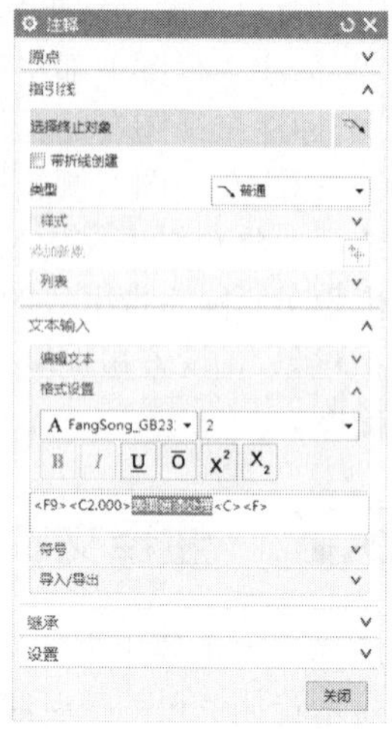

图 6-209　创建带引线的注释文本

③ 编辑引线。双击注释文本，设置短划线长度为 5，如图 6-210 所示，选中注释文本，在弹出的快捷工具条中单击按钮，系统弹出如图 6-211 所示的“设置”对话框，在该对话框中设置引线样式及其他属性。

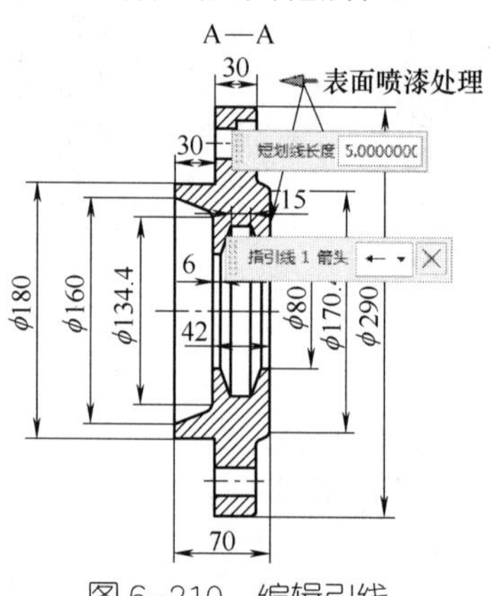

图 6-210　编辑引线

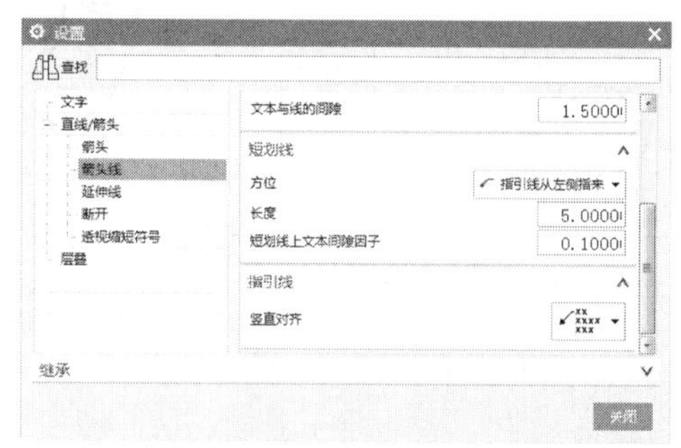

图 6-211　设置引线样式

说明：标注注释文本时一定要注意字体的设置，尽量选择通用的字体，如果选择一些比较偏僻的字体，将导致无法正常显示，同时也会影响以后工程图文件的交互处理及工程图打印。

6.6 工程图模板

在实际工程图设计之前，需要选择合适的工程图模板。工程图模板中对创建工程图的各项标准样式均做了相应的规定，如果按照前面小节介绍的逐项设置，效率低下而且容易出错，同时不便于实际标准化规范化管理，所以在实际出图之前都需要根据企业具体要求定制工程图模板，将来可以直接使用定制的工程图出图，下面以如图 6-212 所示的 A3 模板为例介绍工程图模板定制及设置操作。

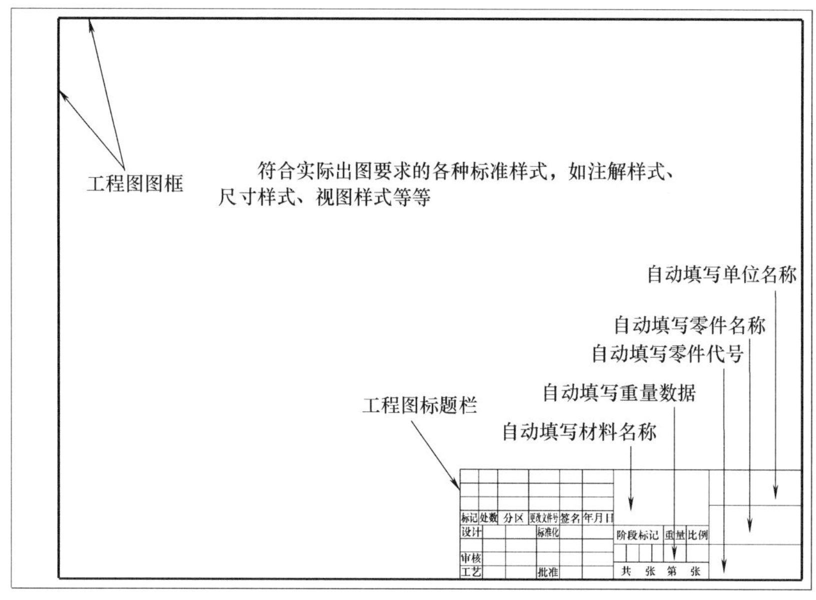

图 6-212　A3 模板定制要求

6.6.1 新建模板文件

创建工程图模板需要首先新建一张空白的工程图，下面具体介绍。

步骤 1　新建模型文件。在“快速访问工具条”中单击“新建”按钮，系统弹出“新建”对话框，在对话框中单击“模型”选项卡，在“模板”列表中选择“模型”选项，表示新建模型文件，在“新文件名”区域设置模型名称为 GB_A3_2020，文件夹位置为 F:\ugnx_jxsj\ch06 drawing\6.6\，如图 6-213 所示，单击“确定”按钮，进入建模环境。

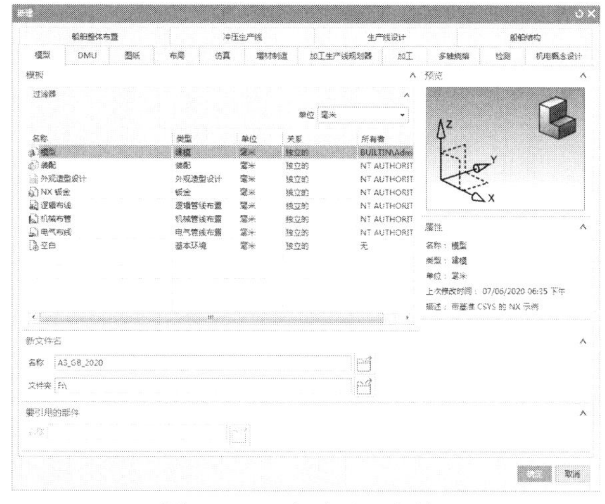

图 6-213　新建模型文件

图 6-214　新建图纸页

步骤 2 新建图纸页。在建模环境的“应用模块”中单击“制图”按钮，然后在“主页”选项卡中单击“新建图纸页”按钮，系统弹出如图 6-214 所示的“工作表”对话框，在“大小”区域选中“标准尺寸”选项，设置大小为 A3，比例为 1:1，选择“毫米”单位，单击按钮，表示使用“第一视角”投影，单击“确定”按钮。

说明： 完成图纸页创建后得到一个 A3 大小的虚线矩形框，该矩形框就是图纸边界，后面工程图边界图框及标题栏都应该在该矩形框内定义。

6.6.2 创建模板图框

根据国标要求，A3 模板边界及区域属性如图 6-215 所示。其实就是两个矩形，外框矩形（图纸边界）尺寸与图纸大小尺寸一致（420×297），内框矩形（图纸区域）与外框矩形左侧间距为 25，其余方向间距为 5，下面具体介绍 A3 模板图框创建过程。

步骤 1 定义边界和区域。在“制图工具”选项卡中单击“边界和区域”按钮，系统弹出“边界和区域”对话框，在对话框中设置边界及区域参数，如图 6-216 所示，单击“确定”按钮，完成边界及区域定义，结果如图 6-217 所示。

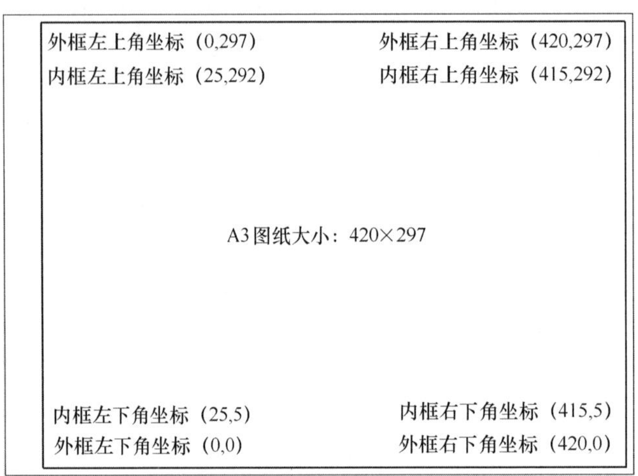

图 6-215 A3 模板边界及区域属性

图 6-216 设置边界和区域参数

步骤 2 编辑图纸区域。以上得到的图纸边界及区域不符合本例模板要求，需要编辑图纸区域。双击左侧竖直直线，系统弹出如图 6-218 所示的“直线（非关联）”对话框，分别单击对话框中“开始”区域及“结束”区域的“点对话框”按钮，在弹出的“点”对话框中定义直线两个端点坐标，底部端点坐标为（25，5），上部端点坐标为（25，292），用相同的方法设置其余端点坐标，如图 6-219 所示。

图 6-217 边界与区域

图 6-218 编辑直线

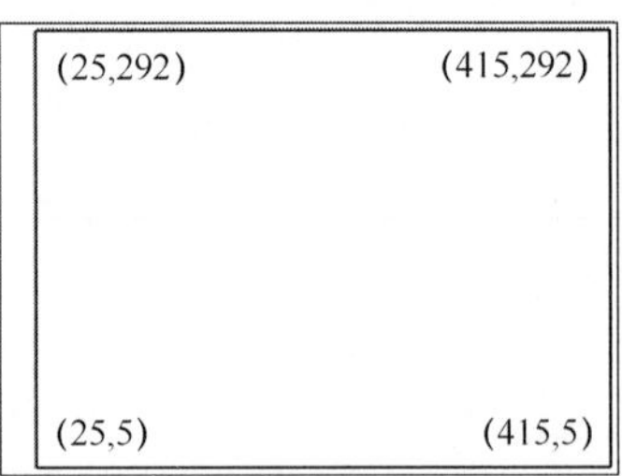

图 6-219 最终边界与边框

步骤 3　设置区域线宽。选中图纸区域的四条直线，在弹出的快捷工具条中单击“编辑显示”按钮，系统弹出如图 6-220 所示的“编辑对象显示”对话框，在“基本符号”区域的“宽度”列表中设置宽度为 0.50mm。

6.6.3　创建标题栏

根据国标要求，最新工程图标题栏格式如图 6-221 所示。标题栏主要包括标题栏格式（标题栏表格）与标题栏属性两大内容，其中标题栏属性包括“固定属性”和“链接属性”两种。固定属性是指标题栏中固定的文本注释，如“标记”“设计”等，链接属性是指标题栏中会根据出图模型变化而变化的文本注释，如“单位名称”“零件名称（图样名称）”“零件代号（图样代号）”等，这些属性将来直接与出图零件的“文件属性”信息关联，以便自动填写这些信息，下面具体介绍。

图 6-220　编辑线宽

180
10 10 16 16 12 16
7
8×7(=56)
标记 处数 分区 更改文件号 签名 年月日
设计 (签名) (年月日) 标准化 (签名) (年月日)
审核
工艺 批准
(材料标记)
(单位名称)
12 12
阶段标记 重量 比例
(图样名称)
6.5
(图样代号)
共 张 第 张
10 9 9 20 18
12 12 16 12 12 16 50

图 6-221　标题栏

(1) 创建标题栏表格

根据标题栏结构特点，可以将标题栏拆分成四个表格进行创建，下面具体介绍。

步骤 1　创建如图 6-222 所示的第一个表格。

① 插入表格。在“主页”选项卡中单击“表格注释”按钮，系统弹出如图 6-223 所示的“表格注释”对话框，设置表格列数为 6，行数为 4，列宽为 10，如图 6-223 所示，在图纸空白位置单击插入表格，如图 6-224 所示。

图 6-222　第一个表格

图 6-223　“表格注释”对话框

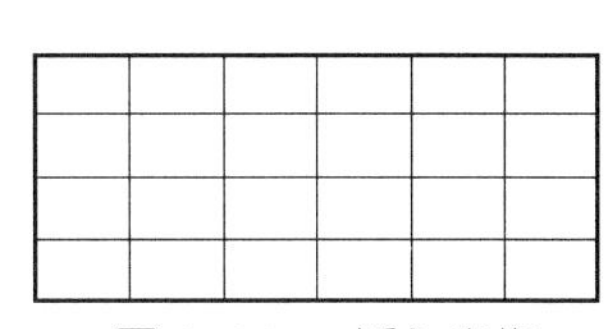

图 6-224　插入表格

② 设置表格行高及列宽。选择表格行（可以一次性选择四行表格），单击鼠标右键，在系统弹出的快捷菜单中选择“调整大小”命令，系统弹出如图 6-225 所示的“调整行大小警告”对话框，单击“全是”按钮，设置行高为 7；选择表格列，设置列宽从左到右依次是 10、10、16、16、12、16，结果如图 6-226 所示。

③ 设置单元格属性。选择整个表格，在弹出的快捷工具条中单击“单元格设置”按钮，

系统弹出“设置”对话框，单击“文字”对象，设置字体为“FangSong_GB2313”，字高为 3，如图 6-227 所示；单击“单元格”对象，设置“文本对齐”方式为“中心”，表示文本在单元格中心位置，如图 6-228 所示。

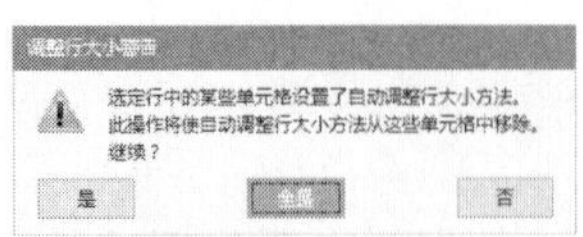

图 6-225 “调整行大小警告”对话框

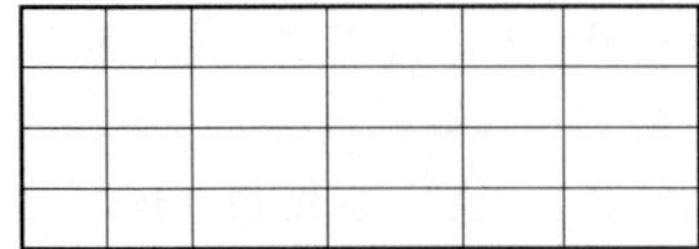
图 6-226 设置行高及列宽

图 6-227 设置单元格属性

④ 输入表格文字。双击表格中左下角单元格，在弹出的输入框中输入“标记”，相同方法输入其他单元格文字，结果如图 6-229 所示。

步骤 2 创建如图 6-230 所示的第二个表格。参照第一个表格方法创建第二个表格，表格行高为 7，列宽从左到右依次是 12、12、16、12、12、16，单元格属性与第一个表格单元格属性一致，最终结果如图 6-230 所示。

图 6-228 设置单元格属性

图 6-229 输入表格文字

设计	(签名)	(年月日)	标准化	(签名)	(年月日)
审核					
工艺			批准		

图 6-230 第二个表格

步骤 3 创建如图 6-231 所示的第三个表格。

① 插入表格。在“主页”选项卡中单击“表格注释”按钮，系统弹出“表格注释”对话框，设置表格列数为 6，行数为 4，列宽为 10，如图 6-232 所示。

② 合并单元格。选择需要合并的单元格，单击鼠标右键，在弹出的快捷菜单中选择“合并单元格”命令将多个单元格合并成一个单元格，结果如图 6-233 所示。

③ 设置表格行高及列宽。设置表格行高从上到下依次为 28、10、9、9；设置列宽从左到右依次是 6.5、6.5、6.5、6.5、12、12，结果如图 6-234 所示。

图 6-231 第三个表格

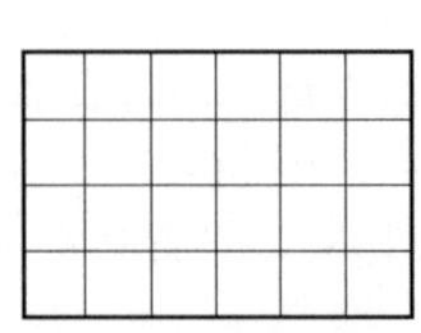
图 6-232 插入表格

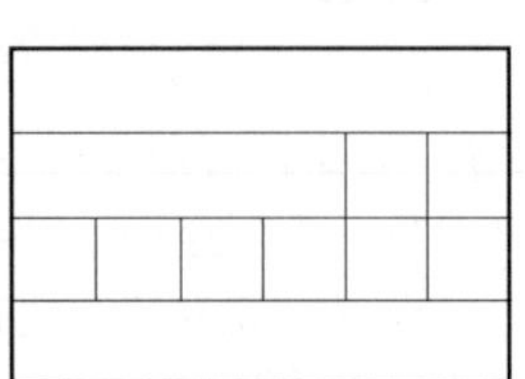
图 6-233 合并单元格

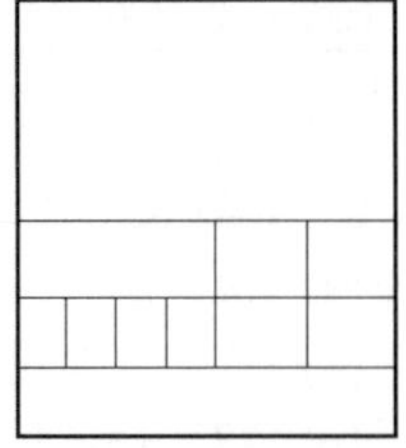
图 6-234 设置行高及列宽

④ 设置单元格属性。参照步骤 4 操作，设置表格字体为“FangSong_GB2313”，字高为 3，设置“文本对齐”方式为“中心”，然后单独设置第一行单元格字高为 10（该单元格将来填写材料名称），具体操作请参看随书视频讲解。

⑤ 输入表格文字。双击表格单元格输入表格文字，结果如图 6-231 所示。

步骤 4 创建如图 6-235 所示的第四个表格。设置表格行高从上到下依次为 18、20、18；设置列宽为 50，如图 6-236 所示，设置表格字体为“FangSong_GB2313”，字高为 7，设置“文本对齐”方式为“中心”。具体操作请参看随书视频讲解。

步骤 5 组合表格。完成以上四个表格创建后需要将这四个表格移动到一起组合成完整的标题栏表格，选择第二个表格，单击鼠标右键，在弹出的快捷菜单中选择“编辑”命令，系统弹出如图 6-237 所示的“表格注释区域”对话框，在“原点”区域的“锚点”下拉列表中选择“左上”选项，然后选择第一个表格的左下角点，系统将第二个表格的左上角点与第一个表格的左下角点对齐，用相同方法移动其余表格，结果如图 6-238 所示。

图 6-235 第四个表格

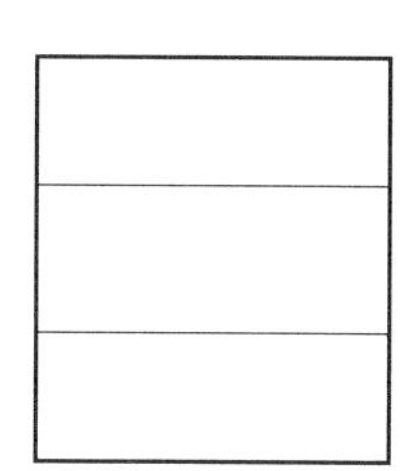
图 6-236 设置行高及列宽

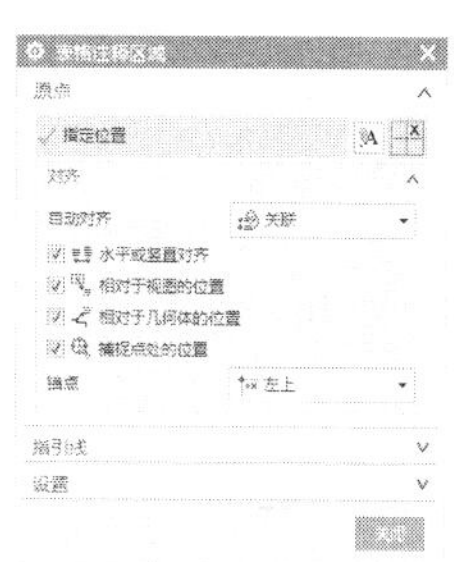

图 6-237 设置表格原点

（2）添加链接属性

工程图模板中需要自动填写“模型名称”“模型代号”及“材料名称”等属性信息，需要在标题栏对应的单元格中设置链接属性，下面具体介绍。

步骤 1 定义“模型名称”链接属性。在标题栏中选中“模型名称”单元格，在弹出的快捷菜单中选择“编辑文本”命令，系统弹出如图 6-239 所示的“文本”对话框，在“类别”下拉列表中选择“关系”选项，单击“插入部件属性”按钮，系统弹出如图 6-240 所示的“属性”对话框，在属性列表中选择“DB_PART_NAME”属性，表示该单元格自动检索零件名称，单击“确定”按钮，结果如图 6-241 所示。

						（自动链接材料）			武汉卓宇创新
标记	处数	分区	更改文件号	签名	年月日				（自动链接模型名称）
设计	（签名）	（年月日）	标准化	（签名）	（年月日）	阶段标记	重量	比例	
审核									（自动链接模型代号）
工艺			批准			共 张 第 张			

图 6-238 组合表格

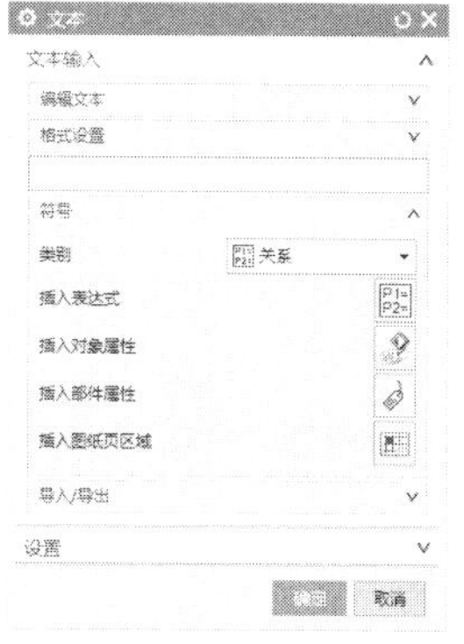

图 6-239 “文本”对话框

步骤 2 定义“模型代号”链接属性。参照以上步骤，在“模型代号”单元格中设置属性为“DB_PART_NO”，表示该单元格自动检索模型代号，结果如图 6-242 所示。

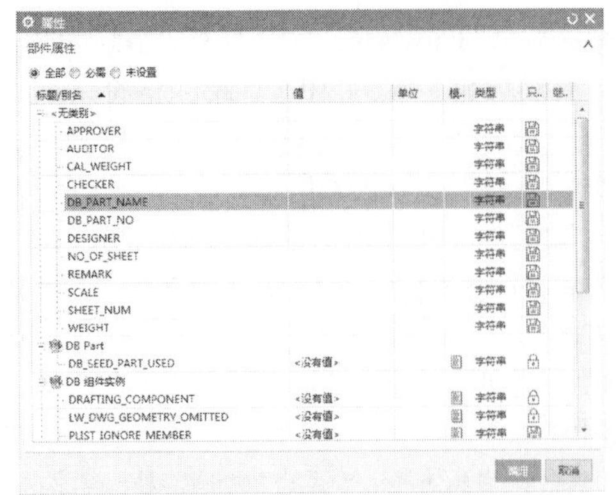

图 6-240 “属性”对话框

图 6-241 链接模型名称

图 6-242 链接模型代号

步骤 3 定义“材料”链接属性。参照以上步骤，在“材料”单元格中设置链接属性为“MaterialPreferred”，表示该单元格自动检索模型材料。

步骤 4 定义“设计”链接属性。参照以上步骤，在“设计”单元格下一行的单元格中设置链接属性为“DESIGNER”，表示该单元格自动检索设计人员名称。

步骤 5 定义“重量”链接属性。参照以上步骤，在“重量”单元格下一行的单元格中设置链接属性为“WEIGHT”，表示该单元格自动检索模型重量。

步骤 6 定义“比例”链接属性。参照以上步骤，在“比例”单元格下一行的单元格中设置链接属性为“SCALE”，表示该单元格自动检索绘图比例。

本例在定义链接属性时都是直接从“属性”对话框中选择系统自带的属性，如果“属性”对话框中没有需要的属性，用户可新建属性。在“文件”选项卡中选择“属性”命令，系统弹出“显示部件属性”对话框，单击按钮新建部件属性，如图 6-243 所示。在自定义链接属性时，如果设置属性值，表示该属性值是固定的，以后使用该模板时系统会直接检索属性值，如果希望链接属性随部件属性变化就不需要设置属性值。

（3）定义标题块

完成表格属性定义后需要将所有的标题栏表格定义成一个整体。

步骤 1 定义标题块。在“制图工具”选项卡中单击“定义标题块”按钮，系统弹出如图 6-244 所示的“定义标题块”对话框，选择所有的表格，单击“确定”按钮。

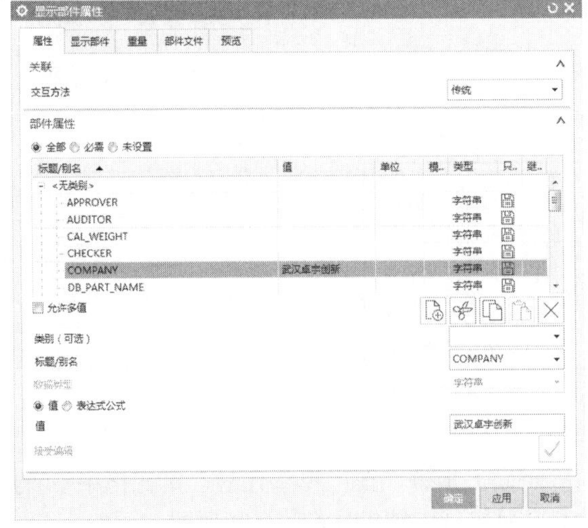

图 6-243 新建部件属性

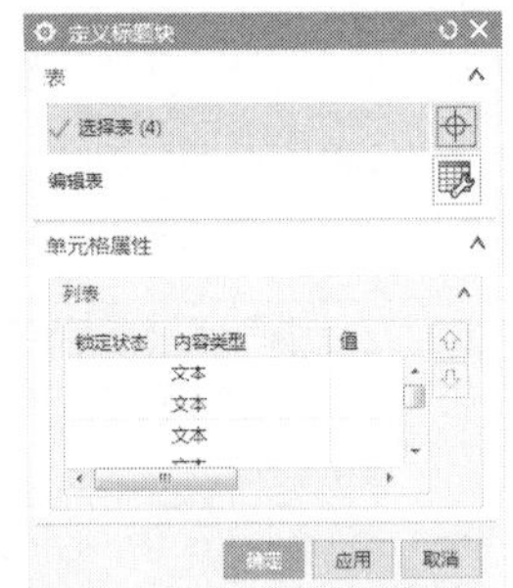

图 6-244 定义标题块

步骤 2　查看标题块。完成标题块定义后，双击标题栏，系统弹出如图 6-245 所示的“填充标题块”对话框，在该对话框中填写标题栏信息。

步骤 3　移动标题块。选中标题块，单击鼠标右键，在弹出的快捷菜单中选择“原点”命令，系统弹出如图 6-246 所示的“原点工具”对话框，单击“点构造器”按钮，选择图纸区域右下角点为原点对齐点，单击“确定”按钮，结果如图 6-247 所示。

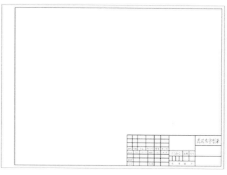

图 6-245　填充标题块

图 6-246　“原点工具”对话框

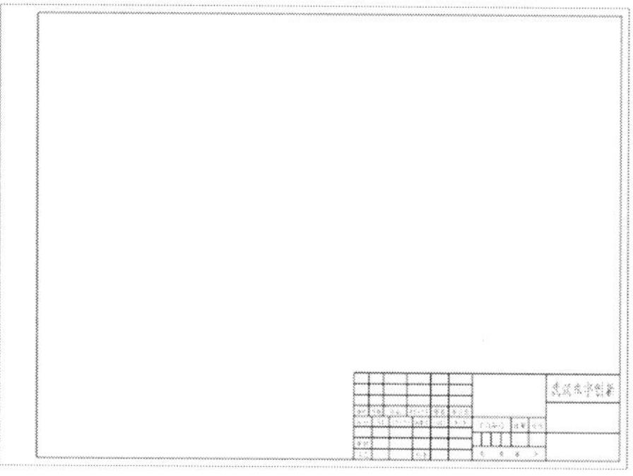

图 6-247　工程图模板结果

6.6.4　设置模板属性

工程图模板中一定要根据实际出图要求设置模板属性，这样能够极大提高出图效率，不用在创建工程图时逐项去设置这些属性。在“文件”选项卡中选择“首选项”→“制图”命令，系统弹出如图 6-248 所示的“制图首选项”对话框，在该对话框中设置工程图各项属性，包括“公共”“尺寸”“注释”“符号”等属性。

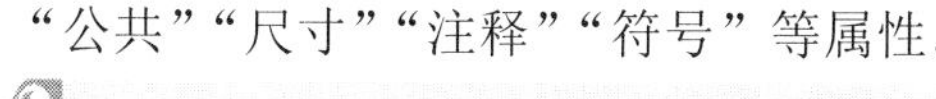

说明：因为工程图中要设置的属性特别多，读者可自行操作，此处不再赘述。

图 6-248　“制图首选项”对话框

6.6.5　保存工程图模板

完成工程图模板创建后，需要首先将模板文件保存下来，然后设置默认模板，便于后期随时调用工程图模板，下面具体介绍。

步骤 1　保存工程图模板。在“快速访问工具条”中选择“保存”命令，保存工程图模板文件，然后将工程图模板复制到模板文件夹中（默认文件夹位置为 C:\Program Files\Siemens\NX\LOCALIZATION\prc\simpl_chinese\startup），如图 6-249 所示。

步骤 2　设置工程图模板。在模板文件夹中使用记事本打开工程图模板管理文件 ugs_drawing_templates_simpl_chinese，在记事本窗口中复制粘贴最后一段文字，然后按顺序修改段落中的 id 值（如果最后一个是 d29，当前粘贴的段落 id 值应修改为 d30，以此类推），然后修改 Presentation name 及 descripton 的值均为 GB_A3_2020，在<Filename>与</Filename>之间修改工程图模板的文件名称 GB_A3_2020.prt（必须与模板文件名称一致），在<Units>与

</Units>之间设置模板单位，输入 Metric 表示公制毫米单位，其他保持默认，修改记事本结果如图 6-250 所示。

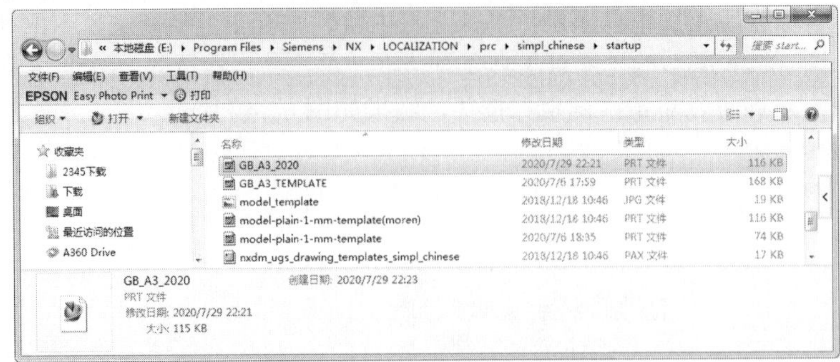

图 6-249　保存工程图模板

步骤 3　设置图纸页模板。在模板文件夹中使用记事本打开工程图模板管理文件 ugs_sheet_templates_simpl_chinese，在记事本窗口中复制粘贴最后一段文字，然后按顺序修改段落中的 id 值（如果最后一个是 d24，当前粘贴的段落 id 值应修改为 d25，以此类推），然后修改 Presentation name 及 descripton 的值均为 GB_A3_2020，在<Filename>与</Filename>之间修改工程图模板的文件名称 GB_A3_2020.prt（必须与模板文件名称一致），在<Units>与</Units>之间设置模板单位，输入 Metric 表示公制毫米单位，其他保持默认，修改记事本结果如图 6-251 所示。

图 6-250　设置工程图模板

图 6-251　设置图纸页模板

说明：此处设置工程图模板保证在“新建”对话框中可以选择此处定制的模板（重启软件后生效），如图 6-252 所示，设置图纸页模板保证在“工作表”对话框中可以选择此处定制的模板（重启软件后生效），如图 6-253 所示。

6.6.6　调用工程图模板

下面使用设置的工程图模板新建工程图，验证工程图属性的关联性。

步骤 1　打开练习文件 ch06 drawing\6.6\gear_box，如图 6-254 所示。

步骤 2　设置模型属性。在“文件”选项卡中选择“属性”命令，系统弹出如图 6-255 所示的“显示部件属性”对话框，在该对话框中设置部件属性，如图 6-255 所示。

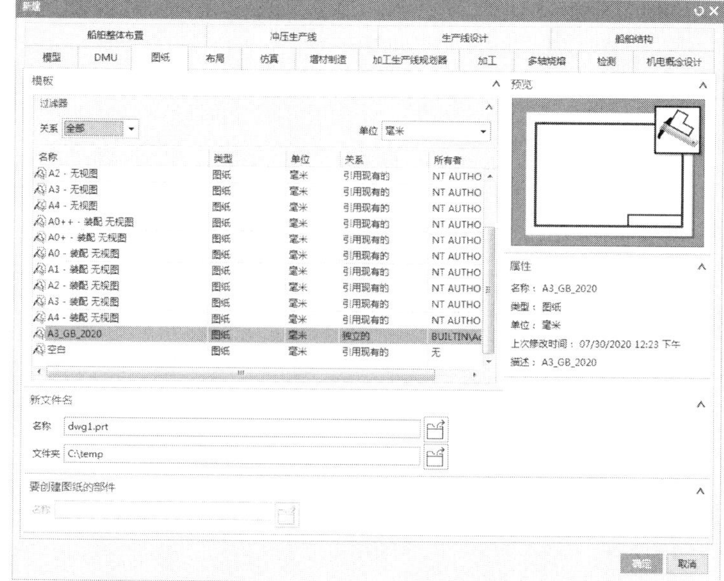

图6-252　新建工程图

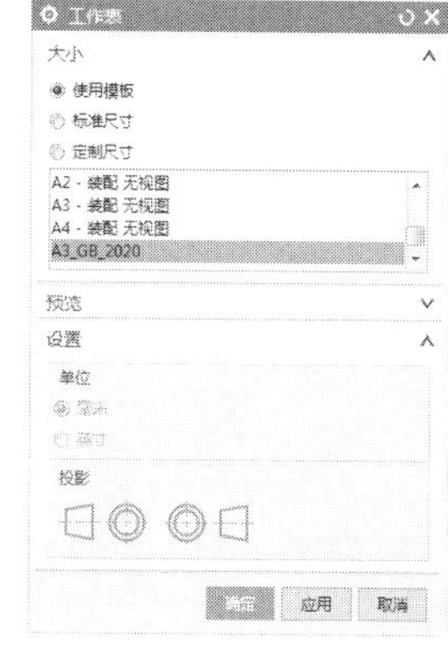

图6-253　新建图纸页

步骤3　新建工程图。在建模环境的“应用模块”中单击“制图”按钮，然后在“主页”选项卡中单击“新建图纸页”按钮，系统弹出“工作表”对话框，选择“使用模板”选项，从列表中选择设置的模板A3_GB_2020，如图6-256所示。

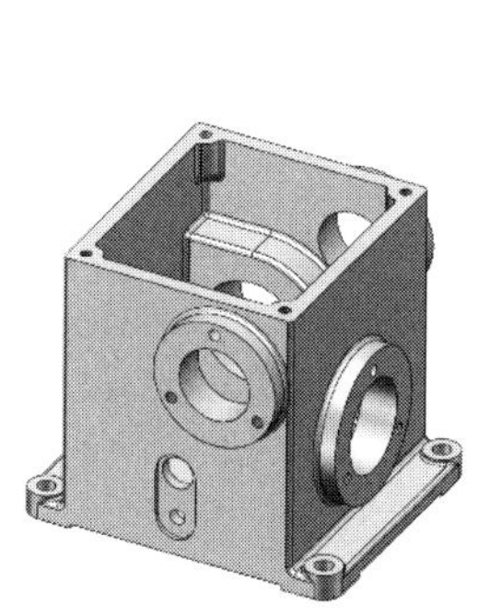

图6-254　齿轮箱零件

图6-255　设置部件属性

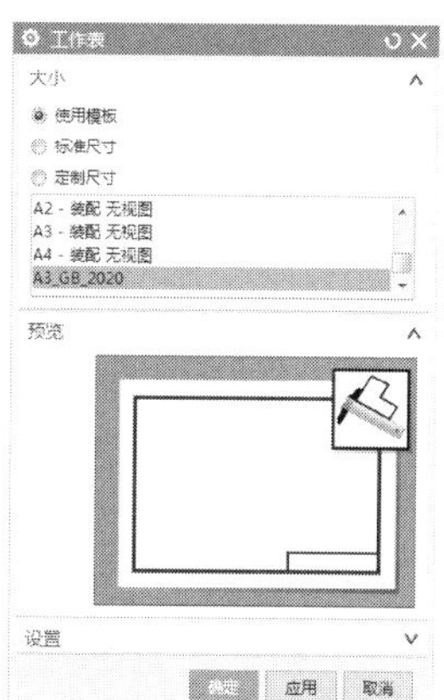

图6-256　“工作表”对话框

步骤4　查看标题栏信息。完成图纸页创建后，系统使用箱体零件的部件属性填充到标题栏中，包括模型名称、模型代号、材料名称等属性，结果如图6-257所示。

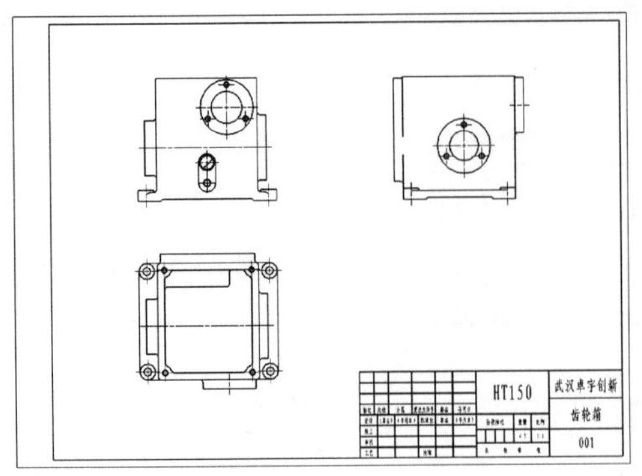

图 6-257　调用模板结果

6.7 工程图明细表

装配体工程图中为了方便管理各个零部件的基本信息，包括零件名称、零件代号、零件材料、零件重量等，需要在装配工程图中创建零件明细表，下面以如图 6-258 所示的轴承座装配模型为例，介绍创建明细表的操作，明细表结果如图 6-259 所示。

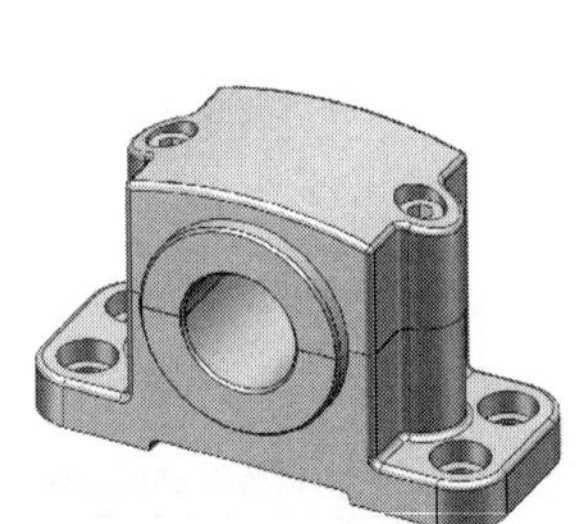

图 6-258　轴承座装配

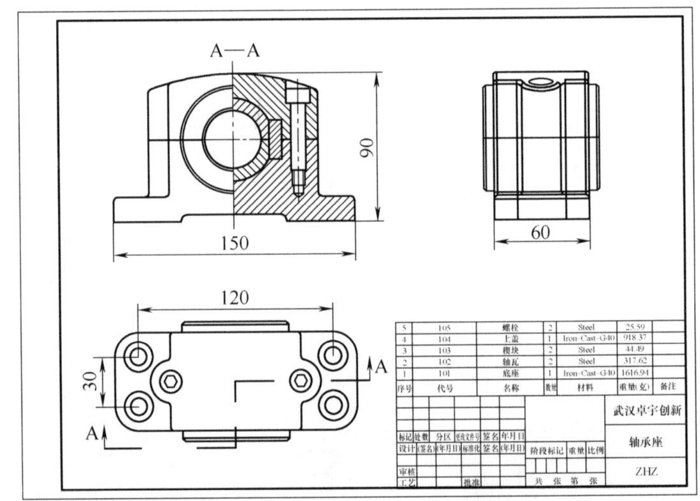

图 6-259　轴承座装配图与明细表

6.7.1 定义零件属性

创建明细表之前，需要首先定义各个零件的文件属性，包括零件名称、零件代号、零件材料、零件重量、单位名称等，下面具体介绍零件属性定义。

（1）定义基座零件属性

步骤 1　打开文件 ch06 drawing\6.7\base_down，如图 6-260 所示。

步骤 2　指派材料属性。在“选择组”工具条中选择“菜单”→“工具”→“材料”→“指派材料”命令，在弹出的“指派材料”对话框中选择 Iron_Cast_G40 材料。

步骤 3　设置部件属性。设置部件属性包括计算质量并设置文件属性。在“文件”选项卡中选择“属性”命令，系统弹出“显示部件属性”对话框。

① 计算重量。在对话框中单击“重量”选项卡，选中“保存时更新数据”选项，单击按钮，系统自动计算零件重量，如图 6-261 所示，单击“应用”按钮，系统自动计算各项质量属性，如图 6-262 所示“材料”区域显示信息。

② 设置文件属性。本例需要新建名称、代号及单位名称文件属性，名称为“底座”，代号为“101”，单位名称为“武汉卓宇创新”，如图 6-262 所示。

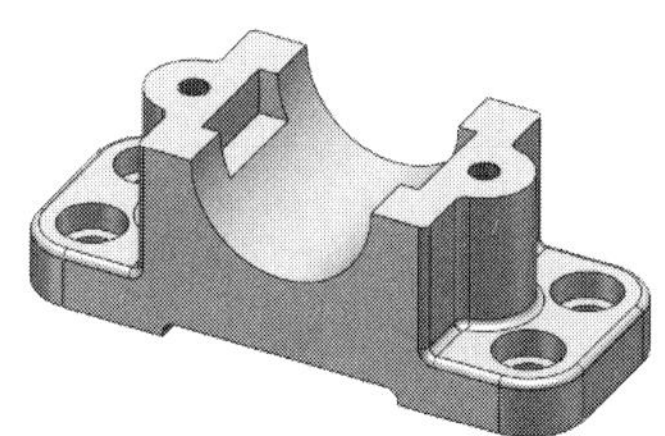

图 6-260　打开基座零件文件

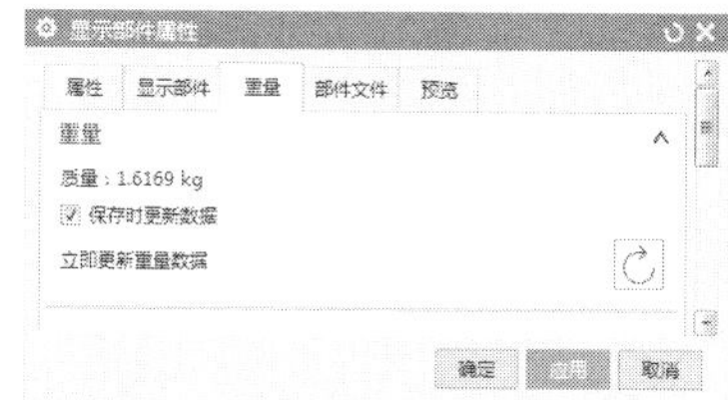

图 6-261　“显示部件属性”对话框

图 6-262　设置部件属性

说明： 完成底座零件属性设置后，参照该方法继续设置其他各零件属性。

（2）定义轴瓦零件属性

步骤 1　打开练习文件 ch06 drawing\6.7\bearing_bush。

步骤 2　设置材料属性。在“指派材料”对话框中选择 Steel 材料。

步骤 3　设置文件属性。自动计算质量，名称为“轴瓦”，代号为“102”。

（3）定义楔块零件属性

步骤 1　打开练习文件 ch06 drawing\6.7\wedge_block。

步骤 2　设置材料属性。在“指派材料”对话框中选择 Steel 材料。

步骤 3　设置文件属性。自动计算质量，名称为“楔块”，代号为“103”。

（4）定义上盖零件属性

步骤 1　打开练习文件 ch06 drawing\6.7\top_cover。

步骤 2　设置材料属性。在“指派材料”对话框中选择 Iron_Cast_G40 材料。

步骤 3　设置文件属性。自动计算质量，名称为“上盖”，代号为“104”。

（5）定义螺栓零件属性

步骤 1　打开练习文件 ch06 drawing\6.7\bolt。

步骤 2　设置材料属性。在“指派材料”对话框中选择 Steel 材料。

步骤 3　设置文件属性。自动计算质量，名称为“螺栓”，代号为“105”。

在定义零部件属性时，因为本例轴承座中各个零件都已经做好了，创建零件使用的模板中并没有需要的文件属性名称，所以需要一个一个去定义每个零件的属性，这样效率比较低，为了提高设置零件属性的效率，最好是在做零件之前首先选择合适的零件模板，确保零件模板中有需要的属性信息，这样再去定义零件属性时就比较高效。

6.7.2 插入材料明细表

完成部件属性定义后，接下来使用明细表工具创建明细表，下面具体介绍。

步骤 1　打开练习文件 ch06 drawing\6.7\bearing_asm。

步骤 2　插入明细表。在“主页”选项卡中单击“零件明细表”按钮，在合适位置单击放置零件明细表，如图 6-263 所示。

6.7.3 编辑零件明细表

初步插入的零件明细表一般不符合工程图规范要求，需要对插入的明细表格式进行编辑，使零件明细表符合工程图标准要求，下面继续使用上一小节模型为例介绍。

步骤 1　定义“代号”列。代号列用于显示所有零件的代号信息。

① 插入“代号”列。选择第一列，单击鼠标右键，在弹出的快捷菜单中选择“插入”→“在右边插入列”命令，在第一列右侧插入列，如图 6-264 所示。

5	BOLT	2
4	TOP_COVER	1
3	WEDGE_BLOCK	2
2	BEARING_BUSH	2
1	BASE_DOWN	1
PC NO	PART NAME	QTY

图 6-263　插入材料明细表

5		BOLT	2
4		TOP_COVER	1
3		WEDGE_BLOCK	2
2		BEARING_BUSH	2
1		BASE_DOWN	1
PC NO		PART NAME	QTY

图 6-264　插入表格列

② 编辑“代号”列属性。选择“代号”列，单击鼠标右键，在弹出的快捷菜单中选择“设置”命令，系统弹出如图 6-265 所示的“设置”对话框，在对话框中展开“零件明细表”节点，选择“列”对象，单击“属性名称”后的按钮，在弹出的“属性名称”对话框中选择“drawingno”属性，表示在表格列中显示零件代号属性，如图 6-266 所示。

图 6-265　“设置”对话框

5	105	BOLT	2
4	104	TOP_COVER	1
3	103	WEDGE_BLOCK	2
2	102	BEARING_BUSH	2
1	101	BASE_DOWN	1
PC NO	drawingno	PART NAME	QTY

图 6-266　定义代号列结果

步骤2　定义“材料”列。在“数量”列右侧插入列，设置列属性名称为“Material”，表示在表格列中显示零件材料属性，结果如图6-267所示。

步骤3　定义“重量”列。在“材料”列右侧插入列，设置列属性名称为“＄MASS”，表示在表格列中显示零件重量属性，结果如图6-268所示。

5	105	BOLT	2	Steel
4	104	TOP_COVER	1	Iron_Cast_G40
3	103	WEDGE_BLOCK	2	Steel
2	102	BEARING_BUSH	2	Steel
1	101	BASE_DOWN	1	Iron_Cast_G40
PC NO	drawingno	PART NAME	QTY	NX Material

图6-267　定义材料列

5	105	BOLT	2	Steel	26
4	104	TOP_COVER	1	Iron_Cast_G40	918
3	103	WEDGE_BLOCK	2	Steel	44
2	102	BEARING_BUSH	2	Steel	318
1	101	BASE_DOWN	1	Iron_Cast_G40	1617
PC NO	drawingno	PART NAME	QTY	NX Material	MASS

图6-268　定义重量

步骤4　定义“备注”列。在“重量”列右侧插入列，双击最下面的单元格，输入“备注”文本，设置字体为“FangSong_GB_2313”，结果如图6-269所示。

5	105	BOLT	2	Steel	26	
4	104	TOP_COVER	1	Iron_Cast_G40	918	
3	103	WEDGE_BLOCK	2	Steel	44	
2	102	BEARING_BUSH	2	Steel	318	
1	101	BASE_DOWN	1	Iron_Cast_G40	1617	
PC NO	drawingno	PART NAME	QTY	NX Material	MASS	备注

图6-269　定义备注列

步骤5　设置行高与列宽。根据国标，材料明细表的行高与列宽均有尺寸要求。

① 设置行高。按照从下到上的顺序，第一行高度为10，其余行高度为7。

② 设置列宽。按照从左到右的顺序，列宽依次是10、40、42、8、38、22、20、结果如图6-270所示。

5	105	BOLT	2	Steel	26	
4	104	TOP_COVER	1	Iron_Cast_G40	918	
3	103	WEDGE_BLOCK	2	Steel	44	
2	102	BEARING_BUSH	2	Steel	318	
1	101	BASE_DOWN	1	Iron_Cast_G40	1617	
PC NO	drawingno	PART NAME	QTY	NX Material	MASS	备注

图6-270　设置行高与列宽

步骤6　定义“名称”列属性。选中“名称”列，设置列属性名称为“name”，设置文本字体为“FangSong_GB_2313”，结果如图6-271所示。

5	105	螺栓	2	Steel	26	
4	104	上盖	1	Iron_Cast_G40	918	
3	103	楔块	2	Steel	44	
2	102	轴瓦	2	Steel	318	
1	101	底座	1	Iron_Cast_G40	1617	
PC NO	drawingno	name	QTY	NX Material	MASS	备注

图6-271　定义名称列属性

步骤 7 设置表格文本样式。首先双击各表头单元格，依次输入表头文本，然后选择整个表格，在快捷工具条中单击“单元格设置”按钮，在弹出的“设置”对话框中设置文本字体为“FangSong_GB_2313”，对齐方式为“中心”，结果如图 6-272 所示。

5	105	螺栓	2	Steel	26	
4	104	上盖	1	Iron_Cast_G40	918	
3	103	楔块	2	Steel	44	
2	102	轴瓦	2	Steel	318	
1	101	底座	1	Iron_Cast_G40	1617	
序号	代号	名称	数量	材料	重量（克）	备注

图 6-272 零件明细表结果

步骤 8 对齐零件明细表。完成零件明细表创建后需要将其对齐到标题栏上方。

① 设置对齐位置。选中整个零件明细表，单击鼠标右键，在弹出的快捷菜单中选择“设置”命令，系统弹出如图 6-273 所示的“设置”对话框，展开“公共”节点，选择“表区域”节点，在右侧页面的“对齐位置”下拉列表中选择右下角对齐，如图 6-273 所示。

② 设置原点位置。选中整个零件明细表，单击鼠标右键，在弹出的快捷菜单中选择“原点”命令，系统弹出如图 6-274 所示的“原点工具”对话框，单击“点构造器”按钮，在“原点位置”下拉列表中选择“点构造器”选项，系统弹出如图 6-275 所示的“点”对话框，设置 X 坐标为 415，Y 坐标为 61，该坐标点正是标题栏右上角点，单击“确定”按钮，系统将零件明细表对齐到标题栏位置，结果如图 6-276 所示。

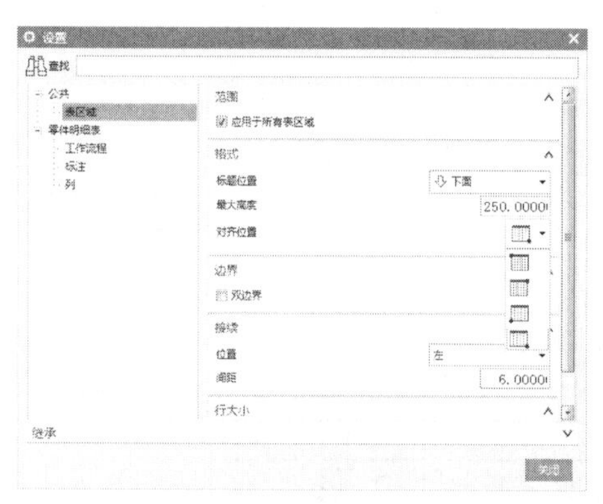

图 6-273 设置对齐位置

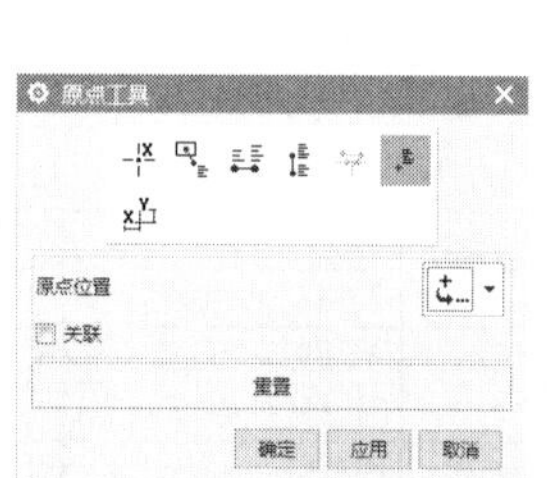

图 6-274 设置原点位置

图 6-275 定义原点坐标

5	105	螺栓	2	Steel	26	
4	104	上盖	1	Iron-Cast-G40	918	
3	103	楔块	2	Steel	44	
2	102	轴瓦	2	Steel	318	
1	101	底座	1	Iron-Cast-G40	1617	
序号	代号	名称	数量	材料	重量(克)	备注

							武汉卓宇创新
标记	处数	分区	更改文件号	签名	年月日		轴承座
设计	(签名)	(年月日)	标准化	签名	(年月日)	阶段标记 重量 比例	
审核							ZHZ
工艺			批准			共 张 第 张	

图 6-276 对齐零件明细表结果

6.8 工程图转换及打印

实际工作中经常需要对完成的工程图进行文件转换及打印，下面以如图 6-277 所示的轴承端盖零件工程图为例介绍工程图文件转换及打印操作。

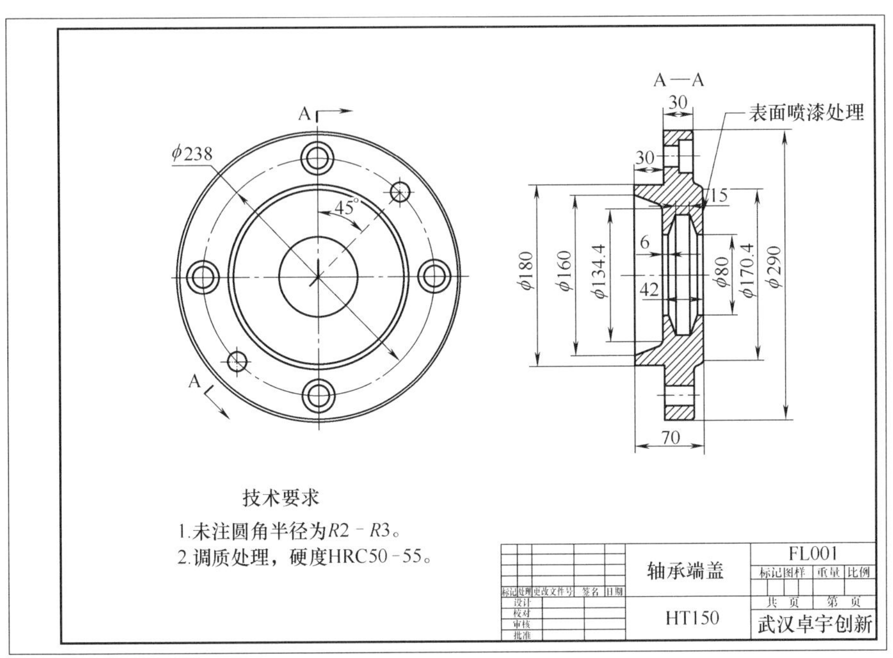

图 6-277　轴承端盖零件工程图

6.8.1 工程图转换

在 NX 中完成工程图创建后，用户可以将 NX 工程图转换成其他格式的图纸文件，同时还可以将其他格式的图纸文件转换到 NX 中，从而实现各种图纸文件的共享与互补，最终提高工作效率，下面具体介绍工程图转换操作。

（1）将 NX 工程图转换为 DWG/PDF 文件

步骤 1　打开练习文件 ch06 drawing\6.8\flange_drawing。

步骤 2　另存为 DWG 文件。在“文件”选项卡选择“保存”→“另存为”命令，系统弹出如图 6-278 所示的“另存为”对话框，设置保存类型为“*dwg”，文件名称为 flange_drawing，单击“OK”按钮，完成文件转换，结果如图 6-279 所示。

说明：在“另存为”对话框中单击“选项”按钮，系统弹出如图 6-280 所示的“另存为 DXF/DWG 文件选项”对话框，在该对话框中设置另存为选项，控制导出效果。

步骤 3　导出 PDF 文件。在“文件”选项卡选择“导出”→“PDF”命令，系统弹出如图 6-281 所示的“导出 PDF”对话框，设置保存文件夹，选中“附加到 PDF 文件”选项，单击“确定”按钮，完成导出，结果如图 6-282 所示。

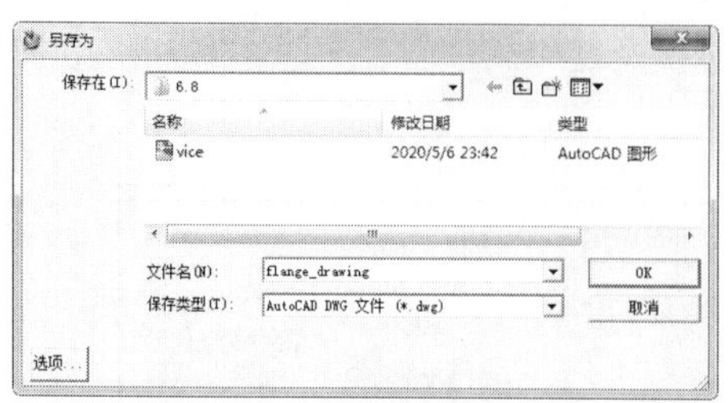
图 6-278　另存为 DWG 文件

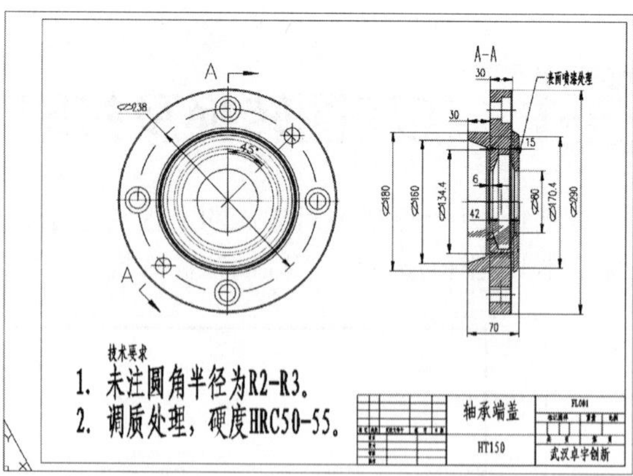
图 6-279　转换 DWG 文件结果

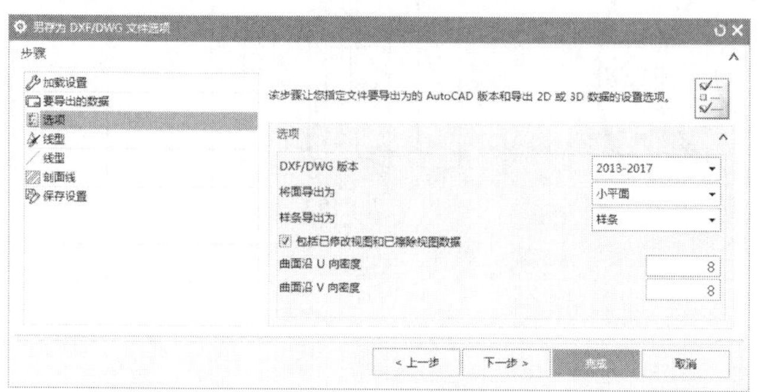
图 6-280　“另存为 DXF/DWG 文件选项”对话框

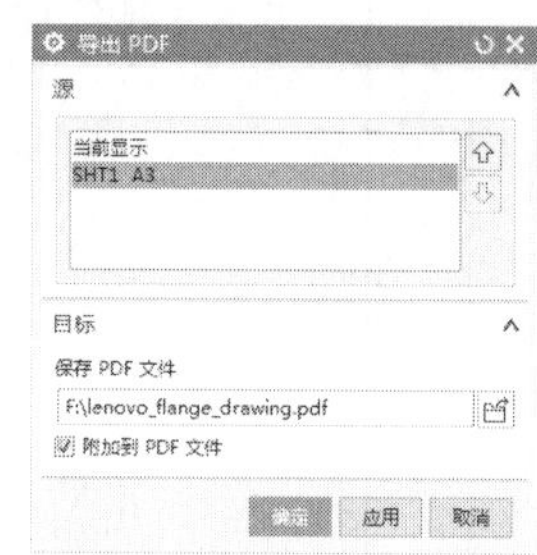
图 6-281　“导出 PDF”对话框

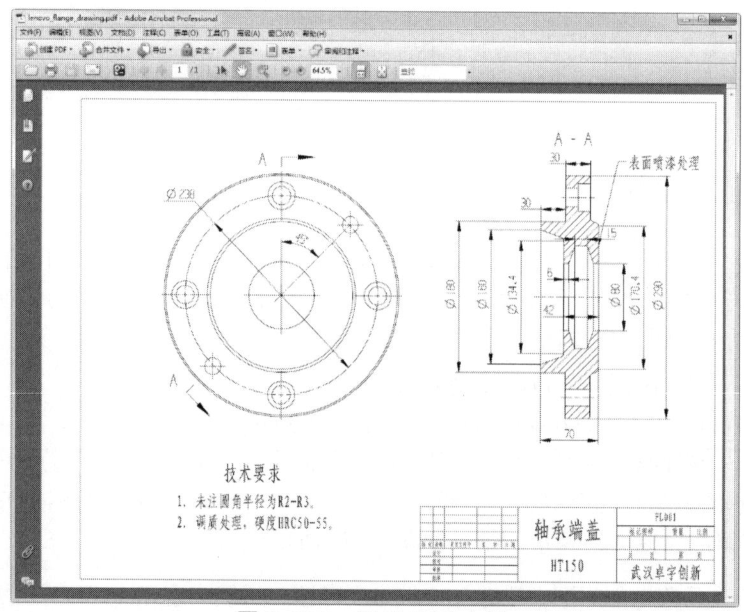
图 6-282　导出 PDF 文件

（2）将 DWG 文件转换为 NX 工程图文件

接下来介绍将如图 6-283 所示的 DWG 文件转换到 NX 中，得到如图 6-284 所示的 NX 工程图文件，下面具体介绍转换操作。

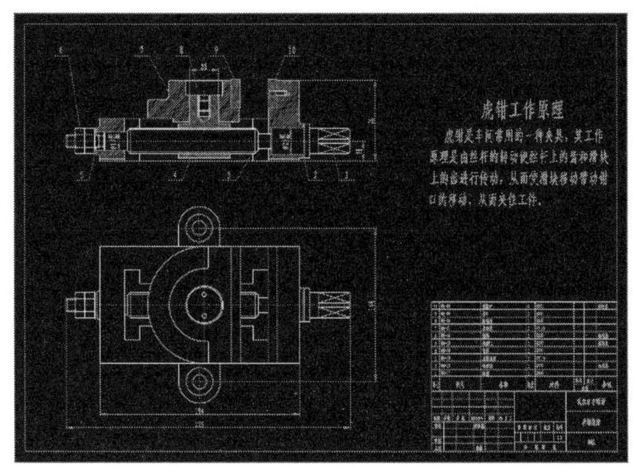

图6-283　DWG 文件

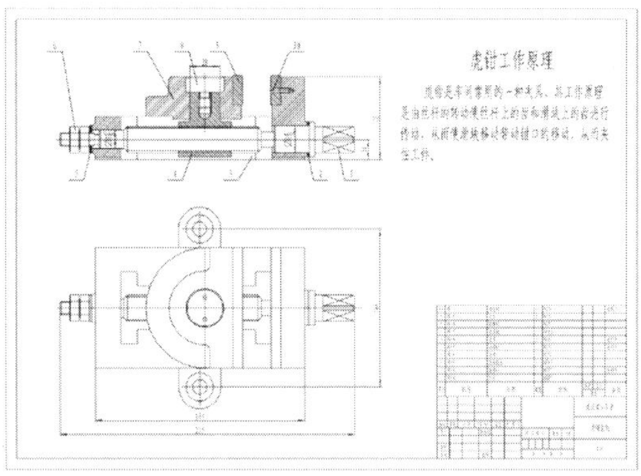

图6-284　转换到 NX 工程图文件

步骤 1　打开文件。选择“打开”命令，在“打开”对话框中设置文件类型为“*dwg”，选择打开文件 ch06 drawing\6.8\vice.dwg，单击“OK”按钮。

步骤 2　设置导入选项。选择打开文件后，系统弹出如图 6-285 所示的“AutoCAD DXF/DWG 导入向导”对话框，在该对话框中设置导入选项。

① 设置导入选项。在对话框左侧列表单击“选项”，在右侧页面的“将模型数据发送到”下拉列表中选择“图纸视图”选项，表示将 DWG 文件导入到图纸视图中。

② 设置线型。单击“下一步”按钮，直到出现如图 6-286 所示的界面，在该界面中设置 NX 字体。

图6-285　“AutoCAD DXF/DWG 导入文件”对话框

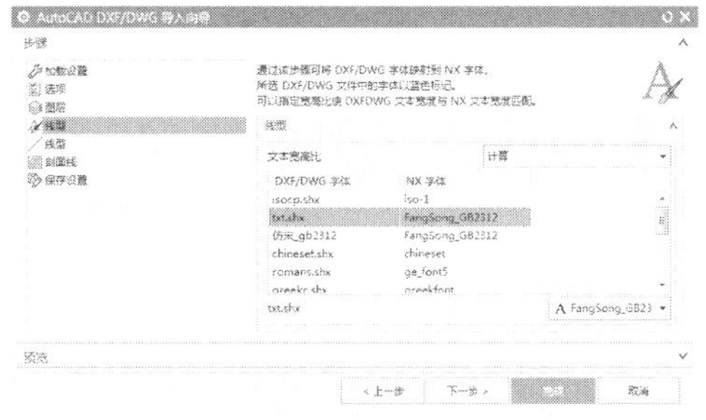

图6-286　设置字体

说明：导入 DWG 文件时一定要正确设置 NX 与 DWG 对应的字体，一般情况下，DWG 中的字体库与 NX 字体库是不一样的，如果 DWG 中的字体在 NX 中没有对应的字体，这将导致导入文件后无法正确显示字体，这是工程图转换中经常会遇到的问题。

步骤 3　导入 DWG 文件。在对话框中单击“完成”按钮，系统按照设置选项将 DWG 文件导入到 NX 中，结果如图 6-284 所示。

在“AutoCAD DXF/DWG 导入向导”对话框的“将模型数据发送到”下拉列表中选择“建模”选项，表示将 DWG 文件导入到 NX 建模环境，如图 6-287 所示。在实际设计中用户可以根据导入的 DWG 文件进行三维模型的设计，也就是通常说的“二维转三维”的设计过程，同时也是一种逆向设计过程。

6.8.2 工程图打印

完成工程图创建后，考虑到实际管理与存档的方便，需要将工程图文件打印成纸质文件。电脑连接打印机后，在“文件”选项卡中选择“打印”命令，系统弹出如图 6-288 所示的“打印”对话框，在该对话框中设置打印属性，包括打印机设置及属性设置等，单击对话框中的“确定”按钮完成打印。

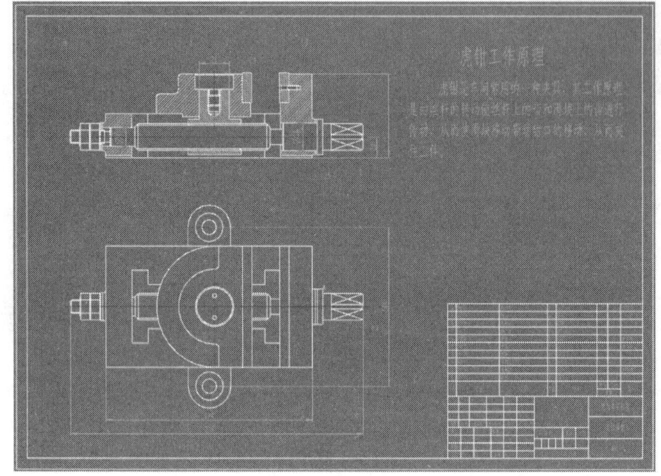

图 6-287 导入到 NX 建模环境

图 6-288 “打印”对话框

6.9 工程图案例：缸体零件工程图

前面小节系统介绍了工程图操作及知识内容，为了加深读者对工程图的理解并更好地应用于实践，下面通过具体案例详细介绍工程图设计。

如图 6-289 所示的缸体零件，使用文件夹中提供的工程图模板新建工程图文件，然后创建工程图视图及标注，工程图结果如图 6-290 所示。

扫码看视频讲解

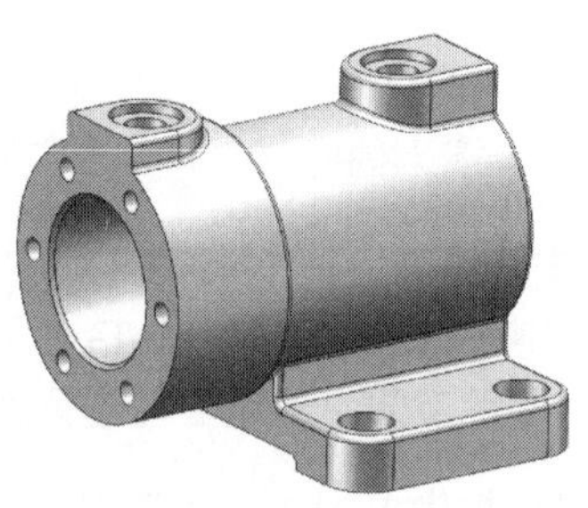

图 6-289 缸体零件

缸体零件工程图说明：

① 打开练习文件 ch06 drawing\6.9\pump_body。

② 新建图纸页。使用文件夹中提供的 A3_GB_2020 模板文件新建工程图图纸页，然后创

建工程图视图及工程图标注，得到最终需要的工程图，如图 6-290 所示。

③ 具体过程可自行参看随书视频讲解。

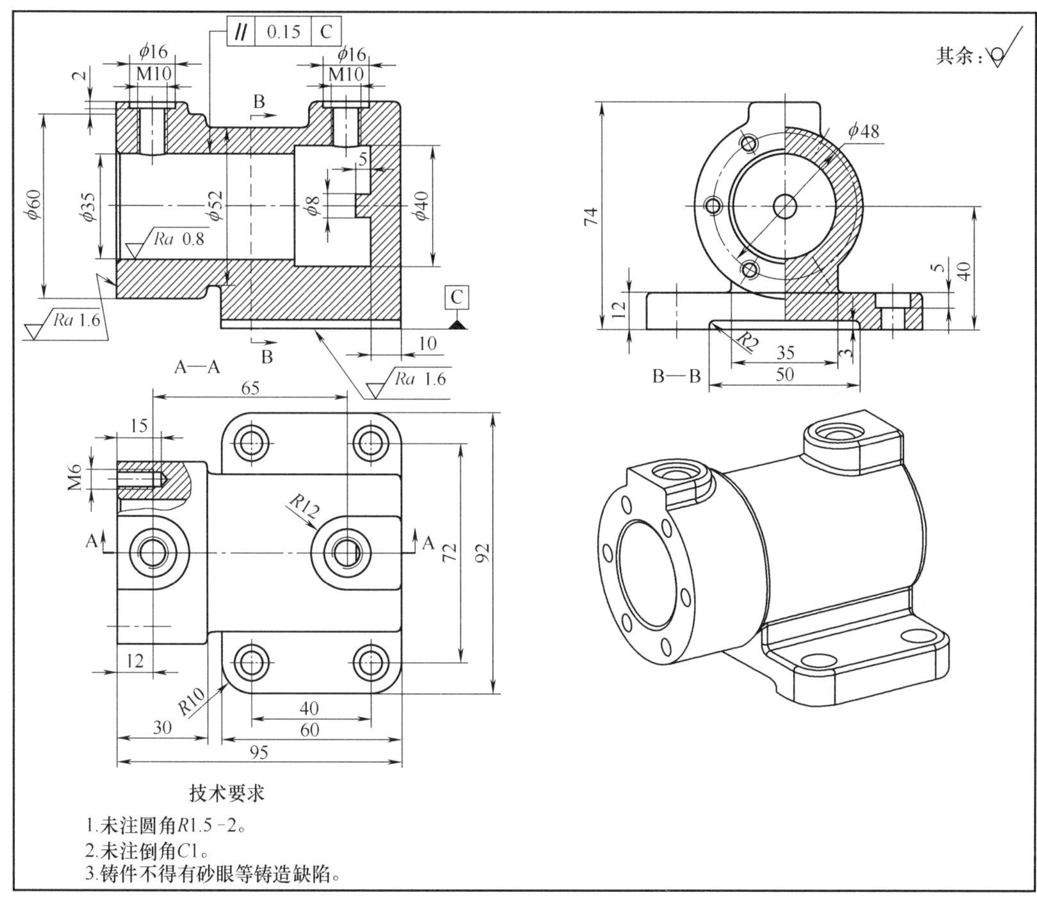

图 6-290　缸体零件工程图

第7章 曲面设计

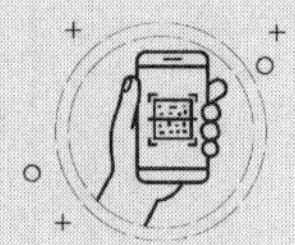

微信扫码，立即获取
全书配套视频与资源

NX 曲面设计功能主要用于曲线及曲面造型设计，用来完成一些复杂的产品造型设计。NX 提供多种曲线设计工具，如桥接曲线、投影曲线、相交曲线、组合投影、等参数曲线等，同时还提供多种曲面设计工具，如通过曲线组曲面、网格曲面、扫掠曲面、艺术曲面等，帮助用户完成曲面造型设计。

7.1 曲面设计基础

学习曲面设计之前首先有必要了解曲面设计的一些基本问题，接下来首先从曲面设计的应用、思路及用户界面三个方面系统介绍曲面设计的一些基本问题，为后面进一步学习和使用曲面做好准备。

7.1.1 曲面设计应用

曲面设计非常灵活，所以曲面设计应用非常广泛，能够帮助我们解决很多实际问题，但是在学习与理解曲面应用方面，有相当一部分人一直都存在一种误解，他们认为，学习曲面设计的主要作用就是做曲面造型设计，如果自己的工作不涉及曲面造型就没有必要学习曲面设计，这种认识和理解是大错特错的！

虽然曲面设计最主要的作用是用来进行曲面造型设计，但是在学习与使用曲面设计的过程中我们会接触到更多的设计思路与方法，而这些设计思路与方法在一般零件设计的学习过程中是接触不到的。在实际工作中，适当运用一些曲面设计方法，能够帮助我们更高效地解决一些实际问题。

如图 7-1 所示的弯管接头零件模型，其中设计的关键是中间扫掠结构的设计，创建扫掠结构需要扫掠轨迹与截面。就该结构来说，扫掠截面很简单，就是一个圆，但是扫掠轨迹是一条三维的空间轨迹，应该如何设计呢？如果没有接触曲面知识，相信大部分人都会使用分段法进行设计（在本书第 3 章有详细介绍），首先将扫掠结构分成几段，然后逐段创建轨迹，这其中还需要创建大量基准特征。这种设计方法不仅繁琐，而且修改也不方便。但是使用曲面设计中的组合投影功能，只需要根据结构特点创建两个正交方向的分解草图，然后使用组合投影就可以直接得到这条三维空间轨迹曲线，这种设计方法操作简单，而且便于以后修改，提高了设计效率！

图 7-1　曲面设计应用举例

这个案例只是一个很简单的案例，这种设计思路和方法也只是强大曲面设计功能中的冰山一角。总的来讲，曲面设计应用主要涉及到以下几个方面：

（1）一般零件设计应用

在一般零件设计中有很多规则结构，也有很多不规则结构。这其中一些不规则的结构很多都需要使用曲面方法进行设计，另外，在一般零件设计中灵活使用曲面方法进行处理，能够帮助我们更高效完成设计。

（2）曲面造型应用

使用曲面设计功能能够灵活设计各种流线型的曲面造型，这也是曲面设计最本质的应用，是其他设计方法不可替代的。

（3）自顶向下应用

自顶向下设计是产品设计及系统设计中最为有效的一种设计方法，在自顶向下设计中需要设计各种骨架模型与控件，这些骨架模型与控件均需要使用曲面方法进行设计。

（4）管道设计及电气设计应用

在管道设计与电气设计中，需要设计各种管道路径或电气路径，这是管道设计与电气设计中最为重要的环节，其中很多复杂路径的设计都需要使用曲面设计方法来完成。

（5）模具设计应用

模具设计中需要设计各种分型面，分型面的好坏直接关系到最终的模具分型及整套模具的设计，分型面的设计也是借助曲面设计方法来完成的！

7.1.2　曲面设计思路

由于曲面自身的特殊性，曲面设计思路与一般零件设计思路存在很大差异，下面就一般零件设计与曲面设计思路做一个对比，帮助读者理解曲面设计的基本思路。

对于一般零件的设计，根据其不同的结构特点，可以采用不同的方法进行设计，关于这个问题在本书第 3 章有详细的介绍，但是不管用什么方法进行一般零件的设计，其本质都类似于搭积木的思路，如图 7-2 所示。

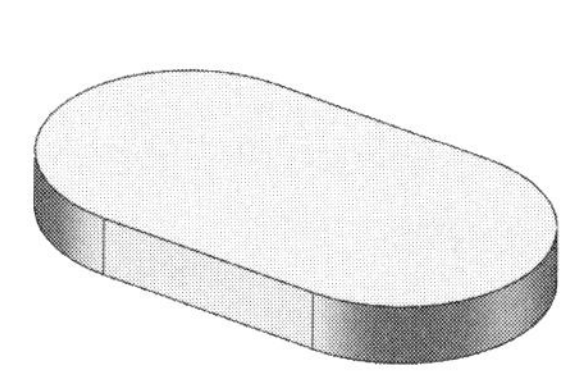
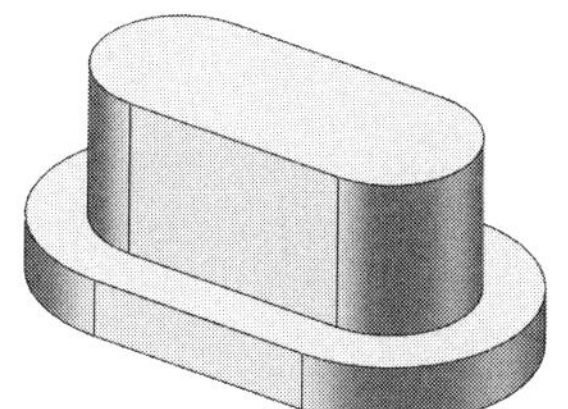
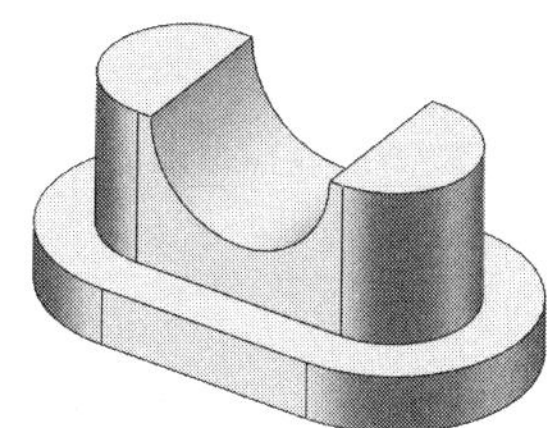

图 7-2　一般零件设计思路

对于曲面的设计，根据曲面结构的不同，同样也有很多设计方法。其中最典型的方法就是线框设计法。一般是先创建曲线线框，然后根据曲线线框进行初步曲面设计，最后将曲面转换

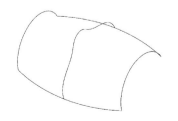

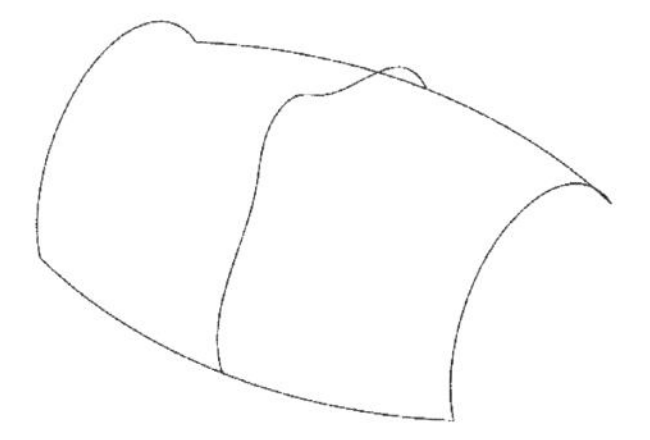
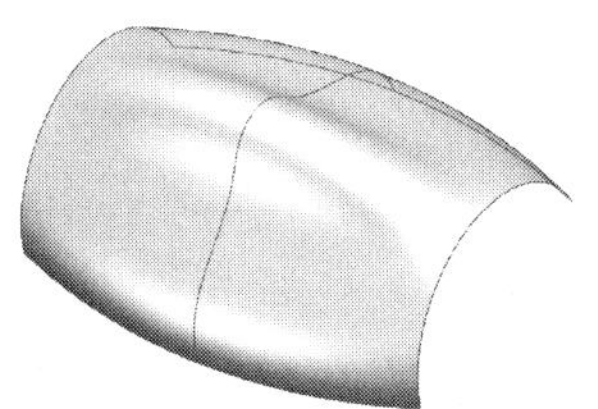
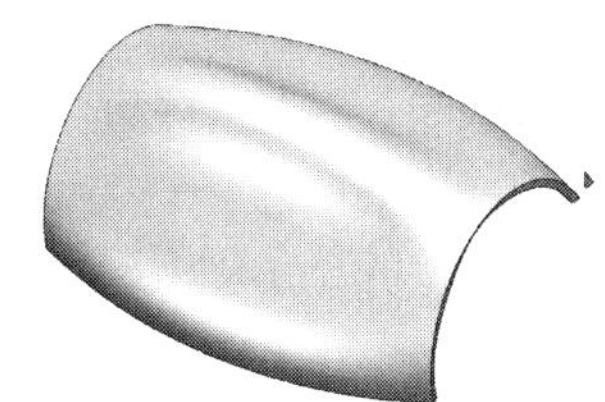

图 7-3　曲面设计思路

成实体并进行后期细节设计，如图 7-3 所示。

7.1.3 曲面设计用户界面

在 NX 建模环境中使用“曲线”及“曲面”选项卡用于曲线及曲面造型设计。此处打开练习文件 ch07 surface\7.1\airplane，熟悉曲面设计环境及曲线、曲面设计工具，如图 7-4 所示。

7.2 曲线线框设计

曲线是曲面设计的基础，是曲面设计的灵魂。NX 提供了多种曲线设计方法，方便用户进行曲线线框设计。曲面设计所需的曲线主要包括三种类型：平面曲线、基本空间曲线及派生曲线。下面具体介绍这三大类型曲线的设计。

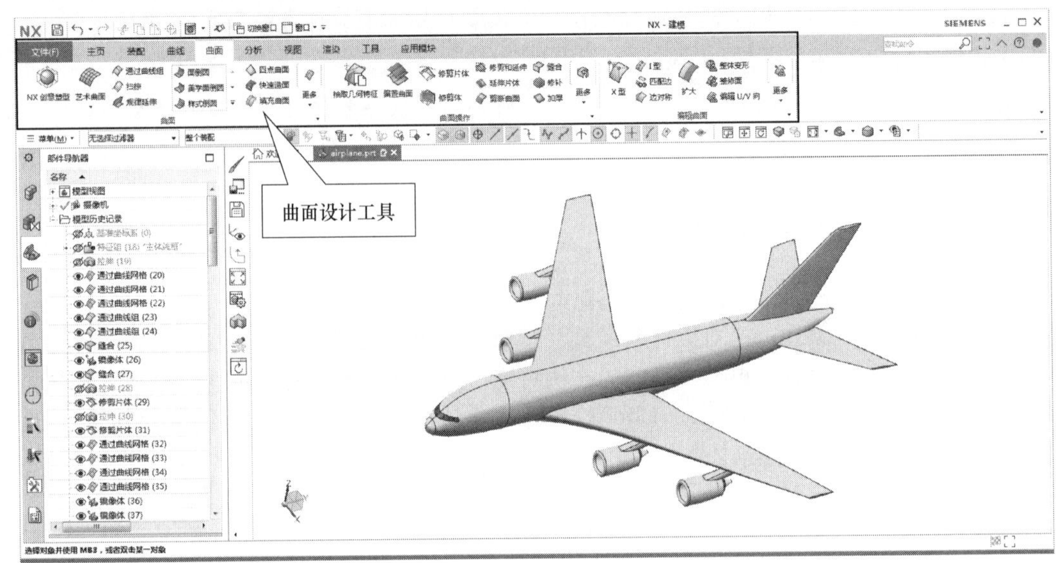

图 7-4 曲面设计环境及工具

7.2.1 平面曲线

平面曲线是指在平面上绘制的曲线，在建模环境的“主页”选项卡中选择“草图”或“在任务环境中绘制”命令，用于绘制各种平面曲线（草图）。

如图 7-5 所示的曲面模型，在设计中需要创建如图 7-6 所示的曲线线框，因为这些曲线都是平面曲线，可以使用“草图”工具创建，下面具体介绍这种平面曲线的创建。

说明：在曲线线框中，一般将最能反映曲面轮廓外形的曲线称为轮廓曲线，与轮廓曲线相连接的另外一个方向的曲线称为截面曲线。本例中较长的两条曲线就是轮廓曲线，与其相连接的三条圆弧曲线就是截面曲线。

步骤 1 新建模型文件。使用“新建”命令新建模型文件，命名为 sketch_curves。

步骤 2 创建轮廓曲线。在“主页”选项卡中单击“在任务环境中绘制”按钮，选择 XY

基准平面绘制如图 7-7 所示的轮廓曲线草图。

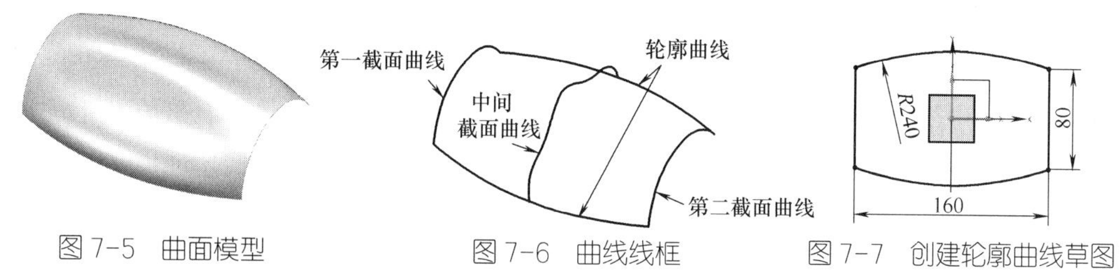

图 7-5　曲面模型　　图 7-6　曲线线框　　图 7-7　创建轮廓曲线草图

步骤 3　创建如图 7-6 所示最左侧第一截面曲线。

① 创建第一截面基准平面。选择“基准平面”命令，选择如图 7-8 所示的曲线顶点及 YZ 基准平面为参考，创建第一截面基准面。

② 创建第一截面草图。在“主页”选项卡中单击“在任务环境中绘制”按钮，选择上一步创建的第一截面基准平面绘制如图 7-9 所示的第一截面草图（注意约束圆弧两端与轮廓曲线的重合约束，保证截面曲线与轮廓曲线连接）。

步骤 4　创建如图 7-6 所示最右侧第二截面曲线。

① 创建第二截面基准平面。选择“基准平面”命令，选择如图 7-10 所示的曲线顶点及 YZ 基准平面为参考，创建第二截面基准面。

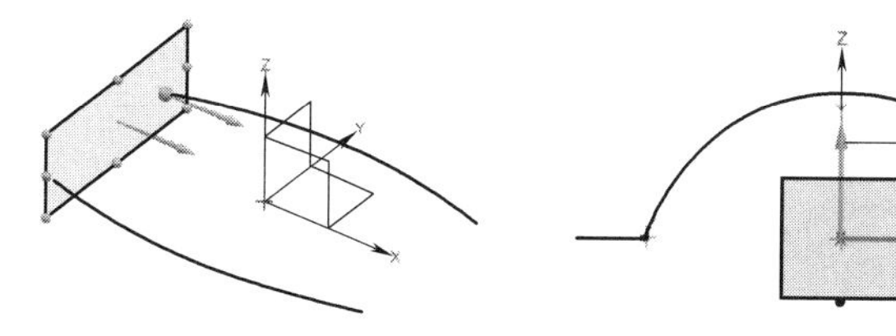

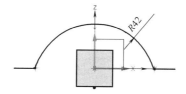

图 7-8　创建第一截面基准面　　图 7-9　创建第一截面草图　　图 7-10　创建第二截面基准面

② 创建第二截面草图。在“主页”选项卡中单击“在任务环境中绘制”按钮，选择上一步创建的第二截面基准平面绘制如图 7-11 所示的第二截面草图（使用“投影曲线”命令投影第一截面曲线，保证两条截面曲线一样）。

步骤 5　创建如图 7-6 所示中间截面曲线。在“主页”选项卡中单击“在任务环境中绘制”按钮，选择 YZ 基准平面绘制如图 7-12 所示的中间截面草图。

注意：需要首先创建轮廓曲线与 YZ 基准平面的交点，如图 7-13 所示，然后约束曲线两端与交点重合。

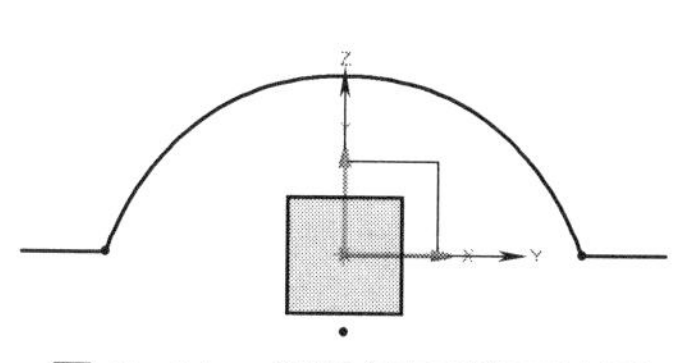

图 7-11　创建第二截面草图

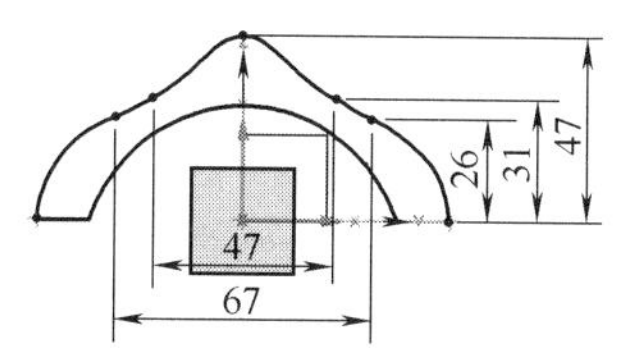

图 7-12　创建中间截面草图

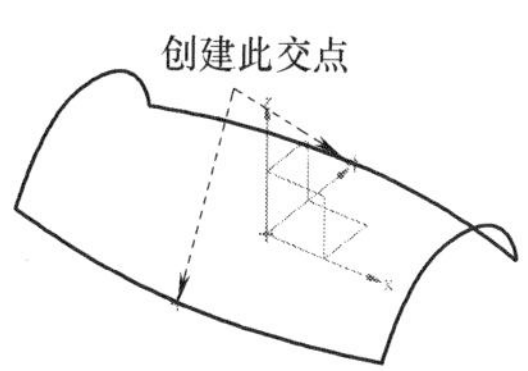

图 7-13　创建草图交点

7.2.2 基本空间曲线

基本空间曲线工具如图 7-14 所示，使用基本空间曲线可以直接选择空间的参考点，系统在参考点之间创建相应的空间曲线。这些基本空间曲线与草图环境中的草图工具类似，主要区别是草图中的工具必须要进入草图环境才可以使用，基本空间曲线可以直接在空间创建，不用进入草图环境。下面通过两个具体实例详细介绍常用基本空间曲线操作。

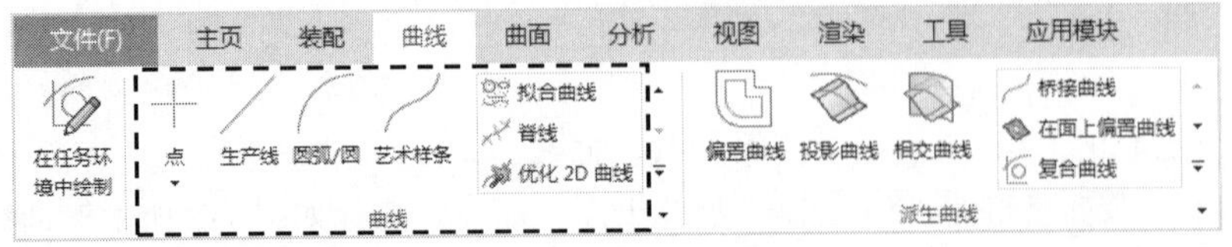

图 7-14 基本空间曲线工具

（1）艺术灯罩曲线线框设计

如图 7-15 所示的艺术灯罩曲面，设计关键是要创建如图 7-16 所示的“灯罩曲线线框”，其中最重要的曲线是封闭的空间波浪曲线。创建的思路是：首先创建如图 7-17 所示的辅助曲线（两个平行面上的正多边形），然后使用“艺术样条”命令依次选择辅助曲线上各个顶点创建需要的封闭的空间波浪曲线。

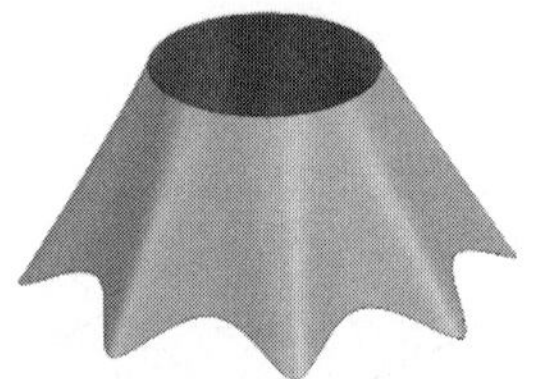

图 7-15 艺术灯罩曲面

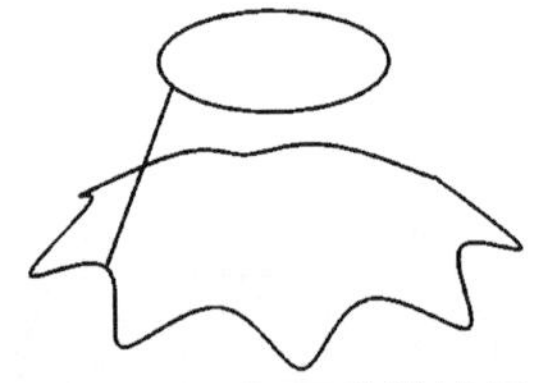

图 7-16 灯罩曲线线框

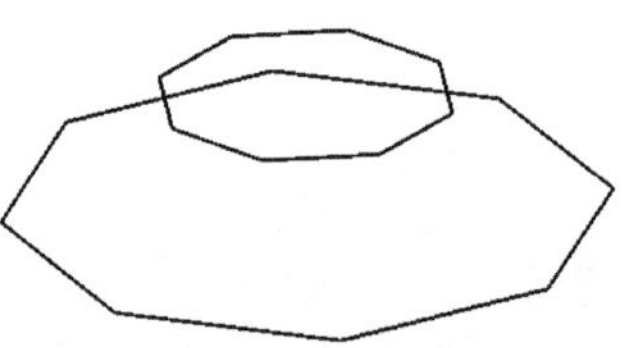

图 7-17 辅助曲线

步骤 1 新建模型文件。使用“新建”命令新建模型文件，命名为 space_curves01。

步骤 2 创建如图 7-17 所示的辅助曲线。

① 创建底部八边形。在“主页”选项卡中单击“在任务环境中绘制”按钮，选择 XY 平面创建如图 7-18 所示的正八边形。

② 创建基准平面。选择“基准平面”命令，选择 XY 平面为参考平面，设置偏置距离为 25，如图 7-19 所示，使用该基准面控制上下两个八边形的间距。

③ 创建顶部八边形。在“主页”选项卡中单击“在任务环境中绘制”按钮，选择上一步创建的基准平面创建如图 7-20 所示的正八边形（注意旋转角度）。

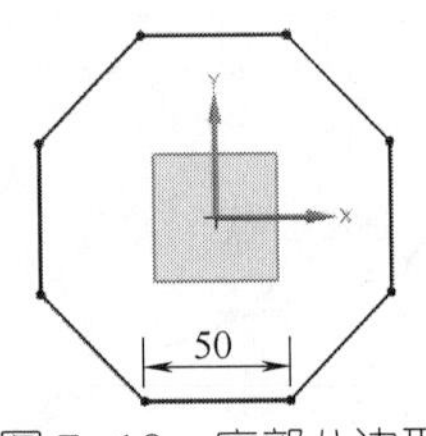

图 7-18 底部八边形

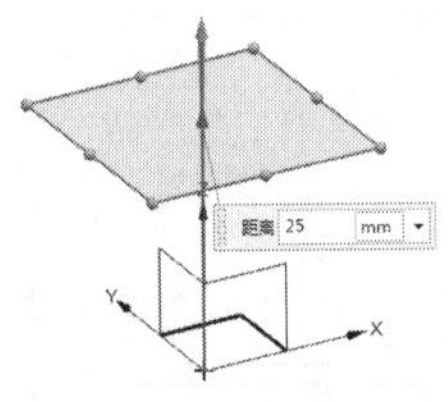

图 7-19 基准平面

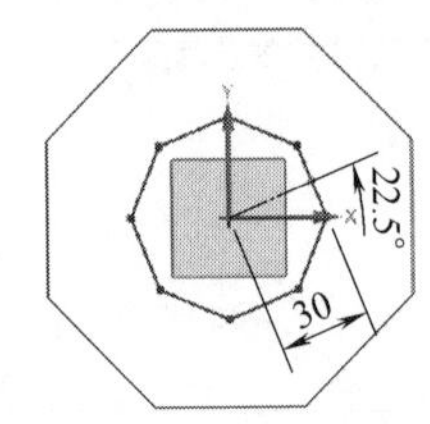

图 7-20 顶部八边形

步骤 3 创建空间波浪曲线。在“曲线”选项卡中单击“艺术样条”按钮，系统弹出如图 7-21 所示的“艺术样条”对话框，在顶部下拉列表中选择“根据极点”选项，选中“封闭”选项，表示创建封闭样条曲线，依次交错选择两个多边形上的顶点为极点，如图 7-22 所示，单击“确定”按钮，完成艺术样条曲线创建，如图 7-23 所示。

图 7-21　定义艺术样条

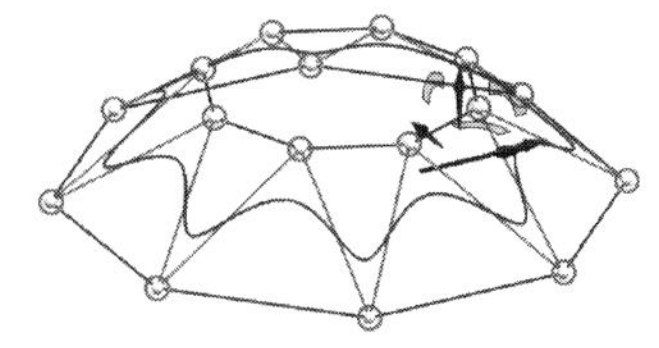

图 7-22　选择极点

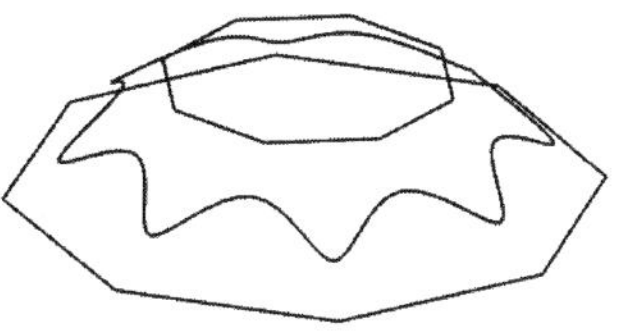

图 7-23　艺术样条曲线

步骤 4　创建顶部圆。选择“基准平面”命令，选择 XY 平面为参考平面，设置偏置距离为 55，如图 7-24 所示，在“主页”选项卡中单击“在任务环境中绘制”按钮，选择此步骤创建的基准平面创建如图 7-25 所示的圆。

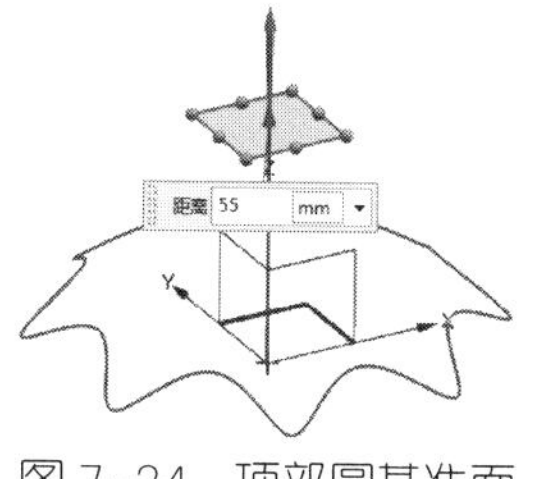

图 7-24　顶部圆基准面

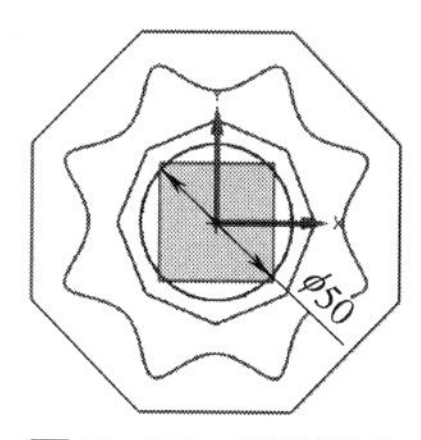

图 7-25　顶部圆

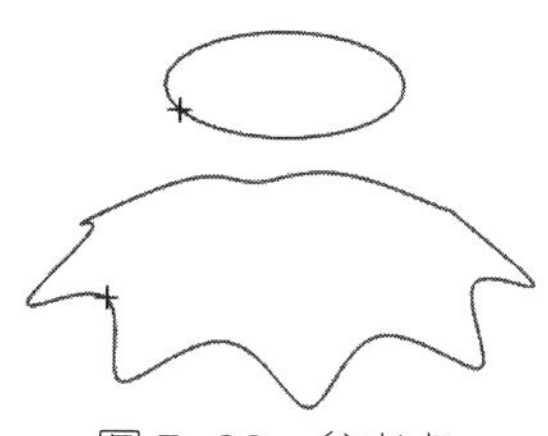

图 7-26　参考点

步骤 5　创建如图 7-26 所示的参考点。在“曲线”选项卡中单击“点”按钮，系统弹出“点”对话框，在顶部下拉列表中选择“曲线/边上的点”选项，表示在曲线上创建点，分别选择空间波浪曲线及顶部圆为参考，设置点在空间波浪曲线位置百分比为 25，如图 7-27 所示，设置点在顶部圆位置百分比为 50，如图 7-28 所示。

步骤 6　创建直线。在“曲线”选项卡中单击“生产线”按钮，选择上一步骤创建的两个参考点创建直线，如图 7-29 所示。

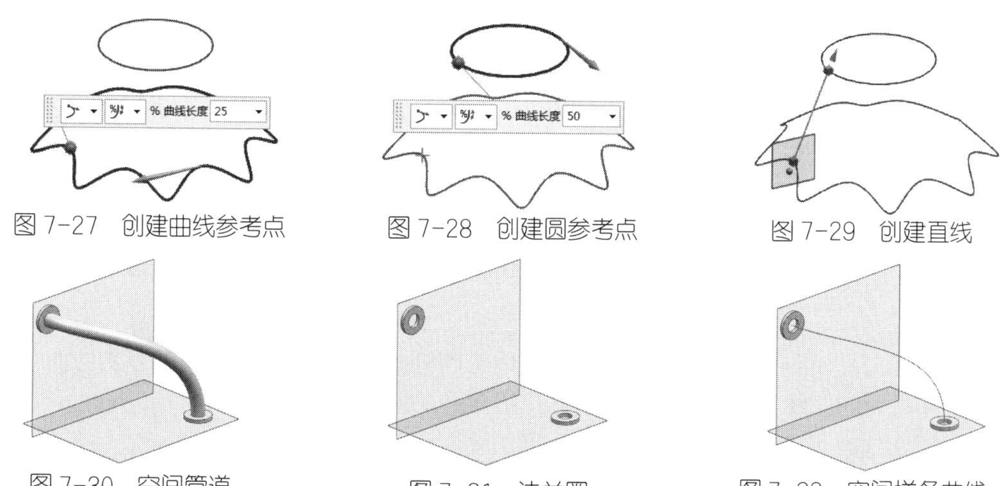

图 7-27　创建曲线参考点　图 7-28　创建圆参考点　图 7-29　创建直线

图 7-30　空间管道　图 7-31　法兰圈　图 7-32　空间样条曲线

（2）空间管道曲线线框设计

如图 7-30 所示的空间管道，现在已经完成了如图 7-31 所示的法兰圈创建，设计关键是创建如图 7-32 所示的“空间样条曲线”，该样条曲线要求与两端法兰圈轴线相切。

步骤 1 打开练习文件 ch07 surface\7.2\02\space_curves02。

步骤 2 创建第一条参考直线。在“曲线”选项卡中单击“生产线”按钮 ╱ ，选择如图 7-33 所示法兰圈两侧圆心点创建直线，如图 7-33 所示。

步骤 3 创建第二条参考直线。在“曲线”选项卡中单击“生产线”按钮 ╱ ，选择如图 7-34 所示法兰圈两侧圆心点创建直线，如图 7-34 所示。

步骤 4 创建空间样条曲线。在“曲线”选项卡中单击“艺术样条”按钮 ，系统弹出如图 7-35 所示的“艺术样条”对话框，在顶部下拉列表中选择“通过点”选项，取消“封闭”选项，表示创建开放的样条曲线。

图 7-33 创建参考直线一

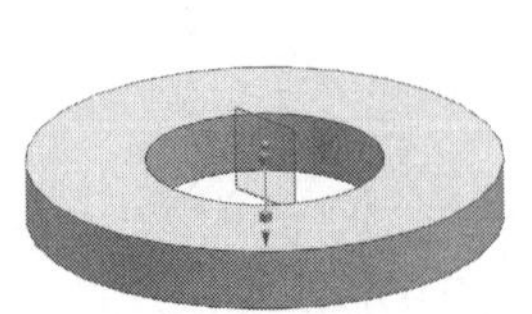

图 7-34 创建参考直线二

图 7-35 定义艺术样条

① 定义起点及约束。选择如图 7-36 所示的直线端点为样条曲线起点，此时在端点附近弹出 G1 G2 工具条，用于定义样条曲线与直线之间的约束，单击“G1”按钮，表示添加相切约束（G2 表示曲率约束）。

② 定义终点及约束。选择如图 7-37 所示的直线端点为样条曲线终点，在弹出的 G1 G2 工具条中单击“G1”按钮，表示添加相切约束，单击“确定”按钮。

说明： 本例在创建艺术样条曲线时，如果不设置样条曲线与两端直线的约束条件，将得到如图 7-38 所示的直线，由此可见添加约束条件的重要性。

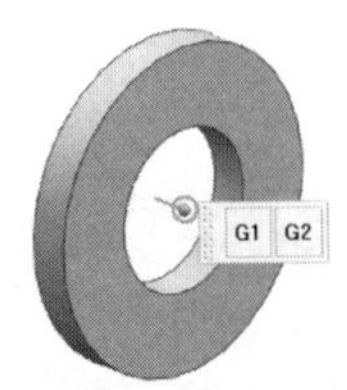

图 7-36 定义起点及约束

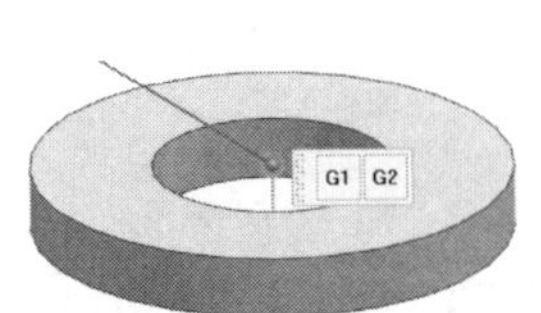

图 7-37 定义终点及约束

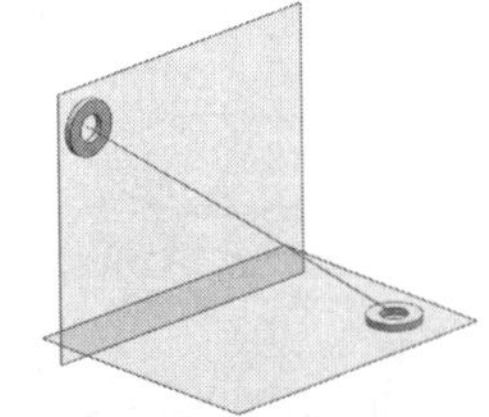

图 7-38 错误样条曲线

7.2.3 派生曲线

派生曲线工具如图 7-39 所示，使用派生曲线可以根据已有的曲线或片体创建新的曲线，是曲面设计中常用的曲线设计方法，下面具体介绍常用派生曲线的创建。

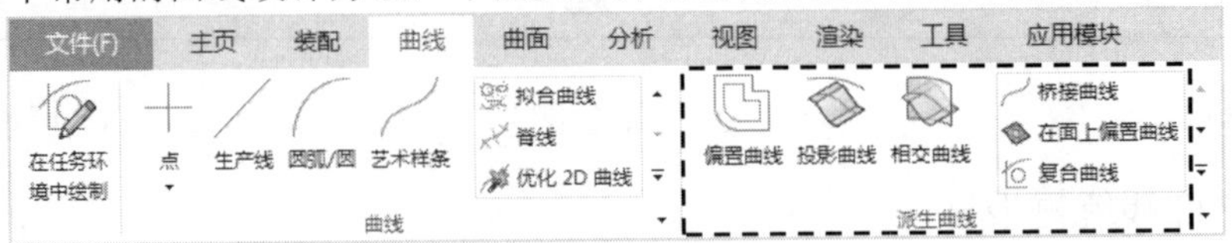

图 7-39 派生曲线工具

（1）偏置曲线

“偏置曲线”命令用于对已有的曲线进行偏移得到新的曲线。如图 7-40 所示的示例模型，创建该模型的关键是首先创建如图 7-41 所示的截面曲线，然后使用“通过曲线组”命令创建该模型，现在已经完成了如图 7-42 所示底部曲线的创建，这种情况下可以使用“偏置曲线”命令对底部曲线进行偏置得到其余曲线，下面具体介绍。

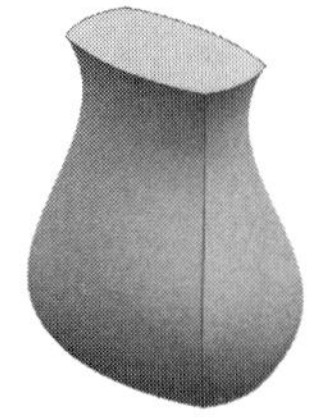
图 7-40　示例模型

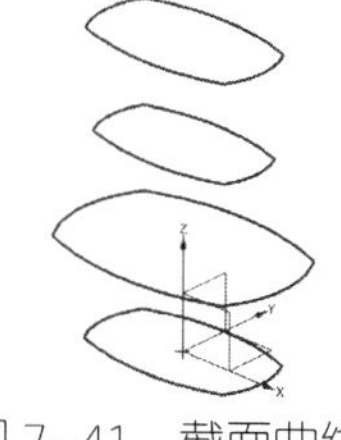
图 7-41　截面曲线

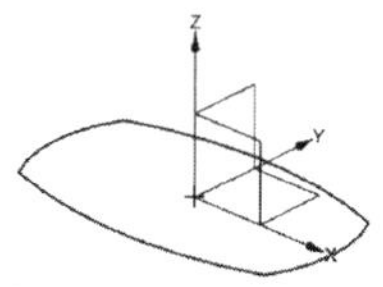
图 7-42　底部曲线

步骤 1　打开练习文件 ch07 surface\7.2\03\offset_curves。

步骤 2　创建第一条偏置曲线。在“曲线”选项卡中单击“偏置曲线”按钮，系统弹出如图 7-43 所示的“偏置曲线”对话框，在顶部下拉列表中选择“拔模”选项，表示创建拔模偏置，选择底部曲线为偏置对象，设置偏置高度为-50（正负号定义偏置高度方向，本例需要向 Z 轴正向偏置），角度为 15 度，如图 7-44 所示。

步骤 3　创建第二条偏置曲线。在“曲线”选项卡中单击“偏置曲线”按钮，系统弹出“偏置曲线”对话框，具体设置如图 7-45 所示，偏置曲线结果如图 7-46 所示。

图 7-43　定义偏置曲线 1

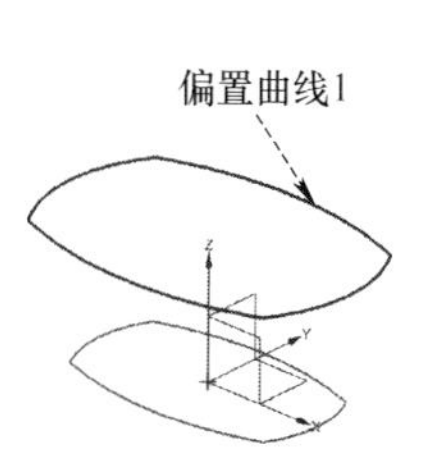

图 7-44　偏置曲线结果

图 7-45　定义偏置曲线 2

步骤 4　创建第三条偏置曲线。在“曲线”选项卡中单击“偏置曲线”按钮，系统弹出“偏置曲线”对话框，具体设置如图 7-47 所示，偏置曲线结果如图 7-48 所示。

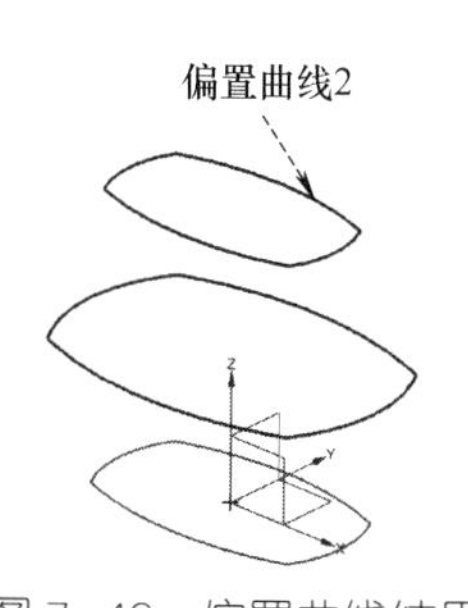

图 7-46　偏置曲线结果

图 7-47　定义偏置曲线 3

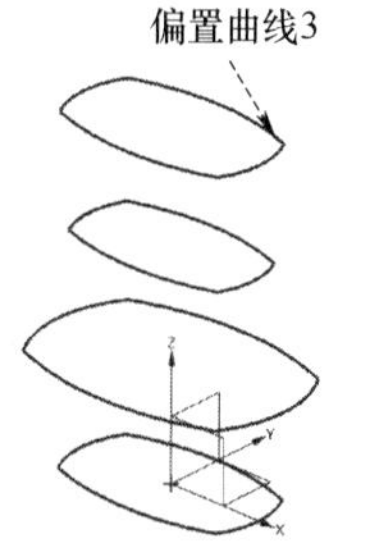

图 7-48　偏置曲线结果

（2）在面上偏置曲线

“在面上偏置曲线”命令用于对曲面上的曲线进行面上偏移得到新的曲线。如图 7-49 所示的鼠标盖曲面模型，现在需要将曲面边界沿着曲面向内偏置一定距离，如图 7-50 所示，后期可以使用偏置曲线对曲面进行修剪处理，如图 7-51 所示，这种情况下需要使用“在面上偏置曲线”进行处理。

图 7-49　鼠标盖曲面

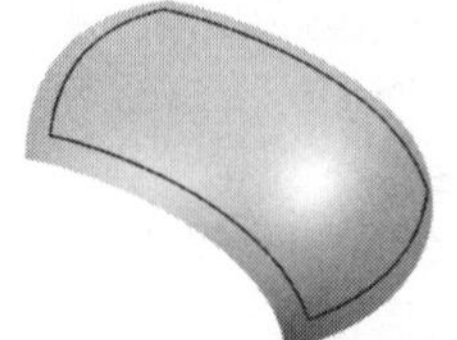

图 7-50　面上偏置曲线

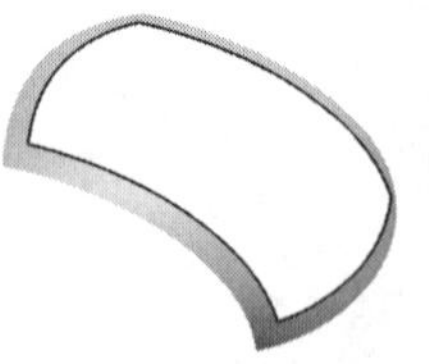

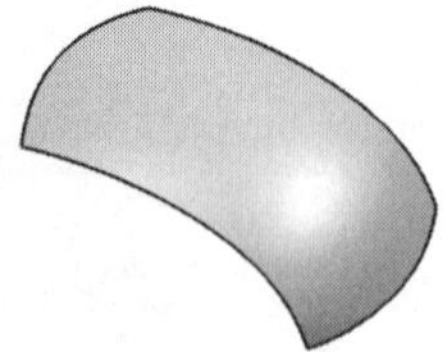

图 7-51　修剪曲面

步骤 1　打开练习文件 ch07 surface\7.2\03\offset_curves_on_surface。

步骤 2　选择命令。在“曲线”选项卡中单击“在面上偏置曲线”按钮 在面上偏置曲线，系统弹出如图 7-52 所示的“在面上偏置曲线”对话框。

步骤 3　定义面上偏置曲线。选择曲面边界为偏置对象，在对话框的“面或平面”区域单击，选择曲面定义为参考面，表示在该曲面上创建偏置曲线，在“截面线 1：偏置 1”文本框中设置偏置距离 5，单击按钮调整偏置方向向曲面内侧，如图 7-53 所示。

说明：创建面上偏置曲线时，在对话框中展开“倒圆尖角”区域，在“圆角”下拉列表中选择“最适合”选项，设置倒圆角半径为 5，如图 7-54 所示，此时在偏置曲线拐角位置生成圆弧连接效果，结果如图 7-55 所示。

（3）镜像曲线

“镜像曲线”命令用于将已有的曲线沿着指定平面进行对称得到新的曲线。如图 7-56 所示的曲线线框，现在需要将如图 7-57 所示左侧曲线沿着 ZX 基准平面进行镜像得到右侧曲线，如图 7-58 所示。下面以此为例介绍镜像曲线操作。

图 7-52　“在面上偏置曲线”对话框

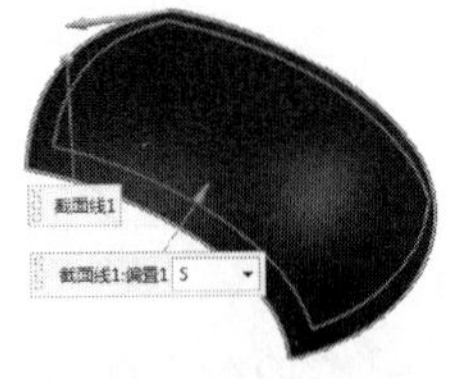

图 7-53　修剪曲面

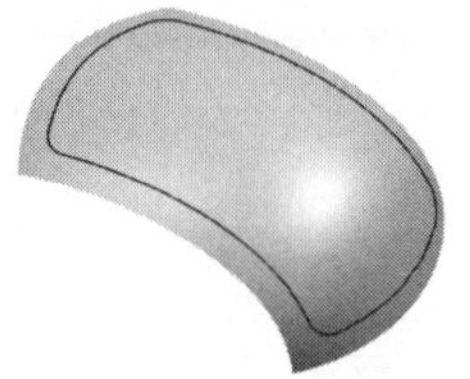

图 7-55　添加圆角

图 7-54　修剪曲面

步骤 1　打开练习文件 ch07 surface\7.2\03\mirror_curves。

步骤 2　选择命令。在“曲线”选项卡中单击“镜像曲线”按钮 镜像曲线，系统弹出如图 7-59 所示的“镜像曲线”对话框。

步骤 3　定义镜像曲线。选择如图 7-57 所示左侧曲线为镜像对象，选择 ZX 基准平面为镜像平面，单击“确定”按钮，完成镜像曲线操作。

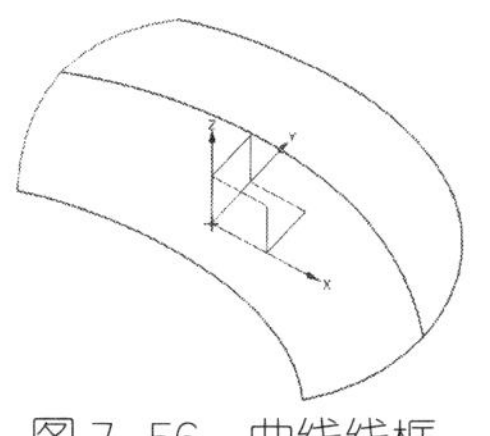
图 7-56　曲线线框

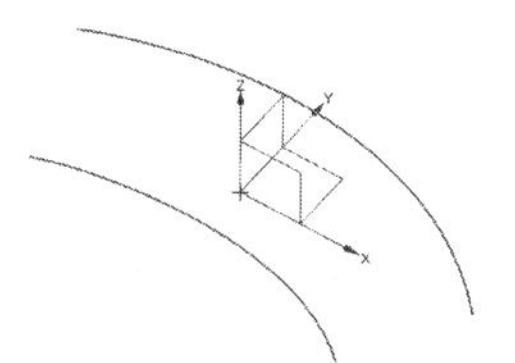
图 7-57　已经完成的曲线

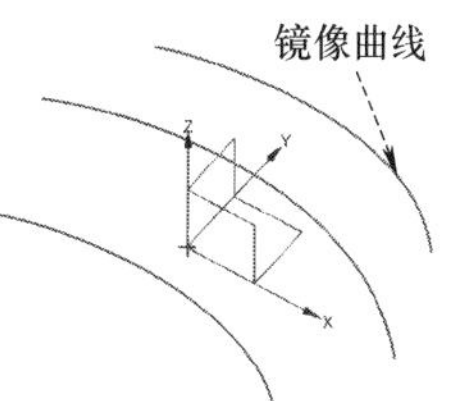

图 7-58　镜像曲线

（4）桥接曲线

“桥接曲线”命令用于在两条分离曲线之间创建连接曲线。如图 7-60 所示的曲面模型，需要在曲面上两条曲线之间创建如图 7-61 所示的连接曲线，这种情况可以使用“桥接曲线”命令来创建。

图 7-59　“镜像曲线”对话框

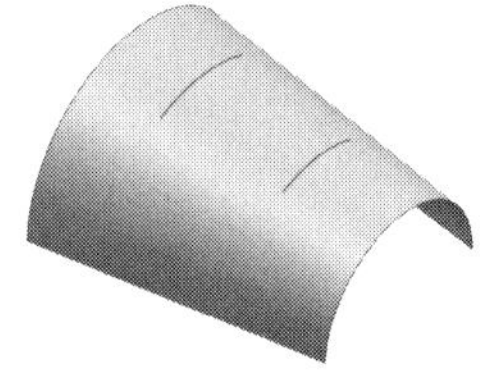
图 7-60　曲面模型

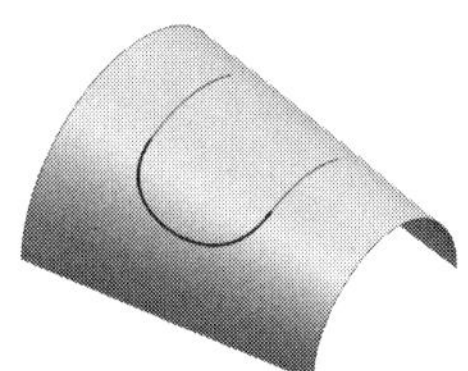
图 7-61　桥接曲线

步骤 1　打开练习文件 ch07 surface\7.2\03\bridge_curves。

步骤 2　选择命令。在“曲线”选项卡中单击“桥接曲线”按钮 桥接曲线，系统弹出如图 7-62 所示的“桥接曲线”对话框。

步骤 3　定义桥接曲线。首先选择其中一条曲线为起始对象，然后选择另外一条曲线为终止对象，选择桥接对象时应该在同一侧靠近端点的位置单击曲线，在对话框的“连接”区域设置桥接曲线开始结束两端与桥接对象之间的约束条件及连接位置，此时在模型上生成桥接曲线预览，如图 7-63 所示。

图 7-62　“桥接曲线”对话框

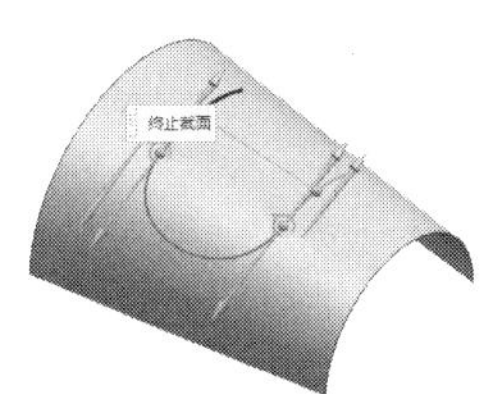

图 7-63　定义桥接曲线

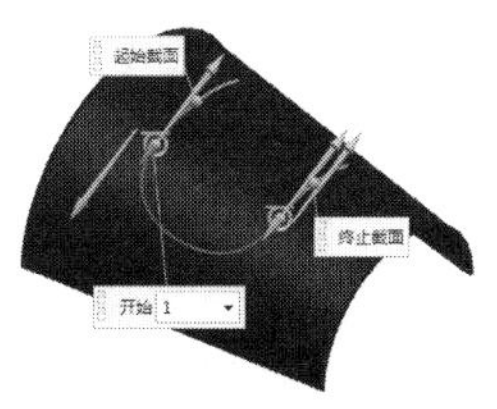

图 7-65　选择约束面

图 7-64　约束面及形状控制

步骤 4　定义约束面。在创建桥接曲线时，单击对话框中的“约束面”区域，如图 7-64 所示，表示定义桥接曲线约束面，就是将桥接曲线“粘贴”到曲面上，本例选择曲面为约束面，此时系统将创建的桥接曲线“粘贴”到曲面上，如图 7-65 所示。

步骤 5 形状控制。在对话框中展开“形状控制”区域，如图 7-64 所示，可以按照一定的方法调整桥接曲线开始结束端的形状，从而增强桥接曲线可控性。

> **说明：** 实际曲面设计中经常使用桥接曲线创建空间曲线，如图 7-66 所示的空间管道模型，为了创建如图 7-67 所示的空间样条曲线，可以使用桥接曲线来创建，如图 7-68 所示，与前面介绍的艺术样条方法相比较，使用桥接曲线创建更具灵活性。

（5）投影曲线

使用“投影曲线”命令将已有的曲线按照一定的方式投射到曲面上得到一条曲面上的曲线。如图 7-69 所示的曲线与曲面，现在需要将曲线投影到曲面上得到如图 7-70 所示的投影曲线。

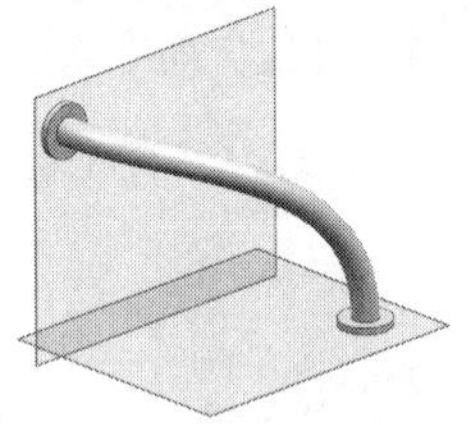

图 7-66 空间管道

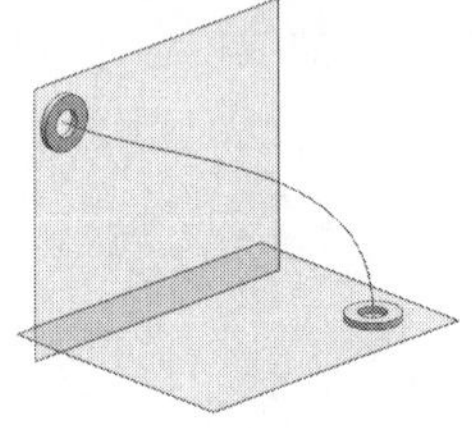

图 7-67 空间样条曲线

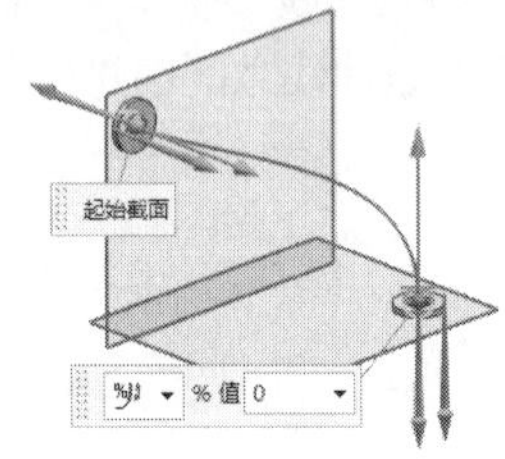

图 7-68 创建桥接曲线

步骤 1 打开练习文件 ch07 surface\7.2\03\projection_curves。

步骤 2 选择命令。在“曲线”选项卡中单击“投影曲线”按钮，系统弹出如图 7-71 所示的“投影曲线”对话框，在该对话框中定义投影曲线。

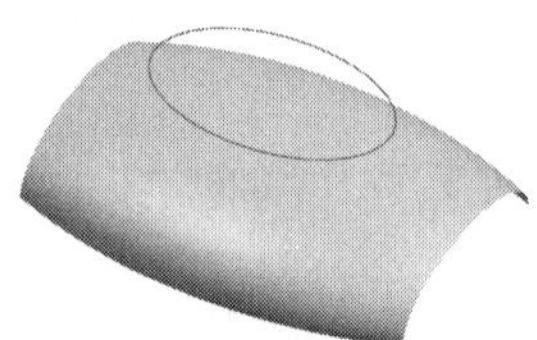

图 7-69 曲线与曲面

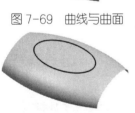

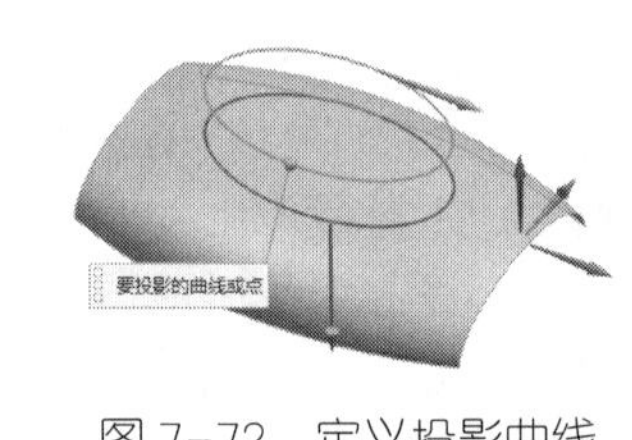

图 7-72 定义投影曲线

图 7-70 投影曲线

图 7-71 “投影曲线”对话框

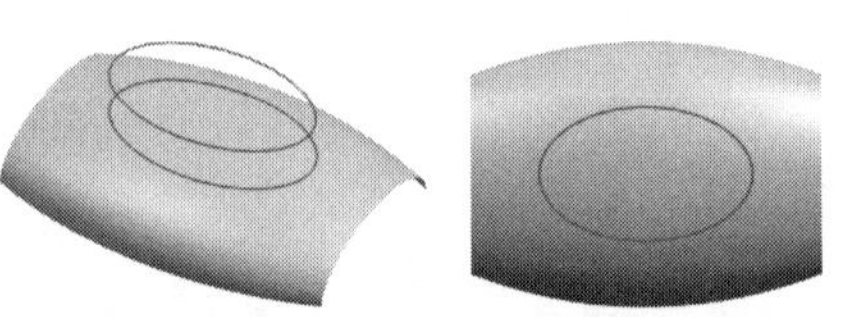

图 7-73 沿矢量投影特点

步骤 3 定义投影对象。选择模型中的曲线为投影曲线对象，选择曲面为投影曲面对象，表示将曲线投影到曲面上得到曲面上的曲线。

步骤 4 定义投影方向。展开“投影方向”区域，在“方向”下拉列表中选择“沿矢量”选项，选择向上矢量为投影矢量方向，单击按钮调整投影方向指向曲面，此时在模型上生成投影曲线预览，如图 7-72 所示，使用“沿矢量”投影特点如图 7-73 所示。

图 7-74 定义投影方向

创建投影曲线时，在“投影曲线”对话框“投影方向”区域的“方向”下拉列表中设置投影方向，如图 7-74 所示。使用不同的投影方向将得到不同的投影曲线效果，本例介绍的是使用“沿矢量”

方向的投影，其他几种投影方向效果如图 7-75 所示，从左到右依次是：沿面的法向、朝向点、朝向直线、与矢量成角度。

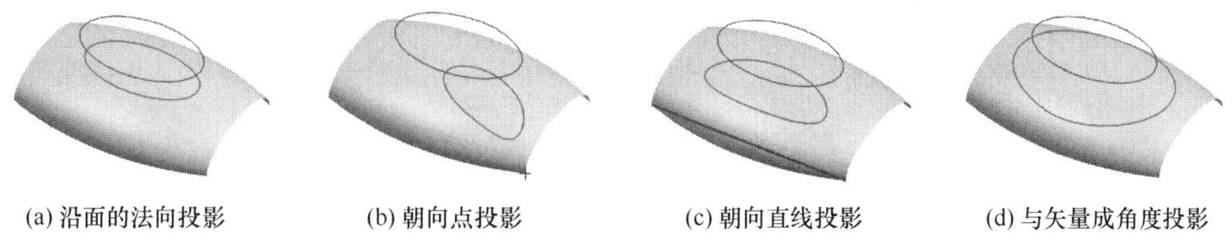

(a) 沿面的法向投影　　(b) 朝向点投影　　(c) 朝向直线投影　　(d) 与矢量成角度投影

图 7-75　投影方向

（6）相交曲线

使用“相交曲线”创建两个相交对象的交线。如图 7-76 所示的多边形弹簧，创建多边形弹簧需要使用如图 7-77 所示的多边形螺旋线作为扫掠轨迹通过扫掠得到，而创建多边形螺旋线需要使用如图 7-78 所示的螺旋曲面与拉伸曲面相交得到，下面具体介绍。

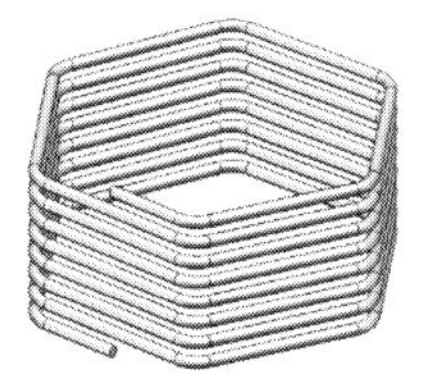

图 7-76　多边形弹簧

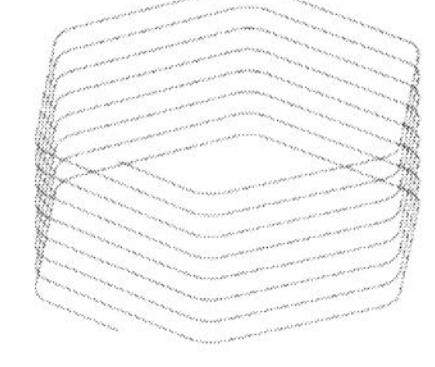

图 7-77　多边形螺旋线

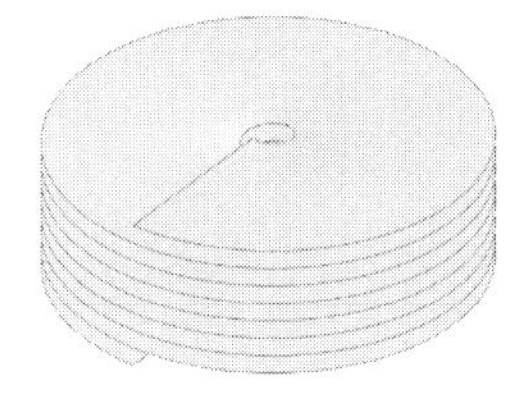

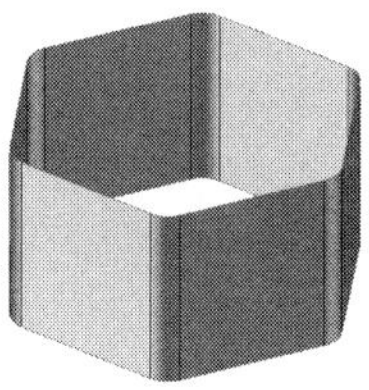

图 7-78　螺旋曲面与拉伸曲面

步骤 1　打开练习文件 ch07 surface\7.2\intersect_curves。

步骤 2　选择命令。在“曲线”选项卡中单击“相交曲线”按钮，系统弹出如图 7-79 所示的“相交曲线”对话框，在该对话框中定义相交曲线。

步骤 3　选择相交对象。在“选择组”工具条的“选择过滤器”中选择“体的面”选项，首先选择螺旋曲面为第一组对象，单击鼠标中键确认，然后选择六边形拉伸曲面为第二组对象，如图 7-80 所示，单击“确定”按钮，完成相交曲线创建。

图 7-79　“相交曲线”对话框

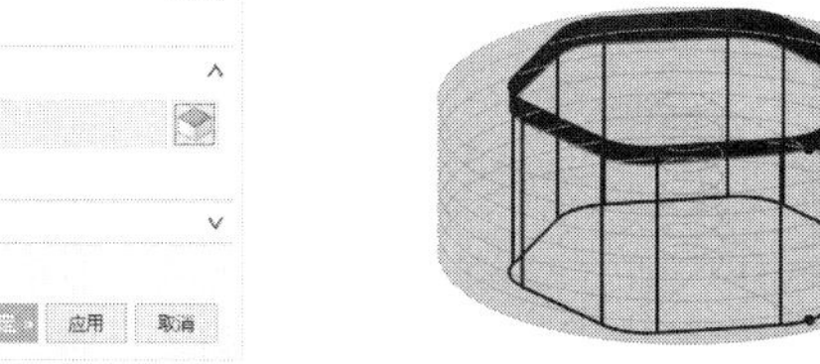

图 7-80　选择相交对象

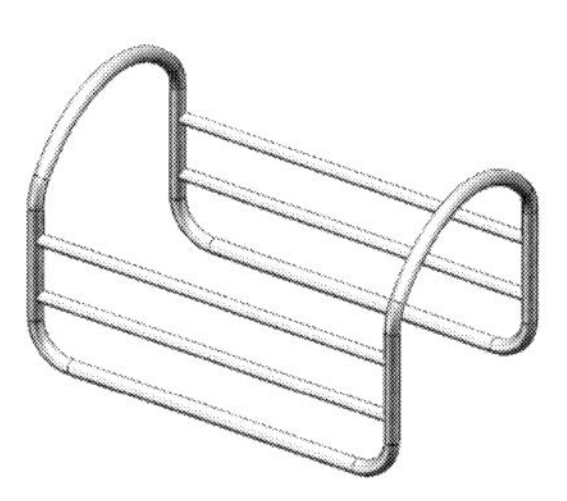

图 7-81　护栏模型

（7）组合投影

使用“组合投影”命令将两个方向的曲线通过“相交”创建新曲线。如图 7-81 所示的护栏模型，设计的关键是模型中的三维扫掠结构。创建这个三维扫掠结构需要首先创建如图 7-82（a）所示的扫掠轨迹曲线。为了得到这种空间扫掠轨迹曲线，首先分析一下曲线，像这种曲线我们可以从两个正交方向观察曲线特点，如图 7-82 所示，从图中前视方向观察，得到如图 7-82（b）所示的前视方向曲线效果，然后从侧视方向观察，得到如图 7-82（c）所示的侧视方向曲线效果。先在两个正交方向分别绘制两个方向的曲线草图，如图 7-83 所示，然后使用“组合投影”命令得到两者的相交曲线，下面具体介绍。

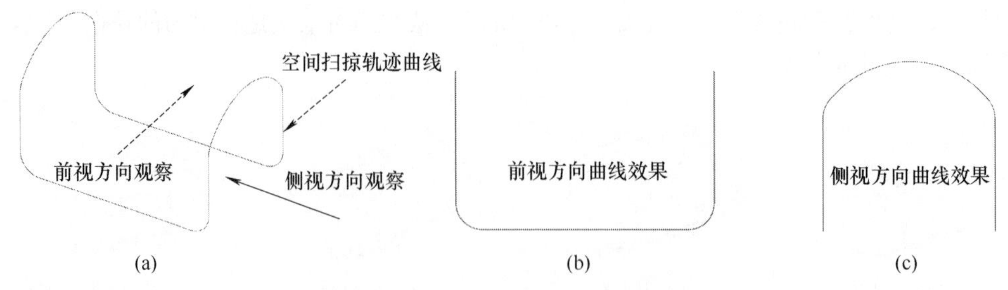

图 7-82　分析空间扫掠轨迹曲线

步骤 1　打开练习文件 ch07 surface\7.2\com_projection_curves。

步骤 2　选择命令。在“曲线”选项卡中单击“组合投影”按钮 组合投影，系统弹出如图 7-84 所示的“组合投影”对话框，在该对话框中定义组合投影曲线。

步骤 3　定义组合投影。选择前视方向曲线为“曲线 1”，单击鼠标中键，选择侧视方向曲线为“曲线 2”，单击“确定”按钮，完成组合曲线创建，如图 7-85 所示。

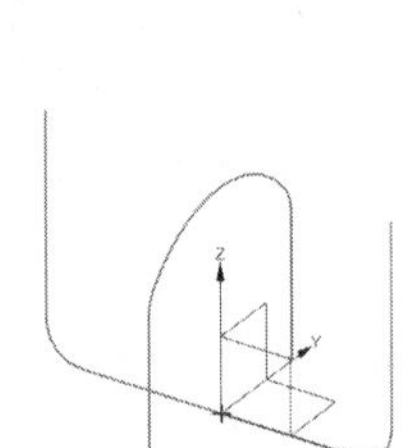

图 7-83　绘制相交曲线

图 7-84　“组合投影”对话框

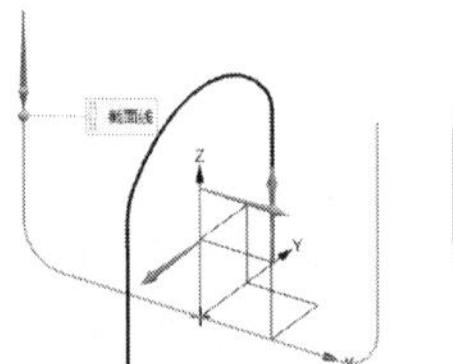

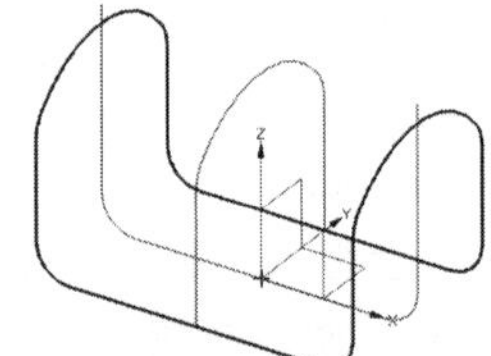

图 7-85　选择曲线组合投影

本例中组合投影的本质其实还是曲面与曲面的相交，相当于首先使用两个正交方向的曲线做曲面，然后两个曲面相交得到相交曲线，如图 7-86 所示。像这种情况我们首选的还是组合投影（相当于相交），因为这样不用做曲面，操作更高效，只有组合投影解决不了的情况才会使用曲面与曲面相交。

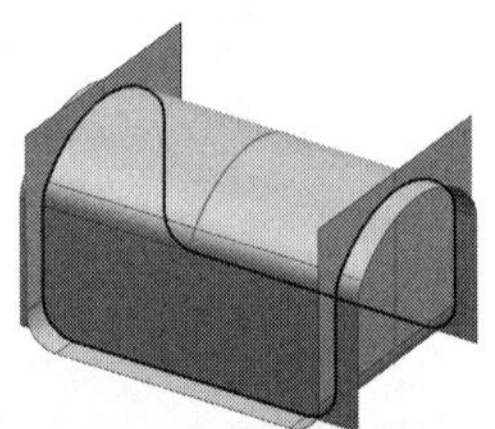

图 7-86　曲面相交

（8）缠绕/展开曲线

“缠绕/展开曲线”用于将平面曲线缠绕在曲面上或将空间曲线展开到平面上。如图 7-87 所示的螺旋叶片模型，现在已经完成了如图 7-88 所示基础结构的创建，需要在此基础上创建螺旋叶片，已知螺旋叶片中性面内侧曲线如图 7-89 所示，需要将该曲线缠绕到

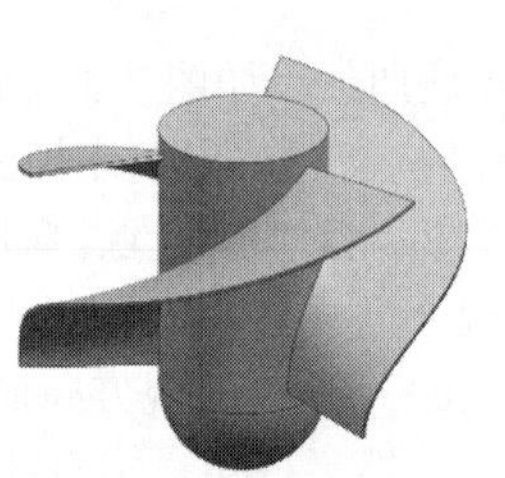

图 7-87　螺旋叶片

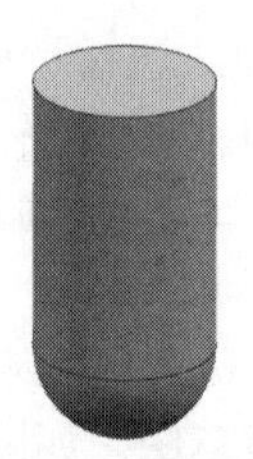

图 7-88　基础实体

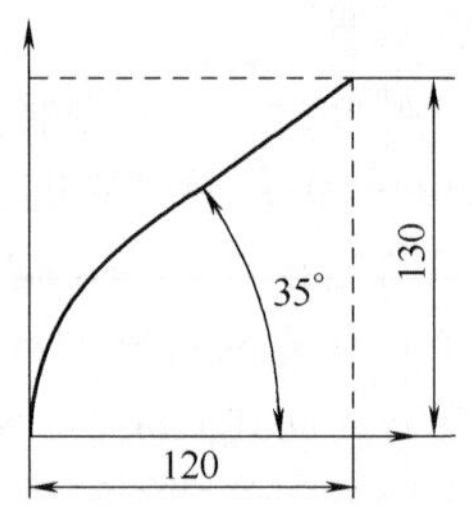

图 7-89　叶片中性面内侧曲线

基础结构圆柱面上得到螺旋叶片中性面内侧曲线，然后使用内侧曲线创建叶片曲面（要求叶片曲面始终垂直于圆柱面），下面具体介绍创建过程。

步骤 1　打开练习文件 ch07 surface\7.2\winding_curves。

步骤 2　创建基准平面。选择“基准平面”命令，创建一个与基础实体圆柱面相切同时与 ZX 基准面平行的基准平面（必须要相切），如图 7-90 所示，该基准平面将作为创建缠绕曲线草图的草图平面。

步骤 3　创建曲线草图。在“主页”选项卡中单击“在任务环境中绘制”按钮，选择上一步创建的基准平面为草图平面创建如图 7-91 所示的曲线草图，该曲线草图正是如图 7-89 所示的叶片中性面内侧曲线。

步骤 4　创建缠绕曲线。将上一步创建的曲线草图缠绕到基础实体圆柱面上。

① 选择命令。在“曲线”选项卡中单击“缠绕/展开曲线”按钮 缠绕/展开曲线，系统弹出如图 7-92 所示的“缠绕/展开曲线”对话框。

② 定义缠绕曲线。在顶部下拉列表中选择“缠绕”选项，选择以上创建的曲线草图为曲线对象，选择基础实体圆柱面为缠绕面，选择以上创建的基准平面为平面对象，此时在模型上生成缠绕曲线，如图 7-93 所示，单击“确定”按钮，如图 7-94 所示。

说明：创建缠绕曲线时一定要注意，创建缠绕曲线的曲线草图所在的草图平面必须与缠绕曲面相切，否则无法创建缠绕曲线。

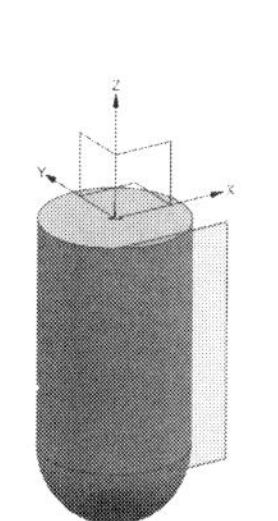

图 7-90　基准平面

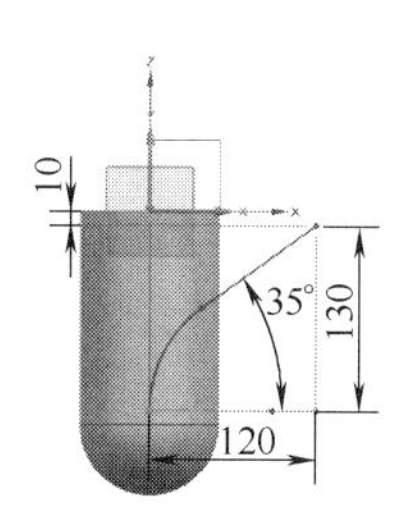

图 7-91　曲线草图

图 7-92　“缠绕/展开曲线”对话框

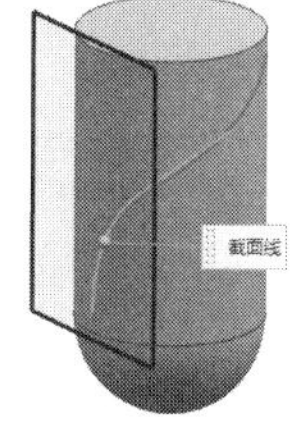

图 7-93　定义缠绕曲线

步骤 5　创建直线。在“曲线”选项卡中单击“生产线”按钮，选择缠绕曲线底部端点为直线起点，直线方向为 Y 轴方向，直线长度为 80，如图 7-95 所示。

步骤 6　创建扫掠曲面。在“曲面”选项卡中单击“扫掠”按钮 扫掠，系统弹出如图 7-96 所示的“扫掠”对话框，选择上一步创建的直线为扫掠截面，选择缠绕曲线为引导线，在对话框中展开“截面选项”区域，在“定向方法”区域的下拉列表中选择“面的法向”选项，选择如图 7-97 所示的圆柱面，表示创建的扫掠曲面始终与基础实体圆柱面法向垂直，单击“确定”按钮，完成扫掠曲面创建。

步骤 7　创建展开曲线。将上一步创建的扫掠曲面外侧边线（如图 7-98 所示）展开到平面上得到叶片中性面外侧曲线，创建展开曲线操作与缠绕曲线操作类似。

① 创建拉伸曲面。选择“拉伸”命令创建如图 7-99 所示的圆柱拉伸曲面，拉伸截面草图是与叶片曲面外侧轮廓一致的圆，拉伸高度与基础实体圆柱部分高度一致，该拉伸圆柱面相当于以上创建缠绕曲线的缠绕面。

② 创建基准平面。选择“基准平面”命令，创建一个与拉伸圆柱面相切同时通过底部端点的基准平面，如图 7-100 所示，该基准平面将作为展开曲线的展开平面。

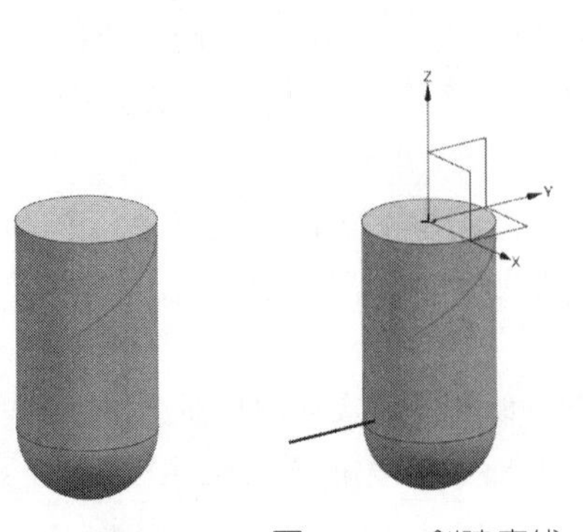

图 7-94 缠绕曲线　图 7-95 创建直线

图 7-96 “扫掠”对话框

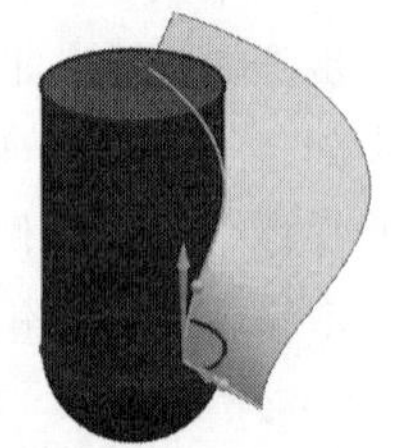

图 7-97 定义扫掠曲面

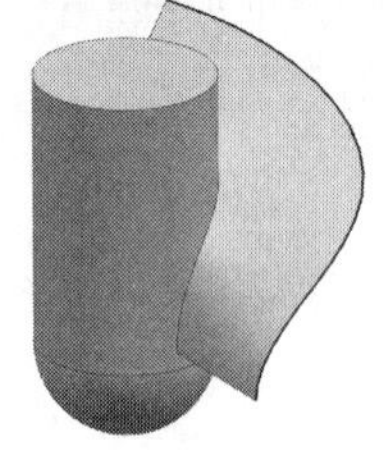

图 7-98 叶片外侧曲线

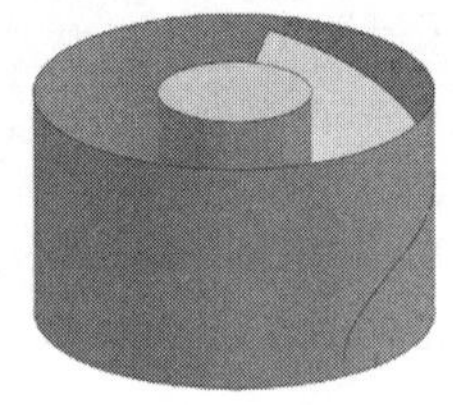

图 7-99 拉伸曲面

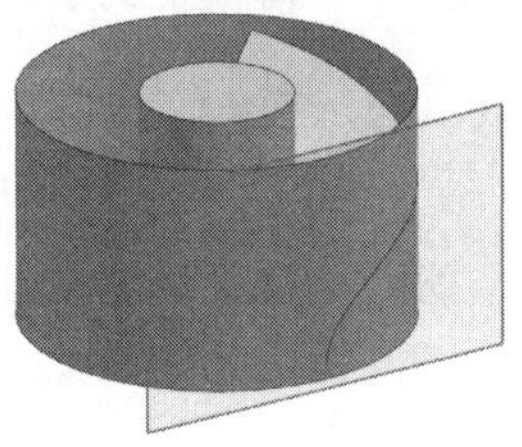

图 7-100 基准平面

③ 定义展开曲线。在“曲线”选项卡中单击“缠绕/展开曲线”按钮 缠绕/展开曲线，系统弹出“缠绕/展开曲线”对话框，在顶部下拉列表中选择“展开”选项，如图 7-101 所示，选择叶片曲面外侧边线为曲线对象，选择拉伸圆柱面为缠绕面，选择以上创建的基准平面为平面对象，此时在基准平面上生成展开曲线，如图 7-102 所示，单击“确定”按钮，展开曲线结果如图 7-103 所示。

图 7-101 “缠绕/展开曲线”对话框

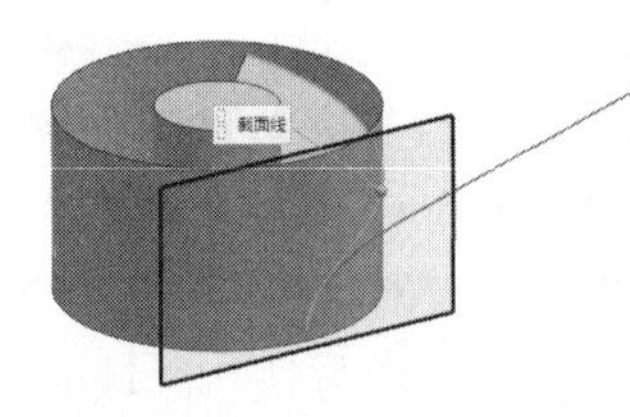

图 7-102 定义展开曲线

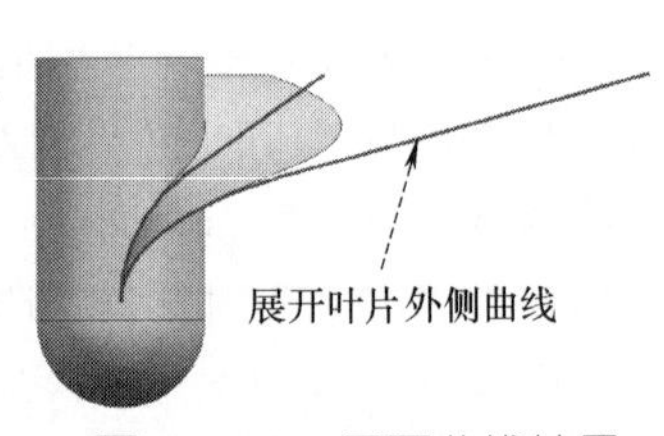

图 7-103 展开曲线结果

7.3 曲面设计工具

NX 中提供了多种曲面设计工具，方便用户完成各种曲面的设计，下面具体介绍几种常用曲面设计工具。

7.3.1　拉伸曲面

“拉伸”命令用于将二维草图沿着一定的方向拉伸出来形成一张曲面，创建方法与“拉伸特征”是一样的。本章前面小节介绍过如图 7-104 所示的多边形弹簧的创建，创建的关键是如图 7-105 所示的多边形螺旋线，而在创建多边形螺旋线的过程中需要首先创建如图 7-106 所示的多边形曲面，这种曲面就可以使用“拉伸”来创建。

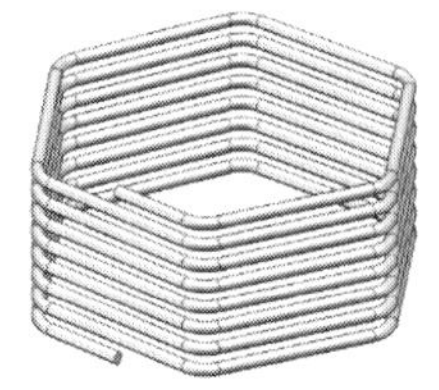

图 7-104　多边形弹簧

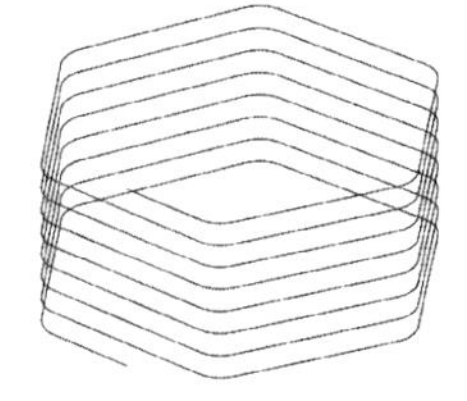

图 7-105　多边形螺旋线

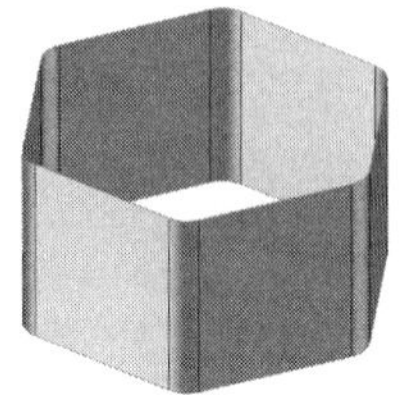

图 7-106　多边形曲面

步骤 1　打开练习文件 ch07 surface\7.3\01\extrude_surface。

步骤 2　选择命令。在“主页”选项卡中单击“拉伸”按钮，系统弹出“拉伸”对话框，在该对话框中定义拉伸曲面。

步骤 3　创建拉伸截面草图。在“拉伸”对话框的“截面线”区域单击按钮，选择 XY 平面创建如图 7-107 所示的拉伸截面草图。

步骤 4　定义拉伸曲面。在“拉伸”对话框中定义拉伸深度为 125，展开“设置”区域，在“体类型”下拉列表中选择“片体”选项，如图 7-108 所示，表示创建拉伸曲面，这是创建拉伸曲面的关键，此时拉伸结果如图 7-109 所示。

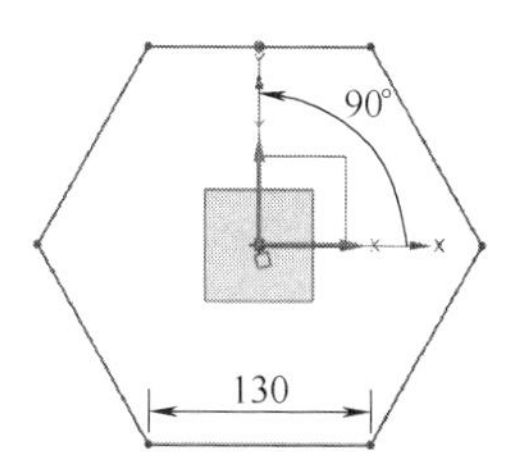

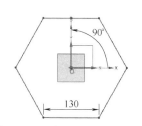

图 7-107　创建拉伸截面草图

图 7-108　定义拉伸曲面

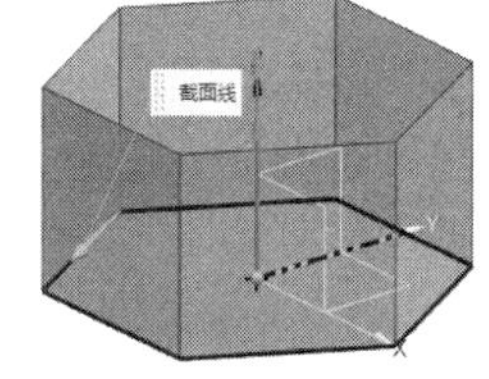

图 7-109　创建拉伸曲面

7.3.2　旋转曲面

“旋转”命令用于将二维草图绕着轴旋转一定角度（默认 360 度）形成一张回转曲面，创建方法与“旋转特征”是一样的。如图 7-110 所示的艺术灯罩曲面，在创建该灯罩曲面时需要首先创建如图 7-111 所示的主体曲面，因为该主体曲面是一个回转曲面，可以使用“旋转”工具创建，下面具体介绍。

步骤 1　打开练习文件 ch07 surface\7.3\02\revolve_surface。

步骤 2　选择命令。在“主页”选项卡中单击“旋转”按钮，系统弹出“旋转”对话框，在该对话框中定义旋转曲面。

步骤 3　创建旋转截面草图。在“旋转”对话框的“截面线”区域单击按钮，选择 ZX 平面创建如图 7-112 所示的旋转截面草图。

步骤 4　定义旋转曲面。在“旋转”对话框中使用默认的旋转角度，展开“设置”区域，在“体类型”下拉列表中选择“片体”选项，如图 7-113 所示，表示创建旋转曲面，这是创建旋转曲面的关键，单击“确定”按钮，完成旋转曲面创建。

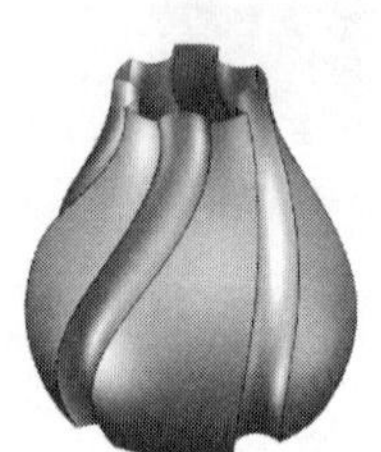

图 7-110　灯罩曲面

图 7-111　灯罩主体

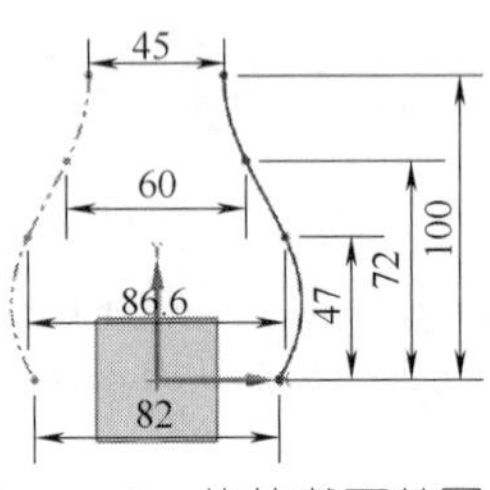

图 7-112　旋转截面草图

图 7-113　“旋转”对话框

7.3.3　有界平面

使用“有界平面”命令将选中的连续封闭区域用曲面填补起来。创建有界平面的关键是选择封闭的平面边界，平面边界可以是封闭草图或已有曲面边界。如图 7-110 所示的艺术灯罩曲面模型，现在需要创建如图 7-114 所示的封闭底面，因为底面边界是共面的，这种情况下可以使用“有界平面”来创建，下面具体介绍。

步骤 1　打开练习文件 ch07 surface\7.3\03\plate_surface。

步骤2　选择命令。在“曲面”选项卡的“更多”菜单中单击“有界平面”按钮 **有界平面**，系统弹出如图 7-115 所示的“有界平面”对话框，用于创建有界平面。

步骤 3　定义有界平面。在模型上选择如图 7-116 所示的曲面边界，系统在选择的边界上创建有界平面，单击“确定”按钮完成有界平面创建。

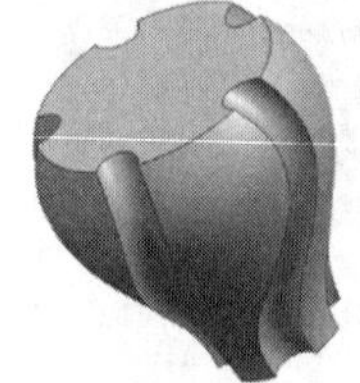

图 7-114　封闭底面

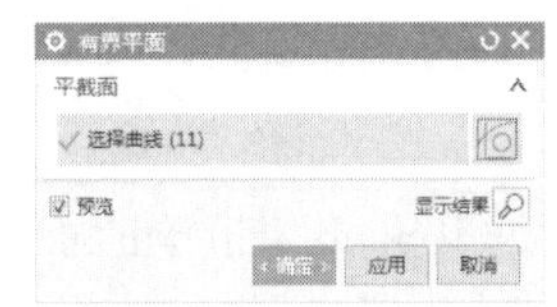

图 7-115　“有界平面”对话框

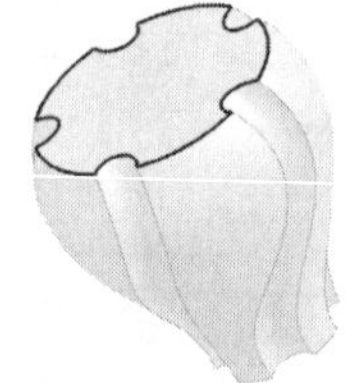

图 7-116　选择边界

7.3.4　填充曲面

“填充曲面”可以将选中的连续封闭的边界使用曲面填补起来，实现曲面的封闭。创建填充曲面的关键是选择封闭的填充边界，填充边界可以是封闭草图或已有的曲面边界，另外，在创建填充曲面时还可以根据设计需要设置填充曲面约束关系。

（1）创建填充曲面

如图 7-117 所示的飞机曲面模型，在创建如图 7-118 所示的机头曲面时，对于机头部分的圆头结构，一般是首先创建如图 7-119 所示的主体曲面，最后创建圆头结构，这种情况就可以直接使用填充曲面来创建，下面具体介绍。

图 7-117　飞机曲面模型

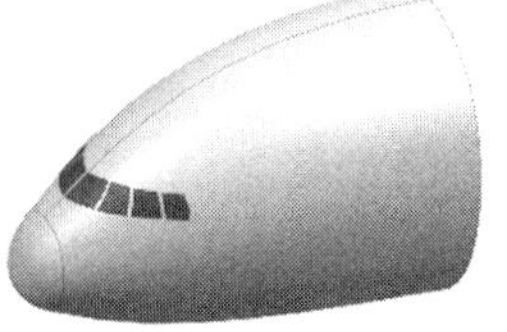
图 7-118　机头曲面

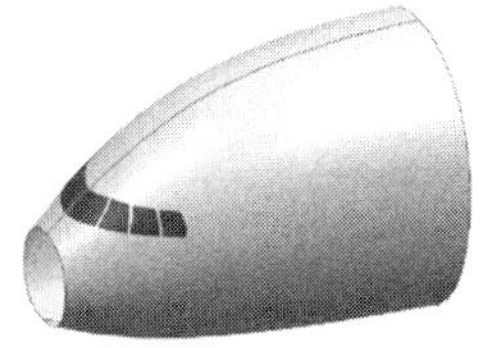
图 7-119　机头曲面

步骤 1　打开练习文件 ch07 surface\7.3\04\fill_surface01。

步骤 2　选择命令。在“曲面”选项卡中单击“填充曲面”按钮 填充曲面，系统弹出如图 7-120 所示的“填充曲面”对话框，用于创建填充曲面。

步骤 3　定义填充曲面。在对话框“设置”区域的“默认边连续性”下拉列表中选择“G2（曲率）”选项，表示创建的填充曲面与边界连接曲面之间的约束条件为 G2，选择如图 7-121 所示的边线为填充边界，此时在模型上生成填充曲面预览，如图 7-121 所示，单击“确定”按钮，完成填充曲面创建。

说明：创建填充曲面一定要注意设置填充曲面边界连续性条件。不同边界条件将得到不同的曲面结果。本例使用的是“G2（曲率）”条件，这是最高级的连续性条件，除此以外还有“G0（位置）”及“G1（相切）”条件，如图 7-122 所示。

图 7-120　定义填充曲面

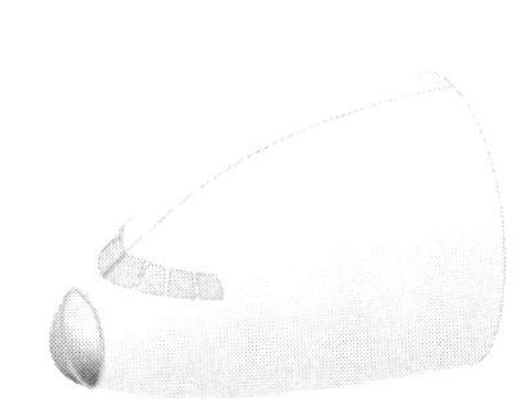
图 7-121　选择填充边界

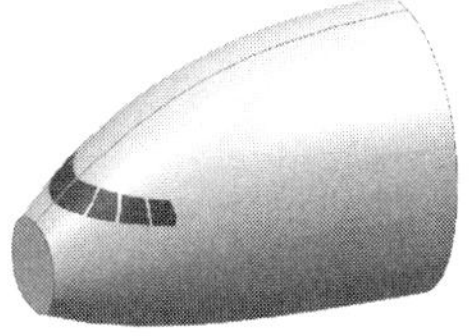
(a) G0条件

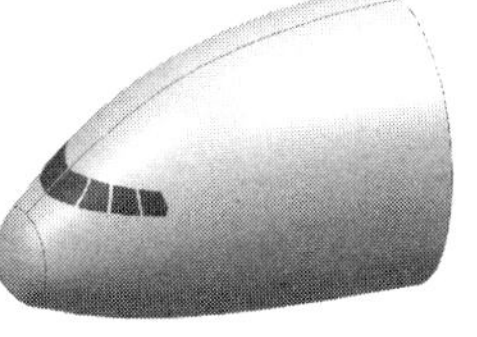
(b) G1条件

图 7-122　填充曲面连续性效果

（2）填充曲面应用

填充曲面在实际曲面设计中的应用非常广泛，特别是在曲面拆分与修补中的应用是其他曲面难以替代的。如图 7-123 所示的曲面模型，需要在曲面破孔区域使用曲面进行填补得到如图

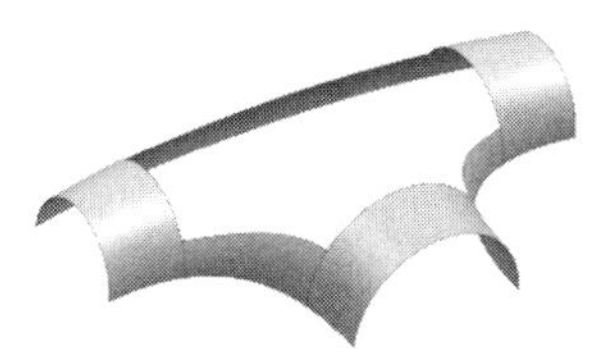
图 7-123　曲面模型

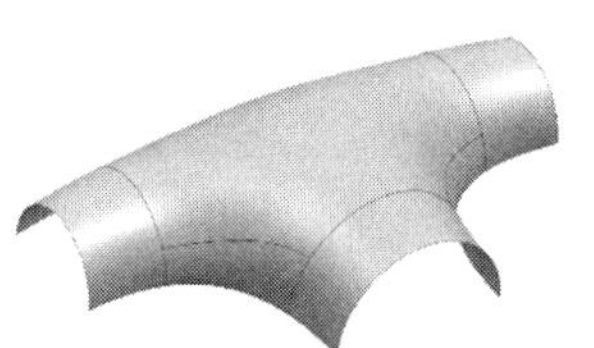
图 7-124　创建填充曲面

7-124 所示的曲面效果，这种情况下可以使用“填充曲面”进行处理。

步骤 1 打开练习文件 ch07 surface\7.3\04\fill_surface02。

步骤 2 创建填充曲面。在“曲面”选项卡中单击“填充曲面”按钮 填充曲面，系统弹出“填充曲面”对话框，在对话框“设置”区域的“默认边连续性”下拉列表中选择“G1（相切）”选项，表示创建的填充曲面与边界连接曲面之间的约束条件为 G1，选择如图 7-125 所示的边线为填充边界，单击“确定”按钮，完成填充曲面创建。

（3）填充曲面总结

“填充曲面”命令主要用于在曲面破孔位置创建连接曲面，与“填充曲面”类似的还有一个“N 边曲面”工具，其操作方法与“填充曲面”基本一致。

在“曲面”选项卡的“更多”菜单中单击“N 边曲面”按钮 N 边曲面，系统弹出如图 7-126 所示的“N 边曲面”对话框，首先选择曲面破孔边界，单击“约束面”区域，然后选择已有的曲面为约束面对象，在“形状控制”区域的“连续性”下拉列表中选择“G1（相切）”选项，表示设置 N 边曲面与选择曲面之间为相切条件，如图 7-127 所示。

7.3.5 桥接曲面

使用“桥接曲面”命令就是在两个分离曲面之间创建连接曲面，类似于创建桥接曲线的操作，在创建桥接曲面的同时可以设置桥接曲面与连接曲面之间的连接条件。

如图 7-128 所示的曲面模型，需要在模型中的两个曲面之间创建连接曲面，如图 7-129 所示，这种情况下可以使用“桥接曲面”进行处理。

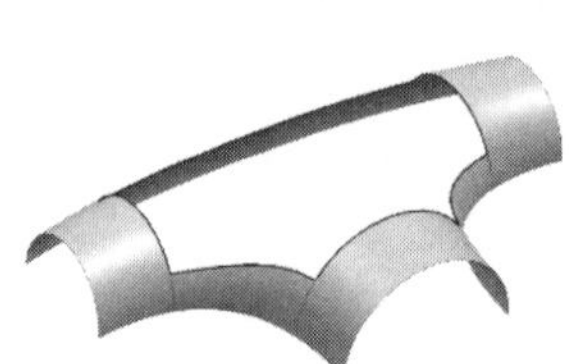

图 7-125 选择填充边界

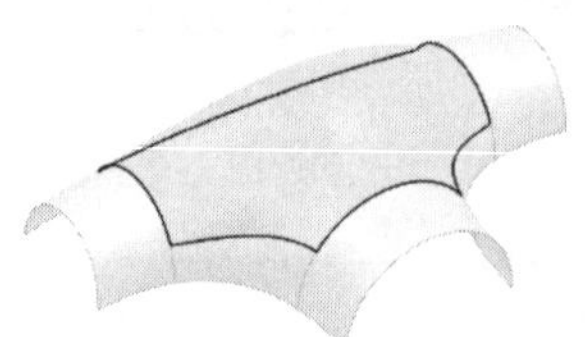

图 7-127 创建 N 边曲面

图 7-126 “N 边曲面”对话框

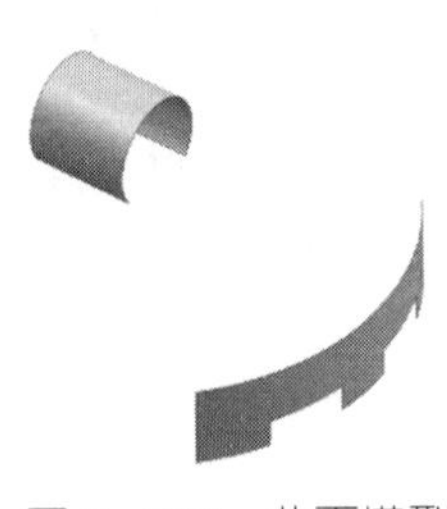

图 7-128 曲面模型

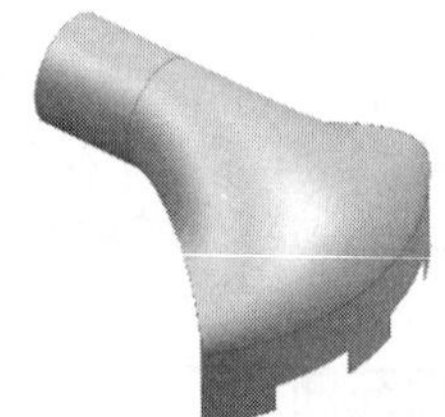

图 7-129 桥接曲面

步骤 1 打开练习文件 ch07 surface\7.3\05\bridge_surface。

步骤 2 选择命令。在“选择组”工具条的“菜单”中选择“插入”→“细节特征”→“桥接曲面”命令，系统弹出如图 7-130 所示的“桥接曲面”对话框。

步骤 3 定义桥接曲面。依次选择曲面模型中的两条曲面边界，此时在曲面上生成桥接曲面，如图 7-131 所示，在“约束”区域设置两条边线的连续性条件均为“相切”，在“相切幅值”区域设置“边 1”与“边 2”的相切幅值分别为 0.5 和 1，在“流向”区域设置流向条件为“垂直”，具体设置如图 7-130 所示，单击“确定”按钮。

7.3.6 扫掠曲面

“扫掠曲面”用于将截面曲线沿着一条引导线曲线扫掠形成曲面，创建方法与“扫掠特征”是一致的，下面具体介绍几种常用扫掠曲面设计操作。

（1）一般扫掠曲面

如图 7-132 所示的曲面模型，像这种曲面可以使用“扫掠曲面”来设计。创建扫掠曲面的关键是创建扫掠曲面的截面曲线与引导曲线，如图 7-133 所示，下面具体介绍。

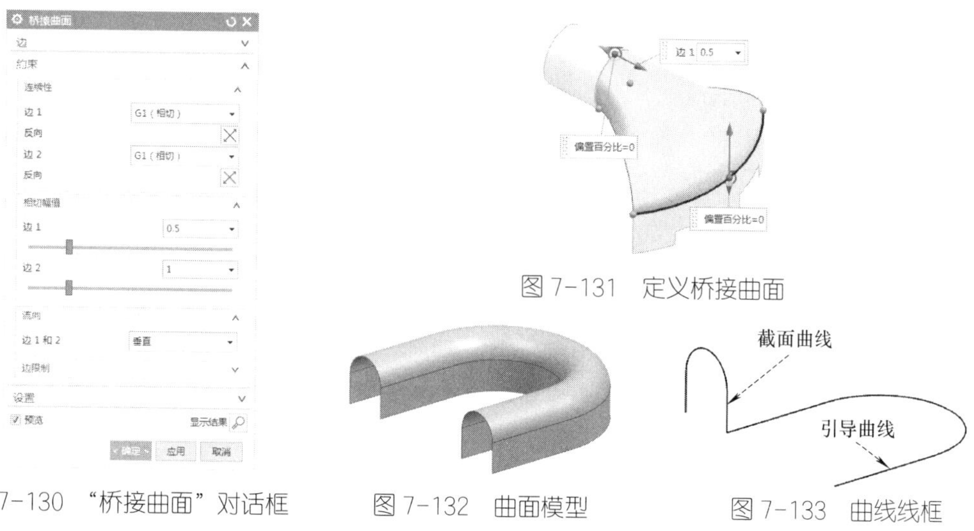

图 7-131　定义桥接曲面

图 7-130　“桥接曲面”对话框　　图 7-132　曲面模型　　图 7-133　曲线线框

步骤 1　打开练习文件 ch07 surface\7.3\06\sweep_surface01。

步骤 2　选择命令。在“曲面”选项卡中单击“扫掠曲面”按钮 扫掠，系统弹出如图 7-134 所示的“扫掠”对话框，用于创建扫掠曲面。

步骤 3　定义扫掠曲面。在模型上选择如图 7-133 所示的截面曲线，单击两次鼠标中键确认选择，然后选择如图 7-133 所示的引导曲线，单击“确定”按钮，完成创建。

说明：选择截面曲线与引导曲线时为了提高选择效率，需要在“选择组”工具条的“选择过滤器”中设置“相切曲线”进行选择。

（2）使用多条截面曲线或引导线创建扫掠曲面

一般情况下创建扫掠曲面需要有一条截面曲线与一条引导曲线，如果需要创建更为复杂的扫掠曲面，还可以使用多条截面曲线或多条引导曲线来创建扫掠曲面。

如图 7-135 所示的曲线线框，需要创建如图 7-136 所示的扫掠曲面，创建扫掠曲面时选择三条圆弧曲线为截面曲线，注意选择每条截面曲线后要单击鼠标中键确认，然后选择线框中的“拱形曲线”为引导曲线，这就是典型的使用多条截面曲线创建扫掠曲面的情况（读者打开 ch07 surface\7.3\06\sweep_surface02 文件练习）。

如图 7-137 所示的曲线线框，需要创建如图 7-138 所示的扫掠曲面，创建扫掠曲面时选择圆弧曲线为截面曲线，然后选择三条样条曲线为引导曲线（最多选择三条引导曲线），注意选择每条引导曲线后要单击鼠标中键确认，如图 7-139 所示（读者打开 ch07 surface\7.3\06\sweep_ surface03 文件练习）。

图 7-134 “扫掠”对话框

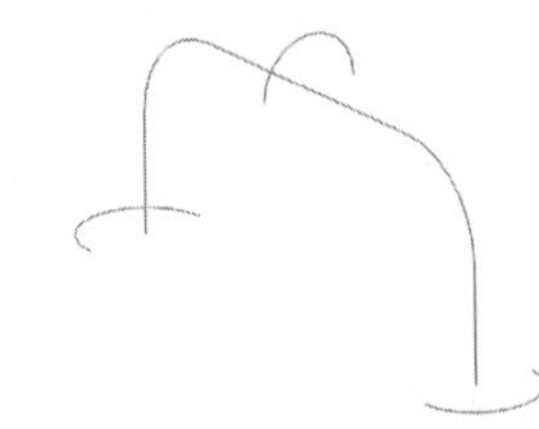

图 7-135 曲线线框

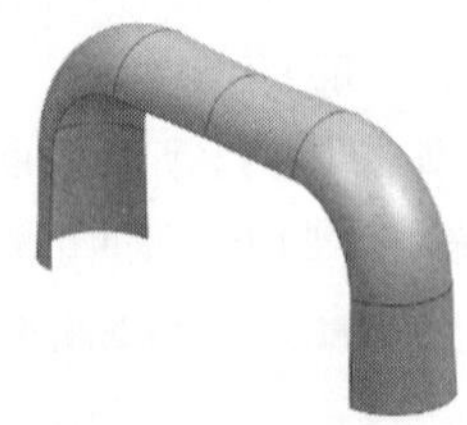

图 7-136 扫掠曲面

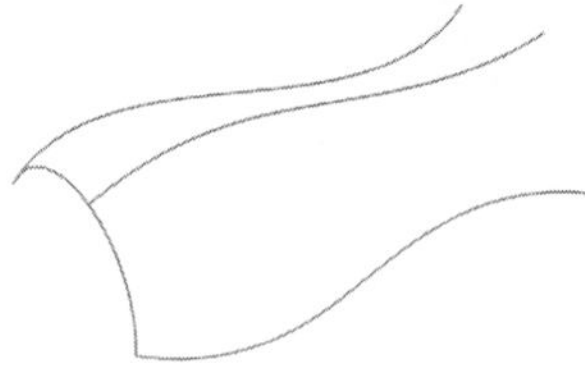

图 7-137 曲线线框

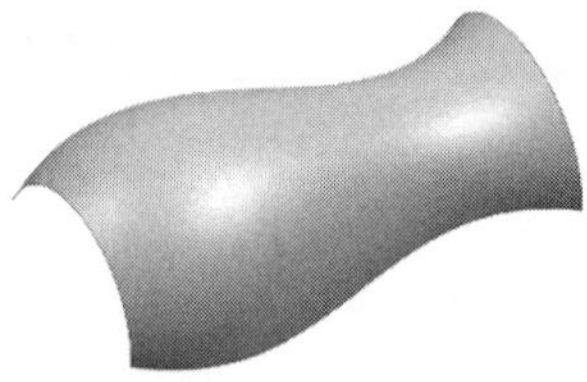

图 7-138 扫掠曲面

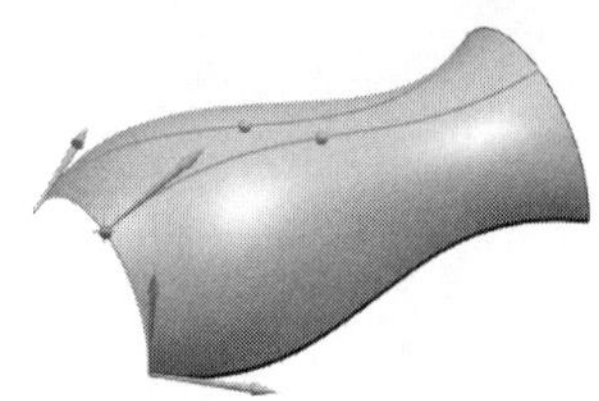

图 7-139 定义扫掠曲面

在创建扫掠曲面时，如果线框中有多条截面曲线或引导曲线，在选择时一定要正确选择截面曲线及引导曲线，否则将得到错误的扫掠曲面。如图 7-140 所示的灯罩曲线线框，需要创建如图 7-141 所示的艺术灯罩曲面，创建扫掠曲面时如果选择直线为截面曲线，然后选择圆及波浪曲线为引导曲线，此时将得到如图 7-141 所示的曲面效果；如果选择圆及波浪曲线为截面曲线，选择直线为引导曲线，此时将得到如图 7-142 所示的错误曲面效果（读者打开 ch07 surface\7.3\06\sweep_surface04 文件练习）。

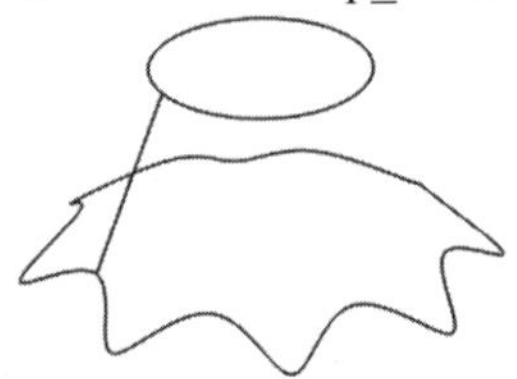

图 7-140 灯罩曲线线框

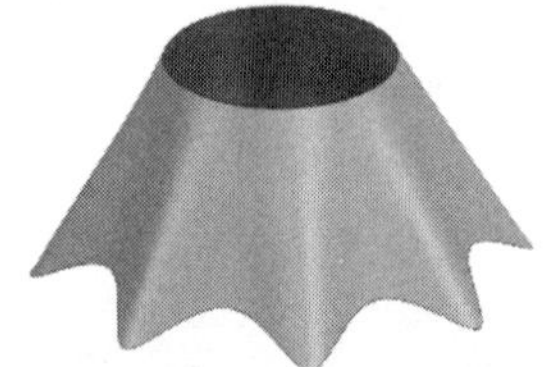

图 7-141 艺术灯罩曲面

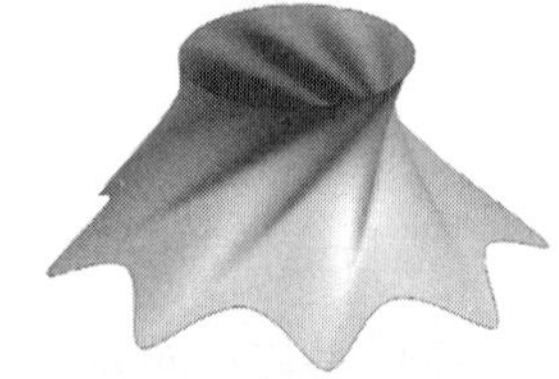

图 7-142 错误的扫掠曲面

如图 7-143 所示的曲线线框，需要创建如图 7-144 所示的扫掠曲面，创建扫掠曲面时选择三条横向曲线为截面曲线，选择每条截面曲线后要单击鼠标中键确认，然后选择两条圆弧曲线为引导曲线，选择每条引导曲线后要单击鼠标中键确认（读者打开 ch07 surface\7.3\06\sweep_surface05 文件练习）。

（3）扫掠脊线

在创建扫掠曲面时可以根据设计需要添加脊线，此时系统使用垂直于脊线串的平面来约束扫掠曲面的 V 向。如图 7-145 所示的曲线线框，如果选择底部圆弧曲线为截面曲线，选择竖直方向的两条圆弧曲线为引导曲线，创建如图 7-146 所示的扫掠曲面，此时扫掠曲面中曲面线框如图 7-147 所示，曲面中的 V 向线框不规则。

这种情况下可以添加脊线来约束 V 向曲线。在“扫掠”对话框中展开“脊线”区域，如图 7-148 所示，选择线框中的竖直直线为脊线，此时扫掠曲面线框如图 7-149 所示，曲面中的 V

向线框与选择的脊线垂直，曲面更规则，曲面质量更高（读者打开 ch07 surface\7.3\06\sweep_surface06 文件练习）。

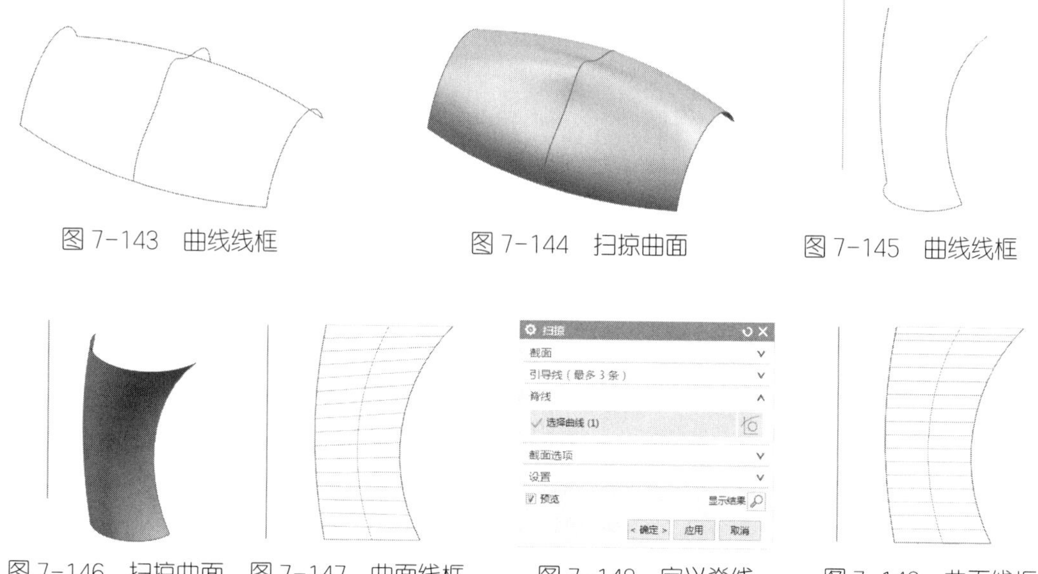

图 7-143 曲线线框　图 7-144 扫掠曲面　图 7-145 曲线线框

图 7-146 扫掠曲面　图 7-147 曲面线框　图 7-148 定义脊线　图 7-149 曲面线框

（4）扫掠截面位置

在创建扫掠曲面时，如果扫掠截面是在引导线的中间某个位置，这种情况下可以设置扫掠截面位置。如图 7-150 所示的曲线线框，选择中间圆弧曲线为扫掠截面，选择两侧圆弧曲线为扫掠引导线。在“扫掠”对话框中展开“截面选项”区域，在“截面位置”下拉列表中设置扫掠截面位置，如图 7-151 所示，选择“沿引导线任何位置”选项，表示截面在引导线任何位置进行扫掠，结果如图 7-152 所示；选择“引导线末端”选项，表示扫掠曲面从截面位置开始沿着引导线扫掠，结果如图 7-153 所示（读者打开 ch07 surface\7.3\06\sweep_surface07 文件练习）。

图 7-150 曲线线框　图 7-151 设置截面位置　图 7-152 沿引导线任何位置

（5）扫掠截面插值

在创建扫掠曲面时，如果在引导线方向有多个截面，这种情况下可以采用扫掠截面插值方式，以此控制扫掠曲面外观形状。如图 7-154 所示的曲线线框，选择三条圆弧曲线为扫掠截面，选择样条曲线为扫掠引导线。在“扫掠”对话框中展开“截面选项”区域，在“插值”下拉列表中设置扫掠截面插值方式，如图 7-155 所示，选择“线性”选项，结果如图 7-156 所示；选择“三次”选项，结果如图 7-157 所示；选择“混合”选项，结果如图 7-158 所示，这三种插值方式中“混合”方式的曲面质量最好（读者打开 ch07 surface\7.3\06\sweep_surface08

文件练习）。

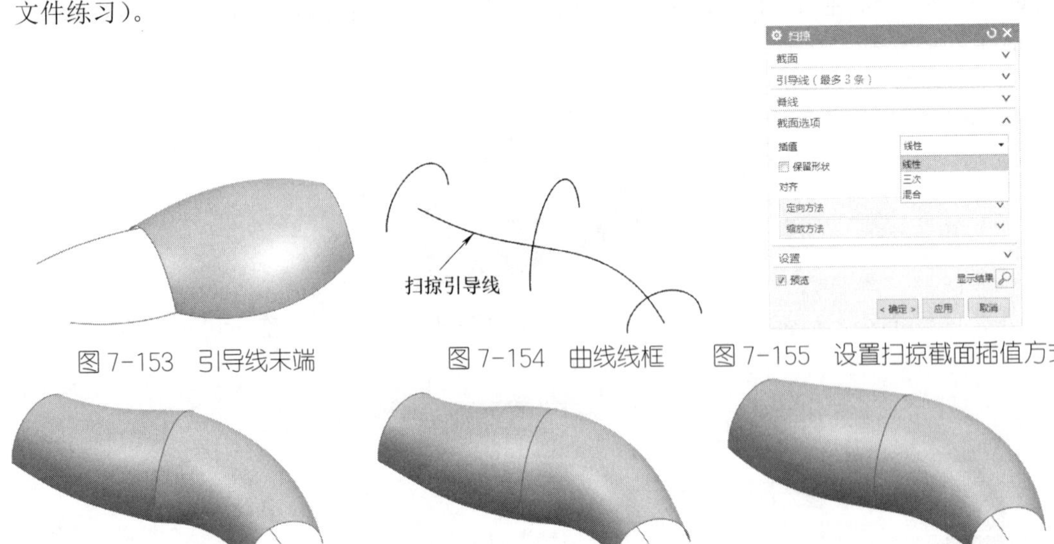

图 7-153　引导线末端　图 7-154　曲线线框　图 7-155　设置扫掠截面插值方式

图 7-156　扫掠曲面（线性）　图 7-157　扫掠曲面（三次）　图 7-158　扫掠曲面（混合）

（6）定向方法

在创建扫掠曲面时，通过控制扫掠曲面定向方向可以得到不同效果的扫掠曲面。如图 7-159 所示的曲线线框，选择直线为扫掠截面，选择螺旋曲线为扫掠引导线。在“扫掠”对话框“截面选项”区域的“方向”下拉列表中设置定向方向，如图 7-160 所示，如果使用系统默认的“固定”方式将得到如图 7-161 所示错误结果，如果选择“矢量方向”或“强制方向”选项，并设置方向为竖直向上，此时将得到如图 7-162 所示正确的螺旋扫掠曲面。由此可见设置定向方向的重要性（读者打开 ch07 surface\7.3\06\sweep_surface09 文件练习）。

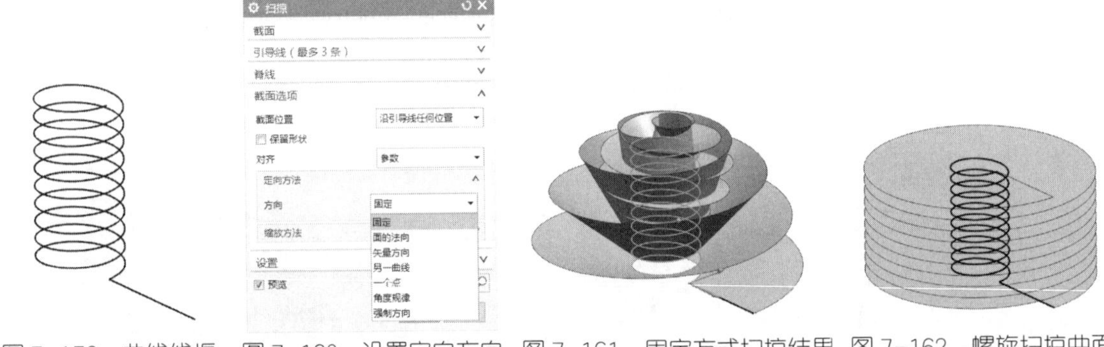

图 7-159　曲线线框　图 7-160　设置定向方向　图 7-161　固定方式扫掠结果　图 7-162　螺旋扫掠曲面

7.3.7 通过曲线组曲面

“通过曲线组曲面”用于将一个方向的多条曲线进行混合形成曲面，创建方法与“通过曲线组特征”是一致的，下面具体介绍“通过曲线组曲面”的创建。

（1）一般通过曲线组曲面

如图 7-163 所示的曲面模型，这种类型的曲面就可以使用“通过曲线组曲面”来创建。创建之前需要首先准备如图 7-164 所示的同一方向的多条截面曲线（本例只需要三条截面曲线），下面以此为例介绍“通过曲线组曲面”的创建过程。

步骤 1　打开练习文件 ch07 surface\7.3\07\through_curves01。

步骤 2　选择命令。在“曲面”选项卡中单击“通过曲线组”按钮 通过曲线组，系统弹出如图 7-165 所示的“通过曲线组”对话框，用于创建通过曲线组曲面。

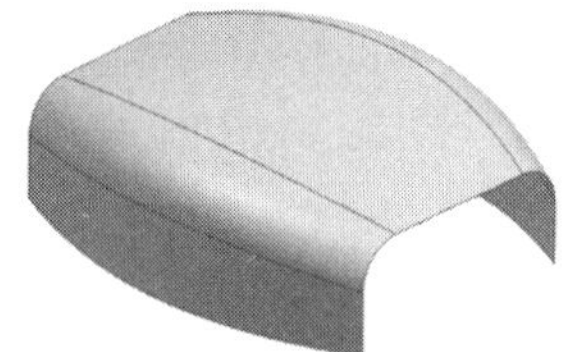

图 7-163　曲面模型

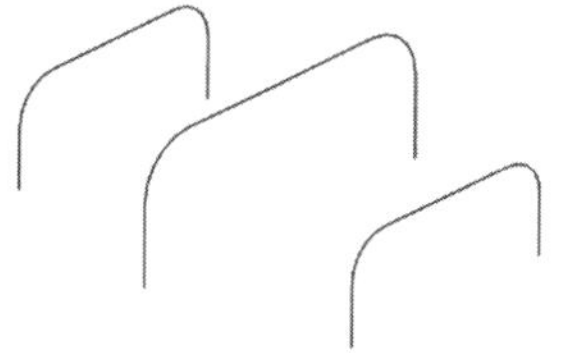

图 7-164　多条截面曲线

步骤 3　定义通过曲线组曲面。在模型上依次选择如图 7-164 所示的三条截面曲线。注意鼠标单击位置要对应，保证每条截面方向一致，而且选择每条曲线后需要单击鼠标中键确认，选择三条曲线后单击“确定”按钮，完成通过曲线组曲面创建。

说明：创建“通过曲线组曲面”时选择每条截面曲线后系统在选择的曲线上出现一个箭头，该箭头方向就是截面方向。在“通过曲线组”对话框中单击“截面”区域的按钮调整截面方向，如图 7-166 所示，只有方向一致才能得到规则的曲面，如图 7-167 所示，如果截面方向不一致，此时系统将出现如图 7-168 所示的“警报”。

（2）使用点创建通过曲线组曲面

在创建通过曲线组曲面时，通过曲线组轮廓既可以是曲线也可以是点。如图 7-169 所示的五角星曲面，需要使用如图 7-170 所示的点和曲线来创建，在“曲面”选项卡中单击“通过曲线组”按钮 通过曲线组，在模型上依次选择如图 7-170 所示的点和曲线，因为五角星截面为封闭截面，此时系统根据选择的点和曲线创建五角星实体，如图 7-171 所示，在“通过曲线组”

图 7-165　“通过曲线组”对话框

图 7-166　设置截面方向

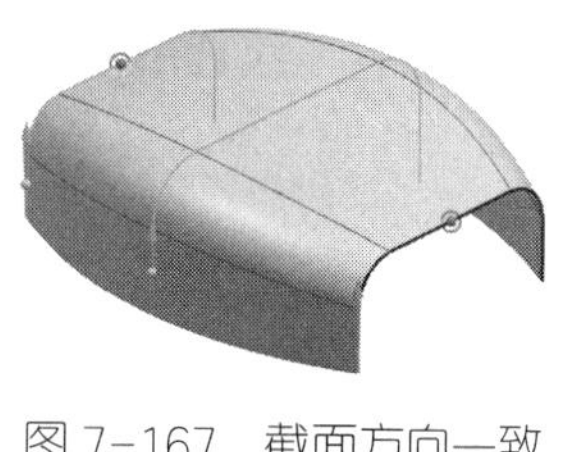

图 7-167　截面方向一致

图 7-168　警报

图 7-169　五角星曲面

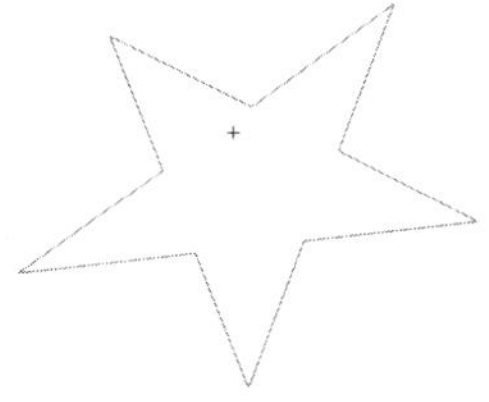

图 7-170　点和曲线

图 7-171　五角星实体

对话框“设置”区域的“体类型”下拉列表中选择“片体”选项，如图 7-172 所示，此时将得到如图 7-173 所示的五角星曲面（读者打开 ch07 surface\7.3\07\ through_curves02 文件练习）。

（3）通过曲线组曲面的连续性

在创建通过曲线组曲面时，如果曲面边界与其他曲面存在连接关系，可以定义通过曲线组曲面边界与其他曲面之间的连续性条件。如图 7-174 所示的曲面模型，现在需要在中间创建连接曲面，下面以此为例介绍通过曲线组曲面中连续性的处理。

图 7-172 设置体类型

图 7-173 五角星曲面

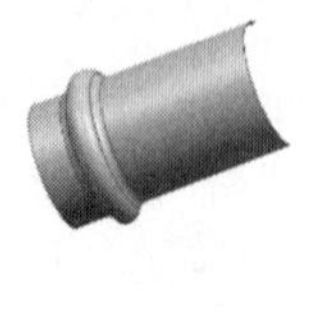

图 7-174 曲面模型

步骤 1 打开练习文件 ch07 surface\7.3\07\through_curves03。

步骤 2 创建通过曲线组曲面。在“曲面”选项卡中单击“通过曲线组”按钮 通过曲线组，在模型上选择曲面圆弧边线为通过曲线组截面，在“通过曲线组”对话框的“连续性”区域设置起始截面的连续性条件。

步骤 3 定义“位置”连续性。在“连续性”区域的“第一个截面”及“最后一个截面”下拉列表中选择“位置”选项，如图 7-175 所示，表示设置通过曲线组曲面与连接曲面之间为“自然连接”，曲面结果如图 7-176 所示。为了检测曲面连续性条件，在“分析”选项卡中单击“反射”按钮，系统弹出如图 7-177 所示的“反射分析”对话框，选择所有曲面为分析对象，在“图像”区域单击按钮，此时在模型上显示如图 7-178 所示反射结果，由此可见，“位置”连续性的反射条纹是完全断开的。

图 7-175 设置连续性

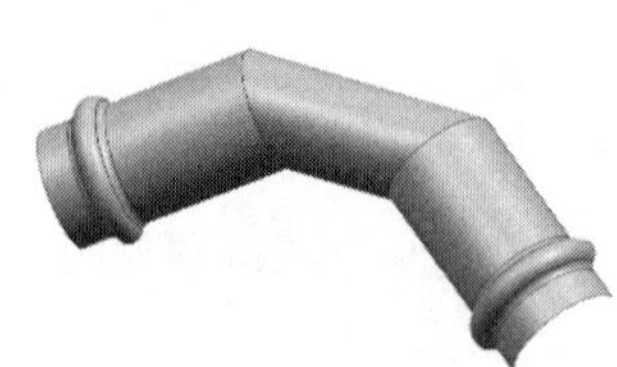
图 7-176 “位置”连续性

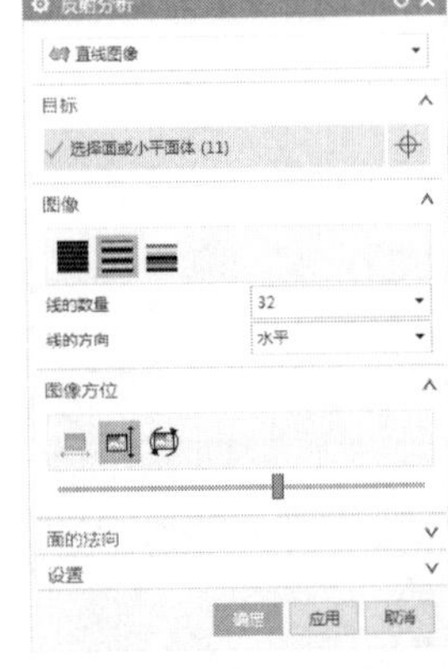
图 7-177 “反射分析”对话框

步骤 4 定义“相切”连续性。在“连续性”区域的“第一个截面”及“最后一个截面”下拉列表中选择“相切”选项并选择两侧曲面为约束对象，如图 7-179 所示，表示设置通过曲线组曲面与连接曲面是相切连接，此时曲面结果如图 7-180 所示，反射结果如图 7-181 所示，由此可见，“相切”连续性的反射条纹也是连续的。

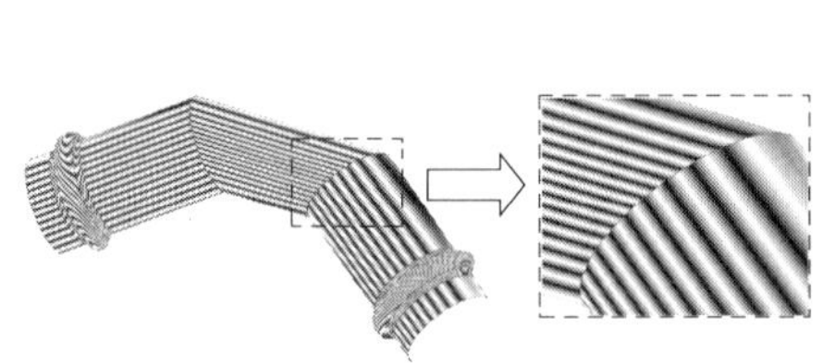

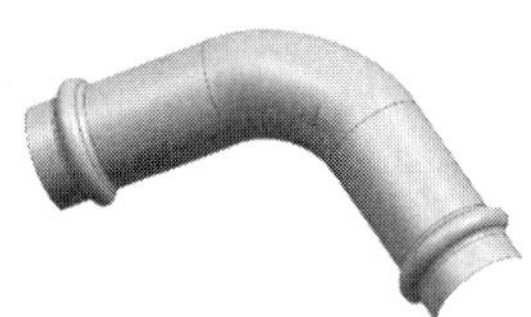

图 7-178　反射分析结果　　图 7-179　设置相切连续性　图 7-180　“相切”连续性

步骤 5　定义“曲率”连续性。在“连续性”区域的“第一个截面”及“最后一个截面”下拉列表中选择“曲率”选项并选择两侧曲面为约束对象，如图 7-182 所示，表示设置通过曲线组曲面与连接曲面是曲率连接，此时曲面结果如图 7-183 所示，反射结果如图 7-184 所示，由此可见，“曲率”连续性的反射条纹是连续且光滑的。

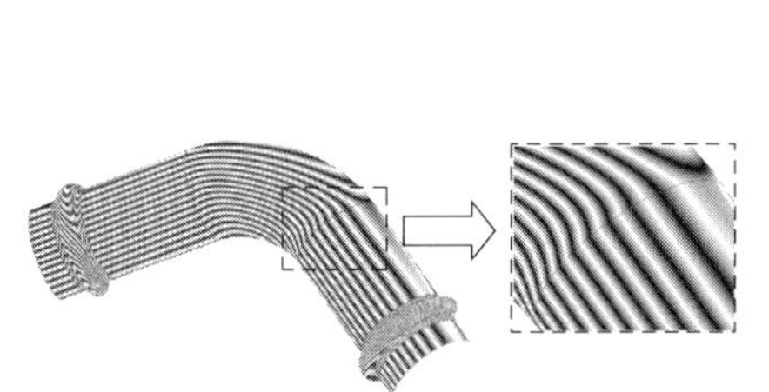

图 7-181　反射分析结果（相切）　图 7-182　设置曲率连续性　图 7-183　“曲率”连续性

完成反射分析后，在部件导航器中生成“分析”节点，在节点下展开“面分析”节点，其中显示创建的“反射分析”结果，如图 7-185 所示，选中该节点用于管理分析结果，如隐藏分析结果、删除分析结果、编辑显示等。

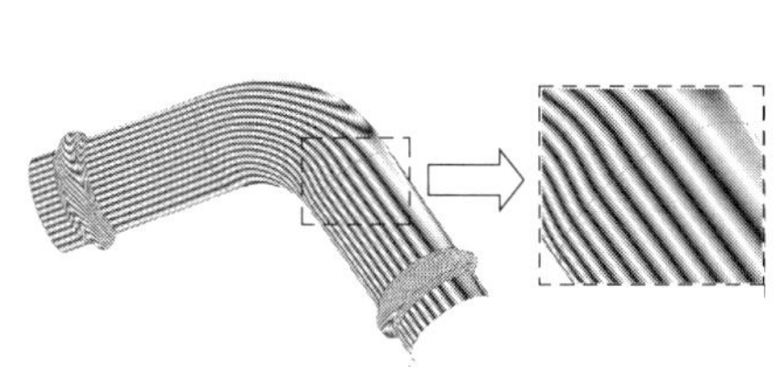
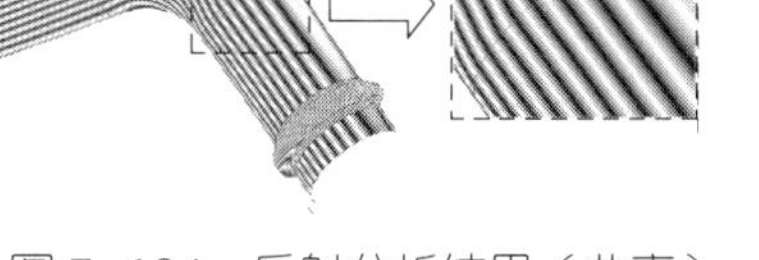
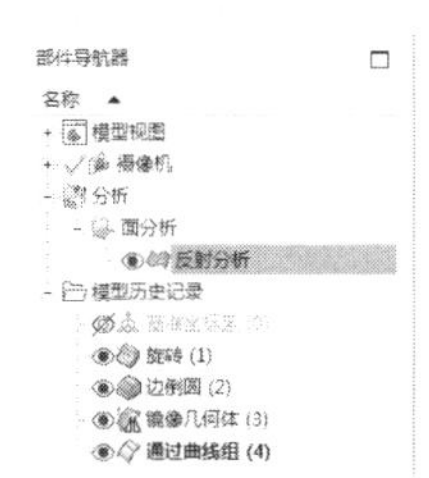

图 7-184　反射分析结果（曲率）　图 7-185　管理反射分析

7.3.8　通过曲线网格曲面

使用“通过曲线网格”命令可以沿着不同方向的两组曲线创建曲面，一组同方向的曲线定义为主曲线，另外一组与主曲线不在同一方向的曲线定义为交叉曲线。定义的主曲线与交叉曲线必须在设定的公差范围内相交。在“曲面”选项卡中单击“艺术曲面”菜单中的“通过曲线网格”按钮 通过曲线网格，用于创建通过曲线网格曲面。

（1）一般通过曲线网格

如图 7-186 所示的曲面模型，需要使用如图 7-187 所示的曲线线框创建曲面，曲线线框中五条曲线可以看成是两个方向的曲线组，一个方向是两条大的圆弧曲线，另外一个方向是其余三条曲线，下面以此为例介绍通过曲线网格曲面的创建。

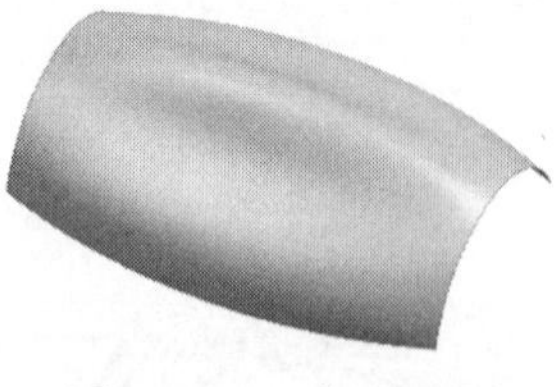

图 7-186　曲面模型

步骤 1　打开练习文件 ch07 surface\7.3\08\through_curves _ mesh01。

步骤 2　选择命令。在“曲面”选项卡中单击“艺术曲面”菜单中的“通过曲线网格”按钮 通过曲线网格，系统弹出“通过曲线网格”对话框。

步骤 3　定义主曲线。在对话框中展开“主曲线”区域，如图 7-188 所示，在模型上选择如图 7-189 所示的两条圆弧曲线作为主曲线，选择每条主曲线后需要单击鼠标中键确认，此时曲面将受到这两条曲线的控制。

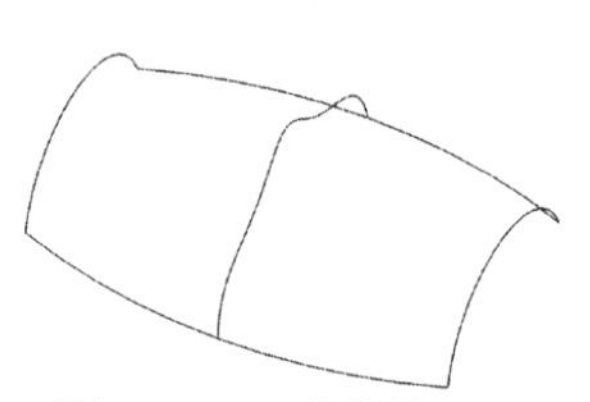
图 7-187　曲线线框

图 7-188　定义主曲线

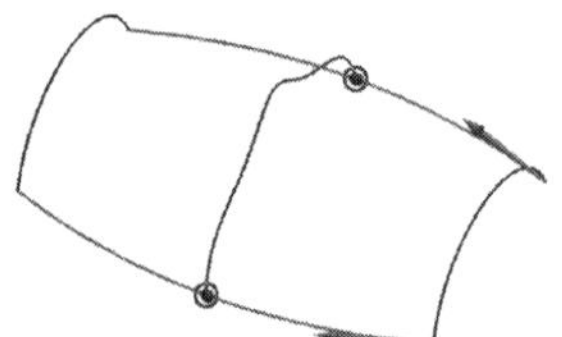
图 7-189　选择主曲线

步骤 4　定义方向 2 曲线。在对话框中展开“交叉曲线”区域，如图 7-190 所示，在模型上选择如图 7-191 所示的三条曲线作为交叉曲线，选择每条交叉曲线后需要单击鼠标中键确认，此时曲面同时受到两个方向五条曲线的控制，这样造型更精确。

说明：从通过曲线网格的创建及最终结果来看，创建通过曲线网格与前面小节介绍的扫掠曲面的创建及效果是类似的，如图 7-192 所示，此时扫掠曲面中的“截面曲线”相当于通过曲线网格中的“主曲线”，扫掠曲面中的“引导线”相当于通过曲线网格中的“交叉曲线”，在实际设计中，这两种方法很多情况下可以互换。

图 7-190　定义交叉曲线

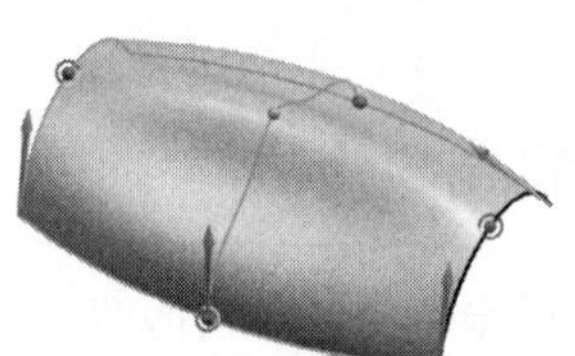
图 7-191　选择交叉曲线

图 7-192　设置扫掠曲面

创建“通过曲线网格曲面”时一定要注意正确选择曲线网格，在“选择组”工具条中单击如图 7-193 所示的“在相交处停止”按钮，系统将在曲线相交位置将曲线打断，这样方便选择曲线中的一部分曲线创建曲面，如图 7-194 所示，此时将得到如图 7-195 所示的曲面结果，

图 7-193　设置选择过滤器　　图 7-194　选择主曲线　　图 7-195　曲面结果

提高曲面设计效率。

(2) 通过曲线网格线框要求

创建通过曲线网格曲面的关键是首先做好相应的曲线线框。不是所有的曲线线框都能创建通过曲线网格曲面，创建曲线线框时一定要注意线框要求，包括以下几点要求：

① 多个方向的曲线线框在连接位置不能断开，如图 7-196 所示。

② 线框中的中间曲线不能同时与两个方向的边界曲线相交，如图 7-197 所示。

③ 两个方向的边界曲线不能相切，如图 7-198 所示。

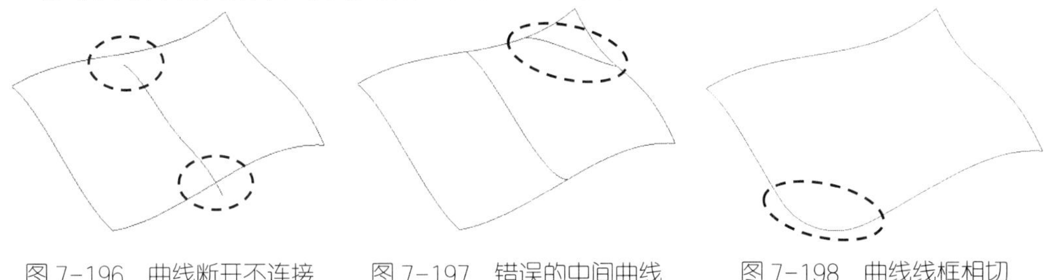

图 7-196　曲线断开不连接　　图 7-197　错误的中间曲线　　图 7-198　曲线线框相切

(3) 通过曲线网格曲面的连续性

在创建通过曲线网格曲面时，如果在曲面边界有已经存在的曲面，需要设置通过曲线网格曲面与这些曲面的连续性条件，如图 7-199 所示的曲面模型，需要创建如图 7-200 所示的修补曲面，同时需要约束修补曲面与已有的曲面相切连续，下面具体介绍。

步骤 1　打开练习文件 ch07 surface\7.3\08\through_curves_mesh02。

步骤 2　选择命令。在“曲面”选项卡中单击“艺术曲面”菜单中的“通过曲线网格”按钮 通过曲线网格，系统弹出“通过曲线网格”对话框。

步骤 3　定义主曲线。在模型上选择如图 7-201 所示的两条曲面边线为主曲线。

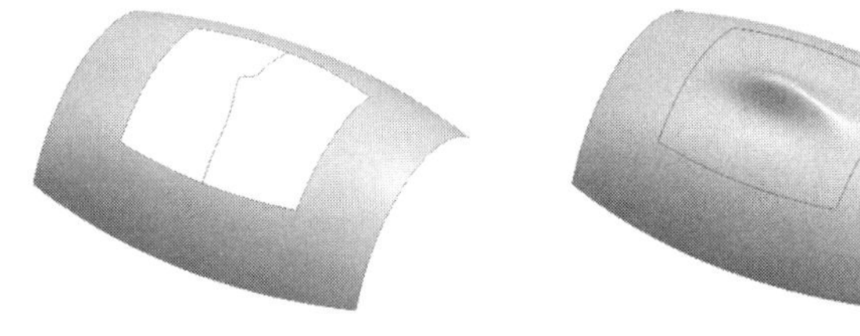

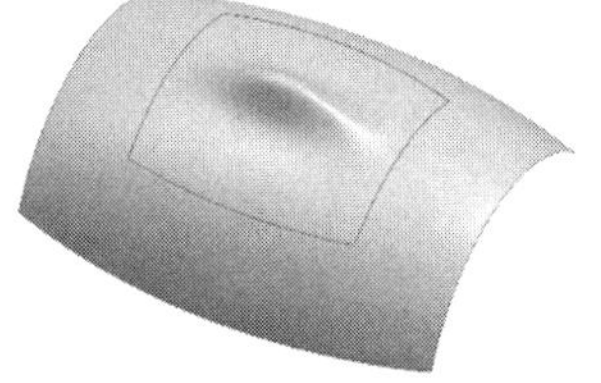

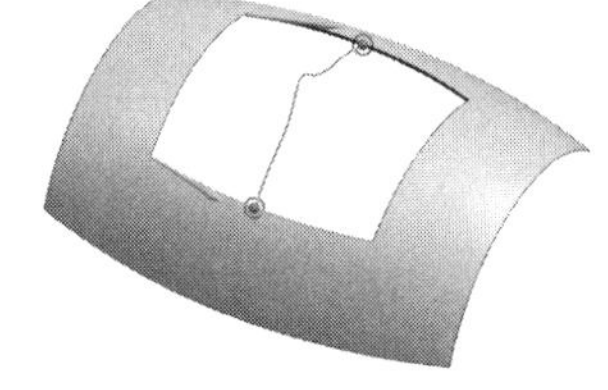

图 7-199　曲面模型　　图 7-200　创建修补曲面　　图 7-201　选择主曲线

步骤 4　定义交叉曲线。在模型上选择如图 7-202 所示的两条曲面边线及中间样条曲线（先选择一侧边线，然后选择中间样条曲线，最后选择另外一侧边线）为交叉曲线。

步骤 5　定义边界连续性。如图 7-203 所示，在“通过曲线网格”对话框中展开“连续性”

区域，在该区域中设置主曲线及交叉曲线边界连续性，本例需要设置中间修补曲面与基础曲面之间为相切连续，保证曲面之间的连接质量，具体设置如图 7-200 所示。

① 在“第一主线串”下拉列表中选择“相切”选项，选择基础曲面为相切对象，表示创建的通过曲线网格曲面在第一条主曲线位置与基础曲面相切。

② 在“最后主线串”下拉列表中选择“相切”选项，选择基础曲面为相切对象，表示创建的通过曲线网格曲面在最后主曲线位置与基础曲面相切。

③ 在“第一交叉线串”下拉列表中选择“相切”选项，选择基础曲面为相切对象，表示创建的通过曲线网格曲面在第一交叉曲线位置与基础曲面相切。

④ 在“最后交叉线串”下拉列表中选择“相切”选项，选择基础曲面为相切对象，表示创建的通过曲线网格曲面在最后交叉曲线位置与基础曲面相切。

（4）曲面约束必要条件

创建通过曲线网格曲面时通过添加合适的约束条件能够有效提高曲面质量，保证曲面设计要求，但是一定要特别注意的是，在添加曲面边界条件前一定要保证约束的必要条件，否则无法准确添加约束条件，最终无法保证曲面设计质量。

如图 7-204 所示的曲面线框，需要根据该曲线线框首先创建如图 7-205 所示的八分之一曲面，然后使用镜像命令得到如图 7-206 所示的完整曲面，同时保证曲面光顺要求，下面以此为例介绍曲面约束必要条件设置。

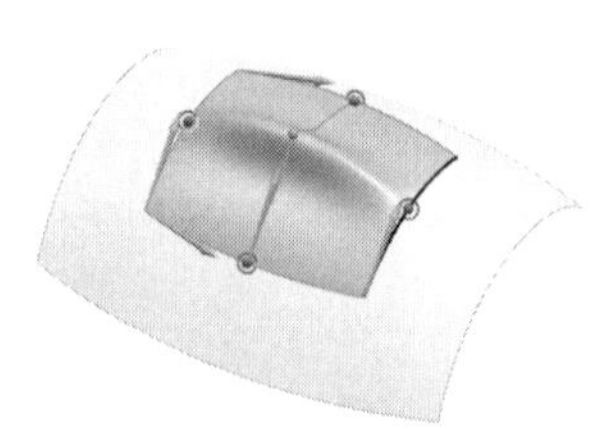

图 7-202　选择交叉曲线

图 7-203　定义边界连续性

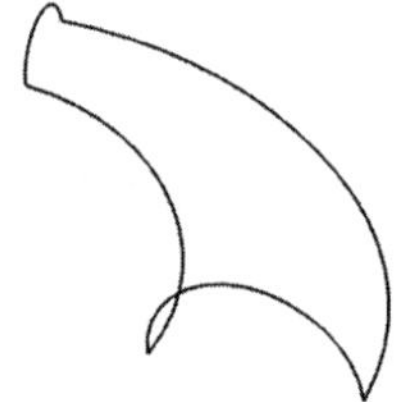

图 7-204　曲线线框

步骤 1　打开练习文件 ch07 surface\7.3\08\through_curves_mesh03。

步骤 2　选择命令。在“曲面”选项卡中单击“艺术曲面”菜单中的“通过曲线网格”按钮 通过曲线网格，系统弹出“通过曲线网格”对话框。

步骤 3　创建初步曲面。根据以上思路直接创建通过曲线网格曲面并镜像，此时得到的初步曲面如图 7-207 所示，曲面表面连接都是自然连接，表面质量极差，不符合曲面设计要求，需要对曲面进行改进，保证曲面质量如图 7-206 所示。

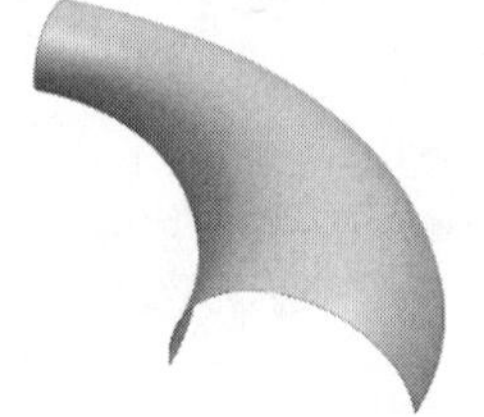

图 7-205　八分之一曲面

图 7-206　完整曲面

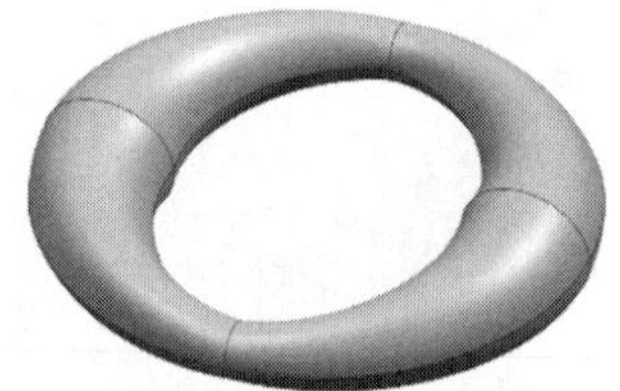

图 7-207　初步曲面

步骤 4　改进曲线线框。为了在创建通过曲线网格曲面时能够正确添加连续性条件，需要对曲线线框进行必要的处理。打开本例文件时轮廓曲线如图 7-208 所示，需要约束每条曲线两

端垂直于水平轴线及竖直轴线，如图 7-209 所示，同时还需要约束两个截面圆弧为半圆，如图

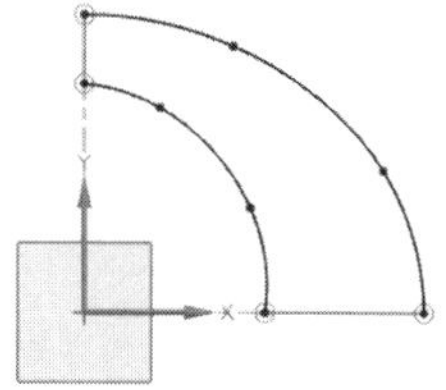

图 7-208　轮廓曲线

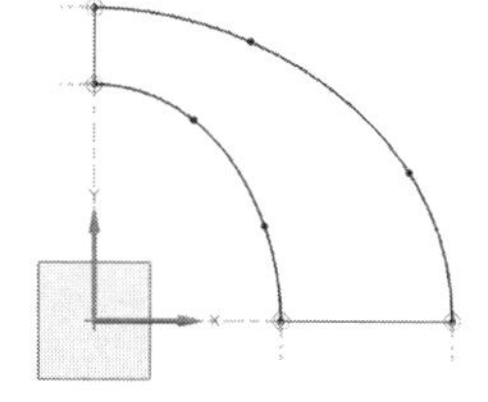
图 7-209　改进轮廓曲线

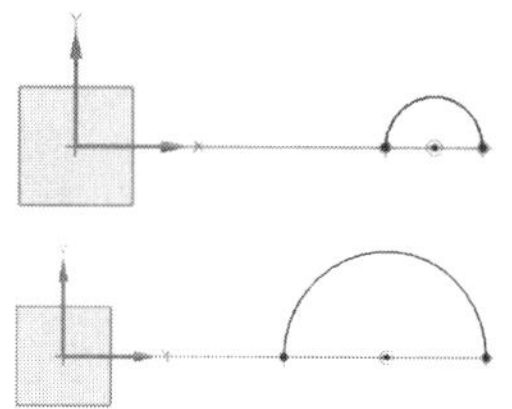
图 7-210　改进截面曲线

7-210 所示，这正是后面约束曲面的必要条件。

步骤 5　创建辅助曲面。为了对后面创建的通过曲线网格曲面的边界进行约束，需要创建如图 7-211 所示的边界拉伸曲面。在“主页”选项卡中单击“拉伸”命令，选择曲线线框中的曲线创建拉伸曲面，拉伸曲面高度随意设置即可。

步骤 6　创建最终通过曲线网格曲面。选择“通过曲线网格”命令，选择两条轮廓曲线为主曲线，选择两条圆弧截面曲线为交叉曲线，设置网格曲面四周与上一步创建的拉伸曲面相切，结果如图 7-212 所示，最终曲面结果如图 7-213 所示。

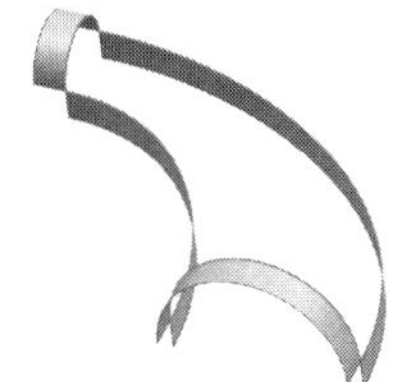
图 7-211　创建拉伸曲面

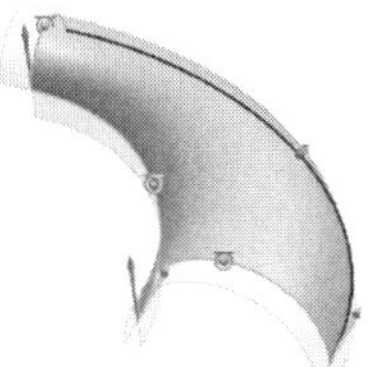
图 7-212　创建通过曲线网格曲面

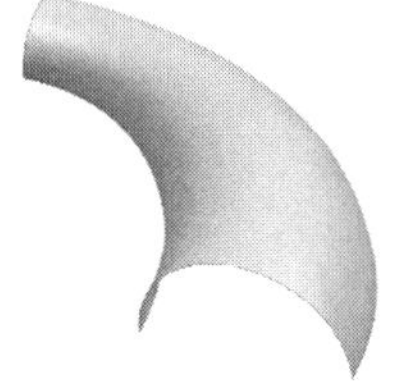
图 7-213　最终曲面结果

说明：完成通过曲线网格曲面创建后再使用镜像操作得到完整的曲面效果，如图 7-206 所示，读者可自行操作，此处不再赘述。

7.4　曲面编辑操作

曲面设计中，一般是先创建初步曲面，然后对曲面进行适当的编辑操作，得到最终需要的曲面，这也是曲面设计的大概思路，下面具体介绍常用曲面编辑操作。

7.4.1　抽取几何特征

“抽取几何特征”命令用于创建选中对象的副本，包括曲线、点、草图、曲面及体对象等。在“曲面”选项卡单击“抽取几何特征”按钮，用来创建选中对象的副本，下面以如图 7-214 所示的壳体零件模型为例介绍抽取几何特征操作过程。

步骤 1　打开练习文件 ch07 surface\7.4\extract_surface。

步骤 2　选择命令。在“曲面”选项卡单击“抽取几何特征”按钮，系统弹出如图 7-215 所示的“抽取几何特征”对话框，在该特征中定义抽取几何特征。

步骤 3　抽取单个面。在“抽取几何特征”对话框的顶部下拉列表中选择“面”选项，在“面选项”下拉列表中选择“单个面”选项，表示抽取单个面，选择如图 7-216 所示的模型表面为抽取对象，单击“确定”按钮，完成抽取面操作，如图 7-217 所示。

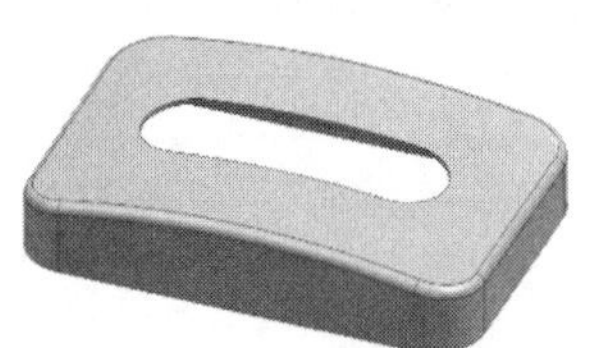

图 7-214　壳体零件模型

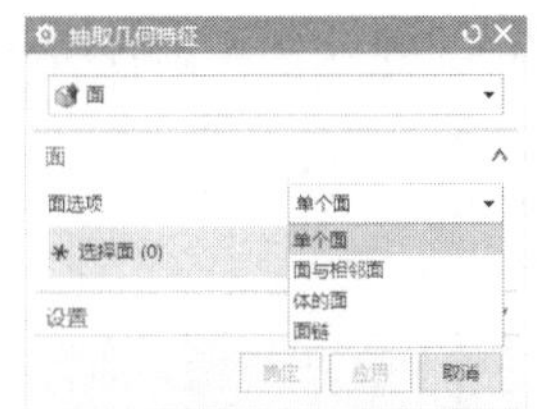

图 7-215　“抽取几何特征”对话框

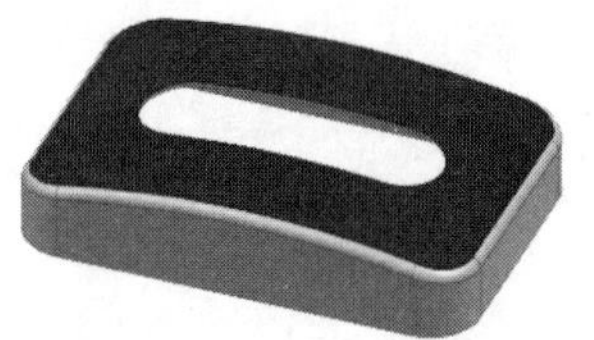

图 7-216　选择抽取对象

步骤 4　抽取面及相邻面。在“面选项”下拉列表中选择“面与相邻面”选项，表示抽取选中面及其相邻面，选择如图 7-216 所示的模型表面为抽取对象，单击“确定”按钮，此时系统将选中的模型表面及相邻面抽取，结果如图 7-218 所示。

说明：创建抽取面及相邻面后，在部件导航器中单独显示每个抽取面特征，如图 7-219 所示，后期需要使用“缝合曲面”命令将曲面缝合成一个整体。

步骤 5　抽取面链。在“面选项”下拉列表中选择“面链”选项，表示抽取面组。选择如图 7-220 所示的模型表面为抽取对象，单击“确定”按钮，抽取面链结果如图 7-221 所示，抽取面链后系统自动将所有的面合并成一个抽取面特征，如图 7-222 所示。

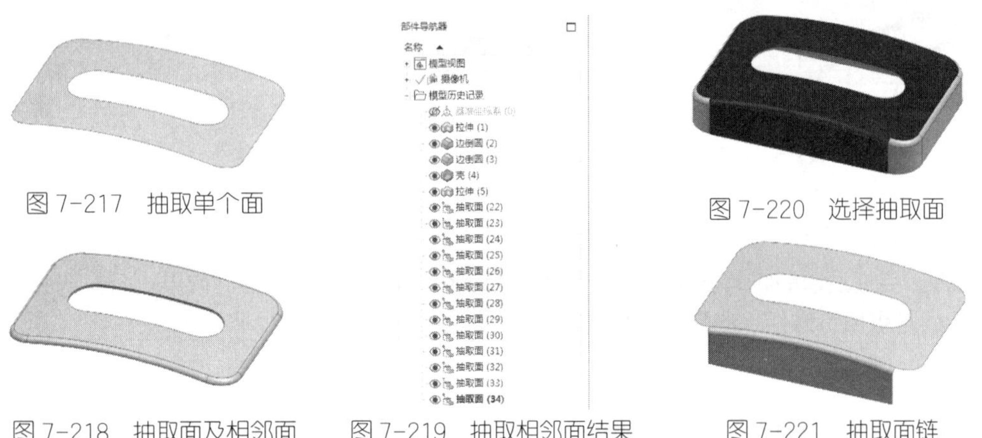

图 7-217　抽取单个面

图 7-220　选择抽取面

图 7-218　抽取面及相邻面

图 7-219　抽取相邻面结果

图 7-221　抽取面链

7.4.2　偏置曲面

“偏置曲面”命令就是将选中的曲面沿着与曲面垂直的方向偏移一定的距离得到新的曲面。在“曲面”选项卡中单击“偏置曲面”按钮，用来创建偏置曲面，下面以如图 7-223 所示的曲面模型为例介绍偏置曲面操作过程。

步骤 1　打开练习文件 ch07 surface\7.4\offset_surface。

步骤 2　选择命令。在“曲面”选项卡中单击“偏置曲面”按钮，系统弹出如图 7-224 所示的“偏置曲面”对话框，在该对话框中定义偏置曲面。

步骤 3　定义偏置曲面。选择整个曲面为偏置对象，在“对话框”的“偏置 1”文本框中输入偏置距离 5，单击按钮调整偏置方向指向曲面外侧，如图 7-225 所示。在“特征”区域的“输出”下拉列表中选择“为所有面创建一个特征”选项，表示将所有偏置曲面合并成一个偏置曲面特征，如图 7-226 所示，单击“确定”按钮。

说明：如果在“特征”区域的“输出”下拉列表中选择“为每个面创建一个特征”选项，表示将所有偏置曲面创建成一个独立的偏置曲面特征，如图 7-227 所示。

图 7-222　抽取面链结果　　图 7-223　曲面模型　　图 7-224　“偏置曲面”对话框

创建偏置曲面时一定要灵活使用“选择组”工具条中的选择过滤器，如果设置为“单个面”选项，表示选择模型上的单个面进行偏置，结果如图 7-228 所示。

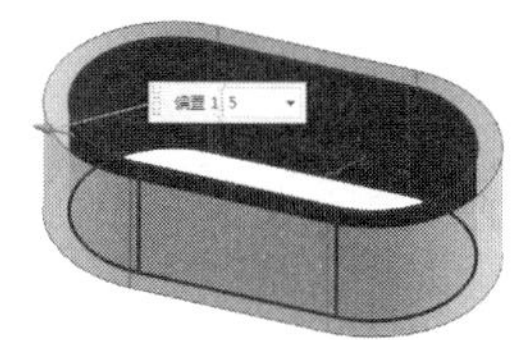

图 7-225　偏置曲面结果　　图 7-226　为所有面创建特征　　图 7-227　为每个面创建一个特征

7.4.3　偏置面

“偏置面”命令就是将选中的曲面沿着与曲面垂直的方向移动一定的距离。在“选择组”工具条的“菜单”中选择“插入”→“偏置/缩放”→“偏置面”命令，用来创建偏置面，下面以上一小节曲面模型为例介绍偏置面操作过程。

步骤 1　选择命令。在“选择组”工具条的“菜单”中选择“插入”→“偏置/缩放”→“偏置面”命令，系统弹出如图 7-229 所示的“偏置面”对话框。

步骤 2　定义偏置面。在模型上选择右侧圆弧面为偏置面对象，在“偏置”文本框中输入偏置距离为 10，此时系统直接将选择的圆弧曲面进行移动，如图 7-230 所示，单击“确定”按钮，完成偏置面操作，结果如图 7-231 所示。

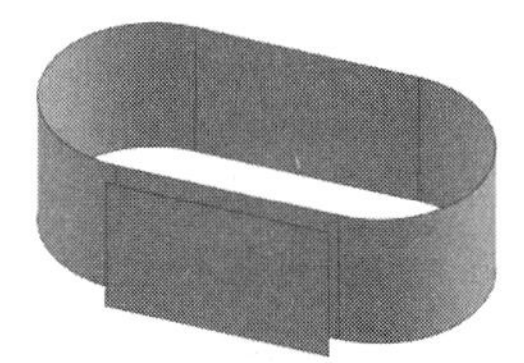

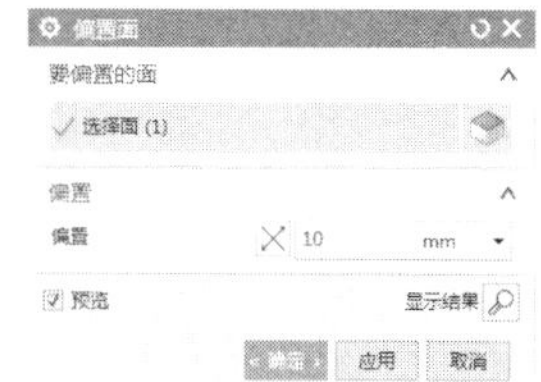

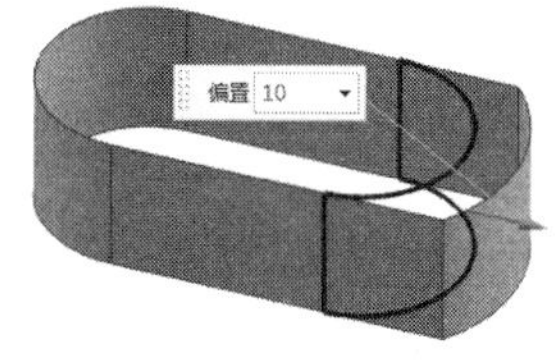

图 7-228　偏置单个面　　图 7-229　“偏置面”对话框　　图 7-230　定义偏置面

创建“偏置面”与“偏置曲面”的主要区别是：创建“偏置面”是直接对原始曲面进行偏置操作，原始面将发生变化；创建“偏置曲面”相当于创建原始曲面的偏置副本，原始面保持不变，曲面设计中一定要注意区分。

7.4.4　延伸片体

“延伸片体”可以将曲面的边界按照一定的方式进行扩大。在“曲面”选项卡中单击“延伸片体”按钮 延伸片体，用来创建延伸曲面，下面以如图 7-232 所示的曲面模型为例介绍延伸曲面操作过程。

步骤 1　打开练习文件 ch07 surface\7.4\extend_surface。

步骤 2　选择命令。在“曲面”选项卡中单击“延伸片体”按钮 延伸片体，系统弹出如图 7-233 所示的“延伸片体”对话框，在该对话框中定义延伸曲面。

图 7-231　偏置面结果

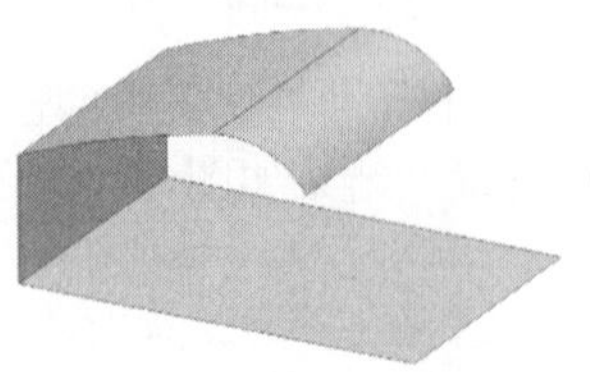
图 7-232　曲面模型

图 7-233　“延伸片体”对话框

步骤 3　定义延伸片体。选择要延伸曲面的边线为延伸对象，在“限制”区域的“限制”下拉列表中选择“偏置”选项，表示按照偏置距离对曲面进行延伸，在“偏置”文本框中输入偏置距离为 30，其余选项采用系统默认设置，结果如图 7-234 所示。

步骤 4　设置曲面延伸形状。在“设置”区域的“曲面延伸形状”下拉列表中设置曲面延伸形状，包括“自然曲率”“自然相切”及“镜像”三个选项，用于设置延伸的曲面与原有曲面之间的连续方式，其中要特别注意“镜像”方式，如图 7-235 所示，此时创建的延伸曲面与原有曲面呈镜像效果，如图 7-236 所示。

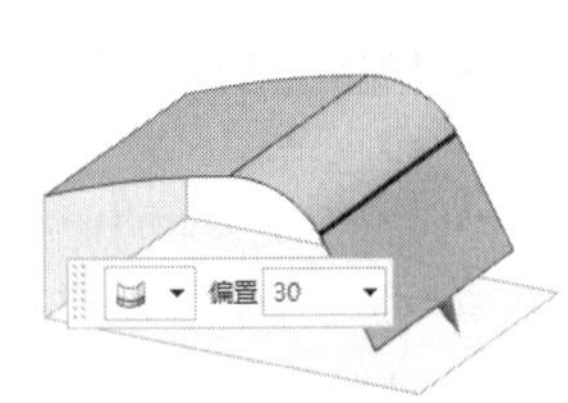

图 7-234　定义延伸片体

图 7-235　设置曲面延伸形状

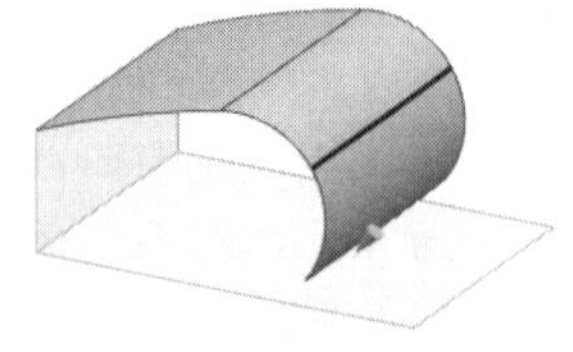
图 7-236　镜像延伸结果

步骤 5　设置延伸体输出。在“设置”区域的“体输出”下拉列表中设置曲面延伸结果输出，包括“延伸原片体”“延伸为新面”及“延伸为新片体”三个选项，用于设置延伸的曲面与原有曲面之间的连接关系。如果选择“延伸原片体”选项，表示创建的延伸曲面与原始曲面

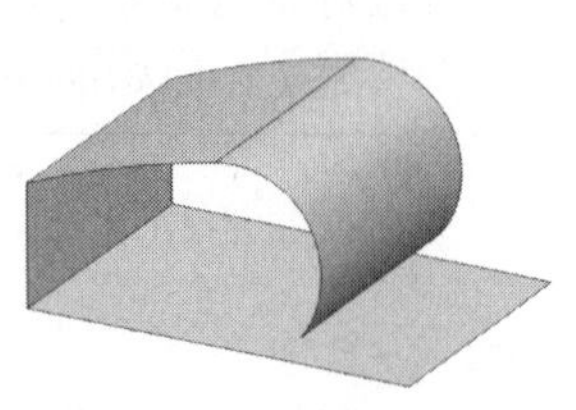
图 7-237　延伸原片体

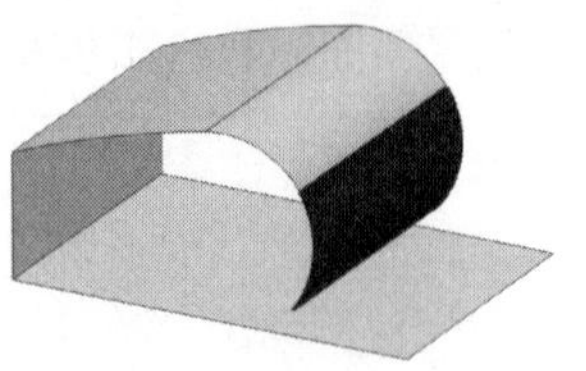
图 7-238　延伸新片体

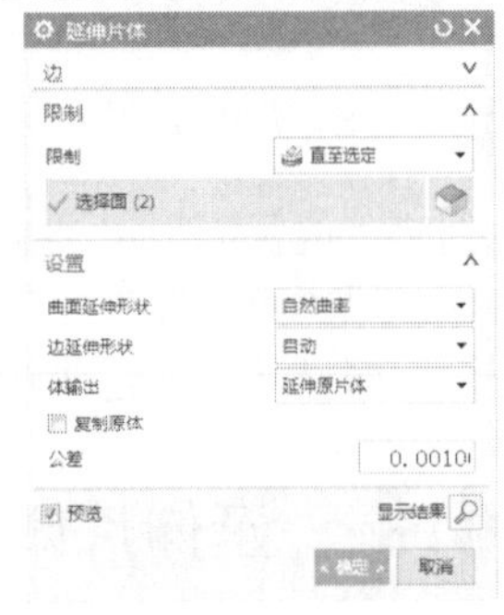

图 7-239　设置延伸限制

是一个整体，如图 7-237 所示；如果选择“延伸为新面”或“延伸为新片体”选项，表示创建的延伸曲面与原始曲面是不同的两个面，如图 7-238 所示。

步骤 6 设置延伸限制。在“限制”区域设置延伸曲面方式，在“限制”下拉列表中选择“直至选定”选项，表示将曲面延伸到选定对象上，选择模型中水平曲面为限制对象，此时将曲面延伸到该曲面上，具体设置如图 7-239 所示，结果如图 7-240 所示。

7.4.5 修剪片体

使用“修剪片体”命令可修剪曲面中多余的曲面，用于修剪片体的对象既可以是曲线或曲面，还可以是基准平面。在“曲面”选项卡中单击“修剪片体”按钮 修剪片体，用来创建修剪片体，下面介绍几种常见修剪片体的操作。

（1）使用曲线修剪片体

如图 7-241 所示的曲面模型，模型中包括曲面与草图曲线，现在需要使用曲线对曲面进行修剪，下面以此为例介绍使用曲线修剪片体的操作。

步骤 1 打开练习文件 ch07 surface\7.4\trim_surface01。

步骤 2 选择命令。在“曲面”选项卡中单击“修剪片体”按钮 修剪片体，系统弹出如图 7-242 所示的“修剪片体”对话框，在该对话框中定义修剪曲面。

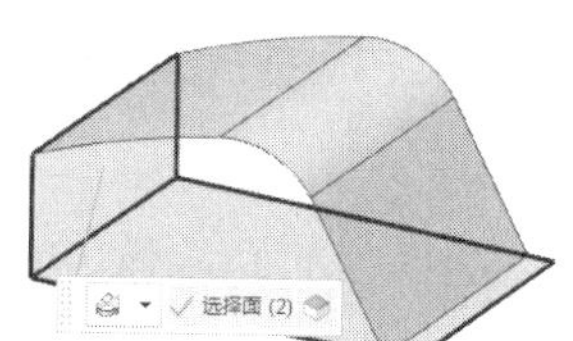

图 7-240 延伸限制结果

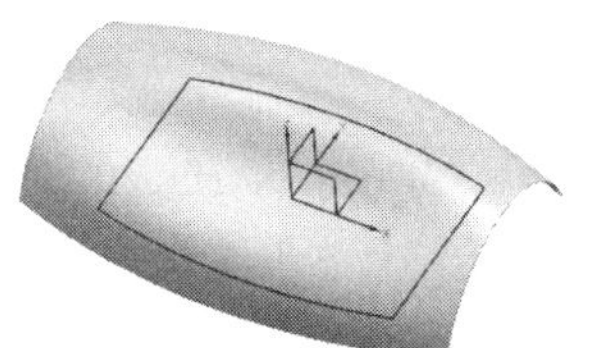
图 7-241 曲面模型

图 7-242 “修剪片体”对话框

步骤 3 定义修剪对象及投影方向。选择曲面为修剪目标（注意鼠标单击的位置），选择曲线为修剪边界。因为修剪曲线不在修剪目标上，需要将修剪曲线投影到修剪曲面上，在“投影方向”区域的“投影方向”下拉列表中选择“垂直于曲线平面”选项，表示将修剪曲线沿着与曲线平面垂直的方向投影到曲面上，如图 7-243 所示。

步骤 4 定义修剪区域。定义修剪对象及投影方向后需要在对话框的“区域”中设置修剪的区域，该区域是对选择修剪目标时鼠标单击的区域进行设置的，如果鼠标单击修剪边界以外的区域，在“区域”中选中“保留”选项，结果如图 7-244 所示，在“区域”中选中“放弃”

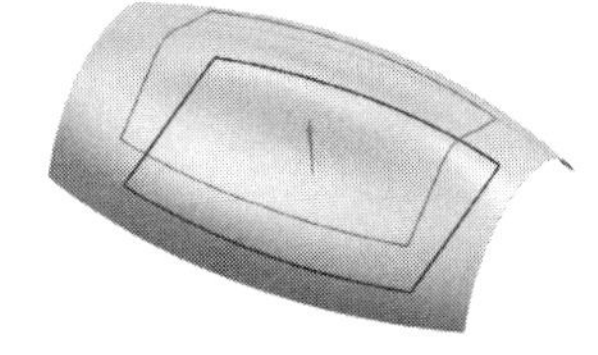
图 7-243 定义修剪对象及投影方向

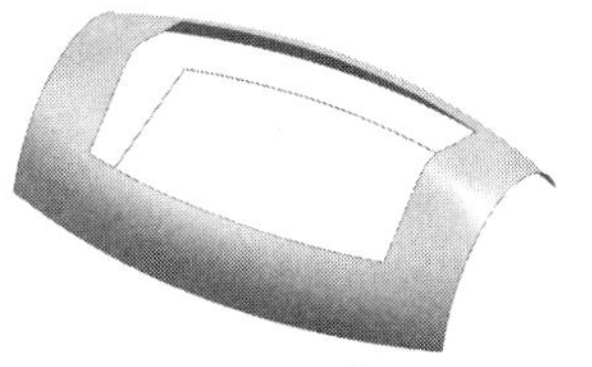
图 7-244 修剪片体结果一

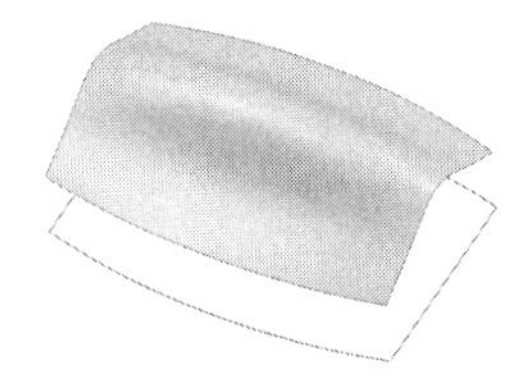
图 7-245 修剪片体结果二

选项，结果如图 7-245 所示。

使用这种方法修剪片体时还可以先将曲线投影到曲面上，如图 7-246 所示，然后使用投影曲线对曲面进行修剪，结果如图 7-247 所示。综上所述，为了提高修剪曲面效率，最快的方式就是直接使用曲线修剪曲面，不用先做投影曲线再修剪。

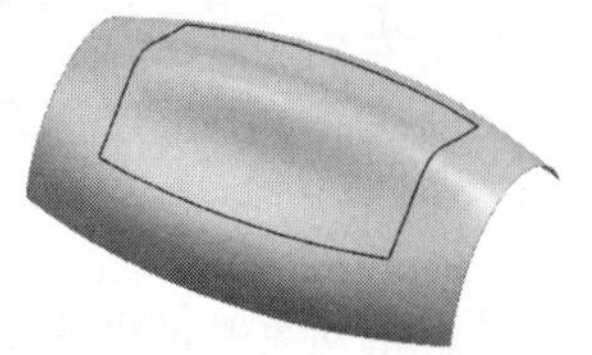
图 7-246　投影曲线

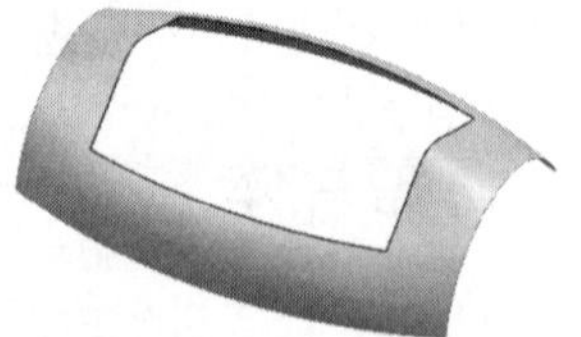
图 7-247　使用投影曲线修剪片体

（2）使用基准平面修剪片体

使用基准平面或曲面对已知曲面进行修剪是曲面设计中常用的操作。如图 7-248 所示的灯罩曲面，现在已经完成了如图 7-249 所示结构设计，其侧视效果如图 7-250 所示。为了将曲面中顶部及底部多余结构删除掉，得到如图 7-251 所示的曲面效果，这种情况下需要使用模型中的基准面对曲面进行修剪，下面具体介绍修剪操作。

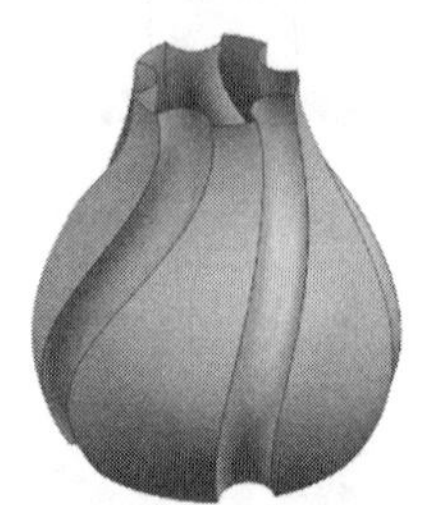
图 7-248　灯罩曲面

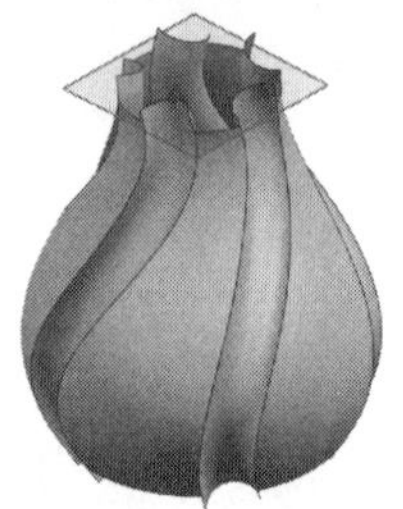
图 7-249　已完成结构

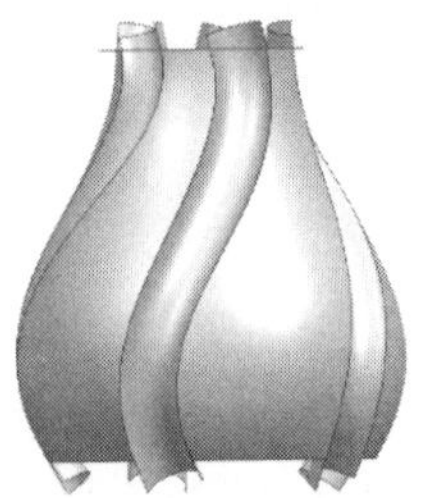
图 7-250　曲面侧视效果

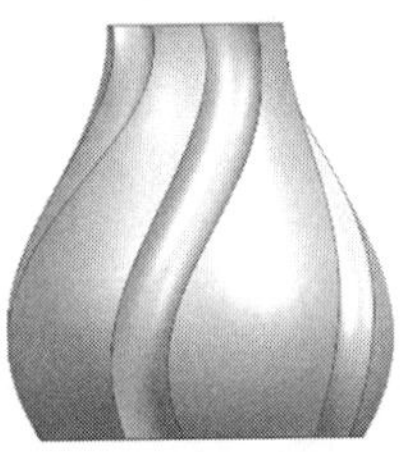
图 7-251　剪裁曲面结果

步骤 1　打开练习文件 ch07 surface\7.4\trim_surface02。

步骤 2　选择命令。在“曲面”选项卡中单击“修剪片体”按钮 修剪片体，系统弹出如图 7-252 所示的“修剪片体”对话框，在该对话框中定义修剪曲面。

步骤 3　定义顶部修剪。选择主体曲面为修剪目标，选择顶部基准平面为修剪边界，如图 7-253 所示，单击“确定”按钮，曲面修剪结果如图 7-254 所示。

图 7-252　“修剪片体”对话框

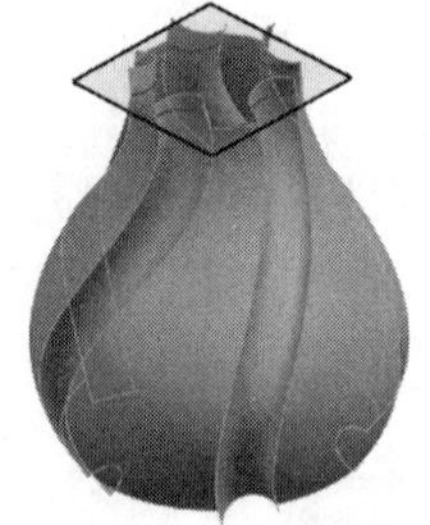
图 7-253　定义修剪片体

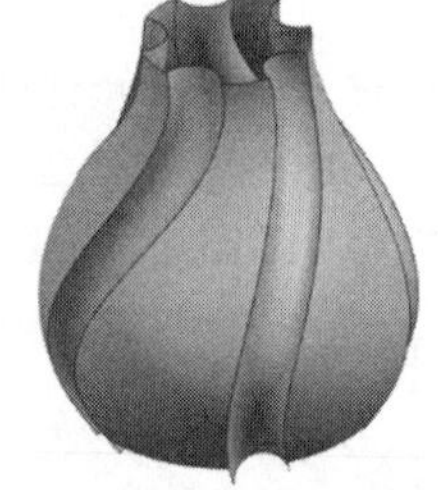
图 7-254　修剪结果

步骤 4　定义底部修剪。完成顶部修剪后，选择曲面为修剪目标，选择 XY 基准平面为修剪边界，如图 7-255 所示，最终修剪结果如图 7-251 所示。

7.4.6 分割面

“分割面”命令用来对曲面进行分割，分割曲面后还可以对分割后的曲面做进一步的编辑操作。如图 7-256 所示的曲面模型，其中包括曲面及椭圆曲线，现在需要用椭圆对曲面进行分割，分割结果如图 7-257 所示，后期可以对分割曲面做进一步的处理，如偏置曲面（如图 7-258 所示）或删除面（如图 7-259 所示），下面具体介绍。

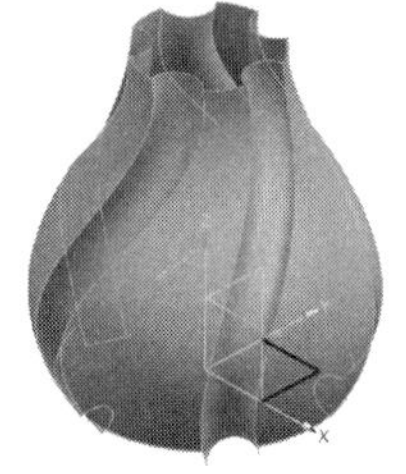
图 7-255　定义底部修剪

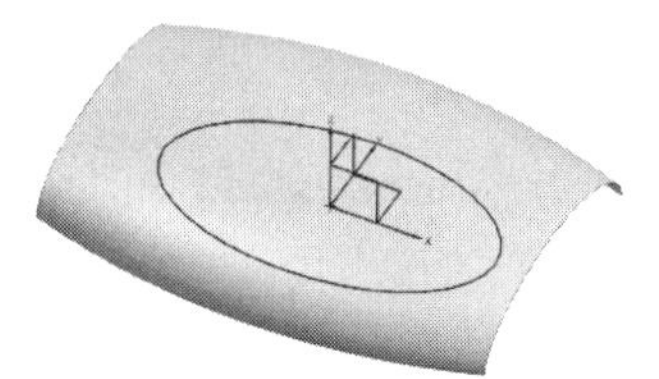
图 7-256　曲面模型

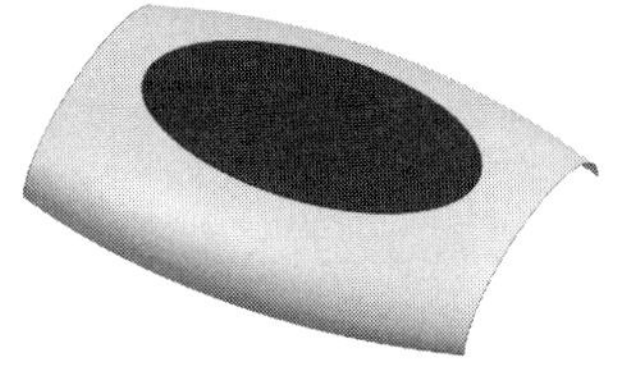
图 7-257　分割曲面结果

步骤 1　打开练习文件 ch07 surface\7.4\split_surface。

步骤 2　选择命令。在“曲面”选项卡的“更多”菜单中单击“分割面”按钮 分割面，系统弹出如图 7-260 所示的“分割面”对话框，在该对话框中定义分割面。

步骤 3　定义分割面。选择曲面为要分割的面，选择椭圆曲线为分割对象。因为分割曲线不在分割面上，需要将分割曲线投影到分割面上。在“投影方向”区域的“投影方向”下拉列表中选择“垂直于曲线平面”选项，如图 7-260 所示，表示将分割对象沿着与曲线平面垂直的方向投影到分割面上，分割面结果如图 7-257 所示。

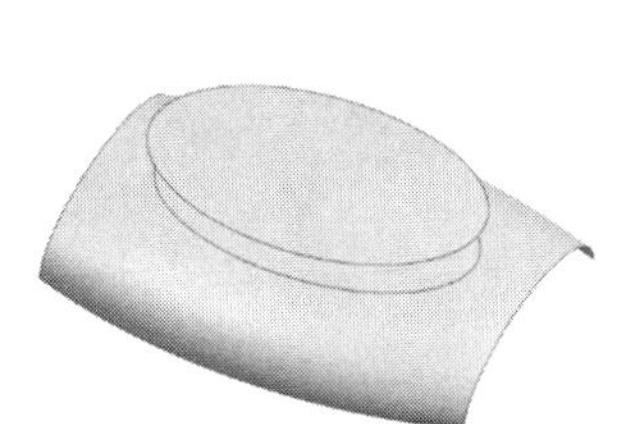
图 7-258　偏置曲面

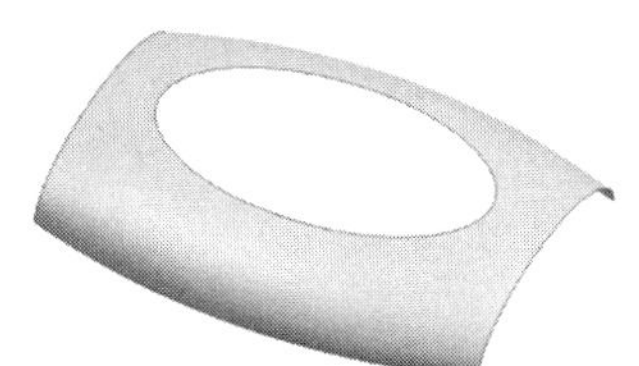
图 7-259　删除曲面

图 7-260　“分割面”对话框

7.4.7 修剪和延伸

使用“修剪和延伸”命令既可以对曲面进行修剪又可以对曲面进行延伸，相当于“修剪片体”与“延伸片体”两个命令的组合。本小节主要介绍使用“修剪和延伸”命令对曲面进行修剪的操作，其中延伸曲面功能不做介绍，读者可参考前面小节介绍的“延伸片体”操作自行学习。

（1）修剪和延伸操作

使用“修剪和延伸”命令对曲面进行修剪一般用于对两个面进行同时修剪，如图 7-261 所示的灯罩曲面，现在已经完成了如图 7-262 所示结构设计，需要对其中的主体旋转曲面与扫掠曲面进行修剪，得到如图 7-263 所示的修剪结果，其俯视效果如图 7-264 所示，因为需要修剪的曲面比较多，这种情况下可以使用修剪和延伸命令快速修剪。

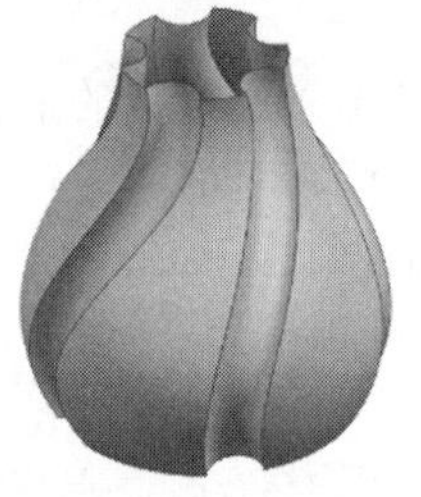
图 7-261　灯罩曲面

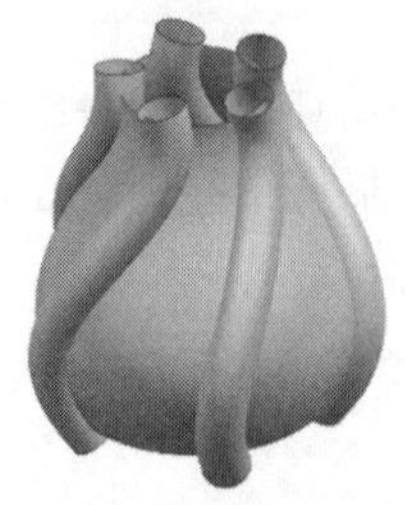
图 7-262　已完成结构

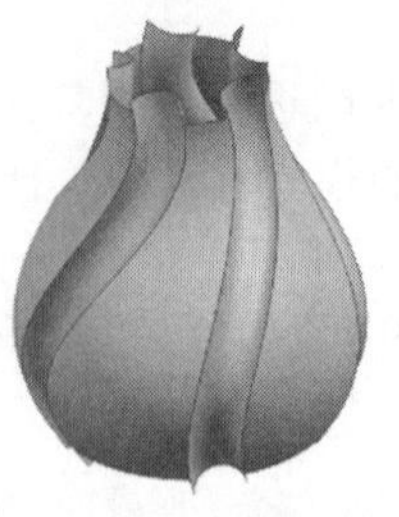
图 7-263　修剪结果

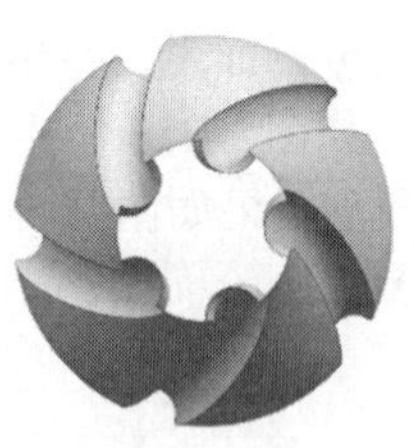
图 7-264　俯视效果

步骤 1　打开练习文件 ch07 surface\7.4\trim_extend_surface01。

步骤 2　选择命令。在“曲面”选项卡中单击“修剪和延伸”按钮 修剪和延伸，系统弹出如图 7-265 所示的“修剪和延伸”对话框，在该对话框中定义修剪和延伸。

步骤 3　定义修剪。在对话框的顶部下拉列表中选择“制作拐角”选项，表示对两个曲面对象进行相互修剪。选择主体旋转曲面为目标对象，选择其中一个扫掠曲面为工具对象，通过单击“目标”区域及“工具”区域的 按钮调整修剪侧与保留侧，如图 7-266 所示，最终修剪结果如图 7-267 所示。

步骤 4　定义其余修剪。参照上一步操作，分别选择主体旋转曲面与其余扫掠曲面进行修剪，注意调整每次修剪的修剪侧及保留侧，最终结果如图 7-261 所示。

图 7-265　“修剪和延伸”对话框

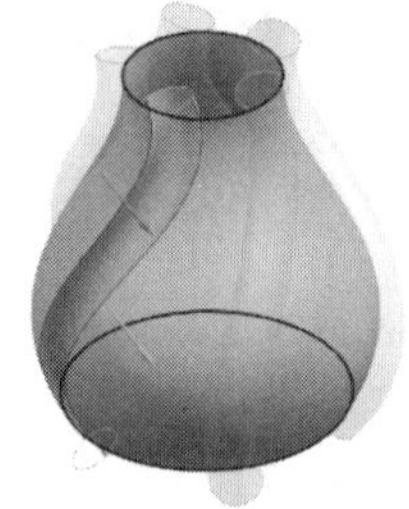
图 7-266　定义修剪和延伸

图 7-267　修剪和延伸结果

（2）修剪片体与修剪和延伸比较

本节详细介绍了修剪曲面中的“修剪片体”和“修剪和延伸”两种方法，下面通过一个案例对比介绍这两种方法的区别，帮助读者理解这两种修剪方法。

如图 7-268 所示的电吹风模型，现在已经完成了如图 7-269 所示手柄曲面与主体曲面的设计，需要对曲面中的多余结构进行修剪并在曲面接合部位创建倒圆角，结果如图 7-270 所示，下面分别使用两种修剪方法进行修剪并比较两种方法的区别。

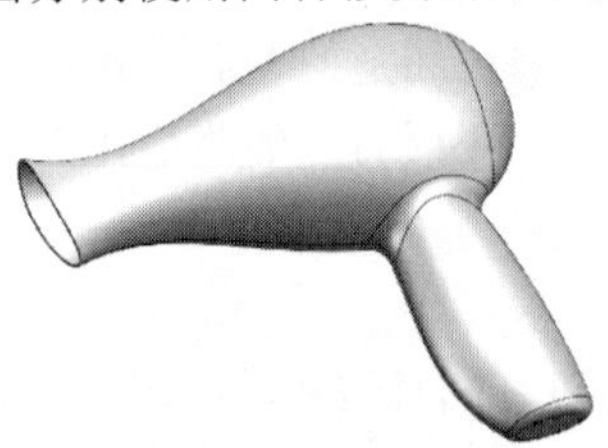
图 7-268　电吹风模型

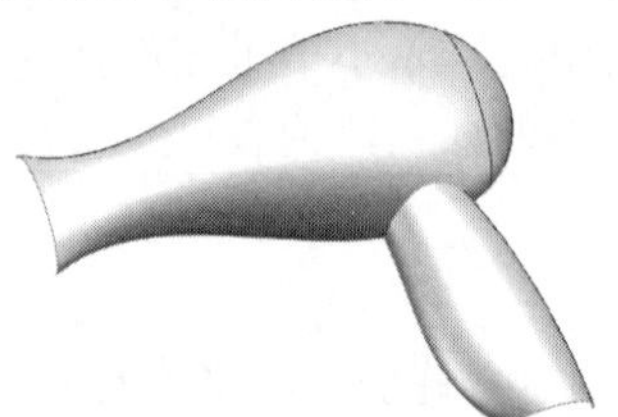

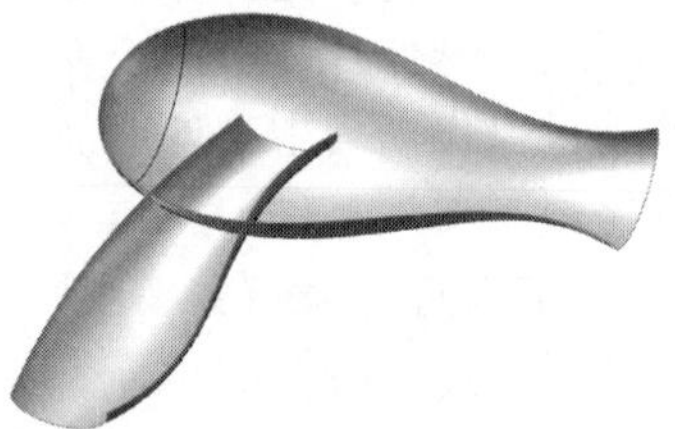
图 7-269　已经完成的手柄曲面与主体曲面

本例打开练习文件 ch07 surface\7.4\trim_extend_surface02。

首先使用“修剪片体”进行修剪。使用“修剪片体”方法需要分两步修剪，首先使用手柄曲面对主体曲面进行修剪，结果如图 7-271 所示；然后使用主体曲面对手柄曲面进行修剪，结果如图 7-272 所示。经过两次修剪后，曲面仍然是两个独立的曲面（手柄曲面与主体曲面），需要对曲面进行缝合，缝合之后形成完整的曲面，结果如图 7-273 所示，此时可以在曲面接合位置倒圆角，如图 7-274 所示。

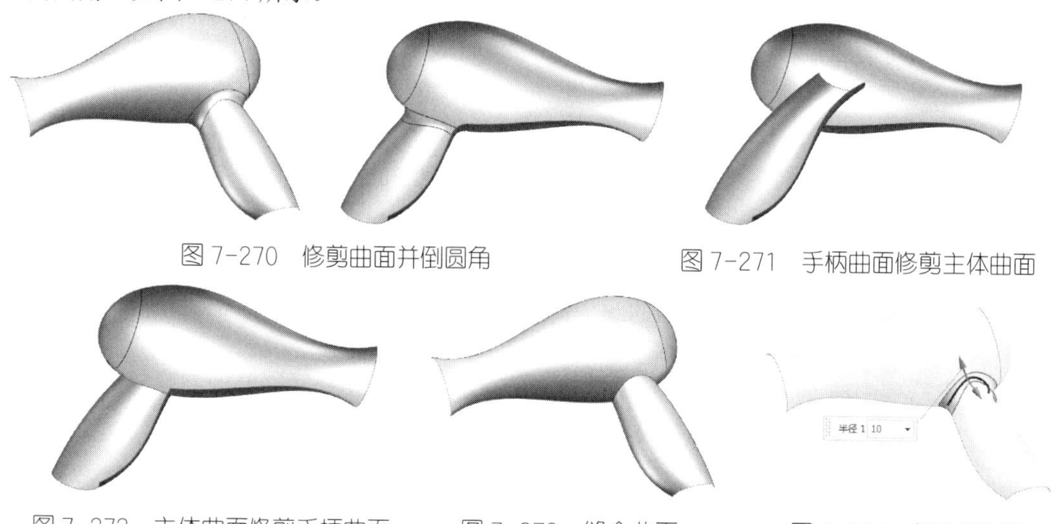

图 7-270　修剪曲面并倒圆角

图 7-271　手柄曲面修剪主体曲面

图 7-272　主体曲面修剪手柄曲面

图 7-273　缝合曲面

图 7-274　创建倒圆角

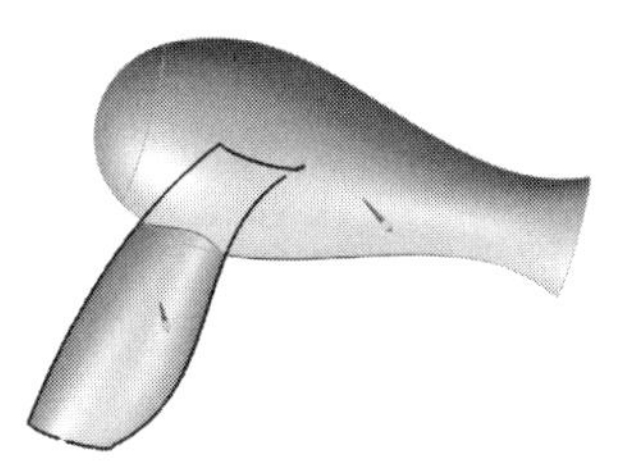

图 7-275　制作拐角结果

然后使用“修剪和延伸”进行修剪。使用其中的“制作拐角”方法只需要一步修剪即可。直接选择手柄曲面与主体曲面进行相互修剪，结果如图 7-275 所示。经过相互修剪后，曲面已经自动合并成一整张曲面（不需要缝合），此时可以直接倒圆角。

综上所述，对于相交曲面结构，使用“修剪和延伸”方法更高效，既简化了修剪步骤，同时又不需要缝合曲面，所以在实际设计中一般使用这种方法对相交曲面进行修剪，使用“修剪片体”命令主要用于修剪单个曲面对象。

7.4.8　缝合曲面

“缝合”命令就是将多个曲面合并成一整张曲面。完成曲面缝合后可以对曲面进行整体的操作，如偏置曲面、加厚曲面等。另外，使用“缝合”命令还可以将封闭曲面创建成实体。在“曲面”选项卡中单击“缝合”按钮 缝合，用于创建缝合曲面。

（1）将多个曲面缝合成一整张曲面

将多个曲面缝合成一整张曲面，这是缝合曲面最基本的功能，如图 7-276 所示的曲面模型，模型中包括两张曲面，为了方便以后偏置曲面或加厚曲面，需要将两张曲面缝合成一张完整的曲面，下面以此为例介绍缝合曲面操作。

步骤 1　打开练习文件 ch07 surface\7.4\merge_surface01。

步骤 2　选择命令。在“曲面”选项卡中单击“缝合”按钮 缝合，系统弹出如图 7-277 所示的“缝合”对话框，在该对话框中定义缝合曲面。

步骤 3　定义缝合曲面。在模型中选择外侧曲面为目标对象，选择中间曲面为工具对象，单击“确定”按钮，完成曲面缝合。完成曲面缝合后，可以对缝合曲面进行整体偏置操作，如图 7-278 所示。

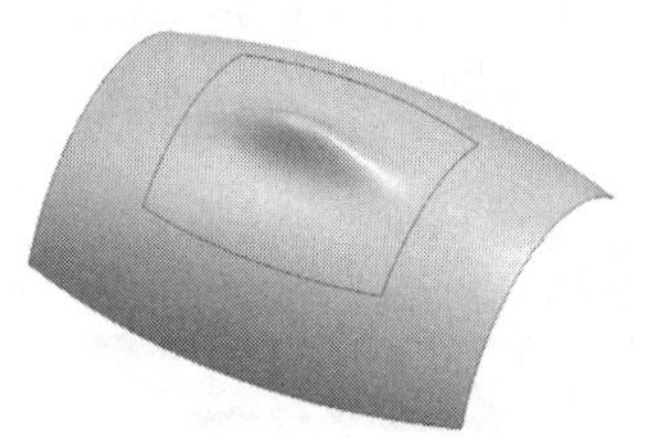
图 7-276 曲面模型

图 7-277 “缝合”对话框

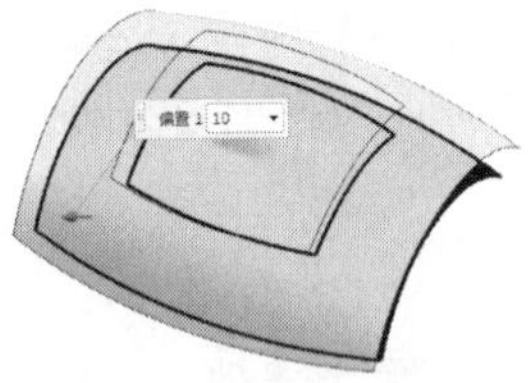

图 7-278 偏置曲面

（2）将封闭曲面缝合成实体

在缝合曲面时，如果曲面是完全封闭的，这种情况下可以直接将曲面缝合成实体。如图 7-279 所示的曲面环模型，这是典型的封闭曲面。使用“视图”选项卡中的“新建截面”工具将曲面模型剖开，内部为空心曲面结构，如图 7-280 所示，选择“缝合”命令，然后选择曲面环模型中的一个曲面为目标曲面，选择其他所有曲面为工具对象，单击“确定”按钮，完成曲面缝合，此时封闭曲面内部变成实体，如图 7-281 所示。

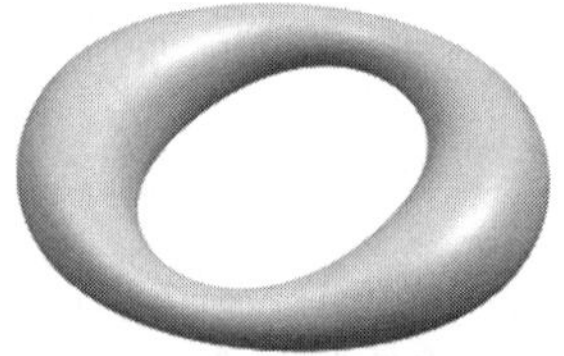
图 7-279 曲面环模型

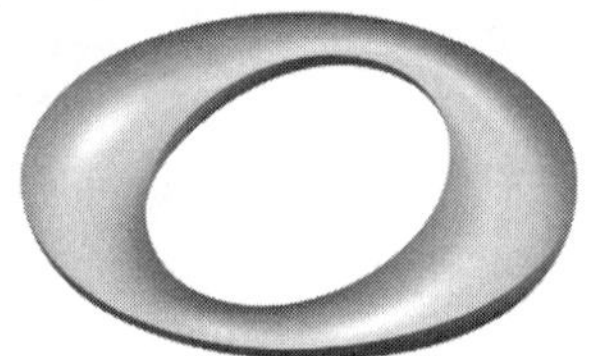
图 7-280 曲面结构

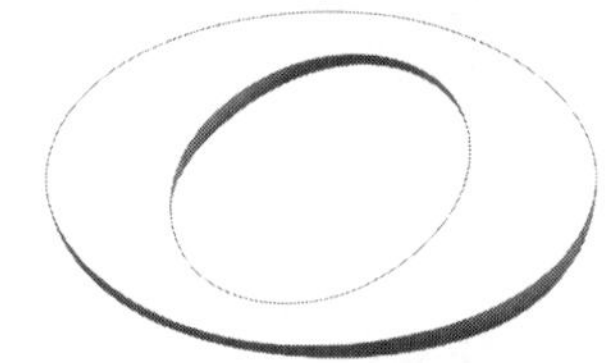
图 7-281 缝合曲面结果

本例练习文件：ch07 surface\7.4\merge_surface02。

7.5 曲面实体化操作

因为曲面是没有厚度（零厚度）的片体，这是没有实际意义的，所以曲面设计的最后阶段一定要将曲面创建成实体。将曲面创建成实体的操作称为曲面实体化操作。在 NX 中曲面实体化操作主要包括曲面加厚及封闭曲面实体化两种方式，下面具体介绍曲面实体化操作。

7.5.1 加厚曲面

曲面加厚就是将曲面沿着垂直方向增加一定的厚度，从而使曲面形成均匀壁厚的薄壁结构或壳体结构。在“曲面”选项卡中单击“加厚”按钮 加厚，用于对曲面进行加厚处理。如图 7-282 所示的曲面模型，需要对曲面进行加厚（厚度为 1mm），通过加厚得到均匀壁厚的薄壁零件，如图 7-283 所示，下面以此为例介绍曲面加厚操作。

步骤 1 打开练习文件 ch07 surface\7.5\thicken。

步骤 2 定义加厚。在“曲面”选项卡中单击“加厚”按钮 加厚，系统弹出如图 7-284 所示的“加厚”对话框，在模型中选择曲面为加厚对象，在“偏置 1”文本框中设置加厚厚度为 1，单击按钮调整加厚方向向下，单击“确定”按钮，完成曲面加厚。

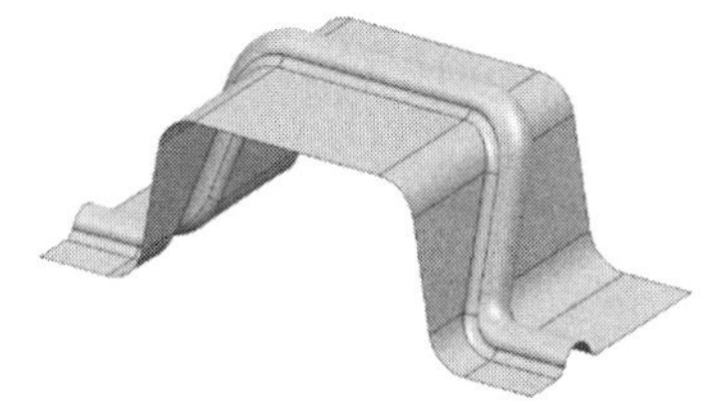

图 7-282　曲面模型

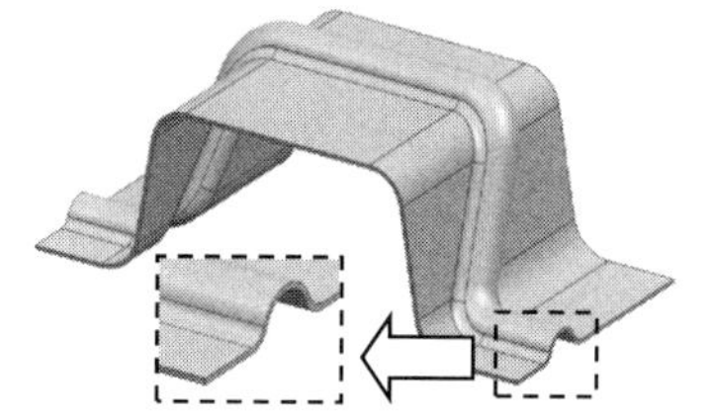

图 7-283　加厚曲面结果

因为使用“加厚”命令可以将选中曲面按照给定厚度值创建成均匀壁厚的薄壁零件，这正是钣金零件的主要特点，所以经常使用这种方法设计复杂钣金零件。

7.5.2　封闭曲面实体化

前面小节介绍“缝合”命令时讲解到，如果曲面是完全封闭的，在创建缝合曲面时可以直接将封闭曲面缝合成实体，使用这种方法可以对封闭曲面进行实体化操作。

如图 7-285 所示的手柄曲面模型，需要将手柄曲面创建成如图 7-286 所示的手柄实体，下面以此为例介绍封闭曲面实体化操作。

步骤 1　打开练习文件 ch07 surface\7.5\solid。

步骤 2　创建有界平面。本例中的这种曲面要创建成实体需要先将曲面完全封闭，使用“有界平面”命令在曲面两端创建有界平面使曲面完全封闭，如图 7-287 所示。

图 7-284　“加厚”对话框

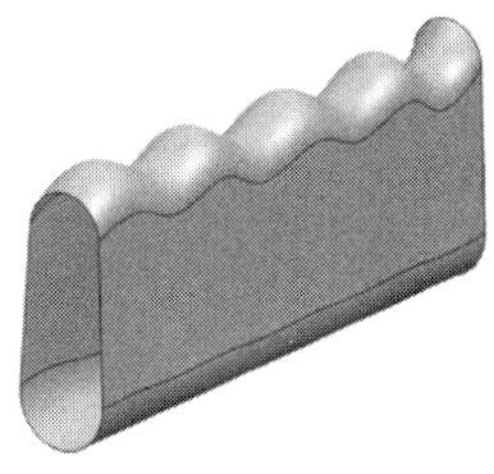

图 7-285　手柄曲面

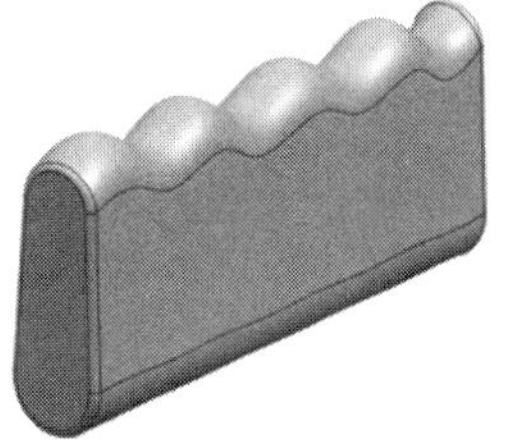

图 7-286　手柄实体

步骤 3　创建封闭曲面实体化。创建两侧有界平面后，曲面形成完全封闭的曲面，如图 7-288 所示，选择“缝合”命令将封闭曲面缝合成实体，如图 7-289 所示。

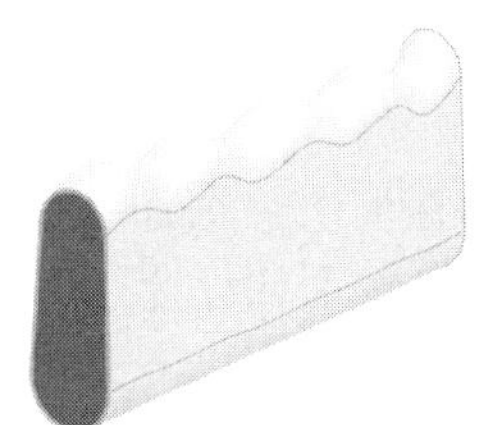

图 7-287　创建有界平面

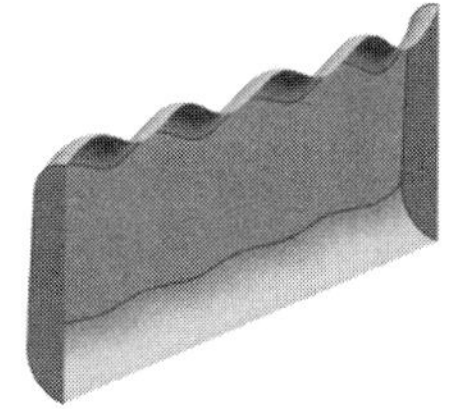

图 7-288　封闭曲面效果

图 7-289　封闭实体效果

7.5.3　修剪体

“修剪体”命令就是使用曲面切除实体，这是产品设计中非常重要的一种设计方法，特别是在自顶向下设计中应用非常广泛。如图 7-290 所示的充电器盖零件，现在已经完成了如图 7-291 所示的基础实体及曲面的创建，需要使用曲面对实体进行切除得到如图 7-292 所示的充电器盖主体，下面以此为例介绍修剪体操作。

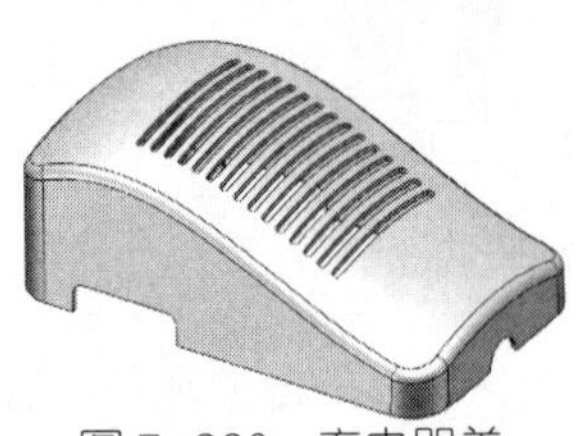
图 7-290　充电器盖

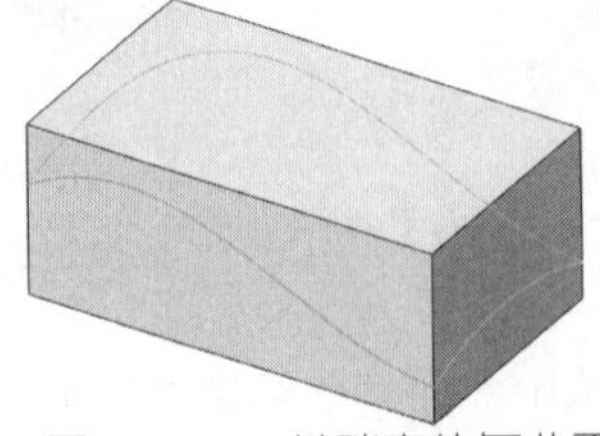
图 7-291　基础实体与曲面

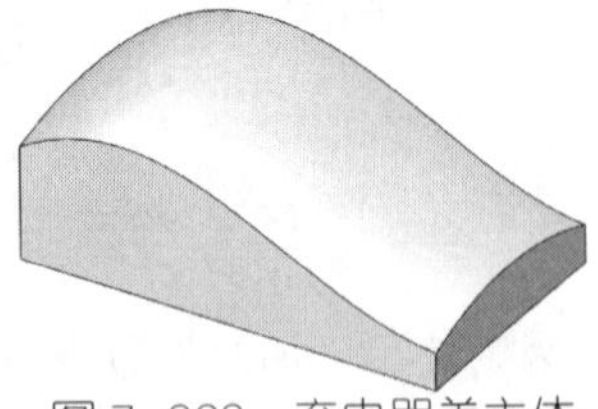
图 7-292　充电器盖主体

步骤 1　打开练习文件 ch07 surface\7.5\surface_cut。

步骤 2　定义修剪体。在“主页”选项卡中单击“修剪体”按钮 修剪体，系统弹出如图 7-293 所示的“修剪体”对话框，选择实体为目标体，选择扫掠曲面为工具体，单击 按钮调整修剪方向如图 7-294 所示（箭头朝向哪一侧哪一侧就是被修剪侧），单击“确定”按钮完成使用修剪体操作，结果如图 7-292 所示。

创建使用曲面切除时，如果调整修剪方向反向，将得到完全相反的结果，本例中如果调整方向反向将得到如图 7-295 所示的切除结果，读者可自行操作。

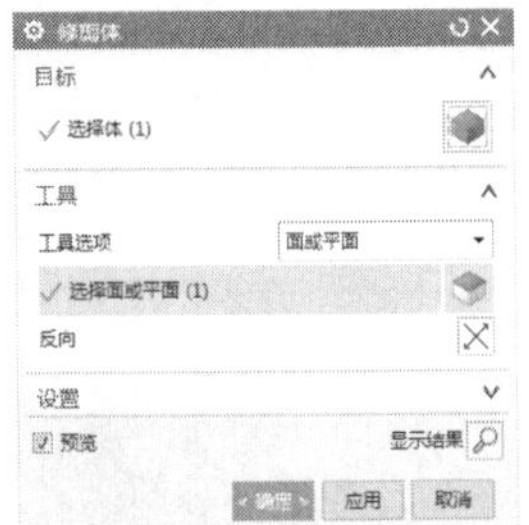

图 7-293　“修剪体”对话框

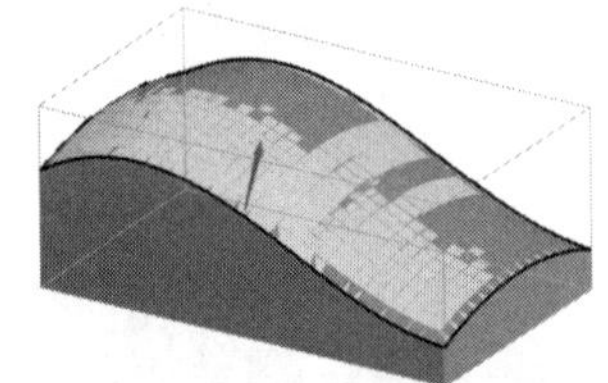
图 7-294　使用曲面修剪实体

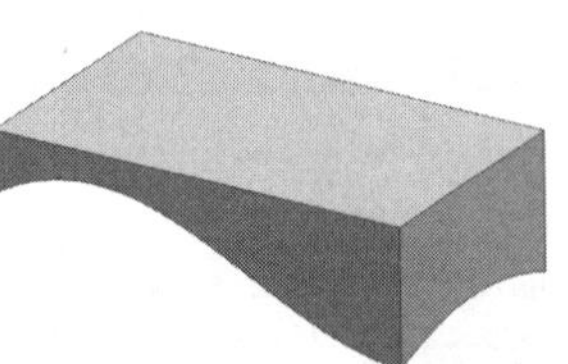
图 7-295　反向切除方向

7.6　曲面设计方法

扫码看视频讲解

考虑到一些读者在实际曲面设计中不能准确规划设计思路，无法对曲面结构展开准确的设计，其主要原因是没有系统掌握曲面设计方法，为了让读者更深入理解曲面设计并掌握曲面在产品设计中的应用，下面对曲面设计中的一些常见结构进行归类总结，帮助读者全面系统掌握曲面设计方法，最终目的是更好地用于实战。

在实际曲面设计中主要涉及四种曲面设计方法：曲线线框法、组合曲面法、曲面切除法及封闭曲面法。这些方法既可以独立使用又可以混合使用，以便完成更复杂曲面的设计，下面具体介绍这些曲面设计方法。

7.6.1　曲线线框法

曲线线框法就是首先创建曲线线框，然后根据线框创建曲面，最终进行实体化得到需要的曲面结构，如图 7-296 所示。这是曲面设计中最本质的方法，同时也是最重要的一种方法，主要用于流线型曲面结构的设计。

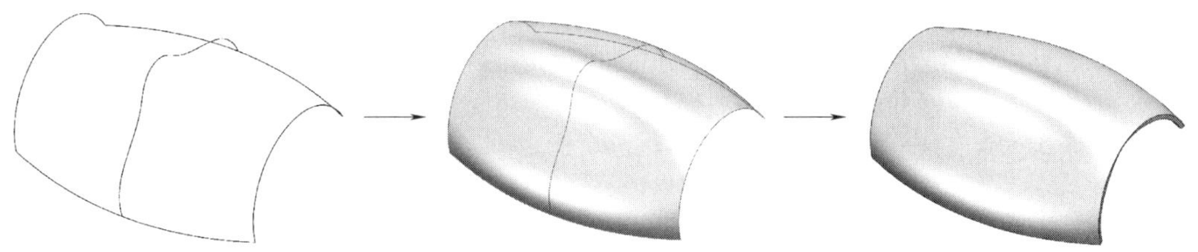

图 7-296　曲线线框法设计思路

曲线线框法应用非常广泛，凡是流线型的曲面均可以使用这种方法进行设计。如图 7-297 所示的灯罩曲面、水龙头曲面及电吹风曲面都是典型的流线型曲面，像这些产品造型的设计就可以使用曲线线框法。

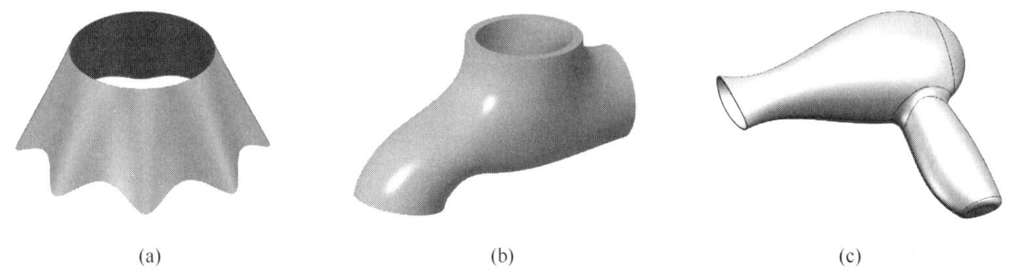

(a)　(b)　(c)

图 7-297　线框曲面设计应用举例

为了让读者更好理解曲线线框法的设计思路与设计过程，下面来看一个具体案例。如图 7-297（c）所示的电吹风模型，整体是一个流线型的造型，应该使用曲线线框法进行设计。根据电吹风造型特点，首先创建如图 7-298 所示的曲线线框，然后创建如图 7-299 所示的主体曲面，最后进行曲面实体化，得到最终的电吹风造型，如图 7-300 所示。

说明：电吹风结构分析及设计过程详细讲解请看随书视频。

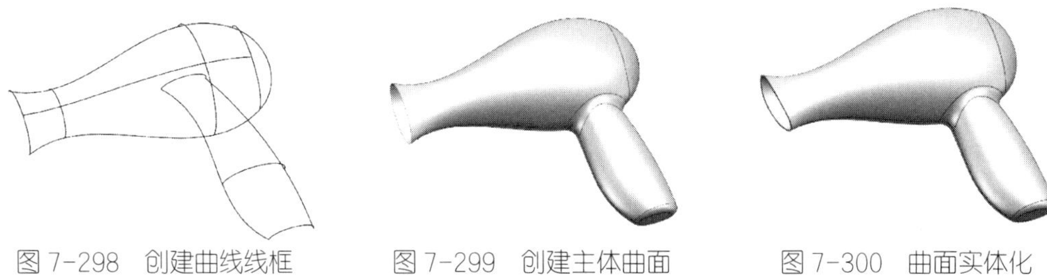

图 7-298　创建曲线线框　　图 7-299　创建主体曲面　　图 7-300　曲面实体化

7.6.2　组合曲面法

组合曲面法就是首先创建独立的曲面，然后经过曲面组合将这些面组合成需要的曲面造

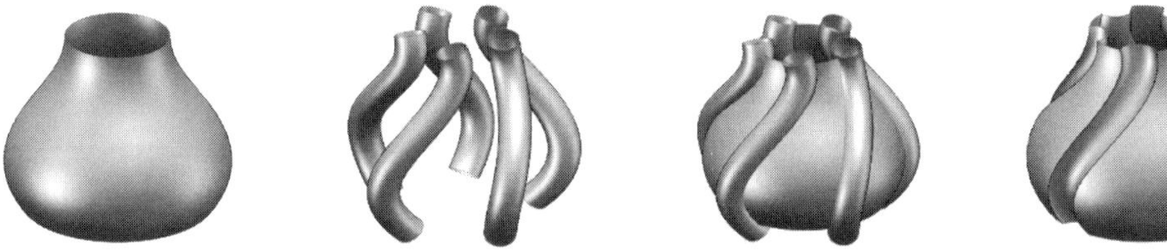

图 7-301　组合曲面设计思路

型，如图 7-301 所示。这种设计方法的关键是要分析曲面结构能够分解出哪些独立的曲面。

曲面设计中，凡是结构清晰、层次分明的曲面均可以使用这种方法进行设计。如图 7-302 所示的水壶曲面、遥控器曲面及水龙头曲面都符合典型组合曲面的特点，像这些产品造型的设计就可以使用组合曲面法。

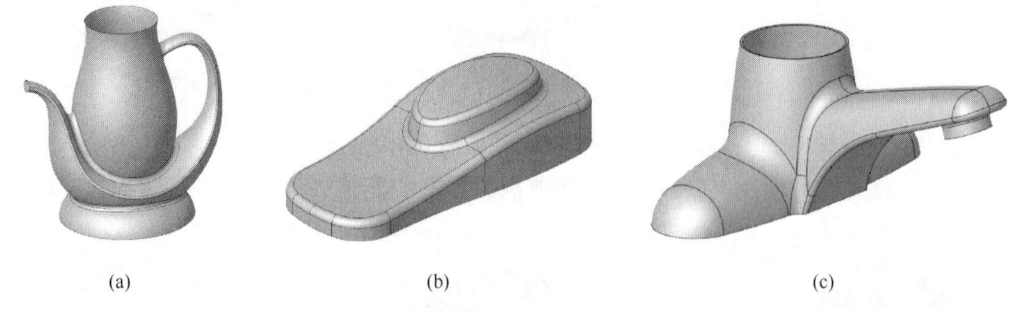

图 7-302 组合曲面设计应用举例

为了让读者更好理解组合曲面法的设计思路与设计过程，下面来看一个具体案例。如图 7-302（c）所示的水龙头模型，整体是由多个曲面组合而成，应该使用组合曲面法进行设计。根据水龙头造型特点，首先创建如图 7-303 所示的底座曲面，然后创建如图 7-304 所示的竖直旋转曲面，接着创建如图 7-305 所示的倾斜曲面，最后对这些曲面进行组合得到水龙头曲面。

说明：水龙头结构分析及设计过程详细讲解请看随书视频。

图 7-303 底座曲面　　图 7-304 竖直旋转曲面　　图 7-305 倾斜曲面

7.6.3 曲面切除法

曲面切除法就是首先创建基础实体，然后使用曲面切除实体，最终得到需要的零件结构。如图 7-306 所示，这种曲面设计方法的关键是首先分析零件中的“切除痕迹”，然后设计相应的基础实体与切除曲面。

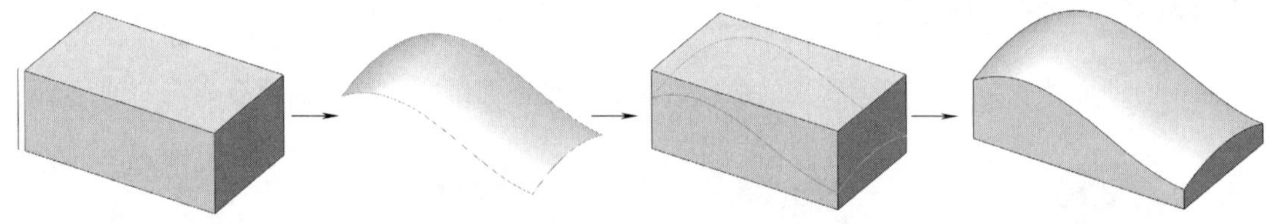

图 7-306 曲面切除法设计思路

曲面设计中，凡是零件表面存在“切除痕迹”的，均可以使用这种方法进行设计，如图 7-307 所示的旋钮模型、面板盖模型及充电器盖模型上均有各种“切除痕迹”，符合曲面切除的特点，像这些零件的设计就可以使用曲面切除法进行设计。

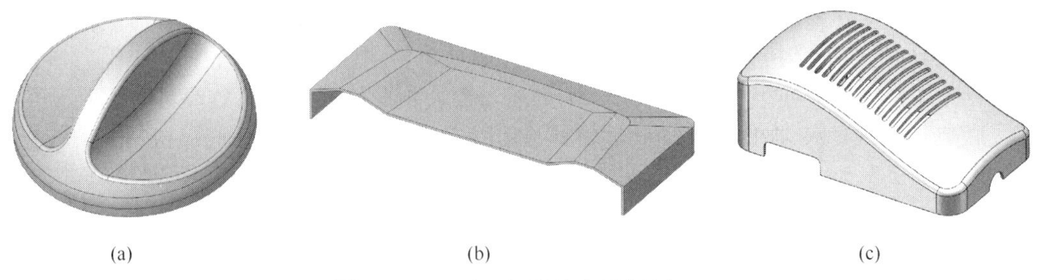

图 7-307　曲面切除法应用举例

为了让读者更好理解曲面切除法的设计思路与设计过程，下面来看一个具体案例。如图 7-307（b）所示的面板盖模型，零件表面存在多处“切除痕迹”，应该使用曲面切除法进行设计。根据面板盖零件特点，首先创建如图 7-308 所示的基础实体，然后创建如图 7-309 所示的切除曲面，最后创建如图 7-310 所示的曲面切除得到最终的面板盖模型。

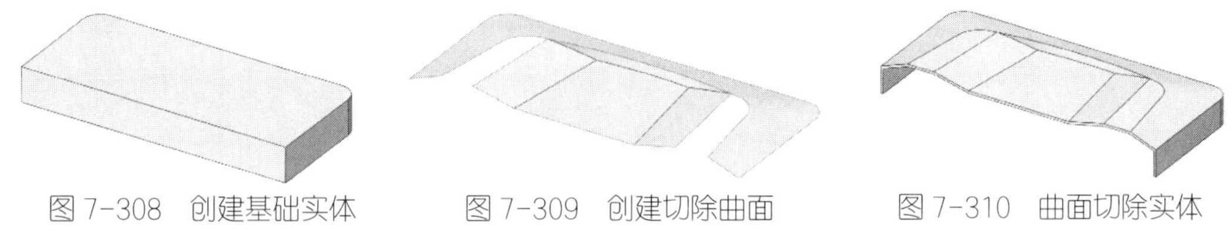

图 7-308　创建基础实体　　图 7-309　创建切除曲面　　图 7-310　曲面切除实体

说明：面板盖结构分析及设计过程详细讲解请看随书视频。

7.6.4　封闭曲面法

封闭曲面法就是首先创建模型外表面，然后将外表面进行封闭并实体化，最终得到需要的零件结构，如图 7-311 所示。这种方法的设计关键是首先创建零件的所有外表面，主要用于各种异型结构的设计，特别是用其他设计方法无法完成的场合。

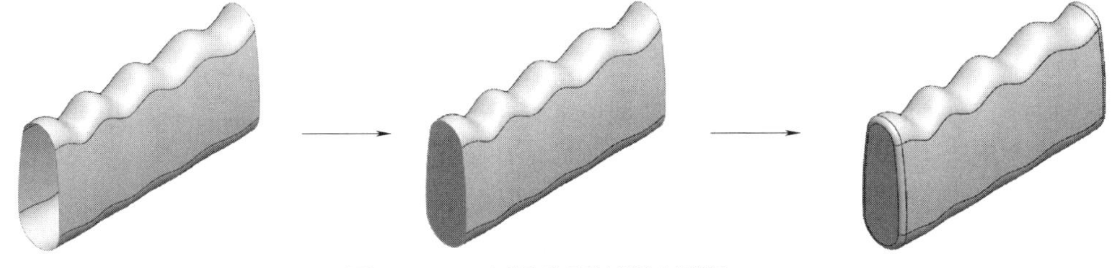

图 7-311　封闭曲面法设计思路

曲面设计中，凡是“实心”零件或是不规则的零件结构，均可以使用这种方法进行设计，如图 7-312 所示的门把手模型、起重机吊钩模型及螺旋体模型均符合封闭曲面特点，像这些零件就可以使用封闭曲面法进行设计。

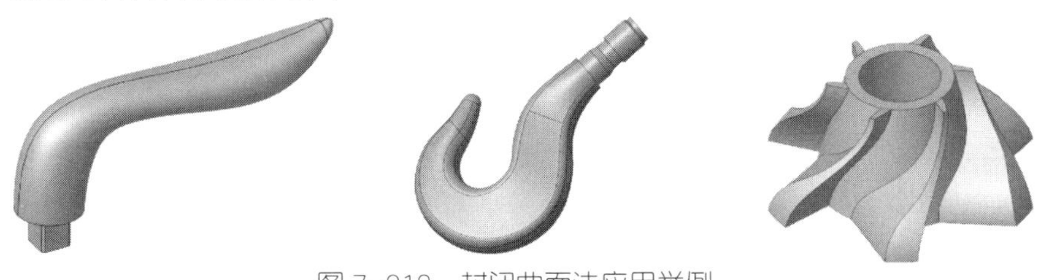

图 7-312　封闭曲面法应用举例

为了让读者更好理解封闭曲面法的设计思路与设计过程，下面来看一个具体案例。如图 7-313 所示的异形曲面环模型，内部是实心的，应该使用封闭法进行设计，同时，因为该异形环模型表面还是一个流线型的曲面，所以本例还需要使用曲线线框法进行设计，这是一个多种方法混合设计的案例。根据异形曲面环模型结构特点，应该首先创建如图 7-314 所示的线框，然后创建如图 7-315 所示的曲面，接着创建如图 7-316 所示的封闭曲面，最后创建如图 7-317 所示的封闭曲面实体化得到最终的异形曲面环模型。

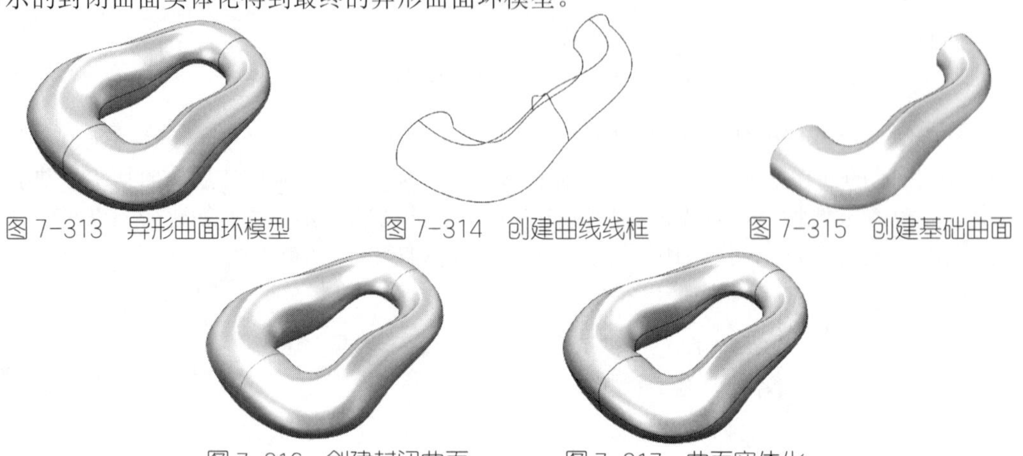

图 7-313　异形曲面环模型　　图 7-314　创建曲线线框　　图 7-315　创建基础曲面

图 7-316　创建封闭曲面　　图 7-317　曲面实体化

说明：异形曲面环结构分析及设计过程详细讲解请看随书视频。

准确来讲，这种零件设计方法是“万能”的，对所有零件的设计都适用。因为所有的零件都由若干表面构成，所以只要得到零件的表面，就可以得到零件，但是要注意的是，在实际设计时还要考虑操作的方便性，因为这种方法往往需要创建很多的曲面，而且还要保证这些曲面是相对封闭的，所以不到万不得已的情况，尽量不要使用这种方法。

7.7　曲面拆分与修补

曲面设计中对于无法直接创建的曲面需要使用曲面拆分与修补的方法来处理，特别适用于复杂曲面的造型设计，如图 7-318 所示的汽车车身曲面设计局部，在设计这些复杂曲面时使用了大量的曲面拆分与修补方法。

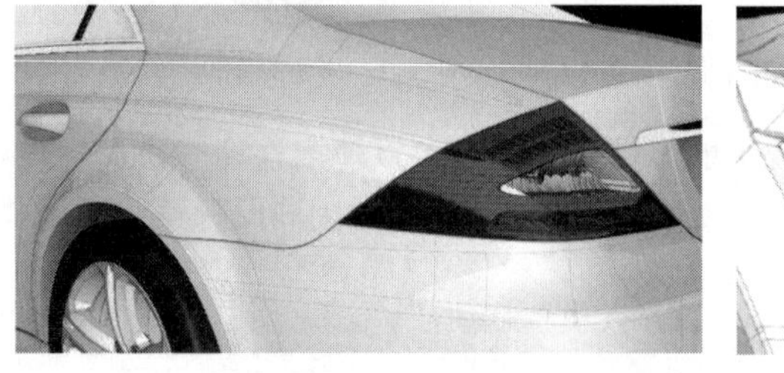

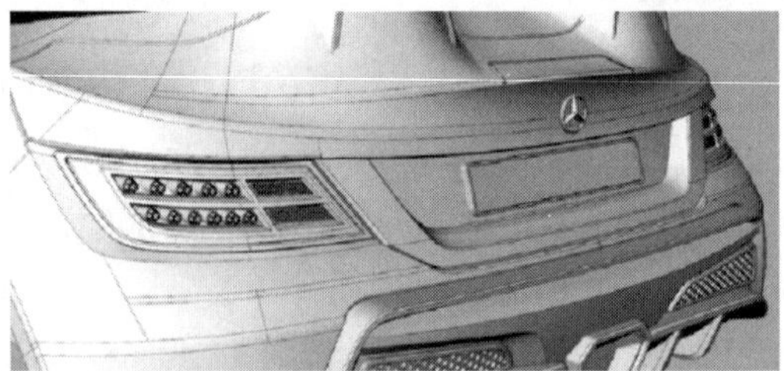

图 7-318　曲面拆分与修补应用

7.7.1　曲面拆分修补思路

在本章“曲面设计工具”小节中详细介绍多种曲面设计工具，不同设计工具用于不同场合、不同结构的曲面设计，在使用这些曲面工具时都要考虑一个共同的问题，那就是曲线线框的要求。如图 7-319 所示的曲线都是常见的曲线线框，使用这些线框可以直接创建需要的曲面，如扫掠曲面、通过曲线组曲面、通过曲线网格曲面等。

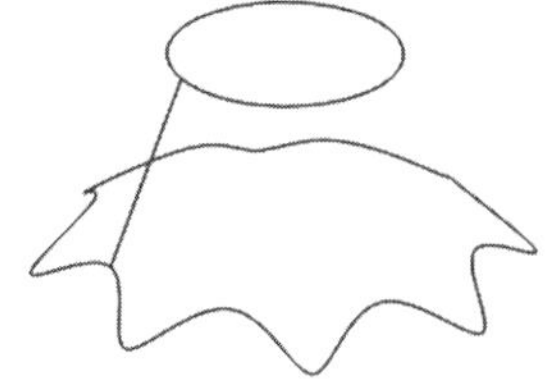
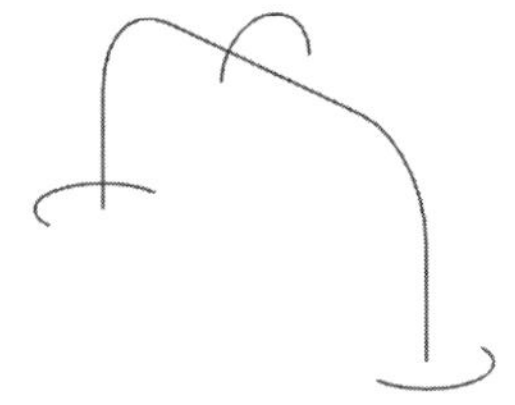
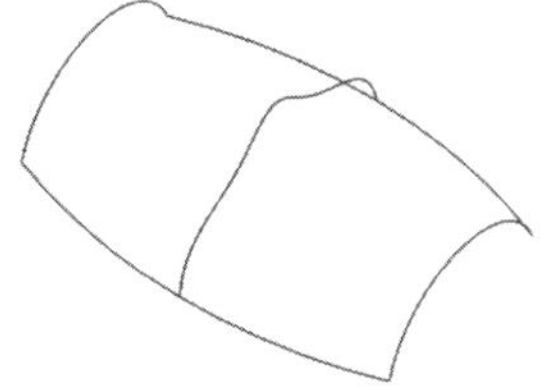

图 7-319　常见曲线线框

另外，对于多边形线框（一般边数大于四边），NX 中提供了“填充曲面”和“有界平面”工具创建多边形曲面，但是都存在一些使用上的限制。使用“填充曲面”时对于简单的多边形线框是可以直接创建的，但是对于复杂的多边形线框往往会出现各种问题，无法准确得到多边形曲面。使用“有界平面”时，多边形边界只能是平面的，如果是空间的多边形线框，则无法直接创建。

如果曲线线框是复杂的多边形线框（边数大于四边，边界为复杂的空间三维结构），如图 7-320 所示的五角边线框及如图 7-321 所示的水龙头线框，使用这些多边形线框均无法直接创建曲面，这时需要对多边形线框进行拆分与修补。拆分与修补的基本思路就是首先对多边形线框进行拆解，然后根据曲面拆解先创建一部分曲面，再添加一部分曲线或曲面对曲面进行修补得到最终曲面。

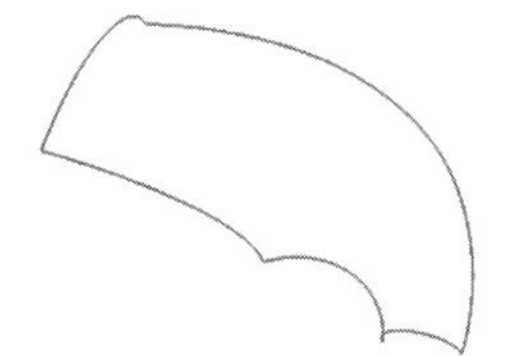
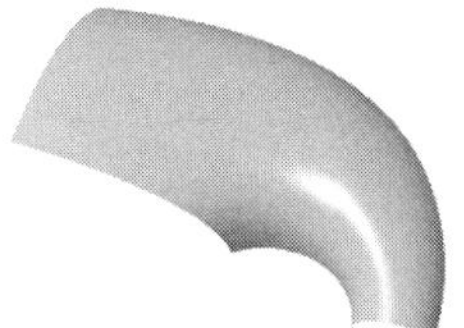

图 7-320　五角边线框

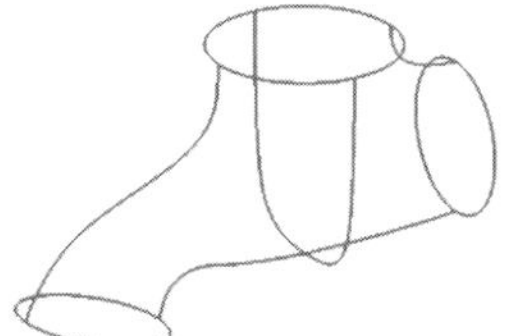
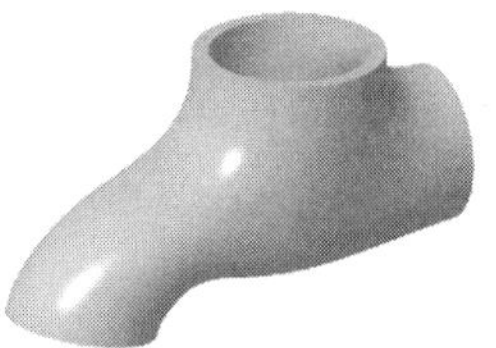

图 7-321　水龙头线框

7.7.2　曲面拆分修补实例

如图 7-322 所示的四通接头零件，其尺寸图纸如图 7-323 所示，需要按照尺寸图中的尺寸

扫码看视频讲解

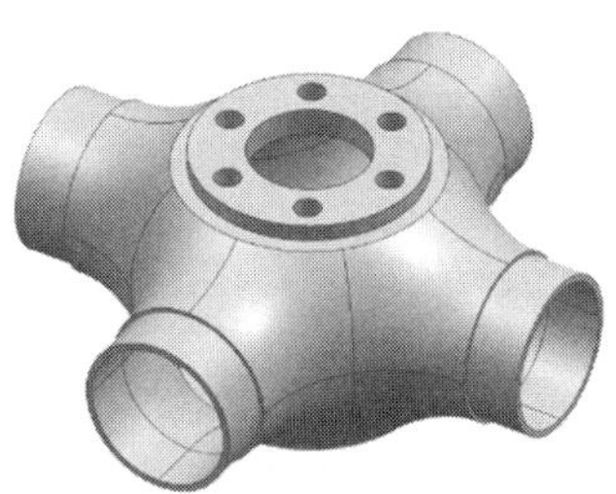

图 7-322　四通接头零件

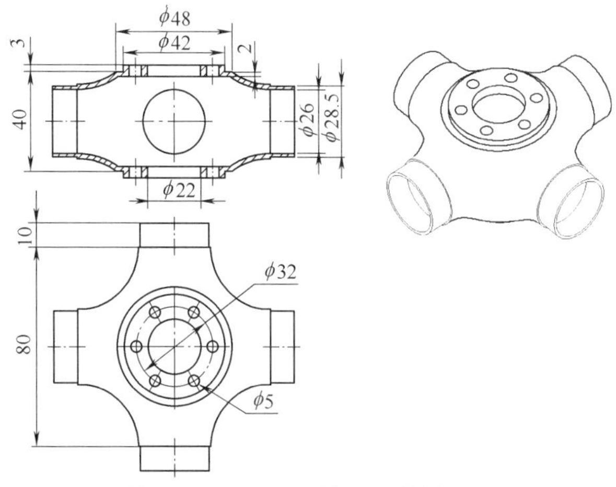

图 7-323　四通接头尺寸图纸

完成四通接头零件的设计。因为曲面属于多边形的曲面，无法直接创建得到，需要对曲面部分进行拆分与修补，下面具体介绍设计过程。

步骤 1 新建零件文件 ch07 surface\7.7\cross_part。

步骤 2 创建如图 7-324 所示的基准特征。基准特征作为整个零件设计的基准参考。

步骤 3 创建如图 7-325 所示的主体曲线线框。注意曲线之间的几何关系。

步骤 4 创建如图 7-326 所示的基础曲面。这是标准的五边面，无法根据曲线线框直接创建，需要应用曲面拆分与修补进行创建，这是整个零件设计的基础。

步骤 5 创建如图 7-327 所示的主体曲面。主体是使用上一步创建的基础曲面进行若干次镜像得到的，注意检查各曲面之间的连接关系是否满足设计要求。

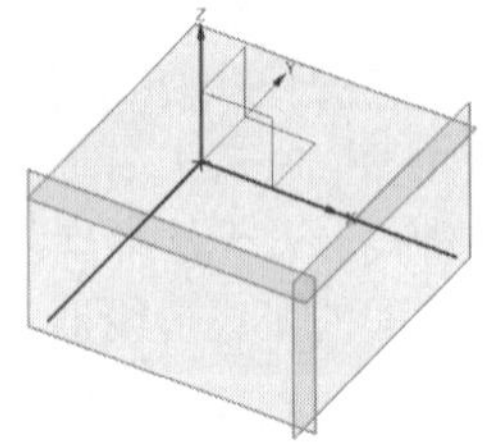

图 7-324 创建基准特征

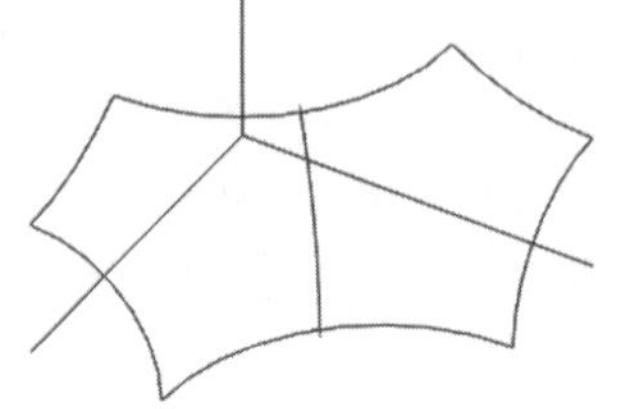

图 7-325 创建主体曲线线框

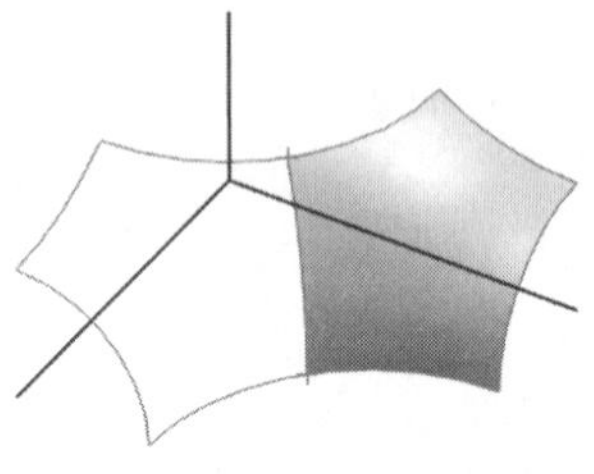

图 7-326 创建基础曲面

步骤 6 创建如图 7-328 所示的封闭曲面。使用“有界平面”命令创建各开口的圆形曲面使整个曲面封闭，为后面实体化做准备。

步骤 7 创建如图 7-329 所示的实体化及细节设计。将封闭曲面使用“缝合曲面”创建成实体，然后使用抽壳、拉伸切除、异形孔向导、阵列、镜像等工具创建细节。

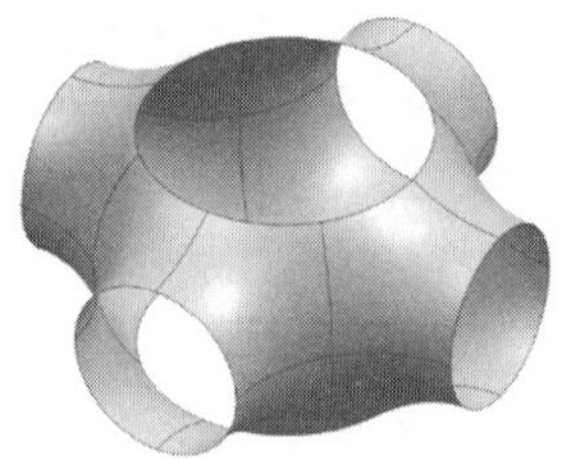

图 7-327 创建主体曲面

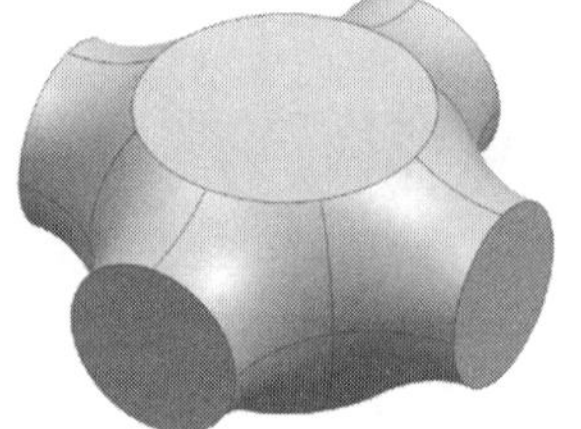

图 7-328 创建封闭曲面

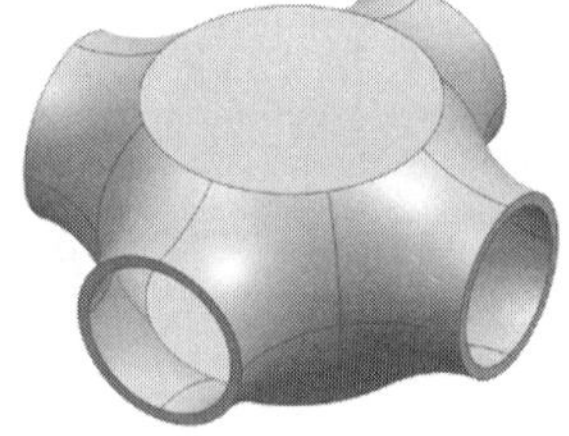

图 7-329 实体化及后期细节设计

说明： 四通接头零件结构分析及设计过程详细讲解请看随书视频讲解。

扫码看视频讲解

7.8 渐消曲面设计

渐消曲面是指曲面设计中的一种渐进式变化的造型曲面，在产品设计中应用非常广泛，其

图 7-330 渐消曲面设计应用

灵动的造型特点提升产品质感与美感，如图 7-330 所示的汽车车身曲面，在设计车身曲面时就使用了大量的渐消曲面。

7.8.1　渐消曲面设计

实际上，渐消曲面的本质是曲面拆分与修补的实际运用。渐消曲面设计思路是首先创建基础曲面，然后对基础曲面进行拆解（将出现渐消的部位全部剪裁掉），最后添加必要的曲线或曲面创建渐消曲面补面。如图 7-331 所示的曲面模型，需要创建如图 7-332 所示的渐消曲面，下面以此为例介绍渐消曲面设计过程。

步骤 1　打开练习文件 ch07 surface\7.8\disappear_surface01。

步骤 2　创建如图 7-333 所示的剪截曲面。渐消曲面设计的第一步是将出现渐消的部位全部剪裁掉，为创建渐消曲面做准备，使用分割面及删除面创建剪截曲面。

步骤 3　创建如图 7-334 所示的控制线。渐消曲面控制线主要是为了控制渐消曲面的具体结构，使用“草图”命令创建如图 7-334 所示的渐消曲面控制线。

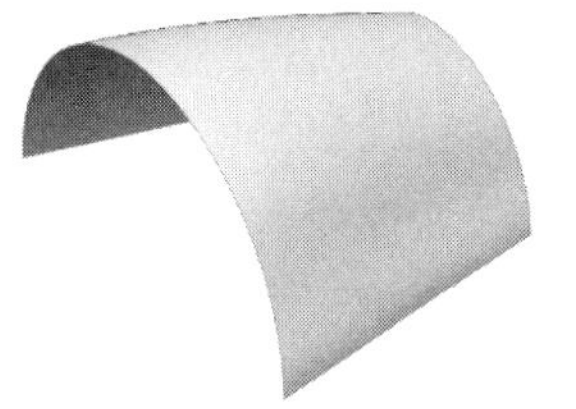

图 7-331　曲面模型

图 7-332　渐消曲面

图 7-333　剪裁曲面

步骤 4　创建渐消曲面补面。渐消曲面最后一步是根据添加的渐消曲面控制线及剪裁的曲面区域创建渐消曲面补面，同时注意补面与基础面之间的约束关系，如图 7-335 所示，最终结果如图 7-336 所示。

**说明：**渐消曲面分析及设计过程详细讲解请看随书视频。

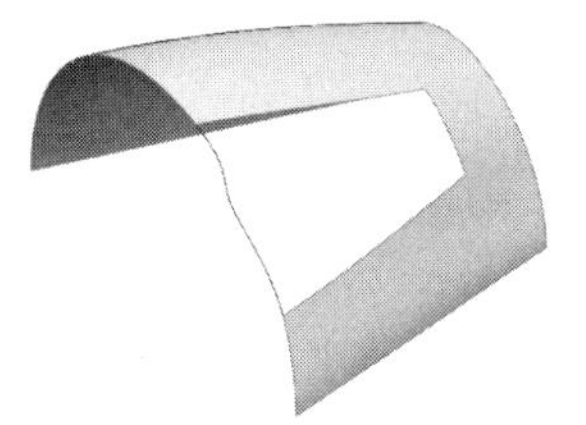

图 7-334　添加渐消曲面控制线

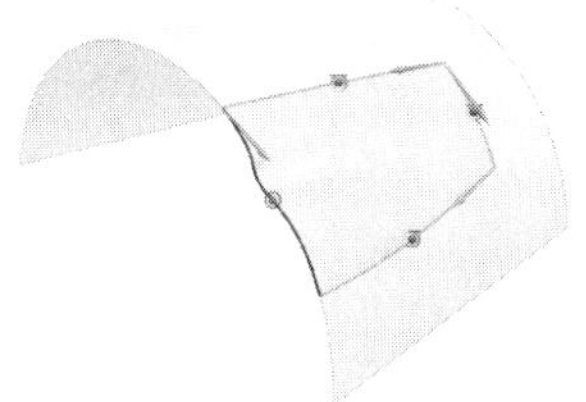

图 7-335　创建渐消曲面补面

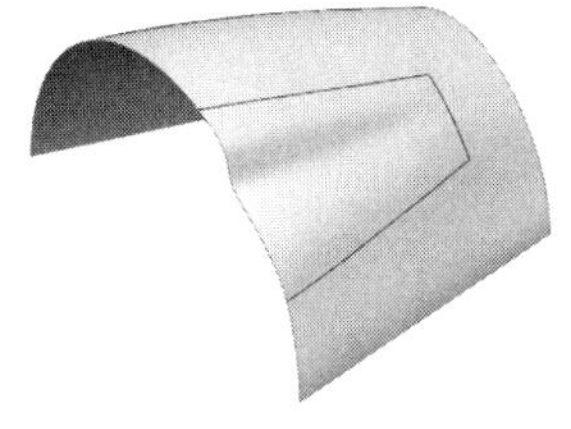

图 7-336　创建渐消曲面结果

7.8.2　渐消曲面案例

如图 7-337 所示的吸尘器曲面模型，模型表面存在多处渐消曲面结构，是一个典型的渐消曲面案例，下面以此为例，详细介绍渐消曲面的设计过程。

步骤 1　新建零件文件：F:\ugnx_jxsj\ch07 surface\7.8\disappear_surface02。

步骤 2　创建如图 7-338 所示的基准特征。基准特征作为整个零件设计的基准参考。

步骤 3　创建如图 7-339 所示的基础曲面。基础曲面是渐消曲面设计基础。

步骤 4　创建如图 7-340 所示的剪裁曲面。创建渐消曲面需要首先将基础面上出现渐消的部位完全剪裁掉，为后面创建渐消曲面做准备。

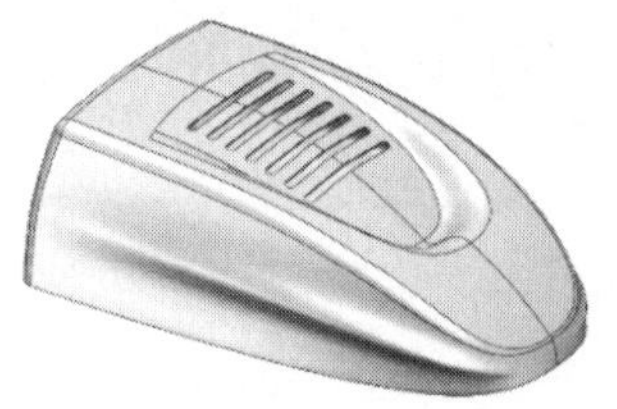
图 7-337　吸尘器曲面模型

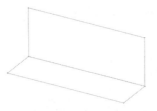

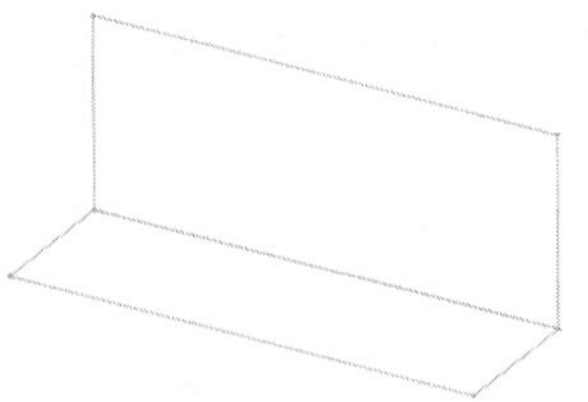
图 7-338　基准特征

图 7-339　创建基础曲面

步骤 5　创建如图 7-341 所示的渐消曲面。根据渐消曲面特点在剪裁位置创建如图 7-341 所示的渐消曲面，注意曲面之间约束关系。

步骤 6　创建如图 7-342 所示的整体曲面。使用镜像及缝合曲面命令创建整体曲面。

步骤 7　曲面实体化及细节结构设计（如图 7-337 所示）。将创建的整体曲面进行加厚实体化，最后创建吸尘器曲面模型中的细节结构。

 **说明**：吸尘器曲面分析及设计过程详细讲解请看随书视频。

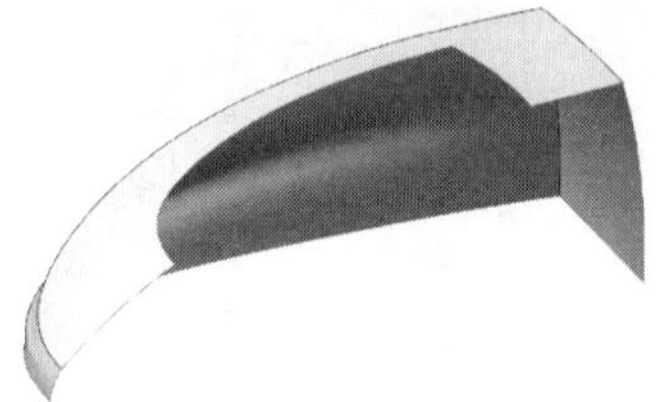
图 7-340　剪裁基础曲面

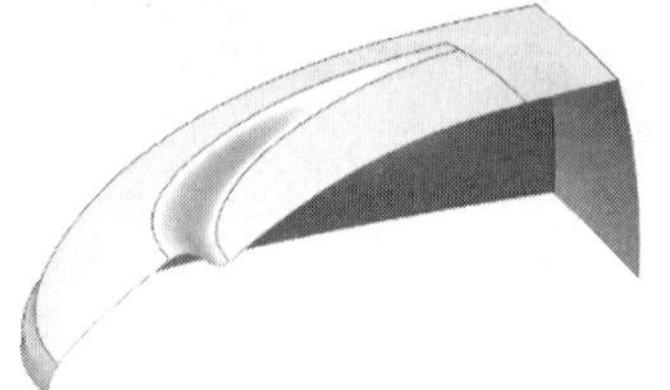
图 7-341　创建渐消曲面

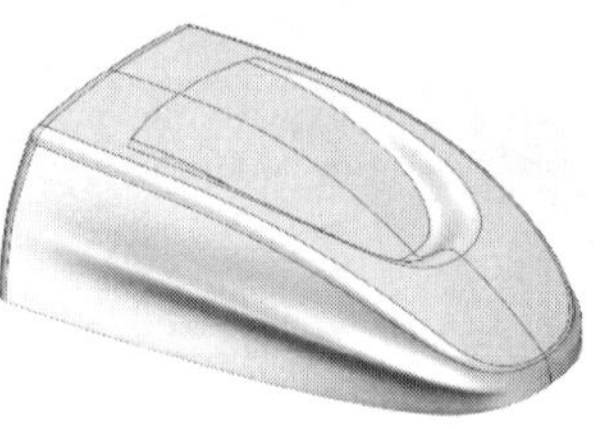
图 7-342　创建整体曲面

7.9　曲面设计案例：玩具企鹅

扫码看视频讲解

前面小节系统介绍了曲面设计操作及知识内容，为了加深读者对曲面设计的理解并更好地应用于实践，下面通过具体案例详细介绍曲面设计方法与技巧。

如图 7-343 所示的玩具企鹅，根据以下说明完成玩具企鹅造型设计。

① 设置工作目录：F:\ugnx_jxsj\ch07 surface\7.9。

② 新建零件文件：命名为 surface_design01。

③ 玩具企鹅曲面设计思路：首先创建如图 7-344 所示的主体曲面，然后创建如图 7-345 所示的眼睛和嘴巴曲面，然后创建如图 7-346 所示的手臂曲面，接着创建如图 7-347 所示的脚曲面，最后创建如图 7-348 所示的肚皮曲面。

图 7-343　玩具企鹅曲面

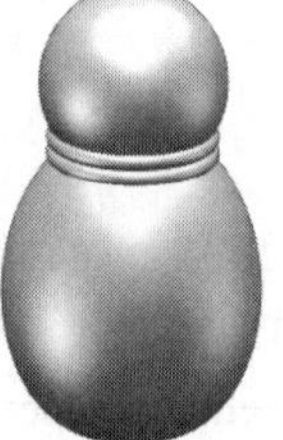
图 7-344　创建主体曲面

图 7-345　创建眼睛和嘴巴曲面

由于书籍写作篇幅限制，本书不详细写作玩具企鹅曲面设计过程，读者可自行参看随书视频讲解。

图 7-346　创建手臂曲面

图 7-347　创建脚曲面

图 7-348　创建肚皮曲面

第8章 自顶向下设计

微信扫码，立即获取
全书配套视频与资源

产品设计从总体设计上来讲主要包括两种设计方法：一种是自下向顶设计（也就是本书第5章介绍的顺序装配与模块装配），这是一种从局部到整体的设计方法；另外一种就是自顶向下设计，这是一种从整体到局部的设计方法，本章主要介绍自顶向下的设计方法，需要特别注意骨架模型的设计方法与技巧。

8.1 自顶向下设计基础

学习和使用自顶向下设计之前需要首先理解自顶向下设计原理，同时还需要初步认识一下自顶向下设计的主要工具，为进一步学习自顶向下设计做准备。

8.1.1 自顶向下设计原理

（1）自下向顶设计

自下向顶设计（Down-Top Design）方法也就是一般的装配设计方法。本书第5章主要介绍的就是这种方法，其中又包括“顺序装配”与“模块装配”两种方法。这种方法的基本原理是从局部到整体，基本思路就是先根据总产品结构特点及组成关系完成各个零部件的设计，然后将零件进行组装得到完整的装配产品，具体设计流程如图8-1所示（其中“子装配”是根据装配结构特点人为划分的）。

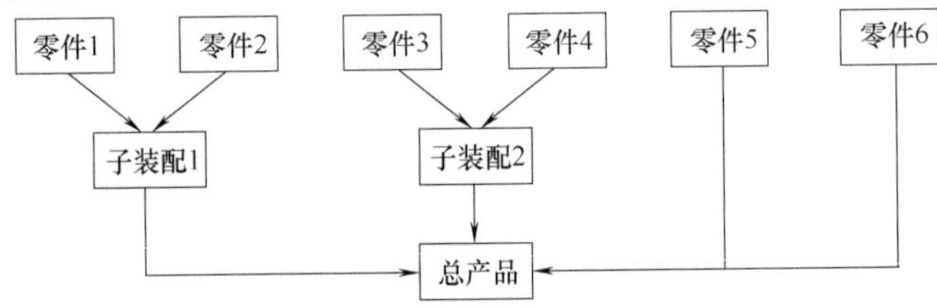

图8-1 自下向顶设计流程

这种设计方法中零部件之间仅仅存在装配配合关系，如果需要修改装配产品结构，需要对相关联的各个零部件逐一进行修改，甚至还需要重新进行装配，总体效率比较低下。这种设计方法主要用于装配关系比较简单的产品设计。

（2）自顶向下设计

自顶向下设计（Top-Down Design）方法的基本原理是从整体到局部，基本思路就是先根据总产品结构特点及组成关系设计一个总体骨架模型，这个总体骨架模型反映整个装配产品的总体结构布局关系及主要的设计参数，然后将总体骨架逐级往下细分或细化，最终完成各个零部件的设计，具体设计流程如图8-2所示。

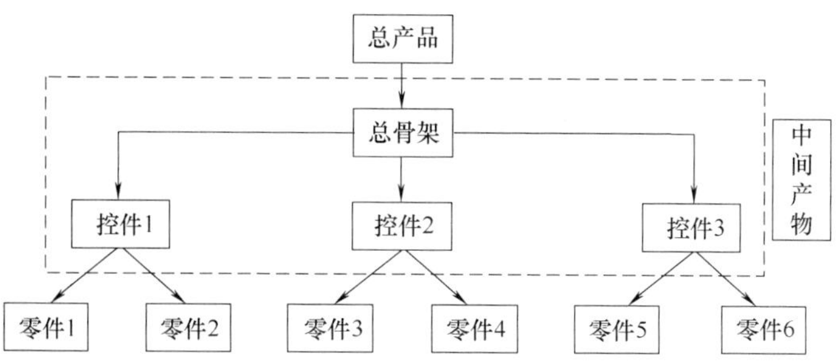

图 8-2　自顶向下设计流程

需要特别注意的是，自顶向下设计中的总体骨架模型及控件模型均是“中间产物”，完成产品设计后需要隐藏处理。这种设计方法中所有主要零部件均受到总体骨架模型的控制，如果需要修改装配产品结构，只需要对总体骨架模型或主要的零部件进行修改即可，总体效率非常高。这种设计方法特别适用于装配关系比较复杂的产品设计。

8.1.2　自顶向下设计工具

在 NX 中并没有专门的自顶向下设计模块，要进行自顶向下设计主要是在装配设计模块中进行的。自顶向下设计中主要有两个关键步骤：一个是建立产品装配结构（需要根据装配产品结构特点及装配关系建立）；另一个是零部件之间的关联复制，保证零部件之间存在参数关联，确保一个零件的变化将同步引起关联零件的变化。

在 NX 自顶向下设计中建立产品结构是在装配设计环境的“装配”选项卡中单击“新建”按钮，系统弹出如图 8-3 所示的“新组件文件”对话框，在该对话框中选择“模型”或“装配”类型建立产品装配结构。另外，要在零部件之间进行几何关联复制是在“装配”选项卡中单击“WAVE 几何链接器”按钮 WAVE 几何链接器，系统弹出如图 8-4 所示的“WAVE 几何链接器”对话框，使用该对话框进行关联复制。

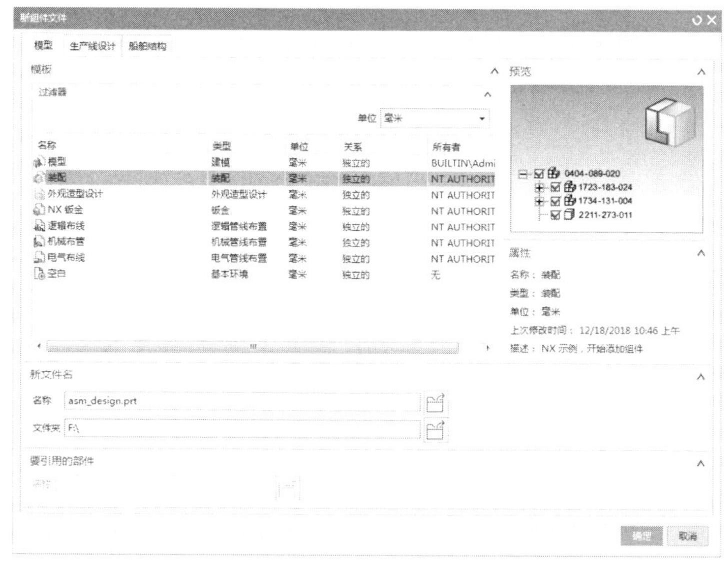

图 8-3　新建零件及装配

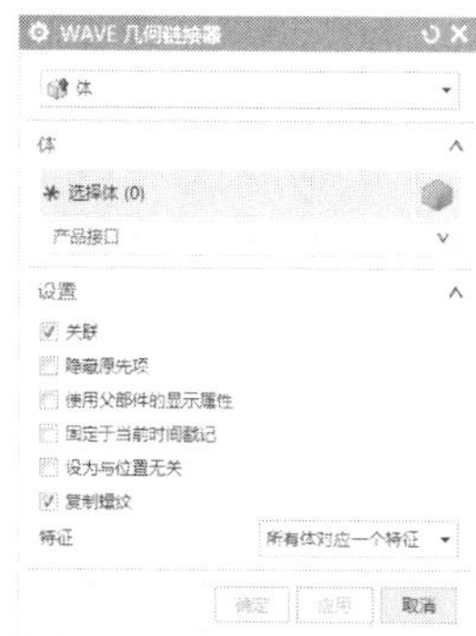

图 8-4　“WAVE 几何链接器”对话框

8.2 自顶向下设计过程

为了帮助读者尽快熟悉 NX 自顶向下设计方法及基本操作，下面通过一个具体案例详细介绍。如图 8-5 所示的门禁控制盒，主要由如图 8-6 所示的前盖与后盖装配而成。接下来使用自顶向下设计方法设计门禁控制盒的前盖与后盖，关键要保证两者的一致性，也就是前盖与后盖的装配尺寸要始终保持一致。

自顶向下设计之前首先根据产品装配结构特点及组成关系规划自顶向下设计流程。本例要设计的是门禁控制盒总产品，为了完成这个产品的设计，需要根据产品结构特点设计一个骨架模型，然后根据骨架模型分割细化得到需要的前盖与后盖零件，门禁控制盒自顶向下设计流程如图 8-7 所示，这个流程将作为整个自顶向下设计的重要依据。

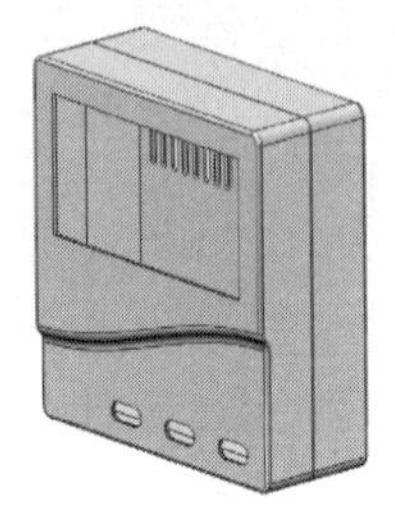

图 8-5　门禁控制盒

图 8-6　前盖与后盖

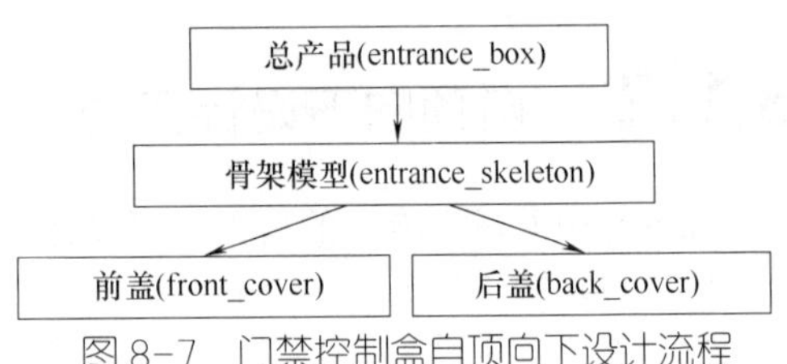

图 8-7　门禁控制盒自顶向下设计流程

8.2.1 新建总装配文件

自顶向下设计是从新建装配开始的，而且整个自顶向下设计的管理都是在装配环境中进行的，所以自顶向下设计的第一步需要新建一个装配文件对整个产品进行管理。

在快速访问工具条中选择“新建”命令，系统弹出“新建”对话框，在该对话框中选择“装配”类型，名称为 entrance_box，文件保存路径为：F:\ugnx_jxsj\ch08 top_down\8.2，如图 8-8 所示，此装配文件就是门禁控制盒的总装配文件。

8.2.2 建立装配结构

为了对整个产品文件进行有效管理，需要根据以上门禁控制盒自顶向下设计流程创建装配结构，下面具体介绍建立装配结构操作。

步骤 1　新建骨架模型（entrance_skeleton）。在“装配”选项卡中单击“新建”按钮，在系统弹出的“新建”对话框中设置模板类型为“模型”，文件名称为 entrance_skeleton，单击“确定”按钮，系统弹出“新建组件”对话框，在该对话框中具体设置如图 8-9 所示，单击“确定”按钮，完成骨架模型创建。

步骤 2　新建前盖模型（front_cover）。参照步骤 1 操作，在“装配”选项卡中单击“新建”按钮，在“新建”对话框中设置类型为“模型”，文件名称为 front_cover。

步骤 3　新建后盖模型（back_cover）。参照步骤 1 操作，在“装配”选项卡中单击“新建”按钮，在“新建”对话框中设置类型为“模型”，文件名称为 back_cover。

按照自顶向下设计流程创建装配结构的最终结果如图 8-10 所示，但是现在所有文件都是空的，接下来需要根据产品设计要求完成骨架模型及主要结构的设计。

图 8-8　“新建”对话框

图 8-9　新建组件

图 8-10　创建装配结构

8.2.3　骨架模型设计

骨架模型是整个自顶向下设计的核心。本例要设计的门禁控制盒属于一个整体性很强的产品，所谓整体性很强就是将所有零件装配起来后给人的感觉好像是一个整体。像这种产品的骨架模型可以直接将这个整体做出来，如图 8-11 所示，然后添加一个分型面对整体进行分割，分割出来后一部分做前盖，另外一部分做后盖，如图 8-12 所示。所以本例门禁控制盒骨架模型如图 8-13 所示，下面具体介绍骨架模型创建过程。

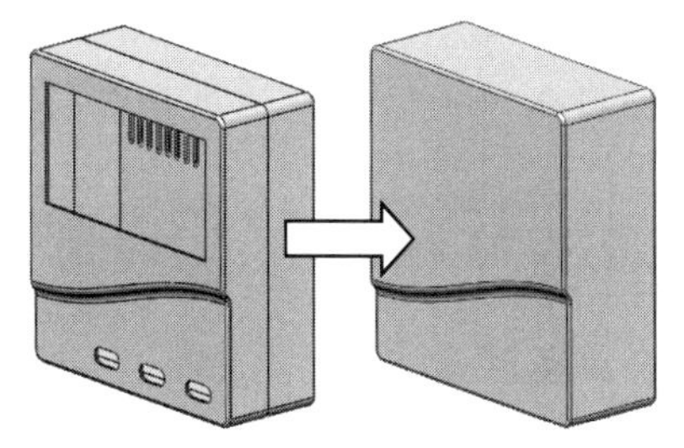

图 8-11　门禁控制盒整体

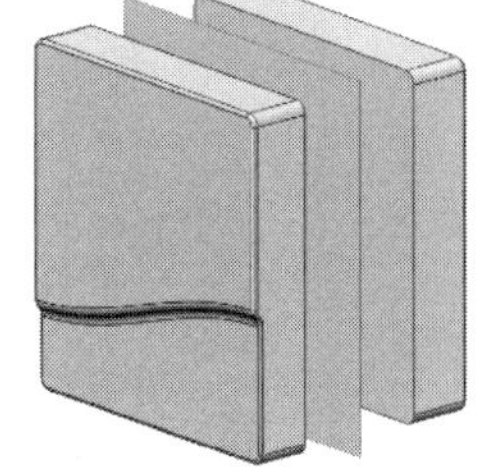

图 8-12　骨架模型分型面

图 8-13　门禁控制盒骨架

步骤 1　打开骨架模型（entrance_skeleton）。在装配导航器中选中骨架模型，单击鼠标右键，在弹出的快捷菜单中选择“在新窗口中打开”命令，打开骨架模型。

步骤 2　创建如图 8-14 所示的主体拉伸。选择“拉伸”命令，选择“ZX 基准平面”为草图平面绘制如图 8-15 所示的拉伸草图进行拉伸，拉伸深度为 35。

步骤 3　创建如图 8-16 所示的拉伸切除。选择“拉伸”命令，选择主体拉伸的前表面为草图平面绘制如图 8-17 所示的拉伸草图进行拉伸切除，切除深度为 2。

步骤 4　创建如图 8-18 所示的拔模。选择“拔模”命令，选择如图 8-19 所示的中性面与拔模面，拔模角度为 45。

图 8-14　主体拉伸

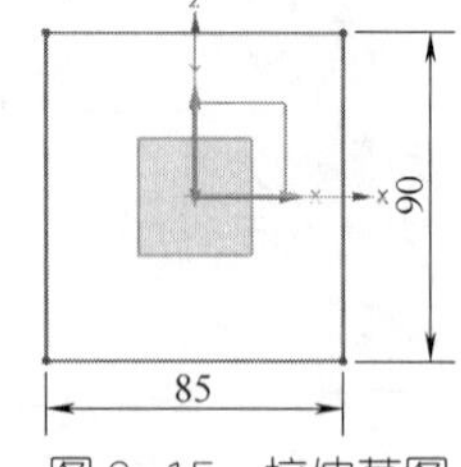

图 8-15　拉伸草图

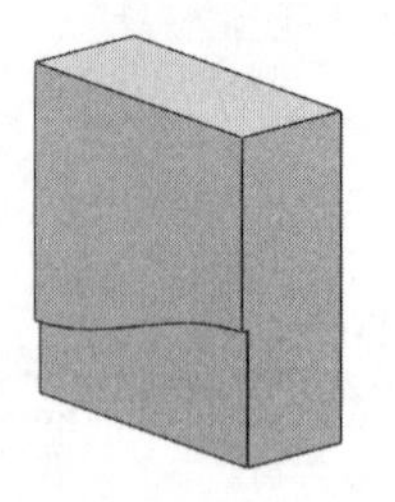
图 8-16　拉伸切除

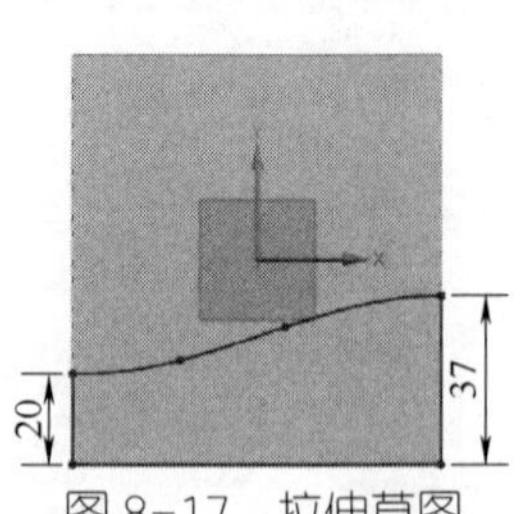

图 8-17　拉伸草图

步骤 5　创建如图 8-20 所示的倒圆角。圆角半径为 3mm。

步骤 6　创建如图 8-21 所示的倒圆角。圆角半径为 3mm。

步骤 7　创建如图 8-22 所示的倒圆角。圆角半径为 1mm。

图 8-18　拔模

图 8-19　定义拔模

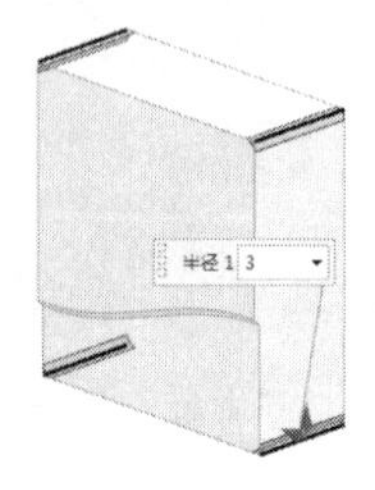
图 8-20　创建圆角 1

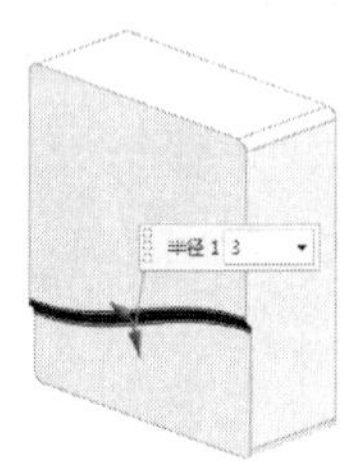
图 8-21　创建圆角 2

步骤 8　创建如图 8-23 所示的分型面。选择“拉伸”命令，选择“YZ 基准平面”为草图平面绘制如图 8-24 所示的分型面草图，拉伸宽度与主体拉伸宽度一致。

步骤 9　保存骨架模型。完成骨架模型设计后一定要保存骨架模型，否则后面无法选择骨架模型参考，选择“保存”命令保存骨架模型。

步骤 10　切换至装配环境。完成骨架模型设计后切换到总装配文件（设计其他零件也是如此），为后面其他零部件的设计做准备。

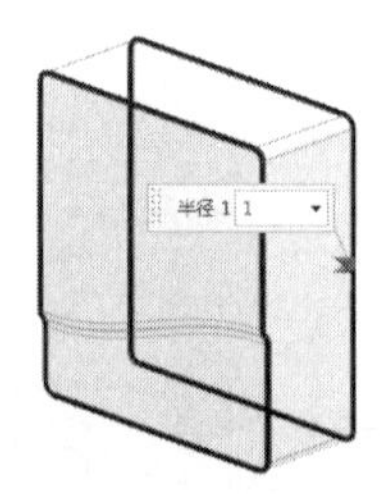
图 8-22　创建圆角 3

图 8-23　创建分型面

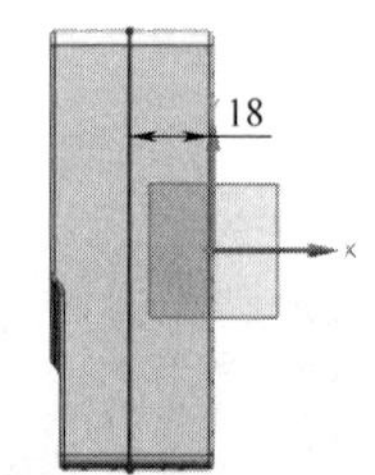

图 8-24　分型面草图

8.2.4　具体零件设计

完成骨架模型设计后，接下来参考骨架模型进行具体零件的设计。本例需要设计门禁控制盒的前盖与后盖零件，下面具体介绍。

（1）设计前盖零件

前盖零件如图 8-25 所示，前盖零件属于骨架模型的前半部分，需要将骨架模型参考过来，然后使用分型面将后盖部分（后半部分）切除，最后添加必要的细节。

步骤 1　激活前盖零件。在装配导航器中双击前盖零件将其激活，如图 8-26 所示。

步骤 2　几何复制。因为前盖零件需要根据骨架模型来设计，所以需要将骨架模型中的实体与分型面关联复制到前盖零件中进行具体设计。在“装配”选项卡中单击“WAVE 几何链接器”按钮 WAVE 几何链接器，系统弹出“WAVE 几何链接器”对话框，在顶部下拉列表中选择“体”类型，如图 8-27 所示，选择骨架模型中的实体及分型面为复制对象，单击“确定”按钮，此时将骨架模型完整复制到前盖零件中，如图 8-28 所示。

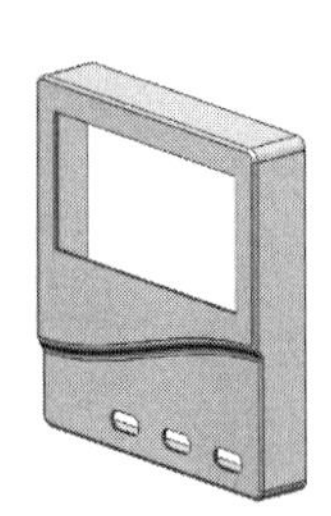
图 8-25　前盖零件

图 8-26　激活前盖零件

图 8-27　定义复制对象

图 8-28　参考零件

步骤 3　修剪实体。前盖零件属于骨架模型的前半部分，需要将后盖部分（后半部分）切除，选择“修剪体”命令，选择分型面将后半部分切除，如图 8-29 所示。

说明：创建前盖零件具体细节既可以在激活前盖零件的情况下创建，也可以直接在装配环境中打开前盖零件，然后在独立的环境中创建零件细节，对于初学者建议打开前盖零件在独立的环境中创建细节，这样能够有效避免与其他结构产生错误参照关系。

步骤 4　创建如图 8-30 所示的抽壳。选择“抽壳”命令，选择切除面为移除面，设置抽壳厚度为 1mm，结果如图 8-30 所示。

步骤 5　创建如图 8-31 所示的拉伸切除。选择“拉伸”命令，选择前端面为草图平面绘制如图 8-32 所示的拉伸草图创建完全贯穿切除。

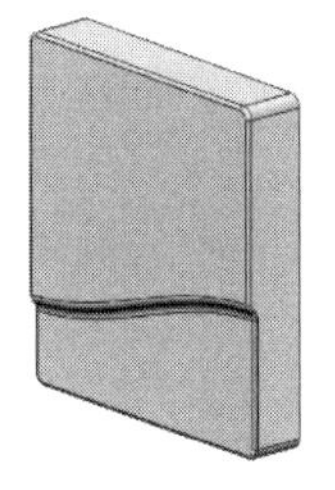
图 8-29　切除实体

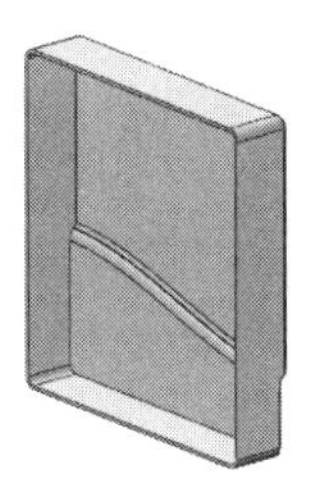
图 8-30　抽壳

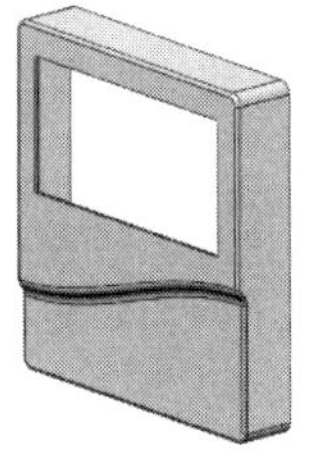
图 8-31　切除拉伸

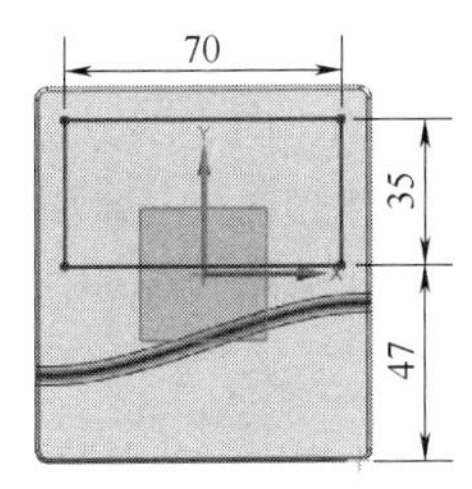

图 8-32　拉伸草图

步骤 6　创建如图 8-33 所示的直槽孔。选择“拉伸”命令，选择直槽口所在平面为草图平面绘制如图 8-34 所示的拉伸草图创建完全贯穿切除。

步骤 7　创建如图 8-35 所示的直槽口阵列。选择“阵列特征”命令，选择直槽口为阵列对象，定义阵列参数，阵列结果，阵列个数为 3，间距为 20 如图 8-36 所示。

步骤 8　创建如图 8-37 所示的扣合结构。选择“拉伸”命令，使用壳体内侧边线为草图对象创建薄壁拉伸切除，深度为 0.6，薄壁厚度为 0.5（壳体厚度一半）。

步骤 9　创建如图 8-38 所示的倒角。尺寸为 0.1，角度为 45°。

步骤 10　保存前盖零件，然后切换至总装配环境，为其余零件设计做准备。

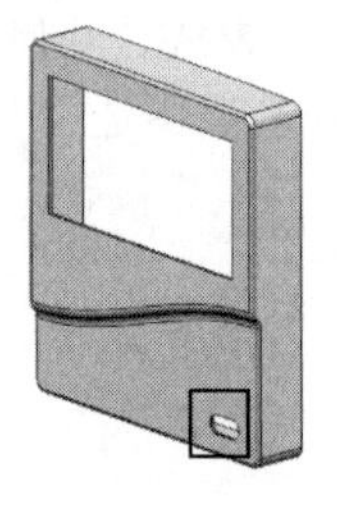

图 8-33　直槽孔

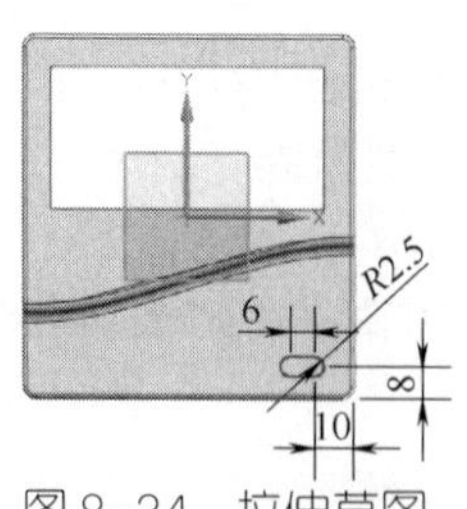

图 8-34　拉伸草图

图 8-35　直槽口阵列

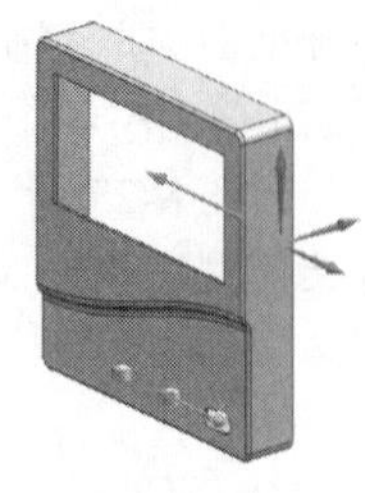

图 8-36　阵列结果

（2）设计后盖零件

后盖零件如图 8-39 所示，后盖零件属于骨架模型的后半部分，需要将骨架模型参考过来，然后使用分型面将前盖部分（前半部分）切除，最后添加必要的细节。

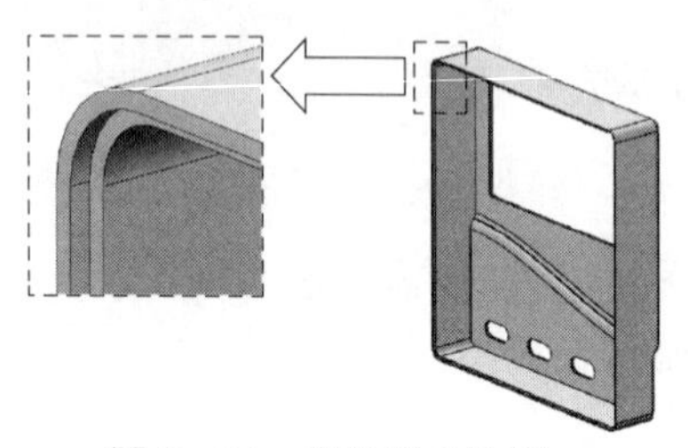

图 8-37　创建扣合结构

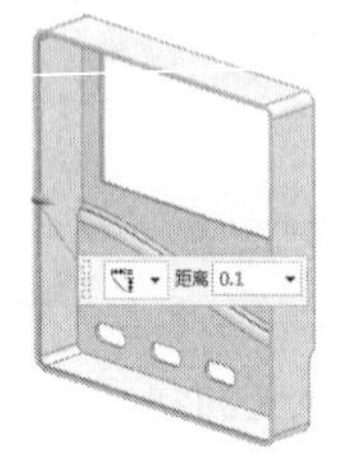

图 8-38　创建倒角

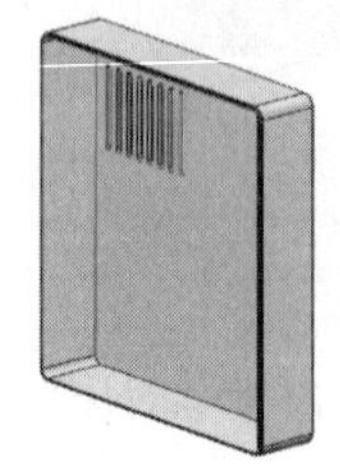

图 8-39　后盖零件

步骤 1　激活后盖零件。在装配导航器中双击后盖零件将其激活，为设计做准备。

步骤 2　几何复制。因为后盖零件需要根据骨架模型来设计，所以需要将骨架模型中的实体与分型面关联复制到后盖零件中进行具体设计。在“装配”选项卡中单击“WAVE 几何链接器”按钮 WAVE 几何链接器，系统弹出“WAVE 几何链接器”对话框，在顶部下拉列表中选择“体”类型，选择骨架模型中的实体及分型面为复制对象，单击“确定”按钮，此时将骨架模型完整复制到后盖零件中。

步骤 3　修剪实体。后盖零件属于骨架模型的后半部分，需要将前盖部分（前半部分）切除，选择“修剪体”命令，选择分型面将前半部分切除，如图 8-40 所示。

步骤 4　创建抽壳。选择“抽壳”命令，选择切除面为移除面，设置抽壳厚度为 1mm，结果如图 8-41 所示。

步骤 5　创建如图 8-42 所示的扣合结构。选择“拉伸”命令，使用壳体内侧边线为草图对象创建薄壁拉伸，深度为 0.6，薄壁厚度为 0.5（壳体厚度一半）。

图 8-40　切除实体

图 8-41　抽壳

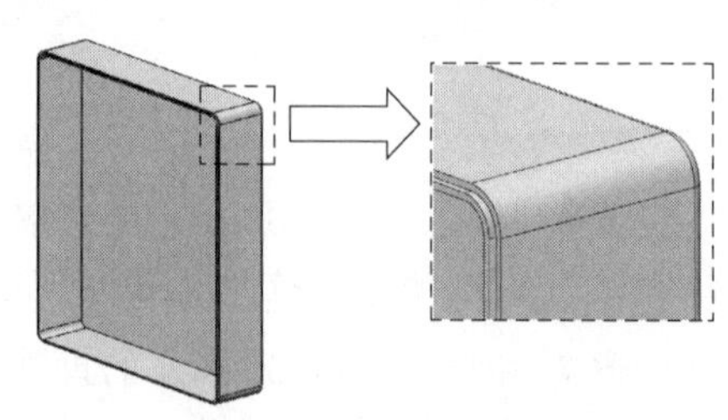

图 8-42　创建扣合结构

步骤 6　创建如图 8-43 所示的直槽孔。选择“拉伸”命令，选择直槽口所在平面为草图平面绘制如图 8-44 所示的拉伸草图，创建完全贯穿切除。

步骤 7　创建如图 8-45 所示的直槽口阵列。选择“阵列特征”命令，选择直槽口为阵列对象，定义阵列参数如图 8-45 所示，阵列个数为 8，间距为 4。

步骤 8　创建如图 8-46 所示的倒角。尺寸为 0.1，角度为 45 度。

步骤 9　保存后盖零件，然后切换至总装配环境，为其余零件设计做准备。

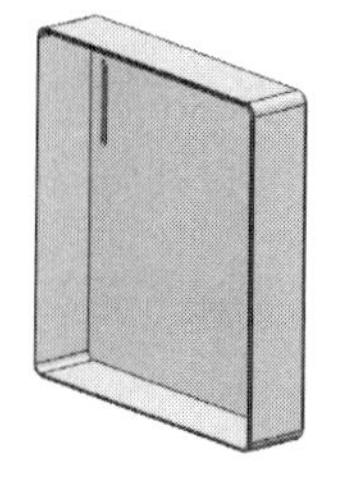

图 8-43　直槽孔

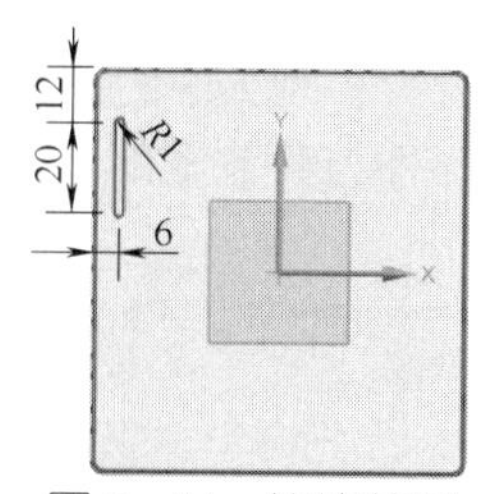

图 8-44　拉伸草图

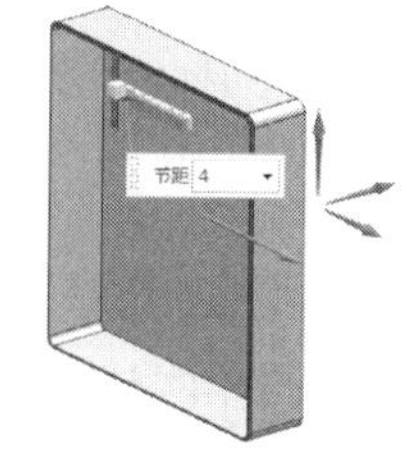

图 8-45　直槽口阵列

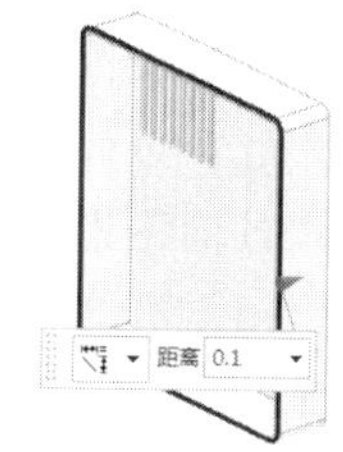

图 8-46　创建倒角

8.2.5　装配文件管理

完成所有零件设计后切换至总装配文件，如图 8-47 所示。此时在模型中显示所有的模型文件，包括骨架模型、前盖与后盖，如图 8-48 所示。因为在自顶向下设计中骨架模型只是一个“中间产物”，在设计最后需要隐藏处理，在装配模型树中将骨架模型设置为隐藏，此时在模型上只显示需要的前盖与后盖，如图 8-49 所示。

图 8-47　最终装配结构

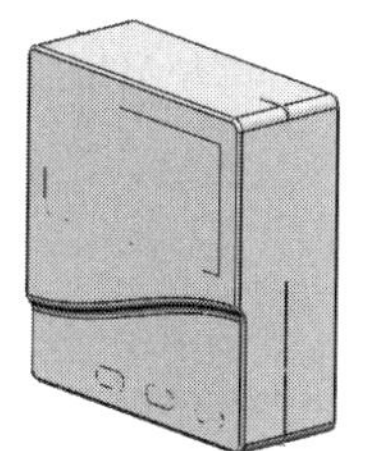

图 8-48　全部模型文件

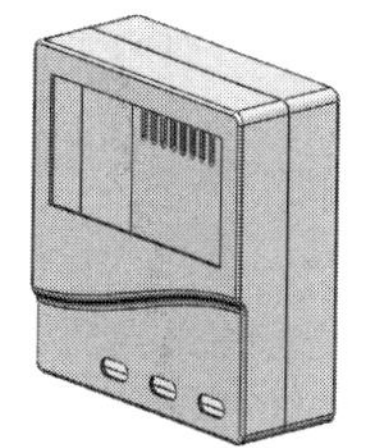

图 8-49　需要的模型文件

8.2.6　验证自顶向下设计

自顶向下设计最主要的特点就是零部件之间存在一定的关联性，所以修改非常方便。下面通过对门禁控制盒进行改进验证自顶向下设计的关联性。

如果要修改门禁控制盒前盖与后盖的高度与宽度，同时保持两者的一致性，可以直接对骨架模型进行修改，因为骨架模型控制整个门禁控制盒的结构与主要尺寸。

打开骨架模型，然后修改主体拉伸的截面草图，如图 8-50 所示，修改后进入总装配文件重建模型，结果如图 8-51 所示（前盖与后盖都完成重建），使用测量工具测量高度值，如图 8-52 所示，说明自顶向下设计是成功的。

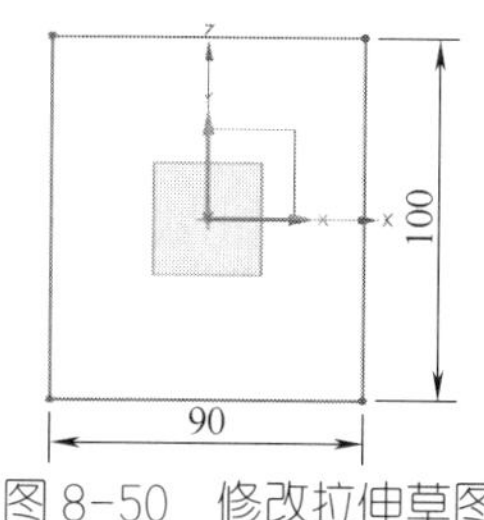

图 8-50　修改拉伸草图

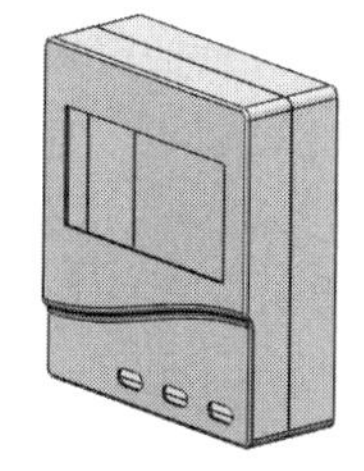

图 8-51　重建模型

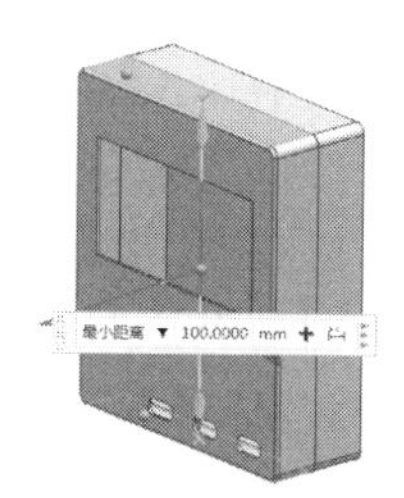

图 8-52　测量高度值

8.3 几何关联复制

自顶向下设计中经常需要将参考零部件（如骨架模型）中的几何对象关联复制到其他零件中作为其他零件设计的基准参考，从而在参考零部件与其他零部件之间实现几何关联，这也是实现自顶向下设计的关键技术。

8.3.1 几何关联复制方法

在 NX 中进行几何关联复制主要有两种方法：一种是在装配导航器中使用 WAVE 模式；另一种是在"装配"选项卡中使用 WAVE 几何链接器。

在装配导航器空白位置，单击鼠标右键，在弹出的快捷菜单中选择"WAVE 模式"命令，如图 8-53 所示，表示启用"WAVE 模式"，此时在装配导航器中选择装配中的模型，单击鼠标右键，选择"WAVE"子菜单中的命令用于几何关联复制，如图 8-54 所示。

在"装配"选项卡中单击"WAVE 几何链接器"按钮 WAVE 几何链接器，系统弹出如图 8-55 所示的"WAVE 几何链接器"对话框，使用该对话框进行几何关联复制。

使用以上两种几何关联复制方法的操作原理是一样的，本章主要介绍使用"装配"选项卡中的"WAVE 几何链接器"进行几何关联复制的操作，WAVE 模式不做讲解。

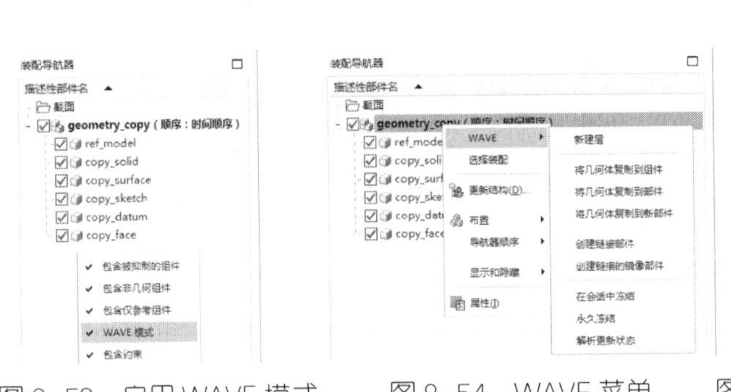

图 8-53 启用 WAVE 模式　　图 8-54 WAVE 菜单

图 8-55 "WAVE 几何链接器"对话框

8.3.2 几何关联复制操作

自顶向下设计中经常需要关联复制的类型包括实体、曲面、草图及基准特征（如基准平面、基准轴）等，下面通过一个具体实例详细介绍几何关联复制的操作。

打开练习文件：ch08top_down\8.3\geometry_copy，模型结构如图 8-56 所示，其中 ref_model 为参考模型，如图 8-57 所示，该参考模型中包括实体、曲面、基准平面及草图等，需要将参考模型中的各种几何对象关联复制到其他不同的零部件中，下面以此为例介绍使用几何关联复制操作。

步骤 1 将参考模型中的实体关联复制到 copy_solid 零件中。在装配导航器中双击激活 copy_solid 零件，在"装配"选项卡中单击"WAVE 几何链接器"按钮 WAVE 几何链接器，系统弹出"WAVE 几何链接器"对话框，在顶部下拉列表中选择"体"类型，选择参考模型中的实体为复制对象，单击"确定"按钮，在新窗口中打开 copy_solid 零件，此时在模型中显示复制的实体对象，如图 8-58 所示。

图 8-56　模型结构　　图 8-57　参考模型　　图 8-58　复制实体

说明：在复制实体对象时，如果实体与其他的实体合并结果，系统将对整个实体对象进行复制，如果实体与其他实体没有做布尔运算，系统将对独立实体对象进行复制，在本例参考模型中如果取消圆柱凸台与长方板实体之间的布尔运算，在几何关联复制时就可以单独复制四个圆柱凸台，如图 8-59 所示。

步骤 2　将参考模型中的曲面关联复制到 copy_surface 零件中。在装配导航器中双击激活 copy_surface 零件，在“WAVE 几何链接器”对话框的顶部下拉列表中选择“体”类型，选择参考模型中的旋转曲面为复制对象，单击“确定”按钮，在新窗口中打开 copy_surface 零件，此时在模型中显示复制的曲面对象，如图 8-60 所示。

图 8-59　复制独立实体　　图 8-60　复制曲面体

步骤 3　将参考模型中的草图关联复制到 copy_sketch 零件中。在装配导航器中双击激活 copy_sketch 零件，在“WAVE 几何链接器”对话框的顶部下拉列表中选择“草图”类型，选择参考模型中的草图为复制对象，单击“确定”按钮，在新窗口中打开 copy_sketch 零件，如图 8-61 所示，后期可以使用草图创建三维特征，如图 8-62 所示。

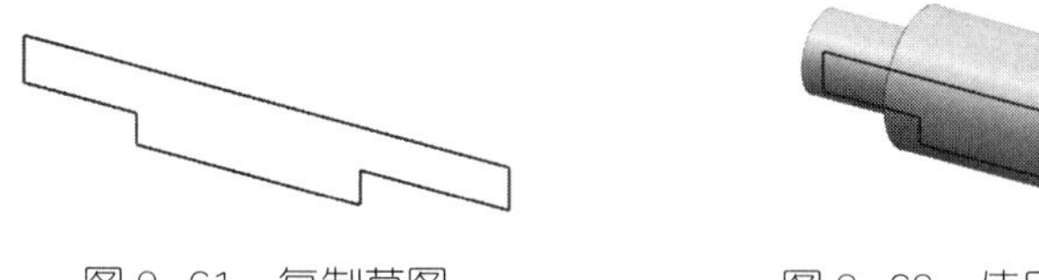

图 8-61　复制草图　　图 8-62　使用草图做旋转

步骤 4　将参考模型中的基准平面关联复制到 copy_datum 零件中。在装配导航器中双击激活 copy_datum 零件，在“WAVE 几何链接器”对话框的顶部下拉列表中选择“基准”类型，选择参考模型中的基准平面为复制对象，单击“确定”按钮，在新窗口中打开 copy_datum 零件，此时在模型中显示复制的基准平面，如图 8-63 所示。

步骤 5　将参考模型中的模型表面关联复制到 copy_face 零件中。在装配导航器中双击激活 copy_face 零件，在“WAVE 几何链接器”对话框的顶部下拉列表中选择“面”类型，在对话框的“面选项”下拉列表中选择如图 8-64 所示的模型表面为复制对象，单击“确定”按钮，在新窗口中打开 copy_face 零件，如图 8-65 所示。

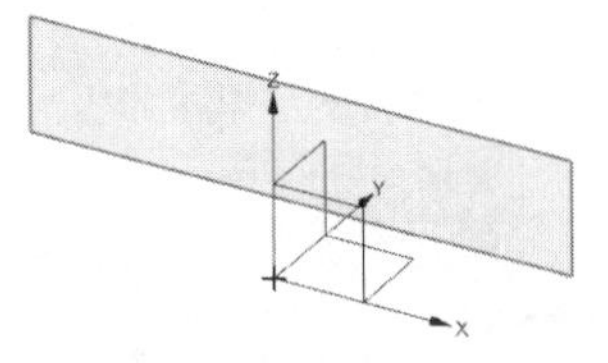

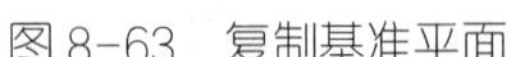

图 8-63　复制基准平面

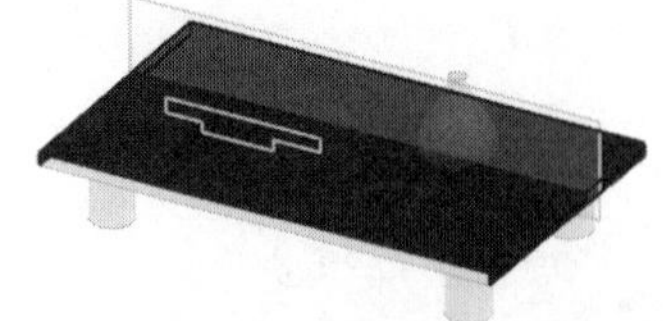

图 8-64　选择曲面

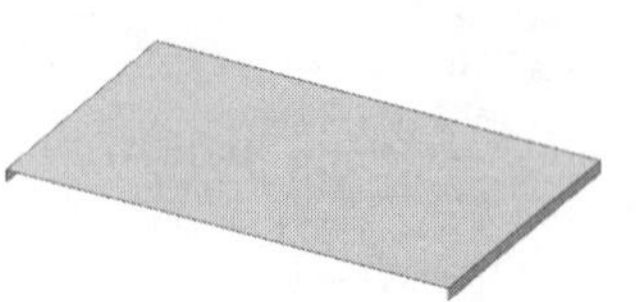

图 8-65　复制曲面结果

8.4 骨架模型设计

骨架模型是整个自顶向下设计的核心，是根据装配体结构特点及组成关系设计的一种特殊零件模型，相当于整个装配体的 3D 布局，是将来修改装配产品主要参数的平台，因为骨架模型的重要性，所以在设计骨架模型时一定要综合考虑各方面的因素，以便提高模架模型乃至整个装配产品的设计效率，骨架模型设计一定要注意以下问题：

① 尽可能多地包含产品各项设计参数。骨架模型中包含的设计参数越多就越方便以后修改，否则需要在多个文件中修改设计参数，影响修改效率。

② 骨架模型中要充分注意防错设计。骨架模型主要是为下游设计提供必要的依据及参考，所以骨架模型中一定不要出现模棱两可的设计，否则分配到下游后无法指导下游设计人员进行准确的设计，最终影响整个产品的设计。

③ 骨架模型中的草图要合理集中与分散。骨架模型中经常需要绘制很多控制草图，如果控制草图太复杂，需要将草图分解为多个草图来绘制，如果控制草图很简单，应该直接在一个草图中绘制，集中与分散的主要目的就是提高绘制效率。

④ 尽量体现多种设计方案并行。如果产品设计中涉及多种方案，可以在骨架模型中体现多种设计方案，这样方便下游设计人员根据自身情况选择合适方案展开设计。

实际产品设计中，骨架模型一定要根据装配产品特点及组成关系进行设计。骨架模型主要包括三种类型，分别是草图骨架、独立实体骨架、实体曲面骨架。下面具体介绍这三种类型骨架模型的设计。

8.4.1 草图骨架模型设计

草图骨架模型就是使用一些草图对象控制装配产品总体结构及主要尺寸关系，骨架模型中的草图一般是比较简单的机构简图。草图骨架模型主要用于结构比较分散的装配产品设计，如焊件结构设计、自动化生产线等，如图 8-66 所示。

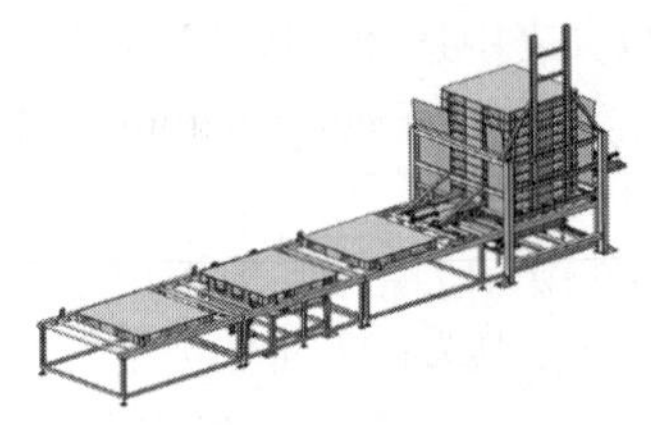

图 8-66　草图骨架模型应用举例

如图 8-67 所示的轴承，主要由轴承内圈、轴承外圈、轴承保持架及滚珠等零件构成，如图 8-68 所示，下面具体介绍使用自顶向下设计方法进行轴承设计。

（1）骨架模型分析

自顶向下设计的关键是骨架模型的设计。要完成轴承设计需要首先分析轴承骨架模型的设计，因为轴承为回转结构，假设用一个平面从中心位置对轴承进行剖切，从轴承剖截面上可以看到轴承主要尺寸参数，如图 8-69 所示，所以对于轴承的设计，可以取轴承的剖截面作为骨架模型，这样正好可以对轴承主要尺寸参数进行控制。在具体设计时考虑设计的方便，用简化草图来替代轴承剖截面作为轴承设计骨架。

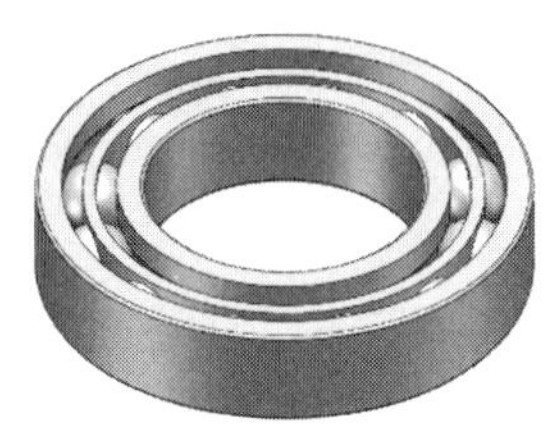
图 8-67　轴承

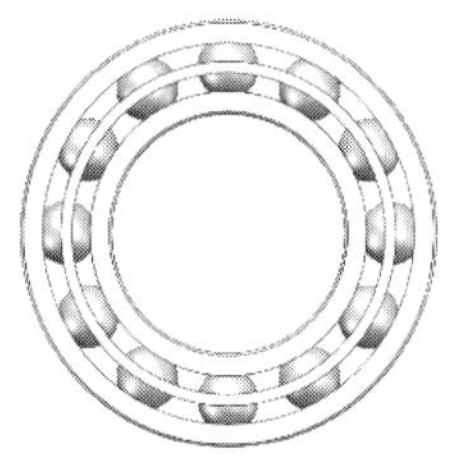
图 8-68　轴承结构

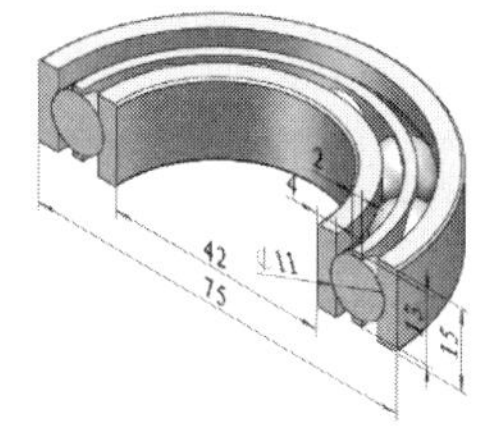

图 8-69　轴承主要尺寸参数

（2）创建装配结构

根据轴承产品结构特点及装配关系创建轴承装配结构，如图 8-70 所示，

（3）骨架模型设计

在装配中打开骨架模型 bearing_skeleton，使用“草图”命令，选择“ZX 基准平面”为草图平面绘制如图 8-71 所示的草图作为轴承骨架模型。

（4）主要零件设计

完成骨架模型设计后，将骨架模型中的草图关联复制到各个零件中进行具体设计，包括轴承内圈、轴承外圈、轴承保持架及滚珠等。

步骤 1　创建如图 8-72 所示的轴承内圈。在装配中激活轴承内圈（inner_race），使用“WAVE 几何链接器”命令将骨架模型中的草图复制到轴承内圈中，然后根据骨架草图创建如图 8-73 所示的旋转特征作为内圈主体，最后创建如图 8-74 所示的倒圆角。

图 8-70　创建装配结构

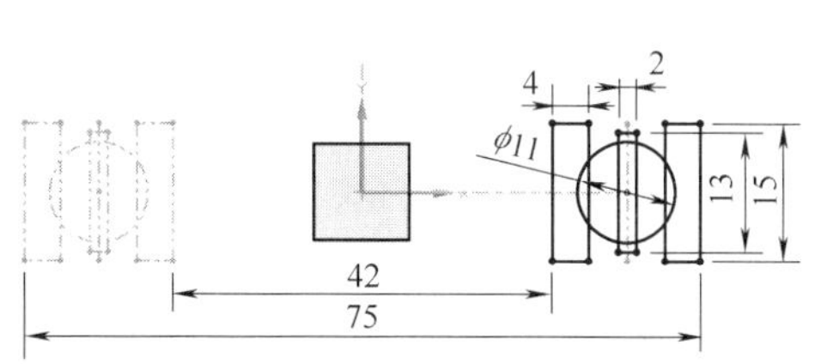

图 8-71　轴承骨架模型

图 8-72　创建轴承内圈

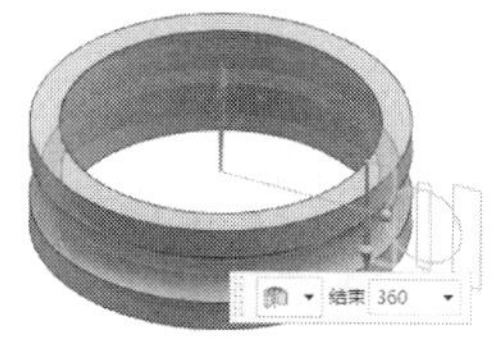

图 8-73　创建旋转特征（内圈主体）

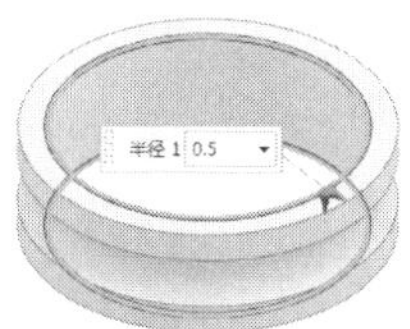

图 8-74　创建倒圆角

图 8-75　创建轴承外圈

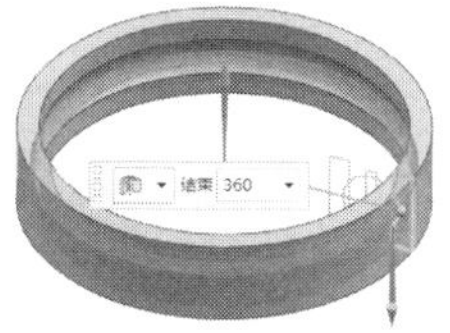

图 8-76　创建旋转特征（外圈主体）

步骤 2　创建如图 8-75 所示的轴承外圈。在装配中激活轴承外圈（outer_ring），使用“WAVE 几何链接器”命令将骨架模型中的草图复制到轴承外圈中，然后根据骨架草图创建如图 8-76 所示的旋转特征作为外圈主体，最后创建如图 8-77 所示的倒圆角。

步骤 3　创建如图 8-78 所示的轴承保持架。在装配中激活保持架（retainer），使用“WAVE 几何链接器”命令将骨架模型中的草图复制到轴承保持架中，然后根据骨架草图创建如图 8-79 所示的旋转特征作为轴承保持架主体，最后创建如图 8-80 所示的拉伸切除及如图 8-81 所示的圆周阵列，阵列个数为 12 个。

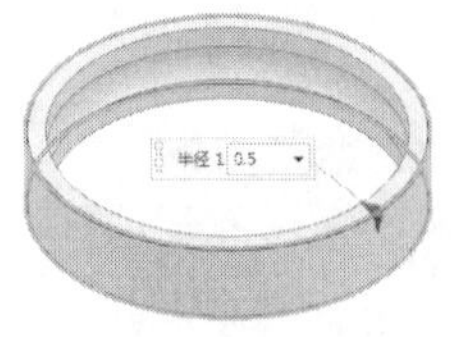

图 8-77　创建倒圆角

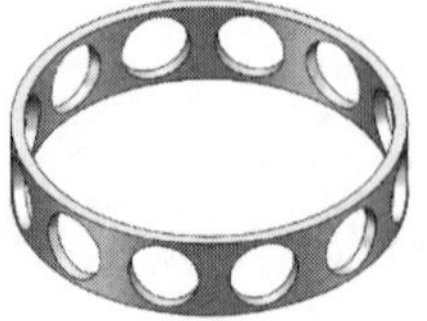
图 8-78　创建保持架

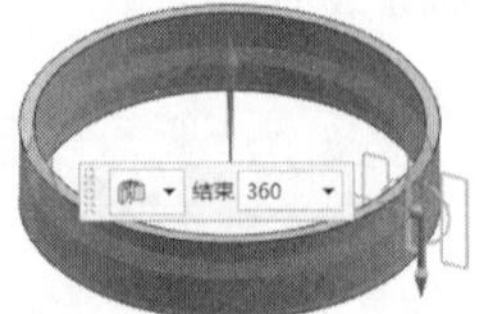

图 8-79　创建旋转特征（轴承保持架主体）

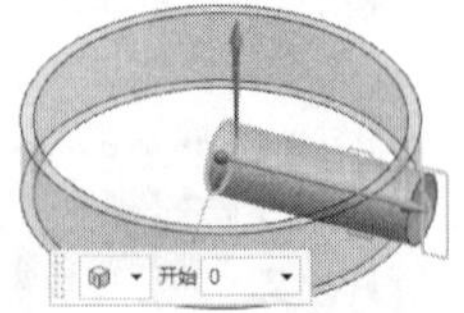

图 8-80　创建拉伸切除

步骤 4　创建如图 8-82 所示的轴承滚珠。在装配中激活轴承滚珠（ball），使用“WAVE 几何链接器”命令将骨架模型中的草图复制到轴承滚珠中，然后根据骨架草图创建如图 8-83 所示的旋转特征作为滚珠主体，最后在装配环境中使用保持架中的圆周阵列对滚珠进行参考阵列，保证滚珠个数始终与保持架圆孔数量一致，如图 8-84 所示。

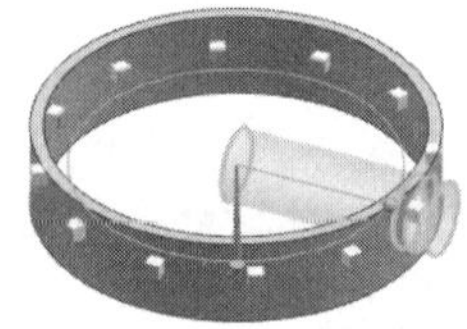
图 8-81　创建圆周阵列

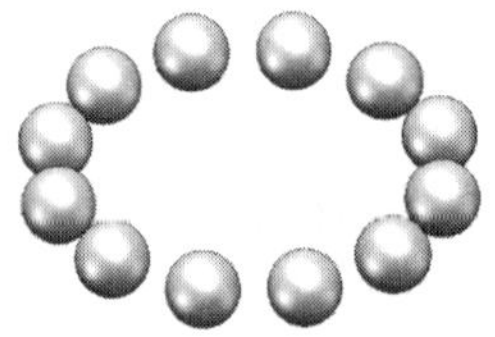
图 8-82　创建轴承滚珠

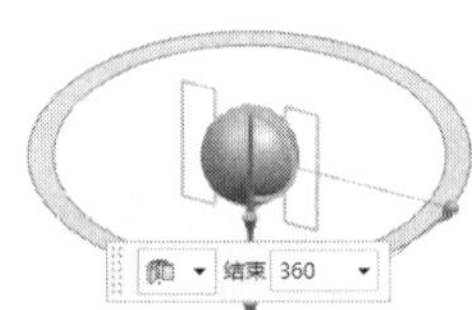

图 8-83　创建旋转特征（滚珠主体）

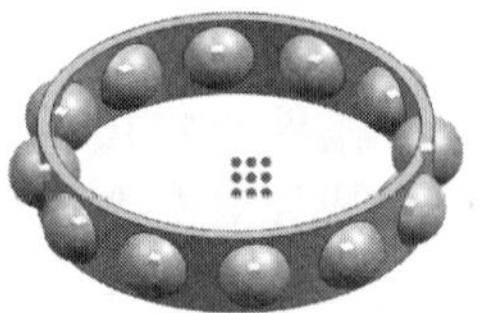
图 8-84　参考阵列

8.4.2　独立实体骨架模型设计

独立实体骨架模型就是使用若干彼此独立的实体对象控制装配产品总体结构及主要尺寸关系。骨架模型中的独立实体分别代表下游需要设计的主要结构。在自顶向下设计中使用“WAVE 几何链接器”方法将各个独立的实体分别关联复制到需要设计的零部件中，然后经过细化得到具体的装配产品零部件。独立实体骨架模型主要用于各种焊接结构的设计，如挖掘机底盘焊接支架、大型机械设备的焊接机架等，如图 8-85 所示。

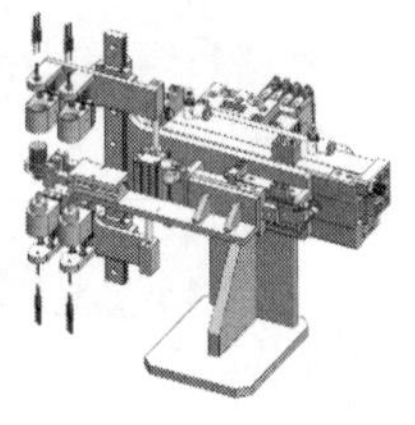

图 8-85　独立实体骨架模型应用举例

如图 8-86 所示的焊接支座，主要由底板、左右支撑板及加强筋板等零件构成，如图 8-87 所示。下面具体介绍使用自顶向下设计方法进行焊接支座设计。

（1）骨架模型分析

焊接支座是典型的焊接件，主要是由若干钢板零件焊接而成，像这种结构的产品，可以先在一个单独的文件中完成主体结构的设计（不考虑具体细节）。为了区分不同的零件，在创建接触特征时不要合并结果，这样在自顶向下设计中就可以使用“WAVE 几何链接器”命令将这个整体零件“拆分”到不同零件文件中。另外要特别注意相同的结构（如阵列结构、镜像结构）的设计，考虑到将来创建工程图材料明细表，有些相同结构应该在骨架模型中设计，有些相同结构应该在总装配中创建，还有零件中的细节尽量在具体零件中设计，节省骨架模型时间，综上所述，焊接支座骨架模型如图 8-88 所示。

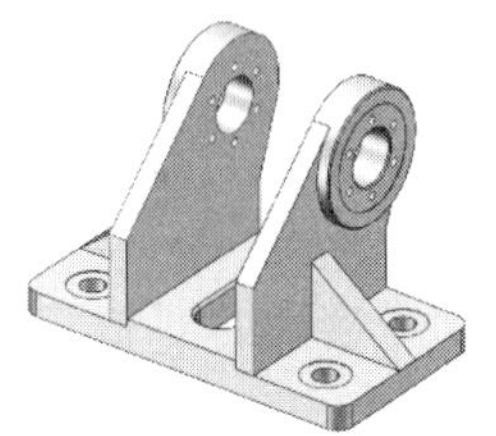
图 8-86　焊接支座

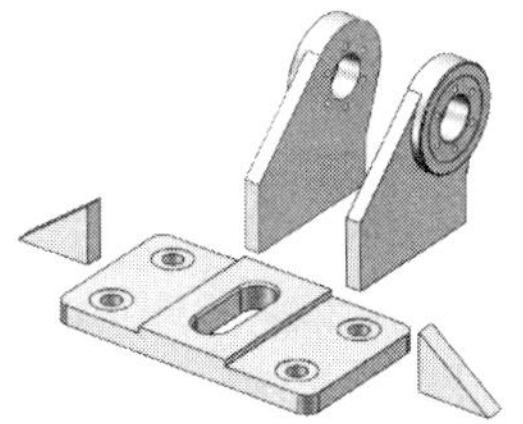
图 8-87　焊接支座组成

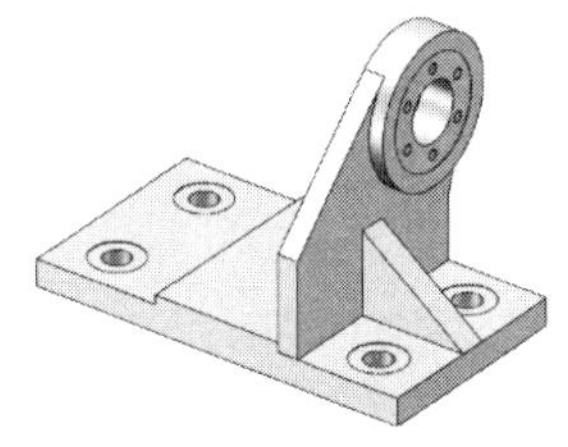
图 8-88　焊接支座骨架模型

（2）创建装配结构

根据焊接支座结构特点及装配关系创建焊接支座装配结构，如图 8-89 所示。

（3）骨架模型设计

步骤 1　在总装配中打开骨架模型 bracket_skeleton。

步骤 2　创建如图 8-90 所示的底板拉伸。选择“拉伸”命令，选择“XY 基准平面”为草图平面绘制如图 8-91 所示的拉伸草图，定义拉伸高度为 15。

图 8-89　创建装配结构

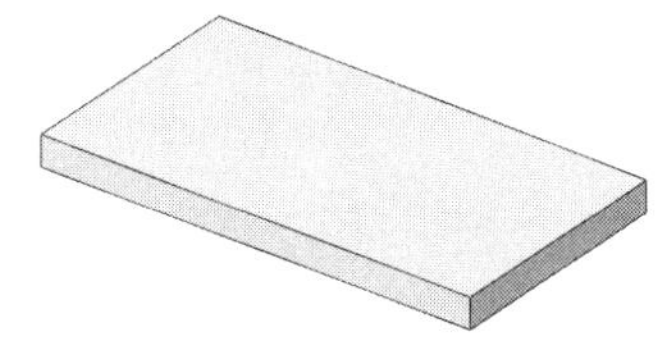
图 8-90　创建底板拉伸

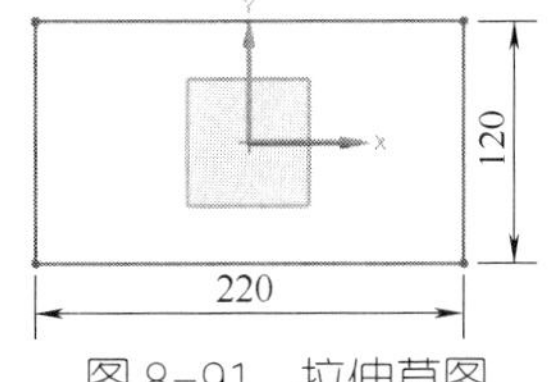

图 8-91　拉伸草图

步骤 3　创建如图 8-92 所示的拉伸凸台。选择“拉伸”命令，选择底板拉伸上表面为草图平面，绘制如图 8-93 所示的拉伸草图，定义拉伸高度为 5。

步骤 4　创建如图 8-94 所示的支撑板拉伸。选择“拉伸”命令，选择上一步创建的拉伸凸

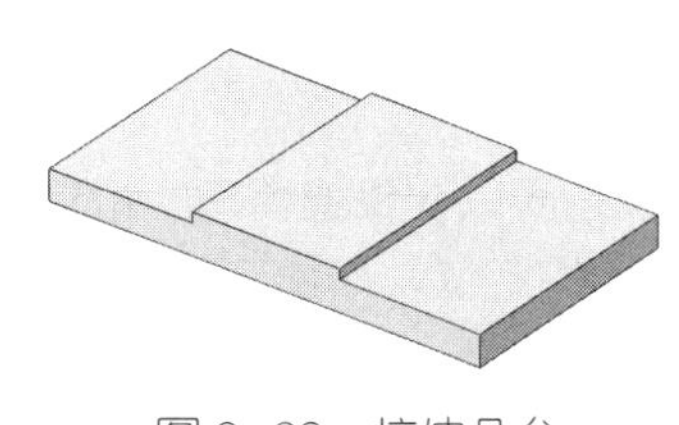
图 8-92　拉伸凸台

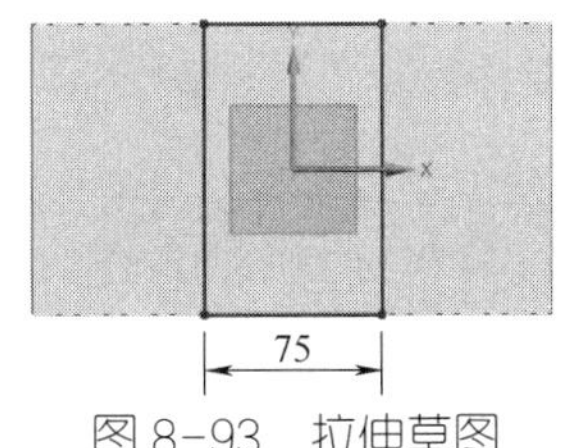

图 8-93　拉伸草图

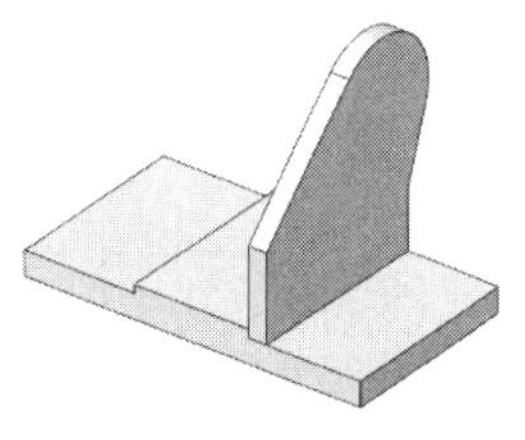
图 8-94　支撑板拉伸

台侧面为草图平面，绘制如图 8-95 所示的拉伸草图，定义拉伸厚度为 12，此处一定不要将支撑板拉伸与底板拉伸合并结果（不用进行布尔运算）。

说明：此处创建的支撑板只是焊接支座中的右侧支撑板结构，左侧支撑板与右侧支撑板完全对称，但是属于不同的两个零件，这种结构的设计只需要在骨架模型中做好一侧结构，将来在装配中使用镜像装配做另外一侧即可。

步骤 5　创建如图 8-96 所示的圆柱凸台。选择“拉伸”命令，选择上一步创建的支撑板拉伸侧面为草图平面绘制与圆弧面等半径的圆，定义拉伸厚度为 8。

步骤 6　创建如图 8-97 所示的沉头孔。选择“孔”命令，选择上一步创建的圆柱凸台端面为打孔平面，位置与圆弧面同心，沉头孔小径为 30，大径为 60，沉孔深度 0.5。

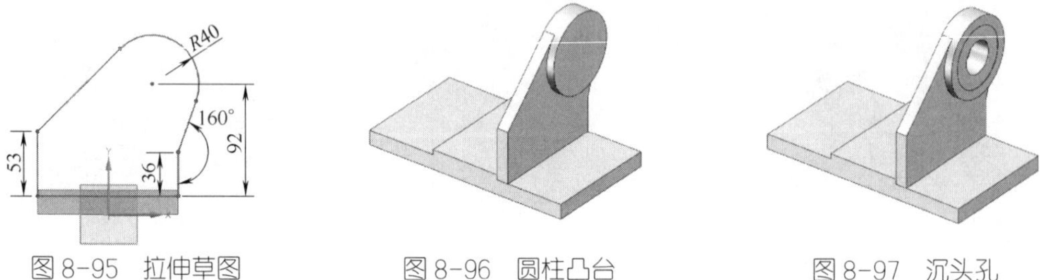

图 8-95　拉伸草图　　图 8-96　圆柱凸台　　图 8-97　沉头孔

步骤 7　创建如图 8-98 所示的螺纹孔并阵列。选择上一步创建的沉头孔沉头平面为打孔面，螺纹孔分布圆直径为 46，规格为 M6，完全贯穿，阵列个数为 6 个。

步骤 8　创建如图 8-99 所示的加强筋板。选择“拉伸”命令，选择“ZX 基准平面”为草图平面，绘制如图 8-100 所示的草图，拉伸方式为“对称值”，拉伸厚度为 7.5，此处一定不要将加强筋板拉伸及支撑板拉伸合并结果（不用进行布尔运算）。

说明：此处创建的加强筋板只是焊接支座中的右侧加强筋板结构，左侧加强筋板与右侧加强筋板完全对称，而且是相同的零件，这种结构的设计只需要在骨架模型中做好一侧结构，将来在装配中使用镜像装配做另外一侧即可。

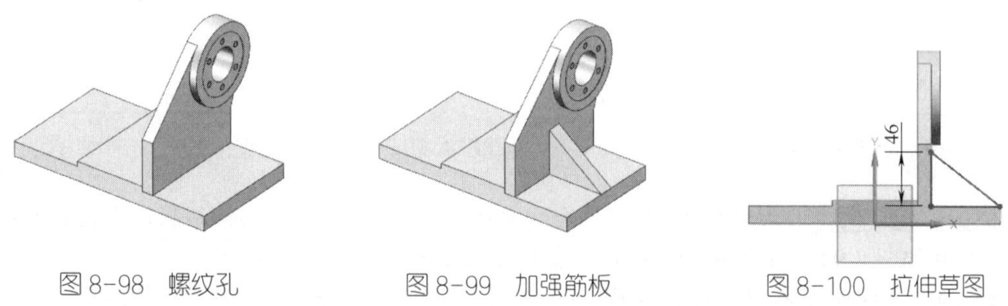

图 8-98　螺纹孔　　图 8-99　加强筋板　　图 8-100　拉伸草图

步骤 9　创建如图 8-101 所示的底板沉头孔。沉头孔定位草图如图 8-102 所示，沉头孔小径为 14，大径为 30，沉孔深度 0.5，使用常规阵列对沉头孔进行阵列设计。

说明：此处创建的沉头孔虽然属于底板零件中的细节特征，之所以在骨架模型中设计，是因为该沉头孔位置比较特殊，需要根据支撑板及加强筋板的结构定位，如果在单独的底板零件中去设计将无法参考这些结构进行定位。

骨架模型最终结构如图 8-103 所示，这是其他零件设计的依据。创建这种骨架模型一定要注意有些特征之间要进行布尔运算，有些地方一定不要进行布尔运算。

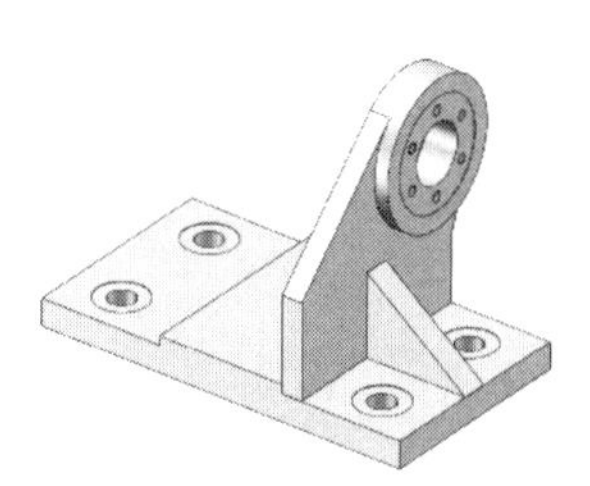
图 8-101　底板沉头孔

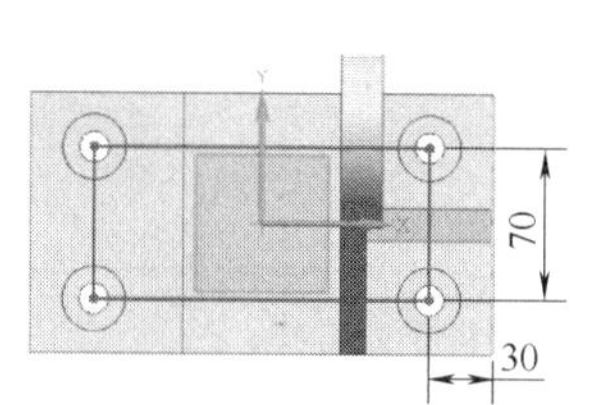

图 8-102　沉头孔定位草图

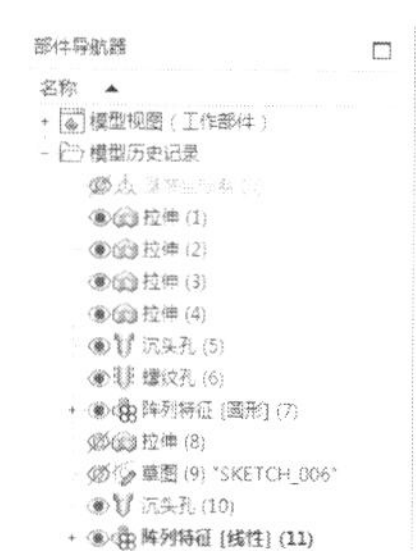

图 8-103　骨架模型结构

（4）主要零件设计

完成骨架模型设计后，将骨架模型中的实体关联复制到各个零件中进行具体设计，包括底板、支撑板及加强筋板等。

步骤 1　创建如图 8-104 所示的底板零件。激活底板零件（base_plate），使用“WAVE 几何链接器”命令将骨架模型中的底板实体关联复制到底板零件中，如图 8-105 所示，然后在复制的实体基础上添加零件细节。

① 选择“拉伸”命令，使用如图 8-106 所示的草图创建直槽口拉伸切除。

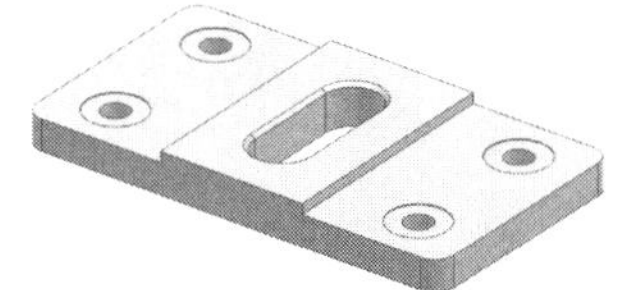
图 8-104　底板零件

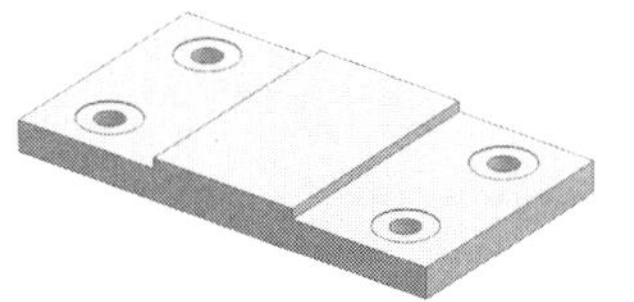
图 8-105　插入参考零件

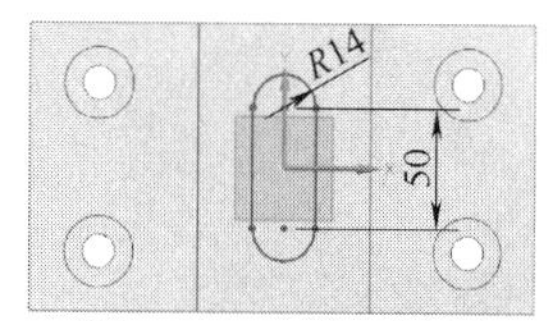

图 8-106　拉伸草图

② 创建如图 8-107 所示的倒圆角，圆角半径为 10。

③ 创建如图 8-108 所示的倒角，倒角尺寸为 2，角度为 45 度。

步骤 2　创建如图 8-109 所示的右侧支撑板零件。激活右侧支撑板零件（right_plate），使用“WAVE 几何链接器”命令将骨架模型中的支撑板实体关联复制到右侧支撑板零件中，然后在复制的实体基础上添加如图 8-110 所示的倒角。

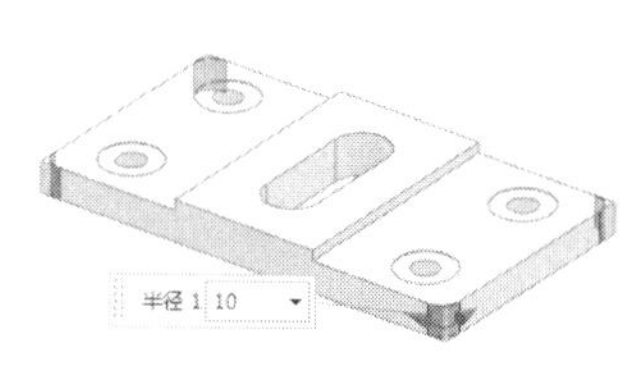

图 8-107　倒圆角

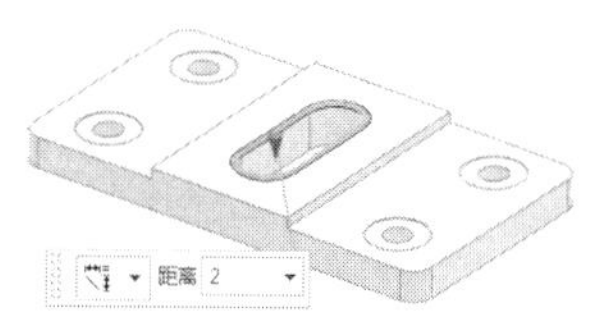

图 8-108　倒角

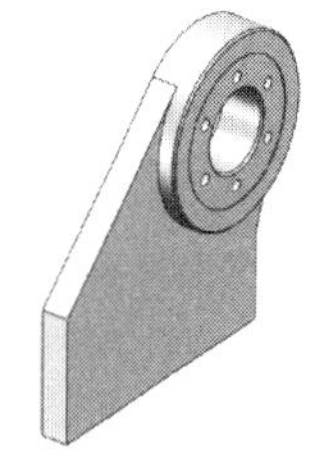
图 8-109　右侧支撑板零件

步骤 3　创建如图 8-111 所示的左侧支撑板零件。左侧支撑板与右侧支撑板完全对称，但是属于不同两个零件，这种零件直接在装配环境中使用“镜像装配”来创建，注意在镜像操作中使用“关联镜像”功能，如图 8-112 所示。

步骤 4　创建如图 8-113 所示的加强筋板零件。激活加强筋板零件（rib_plate），使用“WAVE 几何链接器”命令将骨架模型中的加强筋实体关联复制到加强筋板零件中得到右侧加强筋板，左侧加强筋板与右侧加强筋板完全对称，而且是相同的零件，这种情况直接在装配环境中使用“镜像装配”创建即可。

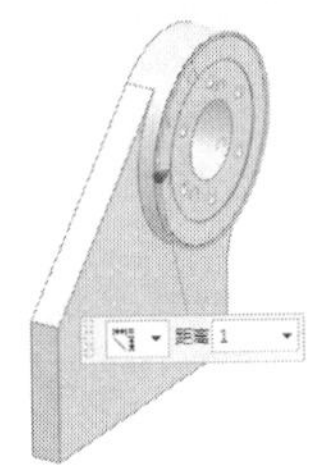

图 8-110 倒角

图 8-111 左侧支撑板零件

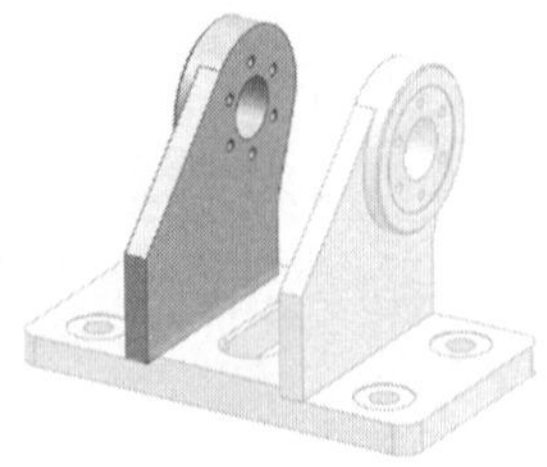

图 8-112 镜像左侧支撑板

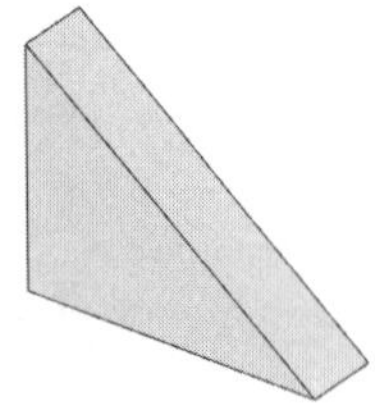

图 8-113 加强筋板零件

8.4.3 实体曲面骨架模型设计

实体曲面骨架模型就是使用实体控制装配产品整体结构，然后根据装配组成关系设计相应的分型曲面。在自顶向下设计中使用“WAVE 几何链接器”方法将实体与曲面分别关联复制到需要设计的零部件中，然后使用分型曲面对实体部分进行切除并细化。实体曲面骨架模型主要用于整体性很强的产品设计，如鼠标、汽车车身等，如图 8-114 所示。

图 8-114 实体曲面骨架模型应用举例

如图 8-115 所示的优盘产品，主要由前盖、上盖及下盖等零件构成，如图 8-116 所示，下面具体介绍使用自顶向下设计方法进行优盘设计。

（1）骨架模型分析

从优盘整体外观来看是一个典型的整体性很强的产品，优盘前盖、上下盖装配在一起形成优盘整体，如图 8-117 所示。在骨架模型中可以先将这个整体做出来，然后根据前盖、上下盖之间的装配配合关系设计相应的分型曲面，如图 8-118 所示。这些分型曲面主要是为了将优盘整体分割成前盖和上下盖三个部分，后期通过切除及细化得到最终的前盖及上下盖零件。综上所述，优盘骨架模型如图 8-119 所示。

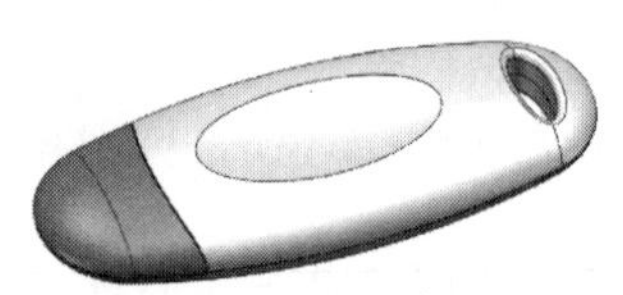

图 8-115 优盘

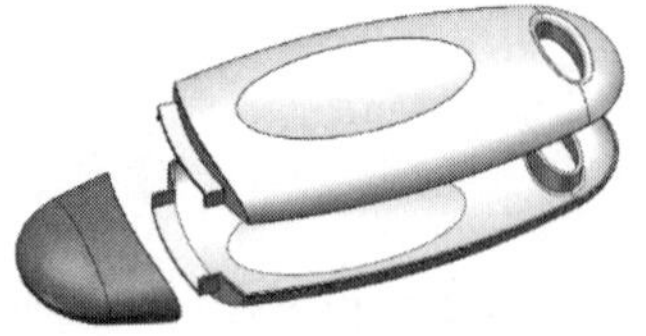

图 8-116 优盘组成

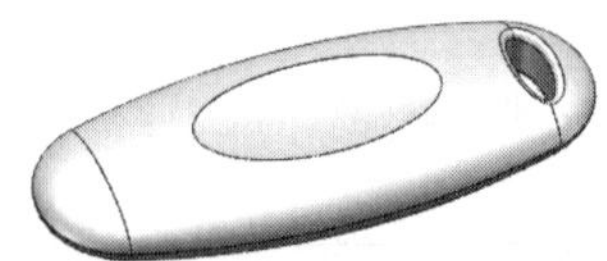

图 8-117 优盘整体

（2）创建装配结构

根据优盘结构特点及装配关系创建优盘装配结构，如图 8-120 所示。

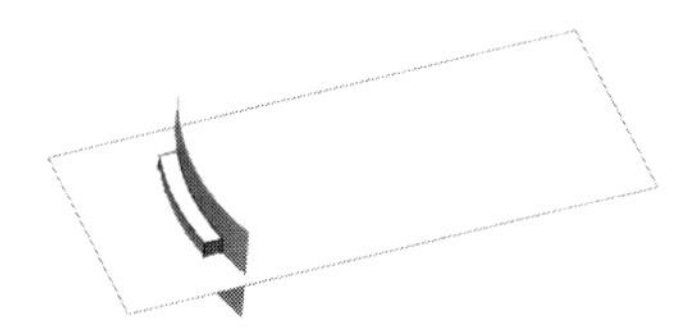

图 8-118　优盘分型曲面

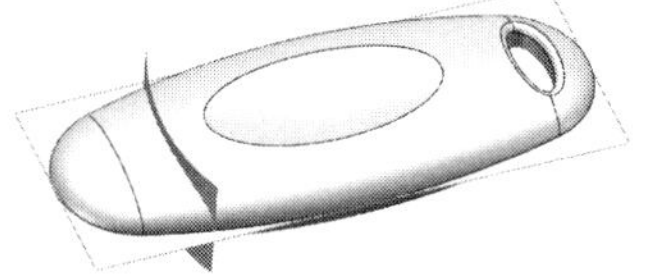

图 8-119　优盘骨架模型

图 8-120　优盘装配结构

（3）骨架模型设计

步骤 1　在总装配中打开骨架模型 skeleton。

步骤 2　创建如图 8-121 所示的曲线线框。曲线线框是设计优盘主体曲面的基础，包括两条轮廓曲线、三条截面曲线及一条端部曲线，下面逐一创建这些曲线。

① 创建轮廓曲线。选择“在任务环境中绘制”命令，选择“XY 基准平面”为草图平面绘制如图 8-122 所示的两条圆弧草图作为轮廓曲线。

② 创建两侧截面曲线。首先在轮廓曲线一侧端点位置创建平行于“YZ 基准平面”的基准面，然后在创建的基准平面上绘制如图 8-123 所示的半椭圆曲线为截面曲线，然后使用“镜像曲线”命令创建另外一侧的截面曲线。

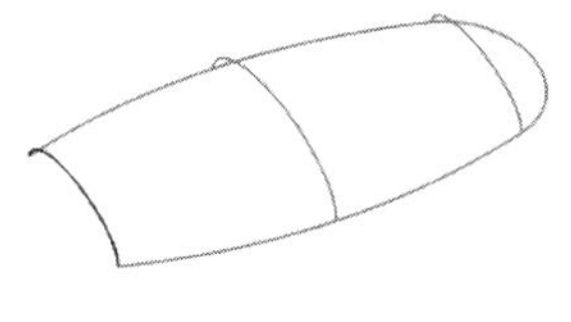

图 8-121　创建曲线线框

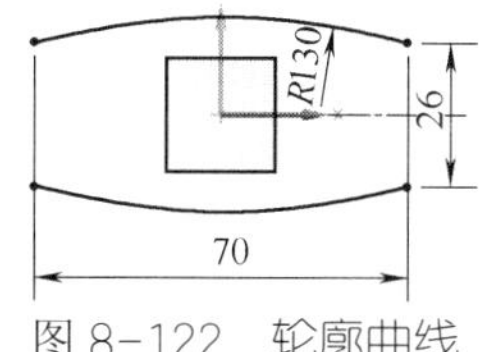

图 8-122　轮廓曲线

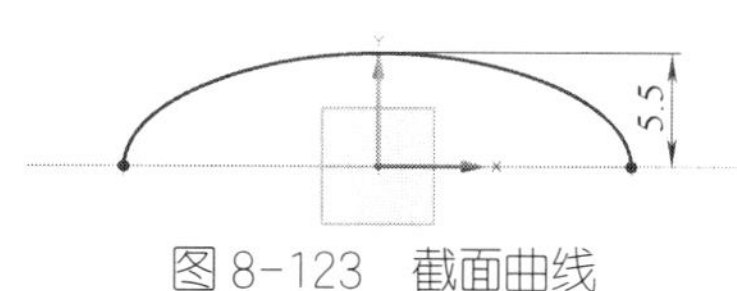

图 8-123　截面曲线

③ 创建中间截面曲线。选择“在任务环境中绘制”命令，选择“YZ 基准平面”为草图平面，绘制如图 8-124 所示的一半椭圆为中间截面曲线。

④ 创建端部曲线。选择“在任务环境中绘制”命令，选择“XY 基准平面”为草图平面绘制如图 8-125 所示的圆弧为端部曲线，约束圆弧与轮廓曲线相切。

步骤 3　创建如图 8-126 所示的优盘主体。根据以上创建的曲线线框，使用通过曲线网格曲面、通过曲线组曲面及镜像特征创建优盘主体曲面，然后使用“缝合”命令将所有曲面缝合成一个封闭的实体，该实体就是优盘主体。

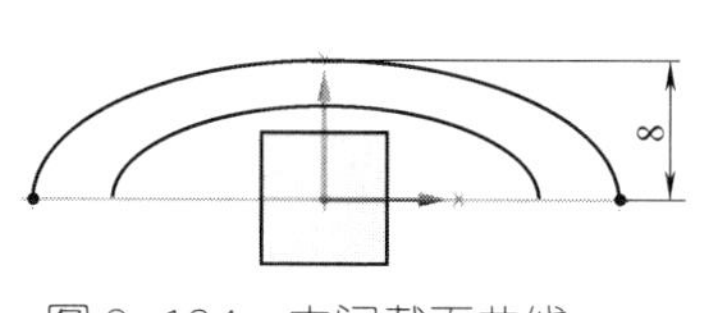

图 8-124　中间截面曲线

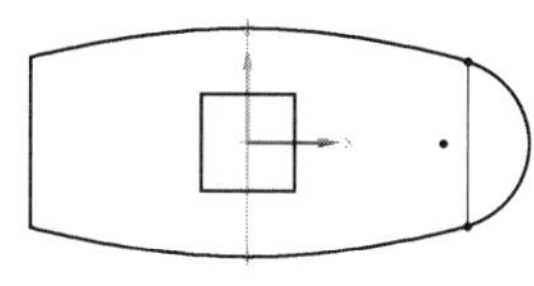

图 8-125　端部曲线

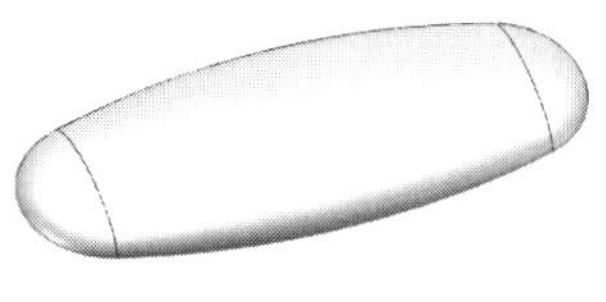

图 8-126　优盘主体

步骤 4　创建如图 8-127 所示的扫掠曲面。该扫掠曲面为后面做凹坑造型做准备。

① 创建扫掠引导曲线。选择“在任务环境中绘制”命令，选择“ZX 基准平面”为草图平面，绘制如图 8-128 所示的圆弧草图作为扫掠引导曲线。

② 创建扫掠截面。首先在扫掠引导曲线端点创建垂直于扫掠引导曲线的基准平面，然后在基准面上绘制如图 8-129 所示的圆弧作为扫掠截面。

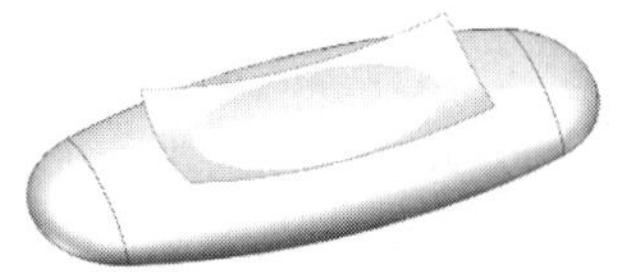

图 8-127　扫掠曲面

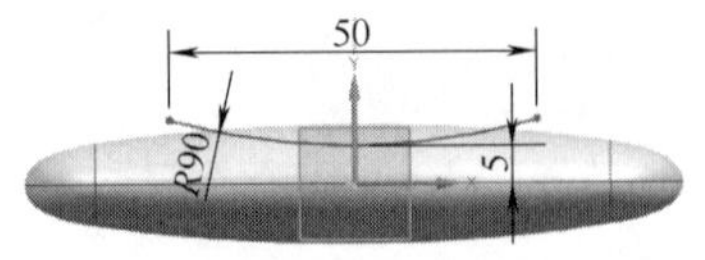

图 8-128　扫掠路径曲线

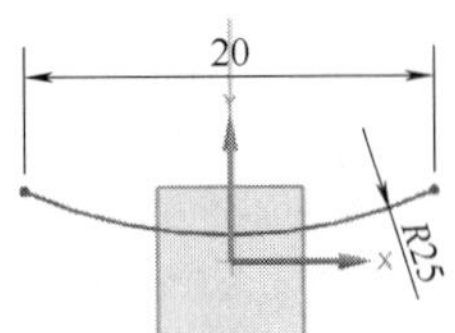

图 8-129　扫掠轮廓曲线

步骤 5　创建如图 8-130 所示的修剪体。选择“修剪体”命令，选择优盘实体为目标体，选择扫掠曲面为工具体，调整修剪方向如图 8-131 所示。

步骤 6　创建如图 8-132 所示的椭圆孔。选择“拉伸”命令，选择“XY 基准平面”为草图平面，绘制如图 8-133 所示的椭圆草图创建贯通拉伸切除。

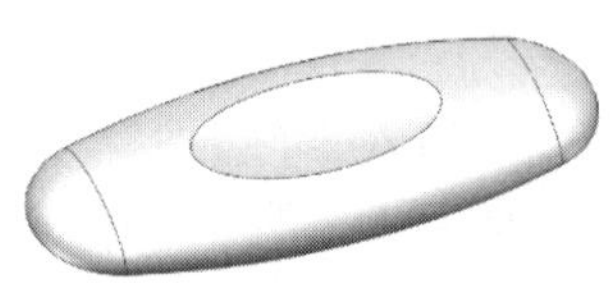

图 8-130　修剪体

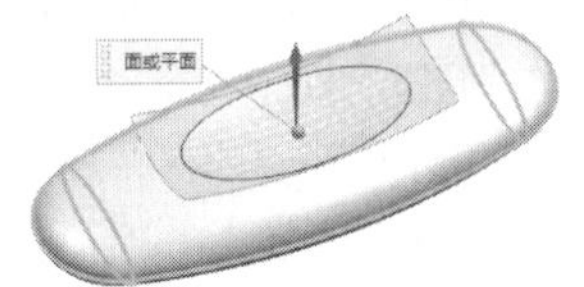

图 8-131　定义修剪体

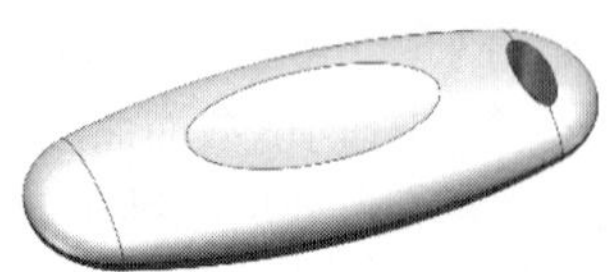

图 8-132　创建椭圆孔

步骤 7　创建如图 8-134 所示的倒圆角。选择椭圆孔边线为圆角边线，半径为 1。

步骤 8　创建如图 8-135 所示的前盖分型面。前盖分型面主要是为了分割优盘的前盖与上下盖，如图 8-136 所示，下面介绍前盖分型面的设计。

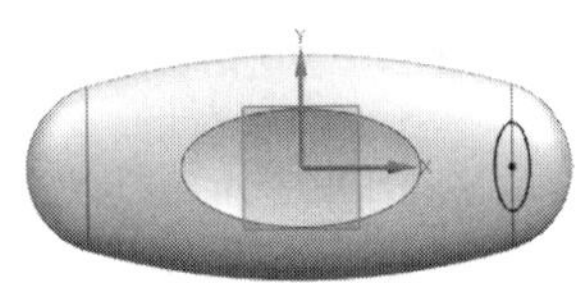

图 8-133　椭圆草图

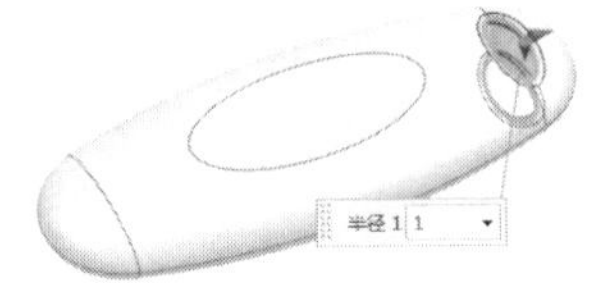

图 8-134　创建倒圆角

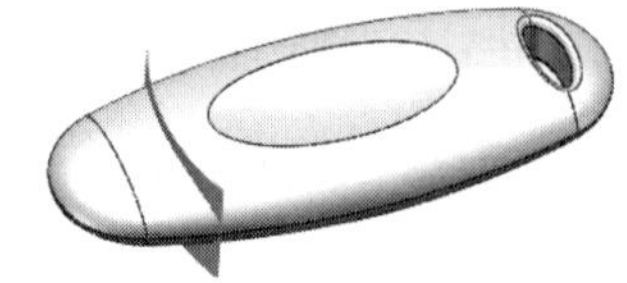

图 8-135　前盖分型面

① 创建拉伸曲面。选择“拉伸”命令，选择“XY 基准平面”为草图平面，绘制如图 8-137 所示的草图创建拉伸曲面。

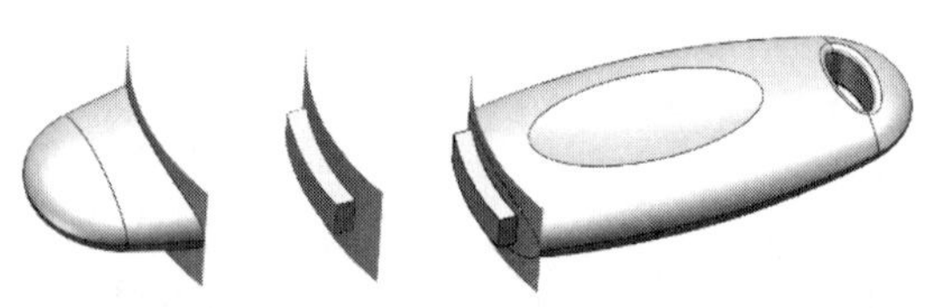

图 8-136　前盖分型面作用

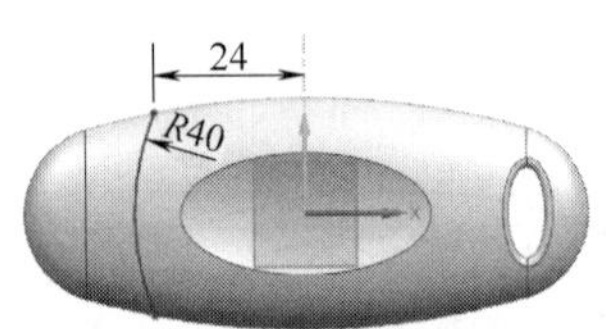

图 8-137　拉伸草图

② 创建如图 8-138 所示的偏置曲面。选择“偏置曲面”命令，选择上一步创建的拉伸曲面为偏置对象，偏置方向如图 8-138 所示，偏置距离为 2。

③ 创建如图 8-139 所示的拉伸曲面。选择“拉伸”命令，选择“YZ 基准平面”为草图平面，绘制如图 8-140 所示的拉伸草图，拉伸深度大于等于优盘长度一半尺寸即可。

④ 创建如图 8-141 所示的修剪曲面。选择“修剪和延伸”命令，使用“制作拐角”模式对以上创建的两个拉伸曲面及偏置曲面进行剪裁，结果如图 8-141 所示。

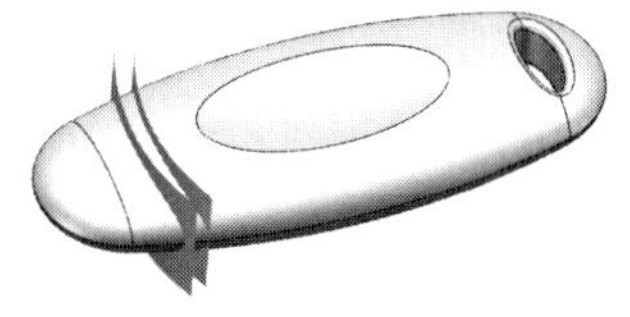

图 8-138　创建偏置曲面

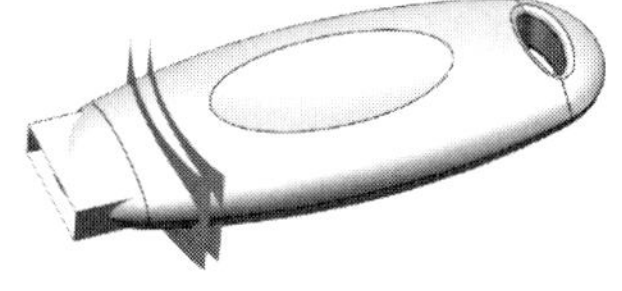

图 8-139　创建拉伸曲面

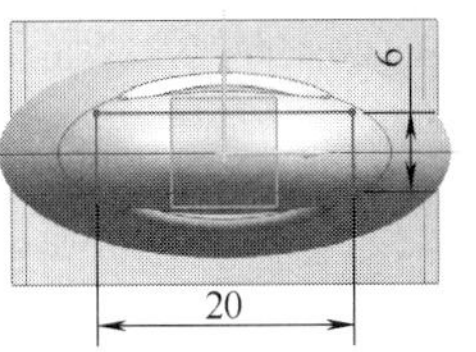

图 8-140　拉伸草图

步骤 9　创建如图 8-142 所示的上下盖分型面。首先选择“XY 基准平面”为草图平面，绘制如图 8-143 所示的草图区域，然后使用“有界平面”命令创建上下盖分型面。

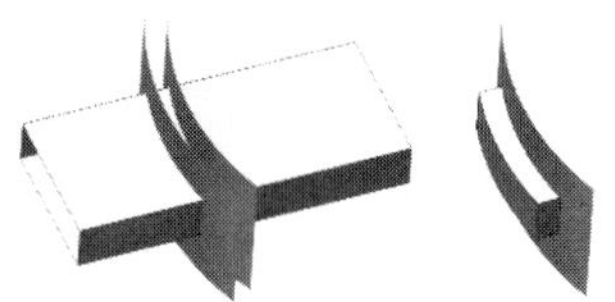

图 8-141　修剪曲面

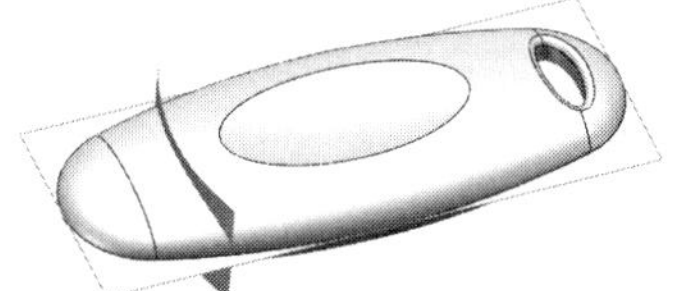

图 8-142　创建上下盖分型面

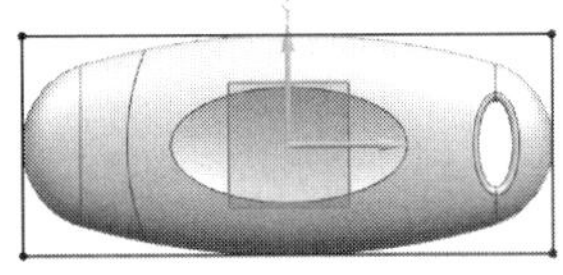

图 8-143　草图区域

（4）主要零件设计

完成优盘骨架模型设计后，将骨架模型中的实体及分型曲面关联复制到各个零件中进行具体设计，包括优盘前盖及优盘上下盖等等。

步骤 1　创建如图 8-144 所示的前盖零件。激活前盖零件（front_cover），使用“WAVE 几何链接器”命令将骨架模型中的实体及前盖分型曲面关联复制到前盖零件中。

① 创建修剪体。选择“修剪体”命令，选择骨架模型实体为目标体，选择前盖分型面为工具体，修剪体结果如图 8-145 所示。

② 创建如图 8-146 所示的拉伸切除。首先创建如图 8-147 所示的基准平面，然后选择该基准面为草图平面绘制如图 8-148 所示的拉伸草图进行拉伸切除，深度为 12.5。

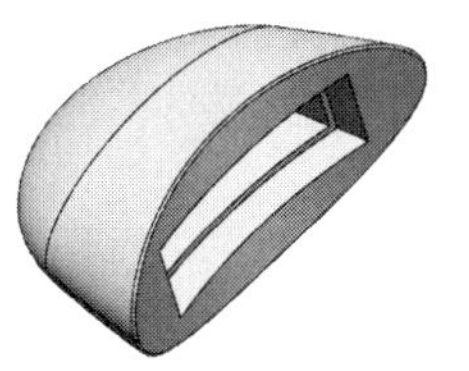

图 8-144　创建前盖零件

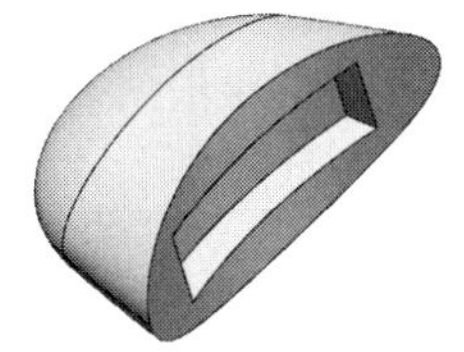

图 8-145　创建修剪体

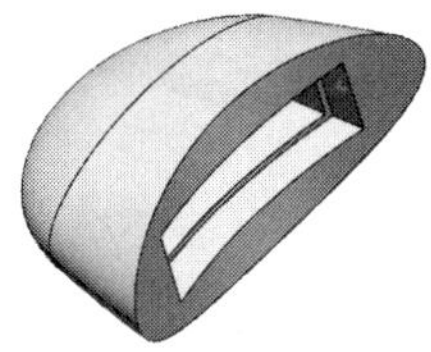

图 8-146　拉伸切除

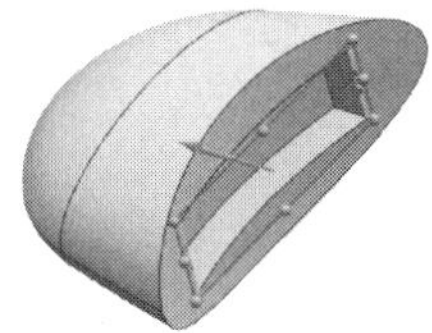

图 8-147　创建基准面

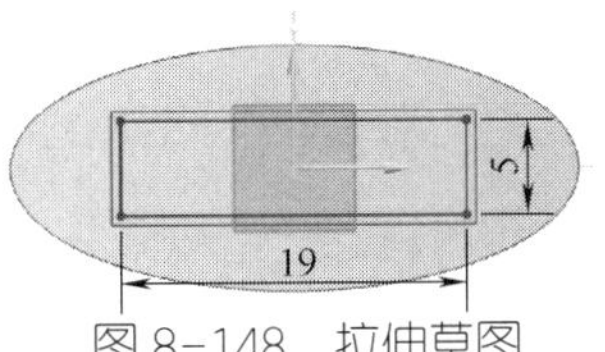

图 8-148　拉伸草图

③ 创建如图 8-149 所示的倒角。倒角尺寸为 0.2，角度为 45 度。

步骤 2　创建如图 8-150 所示的上盖零件。激活上盖零件（top_cover），使用“WAVE 几何链接器”命令将骨架模型中的实体及所有分型曲面关联复制到上盖零件中，依次使用前盖分型面及上下盖分型面对优盘实体进行切除，然后抽壳，抽壳厚度为 0.6，最后使用“拉伸”创建如图 8-151 所示的扣合特征，扣合深度为 0.5，深度为 0.3。

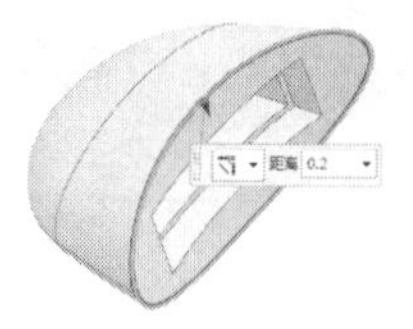

图 8-149 创建倒角

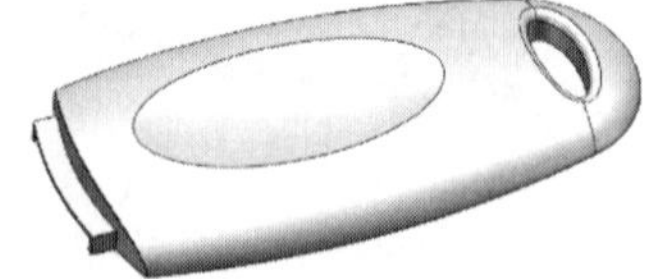

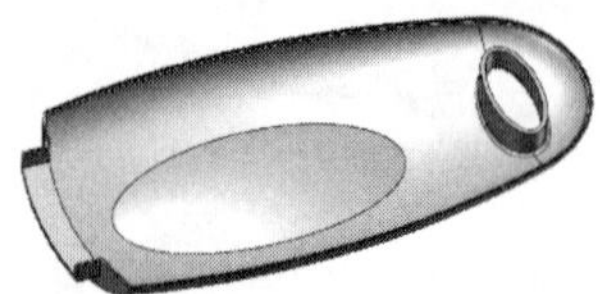

图 8-150 创建上盖零件

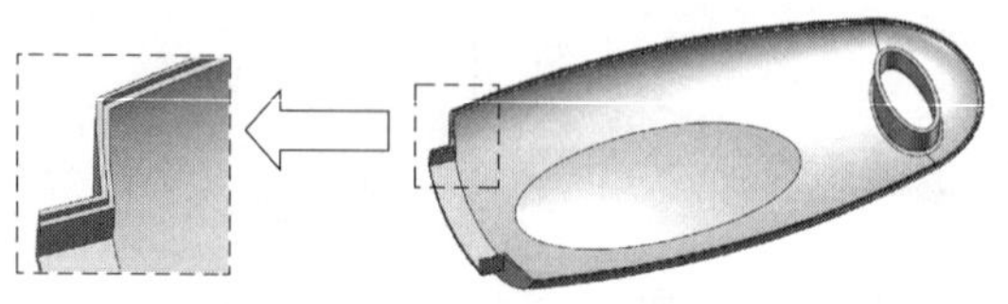

图 8-151 创建扣合特征

图 8-152 创建下盖零件

步骤 3 创建如图 8-152 所示的下盖零件。激活下盖零件（down_cover），使用“WAVE 几何链接器”命令将骨架模型中的实体及所有分型曲面关联复制到下盖零件中，依次使用前盖分型面及上下盖分型面对优盘实体进行切除，然后抽壳，抽壳厚度为 0.6，最后使用“拉伸”创建如图 8-153 所示的扣合特征，扣合深度为 0.5，深度为 0.3。

说明：下盖零件与上盖零件基本一样，主要是扣合特征不一样，此处不再赘述。

8.4.4 混合骨架模型设计

实际产品设计中，特别是复杂产品的设计，以上介绍的三种类型的骨架模型经常混合使用，具体用哪种方法主要根据装配产品结构特点灵活选用。如图 8-154 所示的挖掘机，在自顶向下设计过程中就需要使用多种骨架模型进行混合设计。

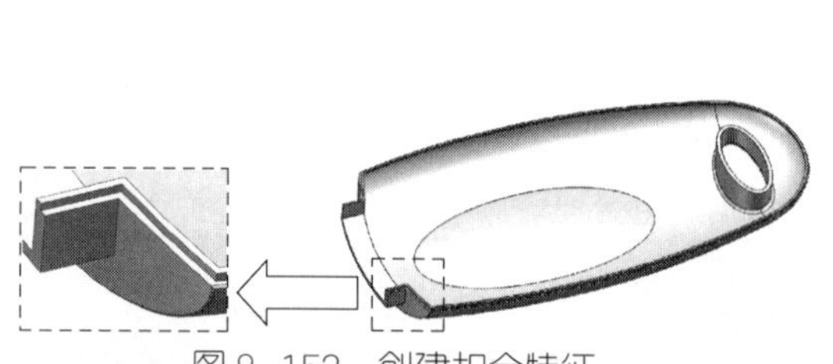

图 8-153 创建扣合特征

图 8-154 挖掘机

首先从挖掘机总体结构来分析。挖掘机可以划分为三大子系统，包括底盘子系统、车身子系统及工作机构子系统，这三大子系统结构都比较分散，所以设计挖掘机总体骨架模型时应该使用草图骨架模型进行设计，如图 8-155 所示。后面在设计各子系统时再将总体骨架模型中的部分草图关联复制到子系统即可。如在设计车身子系统时需要将总体骨架模型中与车身有关的草图关联复制，如图 8-156 所示；在设计工作机构子系统时需要将总体骨架中与工作机构有关的草图关联复制，如图 8-157 所示。

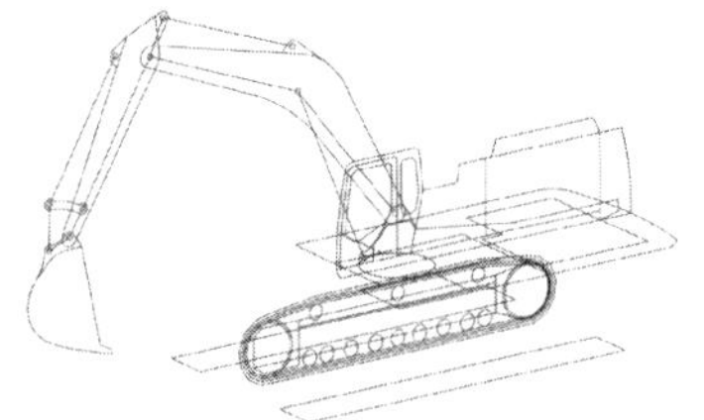

图 8-155　总体草图骨架

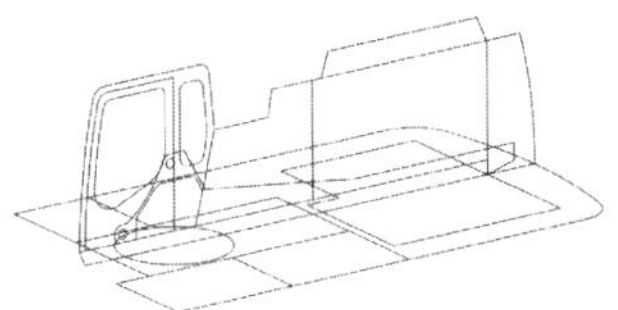

图 8-156　车身子骨架

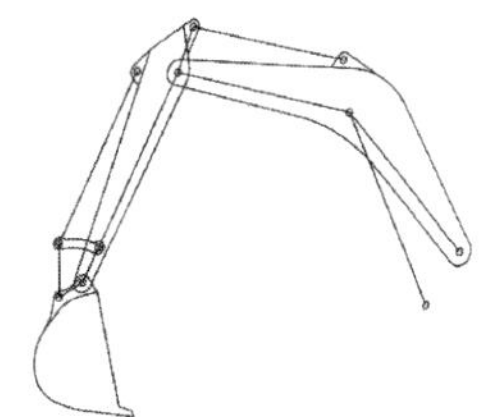

图 8-157　工作机构子骨架

在设计挖掘机底盘及工作机构时，其中主体结构均是由各种钢板焊接而成的。如图 8-158 所示的底盘支架，如图 8-159 所示的工作机构，如图 8-160 所示的动臂等都是钢板焊接结构，所以在设计这些子系统时应该使用独立实体骨架进行设计，基本思路是先在骨架模型中将主要的焊接结构创建成独立的实体，后面再拆分为具体零部件即可。

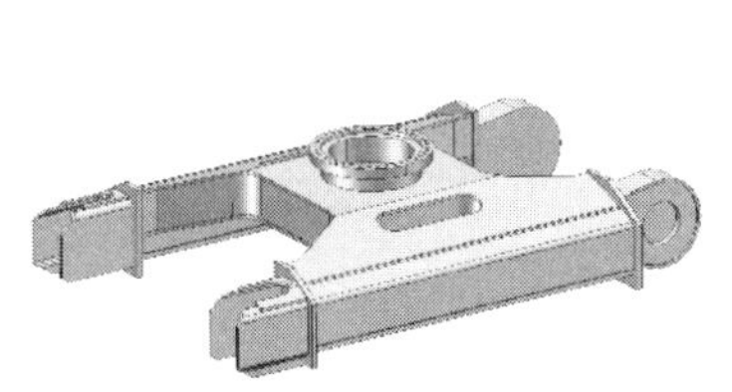

图 8-158　底盘支架总成

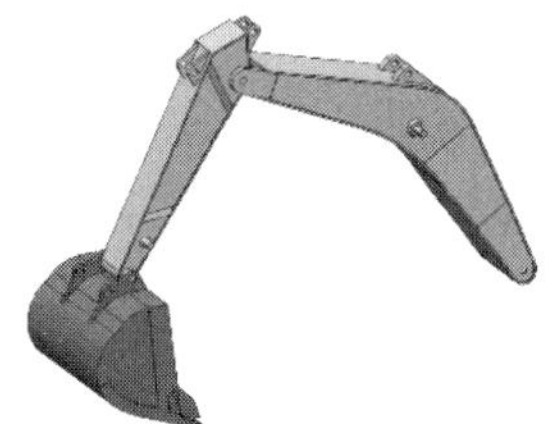

图 8-159　工作机构总成

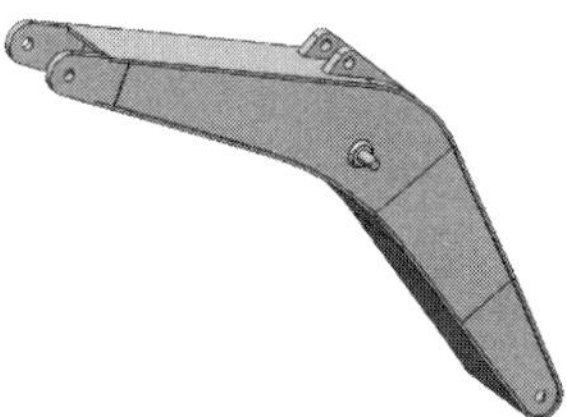

图 8-160　动臂总成

最后在设计车身总成时，整个车身部分给人的感觉就像一个整体，如图 8-161 所示。所以车身部分是一个整体性很强的子系统。车身部分的驾驶室（图 8-162）和车身覆盖件（图 8-163）都属于整体性很强的子系统，在设计这些子系统时应该使用实体曲面骨架进行设计，基本思路是先在骨架模型中创建该系统的整体，然后设计相应的分型面，后面再使用分型面对实体进行切除得到具体的零部件。

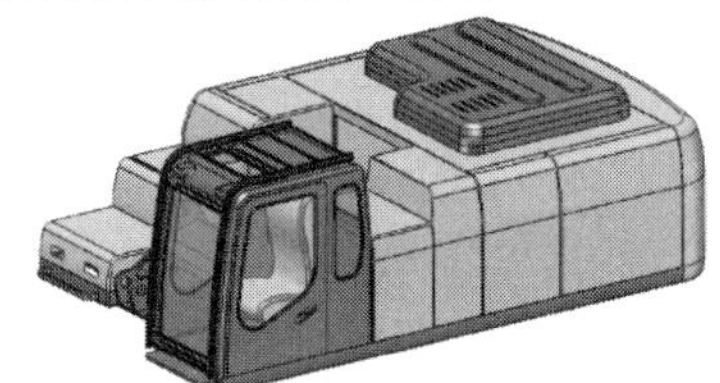

图 8-161　车身总成

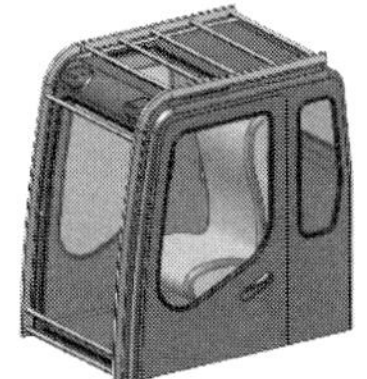

图 8-162　驾驶室总成

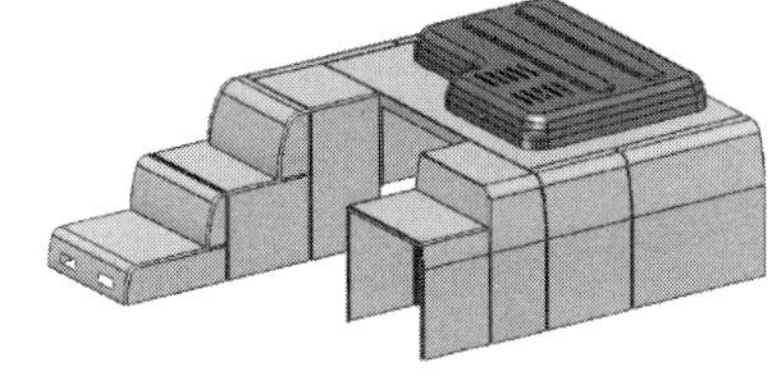

图 8-163　车身覆盖件

8.5　控件模型设计

在产品设计中，如果产品中包含相对比较独立、比较集中的局部结构（类似于装配中的子装配），为了便于对这个局部结构的设计与管理，需要针对局部结构设计一个控制部件，该控制部件简称控件。控件是自顶向下设计过程中一个非常重要的中间产物，主要起到一个承上启下的作用，一方面从上一级的骨架模型中继承一部分几何参考，另一方面又控制着下游级别的结构设计，如图 8-164 所示。

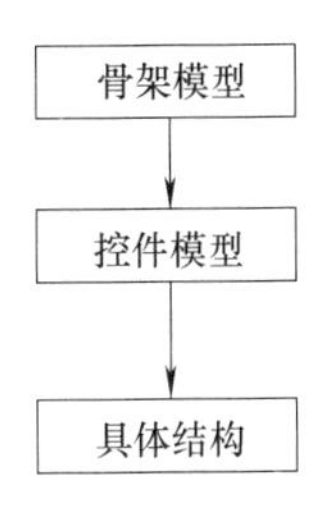

图 8-164　控件模型示意

控件和骨架都是对产品结构起控制作用的中间产物，但是两者在设计中是有本质区别的。骨架模型对产品结构起总体控制，控制范围是整个产品（或整个子系统）。控件主要控制某一相对独立、相对集中的局部结构。理论上讲，一般的产品设计中，骨架模型必须有而且一般只有一个，但是控件不同，结构简单的可以不用设计控件，结构复杂的根据结构设计需要可以有多级控件。

8.5.1 控件设计要求与原则

自顶向下设计中，控件的设计非常重要，除了要注意一般的结构设计要求与原则以外，还需要特别注意以下几点：

① 在进行控件设计时，一定要根据产品结构特点进行合理划分，控件级别不要太多、也不能太少，关键要将产品中的关键结构划分出来，结构简单的不用设计控件。

② 控件中的分型面设计一定要根据下游级别的结构来决定，要用尽量少的分型面分割得到需要的结构，分型面太多，一方面影响设计效率，另一方面容易出错。

③ 控件中的结构设计要尽量集中，避免分散设计，下游结构中都有的结构，应该在控件中设计好了再往下一级别细分，这样既提高设计效率，又便于以后修改。

8.5.2 控件设计案例

为了加深读者对控件设计应用以及控件设计要求与原则的理解，下面通过一个具体案例详细介绍产品设计中的控件设计。如图 8-165 所示的遥控器，其背面结构如图 8-166 所示，遥控器组成结构如图 8-167 所示，主要包括上盖、屏幕、按键、标志、下盖及电池盖，下面具体介绍使用自顶向下设计方法设计遥控器主要零部件的过程。

（1）骨架模型分析

遥控器从整体外观来看是一个典型的整体性很强的产品，遥控器所有零部件装配在一起形成遥控器整体，如图 8-168 所示，又因为遥控器是一个上下结构的产品，包括遥控器上半部分及下半部分，如图 8-169 所示，为了将骨架实体一分为二，需要在骨架模型中部位置设计分型面，得到遥控器骨架模型，如图 8-170 所示。

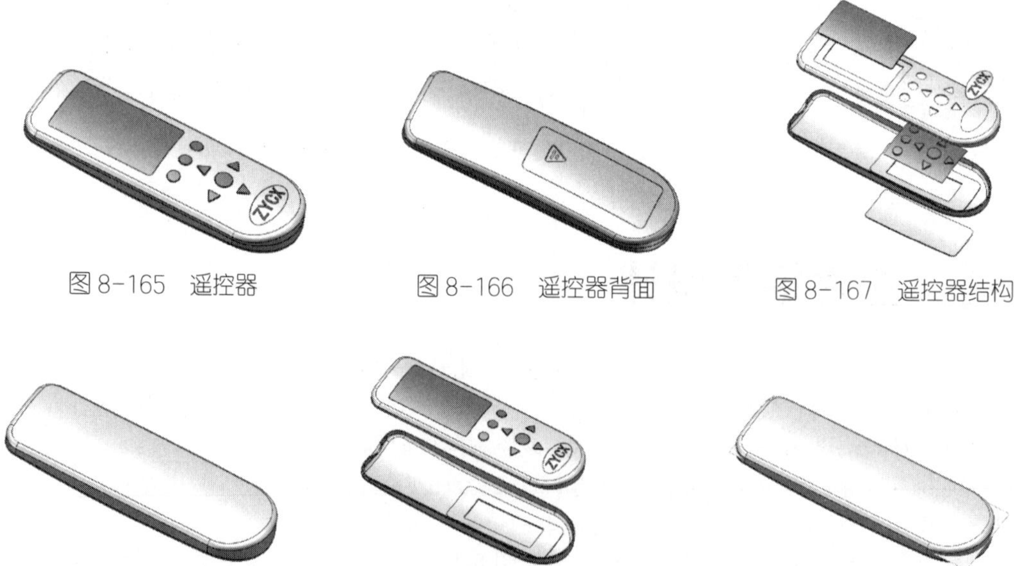

图 8-165 遥控器　图 8-166 遥控器背面　图 8-167 遥控器结构

图 8-168 遥控器整体　图 8-169 遥控器整体结构特点　图 8-170 遥控器骨架模型及分型面

（2）控件模型分析

根据以上对遥控器整体结构的分析，遥控器是一个上下结构的产品，上半部分包括上盖、屏幕、按键及标志，如图 8-171 所示。为了方便对上半部分的设计及管理，先将骨架模型中的上半部分关联复制，然后添加如图 8-172 所示的屏幕分型面及标志分型面，得到遥控器上部控件，方便后期设计屏幕及标志，如图 8-173 所示。

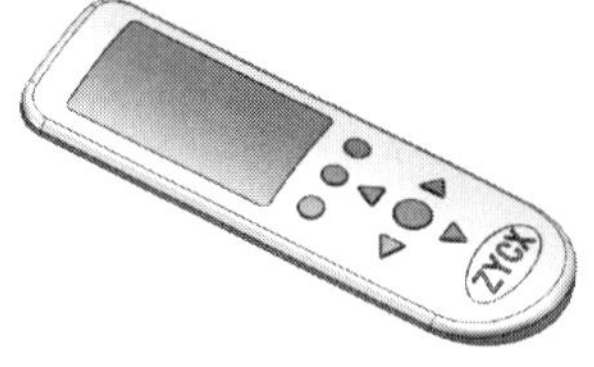

图 8-171　遥控器上半部分

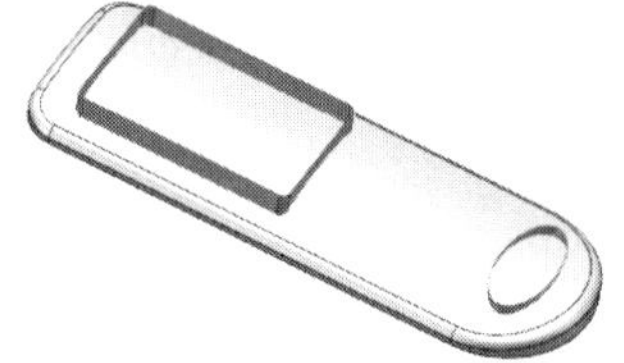
图 8-172　屏幕及标志分型面

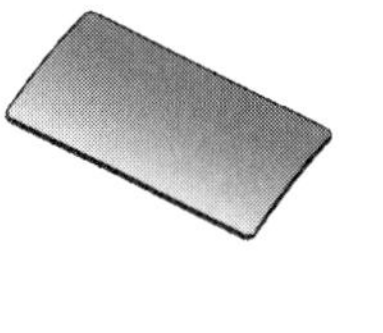

图 8-173　屏幕及标志

遥控器下半部分包括下盖及电池盖，如图 8-174 所示，为了方便对下半部分的设计及管理，先将骨架模型中的下半部分关联复制，然后添加如图 8-175 所示的电池盖分型面，得到遥控器下部控件，方便后期设计电池盖，如图 8-176 所示。

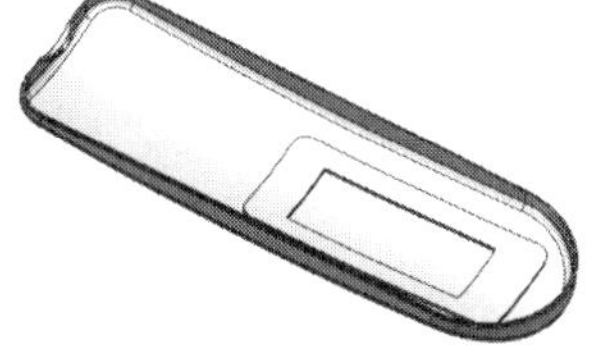

图 8-174　遥控器下半部分

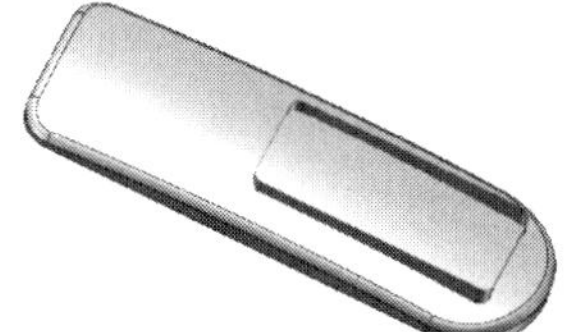
图 8-175　电池盖分型面

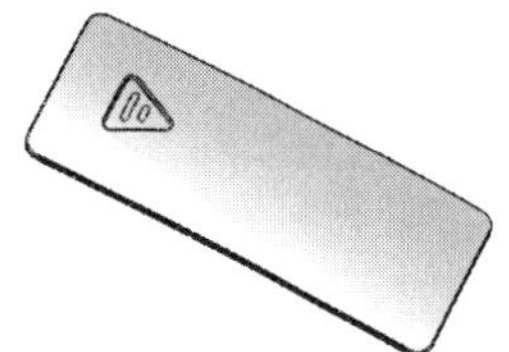
图 8-176　电池盖

规划上部控件及下部控件以后，如果遥控器上半部分需要修改与改进，只需要在上部控件内部进行，这样不会涉及到下部结构。相同的道理，如果下半部分需要修改与改进，只需要在下部控件内部进行，这样也不会涉及到上部结构。

（3）创建装配结构

综上所述，根据遥控器整体结构特点，需要设计如图 8-177 所示的总体骨架模型，又根据遥控器上下结构特点，需要设计如图 8-178 所示的上部控件（主要对遥控器上半部分进行控制）以及如图 8-179 所示的下部控件（主要对遥控器下半部分进行控制）。总体骨架及控件都是自顶向下设计的中间产物。遥控器自顶向下设计流程如图 8-180 所示，根据设计流程创建如图 8-181 所示的装配结构，为自顶向下设计做准备。

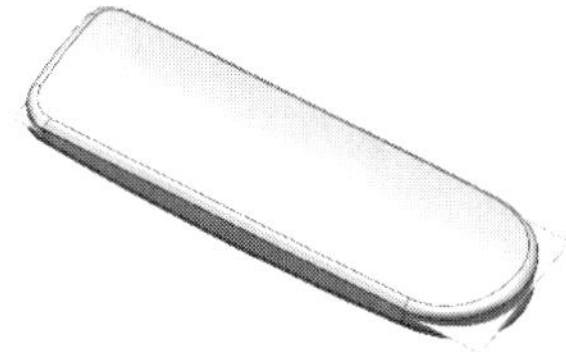
图 8-177　遥控器总体骨架

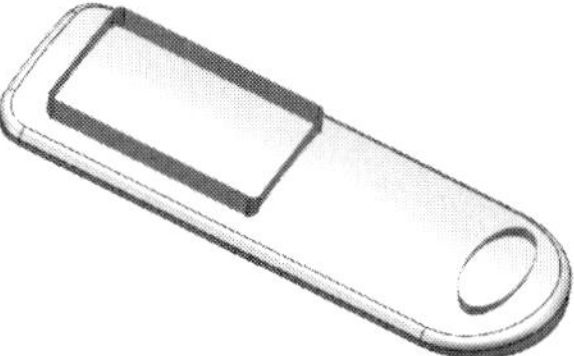
图 8-178　上部控件

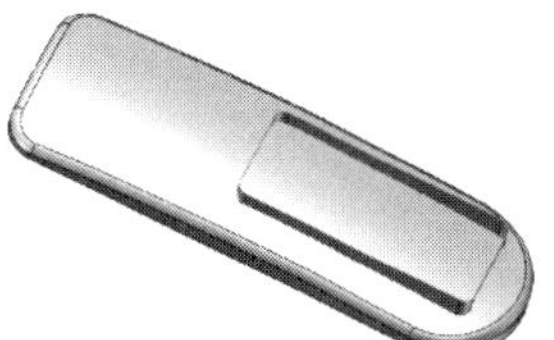
图 8-179　下部控件

（4）骨架模型设计

步骤 1　在总装配中打开骨架模型 skeleton。

步骤 2　创建如图 8-182 所示的拉伸主体。选择“拉伸”命令，选择“XY 基准平面”为草图平面，绘制如图 8-183 所示的拉伸草图，拉伸方向向上，拉伸高度为 20。

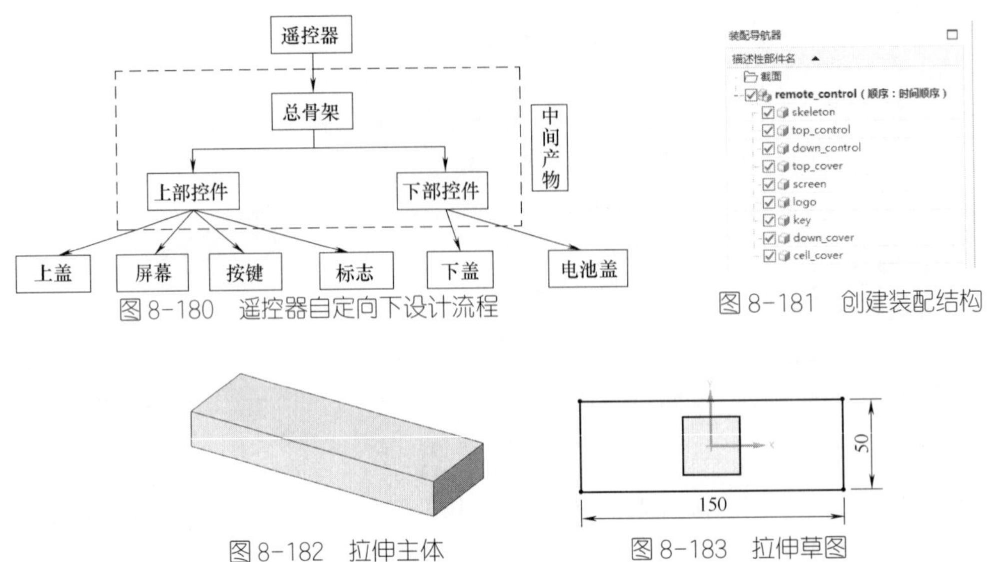

图 8-180　遥控器自定向下设计流程

图 8-181　创建装配结构

图 8-182　拉伸主体

图 8-183　拉伸草图

步骤 3　创建如图 8-184 所示的顶部切除。选择“拉伸”命令，选择“YZ 基准平面”为草图平面，绘制如图 8-185 所示的草图，拉伸方式为“对称值”，深度为 75，体类型为“片体”，然后使用“修剪体”命令使用拉伸曲面对实体进行切除。

步骤 4　创建如图 8-186 所示的底部切除。创建这种切除需要首先创建如图 8-187 所示的扫掠曲面，然后使用“修剪体”命令切除遥控器的底部结构。

① 创建如图 8-188 所示的曲线线框。选择“在任务环境中绘制”命令在“ZX 基准面平”上绘制如图 8-189 所示圆弧曲线，该圆弧曲线作为扫掠曲面的引导线。

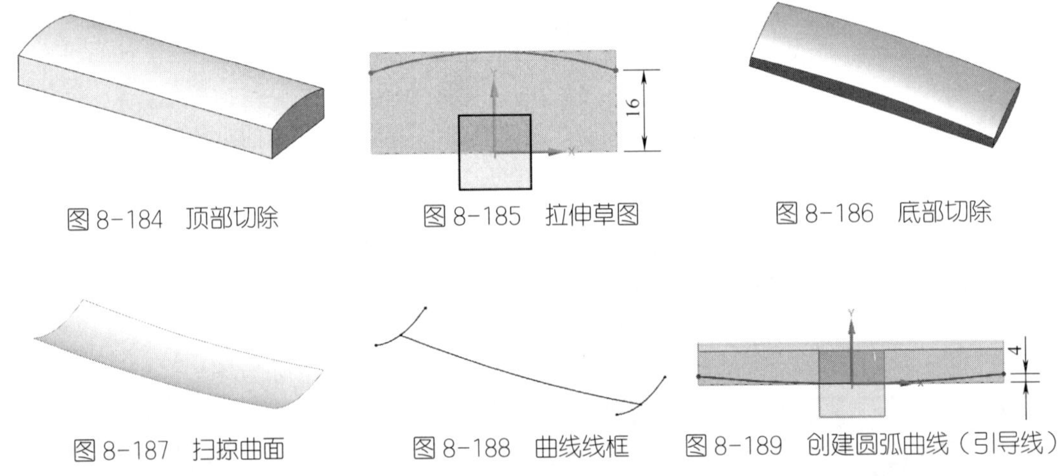

图 8-184　顶部切除

图 8-185　拉伸草图

图 8-186　底部切除

图 8-187　扫掠曲面

图 8-188　曲线线框

图 8-189　创建圆弧曲线（引导线）

② 创建如图 8-190 所示的截面曲线。选择“在任务环境中绘制”命令在主体右端面上绘制如图 8-190 所示圆弧曲线（圆弧中点与上一步绘制的扫掠引导曲线端点重合），该圆弧曲线作为扫掠曲面的截面线。

③ 创建如图 8-191 所示的其余截面曲线。选择“镜像曲线”命令将上一步创建的截面曲面沿着 YZ 基准平面做镜像。

④ 创建扫掠曲面。选择“扫掠”命令，使用以上创建的两条截面曲线及引导曲线创建如图 8-187 所示的扫掠曲面。

⑤ 创建修剪体。选择“修剪体”命令，选择以上创建的扫掠曲面对主体实体进行切除，得到遥控器底部切除效果，如图 8-186 所示。

步骤 5　创建如图 8-192 所示的圆角一。该圆角在遥控器底部创建，半径为 25。

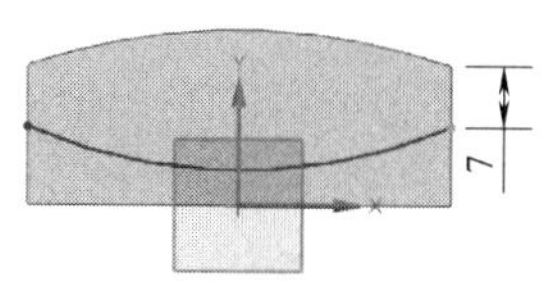

图 8-190　创建截面曲线

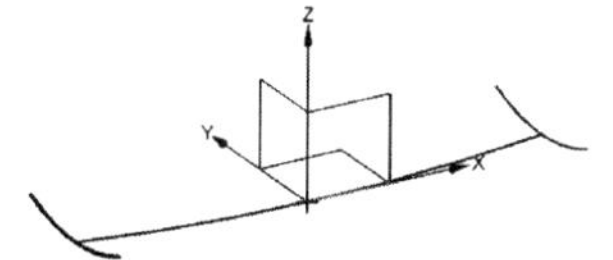

图 8-191　创建其余截面曲线

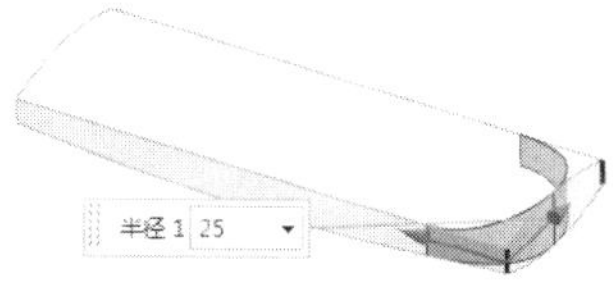

图 8-192　创建圆角一

步骤 6　创建如图 8-193 所示的圆角二。该圆角在遥控器顶端创建，半径为 10。

步骤 7　创建如图 8-194 所示的圆角三。该圆角在遥控器上下面创建，半径为 3。

步骤 8　创建如图 8-195 所示的分型面。选择“拉伸”命令，选择“ZX 基准平面”为草图平面，绘制如图 8-196 所示的拉伸草图创建拉伸曲面作为分型面。

步骤 9　创建如图 8-197 所示的旋转切除。选择“旋转”命令，选择遥控器顶端面为草图平面，绘制如图 8-198 所示的旋转草图进行旋转切除。

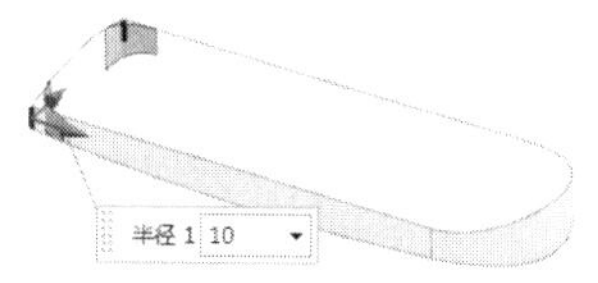

图 8-193　创建圆角二

图 8-194　创建圆角三

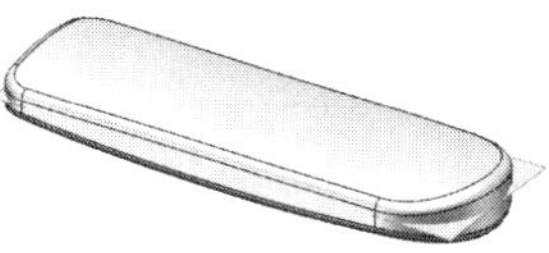

图 8-195　创建分型面

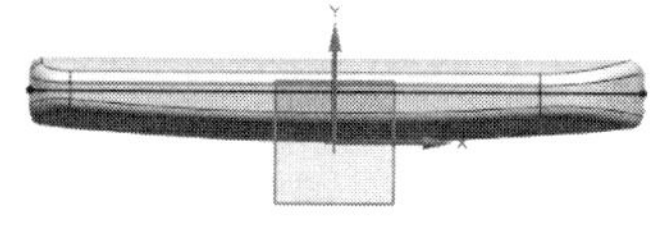

图 8-196　拉伸草图

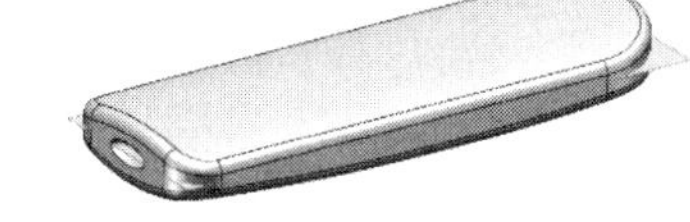

图 8-197　创建旋转切除

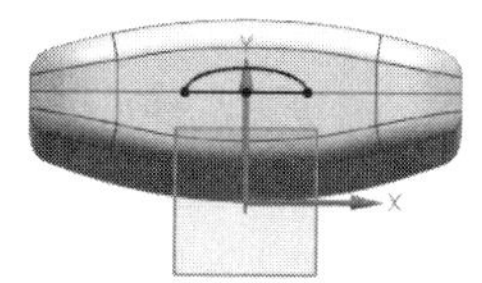

图 8-198　绘制旋转草图

（5）上部控件设计

步骤 1　在总装配中激活上部控件模型 top_control。

步骤 2　关联复制实体。选择“WAVE 几何链接器”命令，复制骨架模型中的实体与分型面，然后使用骨架模型中的分型面将遥控器下半部分切除，如图 8-199 所示。

步骤 3　创建屏幕及标志分型面。为了根据上部控件创建屏幕及标志，需要在上部实体中创建如图 8-200 所示的屏幕及标志分型面。

（6）下部控件设计

步骤 1　在总装配中打开下部控件模型 down_control。

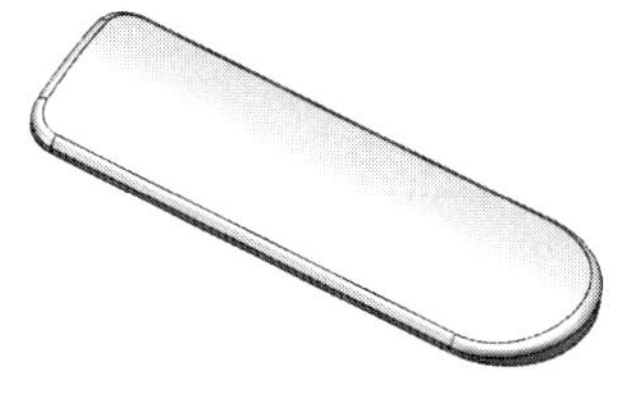

图 8-199　切除实体

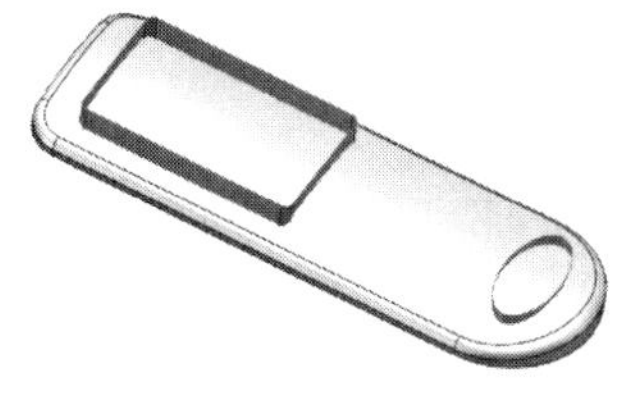

图 8-200　屏幕及标志分型面

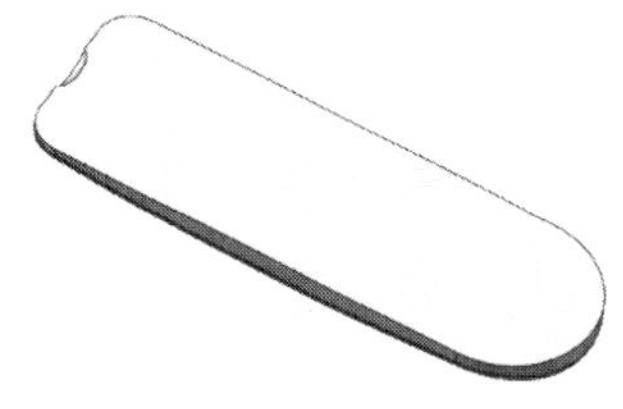

图 8-201　切除实体

步骤 2 关联复制实体。选择“WAVE 几何链接器”命令，复制骨架模型中的实体与分型面，使用骨架模型中的分型面将遥控器上半部分切除，如图 8-201 所示。

步骤 3 创建电池盖分型面。为了根据下部控件创建电池盖，需要在下部实体中创建如图 8-202 所示的电池盖分型面。

（7）主要零件设计

完成遥控器骨架模型及控件设计后，将控件模型中的实体及曲面关联复制到各个零件中进行具体设计，包括上盖、屏幕、按键、标志、下盖及电池盖等。

步骤 1 创建如图 8-203 所示的上盖零件。激活上盖零件（top_cover），使用“WAVE 几何链接器”命令将上部控件中的实体及曲面关联复制到上盖零件中，然后将屏幕部分及标志部分切除并添加上盖部分的细节得到完整的上盖零件。

步骤 2 创建如图 8-204 所示的屏幕零件。激活屏幕零件（screen），使用“WAVE 几何链接器”命令将上部控件中的实体及曲面关联复制到屏幕零件中，然后将上盖部分及标志部分切除并添加屏幕部分的细节得到完整的屏幕零件。

步骤 3 创建如图 8-205 所示的标志零件。激活标志零件（logo），使用“WAVE 几何链接器”命令将上部控件中的实体及曲面关联复制到标志零件中，然后将屏幕部分及上盖部分切除并添加标志部分的细节得到完整的标志零件。

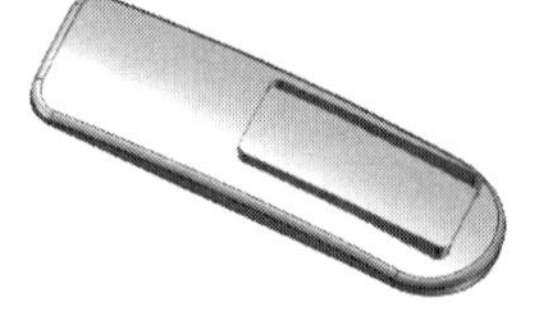

图 8-202 电池盖分型面

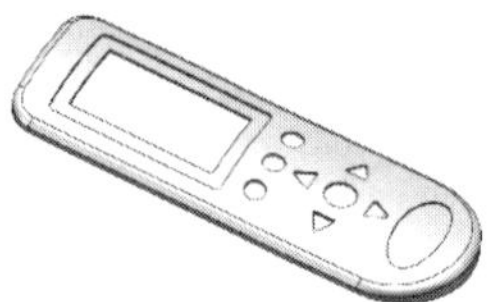

图 8-203 遥控器上盖

图 8-204 遥控器屏幕

图 8-205 遥控器标志

步骤 4 创建如图 8-206 所示的按键零件。激活按键零件（key），使用“WAVE 几何链接器”命令将上盖中如图 8-207 所示的模型表面复制到按键中创建按键细节。

步骤 5 创建如图 8-208 所示的下盖零件。激活下盖零件（down），使用“WAVE 几何链接器”命令将下部控件中的实体及曲面关联复制到下盖零件中，然后将电池盖部分切除并添加下盖部分的细节得到完整的下盖零件。

步骤 6 创建如图 8-209 所示的电池盖零件。激活电池盖零件（cell_cover），使用“WAVE 几何链接器”命令将下部控件中的实体及曲面关联复制到电池盖零件中，然后将下盖部分切除并添加电池盖部分的细节得到完整的电池盖零件。

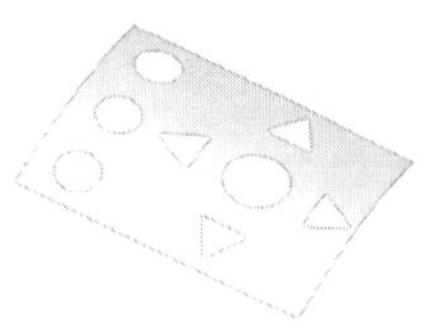

图 8-206 按键参考面

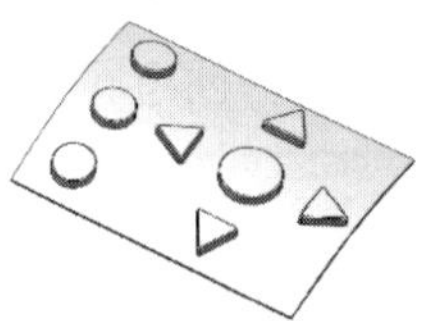

图 8-207 遥控器按键

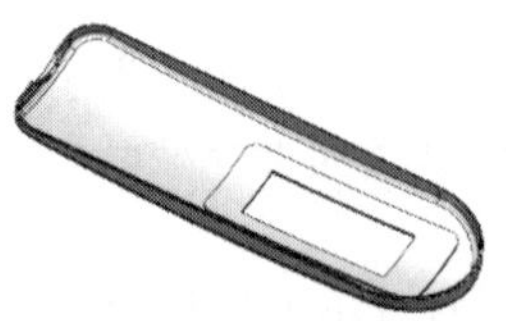

图 8-208 遥控器下盖

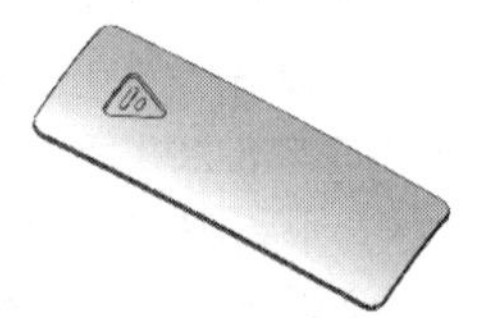

图 8-209 电池盖

8.6 复杂系统自顶向下设计

在实际产品设计中，经常需要进行复杂系统的设计，如工程机械、加工中心、汽车、舰船、飞机等，如图 8-210 所示。这些都属于非常复杂的产品，在自顶向下设计过程中要考虑更多、更复杂的因素，任何一点的错误，都有可能导致严重的后果，甚至会影响整个产品的设计。下面具体介绍复杂系统设计流程及注意事项。

图 8-210　复杂系统自顶向下设计应用举例

8.6.1　复杂系统设计流程

对于复杂系统的自顶向下设计，其最主要的特点就是结构非常复杂，涉及到的参数也非常多，凭借一个人或几个人的能力是无法完成的，必须是数个团队协同设计才能完成。那么在协同设计中就一定要注意整体设计的流程，必须做到流程清晰，思路明确，团队内部还有团队之间都应该能够很好地共享数据并能够顺畅交流，只有这样才能完成复杂系统的设计。复杂系统自顶向下设计流程如下：

① 总体骨架模型设计。它是整个设计的核心，其规划设计一定要合理，要充分考虑整个设计过程中所存在的所有因素影响，还要充分考虑设计过程中的协同设计问题。

② 各主要子系统骨架模型设计。这一步在上一步的基础上，进一步分割细化，添加各级子系统关键设计参数，最终得到各级子系统骨架模型，它是各子系统设计的核心。

③ 根据系统复杂程度，还可以在上一步的基础上分割更多、更细子系统骨架。

④ 各子系统控件结构设计。这一步是在上一步的基础上，根据各子系统结构特点规划各级主要控件。

⑤ 根据系统复杂程度，还可以在上一步的基础上分割更多、更细控件。

⑥ 系统中所有零部件结构设计。

这里的设计流程一定要与协同设计联系起来进行理解。总体骨架模型设计一般由该系统的总项目工程师根据各方面的考虑来设计，完成之后，再往下游设计部门进行分配。各主要子系统骨架模型设计是由各子系统设计团队的项目工程师来进行的，当然在设计中一方面要充分理解总工程师的设计意图，另一方面还要考虑下游的设计，这一步工作完成后就是各级控件的设计了。控件主要由各团队中的一些设计工程师来完成。最后是零部件结构设计，主要由最下面的工作人员来完成。

8.6.2　复杂系统设计布局

对于复杂系统的自顶向下设计，在设计之前，一定要充分了解整个系统的结构特点以及级别关系，然后规划出一个初步的自顶向下设计布局（至少三级布局）。自顶向下设计布局相当于整个项目设计的清单，类似于书籍目录与书籍的关系。有了这个详细的布局，在自顶向下设计中根据此布局创建装配结构并以此为依据进行自顶向下设计，如图 8-211 所示的是挖掘机自顶向下设计布局。

1. 挖掘机主体系统（excavator_system）
1.1 挖掘机底盘总成（chassis_assy）
1.1.1 底盘支撑系统（chassis_frame）
1.1.2 底盘行走机构（track_assy）
1.2 挖掘机车身总成（body_assy）
1.2.1 车身支撑结构（frame_assy）
1.2.2 驾驶室（cab_assy）
1.2.3 车身覆盖板总成（cover_assy）
1.2.4 车身配重（bob_weight）
1.3 挖掘机工作机构总成（work_assy）
1.3.1 动臂总成（arm_assy）
1.3.2 斗杆总成（boom_assy）
1.3.3 铲斗总成（bucket_assy）
2. 挖掘机管道系统（piping_system）
3. 挖掘机电气系统（electric_sysem）

图 8-211　挖掘机自顶向下设计布局

8.6.3 复杂系统设计案例

下面继续以挖掘机为例介绍复杂系统设计过程。在自顶向下设计中以上一小节的“挖掘机自顶向下设计布局”为依据创建装配结构。

步骤 1　创建总装配文件。总装配文件为最高级别的文件，用来控制挖掘机所有项目文件，其他子系统均是在该装配文件中创建的，如图 8-212 所示。

步骤 2　创建一级装配文件。包括总骨架模型（excavator_skel）及挖掘机布局文件中的一级文件，包括挖掘机主体系统（excavator_system）、管道系统（piping_system）及电气系统（electric_system），如图 8-213 所示。

说明：创建装配结构时一定要注意文件类型，所有的骨架模型、控件均为零件类型，子装配、子系统、总成均为装配类型。

步骤 3　创建二级装配文件（以挖掘机主体系统为例）。包括主体骨架模型（main_skel）及布局文件中的二级文件，包括底盘总成（chassis_assy）、车身总成（body_assy）及工作机构总成（work_assy），如图 8-214 所示。

图 8-212　创建总装配文件

图 8-213　创建一级装配文件

图 8-214　创建二级装配文件

步骤 4　创建三级装配文件（底盘部分）。包括底盘骨架模型（chassis_skel）及布局文件中的底盘三级文件，包括底盘支撑结构（chassis_frame）、底盘行走机构总成（track_assy），如图 8-215 所示。

步骤 5　创建三级装配文件（车身部分）。包括车身骨架模型（body_skel）及布局文件中的车身三级文件，包括车身支撑总成（body_frame_assy）、驾驶室总成（cab_assy）、车身覆盖板总成（cover_assy）及配重（bob_weight），如图 8-216 所示。

图 8-215　底盘三级文件

图 8-216　车身三级文件

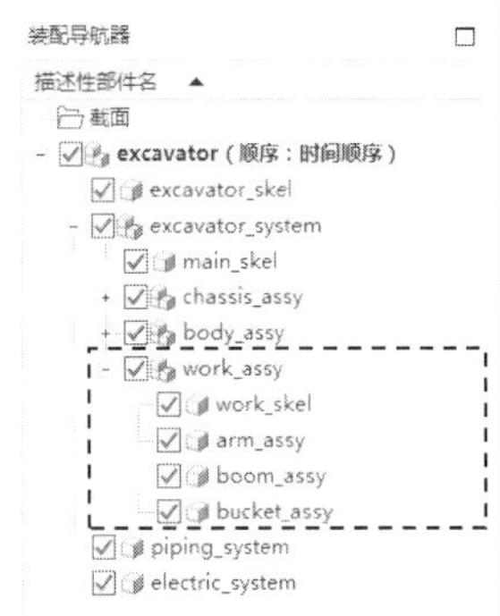

图 8-217　工作机构三级文件

步骤 6　创建三级装配文件（工作机构部分）。包括工作机构骨架模型（work_skel）及布局文件中的工作机构三级文件，包括动臂总成（arm_assy）、斗杆总成（boom_assy）及铲斗总成（bucket_assy），如图 8-217 所示。

本小节只介绍挖掘机装配结构的创建，关于骨架模型的设计以及具体结构的设计此处不做具体讲解，读者可以根据前面小节介绍的骨架模型及控件设计方法自行设计。

8.7　自顶向下设计案例：监控器摄像头

扫码看视频讲解

如图 8-218 所示的监控器摄像头，根据产品结构特点及以下说明完成监控器摄像头自顶向下设计，主要设计其中底座结构（包括上下盖）、支座结构（包括左右盖）及摄像头结构（包括前后盖），设计过程中注意骨架模型设计，特别是其中分型面的设计。

① 设置工作目录：F:\ugnx_jxsj\ch08 top_down\8.7。

② 监控器摄像头自顶向下设计思路：因为该产品属于整体性很强的产品，应该使用实体曲面方法创建骨架模型，同时还需要使用草图设计安装定位结构，然后根据监控器摄像头结构特点，使用分型面分别设计监控器摄像头三部分结构，包括如图 8-219 所示的底座结构，如图 8-220 所示的支座结构及如图 8-221 所示的摄像头结构。

具体设计过程读者可自行参看随书视频讲解。

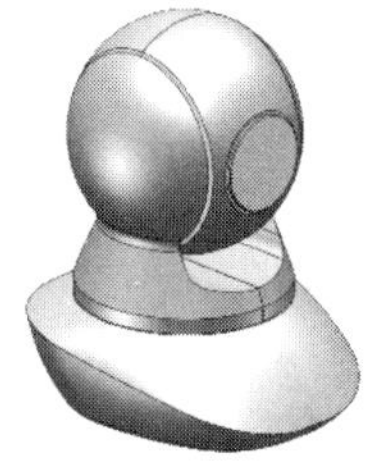

图 8-218　监控器摄像头

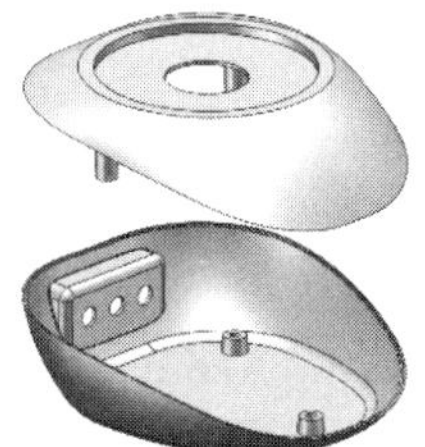

图 8-219　底座结构

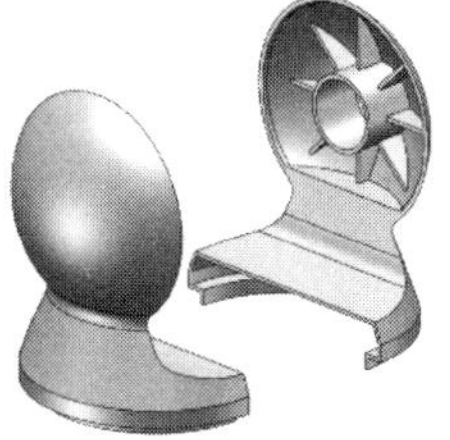

图 8-220　支座结构

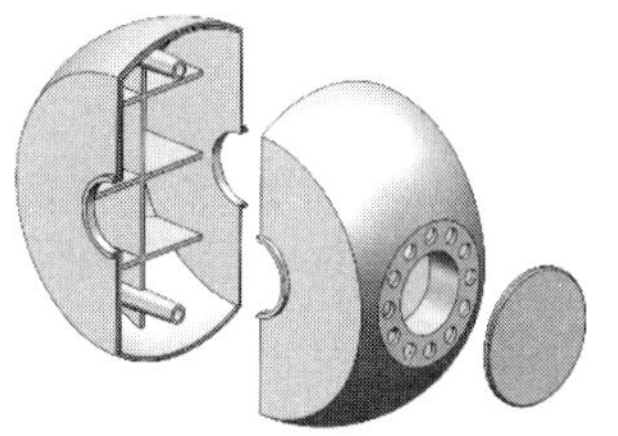

图 8-221　摄像头结构

第9章 钣金设计

微信扫码，立即获取
全书配套视频与资源

NX 钣金设计功能主要用于钣金零件的设计，其中提供了多种钣金设计工具，如钣金突出块、弯边、轮廓弯边、钣金展开、钣金冲压成形等，同时还提供钣金转换工具，方便用户将实体结构转换成钣金，进一步提高钣金设计效率。

9.1 钣金设计基础

本节首先从钣金设计的应用及钣金用户界面等方面系统介绍钣金设计的一些基本问题，为后面进一步学习和使用钣金设计做好准备。

9.1.1 钣金设计应用

在零件设计中经常需要设计一些均匀壁厚的薄壁钣金件。一般的特征工具，如拉伸、旋转、扫掠都可以用来创建薄壁钣金件，但是具体用在钣金设计中都比较麻烦，而且效率也比较低，不便于以后修改。为了提高均匀壁厚的薄壁钣金设计效率，NX 提供了专门的钣金设计工具，主要应用包括以下几点：

（1）钣金结构的设计

钣金设计最基本的一项功能就是进行各种钣金结构的设计，如钣金突出块、钣金弯边、钣金冲压成形、钣金拐角处理以及钣金止裂槽的设计等。

（2）钣金展开计算

钣金件的设计与制造一定要考虑钣金下料的问题，这就需要对钣金件进行展开计算。钣金设计工具中提供了专门的钣金展开工具，方便用户进行钣金展开计算。

（3）钣金工程图

钣金工程图是钣金加工制造过程中非常重要的技术文件，钣金工程图包括钣金零件视图及展开视图，其中钣金展开视图需要使用钣金展开工具进行处理。

9.1.2 钣金设计用户界面

在 NX 中进行钣金设计需要首先进入钣金设计环境。在 NX 中有两种方法进入钣金设计环境，下面具体介绍这两种方法。

第一种方法是选择“新建”命令，在“新建”对话框的“模型”选项卡中选择“NX 钣金”模板，如图 9-1 所示，在“新文件名”区域设置文件名称及文件夹，单击“确定”按钮，系统进入 NX 钣金设计环境。

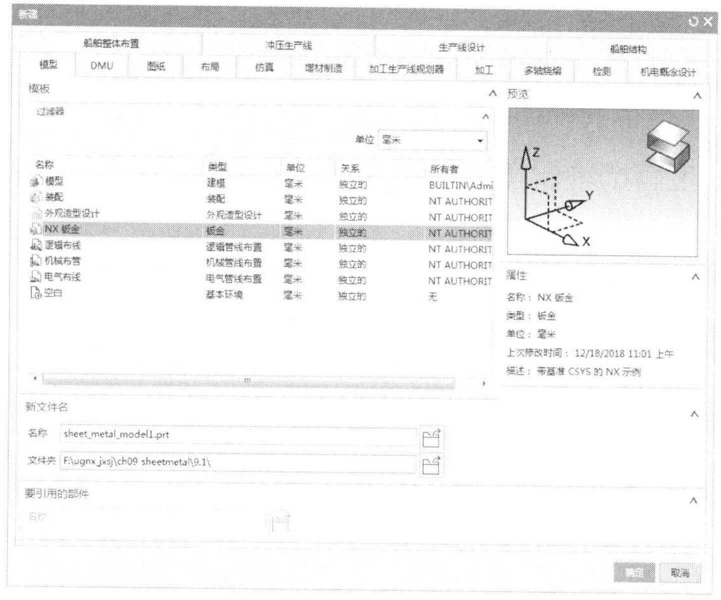

图 9-1　新建 NX 钣金文件

第二种方法是新建一个模型文件，系统进入建模环境，然后在“应用模块”选项卡中单击“钣金”按钮，如图 9-2 所示，系统进入 NX 钣金设计环境。

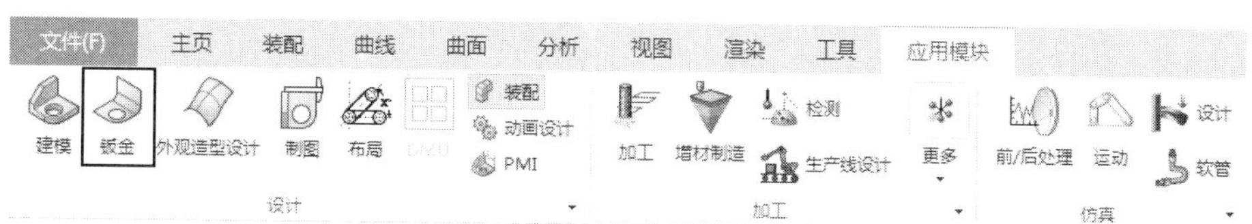

图 9-2　切换“钣金”应用模块

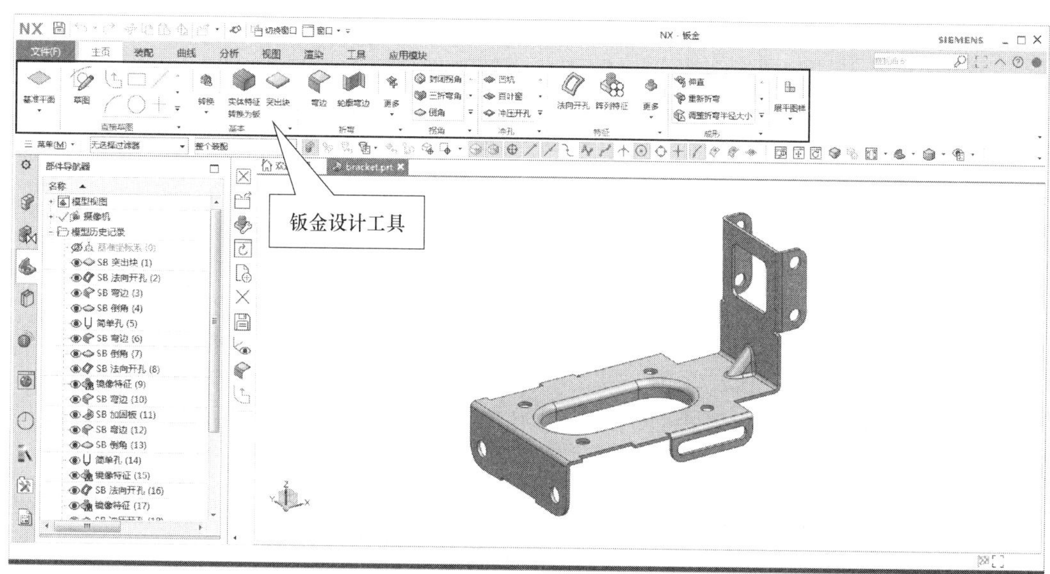

图 9-3　钣金设计环境及工具

为了让读者尽快熟悉 NX 钣金设计环境，下面打开练习文件：ch09 sheetmetal\9.1\bracket，如图 9-3 所示，该环境即 NX 钣金设计环境，其中提供了各种钣金设计工具，方便用户进行钣金结构设计。

9.1.3 钣金首选项设置

为了提高钣金设计效率，可以将钣金设计中的一些常用参数提前设置好，这样在具体钣金设计过程中就不需要反复去设置这些钣金参数。在钣金设计环境中选择“文件”选项卡中的“首选项”→“钣金”命令，系统弹出如图 9-4 所示的“钣金首选项”对话框，在该对话框中设置钣金常用参数。

在“钣金首选项”对话框中单击“部件属性”选项卡，在该选项卡中设置钣金全局参数，包括材料厚度、折弯半径、让位槽参数及折弯定义方法等。

在“钣金首选项”对话框中单击“展平图样处理”选项卡，在该选项卡中设置钣金拐角处理及展平图样参数，如图 9-5 所示。

图 9-4 “钣金首选项”对话框

图 9-5 设置展平图样处理

9.2 钣金突出块

“突出块”命令用于创建钣金基础特征。钣金基础特征是钣金设计的基础，其他各种钣金结构都是在钣金基础特征上设计的，如图 9-6 所示的钣金零件，在设计中需要首先创建如图 9-7 所示的钣金平板，后期通过钣金折弯及除料打孔得到最终钣金件，这种钣金平板就可以使用“突出块”快速创建，下面以此为例介绍“突出块”创建。

步骤 1 新建 NX 钣金文件，命名为 base。

步骤 2 选择命令。在“主页”选项卡中单击“突出块”按钮，系统弹出如图 9-8 所示的“突出块”对话框，在该对话框中定义钣金突出块。

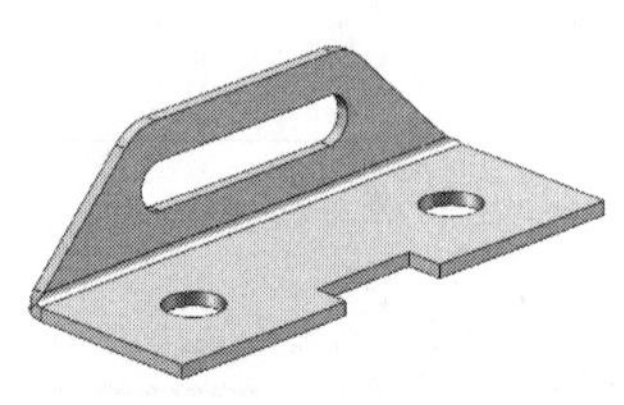

图 9-6 钣金零件

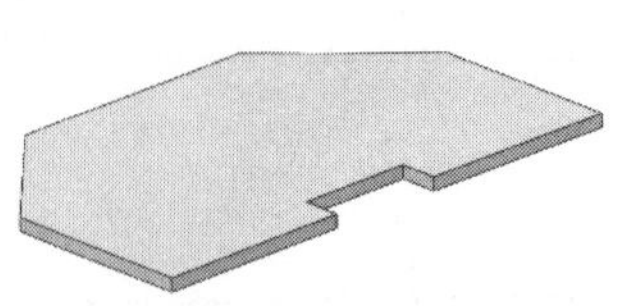

图 9-7 钣金平板

图 9-8 “突出块”对话框

说明：在钣金文件中如果没有其他的任何钣金结构，首次使用“突出块”命令时，在“突出块”对话框的顶部下拉列表中只能创建“基本”类型的钣金突出块。

步骤 3　定义突出块截面。在“突出块”对话框的“截面线”区域单击“绘制截面”按钮，选择“XY 基准平面”为草图平面，绘制如图 9-9 所示的截面草图。

步骤 4　定义突出块钣金厚度。在“突出块”对话框的“厚度”文本框中输入钣金厚度为 1，如图 9-10 所示，单击“确定”按钮，完成钣金突出块创建。

如果在钣金文件中已经存在钣金结构，这种情况下使用“突出块”命令时，在“突出块”对话框顶部下拉列表中就可以创建“次要”类型的钣金突出块，如图 9-11 所示。

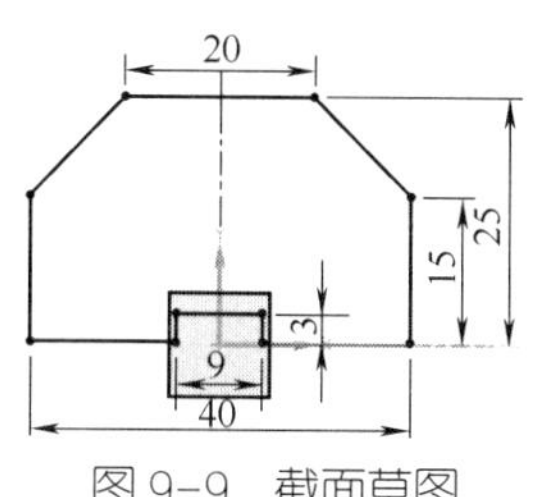

图 9-9　截面草图

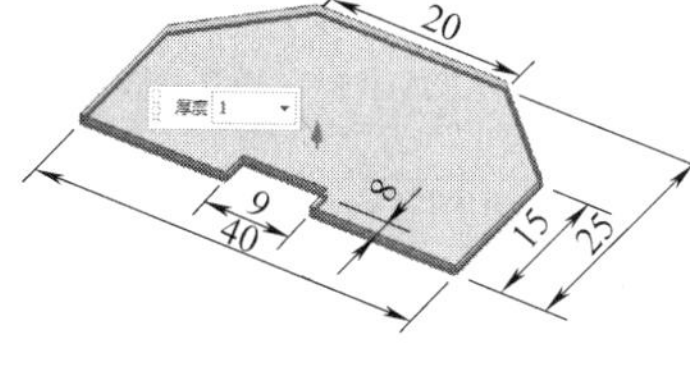

图 9-10　定义突出块参数

图 9-11　定义次要突出块

下面继续在以上创建的钣金突出块基础上创建次要钣金突出块。在“突出块”对话框的“截面线”区域单击“绘制截面”按钮，选择突出块表面为草图平面，绘制如图 9-12 所示的截面草图。创建次要钣金突出块时不需要定义钣金厚度，次要钣金突出块厚度与已有钣金的厚度是一样的，如图 9-13 所示，创建次要突出块结果如图 9-14 所示。

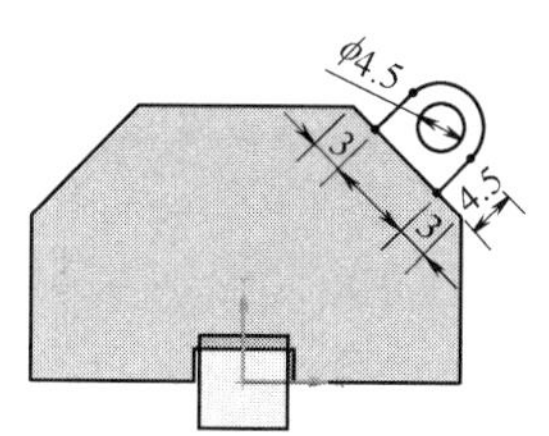

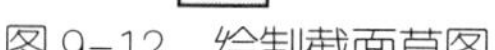
图 9-12　绘制截面草图

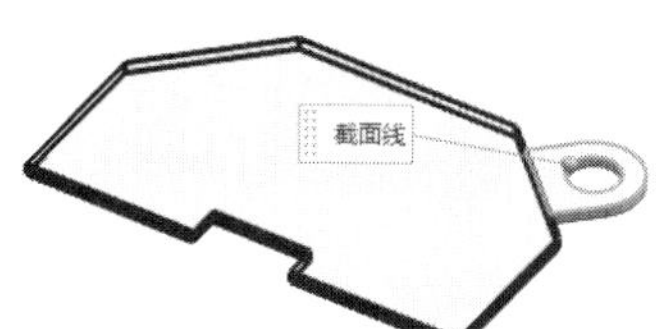

图 9-13　定义次要突出块

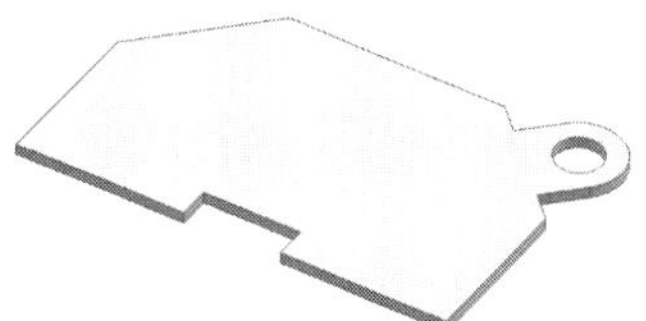
图 9-14　次要突出块结果

9.3 钣金折弯设计

钣金折弯设计是钣金设计中的重要内容，包括弯边、轮廓弯边、折边弯边、放样弯边、高级弯边、折弯、二次折弯等，下面具体介绍。

9.3.1 弯边

“弯边”命令用于在已有钣金边线位置生成附加钣金壁。在“主页”选项卡中单击“弯边”按钮，用来创建钣金弯边。如图 9-15 所示的钣金平板，需要在该平板边线位置创建如图 9-16 所示的两处钣金弯边，下面以此为例介绍钣金弯边创建。

(1) 创建钣金弯边

首先介绍如图 9-16 所示右侧钣金弯边创建过程。

步骤 1 打开练习文件：ch09 sheetmetal\9.3\flange。

步骤 2 选择命令。在“主页”选项卡中单击“弯边”按钮，系统弹出如图 9-17 所示的“弯边”对话框，在该对话框中定义钣金弯边。

步骤 3 定义弯边附着边。在模型上选择如图 9-18 所示的边线为弯边附着边，表示钣金弯边从该边位置创建，此时在模型上生成默认的钣金弯边预览，如图 9-19 所示。

步骤 4 定义弯边基本参数。在对话框的“宽度选项”下拉列表中选择“完整”选项，表示弯边宽度与附着边长度一致；在“长度”文本框中设置弯边长度为 20；在“角度”文本框中设置弯边角度为 120°；在“参考长度”下拉列表中选择“内侧”选项，在“内嵌”下拉列表中选择“材料内侧”选项，如图 9-17 所示。

步骤 5 定义弯边折弯参数。在对话框的“折弯参数”区域设置折弯半径为 1，中性因子为默认的 0.33，如图 9-17 所示。

说明：创建钣金弯边时，中性因子一般是系统首选项设置的值，如果需要更改中性因子，需要在中性因子文本框中单击“=”位置，在弹出的快捷菜单中选择“使用局部值”选项，然后就可以在文本框中设置中性因子，其他很多钣金参数都是类似的。

步骤 6 定义弯边止裂口参数。创建本例这种钣金弯边不需要设置弯边止裂口。在“止裂口”区域设置“折弯止裂口”及“拐角止裂口”方式为“无”，如图 9-17 所示。

步骤 7 完成弯边创建。在对话框中单击“确定”按钮，完成钣金弯边创建。

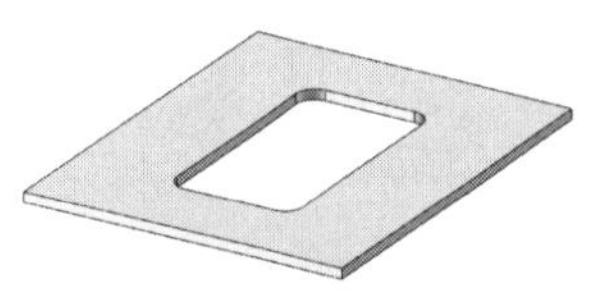

图 9-15 钣金平板

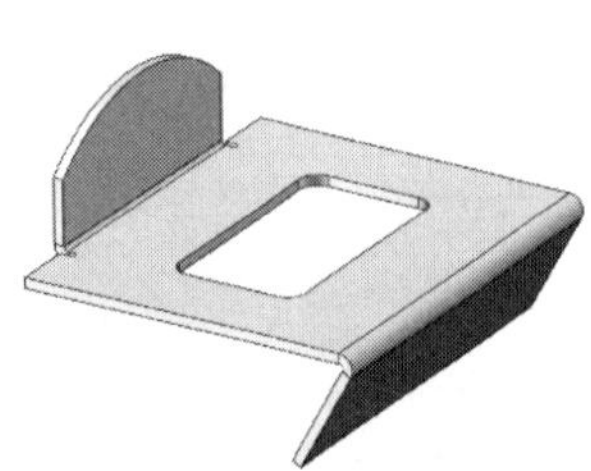

图 9-16 创建弯边

图 9-17 “弯边”对话框

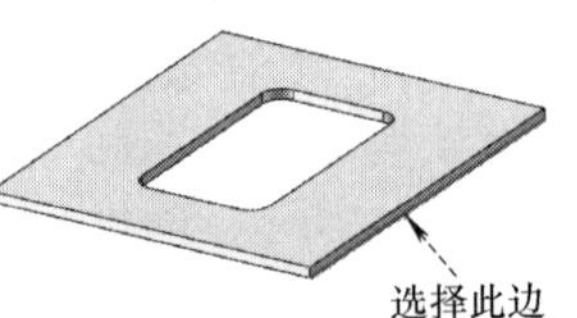

图 9-18 选择弯边附着边

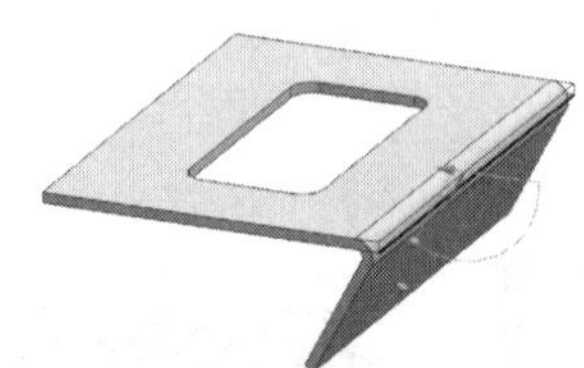

图 9-19 弯边预览

（2）弯边宽度选项

在对话框的“宽度选项”下拉列表中设置弯边宽度选项，包括“完整”“在中心”“在端点”“从端点”及“从两端”等选项，如图 9-20 所示。

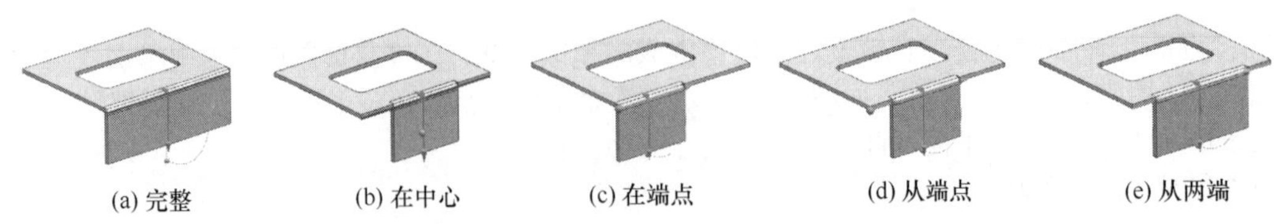

(a) 完整 (b) 在中心 (c) 在端点 (d) 从端点 (e) 从两端

图 9-20 弯边宽度选项

选择“完整”选项，表示弯边宽度与附着边长度一致，如图 9-20（a）所示。

选择“在中心”选项，表示弯边宽度是从附着边的中心位置计算宽度，如图 9-20（b）所示，此时需要在对话框的“宽度”文本框中输入弯边宽度值。

选择“在端点”选项，表示在选择的附着边端点位置创建弯边并计算弯边宽度，如图 9-20（c）所示，此时需要选择端点并在“宽度”文本框中输入弯边宽度值。

选择“从端点”选项，表示从选择的附着边端点位置进行偏移创建弯边并计算弯边宽度，如图 9-20（d）所示，此时需要选择端点并在“宽度”文本框中输入弯边宽度值，在“距离 1”文本框中输入弯边与端点之间的偏移距离。

选择“从两端”选项，表示弯边从附着边两端创建弯边并计算弯边宽度，如图 9-20（e）所示，此时需要在“距离 1”及“距离 2”文本框中输入弯边与两端的距离值。

（3）弯边参考长度

在对话框的“参考长度”下拉列表中设置弯边长度方式，包括“内侧”“外侧”“腹板”及“相切”等选项，如图 9-21 所示。

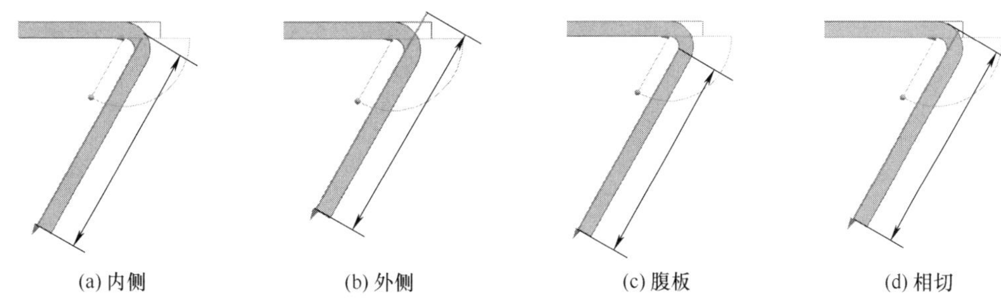

图 9-21　弯边参考长度

选择“内侧”选项，表示弯边长度是从内侧虚拟交点计算，如图 9-21（a）所示。

选择“外侧”选项，表示弯边长度是从外侧虚拟交点计算，如图 9-21（b）所示。

选择“腹板”选项，表示弯边长度是从折弯位置计算，如图 9-21（c）所示。

选择“相切”选项，表示弯边长度是从折弯相切位置计算，如图 9-21（d）所示。

（4）弯边内嵌方式

在对话框的“内嵌”下拉列表中设置弯边内嵌方式，包括“材料内侧”“材料外侧”“折弯外侧”及“材料内侧 OML”等选项，如图 9-22 所示。

选择“材料内侧”选项，表示在附着边内侧创建弯边，如图 9-22（a）所示。

选择“材料外侧”选项，表示在附着边外侧创建弯边，如图 9-22（b）所示。

选择“折弯外侧”选项，表示整个弯边折弯在附着边外侧，如图 9-22（c）所示。

选择“材料内侧 OML”选项，此时效果与材料内侧类似，如图 9-22（d）所示。

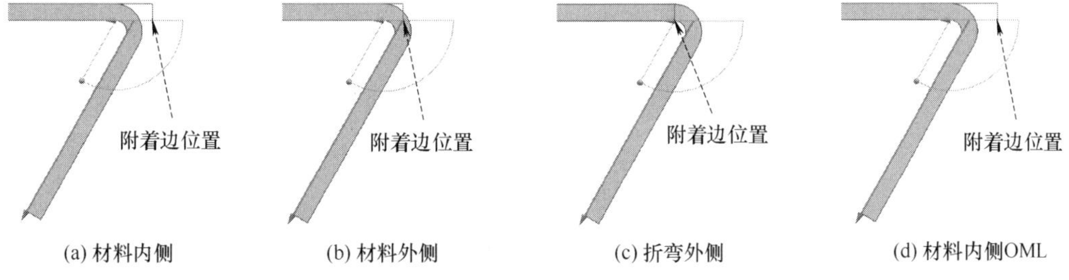

图 9-22　弯边内嵌方式

（5）弯边止裂槽

在创建钣金弯边时，如果弯边折弯与钣金基础壁之间出现相交，需要在相交位置设计弯边止裂槽，弯边止裂槽能够有效避免钣金在折弯及冲压过程中出现撕裂、起皱等钣金制造缺陷，下面以创建如图 9-16 所示左侧弯边为例介绍弯边止裂槽创建。

步骤 1 选择命令。在“主页”选项卡中单击“弯边”按钮，系统弹出“弯边”对话框，在该对话框中定义钣金弯边。

步骤 2 定义弯边附着边。在模型上选择如图 9-23 所示的边线为弯边附着边，表示钣金弯边从该边位置创建，此时在模型上生成默认的钣金弯边预览。

步骤 3 定义弯边基本参数。在对话框的“宽度选项”下拉列表中选择“从两端”选项，在“距离 1”及“距离 2”中输入两侧距离为 10；在“长度”文本框中设置弯边长度为 18；在“角度”文本框中设置弯边角度为 90°，如图 9-24 所示。

步骤 4 定义弯边折弯参数。在对话框的“折弯参数”区域设置折弯半径为 1，中性因子为默认的 0.33，如图 9-24 所示。

步骤 5 定义弯边止裂口参数。完成以上操作后发现创建的钣金弯边两端与基础钣金壁之间出现相交，如图 9-25 所示，这种情况下需要在弯边位置创建止裂口。在“止裂口”区域的“折弯止裂口”下拉列表中选择“圆形”选项，在“深度”文本框中输入止裂口深度为 1.5，在“宽度”文本框中输入止裂口宽度为 1.5，如图 9-26 所示。

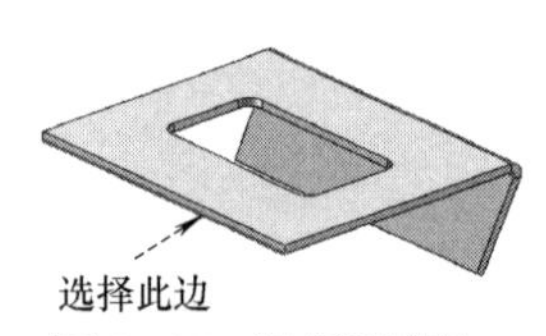

图 9-23　选择附着边

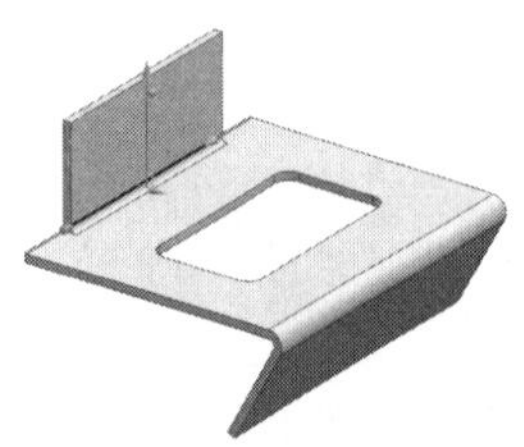

图 9-25　出现相交

图 9-24　设置弯边属性

图 9-26　定义弯边止裂口参数

步骤 6 完成弯边创建。在对话框中单击“确定”按钮，完成钣金弯边创建，结果如图 9-27 所示，此时在弯边两端有圆形的止裂口。

步骤 7 创建钣金除料。在“主页”选项卡中单击“法向开孔”按钮，系统弹出如图 9-28 所示的“法向开孔”对话框，在“截面线”区域单击“绘制截面”按钮，选择本例创建的弯边表面为草图平面，绘制如图 9-29 所示的截面草图创建法向除料（类似于拉伸切除），单击“确定”按钮，完成钣金除料创建。

说明：本例在创建止裂口时一定要注意止裂口类型，在“止裂口”区域的“折弯止裂口”下拉列表中可以定义三种止裂口类型，包括无、正方形及圆形三种，如图 9-30 所示。

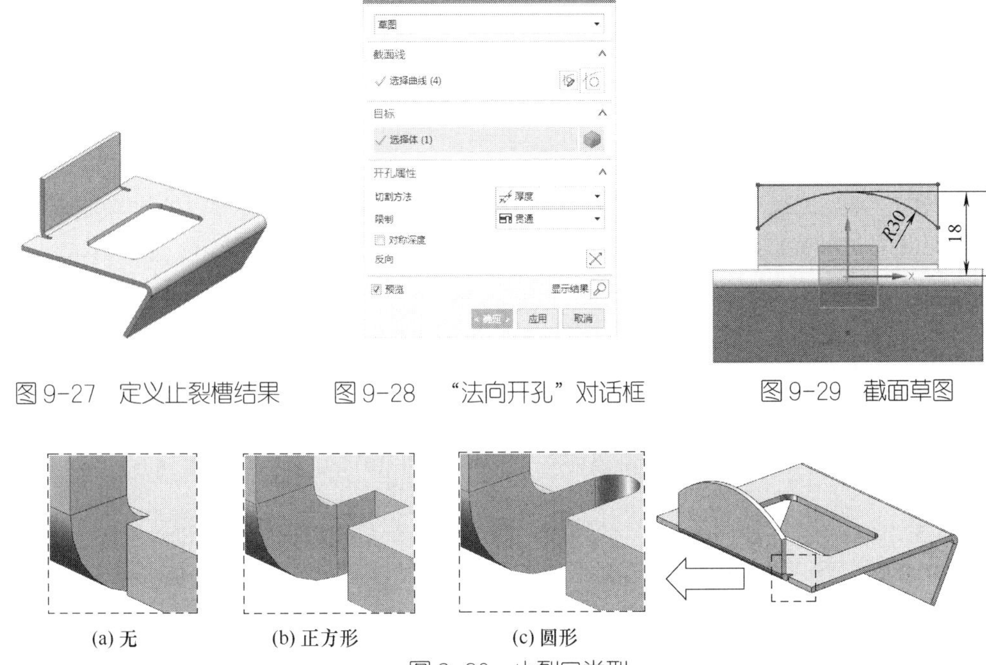

图 9-27　定义止裂槽结果　　图 9-28　“法向开孔”对话框　　图 9-29　截面草图

(a) 无　　(b) 正方形　　(c) 圆形

图 9-30　止裂口类型

9.3.2　轮廓弯边

“轮廓弯边”命令用来创建具有一定成形轮廓的钣金结构。在“主页”选项卡中单击“轮廓弯边”按钮，用来创建轮廓弯边。

（1）基本轮廓弯边

如图 9-31 所示的钣金零件，在设计中需要首先创建如图 9-32 所示的钣金主体，这种钣金主体可以使用“轮廓弯边”创建，下面以此为例介绍“轮廓弯边”创建过程。

步骤 1　新建 NX 钣金文件，命名为 contour_flange01。

步骤 2　选择命令。在“主页”选项卡中单击“轮廓弯边”按钮，系统弹出如图 9-33 所示的“轮廓弯边”对话框，在该对话框中定义轮廓弯边。

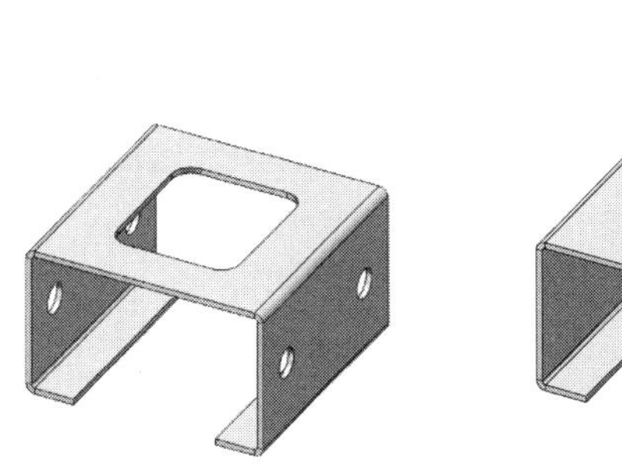

图 9-31　钣金零件

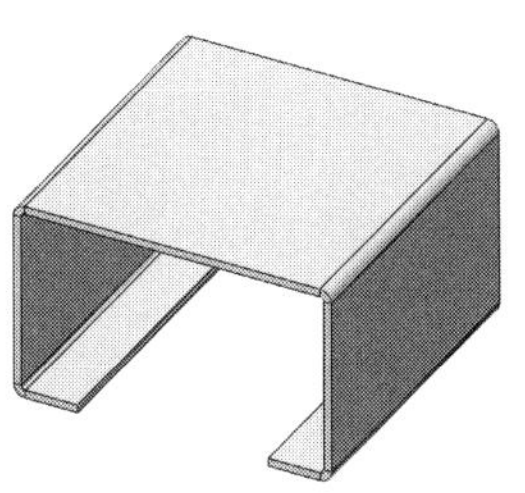

图 9-32　钣金主体

图 9-33　“轮廓弯边”对话框

说明：钣金文件中如果没有其他的任何钣金结构，首次使用“轮廓弯边”命令时，在“轮廓弯边”对话框的顶部下拉列表中只能创建“基本”类型的轮廓弯边。

步骤 3 定义轮廓弯边截面。在对话框的“截面线”区域单击“绘制截面”按钮，选择 ZX 基准平面为草图平面，绘制如图 9-34 所示的截面草图。

说明：创建轮廓弯边时，截面草图不需要封闭，同时在拐角位置不需要绘制倒圆角，系统在创建轮廓弯边时会根据设置的折弯半径在拐角位置自动创建折弯结构。

步骤 4 定义轮廓弯边参数。主要包括厚度参数、宽度参数及折弯参数等，如图 9-35 所示。

① 定义厚度参数。在对话框“厚度”区域的“厚度”文本框输入 1.2。

② 定义宽度参数。在对话框“宽度”区域的“宽度选项”下拉列表中选择“对称”选项，在“宽度”文本框中设置宽度为 50。

③ 定义折弯参数。在对话框“折弯参数”区域的“折弯半径”文本框中输入 0.6，采用系统默认的中性因子。

步骤 5 完成轮廓弯边创建。在对话框中单击“确定”按钮完成轮廓弯边创建。

步骤 6 钣金展开。完成整个钣金零件的设计后，在“主页”选项卡的“展平图样”菜单中选择“展平实体”命令 展平实体，用于创建钣金件的展开图，如图 9-36 所示。

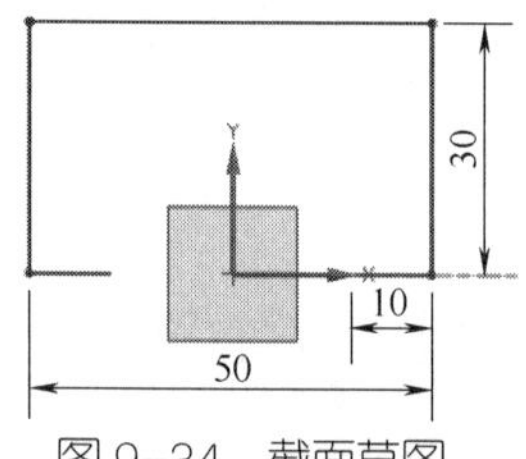

图 9-34 截面草图

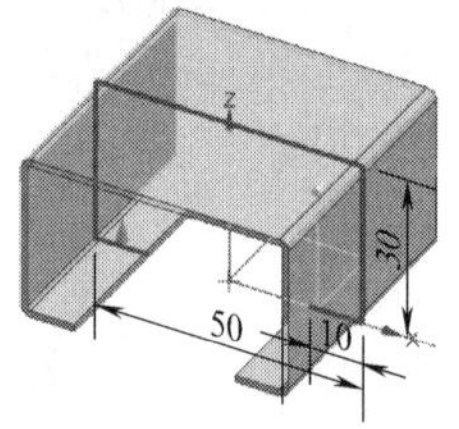

图 9-35 定义轮廓弯边

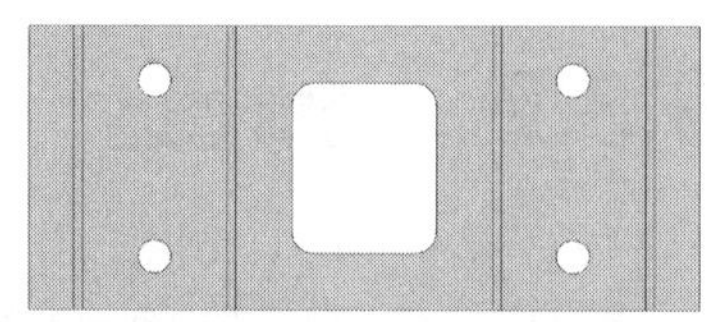
图 9-36 钣金展开效果

说明：本例中的钣金零件也可以使用“薄壁拉伸”方法来创建，但是创建完成后无法对零件进行展开，这正是一般薄壁方法与钣金方法的最主要区别。

（2）次要轮廓弯边

使用“轮廓弯边”命令还可以在已有钣金边线位置创建附加钣金壁，如图 9-37 所示的钣金平板，需要在该平板边线位置创建如图 9-38 所示的轮廓弯边，下面具体介绍。

步骤 1 打开练习文件：ch09 sheetmetal\9.3\contour_flange02。

步骤 2 选择命令。在“主页”选项卡中单击“轮廓弯边”按钮，系统弹出如图 9-39 所示的“轮廓弯边”对话框，在该对话框中定义轮廓弯边。

说明：在钣金文件中如果有其他的钣金结构，使用“轮廓弯边”命令时，在“轮廓弯边”对话框的顶部下拉列表中选择“次要”类型创建次要轮廓弯边。

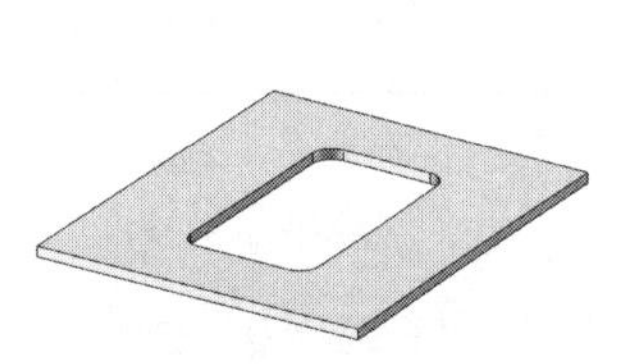
图 9-37 钣金平板

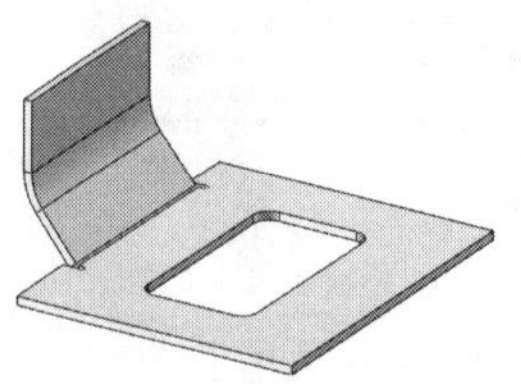
图 9-38 斜接法兰

图 9-39 “轮廓弯边”对话框

步骤 3　选择弯边附着边。选择如图 9-40 所示的模型边线为附着边，表示在该边线上创建次要轮廓弯边。

步骤4　定义草图平面。选择附着边后，在模型上显示基准面，该基准面与选择的附着边垂直，同时系统弹出如图 9-41 所示的“创建草图”对话框，在“平面位置”区域的“位置”下拉列表中选择“弧长百分比”选项，在“弧长百分比”文本框中输入 50，表示在附着边中点位置创建草图基准面，如图 9-42 所示。

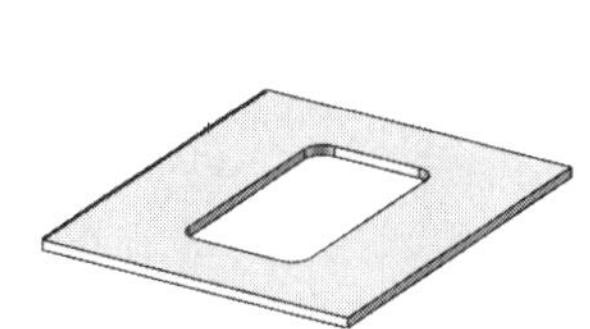

图 9-40　选择附着边线

图 9-41　“创建草图”对话框

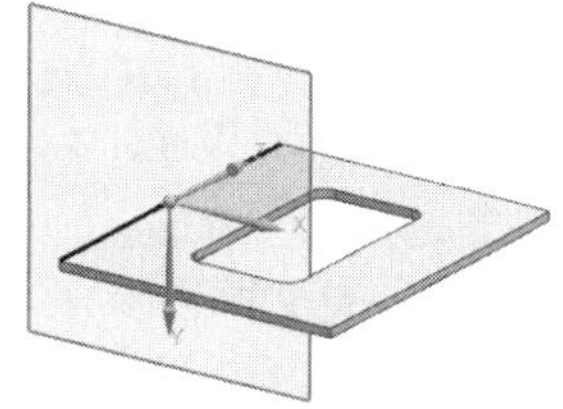

图 9-42　定义草图平面

步骤 5　创建弯边截面草图。完成草图平面定义后，系统自动进入草图环境，绘制如图 9-43 所示的草图作为轮廓弯边截面草图。

步骤 6　定义轮廓弯边参数。在对话框“宽度”区域的“宽度选项”下拉列表中选择“对称”选项，在“宽度”文本框中设置宽度为 40；在“折弯参数”区域的“折弯半径”文本框中输入 1.5，采用系统默认的中性因子，在“止裂口”区域设置止裂口类型为“圆形”，深度和宽度均为 1.5，如图 9-44 所示。

步骤 7　完成轮廓弯边创建。单击“确定”按钮完成轮廓弯边创建，结果如图 9-45 所示。

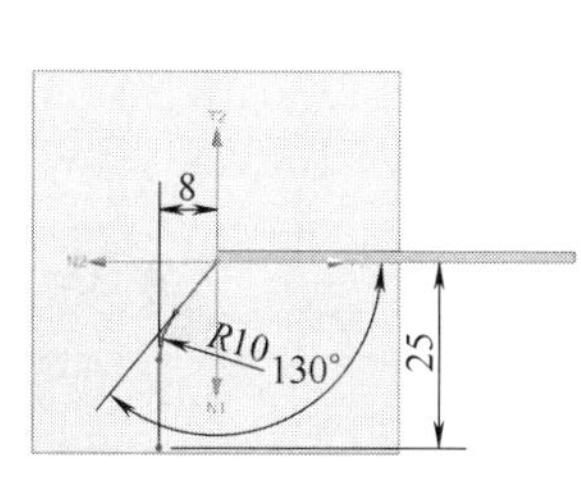

图 9-43　绘制截面草图

图 9-44　定义轮廓弯边参数

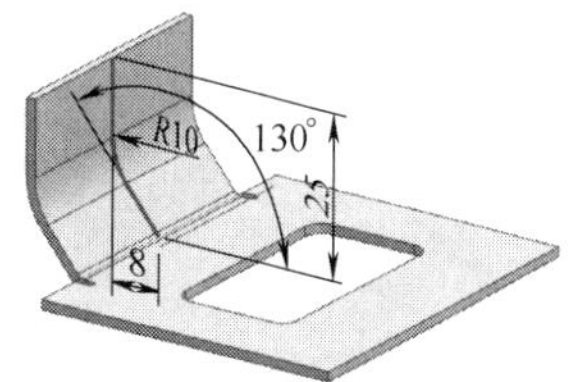

图 9-45　轮廓弯边结果

9.3.3 折边弯边

“折边弯边”命令用于在已有钣金边线位置生成常见的钣金卷边效果。在“主页”选项卡“折弯”区域的“更多”菜单中单击“折边弯边”按钮 折边弯边，用来创建折边弯边，如图 9-46 所示的钣金零件，需要在零件顶部创建如图 9-47 所示的折边弯边效果，下面以此为例介绍折边弯边创建过程。

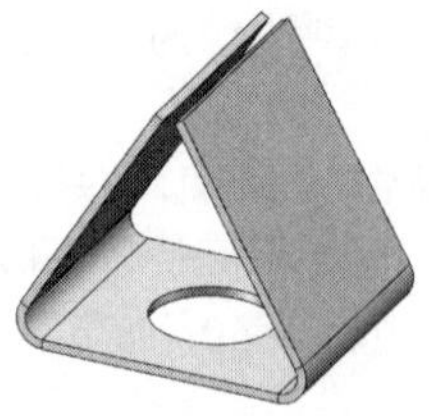

图9-46 钣金零件

图9-47 创建折边

步骤 1 打开练习文件：ch09 sheetmetal\9.3\ruffle。

步骤 2 选择命令。在“主页”选项卡“折弯”区域的“更多”菜单中单击“折边弯边”按钮 折边弯边，系统弹出如图 9-48 所示的“折边”对话框。

步骤 3 选择折边对象。在模型上选择如图 9-49 所示的模型边线为折边对象，表示在该边位置创建折边弯边。

步骤 4 定义折边参数。在对话框顶部下拉列表中选择“开环”选项，表示创建开环方式的折边，在“内嵌选项”区域的下拉列表中选择“折弯外侧”选项，在“折弯参数”区域定义折边参数，具体设置如图 9-48 所示，结果如图 9-50 所示。

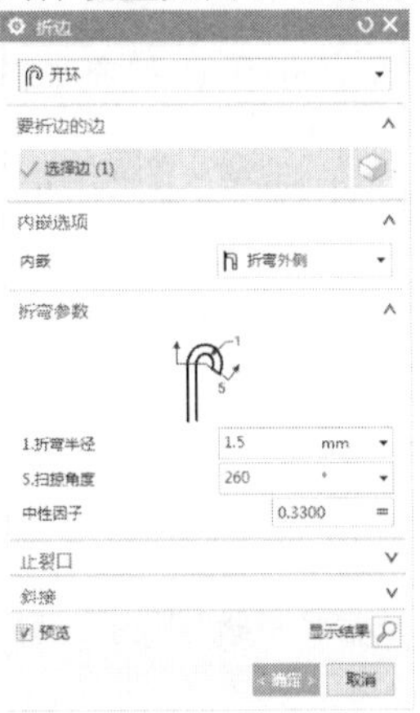

图9-48 “折边”对话框

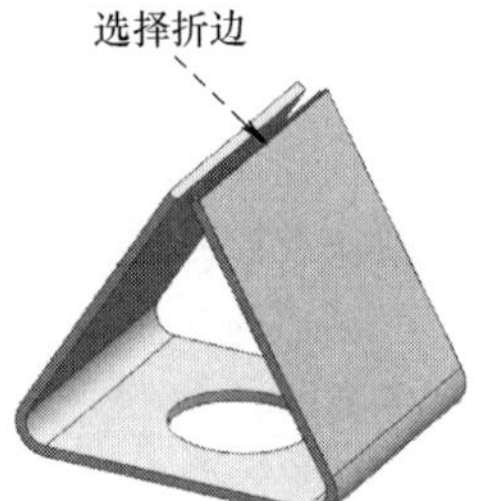

图9-49 选择折边

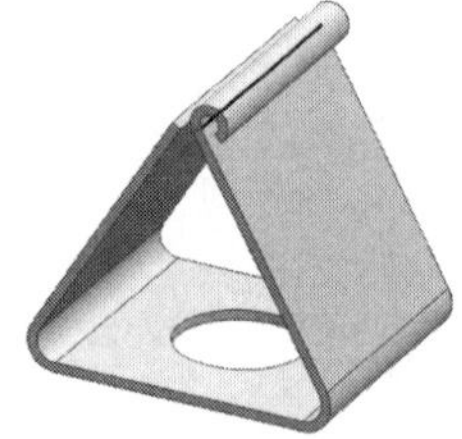

图9-50 折边结果

说明：在“折边”对话框顶部下拉列表中设置折边类型，NX 提供了如图 9-51 所示的 7 种折边类型，每种类型均需要设置合适的折边参数。

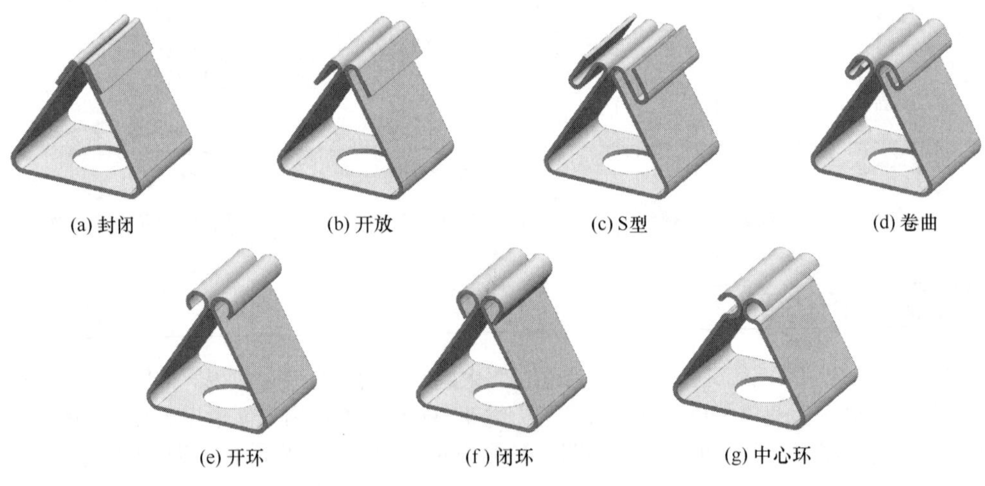

(a) 封闭　(b) 开放　(c) S型　(d) 卷曲

(e) 开环　(f) 闭环　(g) 中心环

图9-51 折边弯边类型

9.3.4 放样弯边

使用“放样弯边”命令根据提供的曲线组创建钣金基础壁，类似于创建“通过曲线组”特征。在“主页”选项卡“折弯”区域的“更多”菜单中单击“放样弯边”按钮放样弯边，用来创建放样弯边，下面具体介绍。

（1）创建放样弯边

如图 9-52 所示的钣金零件，在设计中需要首先创建如图 9-53 所示的钣金主体，这种钣金主体就可以使用“放样弯边”来创建。

步骤 1 打开练习文件：ch09 sheetmetal\9.3\loft_bend01。

步骤 2 定义放样截面。创建放样弯边的关键是创建放样截面，如图 9-54 所示，放样截面必须是一个开放的截面，在拐角位置不需要创建倒圆角，放样截面 1 如图 9-55 所示，放样截面 2 如图 9-56 所示。

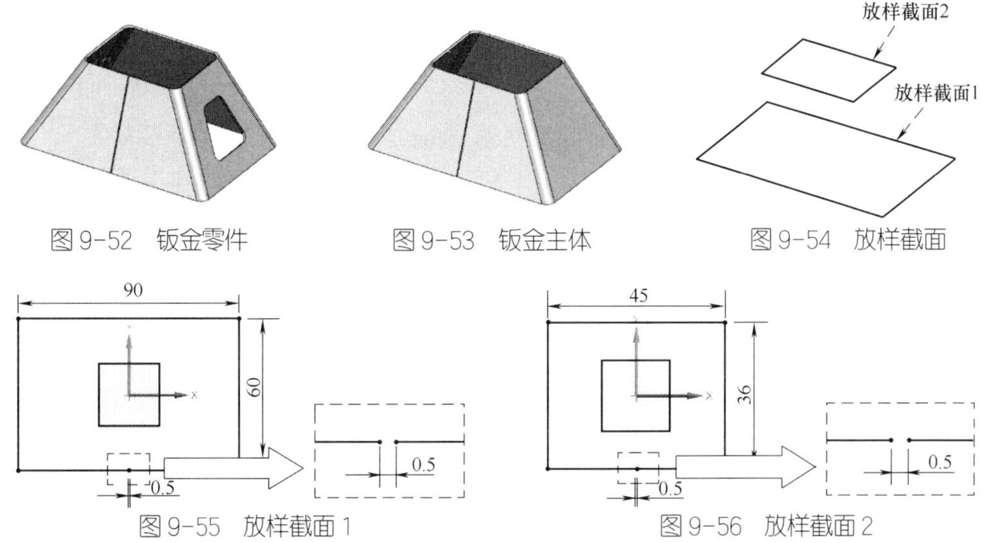

图 9-52 钣金零件　图 9-53 钣金主体　图 9-54 放样截面

图 9-55 放样截面 1　图 9-56 放样截面 2

步骤 3 选择命令。在“主页”选项卡“折弯”区域的“更多”菜单中单击“放样弯边”按钮放样弯边，系统弹出如图 9-57 所示的“放样弯边”对话框。

步骤 4 定义放样弯边。在模型上依次选择放样截面 1 与放样截面 2，在对话框的“厚度”区域的“厚度”文本框中设置厚度值 1，在“折弯参数”区域的“折弯半径”文本框中设置折弯半径

图 9-57 “放样弯边”对话框

图 9-58 定义放样弯边参数

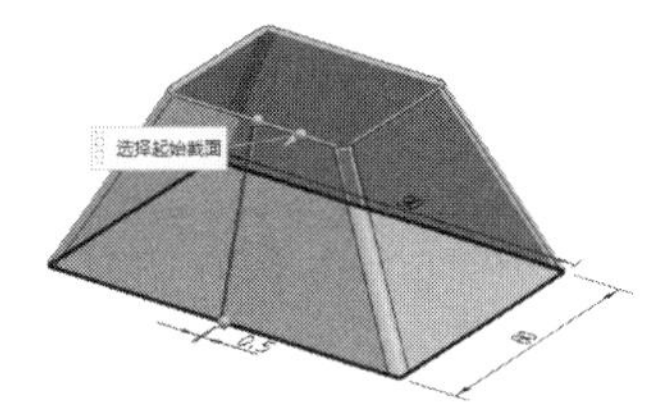

图 9-59 放样弯边结果

为 2，如图 9-58 所示。

步骤 5 完成放样弯边创建。在对话框中单击“确定”按钮，完成放样弯边创建，结果如图 9-59 所示。

说明：使用放样弯边创建的钣金壁，后期可以使用钣金展平工具对其进行展开，本例钣金件展开结果如图 9-60 所示。

（2）创建天圆地方

“放样折弯”可以用于创建各种“天圆地方”钣金壁，如图 9-61 所示。创建“天圆地方”需要使用如图 9-62 所示的放样截面（一个圆截面与一个矩形截面）。

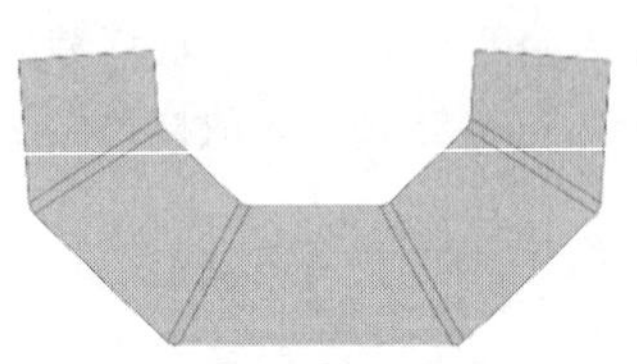

图 9-60 钣金展开结果

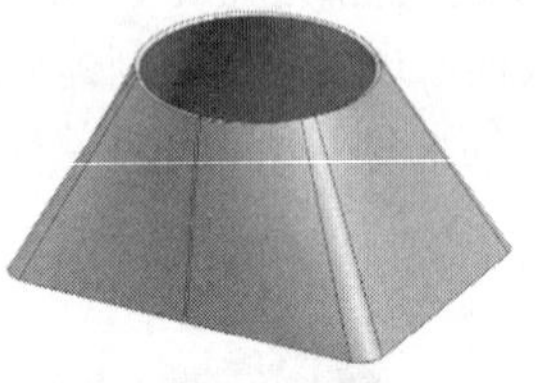

图 9-61 天圆地方

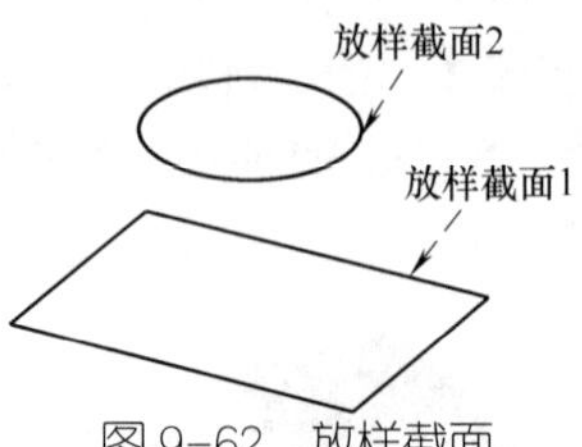

图 9-62 放样截面

步骤 1 打开练习文件：ch09 sheetmetal\9.3\loft_bend02。

步骤 2 定义放样截面。本例创建“天圆地方”钣金壁需要的放样截面 1 如图 9-63 所示，放样截面 2 如图 9-64 所示。

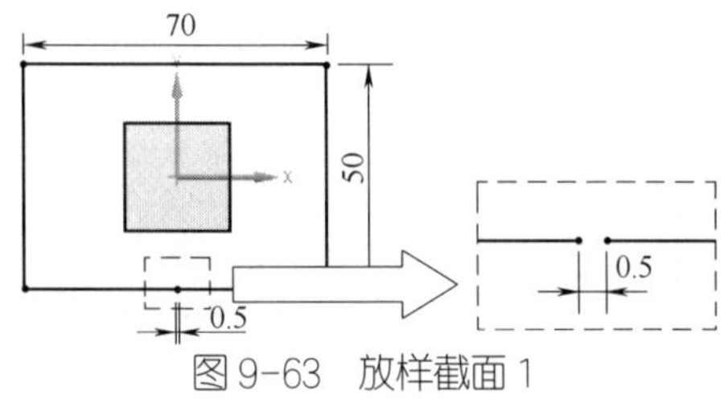

图 9-63 放样截面 1

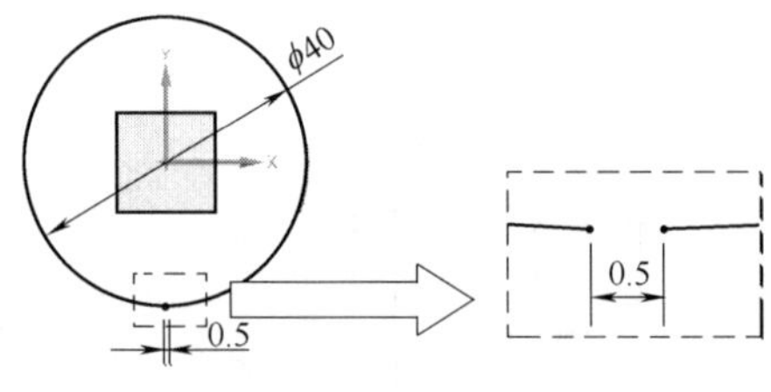

图 9-64 放样截面 2

步骤 3 创建天圆地方钣金壁。选择“放样弯边”命令，依次选择如图 9-62 所示的两个放样截面，设置钣金厚度为 1，折弯半径为 2，结果如图 9-61 所示。

说明：本例创建的“天圆地方”钣金壁展开结果如图 9-65 所示。

9.3.5 高级弯边

“高级弯边”命令用于在连续的曲线边线上创建钣金弯边。在“主页”选项卡“折弯”区域的“更多”菜单中单击“高级弯边”按钮，用来创建高级弯边。如图 9-66 所示的钣金平板，现在需要在钣金平板的连续曲线边线上创建如图 9-67 所示的钣金弯边，这种情况需要使用“高级弯边”来创建，下面具体介绍。

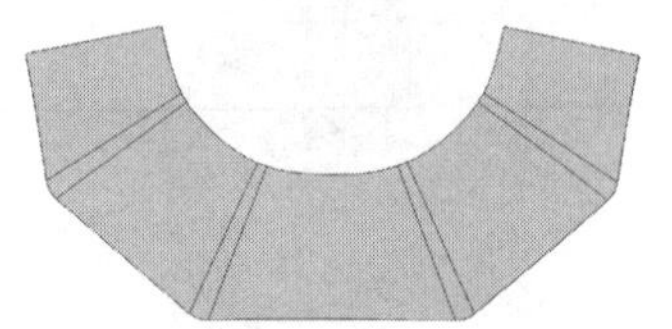

图 9-65 钣金展开结果

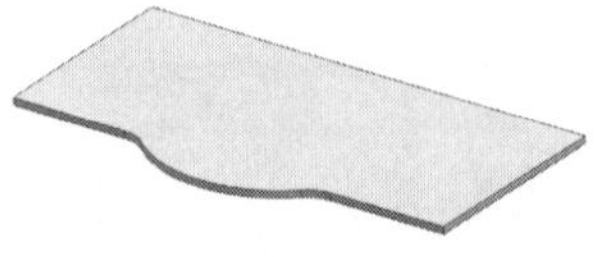

图 9-66 钣金平板

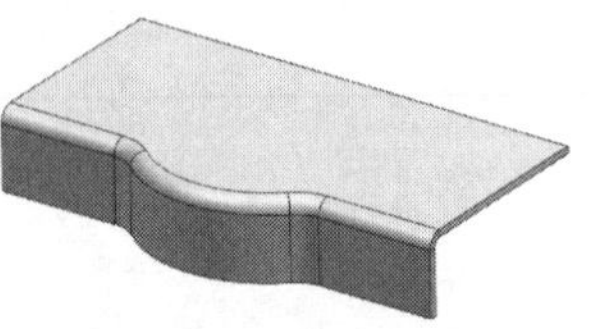

图 9-67 高级弯边

步骤 1　打开练习文件：ch09 sheetmetal\9.3\adv_flange。

步骤 2　选择命令。在“主页”选项卡“折弯”区域的“更多”菜单中单击“高级弯边”按钮 高级弯边，系统弹出如图 9-68 所示的“高级弯边”对话框。

步骤 3　定义高级弯边。选择如图 9-68 所示的模型边线为基本边，在“弯边属性”区域设置弯边长度为 10，角度为 90°，参考长度为“内侧”，内嵌为“材料内侧”，在“折弯参数”区域的“折弯半径”为 1，如图 9-69 所示。

步骤 4　完成高级弯边。在对话框中单击“确定”按钮，完成高级弯边创建，结果如图 9-70 所示。

图 9-68　选择基本边　　图 9-69　“高级弯边”对话框　　图 9-70　高级弯边效果

9.3.6 折弯

“折弯”命令用于在已有钣金壁指定位置对钣金进行折弯。在“主页”选项卡“折弯”区域的“更多”菜单中单击“折弯”按钮 折弯，用来创建折弯。如图 9-71 所示的钣金平板，现在需要在此基础上创建如图 9-72 所示的钣金折弯，下面具体介绍。

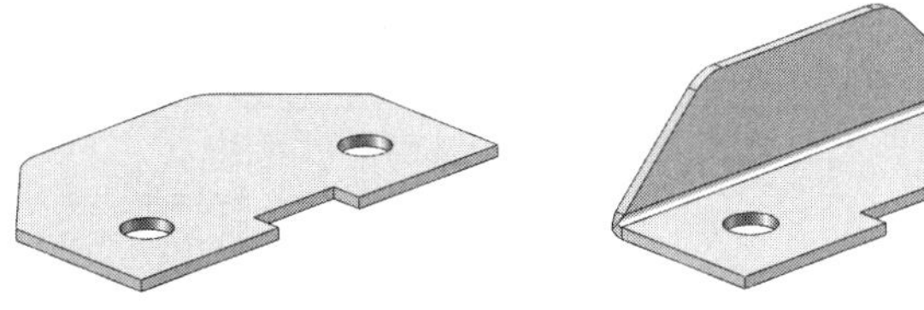

图 9-71　钣金平板　　图 9-72　钣金折弯

步骤 1　打开练习文件：ch09 sheetmetal\9.3\bend。

步骤 2　选择命令。在“主页”选项卡“折弯”区域的“更多”菜单中单击“折弯”按钮 折弯，系统弹出如图 9-73 所示的“折弯”对话框。

步骤 3　定义折弯线。在对话框的“截面线”区域单击“绘制截面”按钮，选择钣金件上表面为草图平面，绘制如图 9-74 所示的直线作为折弯线。

步骤 4　定义折弯参数。在“折弯属性”区域的“角度”文本框中设置折弯角度为 90，单击“反侧”后面的按钮调整折弯侧，如图 9-75 所示，在“内嵌”下拉列表中选择“折弯中心线轮廓”选项，在“折弯参数”区域设置折弯半径为 1，如图 9-76 所示。

步骤 5　完成钣金折弯。在对话框中单击“确定”按钮，完成钣金折弯操作。

图 9-73 “折弯”对话框

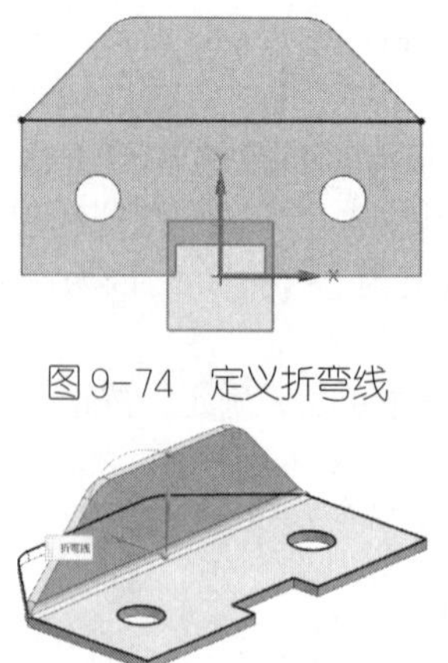
图 9-74 定义折弯线

图 9-75 调整折弯侧

图 9-76 定义折弯参数

9.3.7 二次折弯

“二次折弯”命令用于在已有钣金壁指定位置创建连续两次折弯。在“主页”选项卡“折弯”区域的“更多”菜单中单击“二次折弯”按钮 二次折弯，用来创建二次折弯。如图 9-77 所示的钣金零件，需要在零件右侧位置创建连续两次折弯结构，如图 9-78 所示，下面以此为例介绍二次折弯操作。

步骤 1 打开练习文件：ch09 sheetmetal\9.3\transition。

步骤 2 选择命令。在“主页”选项卡“折弯”区域的“更多”菜单中单击“二次折弯”按钮 二次折弯，系统弹出如图 9-79 所示的“二次折弯”对话框。

步骤 3 定义二次折弯线。在对话框的“截面线”区域单击“绘制截面”按钮，选择钣金件上表面为草图平面，绘制如图 9-80 所示的直线作为二次折弯线。

步骤 4 定义二次折弯参数。首先在“二次折弯属性”区域单击“反侧”后面的按钮调整二次折弯方向，然后在“高度”文本框中设置二次折弯高度为 15，在“角度”文本框中设置二次折弯角度为 90，在“参考高度”下拉列表中选择“内侧”选项，在“内嵌”下拉列表中选择“材料内侧”选项，在“折弯参数”区域的“折弯半径”中设置折弯半径为 1.5，结果如图 9-81 所示。

步骤 5 完成二次折弯。在对话框中单击“确定”按钮，完成二次折弯操作。

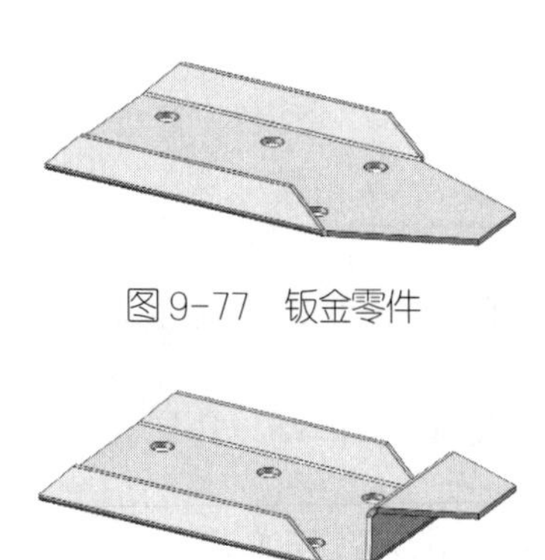
图 9-77 钣金零件

图 9-78 创建二次折弯

图 9-79 “二次折弯”对话框

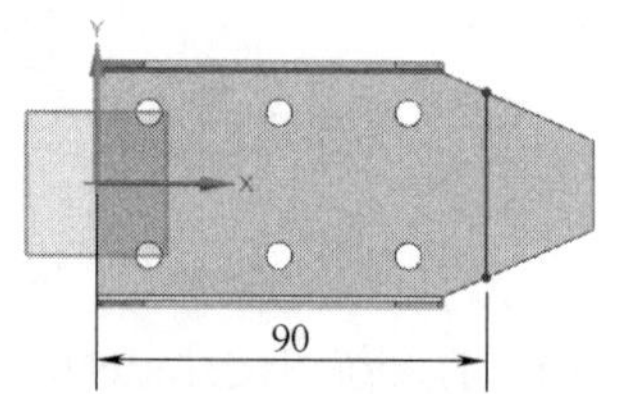

图 9-80 绘制二次折弯线

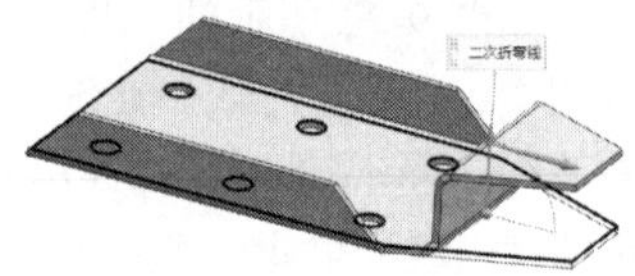
图 9-81 二次折弯效果

9.4 钣金拐角处理

实际钣金设计中一定要注意钣金细节设计，特别是拐角处理，因为拐角结构往往关系到整个钣金件的质量及实际使用。在 NX 中提供了专门进行拐角处理的工具，包括“封闭拐角”“三折弯角”“倒角”及“折弯拔锥”等。

9.4.1 封闭拐角

“封闭拐角”命令用于在钣金拐角位置进行封闭处理，下面以如图 9-82 所示的钣金零件为例，介绍“封闭拐角”操作。

步骤 1　打开练习文件：ch09 sheetmetal\9.4\bracket_box。

步骤 2　选择命令。在“主页”选项卡单击“封闭拐角”按钮 封闭拐角，系统弹出如图 9-83 所示的“封闭拐角”对话框，在该对话框中定义封闭拐角。

步骤 3　选择相邻折弯。封闭拐角处理是在两个相邻折弯位置对两侧钣金进行封闭处理，本例选择如图 9-84 所示的两个相邻折弯。

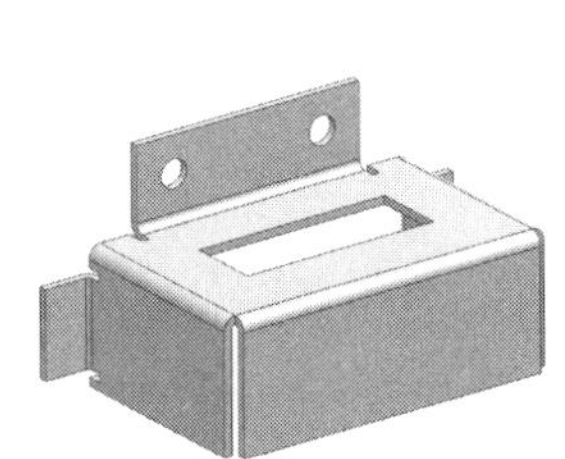

图 9-82　钣金零件

图 9-83　“封闭拐角”对话框

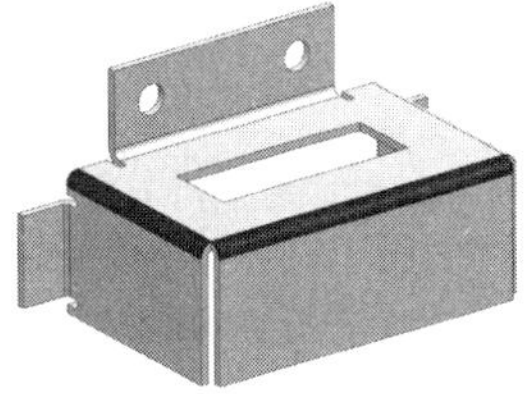

图 9-84　选择相邻折弯

步骤 4　定义“打开”封闭拐角。在“封闭拐角”对话框的“拐角属性”区域的“处理”下拉列表中选择“打开”选项，表示创建“打开”方式的“封闭拐角”，具体结构如图 9-85 所示。

步骤 5　定义“封闭”封闭拐角。在“封闭拐角”对话框的“拐角属性”区域的“处理”下拉列表中选择“封闭”选项，表示创建“封闭”方式的“封闭拐角”，具体结构如图 9-86 所示。

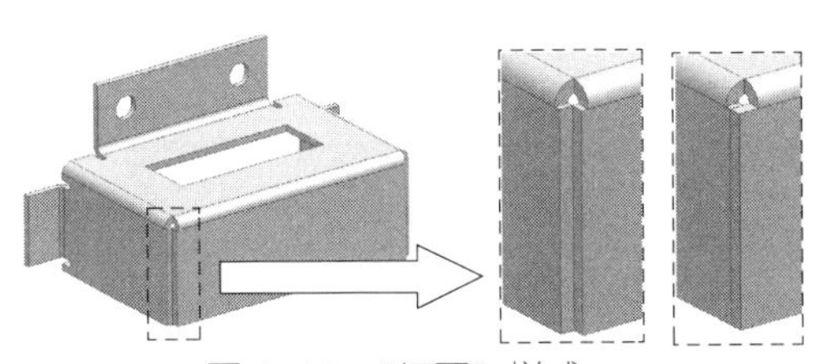

图 9-85　“打开”样式

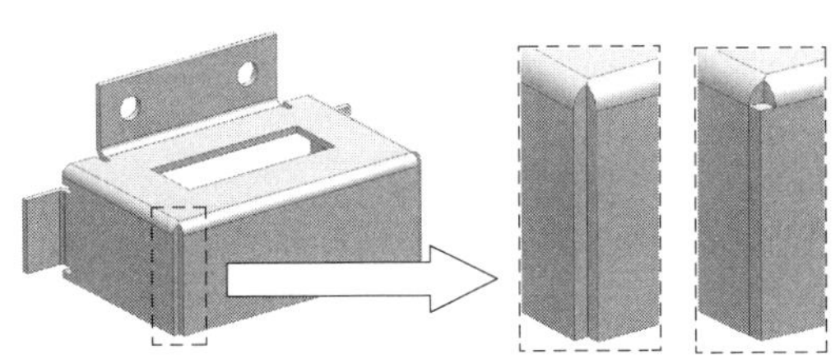

图 9-86　“封闭”样式

步骤 6　定义其余样式的封闭拐角。除了以上介绍的“打开”及“封闭”样式，在“封闭拐角”对话框的“拐角属性”区域的“处理”下拉列表中还可以定义其余四种封闭拐角样式，如图 9-87 所示，具体拐角样式如图 9-88 所示。

说明：对于后四种封闭拐角样式，其对应的展开效果如图 9-89 所示。

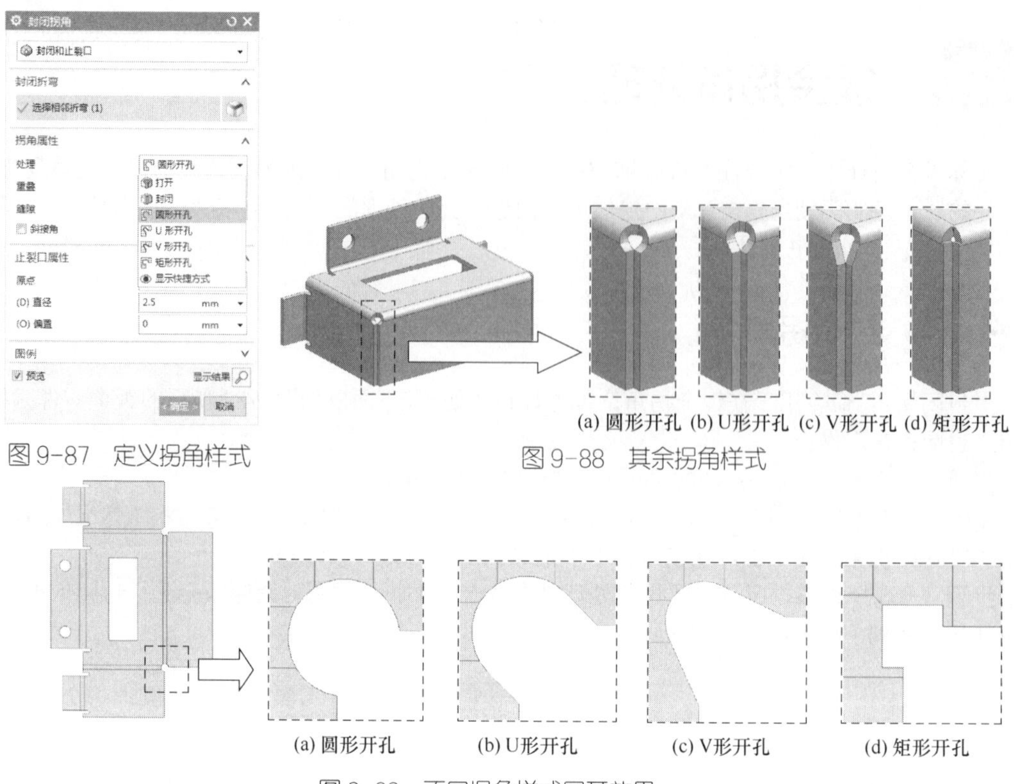

图 9-87　定义拐角样式

图 9-88　其余拐角样式

图 9-89　不同拐角样式展开效果

9.4.2　三折弯角

使用“三折弯角”命令对钣金拐角位置的钣金干涉进行处理。如图 9-90 所示的钣金零件，现在已经完成了如图 9-91 所示钣金弯边的创建，但是钣金拐角位置的弯边出现了干涉，需要对钣金拐角位置进行处理，得到如图 9-92 所示的钣金结构，这种情况下需要使用“三折弯角”进行处理，下面具体介绍。

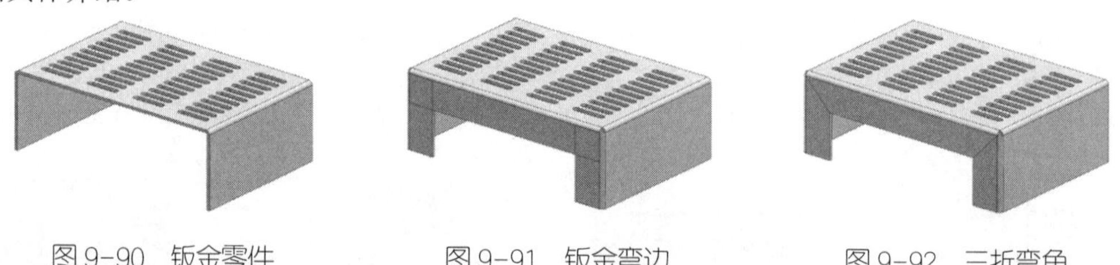

图 9-90　钣金零件　　图 9-91　钣金弯边　　图 9-92　三折弯角

步骤 1　打开练习文件：ch09 sheetmetal\9.4\sheet_box。

步骤 2　选择命令。在“主页”选项卡单击“三折弯角”按钮 三折弯角，系统弹出如图 9-93 所示的“三折弯角”对话框，在该对话框中定义三折弯角。

步骤 3　定义三折弯角。选择如图 9-94 所示的相邻折弯，在“拐角属性”区域的“处理”下拉列表中选择“打开”选项，在“设置”区域设置弯边间隙为 1，单击“确定”按钮，完成三折弯角操作，此时钣金展开结果如图 9-95 所示。

说明：在“三折弯角”对话框“拐角属性”区域的“处理”下拉列表中可以设置三折弯角封闭拐角样式，具体类型与前一小节介绍的“封闭拐角”样式是一致的。

9.4.3 钣金倒角

“倒角”命令用于在钣金边角位置创建圆角及斜角结构，类似于三维特征中的“边倒圆”及“倒斜角”特征，如图 9-96 所示的钣金零件，需要在钣金边角位置创建如图 9-97 所示的倒圆角及倒斜角结构，下面以此为例介绍钣金倒角操作。

图 9-93　“三折弯角”对话框

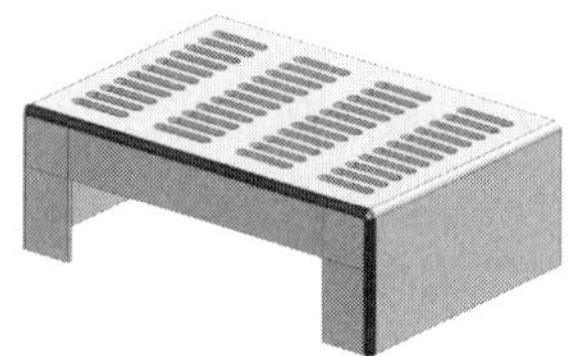

图 9-94　选择相邻折弯

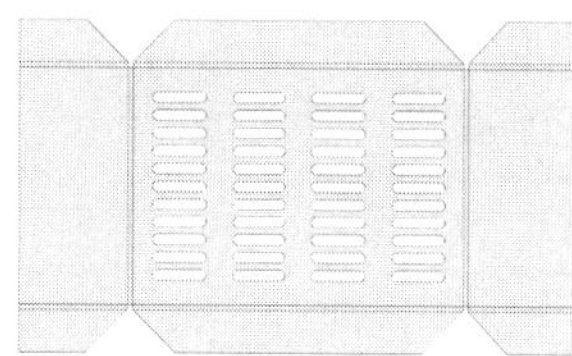

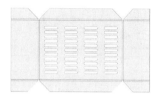

图 9-95　钣金展开效果

步骤 1　打开练习文件：ch09 sheetmetal\9.4\bracket_box。

步骤 2　选择命令。在“主页”选项卡单击“倒角”按钮 倒角，系统弹出如图 9-98 所示的“倒角”对话框，在该对话框中定义钣金倒角。

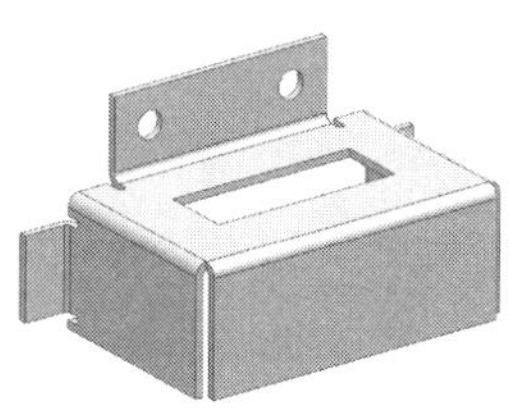

图 9-96　钣金零件

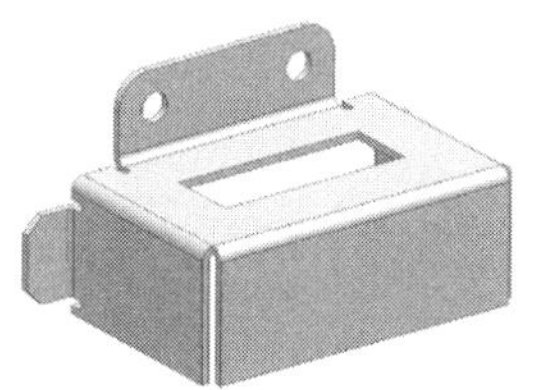

图 9-97　创建钣金倒角

图 9-98　“倒角”对话框

步骤 3　创建钣金圆角。在“倒角属性”区域的“方法”下拉列表中选择“圆角”选项，设置圆角半径为 4，选择如图 9-99 所示的钣金边角为倒角对象。

步骤 4　创建钣金倒斜角。在“倒角属性”区域的“方法”下拉列表中选择“倒斜角”选项，设置倒斜角距离为 2，如图 9-100 所示，选择如图 9-101 所示的钣金边角。

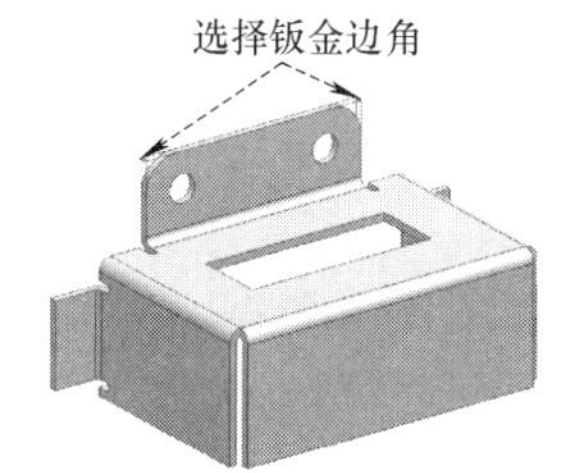

图 9-99　选择钣金边角（圆角）

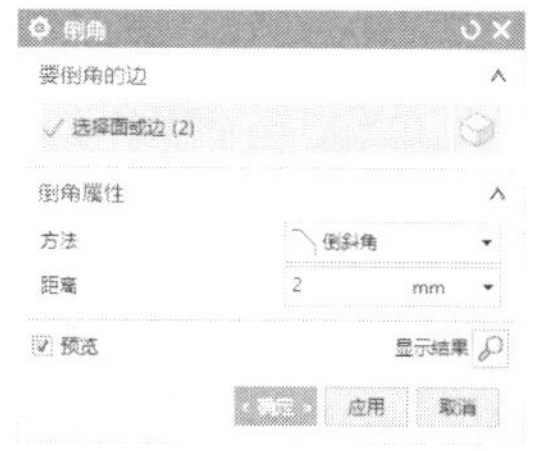

图 9-100　“倒角”对话框

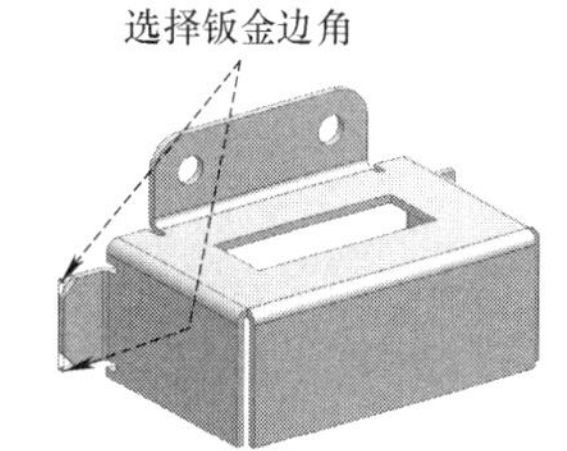

图 9-101　选择钣金边角（倒斜角）

9.4.4 折弯拔锥

“折弯拔锥”命令用于处理钣金弯边边缘结构。在“主页”选项卡“拐角”区域单击“折弯拔锥”按钮 折弯拔锥，用于创建折弯拔锥结构，下面以如图 9-102 所示的钣金零件为例介绍折弯拔锥操作，注意正确定义折弯拔锥样式。

步骤 1 打开练习文件：ch09 sheetmetal\9.4\plate。

步骤 2 选择命令。在“主页”选项卡“拐角”区域单击“折弯拔锥”按钮 折弯拔锥，系统弹出如图 9-103 所示的“折弯拔锥”对话框。

步骤 3 定义固定面或边。选择如图 9-104 所示的模型表面为固定面。

图 9-102 钣金零件

图 9-103 “折弯拔锥”对话框

图 9-104 选择固定面

步骤 4 定义折弯面。选择如图 9-105 所示的折弯面，表示在该折弯位置创建折弯拔锥，此时在该折弯位置显示折弯拔锥预览，如图 9-106 所示，此时在折弯位置显示“1”和“2”的标记，分别对应折弯的“第 1 侧”与“第 2 侧”，在“拔锥属性”区域的“拔锥侧”下拉列表中选择“第 1 侧”选项，表示在第 1 侧创建折弯拔锥。

步骤 5 定义锥度样式。在“折弯拔锥”对话框“折弯”区域的“锥度”下拉列表中设置锥度，如图 9-107 所示，包括线性、相切及正方形三种样式，如图 9-108 所示。

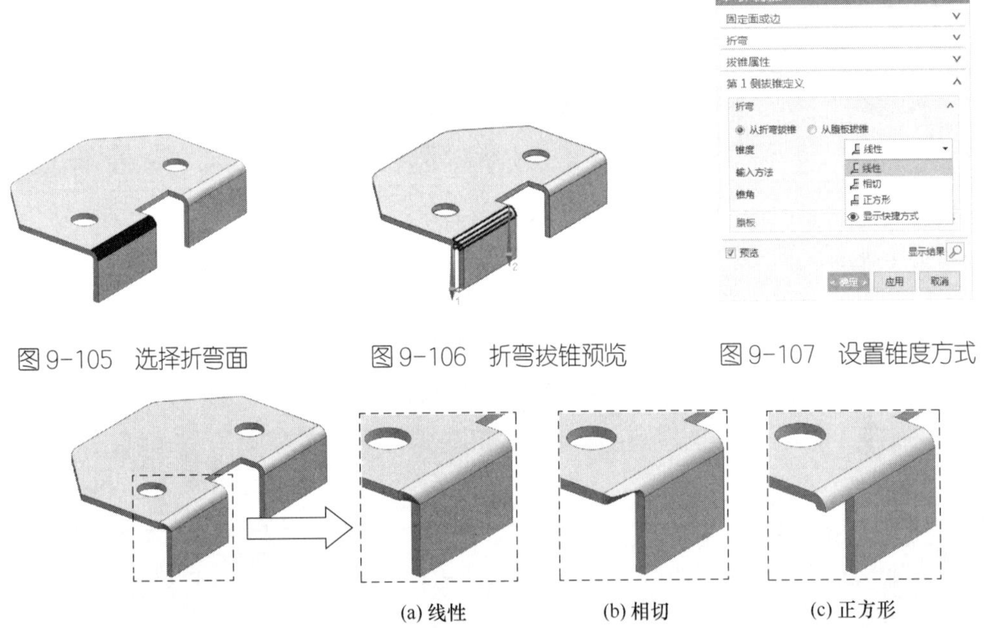

图 9-105 选择折弯面

图 9-106 折弯拔锥预览

图 9-107 设置锥度方式

图 9-108 倒角边角

步骤 6 定义输入方法。在“折弯拔锥”对话框“折弯”区域的“输入方法”下拉列表中设置输入方法，如图 9-109 所示，包括角度与距离两种方式，如图 9-110 所示。

步骤 7 定义腹板锥角。在“折弯拔锥”对话框“腹板”区域的“锥度”下拉列表中选择“面”选项，在“锥角”下拉列表中设置腹板锥角为 45°，如图 9-111 所示，此时在模型上显示腹板锥角预览效果如图 9-112 所示，设置腹板锥角结果如图 9-113 所示。

图 9-109　设置输入方法

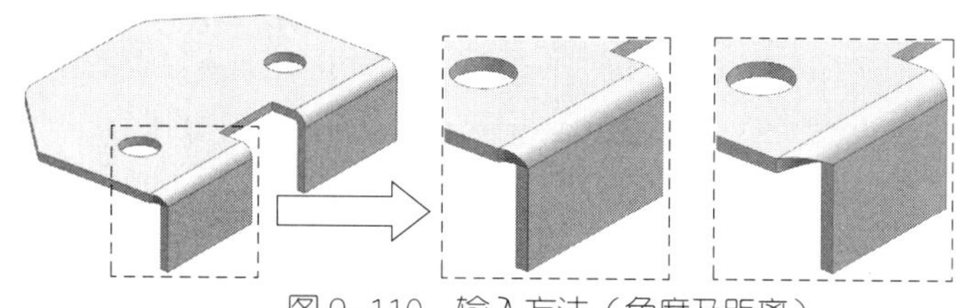

图 9-110　输入方法（角度及距离）

图 9-111　设置腹板锥角

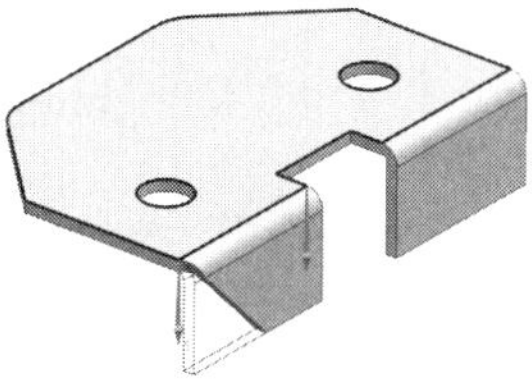

图 9-112　腹板锥角预览效果

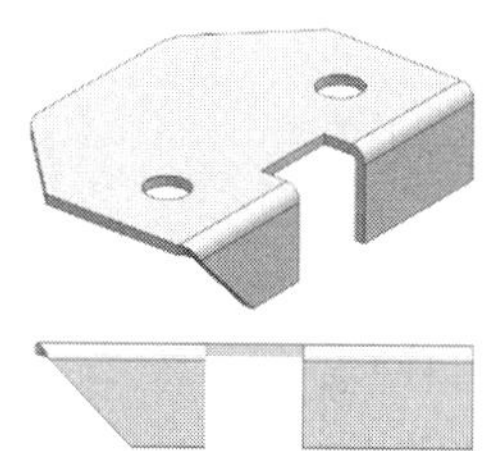

图 9-113　腹板锥角结果

9.5 实体转换钣金

实际钣金设计中，为了提高钣金设计效率，经常需要将实体结构转换为钣金，这样能够有效避免重复性设计。在 NX 中将实体转换为钣金主要有两个工具，一个是“实体特征转换为钣金”，另外一个是“转换为钣金向导”，下面具体介绍。

9.5.1 实体特征转换为钣金

“实体特征转换为钣金”命令可以通过选择实体模型表面将实体特征转换成钣金件。在“主页”选项卡中单击“实体特征转换为钣金”按钮，用于转换钣金件。

（1）创建实体特征转换为钣金

如图 9-114 所示的钣金零件，现在已经完成了如图 9-115 所示实体特征的创建，这种钣金主体就可以直接使用如图 9-116 所示的实体转换得到。

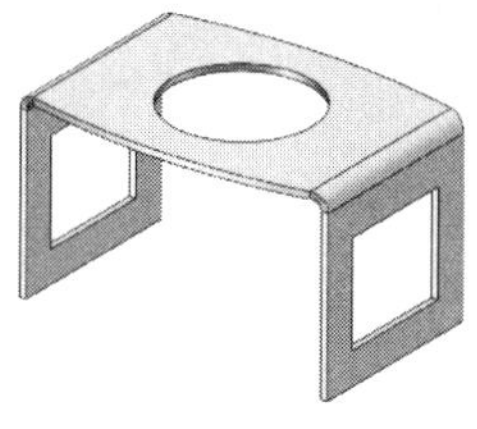

图 9-114　钣金零件

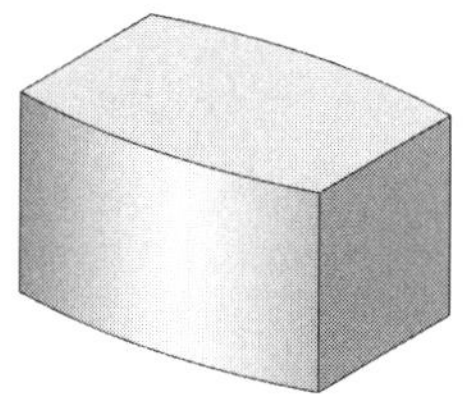

图 9-115　实体特征

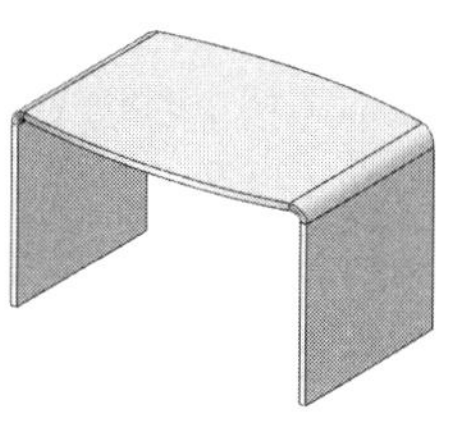

图 9-116　钣金主体

步骤 1 打开练习文件：ch09 sheetmetal\9.5\tran_sheetmetal01。

步骤 2 选择命令。在“主页”选项卡中单击“实体特征转换为钣金”按钮，系统弹出如图 9-117 所示的“实体特征转换为钣金”对话框。

步骤 3 定义实体转换钣金。在模型上依次选择如图 9-118 所示的三个模型表面为腹板面，系统以这三个面为钣金壁面，以两面之间的相交位置创建折弯面将实体转换成钣金，转换预览如图 9-118 所示，但是此时钣金厚度及折弯半径不符合设计要求。

步骤 4 定义钣金参数。在对话框的“厚度”区域设置钣金厚度为 1.5，在列表中分别选中折弯对象（Bend001 和 Bend002），在“折弯参数”区域的“折弯半径”中设置各个折弯半径为 1，如图 9-119 所示，此时转换结果如图 9-120 所示。

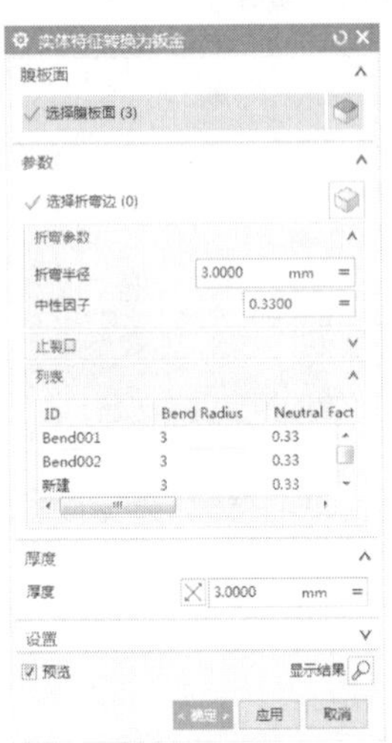

图 9-117 “实体特征转换为钣金”对话框

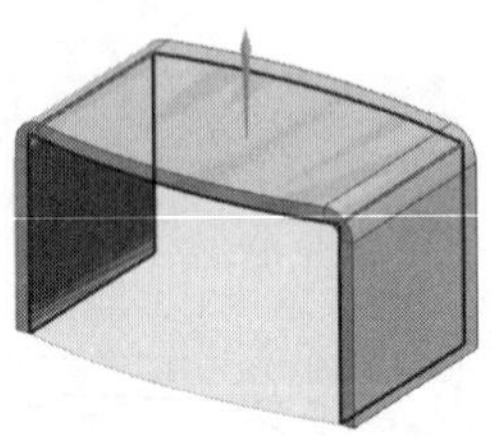

图 9-118 定义腹板面

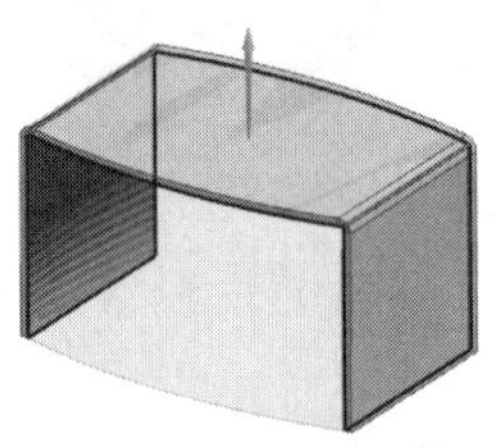

图 9-120 转换结果

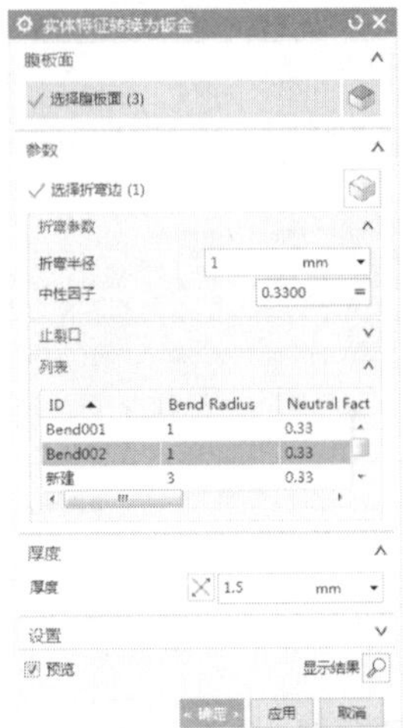

图 9-119 定义钣金参数

（2）实体特征转换为钣金实例一

如图 9-121 所示的钣金盒子，像这种钣金盒子就可以使用如图 9-122 所示的长方体实体转换得到，这种方法提高了钣金设计效率，同时便于修改，下面具体介绍。

图 9-121 钣金盒子

图 9-122 实体凸台

步骤 1 打开练习文件：ch09 sheetmetal\9.5\tran_sheetmetal02。

步骤 2 切换钣金模块。在“应用模块”选项卡中单击“钣金”按钮。

步骤 3 设置钣金首选项。为了提高实体转换钣金效率，需要首先设置钣金首选项。在“文件”选项卡中选择“首选项”→“钣金”命令，系统弹出如图 9-123 所示的“钣金首选项”对话框，设置钣金厚度为 1，折弯半径为 0.5，让位槽（止裂口）深度及宽度均为 0.5（实际上本例不会涉及止裂口，可以不用设置），如图 9-123 所示。

步骤 4 实体转换钣金。选择“实体特征转换为钣金”命令，选择如图 9-124 所示的模型表面（模型顶面及四周侧面）为腹板面，选择如图 9-125 所示顶面四条边线为折弯边，折弯半径及钣金厚度如图 9-126 所示，转换钣金结果如图 9-127 所示。

说明：选择腹板面时，如果无法继续选择腹板面，需要在“实体特征转换为钣金”对话框“腹板面”区域的“选择腹板面”位置单击，然后继续选择其余腹板面。同样的，如果无法继续选择折弯边，需要在对话框“参数”区域的“选择折弯边”位置单击，然后继续选择其余折弯边，正确选择腹板面及折弯边是实体转换钣金的关键。

图 9-123　“钣金首选项”对话框

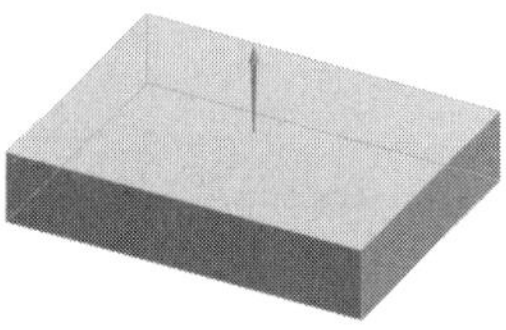

图 9-124　选择腹板面

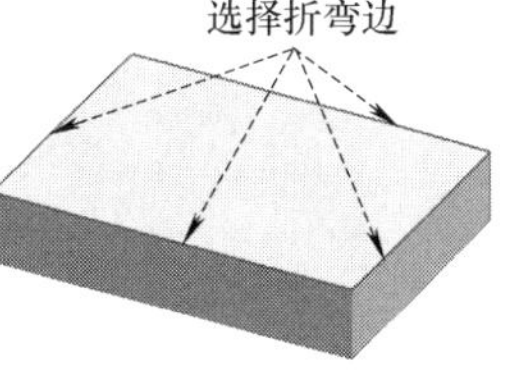

图 9-125　定义折弯边

步骤 5　定义封闭拐角。完成实体转换钣金后，如果拐角结构不符合设计要求（此时钣金展开结果如图 9-128 所示），需要使用“封闭拐角”命令对钣金进行拐角处理，如图 9-129 所示，此时钣金展开结果如图 9-130 所示。

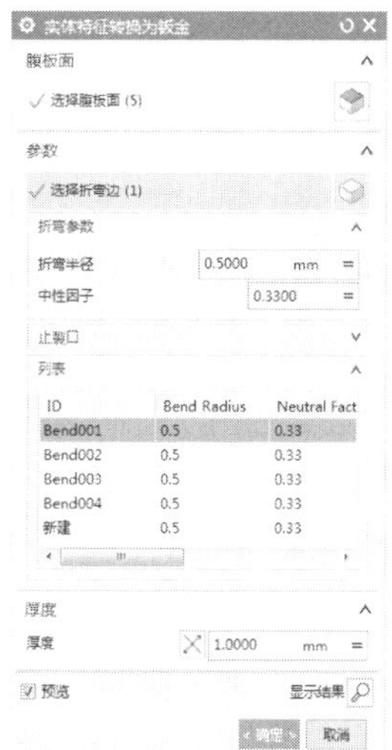

图 9-126　定义实体转换钣金

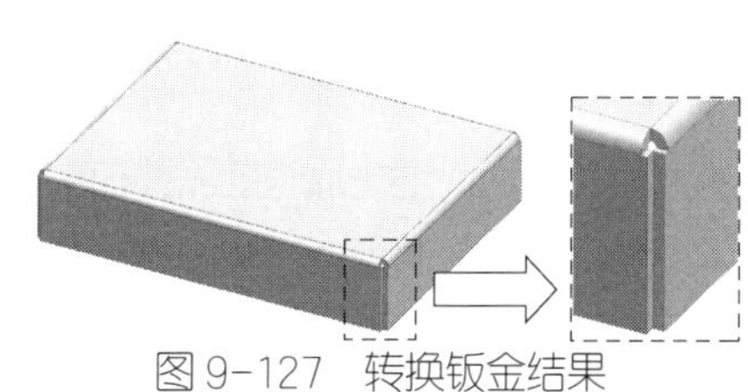

图 9-127　转换钣金结果

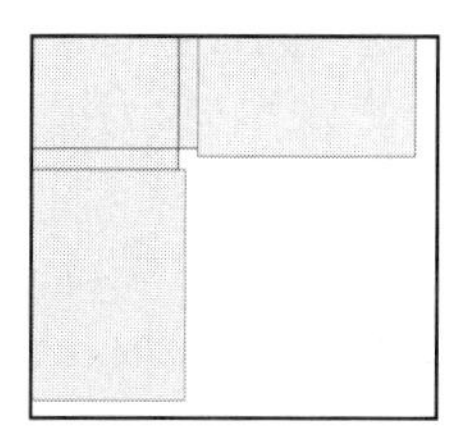

图 9-128　钣金展开结果

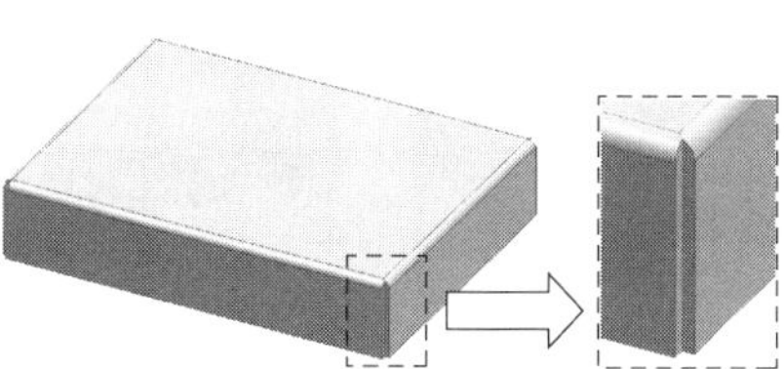

图 9-129　封闭拐角处理

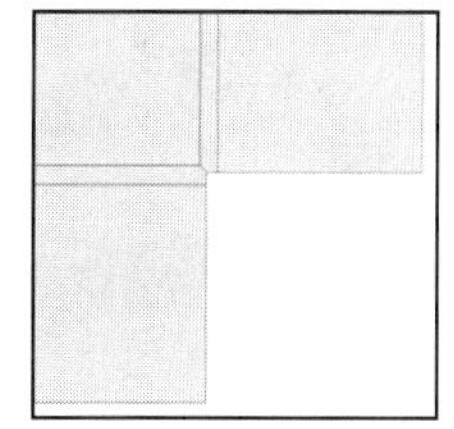

图 9-130　钣金展开结果（封闭拐角）

（3）实体特征转换为钣金实例二

如图 9-131 所示的薄壁实体，像这种结构同样可以使用“实体特征转换为钣金”命令将其转换成如图 9-132 所示的钣金，下面具体介绍。

步骤 1　打开练习文件：ch09 sheetmetal\9.5\tran_sheetmetal03。

步骤 2　切换钣金模块。在“应用模块”选项卡中单击“钣金”按钮。

步骤 3　设置钣金首选项。在“文件”选项卡中选择“首选项”→“钣金”命令，系统弹出“钣金首选项”对话框，设置钣金厚度为 1，折弯半径为 0.5，让位槽（止裂口）深度及宽度均为 0.5（实际上本例不会涉及止裂口，可以不用设置）。

步骤 4　实体转换钣金。选择“实体特征转换为钣金”命令，依次选择模型表面为腹板面，系统自动在两面之间定义折弯面，设置钣金厚度及折弯半径如图 9-133 所示。

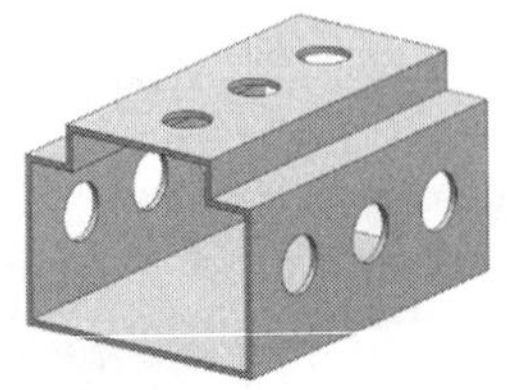

图 9-131　薄壁实体

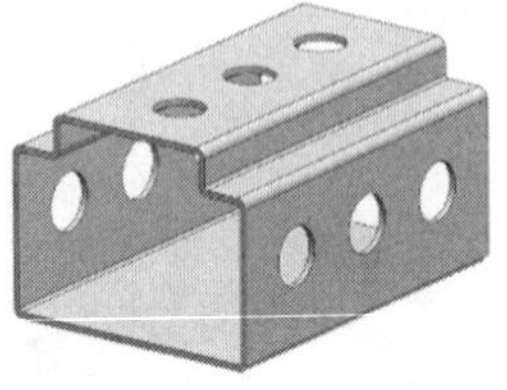
图 9-132　钣金结构

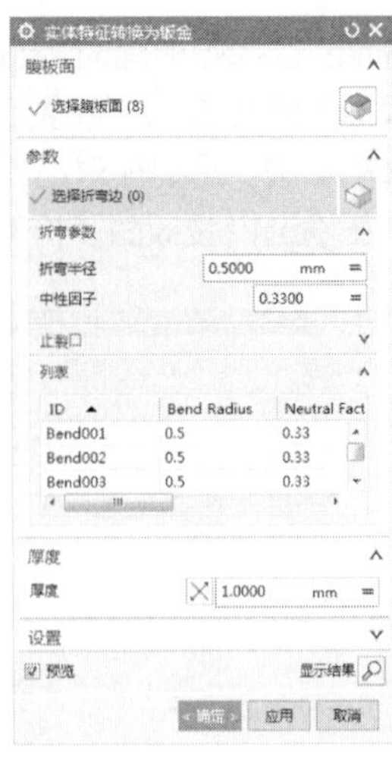
图 9-133　定义转换钣金

9.5.2 转换为钣金向导

“转换为钣金向导”命令可以将实体壳体转换成钣金件。在“主页”选项卡“转换”菜单中单击“转换为钣金向导”按钮 转换为钣金向导，用来创建转换钣金。如图 9-134 所示的壳体模型就可以使用“转换为钣金向导”工具将其转换成如图 9-135 所示的钣金结构，下面具体介绍转换过程。

步骤 1　打开练习文件：ch09 sheetmetal\9.5\tran_sheetmetal04。

步骤 2　切换钣金模块。在“应用模块”选项卡中单击“钣金”按钮。

步骤 3　选择命令。在“主页”选项卡“转换”菜单中单击“转换为钣金向导”按钮 转换为钣金向导，系统弹出如图 9-136 所示的“转换为钣金向导”对话框。

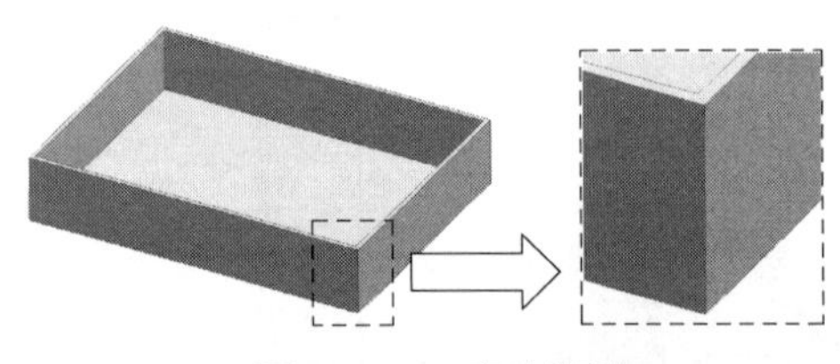
图 9-134　壳体模型

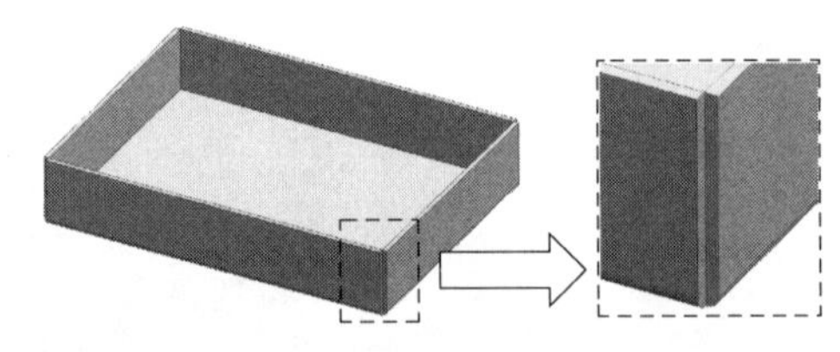
图 9-135　钣金结构

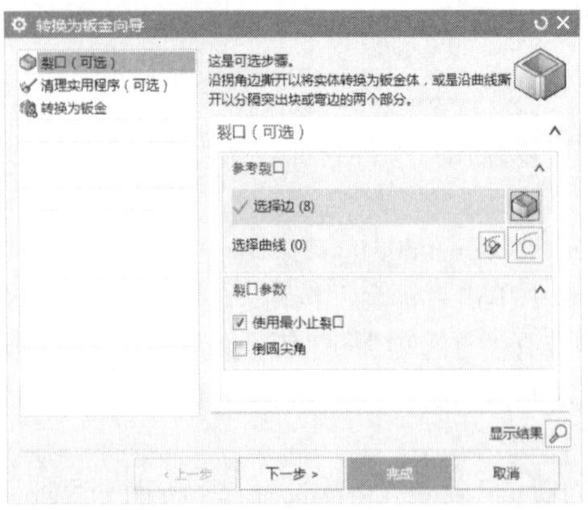
图 9-136　“转换为钣金向导”对话框

图 9-137　选择切边

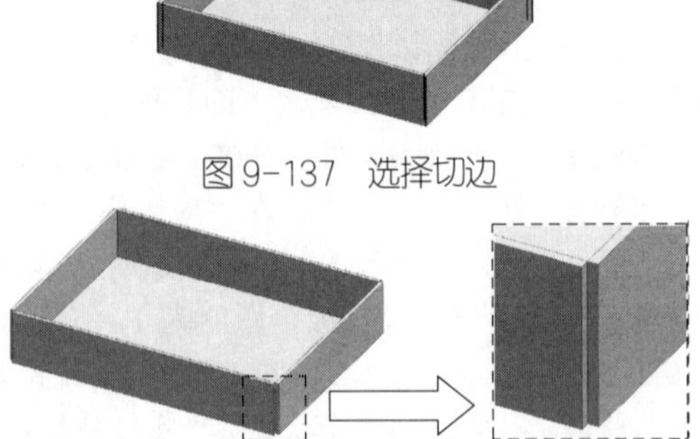
图 9-138　定义切边结果

步骤 4　定义切边。选择如图 9-137 所示的拐角边线为“切边”，表示在转换钣金过程中需要将这些位置切开，单击“下一步”按钮，结果如图 9-138 所示

步骤 5　定义基本面。完成切边定义后，此时“转换为钣金向导”对话框如图 9-139 所示，选择如图 9-140 所示的模型表面为“基本面”，表示该面是完全固定的。完成基本面定义后，在“转换为钣金向导”对话框中单击“下一步”按钮，此时钣金转换结果如图 9-141 所示。

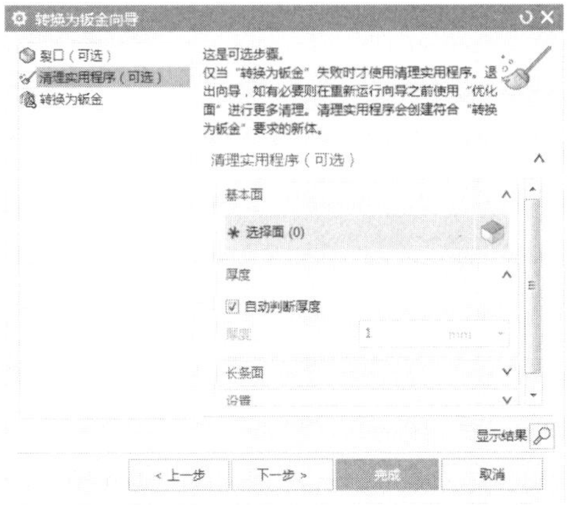

图 9-139　“转换为钣金向导”对话框

图 9-140　选择基本面

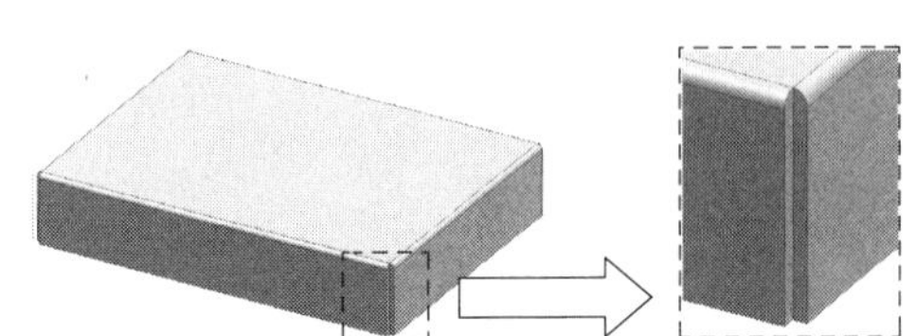

图 9-141　定义基本面结果

步骤 6　完成钣金转换。完成以上操作后，在“转换为钣金向导”对话框中单击“下一步”按钮，此时对话框如图 9-142 所示，单击“完成”按钮，完成钣金转换操作。

说明：完成钣金转换后可以将钣金件展开，结果如图 9-143 所示。需要注意的是，在转换钣金之前的壳体结构是无法展开的，这正是壳体结构与钣金结构的主要区别。

图 9-142　“转换为钣金向导”对话框

图 9-143　钣金展开结果

9.6　钣金展平及重新折弯

钣金设计中经常需要对钣金件进行展平与重新折弯操作，以便了解钣金下料问题或是对钣金中非共面结构进行准确设计，下面具体介绍钣金展平与重新折弯操作。

9.6.1　钣金展平

“伸直”命令用于将钣金件展平到平整状态，以便了解钣金下料问题。在“主页”选项卡中

单击“伸直”按钮 伸直，用来创建钣金展平。如图 9-144 所示的钣金外罩，需要对钣金进行展平，得到如图 9-145 所示结果，下面具体介绍钣金展平操作。

步骤 1 打开练习文件：ch09 sheetmetal\9.6\unfold。

步骤 2 选择命令。在“主页”选项卡中单击“伸直”按钮 伸直，系统弹出如图 9-146 所示的“伸直”对话框，用于定义钣金展开。

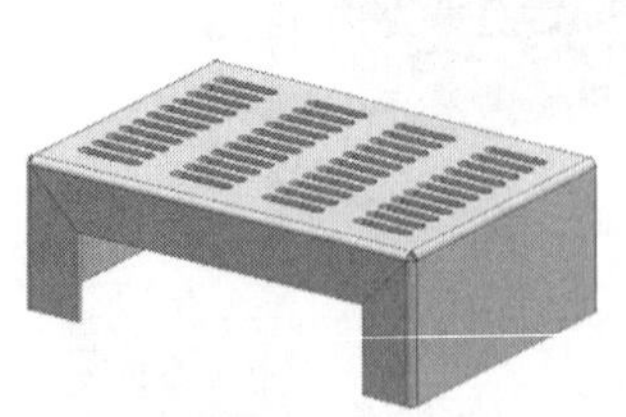
图 9-144 钣金外罩

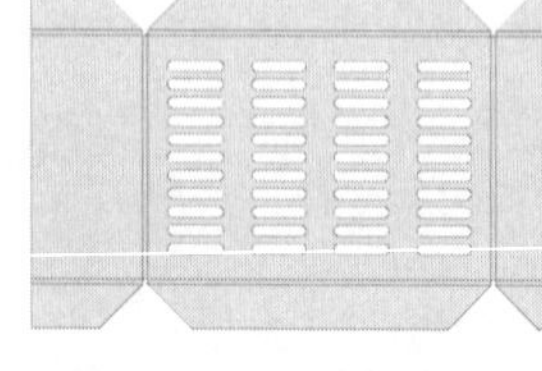
图 9-145 钣金展平结果

图 9-146 “伸直”对话框

步骤 3 定义钣金展平一。选择如图 9-147 所示的顶面为固定面，选择如图 9-148 所示的四个折弯面，表示将这四个折弯位置进行展平，单击“应用”按钮，钣金展平结果如图 9-149 所示，此时还有四个折弯位置没有展平，需要继续展平钣金。

步骤 4 定义钣金展平二。选择如图 9-149 所示的“面 1”固定面，选择如图 9-150 所示的两个折弯面，单击“应用”按钮，系统将这两处折弯位置展平。

图 9-147 选择固定面

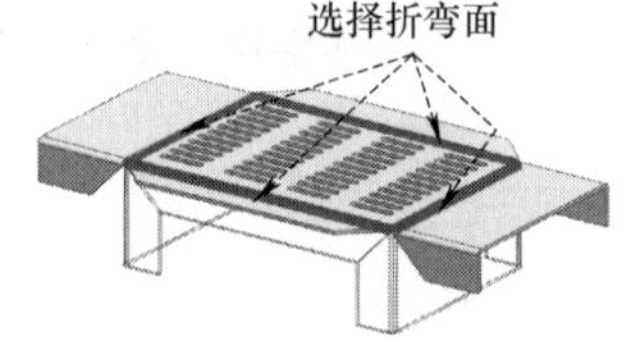

图 9-148 选择折弯面

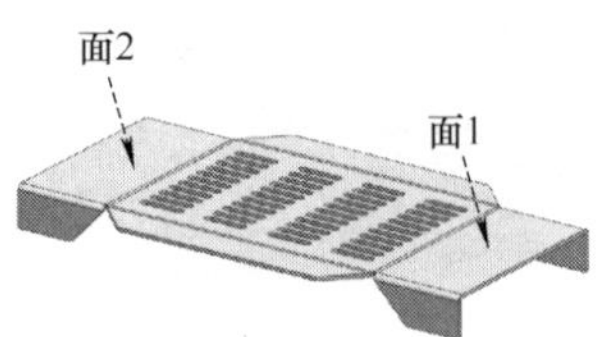

图 9-149 钣金展平结果

步骤 5 定义钣金展平三。选择如图 9-149 所示的“面 2”固定面，选择如图 9-151 所示的两个折弯面，单击“确定”按钮，系统将这两处折弯位置展平。

说明: 对钣金件的展平实际上是对钣金件中的折弯进行展平。如果钣金件上的折弯位不在同一个展平固定面上，需要经过多次展平才能得到最终的展平效果。

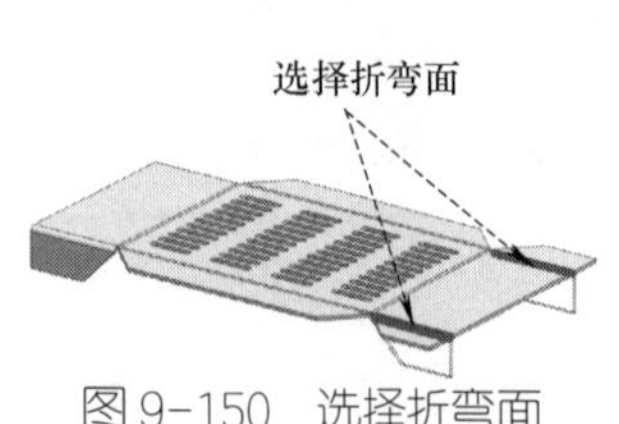

图 9-150 选择折弯面

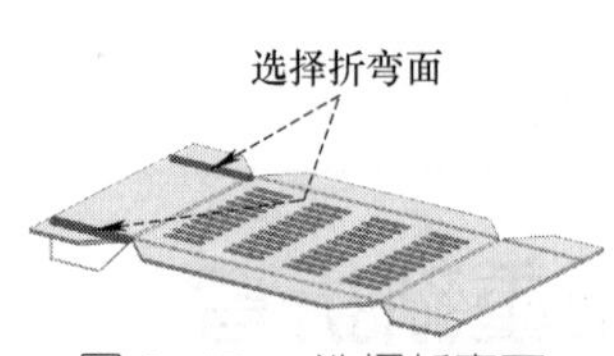

图 9-151 选择折弯面

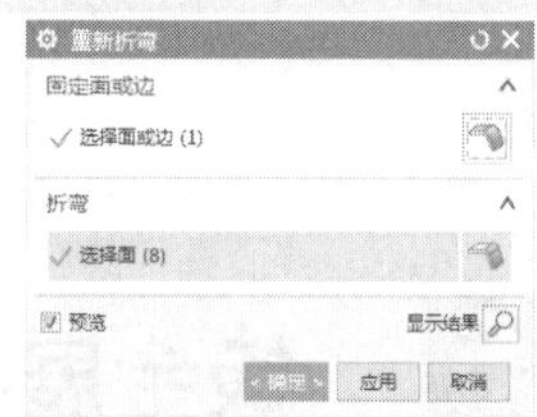

图 9-152 “重新折弯”对话框

9.6.2 重新折弯

“重新折弯”命令用于将展平的钣金重新折弯回去，以便恢复到钣金成形状态。在“主页”选项卡中单击“重新折弯”按钮 重新折弯，用来对展平钣金进行重新折弯，下面继续以上一节展平模型为例介绍钣金重新折弯操作。

步骤 1　选择命令。在“主页”选项卡中单击“重新折弯”按钮 重新折弯，系统弹出如图 9-152 所示的“重新折弯”对话框，用于定义钣金重新折弯。

步骤 2　定义重新折弯。选择如图 9-153 所示的模型表面为固定面，选择固定面四周的折弯面，单击“应用”按钮，钣金重新折弯结果如图 9-154 所示。

步骤 3　定义其余重新折弯。参照上一步骤，选择如图 9-154 所示钣金侧面为固定面，然后选择固定面两侧的折弯面进行重新折弯，最终结果如图 9-155 所示。

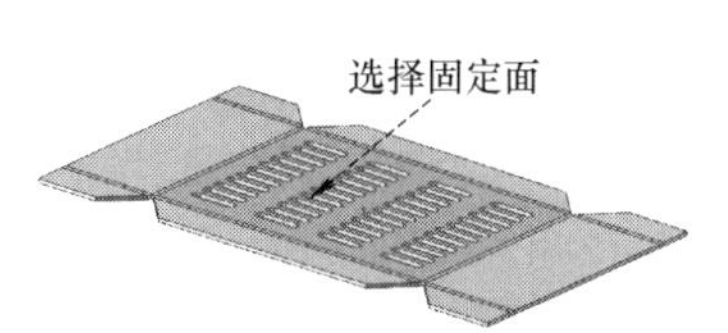

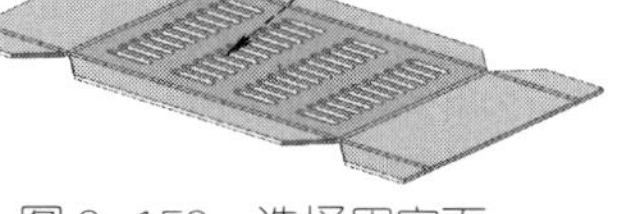

图 9-153　选择固定面

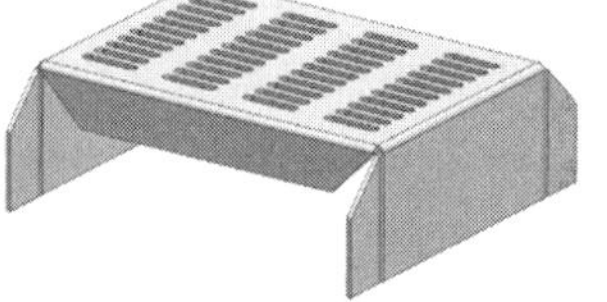

图 9-154　局部重新折弯结果

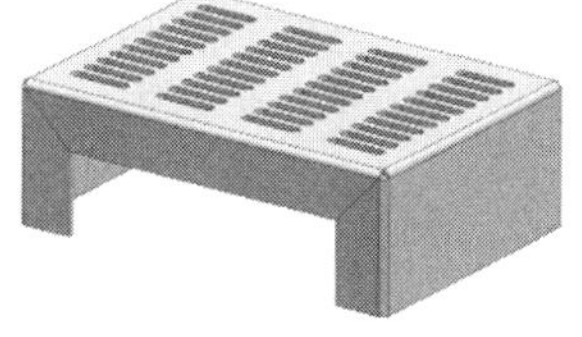

图 9-155　全部重新折弯结果

9.6.3　钣金展平与重新折弯应用

为了帮助读者理解钣金展平与重新折弯在钣金设计中的应用，下面介绍一个案例。如图 9-156 所示的滤罩钣金件，这种钣金件的设计需要灵活使用钣金展平与重新折弯。

步骤 1　新建 NX 钣金文件，文件名称为 filter_bowl。

步骤 2　创建如图 9-157 所示的钣金主体。这种钣金主体可以使用“轮廓弯边”命令创建。选择“轮廓弯边”命令，选择“XY 基准平面”绘制如图 9-158 所示的截面草图（草图不能封闭，有 1mm 的间隙），具体钣金参数设置如图 9-159 所示。

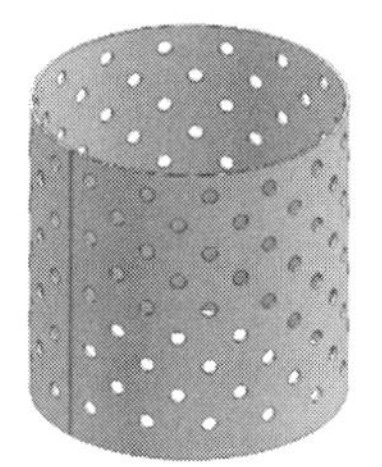

图 9-156　滤罩钣金件

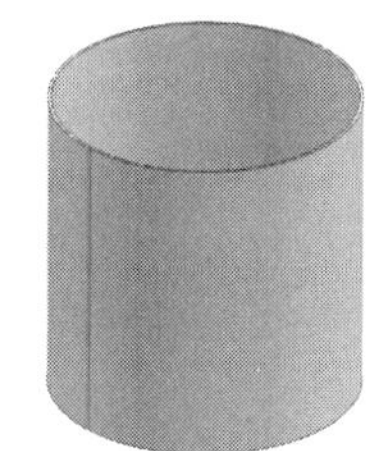

图 9-157　钣金主体

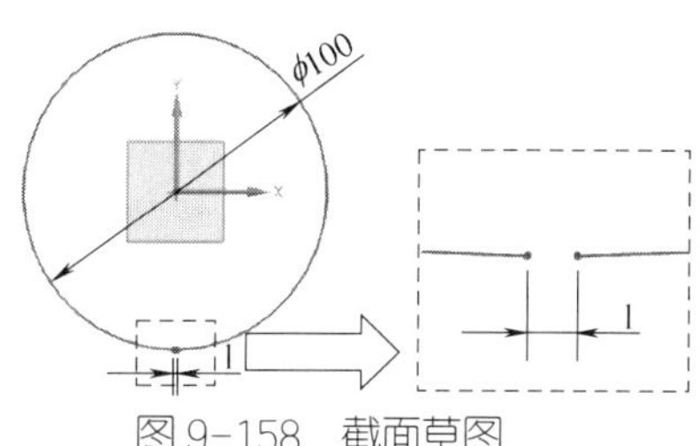

图 9-158　截面草图

步骤 3　创建钣金展平。为了创建钣金上的孔结构，需要将钣金件展平打孔，选择“伸直”命令，选择如图 9-160 所示的边线为固定边线，选择整个钣金件为折弯对象，单击“确定”按钮完成钣金展平，结果如图 9-161 所示。

轮廓弯边
截面线
选择曲线 (1)
厚度
厚度　1　mm
宽度
宽度选项　有限
宽度　100　mm
折弯参数
止裂口
斜接
预览　显示结果
确定　取消

图 9-159　定义轮廓弯边

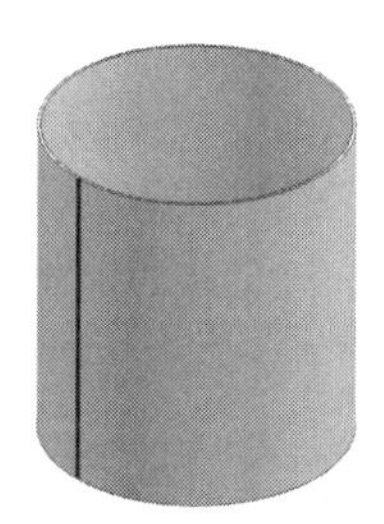

图 9-160　选择固定边线

图 9-161　钣金展平结果

步骤 4 创建如图 9-162 所示的孔特征。首先创建一个孔，然后对孔进行线性阵列。

① 创建孔特征。在“主页”选项卡“特征”区域的“更多”菜单中单击“孔”按钮 孔，选择钣金表面为打孔平面，孔定位草图如图 9-163 所示。

② 创建如图 9-164 所示的孔阵列。在“主页”选项卡“特征”区域单击“阵列特征”按钮，选择孔特征为阵列对象，定义阵列参数如图 9-165 所示。

步骤 5 创建如图 9-166 所示的孔特征。孔定位草图如图 9-167 所示，然后创建如图 9-168 所示的阵列孔，孔阵列参数如图 9-169 所示。

步骤 6 重新折弯钣金件。完成孔阵列后再对展平的钣金件进行重新折弯得到最终的滤罩钣金件。选择“重新折弯”命令，选择如图 9-170 所示的边线为固定边，选择整个钣金件为折弯对象，单击“确定”按钮完成钣金重新折弯操作，结果如图 9-156 所示。

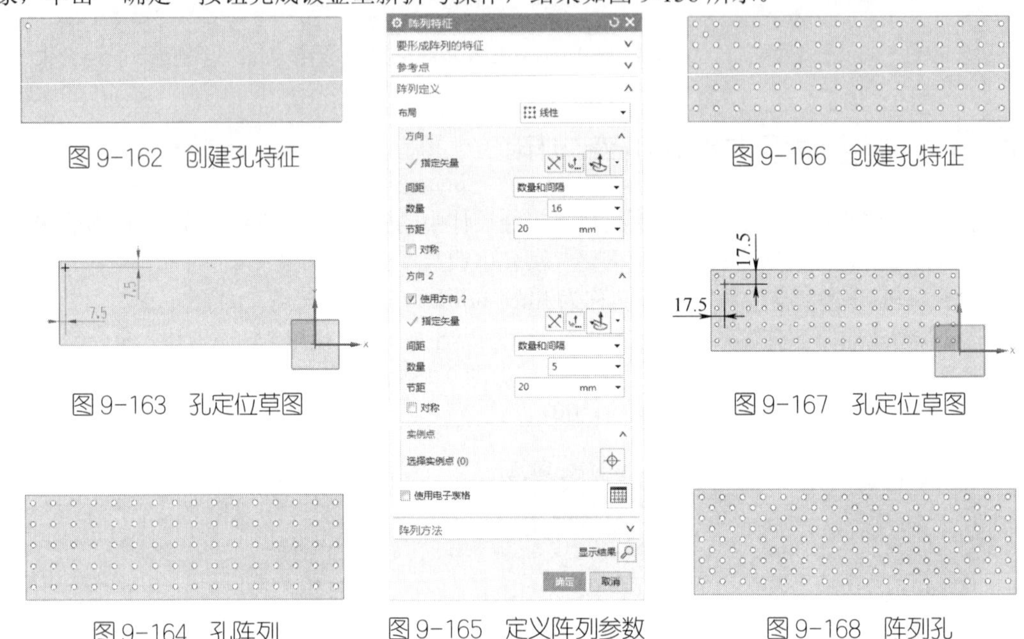

图 9-162　创建孔特征

图 9-163　孔定位草图

图 9-164　孔阵列

图 9-165　定义阵列参数

图 9-166　创建孔特征

图 9-167　孔定位草图

图 9-168　阵列孔

9.7 钣金成形设计

钣金成形设计主要用来设计钣金中的各种冲压成形结构，如钣金凹坑、百叶窗、冲压开孔及加强筋等，在 NX 中提供了专门的成形工具创建这些钣金成形结构。

9.7.1 钣金凹坑

“凹坑”命令用于在钣金件表面创建冲压凹坑结构，包括封闭轮廓凹坑及开放轮廓凹坑。在“主页”选项卡单击“凹坑”按钮 凹坑，用于创建钣金凹坑结构。

（1）封闭轮廓凹坑

封闭轮廓凹坑如图 9-171 所示，这种凹坑需要根据封闭草图来创建，下面以如图 9-172 所示钣金零件为例，介绍封闭轮廓凹坑创建过程。

步骤 1 打开练习文件：ch09 sheetmetal\9.7\base_Sheet01。

步骤 2 选择命令。在“主页”选项卡单击“凹坑”按钮 凹坑，系统弹出如图 9-173 所示的“凹坑”对话框，在该对话框中定义钣金凹坑。

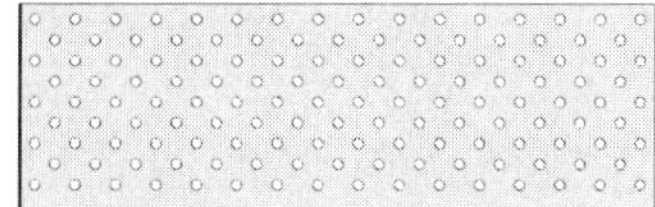

图 9-170　选择固定边

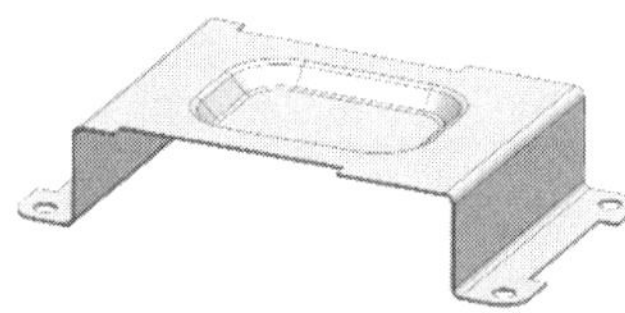

图 9-171　封闭轮廓凹坑

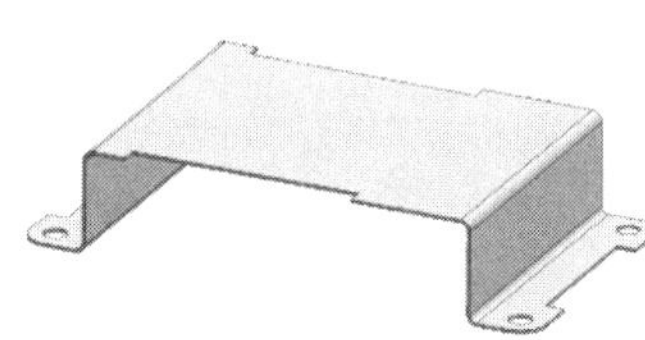

图 9-169　孔阵列参数　　图 9-172　钣金零件　　图 9-173　“凹坑”对话框

步骤 3　创建凹坑截面草图。在“凹坑”对话框的“截面线”区域单击“绘制截面”按钮，选择钣金件顶面为草图平面，绘制如图 9-174 所示的截面草图。

步骤 4　定义凹坑参数。需要设置凹坑属性参数及凹坑冲压半径参数。

① 设置凹坑属性。在“凹坑属性”区域的“深度”区域单击按钮调整凹坑方向如图 9-175 所示，深度值为 3，在“侧角”文本框设置凹坑侧角为 45°，在“参考深度”下拉列表中选择“内侧”选项，在“侧壁”下拉列表中选择“材料内侧”选项。

② 设置凹坑冲压半径。在“设置”区域选中“倒圆凹坑边”选项，表示在凹坑中添加圆角结构，设置冲压半径为 1，冲模半径为 1，如图 9-173 所示。

步骤 5　完成钣金凹坑创建。在对话框中单击“确定”按钮，完成凹坑创建。

（2）开放轮廓凹坑

开放轮廓凹坑如图 9-176 所示，这种凹坑需要根据开放草图来创建，下面以如图 9-172 所示钣金零件为例，介绍开放轮廓凹坑创建过程。

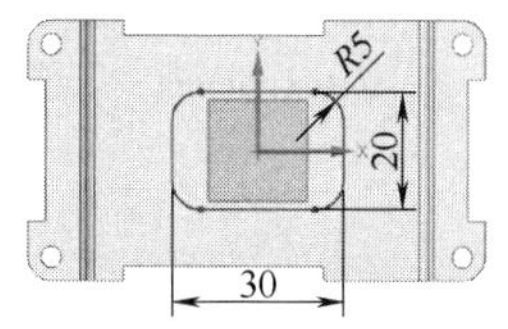

图 9-174　凹坑截面草图

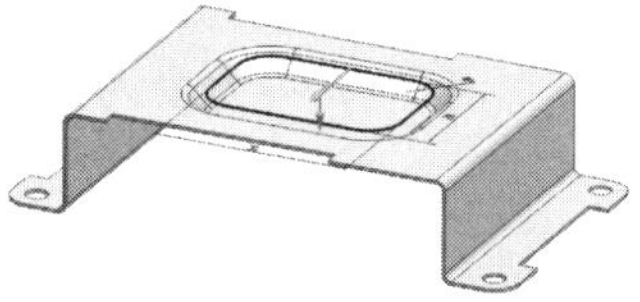

图 9-175　调整凹坑方向

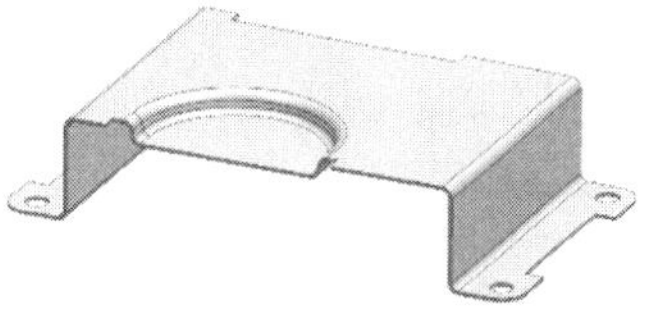

图 9-176　开放轮廓凹坑

步骤 1　打开练习文件：ch09 sheetmetal\9.7\base_sheet01。

步骤 2　选择命令。在“主页”选项卡单击“凹坑”按钮 凹坑，系统弹出如图 9-177 所示的“凹坑”对话框，在该对话框中定义钣金凹坑。

步骤 3　创建凹坑截面草图。在“凹坑”对话框的“截面线”区域单击“绘制截面”按钮，选择钣金件顶面为草图平面，绘制如图 9-178 所示的截面草图。

步骤 4　定义凹坑参数。需要设置凹坑属性参数及凹坑冲压半径参数。

① 设置凹坑属性。在“凹坑属性”区域的“深度”区域单击按钮调整凹坑方向如图 9-179 所示，深度值为 3，双击如图 9-179 所示的冲压侧方向箭头，调整冲压侧指向圆弧内侧，在“侧

角”文本框设置凹坑侧角为 10°，在“参考深度”下拉列表中选择“内侧”选项，在“侧壁”下拉列表中选择“材料内侧”选项。

② 设置凹坑冲压半径。在“设置”区域选中“倒圆凹坑边”选项，表示在凹坑中添加圆角结构，设置冲压半径为 1，冲模半径为 1，如图 9-177 所示。

步骤 5 完成钣金凹坑创建。在对话框中单击“确定”按钮，完成凹坑创建。

9.7.2 百叶窗

“百叶窗”命令用于在钣金件表面创建冲压百叶窗结构。在“主页”选项卡单击“百叶窗”按钮 百叶窗，用于创建钣金百叶窗。如图 9-180 所示的钣金面板，需要在钣金面板上创建如图 9-181 所示的百叶窗，下面以此为例介绍百叶窗创建。

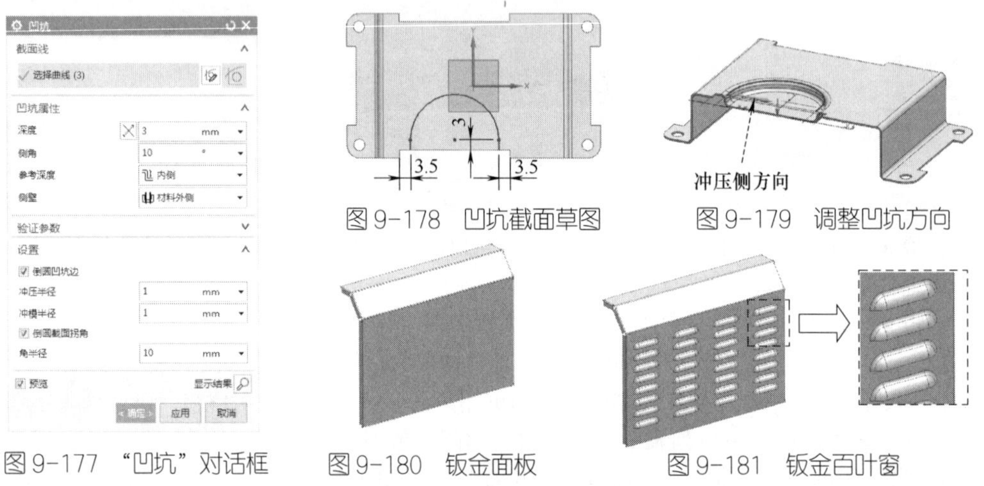

图 9-177 “凹坑”对话框 图 9-178 凹坑截面草图 图 9-179 调整凹坑方向 图 9-180 钣金面板 图 9-181 钣金百叶窗

步骤 1 打开练习文件：ch09 sheetmetal\9.7\base_sheet02。

步骤 2 选择命令。在“主页”选项卡单击“百叶窗”按钮 百叶窗，系统弹出如图 9-182 所示的“百叶窗”对话框，在该对话框中定义百叶窗。

步骤 3 绘制百叶窗截面草图。在“百叶窗”对话框的“截面线”区域单击“绘制截面”按钮，选择钣金面板表面为草图平面，绘制如图 9-183 所示的截面草图。

步骤 4 定义百叶窗参数。在“百叶窗属性”区域单击“深度”及“宽度”后的按钮调整百叶窗方向，如图 9-184 所示，设置百叶窗深度为 3，宽度为 5，在“百叶窗形状”下拉列表中选

图 9-182 “百叶窗”对话框

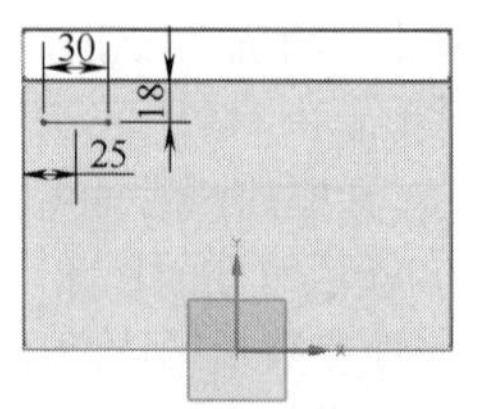

图 9-183 百叶窗截面草图

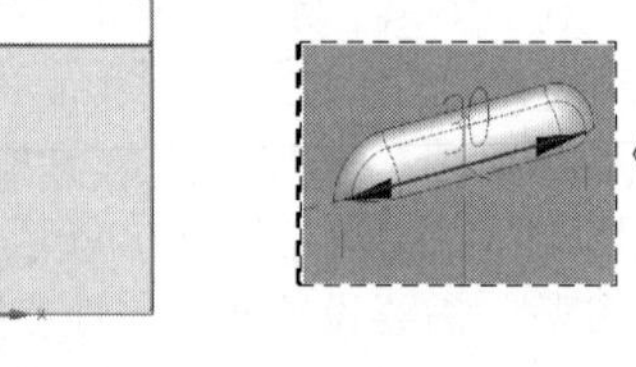
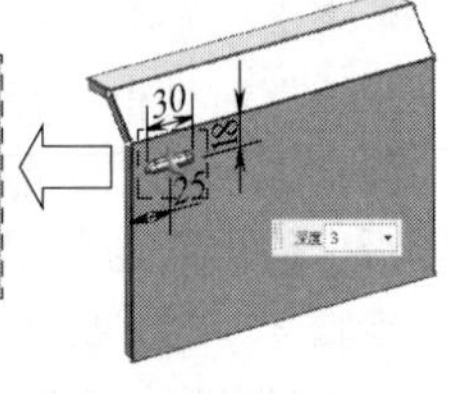

图 9-184 定义百叶窗参数

择“成形的”选项，在“倒圆”区域选中“百叶窗边倒圆”选项，设置冲模半径为 2，其余参数采用系统默认设置，如图 9-182 所示。

说明：在“百叶窗”对话框“百叶窗属性”区域的“百叶窗形状”下拉列表中设置百叶窗冲压形状，包括“冲裁的”与“成形的”两种，如图 9-185 所示。

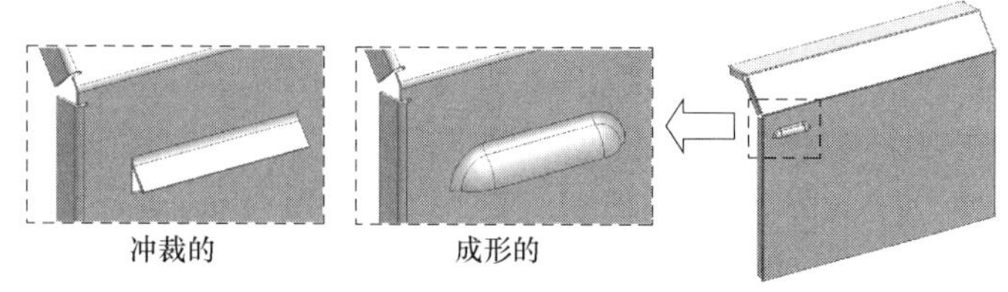

图 9-185　百叶窗形状

步骤 5　完成百叶窗创建。在对话框中单击“确定”按钮，完成百叶窗创建。

9.7.3　冲压开孔

“冲压开孔”命令用于在钣金件表面创建冲压开孔结构，包括封闭轮廓冲压开孔及开放轮廓冲压开孔。在“主页”选项卡单击“冲压开孔”按钮 冲压开孔，创建钣金冲压开孔结构，下面具体介绍这两种钣金冲压开孔创建。

（1）封闭轮廓冲压开孔

封闭轮廓冲压开孔如图 9-186 所示，这种冲压开孔需要根据封闭草图来创建，下面以如图 9-187 所示钣金零件为例，介绍封闭轮廓冲压开孔创建过程。

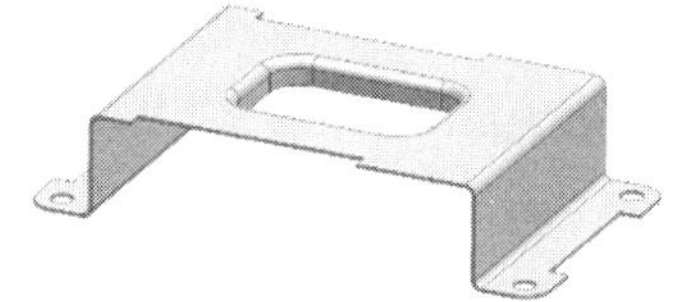

图 9-186　封闭轮廓冲压开孔

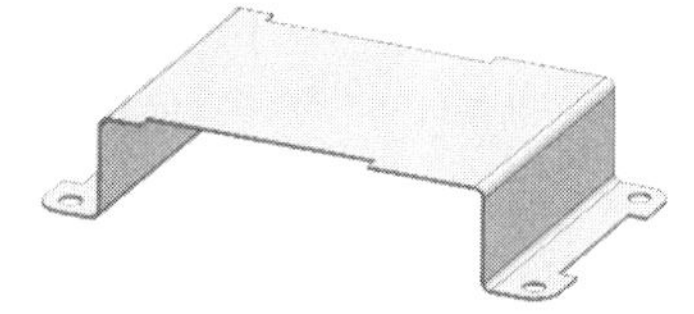

图 9-187　钣金零件

步骤 1　打开练习文件：ch09 sheetmetal\9.7\base_sheet03。

步骤 2　选择命令。在“主页”选项卡单击“冲压开孔”按钮 冲压开孔，系统弹出如图 9-188 所示的“冲压开孔”对话框，在该对话框中定义冲压开孔。

步骤 3　绘制冲压开孔截面草图。在“冲压开孔”对话框的“截面线”区域单击“绘制截面”

图 9-188　“冲压开孔”对话框

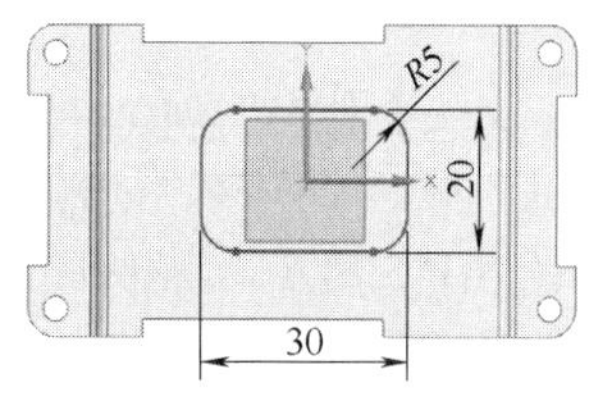

图 9-189　冲压开孔截面草图

按钮，选择钣金顶面为草图平面，绘制如图 9-189 所示的截面草图。

步骤 4 定义冲压开孔参数。需要设置开孔属性参数及冲模半径参数。

① 设置开孔属性。在“开孔属性”区域的“深度”区域单击按钮调整开孔方向如图 9-190 所示，深度值为 4，在“侧角”文本框设置开孔侧角为 0°。

② 设置开孔冲压半径。在“设置”区域选中“倒圆冲压开孔”选项，表示在冲压开孔中添加圆角结构，设置冲压半径为 1，如图 9-190 所示。

步骤 5 完成冲压开孔创建。在对话框中单击“确定”按钮，完成冲压开孔创建。

（2）开放轮廓冲压开孔

开放轮廓冲压开孔如图 9-191 所示，这种冲压开孔需要根据开放草图来创建。下面以如图 9-187 所示钣金零件为例，介绍开放轮廓冲压开孔创建过程。

步骤 1 打开练习文件：ch09 sheetmetal\9.7\base_sheet03。

步骤 2 选择命令。在“主页”选项卡单击“冲压开孔”按钮 冲压开孔，系统弹出如图 9-192 所示的“冲压开孔”对话框，在该对话框中定义冲压开孔。

步骤 3 绘制冲压开孔截面草图。在“冲压开孔”对话框的“截面线”区域单击“绘制截面”按钮，选择钣金顶面为草图平面，绘制如图 9-193 所示的截面草图。

步骤 4 定义冲压开孔参数。需要设置开孔属性参数及冲模半径参数。

① 设置开孔属性。在“开孔属性”区域的“深度”区域单击按钮调整开孔方向如图 9-194 所示，深度值为 4，双击如图 9-194 所示的冲压侧方向箭头，调整冲压侧指向圆弧内侧，在“侧角”文本框设置开孔侧角为 0°。

② 设置开孔冲压半径。在“设置”区域选中“倒圆冲压开孔”选项，表示在冲压开孔中添加圆角结构，设置冲压半径为 1，如图 9-190 所示。

步骤 5 完成冲压开孔创建。在对话框中单击“确定”按钮，完成冲压开孔创建。

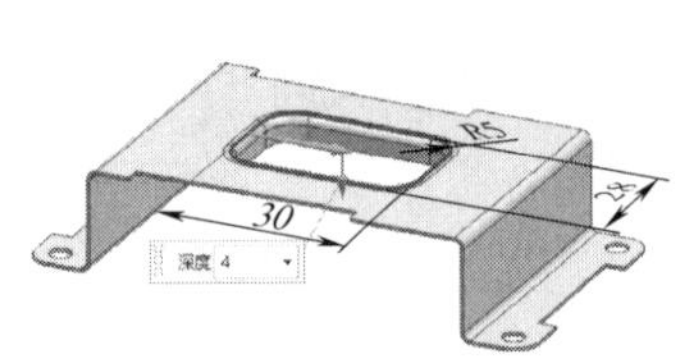

图 9-190 定义冲压开孔参数

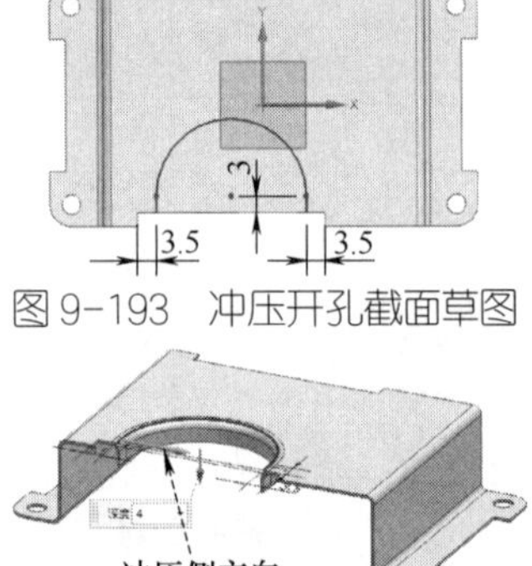

图 9-193 冲压开孔截面草图

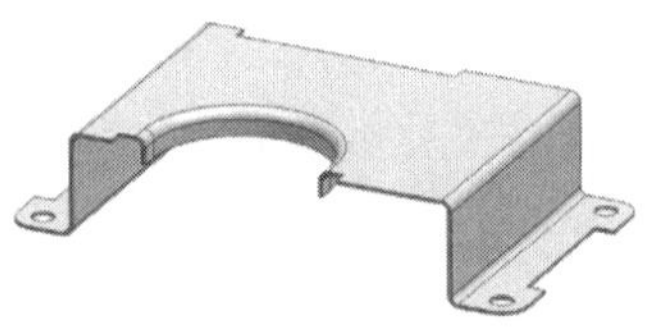

图 9-191 开放轮廓冲压开孔

图 9-192 “冲压开孔”对话框

冲压侧方向

图 9-194 定义冲压开孔参数

9.7.4 钣金筋

“筋”命令用于在钣金件表面创建冲压钣金筋结构，包括封闭轮廓筋及开放轮廓筋。在“主页”选项卡单击“筋”按钮 筋，创建钣金筋结构，下面具体介绍。

开放轮廓筋如图 9-195 所示，这种钣金筋需要根据封闭草图来创建，下面以如图 9-196 所示钣金零件为例，介绍封闭轮廓钣金筋创建过程。

步骤 1 打开练习文件：ch09 sheetmetal\9.7\base_sheet04。

步骤 2　选择命令。在“主页”选项卡单击“筋”按钮 **筋**，系统弹出如图 9-197 所示的“筋”对话框，在该对话框中定义筋参数。

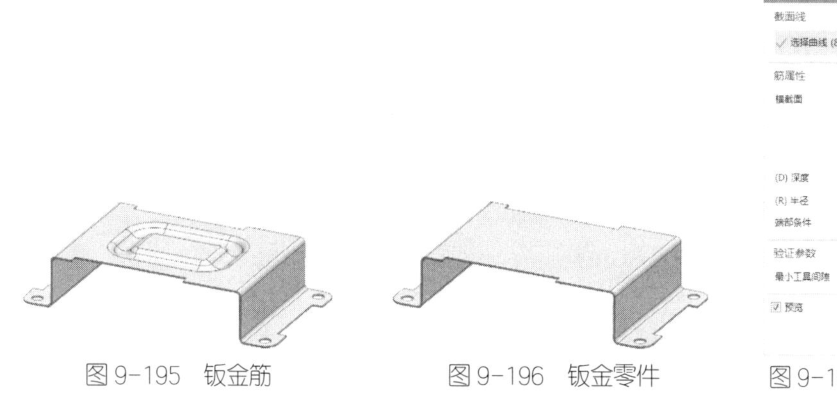

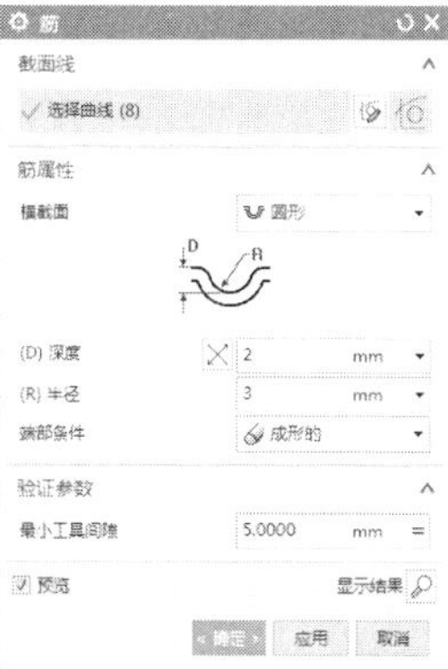

图 9-195　钣金筋　　图 9-196　钣金零件　　图 9-197　“筋”对话框

步骤 3　绘制筋轮廓草图。在“筋”对话框的“截面线”区域单击“绘制截面”按钮，选择钣金顶面为草图平面，绘制如图 9-198 所示的筋轮廓草图。

步骤 4　定义筋参数。在“筋”对话框“筋属性”区域的“横截面”下拉列表中选择“圆形”选项，定义深度为 2，注意单击按钮调整筋方向如图 9-199 所示，定义筋半径为 3，在“端部条件”下拉列表中选择“成形的”选项，如图 9-200 所示。

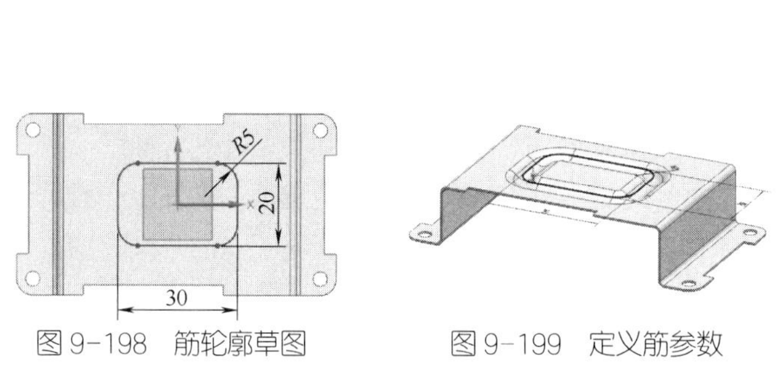

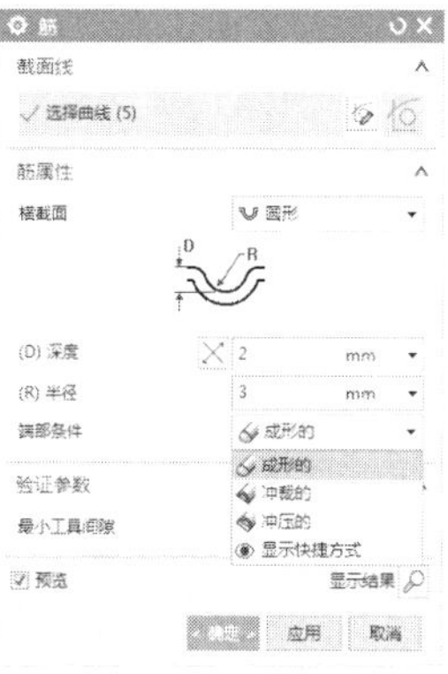

图 9-198　筋轮廓草图　　图 9-199　定义筋参数　　图 9-200　“筋”对话框

说明：如果创建开放轮廓钣金筋，在“筋”对话框“端部条件”下拉列表中设置筋端部条件，包括“成形的”“冲裁的”及“冲压的”三种，如图 9-201 所示。

步骤 5　完成钣金筋创建。在对话框中单击“确定”按钮，完成钣金筋创建。

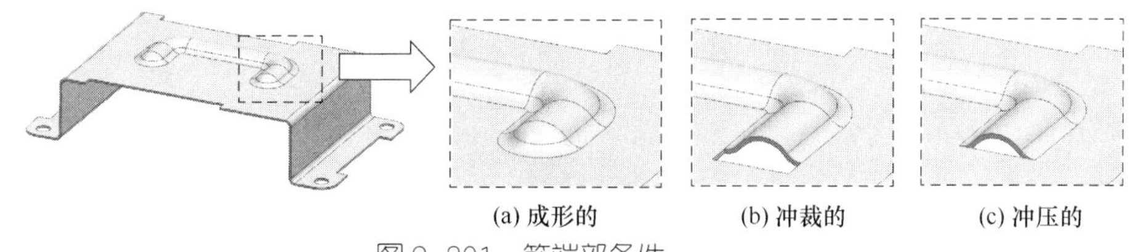

(a) 成形的　　(b) 冲裁的　　(c) 冲压的

图 9-201　筋端部条件

9.7.5 加固板

钣金设计中经常需要在拐角位置设计加固板以增强钣金件的强度。在“主页”选项卡中单击

“加固板”按钮 加固板，用来创建钣金加固板。如图 9-202 所示的钣金零件，需要在钣金拐角位置创建如图 9-203 所示的钣金加固板，下面具体介绍。

步骤 1 打开练习文件：ch09 sheetmetal\9.7\base_sheet05。

步骤 2 选择命令。在“主页”选项卡中单击“加固板”按钮 加固板，系统弹出如图 9-204 所示的“加固板”对话框，在该对话框中定义钣金加固板。

步骤 3 定义加固板位置。选择“ZX 基准平面”为位置参考面，单击位置方向箭头，在弹出的输入框中设置偏移距离为-9，此时加固板位置如图 9-205 所示。

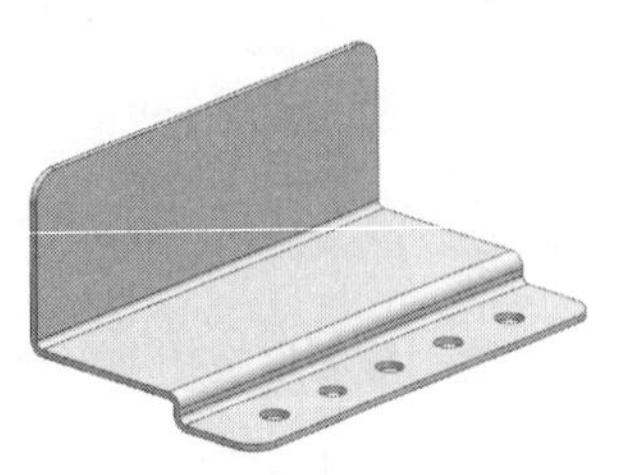

图 9-202 钣金零件

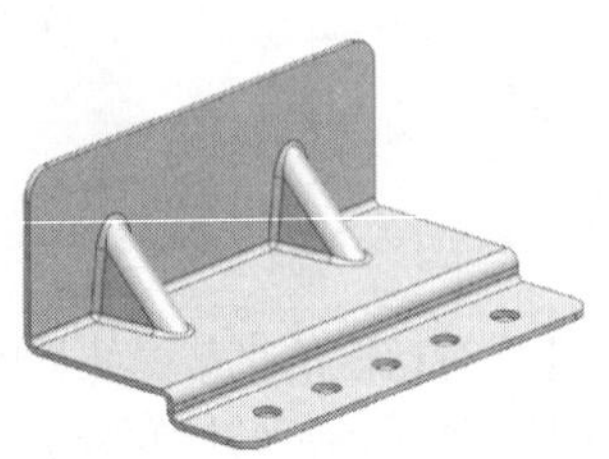

图 9-203 钣金加固板

图 9-204 “加固板”对话框

步骤 4 定义加固板参数。在“加固板”对话框“形状”区域的“成形”下拉列表中选择“圆形”选项，表示创建圆形截面的加固板，在“深度”文本框中设置加固板深度为 5，根据加固板截面图例设置加固板尺寸，设置“宽度”为 2.5，侧角为 10°，冲模半径为 0.5，如图 9-206 所示。

步骤 5 镜像加固板。在“主页”选项卡中选择“镜像”命令，选择以上创建的加固板沿着“ZX 基准平面”进行镜像，如图 9-203 所示。

说明：在创建加固板时，在“形状”区域的“成形”下拉列表中设置加固板截面形状。本例创建的是圆形加固板，如果在“成形”下拉列表中选择“正方形”选项，如图 9-207 所示，用来创建正方形截面的加固板，结果如图 9-208 所示。

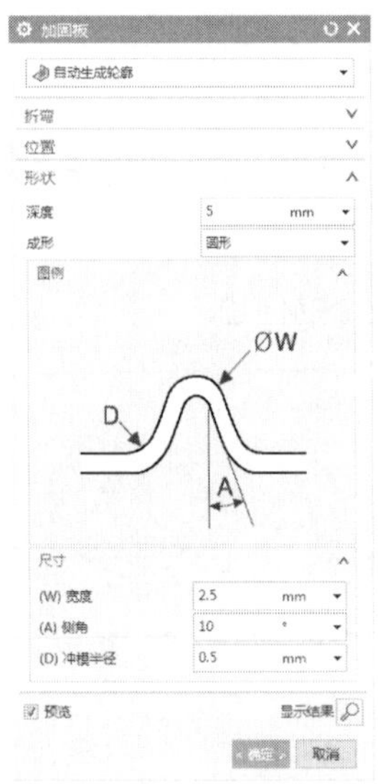

图 9-206 定义加固板参数

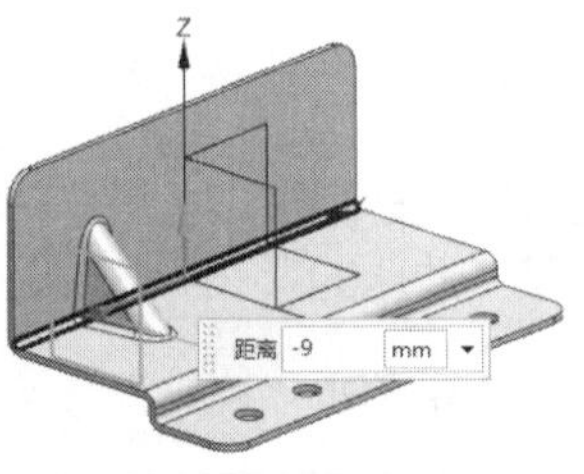

图 9-205 定义加固板位置

图 9-208 正方形加固板

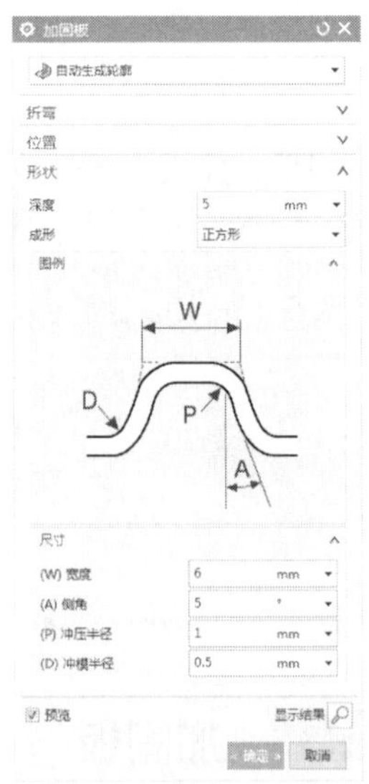

图 9-207 定义正方形加固板

9.8 钣金设计方法

本书前面章节分别介绍了草图设计方法、零件设计方法、曲面设计方法等，不同设计方法主要用于不同结构的设计。钣金设计中同样要掌握各种钣金设计方法，以便完成各种不同类型钣金件的设计，钣金设计方法主要有三种：常规方法、实体转换方法以及曲面方法，具体使用哪种钣金设计方法主要根据钣金件结构特点来确定。

实际钣金设计中，有的钣金件中只包含一些常见钣金结构，如钣金折弯、钣金除料、钣金冲压成形等，如图 9-209 所示的机箱钣金件就属于此类结构，对于这种钣金件可以使用常规方法进行设计；如果钣金件主体类似于一般的实体结构，如图 9-210 所示的机柜主体钣金件就属于此类结构，对于这种钣金件可以使用实体转换方法进行设计；另外，还有一些钣金件中包含各种复杂曲面结构，如复杂成形结构、曲面凹坑结构、渐消曲面结构等，如图 9-211 所示的汽车钣金件就属于此类结构，对于这种钣金件可以使用曲面方法进行设计。本节主要结合一些具体案例详细介绍钣金设计方法。

说明：本节主要是结合钣金零件的设计讲解钣金设计方法，如果是钣金装配产品的设计，还需要使用本书前面章节介绍的装配设计方法及自顶向下设计方法进行设计。

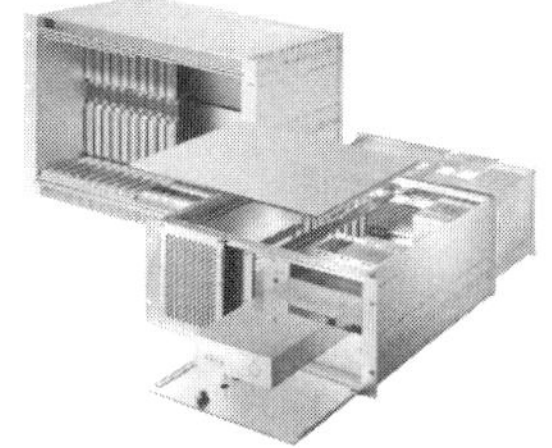

图 9-209　机箱钣金件

图 9-210　机柜主体钣金件

图 9-211　汽车钣金件

9.8.1 常规钣金设计

如果钣金件中只包含一些常见的钣金结构，如钣金折弯、钣金除料、钣金冲压成形等，就需要使用常规方法进行设计。如图 9-212 所示的钣金支架就属于一般类型的钣金件，下面以此为例介绍常规钣金设计方法。

钣金支架设计思路分析：首先创建如图 9-213 所示的钣金基础结构，然后根据钣金结构特点创建如图 9-214 所示的钣金附加结构，接着在钣金主体上创建成形结构，包括其中的加固板结构，如图 9-215 所示，最后创建钣金中的各种细节，如图 9-216 所示。

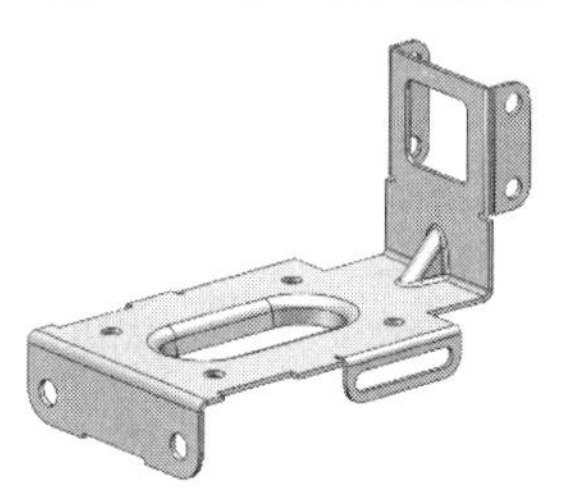

图 9-212　钣金支架

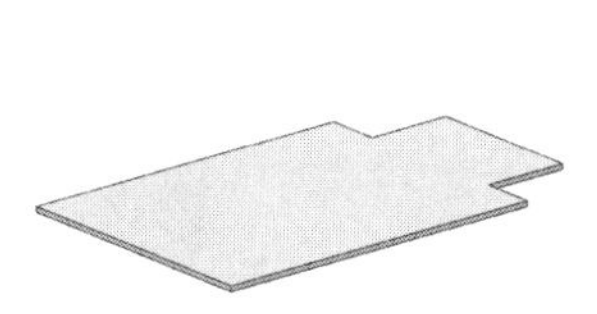

图 9-213　创建钣金基础结构

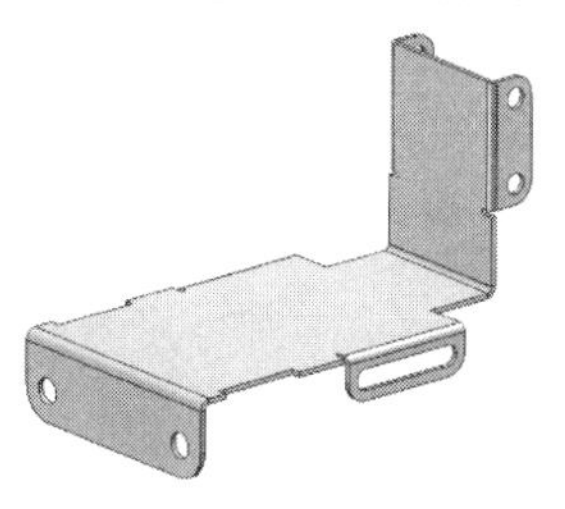

图 9-214　创建附加结构

钣金支架设计过程可参看随书视频讲解。

图 9-215　创建成形结构

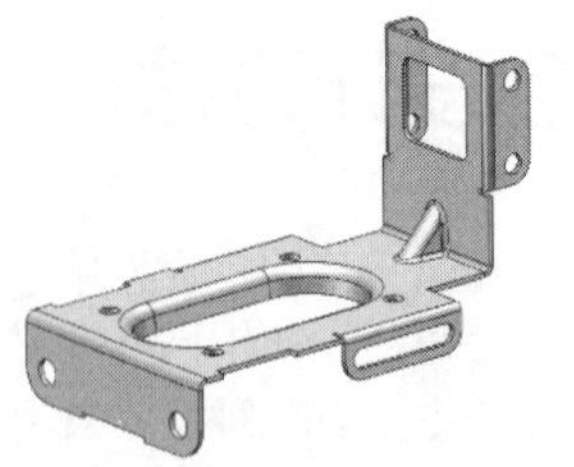

图 9-216　创建钣金细节

扫码看视频讲解

9.8.2 实体转换钣金设计

图 9-217　钣金外罩

如果钣金件从整体来看类似于一般实体零件，同时各种常见的钣金结构，就可以使用实体转换钣金方法进行设计。实体转换钣金设计方法基本思路是先使用实体设计方法做好钣金零件的主体，然后将其转换成钣金件，最后添加各种常见钣金结构（如钣金折弯、钣金除料、钣金冲压成形等），下面以如图 9-217 所示的钣金外罩为例详细介绍实体转换钣金设计方法。

钣金外罩设计思路分析：首先根据钣金外罩结构特点创建如图 9-218 所示的基础实体，然后将基础实体转换成钣金件，如图 9-219 所示，最后在钣金中添加各种细节结构，包括边线法兰、钣金除料及钣金孔等，如图 9-220 所示。

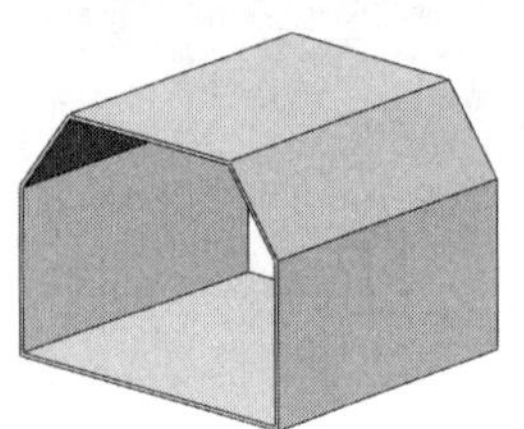

图 9-218　创建基础实体

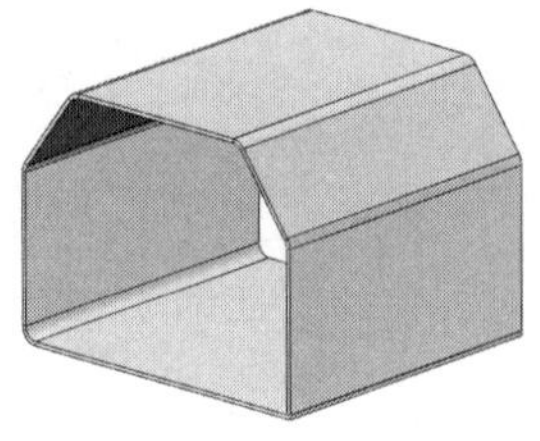

图 9-219　实体转换钣金

图 9-220　创建钣金细节

钣金外罩设计过程可自行参看随书视频讲解。

9.8.3 曲面钣金设计

如果钣金件中包含各种复杂曲面结构，如复杂成形结构、曲面凹坑结构、渐消曲面结构等，这些结构使用常规方法无法完成设计，需要使用曲面方法设计。曲面钣金设计方法基本思路是使用曲面方法创建钣金件主体，然后将曲面加厚得到均匀壁厚的钣金件主体，最后添加各种细节结

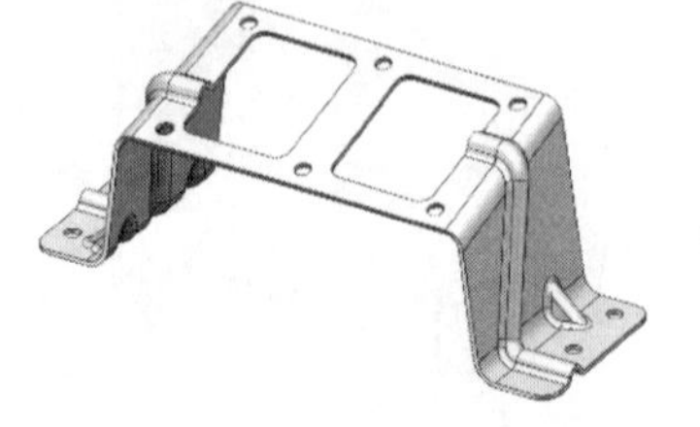

图 9-221　钣金支架

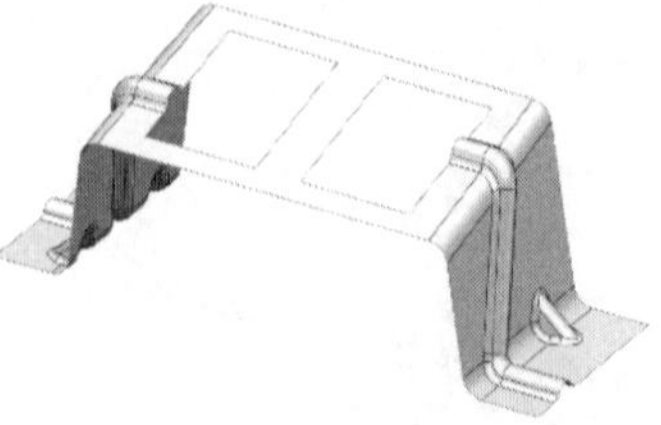

图 9-222　创建主体曲面

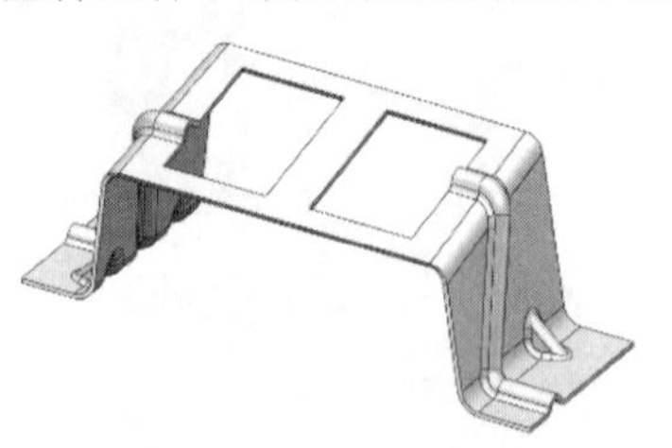

图 9-223　曲面加厚

构（如孔结构、倒角结构、圆角结构等）。如图 9-221 所示的汽车 ECU 钣金支架就属于曲面类型的钣金件（主要是钣金件中的加强筋结构无法使用常规方法来设计），下面以此为例介绍曲面钣金设计方法。

钣金支架设计思路分析： 首先根据钣金支架结构特点创建如图 9-222 所示的主体曲面结构，然后将曲面进行加厚得到均匀壁厚的钣金结构，如图 9-223 所示，最后在加厚的钣金主体上添加各种细节结构，包括钣金除料及钣金孔等，如图 9-221 所示。

钣金支架设计：过程可自行参看随书视频讲解。

9.9 钣金工程图

钣金设计完成后，为了方便实际加工与制造，需要出钣金零件工程图。实际上，创建钣金零件工程图与一般零件工程图的方法是类似的，只是钣金零件工程图中需要创建钣金展开视图，这一点与一般零件工程图是不一样的。如图 9-224 所示的固定支架钣金件及其展开图，现在需要创建如图 9-225 所示的固定支架工程图，其中包括钣金零件视图、展开视图及轴测图，然后是尺寸标注等。

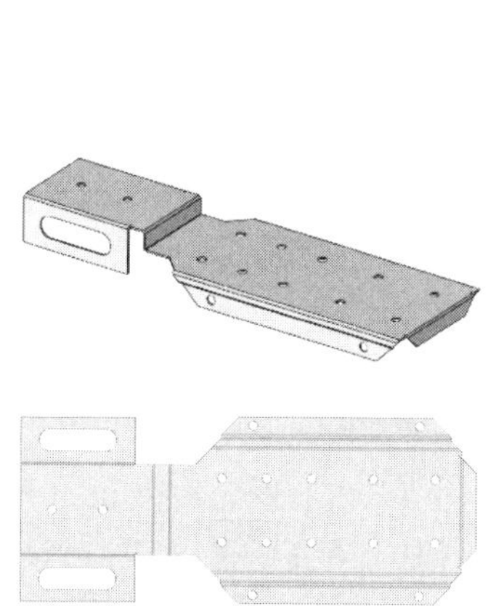

图 9-224　固定支架钣金件

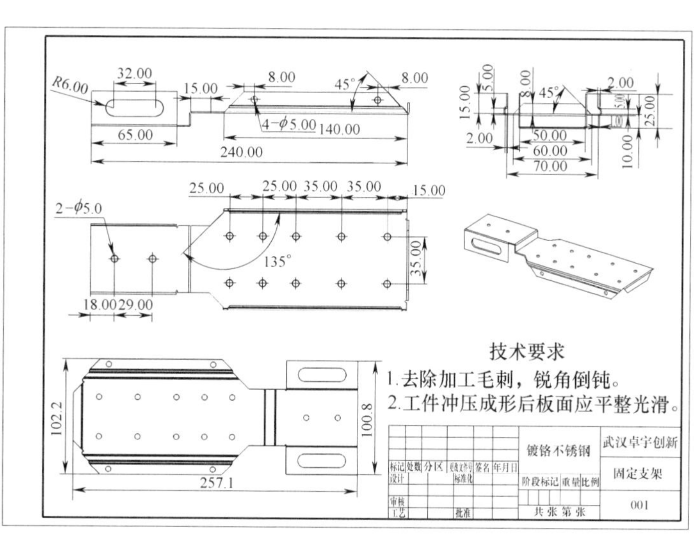

图 9-225　固定支架工程图

9.9.1 创建钣金工程图视图

根据固定支架工程图要求，需要创建钣金零件的主视图、左视图、俯视图及轴测图，还有钣金零件的展开视图，下面具体介绍。

步骤 1　打开练习文件：ch09 sheetmetal\9.9\fix_bracket。

步骤 2　新建工程图文件。在“应用模块”选项卡中单击“制图”按钮切换至工程图模块，在“主页”选项卡中单击“新建图纸页”按钮，在系统弹出的“工作表”对话框中使用文件夹中提供的 A3 工程图模板新建工程图文件。

步骤 3　创建基本视图。首先创建主视图、俯视图及左视图，视图比例为 1∶1.25，然后创建轴测图，轴测图视图比例为 1∶2，结果如图 9-226 所示。

步骤 4　创建展开视图。在 NX 中创建钣金展开视图需要首先创建钣金展开图样，然后在工

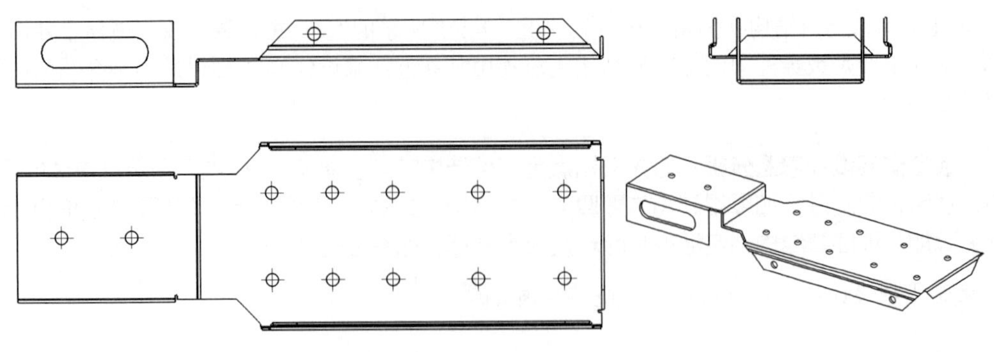

图 9-226　创建钣金零件视图

程图环境中使用展平图样创建展开视图。

① 创建展平图样。切换至建模环境，在“主页”选项卡的“展平图样”菜单中单击“展平图样”按钮 展平图样，系统弹出如图 9-227 所示的“展平图样”对话框，选择如图 9-228 所示的模型表面为向上面，单击“确定”按钮，此时在部件导航器最后生成钣金件展平图样特征，如图 9-229 所示，该展平图样将来用于创建工程图展平图。

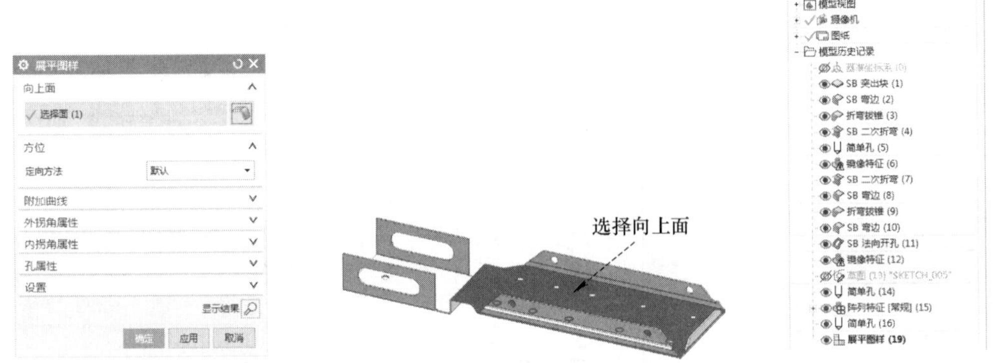

图 9-227　“展平图样”对话框　　图 9-228　选择向上面　　图 9-229　展平图样结果

② 创建展平视图。切换至工程图环境，在“主页”选项卡中单击“基本视图”按钮，在“基本视图”对话框“模型视图”区域的“要使用的模型视图”下拉列表中选择“FLAT-PATTERN#1（前面创建的展平图样）”选项，如图 9-230 所示，视图比例为 1∶1.5，在合适位置单击放置展平视图，如图 9-231 所示，此时视图不规范，需要整理。

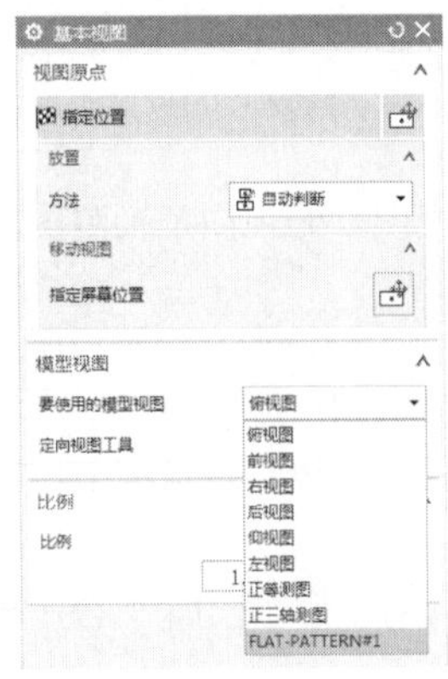

图 9-230　定义基本视图

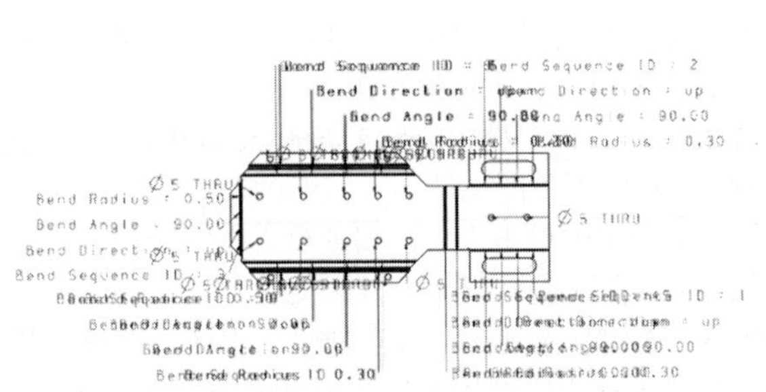

图 9-231　初步基本视图

③ 旋转视图。双击展平视图，系统弹出“设置”对话框，展开“公共”节点，单击“角度”节点，在对话框“角度”区域的“角度”文本框中设置视图角度为 180°，如图 9-232 所示，单击“确定”按钮，结果如图 9-233 所示。

图 9-232　设置视图旋转角度

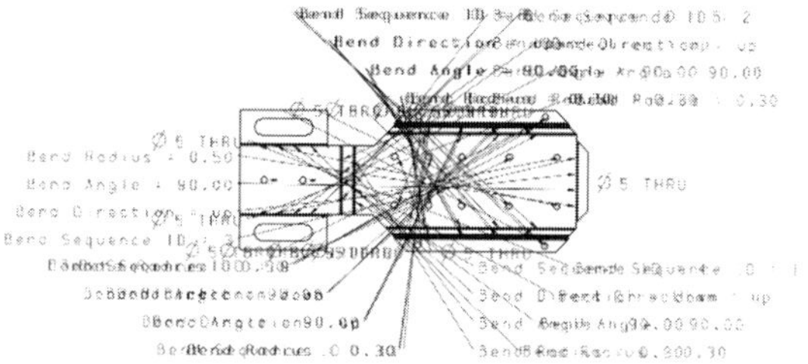

图 9-233　旋转视图结果

④ 整理视图。根据本例展开视图需要，将视图中的所有标注全部删除，结果如图 9-234 所示，后期通过添加尺寸标注得到完整的展开视图。

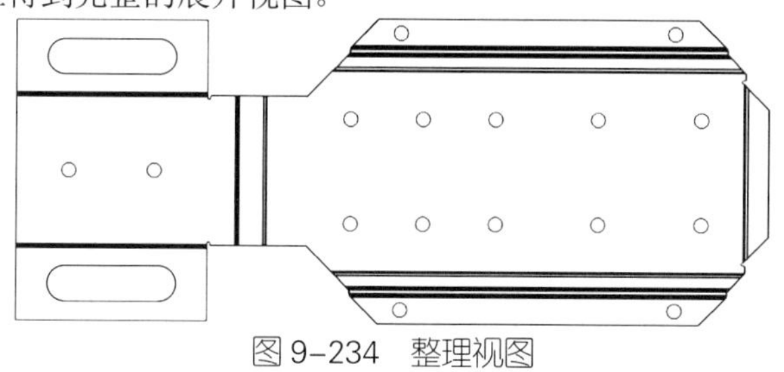

图 9-234　整理视图

9.9.2　创建钣金工程图标注

根据固定支架工程图要求，需要在主视图、俯视图、左视图及展开视图中创建尺寸标注及技术要求，下面具体介绍。

步骤 1　创建主视图尺寸标注。主视图尺寸标注如图 9-235 所示。

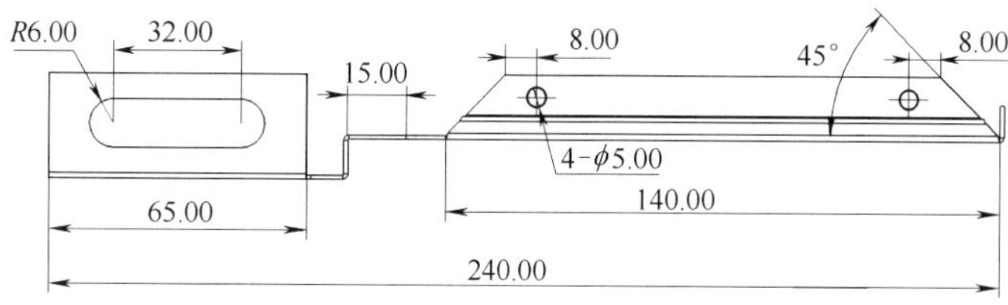

图 9-235　标注主视图尺寸

步骤 2　创建俯视图尺寸标注。俯视图尺寸标注如图 9-236 所示。

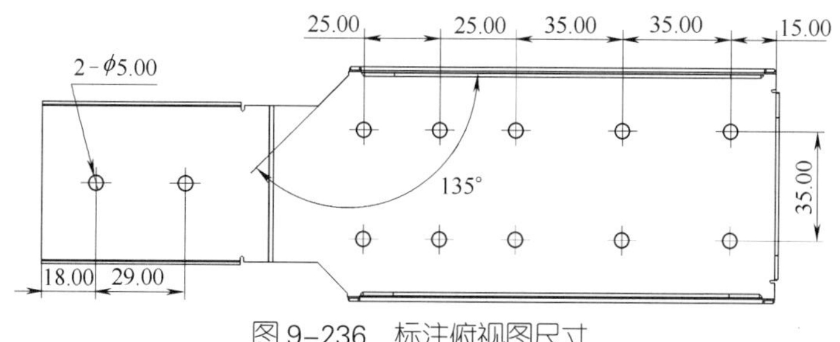

图 9-236　标注俯视图尺寸

步骤 3 创建展开视图尺寸标注。展开视图尺寸标注如图 9-237 所示。

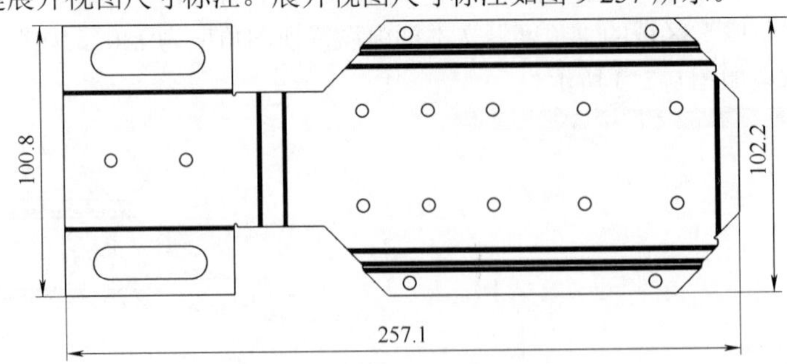

图 9-237 标注展开视图尺寸

步骤 4 创建左视图尺寸标注。左视图尺寸标注如图 9-238 所示。

步骤 5 创建技术要求。在图纸空白位置创建如图 9-239 所示的注释文本。

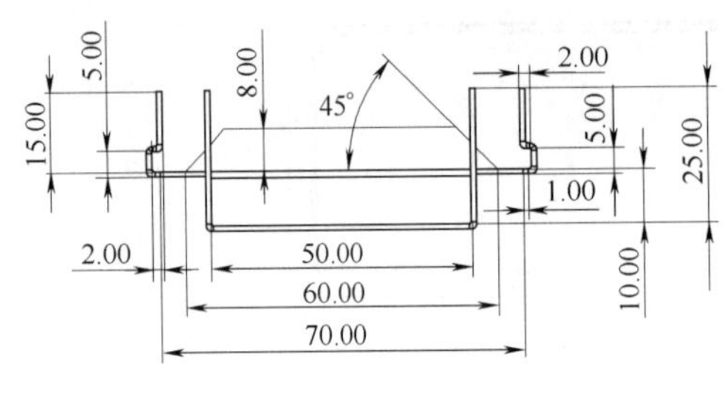

图 9-238 标注左视图尺寸

技术要求

1.去除加工毛刺，锐角倒钝。

2.工件冲压成形后板面应平整光滑。

图 9-239 创建注释文本

第10章 运动仿真

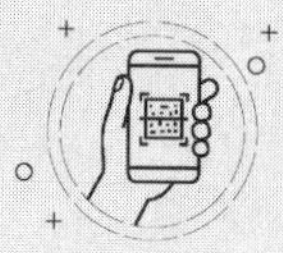

微信扫码，立即获取
全书配套视频与资源

在实际产品设计过程中经常需要对产品结构进行动态模拟、仿真与分析，以便了解机构模型在运动过程中是否存在设计问题或缺陷，要完成这些工作需要使用 NX 运动仿真功能。

10.1 运动仿真基础

学习和使用运动仿真之前需要首先认识运动仿真作用，熟悉运动仿真用户界面，这些都是学习和使用运动仿真的必备基础知识。

10.1.1 运动仿真作用

NX 运动仿真功能主要包括以下 3 个方面的作用：

① 创建产品工作原理演示动画，与传统的文字说明或图纸展示相比较更直观。

② 对运动机构进行动态运动模拟，同时还可以测量机构运动数据，帮助用户在制造样机之前验证产品机构运动状态及运动参数是否达到预期效果。

③ 检验产品设计的合理性并提供反馈依据，如果在动画与运动仿真过程中存在设计不合理的问题可以提出改进意见，确保产品设计符合实际运动要求。

10.1.2 运动仿真用户界面

在 NX 中提供了专门的运动仿真模块，在“应用模块”选项卡中单击“运动”按钮，系统进入 NX 运动仿真模块。下面打开仿真文件 ch10 motion\10.1\universal_asm_motion1.sim 熟悉 NX 运动仿真用户界面，如图 10-1 所示。

说明：此处在打开文件时一定要注意，不要打开 universal_asm 文件，因为该文件为模型文件，如果打开该文件，选择“运动”按钮后，还需要新建仿真文件才能正式进入 NX 运动仿真模块。此时直接打开已经做好的仿真文件 universal_asm_motion1.sim，系统直接打开 NX 运动仿真用户界面，然后在该界面中熟悉 NX 运动仿真环境及常用工具。

（1）运动仿真选项卡

在 NX 运动仿真模块中主要会使用到三个选项卡，下面具体介绍。

① 运动仿真“主页”选项卡。如图 10-2 所示，用来定义机构模型，包括定义运动体、运动副、驱动条件、连接条件及接触条件等，这也是运动仿真中最重要的工作内容。

② 运动仿真“分析”选项卡。如图 10-3 所示，用来定义运动分析，包括运动干涉分析、运动测量、追踪分析及动画控制等，主要帮助用户进行各种运动分析。

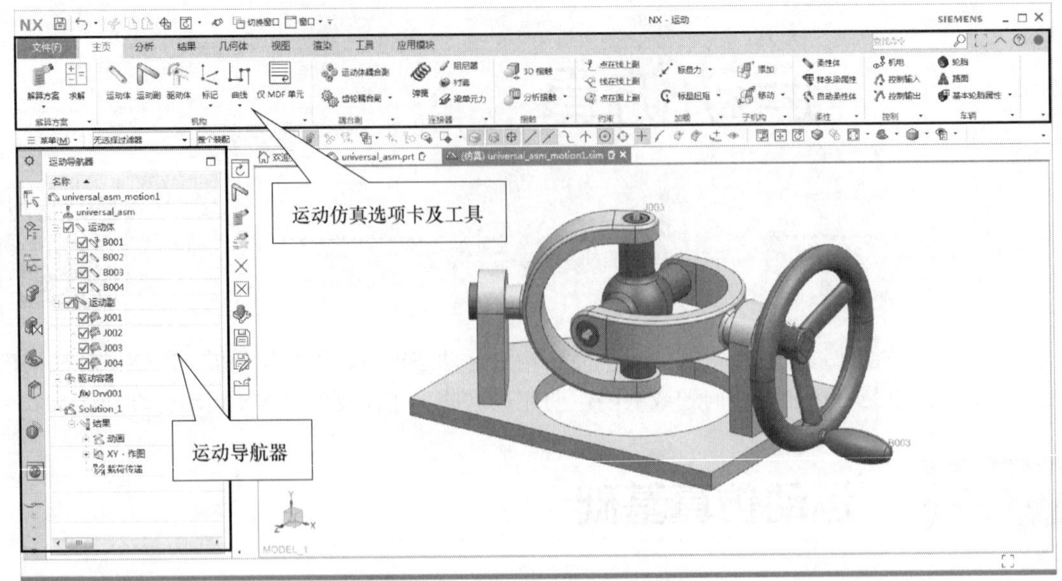

图 10-1　NX 运动仿真用户界面

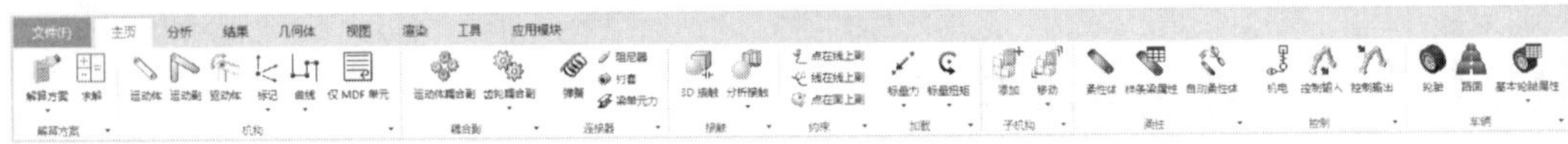

图 10-2　“主页”选项卡

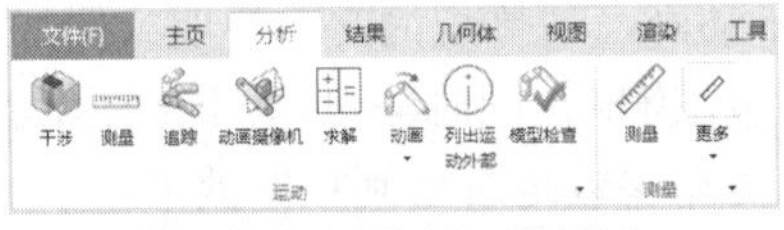

图 10-3　“分析”选项卡

③ 运动仿真“结果”选项卡。如图 10-4 所示，主要包括仿真结果查看及导出仿真视频工具，除此以外还包括其他的一些辅助工具，如“返回到模型”工具。

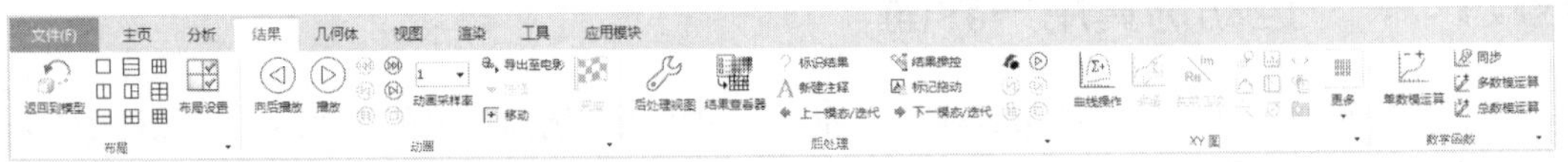

图 10-4　“结果”选项卡

（2）运动导航器

运动导航器是运动仿真中非常重要的一项管理工具，主要用于管理运动仿真中的各项数据，一般包括运动体、运动副、驱动容器及 Solution_1，如图 10-5 所示。

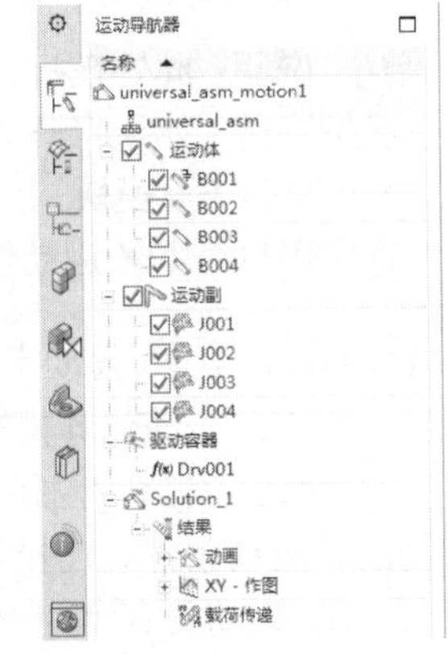

图 10-5　运动导航器

① 运动体。运动体包括“固定运动体”与“一般运动体”，在运动仿真中一般将机构中的机架或固定不动的对象定义为“固定运动体”，将运动的对象定义为“一般运动体”，运动体是定义运动副的基础，运动副需要定义在运动体上。

② 运动副。运动副用来定义机构模型中运动体之间的连接关系，使用不同的运动副能够模拟运动体之间不同的运动，在机构模型中正确定义运动副是运动仿真的关键。

③ 驱动容器。驱动容器用来管理机构中的所有驱动条件，驱动条件是机构的“原动力”，没有驱动条件机构就无法运动，可见驱动条件的重要性。

④ Solution_1。Solution_1 用来管理机构中的解算方案及结果数据，同一个仿真文件中允许有多个解算方案，不同的解算方案用来管理机构的不同工况数据。

10.2 运动仿真过程

为了让读者尽快熟悉 NX 运动仿真思路及基本操作，下面通过一个具体案例详细介绍 NX 运动仿真，如图 10-6 所示的电动机模型，现在需要通过 NX 运动仿真模拟电动机带轮的旋转运动。

（1）进入仿真模块并新建仿真文件

运动仿真之前需要进入运动仿真模块并新建仿真文件，下面具体介绍。

步骤 1　打开练习文件 ch10 motion\10.2\motor_asm。

步骤 2　进入运动仿真模块。在“应用模块”选项卡中单击“运动”按钮，系统进入 NX 运动仿真模块，此时仿真模块中的命令还无法使用，接下来需要新建仿真文件并设置仿真环境才能够使用这些运动仿真命令。

步骤 3　新建仿真文件。在“主页”选项卡中单击“新建仿真”按钮，系统弹出如图 10-7 所示的“新建仿真”对话框，在“新文件名”区域的“名称”文本框中输入仿真文件名称为 motor_asm_motion.sim，单击“确定”按钮。

图 10-6　电动机模型

图 10-7　“新建仿真”对话框

说明： 新建仿真文件除了本例介绍的方法以外，还可以在运动导航器的“motor_asm”对象上单击右键选择“新建仿真”命令，如图 10-8 所示。

步骤 4　设置仿真环境。新建仿真文件后，系统弹出如图 10-9 所示的“环境”对话框，在该对话框中设置仿真环境。在“分析类型”区域选中“动力学”选项，在“运动副向导”区域取消选中“新建仿真时启动运动副向导”选项，单击“确定”按钮。

完成以上操作后，系统正式进入 NX 运动仿真环境，运动导航器如图 10-10 所示。

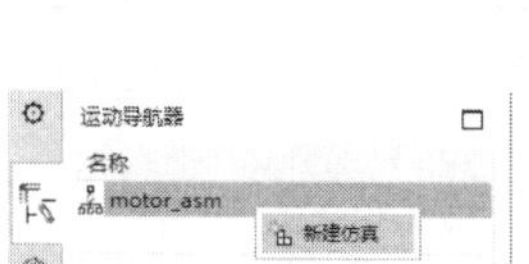

图 10-8 新建仿真

图 10-9 “环境”对话框

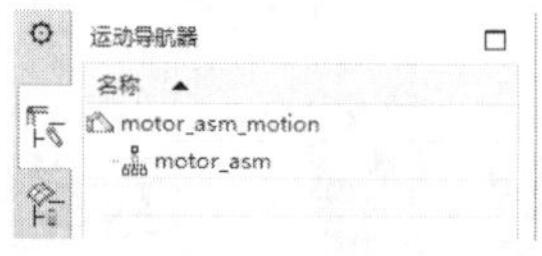

图 10-10 新建仿真结果

（2）定义运动体

本例需要定义两个运动体，一个是电动机主体，另外一个是电动机带轮。其中电动机主体是固定不动的，需要定义成“固定运动体”；电动机带轮能够旋转运动，需要定义成“一般运动体”，下面具体介绍运动体定义。

步骤 1 选择命令。在“主页”选项卡中单击“运动体”按钮，系统弹出如图 10-11 所示的“运动体”对话框，在该对话框中定义运动体。

步骤 2 定义电动机主体运动体（固定运动体）。在模型上选择电动机主体为运动体对象，在“质量属性选项”区域下拉列表中选择“自动”选项，在“设置”区域选中“不使用运动副而固定运动体”选项，单击“应用”按钮，完成运动体定义。

步骤 3 定义带轮运动体（一般运动体）。在模型上选择电动机带轮为运动体对象，在“质量属性选项”区域下拉列表中选择“自动”选项，在“设置”区域取消选中“不使用运动副而固定运动体”选项，表示将选中的对象定义成一般运动体，单击“确定”按钮，完成运动体定义，结果如图 10-12 所示。

（3）定义运动副

本例需要模拟电动机带轮的旋转运动，需要在电动机带轮上添加一个旋转副。

步骤 1 选择命令。在“主页”选项卡中单击“运动副”按钮，系统弹出如图 10-13 所示的“运动副”对话框，在该对话框中定义运动副。

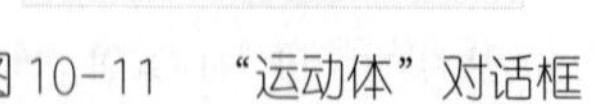

图 10-11 “运动体”对话框

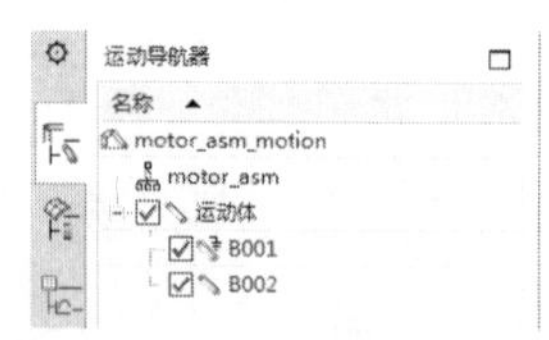

图 10-12 定义运动体结果

图 10-13 “运动副”对话框

步骤 2 定义运动副类型。在对话框的“类型”下拉列表中选择“旋转副”选项。

步骤 3 定义运动副属性。在对话框的“动作”区域定义运动副属性，包括运动体对象、运动副原点及运动副矢量，下面具体介绍。

① 选择运动体。运动副必须要定义到运动体上，在“选择运动体”位置单击，然后在模型上选择电动机带轮为运动体对象，表示在电动机带轮上定义运动副。

② 定义原点。旋转副原点必须是旋转副旋转轴上的点，在“指定原点”位置单击，在下拉列表中选择⊙，然后在模型上选择如图 10-14 所示的圆弧边线为原点参考，表示选择该圆弧边线的圆心为旋转副原点。

③ 定义矢量。旋转副矢量必须是旋转副的旋转轴方向，在“指定矢量”位置单击，然后选择如图 10-15 所示的矢量为旋转副矢量。

说明：此处定义旋转矢量关系到旋转副的旋转方向，按照“右手定则”判断，大拇指指向方向为旋转副矢量方向，四根手指指向方向为旋转副旋转方向。

步骤 4　完成旋转副定义。在对话框中单击“确定”按钮，结果如图 10-16 所示。

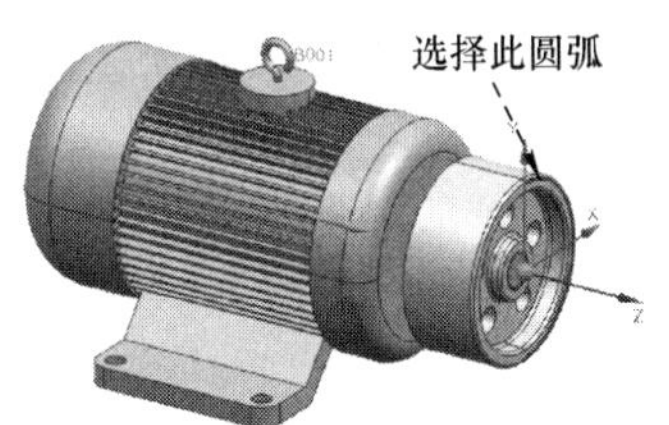

图 10-14　定义原点

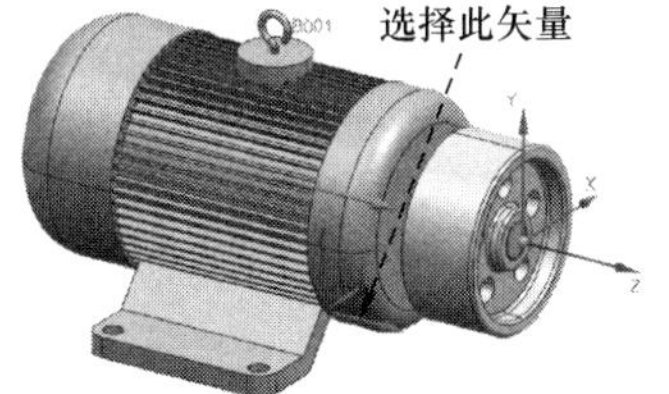

图 10-15　定义矢量

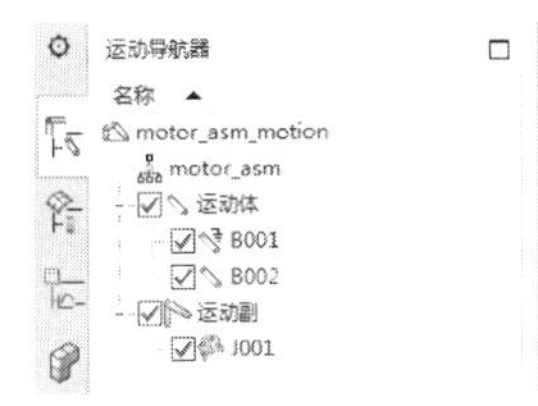

图 10-16　定义运动副结果

（4）定义驱动条件

运动仿真中必须要在合适位置添加驱动条件才能使机构运动。本例要模拟电动机带轮的旋转运动，需要在电动机带轮的旋转副上定义驱动条件。

步骤 1　选择命令。在“主页”选项卡中单击“驱动体”按钮，系统弹出如图 10-17 所示的“驱动”对话框，在该对话框中定义驱动条件。

步骤 2　定义驱动属性。包括驱动类型、驱动对象及驱动方式等。

① 定义驱动类型。在对话框的“驱动类型”下拉列表中选择“运动副驱动”，表示在运动副上定义驱动条件。本例需要在电动机带轮的旋转副上定义驱动条件。

② 定义驱动对象。在运动导航器中选择电动机带轮的旋转副为驱动对象。

③ 定义驱动方式。在对话框“旋转”区域下拉列表中选择“多项式”选项，表示定义多项式数驱动，在“速度”文本框中设置旋转速度为 70°/s。

运动仿真中定义驱动条件除了本例介绍的方法外，还可以直接在“运动副”对话框中定义驱动条件。在“运动副”对话框中单击“驱动”选项卡，如图 10-18 所示，在该选项卡的下拉列表中同样可以定义驱动方式。

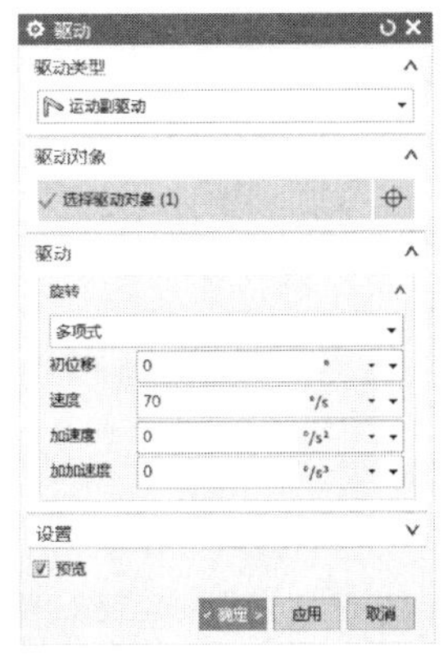

图 10-17　“驱动”对话框

图 10-18　在运动副定义驱动

图 10-19　“解算方案”对话框

（5）定义解算方案并求解

定义解算方案就是定义机构运行方式及时间范围，定义解算方案后需要求解，如果在求解中没有问题就可以运行机构仿真，这也是运动仿真中的最后一个步骤。

步骤 1 选择命令。在“主页”选项卡中单击“解算方案”按钮，系统弹出如图 10-19 所示的“解算方案”对话框，在该对话框中定义解算方案属性。

步骤 2 定义解算方案。在对话框“解算方案选项”区域的“解算类型”下拉列表中选择“常规驱动”选项，在“分析类型”下拉列表中选择“运动学/动力学”选项，设置时间为 10s，步数为 1000（步数越大，运行越慢），选中“按“确定”进行求解”选项，单击“确定”按钮，系统自动开始求解计算，此时系统弹出如图 10-20 所示的“信息”窗口，在该窗口中显示求解进度，当进度状态到 100%，表示求解没问题。

> **说明：** 定义解算方案时，在对话框中选中“按“确定”进行求解”选项，表示单击“确定”按钮后系统自动开始求解。如果不选中该选项，需要在“主页”选项卡中单击“求解”按钮，系统开始求解计算，通过“信息”窗口查看求解进度。

（6）查看运动仿真并导出仿真视频

如果上一步的求解计算没问题就可以运行仿真，还可以将运行过程导出视频。

步骤 1 运行仿真。在“结果”选项卡中单击“播放”按钮，开始运行仿真。

步骤 2 导出视频。在“结果”选项卡中单击“导出至电影”按钮 导出至电影，系统弹出如图 10-21 所示的“录制电影”对话框，在对话框中设置文件名称及文件类型，如图 10-21 所示，单击“OK”按钮，完成仿真视频导出。

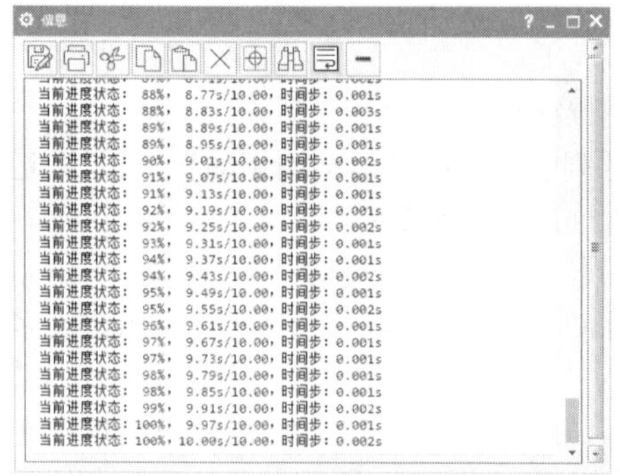

图 10-20 “信息”窗口

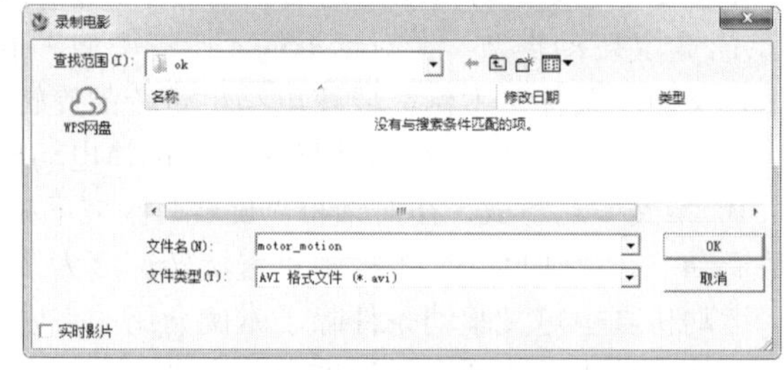

图 10-21 “录制电影”对话框

10.3 运动体

运动仿真中的“运动体”是指机构模型中的机构构件。运动体包括“固定运动体”与“一般运动体”。在运动仿真中一般将机构中的机架或固定不动的对象定义为“固定运动体”，将运动的对象定义为“一般运动体”。运动体是定义运动副的基础，运动副需要定义在运动体上。

10.3.1 自动定义运动体

如果机构模型中的对象都是确定的实体对象（不管是外部导入的模型还是在 NX 中创建的模型都可以），这种情况下可以直接使用自动计算质量属性的方式定义运动体，下面以如图 10-22 所示的万向节机构模型为例介绍自动定义运动体操作。

运动体分析：在定义运动体之前需要首先分析机构模型，然后根据运动仿真要求正确定义运动体。在万向节机构模型中，底座模型（如图 10-23 所示）主要起到支撑固定的作用，在定义运动体时需要将其定义为“固定运动体”。除此以外，主动件部分如图 10-24 所示，从动件部分如图 10-25 所示，十字接头部分如图 10-26 所示，这三部分在仿真过程中都能够运动，需要将其分别定义为三个“一般运动体”，下面具体介绍。

图 10-22　万向节机构模型

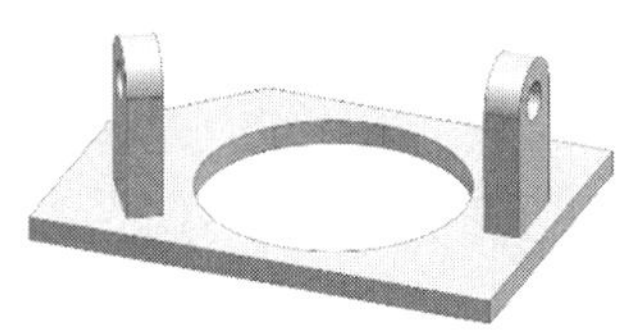

图 10-23　底座模型

图 10-24　主动件部分

步骤 1　打开练习文件 ch10 motion\10.3\01\motion_body.sim。

步骤 2　选择命令。在“主页”选项卡中单击“运动体”按钮。

步骤 3　定义底座运动体。在模型上选择底座为运动体对象，在“质量属性选项”区域下拉列表中选择“自动”选项，在“设置”区域选中“不使用运动副而固定运动体”选项，如图 10-27 所示，单击“应用”按钮，完成运动体定义。

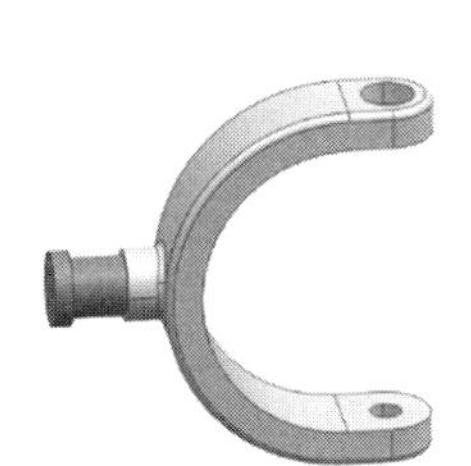

图 10-25　从动件部分

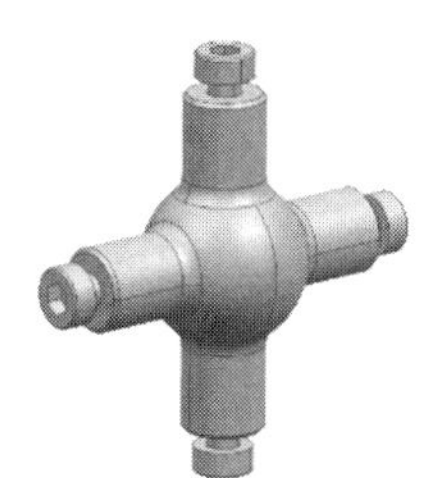

图 10-26　十字接头部分

图 10-27　定义固定运动体

步骤 4　定义主动件运动体。在模型上选择主动件部分（包括手轮、连接轴及主动半轴）为运动体对象，在“设置”区域取消选中“不使用运动副而固定运动体”选项，如图 10-28 所示，单击“应用”按钮，完成运动体定义。

步骤 5　定义从动件运动体。在模型上选择从动件部分（包括连接轴及从动半轴）为运动体对象，单击“应用”按钮，完成运动体定义。

步骤 6　定义十字接头运动体。在模型上选择十字接头部分（包括十字接头及螺钉）为运动体对象，单击“确定”按钮，完成运动体定义，结果如图 10-29 所示。

10.3.2 用户定义运动体

如果机构模型中的对象是曲线或曲面对象，这种情况下系统无法自动计算质量属性，需要用户自定义质量属性完成运动体定义。

如图 10-30 所示的起重机机构简图，根据起重机机构运动仿真要求，需要定义起重机中底座、起重臂、油缸及活塞杆四个运动体，因为该机构模型为草图模型，在定义运动体时需要用户自定义质量属性，下面具体介绍。

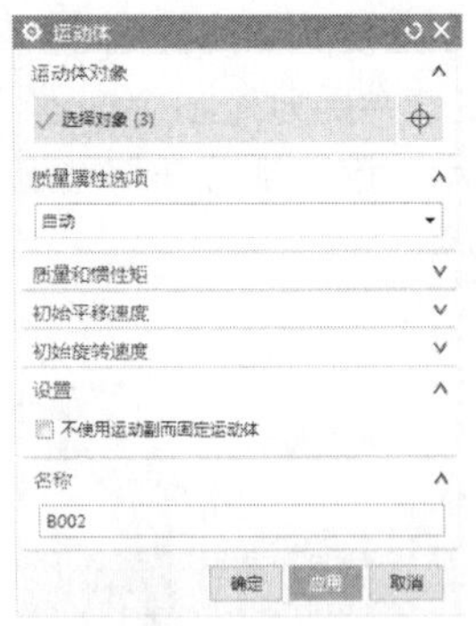

图 10-28　定义一般运动体

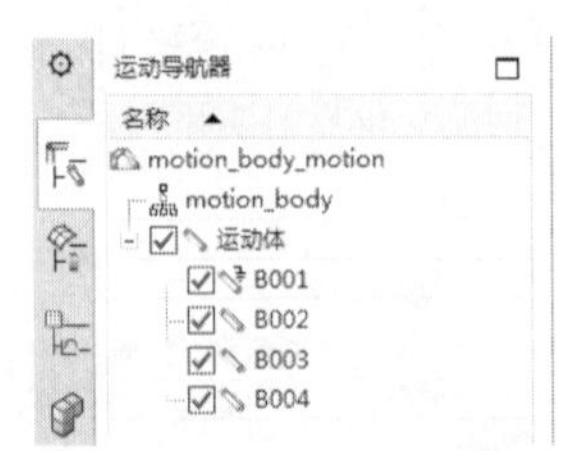

图 10-29　定义运动体结果

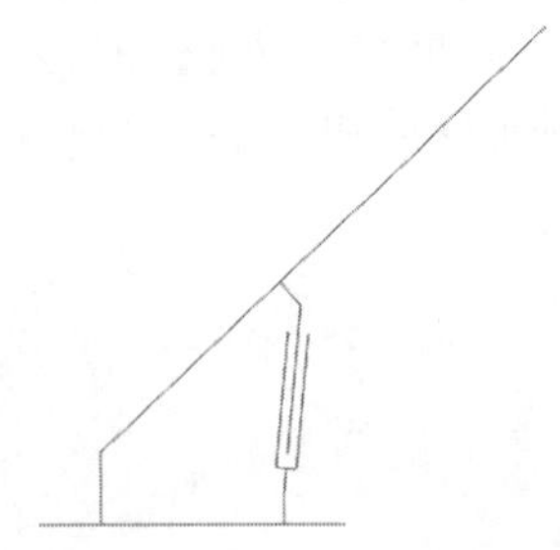

图 10-30　起重机机构简图

步骤 1　打开练习文件 ch10 motion\10.3\02\motion_body.sim。

步骤 2　选择命令。在“主页”选项卡中单击“运动体”按钮。

步骤 3　定义底座运动体。在“运动体”对话框“质量属性选项”区域下拉列表中选择“用户定义”选项，如图 10-31 所示，选择如图 10-32 所示的草图曲线为底座对象，在“质量和惯性矩”区域单击“质心”位置，选择如图 10-33 所示的底部直线中点为底座质心，设置质量及惯性矩参数，如图 10-31 所示，在“设置”区域选中“不使用运动副而固定运动体”选项，单击“应用”按钮，完成底座运动体定义。

步骤 4　定义起重臂运动体。选择如图 10-34 所示的草图曲线为起重臂对象，选择如图 10-35 所示的起重臂直线中点为质心，设置质量及惯性矩参数如图 10-36 所示，在“设置”区域取消选中“不使用运动副而固定运动体”选项，单击“应用”按钮。

图 10-31　定义底座运动体

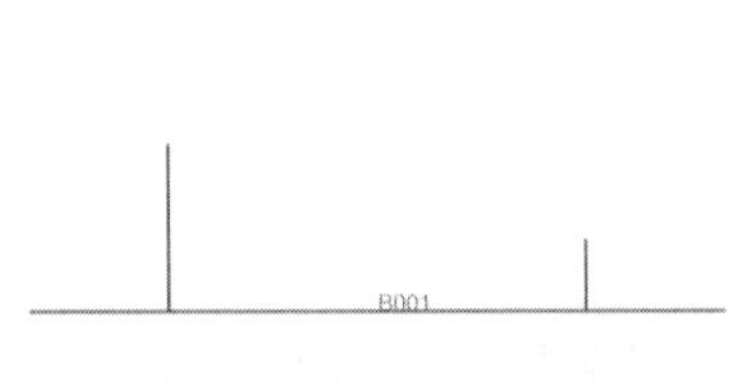

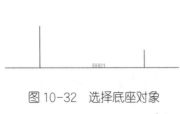

图 10-32　选择底座对象

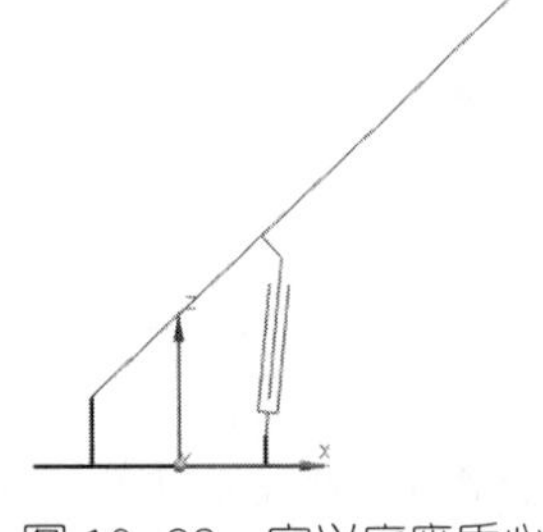

图 10-33　定义底座质心

图 10-34　选择起重臂对象

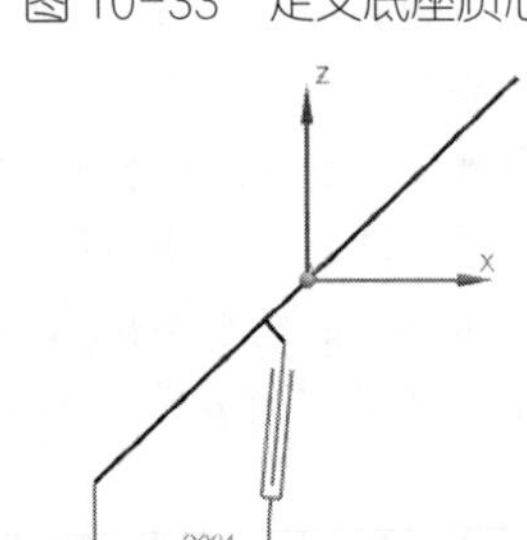

图 10-35　定义起重臂质心

步骤 5　定义油缸运动体。选择如图 10-37 所示的草图曲线为油缸对象，选择如图 10-38 所示的油缸底部直线中点为质心，质量及惯性矩参数同上，单击“应用”按钮。

步骤 6　定义活塞杆运动体。选择如图 10-39 所示的草图曲线为活塞杆对象，选择如图 10-40 所示的活塞杆直线中点为质心，质量及惯性矩参数同上，单击“应用”按钮。

完成运动体定义结果如图 10-41 所示，在 NX 中可以直接使用草图对象进行运动仿真，这样能够节省创建机构模型的时间，提高运动仿真效率。本例定义完运动体后，在合适位置添加运动副及驱动就能够直接对草图对象进行运动仿真。

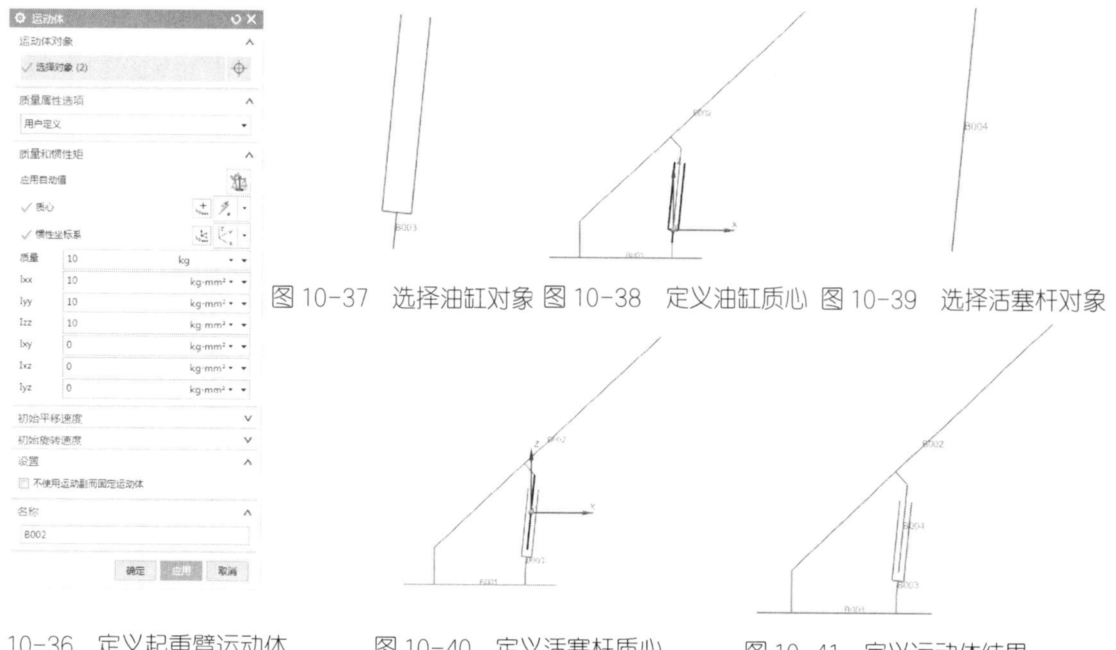

图 10-36　定义起重臂运动体

图 10-37　选择油缸对象　图 10-38　定义油缸质心　图 10-39　选择活塞杆对象

图 10-40　定义活塞杆质心

图 10-41　定义运动体结果

10.4　运动副

运动仿真的关键是在机构中的各个连接位置添加合适的运动副，不同运动副才能够实现机构的不同运动。NX 提供了多种运动副类型，包括一般运动副、约束运动副、齿轮耦合运动副。

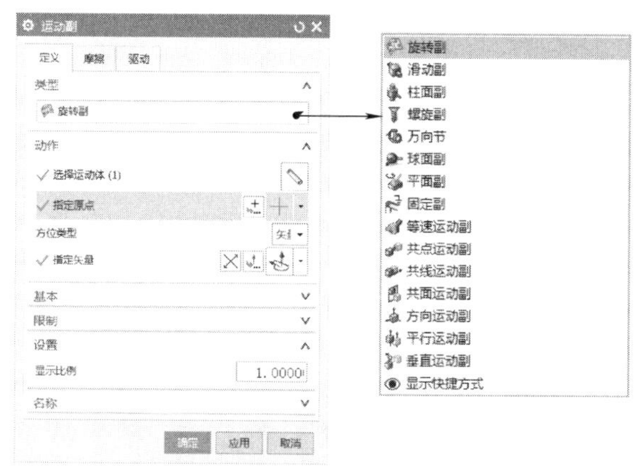

图 10-42　“运动副”对话款

10.4.1　一般运动副

在“主页”选项卡中单击“运动副”按钮，系统弹出如图 10-42 所示的“运动副”对话框，在该对话框中定义一般运动副，包括旋转副、滑动副、柱面副、螺旋副及万向节等。一般运动副既可以独立使用以实现一种特定的运动效果，也可以作为定义其他高级运动副的基础。下面具体介绍常用一般运动副定义。

（1）旋转副

使用“旋转副”定义一个运动体绕轴旋转运动，或定义两个运动体绕同一根轴旋转运动，如图 10-43 所示的四杆机构，其中连杆 1 相当于机架，是固定的，连杆 2 和连杆 3 可绕连杆 1 两端圆孔轴线旋转运动，连杆 2 和连杆 4，连杆 3 和连杆 4 连接位置可以相互转动，下面以此为例介绍旋转副定义。

步骤 1　打开练习文件 ch10 motion\10.4\01\01\revolute_motion.sim。

步骤 2　定义连杆 2 与连杆 1 之间的旋转副。

① 选择命令。在“主页”选项卡中单击“运动副”按钮，系统弹出“运动副”对话框，在对话框的“类型”下拉列表中选择“旋转副”选项，如图 10-44 所示。

② 选择运动体。选择连杆 2 运动体对象，表示将运动副添加到连杆 2 上。

③ 定义原点。旋转副原点必须是旋转副旋转轴上的点，在“指定原点”位置单击，在下拉列表中选择⊙，在模型上选择如图 10-45 所示的圆弧边线为原点参考，表示选择该圆弧边线的圆心为旋转副原点。

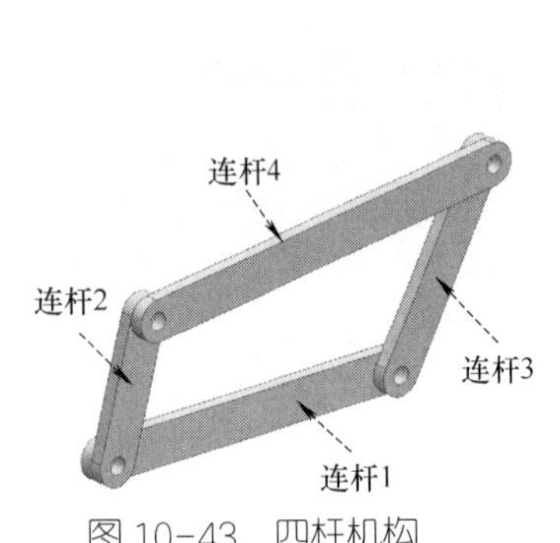

图 10-43　四杆机构

图 10-44　定义旋转副

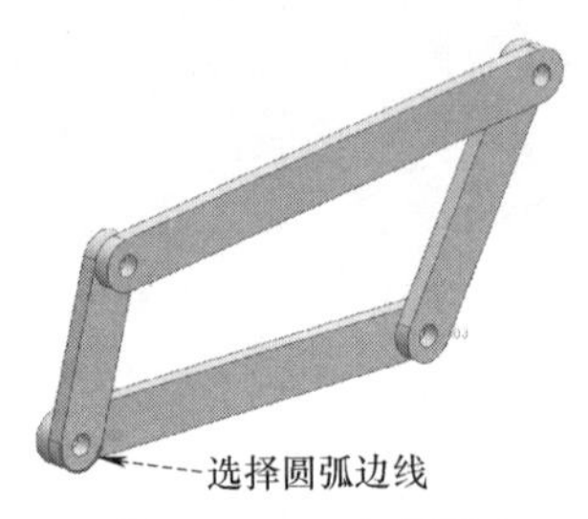

图 10-45　定义原点

④ 定义矢量。旋转副矢量必须是旋转副的旋转轴方向，在“指定矢量”位置单击，定义矢量方向如图 10-46 所示。

步骤 3　定义连杆 3 与连杆 1 之间的旋转副。定义旋转副还有一种比较简单的方法。在“主页”选项卡中单击“运动副”按钮，在“类型”下拉列表中选择“旋转副”选项，直接在模型上选择如图 10-47 所示的圆弧边线为运动副参考，系统在圆弧边线所在的运动体上定义旋转副，选择的圆弧圆心为旋转副原点，圆弧所在平面的法向为旋转副矢量方向，也就是通过选择圆弧边线来定义旋转副。

> **说明：**以上两个旋转副都是定义一个运动体绕另外一个固定运动体旋转运动，这种运动副只需要在“运动副”对话框的“动作”区域定义属性即可。

步骤 4　定义连杆 2 与连杆 4 之间的旋转副。连杆 2 与连杆 4 都是运动件，而且是相互转动的，这种情况下需要定义关联运动副，使用旋转副将两个连杆关联在一起。

① 选择命令。在“主页”选项卡中单击“运动副”按钮，系统弹出“运动副”对话框，

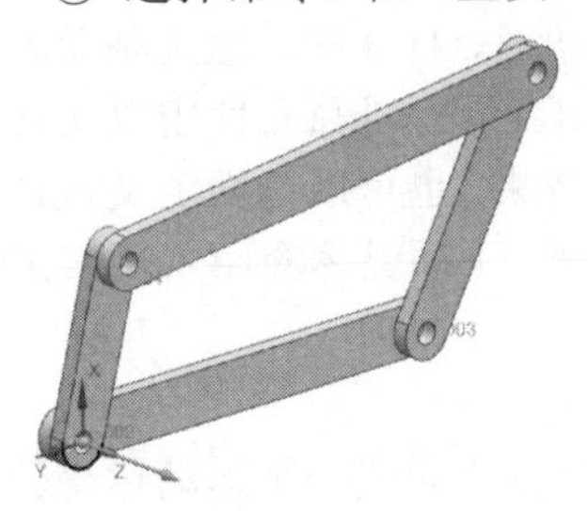

图 10-46　定义矢量

图 10-47　选择参考

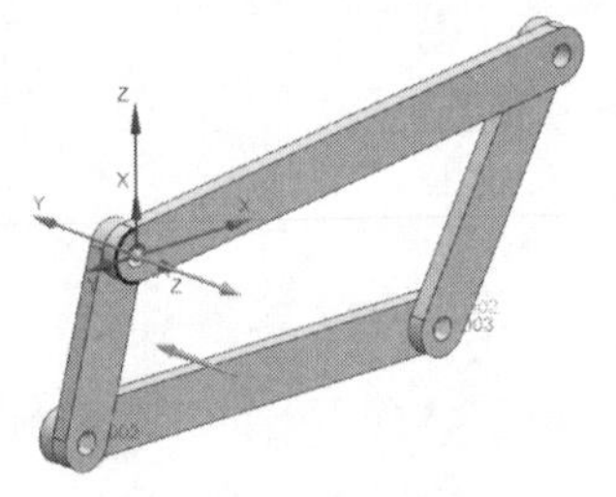

图 10-48　选择旋转副参考

在对话框的“类型”下拉列表中选择“旋转副”选项。

② 定义“动作”属性。在模型上选择如图 10-48 所示的圆弧边线为运动副参考，系统在圆弧边线所在的运动体上定义旋转副，选择的圆弧圆心为旋转副原点，圆弧所在平面的法向为旋转副矢量方向，也就是通过选择圆弧边线来定义旋转副。

③ 定义“基本”属性。在对话框的“基本”区域单击“选择运动体”位置，选择连杆 2 为运动体对象，选中“对齐运动体”选项，如图 10-49 所示，选择如图 10-48 所示的圆弧圆心为原点，选择如图 10-50 所示的模型表面为矢量方向参考。

说明：使用旋转副关联运动体时，一定要注意“动作”区域的原点与“基本”区域的原点一定要重合，两个区域的矢量方向也要一致，这是定义关联运动副的关键。

步骤 5　定义连杆 3 与连杆 4 之间的旋转副。连杆 3 与连杆 4 都是运动件，而且是相互转动的，这种情况下需要定义关联运动副，使用旋转副将两个连杆关联在一起。在“主页”选项卡中单击“运动副”按钮，选择“旋转副”类型，选择如图 10-51 所示的圆弧边线为旋转副参考，在“基本”区域选择连杆 3 为运动体对象，继续选择如图 10-51 所示的圆弧边线定义原点参考，选择如图 10-52 所示的模型表面为矢量参考。

图 10-49　定义关联旋转副

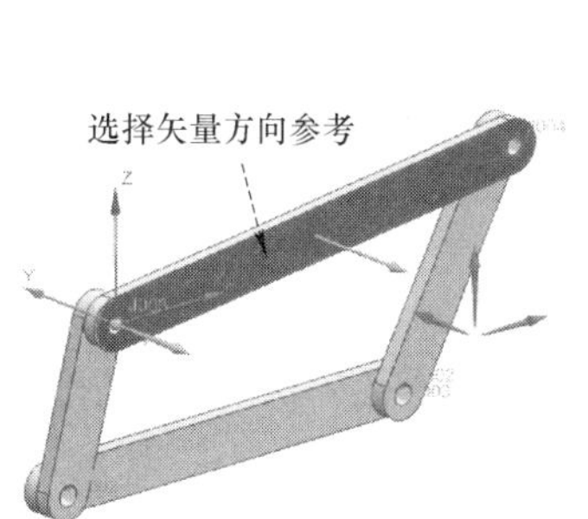

图 10-50　选择矢量参考

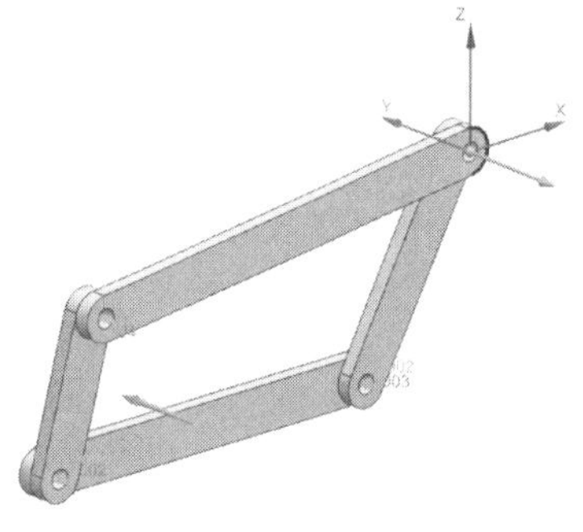

图 10-51　选择旋转副参考

完成旋转副定义后，旋转副提供一个旋转运动，在“运动副”对话框单击“驱动”选项卡，在“驱动”选项卡的“旋转”下拉列表中定义旋转副驱动，如图 10-53 所示。

(2) 滑动副

使用“滑动副”定义一个运动体沿线性方向平移运动，或定义两个运动体沿同一线性方向相互平移，如图 10-54 所示的导轨滑块机构，需要模拟滑块在导轨槽中平移，这种情况下需要

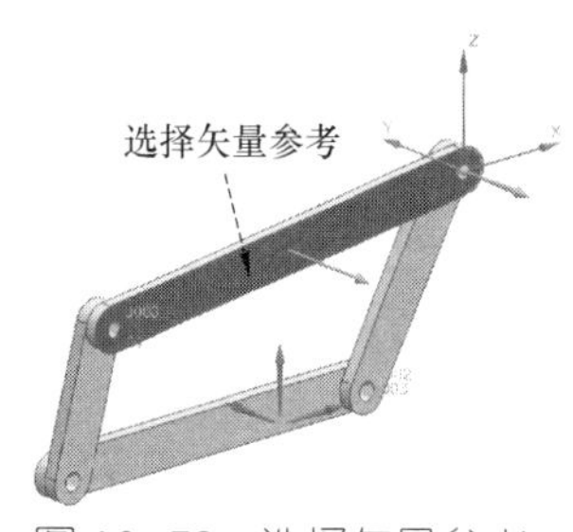

图 10-52　选择矢量参考

图 10-53　旋转副驱动

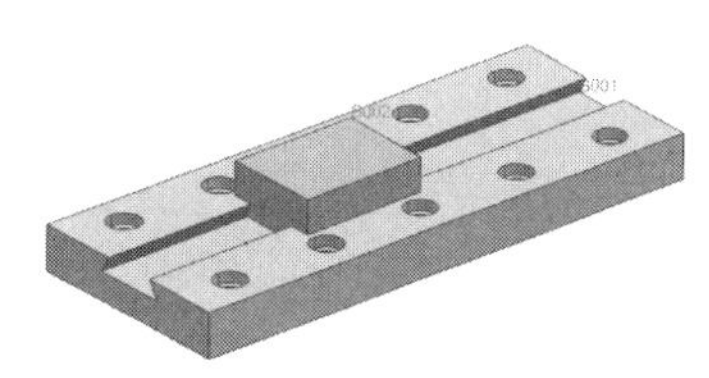

图 10-54　导轨滑块机构

在滑块上定义“滑动副”，下面以此为例介绍“滑动副”定义。

步骤 1 打开练习文件 ch10 motion\10.4\01\02\slide_motion.sim。

步骤 2 选择命令。在“主页”选项卡中单击“运动副”按钮，系统弹出“运动副”对话框，在对话框的“类型”下拉列表中选择“滑动副”选项。

步骤 3 定义滑动副。在模型上选择如图 10-55 所示的模型边线为滑动副参考，系统在该边线所在运动体上定义滑动副，边线上的点为原点，边线方向为滑动方向，完成滑动副定义结果如图 10-56 所示。

完成滑动副定义后，滑动副提供一个平移运动。在“运动副”对话框单击“驱动”选项卡，在“驱动”选项卡的“平移”下拉列表中定义滑动副驱动，如图 10-57 所示。

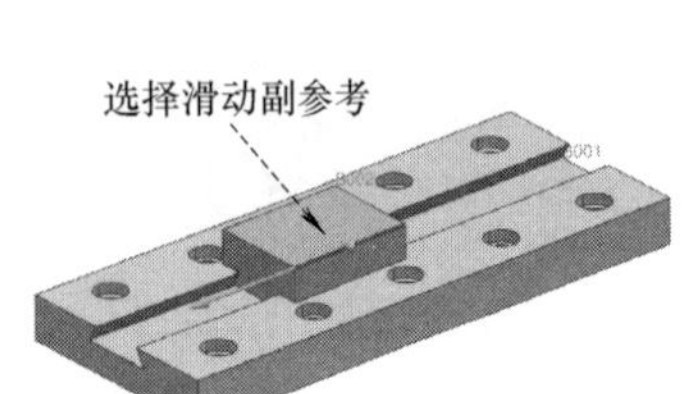

图 10-55 选择滑动副参考

图 10-56 定义滑动副

图 10-57 滑动副驱动

（3）柱面副

使用“柱面副（也叫圆柱副）”定义一个运动体既能绕轴旋转又能沿轴向移动，或定义两个运动体既能绕轴相互旋转又能沿轴向相互移动，如图 10-58 所示的旋转手轮机构，需要模拟手轮既能转动又能滑动，这种情况下需要在手轮上定义“柱面副”，下面以此为例介绍“柱面副”定义。

步骤 1 打开练习文件 ch10 motion\10.4\01\03\cylinder_motion.sim。

步骤 2 选择命令。在“主页”选项卡中单击“运动副”按钮，系统弹出“运动副”对话框，在对话框的“类型”下拉列表中选择“柱面副”选项。

步骤 3 定义柱面副。在模型上选择如图 10-59 所示的模型边线为柱面副参考，系统在该边线所在运动体上定义柱面副，圆弧圆心点为原点，圆弧边线所在平面的法向方向为柱面副矢量方向，完成柱面副定义结果如图 10-60 所示。

图 10-58 旋转手轮机构

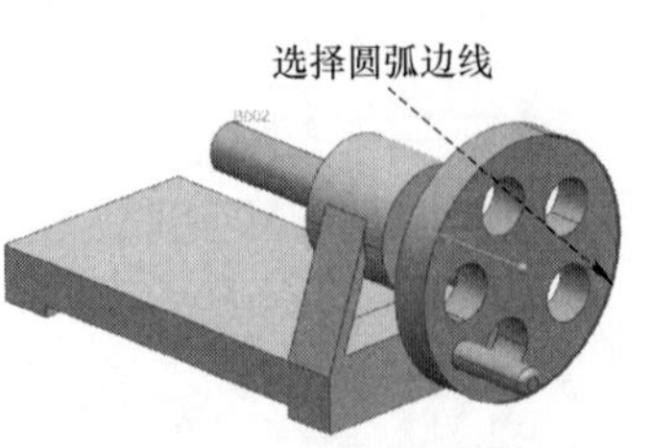

图 10-59 选择柱面副参考

图 10-60 定义柱面副

完成柱面副定义后，柱面副提供一个旋转运动及一个平移运动，相当于旋转副与滑动副的组合，在“运动副”对话框单击“驱动”选项卡，在“驱动”选项卡的“旋转”及“平移”下拉列表中定义柱面副驱动，如图 10-61 所示。

（4）螺旋副

使用“螺旋副”模拟螺旋传动，如图 10-62 所示的螺旋传动机构模型，需要在螺杆与平板螺孔之间添加螺旋副模拟螺旋传动，下面以此为例介绍螺旋副定义。

步骤 1　打开练习文件 ch10 motion\10.4\01\04\screw_motion.sim。

步骤 2　选择命令。在“主页”选项卡中单击“运动副”按钮，系统弹出“运动副”对话框，在对话框的“类型”下拉列表中选择“螺旋副”选项。

步骤 3　定义螺旋副。螺旋副用于关联两个运动体对象，定义螺旋副需要定义“动作”属性及“基本”属性，同时还需要定义螺旋传动比率。

图 10-61　定义柱面副驱动

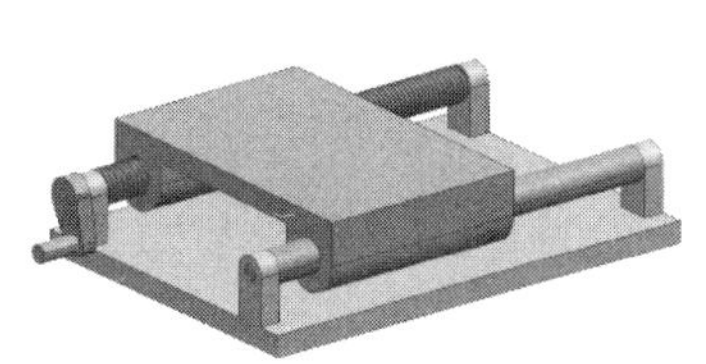

图 10-62　螺旋传动机构

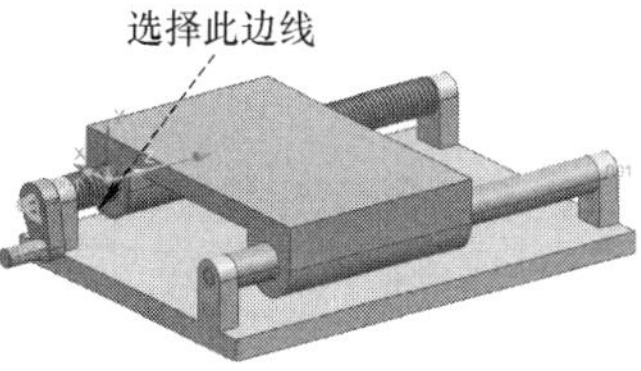

图 10-63　选择螺旋副参考

① 定义“动作”属性。在平板模型上选择如图 10-63 所示的圆弧边线为螺旋副参考，系统在该边线所在运动体上定义螺旋副，圆弧圆心点为原点，圆弧边线所在平面的法向方向为螺旋副矢量方向，注意单击“指定矢量”区域的按钮调整螺旋传动方向。

② 定义“基本”属性。在对话框中展开“基本”区域，选择螺杆为基本运动体。

③ 定义螺旋传动比率。在对话框“方法”区域的下拉列表中选择“比率”选项，在“比率”区域的“值”文本框中定义螺旋比率为 10，如图 10-64 所示。

图 10-64　定义螺旋副

说明：螺旋副是一种关联运动副，主要作用是连接两个运动体，本身不提供运动驱动。

（5）万向节

使用“万向节”模拟万向节传动，如图 10-65 所示的万向节机构模型，需要在万向节两根轴之间添加“万向节”运动副使两轴关联，下面具体介绍。

步骤 1　打开练习文件 ch10 motion\10.4\01\05\cardan_motion. sim。

步骤 2　创建参考直线。定义万向节的关键是选择万向节中心点为原点，选择“直线”命令，系统弹出如图 10-66 所示的“直线”命令，选择如图 10-67 所示的圆孔中心为直线起始点创建直线，该直线的中点即为万向节中心点。

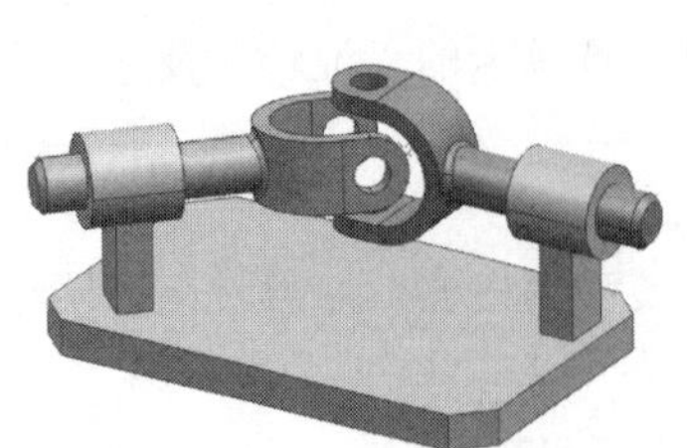

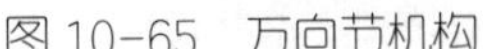
图 10-65　万向节机构

图 10-66　定义直线

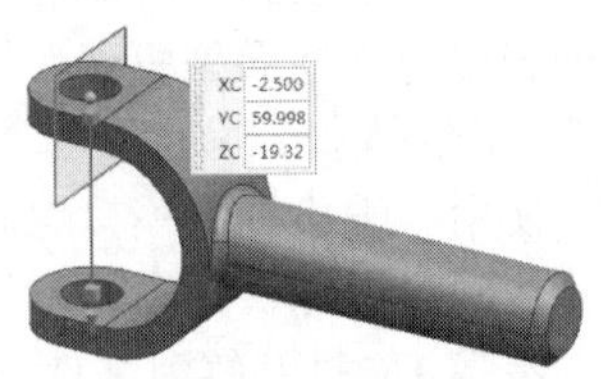

图 10-67　绘制直线

步骤 3　选择命令。在“主页”选项卡中单击“运动副”按钮，系统弹出“运动副”对话框，在对话框的“类型”下拉列表中选择“万向节”选项。

步骤 4　定义万向节。万向节用于关联两个运动体对象，定义万向节需要定义“动作”属性及“基本”属性，关键要定义万向节的原点。

① 定义“动作”属性。在“动作”区域选择左侧半轴为运动体，选择以上创建的直线中点为原点，选择如图 10-68 所示的模型端面为矢量方向参考。

② 定义“基本”属性。在“基本”区域选择右侧半轴为运动体，选择如图 10-69 所示的模型端面为矢量方向参考，结果如图 10-70 所示。

说明：万向节是一种关联运动副，主要作用是连接两个运动体，本身不提供驱动。

（6）球面副

“球面副”用于模拟球关节连接，如图 10-71 所示的汽车转向机构，在如图 10-72 所示的位置使用了球连接，下面以此为例介绍球面副定义。

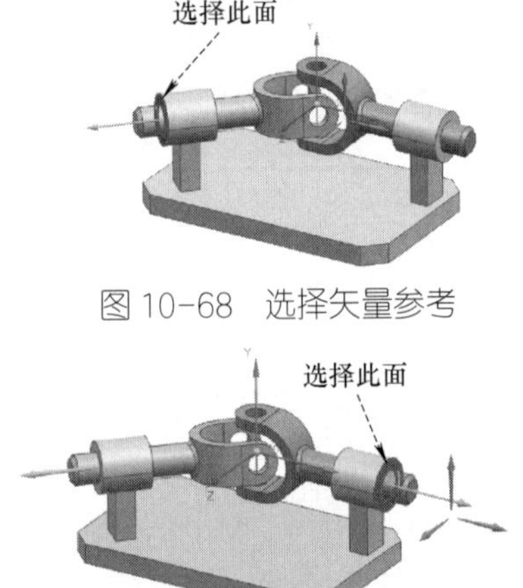

图 10-68　选择矢量参考

图 10-69　选择矢量参考

图 10-70　定义万向节

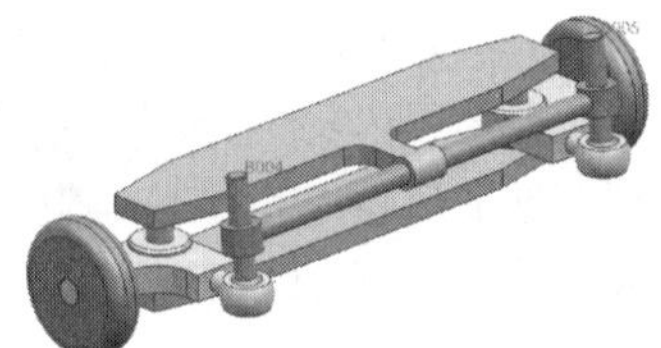
图 10-71　汽车转向机构

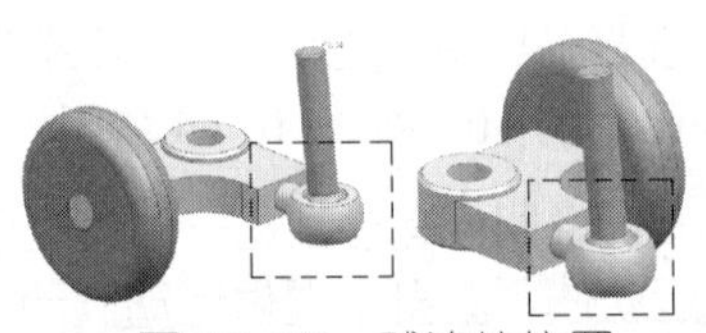
图 10-72　球连接位置

步骤 1　打开练习文件 ch10 motion\10.4\01\06\spherical_motion.sim。

步骤 2　选择命令。在“主页”选项卡中单击“运动副”按钮，系统弹出“运动副”对话框，在对话框的“类型”下拉列表中选择“球面副”选项。

步骤 3　定义左侧球面副。球面副用于关联两个运动体对象，定义球面副需要定义“动作”属性及“基本”属性，关键要定义球面球心为原点。

① 定义“动作”属性。在“动作”区域选择 B002 为运动体对象，选择如图 10-73 所示的球面球心为原点，选择向上矢量方向为球面副矢量方向。

② 定义“基本”属性。在“基本”区域选择 B004 为运动体对象，选择如图 10-73 所示的

球面圆心为原点，选择向上矢量方向为球面副矢量方向，结果如图 10-74 所示。

步骤 4　定义右侧球面副。参照上一步操作，在 B003 与 B006 运动体之间选择如图 10-75 所示的球面球心为原点，选择向上矢量方向定义球面副。

说明： 球面副是一种关联运动副，主要作用是连接两个运动体，本身不提供驱动。

（7）平面副

使用“平面副”定义两个对象共面，使其只能在一个平面上相互运动，如图 10-76 所示的斜面模型，滑块放置在斜面顶端，定义滑块在斜面平面上运动，这种情况下需要使用平面副，下面以此为例介绍平面副定义。

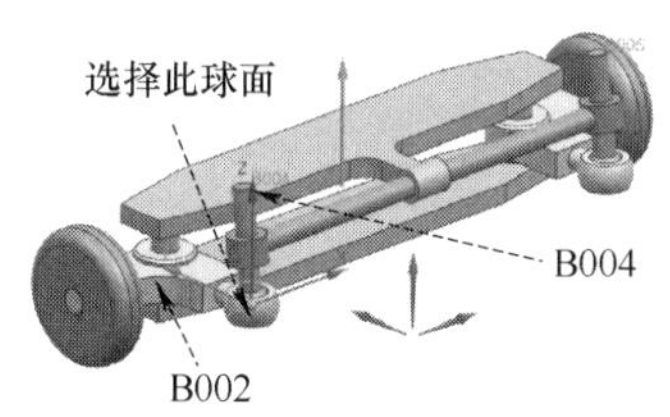

图 10-73　选择运动副参考

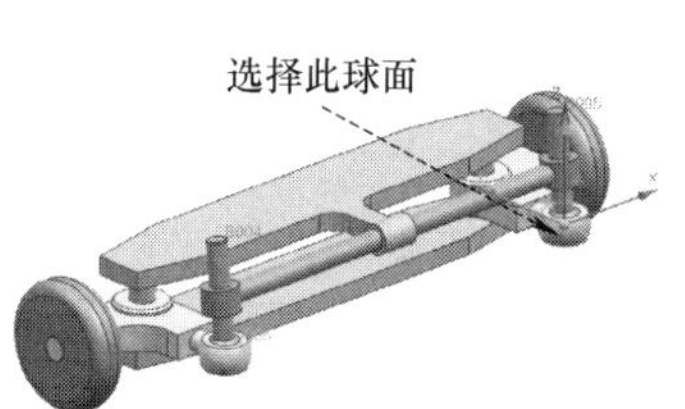

图 10-75　选择运动副参考

图 10-74　定义球面副

图 10-76　斜面模型

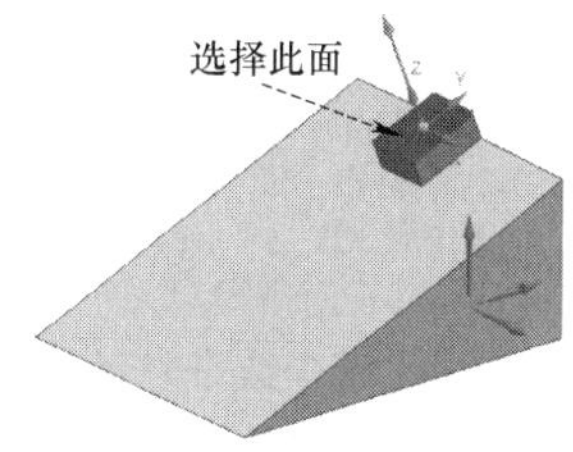

图 10-77　选择平面副参考

步骤 1　打开练习文件 ch10 motion\10.4\01\07\plane_motion.sim。

步骤 2　选择命令。在“主页”选项卡中单击“运动副”按钮，系统弹出“运动副”对话框，在对话框的“类型”下拉列表中选择“平面副”选项。

步骤 3　定义平面副。在模型上选择滑块模型为运动体对象，使用默认点为原点，在“指定矢量”位置单击，选择如图 10-77 所示的滑块表面为矢量参考，表示平面副矢量垂直于滑块表面，此时滑块只能在该矢量方向的垂直方向运动。

说明： 平面副是一种关联运动副，主要作用是连接两个运动体，本身不提供驱动。

10.4.2　约束运动副

约束运动副包括点在线上副、线在线上副及点在面上副三种。

（1）点在线上副

“点在线上副”用于约束点在曲线上运动，如图 10-78 所示的钢球滑槽模型，需要模拟钢球沿着滑槽运动，这种情况下可以使用“点在线上副”约束钢球球心在滑槽中心曲线上，下面以此为例介绍“点在线上副”定义过程。

步骤 1　打开练习文件 ch10 motion\10.4\02\01\point_curves.sim。

步骤 2　选择命令。在“主页”选项卡中单击“点在线上副”按钮 点在线上副，系统弹出如图 10-79 所示的“点在线上副”对话框。

步骤 3　定义点在线上副。首先选择钢球运动体，选择球心点为点对象，然后选择底座运动体中的滑槽中心曲线为曲线对象，如图 10-80 所示，单击“确定”按钮。

图 10-78　钢球滑槽模型　　图 10-79　“点在线上副”对话框　　图 10-80　选择球心与曲线

（2）线在线上副

“线在线上副”用于约束曲线在曲线上滑动或滚动，如图 10-81 所示的凸轮机构模型，需要模拟滚轮与凸轮之间的滚动，这种情况下可以使用“线在线上副”，下面以此为例介绍“线在线上副”定义过程。

步骤 1　打开练习文件 ch10 motion\10.4\02\02\curves_on_curves.sim。

步骤 2　选择命令。在“主页”选项卡中单击“线在线上副”按钮 线在线上副，系统弹出如图 10-82 所示的“线在线上副”对话框。

步骤 3　定义线在线上副。首先选择滚轮上的曲线为第一曲线集，然后选择凸轮上的曲线为第二曲线集，在“设置”区域选中“锁定滑动”选项，单击“确定”按钮。

> **说明**：在“线在线上副”对话框的“设置”区域选中“锁定滑动”选项，表示曲线在曲线上“滚动”，如果取消选中“锁定滑动”选项，表示曲线在曲线上“滑动”。

在定义“线在线上副”时，需要首先将滚轮及滚轮上的曲线定义为一个运动体，同时将凸轮及凸轮上的曲线定义为一个运动体，保证曲线与对应的运动体是一个整体。

（3）点在面上副

“点在面上副”用于约束点在曲面上运动，如图 10-83 所示的仿形机构模型，其中仿形探头末端始终在产品曲面表面运动，这种情况下可以使用“点在面上副”将探头末端约束到曲面表面，下面以此为例介绍“点在面上副”定义过程。

仿形探头

图 10-81　凸轮机构模型　　图 10-82　“线在线上副”对话框　　图 10-83　仿形机构模型

步骤 1　打开练习文件 ch10 motion\10.4\02\03\point_surface.sim。

步骤 2　选择命令。在“主页”选项卡中单击“点在面上副”按钮 点在面上副，系统弹出如图 10-84 所示的“点在面上副”对话框。

步骤 3　定义点在面上副。首先选择探头运动体及探头末端的基准点，然后选择底座上的曲面对象，单击“确定”按钮，完成“点在面上副”的定义。

10.4.3 耦合副

“耦合副”用于将一般运动副进行关联从而得到特定运动形式的运动副，包括齿轮耦合副、齿轮齿条副、线缆副及 2-3 联接耦合副四种，下面具体介绍。

(1) 齿轮耦合副

“齿轮耦合副”用于将两个运动体上的旋转副进行关联模拟齿轮传动，如图 10-85 所示的齿轮机构模型，需要在大小齿轮之间定义齿轮传动，下面具体介绍。

步骤 1　打开练习文件 ch10 motion\10.4\03\01\gear_motion.sim。

步骤 2　定义大齿轮旋转副。在大齿轮上选择如图 10-86 所示的圆弧定义旋转副。

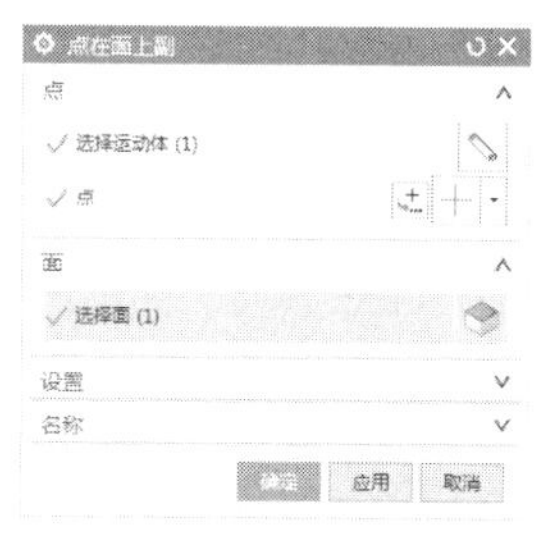

图 10-84　“点在面上副”对话框

图 10-85　齿轮机构模型

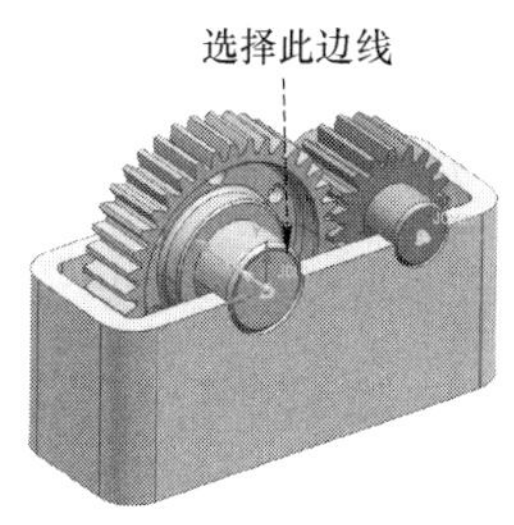

图 10-86　定义大齿轮旋转副

步骤 3　定义小齿轮旋转副。在小齿轮上选择如图 10-87 所示的圆弧定义旋转副。

步骤 4　定义齿轮耦合副。在“主页”选项卡的“耦合副”区域单击“齿轮耦合副”按钮 齿轮耦合副，系统弹出如图 10-88 所示的“齿轮耦合副”对话框，选择大齿轮上的旋转副为第一个运动副，齿轮半径为 92.5/2，选择小齿轮上的旋转副为第二个运动副，齿轮半径为 47.5/2，单击“确定”按钮，完成齿轮耦合副定义。

(2) 齿轮齿条副

“齿轮齿条副”用于将两个运动体上的滑动副与旋转副进行关联模拟齿轮齿条传动。如图 10-89 所示的齿轮齿条机构模型，需要在齿轮与齿条之间定义齿轮齿条传动，下面以此为例介绍齿轮齿条副定义。

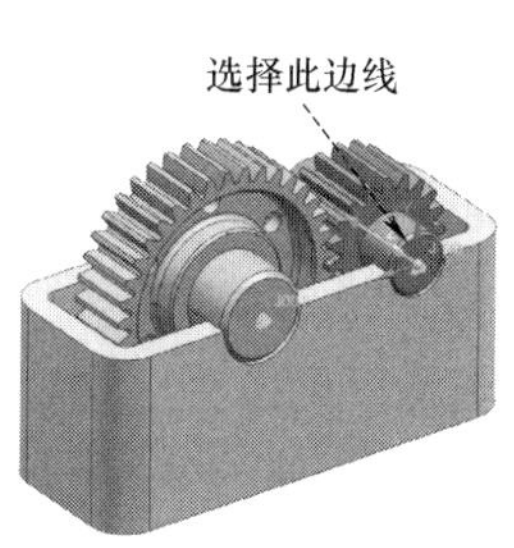

图 10-87　定义小齿轮旋转副

图 10-88　“齿轮耦合副”对话框

图 10-89　齿轮齿条机构模型

步骤 1　打开练习文件 ch10 motion\10.4\03\02\rack_gear_motion.sim。

步骤 2　定义齿条滑动副。在齿条上选择合适边线定义滑动副，如图 10-90 所示。

步骤 3　定义齿轮旋转副。在齿轮上选择合适边线定义旋转副，如图 10-91 所示。

步骤 4　定义齿轮齿条副。在“主页”选项卡的“耦合副”区域单击“齿轮齿条副”按钮齿轮齿条副，系统弹出如图 10-92 所示的“齿轮齿条副”对话框，选择齿条上的滑动副为第一个运动副，选择齿轮上的旋转副为第二个运动副，系统自动计算传动比率，如图 10-92 所示，单击“确定”按钮，完成齿轮齿条副定义。

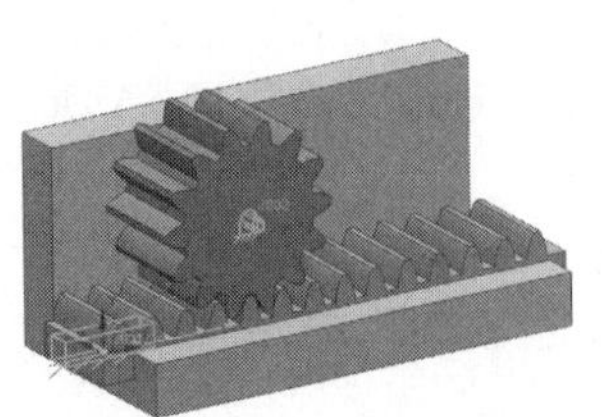

图 10-90　定义滑动副

图 10-91　定义旋转副

图 10-92　“齿轮齿条副”对话框

（3）线缆副

“线缆副”用于将两个运动体上的滑动副进行关联模拟线缆传动，如图 10-93 所示的拖动机构，需要模拟小车通过滑轮拖动重物，下面具体介绍“线缆副”定义。

步骤 1　打开练习文件 ch10 motion\10.4\03\02\cable_motion。

步骤 2　定义重物滑动副。在重物上选择合适边线定义滑动副，如图 10-94 所示。

步骤 3　定义小车滑动副。在小车上选择合适边线定义滑动副，如图 10-95 所示。

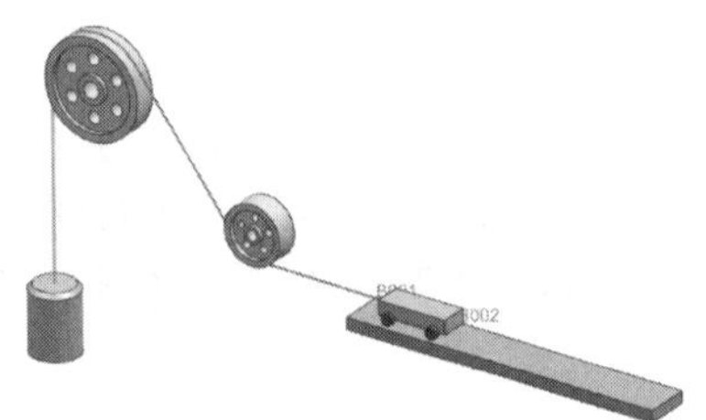

图 10-93　拖动机构

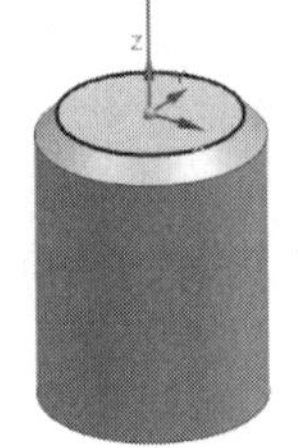

图 10-94　定义重物滑动副

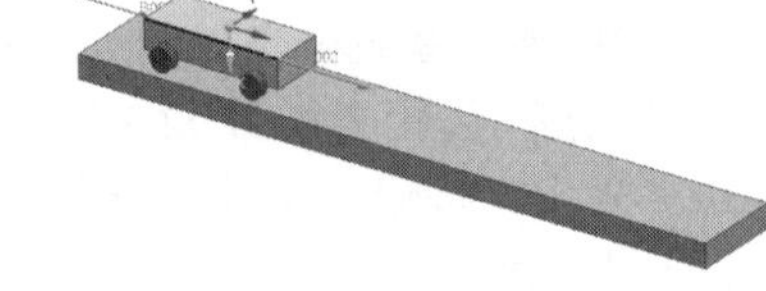

图 10-95　定义小车滑动副

步骤 4　定义线缆副。在“主页”选项卡的“耦合副”区域单击“线缆副”按钮 线缆副，系统弹出如图 10-96 所示的“线缆副”对话框，选择重物上的滑动副为第一个运动副，选择小车上的滑动副为第二个运动副，在“设置”区域设置线缆传动比率为 1，单击“确定”按钮，完成线缆副定义。

说明：本例在模拟拖动机构时，在小车与重物之间定义线缆副可以模拟小车的运动带动重物的运动，同时，为了使拖动机构更真实，还需要在两个滑轮上定义合适旋转副配合线缆副的运动，两个滑轮上旋转副的定义分别如图 10-97 及图 10-98 所示。

图 10-96　“线缆副”对话框

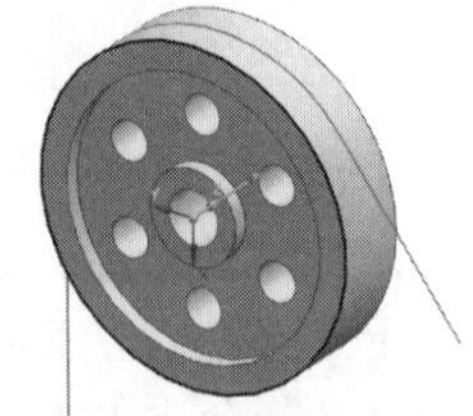

图 10-97　定义第一个旋转副

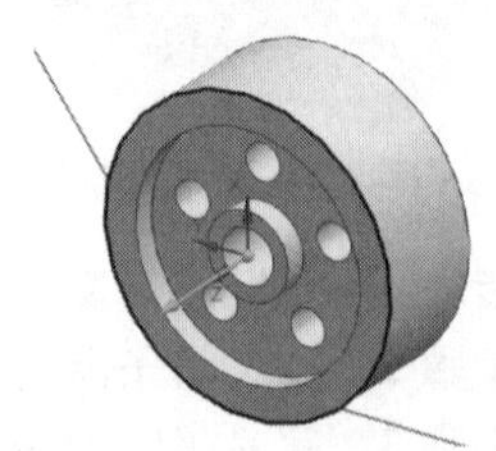

图 10-98　定义第二个旋转副

（4）2-3 联接耦合副

“2-3 联接耦合副”用于定义两个或三个旋转副、滑动副和柱面副之间的相对运动，如图 10-99 所示的同步传动机构，其中右侧带轮为主动轮，其余带轮与主动轮之间通过皮带传动实现同步传动，这种情况下可以使用“2-3 联接耦合副”定义三个带轮之间的同步传动，下面以此为例介绍“2-3 联接耦合副”的定义。

步骤 1 打开练习文件 ch10 motion\10.4\03\04\coupling_motion。

步骤 2 定义第一个旋转副。选择如图 10-100 所示圆弧边线为参考定义旋转副。

步骤 3 定义第二个旋转副。选择如图 10-101 所示圆弧边线为参考定义旋转副。

图 10-99 同步传动机构

图 10-100 定义第一个旋转副

图 10-101 定义第二个旋转副

步骤 4 定义第三个旋转副。选择如图 10-102 所示圆弧边线为参考定义旋转副。

步骤 5 定义 2-3 联接耦合副。在“主页”选项卡的“耦合副”区域单击“2-3 联接耦合副”按钮 2-3 联接耦合副，系统弹出如图 10-103 所示的“2-3 联接耦合副”对话框，依次选择三个带轮上的旋转副，单击“确定”按钮，完成 2-3 联接耦合副定义。

说明：本例在定义 2-3 联接耦合副时需要特别注意各个带轮上旋转副的旋转方向，如果设置方向不对会影响最后整体仿真效果。

图 10-102 定义第三个旋转副

图 10-103 “2-3 联接耦合副”对话框

10.5 驱动条件

完成运动机构定义后，为了让机构按照指定方式运动，需要在运动机构中添加合适的驱动条件，驱动条件是机构运动的“原动力”，在 NX 中添加驱动条件主要有两种方法：第一种方法是在“主页”选项卡单击“驱动体”按钮，在系统弹出的如图 10-104 所示的“驱动”对话框中定义驱动条件；另外一种方法是在“运动副”对话框中单击“驱动”选项卡，如图 10-105 所示，在“驱动”选项卡中定义驱动条件。

说明：在这两种定义驱动条件的方法中，使用“驱动体”命令定义的驱动条件将直接显示在运动导航器中，如图 10-106 所示，如果在“运动副”的“驱动”选项卡中定义的驱动条件将“隐藏”在运动导航器的“运动副”中，显然，使用第一种方法更便于对驱动条件的有效管理，所以建议读者使用第一种方法定义驱动条件。

图 10-104 “驱动”对话框

图 10-105 “运动副”对话框

图 10-106 定义驱动条件

在定义驱动条件时，不管使用哪种方法，都可以定义多种方式的驱动条件，包括多项式、谐波、函数、控制及曲线 2D 等方式，下面具体介绍其中常用驱动条件。

10.5.1 多项式驱动

使用多项式驱动定义驱动对象的初位移、速度、加速度或加加速度，在运动仿真中应用非常广泛，如图 10-107 所示的滑动罩机构，需要模拟滑动罩按照一定的速度在导轨上滑动，下面以此为例介绍多项式驱动条件的定义。

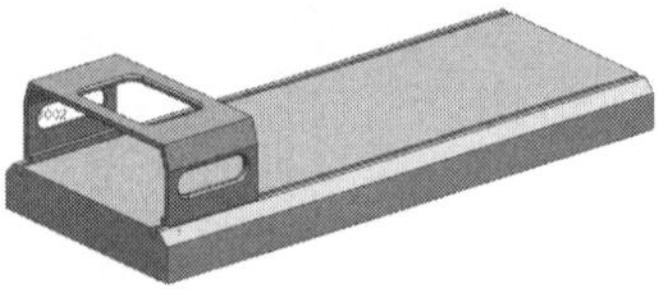

图 10-107 滑动罩机构

步骤 1 打开练习文件 ch10 motion\10.5\01\drive_motion01。

步骤 2 定义驱动类型并选择驱动对象。在“主页”选项卡单击“驱动体”按钮，系统弹出“驱动体”对话框，在“驱动类型”下拉列表中选择“运动副驱动”选项，在运动导航器中选择滑动罩上的滑动副为驱动对象。

步骤 3 定义驱动方式。在“驱动”区域下拉列表中选择“多项式”选项，在“速度”文本框中设置速度为 100mm/s，如图 10-108 所示。

说明：此处使用多项式方式设置速度条件表示驱动对象按照恒定的速度运动。

步骤 4 定义解算方案。在“主页”选项卡中单击“解算方案”按钮，系统弹出“解算方案”对话框，设置时间为 3.5，步数为 350，选中“按‘确定’进行求解”选项，如图 10-109 所示，单击“确定”按钮，系统开始求解计算。

步骤 5 运行仿真。在“结果”选项卡中单击“播放”按钮▷，开始运行仿真。

10.5.2 谐波驱动

使用谐波驱动定义驱动对象做振荡运动，需要定义谐波幅值、频率、相位角及位移参数，如

图 10-110 所示的摆动模型，需要模拟钟摆零件绕轴左右摆动，摆动振幅为 45°，频率为 180°/s，下面以此为例介绍谐波驱动条件的定义。

步骤 1　打开练习文件 ch10 motion\10.5\02\drive_motion02。

步骤 2　定义驱动类型并选择驱动对象。在“主页”选项卡单击“驱动体”按钮，系统弹出“驱动体”对话框，在“驱动类型”下拉列表中选择“运动副驱动”选项，在运动导航器中选择摆动零件上的旋转副为驱动对象。

图 10-108　定义多项式驱动

图 10-109　定义解算方案

图 10-110　摆动模型

步骤 3　定义驱动方式。在“驱动”区域下拉列表中选择“谐波”选项，设置幅值为 45°、频率为 180°/s，如图 10-111 所示。

步骤 4　定义解算方案。在“主页”选项卡中单击“解算方案”按钮，系统弹出“解算方案”对话框，设置时间为 10，步数为 1000，选中“按‘确定’进行求解”选项，如图 10-112 所示，单击“确定”按钮，系统开始求解计算。

步骤 5　运行仿真。在“结果”选项卡中单击“播放”按钮，开始运行仿真。

图 10-111　定义谐波驱动

图 10-112　定义解算方案

图 10-113　定义函数驱动

10.5.3　函数驱动

使用函数驱动定义驱动对象按照给定的函数进行运动。在“驱动”对话框“驱动”区域的下拉列表中选择“函数”选项，表示使用函数驱动，在“数据类型”下拉列表中设置控制数据，可以控制运动体的位移、速度或加速度，如图 10-113 所示。

在“驱动”对话框的“函数”文本框后面单击按钮，选择“函数管理器”命令，系统弹出如图 10-114 所示的“XY 函数管理器”对话框，在该对话框中设置函数类型并管理驱动函数，在“函数属性”区域设置函数类型，包括“数学”和“AFU 格式的表”两种类型的函数，通过单击对话框中的“新建”按钮，新建驱动函数。

在“XY 函数管理器”对话框中单击“新建”按钮，系统弹出如图 11-115 所示的“XY 函数编辑器”对话框，在该对话框的“插入”下拉列表中选择函数类型，在运动仿真中常用的是“运动-函数”类型，如图 10-115 所示。

图 10-114 XY 函数管理器

图 10-115 XY 函数编辑器

如图 10-116 所示的滑动罩机构，需要模拟滑动罩按照指定的时间在导轨上滑动的过程，具体运动过程如图 10-116 所示，下面以此为例介绍函数驱动条件的定义。

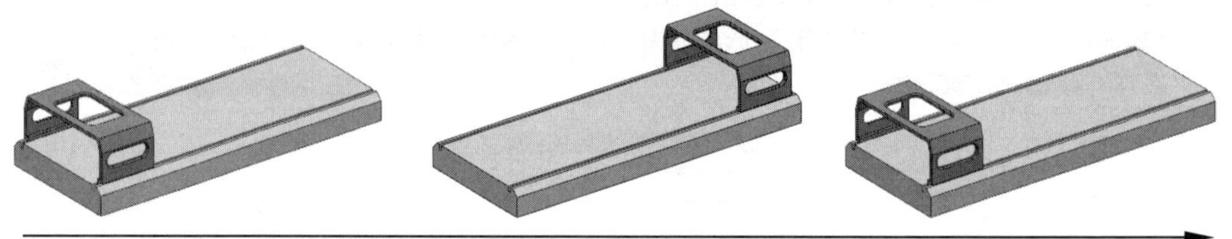

图 10-116 滑动罩位置变化过程

具体运动过程是：滑动罩首先停在开始位置（最左侧位置），然后用了 2s 在导轨上运动了 350mm 到达终点位置（最右侧位置），之后在 350mm 位置停顿 1s，最后用了 2s 在导轨上反向运动了 350mm 回到开始位置。

步骤 1 打开练习文件 ch10 motion\10.5\03\drive_motion03。

步骤 2 定义驱动类型并选择驱动对象。在“主页”选项卡单击“驱动体”按钮，系统弹出“驱动体”对话框，在“驱动类型”下拉列表中选择“运动副驱动”选项，在运动导航器中选择滑动罩零件上的滑动副为驱动对象。

步骤 3 定义驱动方式。在“驱动”区域下拉列表中选择“函数”选项，在“数据类型”下拉列表中选择“位移”选项，如图 10-117 所示，在“函数”文本框后面单击按钮，选择“函数管理器”命令，系统弹出“XY 函数管理器”对话框。

步骤 4 定义运动函数。本例需要模拟滑动罩从开始到终点，然后从终点到开始的两步运动，像这种运动可以使用“运动-函数”中的 STEP 函数来定义，因为每个 STEP 函数只能控制一步动作，本例需要使用两个 Step 函数控制滑动罩的两步运动。

① 定义函数。在“XY 函数管理器”对话框中单击“新建”按钮，系统弹出如图 10-118 所示的“XY 函数编辑器”对话框，在该对话框的“插入”下拉列表中选择“运动-函数”类型，在函数列表区域中双击“STEP（x，x0，h0，x1，h1）”函数。

② 定义第一步函数。在“公式=”区域编辑运动函数 STEP（x，0，0，2，350），在“轴单位设置”区域设置时间单位为 s（秒），设置位移单位为 mm（毫米），如图 10-118 所示。

说明：此处选择的 STEP（x，x0，h0，x1，h1）运动函数称为“STEP 函数”或“间歇函数”，主要用于控制对象从起始位置运行到终点位置，其中（x0，h0）用于定义运动起始时间位置，x0 表示起始时间，h0 表示起始位移，（x1，h1）用于定义运动终点时间位置，x1 表示终点时间，h1 表示终点位移。本例定义运动函数为 STEP（x，0，0，2，350），表示运动起点为（0，0），终点位置为（2，350），即 0s 时间点在 0 位置，2s 时间点运动到 350mm 位置，也就是运动副在 2s 范围内移动了 350mm。

③ 定义第二步函数。完成第一步函数定义后，在“公式=”区域下方单击“+”号，继续在“插入”下拉列表中调用 Step 函数，编辑运动函数 STEP（x，0，0，2，350）+STEP（x，3，0，5，-350），采用默认的轴单位设置，如图 10-119 所示。

图 10-117　定义函数驱动

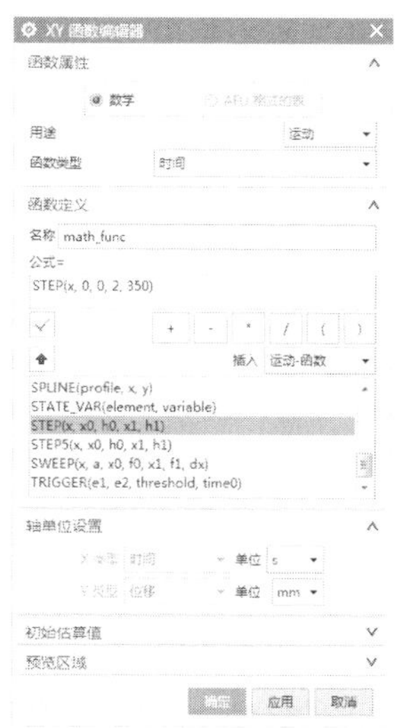

图 10-118　定义第一步函数

图 10-119　定义第二步函数

说明：此处在第一步“STEP 函数”后面使用“+”号增加一个“STEP 函数”表示增加一步运动，此处定义运动函数为 STEP（x，3，0，5，-350），表示第二步运动起点为（3，0），终点位置为（5，-350），也就是 3s 时间点在 0 位置（第一步的终点位置），5s 时间点运动到-350mm 位置，也就是运动副又花了 2s 反向运动了 350mm。

步骤 5　定义解算方案。在“主页”选项卡中单击“解算方案”按钮，系统弹出“解算方案”对话框，设置时间为 5，步数为 500，选中“按‘确定’进行求解”选项，如图 10-120 所示，单击“确定”按钮，系统开始求解计算。

步骤 6　运行仿真。在“结果”选项卡中单击“播放”按钮，开始运行仿真。

完成运动函数定义后，在“主页”选项卡的“机构”区域单击“f(x)函数管理器”按钮 **f(x) 函数管理器**，系统弹出如图 10-121 所示的“XY 函数管理器”对话框，在该对话框中管理定义的运动函数，单击“编辑”按钮，编辑运动函数。

图 10-120 定义解算方案

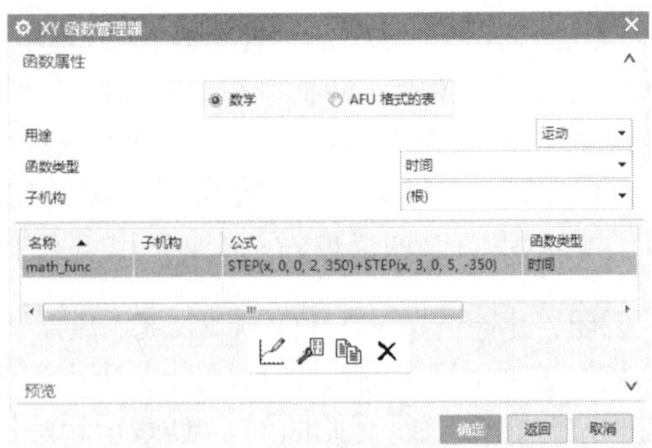

图 10-121 定义解算方案

10.5.4 曲线驱动

使用曲线驱动定义驱动对象按照指定的运动曲线进行运动，其中运动曲线一般是首先使用草图工具绘制运动曲线草图，然后将其定义为运动曲线并驱动机构运动。

如图 10-122 所示的三坐标机构，需要模拟机构在如图 10-122~图 10-124 所示的三个方向运动，同时要求这三个方向要相互配合形成完整的运动，如果使用上一小节介绍的 STEP 函数进行驱动，既不够直观又不便于修改，下面以此为例介绍曲线驱动定义。

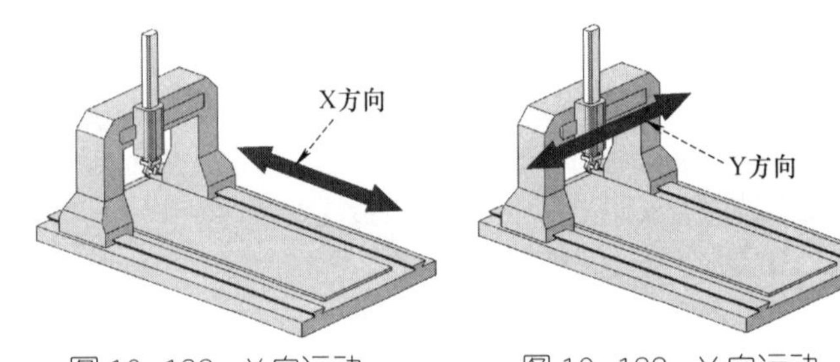

图 10-122 X 向运动　　图 10-123 Y 向运动

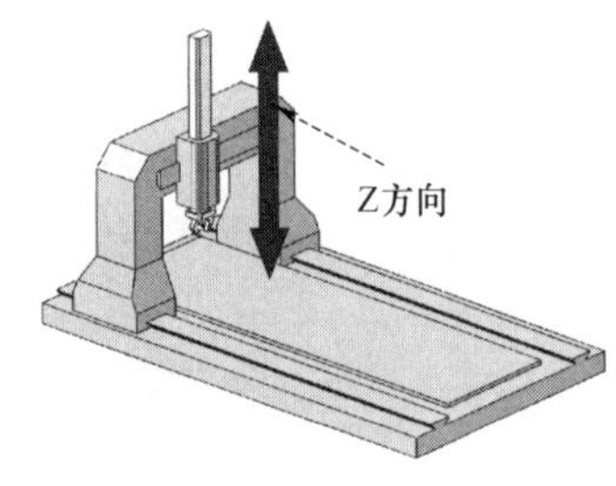

图 10-124 Z 向运动

步骤 1 打开练习文件 ch10 motion\10.5\04\drive_motion04。

步骤 2 创建运动曲线草图。本例需要控制三坐标机构 XYZ 三个方向的运动，需要创建三个运动曲线草图，曲线草图中纵轴表示位移，横轴表示时间比例。

① 创建 X 向运动曲线草图。在“几何体”选项卡中选择草图命令，在“XY 基准平面（可以是任意平面）”上创建如图 10-125 所示的草图为 X 向运动曲线草图。

说明：运动曲线草图中纵轴表示位移，其中尺寸为 100 的水平线段表示机构停止在 100mm 位置，尺寸为 200 的水平线段表示机构停止在 200mm 位置；运动曲线草图中的横轴表示时间比例，总长度是 250，每段长度为 50，也就是总时间的五分之一，如果最后解算时间长度为 10s，那么每个 50 长度段用时为 2s。

② 创建 Y 向运动曲线草图。在“几何体”选项卡中选择草图命令，在 XY 平面上创建如图 10-126 所示的草图为 Y 向运动曲线草图。

③ 创建 Z 向运动曲线草图。在“几何体”选项卡中选择草图命令，在 XY 平面上创建如图 10-127 所示的草图为 Z 向运动曲线草图。

步骤 3 定义 X 向运动驱动。需要根据以上创建的 X 向运动曲线草图进行定义。

① 选择驱动对象。选择“驱动体”命令，在运动导航器中选择 X 向滑动副。

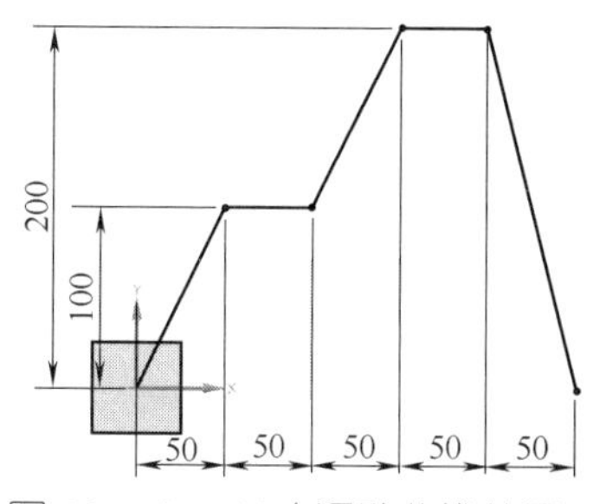

图 10-125　X 向运动曲线草图

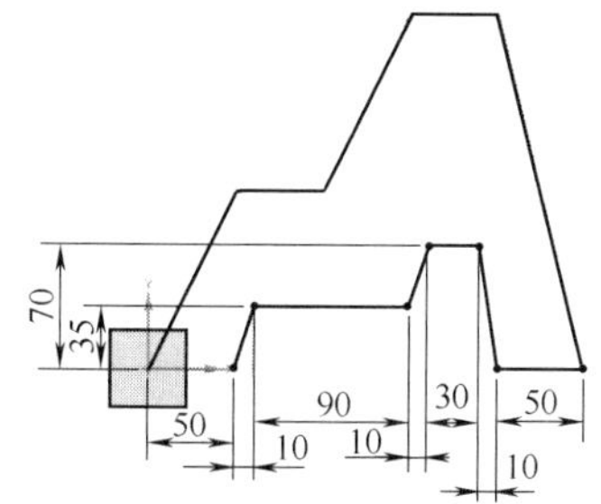

图 10-126　Y 向运动曲线草图

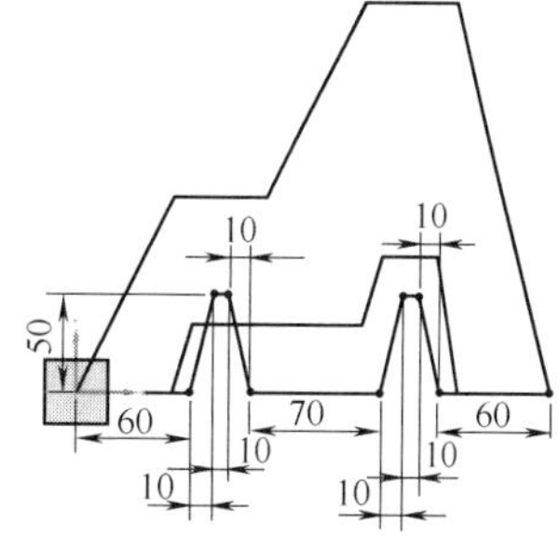

图 10-127　Z 向运动曲线草图

② 定义驱动方式。在“驱动”区域下拉列表中选择“曲线 2D”选项，如图 10-128 所示，单击按钮，系统弹出如图 10-129 所示的“曲线”对话框。

③ 定义运动曲线。在“曲线”对话框的“曲线输入”区域选中“草图”选项，选择以上创建的“X 向运动曲线草图”，在“坐标”区域设置单位为 mm，在“绘图”区域单击“草图绘制”按钮，在图形区单击，系统根据选择的 X 向运动曲线草图生成如图 10-130 所示的 X 向运动曲线（纵轴与曲线草图一致，横轴根据时间比例进行了缩放），在“结果”选项卡中单击“返回至模型”按钮，系统返回到三维模型状态。

说明：在“曲线”对话框“求解器选项”区域的“插值”下拉列表中设置插值方式，默认为“线性”方式，如图 10-130 所示，选择“三次”选项，如图 10-131 所示。

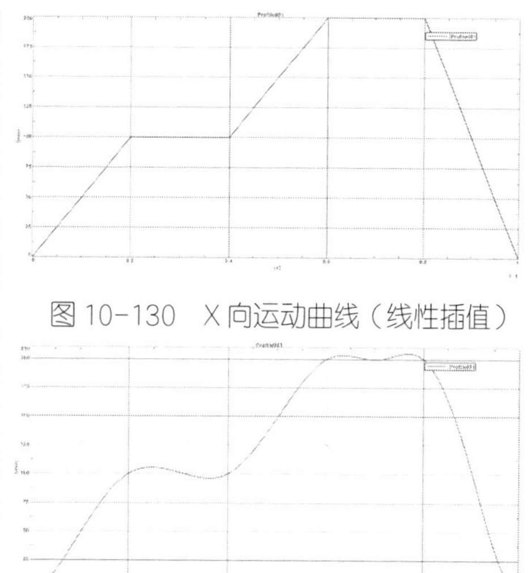

图 10-130　X 向运动曲线（线性插值）

图 10-128　定义曲线驱动　图 10-129　“曲线”对话框　图 10-131　X 向运动曲线（三次插值）

④ 完成运动曲线定义。完成运动曲线定义后，在运动导航器的“曲线”节点下显示创建的运动曲线，在“驱动容器”节点下显示曲线驱动条件，如图 10-132 所示。

步骤 4　定义 Y 向运动驱动。参考步骤 3 操作，使用 Y 向运动曲线草图定义 Y 向驱动条件，Y 向运动曲线如图 10-133 所示。

步骤 5　定义 Z 向运动驱动。参考步骤 3 操作，使用 Z 向运动曲线草图定义 Z 向驱动条件，Z 向运动曲线如图 10-134 所示。

完成所有运动曲线及驱动条件定义结果如图 10-135 所示。

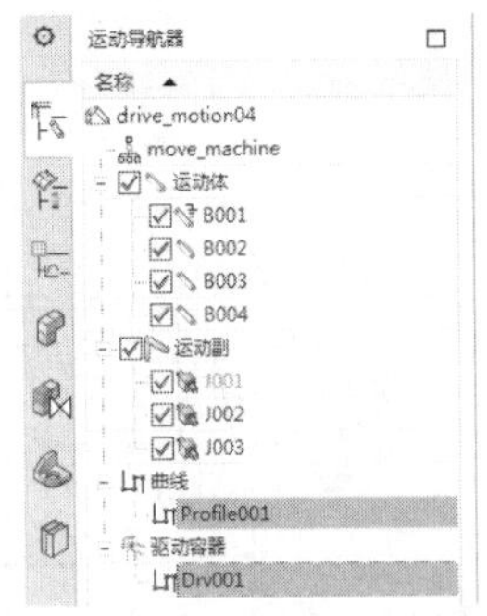

图 10-132　定义曲线驱动结果

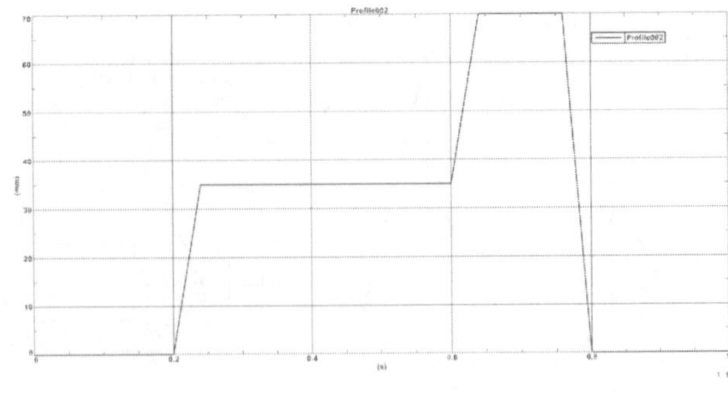

图 10-133　Y 向运动曲线

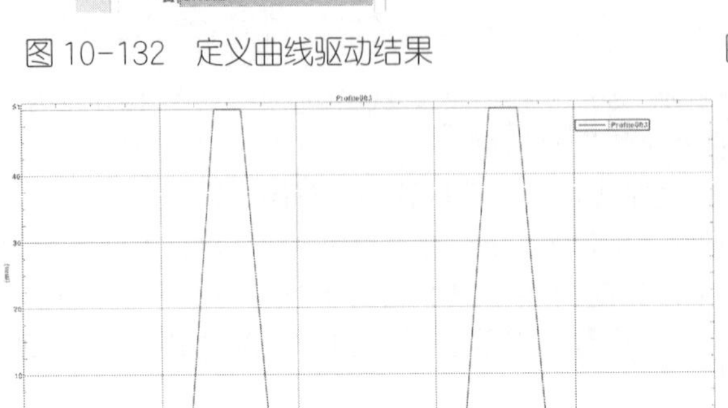

图 10-134　Z 向运动曲线

图 10-135　定义曲线驱动结果

步骤 6　定义解算方案。在“主页”选项卡中单击“解算方案”按钮，系统弹出“解算方案”对话框，设置时间为 10，步数为 1000，选中“按‘确定’进行求解”选项，如图 10-136 所示，单击“确定”按钮，系统开始求解计算。

步骤 7　运行仿真。在“结果”选项卡中单击“播放”按钮，开始运行仿真。

图 10-136　定义解算方案

10.6　动态仿真条件

在运动仿真中为了使仿真结果更接近真实水平，往往需要根据实际情况添加必要的力学仿真条件。NX 中提供了多种动态仿真条件，包括标量力与矢量力、标量力矩与矢量力矩、阻尼器、弹簧及接触条件，下面具体介绍这些动态仿真条件定义。

10.6.1　矢量力

“矢量力”用于在运动体的指定位置及方向上添加外部载荷，通过添加矢量力能够使运动体沿着一定的方向运动。如图 10-137 所示的导轨滑块模型，需要模拟在滑块上添加力条件使其在导轨上滑动，下面以此为例介绍矢量力定义过程。

步骤 1　打开练习文件 ch10 motion\10.6\01\force_motion。

步骤 2　选择命令。在“主页”选项卡的“加载”区域单击“矢量力”按钮 矢量力，系统弹出如图 10-138 所示的“矢量力”对话框，在该对话框中定义矢量力。

步骤 3　定义矢量力。在对话框的“类型”下拉列表中选择“幅值和方向”选项，在“动作”区域选择滑块运动体，选择如图 10-139 所示的边线中点为原点，在“参考”区域定义如

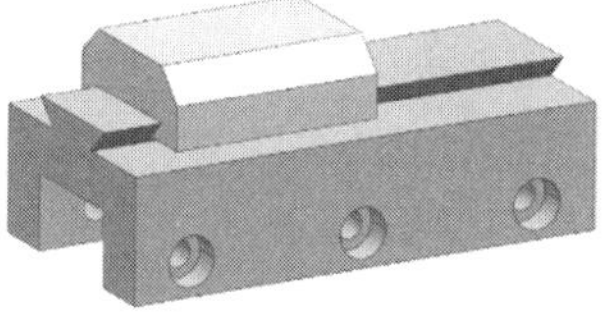

图 10-137　导轨滑块模型

图 10-138　“矢量力”对话框

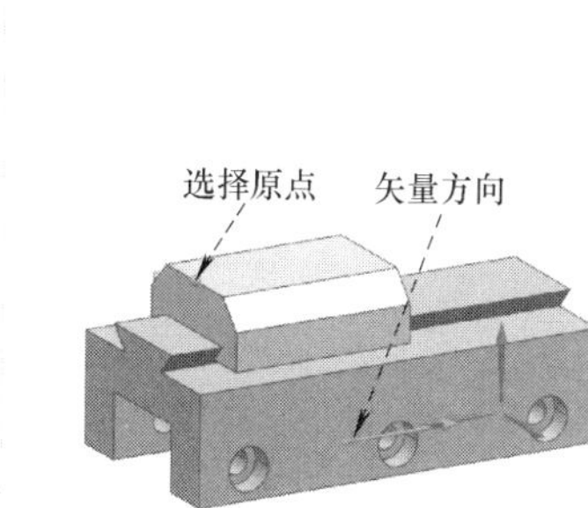

图 10-139　定义矢量力

图 10-139 所示的矢量方向，在“幅值”区域设置力大小为 10N。

步骤 4　定义解算方案。在“主页”选项卡中单击“解算方案”按钮，系统弹出“解算方案”对话框，设置时间为 0.5，步数为 100，选中“按‘确定’进行求解”选项，如图 10-140 所示，在“重力”区域设置重力方向为-YC 方向，如图 10-141 所示，单击“确定”按钮，系统开始求解计算。

步骤 5　运行仿真。在“结果”选项卡中单击“播放”按钮，开始运行仿真。

说明：此处添加矢量力然后再仿真会发现滑块瞬间就“飞”出去了，这是因为滑块与导轨之间没有考虑摩擦和阻力，滑块受到力后在不受任何阻力的情况下就会瞬间“飞”出，后面可以通过在滑块与导轨之间添加阻尼条件模拟摩擦效果。

10.6.2　阻尼器

“阻尼器”用来模拟摩擦阻力效果。下面继续以上一小节的导轨滑块模型为例介绍阻尼器的定义及仿真，在上一小节只添加了矢量力条件，所以滑块瞬间“飞”出，现在需要在滑块与导轨之间添加阻尼器阻碍滑块在导轨上的滑动运动。

步骤 1　打开练习文件 ch10 motion\10.6\02\damp_motion。

步骤 2　选择命令。在“主页”选项卡中单击“阻尼器”按钮 阻尼器，系统弹出如图 10-142 所示的“阻尼器”对话框。

步骤 3　定义阻尼器参数。因为滑块在导轨上滑动，为了模拟滑块受到摩擦阻力的效果，需要在滑块滑动副上添加阻尼器。在“阻尼器”对话框的“连接件”下拉列表中选择“平移”选项，在运动导航器中选择滑块上的滑动副，在“参数”区域设置阻尼值为 0.5，如图 10-142 所示，单击“确定”按钮，完成阻尼器定义。

步骤 4　重新求解并运行仿真。在“主页”选项卡中单击“求解”按钮重新求解，然后在“结果”选项卡中单击“播放”按钮，开始运行仿真。

说明：此处添加阻尼器然后再仿真会发现滑块并没有瞬间“飞”出去，这是因为在滑块与导轨之间添加的阻尼阻碍了滑块的运动。

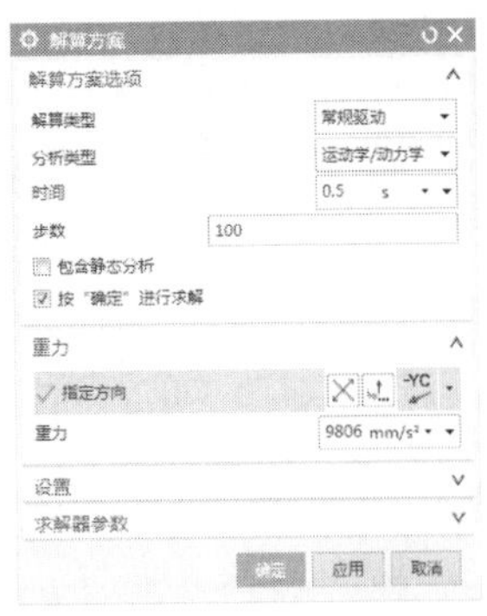

图 10-140 定义解算方案

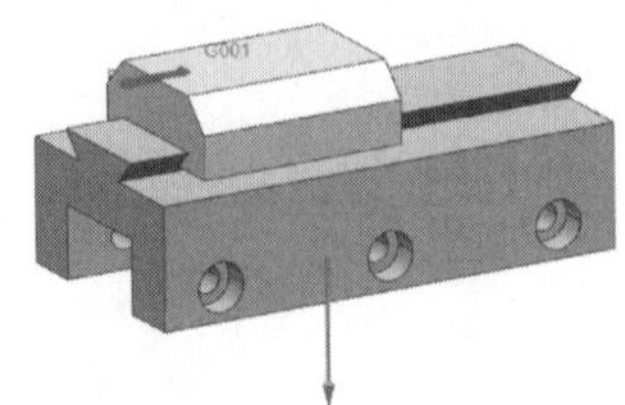

图 10-141 定义重力

图 10-142 "阻尼器"对话框

10.6.3 矢量扭矩

"矢量扭矩"用于在运动体的指定位置及方向上添加扭矩，通过添加扭矩能够使运动体绕着轴向方向转动。如图 10-143 所示的球阀开关模型，需要模拟开关手柄受到一定扭矩作用绕轴旋转运动，下面以此为例介绍矢量扭矩定义过程。

步骤 1 打开练习文件 ch10 motion\10.6\03\torque_motion。

步骤 2 选择命令。在"主页"选项卡的"加载"区域单击"矢量扭矩"按钮 矢量扭矩，系统弹出如图 10-144 所示的"矢量扭矩"对话框。

步骤 3 定义矢量扭矩。在对话框的"类型"下拉列表中选择"幅值和方向"选项，在"动作"区域选择开关手柄运动体，选择如图 10-145 所示的圆弧中心为原点，在"参考"区域定义如图 10-145 所示的矢量方向，在"幅值"区域设置扭矩大小为 10N · mm。

步骤 4 定义解算方案。在"主页"选项卡中单击"解算方案"按钮，系统弹出"解算方案"对话框，设置时间为 0.5，步数为 100，选中"按'确定'进行求解"选项，如图 10-146 所示，在"重力"区域设置重力方向为-YC 方向，如图 10-147 所示，单击"确定"按钮，系统开始求解计算。

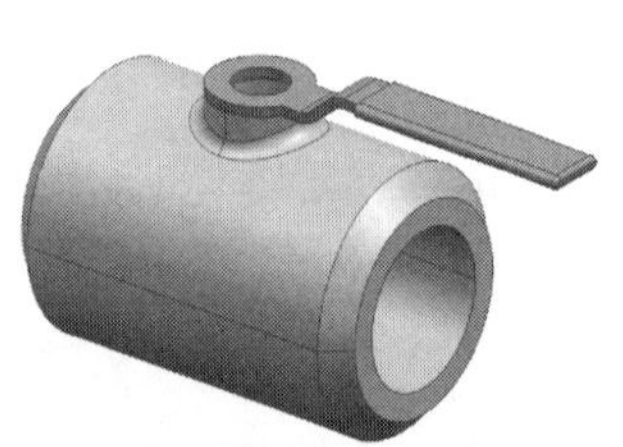

图 10-143 球阀开关模型

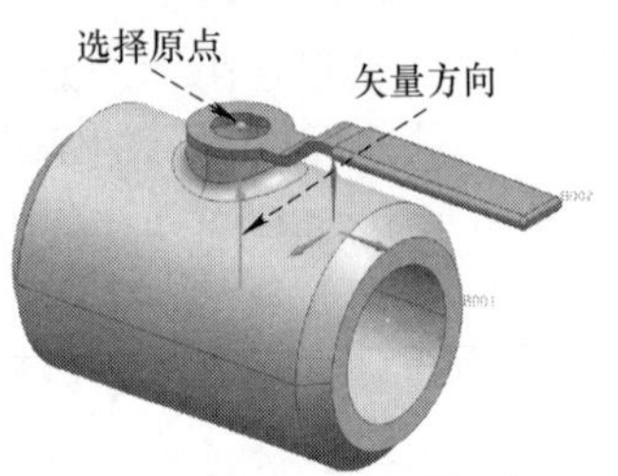

图 10-145 定义矢量扭矩

图 10-144 "矢量扭矩"对话框

图 10-146 定义解算方案

步骤 5 运行仿真。在"结果"选项卡中单击"播放"按钮▷，开始运行仿真。

说明：此处添加矢量扭矩然后再仿真会发现开关手柄转动很快，这是因为开关手柄与阀体之间没有考虑摩擦和阻力，开关手柄受到扭矩后在不受任何阻力的情况下就会转动很快，后面可以通过在开关手柄与阀体之间添加阻尼条件模拟摩擦效果。

步骤 6　添加阻尼器。在“主页”选项卡中单击“阻尼器”按钮 阻尼器，系统弹出“阻尼器”对话框，因为开关手柄在阀体上转动，为了模拟开关手柄受到摩擦阻力效果，需要在开关手柄旋转副上添加阻尼器。在“阻尼器”对话框的“连接件”下拉列表中选择“旋转”选项，在运动导航器中选择开关手柄上的旋转副，在“参数”区域设置阻尼值为 0.1，如图 10-148 所示，单击“确定”按钮，完成阻尼器定义。

步骤 7　重新求解并运行仿真。在“主页”选项卡中单击“求解”按钮重新求解，然后在“结果”选项卡中单击“播放”按钮，开始运行仿真。

说明：此处添加阻尼器然后再仿真会发现开关手柄并没有旋转很快，这是因为在开关手柄与阀体之间添加的阻尼阻碍了开关手柄的转动。

10.6.4　接触条件

使用接触条件主要用来模拟实际中的接触碰撞、刚性碰撞，属于运动仿真中非常重要的仿真条件，如图 10-149 所示的间歇机构模型，主动轮连续旋转带动间歇轮周期性运动，仿真关键是定义两个零件的接触条件，下面以此为例介绍接触条件定义及仿真。

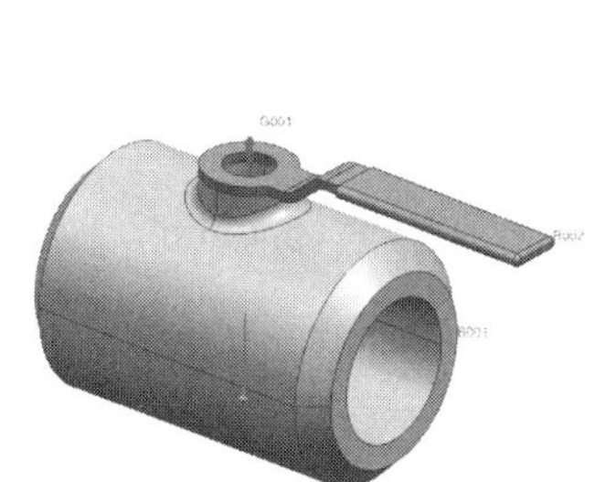

图 10-147　定义重力方向

图 10-148　“阻尼器”对话框

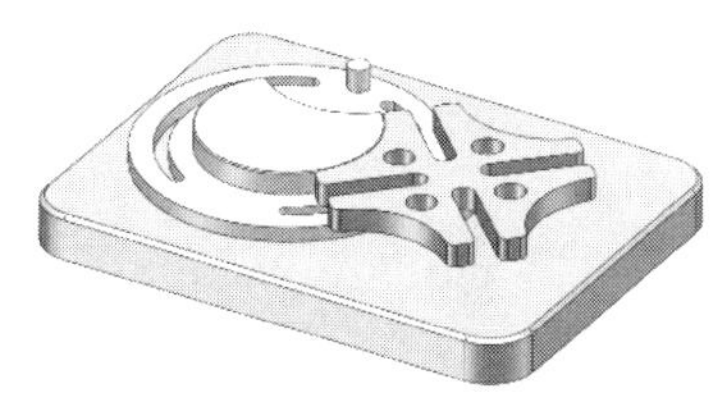

图 10-149　间歇机构模型

步骤 1　打开练习文件 ch10 motion\10.6\04\contact_motion。

图 10-150　“3D 接触”对话框

图 10-151　定义解算方案

步骤 2 选择命令。在“主页”选项卡中单击“3D 接触”按钮，系统弹出如图 10-150 所示的“3D 接触”对话框，在该对话框中定义接触条件。

步骤 3 定义接触条件。在对话框的“类型”下拉列表中选择“CAD 接触”选项，依次选择主动轮与间歇轮为动作体与基本体，在“基本”选项卡中设置接触参数，一般采用系统默认参数，如图 10-150 所示，单击“确定”按钮，完成 3D 接触条件定义。

步骤 4 定义解算方案。在“主页”选项卡中单击“解算方案”按钮，系统弹出“解算方案”对话框，设置时间为 12，步数为 600，选中“按‘确定’进行求解”选项，在“重力”区域设置重力方向为-YC 方向，如图 10-151 所示，单击“确定”按钮。

步骤 5 运行仿真。在“结果”选项卡中单击“播放”按钮，开始运行仿真。

10.6.5 弹簧

在运动仿真中添加弹簧用来模拟弹性连接，如图 10-152 所示的弹簧缸筒模型，钢球由于重力原因自由下落，然后与圆形挡板接触碰撞，圆形挡板与缸筒底部之间有弹簧连接，下面以此为例介绍弹簧定义及仿真。

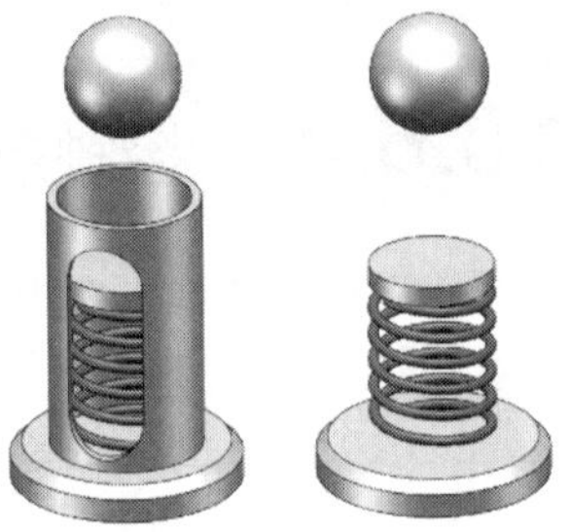

图 10-152 弹簧缸筒模型

步骤 1 打开练习文件 ch10 motion\10.6\05\spring_motion。

步骤 2 选择命令。在“主页”选项卡中单击“弹簧”按钮，系统弹出如图 10-153 所示的“弹簧”对话框，在该对话框中定义弹簧参数。

步骤 3 定义弹簧连接。定义弹簧连接与定义运动副类似，关键要定义弹簧参数。

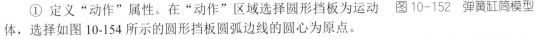

① 定义“动作”属性。在“动作”区域选择圆形挡板为运动体，选择如图 10-154 所示的圆形挡板圆弧边线的圆心为原点。

② 定义“基本”属性。在“基本”区域选择如图 10-154 所示的缸筒底部圆弧边线的圆心为原点，系统在圆形挡板中心到缸筒底部中心之间创建弹簧。

③ 定义弹簧参数。在“弹簧参数”区域的“刚度”区域设置弹簧刚度为 0.5N/mm，其余参

图 10-153 “弹簧”对话框

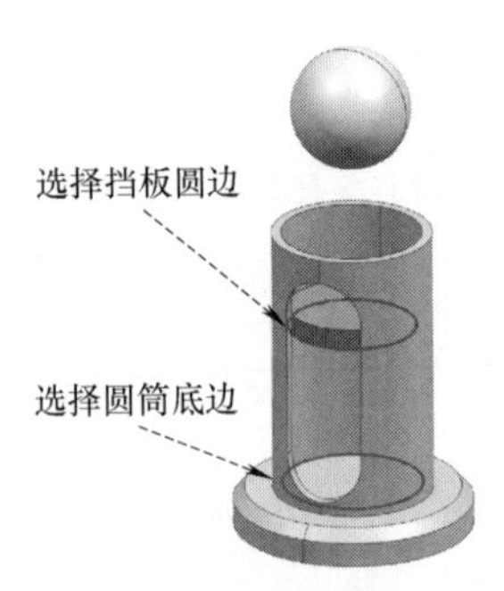

图 10-154 选择弹簧参考

图 10-155 定义解算方案

数使用系统默认设置，单击“确定”按钮，完成弹簧定义。

步骤 4　定义 3D 接触。在“主页”选项卡中单击“3D 接触”按钮，系统弹出“3D 接触”对话框，在对话框的“类型”下拉列表中选择“CAD 接触”选项，依次选择钢球与圆形挡板为动作体与基本体，其余参数采用系统默认参数，单击“确定”按钮。

步骤 5　定义解算方案。在“主页”选项卡中单击“解算方案”按钮，系统弹出“解算方案”对话框，设置时间为 5，步数为 500，选中“按‘确定’进行求解”选项，在“重力”区域设置重力方向为-YC 方向，如图 10-155 所示，单击“确定”按钮。

步骤 6　运行仿真。在“结果”选项卡中单击“播放”按钮，开始运行仿真。

10.7 仿真结果分析

运动仿真的最终目的一方面是为了方便后期展示或模拟，另一方面是根据仿真结果对机构模型进行必要结果分析，以便了解机构模型中的运动数据，从中评估机构模型是否存在设计缺陷并对机构设计提供必要的反馈及改进依据。

10.7.1 仿真结果图表

在“分析”选项卡的“动画”菜单中选择“XY 结果”命令 XY 结果，用于创建选中运动对象的结果图表，这里的运动对象可以是运动副、标记及传感器，如图 10-156 所示的凸轮机构模型，现在已经完成了运动仿真定义，需要创建推杆零件的“位移-时间”图表及“速度-时间”图表，这些结果图表既可以作为运动仿真与分析报告的一项重要内容，同时也将作为评估凸轮机构的重要依据，下面以此为例介绍仿真结果图表操作。

步骤 1　打开练习文件 ch10 motion\10.7\01\table。

步骤 2　展开 XY 结果视图。在运动导航器中选中推杆零件上的滑动副对象，在“分析”选项卡的“动画”菜单中选择“XY 结果”命令 XY 结果，此时在导航器区域底部展开如图 10-157 所示的“XY 结果视图”界面，在该界面中显示与选中滑动副相关的结果视图树状结构，用户可以选择任意一个节点创建结果图表。

步骤 3　创建位移-时间结果图表。在“XY 结果视图”中依次展开“绝对”→“位移”节点，选择“幅值”，单击鼠标右键，在弹出的快捷菜单中选择“绘图”命令，如图 10-158 所示，在图形区单击鼠标，此时在图形区生成位移-时间结果图表，如图 10-159 所示。

图 10-156 凸轮机构模型

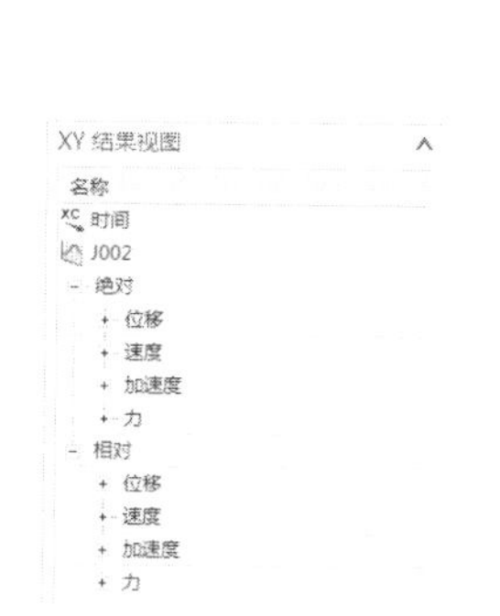

图 10-157　XY 结果视图

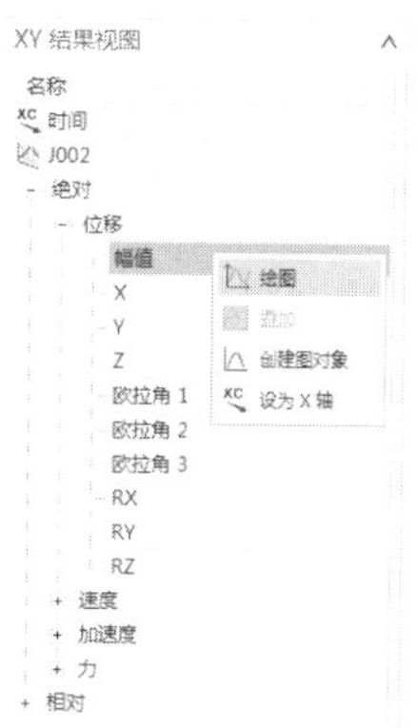

图 10-158　定义位移结果

说明： 在“结果”选项卡中单击“返回至模型”按钮，系统返回到三维模型。

步骤 4 创建速度-时间结果图表。在“XY 结果视图”中依次展开“绝对”→“速度”节点，选择“幅值”，单击鼠标右键，在弹出的快捷菜单中选择“绘图”命令，在图形区单击鼠标，此时在图形区生成速度-时间结果图表，如图 10-160 所示。

本例在创建“位移-时间”结果图表后，在“XY 结果视图”中依次展开“绝对”→“速度”节点，选择“幅值”，单击鼠标右键，在弹出的快捷菜单中选择“叠加”命令，表示将定义的结果图表叠加到已有的结果图表中，如图 10-161 所示。

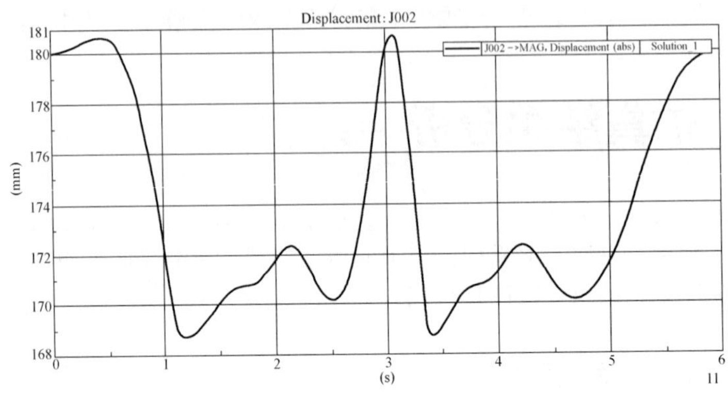

图 10-159 位移-时间结果图表

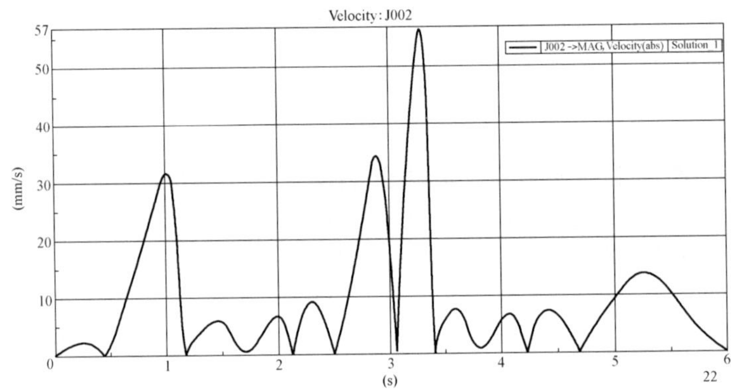

图 10-160 速度-时间结果图表

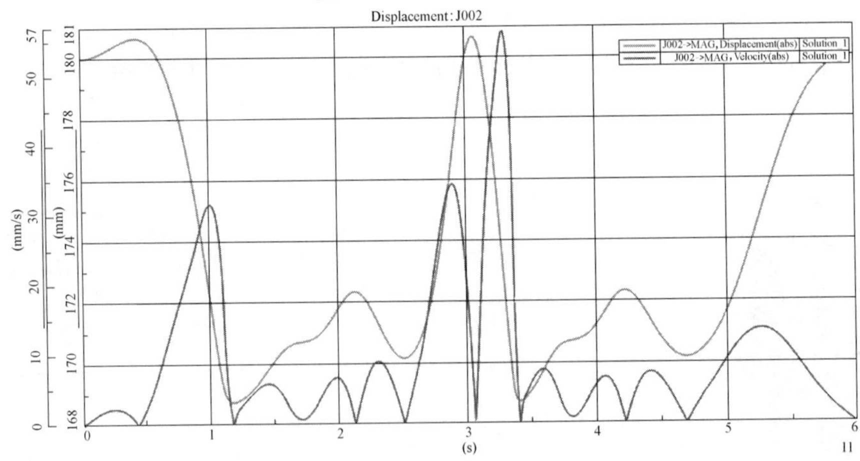

图 10-161 位移-时间及速度-时间叠加图表

10.7.2　运动包络

在“分析”选项卡的“动画”菜单中选择“运动包络”命令 运动包络，用于创建运动对象的空间包络范围，如图 10-162 所示的汽车转向机构模型，现在已经完成了运动仿真定义，需要分析左侧车轮及其转向节在运动过程中的空间包络范围，创建的空间包络范围将作为进一步设计转向机构悬挂系统的重要依据，下面具体介绍运动包络操作。

步骤 1　打开练习文件 ch10 motion\10.7\02\envelope。

步骤 2　选择命令。在“分析”选项卡的“动画”菜单中选择“运动包络”命令 运动包络，系统弹出如图 10-163 所示的“运动包络”对话框。

步骤 3　定义运动包络。在模型上选择如图 10-164 所示的对象为包络对象，在“设置”区域的“包络精度”下拉列表中选择“中”选项，其余采用系统默认设置，单击“确定”按钮，系统开始计算运动包络，计算完成后将在模型上生成如图 10-165 所示的运动包络结果，其俯视图效果如图 10-166 所示。

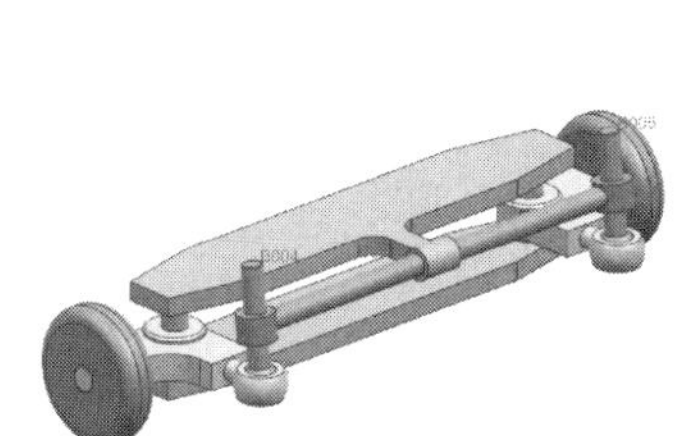

图 10-162　汽车转向机构模型

图 10-163　“运动包络”对话框

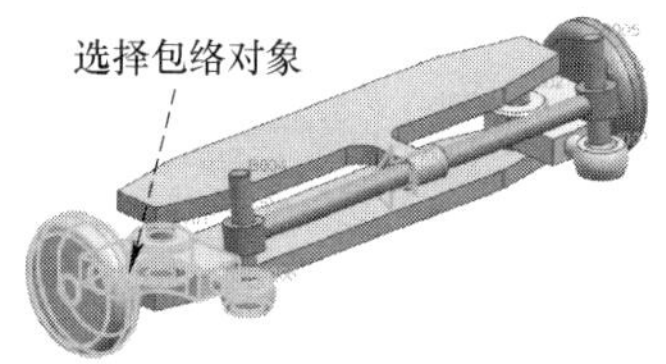

图 10-164　选择包络对象

说明：完成运动包络分析后，在模型上生成透明的包络体，后期在设计周围结构时，应该避免这些包络结构，否则在运动过程中将与这些包络对象干涉。

10.7.3　干涉、测量与追踪

在“分析”选项卡中提供了常用的运动分析工具，包括“干涉”“测量”及“追踪”，使用这些工具帮助用户直观分析运动机构存在的设计问题，下面具体介绍。

（1）干涉

运动仿真中要想知道运动体对象在运动过程中是否存在干涉问题，需要进行运动干涉分析。如图 10-167 所示的汽车隧道模型，要分析汽车在行驶过程中与隧道之间是否存在干涉，需要进行运动干涉分析，下面以此为例介绍运动干涉分析操作。

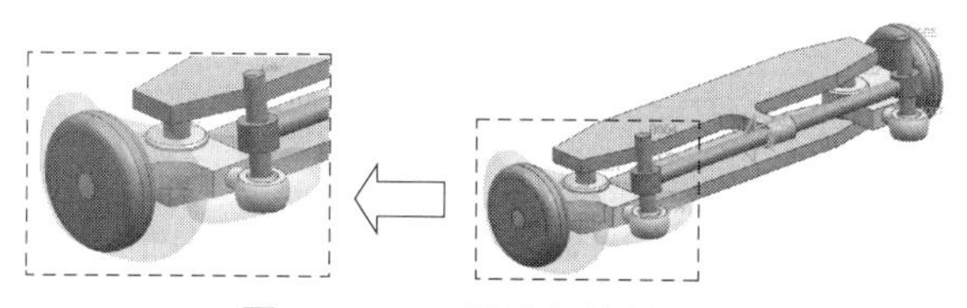

图 10-165　运动包络结果

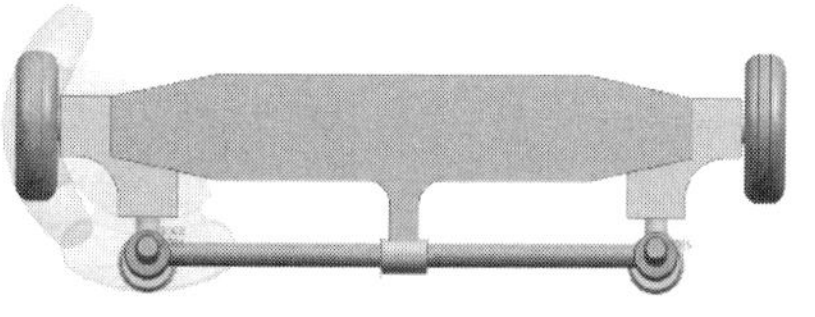

图 10-166　运动包络俯视图结果

步骤 1 打开练习文件 ch10 motion\10.7\03\01\interference。

步骤 2 选择命令。在“分析”选项卡中单击“干涉”按钮，系统弹出如图 10-168 所示的“干涉”对话框，在该对话框中定义运动干涉分析。

说明： 此处定义的干涉分析是在运动过程中进行干涉分析，也称动态干涉分析，这不同于装配设计中的简单干涉分析，简单干涉分析是一种静态干涉分析。

步骤 3 定义干涉分析。在对话框顶部下拉列表中选择“高亮显示”选项，表示一旦出现干涉，系统会高亮显示干涉结果，然后选择汽车实体为第一组对象，选择隧道实体为第二组对象，选中“事件发生时停止”及“激活”选项，单击“确定”按钮。

步骤 4 运行干涉分析。定义干涉分析后需要使用“动画”工具运行干涉分析。在“分析”选项卡的“动画”菜单中选择“动画”命令 动画 ，系统弹出如图 10-169 所示的“动画”对话框，在该对话框中选中“干涉”选项及“事件发生时停止”选项，单击按钮运行仿真，如果出现干涉，干涉实体之间将高亮显示，如图 10-170 所示。

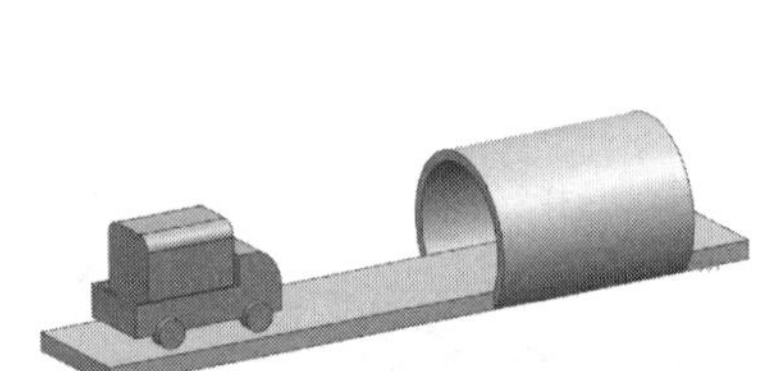

图 10-167　汽车隧道模型

图 10-168　“干涉”对话框

图 10-169　“动画”对话框

说明： 在“干涉”对话框顶部下拉列表中选择“创建实体”选项，表示一旦出现干涉，系统将创建干涉部分的实体，如图 10-171 所示。

图 10-170　高亮显示干涉结果

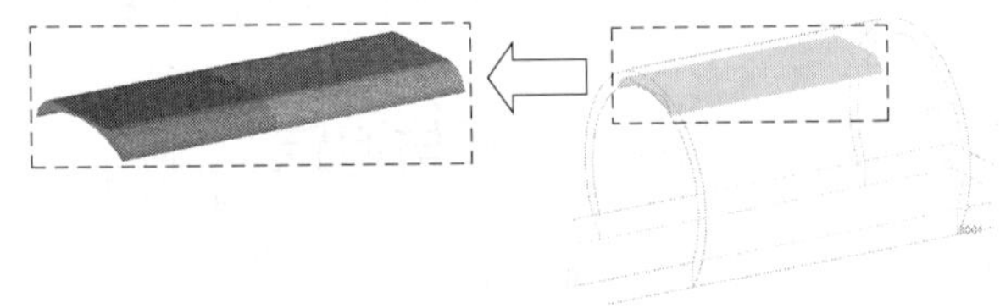

图 10-171　创建干涉实体

（2）测量

运动仿真中要想知道运动体对象在运动过程中距离或角度的变化，需要进行运动测量分析。如图 10-172 所示的凸轮机构模型，需要分析推杆顶面与支架顶面之间距离变化，同时还需要分析距离值小于 32mm 的极限位置，下面具体介绍测量分析操作。

步骤 1 打开练习文件 ch10 motion\10.7\03\02\measure。

步骤 2 选择命令。在“分析”选项卡中单击“测量”按钮，系统弹出如图 10-173 所示的“测量”对话框，在该对话框中定义运动测量分析。

说明： 此处定义的测量分析是在运动过程中进行测量分析，也称动态测量分析，这不同于建模中的测量分析，建模中的测量分析是一种静态测量分析。

步骤 3　定义测量分析。在对话框顶部下拉列表中选择“最小距离”选项，选择如图 10-174 所示的推杆顶面为第一组对象，选择如图 10-174 所示的支架顶面为第二组对象，在“设置”区域的“阈值”文本框中设置距测量极限值为 32，选中“事件发生时停止”及“激活”选项，单击“确定”按钮，完成测量分析定义。

图 10-172　凸轮机构模型

图 10-173　“测量”对话框

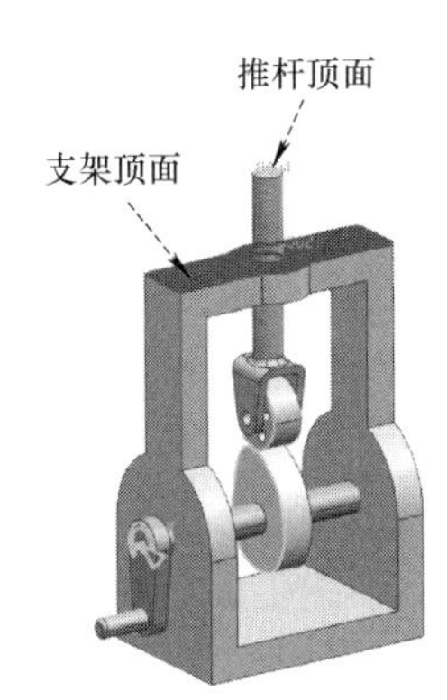

图 10-174　定义测量对象

步骤 4　运行测量分析。定义测量分析后需要使用“动画”工具运行测量分析，在“分析”选项卡的“动画”菜单中选择“动画”命令 **动画**，系统弹出如图 10-175 所示的“动画”对话框，在该对话框中选中“测量”选项及“事件发生时停止”选项，单击 按钮运行仿真，此时在模型上显示测量对象之间的距离变化，如图 10-176 所示，如果测量距离达到设置的阈值，系统会弹出如图 10-177 所示的警报提示。

图 10-175　运行测量分析

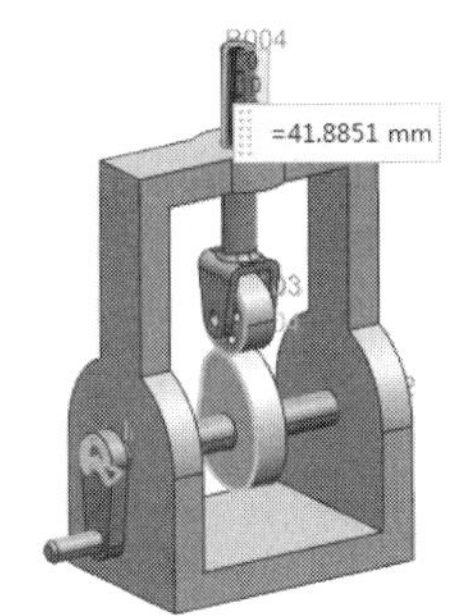

图 10-176　测量分析结果

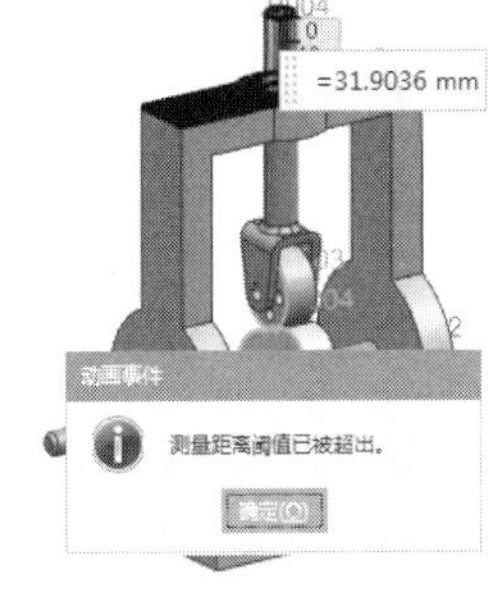

图 10-177　超出测量范围

（3）追踪

运动仿真中要想知道运动体对象在运动过程中实体位置的变化，需要进行追踪分析（也称轨迹分析）。如图 10-178 所示的钢球滑槽模型，需要分析钢球从滑槽顶端自由滑下的过程中钢

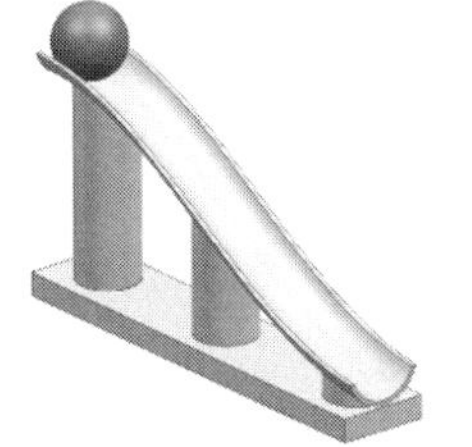

图 10-178　钢球滑槽模型

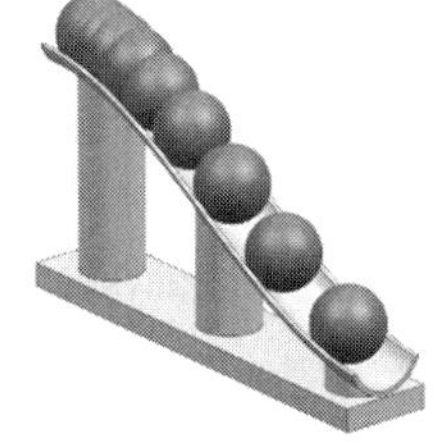

图 10-179　追踪分析

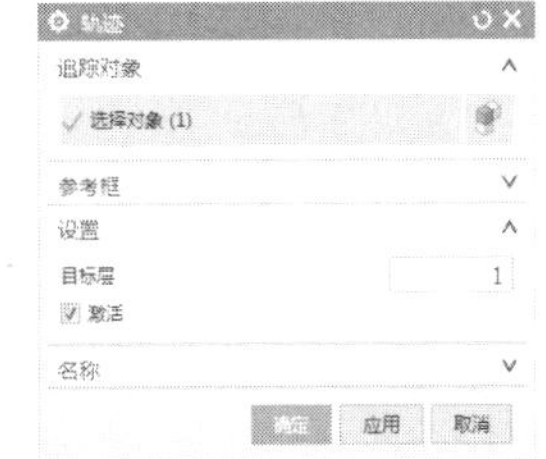

图 10-180　“轨迹”对话框

球经过的位置轨迹，如图 10-179 所示，下面具体介绍追踪分析操作。

步骤 1 打开练习文件 ch10 motion\10.7\03\03\trace。

步骤 2 选择命令。在“分析”选项卡中单击“追踪”按钮，系统弹出如图 10-180 所示的“轨迹”对话框，在该对话框中定义追踪分析（轨迹分析）。

步骤 3 定义追踪分析。在模型上选择钢球为追踪分析对象，在“设置”区域选中“激活”选项，单击“确定”按钮，完成追踪分析定义。

步骤 4 运行追踪分析。定义追踪分析后需要使用“动画”工具运行追踪分析，在“分析”选项卡的“动画”菜单中选择“动画”命令 动画，系统弹出如图 10-181 所示的“动画”对话框，在该对话框中选中“轨迹”选项，单击按钮运行仿真，此时在钢球经过的路径上生成运行轨迹，如图 10-179 所示。

图 10-181　运行追踪分析

10.7.4　标记、传感器与智能点

“主页”选项卡中提供了常用的辅助分析工具，包括“标记”“传感器”及“智能点”，使用这些工具辅助用户完成特定的分析工作，下面具体介绍。

（1）标记

“标记”命令用于在选中的运动体对象上创建一个具有方向性的标记点，创建的标记点与选择的运动体相关联，标记点可用于结果图表工具，对标记点的分析就相当于对运动体进行分析，下面以如图 10-182 所示的钢球滑槽模型为例介绍标记操作。

本例分析要求：本例要分析钢球从滑槽顶端滑下的速度-时间图表。因为钢球与滑槽之间为“点在线上副”连接，在运动导航器中选中“点在线上副”对象，此时结果图解如图 10-183 所示，依次展开“绝对”→“速度”节点，选中“幅值”，单击鼠标右键，在弹出的快捷菜单中选择“绘图”命令，系统弹出如图 10-184 所示的“绘图”对话框，提示无法生成结果图解，也就是说“点在线上副”不支持结果图解分析，这种情况下在钢球上创建标记，然后通过标记分析钢球从滑槽顶端滑下的速度-时间图表，下面具体介绍。

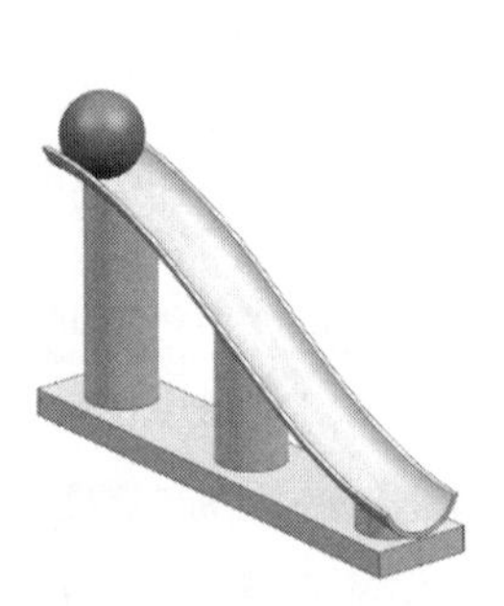
图 10-182　钢球滑槽模型

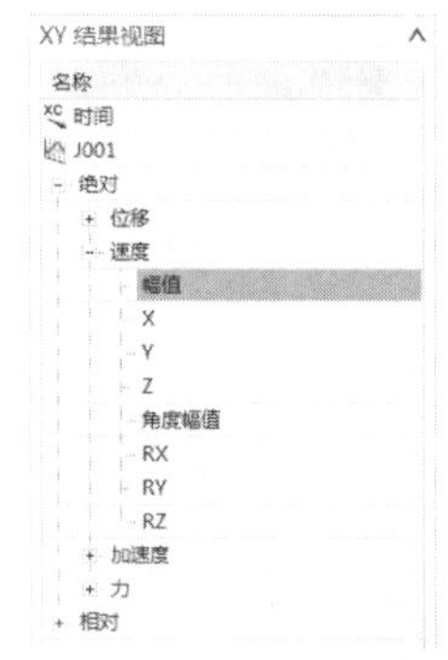

图 10-183　点线副结果视图

图 10-184　“绘图”对话框

步骤 1 打开练习文件 ch10 motion\10.7\04\01\marker。

步骤 2 选择命令。在“主页”选项卡中单击“标记”按钮 标记，系统弹出如图 10-185 所示的“标记”对话框，在该对话框中定义标记。

步骤 3 定义标记。选择钢球为标记对象，系统自动选择钢球球心为标记原点，系统自动在原点位置创建方向坐标系，如图 10-186 所示，单击“确定”按钮，此时在运动导航器中生成标记节点，默认名称为 A001。

图 10-185　“标记”对话框

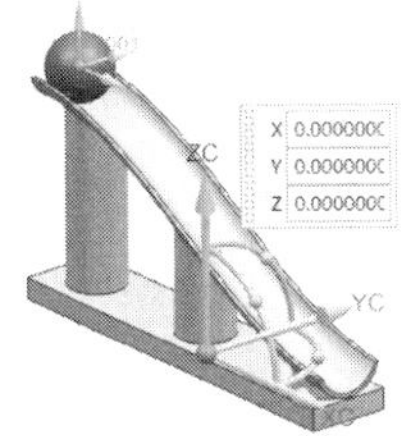
图 10-186　定义标记

步骤 4　创建钢球标记点速度-时间图表。在运动导航器中选中创建的标记 A001，在“分析”选项卡的“动画”菜单中选择“XY 结果”命令 XY结果，在“XY 结果视图”界面中依次展开“绝对”→“速度”节点，选择“幅值”，单击鼠标右键，在快捷菜单中选择“绘图”命令，如图 10-187 所示，在图形区单击生成速度-时间图表，如图 10-188 所示。

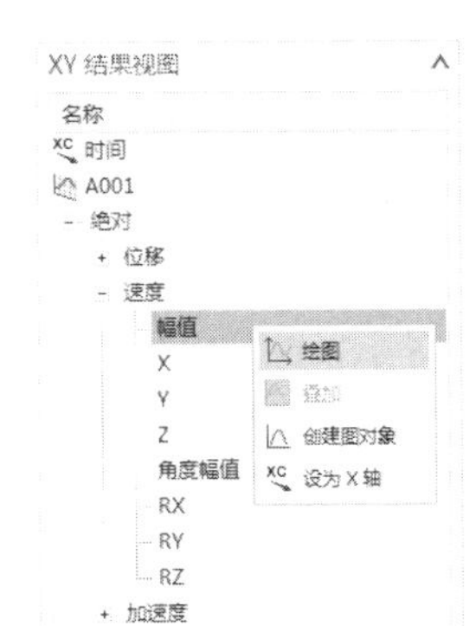

图 10-187　定义速度-时间图表

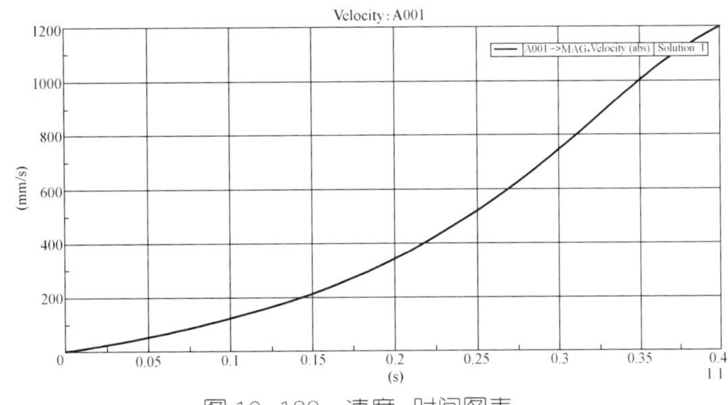

图 10-188　速度-时间图表

说明：定义标记后一定要重新求解解算方案并运行仿真，然后才能根据标记创建结果图表，否则将无法生成结果图表，这一点要特别注意。

（2）传感器

“传感器”命令用于在选中的运动副或标记点创建传感器，传感器可用于结果图表工具，对传感器的分析就相当于对运动副或标记点进行分析，下面以如图 10-189 所示的弹簧缸筒模型为例介绍传感器操作。

步骤 1　打开练习文件 ch10 motion\10.7\04\02\sensors。

步骤 2　选择命令。在“主页”选项卡中单击“传感器”按钮 传感器，系统弹出如图 10-190 所示的“传感器”对话框，在该对话框中定义传感器。

步骤 3　定义传感器。在运动导航器中选择钢球上的滑动副为传感器对象，单击“确定”按钮，完成传感器定义，此时在运动导航器中生成传感器节点，名称为 Se001。

步骤 4　创建钢球传感器速度-时间图表。在运动导航器中选中创建的标记 Se001，在“分析”选项卡的“动画”菜单中选择“XY 结果”命令 XY结果，在“XY 结果视图”界面中依次展开“绝对”→“速度”节点，选择“幅值”，单击鼠标右键，在快捷菜单中选择“绘图”命令，如图 10-191 所示，在图形区单击生成速度-时间图表，如图 10-192 所示。

说明：本例使用钢球上的传感器创建钢球速度-时间结果图表与直接使用钢球上滑动副创建钢球速度-时间结果图表是一样的，本章主要借此介绍传感器操作。

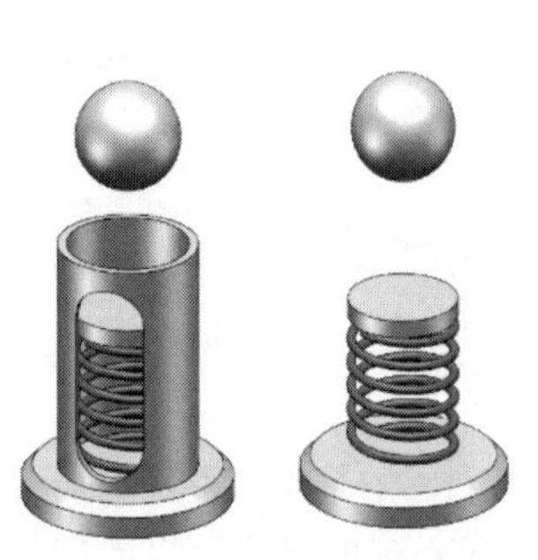

图 10-189　弹簧缸筒模型

图 10-190　“传感器”对话框

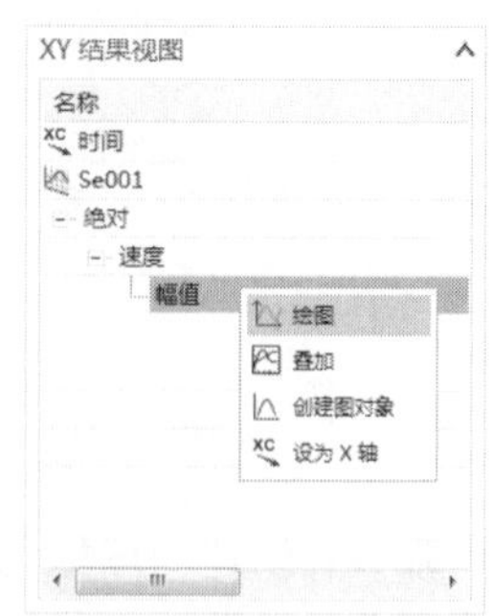

图 10-191　定义结果图表

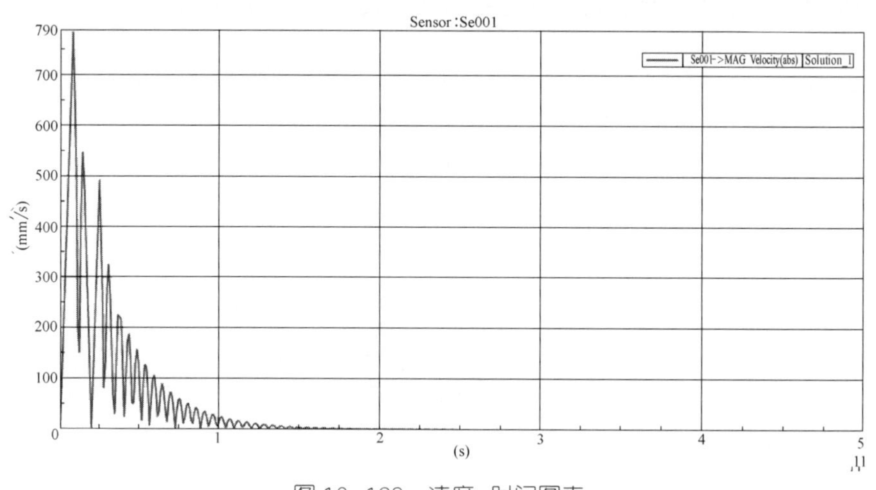

图 10-192　速度-时间图表

（3）智能点

“智能点”命令用于在指定位置创建一个无方向的基准点。智能点经常用于分析运动体轨迹，如图 10-193 所示的四杆机构，需要分析四杆机构中连杆圆心点的运行轨迹，这种情况下可以先在连杆圆心位置创建一个智能点，然后追踪智能点即可得到连杆圆心的运行轨迹，如图 10-194 所示，下面具体介绍。

步骤 1　打开练习文件 ch10 motion\10.7\04\03\smart_point。

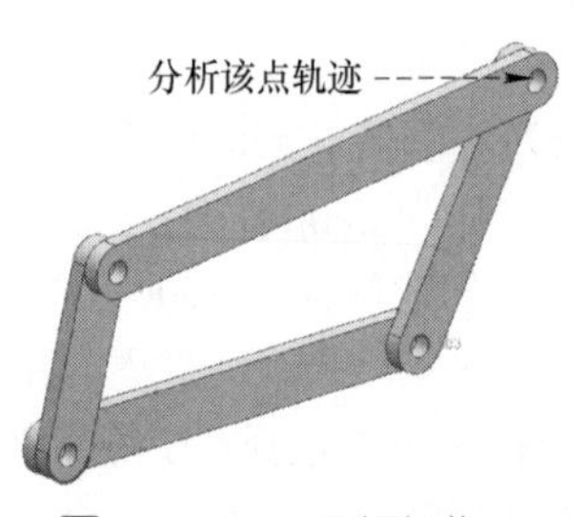

图 10-193　四杆机构

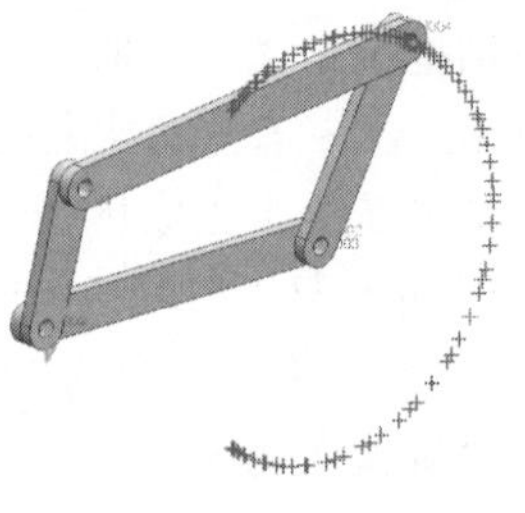

图 10-194　智能点轨迹

图 10-195　定义智能点

步骤 2　定义智能点。在“主页”选项卡中单击“智能点”按钮 智能点，系统弹出如图 10-195 所示的“点”对话框，在模型上选择如图 10-193 所示连杆上的圆心点为智能点，单击“确定”按钮，完成智能点创建。

步骤 3　编辑运动体。创建智能点后，智能点与连杆是非关联的，需要将智能点与所在连杆定义为一个运动体，保证连杆在运动时能够带动智能点一起运动。在运动导航器中双击 B004 连杆，选择以上创建的智能点添加到运动体对象中，如图 10-196 所示。

步骤 4　定义追踪。在“分析”选项卡中单击“追踪”按钮，系统弹出“轨迹”对话框，选择以上创建的智能点为追踪对象，选中“激活”选项，如图 10-197 所示。

图 10-196　定义运动体

图 10-197　“轨迹”对话框

步骤 5　运行追踪。定义追踪分析后需要使用“动画”工具运行追踪分析。在“分析”选项卡的“动画”菜单中选择“动画”命令 动画，系统弹出“动画”对话框，在该对话框中选中“轨迹”选项，单击按钮运行仿真，此时在智能点经过的路径上生成运行轨迹，如图 10-194 所示。

10.8　运动仿真案例：自动钻孔机构仿真

前面小节系统介绍了运动仿真的操作，为了加深读者对运动仿真的理解并更好地应用于实践，下面通过具体案例详细介绍运动仿真应用。

如图 10-198 所示的钻孔机构模型，可以使用三种钻头加工圆盘零件上的孔，本例只需要模拟使用两种钻头加工圆盘上的孔的加工过程仿真。

练习文件：ch10 montion\10.8\01\punch_asm。

自动钻孔机构仿真思路：打开练习文件后首先在机构合适位置添加运动副，主要包括旋转副及滑动副，然后使用“驱动体”命令在合适位置添加驱动条件，为了实现各个动作的配合效果，可以使用函数方式或曲线方式定义驱动条件。

具体仿真过程参看随书视频讲解。

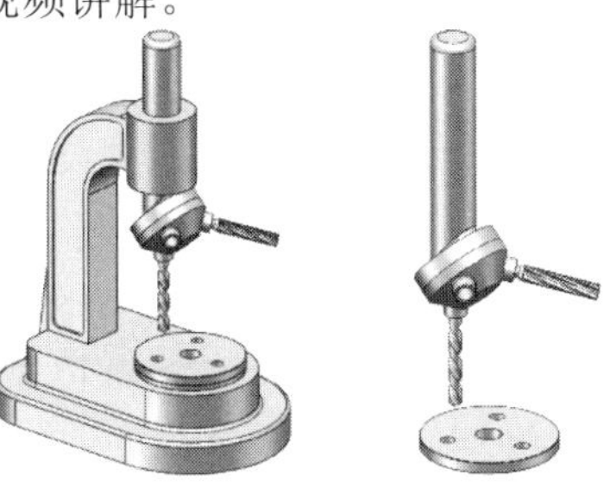

图 11-198　自动钻孔机构

扫码看视频讲解

第11章 模具设计

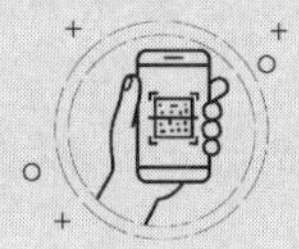

微信扫码，立即获取
全书配套视频与资源

模具设计功能主要用于各种类型的模具设计，包括注塑模设计、级进模设计及工程模设计等。本章主要介绍注塑模具设计，模具设计中使用与 NX 对应的 Moldwizard 进行模架及标准件的设计，能极大提高模具设计效率。

11.1 模具设计基础

学习模具设计之前首先有必要了解模具设计的应用及模具设计用户界面等方面的基本问题，为后面进一步学习和使用模具设计做好准备。

11.1.1 模具设计应用

在 NX 中使用提供的建模工具、曲面工具及装配工具就能够进行各种模具设计，但是在具体操作时比较麻烦，特别是模具分型面及模架的设计，这会严重影响模具设计效率及质量，使用模具设计主要包括以下几个方面的应用：

（1）模具分析

模具设计之前需要首先对工件进行必要分析，以便了解工件是否适合于模具设计，同时为分型面的设计提供重要依据。使用 NX 提供的模具设计验证、检查区域、检查壁厚及流分析等多种分析工具对工件进行必要的模具分析。

（2）模具分型面设计

模具设计中最重要的一项操作是进行分型面的设计，模具分型面直接关系到模具分型及开模，使用模具分型面工具能够方便进行各种分型面的设计。

（3）模架及标准件设计

模架及标准件的设计直接关系到模具功能的实现，模架中需要设计各种模具模板、浇注系统及冷却系统，还有各种标准件等。使用 NX 对应的 Moldwizard 能够轻松完成这些结构的设计，极大提高了模具设计效率。

11.1.2 模具设计模块

NX 模具设计功能非常强大，提供了多个模具设计模块，用于不同类型的模具设计，包括注塑模具设计、级进模具设计及工程模设计，下面具体介绍这些模块。

（1）注塑模向导

在“应用模块”选项卡的“特定于工艺”区域单击“注塑模”按钮，系统激活“注塑模向导”

模块，如图 11-1 所示。该选项卡中提供了注塑模具设计工具，包括部件验证、主要工具、分型工具、冷却工具、注塑模工具等。NX 注塑模具设计应用举例如图 11-2 所示。

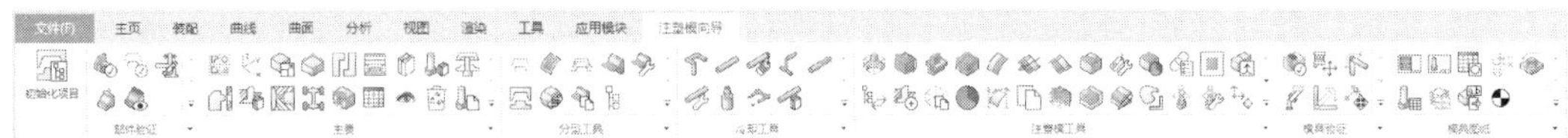

图 11-1 “注塑模向导”选项卡

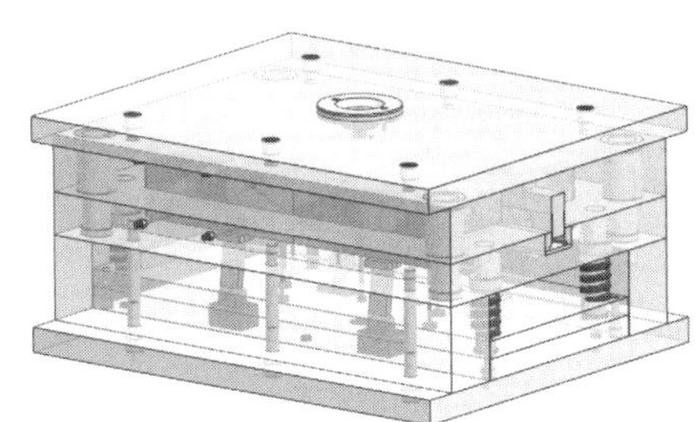
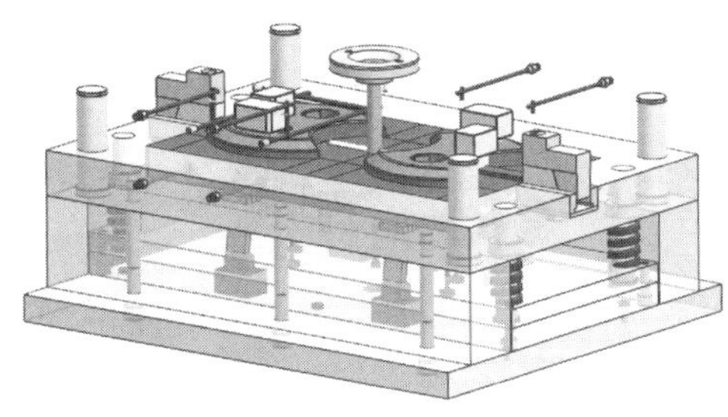

图 11-2 注塑模具设计应用举例

（2）级进模向导

在“应用模块”选项卡的“特定于工艺”区域单击“级进模”按钮 级进模，系统激活“级进模向导”模块，如图 11-3 所示。该选项卡中提供了级进模具设计工具，包括中间工步工具、条料设计、冲模设计、冲模镶块设计、模具验证工具等。NX 级进模具设计应用举例如图 11-4 所示。

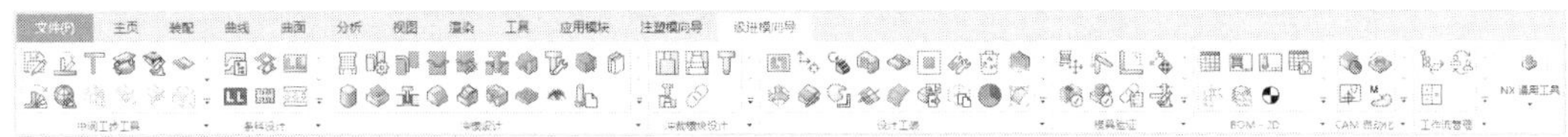

图 11-3 “级进模向导”选项卡

（3）工程模向导

在“应用模块”选项卡的“特定于工艺”区域单击“工程模”按钮 工程模，系统激活“工程模向导”模块，如图 11-5 所示。该选项卡中提供了工程模设计工具，包括中间工步工具、条料工具、主要工具、冲模镶块设计等。NX 工程模设计应用举例如图 11-6 所示。

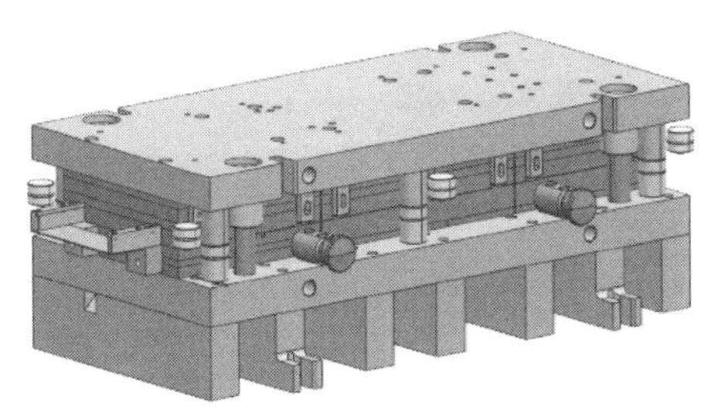
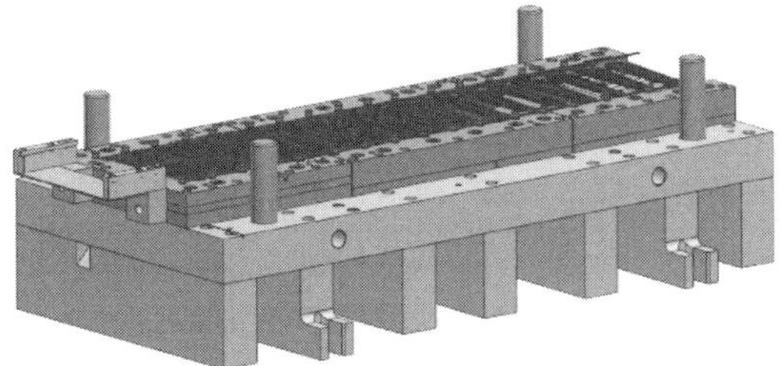

图 11-4 多工位级进模具设计应用举例

说明： NX“级进模向导”与“工程模向导”是两个极为相似的模块，其中绝大多数工具是一样的，特别是“中间工步工具”及“条料工具”几乎是一样的。

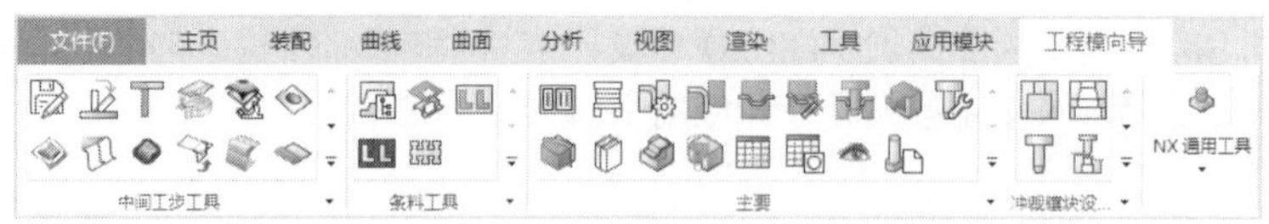

图 11-5 “工程模向导”选项卡

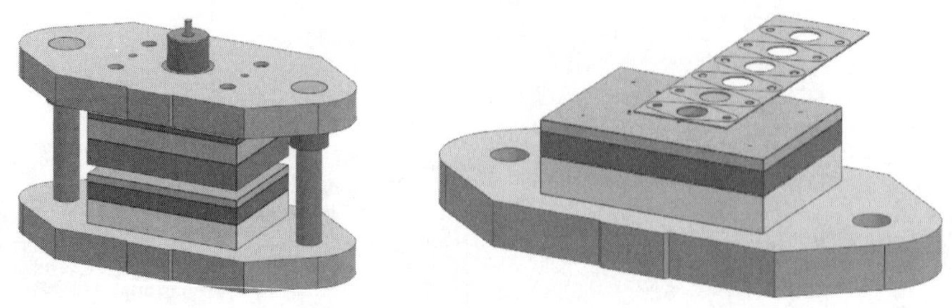

图 11-6 工程模设计应用举例

11.1.3 模具设计用户界面

在“应用模块”选项卡的“特定于工艺”区域单击“注塑模”按钮，系统激活“注塑模向导”模块，用于注塑模具设计。下面打开练习文件：ch11 mold\11.1\cover_top_000，熟悉 NX 注塑模具设计环境，如图 11-7 所示，其中首先要熟悉的是模具结构管理及“重用库”两个问题，下面具体介绍。

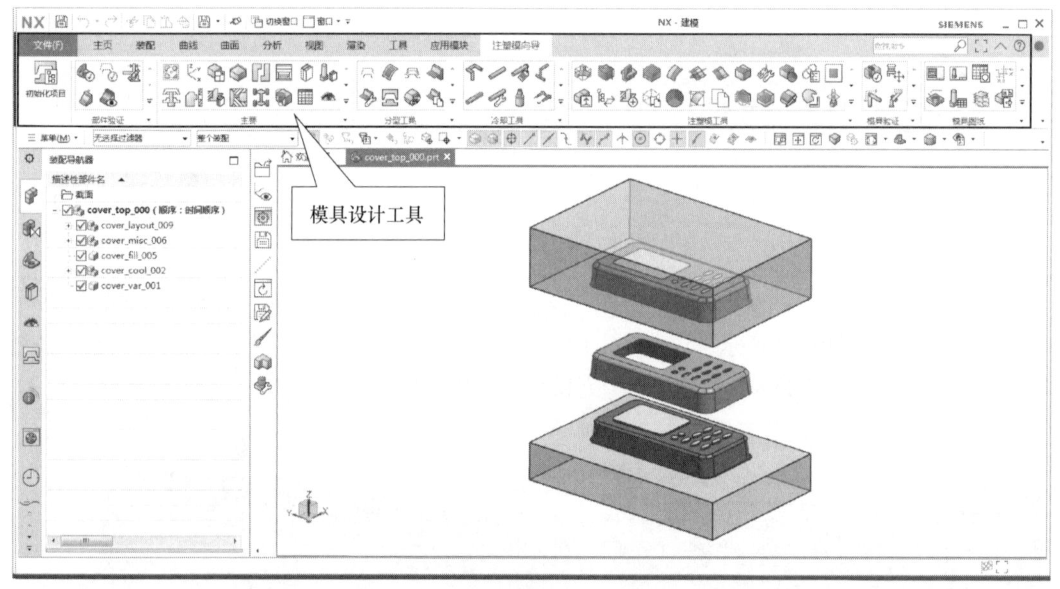

图 11-7 模具设计环境及工具

（1）模具结构管理

注塑模具结构都比较固定，而且涉及的零件数量也比较多，考虑到设计与管理的方便，在 NX 中进行模具设计时需要首先创建初始化项目。初始化项目中包括模具设计的所有装配结构，如图 11-8 所示，主要由 top、layout、misc、fill、cool 及 var 文件组成。其中 top 为模具项目总文件，包括所有模具零部件及定义模具设计所必需的数据。layout 用于管理模具的主体装配结构，主要由 prod、core、catvity、trim、parting、molding 及 shrink 等文件组成，下面具体介绍模具装配结构中各文件含义。

图 11-8　注塑模具结构

misc：该节点分为两部分，side_a 对应的是模具定模的组件，side_b 对应的是动模的组件，用于存储没有定义或单独部件的标准件，包括定位圈、锁紧块和支撑柱等。

fill：用于存储浇注系统的组件，包含流道和浇口的实体。

cool：用于存储冷却管道实体，并且冷却管道的标准件也默认存储在该节点下。

var：包含模架和标准件所用的参考值。

prod：用于将单独的特定部件文件集合成一个装配的子组件。

core：用于存储模具中的型芯。

cavity：用于存储模具中的型腔。

trim：用于存储模具修剪的几何体。

parting：用于存储修补片体、分型面和提取的型芯/型腔的面。

molding：用于保存源产品模型的链接体，使源产品模型不受收缩率的影响。

shrink：包含产品模型的几何连接体。

（2）模具设计重用库

模具设计中的模架及标准件一般不需要用户自行设计，直接从“重用库”向导中调用即可，这样既满足了模具设计的标准化要求，又提高了模具设计效率。在“注塑模向导”选项卡的“主要”区域单击“标准件库”按钮，系统展开如图 11-9 所示的“重用库”向导，其中包括模具设计所需的各种标准件库。

说明：模具设计中如果需要调用标准件，需要首先安装与 NX 版本对应的 Moldwizard（默认安装位置：C:\Program Files\Siemens\NX\STAMPING_TOOLS），否则“重用库”导航器中无法展开标准件库，也无法调用标准模架。

模具设计中调用标准件时，系统将弹出如图 11-10 所示的“标准件管理”对话框及如图 11-11 所示的“信息”窗口，在“标准件管理”对话框中定义标准件放置及详细参数，在“信息”窗口中显示标准件尺寸图解，使标准件设计更直观。

图 11-9　“重用库”导航器

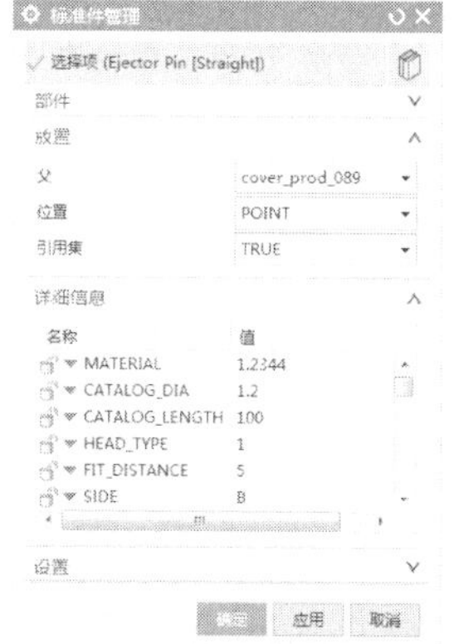

图 11-10　“标准件管理”对话框

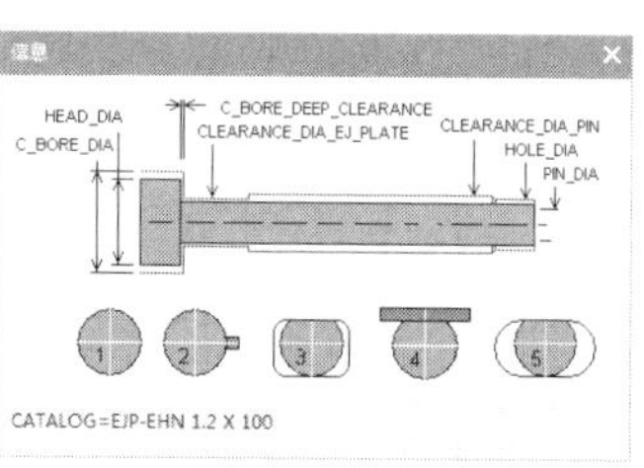

图 11-11　“信息”窗口

11.2 模具设计过程

为了让读者尽快熟悉 NX 注塑模具设计思路及基本操作，下面通过一个具体案例详细介绍模具设计过程。如图 11-12 所示的塑料盖模型，材料为 ABS（收缩率为 1.006），需要设计塑料盖注塑模具，主要包括模具型腔与型芯，如图 11-13 所示。

图 11-12　塑料盖模型　　图 11-13　塑料盖模具设计

在 NX 中进行注塑模具设计的基本流程如图 11-14 所示，下面根据打开的塑料盖模型并结合注塑模具设计流程详细介绍塑料盖模具设计过程。

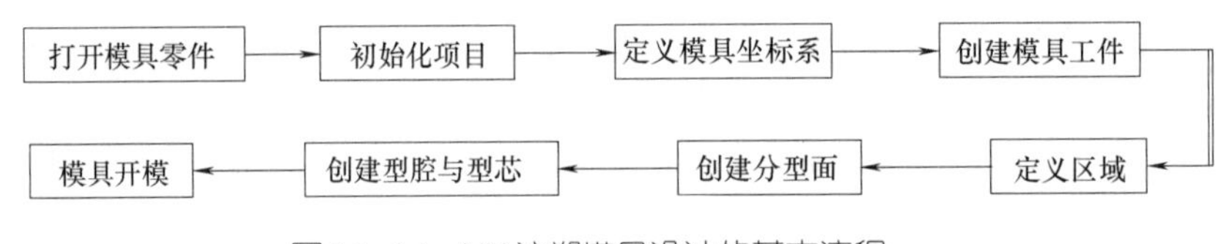

图 11-14　NX 注塑模具设计的基本流程

（1）初始化项目

在 NX 中进行模具设计需要首先打开模具零件并创建初始化项目。

步骤 1　打开练习文件：ch11 mold\11.2\cover。

步骤 2　项目初始化。在“注塑模向导”选项卡中单击“初始化项目”按钮，系统弹出如图 11-15 所示的“初始化项目”对话框，在该对话框中定义初始化参数。

① 项目设置。在对话框的“项目设置”区域采用系统默认的路径及名称，在“材料”下拉列表中选择 ABS 材料，材料收缩率为 1.006。

② 项目单位。在对话框的“设置”区域的“项目单位”下拉列表中选择“毫米”选项，表示将模具单位设置为毫米单位。

说明： 完成项目初始化后，模型根据设置的材料收缩率进行一定比例的放大，同时在装配导航器中生成完整的模具装配结构，如图 11-16 所示。

（2）定义模具坐标系

模具设计中一定要正确设置模具坐标系，坐标系的 Z 轴方向为模具开模方向。本例模型中坐标系方向不符合模具设计要求，需要首先旋转坐标系，然后定义模具坐标系。

步骤 1　旋转坐标系。在“选择组”工具条的“菜单”中选择“格式”→“WCS”→“旋转”命令，系统弹出如图 11-17 所示的“旋转 WCS”对话框，选择“-XC 轴：ZC-->YC”选项，表示绕 X 轴旋转坐标系，设置旋转角度为 90，单击“确定”按钮，完成旋转坐标系操作，结果如图 11-18 所示，此时坐标系 Z 轴符合模具开模方向要求。

图 11-15　“初始化项目”对话框

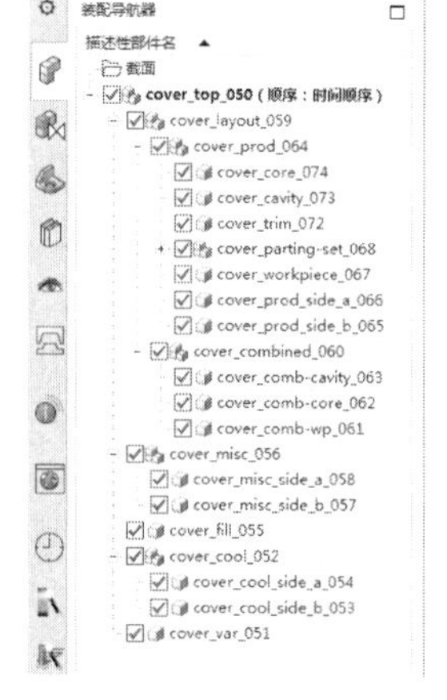

图 11-16　模具装配结构

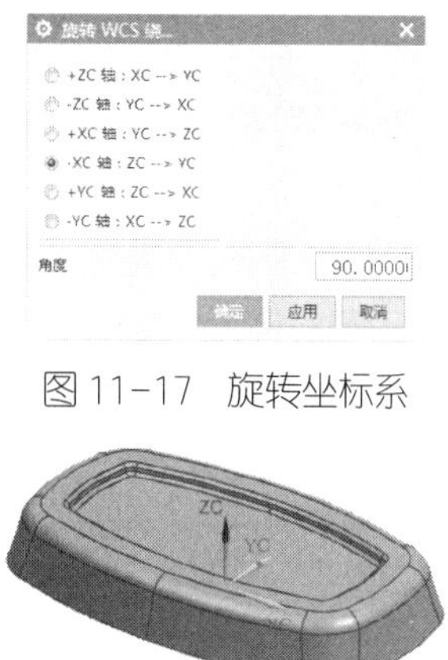

图 11-17　旋转坐标系

图 11-18　旋转坐标系结果

步骤 2　定义模具坐标系。在“注塑模向导”选项卡中单击“模具坐标系”按钮，系统弹出如图 11-19 所示的“模具坐标系”对话框，选择“当前 WCS”选项，表示使用当前坐标系为模具坐标系，单击“确定”按钮，完成模具坐标系定义。

(3) 创建模具工件

模具工件是创建模具型腔与模具型芯的实体基础，其大小就是模具型腔与模具型芯合并到一起的大小，下面具体介绍。

步骤 1　选择命令。在“注塑模向导”选项卡中单击“工件”按钮，系统弹出如图 11-20 所示的“工件”对话框，在该对话框中定义模具工件。

说明：选择“工件”命令后，系统自动围绕模具零件创建如图 11-21 所示的“工件”预览，这个尺寸不符合模具设计要求，需要编辑工件参数。

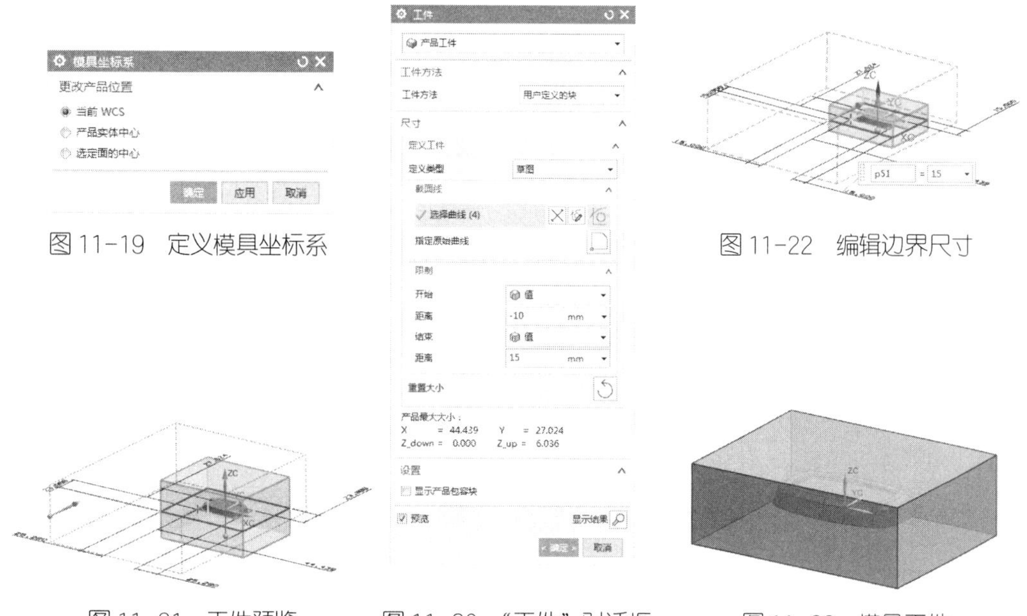

图 11-19　定义模具坐标系

图 11-22　编辑边界尺寸

图 11-21　工件预览

图 11-20　“工件”对话框

图 11-23　模具工件

步骤 2 设置工件截面参数。在模具工件预览图中双击边界尺寸，在输入框中单击“=”位置，在菜单中选择“设为常量”选项，修改边界尺寸为 15，如图 11-22 所示。

步骤 3 设置工件限制参数。在对话框的“限制”区域设置“开始”距离为-10，结束距离为 15，表示工件在模具坐标系 Z 轴负向的深度为 10，Z 轴正向的深度为 15。

步骤 4 完成工件创建。在“工件”对话框中单击“确定”按钮，完成模具工件创建，结果如图 11-23 所示，模具工件是创建模具型腔与模具型芯的实体基础。

（4）检查区域

检查区域需要首先对模具零件上的所有面进行分析，然后根据模具型腔及型芯设计要求对这些面进行分类，为模具分型面设计做准备，下面具体介绍。

步骤 1 选择命令。在“注塑模向导”选项卡中单击“检查区域”按钮，系统弹出如图 11-24 所示的“检查区域”对话框，在该对话框中定义模具区域。

步骤 2 计算区域。在对话框单击“计算”选项卡，系统自动选择模具零件为分析对象，并以模具坐标系 Z 轴方向为脱模方向，单击“计算”按钮，计算区域。

步骤 3 查看面。计算区域后，在对话框单击“面”选项卡，在该选项卡中按照拔模角度将模型上的面分成不同的类型，单击“设置所有面的颜色”按钮，系统在模型上按照面分类在模型上显示不同的颜色，如图 11-25 和图 11-26 所示。

说明：在“面”选项卡中，系统将面按照拔模角度分成三种类型：“正的”面表示在脱模方向上能够顺利开模的面，这部分面一般作为型腔面，这些面根据大于等于 3 度及小于 3 度分成两种颜色进行显示（大于等于 3 度的面更容易脱模）；“负的”面表示在脱模方向上不能顺利开模的面，这部分面一般作为型芯面，这些面根据大于等于 3 度及小于 3 度分成两种颜色表示（大于等于 3 度的面更容易脱模）；“竖直”面表示拔模角度为 0 的面，这部分面既可以定义为型腔面又可以定义为型芯面。

步骤 4 分型导航器。在检查区域的过程中，系统将弹出如图 11-27 所示的分型导航器，这是检查区域及分型面设计中非常重要的一个管理工具，其中“产品实体”是指模具零件，取消前面的“√”将其隐藏，“工件线框”是指模具零件周围的虚线框，取消前面的“√”将其隐藏，对其

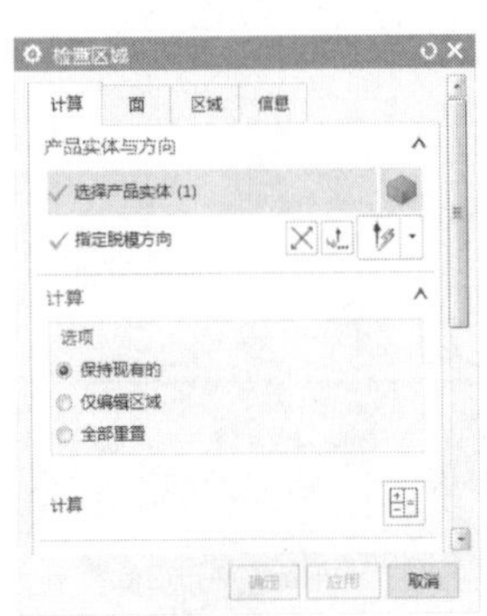

图 11-24 “检查区域”对话框

图 11-25 查看面区域

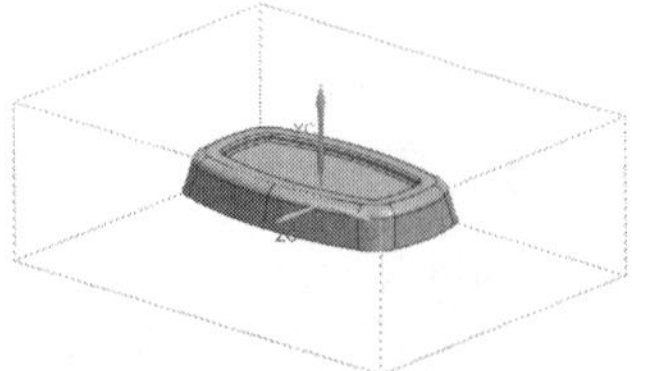

图 11-26 设置面颜色

图 11-27 分型导航器

他对象的操作是一样的，此处不再赘述。

步骤 5　定义区域。在对话框单击“区域”选项卡，在“定义区域”中显示型腔区域与型芯区域统计结果，如图 11-28 所示，同时在模型上通过颜色区分型腔面与型芯面，型腔面是模型的外表面，如图 11-29 所示，型芯面是模型的内表面，如图 11-30 所示。

（5）创建模具分型面

创建模具分型面需要首先根据型腔区域与型芯区域创建分型线，然后根据分型线创建分型面，模具分析面是保证模具开模的关键，下面具体介绍。

步骤 1　定义区域。在“注塑模向导”选项卡中单击“定义区域”按钮，系统弹出如图 11-31 所示的“定义区域”对话框，在对话框的“设置”区域选中“创建区域”及“创建分型线”选项，单击“确定”按钮，系统在型腔面与型芯面连接位置生成分型线，如图 11-32 所示，此时在分型导航器中显示创建的分型线，如 11-33 所示。

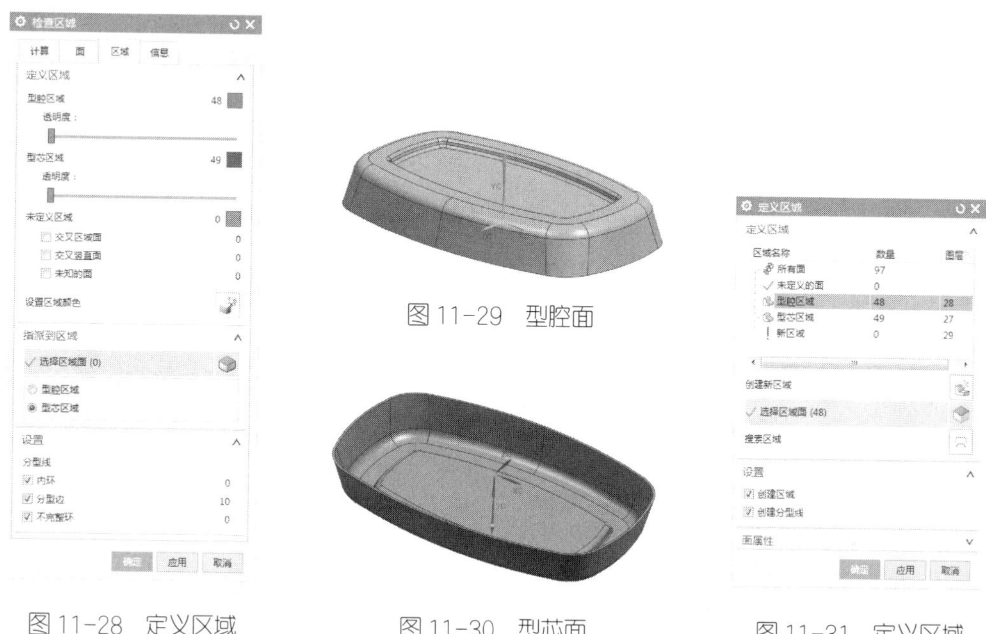

图 11-28　定义区域

图 11-29　型腔面

图 11-30　型芯面

图 11-31　定义区域

步骤 2　设计分型面。在“注塑模向导”选项卡中单击“设计分型面”按钮，系统弹出如图 11-34 所示的“设计分型面”对话框，在对话框的“创建分型面”区域单击“有界平面”按钮，此时在模型上显示分型面预览，单击分型面边界中点位置的控制点，在输入框中输入 V 向终点百分比“70”，如图 11-35 所示，单击“确定”按钮，完成分型曲面创建，此时在分型导航器中显示分型面，如图 11-36 所示。

（6）创建模具型腔与型芯

创建模具型腔与型芯就是使用创建的分型面对模具工件进行切除，得到模具型腔零件与型芯零件，下面具体介绍。

步骤 1　选择命令。在“注塑模向导”选项卡中单击“定义型腔与型芯”按钮，系统弹出如图 11-37 所示的“定义型腔与型芯”对话框，使用该对话框创建型腔与型芯。

步骤 2　创建型腔。在对话框的“选择片体”区域选中“型腔区域”，单击“应用”按钮，系统弹出如图 11-38 所示的“查看分型结果”对话框，单击“法向反向”按钮调整分型方向，本例采用默认方向，单击“确定”按钮，创建模具型腔如图 11-39 所示。

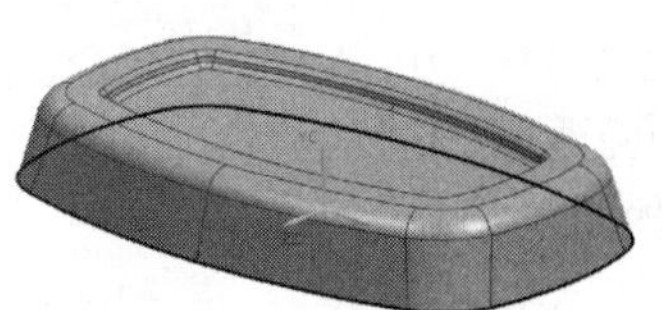

图 11-32 模具分型线

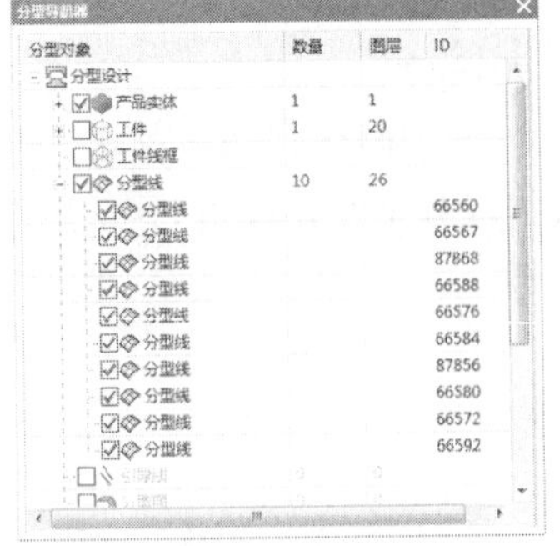

图 11-33 查看分型线

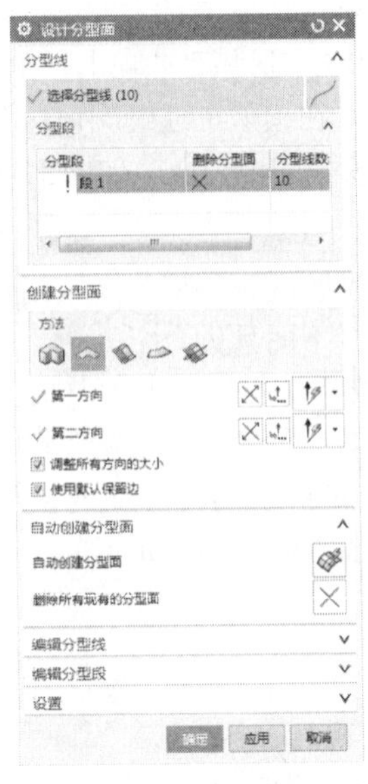

图 11-34 设计分型面

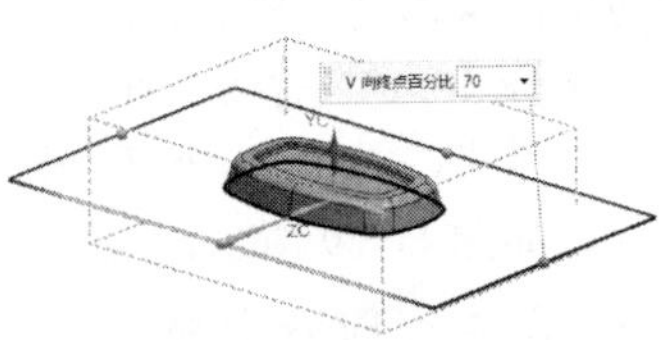

图 11-35 定义分型面

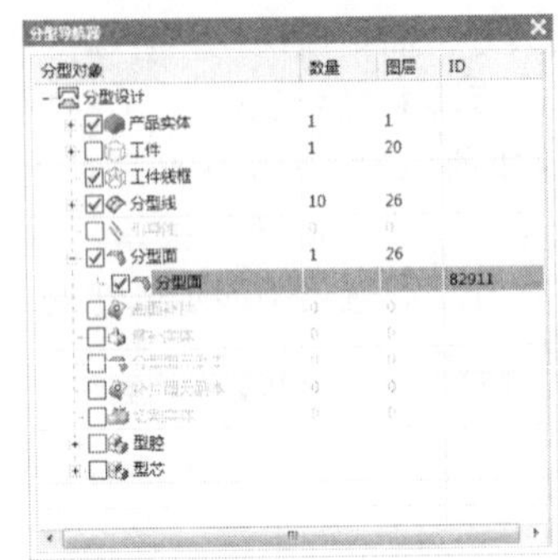

图 11-36 查看分型面

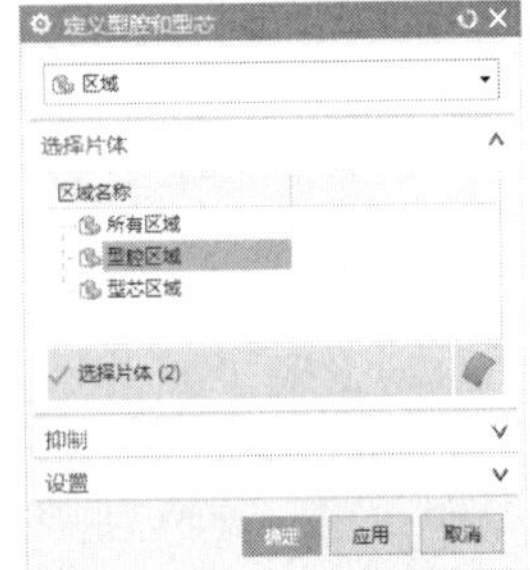

图 11-37 定义型腔和型芯

图 11-38 “查看分型结果”对话框

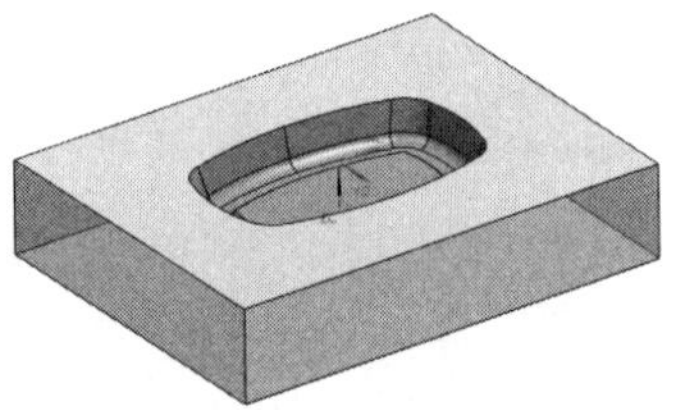

图 11-39 模具型腔

步骤 3 创建型芯。在对话框的“选择片体”区域选中“型芯区域”，单击“确定”按钮，系统弹出“查看分型结果”对话框，单击“法向反向”按钮调整分型方向，本例采用默认方向，单击“确定”按钮，创建模具型芯如图 11-40 所示。

单击“定义型腔和型芯”对话框中的“确定”按钮，完成型腔与型芯的创建，返回至总装配文件，结果如图 11-41 所示。

（7）创建模具开模

完成模具型腔与型芯创建后，使用“装配爆炸”工具将型腔与型芯分解开，以展示模具开模效果，下面具体介绍。

步骤 1 新建爆炸图。在“装配”选项卡的“爆炸图”菜单中单击“新建爆炸”按钮，系

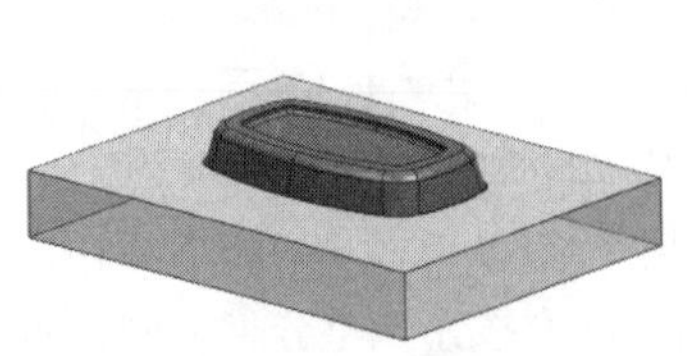

图 11-40 模具型芯

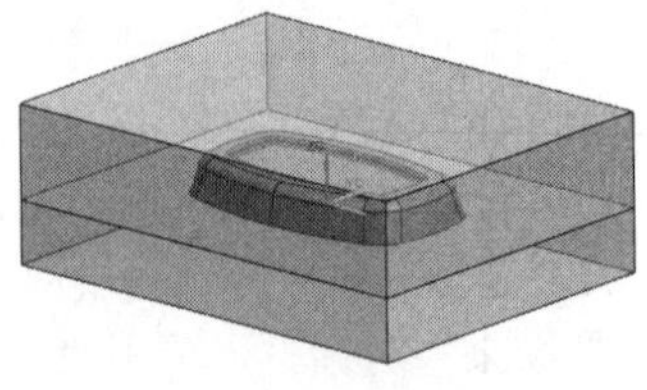

图 11-41 型腔与型芯结果

图 11-42 新建爆炸

统弹出如图 11-42 所示的“新建爆炸”对话框，输入爆炸图名称为“模具开模”，单击“确定”按钮，完成新建爆炸图创建。

步骤 2　编辑爆炸图。在“装配”选项卡的“爆炸图”菜单中单击“编辑爆炸”按钮，按照创建爆炸图的方法将模具型腔与型芯分解到合适的位置，如图 11-13 所示。

11.3　模具型腔布局

当模具零件尺寸比较小时，为了提高注塑效率，节约模具设计成本，一般采取一模多腔的方式设计模具，也就是在一次注塑过程中同时注塑多个零件，这种情况下就要考虑模具型腔布局的问题，如图 11-43 所示的凸盖模型，现在已经完成了如图 11-44 所示的模具工件创建，因为零件尺寸比较小，应该采取一模多腔的方式进行模具设计，型腔布局如图 11-45 所示，下面以此为例介绍模具型腔布局操作。

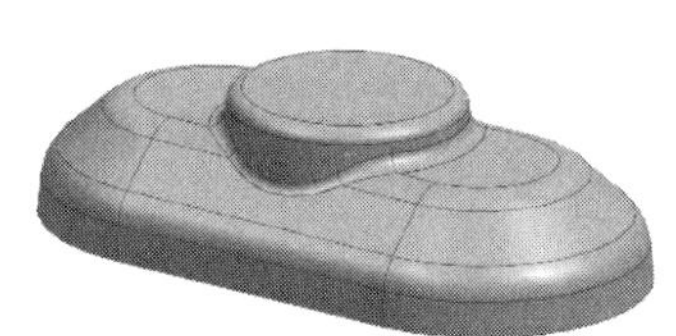

图 11-43　凸盖模型

图 11-44　模具工件

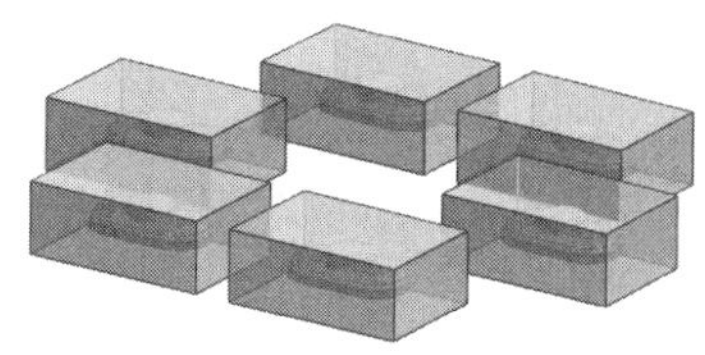

图 11-45　型腔布局

步骤 1　打开练习文件：ch11 mold\11.3\top_cover_top_025。

步骤 2　选择命令。在“注塑模向导”选项卡中单击“型腔布局”按钮，系统弹出如图 11-46 所示的“型腔布局”对话框，在该对话框中定义型腔布局参数。

步骤 3　定义矩形两腔布局。就是在一个线性方向上创建两个型腔布局。

① 选择布局对象。选择“型腔布局”命令后，系统自动选择工件为布局对象。

② 定义布局类型。在“布局类型”下拉列表中选择“矩形”选项，选中“平衡”选项，定义矢量方向为 YC 方向，如图 11-47 所示。

③ 定义布局参数。在“平衡布局设置”区域设置型腔数为 2，间隙距离为 0，表示型腔的数量为 2，在指定矢量方向上每个型腔之间的间距为 0。

图 11-46　“型腔布局”对话框

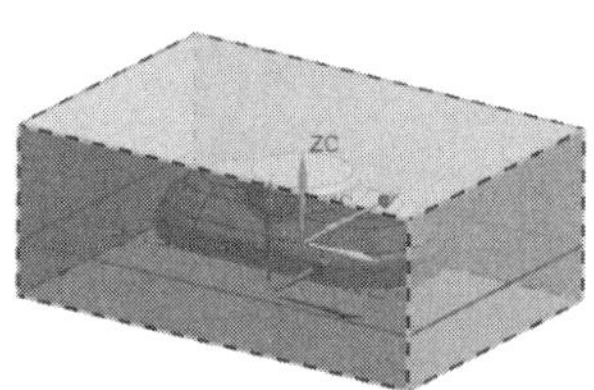

图 11-47　定义型腔布局

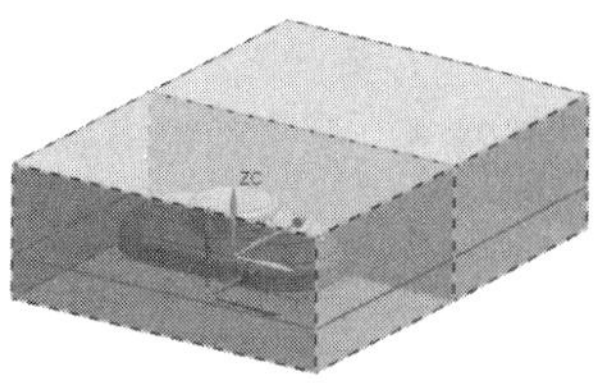

图 11-48　型腔布局结果

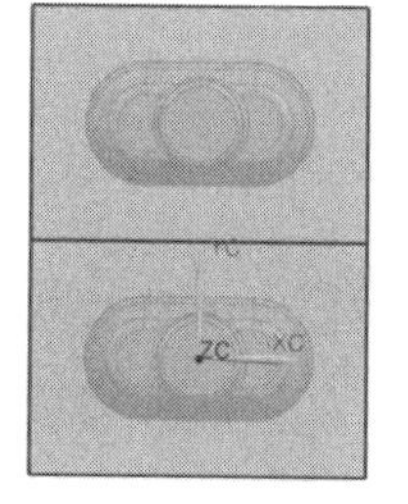

图 11-49　俯视图效果

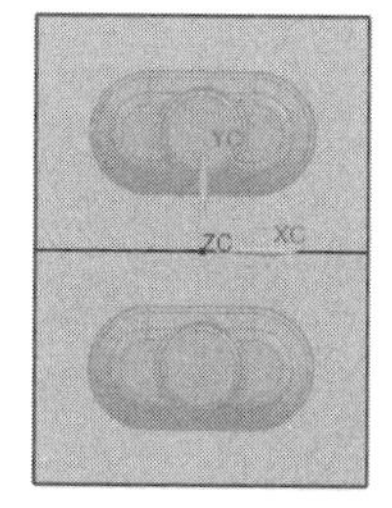

图 11-50　自动对准中心

④ 创建型腔布局。在“生成布局”区域单击“开始布局”按钮，系统创建如图 11-48 所示的型腔布局结果，其俯视图如图 11-49 所示。

说明：创建多腔布局后，在“型腔布局”对话框的“编辑布局”区域单击“自动对准中心”按钮，系统将型腔围绕坐标系作为中心进行布局，如图 11-50 所示。

步骤 4 定义矩形四腔布局。就是在两个线性方向上创建四个型腔布局（类似于矩形阵列）。在“布局类型”下拉列表中选择“矩形”选项，选中“平衡”选项，如图 11-51 所示，定义矢量方向为 XC 方向，如图 11-52 所示，在“平衡布局设置”区域设置型腔数为 4，间隙距离为 0，表示型腔的数量为 4，在指定矢量方向上每个型腔之间的间距为 0，在“生成布局”区域单击“开始布局”按钮，在“型腔布局”对话框的“编辑布局”区域单击“自动对准中心”按钮，结果如图 11-53 所示。

说明：在“型腔布局”对话框的“布局类型”下拉列表中选择“矩形”选项，选中“线性”选项，在“线性布局设置”区域分别设置 *X*、*Y* 方向的型腔数及距离，如图 11-54 所示，单击“开始布局”按钮，最终布局结果如图 11-53 所示。

图 11-51 定义矩形型腔布局

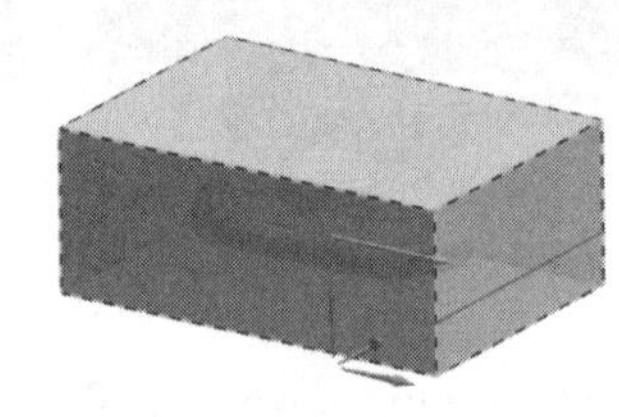
图 11-52 定义矢量方向

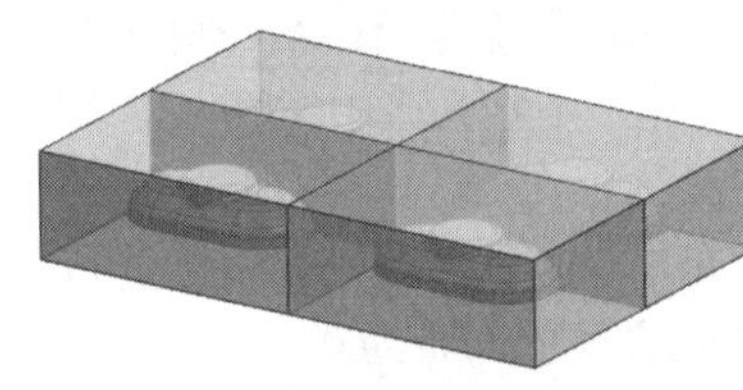
图 11-53 型腔布局结果

图 11-54 定义线性矩形布局

步骤 5 定义圆形多腔布局。就是将工件沿着圆形方向进行布局（类似于圆形阵列）。在“布

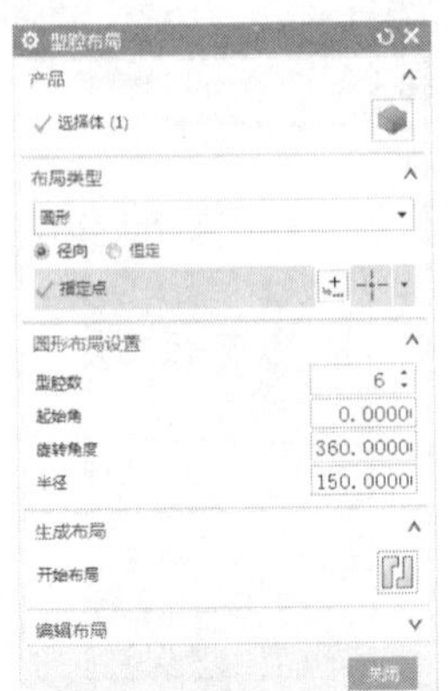

图 11-55 定义径向圆形布局

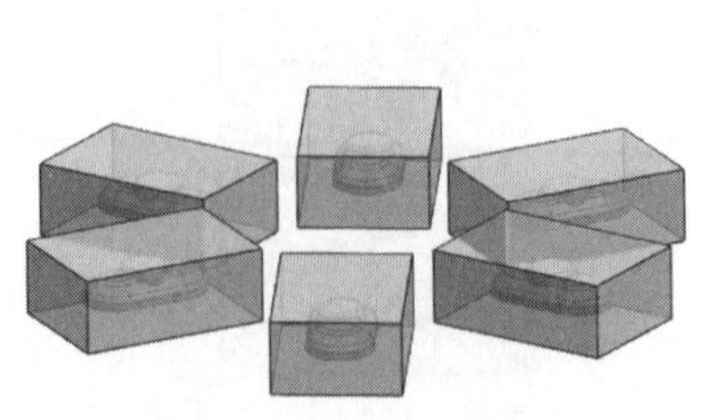
图 11-56 圆形布局

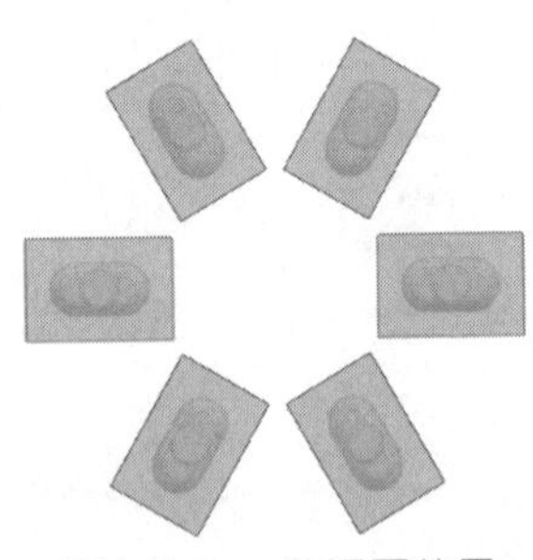
图 11-57 俯视图效果

局类型”下拉列表中选择“圆形”选项，选中“径向”选项，如图 11-55 所示，单击“点对话框”按钮，在系统弹出的“点”对话框中设置坐标原点为型腔布局原点，在“圆形布局设置”区域设置型腔数为 6，旋转角度为 360，半径为 150，单击“开始布局”按钮，型腔布局结果如图 11-56 所示，俯视图效果如图 11-57 所示。

说明：此处创建型腔布局时，在“布局类型”下拉列表中选择“圆形”选项，然后选中“恒定”选项，如图 11-58 所示，表示在圆形布局过程中工件方向保持恒定不变，此时型腔布局结果如图 11-59 所示，这是“恒定”选项与“径向”选项的主要区别。

完成型腔布局后，型腔布局模型存储在如图 11-60 所示的装配结构文件中。

图 11-58　定义恒定圆形布局

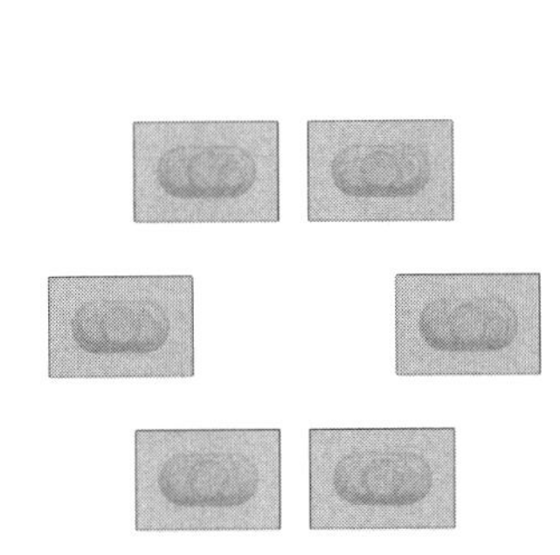

图 11-59　恒定圆形布局结果

图 11-60　型腔装配结构文件

11.4 模具设计工具

模具设计中，特别是分型面设计之前往往需要对模型进必要的处理，使模具零件满足分型面设计要求，下面具体介绍模具设计中常用的模具设计工具。

11.4.1 实体补片

使用“实体补片”命令对模型中的破孔使用实体进行修补。如图 11-61 所示的散热盖模型，模型顶面上存在很多长圆形破孔，现在需要对模型中的破孔进行修补得到如图 11-62 所示的修补结果，然后使用修补模型进行模具设计。

说明：像这种模型的修补实际上有多种方法。一种方法是使用 NX 特征工具（如“拉伸”特征）进行修补；另外一种方法是使用同步建模中的“删除面”进行修补。使用这两种方法操作繁琐，而且效率比较低，使用“实体补片”进行修补最合适。

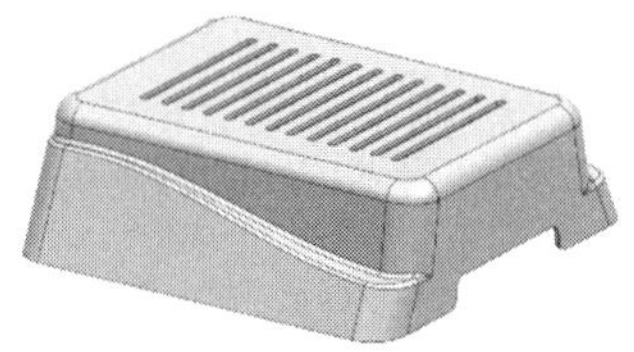

图 11-61　散热盖模型

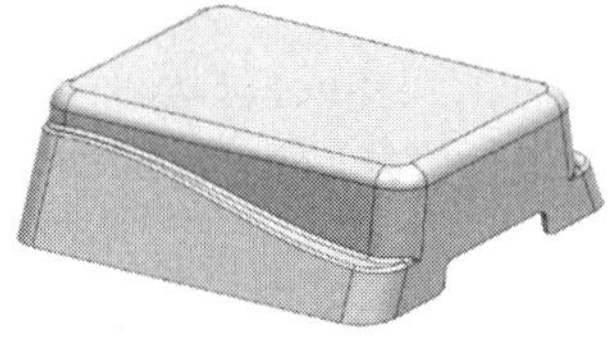

图 11-62　修补模型

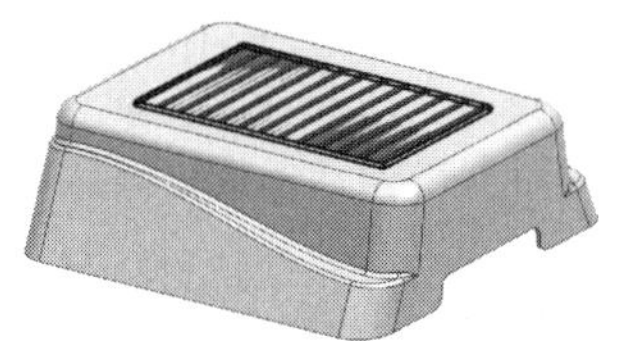

图 11-63　创建包容块

创建实体补片基本思路是首先创建“包容体”将需要修补的破孔位置全部包络起来，如图 11-63 所示，然后使用“实体补片”命令将“包容体”与零件模型进行“合并”实现模型修补，下面以此为例介绍“包容体”及“实体补片”操作。

步骤 1 打开练习文件：ch11 mold\11.4\01\solid_patch。

步骤 2 创建包容体。在“注塑模向导”选项卡中单击“包容体”按钮，系统弹出如图 11-64 所示的“包容体”对话框，在该对话框中定义包容体参数，选择如图 11-65 所示的模型面（一共四个面），系统以这些面所在的空间范围创建包容体，如图 11-66 所示，在“参数”区域选中“单个偏置”选项，设置“偏置”值为 0，表示创建的包容体四周偏置尺寸为 0，单击“确定”按钮，创建包容体结果如图 11-67 所示。

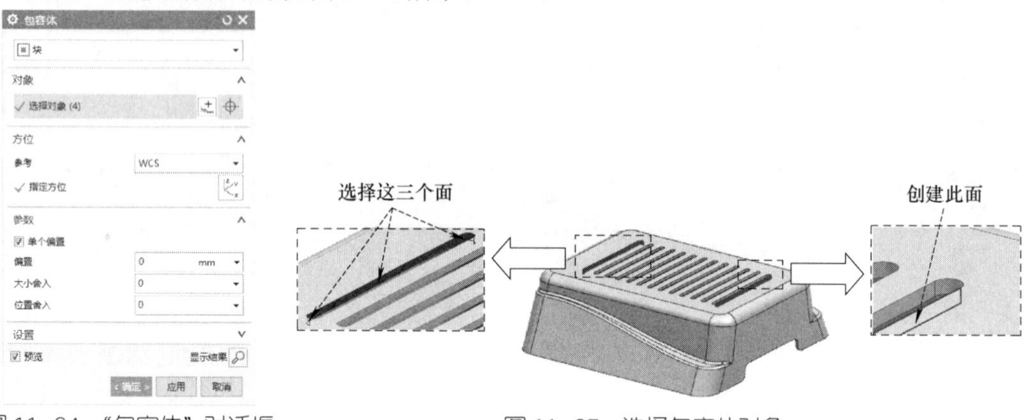

图 11-64 “包容体”对话框　　图 11-65 选择包容体对象

步骤 3 创建实体补片。在“注塑模向导”选项卡中单击“实体补片”按钮，系统弹出如图 11-68 所示的“实体补片”对话框，选择模具零件为产品实体，选择包容体为补片对象，单击“确定”按钮，完成实体补片操作，结果如图 11-62 所示。

图 11-66 定义包容体　　图 11-67 创建包容体结果　　图 11-68 “实体补片”对话框

11.4.2 曲面补片

使用“曲面补片”命令对模型中的破孔进行修补。这是带破孔分型面设计的关键步骤，包括体补片、面补片及遍历三种方式，下面具体介绍这些边补片方法。

（1）体补片与面补片

使用“曲面补片”命令可以对选择的实体或模型表面上的破孔进行修补。如图 11-69 所示的遥控器盖模型，需要对模型上的破孔进行修补，修补结果如图 11-70 所示，下面以此为例介绍“体补片”与“面补片”操作过程。

步骤 1 打开练习文件：ch11 mold\11.4\02\surface_patch01。

步骤 2 创建体补片。就是选择实体对象，系统自动将实体上的破孔修补。

① 选择命令。在“注塑模向导”选项卡中单击“曲面补片”按钮，系统弹出如图 11-71 所示的“边补片”对话框，在该对话框中定义曲面补片。

② 定义体补片。在对话框“环选择”区域的“类型”下拉菜单中选择“体”选项，选择模型实体为修补对象，系统自动选择模型中的所有破孔边界，如图 11-72 所示。此时选择的破孔边界比较乱，不符合分型面设计要求，单击“确定”按钮，系统弹出如图 11-73 所示的“边补片”对话框，提示“未能修补所有环”选项，单击“确定”按钮，修补结果如图 11-74 所示，此时修补曲面比较乱，而且不符合分型面设计要求。

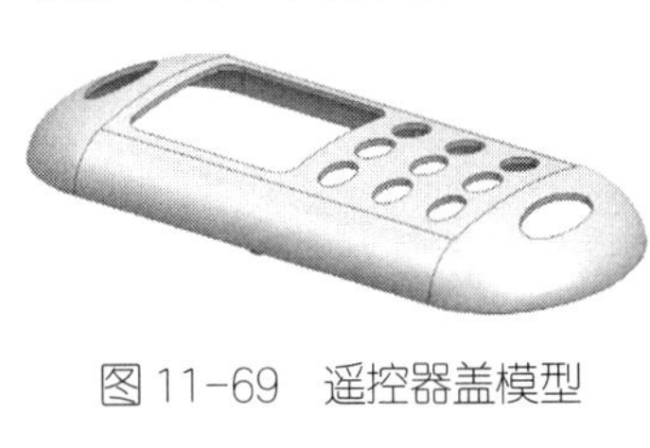

图 11-69　遥控器盖模型

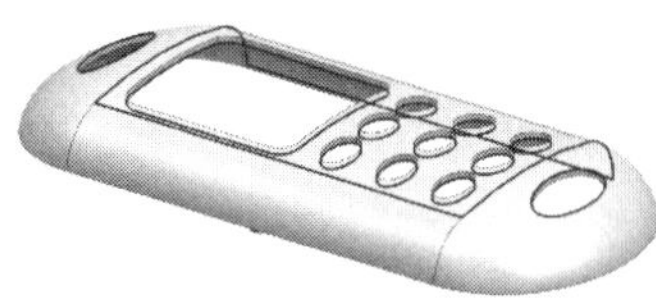

图 11-72　修补边界

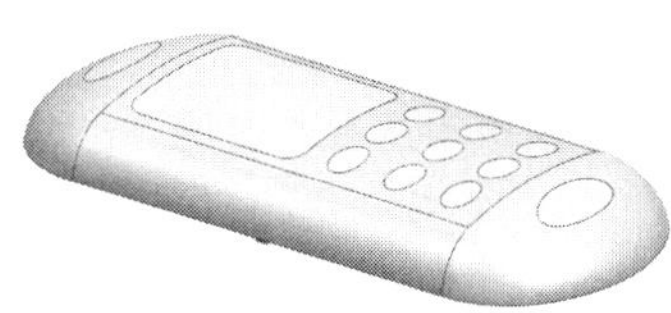

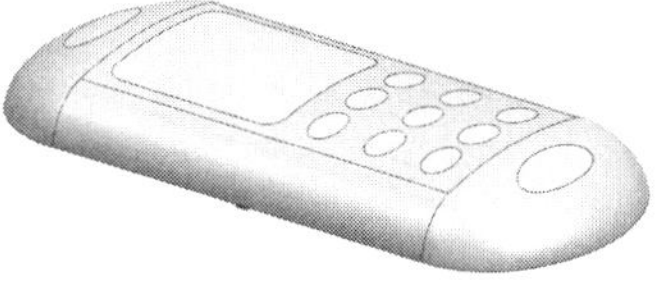

图 11-70　修补模型破孔

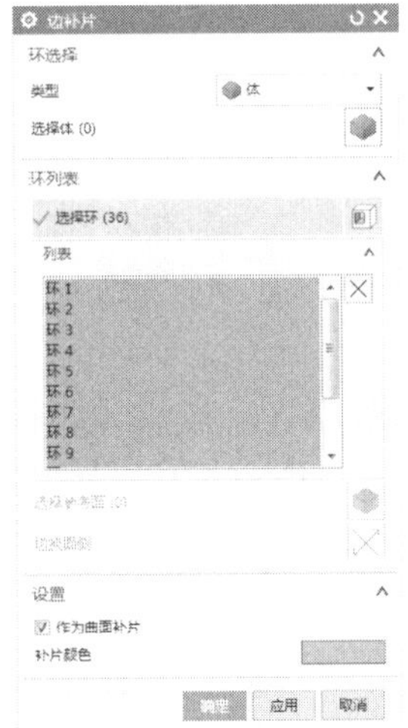

图 11-71　“边补片”对话框

边补片

未能修补所有环。

确定(O)

图 11-73　“边补片”对话框

说明：此处在创建体补片时出现问题，其主要原因是模型破孔比较多且分布在曲面上，这种情况下直接选择实体进行修补经常会出现修补失败的问题，所以体修补方法主要用于破孔结构比较简单的模型，读者在使用时一定要特别注意。

步骤 3　创建面补片。就是选择模型表面，系统自动将模型表面的破孔修补。

① 定义面补片。在“注塑模向导”选项卡中单击“曲面补片”按钮，在对话框“环选择”区域的“类型”下拉菜单中选择“面”选项，如图 11-75 所示。

② 创建顶部孔修补。选择如图 11-76 所示的模型顶面为修补对象，系统自动选择顶面上的破孔边界为修补边界，单击“应用”按钮，修补结果如图 11-77 所示。

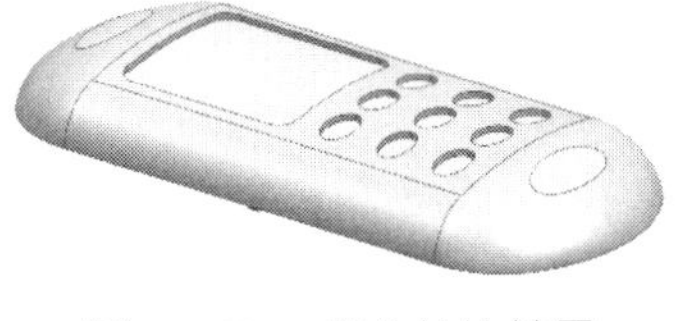

图 11-74　实体补片结果

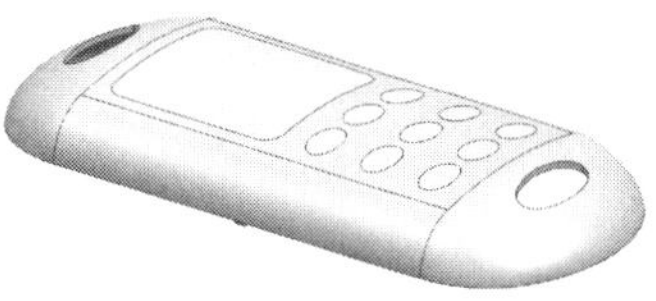

图 11-77　面补片结果

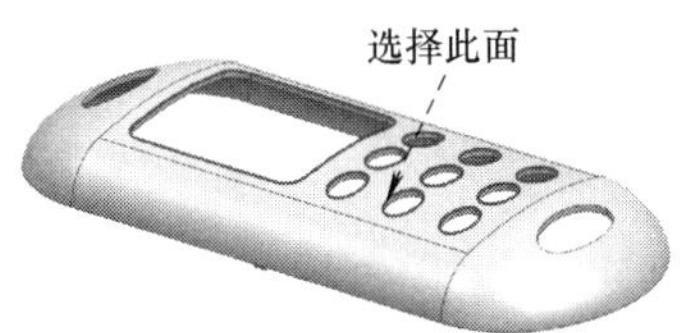

图 11-76　选择顶部面对象

图 11-75　定义面补片

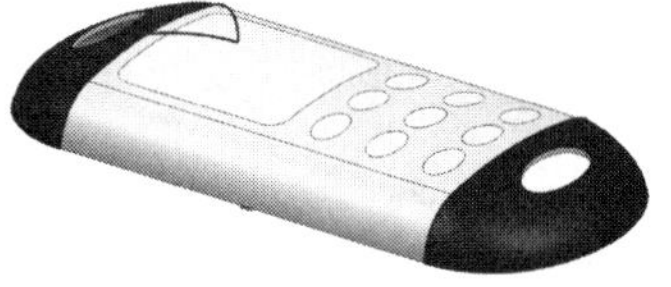

图 11-78　选择两侧面对象

③ 创建其余孔修补。分别选择如图 11-78 所示的两侧表面为修补对象，系统自动选择侧面上的破孔边界为修补边界，单击“确定”按钮，修补结果如图 11-70 所示。

（2）遍历补片

使用“遍历补片”命令可以按照一定的选择方式选择模型中的破孔进行修补。如图 11-79 所示的上盖模型，需要对模型上较大的破孔进行修补，修补结果如图 11-80 所示，像这种复杂破孔如果直接选择“体补片”方法进行修补将得到如图 11-81 所示的错误结果，下面以此为例介绍“遍历补片”方法。

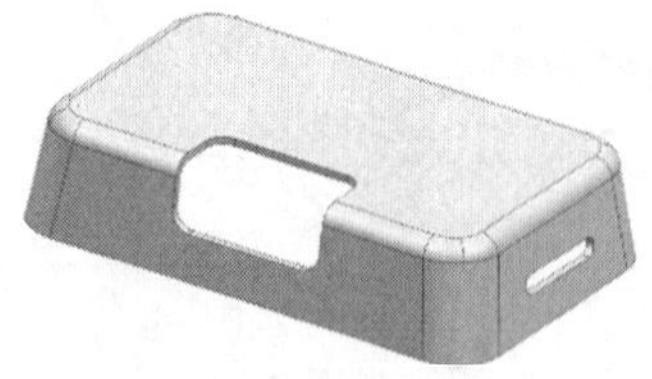
图 11-79　上盖模型

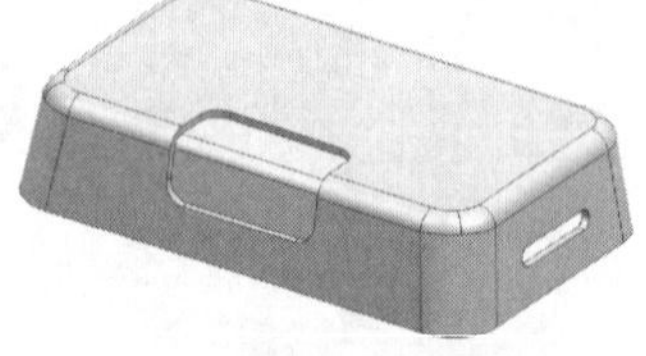
图 11-80　修补破孔

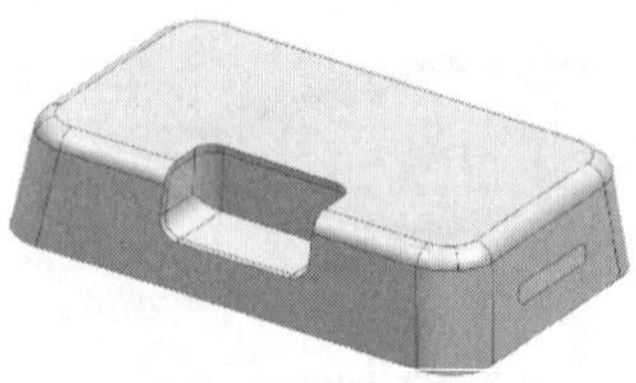
图 11-81　体补片结果

步骤 1　打开练习文件：ch11 mold\11.4\03\surface_patch02。

步骤 2　选择命令。在“注塑模向导”选项卡中单击“曲面补片”按钮，系统弹出“边补片”对话框，在该对话框中定义曲面补片，如图 11-82 所示。

步骤 3　定义遍历补片。在对话框“环选择”区域的“类型”下拉菜单中选择“遍历”选项，取消选中“按面的颜色遍历”选项，选择破孔内侧上任一一条边线为起始边线，单击按钮，系统自动切换下一段边界，如果系统选择的边界是正确的，继续单击按钮选择破孔边界，如果系统选择的边界是错误的，需要单击按钮切换选择，直到选择的边界是正确的，单击按钮，选择边界结果如图 11-83 所示。

步骤 4　完成曲面补片。单击“确定”按钮，修补曲面结果如图 11-80 所示。

11.4.3　拆分面

模具设计中，如果模具零件上的面同时分布在型腔及型芯部分，这种面无法直接进行分型面的设计，需要按照分型面设计要求对这些面进行拆分（类似于分割面）。如图 11-84 所示的旋转盖模型，其中两侧圆柱凸台结构的圆柱面及端面同时分布在型腔及型芯中，需要对其进行拆分，拆分结果如图 11-85 所示的，下面具体介绍。

图 11-82　“边补片”对话框

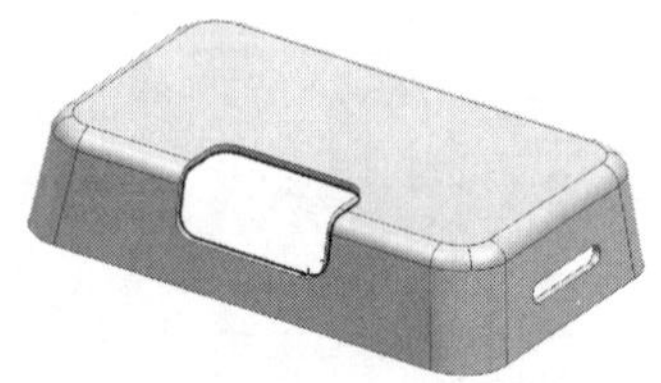
图 11-83　选择修补边界

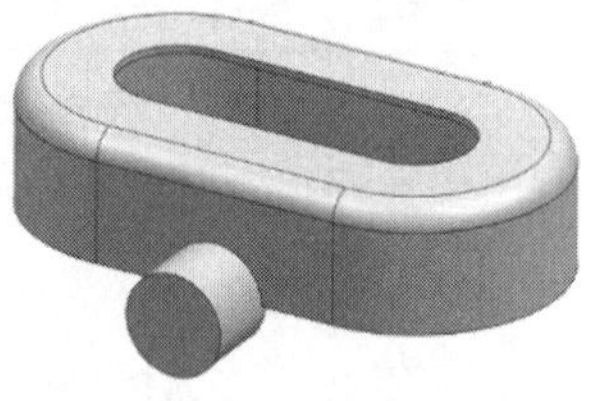
图 11-84　旋转盖模型

步骤 1　打开练习文件：ch11 mold\11.4\03\split_surface。

步骤 2　选择命令。在“注塑模向导”选项卡中单击“拆分面”按钮，系统弹出如图 11-86 所示的“拆分面”对话框，在该对话框中定义拆分面。

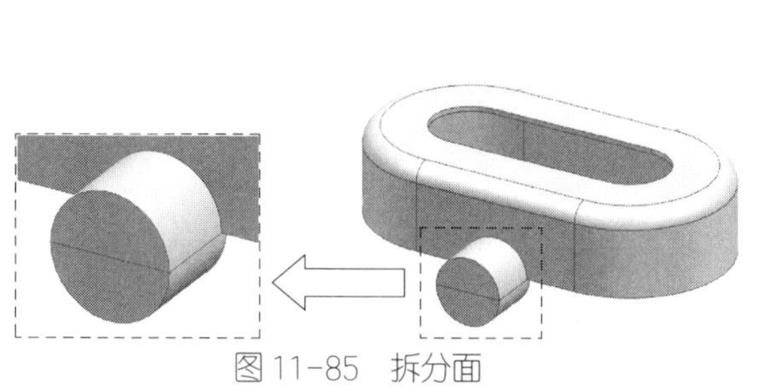
图 11-85　拆分面

图 11-86　“拆分面”对话框

步骤 3　定义拆分面。在“拆分面”对话框的顶部下拉列表中选择“平面/面”选项，表示使用平面对选中的曲面进行拆分，选择如图 11-87 所示两侧圆柱凸台的圆柱面及端面为拆分对象，在“分割对象”区域单击“添加基准平面”按钮，系统弹出“基准平面”对话框，选择如图 11-88 所示的模型表面为基准平面参考拆分面，单击“确定”按钮，完成拆分面操作，结果如图 11-89 所示。

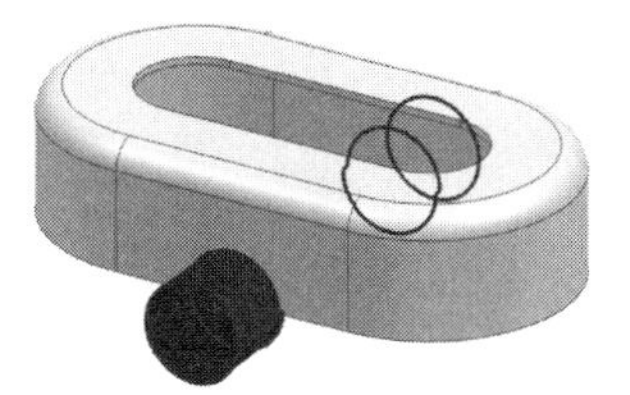
图 11-87　选择拆分面

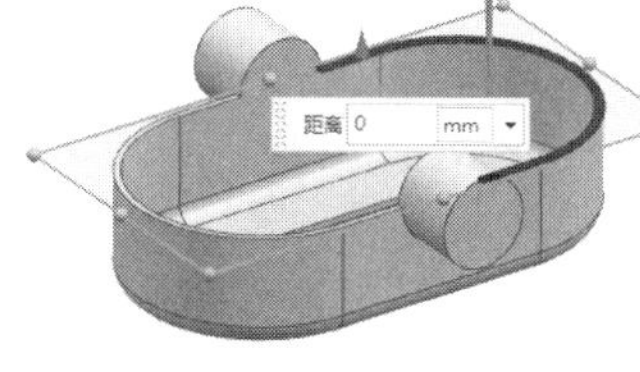

图 11-88　定义分割平面

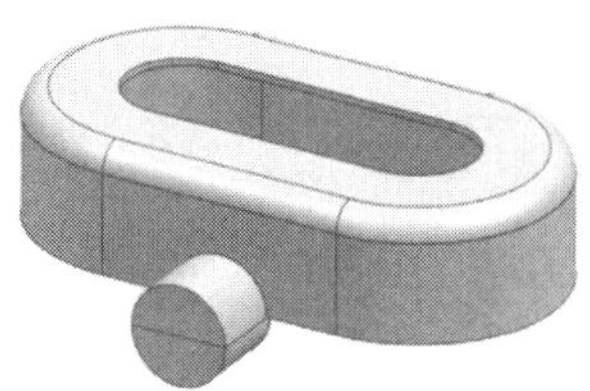
图 11-89　拆分面结果

11.5　模具设计方法

模具设计关键是要掌握各种常用模具设计方法及其分型面的设计，下面具体介绍常用模具设计方法，包括带滑块模具设计、复杂破孔模具设计、带协销模具设计、一模多腔模具设计及常规模具设计，同时还要注意相应分型面的设计。

11.5.1　带滑块模具设计

如图 11-90 所示的储物箱盖模型，零件两侧均有圆柱结构，像这种结构无法直接开模，如果使用拆分面方法进行模具设计会影响圆柱表面质量，而且还会增加模具设计难度，最合适的方法就是在圆柱结构位置设计滑块结构方便模具开模，如图 11-91 所示，下面以此为例介绍带滑块模具设计方法。

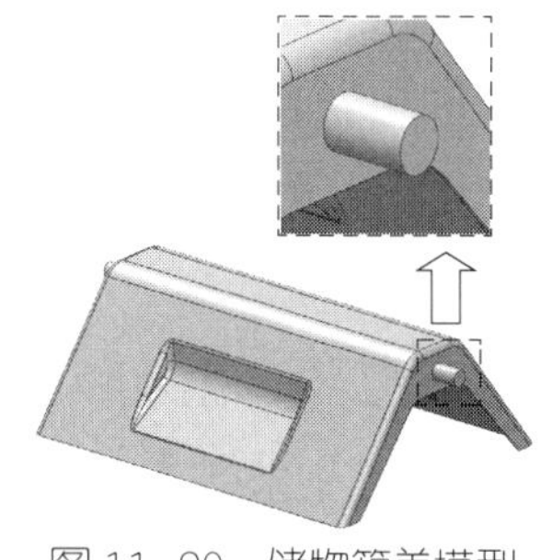
图 11-90　储物箱盖模型

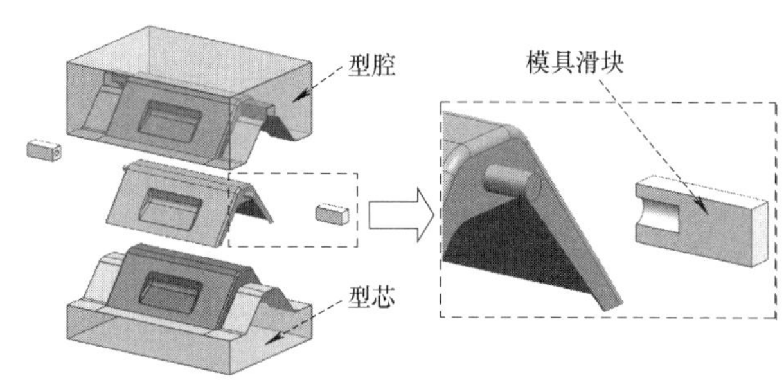

图 11-91　带滑块模具设计

步骤 1 打开模具零件：ch11 mold\11.5\01\top_cover。

步骤 2 创建初始化项目。在“注塑模向导”选项卡中单击“初始化项目”按钮，系统弹出“初始化项目”对话框，在“项目设置”区域采用系统默认的路径及名称，在“材料”下拉列表中选择 ABS 材料，材料收缩率为 1.006，在“设置”区域的“项目单位”下拉列表中选择“毫米”选项，单击“确定”按钮，完成初始化项目。

步骤 3 定义模具坐标系。在“选择组”工具条的“菜单”中选择“格式”→“WCS”→“旋转”命令，将坐标系绕 *XC* 轴旋转-90 度，如图 11-92 所示，在“注塑模向导”选项卡中单击“模具坐标系”按钮，将该坐标系定义为模具坐标系。

步骤 4 创建模具工件。在“注塑模向导”选项卡中单击“工件”按钮，系统弹出“工件”对话框，在对话框的“限制”区域设置“开始”距离为-70，结束距离为 150，边界尺寸为 40，如图 11-93 所示。

步骤 5 检查区域。在“注塑模向导”选项卡中单击“检查区域”按钮，在“计算”选项卡中单击“计算”按钮，在“区域”选项卡中将“交叉区域面”及“交叉竖直面”定义为型腔区域，如图 11-94 所示，型芯区域如图 11-95 所示。

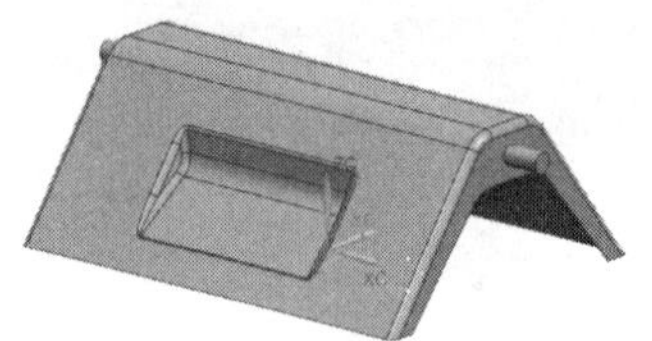

图 11-92 定义模具坐标系

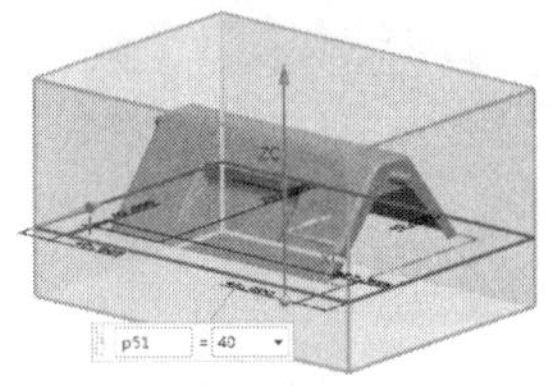

图 11-93 创建模具工件

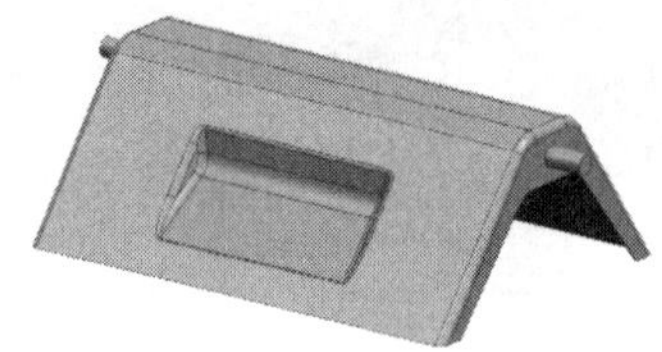

图 11-94 型腔区域

步骤 6 定义区域。在“注塑模向导”选项卡中单击“定义区域”按钮，系统弹出“定义区域”对话框，在“设置”区域选中“创建区域”及“创建分型线”选项，单击“确定”按钮，系统在型腔面与型芯面连接位置生成分型线，如图 11-96 所示。

步骤 7 设计分型面。本例分型线为空间曲线，创建这种分型面可以先将分型面的拐角位置定义为过渡段，然后在过渡段之间使用拉伸方式创建分型面，下面具体介绍。

① 选择命令。在“注塑模向导”选项卡中单击“设计分型面”按钮，系统弹出如图 11-97 所示的“设计分型面”对话框，在该对话框中定义分型面。

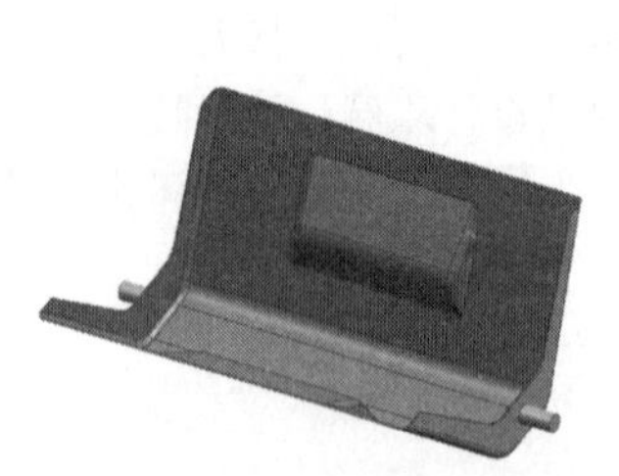

图 11-95 型芯区域

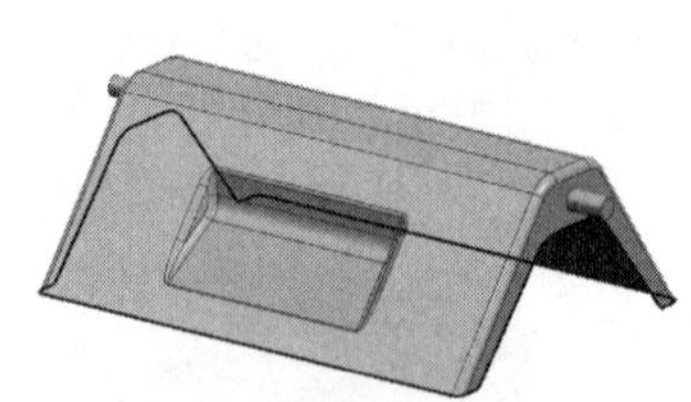

图 11-96 创建分型线

图 11-97 编辑分型段

② 定义过渡段。在对话框的“编辑分型段”区域单击“选择过渡曲线”按钮，在模型上选择如图 11-98 所示的四段圆角边线为过渡段，单击“应用”按钮，系统将分型曲线分成四段分型曲线，此时在对话框的“分型线”区域列表中显示分型线分段。

③ 创建第一段分型曲面。在对话框的“分型线”区域列表中选中第一段分段线，在“创建分型面”区域单击“拉伸”按钮，如图 11-99 所示，此时系统将第一段分型线进行拉伸创建分型

面，定义拉伸距离为 120，结果如图 11-100 所示。

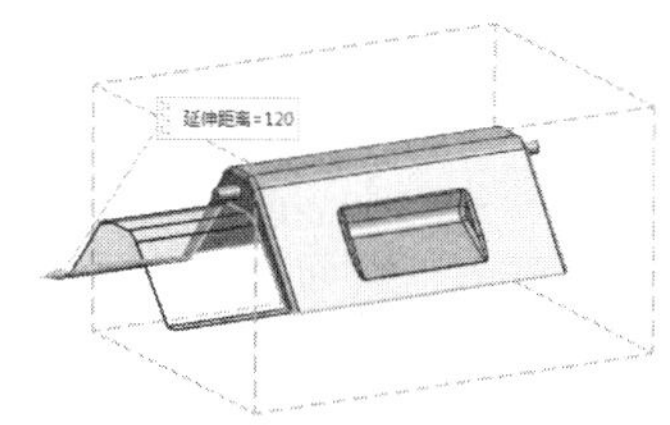

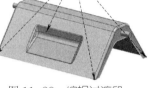

图 11-98　编辑过渡段　　图 11-99　创建分型面　　图 11-100　创建第一段分型曲面

④ 创建其余段分型曲面。完成第一段分型面创建后，单击“应用”按钮，系统自动将第二段分型线进行拉伸创建第二段拉伸分型面，如图 11-101 所示，同样方法创建其余各段分型面，最后一个单击“确定”按钮，创建分型面结果如图 11-102 所示。

说明：此处创建分型面后如果没有出现完整的分型面，可以在“注塑模向导”中单击“编辑分型面和曲面补片”按钮，系统弹出如图 11-103 所示的“编辑分型面和曲面补片”对话框，采用系统默认设置，单击“确定”按钮，系统将显示完整的分型面。

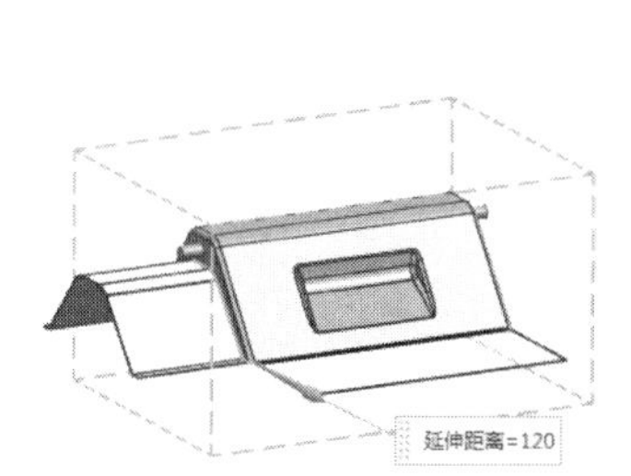

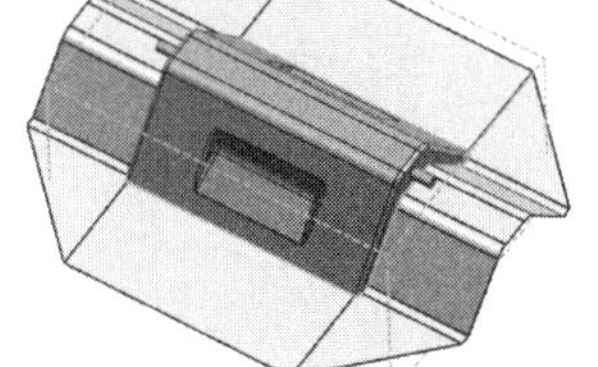

图 11-101　创建第二段拉伸分型面　　图 11-102　分型曲面结果　　图 11-103　编辑分型面

步骤 8　创建型腔型芯。使用分型曲面对模具工件进行切除创建型腔与型芯。

① 选择命令。在“注塑模向导”选项卡中单击“定义型腔与型芯”按钮，系统弹出“定义型腔与型芯”对话框，在该对话框中定义型腔与型芯。

② 创建型腔。在对话框的“选择片体”区域选中“型腔区域”，单击“应用”按钮，系统弹出“查看分型结果”对话框，单击“确定”按钮，结果如图 11-104 所示。

③ 创建型芯。在对话框的“选择片体”区域选中“型芯区域”，单击“应用”按钮，系统弹出“查看分型结果”对话框，单击“确定”按钮，结果如图 11-105 所示。

步骤 9　创建右侧滑块。创建滑块的基本思路是首先在型腔零件中创建滑块几何体，然后将滑块几何体使用“WAVE 几何链接器”创建到单独的滑块装配文件中。

① 打开型腔零件。在总装配文件中打开如图 11-106 所示的模具型腔零件。

② 创建滑块拉伸。选择“拉伸”命令，选择型腔零件侧面为草图平面绘制如图 11-107 所示的截面草图，定义拉伸方式为“直至下一个”方式，如图 11-108 所示，单击“确定”按钮，创建滑块拉伸结果如图 11-109 所示。

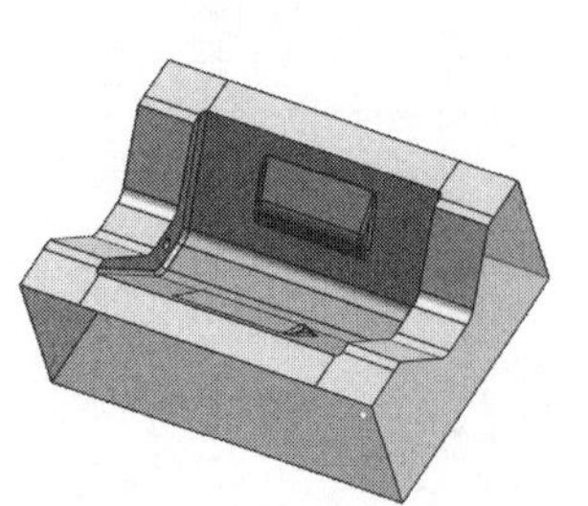
图 11-104　创建型腔零件

图 11-105　创建型芯零件

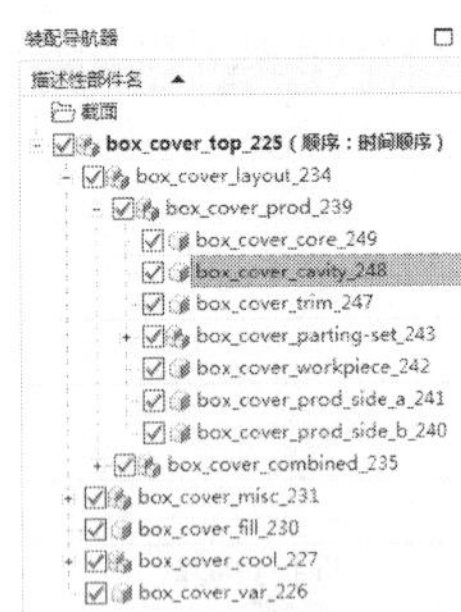

图 11-106　打开模具型腔零件

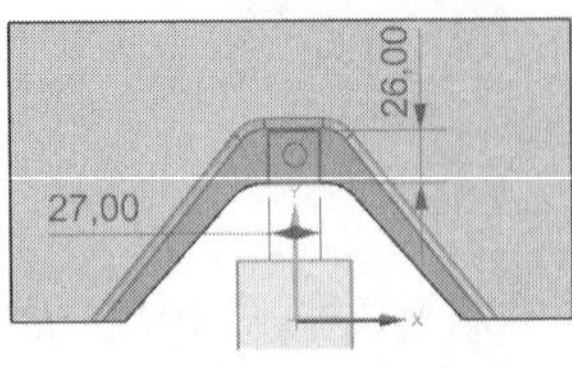

图 11-107　绘制截面草图

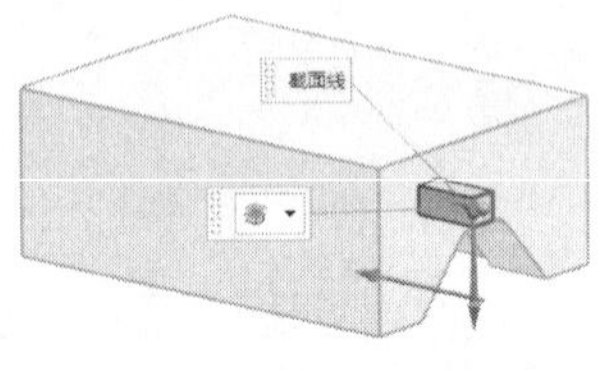

图 11-108　定义拉伸参数

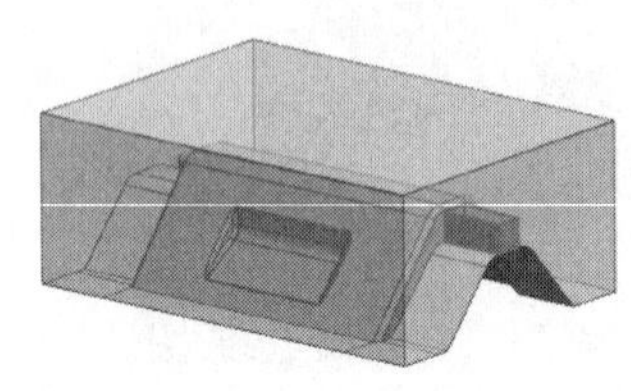
图 11-109　滑块几何体

③ 创建滑块几何体。选择“减去”命令，选择型腔零件为目标体，选择上一步创建的滑块拉伸为工具体，选中“保存工具”选项，单击“确定”按钮，此时型腔零件如图 11-110 所示，滑块几何体如图 11-111 所示。

④ 创建滑块装配结构。在总装配文件中将 box_cover_prod 文件设置为工作部件，在该文件中新建滑块结构文件 box_cover_cavity_slide01，如图 11-112 所示，然后将该文件设置为工作部件，选择“WAVE 几何链接器”命令将滑块几何体关联复制到滑块结构文件中，最终右侧滑块如图 11-113 所示。

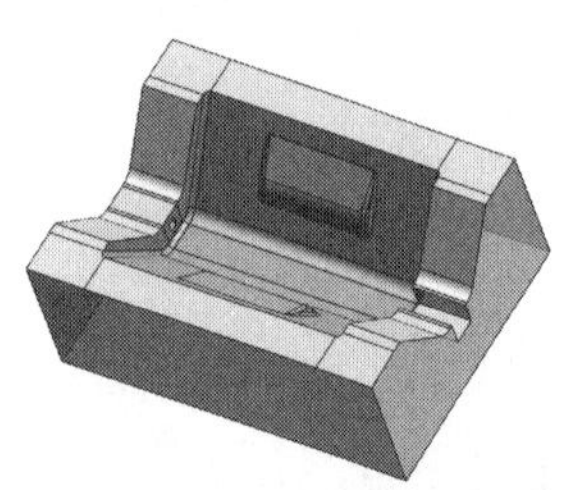
图 11-110　型腔零件

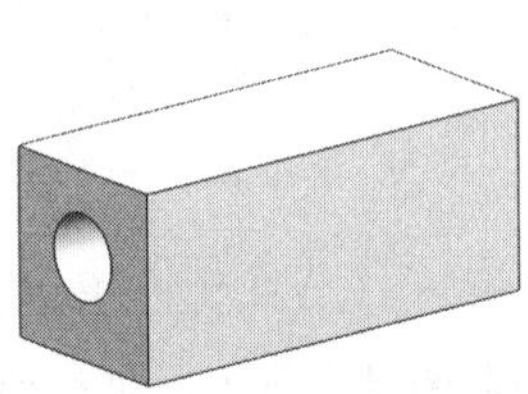
图 11-111　滑块几何体

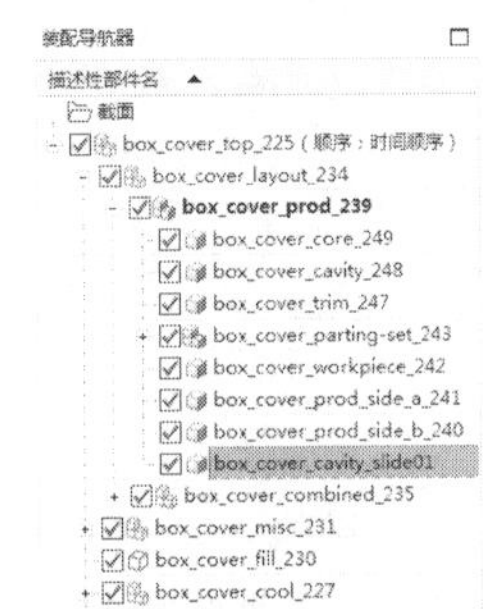

图 11-112　新建滑块文件

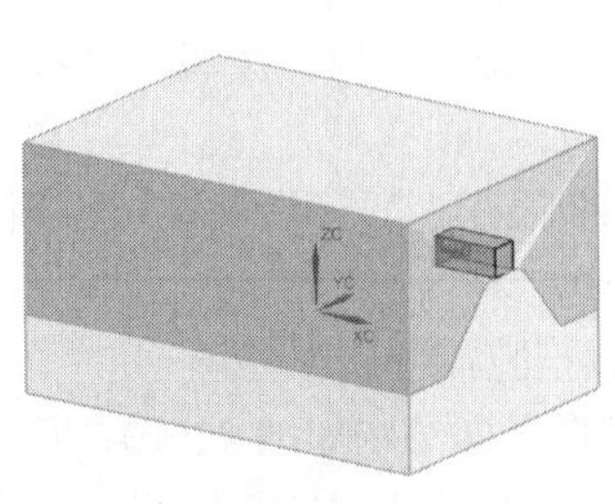
图 11-113　右侧滑块

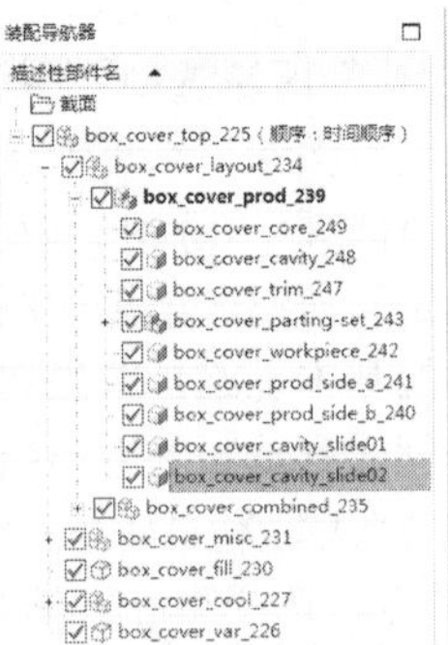

图 11-114　新建左侧装配文件

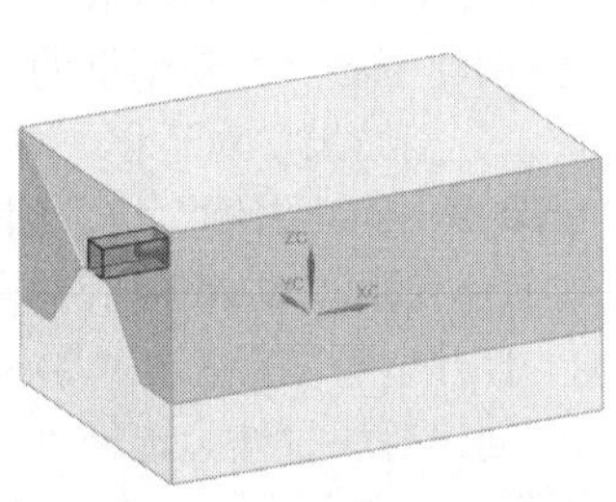
图 11-115　左侧滑块

步骤 10　创建左侧滑块。参照右侧滑块创建方法，在型腔零件左侧创建左侧滑块，文件名称为 box_cover_cavity_slide02，如图 11-114 所示，最终结果如图 11-115 所示。

步骤 11　模具开模。在“装配”选项卡的“爆炸图”菜单中单击“新建爆炸”按钮，采用系统默认的爆炸图名称，在“装配”选项卡的“爆炸图”菜单中单击“编辑爆炸”按钮，依次将两侧滑块、模具型腔与型芯分解到合适的位置，如图 11-91 所示。

11.5.2　复杂破孔模具设计

如图 11-116 所示的扣盖模型，内部结构如图 11-117 所示，零件中的破孔为空间三维破孔，而且破孔位置有倒扣结构。这种破孔属于比较复杂的破孔，在模具设计中需要根据破孔结构创建合适的补面及分型面，然后进行模具设计并开模，如图 11-118 所示，下面以此为例介绍复杂破孔模具设计方法。

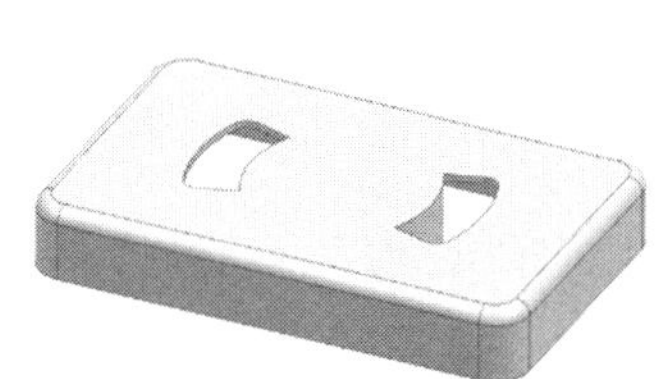

图 11-116　扣盖模型

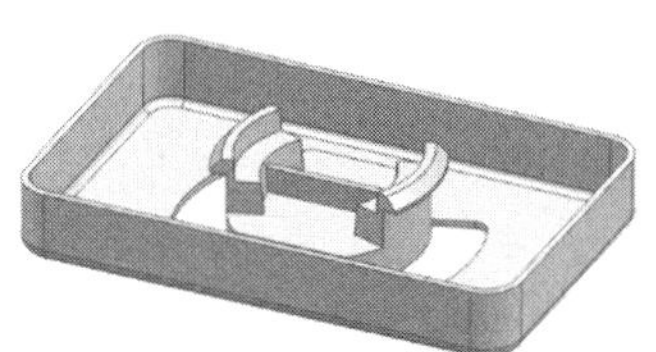

图 11-117　扣盖内部结构

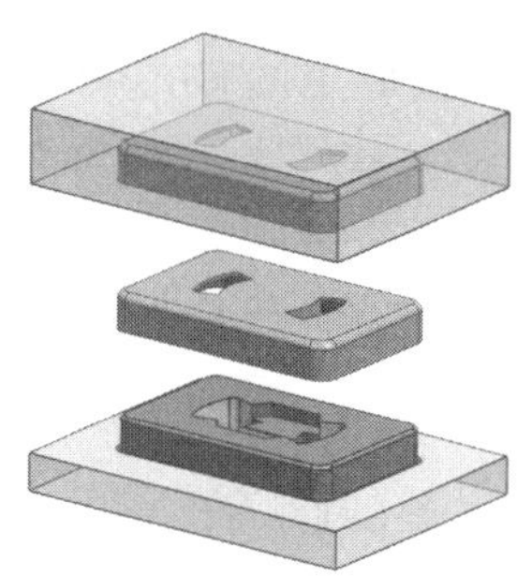

图 11-118　扣盖模具设计

步骤 1　打开模具零件：ch11 mold\11.5\02\lock_cover。

步骤 2　创建初始化项目。在“注塑模向导”选项卡中单击“初始化项目”按钮，系统弹出“初始化项目”对话框，在“项目设置”区域采用系统默认的路径及名称，在“材料”下拉列表中选择 ABS 材料，材料收缩率为 1.006，在“设置”区域的“项目单位”下拉列表中选择“毫米”选项，单击“确定”按钮，完成初始化项目。

步骤 3　定义模具坐标系。在“注塑模向导”选项卡中单击“模具坐标系”按钮，将当前坐标系定义为模具坐标系，如图 11-119 所示。

步骤 4　创建模具工件。在“注塑模向导”选项卡中单击“工件”按钮，系统弹出“工件”对话框，在对话框的“限制”区域设置“开始”距离为-10，结束距离为 20，边界尺寸为 15，如图 11-120 所示。

步骤 5　创建拆分面。对于本例复杂破孔需要首先创建拆分面，然后创建破孔补面。

① 选择命令。在“注塑模向导”选项卡中单击“拆分面”按钮，系统弹出“拆分面”对

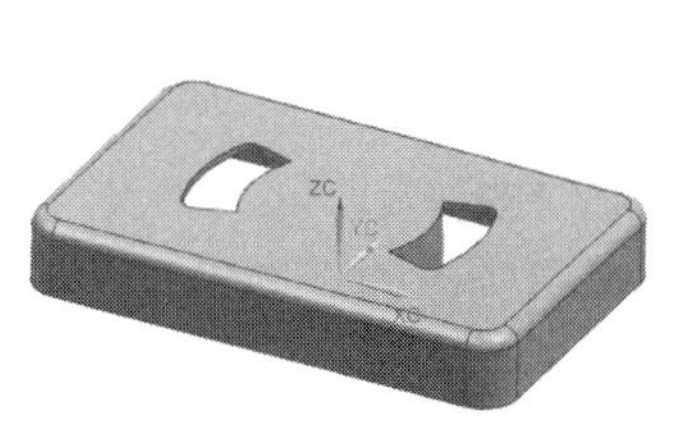

图 11-119　定义模具坐标系

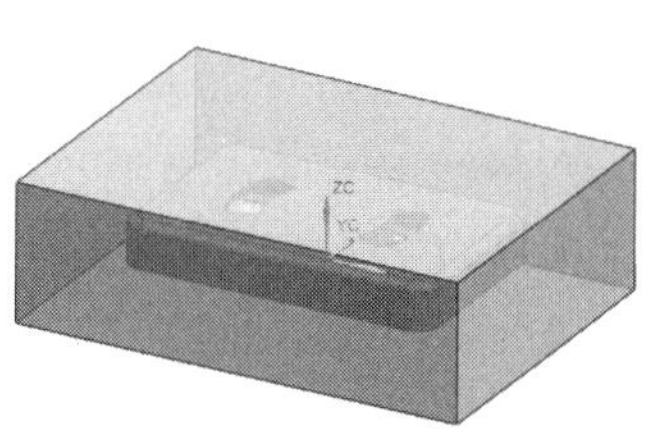

图 11-120　创建模具工件

图 11-121　定义拆分面

话框，在对话框顶部下拉列表中选择“曲线/边”选项，如图 11-121 所示。

② 创建拆分面。选择如图 11-122 所示的模型表面为拆分面对象，单击“分割对象”区域的“添加直线”按钮，在模型上创建如图 11-122 所示的直线，系统使用直线对模型表面进行拆分，相同方法创建该表面另外一侧拆分面，结果如图 11-123 所示。

③ 创建其余破孔拆分面。参照上一步操作在另外一侧破孔对应面上创建拆分面。

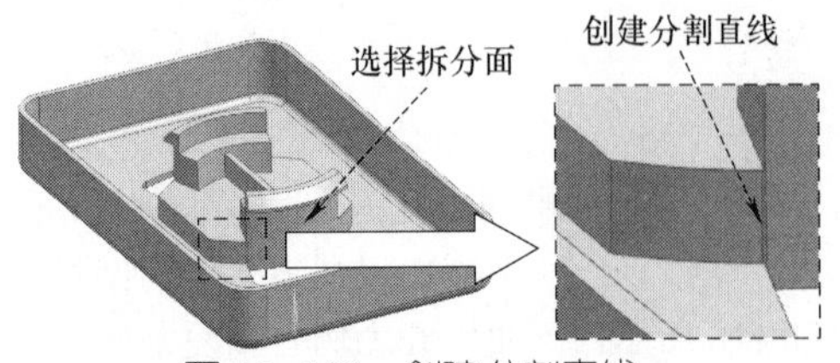

图 11-122 创建分割直线

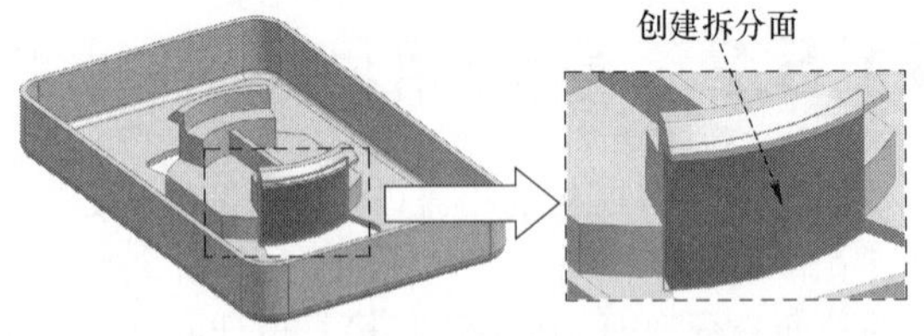

图 11-123 拆分面结果

步骤 6 创建破孔补面。本例破孔比较复杂，需要使用常规曲面方法进行创建。

① 创建拉伸曲面。选择“拉伸”命令，选择如图 11-124 所示的破孔边界为拉伸截面，将曲面拉伸到与破孔倒扣面平齐的位置，如图 11-124 所示。

② 创建有界平面。选择“有界平面”命令，选择拉伸曲面边界及倒扣边线创建如图 11-125 所示的有界平面区域，此时有界平面与倒扣面有一部分重合。

③ 修剪曲面。选择“修剪片体”命令，选择上一步创建的有界平面为修剪对象，选择倒扣边线为修剪工具对有界平面多余部分进行修剪，结果如图 11-126 所示。

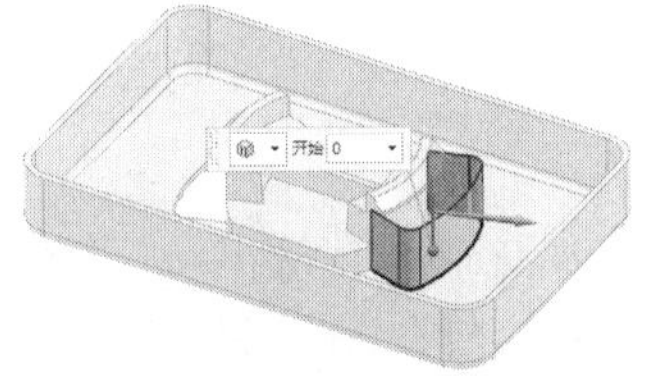

图 11-124 创建拉伸曲面

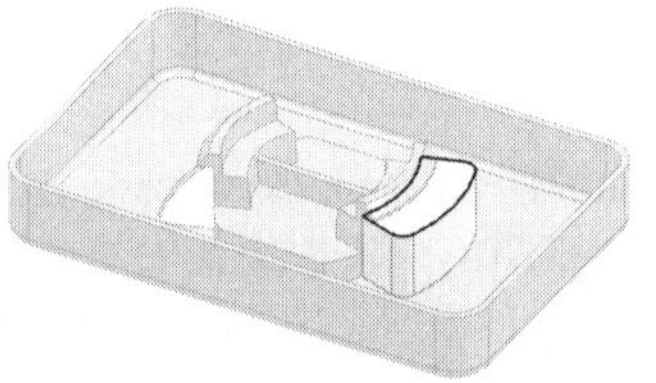

图 11-125 创建有界平面

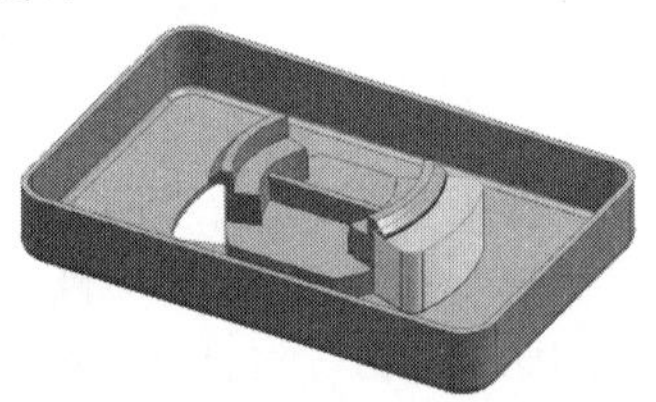

图 11-126 修剪曲面

④ 创建其余破孔补面。按照以上步骤在另外一侧破孔位置创建破孔补面，此时两处复杂破孔被拉伸曲面及修剪后的有界平面完全修补，结果如图 11-127 所示。

步骤 7 检查区域。在“注塑模向导”选项卡中单击“检查区域”按钮，在“计算”选项卡中单击“计算”按钮，在“区域”选项卡选择合适的面定义型腔区域，如图 11-128 所示，型芯区域如图 11-129 所示。

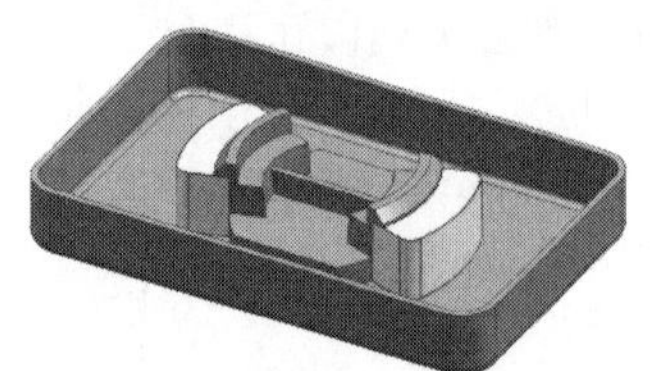

图 11-127 创建其余补面

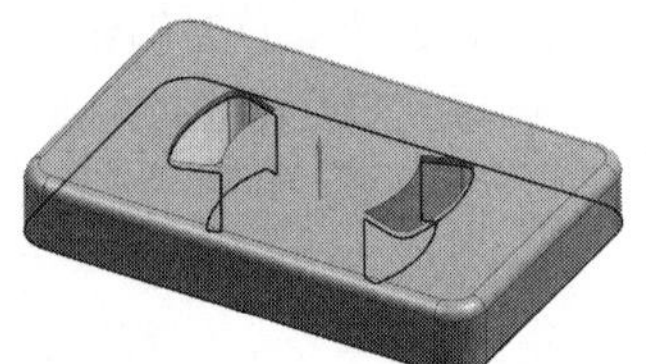

图 11-128 定义型腔区域

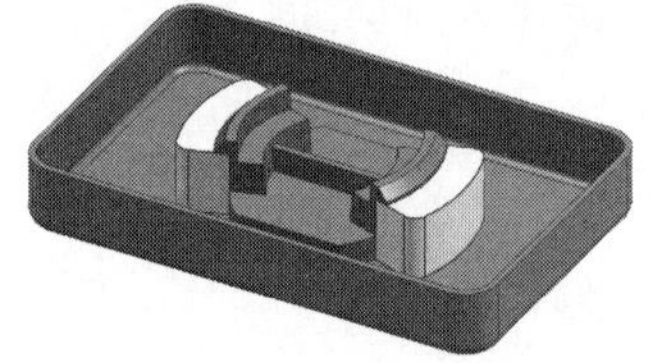

图 11-129 定义型芯区域

步骤 8 定义区域。在“注塑模向导”选项卡中单击“定义区域”按钮，系统弹出“定义区域”对话框，在“设置”区域选中“创建区域”及“创建分型线”选项，单击“确定”按钮，系统在型腔面与型芯面连接位置生成分型线，如图 11-130 所示。

步骤 9 创建分型面。在“注塑模向导”选项卡中单击“设计分型面”按钮，系统弹出“设计分型面”对话框，在对话框的“创建分型面”区域单击“有界平面”按钮，单击分型面边界中点位置的控制点，在 U 向终点百分比输入框中输入 65，如图 11-131 所示，单击“确定”按钮，完成分型曲面创建，如图 11-131 所示。

步骤 10　编辑分型面。在“注塑模向导”中单击“编辑分型面和曲面补片”按钮，系统弹出如图 11-132 所示的“编辑分型面和曲面补片”对话框，选择以上创建的破孔补面为分型面对象，单击“确定”按钮，此时完整分型面如图 11-133 所示。

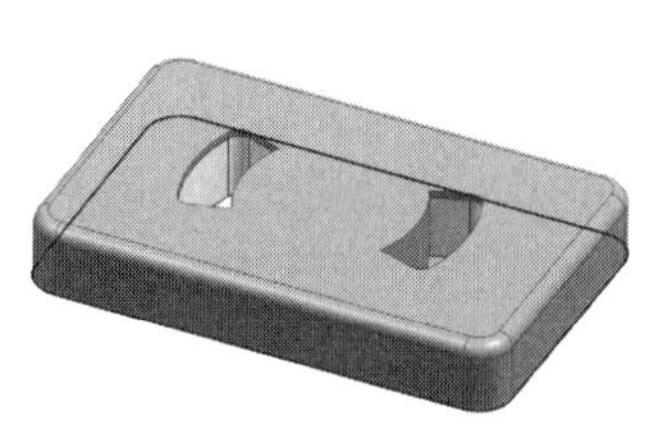

图 11-130　创建分型线

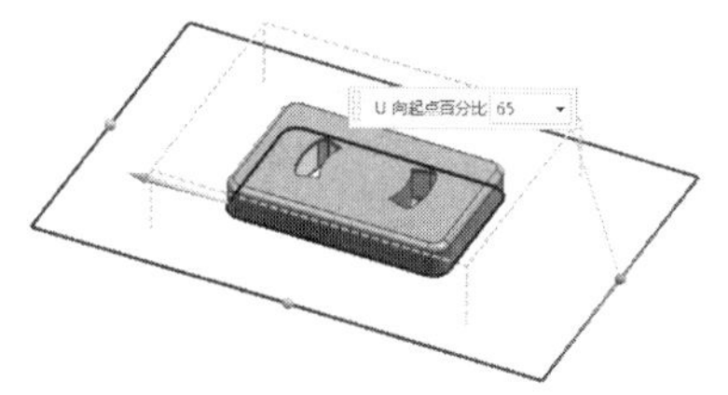

图 11-131　创建分型面

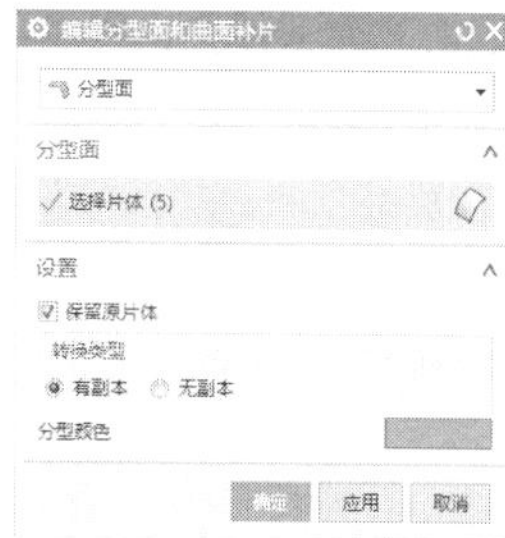

图 11-132　编辑分型面

步骤 11　创建型腔型芯。使用分型曲面对模具工件进行切除创建型腔与型芯。

① 选择命令。在“注塑模向导”选项卡中单击“定义型腔与型芯”按钮，系统弹出“定义型腔与型芯”对话框，在该对话框中定义型腔与型芯。

② 创建型腔。在对话框的“选择片体”区域选中“型腔区域”，单击“应用”按钮，系统弹出“查看分型结果”对话框，单击“确定”按钮，结果如图 11-134 所示。

③ 创建型芯。在对话框的“选择片体”区域选中“型芯区域”，单击“应用”按钮，系统弹出“查看分型结果”对话框，单击“确定”按钮，结果如图 11-135 所示。

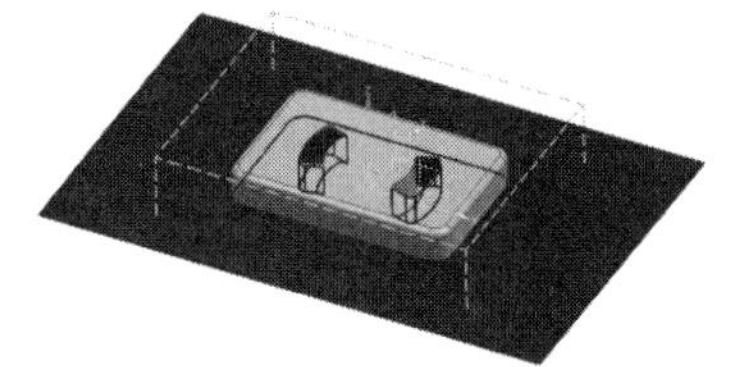

图 11-133　添加分型面

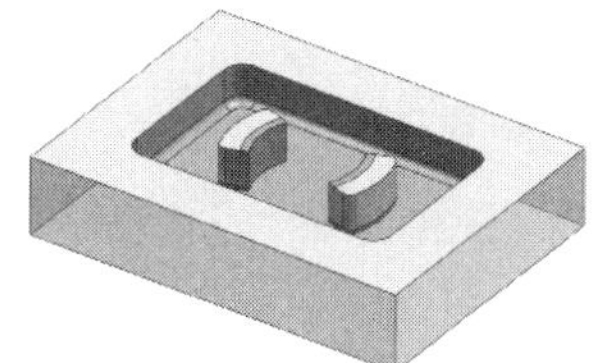

图 11-134　创建型腔

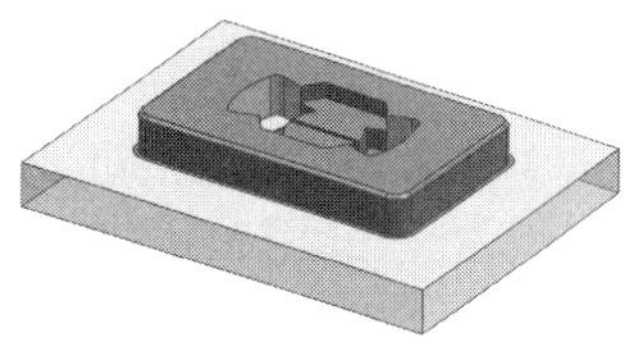

图 11-135　创建型芯

步骤 12　模具开模。在“装配”选项卡的“爆炸图”菜单中单击“新建爆炸”按钮，采用系统默认的爆炸图名称，在“装配”选项卡的“爆炸图”菜单中单击“编辑爆炸”按钮，依次将模具型腔与型芯分解到合适的位置，如图 11-118 所示。

11.5.3　带协销模具设计

如图 11-136 所示的遥控器盖模型，模型头部包括一个倒扣结构，如图 11-137 所示，这种倒扣结构将导致无法顺利开模，需要设计相应的协销机构辅助开模，如图 11-138 所示，下面以此为例介绍带协销模具设计方法。

步骤 1　打开模具零件：ch11 mold\11.5\03\top_cover。

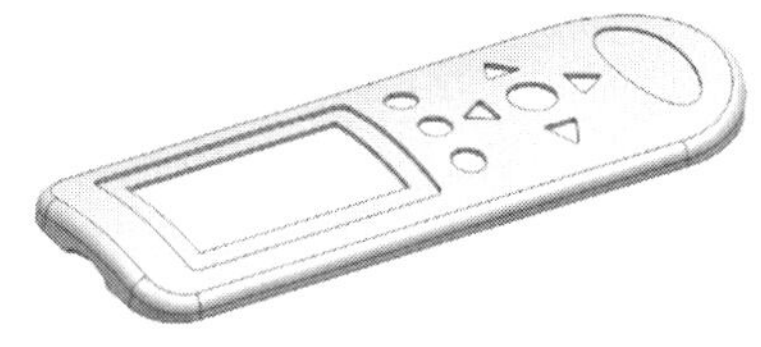

图 11-136　遥控器盖模型

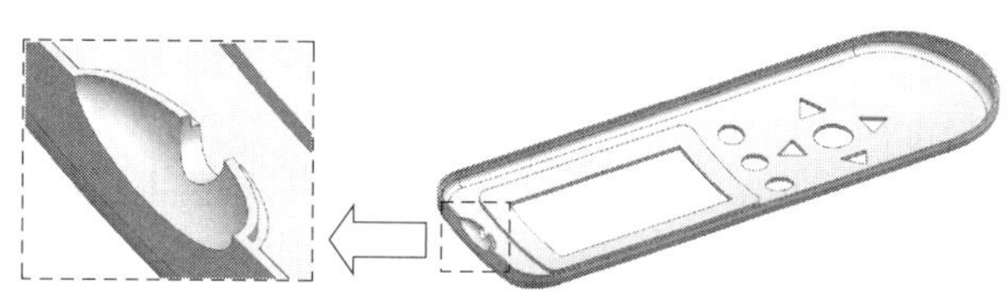

图 11-137　倒扣结构

步骤 2 创建初始化项目。在“注塑模向导”选项卡中单击“初始化项目”按钮，系统弹出“初始化项目”对话框，在“项目设置”区域采用系统默认的路径及名称，在“材料”下拉列表中选择 ABS 材料，材料收缩率为 1.006，在“设置”区域的“项目单位”下拉列表中选择“毫米”选项，单击“确定”按钮，完成初始化项目。

步骤 3 定义模具坐标系。在“选择组”工具条的“菜单”中选择“格式”→“WCS”→“旋转”命令，将坐标系绕 XC 轴旋转-90 度，如图 11-139 所示，在“注塑模向导”选项卡中单击“模具坐标系”按钮，将该坐标系定义为模具坐标系。

步骤 4 创建模具工件。在“注塑模向导”选项卡中单击“工件”按钮，系统弹出“工件”对话框，在对话框的“限制”区域设置“开始”距离为-5，结束距离为 35，边界尺寸为 20，如图 11-140 所示。

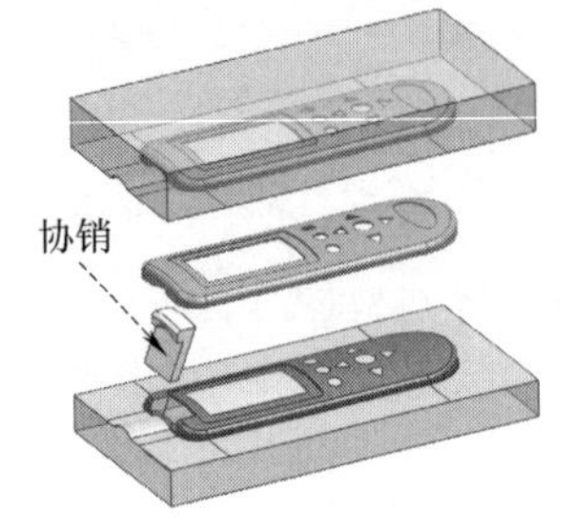

图 11-138　带协销模具设计

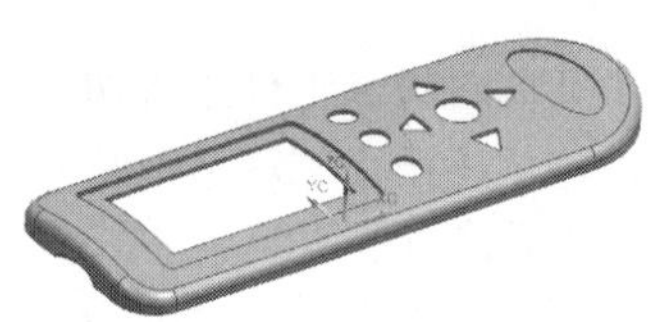

图 11-139　定义模具坐标系

图 11-140　创建模具工件

步骤 5 创建曲面补片。在“注塑模向导”选项卡中单击“曲面补片”按钮，在对话框“环选择”区域的“类型”下拉菜单中选择“面”选项，选择如图 11-141 所示的模型表面为修补对象，系统自动对修补对象上的破孔进行修补。

步骤 6 检查区域。在“注塑模向导”选项卡中单击“检查区域”按钮，在“计算”选项卡中单击“计算”按钮，在“区域”选项卡选择合适的面定义型腔区域，如图 11-142 所示，型芯区域如图 11-143 所示。

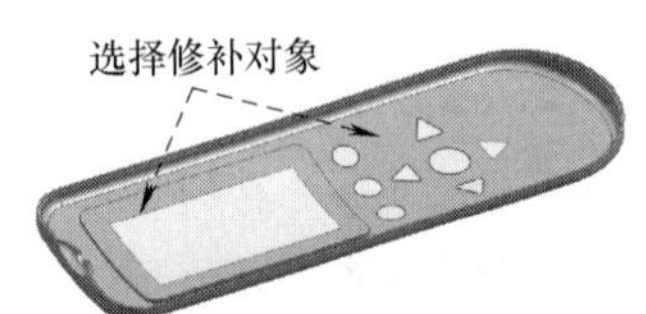

图 11-141　创建曲面补片

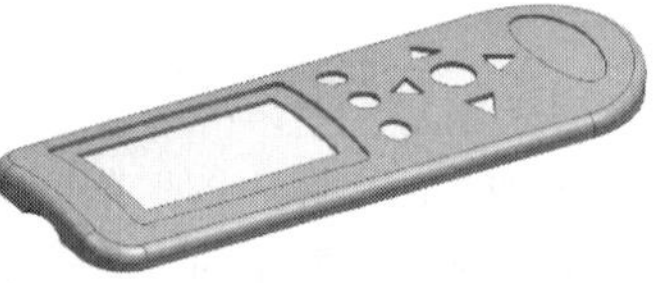

图 11-142　定义型腔区域

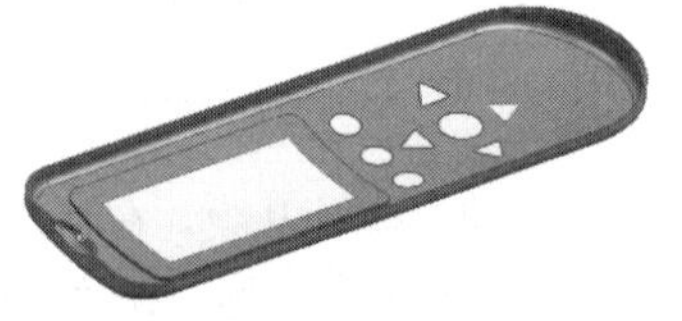

图 11-143　定义型芯区域

步骤 7 定义区域。在“注塑模向导”选项卡中单击“定义区域”按钮，系统弹出“定义区域”对话框，在“设置”区域选中“创建区域”及“创建分型线”选项，单击“确定”按钮，系统在型腔面与型芯面连接位置生成分型线，如图 11-144 所示。

步骤 8 设计分型面。本例分型线为空间曲线，创建这种分型面可以先将分型面的拐角位置定义为过渡段，然后在过渡段之间使用拉伸方式创建分型面。

① 选择命令。在“注塑模向导”选项卡中单击“设计分型面”按钮，系统弹出“设计分型面”对话框，在该对话框中定义分型面。

② 定义过渡段。在对话框的“编辑分型段”区域单击“选择过渡曲线”按钮，在模型上选择如图 11-145 所示的三段圆弧边线为过渡段，单击“应用”按钮，系统将分型曲线分成三段分型曲线，此时在对话框的“分型线”区域列表中显示分型线分段。

③ 创建分型面。在对话框的“分型线”区域列表中选中分段线，在“创建分型面”区域单击“拉伸”按钮，定义拉伸距离为 60，结果如图 11-146 所示。

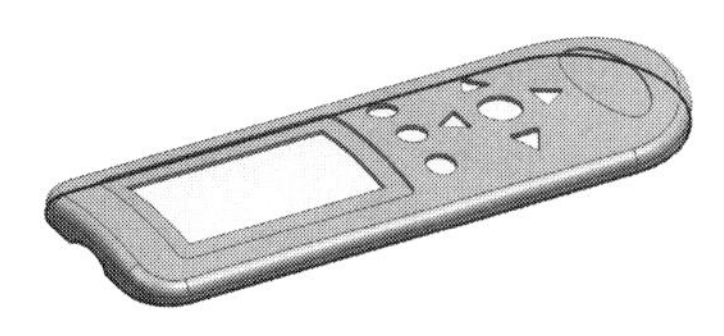
图 11-144　创建分型线

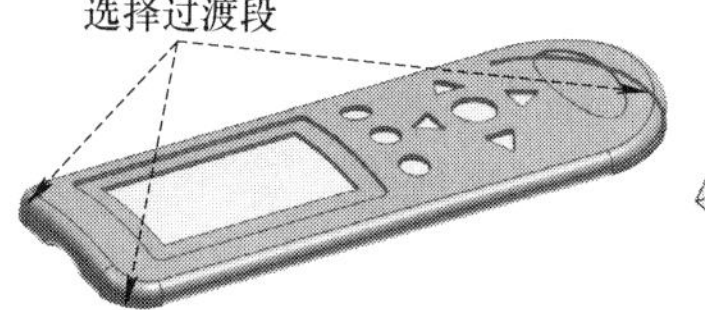

图 11-145　定义过渡段

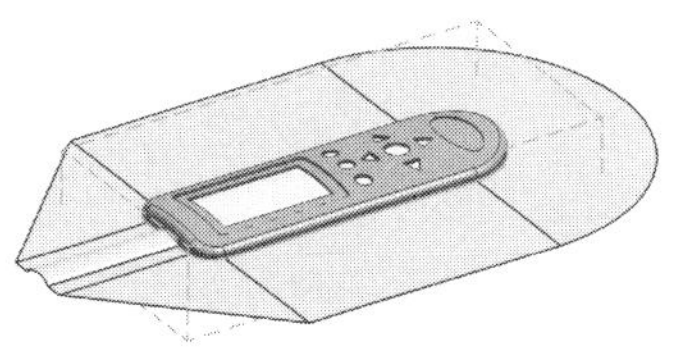
图 11-146　创建分型面

步骤 9　创建型腔型芯。使用分型曲面对模具工件进行切除创建型腔与型芯。

① 选择命令。在“注塑模向导”选项卡中单击“定义型腔与型芯”按钮，系统弹出“定义型腔与型芯”对话框，在该对话框中定义型腔与型芯。

② 创建型腔。在对话框的“选择片体”区域选中“型腔区域”，单击“应用”按钮，系统弹出“查看分型结果”对话框，单击“确定”按钮，结果如图 11-147 所示。

③ 创建型芯。在对话框的“选择片体”区域选中“型芯区域”，单击“应用”按钮，系统弹出“查看分型结果”对话框，单击“确定”按钮，结果如图 11-148 所示。

步骤 10　创建协销。创建滑块的基本思路是首先在型芯零件中创建协销几何体，然后将协销几何体使用“WAVE 几何链接器”创建到单独的协销装配文件中。

① 打开型芯零件。在总装配文件中打开如图 11-149 所示的模具型芯零件。

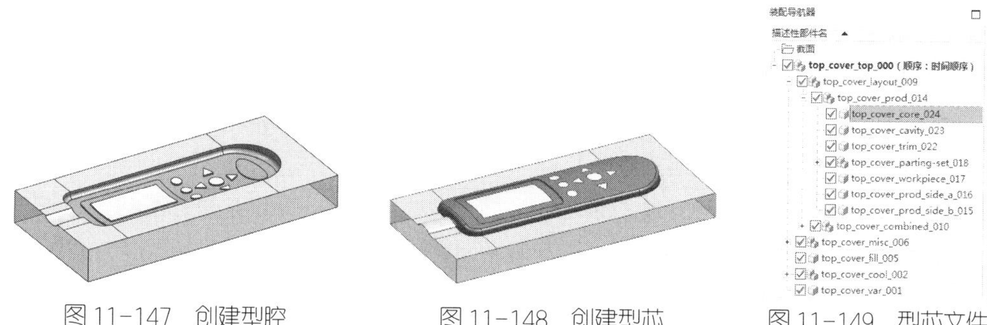

图 11-147　创建型腔　　图 11-148　创建型芯　　图 11-149　型芯文件

② 创建基准坐标系。选择“基准坐标系”命令，在原点位置创建基准坐标系，如图 11-150 所示，该坐标系作为协销设计的基准。

③ 创建协销拉伸。选择“拉伸”命令，选择 ZX 基准平面为草图平面绘制如图 11-151 所示的截面草图，定义拉伸方式为“对称值”方式，对称尺寸为 12，如图 11-152 所示，单击“确定”按钮，创建滑块拉伸结果如图 11-153 所示。

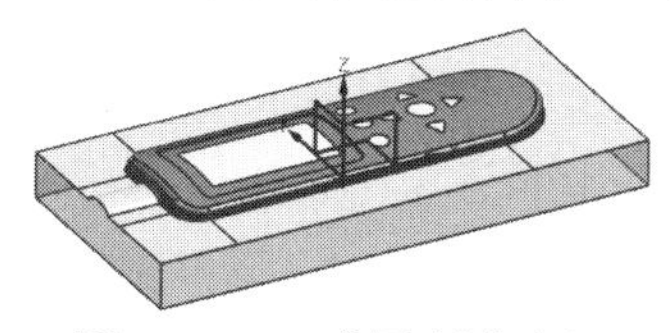
图 11-150　创建基准坐标系

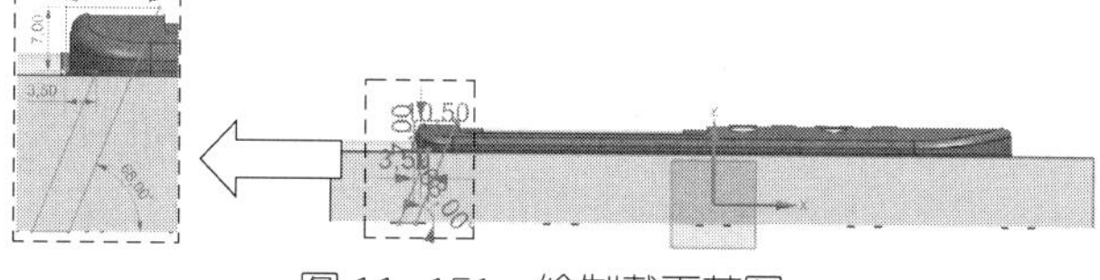
图 11-151　绘制截面草图

④ 创建抽取面。选择“抽取几何特征”命令，在对话框顶部下拉列表中选择“面”选项，在“面选项”下拉列表中选择“面链”选项，选择如图 11-154 所示的面对象，该面将作为协销顶部修剪曲面，单击“确定”按钮，结果如图 11-155 所示。

⑤ 创建桥接曲线。选择“桥接曲线”命令，在如图 11-156 所示的曲面开口位置创建桥接曲线，该曲线将作为曲面破孔边界曲线。

⑥ 创建通过曲线组曲面。选择“通过曲线组曲面”命令，选择如图 11-157 所示的破孔边界及桥接曲线创建通过曲线组曲面，设置曲面之间的约束条件为相切条件。

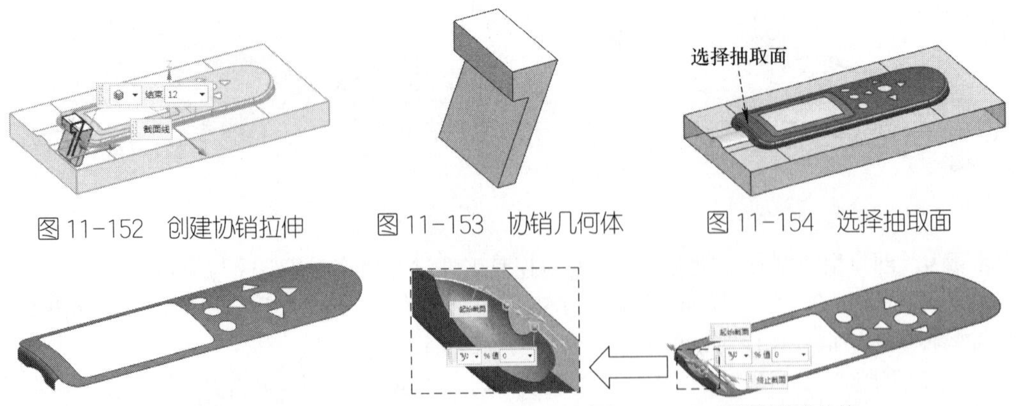

图 11-152　创建协销拉伸　　图 11-153　协销几何体　　图 11-154　选择抽取面

图 11-155　抽取面结果　　图 11-156　创建桥接曲线

⑦ 创建缝合曲面。选择“缝合”命令，选择抽取曲面为目标对象，选择通过曲线组曲面为工具对象，将两者缝合成整张曲面，该曲面将作为协销顶部修剪曲面。

⑧ 创建修剪体。完成缝合曲面及协销几何体，创建结果如图 11-158 所示，选择“修剪体”命令，使用缝合曲面对协销几何体进行修剪，如图 11-159 所示，单击“确定”按钮，完成修剪体操作，协销模型最终结果如图 11-160 所示。

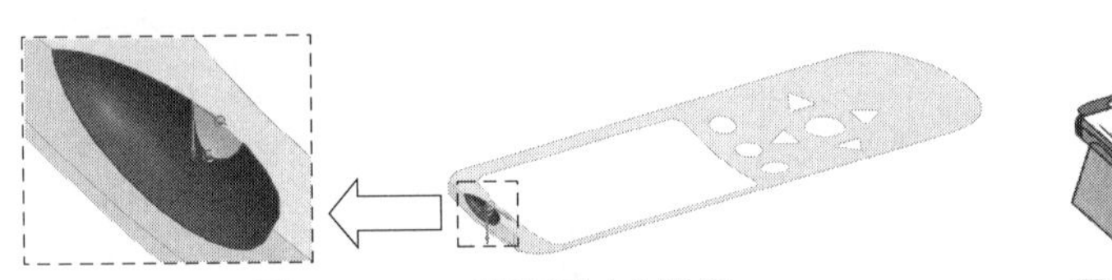

图 11-157　创建通过曲线组　　图 11-158　曲面与协销几何体

⑨ 创建型芯零件。选择“减去”命令，选择型芯零件为目标体，选择协销模型为工具体，选中“保存工具”选项，单击“确定”按钮，型芯零件如图 11-161 所示。

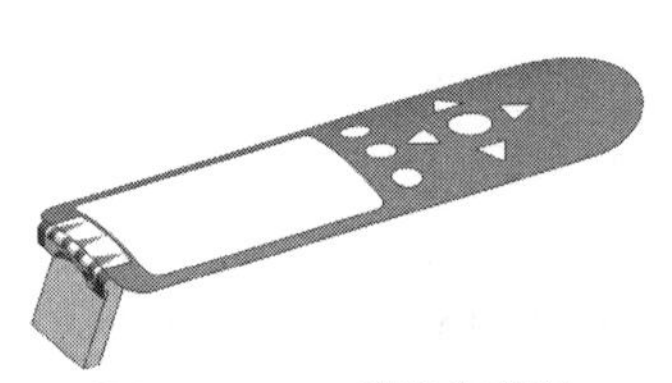

图 11-159　创建修剪体

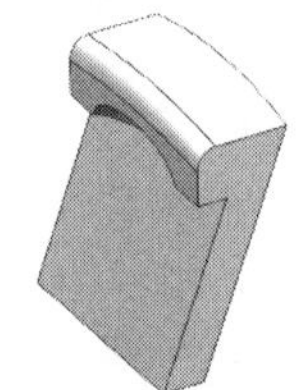

图 11-160　协销模型

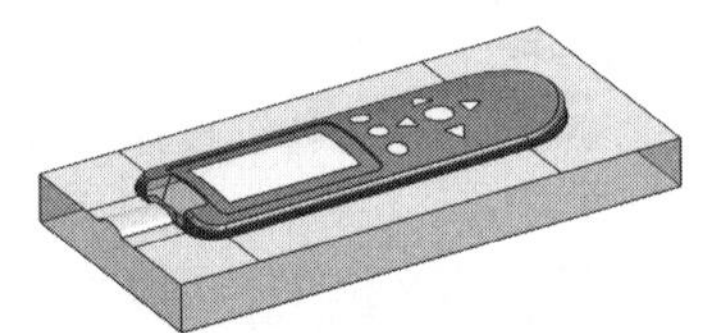

图 11-161　最终型芯零件

步骤 11　创建协销装配文件。在总装配文件中将 top_cover_prod 文件设置为工作部件，在该文件中新建协销结构文件 top_cover_core_slide，如图 11-162 所示，然后将该文件设置为工作部件，

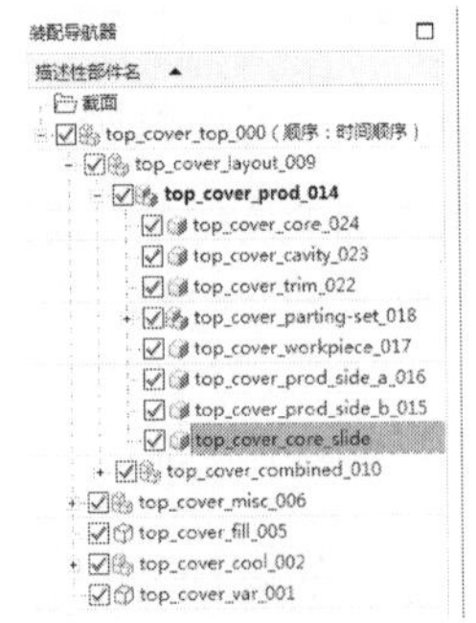

图 11-162　协销装配文件

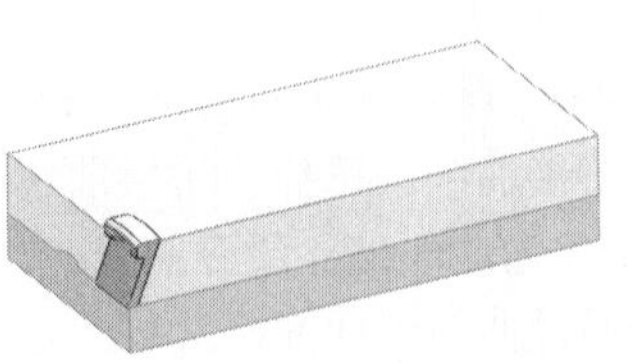

图 11-163　最终协销零件

选择“WAVE 几何链接器”命令将协销模型关联复制到协销结构文件中，最终协销零件如图 11-163 所示。

步骤 12　模具开模。在“装配”选项卡的“爆炸图”菜单中单击“新建爆炸”按钮，采用系统默认的爆炸图名称，在“装配”选项卡的“爆炸图”菜单中单击“编辑爆炸”按钮，依次将协销、模具型腔及型芯分解到合适的位置，如图 11-138 所示。

11.5.4　一模多腔模具设计

如图 11-164 所示的面板盖模型，模型尺寸比较小（最大尺寸只有 140）且结构比较简单，为了提高注塑效率，节约模具设计成本，应该采用一模多腔的方式进行模具设计，结果如图 11-165 所示，下面以此为例介绍一模多腔模具设计方法。

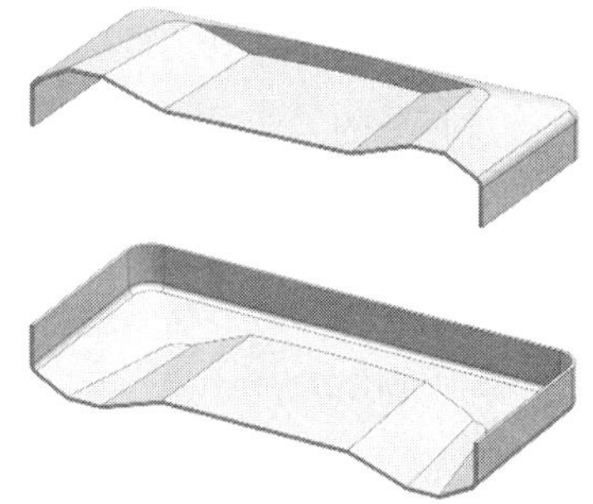

图 11-164　面板盖模型

步骤 1　打开模具零件：ch11 mold\11.5\04\face_cover。

步骤 2　创建初始化项目。在“注塑模向导”选项卡中单击“初始化项目”按钮，系统弹出“初始化项目”对话框，在“项目设置”区域采用系统默认的路径及名称，在“材料”下拉列表中选择 ABS 材料，材料收缩率为 1.006，在“设置”区域的“项目单位”下拉列表中选择“毫米”选项，单击“确定”按钮，完成初始化项目。

步骤 3　定义模具坐标系。在“注塑模向导”选项卡中单击“模具坐标系”按钮，将当前坐标系定义为模具坐标系，如图 11-166 所示。

步骤 4　创建模具工件。在“注塑模向导”选项卡中单击“工件”按钮，系统弹出“工件”对话框，在对话框的“限制”区域设置“开始”距离为-20，结束距离为 40，边界尺寸为 20，如图 11-167 所示。

步骤 5　定义型腔布局。根据模型尺寸及结构特点，本例模型宜采用一模四腔布局方式进行模具设计，下面具体介绍。

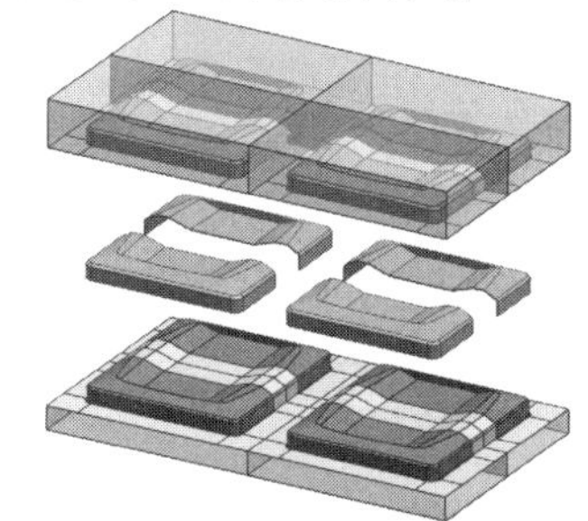

图 11-165　一模多腔模具设计

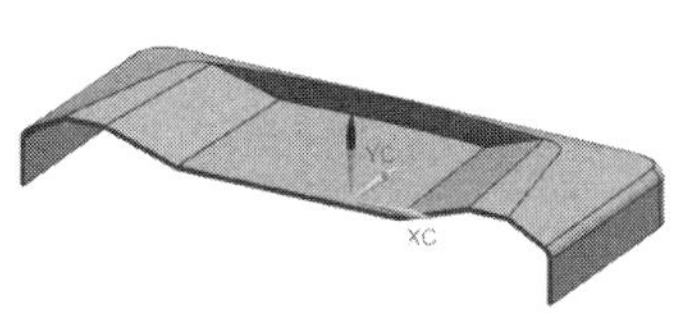

图 11-166　创建模具坐标系

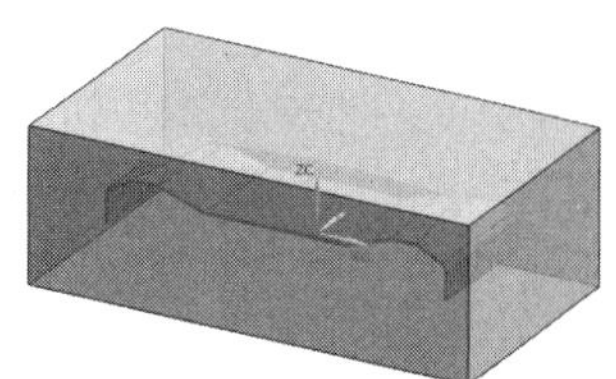

图 11-167　创建模具工件

① 选择命令。在“注塑模向导”选项卡中单击“型腔布局”按钮，系统弹出“型腔布局”对话框，在该对话框中定义型腔布局参数。

② 定义型腔布局。在“布局类型”下拉列表中选择“矩形”选项，选中“平衡”选项，定义矢量方向为 XC 方向，在“平衡布局设置”区域设置型腔数为 4，间隙距离为 0，在“生成布局”区域单击“开始布局”按钮，在“型腔布局”对话框的“编辑布局”区域单击“自动对准中心”按钮，型腔布局结果如图 11-168 所示。

③ 编辑型腔布局。以上型腔布局俯视图如图 11-169 所示，此时型腔布局对称性比较差，需要编辑布局样式，在“型腔布局”对话框中展开“编辑布局”区域，如图 11-170 所示，单击“变

换”按钮，系统弹出如图 11-171 所示的“变换”对话框。

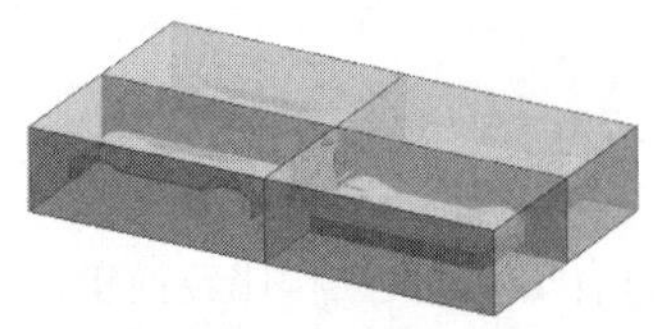
图 11-168　型腔布局结果

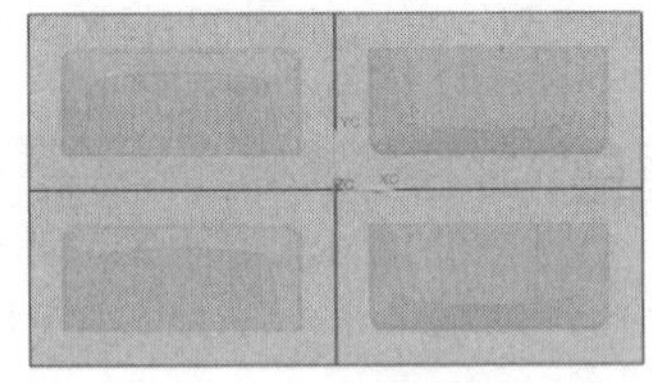
图 11-169　型腔布局俯视图

图 11-170　编辑布局

④ 定义变换操作。在“变换”对话框的“腔”区域选择如图 11-172 所示的工件为变换对象，在“变换类型”下拉列表中选择“旋转”选项，表示对型腔进行旋转变换，在“旋转”区域单击“点对话框”按钮，系统弹出如图 11-173 所示的“点”对话框，在对话框顶部下拉列表中选择“两点之间”选项，选择如图 11-172 所示的两个对角点，在“点之间位置”区域设置“%位置”为 50，系统自动在这两个对角点之间的 50%位置（中点）创建一个点，该点即为旋转中心点，单击“点”对话框中的“确定”按钮，系统返回至“变换”对话框，在对话框的“结果”区域选中“移动原先的”选项，表示直接对选择的工件进行旋转操作，单击“确定”按钮，结果如图 11-174 所示。

图 11-171　“变换”对话框

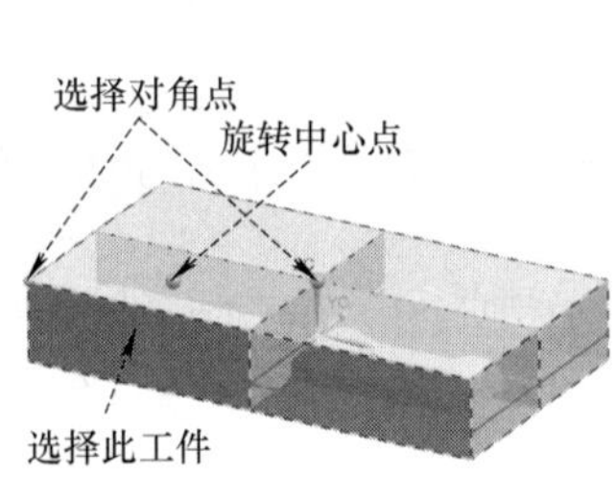

图 11-172　定义旋转中心点

图 11-173　“点”对话框

步骤 6　检查区域。在“注塑模向导”选项卡中单击“检查区域”按钮，在“计算”选项卡中单击“计算”按钮，在“区域”选项卡选择合适的面定义型腔区域，如图 11-175 所示，型芯区域如图 11-176 所示。

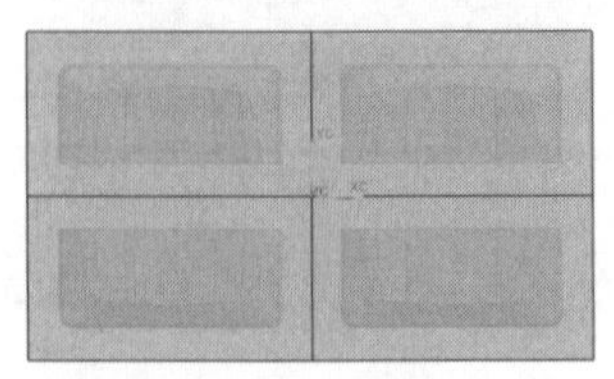
图 11-174　最终型腔布局

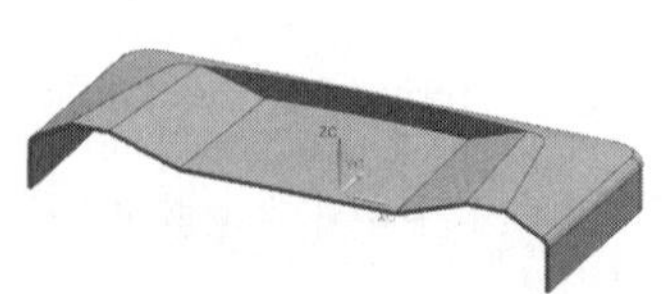
图 11-175　型腔区域

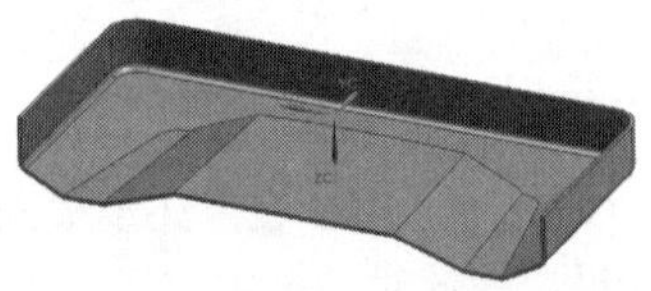
图 11-176　型芯区域

步骤 7　定义区域。在“注塑模向导”选项卡中单击“定义区域”按钮，系统弹出“定义区域”对话框，在“设置”区域选中“创建区域”及“创建分型线”选项，单击“确定”按钮，系统在型腔面与型芯面连接位置生成分型线，如图 11-177 所示。

步骤 8　设计分型面。本例分型线为空间曲线，创建这种分型面可以先将分型面的拐角位置定义为过渡段，然后在过渡段之间使用拉伸方式创建分型面。

① 选择命令。在“注塑模向导”选项卡中单击“设计分型面”按钮，系统弹出“设计分型面”对话框，在该对话框中定义分型面。

② 定义过渡段。在对话框的“编辑分型段”区域单击“选择过渡曲线”按钮，在模型上选择如图 11-178 所示的四段边线为过渡段，单击“应用”按钮，系统将分型曲线分成四段分型曲线，此时在对话框的“分型线”区域列表中显示分型线分段。

③ 创建分型面。在对话框的“分型线”区域列表中选中分段线，在“创建分型面”区域单击“拉伸”按钮，定义拉伸距离为 60，结果如图 11-179 所示。

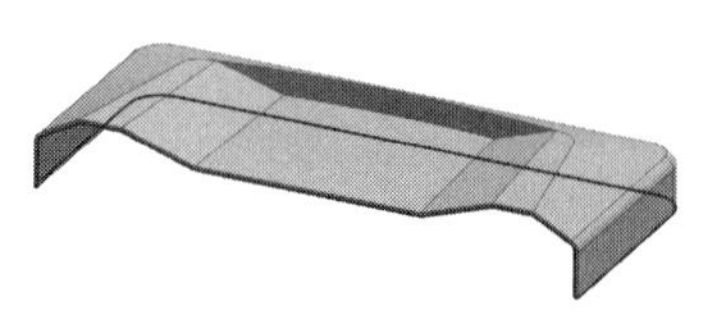

图 11-177　创建分型线

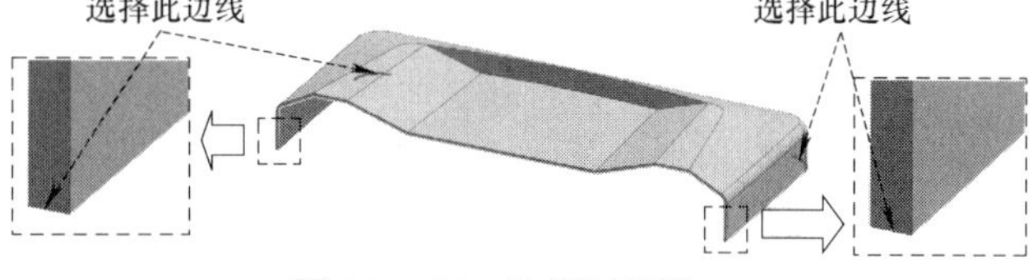

图 11-178　选择过渡段

步骤 9　创建型腔型芯。使用分型曲面对模具工件进行切除，创建型腔与型芯。

① 选择命令。在“注塑模向导”选项卡中单击“定义型腔与型芯”按钮，系统弹出“定义型腔与型芯”对话框，在该对话框中定义型腔与型芯。

② 创建型腔。在对话框的“选择片体”区域选中“型腔区域”，单击“应用”按钮，系统弹出“查看分型结果”对话框，单击“确定”按钮，结果如图 11-180 所示。

③ 创建型芯。在对话框的“选择片体”区域选中“型芯区域”，单击“应用”按钮，系统弹出“查看分型结果”对话框，单击“确定”按钮，结果如图 11-181 所示。

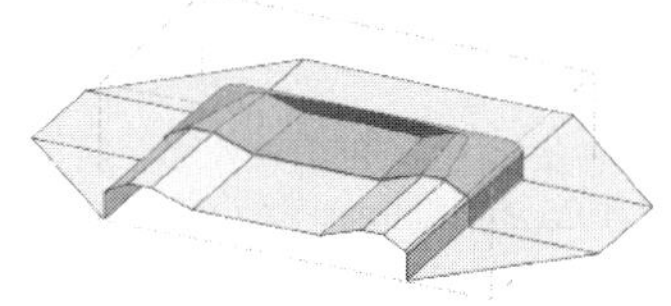

图 11-179　创建分型面

图 11-180　型腔模型

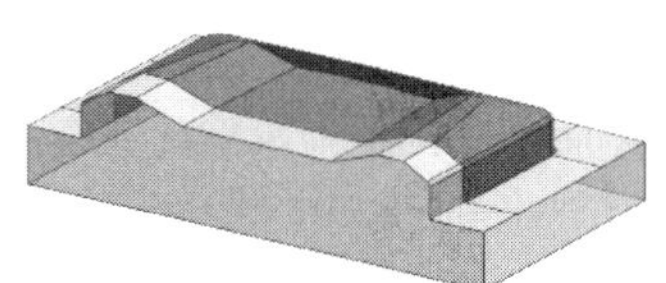

图 11-181　型芯模型

步骤 10　模具开模。在“装配”选项卡的“爆炸图”菜单中单击“新建爆炸”按钮，采用系统默认的爆炸图名称，在“装配”选项卡的“爆炸图”菜单中单击“编辑爆炸”按钮，依次将模具型腔及型芯分解到合适的位置，如图 11-165 所示。

11.5.5　常规模具设计

在 NX 中进行模具设计除了使用“注塑模向导”选项卡中的命令进行设计以外，还可以使用常规的方法进行模具设计。使用常规方法进行模具设计的关键是创建正确的型腔曲面与型芯曲面，然后使用型腔曲面与型芯曲面对模具实体进行切除得到型腔实体与型芯实体。下面以如图 11-182 所示的门禁盒前盖模型为例介绍常规模具设计方法，最终模具设计结果及开模如图 11-183 所示，下面具体介绍。

步骤 1　打开模具零件：ch11 mold\11.5\05\front_cover。

步骤 2　创建缩放体。注塑模具设计需要根据材料收缩率对模型进行一定比例的放大。在“主页”选项卡“特征”区域的“更多”菜单中单击 缩放体 按钮，系统弹出如图 11-184 所示的“缩放体”对话框，在对话框顶部下拉列表中选择“均匀”选项，系统自动选择门禁盒前盖模型为缩

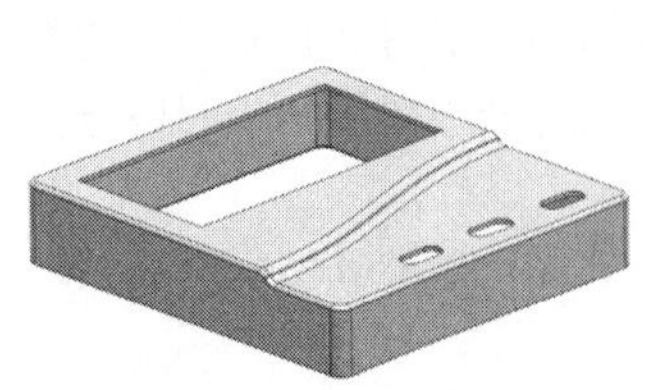

图 11-182　门禁盒前盖

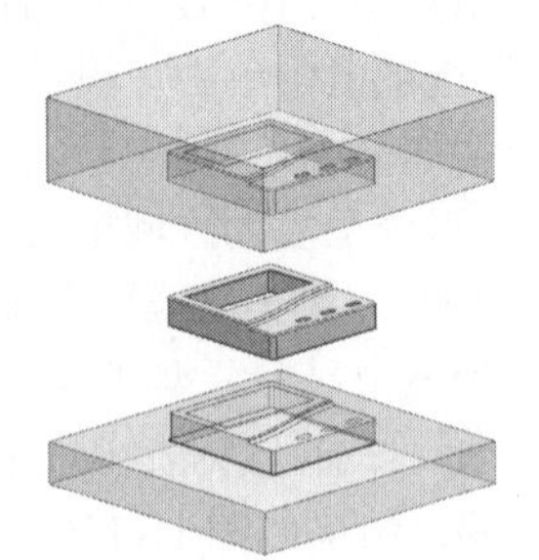
图 11-183　门禁盒模具设计

图 11-184　“缩放体”对话框

放对象，缩放原点为坐标原点，在“比例因子”区域设置缩放比例为 1.006，单击“确定”按钮，完成缩放体操作，此时模型按照设置的比例进行放大，结果如图 11-185 所示。

步骤 3　模具分型线。模具设计中一定要正确确定模具分型线。分型线是分型面设计的依据，根据本例模型结构特点，应该选择如图 11-186 所示的倒角边线为模具分型线。

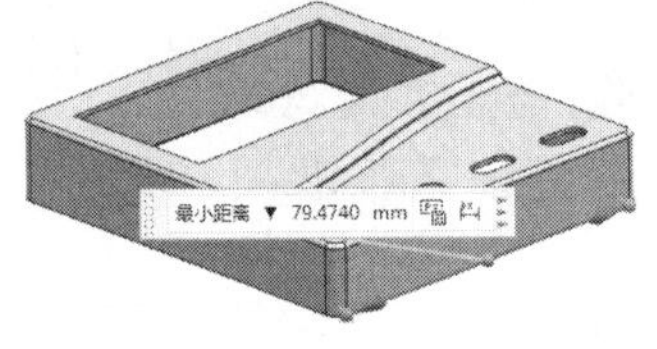

图 11-185　缩放体

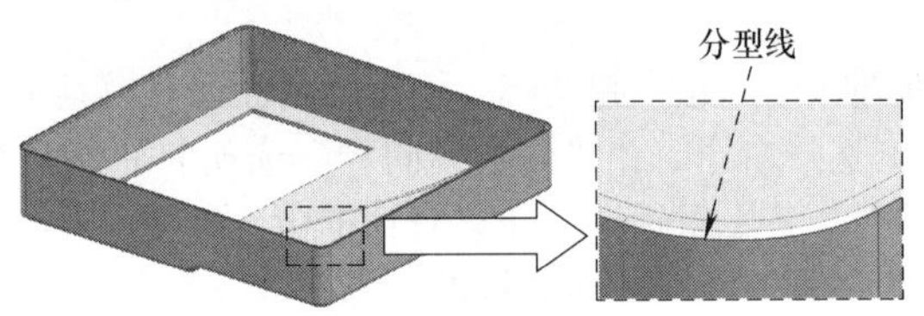

图 11-186　分型线位置

说明：常规模具设计中不用对分型线做任何操作，这是人为分析出来的，后面需要在分型线位置创建型腔及型芯分型面，下面会具体介绍。

步骤 4　创建抽取面。常规模具设计中需要从模型表面抽取曲面创建型腔及型芯分型面，两者抽取面的分界线即为模具分型线，下面具体介绍。

① 选择命令。在“主页”选项卡“特征”区域的“更多”菜单中单击“抽取几何特征”按钮 抽取几何特征，系统弹出如图 11-187 所示的“抽取几何特征”对话框，在对话框的顶部下拉列表中选择“面”选项，在“面选项”下拉列表中选择“面链”选项。

② 创建型腔抽取面。选择如图 11-188 所示的模型表面（一共 48 个面）为型腔抽取面，主要是模型外侧顶面及侧面，还有屏幕孔侧面及按键孔侧面，单击“应用”按钮，完成型腔抽取面操作。

③ 创建型芯抽取面。选择如图 11-189 所示的模型表面（一共 31 个面）为型芯抽取面，主要是模型内侧底面及侧面，还有模型厚度端面及倒角面，单击“确定”按钮，完成型芯抽取面操作。

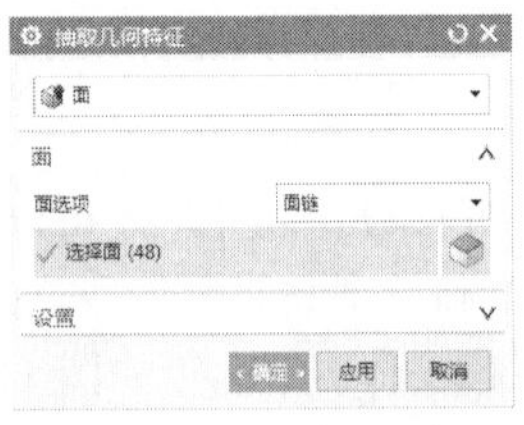

图 11-187　定义抽取面

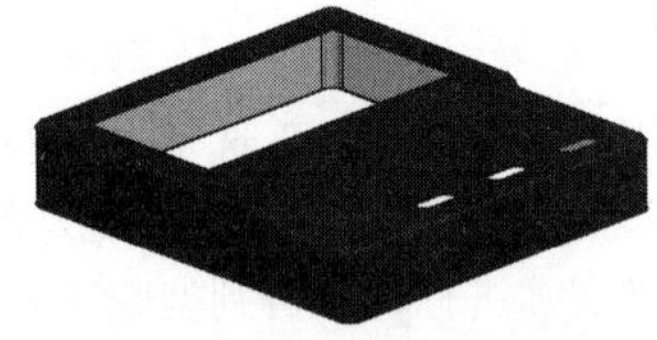
图 11-188　选择型腔抽取面

图 11-189　选择型芯抽取面

步骤 5　创建填充曲面。为了创建模具分型面，需要将模型中的破孔进行修补填充。

① 选择命令。在“曲面”选项卡单击“填充曲面”按钮 填充曲面，系统弹出如图 11-190 所示的“填充曲面”对话框，在该对话框中定义填充曲面。

② 创建屏幕孔填充面。选择如图 11-191 所示的模型边线（屏幕孔靠近内侧边线）为填充边

界创建屏幕孔填充面，单击“应用”按钮完成操作。

③ 创建按键孔填充面。选择如图 11-192 所示的模型边线（按键孔靠近内侧边线）为填充边界创建按键孔填充面，单击“确定”按钮完成操作。

图 11-190　定义填充曲面

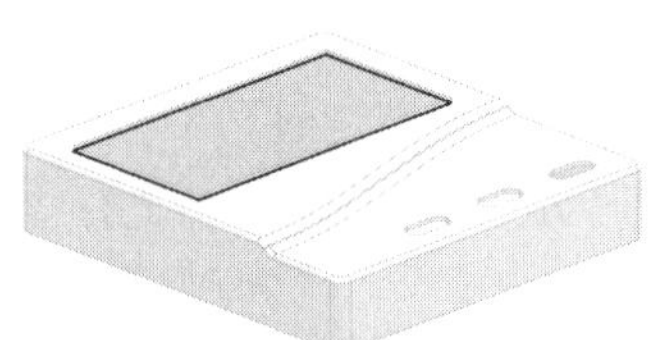

图 11-191　创建屏幕孔填充面

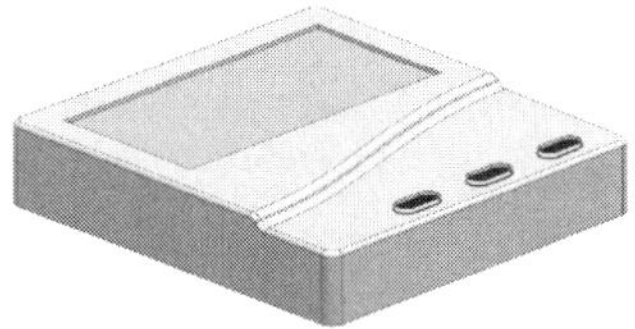

图 11-192　创建按键孔填充面

步骤 6　创建扫掠曲面。在模型外侧沿着分型线边线创建扫掠曲面。

① 创建直线。在“曲线”选项卡中单击“生产线”按钮 ，系统弹出如图 11-193 所示的“直线”对话框，选择如图 11-194 所示的模型顶点为直线起点，在对话框的“终点选项”下拉列表中选择“YC 沿 YC”选项，表示将沿着 YC 方向创建直线，设置直线长度为 80，单击“确定”按钮，完成直线创建。

② 创建扫掠曲面。在“曲面”选项卡中单击“扫掠”按钮 扫掠，系统弹出“扫掠”对话框，选择上一步创建的直线为扫掠截面，选择分型线边线为扫掠引导线，系统创建如图 11-195 所示的扫掠曲面，该扫掠曲面是分型面的重要组成部分。

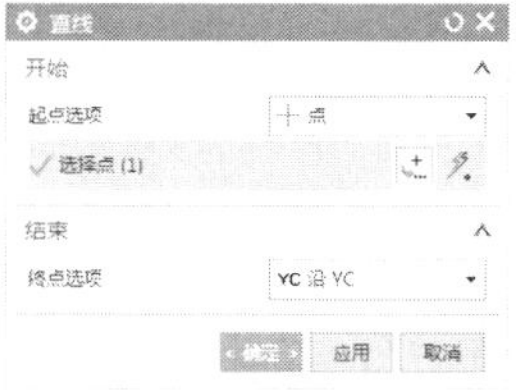

图 11-193　“直线”对话框

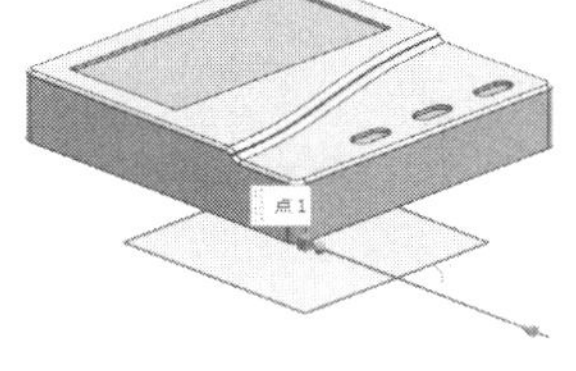

图 11-194　创建直线

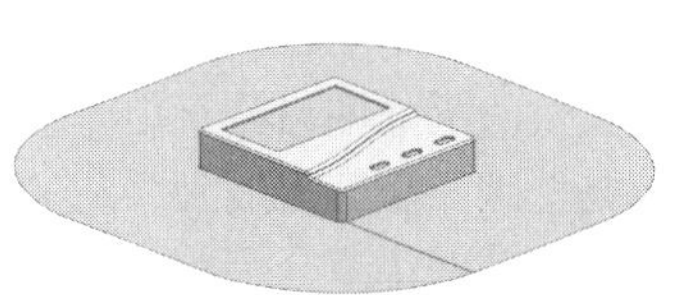

图 11-195　创建扫掠曲面

说明：以上分析创建了型腔及型芯抽取面、填充曲面及扫掠曲面，对这些曲面进行组合即可得到型腔分型面及型芯分型面，具体组合方式如下：

① 型腔分型面=型腔抽取面+填充曲面+扫掠曲面；

② 型芯分型面=型芯抽取面+填充曲面+扫掠曲面。

步骤 7　创建工件实体。选择“拉伸”命令，选择扫掠曲面为草图平面绘制如图 11-196 所示的拉伸草图，定义拉伸方向为 ZC 方向，开始距离为-25，结束距离为 50，如图 11-197 所示，不进行任何布尔运算，单击“确定”按钮，完成工件实体创建。

说明：完成以上操作后需要将 front_cover 保存并关闭。

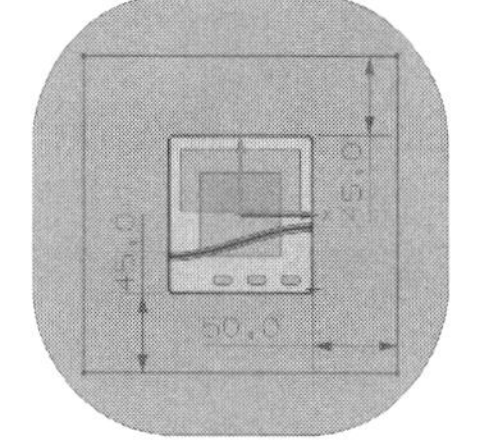

图 11-196　绘制拉伸草图

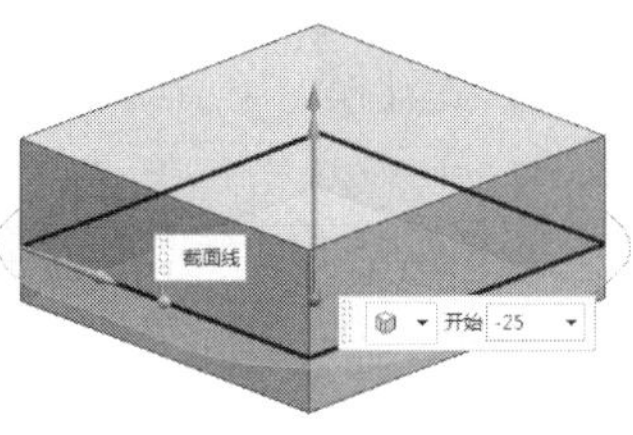

图 11-197　创建工件实体

图 11-198　创建模具装配文件

步骤 8 创建模具装配文件。新建装配文件，名称为 front_cover_mold，这是模具总装配文件，将前面做好的 front_cover 文件装配到总装配文件中，然后在总装配文件中新建型腔文件（cavity）及型芯文件（core），结果如图 11-198 所示。

步骤 9 创建型腔模型。使用型腔分型面对工件实体进行修剪得到型腔模型。

① 复制几何对象。激活型腔文件，使用“WAVE 几何链接器”将工件实体及型腔分型面（型腔抽取面+填充曲面+扫掠曲面）关联复制到型腔文件（cavity）中。

② 创建修剪体。选择“修剪体”命令，选择工件实体为目标体，选择型腔分型面为修剪工具，将型芯部分修剪掉，得到如图 11-199 所示的型腔模型。

步骤 10 创建型芯模型。使用型芯分型面对工件实体进行修剪得到型芯模型。

① 复制几何对象。激活型芯文件，使用“WAVE 几何链接器”将工件实体及型芯分型面（型芯抽取面+填充曲面+扫掠曲面）关联复制到型腔文件（core）中。

② 创建修剪体。选择“修剪体”命令，选择工件实体为目标体，选择型芯分型面为修剪工具，将型腔部分修剪掉，得到如图 11-200 所示的型芯模型。

步骤 11 整理模具文件。将模具文件中除模具零件、型腔模型及型芯模型以外的所有对象隐藏得到最终的模具设计结果，如图 11-201 所示。

图 11-199 创建型腔零件

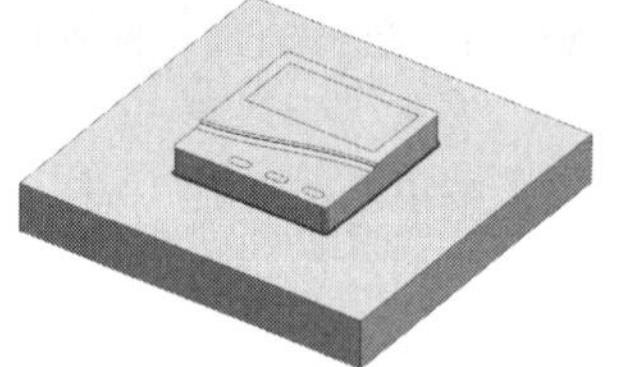
图 11-200 创建型芯零件

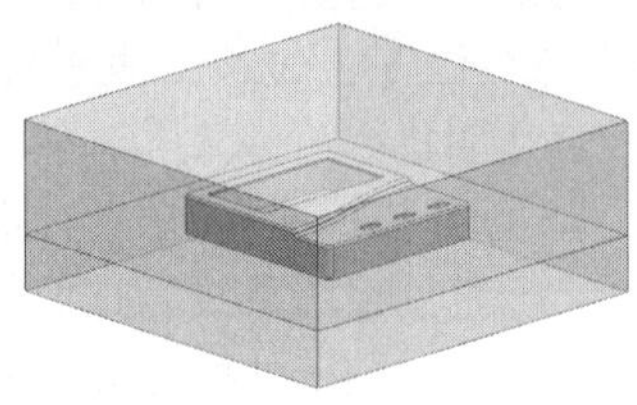
图 11-201 模具设计结果

步骤 12 模具开模。在“装配”选项卡的“爆炸图”菜单中单击“新建爆炸”按钮，采用系统默认的爆炸图名称，在“装配”选项卡的“爆炸图”菜单中单击“编辑爆炸”按钮，依次将模具型腔及型芯分解到合适的位置，如图 11-183 所示。

对比前面小节介绍的模具设计方法及本例介绍的常规设计方法，不难发现使用专门的模具工具进行模具设计更加方便高效（特别是分型面的设计及模具分模），但是掌握常规设计方法，特别是模具分型面的设计方法有助于我们理解模具设计思路。

11.6 模具设计案例

扫码看视频讲解

前面小节系统介绍了模具设计操作及知识内容，为了加深读者对模具设计的理解并更好地应用于实践，下面通过两个具体案例详细介绍模具设计方法与技巧。

11.6.1 血压计上盖模具设计

如图 11-202 所示的血压计上盖模型，需要首先创建如图 11-203 所示的分型面，然后根据分型面创建如图 11-204 所示的血压计上盖模具并开模，下面具体介绍。

模具零件：ch11 mold\11.6\01\top_cover。

血压计上盖模具设计思路：打开模具零件，创建初始化项目（选择材料为 ABS，收缩率为 1.006），根据模型结构特点创建合适的工件及如图 11-203 所示的模具分型面，最后创建型腔及型芯并开模，结果如图 11-204 所示。

具体过程参看随书视频讲解。

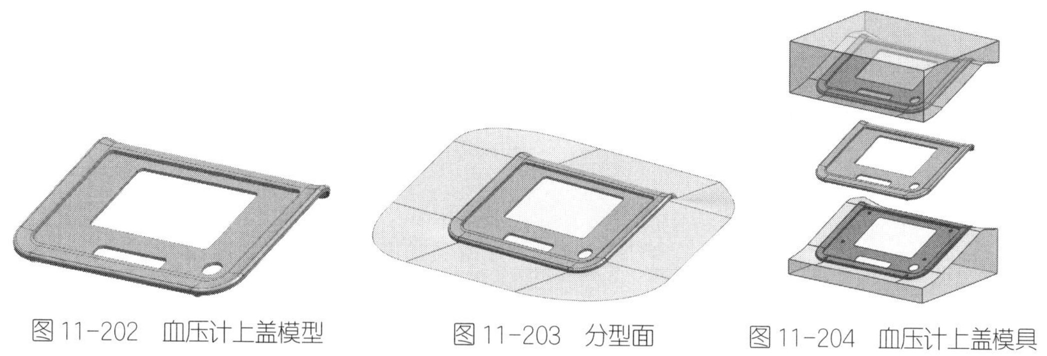

图 11-202　血压计上盖模型　　图 11-203　分型面　　图 11-204　血压计上盖模具

11.6.2 监控器底盖模具设计

如图 11-205 所示的监控器底盖模型，需要首先创建如图 11-206 所示的分型面，然后根据分型面创建如图 11-207 所示的监控器底盖模具并开模，下面具体介绍。

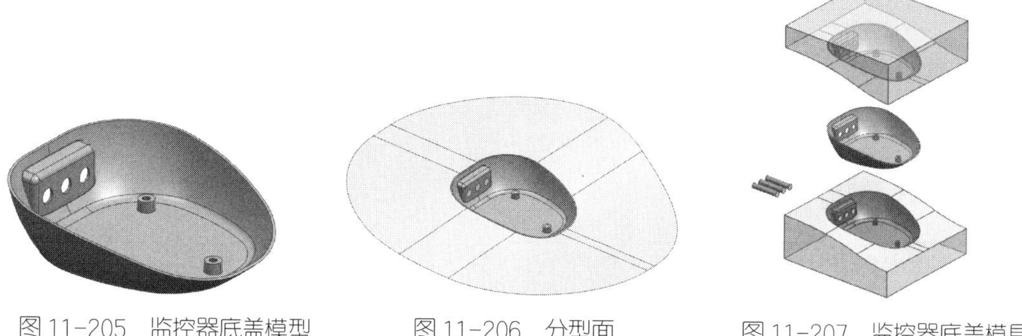

图 11-205　监控器底盖模型　　图 11-206　分型面　　图 11-207　监控器底盖模具

模具零件：ch11 mold\11.6\02\bottom_cover。

监控器底盖模具设计思路：打开模具零件，创建初始化项目（选择材料为 ABS，收缩率为 1.006），根据模型结构特点创建合适的工件及如图 11-206 所示的模具分型面，最后创建型腔及型芯并开模，结果如图 11-207 所示。

具体过程参看随书视频讲解。

第12章 数控加工

微信扫码，立即获取
全书配套视频与资源

数控加工就是使用数字控制技术（numerical control technology）控制机床加工的一种加工方式。数控加工具有加工精度高、自动化程度高、生产效率高且生产成本低等特点，广泛用于高端机械制造行业。NX 提供了专门的数控加工模块，主要用于模拟加工刀路并进行加工仿真，同时具有强大的数控后处理功能。

12.1 数控加工基础

学习和使用数控加工之前需要首先熟悉数控加工作用、数控加工流程及用户界面，这些都是学习和使用数控加工的必备基础知识，下面具体介绍。

12.1.1 数控加工作用

NX 数控加工模块主要用于数控加工模拟，主要包括以下三个方面的作用。

① 模拟刀路轨迹。使用数控加工功能根据加工要求生成刀路轨迹，包括进刀路径、退刀路径及加工路径，如图 12-1 所示。

② 加工仿真。使用数控加工功能根据加工要求在定义的工件几何体上模拟真实的加工过程，能够直观反映加工过程中可能存在的问题，如图 12-2 所示。

③ 生成 NC 程序代码文件。使用数控后处理功能生成 NC 程序代码文件，如图 12-3 所示。NC 程序代码文件用于驱动数控机床按照程序顺序进行自动化加工。

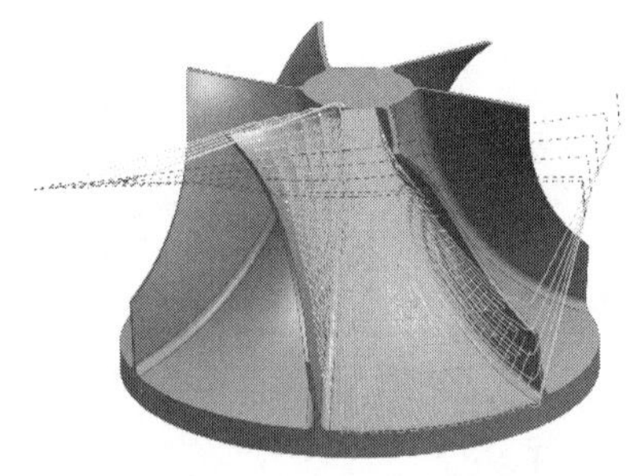

图 12-1　模拟刀路轨迹

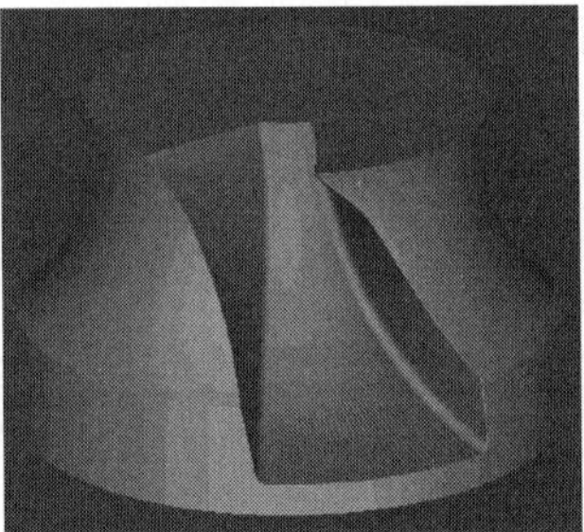

图 12-2　加工仿真

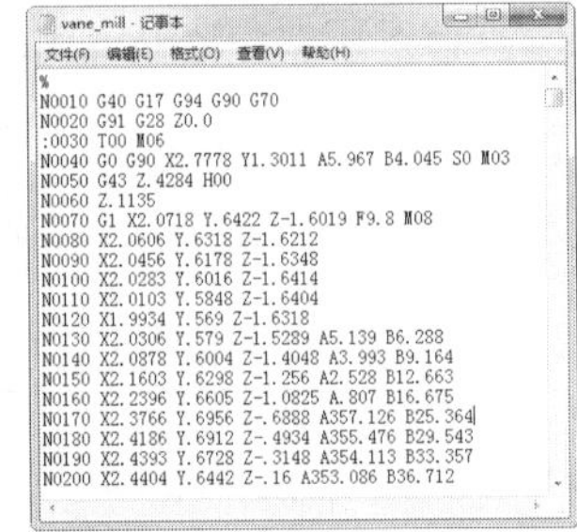


```
%
N0010 G40 G17 G94 G90 G70
N0020 G91 G28 Z0.0
:0030 T00 M06
N0040 G0 G90 X2.7778 Y1.3011 A5.967 B4.045 S0 M03
N0050 G43 Z.4284 H00
N0060 Z.1135
N0070 G1 X2.0718 Y.6422 Z-1.6019 F9.8 M08
N0080 X2.0606 Y.6318 Z-1.6212
N0090 X2.0456 Y.6178 Z-1.6348
N0100 X2.0283 Y.6016 Z-1.6414
N0110 X2.0103 Y.5848 Z-1.6404
N0120 X1.9934 Y.569 Z-1.6318
N0130 X2.0306 Y.579 Z-1.5289 A5.139 B6.288
N0140 X2.0878 Y.6004 Z-1.4048 A3.993 B9.164
N0150 X2.1603 Y.6298 Z-1.256 A2.528 B12.663
N0160 X2.2396 Y.6605 Z-1.0825 A.807 B16.675
N0170 X2.3766 Y.6956 Z-.6888 A357.126 B25.364
N0180 X2.4186 Y.6912 Z-.4934 A355.476 B29.543
N0190 X2.4393 Y.6728 Z-.3148 A354.113 B33.357
N0200 X2.4404 Y.6442 Z-.16 A353.086 B36.712
```

图 12-3　NC 程序代码文件

12.1.2 数控加工流程

学习数控加工之前需要首先理解数控加工流程，数控加工流程如图 12-4 所示。

首先进行工艺规划，也就是根据加工工艺要求规划加工精度、加工机床、刀具及夹具等等，这些都是数控加工过程中必须要考虑的问题。

然后进入加工环境，在加工环境中创建加工操作，包括创建程序、创建几何体、创建刀具及加工方法等。系统将根据这些设置生成刀路轨迹，通过运行加工仿真检查加工是否符合加工要求，如果符合加工要求可直接进入后处理程序，否则需要重新创建。

最后进入后处理程序生成 NC 程序代码，将 NC 程序代码输入到数控机床，驱动机床进行自动加工，这其中要注意 NC 程序代码格式是否与数控机床匹配。

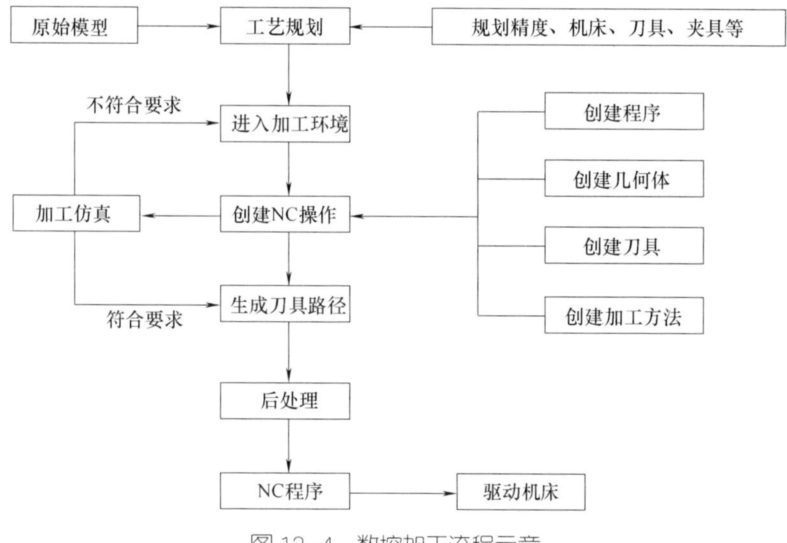

图 12-4　数控加工流程示意

12.1.3　数控加工界面

在 NX 中提供了专门的数控加工模块，在“应用模块”选项卡中单击“加工”按钮，系统进入 NX 数控加工环境。此处打开 ch12 nc\12.1\vane_mill 文件进入 NX 数控加工环境，如图 12-5 所示，其中主要包括“主页”选项卡及“工序导航器”。

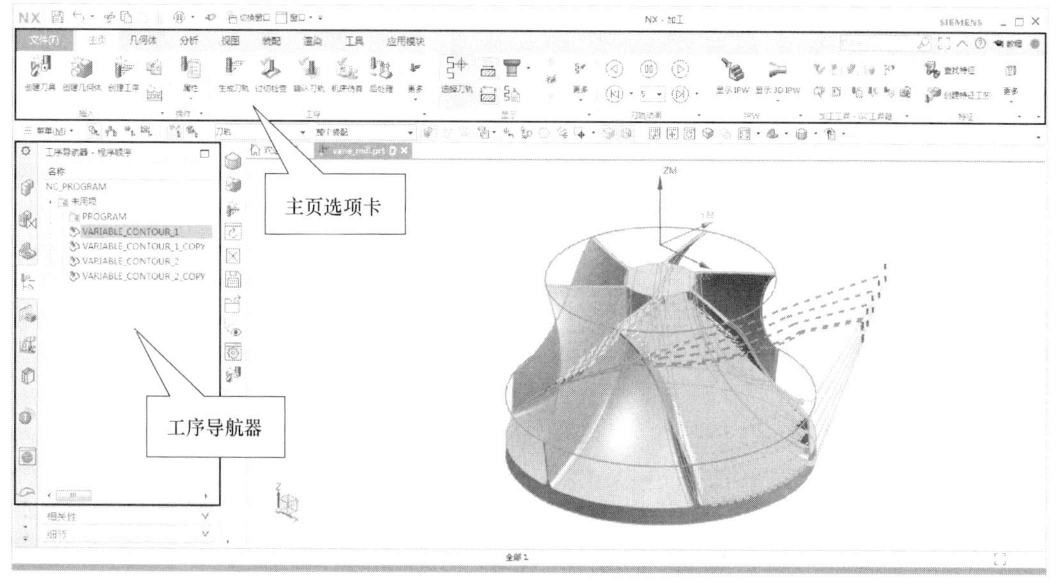

图 12-5　NX 数控加工用户界面

（1）“主页”选项卡

展开“主页”选项卡，其中提供了各种数控工具，包括“插入”“操作”“工具”“显示”及“刀轨动画”等工具，其中“插入”区域的“创建刀具”“创建几何体”“创建工序”及“创建方法”等工具，这是数控加工中最重要的命令。

（2）工序导航器

进入加工环境后，系统将自动弹出工序导航器，默认情况下，工序导航器中显示所有加工程序，如图 12-6 所示。在导航器区域空白位置单击鼠标右键，系统弹出如图 12-6 所示的快捷菜单，在快捷菜单中选择“机床视图”命令，系统弹出如图 12-7 所示的“机床”视图；在快捷菜单中选择“几何视图”命令，系统弹出如图 12-8 所示的“几何”视图；在快捷菜单中选择“加工方法视图”命令，系统弹出如图 12-9 所示的“加工方法”视图。

（3）加工程序对话框

在工序导航器中双击加工程序（如 VARIABLE_CONTOUR_1），系统弹出如图 12-10 所示的“可变轮廓铣”对话框，该对话框即为加工程序对话框。在该对话框中管理各项加工参数，在对话框的“几何体”区域设置工件几何体参数，在对话框的“刀轨设置”区域设置刀轨参数，在对话框的“操作”区域生成刀轨路径。

图 12-6 程序顺序

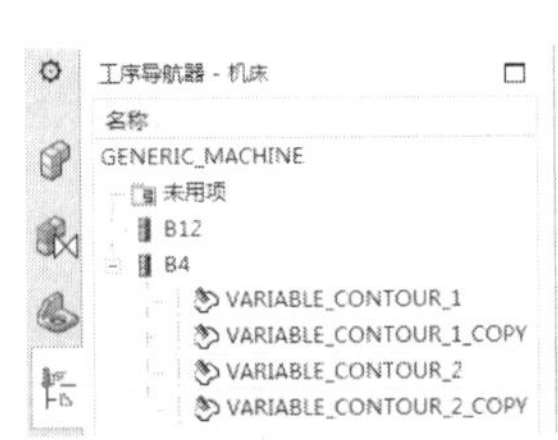

图 12-7 机床视图

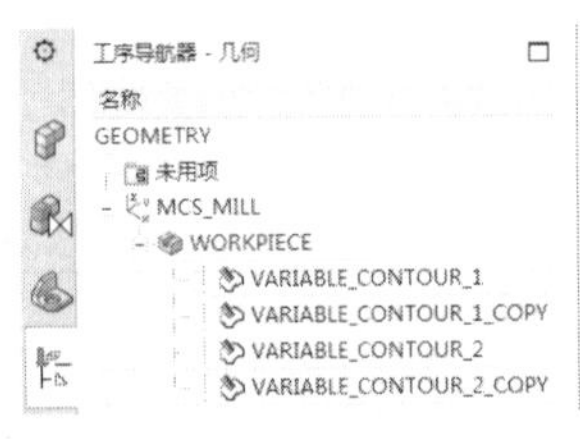

图 12-8 几何视图

图 12-9 加工方法视图

图 12-10 “程序”对话框

12.2 数控加工过程

为了让读者尽快熟悉 NX 数控加工操作，下面通过一个具体案例详细介绍数控加工过程。如图 12-11 所示的工件模型，工件毛坯如图 12-12 所示，需要模拟加工其中的腔体结构，腔体结构尺寸如图 12-12 所示，下面以此为例介绍 NX 数控加工过程。

（1）进入加工环境

进入加工环境需要正确设置加工配置文件及加工类型，下面具体介绍。

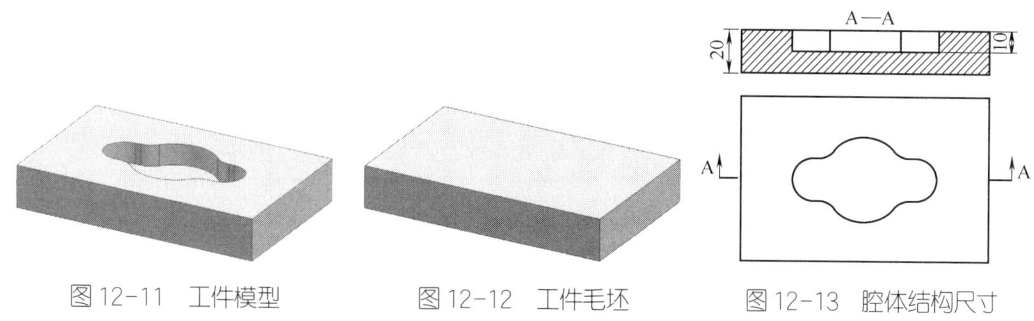

图 12-11　工件模型　　图 12-12　工件毛坯　　图 12-13　腔体结构尺寸

步骤 1　打开练习文件：ch12 nc\12.2\block。

步骤 2　进入加工环境。在“应用模块”选项卡中单击“加工”按钮，系统弹出如图 12-14 所示的“加工环境”对话框，在“CAM 会话配置”区域选择“cam_general”选项，在“要创建的 CAM 组装”区域选择“mill_contour”选项，表示创建轮廓铣削加工，单击“确定”按钮，系统进入加工环境。

（2）创建加工程序

加工程序主要用于排列各加工操作的顺序，并方便用户对各加工操作进行管理。一般进入加工环境后，系统会自动创建一个加工程序，如图 12-15 所示，本例使用系统自动创建的加工程序，不需要另外创建加工程序。

说明：如果需要创建加工程序，在“主页”选项卡的“插入”区域单击“程序”按钮，系统弹出如图 12-16 所示的“创建程序”对话框，在该对话框中定义加工程序。

图 12-14　定义加工环境

图 12-15　工序导航器

图 12-16　“创建程序”对话框

（3）创建几何体

创建几何体主要是定义要加工的几何对象，包括机床坐标系、部件几何体、毛坯几何体、切削区域、检查几何体、修剪几何体等。需要注意的是，创建几何体可以在创建操作之前定义，也可以在创建操作过程中分别指定。在操作之前定义的加工几何体可以被多个操作使用，在创建操作过程中指定的加工几何体只能被该操作使用。

步骤 1　选择命令。在“主页”选项卡的“插入”区域单击“创建几何体”按钮，系统弹出如图 12-17 所示的“创建几何体”对话框。

步骤 2　创建机床坐标系。机床坐标系也叫加工坐标系，它是所有刀路轨迹输出点坐标值的基准，刀路轨迹中所有点的数据都是根据机床坐标系生成的，在一个零件的加工工艺中，可能会创建多个机床坐标系。

① 选择命令。在“创建几何体”对话框的“几何体子类型”下拉列表中单击“MCS”按钮，在“位置”区域的“几何体”下拉列表中选择“GEOMETRY”选项，表示将机床坐标系创建到工件几何体中，在“名称”文本框中输入坐标系名称为MCS，单击“确定”按钮，系统弹出如图12-18所示的“MCS”对话框。

图12-17　创建几何体

图12-18　“MCS”对话框

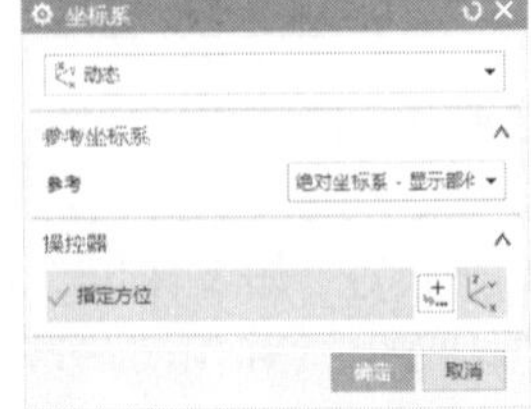

图12-19　“坐标系”对话框

② 定义坐标原点。在“MCS”对话框中单击“机床坐标系”区域的“坐标系对话框”按钮，系统弹出如图12-19所示的“坐标系”对话框，此时坐标系为绝对坐标系，如图12-20所示。在“坐标系”对话框的“操控器”区域单击“点对话框”按钮，系统弹出如图12-21所示的“点”对话框，设置Z向值为20，如图12-22所示，单击“确定”按钮，系统返回至“MCS”对话框。

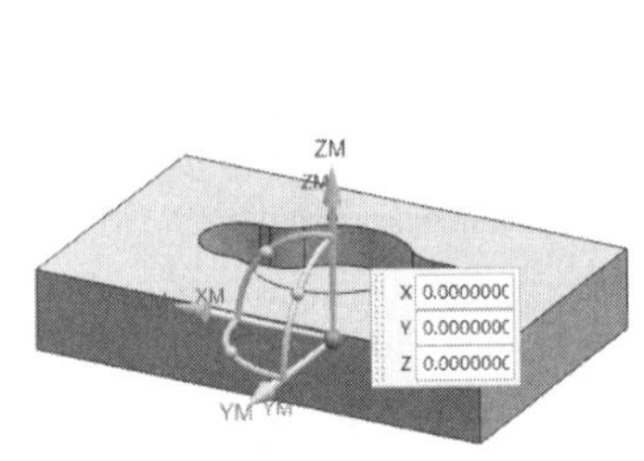

图12-20　绝对坐标系

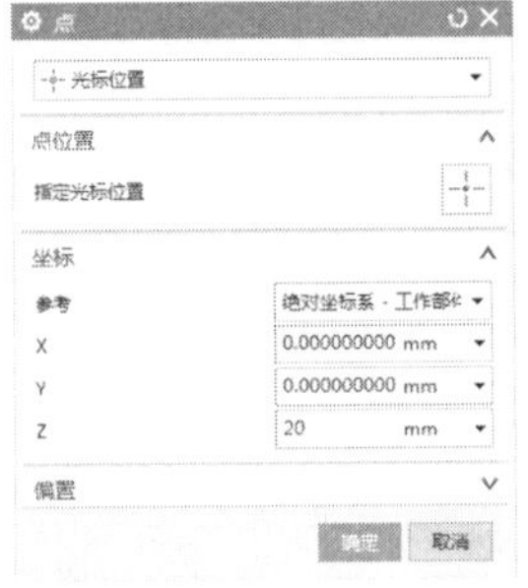

图12-21　“点”对话框

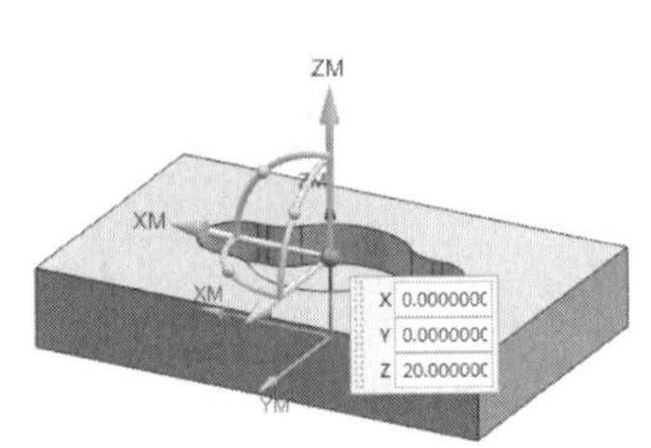

图12-22　定义坐标系结果

③ 设置安全平面。设置安全平面，可以避免在创建每一操作时都设置避让参数。设置安全平面可以选取模型的表面或者直接选择基准面作为参考平面，然后设定安全平面相对于所选平面的距离。在“MCS”对话框“安全设置”区域的“安全设置选项”下拉列表中选择“平面”选项，如图12-23所示。选择如图12-24所示的工件模型上表面为参考平面，偏移距离为3，单击“确定”按钮，完成安全平面设置。

步骤3　创建几何体。创建几何体包括工件几何体、部件几何体及毛坯几何体，下面具体介绍。

① 选择命令。在“主页”选项卡的“插入”区域单击“创建几何体”按钮，系统弹出“创建几何体”对话框，在对话框的“几何体子类型”下拉列表中单击“WORKPIECE”按钮，在“位置”区域的“几何体”下拉列表中选择“MCS”选项，表示根据MCS坐标系创建几何体，在“名称”文本框中输入几何体名称为BLOCK_WORKPIECE，如图12-25所示，单击“确定”按钮，系统弹出如图12-26所示的“工件”对话框，在该对话框中定义工件与毛坯。

② 创建部件几何体。在“工件”对话框中单击“指定部件”按钮，系统弹出如图12-27所示的“部件几何体”对话框，选择工件模型，单击“确定”按钮。

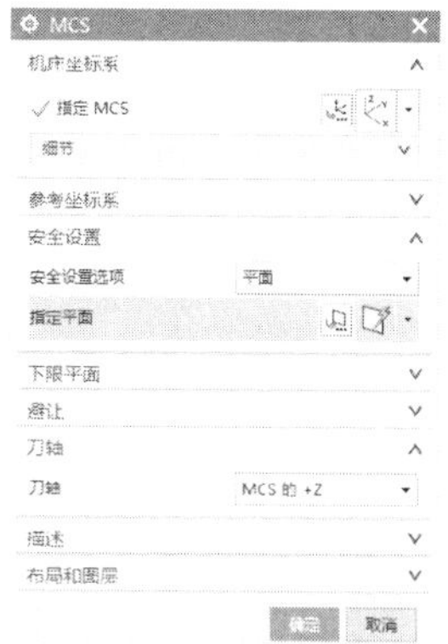

图 12-23　“MCS”对话框

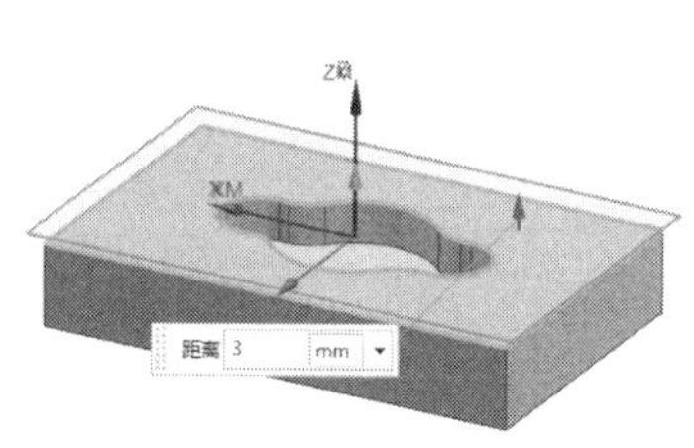

图 12-24　定义安全平面

图 12-25　创建工件几何体

图 12-26　“工件”对话框

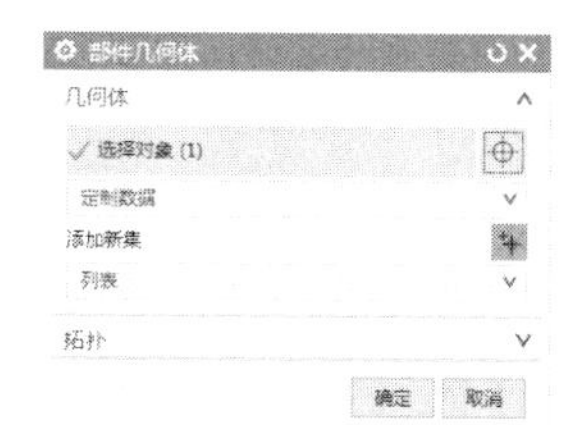

图 12-27　定义部件几何体

图 12-28　定义毛坯几何体

③ 创建毛坯几何体。在“工件”对话框中单击“指定毛坯”按钮，系统弹出如图 12-28 所示的“毛坯几何体”对话框，在对话框顶部下拉列表中选择“包容块”选项，此时在模型上生成如图 12-29 所示的包容体预览，采用系统默认设置。

步骤 4　定义切削区域。切削区域就是指具体要加工的位置，本例需要定义的切削区域就是工件模型中腔体的侧面及底面，下面具体介绍定义切削区域的过程。

① 选择命令。在“主页”选项卡的“插入”区域单击“创建几何体”按钮，系统弹出“创建几何体”对话框，在对话框的“几何体子类型”下拉列表中单击“MILL_AREA”按钮，在“位置”区域的“几何体”下拉列表中选择“BLOCK_WORKPIECE”选项，表示在创建的 BLOCK_WORKPIECE 几何体中指定切削区域，在“名称”文本框中输入切削区域名称为 BLOCK_AREA，如图 12-30 所示，单击“确定”按钮，系统弹出如图 12-31 所示的“铣削区域”对话框。

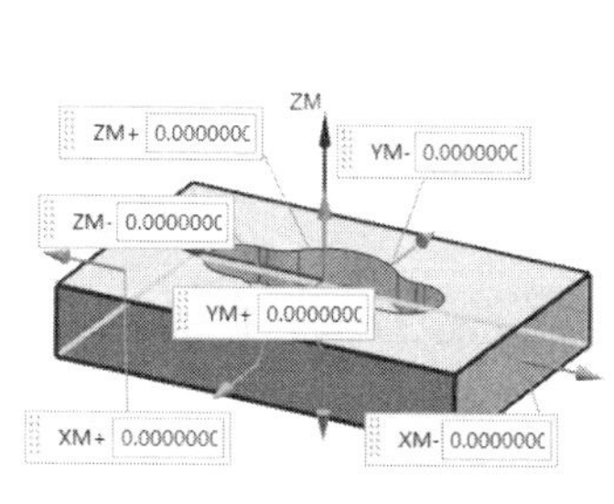

图 12-29　包容体参数

图 12-30　定义切削区域

图 12-31　定义铣削区域

② 选择铣削区域。在“铣削区域”对话框中单击“指定切削区域”按钮，系统弹出如图12-32所示的“切削区域”对话框，选择如图12-33所示的腔体侧面及底面为切削区域，单击“确定”按钮，完成切削区域定义。

（4）创建刀具

在加工过程中，刀具是从毛坯上切除材料的工具，在创建加工操作时必须设置刀具参数或从刀具库中选择刀具。刀具的定义直接关系到加工表面质量的优劣、加工精度以及加工成本的高低，下面具体介绍创建刀具过程。

步骤1 选择命令。在“主页”选项卡的“插入”区域单击“创建刀具”按钮，系统弹出如图12-34所示的“创建刀具”对话框。

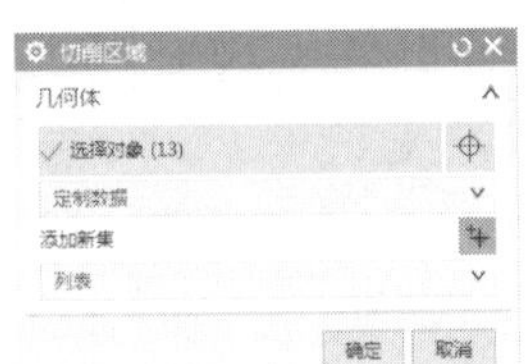

图12-32 “切削区域”对话框

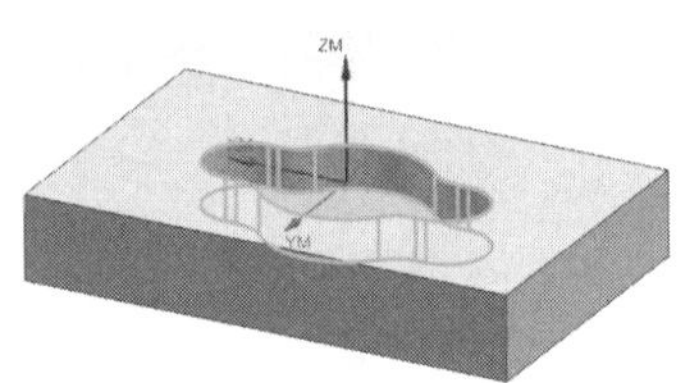

图12-33 选择切削区域

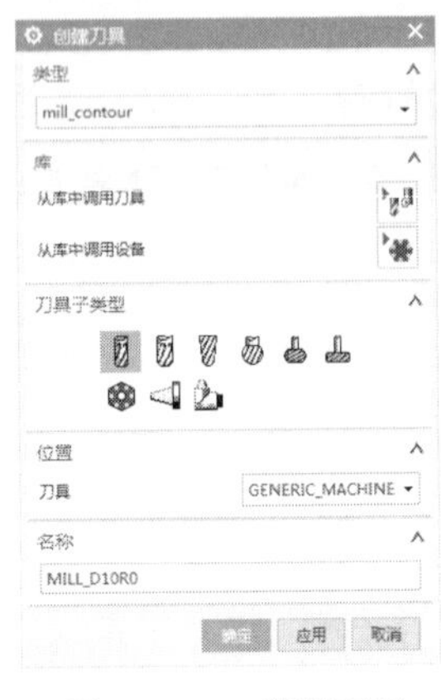

图12-34 创建刀具

步骤2 定义刀具类型及名称。在“创建刀具”对话框的“刀具子类型”区域单击“MILL”按钮，表示选择铣刀，在“名称”区域设置刀具名称为“MILL_D10R0”，单击“确定”按钮，系统弹出如图12-35所示的“铣刀-5 参数”对话框。

步骤3 定义刀具参数。在“铣刀-5 参数”对话框的“工具”选项卡中定义铣刀参数。在“尺寸”区域的“（D）直径”文本框中输入刀具直径为10，其余参数均使用系统默认设置，如图12-35所示，单击“确定”按钮，完成刀具参数定义。

（5）创建方法

加工过程中，为了保证加工精度，通常需要经过粗加工、半精加工、精加工几个步骤。而它们的主要区别在于加工后残留在工件上的余料的多少以及表面粗糙度。创建加工方法就是通过对加工余量、切削步距、几何体的内外公差和进给速度等选项的设置，从而控制加工残留余量，下面具体介绍创建加工方法的操作过程。

步骤1 选择命令。在“主页”选项卡的“插入”区域单击“创建方法”按钮，系统弹出如图12-36所示的“创建方法”对话框。

步骤2 定义方法类型及名称。在“创建方法”对话框的“方法子类型”区域单击“MOLD_ROUGH_HSM”按钮，在“位置”区域的“方法”下拉列表中选择“MILL_SEMI_FINISH”选项，在“名称”区域设置刀具名称为“FINISH”，单击“确定”按钮，系统弹出如图12-37所示的“模具粗加工 HSM”对话框。

说明： 在“创建方法”对话框“位置”区域的“方法”下拉列表中主要提供了三种切削方式，分别是MILL_ROUGH（粗加工）、MILL_SEMI_FINISH（半精加工）及MILL_FINISH（精加工），使用不同的加工方法将得到不同的表面质量。

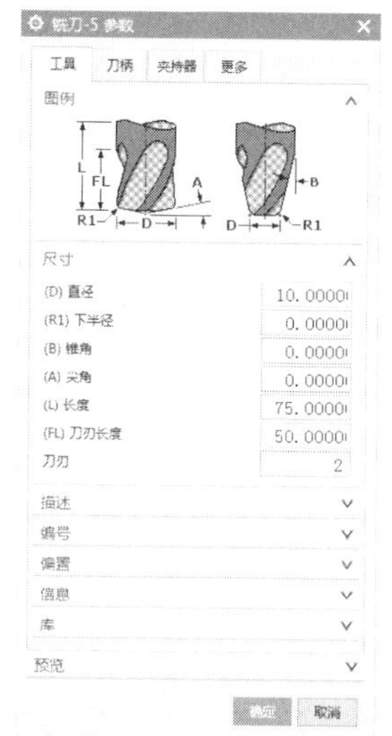

图 12-35 定义刀具参数

图 12-36 创建方法

图 12-37 定义加工参数

步骤 3 定义方法参数。在“模具粗加工 HSM”对话框中设置“部件余量”为 0.4，设置“内公差”及“外公差”均为 0.01，单击“确定”按钮，完成参数设置。

（6）创建工序

创建工序就是将前面定义的程序、刀具、几何体及方法整合到一起形成一个完整的加工工序，同时还需要设置刀轨参数，包括切削参数、非切削移动参数、进给率和速度等。创建工序也是加工操作中最后一个步骤，下面具体介绍。

步骤 1 选择命令。在“主页”选项卡的“插入”区域单击“创建工序”按钮，系统弹出如图 12-38 所示的“创建工序”对话框。

步骤 2 定义工序参数。在“创建工序”对话框的“工序子类型”区域单击“型腔铣”按钮，在“位置”区域的“程序”下拉列表中选择“PROGRAM”，在“刀具”下拉列表中选择前面定义的铣刀“MILL_D10R0”，在“几何体”下拉列表中选择前面创建的“BLOCK_AREA”，在“方法”下拉列表中选择前面定义的“FINISH”，采用系统默认的工序名称，单击“确定”按钮，系统弹出如图 12-39 所示的“型腔铣”对话框。

步骤 3 定义刀轨参数。在“型腔铣”对话框的“刀轨设置”区域的“方法”下拉列表中选择“FINISH”，在“切削模式”下拉列表中选择“跟随部件”选项，在“步距”下拉列表中选择“% 刀具平直”选项，设置“平面直径百分比”为 50，设置“公共每刀切削深度”为“恒定”，设置“最大距离”为 1，如图 12-39 所示。

步骤 4 设置切削参数。在“刀轨设置”区域单击“切削参数”按钮，系统弹出如图 12-40 所示的“切削参数”对话框。在对话框中单击“策略”选项卡，在“切削”区域的“切削方向”下拉列表中选择“顺铣”选项，其余采用系统默认设置。在“余量”选项卡的“公差”区域设置内公差及外公差均为 0.01，如图 12-41 所示，单击“确定”按钮，完成切削参数定义，系统返回至“型腔铣”对话框。

步骤 5 设置非切削移动参数。在“刀轨设置”区域单击“非切削移动”按钮，系统弹出如图 12-42 所示的“非切削移动”对话框，在“封闭区域”设置进刀类型为“螺旋”，在“开放区域”设置退刀类型为“线性”，单击“确定”按钮。

步骤 6 设置进给率和速度。在“刀轨设置”区域单击“进给率和速度”按钮，系统弹出如图 12-43 所示的“进给率和速度”对话框，在“主轴速度”区域选中“主轴速度”选项，设置主轴速度为1500，在“进给率”区域设置“切削”速度为250，单击“确定”按钮，系统返回至“型腔铣”对话框。

图12-38　创建工序

图12-39　“型腔铣”对话框

图12-40　定义切削参数（一）

步骤7　生成刀路轨迹。在“型腔铣”对话框的“操作”区域单击“生成”按钮，此时在加工工件上生成刀路轨迹，如图12-44所示。

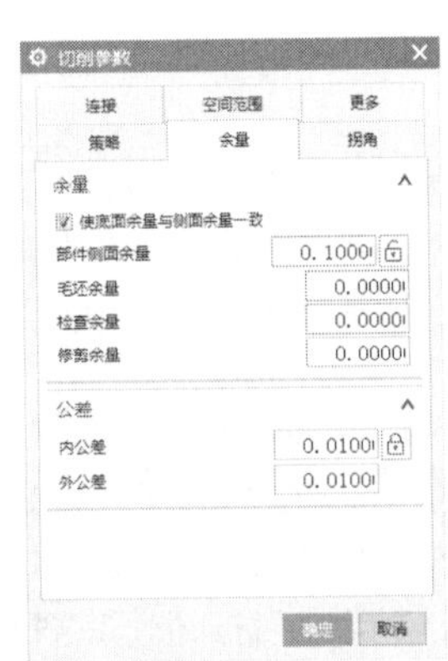
图12-41　定义切削参数（二）

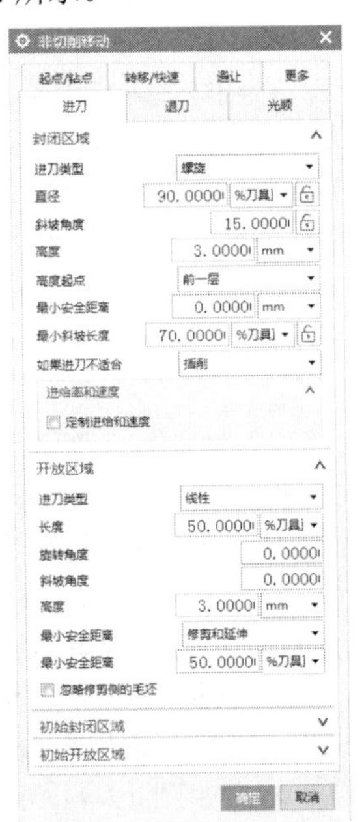
图12-42　定义非切削移动

图12-43　定义进给率和速度

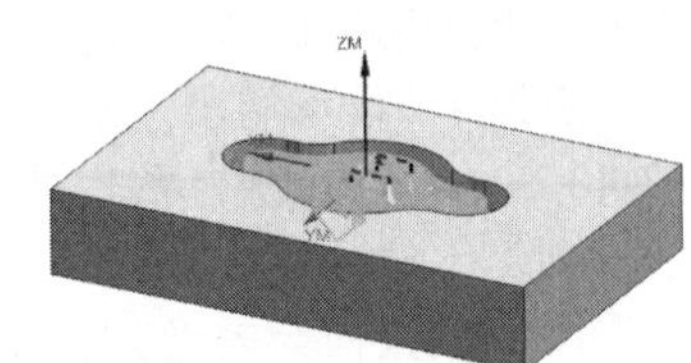

图12-44　刀轨路径

（7）加工仿真

加工仿真包括2D动态仿真与3D动态仿真两种方式。在“型腔铣”对话框的“操作”区域单击“确认”按钮，系统弹出如图12-45所示的“刀轨可视化”对话框，在该对话框中定义加工仿真方式并运行加工仿真，下面具体介绍。

步骤 1　运行 2D 动态仿真。在“刀轨可视化”对话框中单击“2D 动态”选项卡，单击“播放”按钮▶，系统运行仿真，如图 12-46 所示。

步骤 2　运行 3D 动态仿真。在“刀轨可视化”对话框中单击“3D 动态”选项卡，单击“播放”按钮▶，系统运行仿真，如图 12-47 所示。

（8）生成车间文档

车间文档可以自动生成车间工艺文档并以各种格式进行输出。NX 提供了一个车间工艺文档生成器，它从 NC part 文件中提取对加工车间有用的 CAM 的文本和图形信息，包括数控程序中用到的刀具参数清单、操作次序、加工方法清单和切削参数清单，这些信息可以用文本文件（TEXT）或超文本链接语言（HTML）两种格式输出。操作工、刀具仓库工人或其他需要了解有关信息的人员都可方便地在网上查询使用车间工艺文档，这些文件多半用于提供给生产现场的机床操作人员，免除了手工撰写工艺文件的麻烦，同时可以将自己定义的刀具快速加入到刀具库中，供以后使用。

在“主页”选项卡的“工序”区域的“更多”菜单中单击“车间文档”按钮 车间文档，系统弹出如图 12-48 所示的“车间文档”对话框。在“报告格式”区域选择“Operation List Select（HTML/Excel）”类型，其余采用系统默认设置，单击“确定”按钮，生成车间文档如图 12-49 所示。

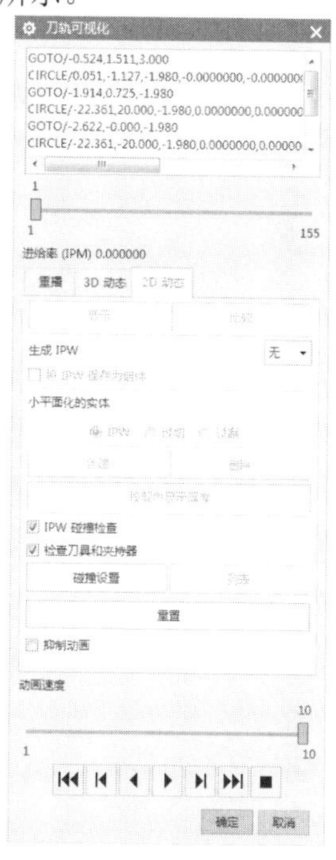

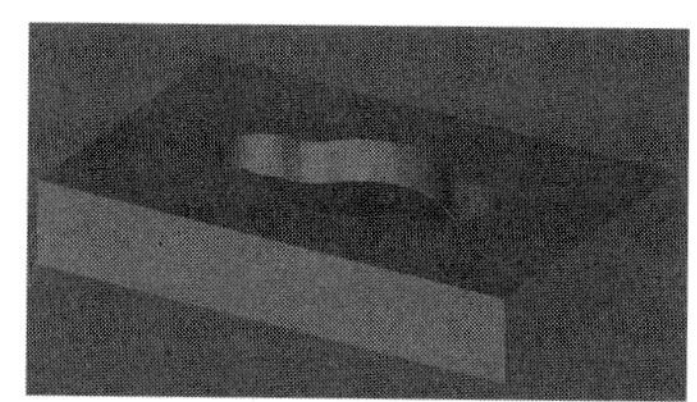

图 12-46　2D 动态仿真

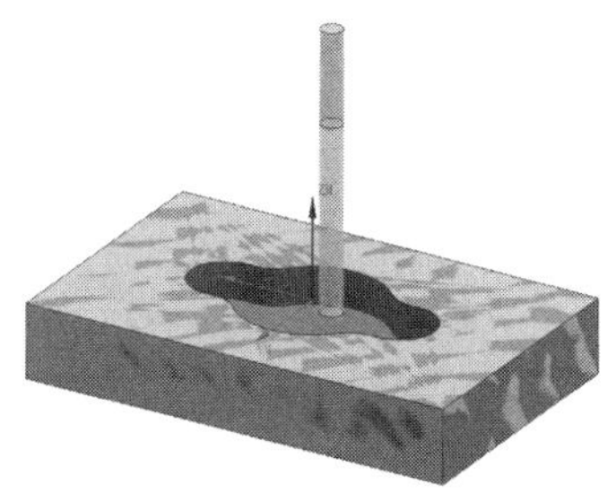

图 12-45　“刀轨可视化”对话框　　图 12-47　3D 动态仿真　　图 12-48　“车间文档”对话框

说明： NX 车间文档包含零件几何和材料、控制几何、加工参数、控制参数、加工次序、机床刀具设置、机床刀具控制事件、后处理命令、刀具参数和刀具轨迹信息。

（9）生成 CLSF 文档

CLSF 文件也称为刀具位置源文件，是一个可用第三方后置处理程序进行后置处理的独立文件，其扩展名为.cls。由于一个零件可能包含多个用于不同机床的刀具路径，在输出 CLSF 文件时，不能将用于不同机床的刀具路径输出到同一 CLSF 文件中。在选择程序组进行刀具位置源文件输出时，应确保程序组中包含的各操作可在同一机床上完成。如果一个程序组包含多个用于不同机床的刀具路径，则在输出刀具路径前，应先用操作导航工具重新组织程序结构，使用于不同机床的刀具路径处于不同的程序组中。

在“主页”选项卡的“工序”区域的“更多”菜单中单击“输出 CLSF”按钮 输出 CLSF，系统弹出如图 12-50 所示的“CLSF 输出”对话框，在“CLSF 格式”区域选择“CLSF_STANDARD”类型，单击“确定”按钮，生成 CLSF 文档，如图 12-51 所示。

Page: 1 of 1

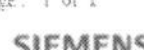

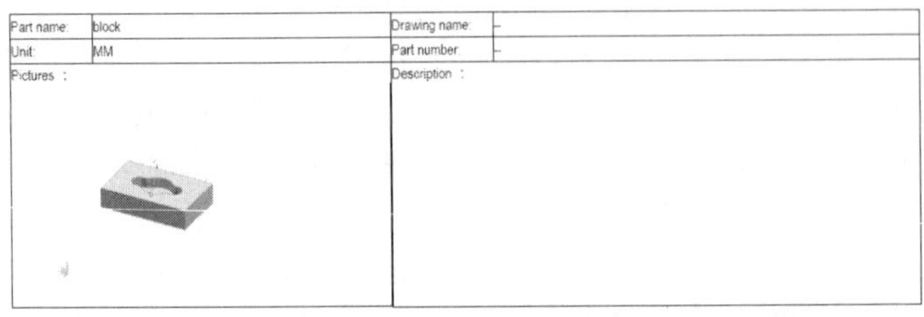

Program Sheet

Part name:	block	Drawing name:	-
Unit:	MM	Part number:	-
Pictures :		Description :	

Index	Operation Name	Type	Program	Machine Mode	Tool Name	Tool Path Time in Minutes	Path Image
1	CAVITY_MILL	Cavity Milling	PROGRAM	MILL	MILL_D10R0	11.45	

Author : lenovo　Checker : lenovo　Date : Mon Oct 5 14:34:22 2020

图 12-49　车间文档

图 12-50　“CLSF 输出”对话框

（10）生成加工程序代码

使用后处理器生成加工程序代码用于驱动机床自动加工。在“主页”选项卡的“工序”区域单击“后处理”按钮，系统弹出如图 12-52 所示的“后处理”对话框，在“后处理器”区域选择“MILL_3_AXIS”，其余参数采用系统默认设置，单击“确定”按钮，生成加工程序代码如图 12-53 所示。

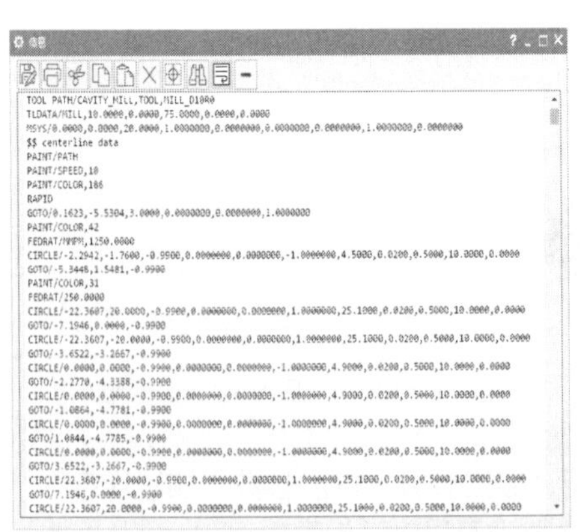

图 12-51　CLSF 文档

图 12-52　定义后处理

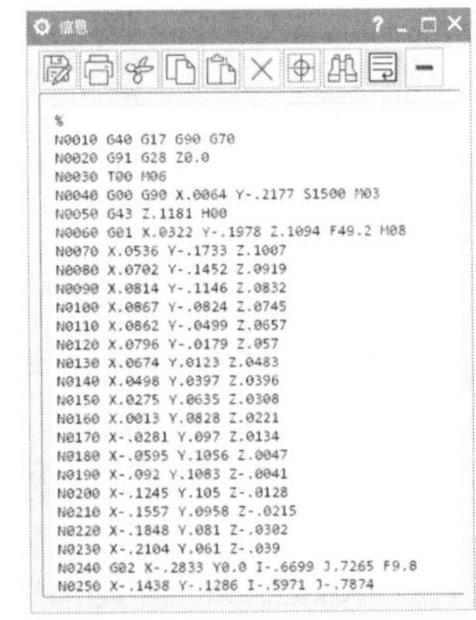

图 12-53　加工程序代码

12.3　平面铣加工

平面铣削加工主要用于移除零件平面层中的材料，实际加工中多用于加工零件的基准面、内腔的底面、内腔的垂直侧壁及敞开的外形轮廓等。

12.3.1 平面铣加工概述

在 NX 中进行平面铣削加工需要首先在“加工环境”对话框的“要创建的 CAM 组装”区域选择“mill_planar”选项，如图 12-54 所示。进入 NX 加工环境后，在“主页”选项卡的“插入”区域单击“创建工序”按钮，系统弹出如图 12-55 所示的“创建工序”对话框，在对话框的“工序子类型”区域提供了各种平面铣削子类型。

图 12-54　定义平面铣加工环境

图 12-55　平面铣削类型

12.3.2 平面铣加工过程

如图 12-56 所示的模板零件，需要模拟零件上表面的加工过程，其毛坯几何体如图 12-57 所示，需要将毛坯几何体上表面加工 0.5mm 得到最终的模板零件，这种情况下需要使用平面铣削进行加工，加工刀轨路径如图 12-58 所示，下面具体介绍。

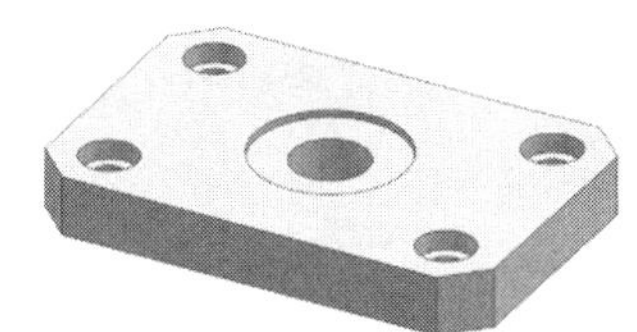

图 12-56　模板零件

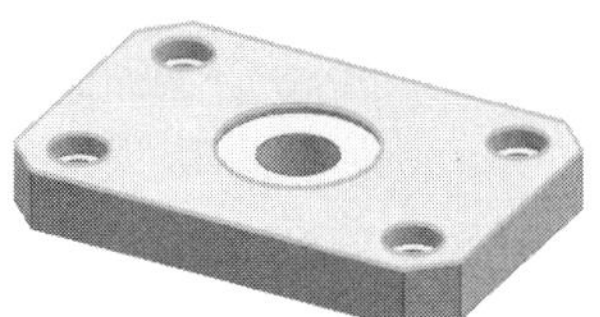

图 12-57　毛坯几何体

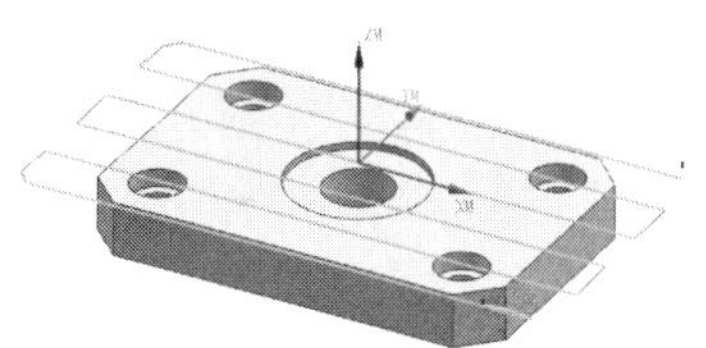

图 12-58　刀轨路径

(1) 进入加工环境

步骤 1　打开练习文件：ch12 nc\12.3\face_mill。

步骤 2　进入加工环境。在“应用模块”选项卡中单击“加工”按钮，系统弹出如图 12-59 所示的“加工环境”对话框，在“CAM 会话配置”区域选择“cam_general”选项，在“要创建的 CAM 组装”区域选择“mill_planar”选项，表示创建平面铣削加工，单击“确定”按钮，系统进入加工环境。

(2) 创建几何体

步骤 1　选择命令。在“主页”选项卡的“插入”区域单击“创建几何体”按钮，系统弹出如图 12-60 所示的“创建几何体”对话框。

步骤 2　创建机床坐标系。机床坐标系也叫加工坐标系，它是所有刀路轨迹输出点坐标值的基准，刀路轨迹中所有点的数据都是根据机床坐标系生成的。

① 选择命令。在“创建几何体”对话框的“几何体子类型”下拉列表中单击“MCS”按钮，

在“位置”区域的“几何体”下拉列表中选择“GEOMETRY”选项，表示将机床坐标系创建到工件几何体中，在“名称”文本框中输入坐标系名称为 PLANAR_MCS，单击“确定”按钮，系统弹出如图 12-61 所示的“MCS”对话框。

图 12-59　定义加工环境

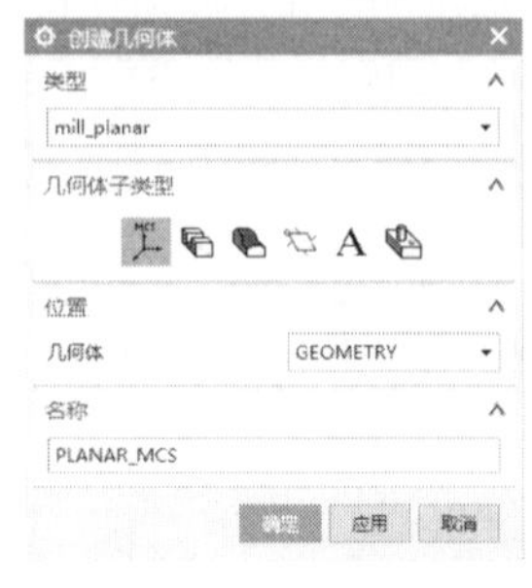

图 12-60　创建几何体

图 12-61　定义机床坐标系

② 定义坐标原点。在“MCS”对话框中单击“机床坐标系”区域的“坐标系对话框”按钮，系统弹出如图 12-62 所示的“坐标系”对话框，在“坐标系”对话框的“操控器”区域单击“点对话框”按钮，系统弹出如图 12-63 所示的“点”对话框，设置 Z 向值为 20，如图 12-64 所示，单击“确定”按钮，系统返回至“MCS”对话框。

图 12-62　“坐标系”对话框

图 12-63　“点”对话框

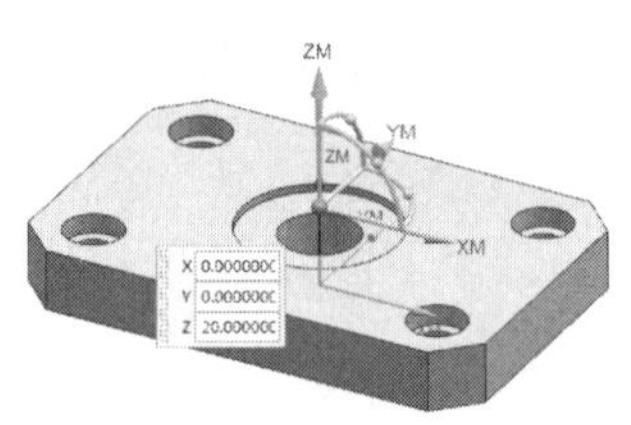

图 12-64　定义坐标系结果

③ 设置安全平面。在“MCS”对话框“安全设置”区域的“安全设置选项”下拉列表中选择“平面”选项，如图 12-65 所示，选择如图 12-66 所示的工件模型上表面为参考平面，偏移距离为 5，单击“确定”按钮，完成安全平面设置。

图 12-65　设置安全平面

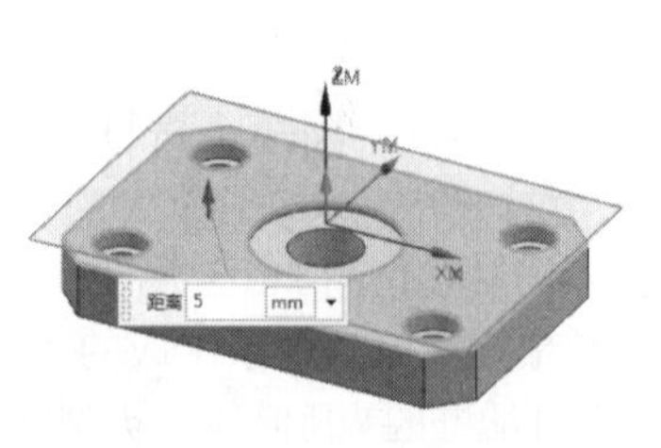

图 12-66　选择安全平面

图 12-67　创建几何体

步骤 3 创建几何体。创建几何体包括工件几何体、部件几何体及毛坯几何体，下面具体介绍。

① 创建工件几何体。在“主页”选项卡的“插入”区域单击“创建几何体”按钮，系统弹出“创建几何体”对话框。在对话框的“几何体子类型”下拉列表中单击“WORKPIECE”按钮，在“位置”区域的“几何体”下拉列表中选择“PLANAR_MCS”选项，表示根据 PLANAR_MCS 坐标系创建几何体，在“名称”文本框中输入几何体名称为 PLANAR_WORKPIECE，如图 12-67 所示，单击“确定”按钮，系统弹出“工件”对话框，在该对话框中定义工件与毛坯。

② 创建部件几何体。在“工件”对话框中单击“指定部件”按钮，系统弹出如图 12-68 所示的“部件几何体”对话框，选择工件模型，单击“确定”按钮。

③ 创建毛坯几何体。在“工件”对话框中单击“指定毛坯”按钮，系统弹出“毛坯几何体”对话框，在对话框顶部下拉列表中选择“部件的偏置”选项，设置偏置距离为 0.5，表示在模型表面偏置 0.5 生成毛坯几何体，如图 12-69 所示。

(3) 创建刀具

步骤 1 选择命令。在“主页”选项卡的“插入”区域单击“创建刀具”按钮，系统弹出如图 12-70 所示的“创建刀具”对话框。

图 12-68 定义部件几何体

图 12-69 定义毛坯几何体

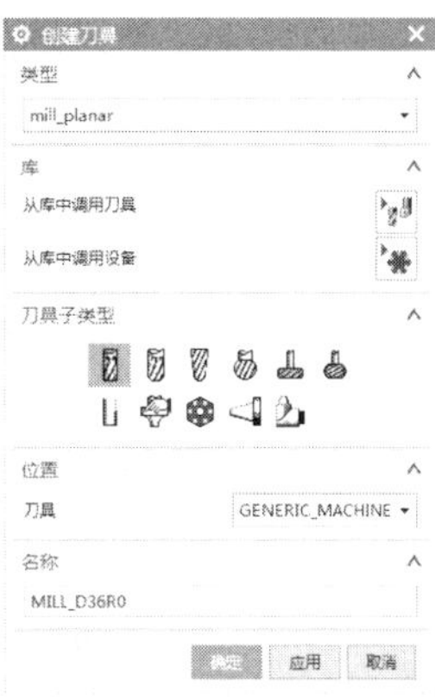

图 12-70 创建刀具

步骤 2 定义刀具类型及名称。在“创建刀具”对话框的“刀具子类型”区域单击“MILL”按钮，表示选择铣刀，在“名称”区域设置刀具名称为“MILL_D36R0”，单击“确定”按钮，系统弹出如图 12-71 所示的“铣刀-5 参数”对话框。

步骤 3 定义刀具参数。在“铣刀-5 参数”对话框的“工具”选项卡中定义铣刀参数，在“尺寸”区域的“(D) 直径”文本框中输入刀具直径为 36，其余参数均使用系统默认设置，如图 12-71 所示，单击“确定”按钮，完成刀具参数定义。

(4) 创建工序

步骤 1 选择命令。在“主页”选项卡的“插入”区域单击“创建工序”按钮，系统弹出如图 12-72 所示的“创建工序”对话框。

步骤 2 定义工序参数。在“创建工序”对话框的“工序子类型”区域单击“带边界面铣”按钮，在“位置”区域的“程序”下拉列表中选择“PROGRAM”，在“刀具”下拉列表中选择前面定义的铣刀“MILL_D36R0”，在“几何体”下拉列表中选择前面创建的“PLANAR_WORKPIECE”，在“方法”下拉列表中选择“MILL_FINISH”，采用系统默认的工序名称，单击“确定”按钮，系统弹出“面铣”对话框。

步骤 3 定义面边界。在“面铣”对话框展开“几何体”区域，如图 12-73 所示，单击“指定面边界”按钮，系统弹出如图 12-74 所示的“毛坯边界”对话框，在“选择方法”下拉列表中选择“面”选项，选择如图 12-75 所示的模型表面为面铣加工面。

图 12-71　定义刀具参数

图 12-72　定义工具参数

图 12-73　定义几何体

步骤 4　定义刀轨参数。在“型腔铣”对话框的“刀轨设置”区域的“方法”下拉列表中选择“MILL_FINISH”，在“切削模式”下拉列表中选择“往复”选项，在“步距”下拉列表中选择“% 刀具平直”选项，设置“平面直径百分比”为 50，设置“毛坯距离”为 0.5，其余参数采用系统默认设置，如图 12-76 所示。

步骤 5　设置切削参数。在“刀轨设置”区域单击“切削参数”按钮，系统弹出如图 12-77 所示的“切削参数”对话框，在对话框中单击“策略”选项卡，在“切削”区域的“切削方向”下拉列表中选择“顺铣”选项，其余采用系统默认设置。在“余量”选项卡的“余量”区域设置部件余量为 0.25，如图 12-78 所示，单击“确定”按钮，完成切削参数定义，系统返回至“面铣”对话框。

图 12-74　定义毛坯边界

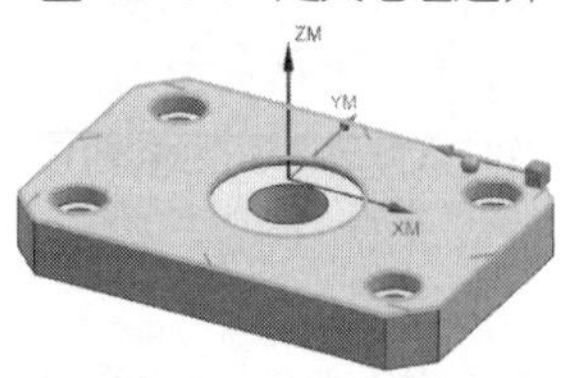

图 12-75　选择加工面

图 12-76　定义面铣参数

图 12-77　定义切削参数（一）

步骤 6　设置非切削移动参数。在“刀轨设置”区域单击“非切削移动”按钮，系统弹出如图 12-79 所示的“非切削移动”对话框，在“封闭区域”设置进刀类型为“螺旋”，在“开放区域”设置退刀类型为“与封闭区域相同”，单击“确定”按钮。

图 12-78　定义切削参数（二）

图 12-79　定义非切削移动参数

图 12-80　定义进给率和速度

步骤 7　设置进给率和速度。在“刀轨设置”区域单击“进给率和速度”按钮，系统弹出如图 12-80 所示的“进给率和速度”对话框。在“主轴速度”区域选中“主轴速度”选项，设置主轴速度为 1500，在“进给率”区域设置“切削”速度为 600，单击“确定”按钮，系统返回至“面铣”对话框。

步骤 8　生成刀路轨迹。在“面铣”对话框的“操作”区域单击“生成”按钮，此时在加工工件上生成刀路轨迹，如图 12-81 所示。

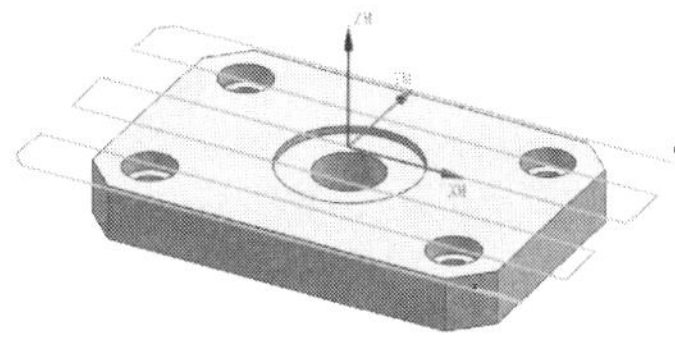

图 12-81　刀路轨迹

12.4 轮廓铣加工

轮廓铣削加工在数控加工中的应用非常广泛，其加工特点是刀具路径在同一高度内完成一层切削，遇到指定轮廓时将其绕过，下降一个高度进行下一层的切削，系统按照零件在不同深度的截面形状，计算各层的刀路轨迹，轮廓铣削在每一个切削层上，根据切削层平面与毛坯和零件几何体的交线来定义切削范围。

轮廓铣削适用于大部分的粗加工，以及直壁或者斜度不大的侧壁的精加工，通过限定高度值，只作一层切削，轮廓铣削也可实现平面的精加工以及清角加工等。

12.4.1 轮廓铣加工概述

在 NX 中进行平面铣削加工需要首先在“加工环境”对话框的“要创建的 CAM 组装”区域选择“mill_contour”选项，如图 12-82 所示，进入 NX 加工环境后，在“主页”选项卡的“插入”区域单击“创建工序”按钮，系统弹出如图 12-83 所示的“创建工序”对话框，在对话框的“工序子类型”区域提供了各种轮廓铣削子类型。

图 12-82　定义轮廓铣加工环境

图 12-83　轮廓铣削类型

12.4.2　轮廓铣加工过程

如图 12-84 所示的型腔零件，需要模拟零件上腔体的加工过程，其毛坯几何体如图 12-85 所示，这种情况下需要使用轮廓铣进行加工，加工结果如图 12-86 所示，下面以此为例介绍轮廓铣加工过程。

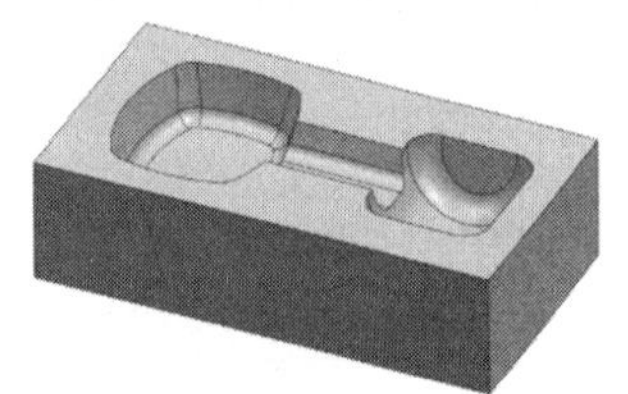

图 12-84　型腔零件

图 12-85　毛坯几何体

图 12-86　加工结果

（1）进入加工环境

步骤 1　打开练习文件：ch12 nc\12.4\cavity_mill。

步骤 2　进入加工环境。在“应用模块”选项卡中单击“加工”按钮，系统弹出如图 12-87 所示的“加工环境”对话框，在“CAM 会话配置”区域选择“cam_general”选项，在“要创建的 CAM 组装”区域选择“mill_contour”选项，表示创建平面铣削加工，单击“确定”按钮，系统进入加工环境。

图 12-87　“加工环境”对话框

图 12-88　创建几何体

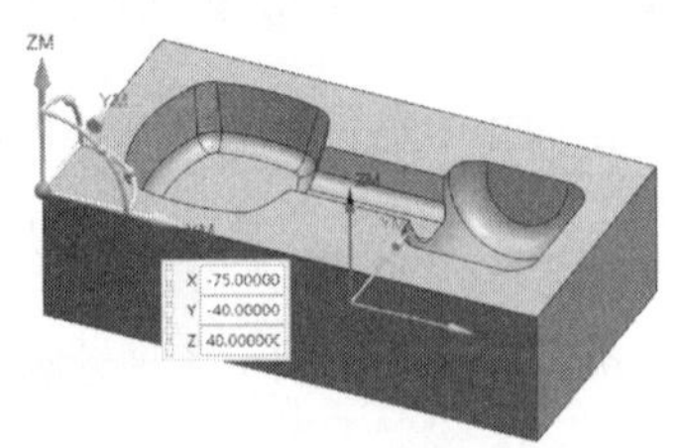

图 12-89　定义机床坐标系

（2）创建几何体

步骤 1　选择命令。在“主页”选项卡的“插入”区域单击“创建几何体”按钮，系统弹出“创建几何体”对话框，如图 12-88 所示。

步骤 2　创建机床坐标系。

① 选择命令。在“创建几何体”对话框的“几何体子类型”下拉列表中单击“MCS”按钮，在“位置”区域的“几何体”下拉列表中选择“GEOMETRY”选项，表示将机床坐标系创建到工件几何体中，在“名称”文本框中输入坐标系名称为 CAVITY_MCS，如图 12-88 所示，单击“确定”按钮，系统弹出“MCS”对话框。

② 定义坐标原点。在“MCS”对话框中单击“机床坐标系”区域的“坐标系对话框”按钮，系统弹出“坐标系”对话框，选择如图 12-89 所示的顶点为坐标系原点，单击“确定”按钮，系统返回至“MCS”对话框。

③ 设置安全平面。在“MCS”对话框“安全设置”区域的“安全设置选项”下拉列表中选择“平面”选项，如图 12-90 所示。选择如图 12-91 所示的工件模型上表面为参考平面，偏移距离为 10，单击“确定”按钮，完成安全平面设置。

步骤 3　创建几何体。创建几何体包括工件几何体、部件几何体及毛坯几何体。

① 创建工件几何体。在“主页”选项卡的“插入”区域单击“创建几何体”按钮，系统弹出“创建几何体”对话框，在对话框的“几何体子类型”下拉列表中单击“WORKPIECE”按钮，在“位置”区域的“几何体”下拉列表中选择“CAVITY_MCS”选项，表示根据 CAVITY_MCS 坐标系创建几何体，在“名称”文本框中输入几何体名称为 CAVITY_WORKPIECE，如图 12-92 所示，单击“确定”按钮，系统弹出“工件”对话框，在该对话框中定义工件与毛坯。

图 12-90　定义安全平面

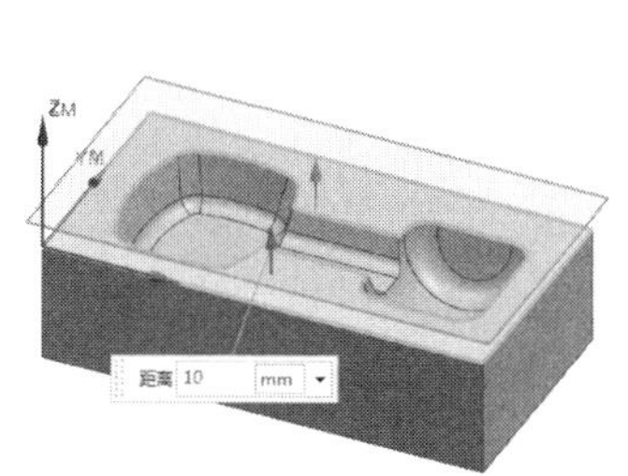

图 12-91　选择安全平面

图 12-92　创建几何体

② 创建部件几何体。在“工件”对话框中单击“指定部件”按钮，系统弹出“部件几何体”对话框，选择型腔零件模型，单击“确定”按钮。

③ 创建毛坯几何体。在“工件”对话框中单击“指定毛坯”按钮，系统弹出“毛坯几何体”对话框，在对话框顶部下拉列表中选择“包容块”选项，采用默认的偏置参数，如图 12-93 所示，此时毛坯几何体如图 12-94 所示，单击“确定”按钮。

（3）创建刀具

步骤 1　选择命令。在“主页”选项卡的“插入”区域单击“创建刀具”按钮，系统弹出如图 12-95 所示的“创建刀具”对话框。

步骤 2　定义刀具类型及名称。在“创建刀具”对话框的“刀具子类型”区域单击“MILL”按钮，表示选择铣刀，在“名称”区域设置刀具名称为“D10R1”，单击“确定”按钮，系统弹出如图 12-96 所示的“铣刀-5 参数”对话框。

图 12-93 定义毛坯几何体

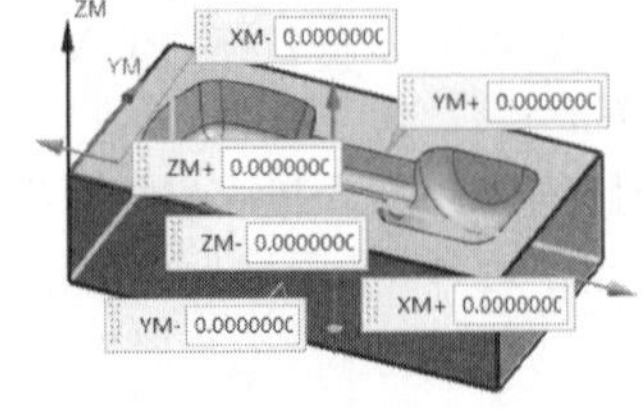

图 12-94 创建毛坯几何体结果

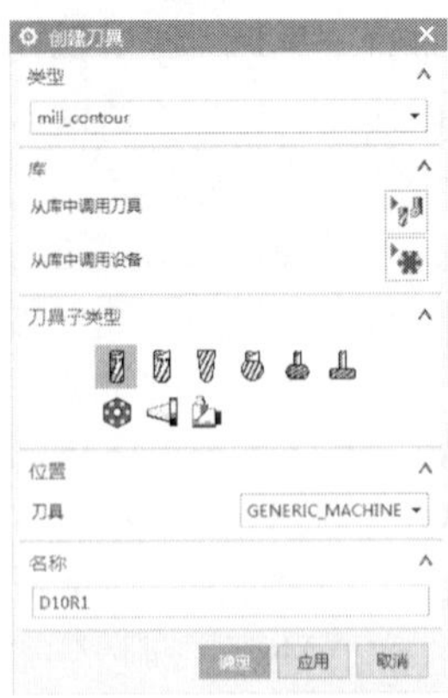

图 12-95 创建刀具

步骤 3 定义刀具参数。在“铣刀-5 参数”对话框的“工具”选项卡中定义铣刀参数，在“尺寸”区域的“(D) 直径”文本框中输入刀具直径为 10，在“(R1) 下半径”文本框中输入刀具底部圆角半径为 1，其余参数均使用系统默认设置，如图 12-96 所示，单击“确定”按钮，完成刀具参数定义。

(4) 创建工序

步骤 1 选择命令。在“主页”选项卡的“插入”区域单击“创建工序”按钮，系统弹出如图 12-97 所示的“创建工序”对话框。

步骤 2 定义工序参数。在“创建工序”对话框的“工序子类型”区域单击“型腔铣”按钮，在“位置”区域的“程序”下拉列表中选择“PROGRAM”，在“刀具”下拉列表中选择前面定义的铣刀“D10R1”，在“几何体”下拉列表中选择前面创建的“CAVITY_WORKPIECE”，在“方法”下拉列表中选择“MILL_ROUGH”，采用系统默认的工序名称，单击“确定”按钮，系统弹出“型腔铣”对话框。

步骤 3 定义刀轨参数。在“型腔铣”对话框的“切削模式”下拉列表中选择“跟随周边”选项，在“步距”下拉列表中选择“%刀具平直”选项，设置“平面直径百分比”为 50，设置“最

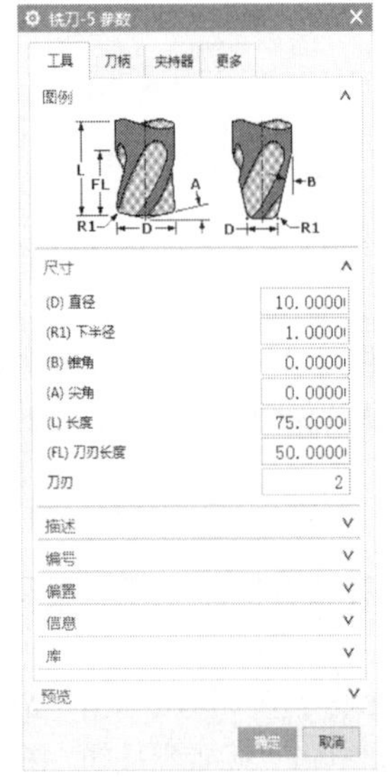

图 12-96 定义刀具参数

图 12-97 创建工序

图 12-98 定义刀轨参数

大距离”为 1，其余参数采用系统默认设置，如图 12-98 所示。

步骤 4　设置切削参数。在“刀轨设置”区域单击“切削参数”按钮，系统弹出如图 12-99 所示的“切削参数”对话框，在对话框中单击“策略”选项卡，在“切削”区域的“切削方向”下拉列表中选择“顺铣”选项，具体设置如图 12-99 所示，在“连接”选项卡的“切削顺序”下拉列表中选择“优化”选项，如图 12-100 所示，单击“确定”按钮，完成切削参数定义，系统返回至“型腔铣”对话框。

步骤 5　设置非切削移动参数。在“刀轨设置”区域单击“非切削移动”按钮，系统弹出“非切削移动”对话框，在“封闭区域”设置进刀类型为“螺旋”，设置“高度”为 10，在“开放区域”设置退刀类型为“线性”，其余参数采用系统默认设置，如图 12-101 所示，单击“确定”按钮，系统返回至“型腔铣”对话框。

步骤 6　设置进给率和速度。在“刀轨设置”区域单击“进给率和速度”按钮，系统弹出如图 12-102 所示的“进给率和速度”对话框，在“主轴速度”区域选中“主轴速度”选项，设置主轴速度为 1200，在“进给率”区域设置“切削”速度为 1250，单击“确定”按钮，系统返回至“型腔铣”对话框。

步骤 7　生成刀路轨迹。在“型腔铣”对话框的“操作”区域单击“生成”按钮，此时在加工工件上生成刀路轨迹，如图 12-103 所示。

图 12-99　定义切削参数（一）

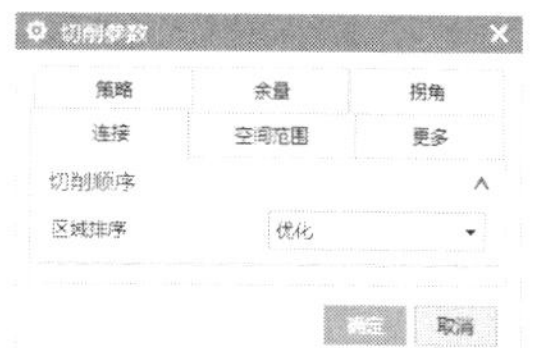

图 12-100　定义切削参数（二）

图 12-101　定义非切削移动

图 12-102　定义进给率和速度

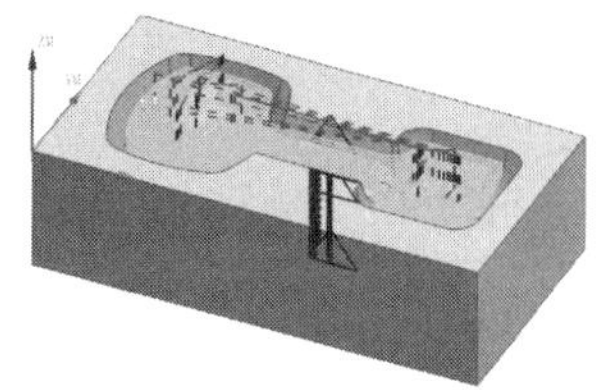

图 12-103　刀路轨迹

说明：本例创建的轮廓铣削加工为型腔零件的粗加工，后期需要继续在该粗加工基础上进行精加工才能得到最终型腔结果，此处不再赘述。

12.5　车削加工

车削加工是机加工中最为常用的加工方法之一，主要用于加工回转体的表面。

12.5.1 车削加工概述

在 NX 中进行车削加工需要首先在“加工环境”对话框的“要创建的 CAM 组装”区域选择“turning”选项，如图 12-104 所示。进入 NX 加工环境后，在“主页”选项卡的“插入”区域单击“创建工序”按钮，系统弹出如图 12-105 所示的“创建工序”对话框，在对话框的“工序子类型”区域提供了各种车削子类型。

图 12-104 定义车削加工环境

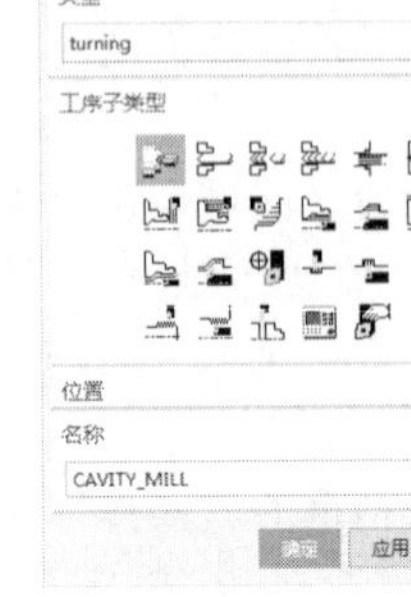

图 12-105 车削类型

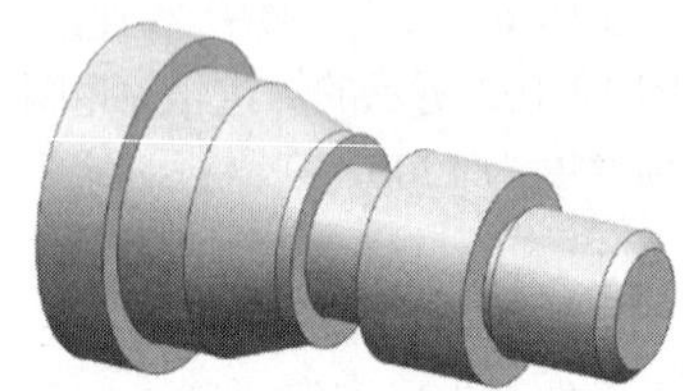

图 12-106 回转轴零件

12.5.2 车削加工过程

如图 12-106 所示的回转轴零件，需要模拟零件外圆粗车加工过程，其毛坯几何体如图 12-107 所示，粗车加工结果如图 12-108 所示，下面具体介绍。

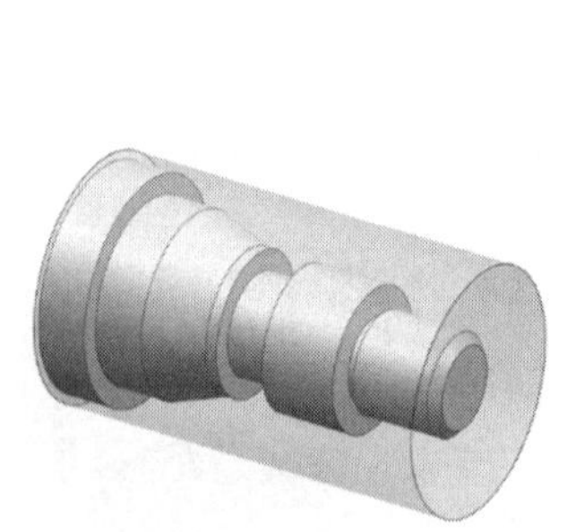

图 12-107 毛坯几何体

图 12-108 粗车加工结果

图 12-109 定义加工环境

（1）进入加工环境

步骤 1 打开练习文件：ch12 nc\12.5\rough_turning。

步骤 2 进入加工环境。在“应用模块”选项卡中单击“加工”按钮，系统弹出如图 12-109 所示的“加工环境”对话框，在“CAM 会话配置”区域选择“cam_general”选项，在“要创建的 CAM 组装”区域选择“turning”选项，表示创建平面车削加工，单击“确定”按钮，系统进入加工环境。

（2）创建几何体

步骤 1 切换几何视图。在工序导航器空白位置单击鼠标右键，在弹出的快捷菜单中选择“几何视图”命令，系统切换至几何视图，如图 12-110 所示。

说明：加工过程中创建几何体主要有两种方法：一种方法是在“主页”选项卡的“插入”区域选择“几何体”命令创建几何体（本章前面介绍的加工案例中的几何体均是使用这种方法创建的）；另外一种方法就是在工序导航器的“几何视图”中创建几何体，本例将具体介绍使用这种方法创建几何体。

步骤 2　定义车床主轴。在“几何视图”中双击“MCS_SPINDEL”节点，系统弹出如图 12-111 所示的“MCS 主轴”对话框，使用系统默认的机床坐标系，在“车床工作平面”区域设置“XM-YM”为车床工作平面，如图 12-112 所示。

图 12-110　几何视图

图 12-111　定义机床坐标系

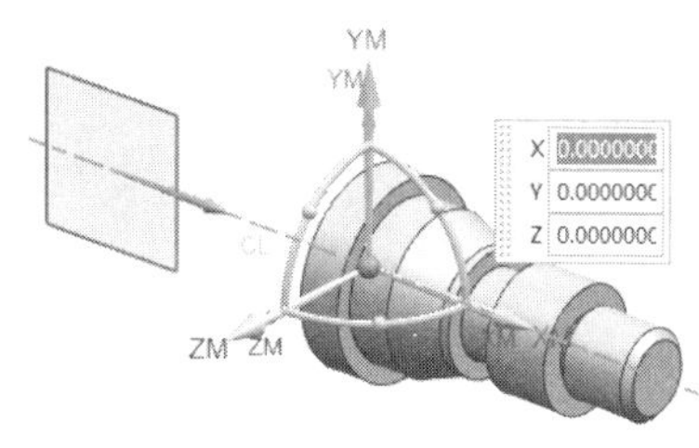

图 12-112　定义车床工作平面

步骤 3　创建部件几何体。在“几何视图”中双击“WORKPIECE”节点，系统弹出如图 12-112 所示的“工件”对话框，在“工件”对话框中单击“指定部件”按钮，系统弹出如图 12-114 所示的“部件几何体”对话框，选择回转轴模型。

步骤 4　创建车削工件。在“几何视图”中双击“TURNING_WORKPIECE”节点，系统弹出如图 12-115 所示的“车削工件”对话框，在该对话框中定义车削工件。

图 12-112　“工件”对话框

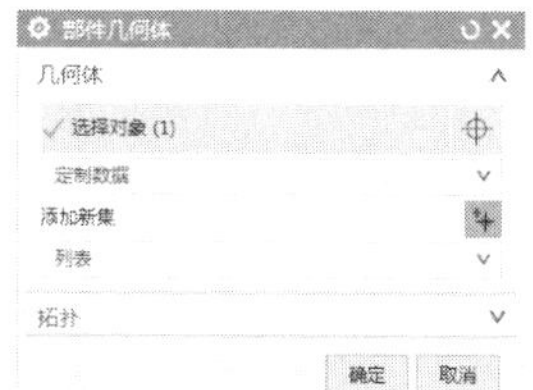

图 12-114　定义部件几何体

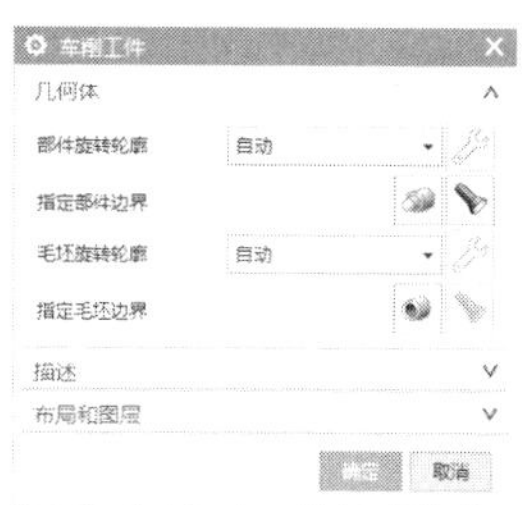

图 12-115　“车削工件”对话框

① 创建部件边界。在对话框中单击“指定部件边界”按钮，系统弹出如图 12-116 所示的“部件边界”对话框，同时在模型上生成部件边界，如图 12-117 所示。

图 12-116　“部件边界”对话框

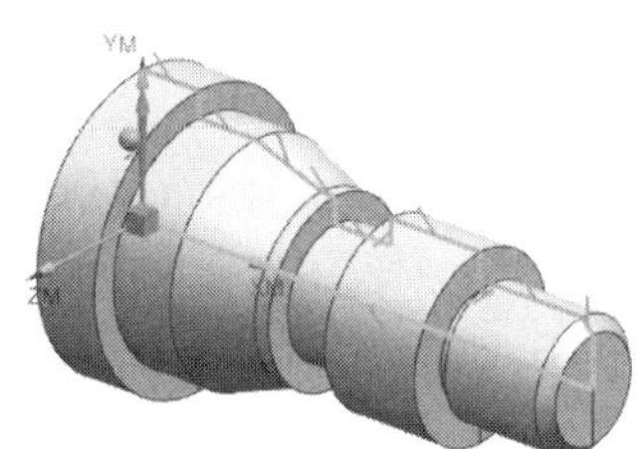

图 12-117　部件边界

图 12-118　“毛坯边界”对话框

> **说明：**此处创建的部件边界实际上就是回转工件的旋转截面，也就是车削加工最终结果，部件边界所在的平面就是前面定义的车床工作平面。

② 创建毛坯边界。在对话框中单击“指定毛坯边界”按钮，系统弹出如图12-118所示的“毛坯边界”对话框，在对话框顶部下拉列表中选择“棒材”选项，在“安装位置”下拉列表中选择“在主轴箱处”选项，设置长度为205，直径为115，此时在模型上生成毛坯边界预览，如图12-119所示，单击“确定”按钮。

（3）创建刀具

步骤1 选择命令。在“主页”选项卡的“插入”区域单击“创建刀具”按钮，系统弹出如图12-120所示的“创建刀具”对话框。

步骤2 定义刀具类型及名称。在“创建刀具”对话框的“刀具子类型”区域单击“ID_80_L”按钮，使用系统默认的刀具名称，单击“确定”按钮，系统弹出如图12-121所示的“车刀-标准”对话框，在该对话框中定义车刀参数。

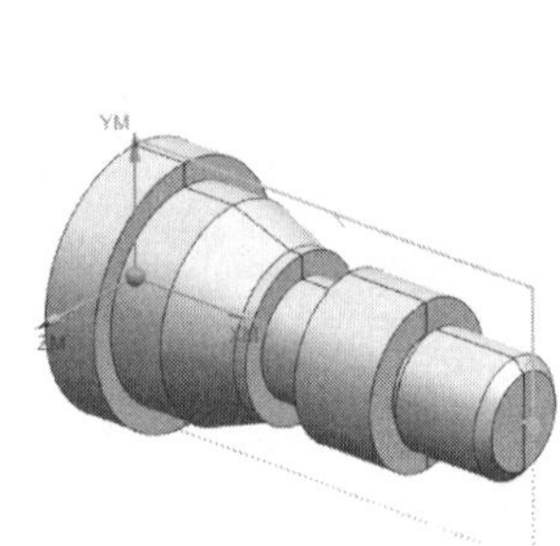

图12-119 毛坯边界预览

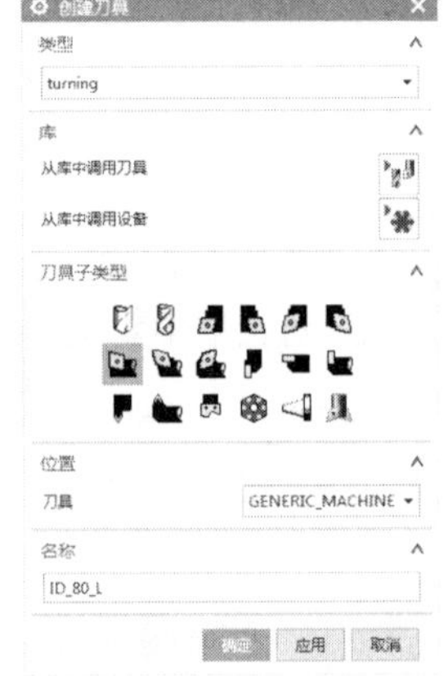

图12-120 创建刀具

图12-121 “车刀-标准”对话框

步骤3 定义刀具参数。在“车刀-标准”对话框的“工具”选项卡中定义刀片参数，具体设置如图12-121所示。在“夹持器”选项卡中选中“使用车刀夹持器”选项，具体刀柄参数如图12-122所示，单击“确定”按钮，创建刀具结果如图12-123所示。

（4）创建工序

步骤1 选择命令。在“主页”选项卡的“插入”区域单击“创建工序”按钮，系统弹出如图12-124所示的“创建工序”对话框。

步骤2 定义工序参数。在“创建工序”对话框的“工序子类型”区域单击“外径粗车”按钮，在“位置”区域的“程序”下拉列表中选择“PROGRAM”，在“刀具”下拉列表中选择前面定义的车刀“ID_80_L”，在“几何体”下拉列表中选择前面创建的“TURNING_WORKPIECE”，在“方法”下拉列表中选择“LATHE_ROUGH”，采用系统默认的工序名称，单击“确定”按钮，系统弹出“外径粗车”对话框。

步骤3 查看切削区域。在“外径粗车”对话框的“几何体”区域单击“切削区域”按钮，如图 12-125 所示，此时在模型上生成切削区域预览，如图 12-126 所示。

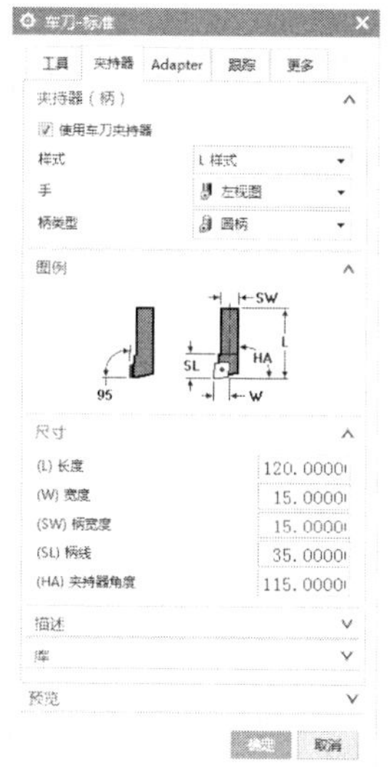

图 12-122　定义夹持器

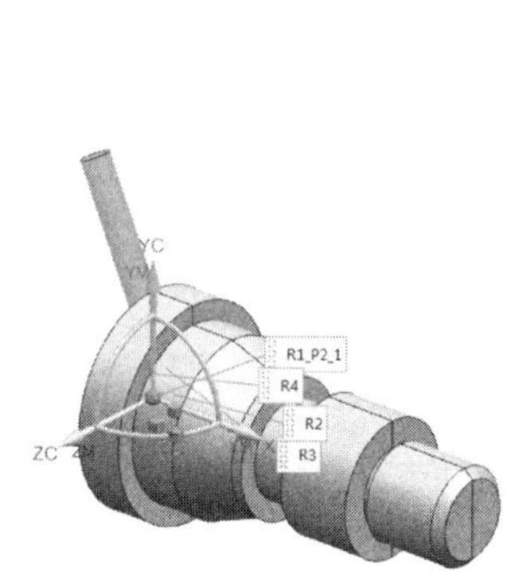

图 12-123　创建刀具结果

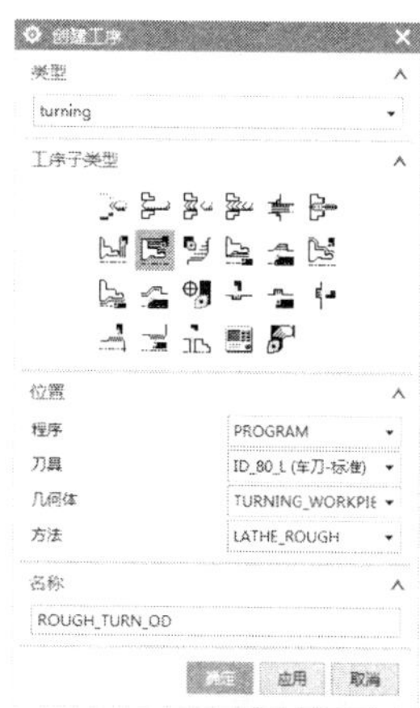

图 12-124　“创建工序”对话框

步骤 4　定义切削及刀轨。在“外径粗车”对话框的“切削策略”区域的“策略”下拉列表中选择“轮廓往复切削”选项，在“刀轨设置”区域设置刀轨参数，如图 12-127 所示，展开“更多”区域，选中“附加轮廓加工”选项。

步骤 5　设置切削参数。在“刀轨设置”区域单击“切削参数”按钮，系统弹出如图 12-128 所示的“切削参数”对话框，在“余量”选项卡的“公差”区域设置内公差及外公差

图 12-125　粗车几何体

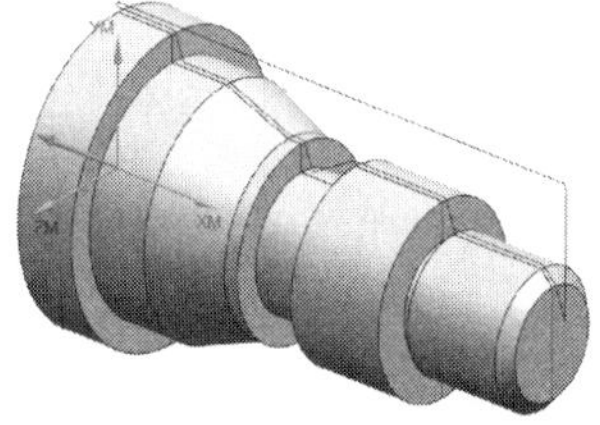

图 12-126　切削区域预览

图 12-127　定义切削及刀轨

图 12-128　定义余量

图 12-129　定义轮廓加工

均为 0.01，在“轮廓加工”选项卡中选中“附加轮廓加工”选项，具体参数设置如图 12-129 所示，单击“确定”按钮，完成切削参数定义。

步骤 6 设置非切削移动参数。在“刀轨设置”区域单击“非切削移动”按钮，系统弹出如图 12-120 所示的“非切削移动”对话框，在“进刀”选项卡中设置“进刀类型”为“圆弧-自动”选项，其余采用系统默认设置，单击“确定”按钮。

步骤 7 生成刀路轨迹。在“型腔铣”对话框的“操作”区域单击“生成”按钮，此时在加工工件上生成刀路轨迹，如图 12-121 所示。

（5）加工仿真

在“外径粗车”对话框的“操作”区域单击“确认”按钮，系统弹出“刀轨可视化”对话框，在对话框中单击“3D 动态”选项卡，单击“播放”按钮，系统运行仿真，外径粗车结果如图 12-122 所示。

说明： 此处完成外径粗车后，零件中的沟槽位置并不是最终轮廓结果，需要继续在外径粗车基础上进行精加工才能得到最终轮廓结果，此处不再赘述。

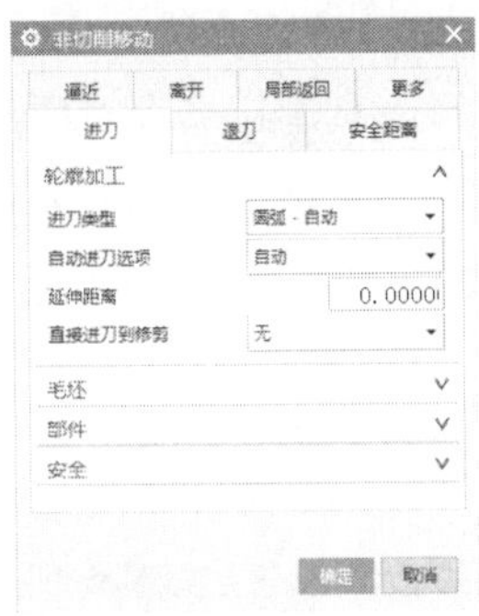

图 12-130 “非切削移动”对话框

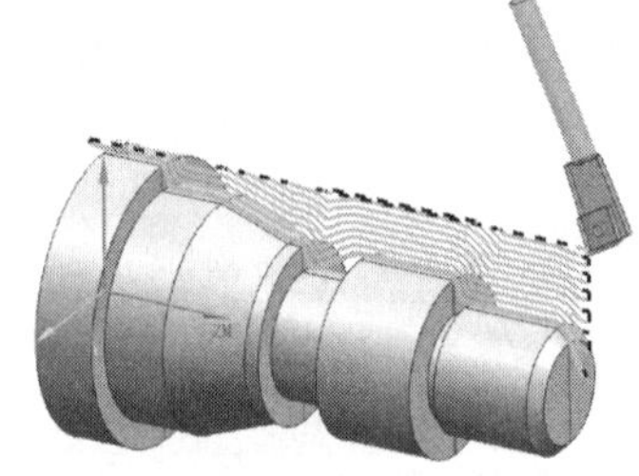

图 12-131 刀路轨迹

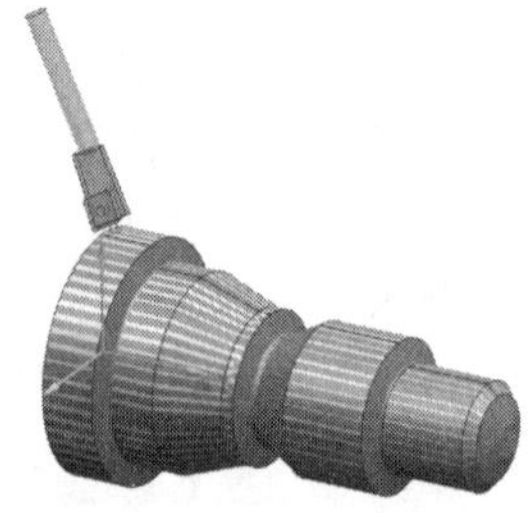

图 12-132 外径粗车结果

12.6 数控加工案例：吹风机凸模加工

前面小节系统介绍了数控加工操作及知识内容，为了加深读者对数控加工的理解并更好地应用于实践，下面通过一个具体案例详细介绍数控加工方法与技巧。

如图 12-123 所示的吹风机凸模零件，主要尺寸如图 12-124 所示，需要模拟其加工过程，因为零件结构比较复杂，加工精度要求比较高，一次加工很难满足加工要求，需要按照“粗加工—

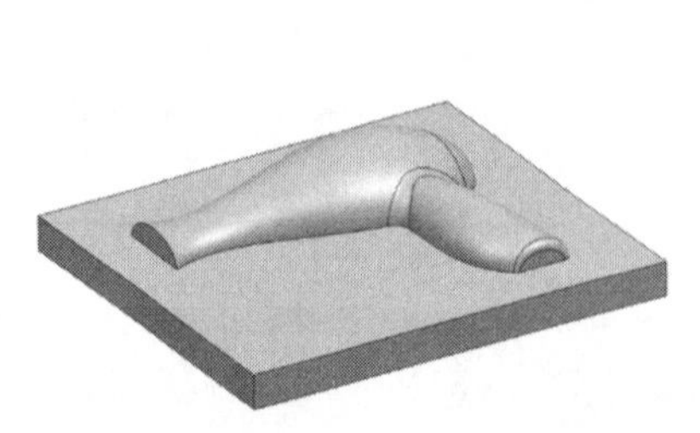

图 12-133 吹风机凸模零件

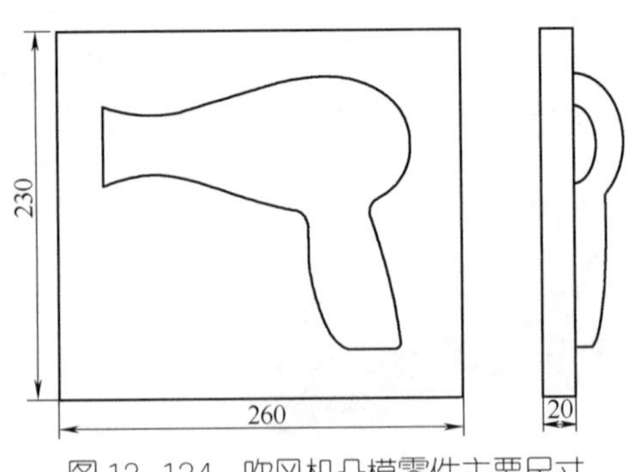

图 12-134 吹风机凸模零件主要尺寸

半精加工—精加工”的基本思路进行加工，下面具体介绍。

加工零件：ch12 nc\male_mold。

(1) 吹风机凸模零件加工思路

首先创建如图 12-125 所示的机床坐标系（注意坐标系原点位置），然后按照“粗加工—半精加工—精加工”的基本思路进行加工：

① 使用轮廓铣中的“型腔铣”进行第一次粗加工（开粗），如图 12-126 所示。

② 使用轮廓铣中的“型腔铣”进行第二次粗加工，如图 12-127 所示。

③ 使用轮廓铣中的“区域铣”进行精加工，如图 12-128 所示。

④ 使用平面铣中的“表面区域铣”进行平面区域加工，如图 12-129 所示。

⑤ 使用轮廓铣中的“多刀路清根铣”进行清根加工，如图 12-140 所示。

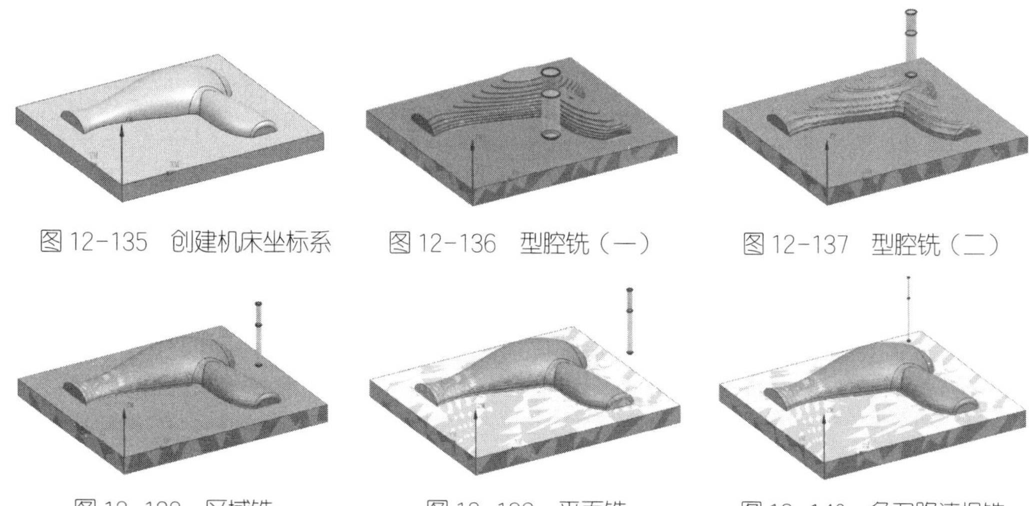

图 12-135　创建机床坐标系　图 12-136　型腔铣（一）　图 12-137　型腔铣（二）

图 12-138　区域铣　图 12-139　平面铣　图 12-140　多刀路清根铣

(2) 吹风机凸模零件加工操作思路

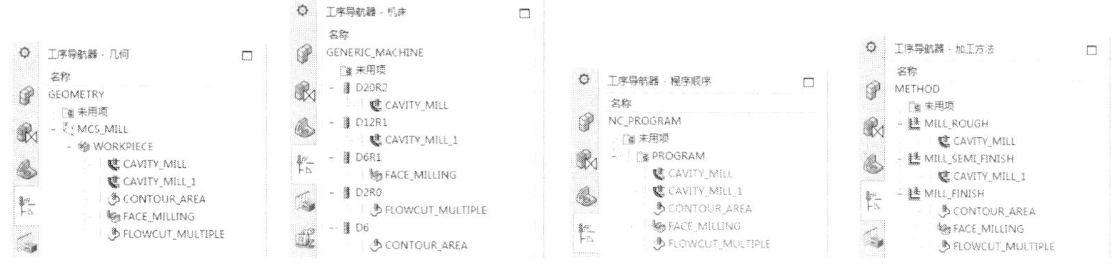

图 12-141　几何视图　图 12-142　机床视图　图 12-143　程序顺序　图 12-144　加工方法视图

① 创建一个机床坐标系及几何体用于所有的加工操作，如图 12-141 所示。

② 根据加工要求需要创建五种刀具分别用于五种加工操作，如图 12-142 所示。

③ 使用系统默认的程序（PROGRAM）管理所有加工操作，如图 12-143 所示。

④ 注意在不同的加工操作中设置加工方法，如图 12-144 所示。

具体过程参看随书视频讲解，视频中有详细的加工过程讲解。

扫码看视频讲解

附录

常用功能指令速查

微信扫码，立即获取
全书配套视频与资源

功能名称	功能位置	效果图示	功能名称	功能位置	效果图示
草图设计					
轮廓	主页→轮廓	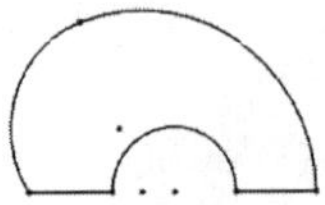	圆角	主页→圆角 圆角	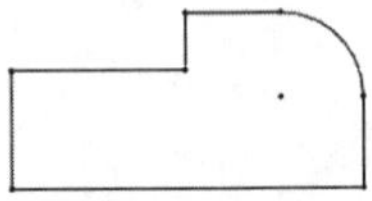
矩形	主页→矩形	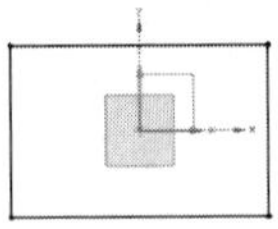	倒斜角	主页→倒斜角 倒斜角	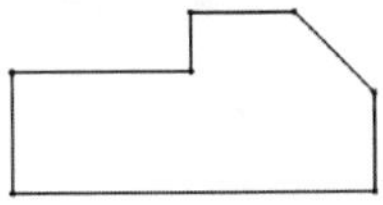
直线	主页→生产线		快速修剪	主页→快速修剪	
圆弧	主页→圆弧	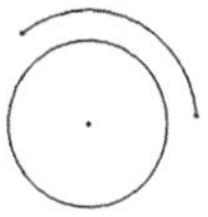	快速延伸	主页→快速延伸	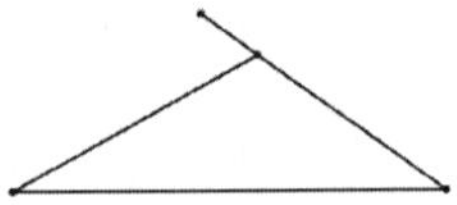
圆	主页→圆	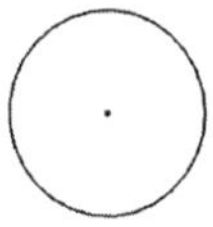	制作拐角	主页→制作拐角 制作拐角	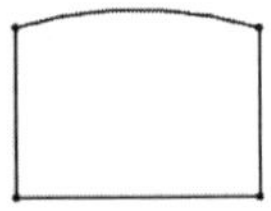
点	主页→点		偏置曲线	主页→偏置曲线 偏置曲线	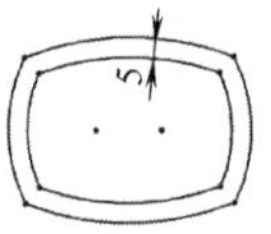 5
椭圆	主页→椭圆 椭圆	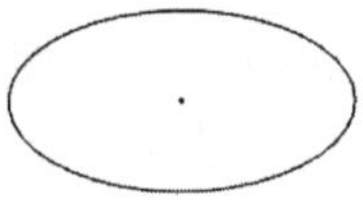	镜像曲线	主页→镜像曲线 镜像曲线	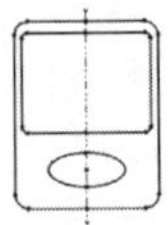
多边形	主页→多边形 多边形	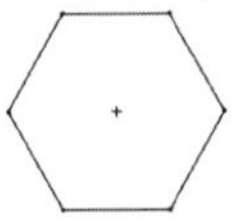	阵列曲线	主页→阵列曲线 阵列曲线	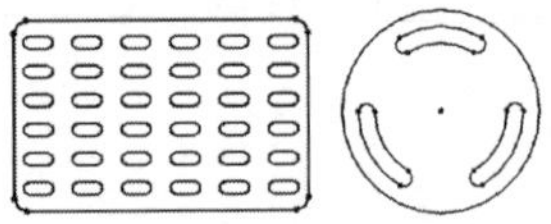

续表

功能名称	功能位置	效果图示	功能名称	功能位置	效果图示
草图设计					
投影曲线	主页→投影曲线 投影曲线	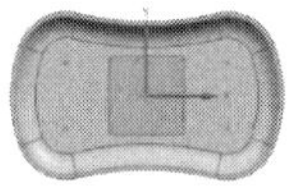	快速尺寸	主页→快速尺寸	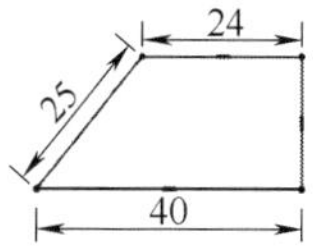 24 25 40
几何约束	主页→几何约束				
零件设计					
拉伸	主页→拉伸	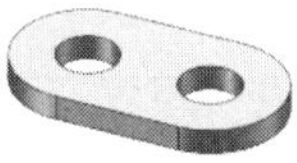	拔模	主页→拔模 拔模	
旋转	主页→旋转		加强筋	主页→筋板 筋板	
倒角	主页→倒斜角 倒斜角	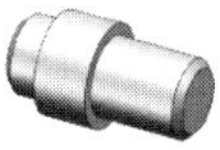	扫掠	主页→扫掠 扫掠	
圆角	主页→边倒圆	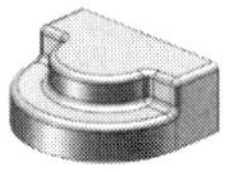	螺旋扫掠	主页→螺旋 螺旋	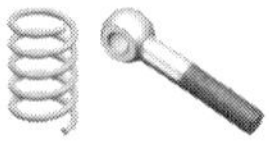
基准平面	主页→基准平面	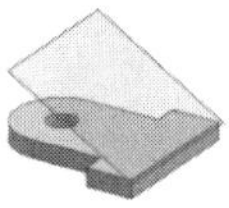	通过曲线组	主页→通过曲线组 通过曲线组	
基准轴	主页→基准轴 基准轴		镜向特征	主页→镜向特征 镜像特征	
孔	主页→孔	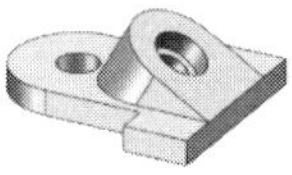	线性阵列	主页→阵列特征 阵列特征（设置线性布局）	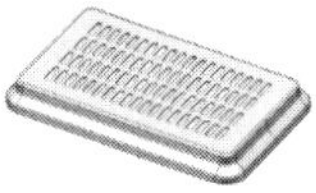
螺纹	主页→螺纹刀 螺纹刀	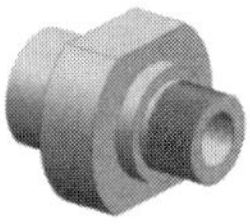	圆形阵列	主页→阵列特征 阵列特征（设置圆形布局）	
抽壳	主页→抽壳 抽壳		曲线阵列	主页→阵列特征 阵列特征（设置沿布局）	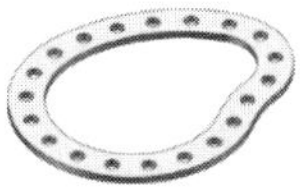

续表

功能名称	功能位置	效果图示	功能名称	功能位置	效果图示
零件设计					
常规阵列	主页→阵列特征 阵列特征 （设置常规布局）		编辑对象显示	视图→编辑对象显示	
测量	分析→测量		设置材质	工具→指派材料 指派材料	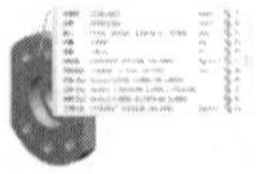
同步建模					
移动面	主页→移动面	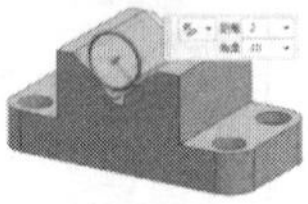	调整倒斜角大小	主页→调整倒斜角大小 调整倒斜角大小	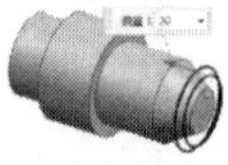
拉出面	主页→拉出面 拉出面	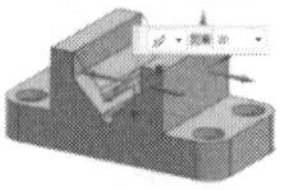	标记为倒斜角	主页→标记为倒斜角 标记为倒斜角	
偏置区域	主页→偏置区域 偏置区域		复制面	主页→复制面 复制面	
调整面大小	主页→调整面大小 调整面大小	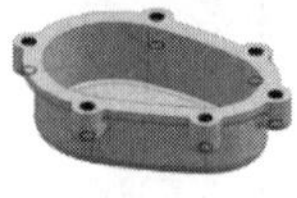	剪切面	主页→剪切面 剪切面	
替换面	主页→替换面 替换面		镜像面	主页→镜像面 镜像面	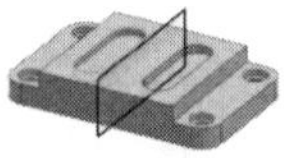
删除面	主页→删除面 删除面		阵列面	主页→阵列面 阵列面	
调整倒圆角大小	主页→调整倒圆角大小 调整圆角大小	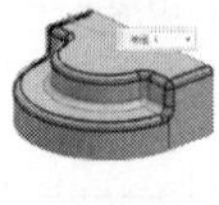	共面	主页→设为共面 设为共面	
圆角重新排序	主页→圆角重新排序 圆角重新排序	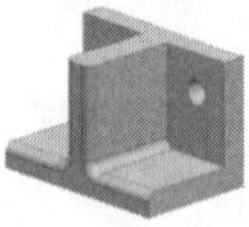	共轴	主页→设为共轴 设为共轴	

续表

功能名称	功能位置	效果图示	功能名称	功能位置	效果图示
同步建模					
相切	主页→设为相切 设为相切		偏置	主页→设为偏置 设为偏置	
对称	主页→设为对称 设为对称	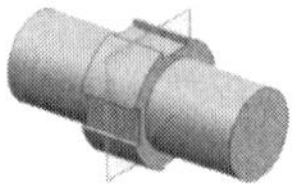	线性尺寸	主页→线性尺寸 线性尺寸	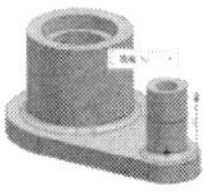
平行	主页→设为平行 设为平行		角度尺寸	主页→角度尺寸 角度尺寸	
垂直	主页→设为垂直 设为垂直	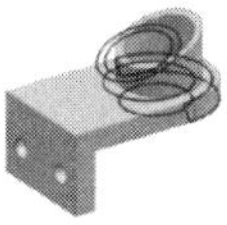	径向尺寸	主页→径向尺寸 径向尺寸	
装配设计					
装配约束	装配→装配约束		简单干涉	分析→简单干涉	
阵列组件	装配→阵列组件 阵列组件		截面分析	视图→新建截面 新建截面	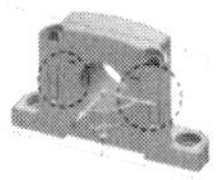
镜像装配	装配→镜像装配 镜像装配		爆炸图	装配→爆炸图→新建爆炸	
引用集	格式→引用集		装配序列动画	装配→序列 序列	

续表

功能名称	功能位置	效果图示	功能名称	功能位置	效果图示
工程图					
基本视图	主页→基本视图	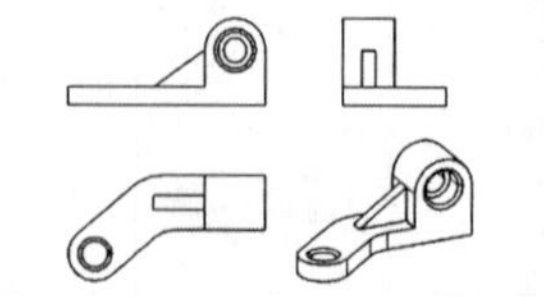	中心标记	主页→中心标记 中心标记	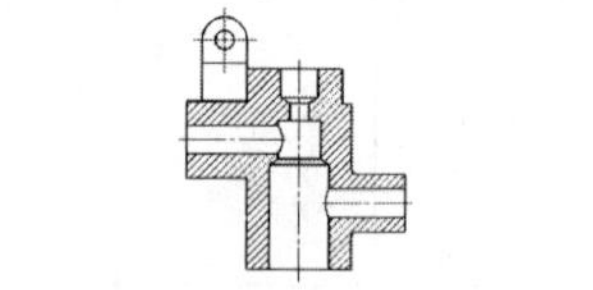
剖视图（全剖、半剖、阶梯剖、点到点剖）	主页→剖视图	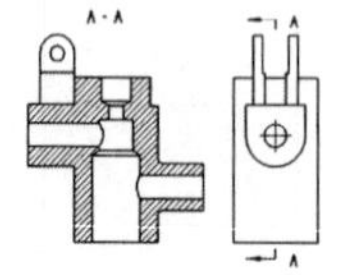	螺栓圆中心线	主页→螺栓圆中心线 螺栓圆中心线	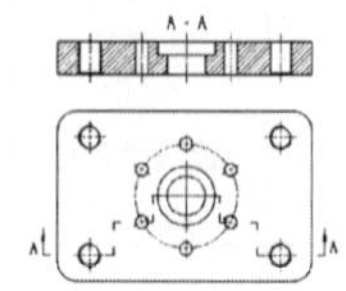
局部剖视图	主页→局部剖视图	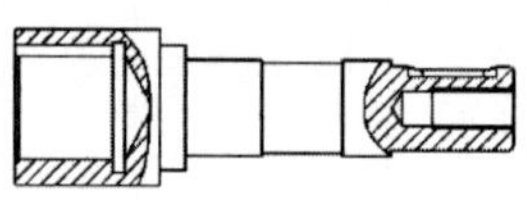	尺寸标注	主页→快速	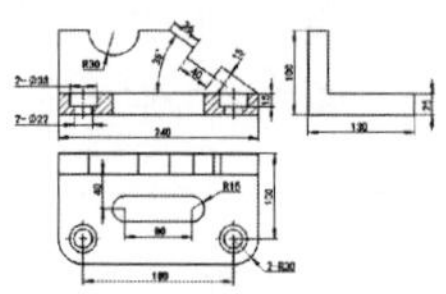
视图边界（局部视图）	右键菜单→边界	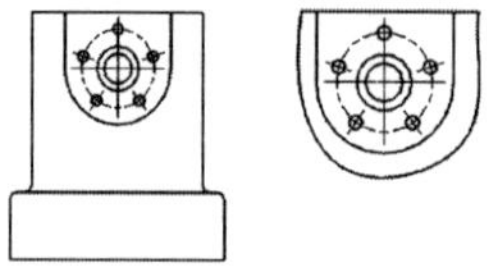	基准特征	主页→基准特征符号	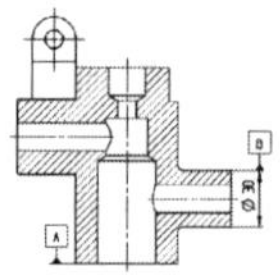
辅助视图（向视图）	主页→投影视图	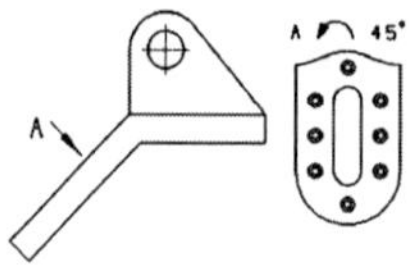	形位公差	主页→特征控制框	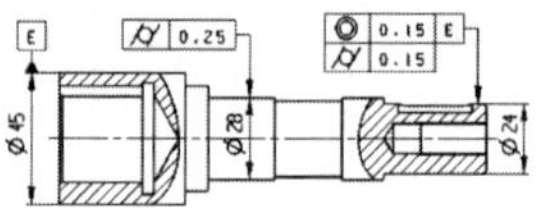
局部放大图	主页→局部放大图	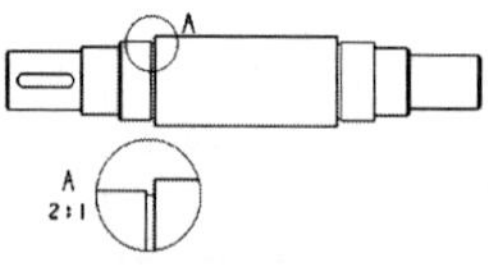	表面粗糙度	主页→表面粗糙度符号	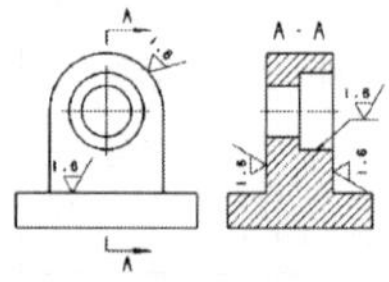
断开视图	主页→断开视图	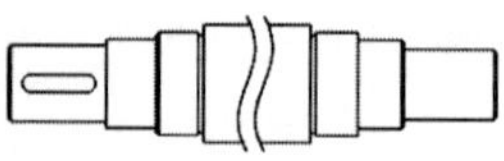	注释文本	主页→注释 A	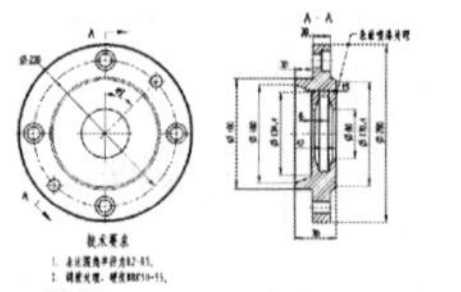
剖面线	主页→剖面线	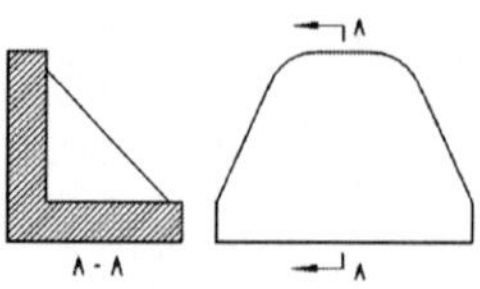	零件明细表	主页→零件明细表	

续表

功能名称	功能位置	效果图示	功能名称	功能位置	效果图示
曲面设计					
偏置曲线	曲线→偏置曲线	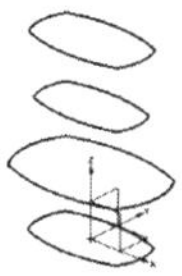	有界平面	曲面→有界平面 有界平面	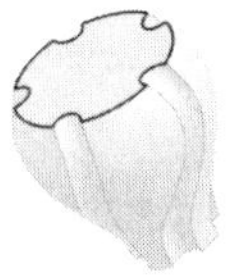
在面上偏置曲线	曲线→在面上偏置曲线 在面上偏置曲线	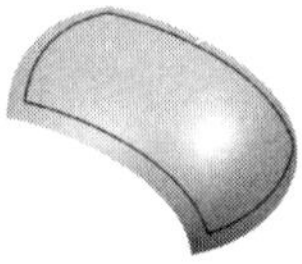	填充曲面	曲面→填充曲面 填充曲面	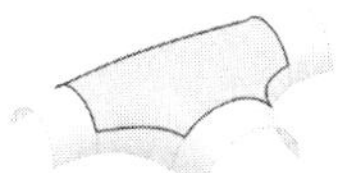
镜像曲线	曲线→镜像曲线 镜像曲线	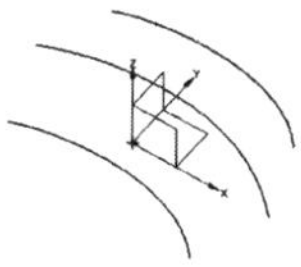	桥接曲面	菜单→插入→细节特征→桥接曲面	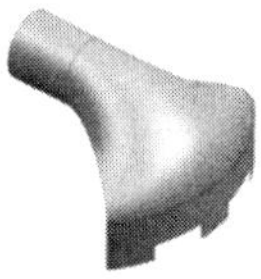
桥接曲线	曲线→桥接曲线 桥接曲线	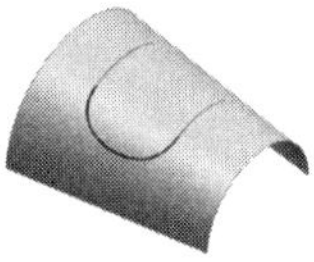	扫掠曲面	曲面→扫掠曲面 扫掠	
投影曲线	曲线→投影曲线	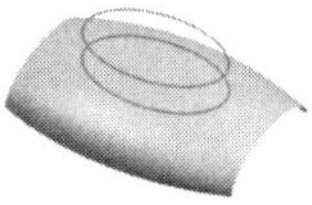	通过曲线组	曲面→通过曲线组 通过曲线组	
相交曲线	曲线→相交曲线	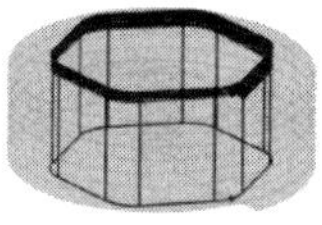	通过曲线网格	曲面→艺术曲面→通过曲线网格 通过曲线网格	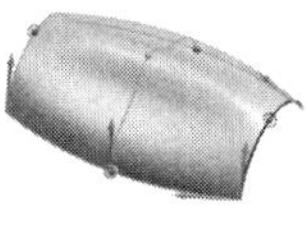
缠绕/展开曲线	曲线→缠绕/展开曲线 缠绕/展开曲线	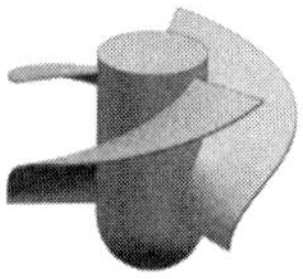	抽取几何特征	曲面→抽取几何特征	
拉伸曲面	主页→拉伸	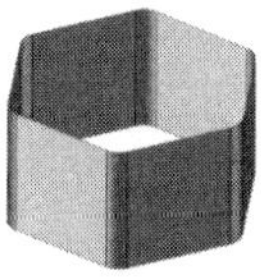	偏置曲面	曲面→偏置曲面	
旋转曲面	主页→旋转		偏置面	菜单→插入→偏置/缩放→偏置面	

续表

功能名称	功能位置	效果图示	功能名称	功能位置	效果图示
曲面设计					
延伸片体	曲面→延伸片体 延伸片体	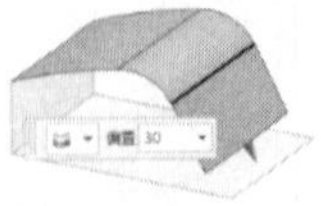	缝合	曲面→缝合 缝合	
修剪片体	曲面→修剪片体 修剪片体		加厚	曲面→加厚 加厚	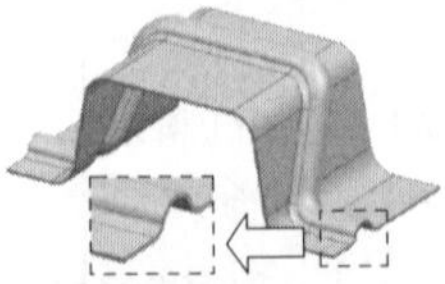
分割面	曲面→分割面 分割面		修剪体	主页→修剪体 修剪体	
修剪和延伸	曲面→修剪和延伸 修剪和延伸				
自顶向下					
WAVE 几何链接器	装配→WAVE 几何链接器 WAVE 几何链接器	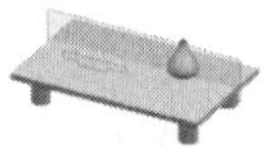			
钣金设计					
突出块	主页→突出块		高级弯边	主页→高级弯边 高级弯边	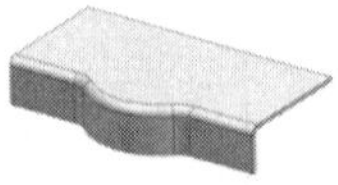
弯边	主页→弯边	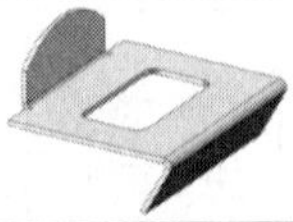	折弯	主页→折弯 折弯	
轮廓弯边	主页→轮廓弯边		二次折弯	主页→二次折弯 二次折弯	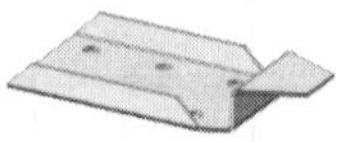
折边弯边	主页→折边弯边 折边弯边		封闭拐角	主页→封闭拐角 封闭拐角	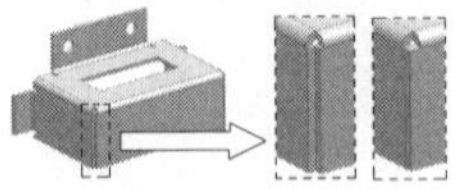
放样弯边	主页→放样弯边 放样弯边		三折弯角	主页→三折弯角 三折弯角	

续表

功能名称	功能位置	效果图示	功能名称	功能位置	效果图示
钣金设计					
钣金倒角	主页→倒角 倒角		凹坑	主页→凹坑 凹坑	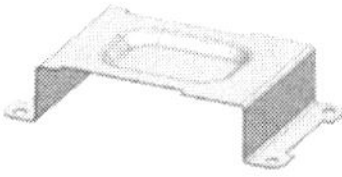
折弯拔锥	主页→折弯拔锥 折弯拔锥	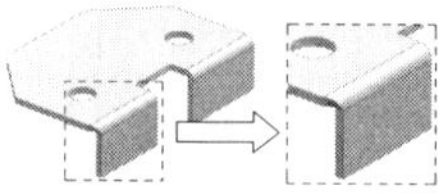	百叶窗	主页→百叶窗 百叶窗	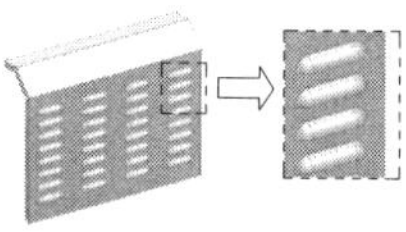
实体特征转换为钣金	主页→实体特征转换为钣金	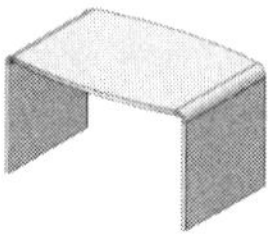	冲压开孔	主页→冲压开孔 冲压开孔	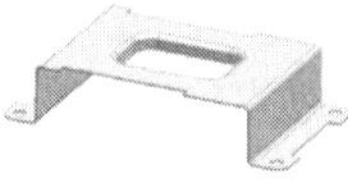
转换为钣金向导	主页→转换为钣金向导 转换为钣金向导	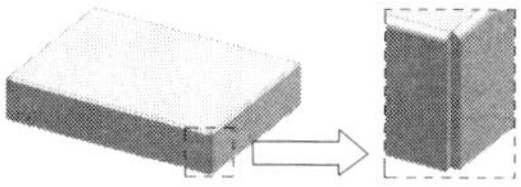	钣金筋	主页→筋 筋	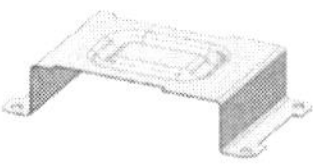
伸直	主页→伸直 伸直	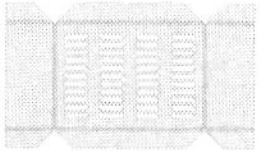	加固板	主页→加固板 加固板	
重新折弯	主页→重新折弯 重新折弯				
产品渲染					
部件中的材料	主页→部件中的材料 部件中的材料		基本光	视图→可视化→基本光	
贴花	主页→贴花		高级光	视图→可视化→高级光	
系统场景	艺术外观→系统场景		捕捉和编辑摄像机	主页→捕捉和编辑摄像机 捕捉和编辑摄像机	
场景编辑器	艺术外观→场景编辑器		捕捉艺术外观图像	主页→捕捉艺术外观图像 捕捉艺术外观图像	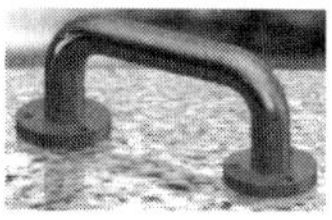

续表

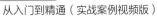

功能名称	功能位置	效果图示	功能名称	功能位置	效果图示
运动仿真					
运动体	主页→运动体		矢量力	主页→矢量力 矢量力	
运动副（旋转副、滑动副、圆柱副、平面副等）	主页→运动副	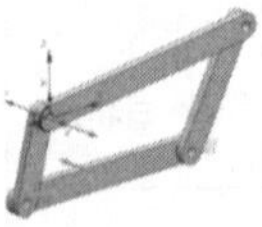	阻尼器	主页→阻尼器 阻尼器	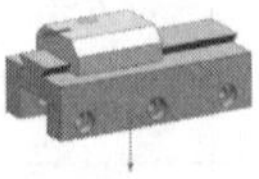
点在线上副	主页→点在线上副 点在线上副		矢量扭矩	主页→矢量扭矩 矢量扭矩	
线在线上副	主页→线在线上副 线在线上副		3D 接触	主页→3D 接触	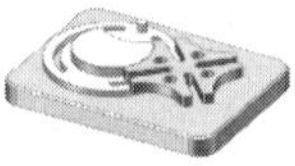
点在面上副	主页→点在面上副 点在面上副		弹簧	主页→弹簧	
齿轮耦合副	主页→齿轮耦合副 齿轮耦合副		XY 结果	主页→XY 结果 XY 结果	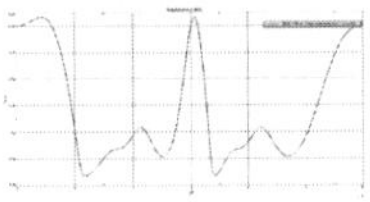
齿轮齿条副	主页→齿轮齿条副 齿轮齿条副		运动包络	主页→运动包络 运动包络	
线缆副	主页→线缆副 线缆副	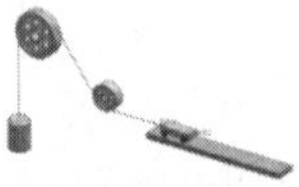	干涉	分析→干涉	
2-3 联接耦合副	主页→2-3 联接耦合副 2-3 联接耦合副		测量	分析→测量	
驱动体	主页→驱动体	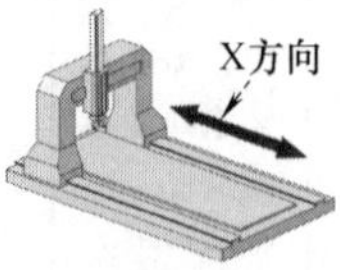 X方向	追踪	分析→追踪	

续表

功能名称	功能位置	效果图示	功能名称	功能位置	效果图示
运动仿真					
标记	主页→标记 标记	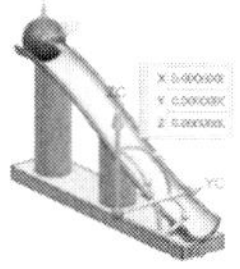	智能点	主页→智能点 智能点	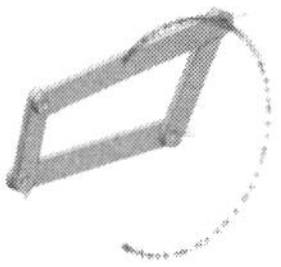
传感器	主页→传感器 传感器	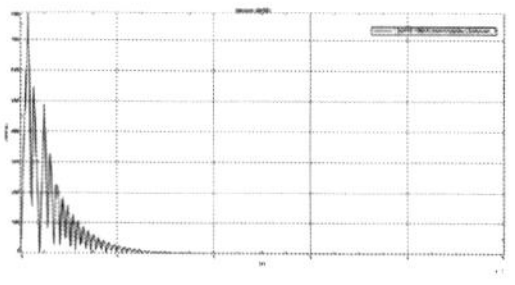			
管道设计					
线性路径	主页→创建线性路径	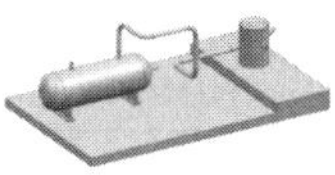	编辑弯角	主页→编辑弯角 编辑弯角	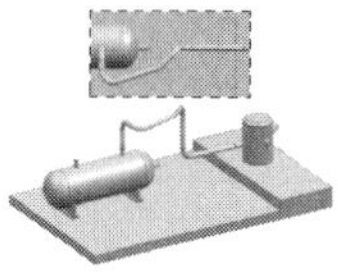
样条路径	主页→样条路径	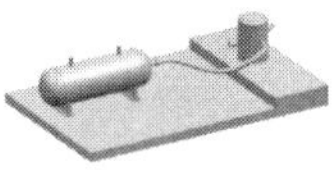	细分段	主页→细分段 细分段	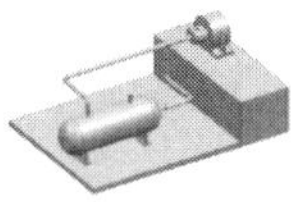
修复路径	主页→修复路径	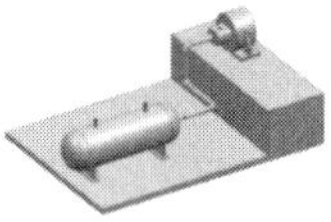	简化路径	主页→简化路径 简化路径	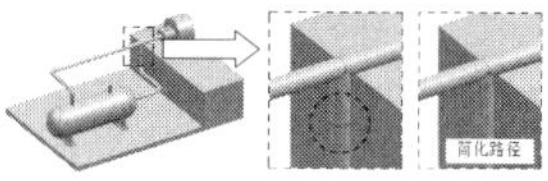
平行偏置路径	主页→平行偏置路径 平行偏置路径	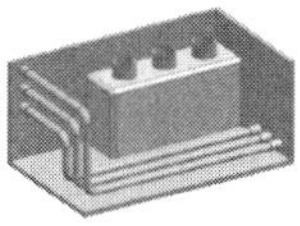	型材	主页→型材	
指派拐角	主页→指派拐角 指派拐角		放置部件	主页→放置部件	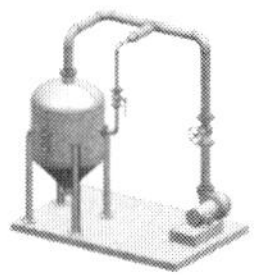
相连曲线	主页→相连曲线 相连曲线		移动配件	主页→移动配件	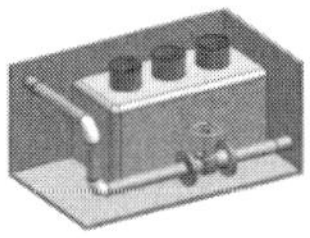
变换路径	主页→变换路径 变换路径	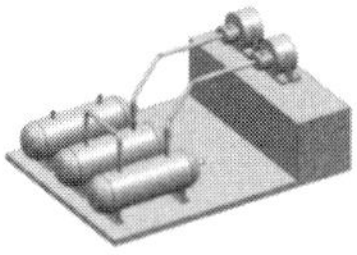	替换部件	主页→替换部件 替换部件	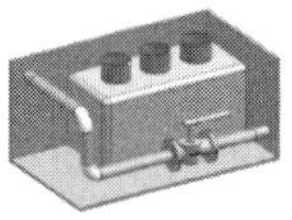

续表

功能名称	功能位置	效果图示	功能名称	功能位置	效果图示
管道设计					
审核部件	主页→审核部件 审核部件	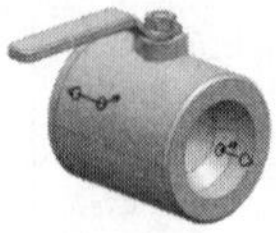	创建子结构	插入→管线部件→创建子结构	
弯曲报告	主页→弯曲报告	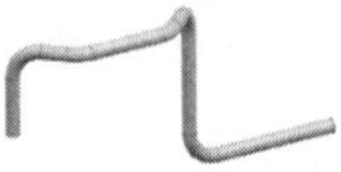			
电气设计					
创建连接向导	主页→创建 创建	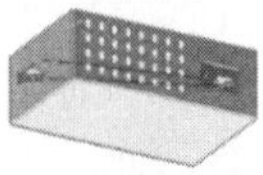	创建成形板图纸	主页→创建成形板图纸 创建成形板图纸	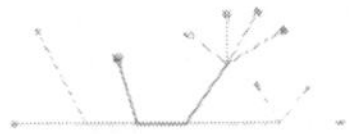
模具设计					
工件	注塑模向导→工件		型腔布局	注塑模向导→型腔布局	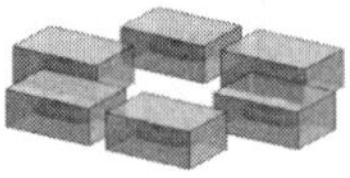
定义区域	注塑模向导→定义区域		包容体	注塑模向导→包容体	
设计分型面	注塑模向导→设计分型面	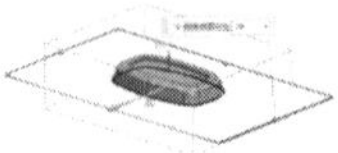	曲面补片	注塑模向导→曲面补片	
定义型腔与型芯	注塑模向导→定义型腔与型芯		拆分面	注塑模向导→拆分面	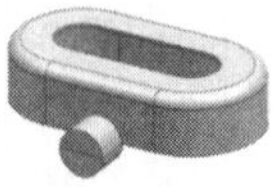
有限元分析					
理想化几何体	主页→理想化几何体		滑块约束	主页→约束类型→滑块约束 滑块约束	
固定约束	主页→约束类型→固定约束 固定约束		销住约束	主页→约束类型→销住约束 销住约束	

续表

功能名称	功能位置	效果图示	功能名称	功能位置	效果图示
有限元分析					
对称约束	主页→约束类型→对称约束 对称约束	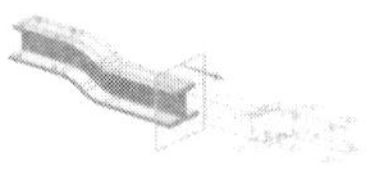	旋转（离心载荷）	主页→载荷类型→旋转 旋转	
反对称约束	主页→约束类型→反对称约束 反对称约束		3D 四面体	主页→3D 四面体	
力	主页→载荷类型→力 力		面-面粘连	主页→面-面粘连 面-面粘连	
压力	主页→载荷类型→压力 压力		面-面接触	主页→面-面粘连 面-面粘连	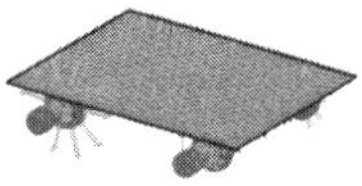
重力	主页→载荷类型→重力 重力	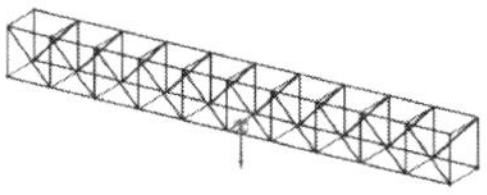			
数控加工					
创建几何体	主页→创建几何体	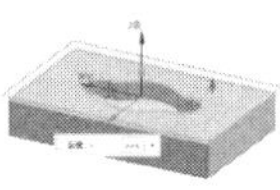	车间文档	主页→车间文档 车间文档	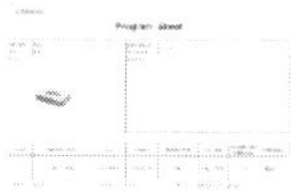
创建刀具	主页→创建刀具		输出 CLSF	主页→输出 CLSF 输出 CLSF	
创建方法	主页→创建方法		后处理	主页→后处理	
创建工序	主页→创建工序